U0323944

■材料科学经典著作选译

固态表面、界面与薄膜

Solid Surfaces, Interfaces and Thin Films (sixth edition)

Hans Lüth 著

王聪 孙莹 王蕾 译

高等教育出版社·北京

图字：01-2016-7176号
Translation from the English language edition：
Solid Surfaces，*Interfaces and Thin Films* by Hans Lüth

图书在版编目(CIP)数据

固态表面、界面与薄膜：第六版/(德)汉斯·吕斯著；王聪，孙莹，王蕾译.--北京：高等教育出版社，2019.3
(材料科学经典著作选译)
书名原文：Solid Surfaces，Interfaces and Thin Films：sixth edition
ISBN 978-7-04-047854-9

Ⅰ.①固…　Ⅱ.①汉…　②王…　③孙…　④王…　Ⅲ.①固体-表面-研究②固体-界面-研究③固体-薄膜-研究　Ⅳ.①O481

中国版本图书馆CIP数据核字(2017)第122809号

策划编辑　刘剑波　　责任编辑　卢艳茹　　封面设计　杨立新　　版式设计　王艳红
插图绘制　杜晓丹　　责任校对　胡美萍　　责任印制　韩　刚

出版发行　高等教育出版社
社　　址　北京市西城区德外大街4号
邮政编码　100120
印　　刷　北京汇林印务有限公司
开　　本　787mm×1092mm　1/16
印　　张　38
字　　数　720千字
插　　页　2
购书热线　010-58581118
咨询电话　400-810-0598
网　　址　http://www.hep.edu.cn
　　　　　http://www.hep.com.cn
网上订购　http://www.hepmall.com.cn
　　　　　http://www.hepmall.com
　　　　　http://www.hepmall.cn
版　　次　2019年3月第1版
印　　次　2019年3月第1次印刷
定　　价　128.00元

物 料 号　47854-00

作者简介

Hans Lüth，1940年出生于德国亚琛，分别于1965年、1968年在亚琛科技大学获得物理学学士、博士学位。1974—1986年，先后在IBM托马斯·沃森研究中心(美国)、巴黎大学(法国)、艾克斯-马赛大学(法国)、摩德纳大学(意大利)作为客座科学家和访问学者工作。1980年，获得物理学教授职称，2000年，同时成为亚琛科技大学的电子工程学教授。1988年，担任德国于利希研究中心生物/纳米系统研究所主任。2006—2007年，同时担任于利希研究中心关键技术部主任。由于在新型半导体纳米结构领域独特的贡献，获得德国真空技术学会的鲁道夫·雅克尔奖；此外，凭借在德国-斯洛伐克科技合作中的贡献，获得斯洛伐克科学院纪念奖。由于他杰出的科学工作以及具有全球影响力的教科书 *Solid Surfaces*, *Interfaces and Thin Films* 的出版，被授予法国上阿尔萨斯大学荣誉博士称号。研究方向主要是半导体界面和纳米结构物理学以及量子电子学等领域。

译者简介

王聪：1966 年 9 月生，北京航空航天大学物理学院教授、博士生导师。于 1989 年、1995 年分别在兰州大学物理系、中科院物理所获学士、博士学位，1998 年在德国作为洪堡学者工作，2003 年在北京航空航天大学获教授资格，2006 年入选教育部新世纪优秀人才。曾先后在德国、法国、英国、美国短期访问和工作。2012 年获得教育部自然科学二等奖(第四作者)。兼任中国物理学会理事，中国晶体学会理事，多个国际国内学术期刊编委。主要从事凝聚态物理，尤其是功能材料和薄膜物理的研究工作。已发表学术论文 200 余篇。

孙莹：1983 年 12 月生，北京航空航天大学物理学院副教授。于 2005 年、2010 年分别在中国地质大学(北京)、北京航空航天大学获学士、博士学位，2010—2013 年在日本国立材料研究所（NIMS）从事博士后研究工作，2013 年通过海外直评获得北京航空航天大学副教授资格。主要从事强关联材料体系反常物性探索，包括反常热膨胀、近零电阻温度系数、压磁等。已发表学术论文 80 余篇。

王蕾：1983 年 6 月生，北京科技大学物理系讲师。于 2008 年、2014 年分别获得河南师范大学学士学位和郑州大学博士学位。2014 年 9 月至 2018 年 1 月在北京航空航天大学、日本东北大学从事博士后研究。主要从事功能材料的反常物性研究，如负热膨胀、负线性压缩等。目前发表学术论文 30 余篇。

译者序

Solid Surfaces, Interfaces and Thin Films 的译本终于可以跟广大读者见面了，欣慰之余，也甚感当时任务之繁重与曲折，因此耗费时日，以至于推迟至今。

原著是我做洪堡学者时从德国卡尔斯鲁厄的一个书店购买的，也是我至今从国外书店直接购买的唯一一本英文专业书。记得初见此书时眼前一亮，浏览之后感觉此书基础理论丰富，涵盖面广，是表面、界面与薄膜研究领域难得的一本参考书。当时就曾冒出一种想法：如果能将此书译成中文介绍给国内的同行和专业读者，将是一件很有意义的事，尤其对于从事相关工作的青年教师与研究生非常有用。正如作者前言中所说，甚至可将此书作为研究生教材使用。

2012 年，高等教育出版社的刘剑波编辑找我谈著书的事，我就顺便提了这个建议，能否找国内学者将原著翻译成中文，由高等教育出版社出版。刘剑波编辑看过原著后也有同感，欣然接受我的建议，积极与原著的出版社及作者沟通，商谈翻译版权的事宜，顺势也把此书的翻译任务交给了我。

当时，我很乐意地接受了这个光荣的任务，但第一次接受这样的任务，显然小看了翻译工作的艰难与繁重。译书比著书困难，主要问题是不能任意发挥，必须严格把握原著的意思，准确翻译。因此，对有些词的译法不得不字斟句酌，例如大家常见的“solid-state physics”和“bulk solid-state physics”，后者如何翻译才能与前者区别开来？我的理解是，后者可译为“固体物理”，前者应译为“固态物理”，显然，“固态物理”包涵更广，不用区分不同形状，涵盖了表面与界面，而“固体物理”重在“体”上，主要论及三维目标。这些需要谨慎遣词造句的地方很多，甚至有些很难准确把握。由于时间关系及翻译水平有限，中文译本不尽完美，留下许多遗憾。另外，由于不同章节我分配给自己不同的博士生帮助翻译，难免有些概念、名称的翻译在不同章节用了不同的中文词汇与表达，尽管最大限度地作了核对与校正，仍难免疏漏，有待读者提出批评意见后在后续版本中再加以认真修正和完善。

在翻译过程中，我的许多研究生做了大量的工作，分别为当时的博士研究生吴素娟、纳元元、刘宇、褚立华、崔银芳、闫君、薛亚飞、宁玉平、程久珊、邓司浩、武永鑫、史可文、宋平等；硕士研究生丁磊、史再兴、张放放等；以及北京航空航天大学材料科学与工程学院的王瑶副教授。大部分研究生都已获学位并走上了不同的工作岗位，在这里一并表示真诚的感谢！正是他们的大力支持才使本书繁重的翻译工作得以完成。

王聪　教　授

孙莹　副教授

王蕾　讲师

于北京，北京航空航天大学物理学院

2018 年 12 月

中文版序

近几十年来，表面、界面与薄膜物理成为凝聚态物理越来越重要的学科分支，如果没有表面、界面效应的广泛知识，许多本该属于固态物理一般领域的现象和实验技术，例如量子霍尔效应、巨磁阻、用于研究电子能带结构的光电子发射光谱学等将无法讨论。特别是由于纳米结构科学的快速发展，其性质的确定必须依赖于对表面与界面现象的认识。在接近应用学科的领域，例如微电子学、催化、腐蚀等，表面和界面物理长期以来已成为必不可少的研究内容。

虽然如此，也不论全球许多大学多少年来都讲授表面、界面与薄膜物理这门课程，综合性地论述此课题的书籍却少之又少。在我自己的教学与科研生涯中，总是有这样的感觉：当新生来攻读学位，尤其是从事博士研究工作时，我能推荐给他们的也只有几篇相关的综述性文章或专题论文，非常缺乏一本能够快速引导学生进入这个令人着迷的现代研究领域的综合性强的入门级教科书，这便是我写此书的初衷。本书就是这样一本教材，能让学生们尽快掌握基本的物理模型、基础实验技术及其与相关应用领域如微观分析、催化、微电子学之间的关系。

本书是一本关于表面、界面与薄膜物理学的教科书，涵盖该学科理论和实验两方面的内容，尤其通过一系列“附录”讨论了超高真空技术，电子光学以及这个领域最重要的分析、表征技术，主要章节清晰、综合性地描述了表面、界面与薄膜的制备方法，还详细考虑了界面的结构、振动态、电学性质，以及表面的层状生长和吸附原理等。另外，由于半导体界面、异质结和空间电荷层在微电子学中的本质作用，特别强调了其内容。由于自旋电子学近些年引起的广泛兴趣，也讨论了自旋轨道耦合对表面态的影响，以及在拓扑绝缘体中拓扑保护表面态上引起的现象。本书还专门辟出一章讨论界面的集体耦合行为：界面和薄膜磁学以及接近界面和薄膜内的超导现象在信息技术，尤其在量子运算中发挥的重要作用。在介观模型方法的框架内而不是原子级别层次上，这两个课题在结合了近年来的最新实验与理论结果的基础上均在本书中被论述。

本书是基于我在亚琛科技大学(RWTH Aachen Technical University)的讲义，以及在学生研讨会和指导学生学位论文等活动中的学术报告整理而成。

我要感谢本书的译者：王聪博士、孙莹博士、王蕾博士，是你们最终让我的思想能够以悠久华夏文明的语言形式得以传播！

Hans Lüth

于亚琛，于利希

2016 年

前　言

表面和界面物理一直是现代科学研究许多分支不可缺少的基础，尤其是对于各种纳米科学，正如纳米结构的性质就很大程度上取决于其表面和界面。因而，随着这个科学领域的快速发展，材料和物理现象研究的新领域层出不穷。一个典型的例子是自旋自由度，这个概念已在界面和薄膜物理中出现，而过去仅在磁学中讨论。但不论怎样，电子自旋在自旋电子学(spintronics)和量子信息技术中起着越来越重要的作用，它代表着信息的载体，而不像过去在典型纳米电子学中仅考虑电荷。

鉴于这个原因，在新版本中，自旋轨道相互作用作为新的一节已经补充进来，其为从外部控制自旋(不使用外磁场)的主要机制。新版本还讨论了表面态的自旋轨道耦合效应，介绍了新的拓扑绝缘体的材料体系。在那些由相对重的元素，例如 Bi、Sb 等组成的化合物材料表面，由于自旋轨道的强耦合，将会出现新型的十分稳定和不易破坏的表面态。

另一方面，表面、界面与薄膜研究对一些成熟的实验技术的进一步发展与提升有很大的兴趣，例如 X 射线衍射、角分辨光电发射谱或光学反射谱。因此，新版本扩展了附录Ⅻ来描述角分辨光电发射谱(ARPES)这一先进技术，同时实时记录了总能量与发射角的关系图。新版本还补充了附录XIII，主要描述反射各向异性光谱(RAS)，还增加了一个新的附录Ⅸ，专门描述 X 射线衍射对薄膜体系和异质结的表征，这一重要的、具有实际应用价值的典型表征技术在以前的版本中均被忽略了。另外，10.2 节补充了化学吸附的内容，简短描述了在吸附过程中分子与表面的多维相互作用势。根据复杂而自洽的电荷密度泛函理论(DFT)模拟获得更为细致的对吸附过程的描述，有助于很好地理解主要的化学吸附机制。

在新版本的工作中，我得到在于利希研究中心和亚琛科技大学(RWTH)工作的一些年轻同事的大力支持。我非常感谢 Gustav Bihlmayer 在自旋轨道相互作用和拓扑绝缘体方面的有益讨论并提供了相关的图片资料，感谢 Christian Pauly 提供的图片材料，感谢 Lukasz Plucinski 关于 ARPES 及其相关图片的讨论，也特别感谢 Gregor Mussler 用他的具体实验支撑本书中与 X 射线衍射相关的新附录的内容，另外在所有新图片的绘制中他也给予了巨大的帮助。

最后，还要感谢 Springer 出版社的 Claus Asheron 对新版本的建议以及在出版过程中的新安排。

Hans Lüth
于亚琛，于利希

第二版前言

近几十年来，表面和界面物理已逐渐成为凝聚态物理越来越重要的研究分支。若没有关于表面和界面效应的广泛知识，许多物理现象和实验技术就不能很好地理解并实现，例如研究电子能带结构的量子霍尔效应和光发射谱，都属于固体物理最基本的研究领域。从现在固态研究的普遍发展趋势来看，纳米结构量子物理学正变得越来越具有相关性。同时，与越来越多的应用研究领域相关，例如微电子学、催化及腐蚀。我们越是试图努力获得对物质在原子级别上的认识，我们对微结构的兴趣就越大，表面和界面物理就变得更具有必要性。

虽然情况如此，但在科学书籍的市场上并没有几本从更为广泛、基本的意义上探讨这一课题的著作，尽管表面和界面物理至今在全世界许多大学已开课多年。在我自己的教学和科研生涯中，我总是有这样的感觉：当我的学生在我的课题组开始从事其学位论文以及博士研究工作时，尽管我能给他们推荐一些好的综述性文章和前沿专著，但是推荐一本真正具有综合性、导论性的探讨现代科学研究中最为前沿和备受关注的研究领域的专业书籍却一直很难。

因此，我决定为我的学生写这样一本书，以便他们能从中学习到基本的物理模型、基本的实验技能及其与某些应用领域如微观分析、催化和微电子相关的内容。

本书包括表面和界面物理的理论与实验两方面内容。一些实际的考虑作为各章后的附录而专门强调，其中描述了超高真空（UHV）技术、电子光学、表面光谱学、界面的电学-光学表征技术等。其主章节对于表面和界面的制备方法、结构、振动和电子学性质、解吸附和层状生长学内容进行了广泛而详尽的论述。由于在现代微电子学中的本质性作用，重点论述了关于半导体界面和异质结的电子学性质。半导体微电子学作为界面物理学的主要应用被进一步强调，这是由于其应用和基础研究的差距与诸如催化、腐蚀和表面保护的研究相比更小。

本书的形成是基于我在亚琛科技大学（RWTH）的讲义以及与我的同事 Pieter Balk、Hans Bonzel、Harald Ibach、Jürgen Kirchner、Claus-Dieter Kohl 和 Bruno Lengeler 组织的学生研讨会内容。因此，非常感谢参与这些研讨会的同事和同学们，以及他们在这些课题讨论中作出的贡献和营造的学术气氛。我以前的一些博士生，如 Arno Förster、Monika Mattern-Klosson、Richard Matz、

Bernd Schäfer、Thomas Schäpers、Andreas Spitzer 和 Andreas Tulke，也提供了非常有价值的建议。同时，我要感谢 Angela Rizzi 对本稿的审阅以及许多有益的贡献。

原英文稿得到 Springer Verlag 出版社的 Angela Lahee 大刀阔斧的修改、润色与提高。我十分感谢她对我的帮助和提供的许多学术上的线索。我也感谢 ILona Kaiser 在最后成书过程中与我愉快的合作。另外，此书如果没有 Helmut Lotsch 长期的支持是很难完成的，因此我也非常感谢他。

最后，我要感谢一直关心我的家人在我写此书的过程中所给予的长期耐心的支持，无以言谢。

Hans Lüth

于亚琛，于利希

1992 年 10 月

目　录

第 1 章
表面、界面物理：定义及其重要性

固体界面定义为分离两个相互紧密接触的固体的少量原子层，其性质明显不同于被它分离的两块体材料。例如，沉积在一个半导体晶体上的金属膜被一个半导体-金属界面从半导体材料中分离出来。

固体表面是一种十分简单的界面，固体靠此表面与外界接触，即与大气或在理想状态下与真空接触，所以，现代界面和薄膜物理的发展基本上由表面物理研究领域正在发展的理论概念和实验工具所决定，即简单的固体-真空界面物理。表面物理本身同时变成了微观固态物理的一个重要分支，其实追本溯源，表面物理的历史就来源于经典固体物理和物理化学中，尤其是表面反应和异相催化的研究中。

固态物理从概念上来说属于凝聚态中的原子物理学。根据化学键的长度，以及介于零到几电子伏范围的相关能级，主要的目标在于解决固体宏观性质在原子层面上的描述与解释，其宏观性质包括如力学弹性，比热容，电导，对光的反应和磁性等。与纯粹的原子物理学相比，其本质不同在于必须描述大量原子的行为，即大约在

1 cm^3 的凝聚态物质中组装有 10^{23} 个原子，或说在固体中 1 cm 长的线度上有 10^8 个原子。为了能实现如此大量原子行为的理论描述，必须在原来的固体物理中发展新的概念。一个理想晶态固体所具有的平移操作对称性导致了声子色散支结构或电子能带，以及有效电子质量等概念的出现。因为涉及大量原子，也因为宏观尺度和原子级长度的不同，在经典固态理论中发展起来的大多数理论模型是基于固体能无限扩展的假设。在这些模型里，相对少量原子形成的宏观固体表面的性质一般都被忽略，这在相当程度上简化了其数学描述。理想化的晶体具有无限平移操作对称性，使许多对称操作可以适用，这使解析数学处理成为可能。作为一个能无限扩展的研究对象，固体的这种描述忽略了表面不同于体材料的那几个不多的原子层的性质，这确实是一种推演由固体中大量原子决定宏观性质的很好的近似方法。进一步说，这种描述也符合各种光谱实验的结果，例如，探针(X 射线、中子、超快电子等)能够很深地进入固体材料内部，使得那些相对少的表面原子($\approx 10^{15}\ cm^{-2}$)的效应确实能被忽略。

在所用的实验探针与固体物质具有“强”的相互作用，仅能进入固体表面几埃的情况下，例如低能电子、原子和分子束等，以无限扩展的固体为研究对象的经典固态物理方法就变得有问题和不正确，其不同于体原子的表面原子的性质就显得十分重要。光谱学研究也是同样的，在表面外探测到的粒子来源于接近表面的激发过程。例如在光致发光的实验中，X 射线或紫外线从固体的耦合电子态激发出电子，它们逃离固体表面，进入真空，被电子谱分析和探测。由于这些光电子非常有限的穿透深度(5~80 Å 且取决于其能量)，表面最表层的原子层的影响就绝对不能忽略。其光电子谱将承载着从最表面原子层获得的特殊信息。表面的特征性质引发了光致发光实验的理论描述(第 6 章附录Ⅻ)。即使研究体电子态，数据分析也需在从表面物理发展起来的模型框架中进行。进一步，为了获得特殊固体的固有性质的信息，实验需要在超高真空(ultrahigh vacuum，UHV)条件下进行，且样品表面必须保证非常干净。由于表面的敏感性，非常轻微的表面污染都可能改变结果。

表面和界面物理的概念在固态物理中是十分重要的，不仅因为它与特殊的实验方法相联系，而且因为它属于一种特殊的物理体系。沉积在一个固体基底上的固体薄膜就含有一个固-固界面和一个表面(膜-真空界面)，如此薄膜的性质基本上就由这两个界面的性质所决定。薄膜物理不能套用固体物理的概念，相反，界面物理的模型却必不可少。类似地，小原子团簇物理，由于其拥有比体材料中的原子更多的表面，必须将表面物理中获得的结果考虑其中。

表面和界面物理作为凝聚态物理中严格定义的亚学科分支，与其他许多研究领域复杂交叉(图 1.1)。它起步于物理和化学的某些领域，而在许多重要的应用领域，例如半导体电子学和新型实验仪器和方法的发展方面获得累累硕果，其事例不胜枚举。示意图1.1凸显了这一点，表面和界面物理是凝聚态物理基础领域中重要的分支之一，而且界面物理的概念与思路对固体物理有重要的影响(例如声子色散、电子能带、输运机制等)。

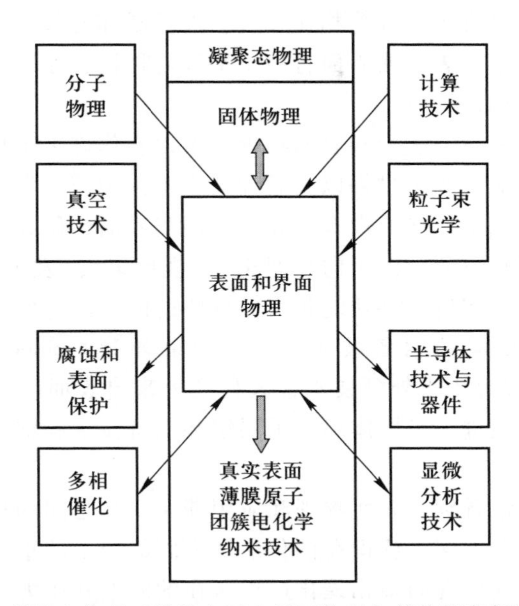

图1.1　凝聚态物理亚学科表面和界面物理与其他研究领域的关系

另一方面，在一般固体物理中，界面物理对与固体真实表面和薄膜相关的独特问题提供了深刻的认识，涉及其物理性质和生长机制。小原子团簇物理也受益于表面物理。电化学这一更广泛的领域也是如此，其中，固体表面和一般环境下与电解质的反应是研究的中心课题。更进一步，纳米技术这一新的分支，即纳米级工程(第3章附录Ⅵ)这一从扫描隧道显微镜(scanning tunneling microscope，STM)和相关技术的应用中应运而生的领域，就借用了许多在表面科学中大力发展起来的概念。

如果不是利用了除固体物理之外的其他研究领域的成果，很难想象存在现代表面和界面物理这门学科，从实验科学的观点来看，只有超高真空技术成熟发展之后，表面研究所通常要求的严格界定的清洁表面的制备才成为可能。真空物理和技术对表面和薄膜物理的研究有重要的影响。另一方面，由于各种粒子与物质“强”的相互作用，表面敏感的光谱学研究通常利用这些粒子(低能电子、原子、分子等)作为探针，因此粒子束光学、谱学和探测的发展离不开现代表面物理的出现。另外，固体表面的吸附过程也是表面物理的中心课题，而不论是固体作为基底的性质，还是吸附分子的物理性质，都是认识复杂吸附过程的重要因素，因此，分子物理化学对表面物理许多问题的解决起了重要的作用。最后，如果不是大规模复杂的计算机技术成为可能，很难想象现代表面和界面物理在理论认知上能达到现代如此的水平。在表面和界面物理中的大部分计算与在经典固体物理中的计算相比显得更加宽泛和冗长，因为即使是一个小小的晶体材料，由于其表面或界面打破了平移对称性，极大地增加了需要处理的方程数(由于对称性的缺失)。

从应用的观点来看，表面和界面物理也可以看作许多工程分支和先进技术的基础学科。例如对于腐蚀过程以及后续的表面保护技术发展的深入认识要建立在表面研究的基础上。如果没有半导体表面和界面的研究，发展现代半导体器件技术将是不可想象的。由于向小型化(大规模集成)发展的快速增长趋势，表面和界面很快成为实现器件功能化十分重要的因素。进而，由复杂多层材料制备器件和纳米结构的制备技术——分子束外延(molecular beam epitaxy, MBE)、金属有机源分子束外延技术很大程度上来自表面科学技术。在这个领域，表面科学研究促进了半导体单原子层组装制备技术和纳米结构研究等新技术的发展。

同样地，我们也看到了表面物理和应用催化研究之间的相互依赖性。表面科学对于从原子级别上深入认识在催化活性表面的分子的重要的吸附和反应机制作用巨大，尽管其出现的多相催化过程所在的温度和压力完全不同于超高真空容器中清洁固体表面所需要的温度和压力。另一方面，那些源于在定义不明确条件下所做的经典催化研究的大量知识也已经影响建立在具有明确意义的模型系统上的表面科学的研究。同样的相互依存关系也存在于表面物理和应用微观分析的基本领域。在表面和界面物理学领域，对于表面极端敏感探针的需求已对新的粒子谱学的发展与提高产生了巨大的影响，俄歇电子能谱(Auger electron spectroscopy，AES)、二次离子质谱(secondary ion mass spectrometry, SIMS)和高分辨电子能量损失谱(high-resolution electron energy loss spectroscopy, HREELS)是很好的例子。这些技术在表面和界面物理领域发展起来[1.1]，同时，它们也成为许多其他显微分析的实际研究领域所必需的标准技术。

因此，表面和界面物理对于其他学术研究和技术领域也产生了巨大的影响力。如果算上应用在这个领域的各种实验技术，以及物理化学领域其他各种分支的介入，它名副其实地成为物理学研究中的交叉学科[1.2-1.14]。

这一物理分支的特征在于实验和理论研究以及各种不同实验技术的应用之间具有十分紧密的关系，有些实验技术起源于完全不同的研究领域。因此相应地，本书遵照这样一个思路，在讨论某一部分表面和界面物理的理论时，在附录中将相应的主要实验方法给予介绍。尽管在这个领域至今应用的实验方法和技术多种多样，但有一项基本技术在所有现代表面、界面和薄膜实验中的应用似乎是最普遍的，那就是超高真空技术。为了制备严格意义上的表面或原位研究新鲜界面的性质，用来提供洁净条件的超高真空设备是必需的。当我们进入一个作表面和界面研究的实验室，总能发现大的超高真空腔以及真空泵系统。同样地，粒子束光学，尤其是低能电子束分析工具对于制备新鲜干净的表面也十分重要，这是因为必须通过表面敏感探针才可以实现和验证新鲜表面是否完美地结晶且洁净。

附录Ⅰ　超高真空(UHV)技术

从实验的视角来看，现代表面和界面物理的发展是与超高真空(UHV)技术的出现密不可分的。无污染、符合严格定义的表面的制备需要环境压强低于 10^{-10} Torr(= 10^{-10} mbar 或约等于 10^{-8} Pa)(也见 2.1 节)。现代典型的 UHV 设备主要由下列几部分构成：其一是不锈钢容器，即 UHV 腔室，所有的表面研究或制备过程(外延生长、溅射、蒸发等)都在其中进行；其二是真空泵组，包括几个不同的泵以及适用于不同气压范围的气压计(gauge)。在许多情况下，质谱仪[通常用四极质谱仪(quadrupole mass spectrometer，QMS)，见第 2 章附录Ⅳ]连接到主真空腔检测剩余气体。图Ⅰ.1 是整个设备的结构框图。为了在主 UHV 腔获得 10^{-10} Torr 数量级的背底压强，需要不同的真空泵相互组合来完成此任务，因为每一个泵只能在有限的压强范围内使用。超高真空(低于 10^{-9} Torr)可以由扩散泵和涡轮分子泵完成，也可以用离子泵和低温泵实现(图Ⅰ.2)。使用扩散泵、离子泵和低温泵的起始气压在 10^{-2} ~ 10^{-4} Torr 范围内。因此，开始时首先需要使用旋转式空气泵或吸附泵在真空腔及管路中来实现这样一个气压范围(即如图Ⅰ.1 中所示用一个旁路管道来实现)。涡轮分子泵能够从大气压开始在 UHV 腔中启动工作，一直抽到超高真空状态，但是必须需要一个旋转式空气泵(一般指常用的机械泵)作为初级泵(图Ⅰ.1)。需要许多的真空阀来相互分离不同的泵以及泵与真空腔。因为当某个泵达到了它的工作气压时，例如，旋转式空气泵抽到 10^{-3} Torr 时，如果不与真空腔隔断，就会成为其他工作泵继续获得更低气压的漏点。

在主腔室获得超高真空的一个重要步骤是烘烤过程。当 UHV 腔的内壁暴露在空气中时，很容易覆盖上一层水膜(H_2O 分子由于其高的偶极矩效应将牢固地黏附在腔壁上)，在抽气过程中，这些 H_2O 分子才慢慢开始解吸附，这样即使真空泵功率很高，最低也只能获得 10^{-8} Torr 的气压。为了排除这些吸附的水膜，整个真空设备系统需要在真空腔抽真空状态下在 150 ~ 180 ℃ 的范围焙烤约 10 h。即当真空腔气压达到 10^{-7} Torr 数量级时，焙烤开始(焙烤炉如图Ⅰ.1 中的虚框所示)。焙烤结束后，其 10^{-7} Torr 的气压将会进一步下降，直到超高真空状态。

对总系统经过上述粗略的回顾之后，现在我们需要对真空设备的主要部分进行更为详细的描述。UHV 系统的不同部分靠标准的法兰系统连接在一起。除了一些小的变化，“对接法兰(conflat flange)”(有不同的标准尺寸：miniconflat、2 2/3"、4"、6"、8"等)都由不同的 UHV 供应商提供(图Ⅰ.3)。为避免泄露，一般的密封垫圈是必需的，而铜垫圈只能一次性使用。这种对接法兰系

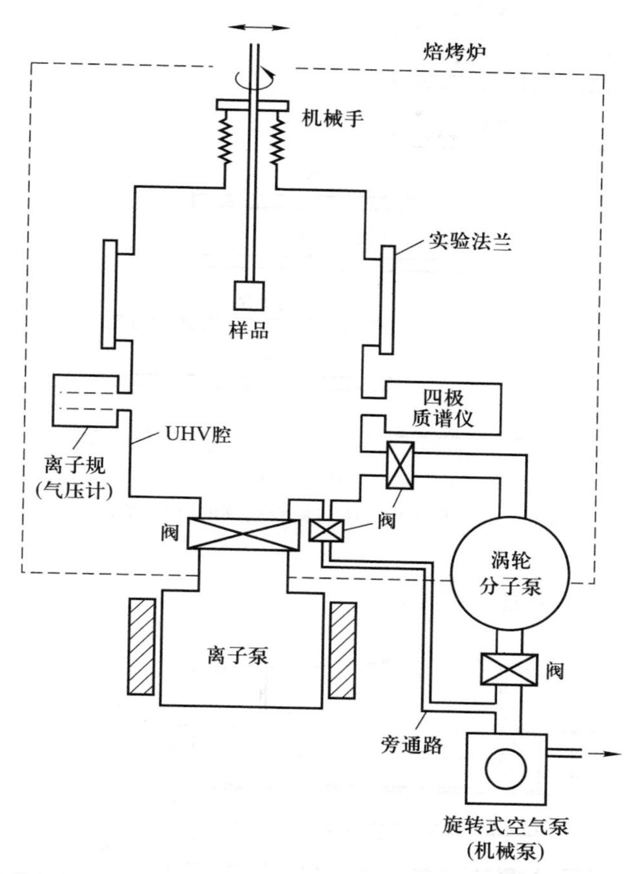

图Ⅰ.1　超高真空(UHV)系统示意图：不锈钢 UHV 腔由不同的真空泵为其工作；在离子泵等启动工作前，初级机械泵(旋转式空气泵)直接连接主腔室产生初始真空度，四极质谱仪(QMS)和气压计用来检测剩余气体。为了获得超高真空，虚线所框(焙烤炉)的所有部分都需要焙烤

统对于真空设备的可焙烤部分是必需的，而像初级泵、旁通路及其他不在 UHV 状态下的部件通常只需要橡胶垫圈或复合材料垫圈来密封连接。

为了在启动 UHV 泵前获得初始真空(10^{-2}~10^{-3} Torr)，首先使用吸附泵或旋转式空气泵，这个系统叫作“roughing out”系统，因此，用于达到此目的的泵也有个对应的名字“roughing pumps”(前泵、粗泵)。

吸附泵含有粉末材料(例如沸石)，其材料由于具有大的活性表面积，通常叫作分子筛，作为抽出气体的吸附剂使用。最大吸附活性即最大抽速越在低温下越容易达到，所以，吸附泵通过液氮冷却其壁来激活。另外，需要在真空中加热，产生解吸附而不断地更新吸附材料，因为吸附过程在一段时间后就会

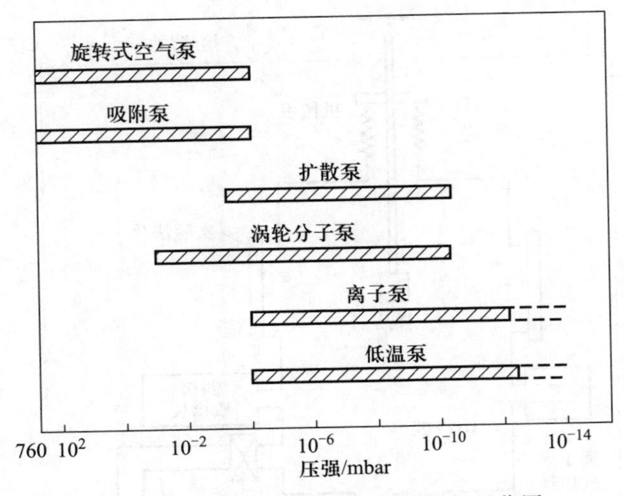

图Ⅰ.2　所用不同真空泵能达到的气压范围

饱和，所以吸附泵就不能连续工作了。

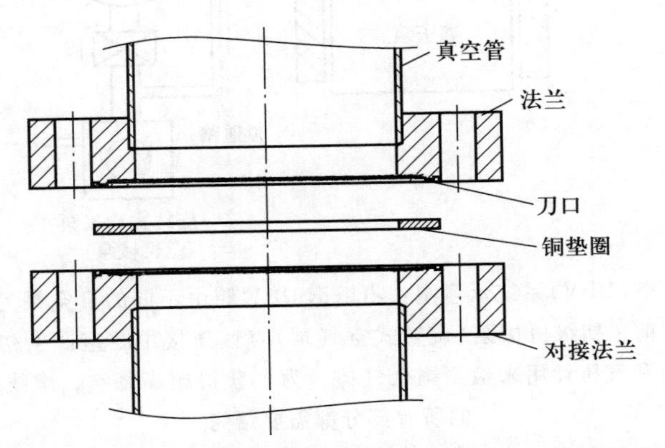

图Ⅰ.3　透过不锈钢腔室所看到的用来密封的、安装在 UHV 设备上的对接法兰的横截面图

涡轮分子泵的使用必须首先联合机械泵(旋转式空气泵)来获得必要的初始气压(图Ⅰ.4)。旋转式空气泵的工作是靠离心转子的转动来改变气体体积的方式而实现的。该离心转子沿径向在两端槽口有两个叶片。在气体进入阶段，进口附近容器是开放的，体积逐渐增大，随着转子进一步旋转，该进入气体的空间与进口处分隔；然后就是气体压缩阶段，气体被压缩，被推进排气阀(用油密封)。为了避免抽进的空气中水汽的凝结，大部分泵安装一种载气(gas load)阀，通过该阀，一定量的空气即负载的气体，被加入这种压缩气体中。

而旋转叶片与泵的内壁之间靠一种油膜密封。

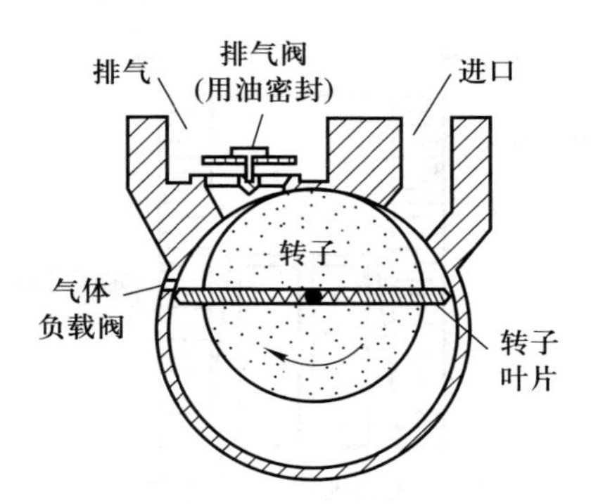

图Ⅰ.4 旋转式粗泵的横截面示意图。在气体进入阶段，气体的体积逐渐增大，随着离心转子的进一步旋转，这些气体体积压缩，直到气体被排出

用在 UHV 系统中的最普遍的泵是涡轮分子泵、扩散泵、离子泵和低温泵。

涡轮分子泵(或者涡轮泵)的原理在于高速转子(15 000~30 000 r/min)的行为。它将气体分子从 UHV 一侧换气到前级泵一侧，在此处旋转式空气泵将气体抽出(图Ⅰ.5)。其转子与定子槽分度交错式连接(交错排列)。转子有“换气”叶片，该叶片相对于旋转轴是倾斜的(也即反倾斜于定子叶片)，这意味着分子穿过定子从前级泵一侧到 UHV 一侧的概率远低于分子向相反方向运动的。这使我们可以很清楚地考虑分子通过转子叶片的安装部位将要运动的所有可能路径[图Ⅰ.5(b)]。到达转子叶片 A 点的分子(至少是能顺利实现的一种情况)，如果它以大于 β_1 的角度入射而在 δ_1 的角度内反射，理论上它能从 UHV 一侧顺利到达前级泵一侧。对于向相反方向通过转子的分子，最可能产生的是它在 β_2 圆角内入射，在 δ_2 角内反射而到达 B 点。这两种路径通过分子的概率可以通过角的比值 δ_1/β_1 和 δ_2/β_2 估算出来。因为 δ_2/β_2 相比于 δ_1/β_1 很小，所以分子从 UHV 一侧出去的概率更大，这样就达到了抽气的目的。这个纯粹的抽泵几何效应由于高的叶片速度而大幅度增强。由于采用了倾斜的叶片，撞击在叶片上的分子获得离开 UHV 区的高的速度分量。由于定子叶片也采取了相反的倾斜方式，压缩比获得很大提高。向“正确”方向运动的分子到前级泵一侧的路径总是畅通的。

由于涡轮分子泵的抽气作用依赖于所抽分子和转子叶片的作用过程。前级和 UHV 侧之间的压力比依赖于所抽气体的分子量和转子转速(图Ⅰ.6)。因此，涡轮分子泵的弱点在于对轻气的抽速慢，尤其是 H_2[图Ⅰ.6(a)]。但其重要的优点是气体分子与泵之间纯粹的机械作用；没有不良化学反应出现。当相对大量的气体需要抽出时，一般主要应用涡轮分子泵，例如蒸发或外延生长

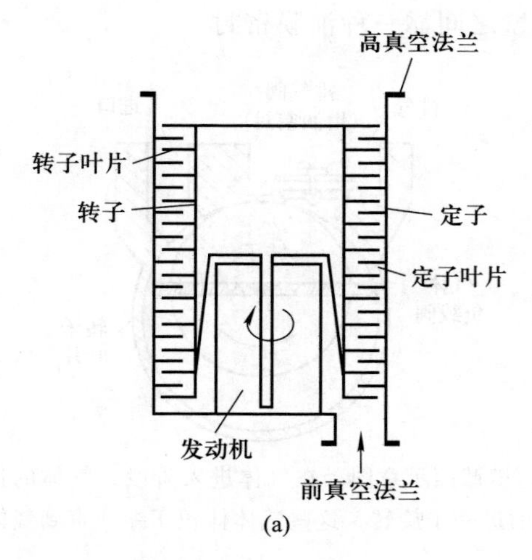

(a)

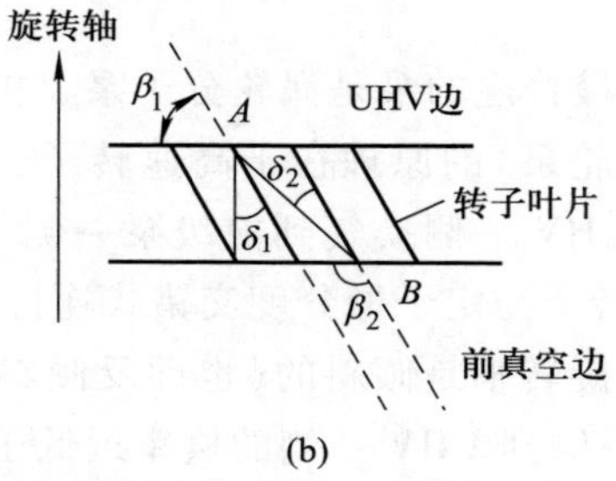

(b)

图 I.5 涡轮分子泵的典型示意图：(a) 转子和定子的一般布置，转子叶片和定子叶片相互倾斜；(b) 对应的旋转轴转子(不详示)叶片布置的定性图，分子从 UHV 一侧到前级泵一侧以及相反运动的可能路径由几何条件决定，即角 β_1、δ_1 和 β_2、δ_2

(金属有机源分子束外延)薄膜时。

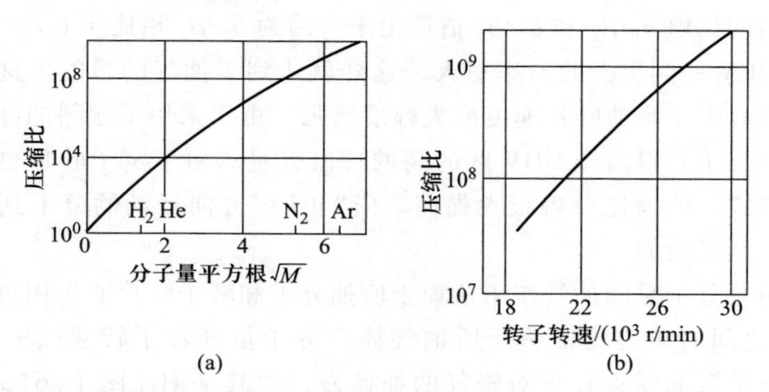

图 I.6 涡轮分子泵的压缩比随被抽气体分子量 M 的变化(a)，以及随转子转速的变化(b)(Leybold Heraeus GmbH 提供)

吸气剂离子泵没有旋转部分，作为备用泵来维持一个很宽范围的超高真空条件是很方便的(图Ⅰ.7)。现代的吸气剂离子泵设计成蜂窝状结构[图Ⅰ.7(a)]，其抽速靠单个泵的单元抽气行为简单地重复而得到提高[图Ⅰ.7(b)]。在每一个单元中，在几千高斯的磁场中(由泵外侧的永磁体产生)，在几千伏电势差的正极和负极之间产生放电现象，由于磁场使电子产生螺旋运动，其路径长度极大地增加。正是这个增加的路径长度，保证了气压降至 10^{-12} Torr 和更低，以及高的电离概率。形成的离子被加速到达 Ti 阴极，然后被捕获或化学吸附。由于它们的能量很高，穿透进入阴极材料，进而溅射处在阳极表面的 Ti 原子，其阳极表面也捕获气体原子。为了提高抽速，采用辅助阴极[三级泵，图Ⅰ.7(b)]。离子泵的一个问题是 Ar 气，它通常是抽速的决定性因素(大气中含有1% Ar)。这个问题在一定程度上靠采用辅助阴极解决。溅射离子泵的抽速范围较广，在 1~5 000 ℓ/s 之间。气压范围为 $10^{-4}\sim10^{-12}$ Torr。因此，需要前级泵来启动吸气剂离子泵。这种泵不适合应用在吸附过程和大分子表面化学的研究中，因为背景气体分子的分裂可能出现，导致额外的不必要的反应。

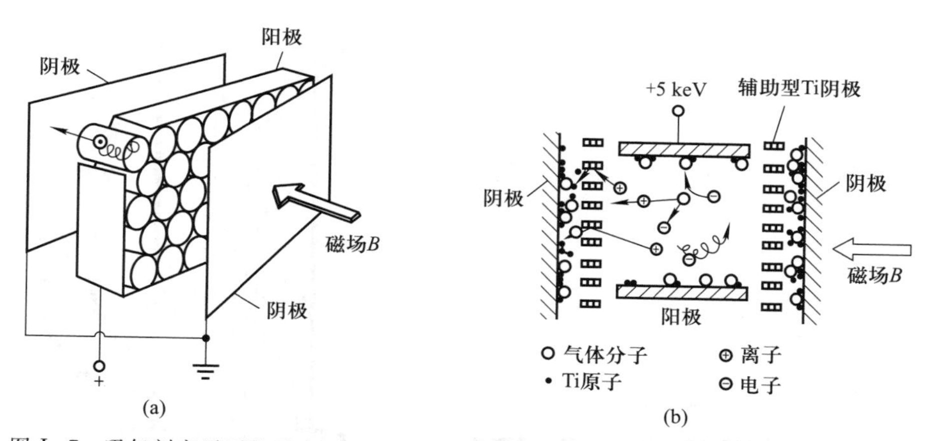

图Ⅰ.7 吸气剂离子泵的示意图：(a) 基本的蜂窝状结构分布，每一个腔室本质上由一个管状阳极组成，两端是两个共用的阴极 Ti 片，以及在一起的辅助型 Ti 阴极；(b) 在一个单腔室中发生的典型过程的细节。围绕磁场 B 螺旋运动的电子撞击剩余的气体分子使其电离，其离子被加速飞往阴极和/或辅助阴极，它们被阴极活性表面所捕获或溅射辅助阴极中的 Ti 原子，该 Ti 原子反过来又有助于捕获剩余气体离子

在有些情况下，蒸汽泵是一个方便的选择，一般所说的蒸汽泵包括蒸汽喷射泵和蒸汽扩散泵。在这两种型号的泵中，水蒸气由一个处在泵底座处的加热器产生[图Ⅰ.8(b)]。该蒸汽油或水银向上经过一个圆柱形容器(或几个圆柱的组合体)而到达顶部的一个伞状导流板，在那里水蒸气分子与通过吸入口进

来的气体分子碰撞。当气体分子的平均自由程大于管道宽度时，气体和蒸汽的相互作用是基于扩散方式，依靠该方式气体分子被抽到前级泵区。因此，扩散引起 UHV 和前级侧之间的压力梯度。当在入口处的气体分子的平均自由程小于所在空间时，泵以喷射抽气的方式进行，气体以一种黏滞拖拽和杂乱混合的方式被带走，通过一个小孔从真空腔带入前级泵一侧。在一些新型蒸汽泵中，将扩散和喷射两种原理结合起来，这种泵称为蒸汽增压泵。扩散泵存在两大缺点，因此限制了其达到的最低真空度，即工作流体中分子的向后流动和向后迁移导致粒子向相反方向迁移，因此，工作流体(working fluid)的蒸气压对于最终获得多低的气压是很重要的。同样地，抽气分子也存在向高真空一侧的背散射。这两种效应需要靠隔板和冷阱(cooling trap)去解决，但这种方法显然会降低净抽速，但对于达到 UHV 状态十分必要。隔板包含能使返流物凝结的液氮冷叶片[图Ⅰ.8(a)]。工作流体的浓度对于蒸汽泵的运行至关重要。以前专用的水银(Hg)现在被高质量的超高真空油脂所替代，这能使真空度在冷阱使用的情况下达到 10^{-10} Torr。

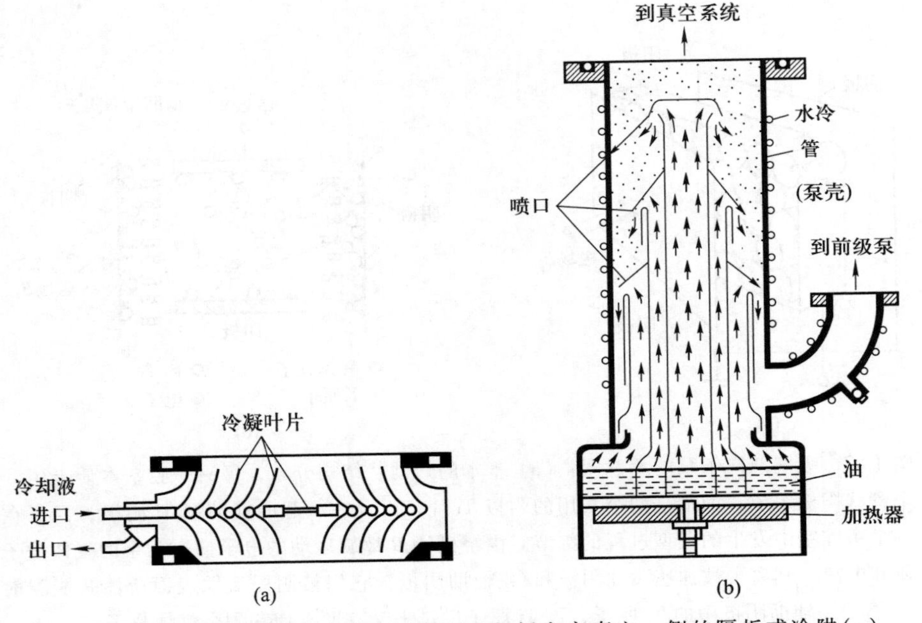

图Ⅰ.8　蒸汽(扩散)泵(b)的简单示意图，包括在高真空一侧的隔板或冷阱(a)。隔板(a)和泵(b)分别放置在泵站的两端

由于抽速非常高，低温泵在大型 UHV 系统中广泛使用。低温泵抽气基于以下原理：如果一个真空系统中的表面被冷却，蒸气(气体分子)倾向于在其

表面凝聚，因而可以降低环境气压。图Ⅰ.9为一个典型的低温泵结构图，其主要部分是一个螺旋状金属部件，作为凝结气体的表面，它安装在一个直接与UHV腔的法兰相连的腔室中，冷却剂一般是液氦，从杜瓦瓶通过一个与真空隔离的流入管道提供给螺旋部件，然后靠连接在螺旋部件末端的气泵流经整个盘状管道。当冷却剂流经盘状管道时产生沸腾现象，因此对整个管道起到冷却作用。在排气管道上的节流阀控制其冷却剂流量，因而控制其冷却速度。固定在盘状管道上的温度传感器自动控制其阀的开关。在这个闭环系统中，泵管线直接与氦气液化器和压缩机相连，从排气口出来的氦气又返回液化器中。

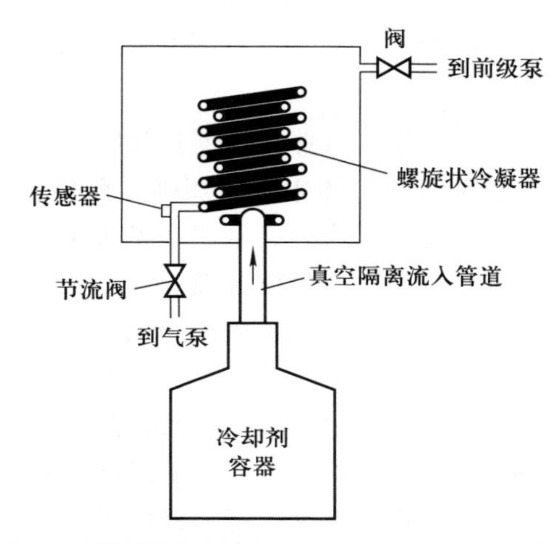

图Ⅰ.9　低温泵原理图(Leybold Heraeus GmbH 提供)

第二种低温泵是所谓的bath pump，其冷却剂装在一个罐中，并需要不停地补充加满。对某种气体用这样的低温泵获得的最低气压 $p_{\min}$ 取决于冷凝器表面在温度 T_v 下的蒸气压 P_v。根据图Ⅰ.10，除了He和 H_2，大部分气体当用液氦作为冷却剂(4.2 K)时能有效地抽真空，很容易获得低于 10^{-10} Torr的真空度，抽速高达104~106 ℓ/s。当然，低温泵不能在气压高于 10^{-4} Torr的条件下使用。部分原因是需要大量的冷却剂；另一个原因是沉积很厚的固体冷却剂将严重地降低抽气效率。

UHV技术最重要的方面自然是UHV状态的产生，但是，更为重要的要求是测量和时刻监控气压的能力。在普遍使用抽气泵的过程中，每种气压计也只能在有限的压强范围内操作使用。从大气压到 10^{-10} Torr的整个范围实际上主要由两种气压计所覆盖。在高压区，即大于 10^{-4} Torr的范围用膜片压力计，压强靠一个金属膜或波纹管的偏转来测量气体相对于固定气体体积的变化来获得。信号靠一个电容测量器(电容计)光学或电学放大。另外一种适用于高压

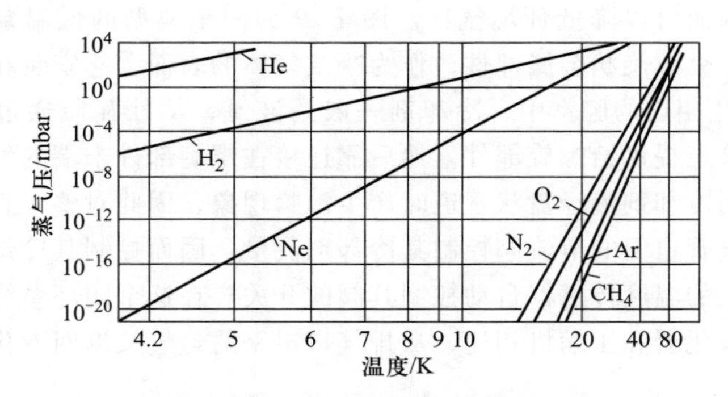

图Ⅰ.10　各种冷却剂材料的饱和蒸气压随温度的变化

范围的气压计是分子黏度计，因为气体的黏度是气压的直接函数。分子阻力导致的气体宏观运动衰减的测量可以用来确定压强，即使压强低到 10^{-10} Torr 也能被旋转球气压计测量。在此仪器中，磁悬浮金属球高速旋转，但被气体摩擦力减速，磁感应测量其减速即可测知气体压强。

在真空系统更为广泛使用的是热导(热损)计，该气压计测量的压强范围从 10^{-3} Torr 直到 100 Torr。这种气压计测量气压的原理基于压强随气体热导的变化关系，其基本结构由连接真空系统的金属或玻璃管中的灯丝 Pt 或 W 组成。灯丝直接由电流加热，而灯丝的温度取决于提供的电能与热损的平衡，其热损来自于气体的热导、热辐射以及支撑材料铅的热导。至于铅板的辐射热损可以靠合适的结构设计使其最小化。如果热能的提供是恒定的，那么灯丝的温度及灯丝的电阻主要取决于气体热导率引起的能量损失。在皮拉尼(Pirani)真空计中，灯丝温度随着压强的变化主要根据其电阻的变化来测量。电阻测量通常按照惠斯通电桥(Wheatstone bridge)的设计来连线，即桥的一端正是真空计管的灯丝。所测量的电阻对气压的依赖关系自然是非线性的，因此，非常有必要进行与其他绝对气压计的对比校准。

测量低于 10^{-4} Torr 的气压，包括 UHV 范围($<10^{-10}$ Torr)，最重要的器件是电离规。暴露于具有足够动能的电子束下的过剩气体原子(对于 H_2O 和 O_2 需要 12.6 eV；对于 N_2、H_2 和 Ar 需要 15~15.6 eV；对于 H_2 需要 24.6 eV)易于电离，其离化率以及产生的离子流是气压的直接函数。图Ⅰ.11 为一个热阴极电离规的示意图，由一个电子加热的阴极灯丝(+ 40 V)、阳极栅极(+ 200 V)和一个离子收集器组成。热发射电子被阳极电压加速，包括离化的气体原子或分子，加速走向阳极。在阳极可测电流 I^-，同时，直接与环境气压相关的离子流作为收集器电流 I^+ 被测量。作为气压计应用时，电子发射电流 I^- 通常保持不变，这样仅记录 I^+ 来确定气压即可。由于离化截面因气体种类不同而不同，因

此针对绝对标准值的校准是必需的，对于各种气体的修正因子必须考虑在内。商用设备通常配以适用于 N_2 的气压刻度。图Ⅰ.11(b)所示为现代的 Bayard-Alpert 真空计的结构图，包括几根灯丝、圆柱形网格结构和处在管中心作为离子收集器的细丝。只有这种具有很细的离子收集器的特殊结构才能测量低于 10^{-8} Torr(UHV 范围)的气压。该离子收集器的任何扩展都会引起电子激发软 X 射线的现象。这些 X 射线具有足够的能量引起阳极电子的光电发射。在电学上，由阳极引起的电子发射等效于一个正离子的捕获，将会引起一个净的额外电流，因此降低可探测离子流的限度。

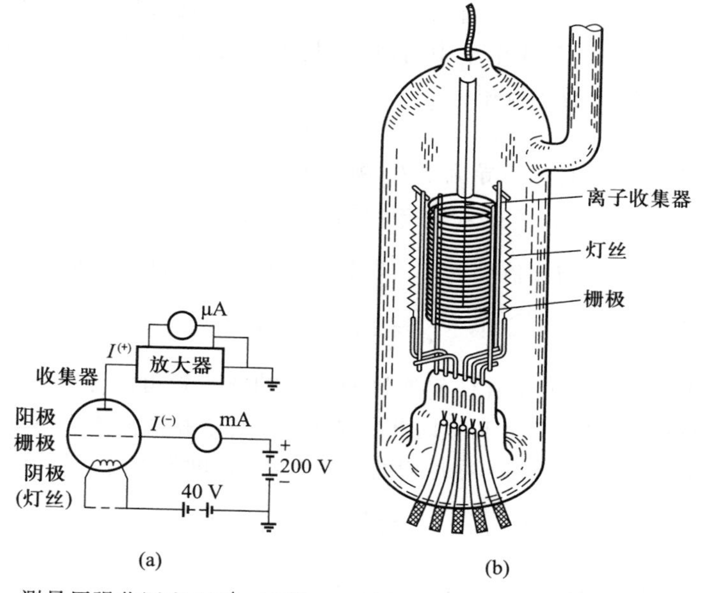

图Ⅰ.11 测量压强范围在 10^{-4} ~ 10^{-10} Torr 的电离规：(a) 测量电子发射电流 I^- 和离子(收集器)电流 I^+ 的电路；(b) 现代 Bayard-Alpert 型电离规的典型结构，玻璃管(pyrex)中包含阴极灯丝、阳极栅极和离子收集器，与真空腔相连接，电极的布置也可以放在 UHV 腔中

上述描写了一个 UHV 系统普遍使用的仪器装置与主要组成，下面将给出一些基本的关系，这些关系能够计算真空系统的表现与参数。

当在一个 UHV 容器中保持恒压 p，那么从容器壁解吸附的分子数必然与泵抽出去的气体量精确平衡，这可以用泵方程表述，即压强变化率 $\mathrm{d}p/\mathrm{d}t$ 与气体的解吸附速率 v 和抽速 $\tilde{S}[\ell/\mathrm{s}]$ 相关。因为对于理想气体，体积和气压具有下列关系：

$$pV = NkT \tag{Ⅰ.1}$$

遵循粒子守恒律而产生

$$vA_{\mathrm{v}}=\frac{V_{\mathrm{v}}}{kT}\left(\frac{\mathrm{d}p}{\mathrm{d}t}+\frac{\tilde{S}p}{V_{\mathrm{v}}}\right) \tag{Ⅰ.2}$$

其中，A_{v} 和 V_{v} 分别为真空腔的内表面面积和体积。稳定(stationary)条件可以在方程(Ⅰ.2)中令 $\mathrm{d}p/\mathrm{d}t=0$ 而获得。而另一方面，通过解方程(Ⅰ.2)求解 $\mathrm{d}p/\mathrm{d}t$ 可以得知抽气(pump-down)行为。在真空系统中的气泵抽速总是被所抽气体经过的管道的有限导流率所限定，这个导流率 C 可以仿照电学中的欧姆定律来定义

$$I_{\mathrm{mol}}=C\Delta p/RT \tag{Ⅰ.3}$$

其中，I_{mol}为分子流，Δp 为沿着管道的压差，R 为普适气体常量，C 与抽速 $\tilde{S}$ 有相同的单位 ℓ/s。类比于电学中的情况[基尔霍夫定律(kirchhoff's law)]，平行的两个管道并联具有导流率

$$C_{\mathrm{p}}=C_1+C_2 \tag{Ⅰ.4}$$

而串联的两个管道，其总的导流率 C_{s} 满足关系

$$1/C_{\mathrm{s}}=1/C_1+1/C_2 \tag{Ⅰ.5}$$

当给定了某个泵，且与导流率为 C_{p} 的管道相连，其泵的有效抽速 $\tilde{S}_{\mathrm{eff}}$为

$$1/\tilde{S}_{\mathrm{eff}}=1/\tilde{S}_{\mathrm{p}}+1/C_{\mathrm{p}} \tag{Ⅰ.6}$$

其中，$\tilde{S}_{\mathrm{P}}$ 为独立的泵即没有任何连接的泵的抽速，管道的导流率依赖于流动的条件，即分子的几何尺寸和平均自由程之比。对于黏性流体(viscous flow)(pd >10 mbar · mm)，当管道圆形横截面的直径为 d，长度为 L 时，其导流率为

$$C[\ell/\mathrm{s}]=137\frac{d^4[\mathrm{cm}^4]}{L[\mathrm{cm}]}p[\mathrm{mbar}] \tag{Ⅰ.7}$$

在分子流的低压区(pd<0.1 mbar · mm)可得

$$C[\ell/\mathrm{s}]=12\frac{d^3[\mathrm{cm}^3]}{L[\mathrm{cm}]} \tag{Ⅰ.8}$$

推荐进一步阅读的文献

K. Diels, R. Jaeckel, *Leybold Vacuum Handbook* (Pergamon, London, 1966)

Leybold brochure, *Vacuum Technology—its Foundations, Formulae and Tables*, 9th edn., Cat. no. 19990 (1987)

J. F. O'Hanlon, *A Users' Guide to Vacuum Technology* (Wiley, New York, 1989)

J. P. Roth, *Vacuum Technology* (North-Holland, Amsterdam, 1982)

M. Wutz, H. Adam, W. Walcher, *Theorie und Praxis der Vakuumtechnik*, vol. 4. (Vieweg, Braunschweig, 1988)

附录Ⅱ　粒子光学和光谱学的基础

电子和其他带电粒子，例如离子，是在表面散射实验中最为频繁应用的探针(见第4章)，其主要原因是因为这些粒子相对于光子不会在固体中进入太深。经散射后，容易把固体最表面原子层的信息带出来。另一方面，它们带电的事实可以建立起形成图像和能量色散的分析仪器，例如电子单色器，正如传统光学中所用的光子单色器一样。电子束在电场中的折射(偏移)所遵从的基本定律类似于光学中的 Snell 定律。根据图Ⅱ.1，以一定角度入射到具有电压 U 的平板电容器(由两块金属网格组成)上的电子束方向会产生偏移。由于电场 ε 垂直于电容器板面，仅电子速度的垂直分量从 $v_1(\perp)$ 变为 $v_2(\perp)$，而平行分量并不改变，即

$$\sin\alpha = \frac{v(\parallel)}{v_1},\qquad \sin\beta = \frac{v(\parallel)}{v_2} \tag{Ⅱ.1a}$$

$$\frac{\sin\alpha}{\sin\beta} = \frac{v_2}{v_1} = \frac{n_2}{n_1} \tag{Ⅱ.1b}$$

如果我们承认速率正比于折射率 n_2/n_1，那么其折射定律将类似于光学中的折射定律。假设入射电子束被电压 U_0 加速，具有速度 v_1，那么能量在电容器中是守恒的，即

$$\frac{m}{2}v_2^2 = \frac{m}{2}v_1^2 + eU \tag{Ⅱ.2}$$

将获得折射定律

$$\frac{\sin\alpha}{\sin\beta} = \frac{v_2}{v_1} = \frac{n_2}{n_1} = \sqrt{1 + U/U_0} \tag{Ⅱ.3}$$

反转偏压 U_0 能使电子束偏离垂直方向。将电容器栅极看作电场 ε 的等电势面，普遍的描述是，电子束受到折射，将沿着还是背离等势线的垂直方向，将取决于电势梯度。原则上，式(Ⅱ.3)一步步地充分构建了电子在一个非均匀电场 $\varepsilon(r)$ 中的运动轨迹。当然，这仅仅在经典粒子运动理论极限框架下适用，显然忽略了由于粒子的波动性而带来的干涉效应(4.9节)。

完全类比于光学棱镜，一个简单而有益的“电子棱镜”模型出现了，如图Ⅱ.2所示。金属栅极本身并不重要，但看不见的等势面的弯曲十分重要，所以，电子棱镜能以一种简单的方式由一种金属小孔组成，该金属小孔本身足以引起附近等势线的弯曲。图Ⅱ.3(a)，(b)中给出的示例分别起到凸透镜(聚光)和凹透镜(发散)的作用，这是由于它们具有独特的等势线分布。图Ⅱ.3(c)所描述的单棱镜在不变的环境电势 U_0 区由对称安装的3个孔径组成。尽

管这个棱镜的场分布以中心具有电势鞍点的中心面完全对称，但该棱镜总是既有聚焦的作用，又在中心孔径的极端负电势环境中起到电子镜面的作用。当中间电极电压低于两侧电极电压时，电子的速度随着接近中心的电势鞍点而减小。电子在这一空间范围的驻留时间较长，因此可以说电势分布的中间区域对于电子的运动有比外围区域更为重要的作用。但不管怎样，中间电势区起到了聚焦的作用，这一点可以通过比较图Ⅱ.3(a)，(b)定性获得。

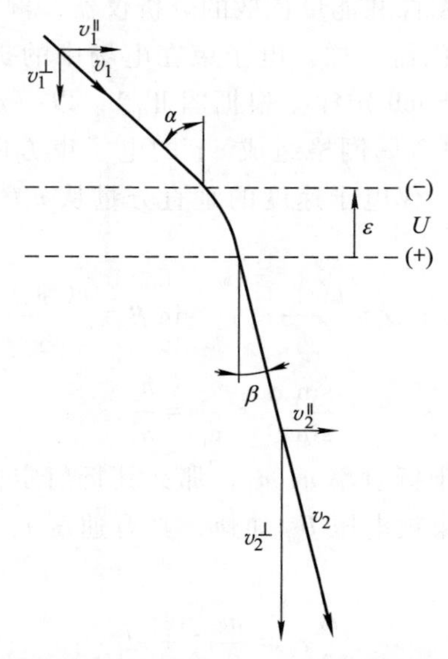

图Ⅱ.1　电子通过平板电容器的经典轨迹。两个透明电极(虚线)间的电场改变了电子速度分量，从 $v_1(\perp)$ 变化到 $v_2(\perp)$，但平行分量 $v(\parallel)$ 保持不变

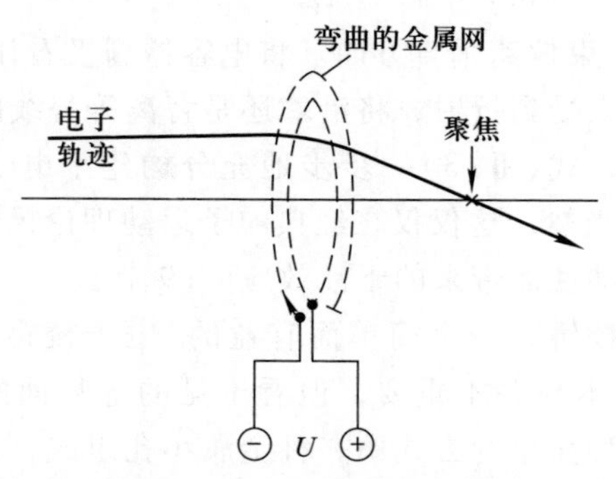

图Ⅱ.2　两个弯曲的施以偏压的金属环组成的电子透镜的简单模型

(类比于光学透镜)

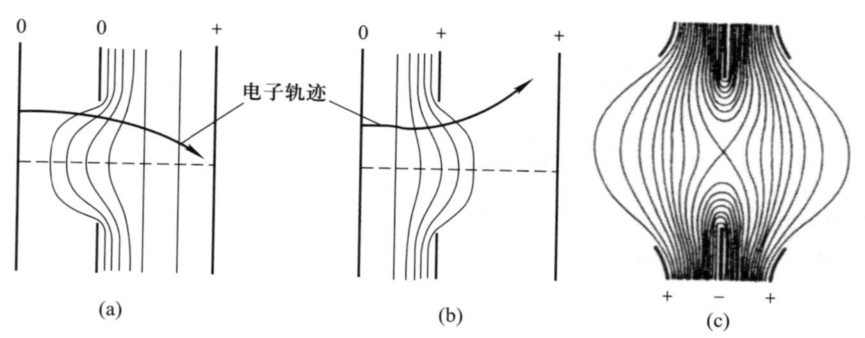

图Ⅱ.3　由金属孔形成的电子透镜的3种示例：(a) 聚焦布置图；(b) 发散布置图；(c) 具有聚焦性质的对称单透镜。在每个示例中显示了特征等势线

另一方面，当内电极相对于外侧电极是正的时，电子速度在透镜外围区域是比较低的，倾向于向中心轴运动起主导作用，因此，在这种情况下，透镜起聚焦作用。

为了计算静电透镜的焦距f，利用光学类比法(图Ⅱ.4)。具有两个不同曲率半径的简单聚焦透镜镶嵌在一个具有折射率 n_0 的均匀介质中，其焦距的倒数为

$$\frac{1}{f}=\frac{n-n_0}{n_0}\left(\frac{1}{|r_1|}+\frac{1}{|r_2|}\right)=\frac{\Delta n}{n_0}\left(\frac{1}{r_1}-\frac{1}{r_2}\right) \qquad (Ⅱ.4)$$

如图Ⅱ.4(b)所示的层状透镜系统的公式可以简单地概括为

$$\frac{1}{f}=\frac{1}{n_0}\sum_{v=1}^{5}\frac{\Delta n_v}{r_v},\qquad v=1,2,3,4,5 \qquad (Ⅱ.5)$$

当然，该公式只有在电子轨迹接近轴时才是正确的。由图Ⅱ.4(c)所示的电子等势面透镜的焦距可以类推获得

$$\frac{1}{f}=\frac{1}{n_2}\int_{n_1}^{n_2}\frac{\mathrm{d}n}{r(x)}=\frac{1}{n_2}\int_{x_1}^{x_2}\frac{1}{r(x)}\frac{\mathrm{d}n}{\mathrm{d}x}\mathrm{d}x \qquad (Ⅱ.6)$$

其中，$r(x)$和$n(x)$分别为中心轴x点处的曲率半径和根据公式(Ⅱ.3)获得的“电子折射率”。场分布在x轴上从x_1扩展到x_2，电子折射率[式(Ⅱ.3)]取决于轴上电势$U(x)$的平方根及电子的速度$v(x)$，如下所示：

$$n(x)=\frac{v(x)}{v_1}=\mathrm{const}\,\frac{[U(x)]^{1/2}}{v_1} \qquad (Ⅱ.7)$$

对于接近轴的电子轨迹，我们因此获得其焦距的倒数

$$\frac{1}{f}=\frac{v_1}{\mathrm{const}(U_2)^{1/2}}\int_{x_1}^{x_2}\frac{1}{r(x)}\frac{\frac{1}{2}\mathrm{const}\ U'(x)/v_1}{[U(x)]^{1/2}}\mathrm{d}x$$

$$=\frac{1}{2(U_2)^{1/2}}\int_{x_1}^{x_2}\frac{1}{r(x)}\frac{U'(x)}{[U(x)]^{1/2}}\mathrm{d}x \qquad (\text{Ⅱ}.8)$$

除了边界条件(边界势 U_2、U_1)，焦距变成了包含$[U(x)]^{1/2}$和势的一阶导数$U'(x)$的表达式的线积分。

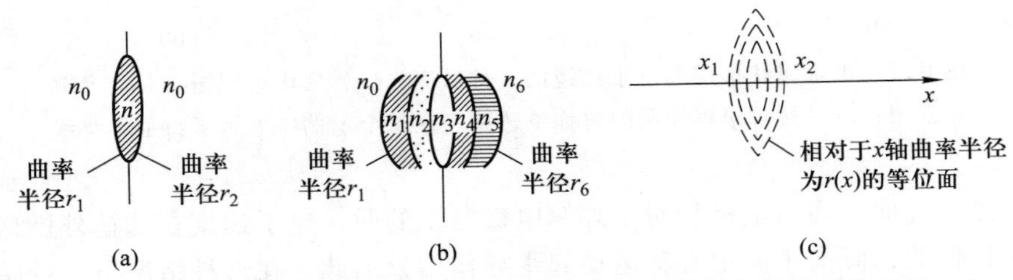

图Ⅱ.4　由不同弯曲等势面形成的电子透镜作用与光学透镜作用的对比(c)；一个光学单透镜示意图(折射率为 n 的介质镶嵌于折射率为 n_0 的介质中)(a)；由不同曲率层组成的多层透镜，折射率从 n_1 到 n_5 镶嵌在两个具有折射率 n_0 和 n_6 的半无限半球中(b)

由于荷质比 e/m 与聚焦条件无关，因此不仅电子，而且所有正电荷，例如质子、He^+离子等，具有同样的电势就聚焦在同一点，只要它们进入具有相同几何形状的系统，并具有相同的初始能即可。

对于磁透镜，情况并不是这样，它主要用来聚焦高能粒子。对于电子，磁场的聚焦效应是显而易见的，内部具有近乎均匀磁场的长螺线管就是很好的实例(图Ⅱ.5)。

电子以速度 v 与磁场 B 呈夹角 φ 进入一螺线管被迫作环绕场线的螺旋状运动，该运动可以描述为两个速度分量：$v_{\parallel}=v\cos\varphi$ 和 $v_{\perp}=v\sin\varphi$，即平行和垂直于磁场 B 的分量叠加。平行于 B 的方向，电子没有加速运动，以恒速 $v_{\parallel}$ 运动；垂直于 B 的方向，电子进入圆周运动，其圆频率

$$\omega=\frac{2\pi}{\tau}=\frac{e}{m}B \qquad (\text{Ⅱ}.9)$$

即经过时间 $\tau=2\pi m/eB$ 后电子再次穿过同样的场线，这并不依赖于倾斜角 φ。所有从 A 点以不同角度进入螺线管的粒子在经过相同的时间后都到达 C 点。所以说，从 A 点出发的粒子均聚焦于 C 点，距离 AC 由速度平行分量 $v_{\parallel}$ 和时间 τ 表示

$$AC = v_{\parallel}\tau = \frac{2\pi m v\cos\varphi}{eB} \tag{Ⅱ.10}$$

对于磁透镜，聚焦条件则依赖于 e/m，即依赖于粒子的电荷和质量。更进一步，由于成像粒子的螺旋运动，物像相对于物体是倾斜的。磁透镜的实际形成有时是由具有内部稠密场分布的用铁屏蔽的短螺线管构成的[图Ⅱ.5(b)]。

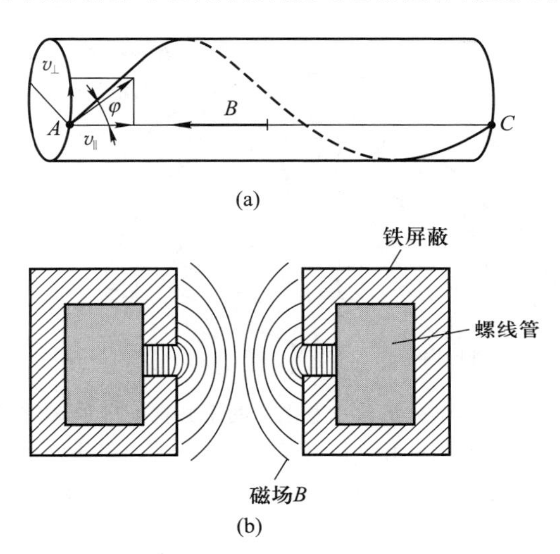

图Ⅱ.5　电子磁透镜示意图：(a) 电子聚焦原理图，电子进入一个“长”的螺线管，沿着围绕磁场 B 的螺旋轨迹行进，在经过时间 τ 后，它再次穿过同样的磁场线进入 A 点和 C 点；(b) 磁透镜实际是由一个短的用铁材料屏蔽的螺线管组成

除了电子显微镜中的成像电子光学的结构、扫描探针等(第 3 章附录Ⅴ)外，在表面物理中具有重要位置的还有用于粒子束能量分析的色谱仪。下面将讨论静电电子能量分析仪的主要原理。

作为主要的构成，这种分析仪有两个圆柱面扇形区作为电极，所以也叫作圆柱形分析仪(图Ⅱ.6)。在两个电极间具有圆心的圆形路径上运动的电子严格定义一个通行能(pass energy)E_0，E_0 的定义依赖于离心力和由于在电极间施加电压 U_p 而产生的电场 ε 的静电力之间的平衡。这个场是一个对数径向函数场

$$\varepsilon = \frac{U_p}{r\ \ln\ (b/a)} \tag{Ⅱ.11}$$

其中，a、b 分别为圆柱面扇形区之间区域的内、外半径(图Ⅱ.6)，r 为指向场中任意点的半径矢量，而 r_0 和 v_0 分别是中心轨迹的半径矢量和切向速度，它们满足关系

$$\frac{mv_0^2}{r_0} = -e\varepsilon_0 = \frac{eU_p}{r_0 \ln (b/a)} \tag{Ⅱ.12}$$

于是获得通行能

$$E_0 = \frac{1}{2}mv_0^2 = \frac{1}{2}\frac{eU_p}{\ln (b/a)} \tag{Ⅱ.13}$$

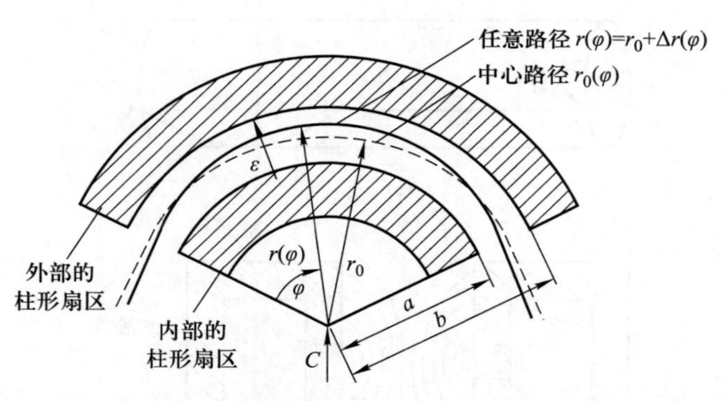

图Ⅱ.6　静电圆柱面扇形能量分析仪示意图。两个圆柱面扇形区(阴影部分)之间的电场正好平衡电子在半径为 r_0 的中心路径上运动的离心力，用偏离中心路径的量 $\Delta r(\varphi)$ 来描述电子围绕中心路径运动的任意路线

在某种条件下，这样的圆柱形分析仪具备额外的聚焦性质，它在很大程度上能提高透射率，因此，对于低强度光束的研究具有优势。当考虑电子路径在入口处相对中心路径以小倾角 α 运动时(图Ⅱ.6)，这种优势就显现出来了，这个路径由下列动力学方程描述:

$$m\frac{\mathrm{d}^2 r}{\mathrm{d}t^2} = m\frac{v^2}{r} - e\varepsilon = mr\omega^2 - e\varepsilon \tag{Ⅱ.14}$$

其中，ω 为围绕中心 C 的角速度。对于偏离中心路径 r_0 的小的偏差，可以获得

$$r \simeq r_0 + \Delta r \tag{Ⅱ.15a}$$

$$\varepsilon \simeq \frac{\varepsilon_0 r_0}{r} = \varepsilon_0\left(1 - \frac{\Delta r}{r_0}\right) \tag{Ⅱ.15b}$$

考虑到围绕 C 的角动量必须是守恒的，即忽略小量，得到

$$\omega r^2 \simeq \omega_0 r_0^2 \tag{Ⅱ.16}$$

从方程(Ⅱ.14)~(Ⅱ.16)获得近似的热力学方程

$$\frac{\mathrm{d}^2 r}{\mathrm{d}t^2} = \frac{\omega_0^2 r_0^4}{r^3} - \frac{e\varepsilon}{m} \tag{Ⅱ.17}$$

或

$$\frac{\mathrm{d}^2(\Delta r)}{\mathrm{d}t^2} = \omega_0^2 \frac{r_0^4}{(r_0 + \Delta r)^3} - \frac{e}{m}\varepsilon_0\left(1 - \frac{\Delta r}{r_0}\right) \tag{Ⅱ.18}$$

利用式(Ⅱ.12)并忽略二阶小量得到

$$\frac{\mathrm{d}^2(\Delta r)}{\mathrm{d}t^2} + 2\omega_0^2\Delta r = 0 \tag{Ⅱ.19}$$

于是获得远离中心路径的偏差 Δr 的解

$$\Delta r = \mathrm{const} \cdot \sin(\sqrt{2}\omega_0 t + \delta) \tag{Ⅱ.20}$$

即偏差以周期$(2)^{1/2}\omega_0$ 振荡。进入分析器的电子在中心路径($\delta=0$)上运动，在围绕 C 旋转角度 $\phi=\omega_0 t$ 后再次经过原路径，如此得到

$$\sqrt{2}\omega_0 t = \sqrt{2}\phi = \pi \tag{Ⅱ.21a}$$

或

$$\phi = 127°17' \tag{Ⅱ.21b}$$

这独立于 α，即圆柱面扇形区在角度 $\phi=127°17'$仍然具有聚焦作用。事实上，电场 ε 在分析仪的进口和出口均有扰动，因此，必须靠 Herzog 孔径进行场的修正，该 Herzog 孔径规定了入口和出口的狭缝。这修正了条件式(Ⅱ.21a)、式(Ⅱ.21b)，导致存在 118.6 ℃ 聚焦的一个扇面角。为了对这样的分析仪的性能给出一个评判，能量分辨率 $\Delta E/E$ 是一个重要的参量。采用近似方法，对于电子轨迹更为一般的解可得

$$\frac{\Delta E}{E} = \frac{x_1 + x_2}{r_0} + \frac{4}{3}\alpha^2 + \beta^2 \tag{Ⅱ.22}$$

其中，x_1 和 x_2 分别为矩形入口(和出口)狭缝的宽度和长度，α 和 β 分别为入口电子轨迹在图Ⅱ.6 所示的平面内和垂直平面方向上的角偏向。应用在电子散射实验(高分辨电子能量损失谱，第 4 章 附录Ⅹ)中的最新设备分辨率 $\Delta E/E$ 达到 $10^{-3}\sim10^{-4}$。仅靠减小狭缝宽度来提高分辨率只在一定限度内是可能的，因为它同时会使经过的电流减小。这种缺点主要是由于空间电荷效应。相互平行运动的电子通过分析仪时将因它们之间的库仑排斥力而产生相互作用，相互产生磁场(由于电流)。对于高电子密度情况，这些空间电荷效应使电子轨迹变形，因而限制了其分辨率。对于电子管中由于空间电荷效应受限的电流，一个半定量的估算可以由下列经典公式给出：

$$j \propto U^{3/2} \tag{Ⅱ.23}$$

利用式(Ⅱ.22)可以获得入口电流密度

$$j_\mathrm{i} \propto E_0^{3/2} \propto (\Delta E)^{3/2} \tag{Ⅱ.24}$$

在出口处的最终电流密度遵循下式：

$$j_\mathrm{f} \propto j_\mathrm{i}\Delta E \propto (\Delta E)^{5/2} \tag{Ⅱ.25}$$

这个被实验所证实了的依赖关系导致穿过的电流由于窄的进口狭缝而大幅下降。

电子分析仪的应用有两种模式：通过操作一个外部旋钮来扫描通行电压 U_p 达到改变通行能 E_0 的目的[式(Ⅱ.13)]。根据式(Ⅱ.22)，$\Delta E/E$ 将保持不变，即当通行能 E 改变时，分辨率 ΔE 也随之在整个能谱中连续变化，此即恒 $\Delta E/E$ 模式。如果想让 $\Delta E/E$ 在整个能谱中保持恒定，那么分析仪的通行能 E 以及分辨率 ΔE 都保持不变。但是这样，正在测量的电子谱就必须靠分析仪前的加速或减速电压的变化来“迁移”到固定不变的分析窗口 ΔE，此即恒 ΔE 模式。

一个完整的电子谱仪(图Ⅱ.7)，例如用在高分辨电子能量损失谱(high-resolution electron energy loss spectroscopy，HREELS，4.6节)中的，至少由两个分别安装在进口和出口具有聚焦光圈(棱镜)的分析仪组成。棱镜系统的阴极布置导致电子束具有能量半高宽 0.3~0.5 eV(热电子的麦克斯韦分布)。第一个电子单色器(与分析仪相同)被安装以保证恒定的通行能，只选择那些在很宽的麦克斯韦分布中处在 1~10 meV 能窗中的电子通过，该初级电子束被一个棱镜系统聚焦在晶体表面，在棱镜和样品间施加的电压决定了其初始能。背散射电子被第二个棱镜系统聚焦在第二个分析仪的入口狭缝处。第二个分析仪通常被用在恒 ΔE 模式中，即具有固定不变的通行能，以及样品和分析仪间可变的加速电压。在出口狭缝背后有另一棱镜系统将从分析仪出来的电子束聚焦到探测器，即一个法拉第杯，或经常采用的通道电子倍增器。

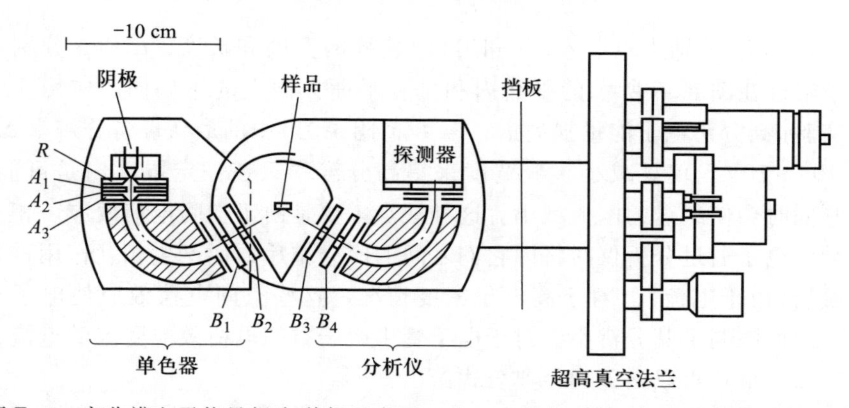

图Ⅱ.7　高分辨电子能量损失谱仪示意图，由一个阴极系统(灯丝及棱镜系统)、单色器(圆柱形部分)、分析仪和探测器组成。单色器能够围绕沿着样品表面的轴旋转。整个装置安装在一个超高真空法兰中

除了已讨论过的圆柱形电子分析仪，许多其他的静电分析仪也在应用中，

在原理上与半球分析仪(图Ⅱ.8)相似，即施加一电场来平衡在两个金属半球间运动的电子所形成的离心力。入口和出口光圈是一种圆形孔，产生一个圆形图像，这一点不同于圆柱形分析仪形成的矩形图像。与后者有共同之处，对于偏转 180°角的电子设置了聚焦条件，所以，半球形的电极是聚焦的必然要求，能量分辨率可由下式计算：

$$\frac{\Delta E}{E}=\frac{x_1+x_2}{2\bar{r}}+\alpha^2,\qquad \bar{r}=\frac{a+b}{2} \tag{Ⅱ.26}$$

其中，x_1 和 x_2 分别为入口和出口光圈的半径，a 和 b 分别为内球和外球的半径，α 为电子轨迹在入口处相对于中心线(垂直于入口光圈)的最大角偏转。图Ⅱ.8 所示的棱镜系统也经常与这种分析仪结合使用。

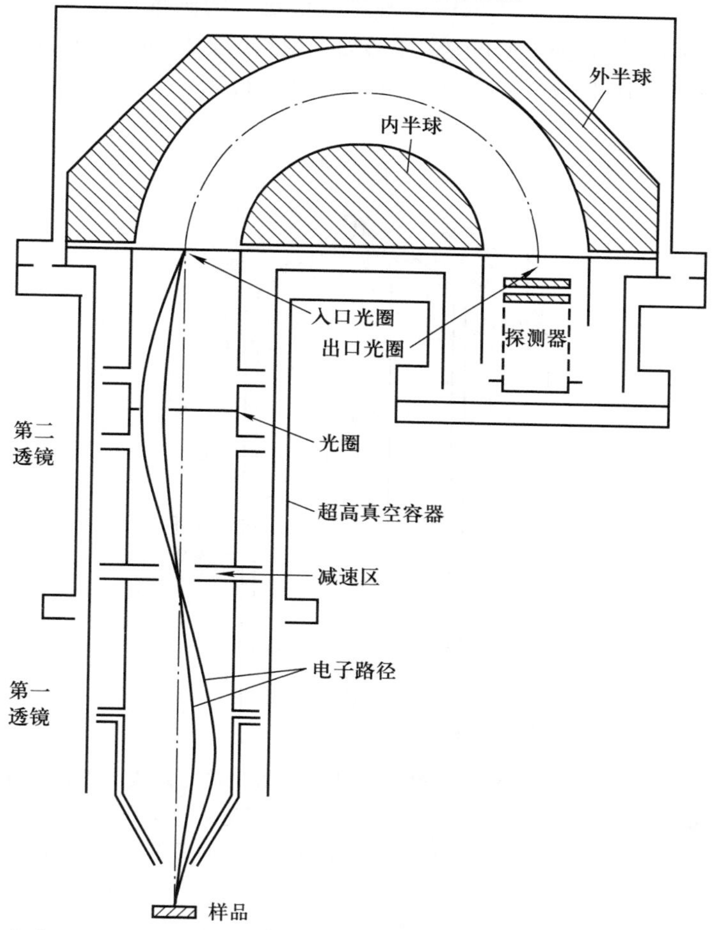

图Ⅱ.8　半球电子能量分析仪示意图。由用来将进入的电子聚焦到入口光圈中的两个入口棱镜和利于能量分析和探测的(即二次电子倍增管)两个半球电极组成

另外一个广泛应用的分析仪，尤其是用在俄歇电子能谱(AES)中的，是筒镜能量分析器(cylindrical mirror analyzer，CMA)。从入口处进入某个圆锥体的电子被两个同心圆柱形电极聚焦到像屏上，即在此处放置探测器(即一个通道倍增器)。我们也会碰到具有两个连续分析仪单元的双级 CMA(图Ⅱ.9)。决定通行能的电场是介于两个同心圆电极间的径向场。对于接近圆锥体的电子以孔径角 $\phi=42°18.5'$聚焦(图Ⅱ.9)。其圆锥体接受器和总的围绕锥体的接受孔径(圆形)由圆柱形电极中的合适的窗口决定。在两个圆柱间的通行能 E_0 和通行电压 U_p 通过下式相互关联：

$$E_0=\frac{eU_p}{0.77\ln(b/a)} \tag{Ⅱ.27}$$

此 CMA 的能量分辨率由进入的电子偏离严格定义的圆锥体接受器的圆偏角 α 以及电子实际运动轨迹相对于在圆柱形轴上理想的入口和成像点间形成的轴偏移 x_1 和 x_2 决定(图Ⅱ.9)。一个近似的数值计算得到

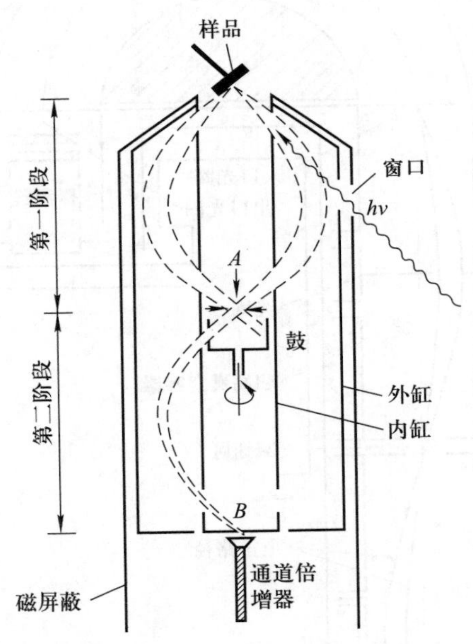

图Ⅱ.9 双级筒镜能量分析器(CMA)由两个分析仪单元组成。在光电效应实验中，光束通过一个窗口进入样品表面。发射的电子进入分析仪(外部和内部的圆柱镜)。通过执行入口前第二阶段一个可旋转的鼓，可以进行角分辨率的测量。鼓的窗口仅从一个特定的方向选择电子。在通道倍增探测器的第二阶段呈现了点 A 到点 B 的图像

$$\frac{\Delta l}{l_0}=\frac{x_1+x_2}{l_0}=\frac{\Delta E}{E}(1+1.84\alpha)-2.85\alpha^2 \qquad (\text{Ⅱ}.28)$$

最后要简单地介绍一下所有这些静电分析仪控制单元共有的电路。在入口和出口狭缝处需要对电压 V_0 进行扫描，这个电压与分析仪内中心路径上的电压等同。同时，当通行电压 U_p 改变时，在两个主要电极(圆柱面扇形区、半球等)间的电压必须相对于中心路径上的电压保持对称性。这需要利用如图Ⅱ.10 所示的电路实现。

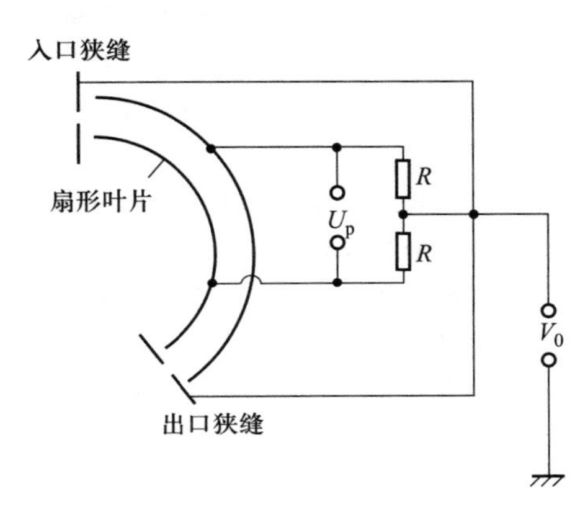

图Ⅱ.10　为电子能量分析仪提供合适电压的简单电路

除了以上描述的这几种分析仪外，迟滞场分析仪也得到应用。原理上这属于高通过过滤器，其中，迟滞电压(retarding voltage)的变化决定了电子可改变的脱离动能。这些迟滞场分析仪同时用作电子衍射实验中的低能电子衍射(low-energy electron diffraction，LEED)的显示单元，详细描述见第 4 章附录Ⅷ。

推荐进一步阅读的文献

P. Grivet, *Electron Optics* (Pergamon, Oxford, 1965)

H. Ibach, *Electron Energy Loss Spectrometers*, Springer Ser. Opt. Sci., vol. 63 (Springer, Berlin, 1990)

附录Ⅱ

问　　题

问题 1.1　体积为0.5 m^3 的圆形 UHV 腔通过一个直径为20 cm，长为50 cm 的圆管抽真空，所用的溅射离子泵抽速为1 000 ℓ/s，腔室焙烤后达到的最低压强为 7×10^{-11} Torr，那么其 UHV 腔壁在稳定态(steady state)下的气体吸附率是多少？

问题 1.2　对于低气压的分子流，分子很少相互碰撞，它们只与管壁作用而折回。通过一个直径为 d、长度为 L 的管道的分子流可以粗略地描述为沿着管道的一个扩散过程，其平均自由程近似等于其管直径，粒子密度梯度可以描述为 $\mathrm{d}n/\mathrm{d}x=\Delta n/L$。请应用电流密度、扩散系数等的标准公式推导分子流传导方程(I.8)：$C\propto d^3/L$。

问题 1.3　电子束被500 V 电压加速，以45°角穿过两个平行金属网格到达网格面。在两个网格间施加偏压500 V(第一个网格上是负电势，第二个网格上是正电势)，那么在此网格系统背后探测到的电子束相对于网格垂直方向的角度？电子通过网格电极后动能是多少？

问题 1.4　假设电子穿过具有变化势 $U(x)$ 的很短的区域，请计算电子轨迹克服向心力的曲率半径。

第 2 章

严格定义的表面、界面及薄膜的制备

在物理学的研究中，有一点是真的，即在表面和界面的研究领域，人们喜欢从研究简单的模型体系入手，因为简单的模型体系可以用实验中得来的几个确切参数进行数学表征，也只有这样的模型体系，人们才有可能找到一种可以预测新物性的理论描述，理解这种简单的模型体系也是对更为复杂体系和实际体系进行深入研究的必要条件之一。

大气条件下实际的固体表面跟界面物理中描述的理想系统其实相差甚远。一个新鲜洁净的表面通常容易与其作用的微粒、原子及分子发生反应，因此，暴露于大气的实际表面是很复杂的，是不容易确切定义和表征的。各种吸附微粒—从强化学吸附到弱物理吸附—会在固体最表面原子层上形成吸附层，这个杂质层的化学成分和结构都难以确切表征，也降低了对一个选定物进行单一纯净吸附的可控性。若要更好地了解吸附过程，首先需要制备一个干净无杂质的表面，这样已知浓度和数量的选定吸附物才可以与表面接触以启动吸附过程。同样地，只有基底材料的最表面原子层干净并且结晶有序，才能对通过外延生长方式形成的两个不同结晶材料组成的界面进行可控生长。

2.1 需要超高真空的原因

谈到洁净的表面，人们可能会想到电化学电池中的电极表面，或者是在高温及标准压力的流量反应器中通过气相外延方法生成的半导体表面，后者由于有化学反应发生，杂质对外延生长过程的影响或许不明显，但是正如很多电化学专家或者半导体研究人员所说，这两种体系都很复杂，难以对其进行表征。人们所能想到的最简单的界面就是晶体表面和真空之间的界面。在第 3 章我们会看到，即使是这样一种界面，在用理论模型描述时有时也会存在困难。但是如果真空度足够高，气相粒子和吸附杂质对表面的影响就可以忽略不计。在超高真空环境下，表面自然容易形成新鲜洁净的表面，本章后部分就主要介绍了几种在高真空中制备新鲜清洁的晶体表面的方法。在此，我们想对真空值作简单的评估，需要达到多大真空度才能确保在制备的新鲜表面上开展实验所需要的稳定的、明确的条件。

通过式(2.1)可知，环境气压 p 决定了每秒有多少残余气体粒子碰撞到 1 cm^2 的表面上（$\dot{z}$ 为碰撞速率，单位为[$\mathrm{cm}^{-2}\cdot\mathrm{s}^{-1}$]）

$$p = 2m\langle v\rangle\dot{z} \tag{2.1}$$

其中，m 为气体原子或分子质量，$\langle v\rangle$ 为它们的平均热运动速率，其可由式(2.2)推导

$$\frac{m\langle v\rangle^2}{2} \simeq \frac{m\langle v^2\rangle}{2} = \frac{3kT}{2} \tag{2.2}$$

其中，T 为开尔文温度，k 为玻尔兹曼常量。因此可以得到压力和碰撞速率之间的关系

$$p \simeq \frac{6kT\dot{z}}{\langle v\rangle} \tag{2.3}$$

假设单层表面可以容纳 3×10^{14} 个粒子，平均分子质量为 28，温度为 300 K，则可以得到

$$\dot{z} = 3\times10^{14}\,\frac{1}{\mathrm{s}\cdot\mathrm{cm}^2} \simeq 5\times10^{-6}\,\frac{p}{\mathrm{Torr}} \tag{2.4}$$

这意味着，每秒构建单吸附层表面所需要撞击表面的分子数在大约 10^{-6} Torr 的压强条件(标准高真空条件)下。而实际的覆盖度也受黏附系数 S 影响，S 是指碰撞在表面的原子或分子被吸附的概率。对于很多体系，特别是洁净的金属表面，S 接近于 1，也就是说，几乎所有的碰撞在表面的原子或分子都黏附在表

面。所以，为了保持表面长时间即数小时(在洁净表面上进行实验所需的时间)的清洁，有必要使残余气体气压低于 10^{-10} Torr($\approx 10^{-8}$ Pa)。这种超高真空条件对于在干净、符合严格定义的固体-真空界面进行实验非常必要，在这种情况下，杂质的影响就可以忽略。

根据式(2.4)，表面物理学家引入了一个方便的曝光(压力×时间)或剂量单位，1 Langmuir (1 L)对应于在 10^{-6} Torr 的压力下 1 s 内(或是 10^{-8} Torr 压力下 100 s 内)表面所接收到的剂量。对于一个黏附系数为 1 的表面，1 L 的照射大约会形成一个单吸附层。这样，以 Langmuir 为单位的曝光值可以让人对吸附层所能达到的极值有很直观的认识。

2.2 UHV 条件下的材料界面解理

脆性材料可以通过在 UHV 下解理而得到新鲜、洁净、符合严格定义的表面。这个工艺源于一个经典的方法，就是用刀片切削碱卤化合物得到其表面。在 UHV 系统下，这种方法也可以利用通气波纹管将转移机械应力转移到刀片上。在 UHV 中，每一个解理装置都是基于机械应力的应用，因此，需要应力波纹管或者磁性或电磁装置，通过这个装置可以在腔室外面对腔内的电磁进行控制。最常用的方法叫作双楔形技术，就是用两个楔子从晶体两个相对的面压入(图 2.1)。根据不同的晶体材料，机械力可以通过螺丝持续施加压力，在另一种情况下，只有当压力波通过锤子转移到楔子上时，才可以得到优良平坦的解理面。双楔形技术的主要缺点是一个样品只能获得一个晶体表面，当 UHV 腔中一次实验结束后，必须开腔将新的样品放进去。改良的双楔形技术经常被应用在想要对单个棒状晶体进行多处解理时，此时，在单个超高真空循环中有多个解理装置。在预先准备好的长棒状晶体的一面设上等距的接触点，再将楔子压上去，支撑样品另一面的是一个平的支撑物(图 2.2)。当第一个实验装置运行结束后，通过移动晶体棒使其另一个接触点到楔子的下面，就得到了一个新的解理面。

如果不需要产生一个具有确定取向的单晶表面，解理面就能更为简单地获得，即通过在 UHV 中靠磁性控制的锤子击碎薄片材料来获得。用这种方法会得到包含很多不同取向表面的大块解理面，这些样品可以用作吸附研究。

在 UHV 环境中，解理是一种制备新鲜、洁净表面的简单且直接的方法。这种表面通常是符合化学计量比的(这对于化合物材料至关重要)，但它们经常会有缺陷，例如台阶，台阶边缘所暴露出来的原子和平面的原子周围的环境是不同的。这也是应用解理方法的局限性。仅脆性材料，例如碱卤化合物(氯化钠、氯化钾等)、氧化物(氧化锌、二氧化钛、二氧化锡等)和半导体(锗、

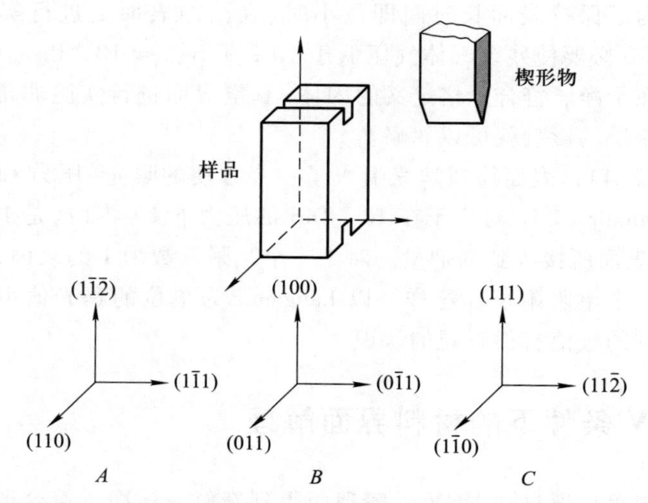

图 2.1　半导体样品的双楔形解理技术：Si 和 Ge 的解理面是(110)；Ⅲ-Ⅴ族半导体的解理面是(110)。A-B 代表沿(110)面解理的 3 种可能的晶体取向，最有可能的是晶体取向 B

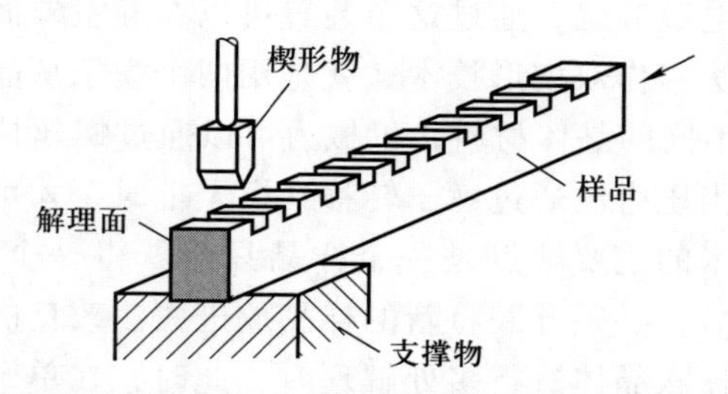

图 2.2　一种多次解理的设计方法：将半导体样品做成棒状，棒上面按刻度刻出一个一个的小槽，解理楔子按照刻度槽的位置一次将样品解理

硅、砷化镓等)，可以用这种方法来研究。再者，解理只有沿着某个晶体学方向才是可能的，这个方向取决于晶体的几何结构和化学键的本质。断开的共价键数目或者离子晶体中解理面内的电场补偿是决定性因素。立方碱卤化合物晶体沿{100}晶面解理，这是个非极性面，此晶面两种离子的数目一样，所以，正、负电荷在晶体表面产生的场强正好抵消。这也正是 ZnO 沿非极性面{1010}解理的原因(图 2.3)。沿着极性面(0001)和(000$\bar{1}$)解理也是可能的，但是解理面的质量就很差，并且在极性解理面通常会发现高密度的台阶和其他缺陷。像 Ge 和 Si 这种单质半导体只可以沿着{111}面解理[图 2.4(a)]。基于 sp^3 化学键来解释解理只发生在特定晶面上，至今缺乏一种如此详细的原子层

次上的计算方法。对于具有相当多离子键特征的Ⅲ－Ⅴ族化合物半导体例如砷化镓、磷化铟或磷化镓来说，只有{110}晶面族是解理面，这些都是非极性面，有相等数量的正、负电荷[图2.4(b)]。其他的低指数面例如{100}和{111}是极性面，不能靠解理获得。

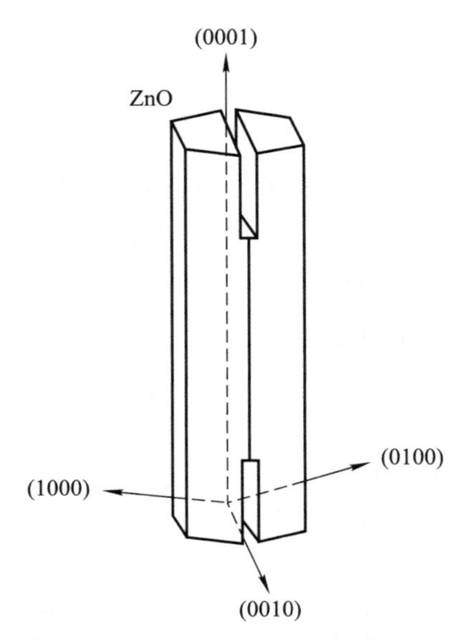

图2.3　沿非极性菱形面解理的ZnO样品(六角纤锌矿结构)

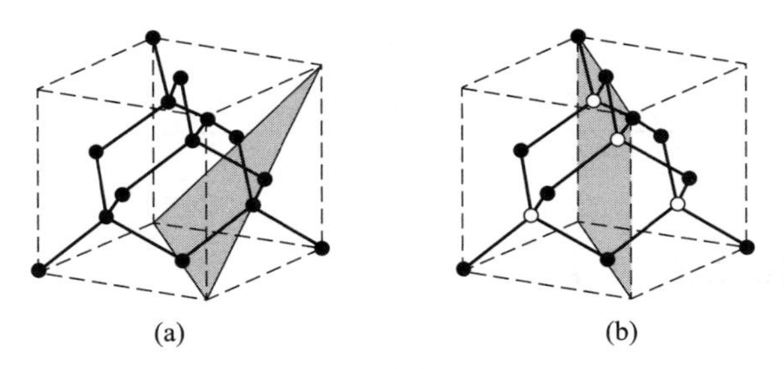

图2.4　(a) 金刚石型Si或Ge的(110)解理面(阴影部分)与(b)闪锌矿型Ⅲ－Ⅴ族半导体的(100)解理面(阴影部分)

如果我们想获得Ⅲ－Ⅴ族化合物的(110)解理面，有一些可行的方法通过应用双楔形技术(图2.1)来切割样品。实验表明，在3个不同取向*A*、*B*、*C*中，取向*B*是最容易得到的。对于取向*A*和*C*，一般得到大量的错误解理面，即晶体破碎或沿着不期望的方向解理。这是因为{110}晶面族有6个不同的晶面，所以相对预期的解理方向存在容易被解理的不同晶向。由于楔子产生的应力不仅是沿(110)晶面，可能存在不止一个方向易于产生解理。在那些不期望解理的方向产生解理的概率取决于这些方向与预期解理方向的夹角。(110)特定晶面与垂直于切口并且平行于H形样品的最长方向(即解理方向)的平面相互斜交，它们法线的夹角定义为γ角。γ角越小，沿着特定方向解理的概率就越大。对于图2.1中的晶向A，我们必须计算沿方向$[1\bar{1}1]$的不同晶面法向(110)、(101)、(011)、$(1\bar{1}0)$、$(10\bar{1})$。表2.1列出了每个取向A、B、C中所有可能的{110}晶面族的γ角计算值。对于取向A，γ角消失了3次，即除了预期解理的晶面(110)外，沿(011)面和$(10\bar{1})$面也很容易解理。对于取向C，除了预期解理的晶面(即$\gamma=0$的晶面)，还有另外两个晶面(101)和(011)，其γ角很小，为$-16.78°$，因此，解理的概率也很高。对于取向B只有一个预期解理的晶面，其$\gamma=0$，其他的晶面其γ角为$\pm30°$；而$(01\bar{1})$晶面的$\gamma=0$，它垂直于预期解理面(011)，所以可以不予考虑。因此，取向B是Ⅲ－Ⅴ族化合物半导体中最有可能的解理方向。类似的情况也适用于其他材料，像Ge和Si的解理面都是(111)。但是其他的因素也应该重视，例如样品的维度，在得到高质量解理面方面也会起到重要的作用。

表2.1　闪锌矿晶型中法线与不同的(110)解理面的夹角

γ/(°)	(110)	(101)	(011)	$(1\bar{1}0)$	$(10\bar{1})$	$(01\bar{1})$
方向A	0*	54.74	0	54.74	0	−54.74
方向B	−30	30	0*	30	−30	0
方向C	35.26	−16.78	−16.78	0*	60	60

2.3　离子轰击与退火

解理作为一种表面制备方法有时受到特定材料和晶体学表面的限制，然而，作为表面清洁方法，离子轰击与退火在本质上并不受到限制。通过惰性气体离子(Ar、Ne等)轰击，污染物以及晶体的最外原子层可用这种溅射方法移除。随后的退火是为了去除附着和嵌入晶体表面的惰性气体原子，恢复晶体学表面。整个过程可以多次进行；每一次的离子轰击都伴随着退火，形成一个循环。在两次循环间隙，可以用俄歇电子能谱(AES)(见第2章附录Ⅲ)表征其清洁度，用低能电子衍射(LEED)(见第4章附录Ⅷ)表征其晶体学有序度。当LEED和AES这两种检测方法对污染物及结晶有序度(显示锐利的LEED谱)的检测结果令人满意时，这个表面洁净过程就可以停止了。但应该注意的是，AES 对污染物的灵敏度通常不高于 10^{-3} 单原子层，而一个好的 LEED 谱，即具有锐利的布拉格衍射点和低的背景强度，并不能提供更多关于超过电子相干长度的长程有序的信息(典型值是 100 Å) [2.1]。

细节上，表面清洁过程首先是将一种惰性气体，最好是 Ar，充入 UHV 腔(或充入离子枪)，将压力升高到 10^{-4} ~ 10^{-3} Torr 之间。然后，晶体表面将受到离子流的轰击，离子流是由放于晶体表面前方的惰性气体离子枪产生的。图 2.5 为离子枪传统的示意图。惰性气体离子是由气体原子与电子的相互作用产生的。离子被指向样品表面几千伏的电压加速。离子流和轰击持续时间与材料种类、被剥离的层厚即污染程度有关。例如，在 UHV 中清洁抛光 1 cm^2 Cu 表面需要的电流为 5μA，时间为半个小时。

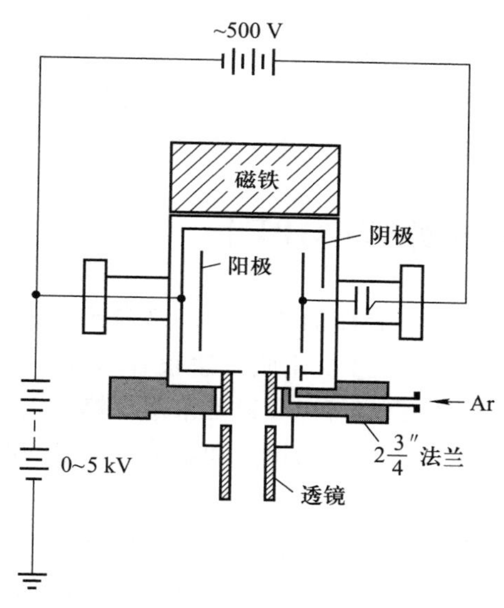

图 2.5　冷阴极 Ar 离子喷射枪。放电在阴极与阳极间产生，电子轰击产生 Ar 离子。磁场增加了电子的运动路径，棱镜聚焦离子流

在随后的退火过程中必需的温度是非常依赖于材料的，例如半导体、金属或氧化物。例如 Cu 表面，典型的温度是 500 ℃，然而，对于 Pt 和 Si 来说，需要增加到 1 200 ℃。退火通常是通过电阻加热来实现，但也可以采用从晶体后面进行电子轰击。为了达到这个目的，需要在晶体背面 2 cm 处放置一根热灯丝，且相对于灯丝加偏压约+2 000 V。在进一步的热处理过程中，杂质有可能从内部扩散到表面，因此，离子轰击/退火热处理循环要进行多次。离子轰击也有利于保持样品一直处在高温。这对于减小溅射过程中剩余气体(主要为

CO)的压力非常重要，因为这些分子在离子枪中电离后可能会吸附和注入晶格。一旦表面已在 UHV 中经过离子轰击和退火清洁，那么随后的实验过程进行的清洁将十分简单，有时只需自蒸发即可。

惰性气体离子溅射和随后的退火方法常用于金属和单质半导体表面的清洁，例如 Si 和 Ge。当这种方法应用于复合材料例如化合物半导体、氧化物或合金时，便存在严重的缺点。材料表面不同的成分其溅射速度不同，这样导致氧化物和半导体表面产生非化学计量比。这样的处理会使合金表面成分产生大的改变。当 AES 和其他分析技术的单层灵敏度高于单层的 10^{-3} 数量级时，非化学计量比和成分改变将很难避免，因此，对于化合物半导体，在 UHV 中进行解理是获得表面的首选技术。在 Si 和 Ge(111)特定情况下，在 UHV 中的解理以及之后的离子轰击和退火会导致形成不同类型的原子表面结构。解理的 Si 和 Ge(111)面在 LEED 中显示(2×1)超结构，然而在退火的 Si(111)和 Ge(111)面分别显示(7×7)和(2×8)的 LEED 谱。良好的清洁硅(111)-(7×7)面也可以通过简单的蒸发 Si(111)晶片外延层达 1 200 ℃而获得，在这种情况下离子轰击外延生长 Si(111)面大多是没有必要的。

2.4 蒸发与分子束外延(MBE)

在 UHV 中制备新鲜洁净表面的传统方法是薄膜的蒸发和冷凝。Pt、Pd、Ni、Au、Cu、Al 等多晶金属薄膜应用此方法很容易制备。Pt、Pd、Ni 可以采用合适的电子加热灯丝蒸发；Au 和 Cu 通常采用从钨坩埚中升华的方法。高熔点材料通常靠电子轰击来蒸发。根据熔点和熔解时的浸润特性，将使用不同的蒸发方式和装置[2.2, 2.3]。

通常，控制升华膜厚度的方法是在样品附近放置石英秤。为了避免污染级别超出 AES 探测限度，在蒸发过程中，UHV 系统内的本底压强不应高于 10^{-9} Torr。这可以通过事先充分的排气过程来实现。用这种方式制备的洁净的金属或单质半导体薄膜通常是多晶或非晶态的，即无法获得表面研究所要求的特殊结晶表面取向。但是过去许多吸附研究在这样的薄膜上进行。由于在半导体制备技术领域的重要性，洁净的半导体表面沉积金属薄膜的技术引起了较多关注[见肖特基(Schottky)势垒，第 8 章]。

依靠基底表面和蒸发环境，升华薄膜可实现单晶化。通过这种方法得到的膜叫作外延膜，其制备方法称为分子束外延(MBE)[2.4-2.6]。当单晶薄膜材料与基片材料不同时，称为异质外延；相同时，称为均相外延。在 UHV 条件下生长的外延表面对表面研究是非常理想的，因为这些外延薄膜是洁净的单晶膜，其化学计量比大多可以通过生长过程来控制，并且关于表面的晶体学类型不受太多的限制。因此，分子束外延技术是用于制备洁净、符合表面严格定义的表面与界面的最受欢迎的技术，可用来制备单质半导体例如 Si、Ge 的表面，以及化合物材料例如Ⅲ－Ⅴ族半导体（GaAs、InP、InSb 等）和Ⅱ－Ⅵ族化合物如 CdTe，PbS 等。进一步，这些半导体材料的外延膜的制备在技术上具有重要的价值。

MBE 技术可实现对薄膜的可控生长，即具有清晰的掺杂剖面和几埃分布深度的化学成分变化，可以生长具有交替掺杂（n－intrinsic－p－intrinsic＝n－i－p－i）[2.7]或交替变化带隙（GaAs－GaAlAs－GaAs－…）的多层结构；随着 MBE 技术的发展将产生一个半导体材料"剪裁"技术的全新领域[2.4－2.8]。

更加详细地介绍 MBE 是非常有用的。参照Ⅲ－Ⅴ族化合物半导体来讨论该技术不仅是因为这些化合物半导体技术的重要性，还因为它们也可作为其他实验系统的范例。图 2.6 为具有 MBE 装置的典型 UHV 腔示意图。克努森（Knud-

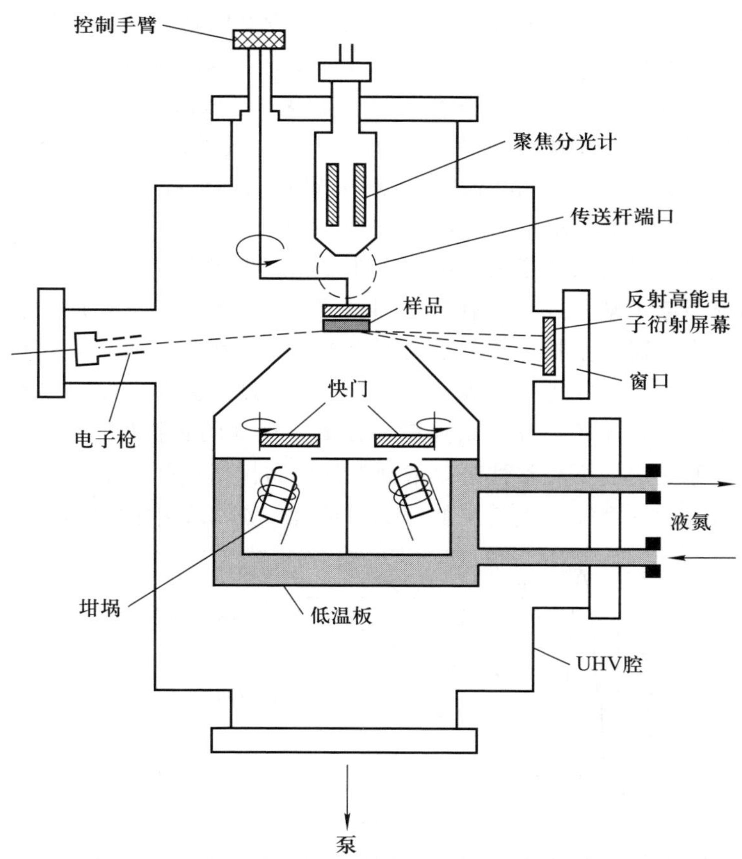

图 2.6　UHV 分子束外延（MBE）生长腔示意图。蒸发炉周围使用液氮冷却。图中显示了反射高能电子衍射和质谱分析设备及转移样品至第二 UHV 腔的设备

sen)型坩埚作为蒸发的泻流室，大多数情况下，这些泻流室为管状坩埚，一端开放，由热解 BN(氮化硼)或高纯石墨制成。坩埚安装在 Ta 螺旋加热线圈内部，这些坩埚被 Ta 箔辐射罩包裹着，源炉和整体装置中产生的分子束中的杂质要求应非常小。烘箱安装液氮低温冷却板，这些冷却板构造犹如百叶窗，这样可以开启或关闭一个或其他泻流室(多数为自动控制)。输入源和样品之间由液氮冷却罩隔开。为了调整输入源束流量，往往在样品附近安装质谱仪样品(目前使用Ⅲ-Ⅴ族晶片)可被加热到至少 700 ℃，同质外延 GaAs 生长要求基片温度在 500~600 ℃之间。为了获取整个生长表面上均匀的温度分布，有时将晶片通过液态 In 或液态 Ga“粘”到电加热 Mo 样品基座上。

控制外延表面晶体结构最有用的技术是反射高能电子衍射(reflection high energy electron diffraction，RHEED)(第 4 章附录Ⅷ)。由于 RHEED 电子枪、样品表面及磷光屏之间的几何距离长，因此将这种技术集成进 MBE 腔体中作为晶体自身生长时原位控制晶体结构的方法是没有问题的。

在生长的 GaAs 表面引入过量的 Ga 或 As，这通常与 RHEED 衍射谱中的规则布拉格点之间出现的特殊非整数有序点相关(超结构，见第 3 章)。并且在自身的生长过程中，RHEED 中单一的布拉格点强度可以通过光学装置检测(图 2.7)。在生长条件的某个范围，它显现出规则周期的振荡(即 RHEED 振荡)[2.9]。基于生长机理对这种振荡可以进行解释。当一个完整的原子层在生长过程中形成时，最高层原子的二维周期性接近理想状态，原子规则周期性排列产生的衍射引起了某种最大的点强度(4.3 节)。在下一个完整原子层沉积完成之前，由于进一步的生长导致原子的不规则分布或在完整的原子层上形成岛状生长，两个完整层之间生长的表面显示出一定程度的无序。如同在光学衍射中产生的现象，这种无序导致背景强度的提高，锐利的布拉格点强度相应降低。因此，最高原子层的不完整性可以依据降低的布拉格点强度来表征。图 2.7 中的最大值点表示一个完整生长层的完成。因此，图 2.7 中的 RHEED 振荡曲线

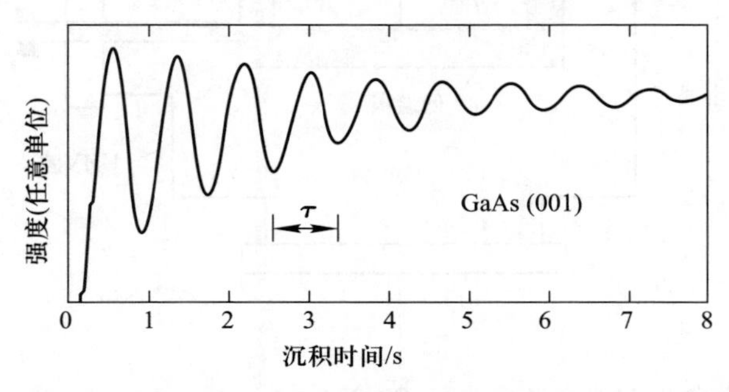

图 2.7　MBE 生长 GaAs(001)过程中测量的 RHEED 振荡曲线。测量结果显示 RHEED 振荡场强度与沉积时间成函数关系，振荡周期 τ 代表了单原子层所需沉积时间

可以显示对晶体表面逐层生长的控制。通过计算最大值的数量可以监测沉积的原子层数和原子级别上的层厚。

下面更为详细地讨论在 GaAs 基底上同质外延生长 GaAs 的情况[2.10]，以此来了解 MBE 的特征问题。理想的束源应为克努森室，包含蒸气和凝聚相，在平衡态下作为掺杂材料，例如 Ga 和 As、Al 或者 S、Sn、Te 等。在这种情况下，基底上的通量 F 的变化可以用温度 T 下的腔室平衡气压 $P(T)$ 来计算。平衡状态下假定通过蒸发离开液体或固体相的离子流浓度等于在气相压强 $P(T)$ 下撞击液体或固体表面的离子通量，通过式(2.1)~(2.3)可得

$$F=\frac{P(T)a}{\pi L^2\sqrt{2\pi mKT}}\frac{1}{\mathrm{s\cdot cm^2}} \tag{2.5}$$

其中，a 为腔体泄流孔口的面积，L 为到基底的距离，m 为泄流物质的质量。实际上，克努森源的使用并不方便，这是因为其孔径必须足够大，能为生长表面提供足够的质量流率。

对于产生分子束的源材料来说，或者是纯元素(Ga、As、Al 等)，或者是合适的化合物，是第Ⅴ族元素分子束有用的提供源，它们提供了稳定的、确定的束流，直到所有的第Ⅴ族元素耗尽。MBE 中合适的生长速率是 1~10 单层/s，也就是 1~10 Å/s 或 0.1~1 μm/h。这对应于到达基底的通量率 $F=10^{15}\sim10^{16}$ 分子/(s·cm^2)。在典型几何参量 $L\approx5$ cm，$a=0.5$ cm^2，由式(2.5)可以得到克努森室平衡蒸气压的范围为 $10^{-2}\sim10^{-3}$ Torr。保证腔室内压力为 10^{-2} Torr 所要求的温度可以通过图 2.8 中的气压图来估算得到。Ga 与 As 具有不同的 T_S(表 2.2)。然而，使用单一源，即多晶 GaAs 材料生长 GaAs 是可能的。值得强调的是，即使使用 Ga 和 As 的非化学计量比的通量流，也可以生长出符合化学计量比的 GaAs。生长速率受 Ga 到达率的限制。在 500~600 ℃之间的生长温度(基底温度)下，只有 Ga 出现过量，到达并黏附在材料表面的 As 在可测量数量级。若没有 Ga 的出现，As 的黏附系数是非常小的，甚至可以忽略。在 MBE 中建立两种元素的符合化学计量比的通量流是一个微妙的过程，因此，在实现 GaAs 外延中并不必要。进一步，在 As 通量稍微过量的情况下生长总是可以实现的。生长通常从加热基底到生长条件开始，对 As 束来说，温度至少达到 500 ℃，然后开启 Ga 束。这个规程可以防止在 500 ℃退火期间形成高密度的 As 空位。

只有在基底表面没有污染的情况下，基片表面上的外延生长才可以进行。在晶片装进 UHV 腔之前，通常使用 5%的 Br-甲醇对其表面进行机械抛光，并使用水和甲醇进行清洗。在 100~200 ℃条件下系统至少烘烤 8 h 后，在 As 束中加热样品直至达到生长条件后才可进行外延生长，即温度大约在 500~600 ℃范围内。有时，离子轰击和退火循环也可以用于生长前的表面清洁。

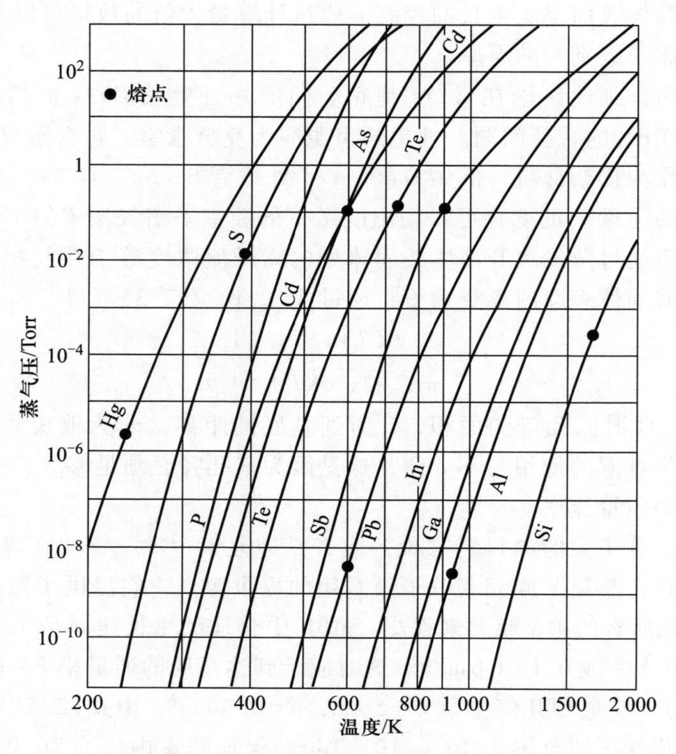

图 2.8 重要化合物半导体源材料的平衡蒸气压

表 2.2 建立平衡蒸气压所必需的材料熔点温度 T_m 和坩埚型固体离子源(克努森型)的温度 T_S。在这个压力下，MBE 可以很容易地达到合理的蒸发速率

材料	熔点 T_m/℃	离子源温度 T_S/℃ [$P(T_S) = 10^{-2}$ Torr]
Al	660	1 220
Cu	1 084	1 260
Ge	940	1 400
Si	1 410	1 350
Ga	30	1 130
As	613	300

有趣的是，使用多晶 GaAs 单一源和使用独立的 Ga 和 As 源生长 GaAs 层是不同的。作为后者的例子，As 作为 As_4 蒸发，外延层在 10^{14} cm^{-3}范围内通常显示 p 型背景掺杂(由于 C)。如果使用 GaAs 单一源，As 主要以 As_2 形式到达，这种情况下，由于 GaAs 源材料的污染(多数为 Si)薄膜在 $5\times10^{-15}cm^{-3}$范围内通常为 n 型掺杂。在半导体设备技术的应用中，在 Sn、S、Te、Si（n 型）或 Mn、Mg、Be（p 型）的制备中靠额外的克努森型源进行有意的掺杂。外延生长层的质量可以从特定载流子浓度的迁移率或掺杂级别得出。图 2.9 所示为采用霍尔(Hall)效应测得的 GaAs 的室温迁移率的结果。

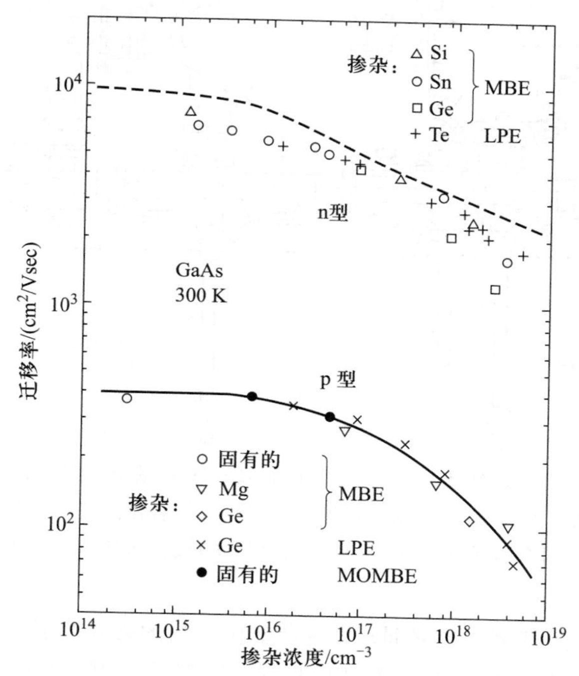

图 2.9　室温下用不同方法生长的 GaAs 外延层的电子和空穴迁移率。MBE 代表分子束外延法，MOMBE 代表采用 TEGa(triethyl gallium)和 AsH_3 作为源的金属有机源分子束外延(metal-organic molecular beam epitaxy)法，在 MOMBE 中的 p 型掺杂通过 TMGa 分解产生 C 来实现，n 型掺杂通过 SiH_4 分解产生的 Si 来实现

如果外延生长的表面准备用作表面研究的新鲜、洁净表面，那么在独立的生长腔(图 2.6 和图 2.10)中逐层生长，然后在 UHV 条件下以某种传送方式(磁力或机械驱动)原位传送到第二 UHV 腔进行研究是比较方便的。

这里讨论到的 GaAs 同质外延的很多做法也可以作为范例扩展到其他体系中。在 UHV 系统中，在 Si 晶片上进行 Si 的同质外延同样具有很高的实用价值

[2.11, 2.12]。由于 Si 的熔点很高，这里采用电子枪轰击蒸发 Si 的方法作为 Si 的来源，用电子枪轰击，Si 将从轰击的坩埚中蒸发出来。

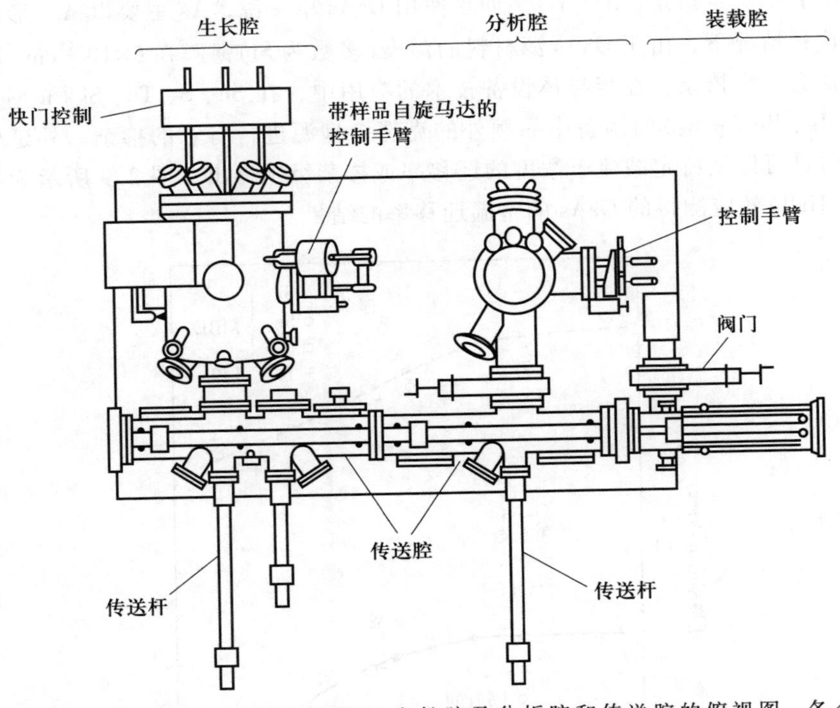

图 2.10　MBE(或 MOMBE)的 UHV 生长腔及分析腔和传送腔的俯视图。各个 UHV 腔都是独立抽真空(离子泵、冷冻泵及涡轮泵没有在图中显示)的。样品一般是晶片，通过各种传送方式(机械或磁力驱动)被传送杆传送至相应的腔室

异质外延的典型例子就是Ⅲ-Ⅴ族合金化合物的外延生长，这是用 MBE 进行外延生长的实例，在科学研究和商业用途上都有应用[2.13]。这种技术主要应用在超快器件领域(因为具有较高电子迁移率)和光电子学领域。对于后一个领域，由于大量Ⅲ-Ⅴ族合金化合物属于直接带隙半导体，即在倒易空间中，导带最小点和价带最大点在同一 $\boldsymbol{k}$ 矢量位置。电子在不同态之间的迁移保持初始和最终的 $\boldsymbol{k}$ 矢量不变，与电磁场具有强耦合效应。

另一方面，如果要合金化第三种组分，例如在 GaAs 中掺入 P，通过不同组分的 $GaAs_{1-x}P_x$ 可以将直接带隙半导体 GaAs 一步步逐渐改变成间接带隙半导体 GaP。图 2.11 所示为三元化合物 $GaAs_{1-x}P_x$ 的电子价带结构与掺杂 P 的摩尔分数 x 的变化关系[2.14]。当 $x=0.45$ 时，化合物从直接带隙半导体转变成间接带隙半导体，在布里渊区(Brillouin zone)的对称点 X 处，导带最小值掉到比 Γ 点($\boldsymbol{k}=\boldsymbol{0}$)最小值更低的能量处。

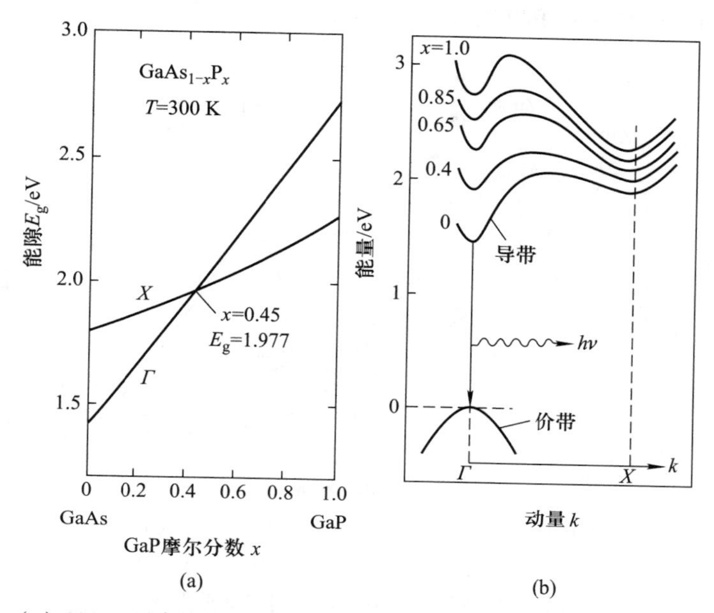

图 2.11 (a) 300 K 下直接带隙和间接带隙的 $GaAs_{1-x}P_x$ 与组分的关系；(b) 不同组分 x 的合金其导带和价带的能量与波矢的关系 $E(k)$ 示意图[2.14]

实验证明，MBE 是制备这种三元甚至四元化合物的理想实验技术——只需控制从不同坩埚中蒸发的不同化合物组分的通量率。相较于其他外延生长方法(如液相或常见的常压下的气相外延)，MBE 可以实现组分的快速改变(精确到 1 s)。如果生长速率以 μm/h 为单位(即 Å/s)，在一个单原子层的生长时间内即可实现组分转变。因此，MBE 可以实现原子级别上的变化生长。这大大方便了两个半导体间符合真正定义的界面的制备(第 8 章)。

正如人们所期望的，由于简单的几何原因，具有高质量界面的两种材料可以彼此外延生长，如果晶格错配度低，则生长的膜层较厚。大部分单质及化合物半导体的晶格常数图(图 2.12)有助于为某种应用选择相应的材料。由于晶格常数十分相似，具有高质量界面的好的外延膜可以在 GaAs/AlAs 体系内生长。也就是说，MBE 可在 AlAs 上外延生长 GaAs，反之亦然。更有意思的是，三元化合物的外延生长，例如成分可变的化合物 $Al_xGa_{1-x}As$ 可以在 GaAs 或 AlAs 晶片上生长。根据图 2.12 示出的能带值与能带类型(实线：直接带隙，虚线：间接带隙)，当 $x\approx0.5$ 时，$Al_xGa_{1-x}As$ 可以从直接带隙转变为间接带隙半导体。随着 x 的变化，带隙能量范围从 GaAs 的 1.4 eV 变化到 AlAs 的 2.15 eV(间接带隙)。根据图 2.12，其他适合用 MBE 制备异质外延膜的Ⅲ－Ⅴ族合金是 AlP/GaP 与 AlSb/GaSb。但是Ⅱ－Ⅵ族材料也可以与Ⅲ－Ⅴ族半导体结合，例如 InP/CdS 和 InSb/PbTe/CdTe。

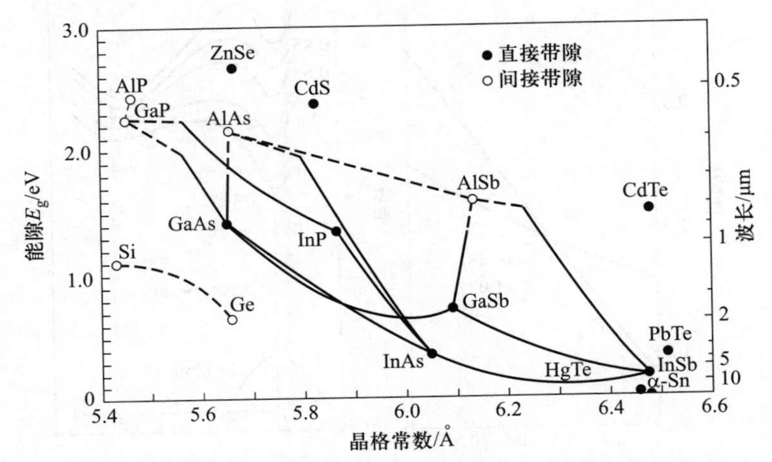

图 2.12　300 K 下某些重要的半导体能隙［eV］及相应的光波长［μm］与晶格常数的关系。连接线代表了对应的合金行为，实线代表直接带隙材料，虚线代表间接带隙半导体

在Ⅲ-Ⅴ族化合物上异质外延生长单质半导体也是很有趣的，反之亦然。人们已做了大量的相关实验工作，例如，在 GaAs 上生长 Ge，在 GaP 上生长 Si (图 2.12)。在 UHV 条件下解理的 GaAs(110)面上，在基底温度高于 300 ℃时可以外延生长 Ge 膜。如果低于这个温度，沉积出的 Ge 层是多晶的。

另一个有趣的例子是在 InSb 上生长 Sn(图 2.12)。四面体键合 α-Sn 晶型体材料(一种零带隙半导体)在 287 K 以下是稳定的，高于这个温度时，Sn 的稳定相是 β 晶型。然而，如果在 300 K 下用 MBE 方法将 Sn 沉积在离子轰击并退火处理后的 InSb(100)表面上，Sn 将会长成 α 晶型半导体。制备出的薄膜在 150 ℃下稳定，当温度更高时，可以发现向 β 晶型转变[2.15，2.16]。在清洁的解理 InSb(110)表面，多晶四面体键合的 Sn 在 300 K 下生长。正如图 2.12 所示，MBE 法也可以将 α-Sn 沉积在 CdTe 或 PbTe 上。

当然，MBE 法也可以用于制备金属异质外延膜。未来半导体制备技术的发展可能是在半导体上生长金属外延膜，或者反过来。在 Si 上外延生长硅化钴的技术已经应用于制备快速金属基晶体管[2.17]。由于 GaAs 和 Fe 的晶格常数差大约两倍，在 180 ℃下，GaAs(100)和 GaAs(110)上都可以生长结晶的 Fe 薄膜[2.18]。由于严重的界面扩散和界面反应，导致 Fe/GaAs 界面不清晰，但是在电子衍射中可以看到 Fe 膜显示的结晶结构(LEED、RHEED，见第 4 章附录Ⅷ)。

2.5 利用化学反应外延生长膜

在标准大气压下，利用化学反应进行Ⅲ－Ⅴ族化合物半导体的外延技术作为一种半导体装备技术中制备外延膜的重要方法建立了起来。在冷壁通量反应器中，GaAs 能在 500～600 ℃下在三甲基色氨酸镓[trimethyl gallium，TMGa=$Ga(CH_3)_3$]和三氰化砷(AsH_3)的混合蒸气中利用 H_2、N_2 等作为载气生长在 GaAs 基底上。这是一种更常见的工艺，叫作金属有机气相沉积(metal-organic chemical vapor deposition，MOCVD)。这种由 AsH_3 和 TMGa 或 TEGa[$Ga(C_2H_5)_3$]生长 GaAs 的技术在 UHV 条件下也是适用的[2.19]。当然，这种方法也适用于其他Ⅲ－Ⅴ族体系(GaInAs、InP 等)，然后考虑结合像 MBE 这样的 UHV 技术和其他连续镀膜方法的优点，该技术将在应用设备技术方面非常有用。在当前背景下，金属有机源分子束外延(MOMBE)或是化学束外延(chemical beam epitaxy，CBE)都可以用于原位制备清洁、符合严格定义的化合物半导体的表面[2.20，2.21]。外延层可以从 UHV 生长腔中传送到独立的腔室里，便于在 UHV 条件下开展其表面和界面的研究。图 2.13(a)为 UHV 生长腔示意图，在里面采用 MOMBE 方法可外延生长 GaAs 膜。在 MBE 中，样品和 AsH_3、TMGa 或 TEGa 材料源被液氮冷却的低温板包围，以便使生长过程中的污染级别达到最小。作为基底的 GaAs 晶片的安装固定方式与在 MBE 中是一样的；用 Ga 或 In 将基片粘在 Mo 支撑物上，沉积过程中该支撑物会被加热到 500～600 ℃。目前，越来越多的仪器只是将基片固定在样品托上并从后部以辐射进行加热。UHV 最简单的情况是，从带有毛细管喷口的泄漏阀可以产生作为源材料的气相 AsH_3 和金属有机(metal-organic，MO)化合物。而用于产生金属有机化合物的毛细管口需要加热到略微高于室温(为了避免由于附近低温屏蔽板导致的冷凝)，而具有高的热稳定性的第Ⅴ族气态材料(AsH_3、PH_3 等)在毛细管入口处需预分解。最简单的实验方法由低压裂解毛细管组成，在其中用金属细丝加热(即 Ta 或 W，加热到 1 000 K)，使 AsH_3、PH_3 等氰化物热分解[图 2.13(b)]。通常，AsH_3 通过可控泄漏阀注入 UHV 系统，可控泄漏阀可实现气流压力的可重复调控，使通量的气压控制在 0.2%之内。当气体沿加热丝流过石英毛细管时，气流从层流(流体力学)(10～300 Pa)变成分子流状态(≈10^{-3} Pa)。在这样的装置中 90%的 AsH_3 分解。

高压泄流源有不同的作用原理[图 2.13(c)][2.22]。AsH_3 和 PH_3 在0.2～2 atm(1 atm≈10^5 Pa)下通过带有固定小喷口的氧化铝管注入 UHV 生长腔。这些管子安装在 UHV 系统中的电加热炉上，900～1 000 ℃时管子中的氢化物因气体分子热运动而分解。当它们通过泄漏口时发生流体动力学性质向分子流的

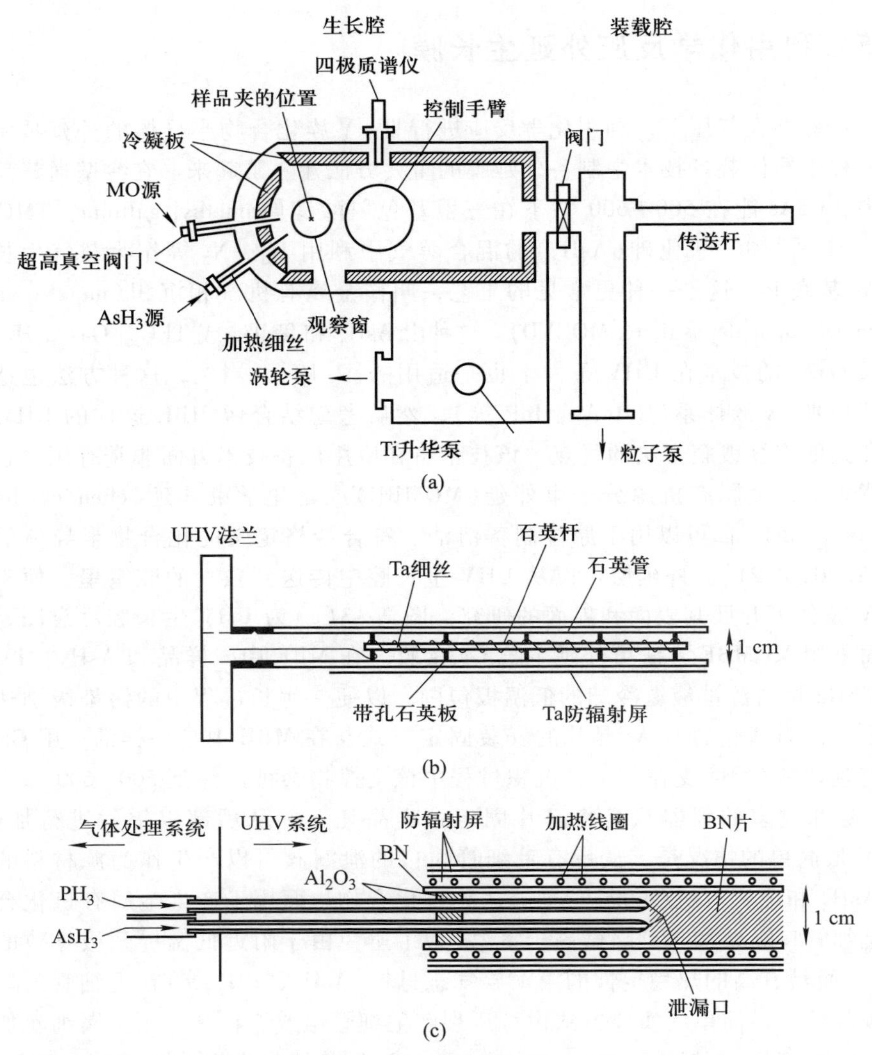

图 2.13 金属有机源分子束外延(MOMBE)实验设备的示意图：(a) 带有传送装置的生长腔侧面图；(b) 用加热 Ta 细丝预分解氢化物(AsH_3、PH_3 等)的低压毛细管喷口[2.17, 2.18]；(c) PH_3 和 AsH_3 的高压源喷口，加热的 Al_2O_3 毛细管中气体碰撞实现预分解

转变。泄漏口实际上是一个自由的喷口。在其后面分解产物被注入低压加热区，其压强在毫托数量级甚至更低，由真空系统直接抽真空获得。比起更简单的低压源，高压室中的通量由具有恒定泄漏的氧化铝管中的压力变化控制。比起 TMGa 和 TEGa，很多有趣的材料，例如用于 InAs 和 AlAs 生长的 TEIn(triethyl indium，三乙基铟）和 TEAl（triethyl aluminum，三乙基铝），在室温下的蒸气压非常低（图 2.14）[2.23，2.24]，在设计金属有机化合物的供应时必须考虑这一点。要达到 μm/h 的符合要求的生长率，必须适当加热存储容器及通往 UHV 主入口的气路，以提高金属有机化合物的蒸气压。

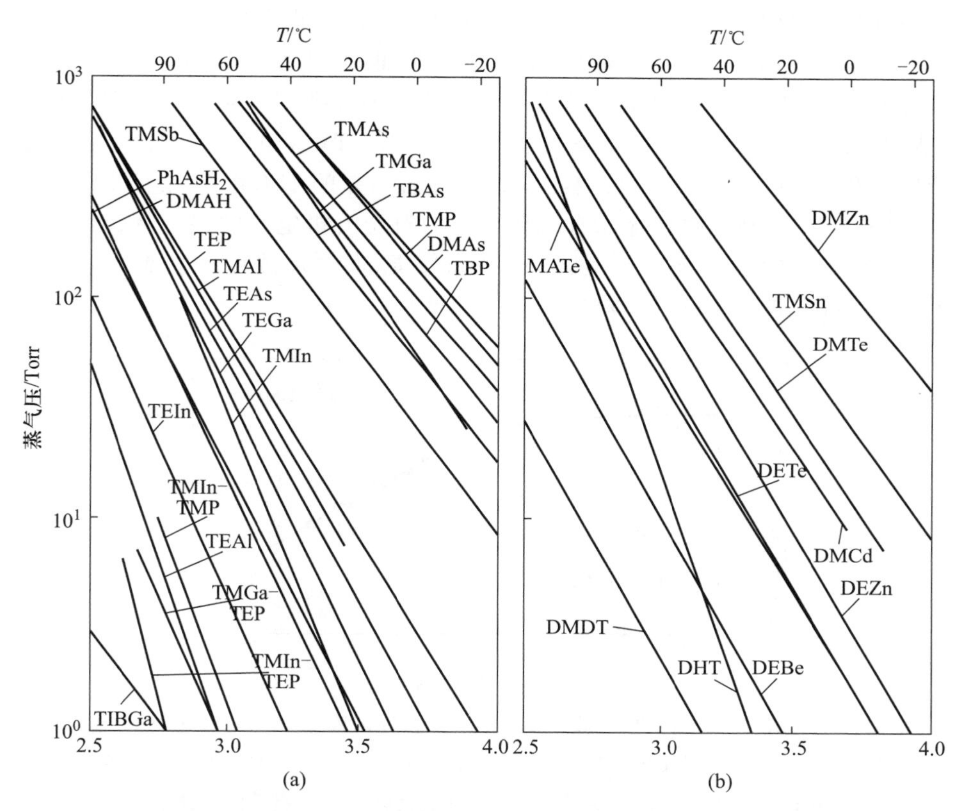

图 2.14　第Ⅲ族与第Ⅴ族元素的蒸气压与温度的依赖关系：（a）第Ⅱ族与第Ⅵ族元素的蒸气压与温度的依赖关系；（b）有机金属源材料，第Ⅱ族与第Ⅵ族材料可以用于Ⅲ－Ⅴ族半导体膜层的 n 型和 p 型掺杂。符号解释如下：TIBGa 代表三异镓；TMAl 代表三甲基铝；TEAs 代表三乙基砷；$PhAsH_2$ 代表苯砷；等[2.23，2.24]

标准 MBE 的 UHV 系统通常是靠离子泵实现的，相比之下，MOMBE 是由低温泵辅助涡轮分子泵或扩散泵实现的[图 2.13（a）]。同样地，MOMBE 技术中的基底表面在装入生长腔之前，也必须经过化学刻蚀清洗，并最后用水漂洗。真空腔经焙烤后，其本底气压达到大约 10^{-10} Torr 之后，开始加热基底，使 AsH_3 分子束在温度达到 500～600 ℃（生长温度）时裂解，随后金属有机源分子束接通。在薄膜生长过程中，腔中的总气压逐渐上升到 10^{-6} Torr，其产生的残余气体主要成分是氢和碳氢化合物等分解产物。在 GaAs 外延生长中用到的金属有机源分子束，其成分分别是 TMGa[$Ga(CH_3)_3$]和 TEGa[$Ga(C_2H_5)_3$]。与 AsH_3 相反，它们不会预先分解，而是在基底表面反应生成 Ga，然后逐渐进入生长的晶体材料中。

TMGa 和 TEGa 两种金属有机化合物分解产生的碳也会进入生长中的 GaAs 薄膜(C 占据 As 的位置)。当然，也可以根据Ⅲ/Ⅴ比率控制 p 型掺杂程度。MO 束压在恒定的 AsH_3 通量中越高，导致的 p 型掺杂程度越高。然而，它们可达到的最小掺杂程度也有显著差异。在 300 K，TMGa 的应用可使空穴浓度提高到 $10^{19}\sim10^{21}$ cm^{-3} 的范围，然而对于稳定性较差的 TEGa，掺杂程度须达到 $10^{14}\sim10^{16}$ cm^{-3}。利用两种金属有机化合物的符合严格定义的混合物，可获得介于两者之间的掺杂态，p 型掺杂的 GaAs 层的空穴浓度可控制在 $10^{14}\sim10^{21}$ cm^{-3} 范围(图 2.15)[2.25]。

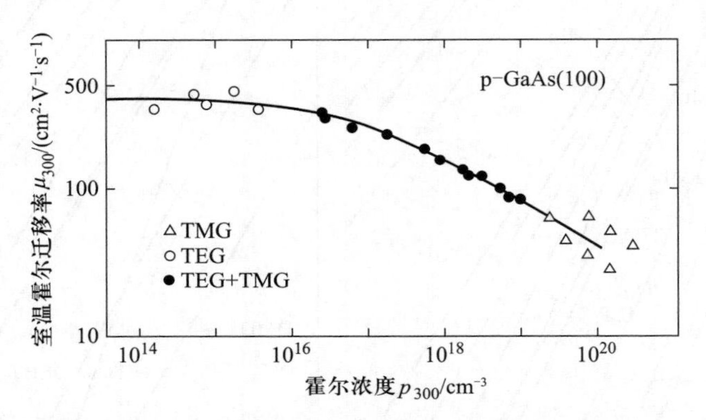

图 2.15　MOMBE 技术生长的 p 型掺杂(碳掺杂)的 GaAs 膜层[(100)取向]的室温霍尔迁移率 μ_{300}，(△)代表仅使用 TMGa 源材料，(○)代表仅使用 TEGa 源材料，(●)代表使用两者的混合物作为源材料，实线代表文献[2.25]报道的最佳迁移率

从室温霍尔迁移率来看，这些膜层的电学性能(结晶的)与采用其他技术(MOCVD、MBE)制备的膜层的相当(图 2.9 和图 2.15)。

Ⅲ-Ⅴ族化合物膜层的 n 型掺杂也可以靠气路源实现。利用 SiH_4(其含量在运载气体 H_2 中占 5%)实现 GaAs 中的 Si 掺杂，在室温下的电子浓度可达 $10^{15}\sim10^{19}$ cm^{-3} 范围。当掺杂量大于 10^{16} cm^{-3} 时，必须采用与分解 AsH_3 同样的毛细管将 SiH_4 预分解，得到的 GaAs 电子迁移率与 MBE 生长所获得的典型值相当(图 2.9)。

大体上可以看出 MOMBE 生长的 GaAs、GaInAs 等膜层其电学性能、晶体学性能及形貌质量与采用 MBE 法生长的膜层一样好。至于生长过程中不可避免会产生的表面缺陷密度，MOMBE 法优于 MBE 法。那些大尺寸的椭圆形缺陷，有大约 10 μm 的直径，在采用 MOMBE 法生长的表面是不存在的[2.26]。

从气相 MO 源外延生长Ⅲ－Ⅴ族材料的经验推断，许多其他的半导体和其上的金属层应该也可以利用气态源材料在 UHV 腔中沉积。此外，其他金属有机化合物例如 TMGa、TEGa、TEIn 等，碳基材料如 $Ni(CO)_5$、$Fe(CO)_5$ 等，也可以用来做有趣的尝试[2.27]。

比较 MOMBE 和 MBE 两种方法，可以发现其他有趣的结果。相比 MBE，MOMBE 中导致膜生长的表面化学反应更复杂(TEGa 的分解等)。这就方便了通过一些外部参数，例如光辐射或电子轰击来精确控制化学反应，从而实现控制生长工艺。用具有适当能量的聚焦光束扫描生长中的膜层表面，可以在特定的膜表面促进或抑制膜生长，即未经照射的区域其生长则被抑制，从而生长出二维结构。

MOMBE 和 MBE 技术最适合用原位法开展表面研究，例如，将新生长出的表面在 UHV 条件下从生长腔传送到另一个分析腔，分析腔由一个 UHV 阀和传送装置与生长腔相连(图 2.10)。对于 MBE 或 MOMBE 制备的 GaAs 或其他相关化合物的表面，其优势是可在独立的超高真空系统中制备和分析清洁的表面。在生长腔中，当生长结束后再沉积一层非晶的 As 层可以使新生长的表面钝化[2.28]。为此，生长出的外延层需要冷却，MBE 生长的外延膜需在砷束中生长结束后冷却，MOMBE 生长的膜层需在预分解的 AsH_3 束中生长结束后冷却。冷却后的表面就覆盖一层非晶 As 膜，可以保护其不受大气污染。

将样品装入独立的 UHV 腔用于表面研究，然后加热到 300 ℃退火使 As 层解吸附，MBE 或 MOMBE 生长的表面以清洁与结晶的状态呈现在外。解吸附温度大约为 300 ℃，低于表面分解和缺陷(砷空位等)形成的限度。因此，采用这种方法制备的Ⅲ－Ⅴ族化合物半导体的新鲜表面甚至可以在不同实验室之间传递。

总结一下，MBE 和 MOMBE 开启了在 UHV 环境中制备清洁的、符合严格定义的表面和界面的新的可能性，且不受太多表面或界面特殊结晶类型的限制。在这个研究领域，关于界面物理研究的要求同时有利于其他技术的发展，即这些技术有利于生产精密半导体层结构、器件及电路技术的发展[2.29]。

附录Ⅲ 俄歇电子能谱(AES)

俄歇电子能谱是表面和界面物理学[Ⅲ.1–Ⅲ.3]中的一种标准分析技术，主要用于检测在 UHV 条件下新制备的表面的清洁程度，并且在其他一些重要领域，例如薄膜生长、表面化学成分(元素分析)的研究以及特殊化学元素浓度的剖面深度分析中都有应用。而最后一种应用还需交替采用溅射、AES 测量过程。

AES 是深入到电子核级别的光谱学，其激发过程是由电子枪产生的初级电子束激发的。俄歇过程会产生带有相对精确能量的二次电子，它们的能量由标准电子分析仪分析探测(第 1 章附录Ⅱ)。筒镜能量分析器(CMA)已广泛用于这个系统中。在所有的电子光谱分析中，AES 因为电子有限的逃逸深度而对表面十分敏感。根据图 4.1，探测到动能为 1 000 eV 左右的俄歇电子意味着探测深度大约为 15 Å。AES 典型的探测深度为 10~30 Å。

图Ⅲ.1 示出了俄歇过程的原理。初级电子被壳层电子离化产生一个初始空穴。初级电子和壳层电子两者都会携带未知的能量离开原子；由于散射过程的复杂性，逃离的初级电子会失去其“记忆”。已电离的原子的电子结构会将芯能级的深度原始空穴重新排列，而这些壳层被来自高能级的电子充分填满。这个过程可能会伴随着特征 X 射线光子的发射，或者退激发过程可能是一个无辐射的俄歇跃迁过程，此过程的能量来自“掉落”到更深的原子能级的电子迁移到另一个相同或不同的电子壳层。而后者随后带着特征俄歇能被激发出去，使得原子处于双电离的状态(有两个空穴处于相同或不同的芯能级)。俄歇特征能量与 X 射线光子特征能量相近，但是因为多体系统的相互影响，其能量值并不确定。与 X 射线发射过程相比，这个原子的最终态具有一个以上的空穴，所以更被高度电离。

因为释放的俄歇电子带有与芯能级能量差直接相关的确定的动能，所以对这个能量的测量可以用于确定特定原子。通过同样的方法测量特征 X 射线辐射，使得化学元素分析成为可能，这不同于对表面高度敏感的 AES。

对俄歇跃迁的命名涉及芯能级(图Ⅲ.1)。当初级空穴在 K 壳层产生时，俄歇过程从 L 壳层的外部电子开始，例如图Ⅲ.1 中的 L_1 层，这个电子跃迁到最初的 K 空穴，将跃迁能量传递给 L 壳层的另一个电子，例如 L_2 层，这种俄歇过程定义为 KL_1L_2 过程[图Ⅲ.1(a)]。图Ⅲ.1(b)示出了另一种可能。在这种情况下，两个最终的空穴都留在了 M_1 壳层，由于原始空穴是在 L_1 层，这个就是熟知的 $L_1M_1M_1$ 过程。如果原始空穴被一个来自同壳层的电子填充[图Ⅲ.1(c)]，那么这个过程称为 Coster–Kronig 跃迁(即 $L_1L_2M_1$)。

当俄歇过程发生在一个被固体束缚的原子上，电子能带有可能牵涉到跃迁过程中，还包括严格定义的芯能级。图Ⅲ.1(d)所示的过程包含了在 L_3 壳层初级空穴的形成和通过价带(V)电子的退激发，这个退激发过程把跃迁的能量转移给了另一个价带电子。此过程相应地称为 L_3VV 过程。当两个最终空穴在一个高的价带态密度区形成时，可以观测到最强的亮度。

为了阐明特征俄歇跃迁能量的计算，我们考虑一个如图Ⅲ.1(a)所示的 KL_1L_2 过程。为了简便，逸出的俄歇电子的动能等于相应的芯能级之间的能量差：$E_{kin}=E_K-E_{L_1}-E_{L_2}$。这些能量可以通过 X 射线光电子谱(X-ray photoemission spectroscopy，XPS，6.3 节)获得。通过 XPS 实验数据，多电子松弛效应已考虑(6.3 节)。但是，俄歇过程不同于由于额外壳层空穴的形成而产生的光辐射。因此，采用修正项 ΔE 描述与其他电子对应重排相关的多电子效应。从而 KL_1L_2 过程产生俄歇电子，其能量

$$E^Z_{KL_1L_2}=E^Z_K-E^Z_{L_1}-E^Z_{L_2}-\Delta E(L_1,\ L_2) \tag{Ⅲ.1}$$

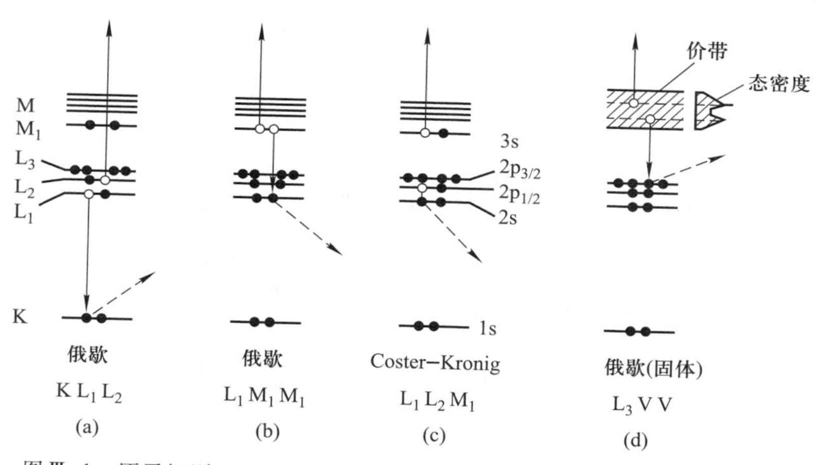

图Ⅲ.1　原子级别上对俄歇过程的解释：初级电子在核壳层产生初始空穴，其逃逸电子由虚箭头表示，另一个电子从一个更高的壳层，即核层(a，b，c)退激发，从一个固体的价带(d)退激发。其退激发能迁移到第三电子上，即释放俄歇电子

其中，Z 为相关的原子序数。修正项 $\Delta E(L_1,\ L_2)$是小量，它包括当 L_1 层电子移去时 L_2 层电子的结合能，和当 L_2 层电子移去时 L_1 层电子的结合能。当然，详细的修正项计算是困难的，但是有一个合理的经验公式，它将原子序数为 Z 的原子的高电离态和原子序数为 $Z+1$ 的原子的芯能级能量联系起来。由于 L_1 层的电子的失去，导致了结合能的平均增大值大致可以表示为$(E^{Z+1}_{L_1}-E^Z_{L_1})$，并且修正项如下：

$$\Delta E(L_1, L_2) = \frac{1}{2}(E_{L_2}^{Z+1} - E_{L_2}^{Z} + E_{L_1}^{Z+1} - E_{L_1}^{Z}) \qquad (\text{Ⅲ}.2)$$

作为一个例子，我们考虑一个 Fe 原子($Z=26$)的 KL_1L_2 过程，实验观测到俄歇能 $E_{KL_1L_2}^{Fe}=5\,480$ eV。为了大致计算这个能量，我们使用了由 XPS 确定的芯能级能量：$E_K^{Fe}=7\,114$ eV，$E_{L_1}^{Fe}=846$ eV，$E_{L_2}^{Fe}=723$ eV。进一步，关于相符的 Co($Z=27$)实验结合能的修正项应该为 $E_{L_2}^{Co}=794$ eV，$E_{L_1}^{Co}=926$ eV。可将 $E_{KL_1L_2}^{Fe}=5\,470$ eV 作为一个近似值，这个值仅偏离实际观测的俄歇能 10 eV。

元素主要的俄歇电子能与原子序数的关系如图Ⅲ.2 所示。KLL、LMM 和 MNN 3 个主要的分支可以区分开来。更强的跃迁用着重号标识。不同跃迁过程的单一组分 KLL、LMM 或 MNN 在最终的原子态上会导致不同的自旋取向。我们必须清楚，少于 3 个电子的原子不能发生俄歇跃迁过程。其结合能和俄歇能与 Z 之间紧密的联系(图Ⅲ.2)对于 AES 作为一种化学分析技术的应用是十分重要的。

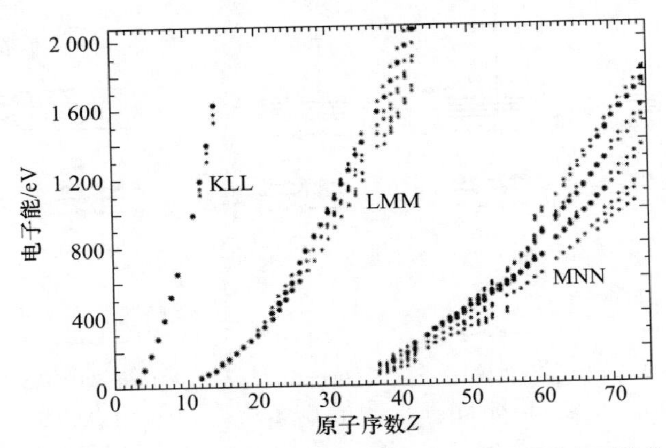

图Ⅲ.2　俄歇电子能与原子序数 Z 的关系，每个元素最有可能的跃迁，用黑点标识[Ⅲ.2]

俄歇过程非常复杂，包含了几个不同的步骤，但最重要的相互作用是发生在电子填充初能级和电子占据了相应的能量而从原子内发射的过程中。这个能量在电子之间转换主要受益于库仑相互作用。俄歇过程因此很可能由位于 $\boldsymbol{r}_1$、$\boldsymbol{r}_2$ 的两个电子的库仑相互作用势能 $e_2/|\boldsymbol{r}_1-\boldsymbol{r}_2|$ 计算出来。KLL 的跃迁概率为

$$W_{KLL} \propto \left| \left\langle \psi_{1s}(\boldsymbol{r}_1)e^{i\boldsymbol{k}\cdot\boldsymbol{r}_2} \left| \frac{e^2}{|\boldsymbol{r}_1-\boldsymbol{r}_2|} \right| \psi_{2s}(\boldsymbol{r}_1)\psi_{2p}(\boldsymbol{r}_2) \right\rangle \right|^2 \qquad (\text{Ⅲ}.3)$$

两个电子的初态 $\psi_{2s}(\boldsymbol{r}_1)\psi_{2p}(\boldsymbol{r}_2)$ 描述为两个单电子波函数 2s 和 2p，终态 $\psi_{1s}(\boldsymbol{r}_1)\exp(i\boldsymbol{k}\cdot\boldsymbol{r}_2)$包含处于其 1s 态的电子 1 和作为一个自由电子并具有波

矢 $\boldsymbol{k}$(平面波状态)的逃逸电子 2。更复杂的多电子效应没有包含在这个简单的描述中：作为主要结果，仔细地计算发现俄歇跃迁概率与 Z 关系不大，与辐射跃迁对 Z 具有很强的依赖性形成鲜明的对比。并且，俄歇过程并不遵循偶极选择定则，而这个定则却在光学跃迁过程中占主导地位。跃迁概率在根本上由库仑相互作用决定，而不是由偶极矩阵元决定。例如，显著的 KL_1L_1 俄歇跃迁会因为其不满足 $\Delta\ell=\pm1$ 和 $\Delta j=\pm1$，0 而在光学跃迁中被禁闭。

标准 AES 仪器所具有的电子枪能够产生能量典型值在 2 000~5 000 eV 范围的初级电子束。俄歇电子最常用的能量分析仪是半球或筒镜能量分析器(CMA)。电子枪有时候会被整合到 CMA 的中心轴上(图Ⅲ.3)。尤其是当 AES 与离子溅射结合时，对深度分析十分有用。由于俄歇信号很小，AES 通常在微分模式下运行，以抑制来自二级电子大的背景噪声。通过在外圆柱面电压 V 上叠加一个小的转换电压在 $v=v_0\sin\omega t$，与此同时再用带有锁相放大器的电子倍增管探测同步信号，其差就可以显示出来。在这个模式中，探测器电流

$$I(V+v_0\sin\omega t)\simeq I_0+\frac{\mathrm{d}I}{\mathrm{d}v}v_0\sin\omega t+\cdots \tag{Ⅲ.4}$$

包含了最初的微分项 $\mathrm{d}I/\mathrm{d}v$ 作为对相敏感的具有角频率 ω 的 AC 信号的前因子。

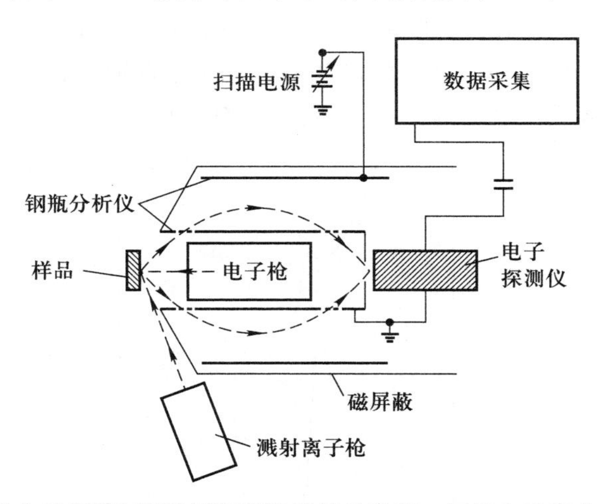

图Ⅲ.3 俄歇电子能谱(AES)标准实验装置示意图。初级电子束由电子枪产生，它被集成在一个筒镜能量分析器(CMA)的中心轴上。安装一个额外的溅射离子枪提供深度分析的可能性

在这个探测模式的基础上，俄歇线性能量经常在参考文献中作为最小微分谱项 $\mathrm{d}N/\mathrm{d}E$(图Ⅲ.4)给出。当然，在非微分谱中，这个能量一般不会碰巧与俄歇峰的最大值吻合。作为 AES 应用的例子，图Ⅲ.5 所示为微分 $\mathrm{d}N/\mathrm{d}E$ 谱，这些谱是从近乎洁净的 GaAs 表面(a)和覆盖有非晶 As 膜的同样表面(b)测得

的。GaAs(100)表面是在金属有机源分子束外延(MOMBE)系统(2.5节)中生长出来的。考虑到生长出的洁净、新鲜的表面需要经过大气环境从生长真空腔传输到另一个UHV系统中，因此，生长的表面必须覆盖钝化的As层。这个As层在第二个UHV系统中通过在350 ℃的微温中退火除去，由此，一个洁净、符合严格定义的有序GaAs表面就形成了。覆盖As膜的表面俄歇谱[图Ⅲ.5(a)]显示出很多由LMM过程(图Ⅲ.2)产生的能量在1 100~1 300 eV范围的高能As峰。另外，低能As线可以在低于100 eV的能量区域观测到。200~500 eV区间平滑的曲线显示在As覆盖层中没有常见的杂质，例如K、C、In或者O，至少在AES的探测极限内没有。在钝化的As薄膜解吸附后[图Ⅲ.5(b)]，新的峰在低于1 100 eV的区域轻轻出现。它们是Ga的LMM峰，来自于“洁净”的GaAs表面的最顶层Ga原子。在250 eV左右，一个小的K俄歇信号(LMM跃迁)表明GaAs表面有轻微K污染。从图Ⅲ.5所示微分谱可知，很难精确评估俄歇线形状和探测由化学环境不同造成的微小迁移。为了用AES去研究这些细节，非微分谱是必需的。

AES对微量的表面污染的敏感度通常不高于单层的1%。在AES看来似乎洁净的表面，当用光发射(UPS、XPS)或者电子能量损失谱(EELS、HREELS，见第4章附录X)检查时，会发现有杂质。AES更严重的不足还表现在半导体表面的应用中。因为初级电子束的高能和电流密度的原因，相对高密度的缺陷在化合物半导体表面产生，例如GaAs或者ZnO表面。而这些缺陷会导致表面电

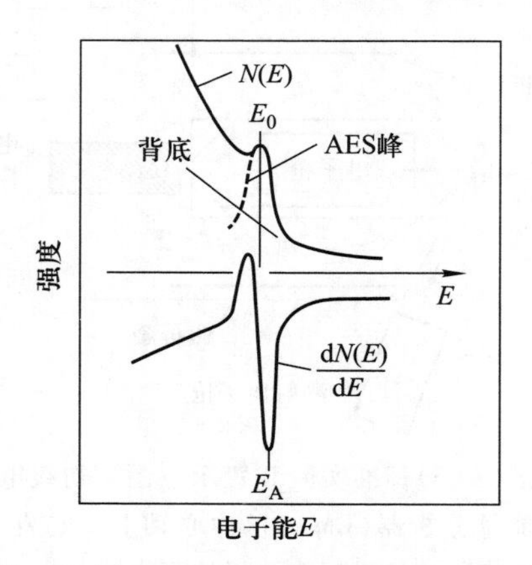

图Ⅲ.4　非微分俄歇谱 $N(E)$ 与对应的微分项 $dN(E)/dE$ (图的下半部分)的定性比较。AES峰在 E_0 处有最大值，在 dN/dE 处生成一个类“共振”结构，在 E_A 处，dN/dE 最负的部分对应 $N(E)$ 最陡的斜率

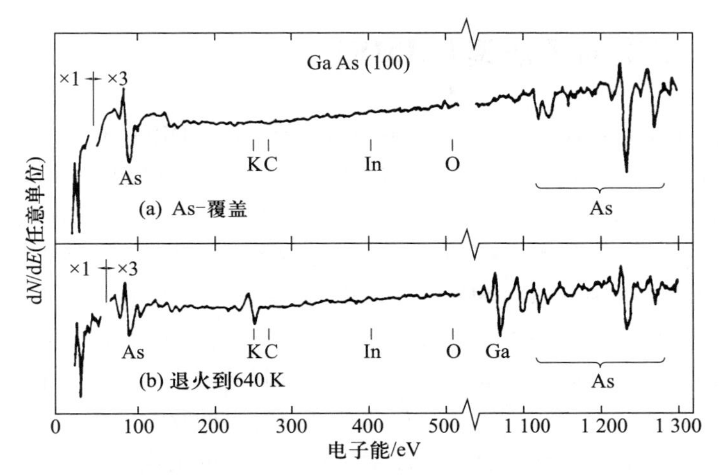

图Ⅲ.5 利用 MOMBE 制备的 GaAs(100)表面应用 2 000 eV 初始电子能量测量的微分俄歇电子能谱 $dN(E)/dE$：(a) 外延生长后其表面在 MOMBE 系统中覆盖一层非晶砷膜，然后经大气环境输送到分析腔中进行 AES 分析，此谱对应于覆盖 As 的表面；(b) 在 300 ℃轻度退火后其砷膜解吸附，GaAs 表面特征谱显现，但带有轻微的 K 污染[Ⅲ.4]

性能的突然变化，例如电子表面态和空间电荷层(6.7 节①)的形成。因此，AES 与光学或者半导体表面电子学研究结合，在最后的分析步骤中是非常有用的。

参考文献

Ⅲ.1 B. K. Agarwal, *X - Ray Spectroscopy*, 2nd edn., Springer Ser. Opt. Sci., vol. 15 (Springer, Berlin, 1991)

Ⅲ.2 L. E. Davis, N. C. McDonald, P. W. Palmberg, G. E. Riach, R. E. Weber, *Handbook of Auger Electron Spectroscopy* (Physical Electronics Industries, Eden Prairie, 1976)

Ⅲ.3 J. C. Fuggle, J. E. Inglesfield, *Unoccupied Electronic States*, Topics Appl. Phys., vol. 69 (Springer, Berlin, 1992)

Ⅲ.4 B. J. Schäfer, A. Förster, M. Londschien, A. Tulke, K. Werner, M. Kamp, H. Heinecke, M. Weyers, H. Lüth, P. Balk, Surf. Sci. **204**, 485 (1988)

① 原文似有误，应为 7.1 节。——译者注

附录Ⅳ　二次离子质谱(SIMS)

二次离子质谱(secondary ion mass spectroscopy, SIMS)[Ⅳ.1-Ⅳ.4]主要由离子束组成，即应用典型能量在1~10 eV的Ar^+离子入射到界面上。由于冲击能的转移，产生的中性原子、分子以及离子，即二次离子，从表面溢出，然后它们被质谱仪分析和探测。探测到的质谱提供了表面化学成分的信息。在表面物理研究领域，这种静态的SIMS主要研究最表面的原子层的成分，包括吸附层的本质和属性。第二种类型是动态的SIMS，应用了较高的初始束电流。因此，一个二次离子较高的释放率和溅射工艺将剥离相当数量的材料。在这个过程中可以检测到二次离子质谱，其包含被剥离材料的化学元素的信息。这种测试方法可以对基底进行逐层分析，即给出化学成分的剖面深度分布。这种方法非常适合于薄膜研究。

一个典型的静态SIMS的主要组成部分如图Ⅳ.1所示。整个装置[图Ⅳ.1(a)]在UHV条件下运行，靠法兰连接包含样品处理系统的UHV分析腔，分析腔中还可能包含质谱仪(通常是一个四极质谱仪)、LEED(第4章附录Ⅷ)和AES(第2章附录Ⅲ)等。离子源通常是放置于电离室的一个物质释放源。主要离子加速到1~10 keV，聚焦后通过一个磁性质量分离器(垂直于离子束的扇形磁场)。具有明确的离子质量和能量的离子束被准直，然后通过一个小孔(即集束板)打到样品上。起始的离子束在它的整个横截面上其电流密度应该是均匀的(典型值 ≈ 0.1 cm^2)，且在10^{-4}~10^{-10} A/cm^2之间是可控的，以便能够适时改变其溅射条件。二次离子束从样品的表面逸出，然后被施加的电压加速，进入四极质量过滤器。质量分离后静电镜反射二次离子进入探测器，即一个电子倍增管。探测器直观上放在离子束之外，以避开对中性粒子、光子等的测量，因为这些将引起相当高的背底。

设备的一个重要组成部分是四极质谱仪(QMS)，而其中最基本的组成是4个四级杆[图Ⅳ.1(b)]。直流电压U和交流电成分$V\cos\omega t$ ($\omega/2\pi$)(通常是1 MHz)叠加成对地对杆施加偏压。分析仪Z轴附近的电势为

$$\phi(x,\ y,\ t)=\frac{1}{r_0^2}(U+V\cos\omega t)(x^2-y^2) \tag{Ⅳ.1}$$

r_0为杆的半径(通常为5 mm)。对于质量分析，U和V被扫描，其中，V最大为1 kV，而最佳性能时所选择的直流分量U为$V/6$。在电场$\boldsymbol{\varepsilon}=-\nabla V\varphi$时，其正离子(电荷为$q$，质量为$m$)通过一个小孔沿$z$轴进入四极杆系统，式(Ⅳ.1)遵循如下的动力学方程：

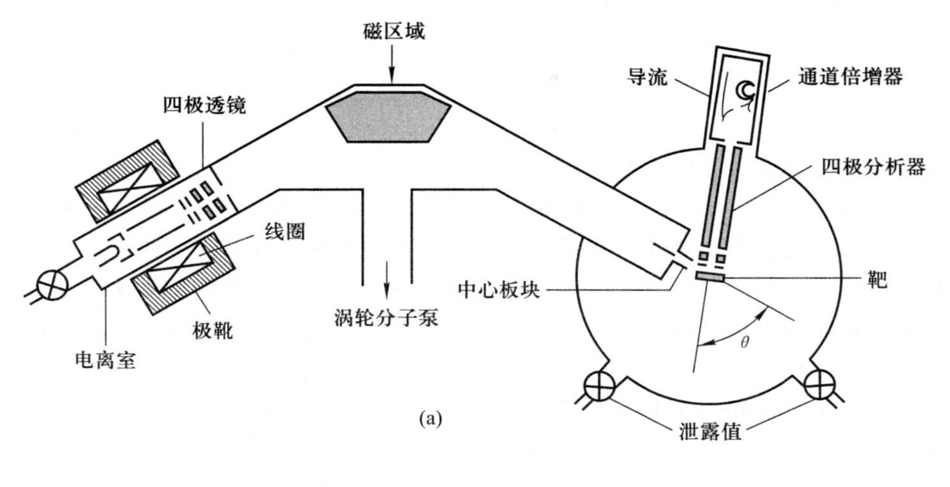

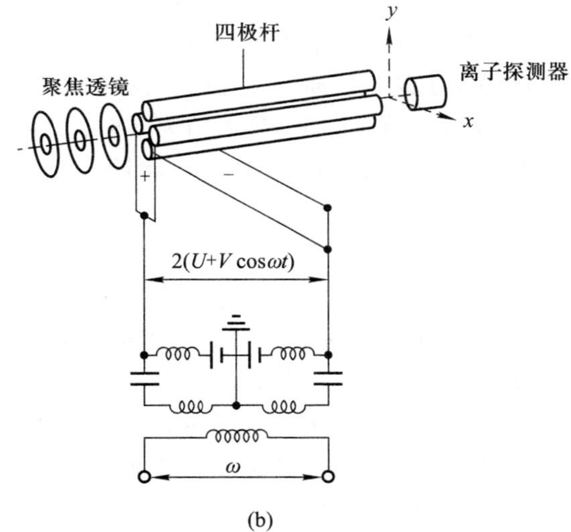

图Ⅳ.1　二次离子质谱(SIMS)仪的实验装置：(a) 总体装置概览，其主要组成为由电离室和透镜系统组成的离子源、磁质量分离器(扇形磁场分析仪)，在 UHV 腔的样品，通道倍增器作为探测器的四极质量分析仪；(b) 四极质谱仪(QMS)的组成

$$\begin{pmatrix} \ddot{x} \\ \ddot{y} \\ \ddot{z} \end{pmatrix} = \frac{2q}{mr_0^2}(U + V\cos\omega t)\begin{pmatrix} -x \\ y \\ 0 \end{pmatrix} \qquad (Ⅳ.2)$$

在 z 方向，离子并没有加速。为解决式(Ⅳ.2)中的 x 和 y 的坐标问题，又引出了一个 Mathieu 型微分方程。但是下列的定性讨论足以说明由式(Ⅳ.2)描述的

动力学导致了质量分离。因为惯性，重离子不遵从高频场。对于大质量[式(Ⅳ.2)]可以近似为

$$\begin{pmatrix} \ddot{x} \\ \ddot{y} \end{pmatrix} \simeq \frac{2qU}{mr_0^2}\begin{pmatrix} -x \\ y \end{pmatrix} \tag{Ⅳ.3}$$

即在 x 轴方向上存在一个频率 $\Omega=(2qU/mr_0^2)^{1/2}$ 的简谐振动，而在 y 轴方向上运动并不受规律 $y(t)\propto \exp(\Omega t)$ 的控制。对于长度为 10～20 cm 的杆，离子撞击电极并放电。但对于小质量离子，它们遵循高频场，即交流电压 V 大于直流偏压($V>U$)。在 x-y 平面上，轻离子表现为以交流偏压为频率的振荡运动。随着它们振荡幅度的增加，在杆上的放电现象随之产生。在 y 方向上，直流场有一个散焦效应，至少对于小的 y 值，产生的力的方向是向外的。随着振荡幅度的增加，即随着距离中心轴距离的增加，其交流电场的作用变强，导致离子向轴运动。其结果是形成一个稳定的围绕中心轴的振荡，即一种允许离子通过过滤器的运动。概括起来，重离子在 x 方向形成稳定的振荡，而在 y 方向，轻离子在一定条件下通过过滤器。在一个窄的质量范围，其轻、重离子区边界存在一个重叠区，在这个区的离子既可以通过 x 方向，也可以通过 y 方向，所以可以通过整个杆。当 AC/DC 的比值(即 V/U)大约为 6 时，其临界通过区就只包含一个离子。因此，对于质量扫描，电压 V 和 U 将同时变化，但保持一个恒定的比例。利用这种方法，物质从“窗口”连续转移了出去，杆之间稳定的振荡得以继续。

当质谱需要定量分析时，必须牢记四极质谱仪(QMS)的通过率与物质质量紧密相关(图Ⅳ.2)。信号强度与质量关系的校准因此必须利用符合严格定义的惰性气体的混合物来进行。值得一提的是，对于质谱测量而不涉及正常的 SIMS，四极杆前面的电离室可能引起进入分子的部分分离。分离的物质能够按照严格的比例被探测，即分离谱，它可以通过质谱数据的详细分析而获得。

除了在 QMS 中有关质量分析的物理问题，与初始离子束运动相关的溅射过程在 SIMS 中也是十分重要的[Ⅳ.6]。从入射的初始离子到基底非常接近表面的原子的能量转移通过二体碰撞的级联产生(图Ⅳ.3)。这个级联碰撞或多或少对样品是有害的，例如产生晶格缺陷，初始离子注入基底的最高原子层，最后基底表面原子(或吸附物)作为中性粒子或二次离子被移除，这些都能被 QMS 检测到。溅射过程中移除表面原子要求其弹性碰撞能要超过其结合能。相应地，3 种靠弹性碰撞的溅射方式可以分辨出来(图Ⅳ.4)。在粒子单个撞击方式中，原子与离子靶碰撞后反弹时接受足够的能量可以从样品靶中溅射出来，但还不足以产生级联反冲[图Ⅳ.4(a)]。这一方式主要适用于能量低于 1 keV 的初始离子。在线性级联碰撞方式中(初始能量 1 keV～1 MeV)，反冲原子本身携带足够的能量来产生进一步的反冲。当产生级联时，反冲原子的密度

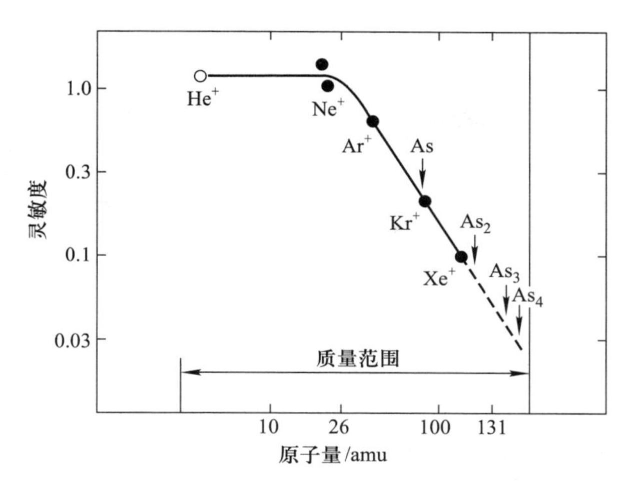

图Ⅳ.2　四极质量过滤器典型的通过率在4~350范围内与原子量之间的关系。图中用箭头示出了重要的As质量As_x[Ⅳ.5]

却足够低，即撞击碰撞占主导地位，而移动原子之间的碰撞是罕见的[图Ⅳ.4(b)]。对于高能初始重离子，即达到尖峰方式，其中，反冲原子的密度足够高，以至于在某个体积(尖状体积)范围，大部分原子处于运动状态。

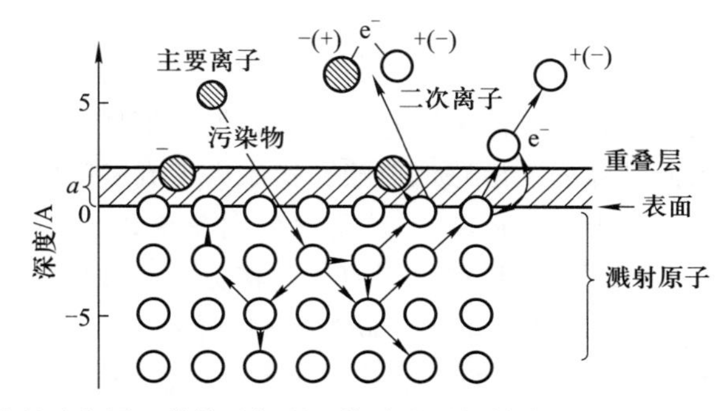

图Ⅳ.3　溅射过程示意图。单粒子级联碰撞涉及对初始离子的影响、缺陷的形成、离子的注入和表面原子(基底或吸附物)作为一个中性离子或二次离子的移除

定量描述溅射过程的基本参数是溅射产率Y(指每个入射粒子在表面溅射产生的粒子数)。给出初始离子流密度为$j_{PI}=e\nu$(ν为初始离子通量密度)，则在时间dt内溅射粒子数为

$$-\mathrm{d}N = NY\nu A\mathrm{d}t \qquad (\text{Ⅳ}.4)$$

其中，A为光斑面积，N为表面原子密度，对于被溅射掉的吸附层，其覆盖率$\theta(t)$可由$N(t)/N_{max}$给出。方程(Ⅳ.4)的解

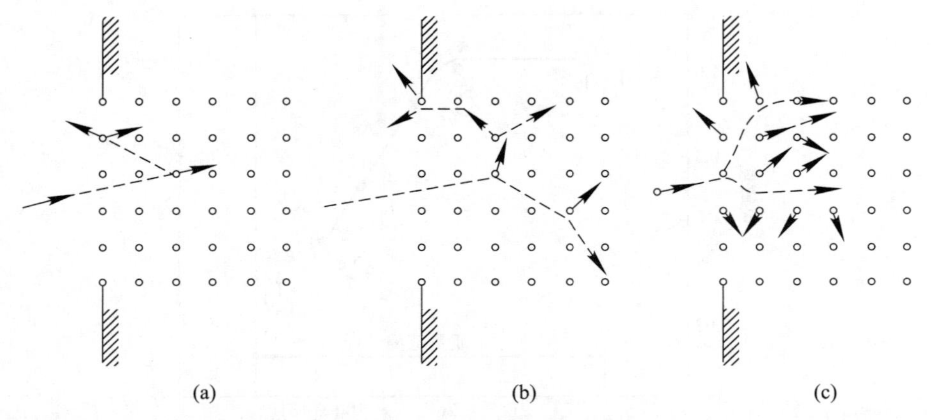

图Ⅳ.4　弹性碰撞产生的3种溅射方式：(a)单个撞击方式，被溅射；(b)线性级联碰撞方式，反冲原子从与离子靶的碰撞中获得足够的能量产生级联反冲；(c)尖峰方式，反冲原子的密度如此之高，以至于一定体积内的大部分原子处于运动状态

$$N(t)=N_{\max}\exp\left(\frac{-Yj_{\mathrm{PI}}}{eN_{\max}}t\right) \tag{Ⅳ.5}$$

即对于靶表面的原子，溅射效率可用平均寿命表示

$$\bar{\tau}=\frac{eN_{\max}}{Yj_{\mathrm{PI}}} \tag{Ⅳ.6}$$

最重要的参数，例如初始离子流密度j_{PI}，正如预期的那样控制着其溅射率。被这种方法导致的表面破坏程度敏感地依赖于初始离子流密度的数量级。

对于流密度10^{-4}和10^{-9} A/cm^2，平均寿命分别在0.3 s和9 h的数量级，即每秒分别大约3和3×10^{-5}数量级的单层原子被移除。这种估计显然突出了与静态(破坏性小)和动态SIMS相关的很不同的实验条件。

另一个决定SIMS信号强度的因素是离化度。二次粒子(图Ⅳ.3)大多作为中性粒子发射。例如，对于洁净的金属表面，只有不到5%的二次粒子属于离化的粒子。在发射过程中，二次粒子与表面及其化学键同样受到破坏的其他粒子具有恒久的相互作用(图Ⅳ.3)。这种复杂的相互作用与激发、离化或退激发，以及发射粒子的中性化紧密相关。作为合适的近似，可以假设级联碰撞的形成及传播对于单个二次粒子的激发态和离化态并没有影响。尽管根据俄歇过程而作的模型描述(第2章附录Ⅲ)以及高激发原子和分子的自动离化过程确实存在于表面激发过程中，但实际的SIMS分析主要基于溅射产率和离化截面的经验数据(表Ⅳ.1)[Ⅳ.7，Ⅳ.8]。

在静态SIMS的初始流密度在$10^{-9}\sim10^{-10}$ A/cm^{2}的范围内使用时，其相应的溅射率十分低，每秒大概是 $10^{-4}\sim10^{-5}$ 单层的量级。伴随的表面破坏是非常微弱的，因此，其方法主要用于最顶层原子层的研究，例如主要用于表面成分、吸附过程以及表面化学反应的探讨，其较低的初始流密度导致了非常低的二次离子流密度（$<10^{-16}$ A/cm^2），这就需要敏感的探测设备，即脉冲计数。利用溅射产率 Y 和离化度 a 的经验数据（表Ⅳ.1）定量测定吸附物（质量为 M）的覆盖率 θ_M 也是可能的。从表达式（Ⅳ.4）~（Ⅳ.6）对于低的溅射率也可以获得一个在质量 M 时的二次离子流 $I_{SI}(M)$

$$I_{SI}(M)=I_{PI}Y\alpha\eta\theta_M \tag{Ⅳ.7}$$

其中，I_{PI} 为初始离子流，η 为 QMS 的透射率。使用表Ⅳ.1 中的特征数据与典型的 QMS 透射率值 $\eta=0.01$ 可以估计，在静态 SIMS 中，对吸附原子的探测极限在状态良好的情况下低于 10^{-6} 单层。因此，SIMS 对表面的敏感度比大多数电子谱学（AES、UPS、XPS、EELS 等）高几个数量级。例如，图Ⅳ.5 所示为一个洁净的 Mo 表面的二次负离子谱，其 Mo 表面暴露于 10^{-4} Torr · s（100 Langmuir）的氧气中。其谱图靠能量为 3 keV 和流密度为 10^{-9} A/cm^2 的 Ar^+ 离子溅射剥离掉小于 1 %的单层而获得。检测到存在 MoO_x^- 离子说明氧化物的存在。在 SIMS 数据的解释中出现的问题是，对于更为复杂的系统，观测到的一定分数的离子可能来源于初始离子束与靶原子和分子的相互作用。

表Ⅳ.1 洁净金属和对应氧化物的绝对正离子产率 S^+ 的经验值。利用 Ar^+ 作为初始离子确定了其实验值［Ⅳ.7］。根据金属和氧化物的溅射产率具有相同值的假设，计算其离化度 $\alpha=S^+_{氧化物}/S$［Ⅳ.8］

元素	$S^+_{洁净}$	α	$S^+_{氧化物}$	α	$S^+_{氧化物}/S^+_{洁净}$	$\bar{Y}$
Mg	8.5×10^{-3}	4×10^{-3}	1.6×10^{-1}	8×10^{-2}	20	2.1
Al	2×10^{-2}	1×10^{-2}	2	1	100	2
V	1.3×10^{-3}	7×10^{-4}	1.2	6×10^{-1}	1 000	1.9
Cr	5×10^{-3}	3×10^{-3}	1.2	6×10^{-1}	200	1.8
Fe	1×10^{-3}	5×10^{-4}	3.8×10^{-1}	2×10^{-1}	380	2
Ni	3×10^{-4}	2×10^{-4}	2×10^{-2}	1×10^{-2}	70	1.7
Cu	1.3×10^{-4}	7×10^{-5}	4.5×10^{-3}	2×10^{-3}	30	2.4
Sr	2×10^{-4}	1×10^{-4}	1.3×10^{-1}	7×10^{-2}	700	1.3

在动态 SIMS 中，逐层深度分析所需要的高的溅射率（每秒数个单层）是由 $10^{-4}\sim10^{-5}$ A/cm^2 的初始离子流密度来实现的。在浸蚀过程中，随时间变化通

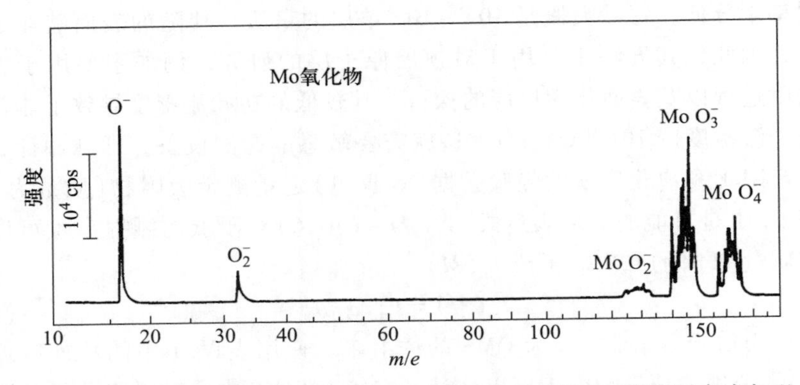

图Ⅳ.5　从 Mo 表面溅射出的二次负离子谱，其 Mo 表面应用离子轰击加以清洗，随后在 100 L 氧气中氧化[Ⅳ.9]

常能记录一种以上物质的信号。对于恒定的入射流，消耗的时间直接与浸蚀深度规模相关。高的溅射率将限制深度分辨率，因为从数个原子层得到的物质信号在探测器中是相互混合的，由此引起清晰的剖面模糊化。实际上，为了兼顾优化的深度分辨率与要求的最大浸蚀深度，其溅射率必须进行仔细的调控。图Ⅳ.6 所示为一个在空间和质量上均具有高分辨率的 SIMS 深度剖面分析(3 个物质信号均属于 $M=18$，但通过测量不同的同位素可以将质量分辨开)。一个数据点需要 0.2 s 的测量时间，在此时段，大约可以溅射两个单层。另一方面，图Ⅳ.7 所示为一个交替为 n 型掺杂和 p 型掺杂的 GaAs 薄膜的深度剖面图(由 MOMBE 方法制备，参见 2.5 节)，记录了其 Si 质量信号(Si 是 n 型掺杂剂)随溅射深度的变化。

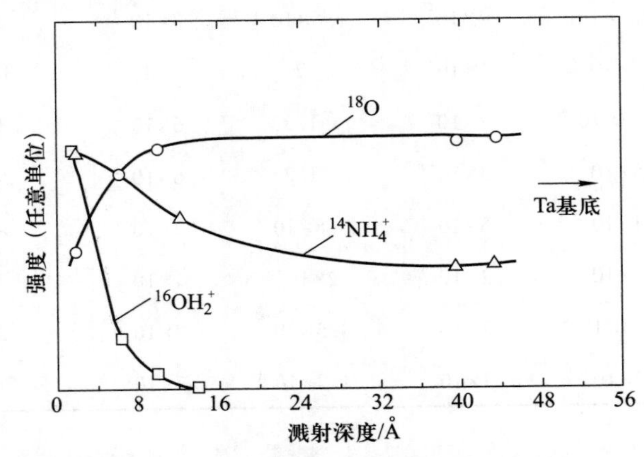

图Ⅳ.6　Ta 氧化层的深度剖面图(离子强度随溅射深度的变化)，其氧化物是 Ta 基底在富 ^{18}O 的柠檬酸铵水溶液中被阳极氧化而获得的 [Ⅳ.10]

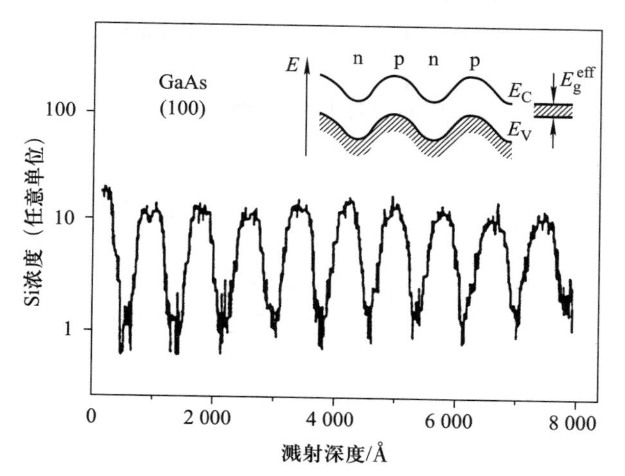

图Ⅳ.7 具有 10 个周期的 GaAs(100)n-p 型交替掺杂的超晶格的 SIMS 深度剖面图(厚度为 800 Å)。应用碳(C)实现 p 型掺杂，应用 Si 实现 n 型掺杂。名义浓度大约为 10^{18} cm^{-3}。套图是一个 n-p 交替掺杂的超晶格的定性能带结构分析图[Ⅳ.11，Ⅳ.12]

参考文献

Ⅳ.1 H. W. Werner, Introduction to secondary ion mass spectroscopy (SIMS), in *Electron and Ion Spectroscopy of Solids*, ed. by L. Fiermans, J. Vennik, W. Dekeyser (Plenum, New York, 1977), p. 342

Ⅳ.2 A. Benninghoven, F. G. Rüdenauer, H. W. Werner, *Secondary Ion Mass Spectrometry* (Wiley, New York, 1987)

Ⅳ.3 D. J. O'Connor, B. A. Sexton, R. St. C. Smart (eds.), *Surface Analysis Methods in Materials Science*, Springer Ser. Mater. Sci., vol. 23 (Springer, Berlin, 1992), Chap. 5

Ⅳ.4 H. Oechsner (ed.), *Thin Film Depth Profile Analysis*, Topics Curr. Phys., vol. 37 (Springer, Berlin, 1984)

Ⅳ.5 J. Fischer, Entwicklung quantitiver Meßverfahren für die Massenspektrometrie in der MOMBE and Erprobung an einer Arsenquelle, Diploma Thesis, Rheinisch-Westfälische Technische Hochschule Aachen (1986)

Ⅳ.6 R. Behrisch (ed.), *Sputtering by Particle Bombardment I*. Topics Appl. Phys., vol. 47 (Springer, Berlin, 1981)

Ⅳ.7 A. Benninghoven, Surf. Sci. **28**, 541 (1971)

Ⅳ.8 A. Benninghoven, Surf. Sci. **35**, 427 (1973)

Ⅳ.9 A. Benninghoven, In Hochvakuumfachbericht der Balzers AG für Hochvakuumtechnik and dünne Schichten (FL 9496 Balzers) Analytik (Dezember 1971) KG2

Ⅳ.10 R. Hernandez, P. Lanusse, G. Slodzian, G. Vidal, Rech. Aerospatiale **6**, 313 (1972)
Ⅳ.11 H. Heinecke, K. Werner, M. Weyers, H. Lüth, P. Balk, J. Crystal Growth **81**, 270 (1987)
Ⅳ.12 H. Lüth, Inst. Phys. Conf. Ser. **82**, 135 (1986)

问　　题

问题 2.1　立方晶体碱卤化合物沿{100}面解理，Ⅲ－V族材料例如 GaAs 沿{110}解理，而硅却沿{111}解理，请解释这种特殊的解理行为。

问题 2.2　Te 是 MBE 生长 GaAs 中一种很方便的 n 型掺杂材料。为达到 $N_D = 10^{17}\ \mathrm{cm}^{-3}$ 的体掺杂量，在生长 GaAs 表面(生长速率为 1 μm/h)时需要的 Te 束流通量 F 是多少？假设每个入射的 Te 原子都进入了生长膜层。当基底与坩埚开口(开口面积为 0.5 cm^2)间的距离大约是 5 cm 时，Te 坩埚必须加热到什么温度？

问题 2.3　在 425 K 的温度下，当 4.5×10^{20} 的 Ar 原子撞击直径为 1.5 mm 的圆形面积时所需要的 Ar 气压为多大？

问题 2.4　在 MBE 生长 GaAs 的过程中，假设 Ga 和 GaAs 的黏附系数均为 1。调整 As 的蒸气压以便其生长表面是 As 稳定的。利用平衡蒸气压曲线(图 2.8)，请估算 Ga 坩埚温度，此时，GaAs 的生长速率为 1 μm/h。假设克努森室的开口是点状的，且到晶片基底中心的距离为 25 cm。GaAs 的晶格常数为 0.565 nm。Si 掺杂的 GaAs 生长层一般都是 n 型的。Si 的结合率假设为 1，则获得 $10^{-18}\ \mathrm{cm}^{-3}$ 掺杂量级所必需的 Si 坩埚温度是多少？

当克努森室的轴向与晶片表面法向的夹角为 30°时，在一个非旋转的直径为 5 cm(2 in)的晶片上如何实现膜的均匀生长？

第3章

表面、界面和薄膜的形貌与结构

首先，我们有必要对形貌和结构给出一个简洁的定义。“形貌”是与固体的宏观性质联系在一起的。这个词起源于希腊语 *μορφή*，意思是外形或形状，在此适用于表面或者界面的宏观外形或形状。另一方面，“结构”这个术语与原子的微观图像相关联，用于描述原子的详细几何分布和它们在空间中的相对位置。

这两个术语间的区别有时不是非常清晰，即使是 UHV 条件下制备的洁净的、确切的表面(第 2 章)。我们所认为的形态，例如形状，取决于所考虑的性质和检测技术的分辨率。此外，原子的结构对界面的形貌通常起决定作用或至少有重大的影响，例如，原子间作用力决定了金属沉积到半导体表面时是按层状生长还是岛状生长。因此，有必要更加详细地从形貌和结构两方面来分析。为此，界面形成的问题必须分别从宏观和微观的视角来分析。

3.1 表面应力、表面能和宏观形状

解决物理问题最普遍的宏观方法是热力学。事实上，热力学决定了宏观形态，因此，固体表面或界面形成的特殊类型取决于邻近的媒介或真空。此处的基本概念是表面或界面具有的特定自由能和表面应力(有时称作表面张力)。这些概念最初由吉布斯(Gibbs)[3.1]在气体/固体(非晶)表面理论论述中提出。在这个论述中，由于没有考虑固体晶体结构的张量弹性性质，因此不需要区分表面自由能和表面张力。对于晶体，弹性理论应用弹性应力张量 τ_{ij} 和应变张量 ε_{ij} 可进行充分的连续性描述：其中 $\tau_{ij}=\partial f_i/\partial a_j$ 是沿 i 方向的微分力 $\mathrm{d}f_i$ 除以垂直于 j 方向的面元 $\mathrm{d}a_j$；$\varepsilon_{ij}=\partial u_i/\partial x_j$ 是 i 方向体元的长度变化量 $\mathrm{d}u_i$ 除以 j 方向的位置变化量 $\mathrm{d}x_j$。

当一个表面形成后，电子因表面原子缺失进行响应导致表面附近电荷分布与块体中不同，例如化学键。最高原子层中的原子级别的力在块体状态下发生改变，应力张量 τ_{ij} 沿垂直于表面的 z 轴方向在几个原子距离尺度上改变，因此能用[3.3，3.4]定义表面应力张量(图 3.1)

$$\tau_{ij}^{(\mathrm{s})}=\int_{-\infty}^{\infty}\mathrm{d}z\left[\tau_{ij}(z)-\tau_{ij}^{(\mathrm{b})}\right] \tag{3.1}$$

$\tau_{ij}^{(\mathrm{b})}$ 为 $z=0$ 时远离表面的体积应力张量，$\tau_{ij}(z)$ 描述了当从块体内部接近表面时($z<0$)应力沿 z 方向的空间变化。沿 x 轴和 y 轴的张量分量分别用 i 和 j 表示。总的表面诱发应力相对块体的改变，例如沿 z 方向从块体深处到真空($z\rightarrow\infty$)积分，是表面应力[式(3.1)]，体积应力是单位长度上的力而不是单位面积上的力。在块体中 $\tau_{ij}(z)$ 和 $\tau_{ij}^{(\mathrm{b})}$ 相同，表面应力[式(3.1)]消失，其仅在有几个原子层的薄膜表面存在。

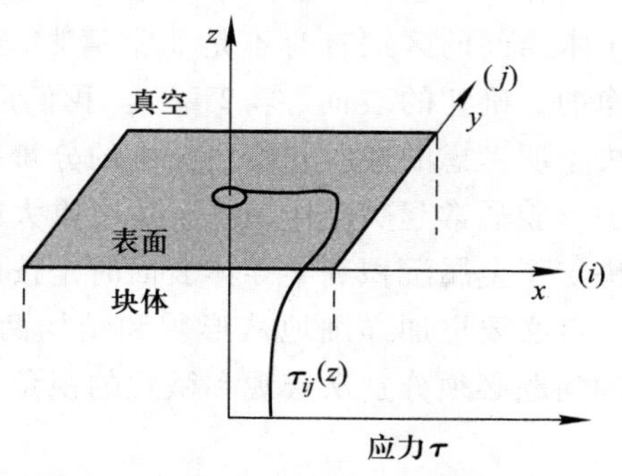

图 3.1 由式(3.1)定义的表面应力得出的表面附近的体积应力 $\tau_{ij}(z)$ 变化(实心黑线)。参数 i 和 j 分别代表应力张量沿 x 和 y 方向的分量

如果表面在其自身应力下收缩，表面应力的符号是正的，即需要做功有弹性地伸展表面(张应力)。负的表面应力($\tau_{ij}^{(s)} \leqslant 0$)称为压缩应力。固体典型的表面应力大约达到 1 N/m，同时被限定在距离表面 1 nm 处。

为了定义比表面自由能，我们认为做功量 δW 是对应变 $\delta\varepsilon_{ij}$在厚度为 t 的薄晶体片上的应变进行积分：

$$\delta W = A\int_{-t/2}^{t/2} \mathrm{d}z \sum_{ij} \tau_{ij}(z)\,\delta\varepsilon_{ij} \tag{3.2}$$

A 为平板表面面积，z 沿表面法向方向。在恒温和恒定粒子数的边界条件下，δW 等于表面自由能 $\delta F^{(s)}$ 的变化。通过式(3.1)能将式(3.2)分解成体积和表面的贡献

$$\begin{aligned}\delta W &= \delta W^{(s)} + \delta W^{(b)} = \delta F^{(s)} + \delta F^{(b)} \\ &= 2A\sum_{ij} \tau_{ij}^{(s)}\,\delta\varepsilon_{ij} + At\sum_{ij} \tau_{ij}^{(b)}\,\delta\varepsilon_{ij}\end{aligned} \tag{3.3}$$

第一项的因子 2 是因为平板包含两个表面。通过表面自由能 $F^{(s)}$ 的微分引入比表面自由能 γ

$$\delta F^{(s)} = \delta(\gamma A) = \gamma\delta A + A\delta\gamma \tag{3.4}$$

这意味着表面自由能 $F^{(s)}$可被这两项的贡献改变。当 γ 保持不变时，表面面积随 δA(第一项)改变，表面原子数随固定的原子表面平均面积改变。第二项 $A\delta\gamma$ 代表表面原子数保持不变时的能量效应，例如，重建时原子间距发生变化。当我们在式(3.3)中的第一个求和项中指定一个特定的应变分量 $\delta\varepsilon_{ij}$时，考虑到 $\mathrm{d}A = A\sum_i \mathrm{d}\varepsilon_{ii}$，通过比较式(3.3)和式(3.4)得到另一个表面应力 $\tau^{(s)}$ 和表面自由能 γ 之间的关系

$$\tau_{ij}^{(s)} = \gamma\delta_{ij} + \frac{\partial\gamma}{\partial\varepsilon_{ij}} \tag{3.5}$$

该式称为 Shuttleworth 方程[3.5]。液体比表面自由能 γ 与各向同性表面应力 τ 相同，因为液体中没有抗塑性形变，式(3.5)中第二项消失。在液体中，同样不存在从块体内部到表面的原子流的阻力。对于固体表面，这种表面原子流取决于表面能量和在表面空间区域的表面应力。因此我们可以认为，$\partial\gamma/\partial\varepsilon = \tau^{(s)} - \gamma$ 代表热力学驱动力，将原子从块体中移到表面层。当 $\tau^{(s)} - \gamma > 0$ 时，表面上比体积相当的块体中要聚积更多原子。而当 $\tau^{(s)} - \gamma < 0$ 时，表面层倾向于较少的原子。从这个意义上来说，$\partial\gamma/\partial\varepsilon$ 也是某些表面重构的驱动力，此时，表面原子组态与三维晶体中不同(3.2 节、3.3 节)。

从式(3.2)~(3.4)可明显看出，表面能 γ 可看作单位面积的过剩自由能。在体积、温度、化学势和组成恒定的系统中，形成单位面积的表面或界面是一个可逆的过程。定义 γ 的可逆性条件意味着在界面区域的原子成分和组态达到热力学平衡。

关于表面能 γ 的物理起源需要更多的探讨。如果考虑临近真空表面的晶体结构，在保持晶体体积和成分的原子数量不变的情况下，它会消耗能量产生额外的表面，邻近原子间的键必须被破坏以至新的原子暴露在真空中。表面缺陷的形成包括逐步形成可能同样涉及形成新的表面区域。所有这些影响导致了过剩表面自由能 γ。对于晶体材料，大多数表面性质取决于其取向。特别是取决于表面取向(hkl)，有些键必须被破坏产生一个表面片层(2.2 节)，电荷补偿效果在相同晶体的极性和非极性表面是完全不同的(2.2 节)，因此，晶体表面自由能 $\gamma(\boldsymbol{n})$ 强烈依赖于特殊表面的取向 $\boldsymbol{n}$。晶体的平衡态不一定是有最小的表面积，有可能是一个复杂的多面体。在恒温以及确定的体积和化学势条件下，什么决定了固体物质的宏观形状？从最小自由能可获得必要条件

$$\int_A \gamma(\boldsymbol{n})\,\mathrm{d}A = \text{最小值} \tag{3.6}$$

因此，关于某些表面的形态稳定性和材料的平衡形态的问题涉及表面能 $\gamma(\boldsymbol{n})$ 及其取向依赖性[γ 作为晶面(hkl)或表面法向 $\boldsymbol{n}$ 的函数]。

与流体界面相比，其表面能或张力通常易通过毛细管获得，用相同的实验技术，很难确定固体-气体界面的 $\gamma(\boldsymbol{n})$。因此，在现有文献中关于 γ 的可靠实验数据很少。表 3.1 列出了一些依据 Bechstedt[3.6]的理论数据。

表 3.1　计算的金刚石、闪锌矿结构半导体以及一些体心结构(Mo、W)和面心结构(Al、Au)金属的低指数面的表面能 γ(单位为 J/m^2)。考虑了半导体的重构和金属的弛豫面。(311)列给出了 InAs[Mo，W]的($\bar{1}\bar{1}\bar{1}$)面[(211)面]的值。在化合物中，负离子的化学势固定为 $\mu_{As}=\mu_{As}^{块体}-0.2$ eV。Si 的实验值[3.39]在括号中给出。数据的汇编由 Bechstedt 完成[3.6]

晶体	(100)	(110)	(111)	(311)	参考文献
C	5.71	5.93	4.06	5.51	[3.35]
Si	1.41(1.36)	1.70(1.43)	1.36(1.23)	1.40(1.38)	[3.35]
Ge	1.00	1.17	1.01	0.99	[3.35]
InAs	0.75	0.66	0.67	0.78	[3.36]
Mo	3.34	2.92	3.24	3.11	[3.37]
W	4.64	4.01	4.45	4.18	[3.38]
Al	1.35	1.27	1.20		[3.38]
Au	1.63	1.70	1.28		[3.38]

在晶体平衡形态和形态稳定性等理论中，$\gamma(\boldsymbol{n})=\gamma(hkl)$ 的 Wulff 投影起到

重要作用[3.7，3.8]。如图 3.2 所示，在极坐标中绘制标量表面能 γ 与一个特定方向和(hkl)面法向之间的角度 $\boldsymbol{\Theta}$。从原点到图中任一点的矢量长度代表 γ (hkl)的大小，方向是沿(hkl)面法向。根据式(3.6)，晶体的平衡形态可以通过连接这些具有最小表面能的晶面得到。图 3.2 定性地给出了通过 γ (hkl)构造平衡形态的过程。在与 Wulff 投影相交处构建了一组垂直于径矢的平面。该平面的内表面决定了满足(3.6)的表面的集合。这些表面是由处于平衡态的材料组成的。对液体和非晶态固体，当 $\gamma(\boldsymbol{n})$为各向同性时，Wulff 投影和平衡形态都是球形的。

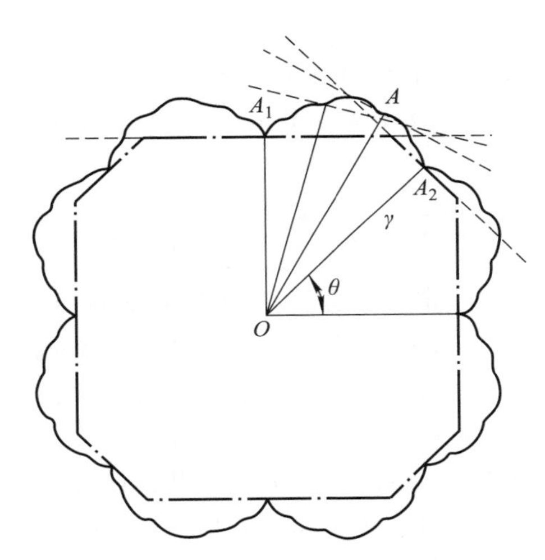

图 3.2　表面能 γ (hkl)在极坐标角度 $\boldsymbol{\Theta}$[描述(hkl)面的法向]中的示意图。Wulff 构建定则[3.3，3.4]决定作为 Wulff 平面的内部层面固体的平衡形态(虚点线)，也就是矢径的法向

作为粗略估算 $\gamma(\boldsymbol{n})$的简单例子，我们首先考虑一个具有相邻表面平面的二维晶体[3.8]，它由非常多的通过原子台阶高度分开的具有(01)取向[图 3.3(a)]的表面平面组成。这种表面与(01)方向有一个定位角 θ。单位表面面积上台阶越多，$\gamma(\boldsymbol{n})=\gamma\theta$ 会越大。台阶密度可写为 tan (θ/a)。如果低指数面(01)的表面能被设为 γ_0，假定每个台阶在邻近平面对总表面能有 γ_1 的贡献，那么表面能可用台阶密度 tan (θ/a)来表示

$$\gamma(\theta) = \cos\theta\left[\gamma_0 + \gamma_1\left(\frac{\tan\theta}{a}\right) + \gamma_2\left(\frac{\tan\theta}{a}\right)^2 + \cdots\right] \tag{3.7a}$$

二阶和更高阶项描述了台阶间的相互作用。忽略大台阶间距间的相互作用，也就是 θ 很小的情况，得到

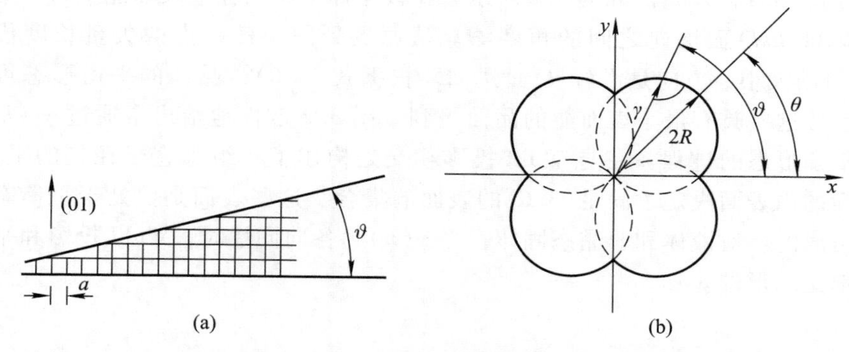

图 3.3　与(01)晶面呈 θ 角的近表面平面示意图和简单 Wulff 投影(极坐标系中的表面能 γ)(a)；Wulff 投影(b)由通过原点的圆组成

$$\gamma(\theta) = \cos\theta\left[\gamma_0 + \gamma_1\left(\frac{\tan\theta}{a}\right)\right] = \gamma_0\cos\theta + \frac{\gamma_1}{a}\sin\theta \tag{3.7b}$$

根据在 Wulff 投影中对 γ 的定义，即为从原点出发的径矢，按照式(3.7b)所述，在极坐标中，其为一个圆圈(或者三维球体)通过原点。举例来说，可以考虑一个直径为 $2R$，与 x 轴的倾角为 Θ 的圆[图 3.3(b)]，其数学表达式为

$$\gamma = 2R\cos(\theta - \Theta) = 2R[\cos\Theta\cos\theta + \sin\Theta\sin\theta] \tag{3.8}$$

与式(3.7b)相同，这同样能给 γ_0 和 γ_1/a 一个几何解释。考虑到可能的 θ 值的全部范围(平面中 4 个象限)由式(3.7b)得到图 3.3(b)所示的 Wulff 投影。当然，这是一个忽略了所有高阶相互作用(例如台阶间的相互作用)的粗略模型，图 3.2 定性描述出利用更真实的模型作出包含一些圆和球的 Wulff 投影。

真实表面的表面能对一些与表面不均匀性相关的问题非常重要。如果晶面具有特别低的表面能，表面能通过暴露该取向的面去降低总自由能。因此，即使小平面能增加总表面面积，但它可能降低总自由能，同时有时是热力学支持的。表面层化的出现也许可依据通过暴露低表面能的修补(patches)使表面总自由能最小化来描述。

最后，对材料表面能 γ 直观合理的粗略估计如下：每个原子的表面能 γ 大约等于融化整个原子的一半热量。这种关系源于融化会破坏原子所有的化学键，而 γ 只涉及破坏大约一半表面原子的键。

3.2　弛豫、重构和缺陷

我们现在继续更详细地考虑表面的原子结构。能很容易地看到，在表面上由于另一边近邻原子缺失，最上面晶格面的原子间作用力发生相当大的变化。表面原子的平衡条件被修正为与块体相关，因此，我们希望改变与块体不同的原子位置和表面原子。故表面不仅仅是晶体块的不连续。由于表面的存在产生的理想块体原子结构的扭曲在金属和半导体中是不同的。在金属中，有很强的离域电子气和不定向化学键，而在四面体成键的半导体(Si、Ge、GaAs、InP 等)中有显著的定向结合键。表面一边的键断裂对半导体表面的原子排列有更显著的影响。

图 3.4 给出了表面原子的一些特征重排方式。垂直于表面方向的最顶层原子的压缩(或者可能延长，层间分离)称为弛豫。在这种情况下，二维晶格，即与最上层原子层组成的表面平行的周期性，与块体是相同的。如图 3.4(b)所示，由于与表面平行方向的偏移而导致的原子形态的变化，可以改变平行于表面的周期性。二维单元网格尺寸与突出的块体晶胞尺寸不同。这种类型的重新排列称为重组。表面单元网格的重组并不是必须发生与块体相关的改变，只是从它们体位置的原子位移比单纯的垂直于表面的移动更复杂，如图 3.4(a)所示。举个例子，我们考虑 GaAs(001)解理表面如下。重建同样包括与块体相比原子或整列原子丢失的表面原子结构[图 3.4(c)]。在这种情况下，表面周期与块体始终不同。

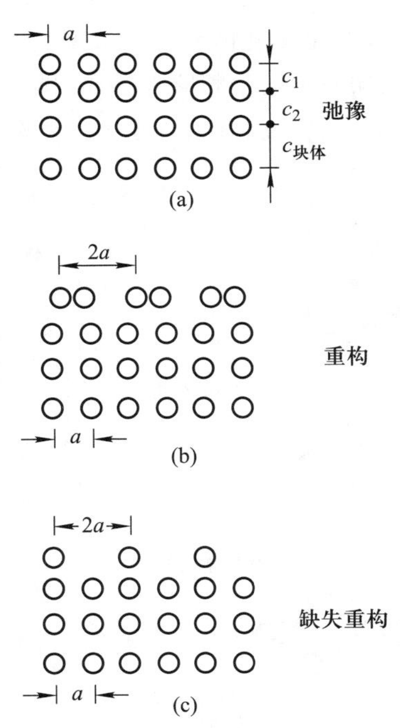

图 3.4　简单立方晶格的表面原子重排的原理示意图，晶格常数为 a：(a) 垂直于表面的最高原子层的弛豫(不同晶格间距 c)；(b) 最高原子层进入周期性间距为 $2a$ 的表面的重构；(c) 最高晶格面丢失原子所在列的重构

正如上面已经提到的，伴随着强定向共价成键，半导体表面经常发生复杂的重构。迄今为止，实验中确定这些重构表面的原子位置是一项非常困难的工作。通常，多种方法[LEED(第 4 章附录Ⅷ)、ARUPS(6.3 节)、卢瑟福背散射（4.11 节）等］已用于获得明确的结构模型。一个熟知的例子是解理的 GaAs(110)面，其在低能电子衍射下显示与被截断的块晶相同的表面单元网格。然而，表面原子的位置与块体相比相当扭曲(图 3.5)，与它们在块体中的位置相比，As 原子的最高原子层上升了，邻近 Ga 表面原子被挤向内侧。Ga-As 键相对表面大约偏转 27°，Ga-As 键的键长只有较小改变[3.9]。对于 Ga-As(110)，重构是由共价键偏转引起表面原子的偏移导致。在高真空中通过分解法制备时，在 Si(111)面发现键断裂和新键形成引起更大的晶格扰动。在[$0\bar{1}1$]方向，(2×1)低能电子衍射花样表明实空间中有双倍周期间距。如图 3.6 所示(更多细节在 6.5 节给出)，确定了这种类型表面的重构模型。表面上的 Si 原子可以这样的方式重新排列：邻近的悬挂键形成锯齿型 π 键链，类似一个长键有机分子[3.10]。紧临的更深原子层的原子需改变它们的位置，参与到重构中。详细的自洽总能量计算表明，尽管键断裂，相对于其他可能更明显的原子排列，π 键链模型满足全部能量最小化的要求。根据现有知识，必须假定一个轻微的弯曲，例如邻近 Si 表面原子向内和向外移动(图 3.2)。

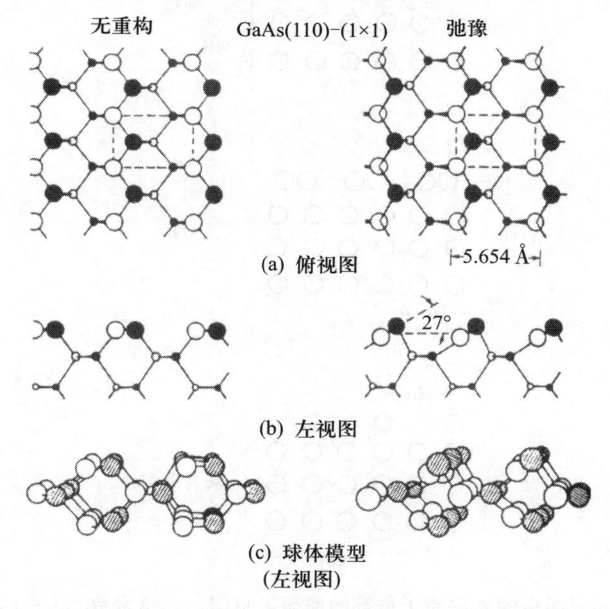

图 3.5　GaAs(110)面的原子位置，理想的在高真空解理后出现的无重构和弛豫：(a) 俯视图，(1×1)网格用虚线标出；(b) 左视图；(c) 球体模型(空心圆代表 Ga 原子，阴影圆代表 As 原子，小一点的圆代表更深原子层)

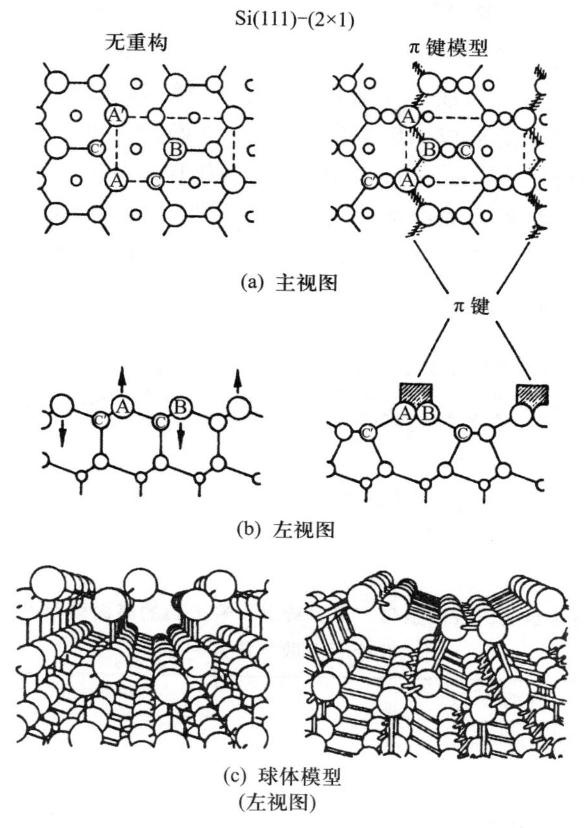

图 3.6　Si(111)面的原子位置，在高真空中解理后出现的无重构和(2 × 1)重构(π 键链模型)，阴影区域表示链的位置起源于邻近自由键的重叠：(a) 俯视图，(2×1)单元网格用虚线标出；(b) 左视图，箭头表示可能向上或向下移位的 A 类型和 B 类型的表面原子；(c) 球体模型(较小的圆代表更深原子层)

我们需要考虑弛豫和重构更深层次的原因。以半导体表面为例，在表面[Si(111)-(2×1)]通过形成新键使饱和自由悬空键趋向饱和。这可导致整体表面的自由能降低。在极性半导体例如 GaAs 的表面，Ga 和 As 表面原子的无扰动悬空键携带电荷从 Ga 到 As 自由键间的电荷转移导致表面能整体下降。Ga 自由键变得更近似于 sp^2，同时，As 键获得更多 pz 特征，因此导致相应原子向内和向外移位。

在金属表面，通常没有定向键，表面弛豫和重构可由其他机制引起。图 3.7 用原理图的方式描述了金属表面附近刚性离子核的位置。离子核中自由电子分离产生了电中性现象。中性现象的保持可从形式上归因于每个包含相应电子电荷的 Wigner-Seitz 晶胞核[图 3.7(a)中正方形]。

在表面，如图 3.7(a)所示，这可能导致表面电子密度快速地变化，从而电子动能的增加与波函数的导数的平方成比例。如图 3.7(a)所示，表面电子电荷因此倾向于平滑并形成一个表面等高线(虚线)，这引起对特定表面功函数有贡献的电偶极子的形成(10.3 节)。另一方面，由于这个偶极层，最高原子层的阳离子核受到 Wigner-Seitz 晶胞电荷的排斥，导致它们向中心移位。这种效应可能是很多金属表面产生最高层晶格面收缩(弛豫)的原因(表 3.2)。除了这种弛豫，大多数低折射率金属表面不会发生重构，也就是说，它们的表面单元网格与块体相同。

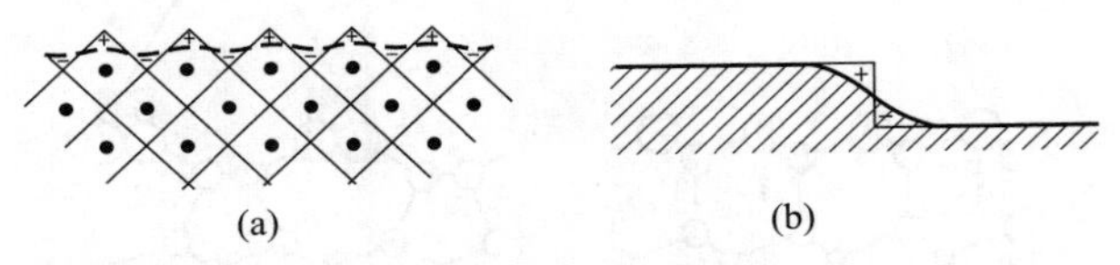

图 3.7　在金属表面形成电子表面偶极子的示意图：(a) 平滑沿表面 Wigner-Seitz 晶胞电子电荷分布；(b) 平滑台阶处电子电荷分布

表 3.2　清洁金属的表面弛豫。可以看出，最上面的晶面间距以非弛豫值的几个百分收缩 [3.8]

表面	顶层空间改变量/%
Ag(110)	-8
Al(110)	-10
Cu(100)	0
Cu(110)	-10
Cu(311)	-5
Mo(100)	-12.5

通常在块体中，因为熵的原因，理想表面不会存在平移对称。在真实表面，缺陷总是存在。根据缺陷的维度可以对它们进行分类(图 3.8)。阶梯代表部分低指数面。零维缺陷或点缺陷包括吸附原子、阶壁原子、扭曲和空位。这个特征对 Si、Ge、Al 等洁净的单原子晶体是充分的。通过原子尺度来看，特别是在化合物(GaAs、ZnO 等)晶体表面，可以从更多的细节上区分同类吸附原子(例如 Ga 或 As 在 GaAs 上)和不同吸附原子(Si 在 GaAs 上等)；吸附原子可能与最上层原子层结合或者可能进入最高晶格面成为填隙原子。空位在原子尺度同样可能有多种特征，例如在 GaAs 表面，Ga 和 As 的空位可能同时存在。因为缺失原子的不同离子电荷，两种空位可能显示不同的电学性能(6.2 节、6.3 节)。半导体的另一种零维缺陷特征称为反位缺陷，以 GaAs 为例，一个

As 原子占据 Ga 的位置(As_{Ga})或者反之亦然(Ga_{As})。从不同的电子轨道和化学键类型很容易看出反位缺陷同样引起电活性中心(6.2 节、6.3 节)。

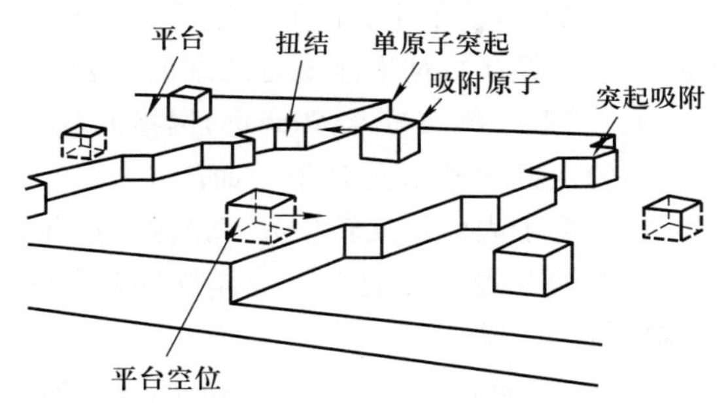

图 3.8 可能出现在固态表面的多种缺陷示意图

一个重要的一维或者线缺陷是阶壁将两个台阶分离(图 3.8)。在多种情况下，单原子的台阶高度取决于台阶的方向和相应的阶梯，与阶梯原子相比，台阶原子暴露了不同数量的自由键。台阶在形成邻近表面(高阶表面)时是重要的，也就是与低阶表面方向呈小角度的表面。这样的邻近表面由小低阶阶梯和高密度普通阶梯形成[图 3.3(a)]。台阶通常显示有趣的电子特性。具有强共价键的半导体中，不同的自由键结构可以改变近台阶的电子能量水平。金属表面自由电子气在台阶处趋于平滑，从而因为空间特定阳离子核形成偶极矩[图 3.7(b)]。

其他重要的表面缺陷与位借有关。刃型位错沿平行于表面的伯格斯(Burgers)矢量穿过平面产生点缺陷。压缩表面时，台阶位错同样引起点缺陷，这通常是一个台阶线的来源。

由于缺陷导致很多重要表面参量局部变化，例如结合能、配位、电子价态等，表面晶格缺陷结构在晶体生长、蒸发、表面扩散、吸附和表面化学反应中起主要作用。

3.3 二维点阵、超结构和倒易空间

3.3.1 表面点阵和超结构

尽管实际的晶体表面通常有点缺陷或线缺陷，完美的周期性二维表面模型用来描述具有大量有序区域和低缺陷密度的样品是方便和适当的。晶体的表面区域原则上说是一个三维实体，重构通常将晶体发展为不止一个原子层。半导体的表面电荷层深为数百埃(Å)(第 7 章)。此外，表面实验的电子探针，即使

是慢电子，通常有一个不可忽略的电子穿透深度。不过，相比于下表面层，最上面电子层在任何表面实验中均占主导地位。因此，每层表面原子本质上与其他层不等价，也就是说，只有与表面平行的原子层具有与表面层对称的性质。尽管表面区域是三维的，但是所有的对称性质是二维的，因此，表面晶体是二维的，我们需要考虑二维点群和二维布拉维(Bravais)网格或点阵[3.11，3.12]。

与二维周期性兼容的点群通常沿垂直于表面的 1、2、3、4 和 6 重旋转轴排列，镜像平面同时也垂直于表面。反转中心、镜像平面和平行于表面的旋转轴是不允许的，因为它们涉及表面外的点。结合数量有限的允许的对称操作，得到 10 个不同的点群对称性［3.13］

$$1,\ 2,\ 1m,\ 2mm,\ 3,\ 3m,\ 4,\ 4mm,\ 6,\ 6mm$$

数字 $\nu=1\cdots6$ 表示绕 $2\pi/\nu$ 旋转，符号 m 指镜面反射。第三个 m 表示通过前两个操作相结合，产生一个新的镜像平面。

在二维平移网络或晶格上操纵二维点阵会产生可能的二维布拉维晶格。与三维相比，可能只有 5 个不同的对称网格(图 3.9)。目前只有一个非基本单元网格，矩形的中心。在其他所有情况下，一个中心单元网格同样能称为初始布拉维点阵。然而，在实践中为了方便，我们经常用如中心正方网格等来描述。

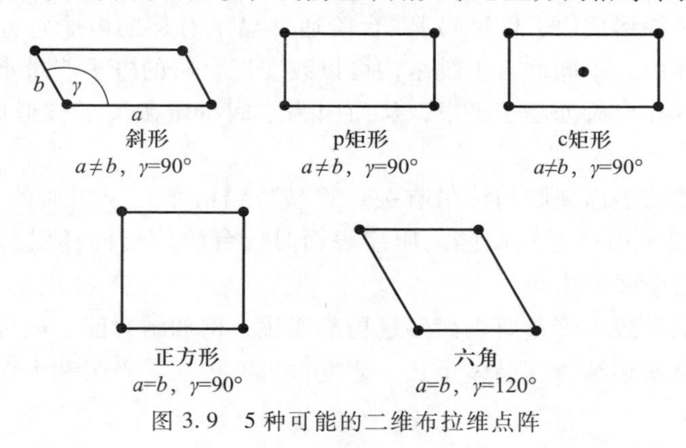

图 3.9　5 种可能的二维布拉维点阵

正如已经提到的，通常，表面实验例如低能电子衍射实验(第 4 章附录Ⅷ)不仅探测最顶层的原子层，而且信息的获得与数个原子层有关(例如衍射花样)。一个固态晶体最顶层原子层周期性结构的正式描述因此必须包含理想基底的信息以及一个或两个由于可能的重构或有序周期吸附层导致的具有不同周期性的最顶层原子层(图 3.10)。在这种情况下，最顶层原子层呈现不同的周期性，表面晶格称为超晶格，在具有基本周期性的基底晶格上进行叠加得到。基本的基底晶格能用一组二维平移向量表示

$$\boldsymbol{r}_m = m\boldsymbol{a}_1 + n\boldsymbol{a}_2 \tag{3.9}$$

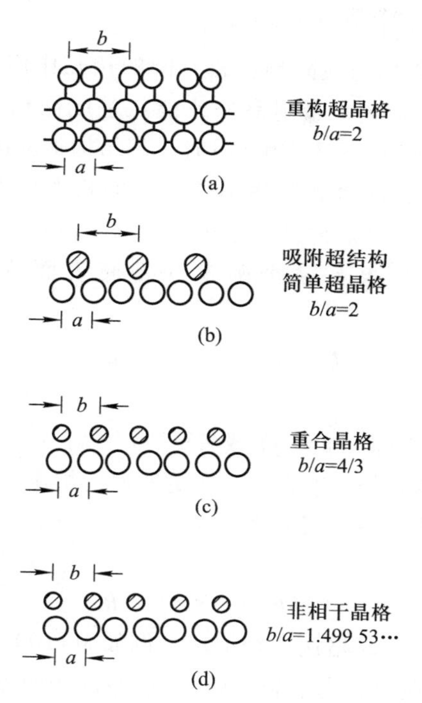

图 3.10　与下层块体材料不同的表面单元网格的各种可能性：(a) 最顶层晶格平面内的原子侧移导致的表面重构；(b)~(d) 不同吸附原子的吸附重构，b/a 为基底原子晶格常数比

其中，$\boldsymbol{m}=(m,\ n)$ 为一对整数，$\boldsymbol{a}_i$ 是两个单元网格向量。最顶层原子层的表面网格可由基底网格依照下式决定：

$$\begin{aligned}\boldsymbol{b}_1 &= m_{11}\boldsymbol{a}_1 + m_{12}\boldsymbol{a}_2 \\ \boldsymbol{b}_2 &= m_{21}\boldsymbol{a}_1 + m_{22}\boldsymbol{a}_2\end{aligned} \quad \text{或者} \quad \begin{pmatrix}\boldsymbol{b}_1\\ \boldsymbol{b}_2\end{pmatrix} = \boldsymbol{M}\begin{pmatrix}\boldsymbol{a}_1\\ \boldsymbol{a}_2\end{pmatrix} \tag{3.10}$$

其中，$\boldsymbol{M}$ 是一个 2×2 矩阵，即

$$\boldsymbol{M} = \begin{pmatrix} m_{11}m_{12} \\ m_{12}m_{11} \end{pmatrix} \tag{3.11}$$

B 和 A 分别代表表面和基底的单元网格面积，因此

$$B = |\boldsymbol{b}_1 \times \boldsymbol{b}_2| = A \det \boldsymbol{M} \tag{3.12a}$$

$\boldsymbol{M}$ 的行列式

$$\det \boldsymbol{M} = \frac{|\boldsymbol{b}_1 \times \boldsymbol{b}_2|}{|\boldsymbol{a}_1 \times \boldsymbol{a}_2|} \tag{3.12b}$$

能用来描述表面和基底晶格间的关系(图 3.10)。当行列式 $\boldsymbol{M}$ 为整数[图 3.10(b)]时，表面晶格被认为是简单相关，称为简单超晶格。当行列式 $\boldsymbol{M}$ 为有理

数[图 3.10(c)]时，超结构称为重位点阵。

当吸附-基质相互作用与吸附颗粒自身间的相互作用相比不太重要时，基底对超结构没有决定性影响，吸附晶格或能从基底网格中移出。在这种情况下，当行列式 $\boldsymbol{M}$ 是无理数[图 3.10(d)]时，超结构称为晶格或不相称结构。

依照超结构原始平移向量和基底单位网格的长度比例，Wood[3.12]对超结构给出了一个简单的注释。此外，还表明了一个网格相对于另一个旋转所经过的角度(如果有)。如果是一个确定的基底表面 $X\{hkl\}$ 的重构与($\boldsymbol{b}_1 \| \boldsymbol{a}_1$，$\boldsymbol{b}_2 \| \boldsymbol{a}_2$)有关

$$\boldsymbol{b}_1 = p\boldsymbol{a}_1, \quad \boldsymbol{b}_2 = q\boldsymbol{a}_2 \tag{3.13}$$

符号如下所示：

$$X\{hkl\}(p \times q) \text{ 或者 } X\{hkl\}c(p \times q) \tag{3.14a}$$

一个可能的中心可以用符号 c 来表达。在更普遍的情况下，基底和超结构的平移向量相互是不平行的，而且必须考虑到沿着一个确定的角度 $R°$ 的旋转。这种情况可以描述为

$$X\{hkl\}(p \times q) - R° \tag{3.14b}$$

一些吸附在金属表面的超晶格用这个记法，例如 M{100}、M{111} 和有(2×1)超结构的 Si{111} 面(在超高真空裂解后)，这些例子如图 3.11 所示。

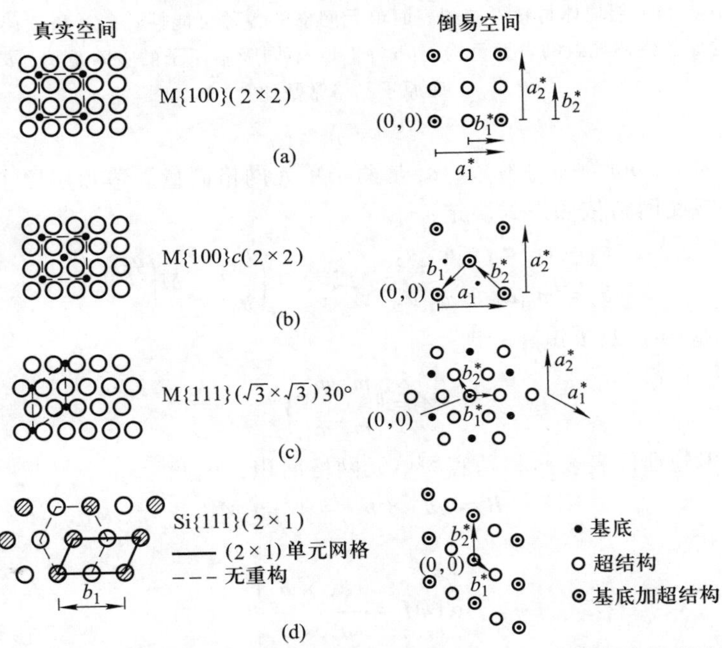

图 3.11 不同超晶格在实空间和倒易空间的例子：(a)~(c) 密堆积金属(M)吸附原子低指数面的吸附原子；(d) 超高真空解理制备的 Si{111} 面的(2×1)单元网格(实线)

表面散射和衍射实验可根据倒易点阵很好地描述，这将在 3.3.2 节和第 4 章进行详细解释。

3.3.2 二维倒易点阵列

在三维空间，二维倒易点阵列的平移向量 $\boldsymbol{a}_i^*$ 依照实空间点阵向量 $\boldsymbol{a}_i$ 定义为

$$\boldsymbol{a}_1^* = 2\pi \frac{\boldsymbol{a}_2 \times \hat{\boldsymbol{n}}}{|\boldsymbol{a}_1 \times \boldsymbol{a}_2|},\quad \boldsymbol{a}_2^* = 2\pi \frac{\hat{\boldsymbol{n}} \times \boldsymbol{a}_1}{|\boldsymbol{a}_1 \times \boldsymbol{a}_2|} \tag{3.15}$$

其中，$\hat{\boldsymbol{n}}$ 为表面的单位法向向量，即

$$\boldsymbol{a}_i^* \cdot \boldsymbol{a}_j = 2\pi\delta_{ij},\qquad |\boldsymbol{a}_i^*| = 2\pi[\boldsymbol{a}_i \sin \sphericalangle(\boldsymbol{a}_i\boldsymbol{a}_j)]^{-1},\qquad i,\ j = 1,\ 2 \tag{3.16}$$

式(3.15)、式(3.16)可以用来创建一个二维网格的几何倒易点阵，如图 3.11 所示。

在倒易空间的普通平移向量表示为

$$\boldsymbol{G}_{hk} = h\boldsymbol{a}_1^* + k\boldsymbol{a}_2^* \tag{3.17}$$

其中，整数 h 和 k 是米勒(Miller)指数。

类比实空间的关系[式(3.10)~(3.12)]，一个超结构的倒易网格($\boldsymbol{b}_1^*$，$\boldsymbol{b}_2^*$)可根据倒易点阵列($\boldsymbol{a}_1^*$，$\boldsymbol{a}_2^*$)用如下关系表示：

$$\begin{aligned}\boldsymbol{b}_1^* &= m_{11}^*\boldsymbol{a}_1^* + m_{12}^*\boldsymbol{a}_2^* \\ \boldsymbol{b}_2^* &= m_{21}^*\boldsymbol{a}_1^* + m_{22}^*\boldsymbol{a}_2^*\end{aligned}\qquad \text{或者}\qquad \begin{pmatrix}\boldsymbol{b}_1^*\\ \boldsymbol{b}_2^*\end{pmatrix} = \boldsymbol{M}^*\begin{pmatrix}\boldsymbol{a}_1^*\\ \boldsymbol{a}_2^*\end{pmatrix} \tag{3.18}$$

式(3.10)、式(3.18)中的矩阵通过下式与另一个矩阵相关联：

$$\boldsymbol{M}^* = (\boldsymbol{M}^{-1})^{\mathrm{T}} \tag{3.19a}$$

其中，$(\boldsymbol{M}^{-1})^{\mathrm{T}}$ 为转置逆矩阵

$$m_{ii} = \frac{m_{ii}^*}{\det \boldsymbol{M}^*},\qquad m_{ij} = \frac{-m_{ji}^*}{\det \boldsymbol{M}^*} \tag{3.19b}$$

3.4 固-固界面结构模型

真空-固体界面，即目前考虑的表面，是晶体能参与的最简单的界面。表面物理的许多概念，例如缺陷、弛豫(3.2 节)、表面态(第 6 章)、表面集合模型例如声子和等离子体激元(第 5 章)等，能用于更复杂的界面，尤其是液体-固体和固体-固体界面。具有重要工艺性的固体-固体界面的重要例子有半导体异质结构($GaAs/Ga_xAl_{1-x}As$、GaAs/Ge，第 8 章)、金属半导体结构中的 Si/SiO_2 界面(7.7 节)、金属-半导体结(第 8 章)、光学元件和防反射涂层间的界面或有机物和无机半导体间(传感器)的界面。

在原子结构方面，必须考虑两个主要特性(在不同层次)(图 3.12)。界面可能是结晶-结晶[图 3.12(a)]或结晶基底上覆盖非晶形固体[图 3.12(b)]。多晶覆盖层可能形成，至少局部地或多或少干扰到结晶-结晶界面(晶界等)。

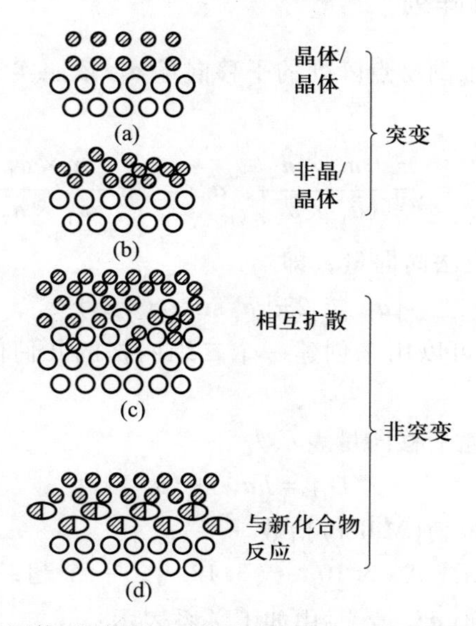

图 3.12 不同类型的固体-固体界面(薄膜在基底上)，基底原子用空心圆表示，薄膜原子用黑色圆圈表示，反应化合物(d)用半黑半空符号表示

第二个重要的特征是界面的粗糙度：固体-固体界面、结晶-结晶和结晶-非晶，在原子尺度上可能是锐利和陡峭的，或者它们可能由于相互扩散[图 3.12(c)]和/或形成新的化合物[图 3.12(d)]而被“腐蚀”。在这种情况下，两个以上的相之间会达到热平衡。如果我们考虑在确定温度 T_0 下两种不同材料 A 和 B 间的界面，界面的尖锐度可用浓度[A]或[B]来形容。材料 A 和 B 在温度 T_0 时开始接触，反应一段时间后，[A]可能在距离上逐步发生变化[图 3.13(a)，左]或者发生剧烈的浓度变化表明在 z_0 或多或少有锐利的界面[图 3.13(b)，左]；在此，[A] 从相Ⅰ到相Ⅱ改变剧烈。从相Ⅰ到相Ⅱ详细的浓度分析剖面图形状依赖于扩散常数、反应速率和材料 A 和 B 在温度 T_0 时接触的反应时间。形成 A/B 界面的固体-固体化学反应的细节依赖于动力学和热力学。热力学分析决定了形成特殊界面的限制条件，但是由于动力学的限制，不是所有满足热力学的相在实际中都能出现，例如形核的高激活能(3.5 节)。然而，对于分析界面形成的各种可能性，热力学参数是重要的。因此，相图可以提供关于某些固体-固体界面预期性质的有用信息。例如，在温度 T_0 时形成一个平滑渐近界面[图 3.13(a)]的前提是一个二元相图，它允许两种物质 A 和 B 在温

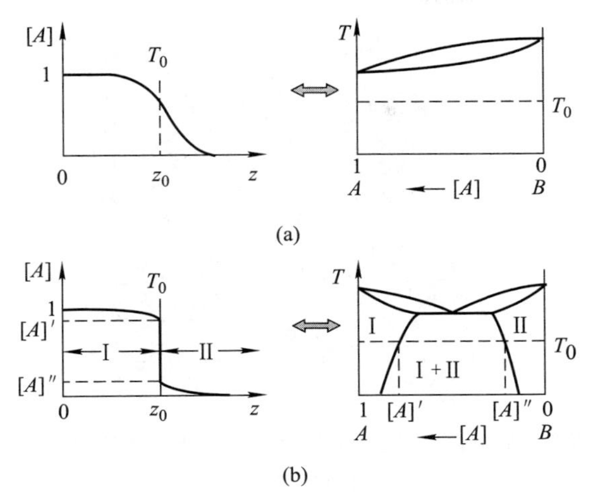

图 3.13 A 和 B 两种材料的相图(右)及浓度与深度(z)平面图(左)。[A]和[B]分别表示 A 和 B 的浓度。两种材料 A 和 B 在温度 T_0 时开始接触，经过确定的反应时间，z_0 处(左)界面取决于相图(右)可能变平缓(a)或陡峭(b)。在(a)中，相图允许 A 和 B 完全混合，而在(b)中，相图(右)允许存在两个独立的相Ⅰ和Ⅱ，及相Ⅰ与相Ⅱ在温度 T_0 时的混合(仅浓度在[A]′和[A]″间)

度 T_0 时完全混合[图 3.13(a)，右]。与此相反，图 3.13(b)(右)的相图只允许温度 T_0 时两种成分浓度在[A]′~[A]″范围内，在此范围之外仅有相Ⅰ和Ⅱ存在。相应地，在温度 T_0 时，A 和 B 的固相反应产生了一个锐利的界面[图 3.13(b)，左]，浓度在[A]′~[A]″之间时，z_0 处有一个界面突变。当然，这样的界面与具有溶解度间隙的不同类型的相图有关。更复杂的具有超过两个稳定相(Ⅰ、Ⅱ、Ⅲ等)的相图在确定温度下可能与数个层状相Ⅰ、Ⅱ、Ⅲ等空间延伸的固体-固体界面有关。

正如已经强调的，固-固相界面真正的原子结构取决于形成界面两种物质的原子性质。热力学分析只能对可能性给出一个粗略的指导。在这个意义上说，两个固体间的界面比真空和固体的界面复杂很多，同时，异相界面比同相界面复杂得多。但即使是在同相界面的情况，两个完全相同的晶体结构有不同的晶格取向，相互接触时(例如相界)，界面存在不同的原子模型[3.14]。L. Brillouin(1898)提出，可以设想一种晶体结构完全被扰乱的非晶过渡层(类液相)。这个想法与直观概念相符，如图 3.14 所示，界面上的原子处在非能量最低位置，晶体位置偏移可导致能量降低。这种邻近界面的晶体结构的位移可能产生非晶过渡层。

其他界面模型基于位错的概念，它容许两半晶体匹配。图 3.15(a)为晶界

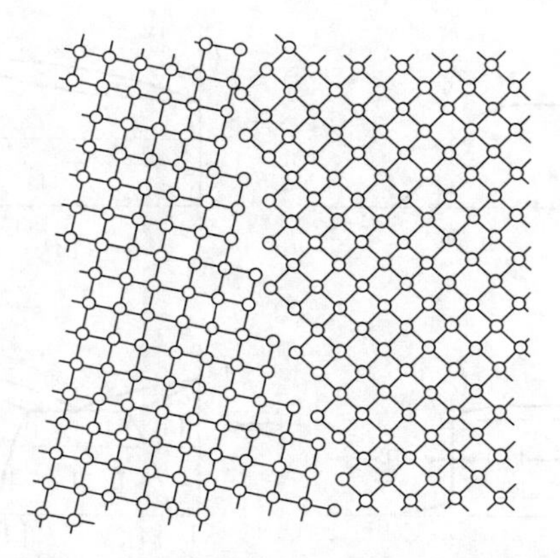

图 3.14　两个不同取向晶畴(畴边界)的固-固界面的简图。畴每边的晶体结构被完整保留

示意图，其中两个倾斜，但是其他部分完全相同，晶体被倾斜晶界分成独立的两半。θ 为倾角，a 为晶格常数，s 为两个刃型位错间的距离

$$s = a[2\sin(\theta/2)]^{-1} \simeq a/\theta \tag{3.20}$$

每个位错在其周围的应变区域有一定数量的弹性能量。储存在这样一个倾斜晶界的能量可用刃型位错的贡献总和来计算。类似的考虑对扭转晶界也有效[图 3.15(b)]，螺型位错对调整两个扭转晶格非常有必要。另一个有趣的情况是，通常在异质外延发现的异相晶界，其中一个单晶层在另一个不同的单晶层基底上生长(Ⅲ-Ⅴ半导体的异质外延见 2.4 节)。这种情况下通常会产生一定的晶格失配，例如两种材料不同的晶格常数。只有失配度低于一定临界值才会产生外延。但即使在这种情况下，界面处不同晶格常数可能通过形成刃型位错来调整[图 3.15(c)]。a 和 b 分别表示两者的晶格常数，位错间距表示如下：

$$s = \frac{ab}{|b-a|} \tag{3.21}$$

外延薄膜及其基底间界面的能量存储能用刃型位错应变场能量贡献的总和来计算。

具有低晶格失配度的较薄外延薄膜可设计不同的方式去匹配不同的晶格常数，也就是弹性应变，即外延薄膜晶格的变形。界面类型的形成依赖于薄膜的厚度和晶格失配的量。为了预测晶格匹配的类型，仅靠应力或靠形成刃型位错，自由能的计算和比较是必需的，特别是位错间的相互作用必须考虑。如果两个位错非常靠近，与非重叠应变场相比，它们应变场的重叠可能导致能量降低(因为一个位错已经提供了其邻近位错需要的应力)。因此，晶格失配度$(b-a)/a$ 更高时，位错的形成比不形成位错而在全层中建立晶格应变更有利。定

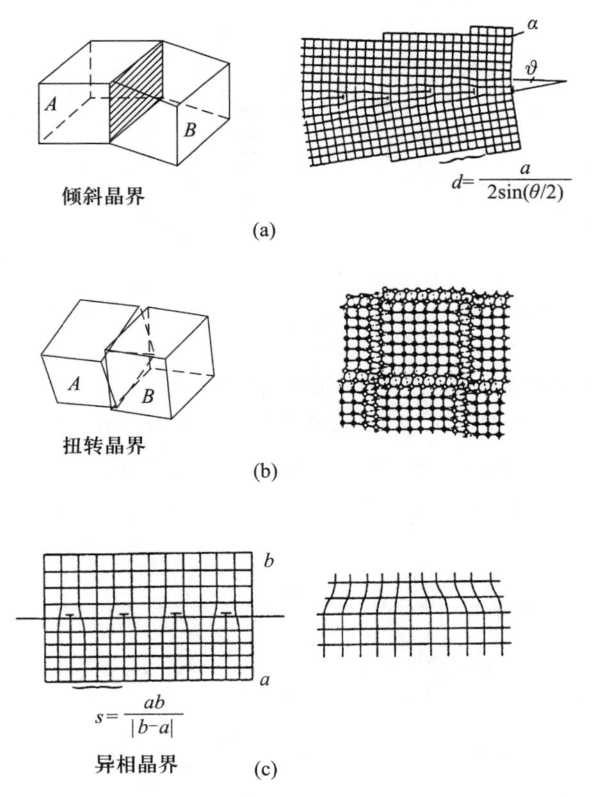

图 3.15　基于位错的结晶界面模型(晶界)：(a) 由于刃型位错产生的倾斜晶界；(b) 由于螺型位错产生的扭转晶界；(c) 两个不同晶体间的异质界面。晶格失配由刃型位错(左)或应力(右)进行调节

性地，结合模型计算[3.15]，从而得到相应的能量密度 $\bar{E}_{\varepsilon}$(只有应变)、$\bar{E}_{\mathrm{D}}$(伴随位错)、失配度和层厚度 h 间的关系，如图 3.16 所示。低于临界失配度 ε_0 和低于临界层厚度 h_0 的应力外延层具有比位错更低的界面能量。如果仅存在位错，$\bar{E}_{\mathrm{D}}$ 不随层厚 h 的增大而发生改变[图 3.16(b)]，因为较厚薄膜不会比薄的受到更多的应力。另一方面，不存在位错，全部的压力能 $\bar{E}_{\varepsilon}$ 随层厚度的增加而增大，对于较厚层更容易形成位错。

根据图 3.16，临界层厚度也是两种材料晶格失配度的函数。Si 基底上 $Si_{1-x}Ge_x$ 混合覆盖层系统的理论值与实验值相当，如图 3.17 所示[3.15]。根据制备方法，特别是基底温度，理论预期曲线比实验所得要低。这表明，动力学限制，例如形核过程，对失配弛豫也是很重要的。

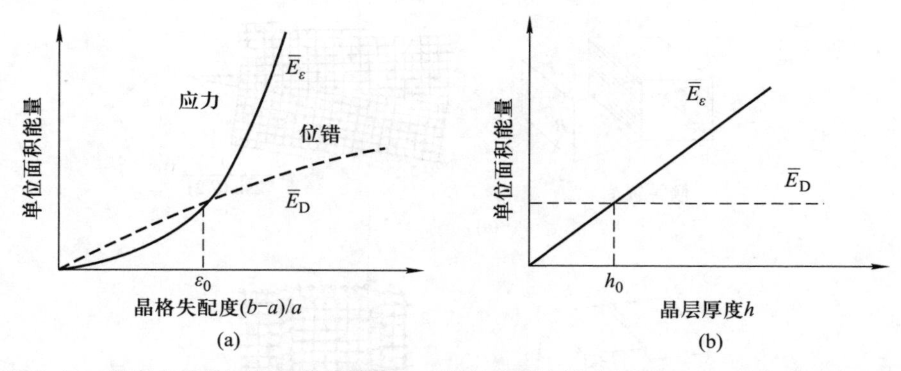

图 3.16　储存在单位面积的晶体异质界面的晶格能定性分析图：(a) 晶格失配度的函数，超过临界晶格失配度 ε_0(a 和 b 是两种物质的晶格常数)时，通过位错调节两个晶格(虚线)比通过应力调节更有利(能量 $\bar{E}_D<\bar{E}_\varepsilon$)；(b) 作为覆盖层厚度函数，当厚度超过临界厚度 h_0 时，位错比应力更易产生(能量 $\bar{E}_D<\bar{E}_\varepsilon$)

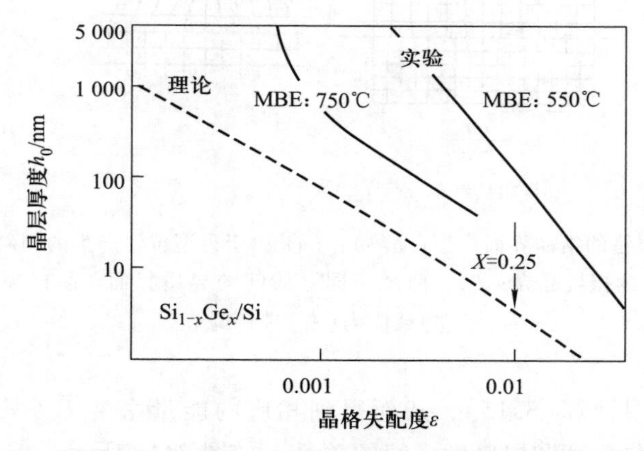

图 3.17　$Si_{1-x}Ge_x$ 覆盖在 Si 基底上，临界厚度 h_0 随晶格失配度 $(b-a)/a$ 的变化。实验数据源于不同基底温度下分子束外延(2.4 节)沉积的覆盖层［3.14］

3.5　薄膜的形核和生长

3.5.1　薄膜生长的模型

现代技术对于研究薄膜和固体基底的固体界面非常重要，尤其是用分子束外延或金属有机源分子束外延方法(2.4 节)使外延薄膜在晶体材料上生长。因此，有必要更详细地研究薄膜的生长过程和决定特殊薄膜的结构和形貌，以及基底相关界面的基本原理[3.16]。

图 3.18 示出了决定薄膜生长初始阶段的个体原子的过程。新材料气相冷凝(分子束或气相环境)可由对撞速度(每秒每立方厘米的粒子数)描述

$$r = p(2\pi MkT_0)^{-1/2} \tag{3.22}$$

其中，p 为蒸气压，M 为粒子分子量，k 为玻尔兹曼常量，T_0 为水源温度。一旦粒子从气相被冷凝，它可能会立即再蒸发或沿表面扩散。这种扩散过程可能导致吸附，或者扩散颗粒再蒸发，尤其是在边界或其他缺陷等特殊的位置(3.2 节)。在所有过程中，必须克服特征激活能，也就是参与特定过程的粒子数量遵从 Arrhenius 型指数定律，例如吸附率，如下所示(10.5 节)：

$$v \propto \exp\left(\frac{E_{\text{des}}}{kT}\right) \tag{3.23}$$

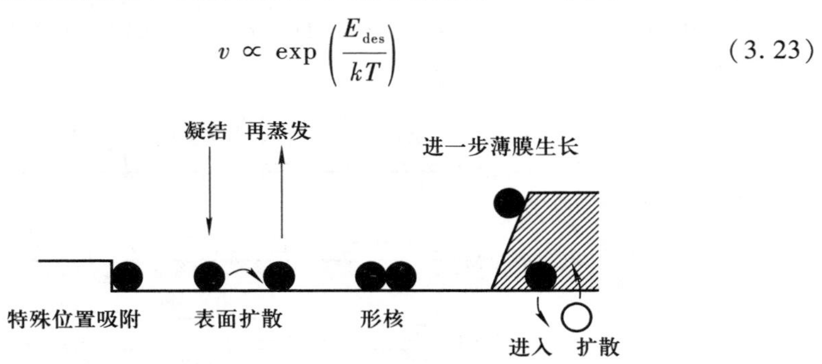

图 3.18　固体基底上薄膜生长的原子过程示意图。薄膜原子用黑色圆圈表示，基底原子用空心圆圈表示

其中，E_{des}为吸附的激活能。相应的吸附或扩散激活能依赖于过程中原子的细节。它们的起源与吸附理论有关，将在第 10 章详细讨论。除了在特殊缺陷位置的吸附和表面扩散，不止一个吸附粒子可能会形核，就像其他粒子进一步生长形成的岛。形成一个新核需要多少粒子，如何进一步形成岛，是个有趣的问题，存在一个简单的理论回答。薄膜生长过程中，相互扩散是一个重要的过程(3.4 节)。基底和薄膜原子在此交换位置，薄膜基底界面是平滑的。为了在生长过程中得到平滑的薄膜表面，扩散个体的表面流动性要足够高，因此需升高温度。

由于"细致平衡"法则，热力学平衡过程沿两个相反的方向以同样的速率进行，因此举例来说，冷凝、再蒸发、二维集群的衰退和形成等表面过程必须服从细致平衡。因此，处于平衡态时薄膜没有净生长，晶体生长必须是一个非平衡的动力学过程。

系统最后的宏观状态取决于图 3.18 所示的经过多种反应途径的路线。获得的状态不一定是最稳定的，由动力学法则决定。一般情况下，整个过程的某

些部分可能是被动力学禁止的，而另外的可能达到局部动力学平衡。在这种情况下，平衡论点可以局部应用，即使整个生长过程是非平衡的。由于这一过程的非平衡性，薄膜生长的总体理论需要按照图 3.18 所示[3.17, 3.18]每个过程的速率方程(动力学理论)来描述。蒙特卡罗(Monte Carlo)计算模拟同时被证实为进行该理论研究的强大工具。

我们会更多地通过现象考虑薄膜生长过程而不是按照理论的原子论方法。在一般情况下，可以区分 3 个明显不同的薄膜生长模式(图 3.19)。在层状生长(或称为 Frank-van der Merve, FM)，基底和原子层间的相互作用比邻近原子层间的相互作用强。只有当最后一层生长完成后，新的层才会开始生长。相反的情况，相邻薄膜原子间的相互作用强于覆盖层基底的相互作用，导致岛状生长(或称为 Volmer-Weber, VW)，在这种情况，岛沉积通常意味着吸附原子的多层聚集。

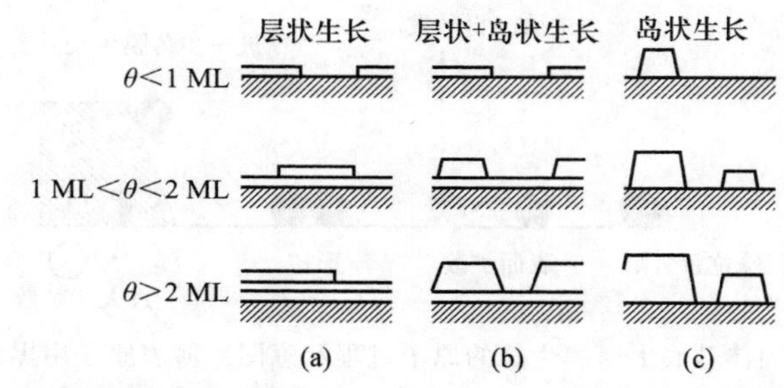

图 3.19　薄膜随不同覆盖层(θ)的 3 种主要生长模式示意图(ML 表示单层)：(a) 层状生长(Frank-van der Merve, FM)；(b) 层状+岛状生长(或称为 Stranski-Krastanov, SK)；(c) 岛状生长(或称为 Volmer-Weber, VW)

层状+岛状生长(或称为 Stranski-Krastanov, SK)是一种中间情况。在形成一个或一些完整层后开始形成岛，三维岛在最满层的顶端生长。多种因素可能引起这种混合生长模式：基底和沉积薄膜间的晶格失配(3.4 节)可能不能在外延晶体内部延续。另外，基底覆盖层的对称性或取向可能是产生这种生长模式的原因。

多种生长模式产生条件的简单区分可依照表面或者界面能 γ，也就是产生附加表面或界面能量的特征自由能(每单位面积)。由于 γ 也可以解释为每单位边界长度的力(表面能和表面应力的区别见 3.1 节)，基底和薄膜上沉积的三维岛状相交处(图 3.20)的力学平衡可以表述为

$$\gamma_S = \gamma_{S/F} + \gamma_F \cos \phi \tag{3.24}$$

其中，γ_S 为基底-真空界面的表面自由能，γ_F 为薄膜-真空界面的表面自由能和 $\gamma_{S/F}$ 为基底-薄膜界面的表面自由能。利用式(3.24)，两种极限生长模式——

层状(FM)和岛状(VW)可用 ϕ 来区别，也就是

$$(\text{i})\ \text{层状生长：}\phi = 0,\ \gamma_S \geqslant \gamma_F + \gamma_{S/F} \tag{3.25a}$$

$$(\text{ii})\ \text{岛状生长：}\phi = 0,\ \gamma_S < \gamma_F + \gamma_{S/F} \tag{3.25b}$$

在图中可以很容易地通过假设沉积薄膜和基底间的晶格失配解释混合的 Stranski-Krastanov 生长模式(层和岛)。薄膜晶格试图通过消耗弹性形变能调整基底晶格。当弹性应力场的空间延伸超出沉积材料附着力范围时，会发生从层状到岛状生长的转变。

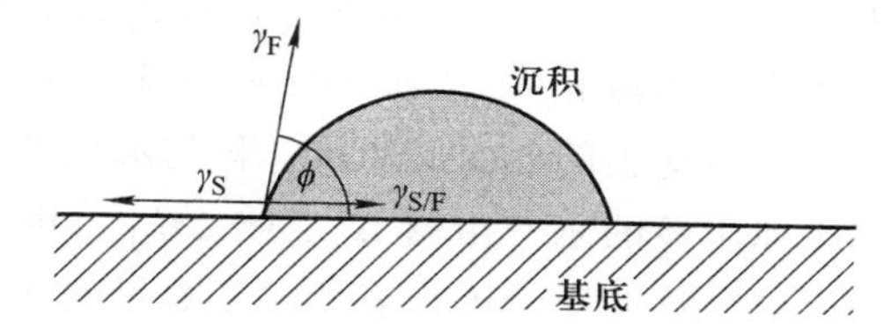

图 3.20　沉积薄膜形成岛的简易图，γ_S、γ_F 及 $\gamma_{S/F}$ 分别为基底和真空、薄膜和真空及基底和薄膜的表面自由能

如果考虑包含沉积薄膜上气相的整个系统，关系式(3.25a)和式(3.25b)是不完善的。由于平衡是由吉布斯(Gibbs)自由焓 G 的最小值决定的，必须考虑 $\Delta G = n\Delta\mu$(n 为粒子数目)的贡献，当一个粒子从气相转变为沉积薄膜的冷凝相，吉布斯自由能会发生改变。如果这个转变发生在平衡蒸气压 $p_0(T)$ 下，由于平衡 $\mu_{\text{solid}} p_0(T) = \mu_{\text{vapor}}(p_0,\ T)$，因此不再需要能量。然而，如果粒子在压强 p 时从蒸气变成固体，自由焓会发生改变(参见热力学教科书上关于理想气体压缩内容)

$$\Delta G = n\Delta\mu = nkT \ln\left(\frac{p}{p_0}\right) \tag{3.26}$$

比例 $\zeta = p/p_0$ 称为过饱和度，从式(3.26)可以很容易地看出，ζ 是通过外界气相沉积形成薄膜的驱动力之一。考虑到该气相，层状或岛状生长(3.26)的状态必须由如下的方式补充(C 为常数)：

$$(\text{i})\ \text{层状生长：}\gamma_S \geqslant \gamma_F + \gamma_{S/F} + CkT \ln\left(\frac{p_0}{p}\right) \tag{3.27a}$$

$$(\text{ii})\ \text{岛状生长：}\gamma_S < \gamma_F + \gamma_{S/F} + CkT \ln\left(\frac{p_0}{p}\right) \tag{3.27b}$$

从式(3.27a)和式(3.27b)可以看出基底上某材料的生长模式不是恒定的材料参数，但通过改变过饱和条件能改变生长模式。随着过饱和程度的提高，逐层生长是有利的。当固体基底上真空沉积在低平衡蒸气压 p_0 条件下进行时，过饱和度 ζ 可能很高。在该真空沉积下，真空蒸气压 p 由冲击速率 r 决定[式

(3.22)]，依照每秒每平方厘米转移到基底的动量。这种情况的过饱和度ζ可能达到10^{20}或者更多。较小的ζ值在Ⅲ-Ⅴ化合物外延(分子束外延、金属有机源分子束外延，2.4节、2.5节)中出现[3.18]，此时，约为500 ℃的基底温度产生了相对高的平衡蒸气压，至少对Ⅴ族成分如此。

3.5.2 形核的“毛细模型”

Bauer提出一个简单但是非常直观的理论方法[3.19，3.20]来形容一个理想的无缺陷的基底上原子核的岛状(三维团簇)和层状(二维团簇)生长[3.21]。因为这种方法仅通过热力学确定界面(表面)能量(3.1节)γ_S、γ_F、$\gamma_{S/F}$，分别为基底、薄膜材料和基底与薄膜的界面的能量，称为形核的毛细模型。在该方法中，形成三维或二维原子核的总自由焓ΔG_{3D}或ΔG_{2D}，也就是基底上薄膜原子的聚集被认为是组成这个核的原子体积或者原子数量的函数。这个自由焓是蒸气凝结和形成新表面和原子核界面消耗能量(表面能量)的总和[式(3.26)]。对每个过程，其发生的一个必要条件是$\Delta G<0$。自由焓降低服从形核条件限制。

对于获得的三维核(岛状生长)，其中，j为形成原子核的原子数目

$$\Delta G_{3D}=jkT\ln(p_0/p)+j^{2/3}X=-j\Delta\mu+j^{2/3}X \tag{3.28}$$

总量X包含界面能量的贡献

$$X=\sum_k C_k\gamma_F^{(k)}+C_{S/F}(\gamma_{S/F}-\gamma_S) \tag{3.29}$$

$C_{S/F}$是一个简单的几何常量，通过关系$A_{S/F}=C_{S/F}j^{2/3}$，将$A_{S/F}$与原子数目联系起来有关，C_k将$j^{2/3}$与表面能为$\gamma_F^{(k)}$的核表面的一部分(邻近真空)联系起来。原子核的外表面，即暴露在气相(或真空)的部分，在式(3.29)中被假设为由数个具有不同表面能$\gamma_F^{(k)}$的晶体取向的一些膜片组成。

举例来说，半径为r的半球状原子核(与图3.20相似)[式(3.28)]如下，Ω为薄膜材料的原子体积：

$$\Delta G_{3D}=-\frac{1}{2}\frac{4}{3}\pi r^3\Omega^{-1}\Delta\mu+2\pi r^2\gamma_F+\pi r^2(\gamma_{S/F}-\gamma_S) \tag{3.30}$$

例如，$C_{S/F}$应等于$\pi^{1/3}(3\Omega/2)^{2/3}$。

如果我们考虑二维形核，也就是在理想平滑表面上层生长的始端，生长通过合并二维团簇边界吸附原子进行。

对应于表面能，每单位长度有一个边界能γ_E，描述了固定沿边界的单位长度分布的附加薄膜原子所需的能量。与式(3.36)类似，可获得如下二维团簇生长的自由焓：

$$\Delta G_{2D}=-j\Delta\mu+j(\gamma_F+\gamma_{S/F}-\gamma_S)\Omega^{2/3}+j^{1/2}Y \tag{3.31}$$

其中，Ω 为薄膜材料的原子体积，Y 描述了边界吸附(薄膜)原子的作用

$$Y = \sum_{\ell} C_{\ell} \gamma_{\mathrm{E}}^{(\ell)} \tag{3.32}$$

ℓ 的总和考虑到实际中晶体不同的边界方向 ℓ 可能与不同边界能 $\gamma_{\mathrm{E}}^{\ell}$ 相关。C_{ℓ} 是几何因素，根据式(3.29)定义为 C_k 和 $C_{\mathrm{S/F}}$。假设由一个原子层形成的半径为 r 的圆形平面原子核，薄膜的晶格常数为 a，一般方程(3.31)简化为

$$\Delta G_{\mathrm{2D}} = -\pi r^2 a \Omega^{-1} \Delta\mu + \pi r^2 a \Omega^{-1/3} (\gamma_{\mathrm{F}} + \gamma_{\mathrm{S/F}} - \gamma_{\mathrm{S}}) + 2\pi r \gamma_{\mathrm{E}} \tag{3.33}$$

式(3.28)、式(3.31)中最后一项是正的，随着原子核的增大，自由焓增加，形成形核壁垒。与过饱和度 ζ 的对数成正比的第一项($\propto \Delta\mu$)是负的，随着过饱和度的增大和原子核的生长，它们使形核过程变快。两种效果的叠加导致 ΔG 不随原子核内的原子数目 j 单调变化(图 3.21)，也就是二维和三维形核现象中，原子核存在一个临界的原子核尺寸，此时，自由焓 ΔG 最大。如果原子核达到这个临界尺寸，同时原子数量为 j_{cr}，团簇倾向于生长而不是衰减。低于该临界值，原子核是不稳定的，由于 ΔG 随尺寸增加而增大，团簇趋向衰减。

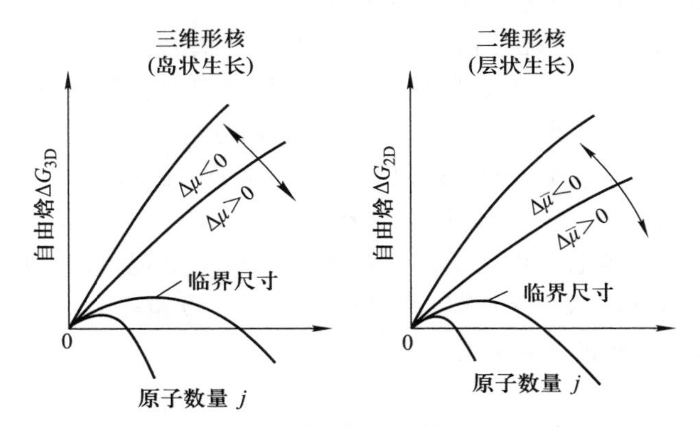

图 3.21 薄膜生长自由焓变化 ΔG_{3D}(三维，岛状生长)和 ΔG_{2D}(二维，层状生长)与形成三维或二维团簇的原子数目 j 的关系图，$\Delta\mu$ 和 $\Delta\bar{\mu}$ 代表过饱和状态的变化关系

临界团簇尺寸，也就是原子的临界数量 j_{cr}，以及相应的 ΔG 值分别由式(3.28)和式(3.31)获得

$$\text{三维生长：} \Delta G_{\mathrm{3D}}(j_{\mathrm{cr}}) = \frac{4}{27} \frac{X^3}{\Delta\mu^2}, \qquad j_{\mathrm{cr}} = \left(\frac{2X}{3\Delta\mu}\right)^3 \tag{3.34}$$

$$\text{二维生长：} \Delta G_{\mathrm{2D}}(j_{\mathrm{cr}}) = \frac{1}{4} \frac{Y}{\Delta\bar{\mu}}, \qquad j_{\mathrm{cr}} = \left(\frac{Y}{2\Delta\bar{\mu}}\right)^2 \tag{3.35}$$

对逐层(二维)生长，因为条件式(3.25a)，式(3.31)中的第二项同样是负的，从而能提高过饱和度。在式(3.35)中，$\Delta\bar{\mu}$ 是有效量，其决定二维团簇临界

尺寸

$$\Delta\bar{\mu} = \Delta\mu - (\gamma_F - \gamma_{S/F} - \gamma_S)\Omega^{2/3} \tag{3.36}$$

比较式(3.28)和式(3.31)表明，三维团簇生长仅发生在 $\Delta\mu>0$ 时，而二维生长同样只能发生在 $\Delta\bar{\mu}>0$ 时。因为层-层生长的条件式(3.25a)，式(3.36)的最后一项($\gamma_F+\gamma_{S/F}-\gamma_S$)是负的；$\Delta\bar{\mu}>0$ 的二维生长因此伴随 $\Delta\mu\leqslant 0$ 发生，也就是处于半饱和状态。相反，由于需要 $\Delta\mu>0$，三维生长需要过饱和。

为形成临界的三维或二维原子核(K 为常数)，原子核形成的临界速率 J_N 分别由自由焓 $\Delta G_{3D}(j_{cr})$ 和 $\Delta G_{2D}(j_{cr})$ 决定

$$J_N = K\exp\left[\frac{-\Delta G(j_{cr})}{kT}\right] \tag{3.37}$$

形核速率 J_N 同样决定薄膜的生长速率。通过比较式(3.26)、式(3.34)、式(3.35)、式(3.37)可以看出，一定的过饱和度和温度条件决定临界原子核尺寸或原子数 j_{cr}。反过来，这同样影响 $\Delta G(j_{cr})$ 和形核速率[式(3.37)]。极端的情况是大量小原子核或少量大原子核的形成。

对于三维和二维情况，由于过饱和度 ζ 的增大，根据式(3.34)、式(3.35)，临界原子核中原子数量减少。过饱和度增大会导致较小的聚集尺寸和较高原子核数目。在真空沉积中，通常具有高过饱和度和低基底温度，原子核的临界尺寸可能非常小——可能仅包含少量原子。在此限制下，由经典理论得到的宏观项 γ_F、γ_S、$\gamma_{S/F}$ 的适用性是值得商榷的。

另一个限制经典毛细理论适用性的因素同样须牢记：仅考虑理想基底表面，不考虑影响形核的特殊缺陷(点缺陷、边界、位错等)。虽然如此，毛细理论对预测核和薄膜的生长趋势是有帮助的。

3.6 薄膜生长研究：实验方法和结果

原位研究薄膜生长模式的标准方法有俄歇电子能谱(AES)和 X 射线光电子谱(XPS)(附录Ⅻ和 6.3 节)。特有的俄歇跃迁或是基底和所吸附原子的芯能级激发谱线(在 XPS 中)作为覆盖层的函数被测量。在这两种技术中，所探测电子来自于基底或者吸附物的单个原子。在 AES，它们从某原子层释放并携带了这一芯能级跃迁的能量特征(类似于 X 射线表征)；在 XPS，它们的能量与特征能级束缚能有关。但是在这两种技术中，这些电子在离开晶体或是被吸附之前，需要穿透一定数量的材料，这取决于激发电子的位置。因此，薄膜外部观察到的信号强度 I 不依赖于激发模式，而强烈地依赖于这一能量的电子平均自由程以及要穿透的物质的数量。由于物质间相对强的交互作用(晶胞激发等)，这些电子平均自由程 λ 在几埃的数量级，也就是说，只有最上面几个原子层的

电子对 AES 或者 XPS 的信号作贡献。对于最简单的逐层生长(FM)情况，并假设一个简单的连续型的描述，AES 或 XPS 强度改变量 dI 与薄膜厚度改变量 dh 之间的关系可用如下方程描述：

$$\frac{\mathrm{d}I}{I}=-\frac{\mathrm{d}h}{\lambda} \tag{3.38}$$

在电磁辐射吸收中(λ 为激发波长)，强度随厚度呈指数衰减，即

$$\frac{I^{\mathrm{F}}}{I_{\infty}^{\mathrm{F}}}=1-\exp\left(-\frac{h}{\lambda}\right)=1-\exp\left(-\frac{\theta' d}{\lambda}\right) \tag{3.39}$$

I_{∞}^{F} 为在块体薄膜材料上测得的强度，θ'为沉积层数(单层的厚度为 d)。沉积了 θ'层后源于基底原子的强度为

$$\frac{I^{\mathrm{S}}}{I_{0}^{\mathrm{S}}}=\exp\left(-\frac{\theta' d}{\lambda}\right) \tag{3.40}$$

I_{0}^{S} 为无沉积薄膜基底的强度。

式(3.39)、式(3.40)未详细地描述函数关系。显然，在单层膜生长的过程中，信号强度随 θ'线性变化。但是指数方程给出的几个线段组成的曲线轨迹与实验近似很好(图 3.22)。考虑到过程的原子属性，更多扩展的理论方法能够揭示该精细结构[3.22]。需要进一步强调非正常的激发，也就是在 δ 角探测 AES 或者 XPS 电子，在式(3.39)、式(3.40)中，指数消光的波长不是自由程 λ，必须校正表面倾斜度得到 $\lambda\cos\delta$。

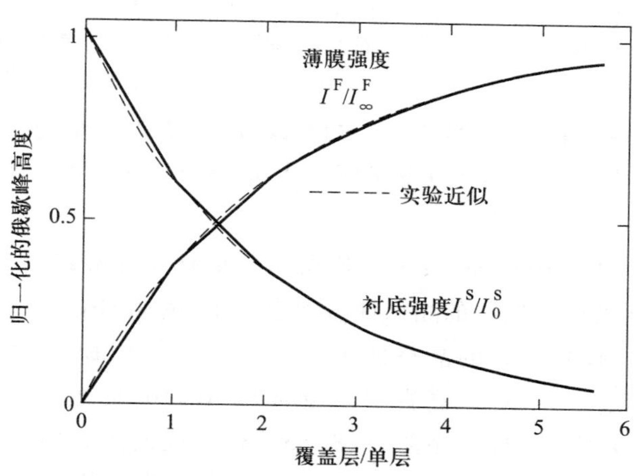

图 3.22　基底归一化的俄歇谱线强度($I^{\mathrm{S}}/I_{0}^{\mathrm{S}}$)，被吸附强度($I^{\mathrm{F}}/I_{\infty}^{\mathrm{F}}$)与覆盖层(单层，ML)在逐层生长(Frank-van der Merve，FM)模式下的函数关系。实线是计算的结果[3.21]

对于岛状生长方式，很明显强度对覆盖层的函数关系 $I(\theta')$ 与式(3.39)、

式(3.40)非常不同。在薄膜生长的过程中，大面积的基底上没有沉积物质，相比于完全覆盖的逐层生长模式，基底的信号较少被抑制。薄膜和基底信号随着覆盖层 θ' 的增加慢慢地分别增加和减小[图 3.23(c)]。层状和岛状结合的生长方式被理想地表征为线性增大或减小，或者有时伴随着断点的出现，此后仅是俄歇或者 XPS 的振幅缓慢地增大或者是减小。这种方式对应于第一满层上岛状的形成。断点后的梯度取决于岛的密度和形状，当然也取决于电子的平均自由程。尽管这 3 种生长模式表现出不同的 AES 和 XPS(图 3.23)，但是仅通过 AES 或者 XPS 对其进行区分很困难。相似的 AES 和 XPS 是预料之内的，例如，对于伴有基底材料的相互扩散和沉积的不均匀薄膜的生长。一般还需要从其他测量方法(SEM、LEED、RHEED 等)获得的信息来分析实验数据。此外，通过假设，模型计算，即简单的岛状模型(半球体、圆的平盘等)，有助于量化观测到的 $I(\theta')$ 关系。

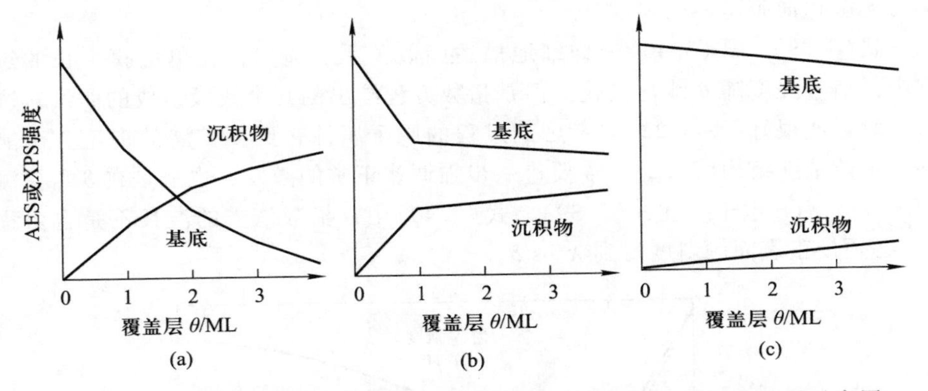

图 3.23 基底和沉积物的俄歇强度随沉积物数量(覆盖层 θ)的变化关系示意图：(a) 层状生长(FM)；(b) 层状+岛状生长(SK)；(c) 岛状生长(VW)

举一个在 InSb(110)-Sn 系统中逐层生长的例子 [3.23]。由于 α-Sn 和 InSb 的化学性质及电子结构的相似性，利用 α-Sn 对 InSb(四面体 sp^3 键合)半导体进行改性具有非常好的晶格匹配。从电子衍射(LEED)可见，α-Sn 在 InSb(100)上外延生长，在超高真空刻蚀的 InSb(110)面上，当室温条件下沉积 Sn 时，没有探测到长程有序的 α-Sn[3.23]。根据图 3.24，俄歇强度与覆盖层 θ' 呈指数函数变化关系，变化幅度远超过一个数量级，因此证实了这是层状生长(FM)的模式。正如预期，从图 3.24 通过斜率可推测平均自由程约为 10 Å，Sn 薄膜的俄歇信号强度(图 3.25)在 10 层左右饱和。对于更厚的膜，强度不会进一步提高，因为限制条件是电子的平均自由程而不是沉积量的多少。

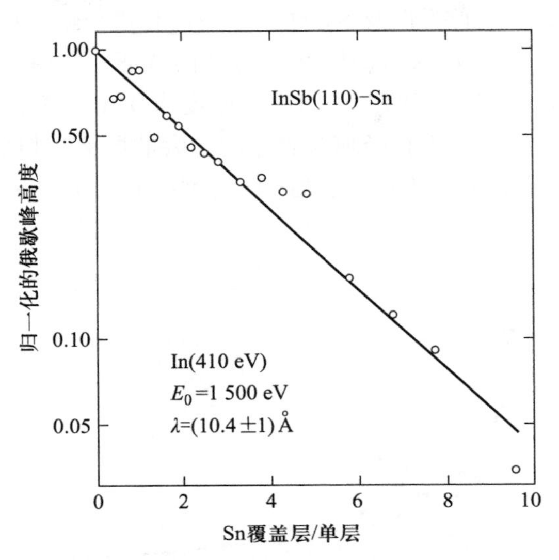

图 3.24　In(410 eV)谱线归一化的俄歇峰强度与刻蚀的 InSb(110)面上沉积的 Sn 覆盖层的关系。E_0 为初始能量，λ 为在 Sn 中 400 eV 的电子的平均自由程

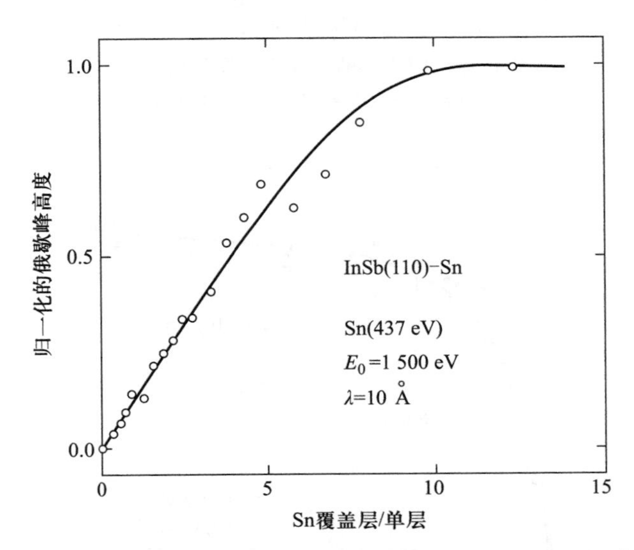

图 3.25　Sn(437 eV)谱线归一化的俄歇峰强度与刻蚀的 InSb(110)面上沉积的 Sn 覆盖层的关系。E_0 为初始能量，λ 为在 Sn 中 400 eV 的电子的平均自由程

在超高真空刻蚀的 GaAs(110)面，室温下沉积的 Sn 的生长模式是不同的[3.24]。图 3.26 表明基底上的 Ga 激发线在 1~2 覆盖层附近出现断点，并伴

随着强度缓慢降低。该行为以及 Sn 的 AES 线的强度(电子能量为 430 eV)具有 Stranski-Krastanov(SK，层状+岛状)生长方式的特征。在图 3.27 中，实线为模型计算结果，此处 AES 强度的变化归因于厚度为 3 Å 的接近非晶金属的 β-Sn 层，假设半球状的岛生长于直径随薄膜厚度增大的层上。扫描电子显微镜图片证实(图 3.28)了更多覆盖层情况下的 SK 模型生长方式，Sn 的名义覆盖层为 38 单层时，岛的平均直径是几百 Å。

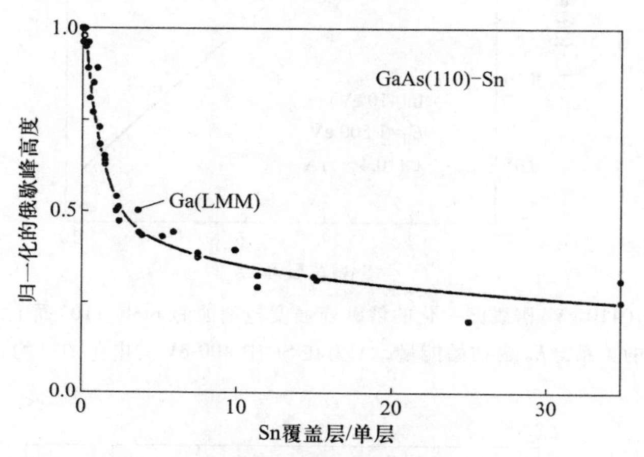

图 3.26　Ga(LMM)谱线归一化的俄歇峰强度与刻蚀的 GaAs(110)面上沉积的 Sn 覆盖层的关系[3.24]

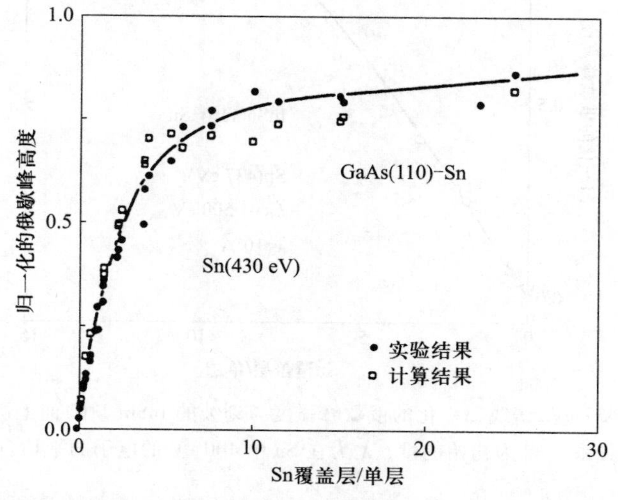

图 3.27　Sn(430 eV)谱线归一化的俄歇峰强度与刻蚀的 GaAs(110)面上沉积的 Sn 覆盖层的关系。除了实验数据点(实点)，也给出了理论模型计算的结果(圆圈)，假设在厚度为 3 Å 的 β-Sn 薄膜上形成岛状结构[3.24]。实线是实验数据点最好的匹配线

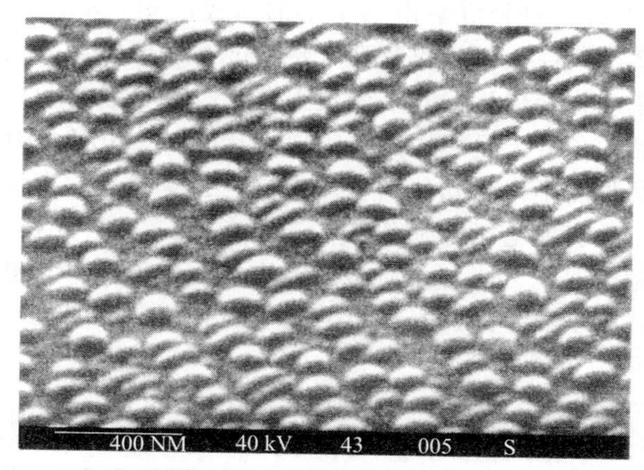

图 3.28　沉积在刻蚀的 GaAs 表面的 Sn 薄膜（名义覆盖层为 38 单层）的扫描电子显微镜图片[3.24]

岛状生长不像另外两种方式那样普遍。如图 3.23(c)定性所示，沉积物和基底俄歇谱线的特征强度有时很难从 SK 生长方式区别出来，需要利用不同的实验技术来区别这两种模式。

不同类型薄膜生长的一些实验示例列在表 3.3 中。表中没有明确地考虑界面形成类型：陡峭的、平缓的或者是当过渡金属在 Si 表面时形成新的化合物（层状生长），取决于基底温度导致在界面形成了新的结晶金属化合物——Pt、Pd 或者是 Ni 的硅化物。在这些硅化物的表面，金属的逐层生长方式出现。此处还需要强调的是，表 3.3 中的生长方式一般只是在特定基底温度范围内发生。在该温度范围外，生长行为可能不同。

用于研究已知条件下薄膜生长的主要实验技术之一是衍射。通过电子衍射，包括 LEED 和 RHEED（第 4 章附录Ⅷ），可获得沉积物晶体结构有序的信息。然而，这一信息受到电子束相干长度的限制。只有几百埃范围内的有序结构对衍射斑有贡献。因此，观察到强 LEED 点表明仅在该范围内有非常有序的晶格结构。良好的布拉格斑对于晶体长程有序并不是必要的。RHEED 相对于 LEED 也给出了有关薄膜生长方式的相关信息。一个平整的表面，即逐层生长意味着第三劳厄（Laue）衍射方程没有施加限制；二维弹性散射通常导致引起尖锐的衍射条纹（第 4 章附录Ⅷ）。在 RHEED 图像中，我们观测到 3D 岛状生长使得第三劳厄方程成像为点而不是条纹。

除这些基于实空间结构傅里叶变换的衍射技术外，还有其他技术可给出真实空间图像，对研究薄膜生长方式很重要。扫描电子显微镜（scanning electron microscope，SEM[3.25]，第 3 章附录Ⅴ）能直接给出 10 Å 以上的薄膜形貌

(图 3.28)。SEM 的横向分辨率由电子束的直径决定。SEM 通常是非原位测试，即在超高真空条件下制备的薄膜需要通过大气传入显微镜。这可能会由于污染导致薄膜结构变化，尤其是低覆盖范围。SEM 设备只在超高真空和从制备室传入样品的条件下是可用的。需要注意的是，SEM 图片是由二次电子产生的，其激发强度不仅受几何因素影响，也会受到诸如表面类型、初始电子束倾斜等，以及表面电子性质等的影响，例如，功函数和表面态密度等。在图片中强度对比因此可能与几何学的不均匀性无关，而与电子不均匀区域有关。特别是，原子覆盖的孤立岛不会被平坦表面上的变化功函数的修补所干扰。

表 3.3　一些沉积层体系和生长模式(FM、SK、VW)的总结

层状生长(FM)	层状+岛状生长(SK)	岛状生长(VW)
金属/金属，如 Pd/Au，Au/Pd，Ag/Au，Au/Ag，Pd/Ag，Pb/Ag，Pt/Au，Pt/Ag，Pt/Cu	金属/金属，如 Pb/W，Au/Mo，Ag/W，稀有金属/石墨	金属/碱金属卤化物，金属/(MgO，MoS_2，石墨，云母)
碱金属卤化物/碱金属卤化物	金属/半导体，如	
Ⅲ-Ⅴ族合金/Ⅲ-Ⅴ族合金，如 GaAlAs/GaAs，InAs/GaSb GaP/GaAsP，InGaAs/GaAs	Ag/Si，Ag/Ge Au/Si，Au/Ge Al/GaAs，Fe/GaAs，Sn/GaAs Au/GaAs，Ag/GaAs	
Ⅳ族半导体/Ⅲ-Ⅴ族化合物，如	Au/GaAs，Ag/GaAs	
Ge/GaAs，Si/GaP，α-Sn/InSb		
过渡金属/Si，如 Pt/Si，Pd/Si，Ni/Si(硅化物)		

另外一个研究薄膜直接成像的技术是扫描隧道显微镜(scanning tunneling microscope，STM[3.26]，第 3 章附录Ⅵ)，测量原子尺度的针尖和薄膜表面之间的电子隧穿电流与针尖横向位置之间的函数。扫描表面上方的针尖可获得薄膜表面的实空间图像。即使这样，实际上探测的是外部电子密度轮廓，而不是几何表面，这种表面成像类似于一个真实的“感觉”，相当于在宏观上带动一支铅笔通过粗糙的表面。电子处理二维扫描图像或者线性扫描能得到原子维度内清晰的粗糙度压痕和普通的薄膜表面形貌(图 3.29)。横向的(即平行于表面)空间分辨率和垂直的(即表面的法线方向)空间分辨率都在埃级范围内。

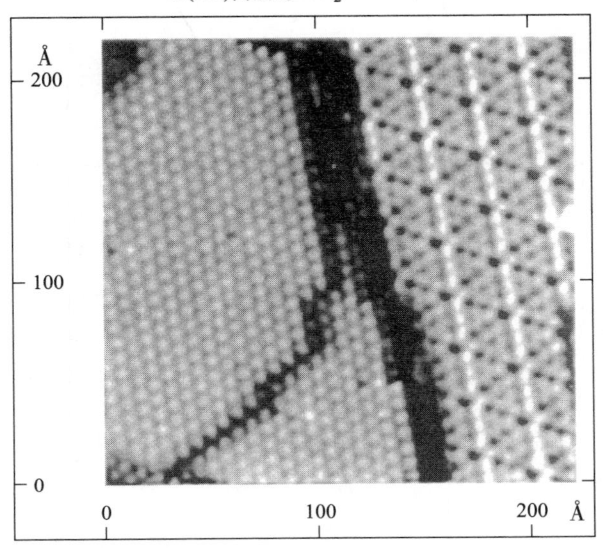

图 3.29 被 $FeSi_2$ 层(左半部分)覆盖的 Si(111)-(7×7)面(在右半部分显示了超结构)的扫描隧道显微镜图片。在 $FeSi_2$ 层台阶很明显。数据是在隧道电流为 1 μA，针尖电压为 1.8 V 的条件下获得的，可见填充的 Si 态[3.27]

当然，直接成像也可以在透射电子显微镜(transmission electron microscope，TEM)上进行[3.28]。由于电子穿过固体材料时穿透深度的限制，加速电压在 200 keV 下的传统 TEM 用于分析最大厚度约 1 μm 的样品。使用高压设备(加速电压达 3 MeV)可用于研究更厚的样品。TEM 可在多种方式下用于研究薄膜和覆盖层。在岛状生长和三维形核的经典实验里，金属通过蒸发沉积在超高真空处理的碱卤化合物表面。接下来，由或多或少个岛连接形成(VW 生长方式)的金属薄膜通过沉积碳膜而固定。在超高真空腔外，碱卤化合物基底通过水溶解法从碳膜上去除，植入金属簇和岛的薄膜形状、分布、岛的数量可通过传统的 TEM 技术进行分析。特别是，金属的形核速率随温度 T(或者 $1/T$)的变化关系已在碱金属卤化物表面研究。如式(3.37)预言，发现了 KCl(100)面上 Au(图 3.30)的形核速率 J_N 与 $1/T$ 呈指数函数关系(3.16)[①]。此外，形核速率与吸附率 u 呈二次方，吸附原子密度为 $u\tau_a$(τ_a 为吸附时间)。由图 3.30 可推导出团簇形成的自由焓 $\Delta G(j_{cr})$[式(3.37)]。

需要更多精确的制备技术用于 TEM 研究薄膜结晶质量(位错等)和异质接触面的位错角。薄膜要在一个垂直于薄膜基底界面的平面上成像，样品因此需

① 原文似有误，应为[3.17]。——译者注

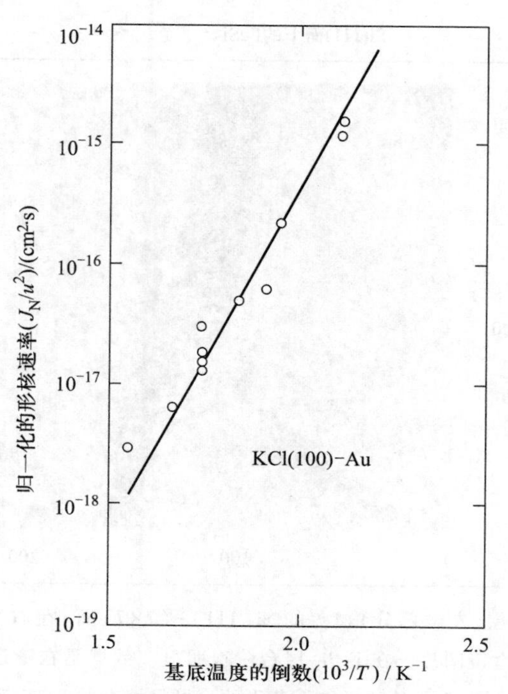

图 3.30　KCl(100)面上 Au 的 J_N/u^2 与 $1/T$ 呈指数函数关系[3.17]，J_N 为形核速率，u 为吸附率，T 为基底温度

要沿界面的法线进行切割，薄层通过化学腐蚀和离子刻蚀法处理得到。本征的减薄需要达到 10~100 nm，这样电子束才能穿透。利用常规分辨率，可研究薄膜里的位错以及估算其数量和密度(图 3.31)。为了这个目的，样品沿电子束取向，略微偏离布拉格条件。位错周围的应力场引起局部地满足布拉格条件，并且部分入射束从透射束中衍射出去。部分位错的应力场在暗场表现为明亮结构或者是在明场中表现暗结构。在高分辨 TEM 里，即使是界面的原子结构也能辨别(图 3.32)。但是需要强调的是，在这样一个高分辨电子显微镜里，对比强度不是直接与单个原子关联的。原子排列成像，理论分析(考虑到电子散射过程中的相关细节)对于解释依照原子位置的暗点和亮点是必需的。然而，有关界面性质的信息，特别是有关晶面取向等的信息可通过简单的检测技术获得。

光学的方法也被应用到薄膜的研究。拉曼效应[3.31, 3.32](光子在可见光和紫外光波段内的非弹性散射)使得我们可以研究薄膜振动性质，由此可获得有关薄膜形貌的有趣信息。图 3.33 示出了一个 Sb 覆盖层在超高真空条件下沉积在刻蚀的 GaAs(110)晶面上的例子。通过 LEED 和其他技术可知，第一层 Sb 是(2×1)有序超晶格结构。过多的 Sb 沉积到第一层后导致层变厚，LEED

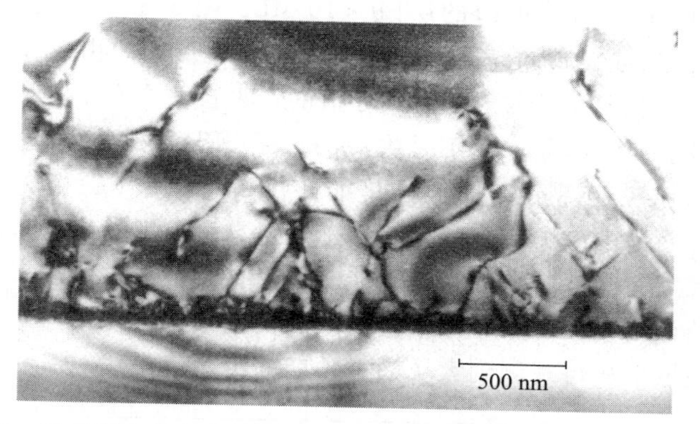

图 3.31　Si 基底上外延生长的(110)GaAs 重叠层的透射电子显微镜图片

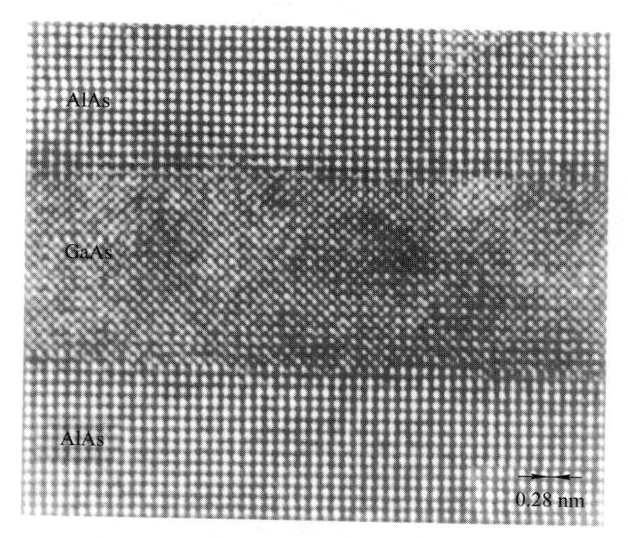

图 3.32　AlAs/GaAs 双异质结的高分辨 TEM 图片。暗点和亮点与单行原子相对应[3.30]

却没有检测到任何的结晶有序。通过拉曼效应测试获得的 Sb 的声子特性，揭示了有关厚覆盖层的更多信息。由于菱形对称性(D_{3d})，结晶的 Sb 在 Γ 点有两个拉曼激发声子模式，一种是 A_{1g}，另一种是双重简并 E_g 模式。相应的线从温度 300 K 沉积后的更厚层[$\theta'=50$ ML，图 3.33(b)]被观察到。既然在散射过程中光子仅穿过一个可忽略的波矢 $\boldsymbol{q}$，并且波矢守恒对三维平移对称结晶固体适用，只有接近 Γ 的 $\boldsymbol{q}$ 波矢对尖锐声子线(FWHM $\simeq 10\ \mathrm{cm}^{-1}$)有贡献。尖锐度以及 LEED 中长程有序的缺失表明，在 300 K 沉积的 Sb 层是多晶的，并且厚度超过了约 10 ML。对于更薄的层[$\theta'<10$ ML，图 3.33(b)]，可看到一个宽的、变浅的结构。这清晰地表明 Sb 过渡层是无定形的。由于在无定形结构中缺少平移对称，波矢在光散射上是不守恒的，来自整个布里渊区的声子对声子密度贡献是最主要的部分，而不是尖锐的声子分支的独立贡献。在 90 K 沉积导致非晶的 Sb 层，在高覆盖量下亦是如此，如图 3.33(a)中无特征、宽的谱结构所示。拉曼谱中声子线展宽可被用于获得有关角度的信息，由于多晶层中有限的微晶尺寸，其波矢守恒受到干涉。不仅是无定形态能从多晶形貌中区别出来，也能估计出微晶的尺寸。根据大量的实验数据，在尺寸超过 100~150 Å 的微晶的拉曼散射里可观测到大块晶中预期的尖锐声子线。

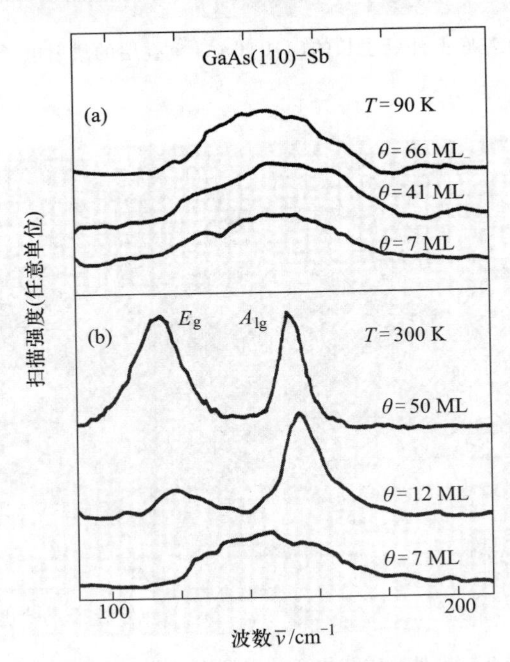

图 3.33　n 型掺杂 GaAs(110)面上 Sb 层经超高真空刻蚀后的拉曼谱；波长为 406.7 nm 和 530.9 nm 的激光激发。在基底温度 T 为 90 K(a)和 300 K(b)时沉积。ML 为光谱上的单层[3.32]

在各种光学测量薄膜的方法中，椭圆偏光法(第 7 章附录 XIII)，特别是用作分光镜时，是相当重要的。在椭圆偏光计中，薄膜-基底体系的光学反射率由测试光反射的偏振光的变化决定[3.33]。反射率的测量因此转化为角度的测量(附录 XIII)，与传统的强度的测量相比，这屈服于高的表面敏感度($<10^{-1}$ 吸附物的单层)。高表面敏感度是因为偏光角度测量的高精确性，相比于自身准确性较低的反射强度测量。反射偏振态的改变可利用两个复杂反射系数 $r_{\parallel}$

和 $r_{\perp}$ 的比表示，对于偏振平行光和垂直入射光(包含入射束和反射束)，r 为反射和入射电场力的比值。复杂量

$$\rho = \frac{r_{\parallel}}{r_{\perp}} = \tan \psi \exp\ (\mathrm{i}\Delta) \tag{3.41}$$

是定义两个椭偏仪测量(第 7 章附录 XIII)得到的偏振角 Δ 和 ψ。Δ 和 ψ 完全决定了两个光学常数 n(折射系数)和 κ(吸收系数)或者是各向同性反射介质(半无限空间)的 $\mathrm{Re}\{\varepsilon\}$ 和 $\mathrm{Im}\{\varepsilon\}$(非传导性方程)。在界面物理学中，对于薄膜生长和吸收的研究，我们一般测量洁净表面和薄膜覆盖表面 Δ 和 ψ 的改变值 $\delta\Delta$ 和 $\delta\psi$。最有趣的是超高真空下的原位测量。即使是最简单的一层模式，有 5 个参数，基底的非传导性方程($\mathrm{Re}\{\varepsilon_s\}$、$\mathrm{Im}\{\varepsilon_s\}$)和薄膜的非传导性方程($\mathrm{Re}\{\varepsilon_s\}$、$\mathrm{Im}\{\varepsilon_s\}$)以及膜厚 d 决定的 $\delta\Delta$ 和 $\delta\psi$[3.33]。一般的实验谱 $\delta\Delta(\hbar\omega)$ 和 $\delta\psi(\hbar\omega)$ 的分析是基于已知基底的光学常数($\mathrm{Re}\{\varepsilon_s\}$、$\mathrm{Im}\{\varepsilon_s\}$)，以及假设光学常数计算与实验谱匹配。近似的薄膜厚度是从石英天平测量沉积薄膜材料总量得到的。最优拟合获得薄膜的非传导性方程($\mathrm{Re}\{\varepsilon_f\}$、$\mathrm{Im}\{\varepsilon_f\}$)。当椭偏仪谱应用在薄膜生长的研究中时，通常用以确定薄膜光学常数并给出薄膜化学和结构属性及其球形电子结构的积分信息。举例来说，图 3.34 所示为在相同的 InSb(110)-Sn 体系获得的结果，与图 3.24 和图 3.25 的讨论相关。当覆盖层小于 500 Å(≈200 单层的 Sn)时，由于电子带间跃迁而带有谱结构的非传导性方程[图 3.34(a)]为半导体(灰色)α-Sn 的特征，而对于厚的 Sn 层(> 500 Å)，众所周知，观察到的是准自由电子气的非传导性响应[图 3.34(b)]。覆盖更多的 Sn 层，沉积的就是金属 β-Sn。同时，LEED 研究表明，不论是 α-Sn 还是 β-Sn，都不是长程有序；沉积物都是多晶的。由于 α-Sn 和 InSb 的等电子特性，α-Sn 四面体即使在室温下(一般只在低温下是稳定的)都是非常稳定的。

在应用技术中，单波长的椭偏仪经常用于确定薄膜的厚度。在这种情况下，需要得知基底和薄膜材料的光学常数，只有 d 是从 $\delta\Delta$ 和 $\delta\psi$ 通过菲涅耳(Fresnel)公式计算得出。

一项用于研究覆盖层与基底之间的薄膜和界面的重要技术是具有介质和高能的离子散射[卢瑟福背散射(Rutherford backscattering，RBS)]。在 4.9~4.11 节，将详细描述该方法及其物理内涵。多个信息可从 RBS 测量中提取出来。背散射离子的能量(初始能量在 5 keV~5 MeV 之间)用于化学表面分析，例如，探测特定表面层或者其上隔离层的化学本质(4.10 节，图 4.10[①])。测量背散射颗粒的角度分布和背散射的产量与入射角之间的函数，可给出以下详细信息：

① 原文似有误，应为图 4.30。——译者注

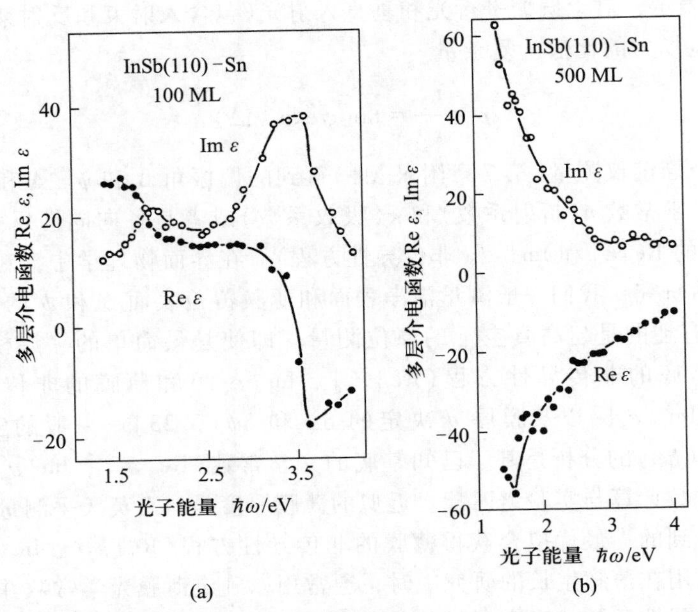

图 3.34　超高真空条件下沉积在 InSb(110)面的 Sn 重叠层的非传导性方程 ε_f 的真实和虚拟的部分。偏光测量是在不同厚度层上原位测量[3.34]

① 外延薄膜的结晶度；② 弛豫、晶格失配以及内应力(4.11 节，图 4.35 和图 4.36)。这些测量原理依赖于粒子束在特定结晶方向的“阴影和结块”(4.11 节)。

总之，薄膜生长的研究是一个广阔的研究领域，包括基础研究和应用研究，需要用到许多宏观的以及原子级分辨率的实验技术，所包含的内容远远超过了该书描述的范围。本章的目的是给读者一个关于该研究领域的印象和概观。

附录 V　扫描电子显微镜(SEM)和微探针技术

扫描技术具有共同的特点，那就是物理量以一定的空间分辨率被测量并以表面上的位置函数被记录。这些物理量的局部分布是通过电子的形式获得并在光学显示器上观测到，一般是 TV 显示屏。用于表征最低在 10 Å 数量级的显微结构，主要是用扫描电子显微镜[V.1]和微探针技术来探测。除了简单的表面形貌图外，扫描电子显微镜还可以进行局部表面化学成分的分析。

这些技术的基本原理是由扫描电子束聚焦(通常，能量为 2~10 keV)作用在表面上，探测从表面发射的电子。激发的信号强度决定了在显示屏上的亮度。表面形貌的形成是由表面电子发射率的变化而引起的。在图 V.1 中给出了关于 SEM 操作更详细的描述。表面形貌图的形成则是由表面电子发射率的局部变化而引起的。电子是由加热的 W 或者 LaB_6阴极(或者是场发射阴极)激发出来并被电极和阳极光栅聚焦成电子束。聚焦的电子束通过第一磁透镜投射在一个小的图像点上，进一步通过第二磁透镜进行聚焦之后作用在样品表面。与最初的电子束相比，作用在样品上的图像点减少了 1 000 倍。将电子束聚焦在样品表面内 10 Å 可获得最好的 SEM 柱状图。作为最基本要素，电子束大小

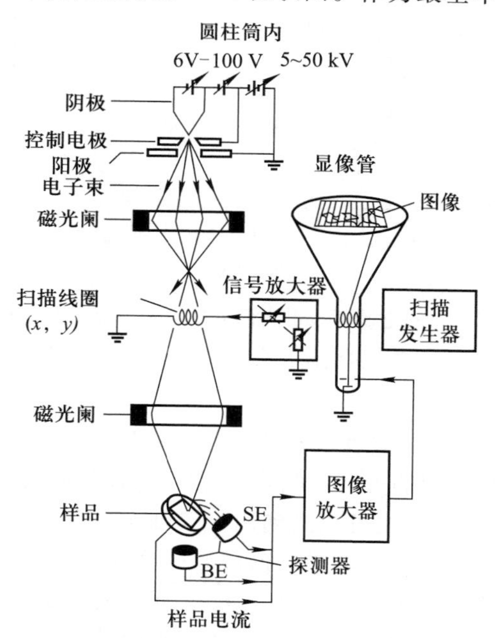

图 V.1　扫描电子显微镜或者微探针装置示意图

决定了 SEM 的空间分辨率。相对于电透镜($\boldsymbol{F}=e\boldsymbol{v}\times\boldsymbol{B}$)，由于磁透镜[V.2]对高能量的电子更有效而被广泛应用，偏差也更小。x-y 扫描通常是由两个磁透镜之间垂直排列的两个电磁线圈控制。SEM 的放大通过改变扫描电子束的偏转角来实现。利用显像管进行光学显示，其电子束的扫描与显微镜镜柱的主要探测束同步进行，也就是说，这两个电子束通过相同的扫描电子控制，SEM 放大器是通过由一个电阻分割器控制而换算成的比例因子进行调整。从样品激发出来的电子强度(通过一个放大器)决定了显像管中电子束的强度。可以利用发射电子不同能量范围的不同的探测敏感度。固体表面被能量为 E_0 的电子束辐射后激发出各种能量的电子(图V.2)。除了能量 E_0 的弹性背散射电子(Ⅰ区)，还有非弹性背散射区域(Ⅱ区)，该能谱结构是因晶胞激发和带间跃迁(第4章)引起能量损失而形成的。这种晶胞激发是每种固体所具有的独特性质。探测器调制能量范围(图V.1中的 BE)，从而获得对成分非常敏感的表面形貌。高的对比度源于激发出电子的材料的特性。由于高角度能量损失区域内的前向散射(小波矢转移为 $q_{\parallel}$ 的介质体散射，4.6节)，在成像的三维微结构中观测到强阴影效应。

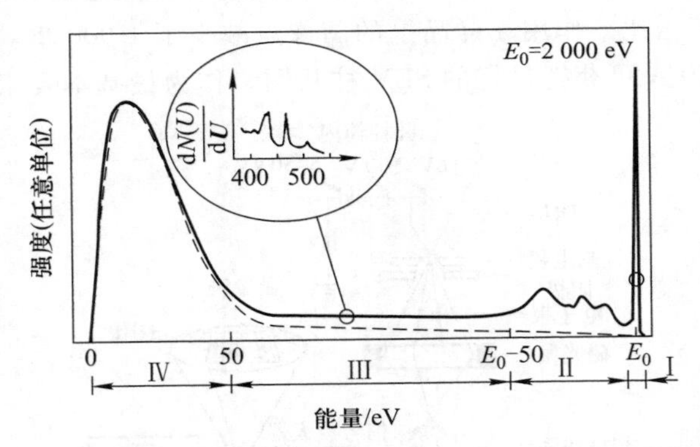

图V.2　初始能量为 E_0 的电子束轰击表面激发电子的能量分布在较宽范围内的定性总结。虚线代表真实的二次电子的贡献

电子激发谱还具有另外两个特征能量范围，紧临的是一个介于如上所述的能量损失区与 50 eV 之间的平台(Ⅲ区)。利用有效的放大(和探测模式 dN/dE 的不同)，在这一能量范围内可探测到用于表征每一化学元素的俄歇谱线。主要的激发部分，即真实的二次电子，形成了一个位于 0~50 eV 之间(Ⅳ区)的强而宽的谱，但是就像弱尾部衍生到了 E_0。真实的二次电子背散射源于经历了多次散射(包括电离、带间跃迁等)后到达表面的电子，因此，它们的光谱分布和强度与某具体材料的关系并不是那么明确；也不具有与Ⅱ区非弹性散射损失一样的角度与激发的二次电子之间的紧密关系。探测器 SE 在图V.1中记

录了低能区真实二次电子，并且相应地从探测器 BE 生成了不同的表面图。由于缺少前向散射，只能观测到很少的阴影图。尽管化学成分不同引起对比度相对较弱，但是表面粗糙度和功函数的不同引起的对比度则要明显。表面形貌图几乎来自探测器 SE，但是与记录的整个电流的强度却相反，也就是说，所有发射电子和激发出的电子(二次电子)数量是不同的。

尽管 SEM 图片没有立体感，物体或表面的几何特征可通过不同的探测器和不同的辐射角探测，但是我们预料到理论解释存在一些困难，因为几何因子(平面倾斜度等)、功函数的变化以及其他电学因子会引起对比度的变化。微电子学中利用 SEM 研究半导体材料中的金属覆盖层的例子(图 V.3)显示了金(明亮的部分)与 GaInAs/InP 异质结构的对比差异。在图片的左上部分可见 GaInAs 重叠层，而在右下方则暴露出更深的 InP 基底[V.4]。另一个例子是经 1 150 K 温度超高真空退火处理的洁净 GaAs(001)面的 SEM 图片[图 V.4(a)]。观察到材料表面形成了独立的岛状结构。图 V.3 和图 V.4(a)是通过标准的 SEM 在高真空条件下($\approx 10^{-5}$ Pa)获得的，而材料的表面是在独立的超高真空腔中处理过的。样品制备完成后，需要将样品在空气中转移进 SEM 进行研究。这一缺陷已通过工作在超高真空条件下改进的 SEM 而被攻克。这些先进的设备通过将负载的腔与其他超高真空设备连接，例如直接与制备完样品的腔连接，SEM 就可以对表面和界面进行原位观测。

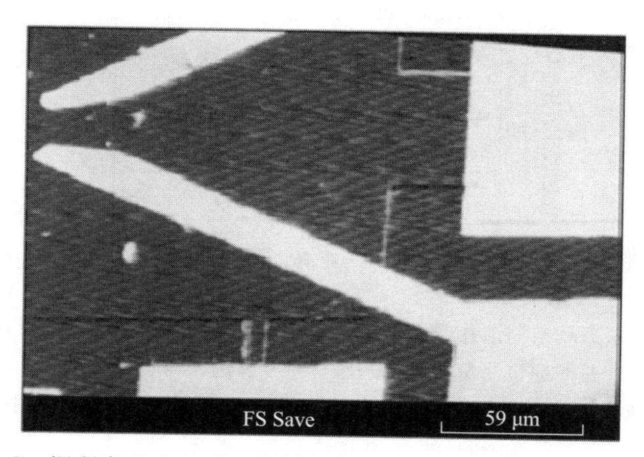

图 V.3　沉积在 GaInAs/InP 异质结构上的金接触的(亮的结构)扫描电子显微镜图片[V.4]

在 SEM 中，除了测量二次电子产量与空间位置的对应关系，还可以研究其他参量。SEM 最初的电子束也诱发了俄歇过程(第 2 章附录Ⅲ)和 X 射线发射[V.3]。俄歇电子和 X 射线光子作为空间位置函数能被适当的探测器探测。

俄歇电子和X射线光子也可以通过适当的探测器以点函数的形式测量，俄歇电子通过电子分析器(例如CMA，第2章附录Ⅲ)，而光子通过对光子能量敏感的能量分散半导体探测器进行分析。俄歇电子信号和X射线激发都精确地对应特定的元素。通过记录它们的产量，可得到产生表面化学元素分布的空间解析图。仪器上配备的部件又称为微探针。图Ⅴ.4(b)示出了As线在10.53 keV和Ga线在9.25 keV声子能量处的X射线信号，沿图Ⅴ.4(a)中分离区交叉的扫描线。该元素空间分布的结果表明，延长加热时间后，GaAs面上出现独立的Ga岛状结构。

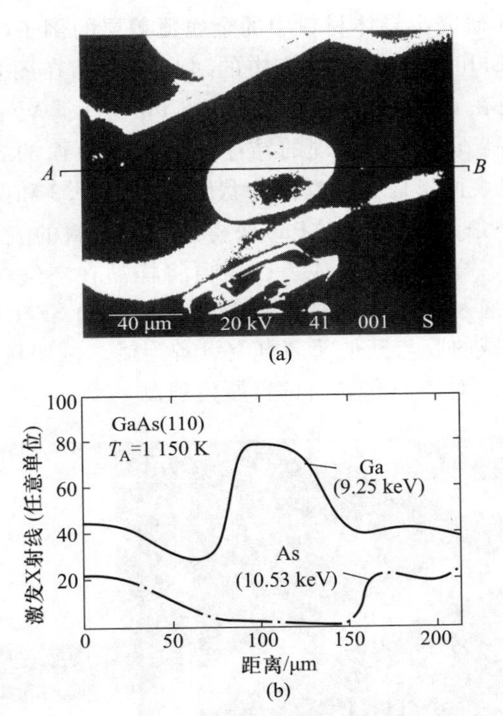

图Ⅴ.4 (a) 超高真空刻蚀并经1 150 K退火处理的GaAs(110)面的扫描电子显微镜图片，显微图片是非原位测量，可见基底材料分离进入岛；(b) As(10.53 keV)和Ga(9.25 keV)的X射线辐射信号沿(a)图中的分离区交叉线*AB*测量[Ⅴ.5]

俄歇电子扫描图如图Ⅴ.5所示。在超高真空条件下，基底温度为300 K时，Sb蒸发沉积在GaAs(110)面。经测量空气传送后相应Sb俄歇谱线(454~462 eV这一范围内)的相对强度$(I_{Sb}-I_{back})/I_{back}$后，给出了空间的强度分布图。相对均匀的灰色背景表明在GaAs的表面覆盖了一层准均匀的Sb。暗点是低能覆盖区域，这也表明Sb在过渡层中含量不足。亮点(半径约为350 Å)源于在完整的Sb基底顶层形成的Sb岛。俄歇电子能谱图显示了Sb过渡层在GaAs

(110)面上的 Stranski-Krastanov 生长。

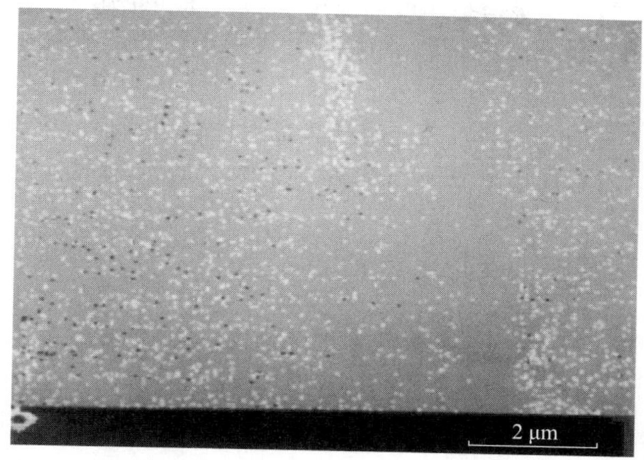

图 V.5 超高真空刻蚀的 GaAs(110)面，覆盖了名义上为 5 单层的 Sb 的扫描俄歇电子照片。俄歇电子图是原位记录的，初始能量为 20 keV。Sb 谱线(454 eV、462 eV)的强度分布，即$(I_{Sb}-I_{back})/I_{back}$的 10 000 倍放大图[V.6]

尽管俄歇电子能量分布和 X 射线特征激发谱都能进行表面局部元素分析，但要获得不同深度的信息则需要通过两个探测器进行。物质对 X 射线光子的吸收非常微弱，因此，从更深区域内激发的光子主要由最初轰击的高能电子穿透的深度决定。根据材料和初始的能量，X 射线特征激发谱可探测的有效深度在 0.1~10 μm。而另一方面，对于俄歇电子探测，可探测的有效深度是由俄歇电子无能量散射损失的距离决定的。这一距离由材料本身决定，并且都比 X 射线所探测的深度小 10^2~10^4 数量级。探测到的有效深度和相应的体积间的差别如图 V.6 所示。背散射电子和 X 射线光子源于表面下的梨形区域，而且低

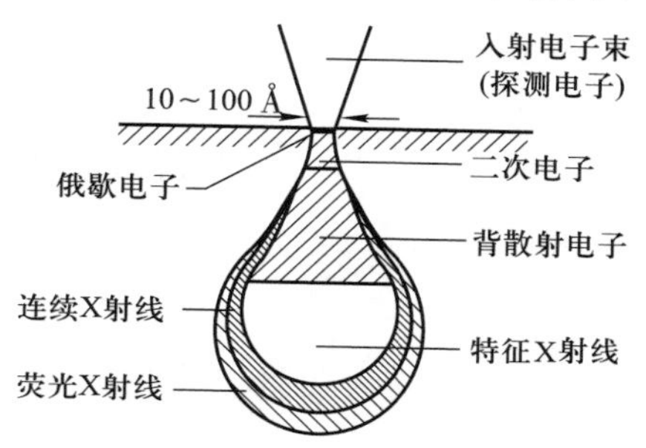

图 V.6 当电子束入射到固体表面时，不同微探针信号(电子和 X 射线激发)的梨形分布示意图。俄歇电子来源于 5~20 Å 的深度范围，而 X 射线信息深度的最小空间分辨率是 0.1~10 μm

能量的二次电子和俄歇电子所携带的信息则来源于小范围的、梨的狭窄的颈部。梨形探测区域主要是由初始的高能电子的弹性和非弹性散射引起的。从图V.6可明显看出，俄歇电子探测器比X射线光子探测器更易获得好的空间分辨率(≥10 nm，与SEM一致)。另一方面，X射线探测则提供了更好的深度分析信息，可用于层状结构的研究。超高真空条件对于扫描俄歇电子的研究是必要的，主要是因为表面污染物对其影响非常大，而X射线探测却可以在较差的真空条件下进行。

参考文献

V.1 L. Reimer, *Scanning Electron Microscopy*. Springer Ser. Opt. Sci. vol. 45 (Springer, Berlin, 1985)

V.2 P. W. Hawkes (ed.), *Magnetic Electron Lenses*. Topics Curr. Phys., vol. 18 (Springer, Berlin, 1982)

V.3 B. K. Agarwal, *X-Ray Spectroscopy*, 2nd edn. Springer Ser. Opt. Sci., vol. 15 (Springer, Berlin, 1991)

V.4 H. Dederichs, Private communication (ISI, Research Center Jülich)

V.5 W. Mockwa, Private communication (Phys. Inst., RWTH Aachen)

V.6 H. Dederichs, Private communication (ISI, Research Center Jülich)

附录Ⅵ　扫描隧道显微镜(STM)

由 Binning 和 Rohrer 发展起来[Ⅵ.1]的扫描隧道显微镜给出了原子量级的固态表面图像。通过移动一个微小的金属探针使其横穿过样品表面并记录下针尖和样品之间产生的隧道电流和相应位置，即可直接得到真实的表面图像[Ⅵ.2-Ⅵ.4]。扫描隧道显微镜属于扫描探测中更广泛的一类(第 3 章附录Ⅴ)，隧穿电流信号被记录并且在对应的表面位置显示。

隧穿是一个量子效应，一个导体中的电子可以穿透一个经典的难以穿透的势垒进入另一个导体[Ⅵ.5]。这一现象发生于独立波函数“泄露”进入真空，在经典禁区内发生重叠。该重叠明显只在原子量级的距离并且隧道电流 I_T 与针尖和样品表面间的距离 d 呈指数关系。作为第一近似，Fowler 和 Nordheim 的经典工作[Ⅵ.6]得出：

$$I_T \propto \frac{U}{d}\exp\left(-Kd\sqrt{\bar{\phi}}\right) \qquad (Ⅵ.1)$$

U 为在针尖和样品两个电极之间的负载电压，$\bar{\phi}$ 为平均势垒的高度($\bar{\phi} >> eU$)，K 约为 1.025 $\text{Å}^{-1}\cdot(\text{eV})^{-1/2}$，为真空间隙常数。$I_T$ 易通过几十埃的距离 d 而得到，为了得到有价值的表面信息，d 值的精度必须控制在大约 0.05~0.1 Å 的范围内[Ⅵ.7]。

为了实现独立原子成像的横向分辨率，微小探针在表面的移动需要控制在 1~2 Å。该仪器对表面电子密度轻微褶皱的高灵敏度是由于 I_T 与距离 d 和 $(\bar{\phi})^{1/2}$ 呈指数关系[式(Ⅵ.1)]。实验上通过两步法可以很好地满足探针移动精确性的要求(图Ⅵ.1)：样品放置在称为跳动器的压电驱动的支撑物上。这一名称源于支撑物在 100~1 000 Å 的距离内步进式移动，这主要是通过带有压电板的 3 个金属撑杆实现。撑杆的作用就像一个静电夹，通过加载电压将其粘贴在金属支撑板上。当加载偏压后，它们在压电片的作用(电压诱导的张力)下横向移动。这一设备用于粗略地调控样品表面和针尖的距离。探针经过表面的扫描是通过压电三角支撑架来实现的。针尖的移动以小于 1 Å 的精度沿着 3 个方向(x 轴和 y 轴与表面平行，z 轴与表面垂直)进行，通过在压电驱动器上加载几十伏的偏压，可扫描 100×100 Å^2 的表面区域。

最近，搭建了更易操作的 STM 设备，尤其关注样品、压电驱动器以及探针间的紧密排列。一个对热漂移和机械振动相对不太敏感的紧凑结构，使用 3 个压电器件作为对样品的支撑及对针尖和样品表面的控制。在扫描仪上也使用了相似构造的压电器件。这一压电器件[图Ⅵ.1(c)]是根长棒，有 4 个单独的金属电极。在这些电极上加偏压引起了棒的弯曲。驱动 3 个承载者的 x 和 y 方

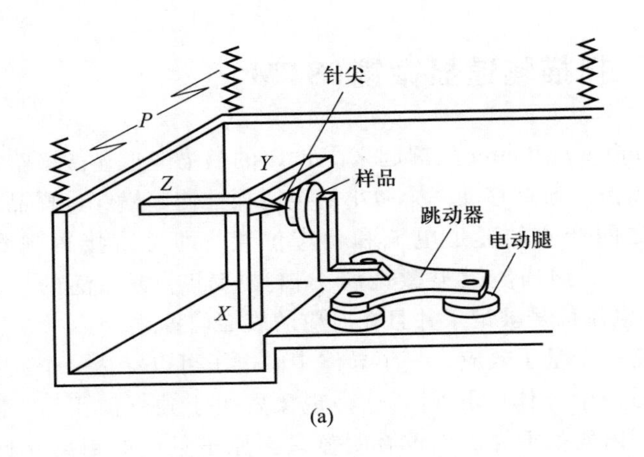

(a)

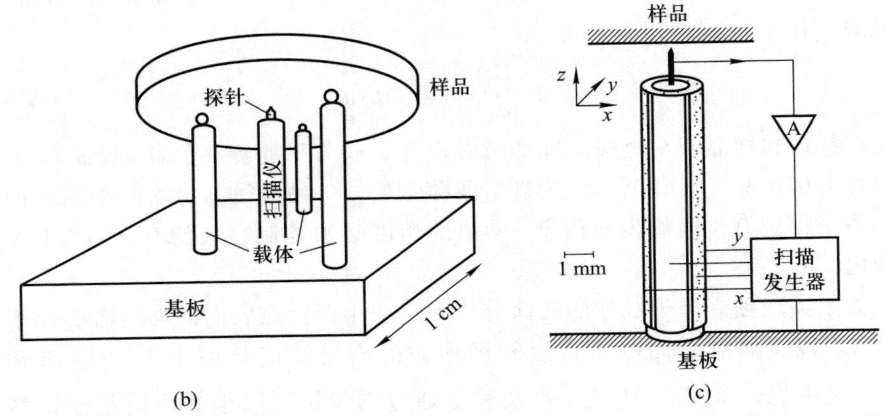

(b) (c)

图Ⅵ.1 (a) 典型的扫描隧道显微镜(STM)示意图[Ⅵ.1]，带有压电三脚架的金属微探针(x，y，z)从样品表面上方扫描，由主体可控压电形变驱动定位器或者是“跳动”带动样品到达三脚架，振动过滤器体系 P 保护设备免受外部振动；(b) Besocke 精巧的 STM 示意图[Ⅵ.8]，正在研究的大面积样品及更低表面，例如半导体硅，被用于产生样品的微移动的 3 个压电驱动器(载体)承载，第四个压电棒(扫描仪)允许通过表面的金属针尖扫描；(c)部分(b)配备了针尖和扫描仪电子连接器的压电驱动器的工作原理图。载体在尺寸和操作方面与实际的是一致的

向同时引起样品在 xy 平面内的移动。样品在宏观范围内的移动可以通过将脉冲电压同时应用到 3 个压电体上进行。探针针尖的调整和扫描是通过中央扫描压电电极的偏压控制来完成的。

在 STM 发展中，两个主要的实验难点需克服：在超高真空腔内整个仪器机械振动的抑制和原子尺度探针的制备，因为探针和样品表面的距离需要控制在原子半径以内，振动振幅要低于 1 Å。在最初的 STM 中，振幅的衰减是通过将中央部分悬挂到非常软的弹簧上并通过强磁体在铜计数器板产生的涡旋电流的额外作用完成。更紧密、易组装的 STM 的研制仍在继续进行中。

探针一般是由 Ir 或者 W 线(直径为 1 mm)制备，将其一端研磨成曲率半径小于 1 μm，经化学方法处理以后，最终的针尖末端的形状还要通过将其原位暴露在 10^8 V/cm 的电场下 10 min 后获得。具体的探针形成机制(原子吸附或者原子迁移)目前还不是很明确。通过这种制备方法也不是常常都能得到稳定的探针：最佳的解决方案只能通过限定时间并在一段时间后重复削尖来实现。

根据式(Ⅵ.1)，隧道电流取决于针尖和表面之间的距离以及功函数。I_T 的变化可能是由于表面起伏或者局部变化功函数。这两个因素可通过在扫描过程中再测一个隧道特性的斜率而区分。一般的表面起伏测量是基于常数 $\bar{\phi}$ 的假设，然后保持 I_T 为常数，z 压电驱动方向的电压 U_z 作为 x 和 z 压电驱动方向的电压 U_x、U_y 的函数被测量(图Ⅵ.1)。表面形貌根据波动函数 $z(x, y)$ 获得。I_T 一般在距离 d 发生 1 Å 数量级变化时发生一个数量级的改变。保持隧穿电流为常数，功函数的改变通过 d 相应的改变来补偿。由功函数变动引起的表面形貌的虚假结构可通过单独地测量 $\bar{\phi}$ 来辨别，这是通过记录距离 d 调制的 I_T 对 d 的一级偏导实现的，也就是 z 压电驱动($U_z = U_z^0 + \tilde{U}_z$)和相敏检波(锁定)的调制电压 U_z。根据式(Ⅵ.1)，获得平均的功函数 $\bar{\phi}$

$$\bar{\phi} \simeq \left(\frac{\partial \ln I_T}{\partial d}\right)^2 \tag{Ⅵ.2}$$

记录 I_T(或者等同的补偿电压 U_z)和导数值[式(Ⅵ.2)]，表面形貌和功函数变化的差别就有可能区分了。图Ⅵ.2 所示为该测量过程中所使用的电路示意图的一部分。最基本的部分是 z 方向压力驱动的反馈电子和控制 x、y 方向的压力驱动的电路(包括 xy 坡道)。图Ⅵ.3 所示为一个沉积了 Au 的 Si(111)解理面的线性扫描(沿 x 轴方向)[Ⅵ.9]。通过与直接信号 $I_T(d)$ 和导数[$\propto(\bar{\phi})^{1/2}$]的比较，$A$ 和 B 的结构可见是由于功函数的不均匀性引起的，也就是 Au 岛。

一个典型的使用 STM 进行表面结构分析的例子是 Si(111)-(7×7)面的研究(6.5 节)。在 STM 上显示的(7×7)重构面(图Ⅵ.4)基于底角的最小化，一个完整的晶胞被识别[Ⅵ.10]。这一真实的 Si(111)-(7×7)STM 图像使得很多关于这一表面的结构模型猜测被否定。尽管精确的结构信息仅凭图Ⅵ.4 不能完全确定，但是在改进的吸附原子模型里的很多争论(图 6.37)，最终形成了 Si(111)的(7×7)面的结构模型(6.5 节)。特别是 STM 结果表明单元格的两部分是不完全等价的，由于最大值和最小值略微不同的高度(图Ⅵ.4)。

既然电子隧穿是从金属探针的尖端到半导体表面发生的，或者依据偏压的方向，反之亦然。因此，更多的有关表面电子结构的信息可以通过研究 STM

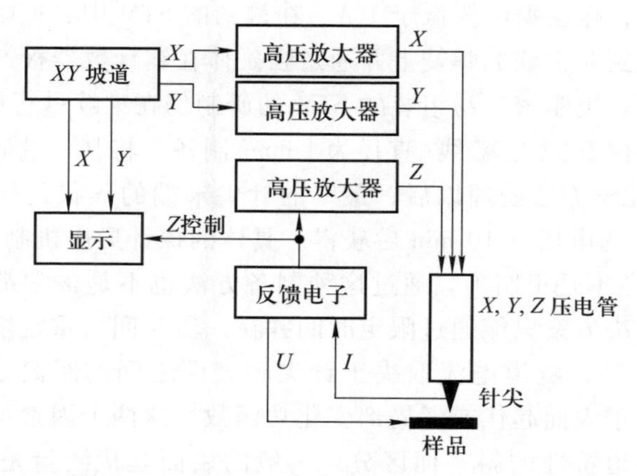

图Ⅵ.2 STM 电子元件的主要构成。穿过探针和样品的隧穿电流经反馈电子和高压放大器控制探针(z)的运动。xy 扫描用数字化的平台

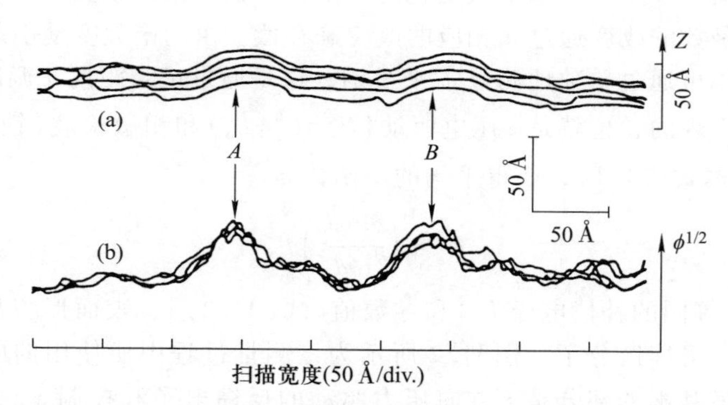

图Ⅵ.3 沉积 Au 的 Si(111)面的线性扫描[Ⅵ.9]:(a) 直接测量 $z(x)$;(b) 根据式(Ⅵ.2)导数测定 $\partial \ln I_T/\partial d$,获得有关平均功函数的信息

信号与针尖样品电压大小和正负的关系获得。在隧道能带图示里(图Ⅵ.5)定性地给出了相反的偏压。对于图Ⅵ.5(a)中的正偏压,电子隧穿只从占据的金属态到空的表面态或者是半导体的导带。当金属针尖相对于半导体表面为正时[图Ⅵ.5(b)],从金属到半导体发生弹性隧穿电子的转移是不可能的,只能在占据态转移,这是因为费米能级是正的。在半导体中,测量的隧穿电流 I_T 由此起源于占据表面态或价带。因此,依据偏压的方向,在研究的过程中可探测到表面占据态或空态。通过测量电流 I_T 与所加电压的关系,可以获得有关态分布的图像。这类应用的例子是用 STM 研究清洁的 Si(111)-(2×1)解理面(6.5 节)。真实空间的 STM 图像[波纹 $z(x, y)$](图Ⅵ.6)描述了$(01\bar{1})$方向的

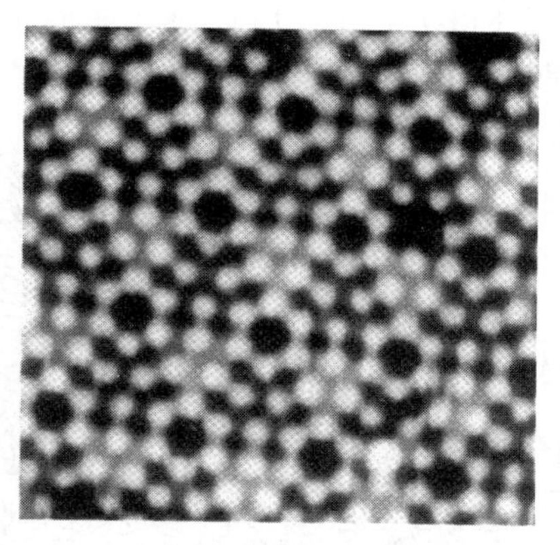

图Ⅵ.4 (7×7)重构的Si(111)面的STM形貌[Ⅵ.10]。大的单元格通过深角最小辨别。最大强度和最小强度之间的明显差别证明这个网格是不对称的

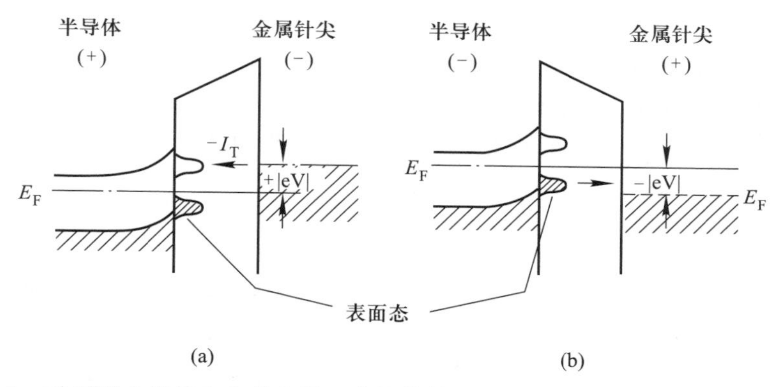

图Ⅵ.5 对于两个相反方向的电压，半导体样品和金属探针的电子-能带示意图：(a) 从金属针尖到样品表面的空态的电子隧穿；(b) 从样品的占据态到金属针尖的电子隧穿

线性波纹起伏，振幅为0.54 Å，初始空间间距为6.9 Å[Ⅵ.11]。这一空间间距与屈曲模型里的表面原子距离是不一致的[图Ⅵ.7(a)]，但与π键链模型中两个悬键链间的距离完全一致[6.5节和图Ⅵ.7(b)]。从隧穿电流的线性扫描中可获得对于π键链模式更有利的支持，即在+0.8 V和-0.8 V的负偏压下沿着(211)方向的波纹。尽管占据态和空的表面态在这两种情况下是分开测量的(图Ⅵ.5)，波纹的最大和最小发生在相同的位置，正如π键链模式里得到的一样[图Ⅵ.7(a)]。没有观察到空间相的转移可能是与屈曲模型有关。区分隧道特性 dI_T/dU 与正、负偏压的函数关系的测量[图Ⅵ.8(a)]给出了Si(111)-(2×1)占据和空的表面态谱分布的优质图像。π和$π^*$态分布与通过π键链模

型预测的是一致的[图Ⅵ.8(b)和图 7.13]。4 个主峰是由占据态键 π 和反键 π^* 中平坦的区域引起的。

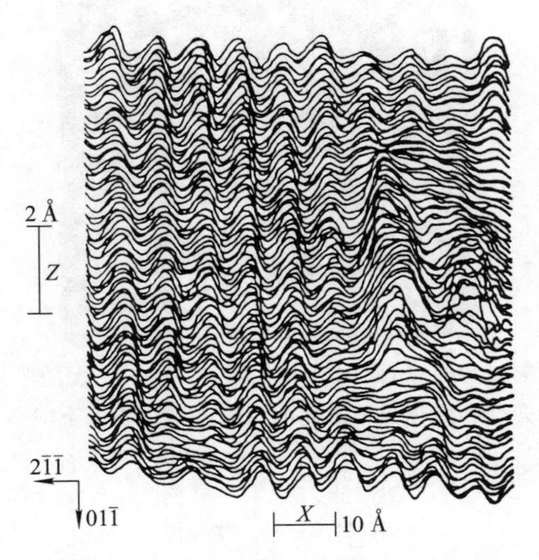

图Ⅵ.6　Si(111)解理面的 STM 形貌图，在+0.6 V 电压下测量。图像侧向达到的面积超过了 70×70 Å²，垂直高度按照图左侧比例给出。(2×1)π 键链在左侧，无序区域在右侧[Ⅵ.11]

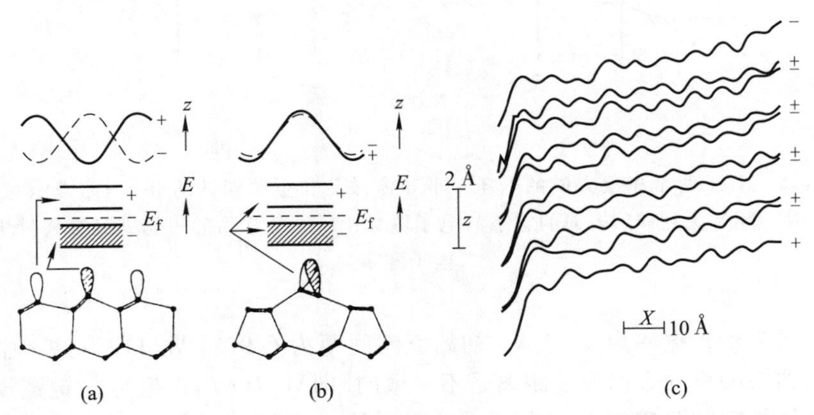

图Ⅵ.7　(2×1)Si(111)面上的表面态示意图：(a) 褶皱模型；(b) π 键链模型。表面的悬挂键导致两个表面态的带在费米能级上下变化。这些带的波纹 $z(x)$ 分别用正、负电压测量。(c) 实验上扫描得到的波纹 $z(x)$，样品电压是+0.8 V 和−0.8 V。单原子层梯度在扫描线左侧的边缘处显示[Ⅵ.11]

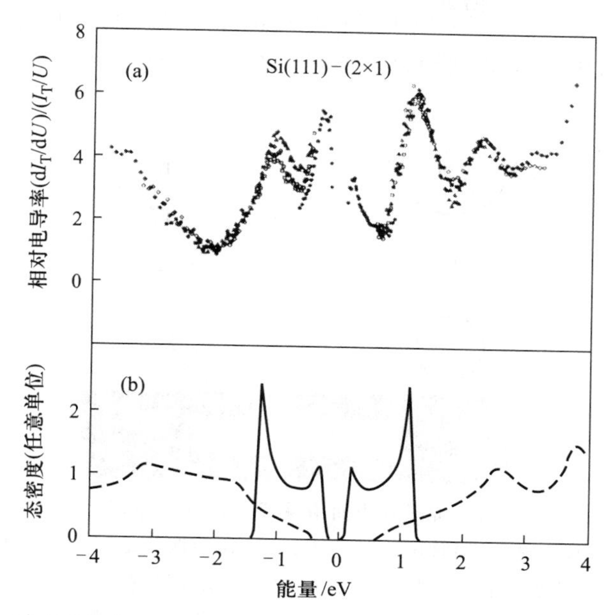

图Ⅵ.8　(a) STM测量的Si(111)-(2×1)解理面上$(dI_T/dU)/(I_T/U)$与电子能量(相对于费米能级)的关系，不同的符号代表不同针尖-样品[Ⅵ.12]；(b) Si(虚线)块体的价带和导带的理论态密度(density of state，DOS)[Ⅵ.13]和从π键链一维紧束缚模型得到的态密度(实线)[Ⅵ.12]

最近的例子表明，STM最大的价值是研究固体表面的几何学和电子结构。STM以及在其基础上改进的原子力显微镜(atomic force microscope，AFM)[Ⅵ.14，Ⅵ.15]为科学新分支——纳米科技打开了新的途径。

纳米技术例如原子和分子的纳米定位以及化学过程纳米(10^{-9} m)级别的控制和纳米精加工利用STM和AFM技术手段可实现。当针尖和基底密切接触时，通过扫描STM的针尖，亚微米宽的线可通过擦过固体表面而被记录下来。增强在特殊表面样品和探针的交互作用，通过STM和AFM可生成定位凹槽。Van Loenen等[Ⅵ.16]在清洁的Si表面用STM的钨探针形成了直径为2~10 nm的孔洞。

Eigler和Schweizer首次证明单个原子和分子能够在超高真空低温条件下被STM在基底表面移动。在Ni(110)面吸附了Xe原子后，单个Xe原子可以沿着表面移动形成特殊的图形或者字符。为了达到这一目的，探针首先放置在所选原子上方(在显微模式下绘制)。探针和Xe原子的交互作用主要是范德瓦耳斯(Van der Waals)作用力，通过探针向原子的移动而逐渐增强(图Ⅵ.9)。探针携带着Xe原子在恒流模式下横向移动。到达指定位置时，降低隧穿电流的设置值，探针最终卸载，将 Xe 原子留在预期的新位置。将滑移过程应用到其他吸附原子(图Ⅵ.9)，层状结构也能通过一个又一个原子而被制备。另一个例子见参考文献[Ⅵ.18]。

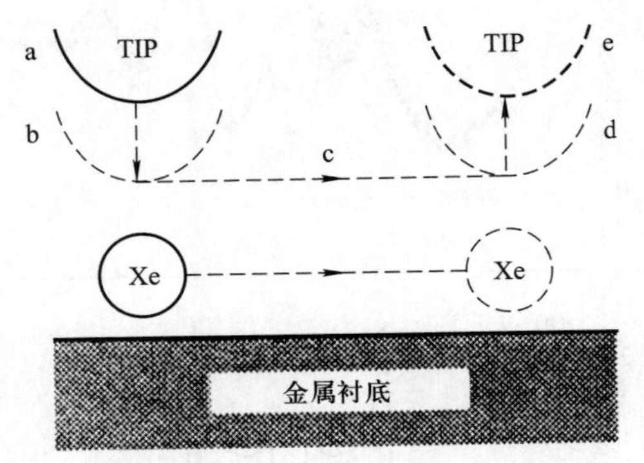

图Ⅵ.9　通过 STM 方法使原子在表面滑移或定位的示意图。针尖放置在 Xe 原子上部(a)，接下来下降到(b)，在这里原子-探针保持足够的吸引力使原子在探针以下。探针接下来在表面上移动(c)到达要求的目的地(d)。最终针尖撤回到(e)位置，这里原子-探针的相互作用可忽略。因此，原子通过针尖到达表面的一个新位置[Ⅵ.17]

在金属表面将原子移动到指定位置的第二种类型是利用 STM 的探针进行简单的移动。为了实现这一移动，探针下降到指定原子上方，直到原子和探针之间发生强的相互作用。通过移动探针到指定的位置，原子随之被拖拽。原子在表面的移动并没有真正破坏与金属表面电子“海”的化学结合。探针和吸附原子的相互作用只需克服结合能的 1/10 大小的扩散势垒。

作为一个很好的例子，图Ⅵ.10 示出了超高真空条件下在铜表面制备的人造纳米结构。Crommie 等[Ⅵ.19]通过在 4 K 温度下移动被吸附在 Cu(111)面上的 48 个 Fe 原子进入一个半径为 71.3 Å 的圆环组装了量子栅栏。除了两个分离的 Fe 原子之外，由 48 个 Fe 原子组成的环形的栅栏被单独放置在正确位置后通过 STM 成像。隧道显微镜观察到的栅栏的内部结构表明，一系列的离散粒子形成了一种环状的驻波。既然 STM 探测电子波函数，栅栏内的驻波一定是由于位于 Cu 表面的电子。例如，将在 6.4 节描述的，在具有自由电子特征的 Cu(111)面存在电子表面态(图 6.18 中的抛物色散)。占据这些态的电子位于表面并且平行于 Cu(111)面的运动本质上是源于自由电子。Fe 环内电子态密度的空间变化甚至可以定量地通过费米能级附近 sp 型 Cu 表面态的电子的 round-box 本征分布(Bessel 方程)进行描述[Ⅵ.18]。

图Ⅵ.10 温度为 4 K 时，在 Cu(111)面一个环里组装的包含 48 个 Fe 原子的量子栅栏恒隧穿电流的 STM 图(偏压：0.02 V)。直径为 142.6 Å 的环围绕着表面无缺陷的区域。栅栏内部可见 Cu(111)面 sp 型表面态圆形电子驻波。在滑移过程中，偏置参数为 0.01 V 和 5×10^{-8} Å[Ⅵ.19]

参考文献

Ⅵ.1 G. Binnig, H. Rohrer, Ch. Gerber, E. Weibel, Appl. Phys. Lett. **40**, 178 (1982); Phys. Rev. Lett. **50**, 120 (1983)

Ⅵ.2 H. -J. Güntherodt, R. Wiesendanger (eds.), *Scanning Tunneling Microscopy I*, 2nd edn. Springer Ser. Surf. Sci., vol. 20 (Springer, Berlin, 1994)

Ⅵ.3 R. Wiesendanger, H. -J. Güntherodt (eds.), *Scanning Tunneling Microscopy* Ⅱ, Ⅲ, 2nd edn. Springer Ser. Surf. Sci., vols. 28, 29 (Springer, Berlin, 1995, 1996)

Ⅵ.4 D. J. O'Connor, B. A. Sexton, R. St. C. Smart (eds.), *Surface Analysis Methods in Materials Science*, Springer Ser. Surf. Sci., vol. 23 (Springer, Berlin, 1992), Chap. 10

Ⅵ.5 H. Ibach, H. Lüth, *Solid State Physics—An Introduction to Principles of Materials Science*, 4th edn. (Springer, Berlin, 2009)

Ⅵ.6 R. H. Fowler, L. W. Nordheim, Proc. Roy. Soc. A **119**, 173 (1928)

Ⅵ.7 P. K. Hansma, J. Tersoff, J. Appl. Phys. **61**, R2 (1987)

Ⅵ.8 K. Besocke: Surf. Sci. **181**, 145 (1987)

Ⅵ.9 G. Binnig, H. Rohrer, F. Salvan, Ch. Gerber, A. Baro, Surface Sci. **157**, L373 (1985)

Ⅵ.10 R. Butz, Priv. communication. (ISI, Research Center Jülich)

Ⅵ.11 R. M. Feenstra, W. A. Thomson, A. P. Fein, Phys. Rev. Lett. **56**, 608 (1986)

Ⅵ.12 J. A. Stroscio, R. M. Feenstra, A. P. Fein, Phys. Rev. Lett. **57**, 2579 (1986)

Ⅵ.13 J. R. Chelikowsky, M. L. Cohen, Phys. Rev. B **10**, 5095 (1974)

Ⅵ.14 R. Wiesendanger, *Scanning Probe Microscopy and Spectroscopy* (Cambridge University. Press, Cambridge, 1994)

Ⅵ.15 C. Bai, *Scanning Tunneling Microscopy and Its Application*, 2nd. edn. Springer Ser. Surf. Sci., vol. 32 (Springer, Berlin, 2000)

Ⅵ.16 E. J. Van Loenen, D. Dijkkamp, A. J. Hoeven, J. M. Lenssinck, J. Dieleman, Appl. Phys. Lett. **55**, 1312 (1989)

Ⅵ.17 D. M. Eigler, E. K. Schweizer, Nature **344**, 524 (1990)

Ⅵ.18 G. Meyer, B. Neu, K. -H. Rieder, Appl. Phys. A **60**, 343 (1995)

Ⅵ.19 M. F. Crommie, C. P. Lutz, D. M. Eigler, Science **262**, 218 (1993)

附录Ⅵ

附录Ⅶ 表面扩展 X 射线吸收精细结构(SEXAFS)

除了离子散射、扫描隧道显微术(第 3 章附录Ⅵ)和低能电子衍射分析(4.4 节，第 4 章附录Ⅷ)，表面扩展 X 射线吸收精细结构(surface extended X-ray absorption fine structure，SEXAFS)测量也成为一种提供表面原子结构的主要信息源[Ⅶ.1-Ⅶ.4]。原理上讲，这种技术是一种间接的，能量范围到 10 keV 的 X 射线吸收的表面敏感度测量。因此，在讨论 SEXAFS 前有必要先通过更直接的 EXAFS 技术检测，从实验的角度，它是一个直接的 X 射线吸收测量[Ⅶ.5]。既然该吸收测量不是特别地对最表面的原子层敏感，EXAFS 一般常用于研究块体的原子结构，也就是材料的键长和配位数。图Ⅶ.1 所示为一个典型的 Cu 的 K 壳层吸收谱[Ⅶ.6]，其内插图是光子能量在宽范围内的吸收谱的示意图。强度与 X 射线吸收系数 $\mu(\hbar\omega)$满足指数衰减关系

$$I = I_0 e^{-\mu x} \tag{Ⅶ.1}$$

随着光子能量单调的降低，除在光子能量达到特定原子壳层的电离能的吸收边(L_{I}，L_{II}，…，K，…)之外，将产生光电子，同时有一个陡峭的边，也就是发生强吸收。在凝聚态中，激发边在高能区域的吸收系数存在一个特有的振荡精细结构，在图Ⅶ.1 的 Cu 的 K 吸收边清晰可见。这一精细结构的起源是光电波函数的干涉效应(图Ⅶ.2)。由特殊原子电离产生的光电子被邻近原子散射。直接出射波 ψ_0 与从邻近原子产生的背散射波 ψ_s 叠加产生了最终的激发态。叠加即总的终态波函数和核心层初始状态波函数的干涉条件随光子能量发生变化，取决于 ψ_0 和 ψ_s 之间的相位差的变化，因此引起 $\mu(\hbar\omega)$的变化。吸收系数 μ 表示为

$$\mu = \mu_{0\mathrm{K}}(1 + \chi) + \mu_0 \tag{Ⅶ.2}$$

$\mu_{0\mathrm{K}}$和 μ_0 是单调函数，这是由于 K 壳层激发($\mu_{0\mathrm{K}}$)和更弱的 L 和 M 束缚电子跃迁的激发(μ_0)。结构信息即键长和配位数包含在 χ 中。根据实验数据(图Ⅶ.1)，χ 为光子能量 $\hbar\omega$ 的函数，但是由于光激发过程中的能量转换，即

$$\frac{\hbar^2 k^2}{2m} = \hbar\omega - E_{\mathrm{B}} + V_0 \tag{Ⅶ.3}$$

我们也可以将 χ 表示为波矢 k 的函数。在式(Ⅶ.3)中，E_{B} 为电子在初始态的束缚能，V_0 为固体的内势能(光电子在势场中激发而不是在真空中)。V_0 通常不被熟知，其合理的估算用于数据分析。$\chi(k)$的理论表达式是通过在初始的 K 壳层波函数及 ψ_0(出射波)与 ψ_s(从邻近原子背散射的波)叠加之间的偶极矩阵元计算得到的

$$\chi(k) = \sum_i A_i(k) \sin\left[2kR_i + \rho_i(k)\right] \tag{Ⅶ.4}$$

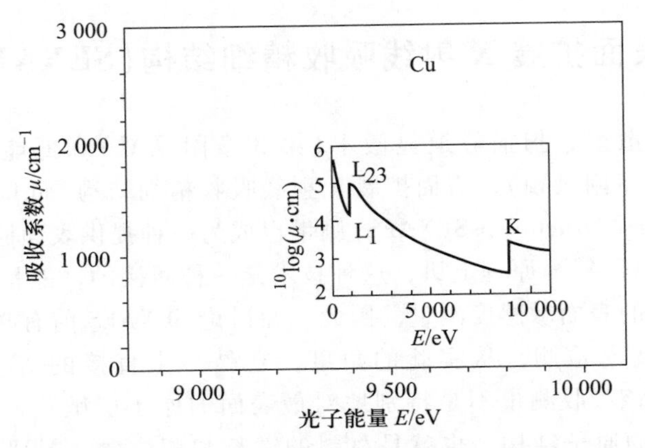

图Ⅶ.1　Cu 的 K 壳层 X 射线吸收系数 μ 与 X 射线光子能量的关系。内插图：含两个 L 边和一个 K 边的较宽能量范围内的吸收系数 $\mu(\hbar\omega)$ 的定性概述[Ⅶ.6]

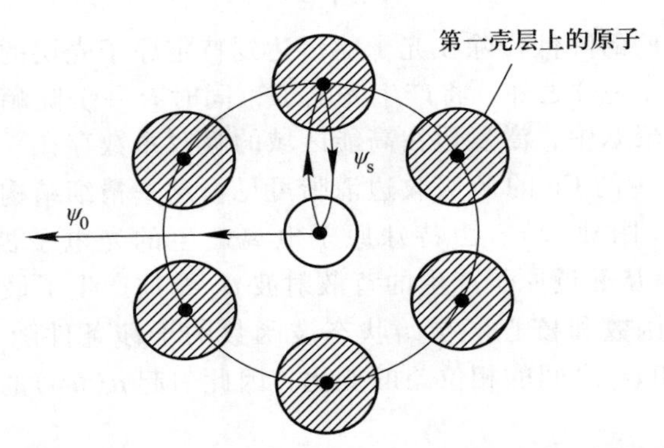

图Ⅶ.2　EXAFS 的原理示意图。终态波函数是一个未经散射的出射波函数 ψ_0 和被光激发的邻近原子背散射波函数 ψ_s 的叠加

由于 ψ_0 和 $2R_i$ 距离范围内邻近原子反射来的一些其他波之间的干涉(图Ⅶ.2)，因此该表达式包含光电子末态的结构干涉项中的穿透距离为 $2R_i$。N_i 个相同散射聚集在散射层内距离为 R_i 的范围内。散射相 $\rho_i(k)$ 要考虑光电子波吸收和散射势的影响。EXAFS 的振幅 $A_i(k)$ 与相邻原子背散射振幅是成正比的，这可使我们区分不同的相邻原子。此外，$A_i(k)$ 中包含了光电子非弹性散射引起的热振动振幅和阻尼。

图Ⅶ.3 定性地描述了精细结构如何随最邻近原子距离 R_i 和配位数的变化而变化。对于较小的 R_i，第一个最大值发生在较短波长，即更高声子能量处。更高的配位数增加了散射数并因此增加了振幅。

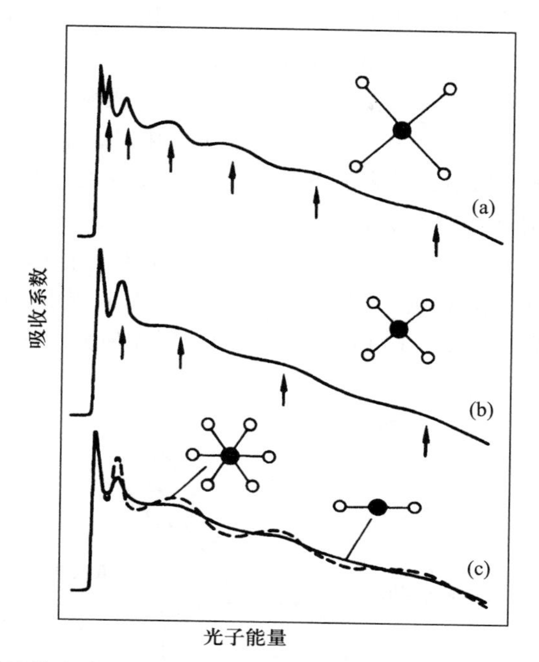

图Ⅶ.3　不同键连接方式对 EXAFS 振荡的影响(定性的)：大的键长减小了振荡周期(a，b)；散射物质数量的增多使得振幅增加(c)

EXAFS 数据的分析包括以下几步：扣除平缓降低的吸收系数背底 μ_{0K}[式(Ⅶ.2)]，放大和记录振荡项 χ，取其平均值作为零线。在最简单的情况下，R_i 可通过式(Ⅶ.4)从第一最大值和第一最小值能量差[R_i/Å $\approx (151/\Delta E)^{1/2}$，$\Delta E$ 的单位为 eV]获得。为了获得更好的精确度，测量的 $\chi(k)$ 是根据下式的傅里叶变换得到的：

$$F(r)=\frac{1}{\sqrt{2\pi}}\int_{k_{\min}}^{k_{\max}}\chi(k)W(k)k^3\mathrm{e}^{2ikr}\mathrm{d}(2k) \tag{Ⅶ.5}$$

$F(r)$ 的最大值与 $\chi(k)$ 中的主振荡周期对应，并表明邻近壳层距离 R_i 的次序。

在式(Ⅶ.5)中，因子 k^3 补偿了在大 k 值处 $\chi(k)$ 的快速减小。窗口函数 $W(k)$ 被用于平滑在 $k_{\min}$ 和 $k_{\max}$ 边界的 $\chi(k)$，以避免 $F(r)$ 中的人为边带的影响。

考虑到 EXAFS 不是一种表面敏感技术，吸附覆盖层或者固体表层原子层对整个 X 射线吸收只有一个小的、几乎可忽略的贡献。代替直接测量吸收系数 μ，我们可以记录任何的光致电离过程中产生的退激发产物，这是一种间接的测量 μ 的方法，吸收系数正比于电离概率，即在 K(或者 L)层产生一个空穴。电离概率正比于空穴退激发的每个过程均可被用于测量吸收系数。可能的退激发通道是 X 射线光子或者俄歇电子发射(第 2 章附录Ⅲ)。当光发射产生的俄歇电子通过电子分析器或者探测器，或者不用分析，只是用简单的通道倍增管记录下来时，EXAFS 即可成为表面敏感度的测量方法，称为 SEXAFS。表面敏感度源于俄歇电子的逃逸深度(图 4.1)。由于无弹性的交互作用(等离子激发等)，当电子能量在 20 eV 到几 keV 之间变化时，电子平均自由程在几 Å 到 100 Å 之间变化。如果只是表面下的深度为几 Å 的电子对产值有贡献，那么表面敏感度将特别高。作为光源，一种可调节的高强度 X 射线源是必要的。来自于存储环的同步加速辐射是最理想的。图Ⅶ.4 为存储环里 SEXAFS 研究实验装置的示意图。例如在 AES 中，CMA(第 2 章附录Ⅲ)用作电子分析仪：其能量窗设置为能量在 20~100 eV 之间，用于保证最大的表面灵敏度。

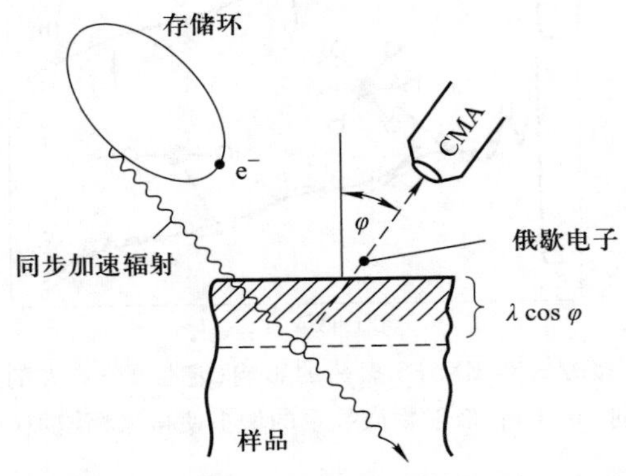

图Ⅶ.4　SEXAFS 的实验装置图。极化的同步加速辐射作为光源，俄歇电子和二次电子部分的产率通过 CMA 测量，信息深度由电子的平均自由程 λ 的投影给出

作为一个实验的例子，我们用 SEXAFS 研究 S 在 Ni(100)上的吸附[Ⅶ.7]。图Ⅶ.5 示出了通过 CMA 手段测量相应俄歇电子的产率。在吸附和测量的过程中，样品处于室温。CMA 的能量窗固定为 2 100 eV，在 S 的 KLL 跃迁附近，测量时同步加速 X 射线束的入射角分别为 10°、45°、90°。测量的 SEXAFS 振荡(图Ⅶ.6)的傅里叶变换 $F(r)$，特别是 $|F(r)|$ 和 $\text{Im}\{F(r)\}$，清晰地显示了两个主要特征。在(2.23±0.02) Å 处的 A 峰对应于 S-Ni 邻近距离，而 B 峰表明第二邻近距离是在(4.15±0.01) Å 位置处。从其他测试可知，块体 NiS 中的 S-Ni 距离为(2.394 4±0.000 3) Å。因此，Ni(100)上吸附的 S 层的 S-Ni 距离减小了(0.16±0.02) Å。

我们需要提供更多的信息以便清晰地获得吸附的 S 原子占位的结构模型。考虑到在 LEED 中观察到的 $c(2\times2)$ 超结构，S 的吸附位置有 3 种不同的可能性。同时考虑到傅里叶带的强度和散射相位的信息等，唯一的可能性是四配位位置，在此，一个 S 原子占据锥形的顶部，而矩形底由 4 个表面层的 Ni 原子组成。

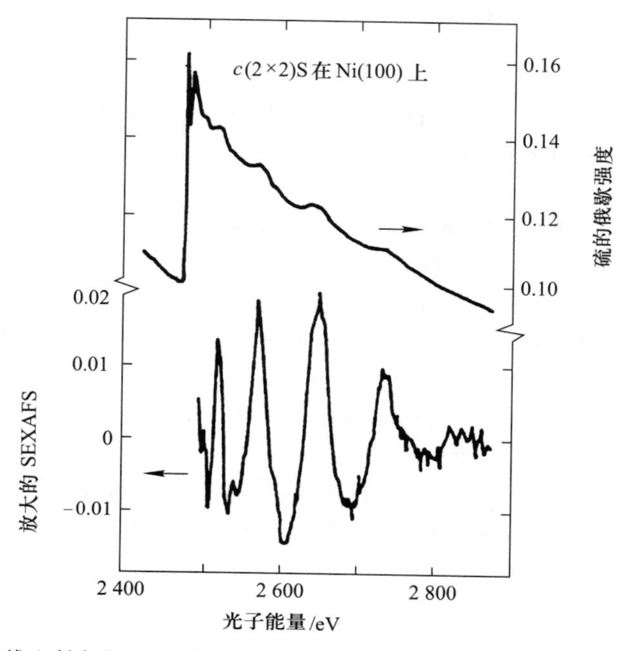

图Ⅶ.5　X 射线入射角为 45°时记录的 Ni(100)[c(2×2)LEED 图]上的硫半单层的硫 K 边 SEXAFS 谱。扣除基底后，SEXAFS 振荡显示在下半部分[Ⅶ.7]

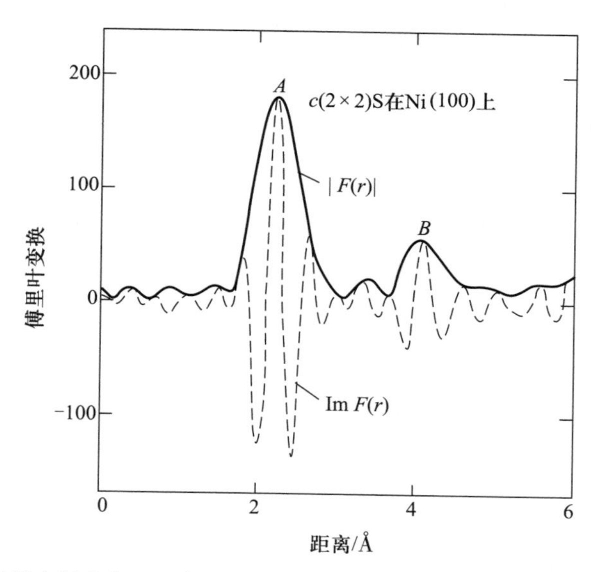

图Ⅶ.6　X 射线入射角为 90°时记录的 Ni(100)上 $c(2\times2)S$ 的 SEXAFS 信号傅里叶变换的绝对值(实线)和虚部(虚线)。A 峰和 B 峰分别对应于 S-Ni 最邻近和次邻近距离[Ⅶ.7]

参考文献

Ⅶ.1 P. A. Lee, P. H. Citrin, P. Eisenberger, B. M. Kincaid, Extended X-ray absorption fine structure—its strengths and limitations as a structure tool. Rev. Mod. Phys. **53**, 769 (1981)

Ⅶ.2 B. Lengeler, Adv. Solid State Phys. **29**, 53 (1989)

Ⅶ.3 D. Koningsberger, R. Pries (eds.), *Principles, Techniques and Applications of EXAFS, SEXAFS and XANES* (Wiley, New York, 1988)

Ⅶ.4 J. Stöhr, *NEXAFS Spectroscopy*, Springer Ser. Surf. Sci., vol. 25 (Springer, Berlin, 1992)

Ⅶ.5 B. K. Agarwal, *X - Ray Spectroscopy*, 2nd edn., Springer Ser. Opt. Sci., vol. 15 (Springer, Berlin, 1991)

Ⅶ.6 B. Lengeler, Priv. communication. (ISI, Research Center Jülich, 1991)

Ⅶ.7 S. Brennan, J. Stöhr, R. Jäger, Phys. Rev. B **24**, 4871 (1981)

问　　题

问题 3.1　证明在二维布拉维晶格中，$n=5$ 或 $n\geq 7$ 的 n 重旋转轴不存在。首先轴可通过格点，然后通过归谬法证明，利用通过固定点最邻近点的 n 重旋转得到的一系列点，建立比固定点最邻近点更接近固定点的点。

问题 3.2　第Ⅲ主族原子，例如 B、Al、Ga、In，在 Si(111)面[Si(111)-7×7 上单覆盖层的 1/3]的化学吸附导致$(\sqrt{3}\times\sqrt{3})$R30°超晶格的形成。构建相应的倒格矢，画出 LEED 图。

问题 3.3　在 <100>取向的晶体表面上，以最初的生长模式沉积薄膜导致岛状形成。沉积的薄膜材料的结晶岛具有<100>和<110>取向的表面。假设<100>是快速生长的表面，而<110>是较慢生长的表面，画出岛状生长的不同阶段。

问题 3.4　在砷和镓共沉积的 Si(111)面上观察到 Si(LVV)谱线在 92 eV 处的俄歇强度随着覆盖层的增加呈指数递减。在洁净的表面上，强度归一化为 1；在名义 GaAs 单覆盖层上，强度从 1 衰减到 0.6；在 1~3 单层的更多的覆盖层时达到饱和，不变的强度值为 0.55。

(a) 计算 GaAs(晶格常数为 5.65 Å)中 Si(LVV)俄歇电子的平均自由程。

(b) 从实验结果得知，在典型生长温度下，砷在 Si(111)面形成一个 0.85 单层的饱和覆盖。上面描述的这种实验结果是否能通过部分砷层顶部 GaAs 的层层生长方式解释?

第 4 章

表面和薄膜散射

正如现代物理的许多分支一样，散射实验是薄膜和表面研究中获取信息的重要途径，因此，表面散射过程是固体中各种交换作用研究的重要课题之一。例如固体物理中，通过弹性散射我们可以知道邻近固体表面原子的对称性和几何排布，反之，通过非弹性散射过程，通过对转移到或来自于固体表面最顶层原子层中能量量子的研究，可以得到表面或界面中电子和电子振动激发的一些信息。原则上来说，各种各样的粒子，例如 X 射线、原子、分子、离子、中子等，都可以用来作为散射探测粒子，只要所探测表面或界面有足够的灵敏度。相对于原子体密度为 10^{23} cm^{-3}的固体，其表面原子的面密度为 10^{15} cm^{-2}，所以，我们应该仔细研究表面原子的几何结构和可能存在的激发。反射几何学适用于采用散射实验探索表面和界面原子几何结构的研究。另外，粒子只要在固体中穿透得不太深，都可以作为探测粒子。因为中子和固体材料之间“弱”的相互作用，尽管中子散射实验已经被用在一些研究中，但它仍然不是一个简便的方法。某种程度上来说，X 射线散射也不是一种简便的方法，因为X射线通常可以穿透整个晶格，其携带的表面原子的信息是可以忽略的。如果采用 X 射线散射研究固体表面，其需要特殊的几何布置和实验装置。由此看来，研究表面理想的探测粒子是原子、离子、分子和低能电子[4.1]。原子和分子能量比较低，因此，仅和固体最外面的原子相互作用，低能量的电子通常会穿透材料仅仅几埃。固体电子的平均自由程依赖于电子能量，这可以由图 4.1 推断出。特别注意的是，对于低能电子来说(例如固体中的价电子)，与固体中的物质会有“强”的相互作用，这会给理论描述带来一个相当大的困难；X 射线和中子散射实验中，必须考虑多重散射情况，而不能采用光学衍射实验的情况进行简单的类推。在采用量子力学进行计算时，玻恩(Born)近似是不够的。在具体的处理中，我们一般采用考虑到固体内部和外部电子波问题和各种边界问题的动力学理论(4.4 节)。

然而，简单处理表面散射过程限定于单个散射过程的框架内，也就是按照玻恩近似的方法，这可以了解表面散射的重要特征。这个方法就是运动学理论，其适用于各种粒子弹性的和非弹性的表面散射，但是不能详细解释低能电子衍射实验中的强度分布问题。

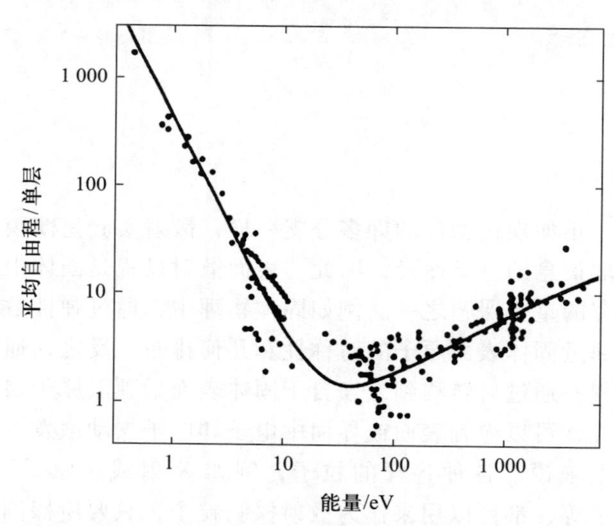

图 4.1 固体中电子的平均自由程是其能量的函数；各种实验数据汇编[4.2]。许多材料的半通用的关系是由固体中电子和材料的等离子激发波这种主要的相互作用机制决定的，等离子激发波的能量是由固体中的电子态密度决定的

4.1 表面散射运动学理论

下面将会提到的电子散射，包括例如原子、分子等，这些波状的碰撞散射

也可以用相同的方式来描述。粒子和固体的相互作用，尤其是和固体表面的相互作用，可以用一个势能来描述

$$V(\boldsymbol{r},\ t) = \sum_{n} v[\boldsymbol{r} - \boldsymbol{\rho}_n(t)] \tag{4.1}$$

其中，n 描述（等于三重的 m、n、p）简单晶格中的原子，v 是和单个最邻近表面原子（基底或者被吸附物）在瞬时位置 $\boldsymbol{\rho}_n(t)$ 的相互作用势。$\boldsymbol{\rho}_n(t)$ 包括不受时间限制的平衡位置 $\boldsymbol{r}_n$ 和其离开平衡位置的位移 $\boldsymbol{s}_n(t)$，即 $\boldsymbol{\rho}_n(t)=\boldsymbol{r}_n+\boldsymbol{s}_n(t)$。单个能量为 E、波矢为 $\boldsymbol{k}(E=\hbar^2k^2/2m)$ 的入射粒子被散射到 $\boldsymbol{k}'$ 态。根据时间依赖的量子力学微扰理论，单位时间内从 $\boldsymbol{k}$ 到 $\boldsymbol{k}'$ 态的散射概率为

$$W_{\boldsymbol{kk}'} = \lim_{\tau\to\infty} \frac{1}{\tau} |c_{\boldsymbol{kk}'}(\tau)|^2 \tag{4.2}$$

转移强度为

$$c_{\boldsymbol{kk}'}(\tau) = \frac{-\mathrm{i}}{\hbar}\int \mathrm{d}r\int_0^{\tau} \mathrm{d}t\psi_{\mathrm{s}}^*(\boldsymbol{r},\ t)V(\boldsymbol{r})\psi_{\mathrm{i}}(\boldsymbol{r},\ t) \tag{4.3}$$

对于入射波 ψ_{i} 和散射波 ψ_{s}，我们假设其具有平面波的特征，也就是

$$\psi_{\mathrm{i}}(\boldsymbol{r},\ t) = V^{-1/2}\mathrm{e}^{\mathrm{i}(\boldsymbol{k}\cdot\boldsymbol{r}-Et/\hbar)} \tag{4.4a}$$

$$\psi_{\mathrm{s}}(\boldsymbol{r},\ t) = V^{-1/2}\mathrm{e}^{\mathrm{i}(\boldsymbol{k}'\cdot\boldsymbol{r}-E't/\hbar)} \tag{4.4b}$$

在时间 τ 内可能的散射振幅可以表示为

$$c_{\boldsymbol{kk}'}(\tau) = \frac{-\mathrm{i}}{\hbar}\sum_{n}\int_0^{\tau}\mathrm{e}^{\mathrm{i}(E'-E)t/\hbar}\int \mathrm{e}^{\mathrm{i}(\boldsymbol{k}-\boldsymbol{k}')\cdot\boldsymbol{r}} v[\boldsymbol{r} - \boldsymbol{\rho}_n(t)]\mathrm{d}\boldsymbol{r}\mathrm{d}t \tag{4.5}$$

矢量 $\boldsymbol{r}-\boldsymbol{\rho}_n(t)=\boldsymbol{\xi}$ 是描述运动原子位置的矢量，原子核在瞬时位置 $\boldsymbol{\rho}_n(t)$，也就是 $\mathrm{d}\boldsymbol{r}=\mathrm{d}\boldsymbol{\xi}$

$$c_{\boldsymbol{kk}'}(\tau) = \frac{-\mathrm{i}}{\hbar}\sum_{n}\int_0^{\tau}\mathrm{d}t\mathrm{e}^{\mathrm{i}(E'-E)t/\hbar}\mathrm{e}^{\mathrm{i}(\boldsymbol{k}-\boldsymbol{k}')\cdot\boldsymbol{\rho}_n(t)}\int \mathrm{d}\boldsymbol{\xi}v(\boldsymbol{\xi})\mathrm{e}^{-\mathrm{i}(\boldsymbol{k}-\boldsymbol{k}')\cdot\boldsymbol{\xi}} \tag{4.6}$$

式中最后一项是原子散射因子，它与时间无关，描述了详细的单原子散射机制。由于散射矢量

$$\boldsymbol{K} = \boldsymbol{k}' - \boldsymbol{k} \tag{4.7}$$

其变为

$$f(\boldsymbol{K}) = \int \mathrm{d}\boldsymbol{\xi}v(\boldsymbol{\xi})\mathrm{e}^{-\mathrm{i}\boldsymbol{K}\cdot\boldsymbol{\xi}} \tag{4.8}$$

接近表面原子的瞬时位置可以表示为

$$\boldsymbol{\rho}_n(t) = \boldsymbol{r}_n + \boldsymbol{s}_n(t) = \boldsymbol{r}_{n\parallel} + z_p\hat{\boldsymbol{e}}_{\perp} + \boldsymbol{s}_n(t) \tag{4.9a}$$

其可以分解为平行（$\parallel$）和垂直（$\perp$）于表面的两项 $[\boldsymbol{n}=(\boldsymbol{n}\parallel,\ p)]$，矢量 $\boldsymbol{n}\parallel$ 平行于表面，因为平行于表面的平移对称性可以运用傅里叶表述法

$$\boldsymbol{p}_n(t) = \boldsymbol{r}_{n\parallel} + z_p\hat{\boldsymbol{e}}_{\perp} + \sum_{\boldsymbol{q}_{\parallel}}\hat{\boldsymbol{s}}(\boldsymbol{q}_{\parallel},\ z_p)\ \exp\ [\ \pm\mathrm{i}\boldsymbol{q}_{\parallel}\cdot\boldsymbol{r}_{n\parallel}\ \pm\mathrm{i}\omega(\boldsymbol{q}_{\parallel})t] \tag{4.9b}$$

在这种表述中，离开平衡位置的位移 $\boldsymbol{s}_n(t)$ 可以用方向平行于表面，波矢为 $\boldsymbol{q}_{\parallel}$，频率为 $\omega(\boldsymbol{q}_{\parallel})$ 的简谐波来描述。通常，大多数的激发是不同频率 $\omega(\boldsymbol{q}_{\parallel})$ 模的叠加，式(4.6)可变为

$$c_{\boldsymbol{k}\boldsymbol{k}'}(\tau)=\frac{-\mathrm{i}}{\hbar}f(\boldsymbol{K})\sum_{\boldsymbol{n}\parallel,\,p}\int_0^{\tau}\mathrm{d}t\mathrm{e}^{\mathrm{i}(E'-E)t/\hbar}\times$$

$$\exp\left\{-\mathrm{i}\boldsymbol{K}\cdot\left[\boldsymbol{r}_{\boldsymbol{n}\parallel}+z_p\hat{\boldsymbol{e}}_{\perp}+\sum_{\boldsymbol{q}_{\parallel}}\hat{\boldsymbol{s}}(\boldsymbol{q}_{\parallel},z_p)\times\right.\right.$$

$$\left.\left.\exp\left(\pm\mathrm{i}\boldsymbol{q}_{\parallel}\cdot\boldsymbol{r}_{\boldsymbol{n}\parallel}\pm\mathrm{i}\omega(\boldsymbol{q}_{\parallel})t\right)\right]\right\}\tag{4.10}$$

因为离开平衡位置的位移很小，指数函数可以展开为

$$\exp\left\{-\mathrm{i}\boldsymbol{K}\cdot\left[\sum_{\boldsymbol{q}_{\parallel}}\hat{\boldsymbol{s}}(\boldsymbol{q}_{\parallel},\ z_p)\mathrm{e}^{\pm\mathrm{i}\cdots}\right]\right\}$$

$$\simeq 1-\mathrm{i}\boldsymbol{K}\cdot\left\{\sum_{\boldsymbol{q}_{\parallel}}\hat{\boldsymbol{s}}(\boldsymbol{q}_{\parallel},\ z_p)\ \exp\left[\pm\mathrm{i}(\boldsymbol{q}_{\parallel}\cdot\boldsymbol{r}_{\boldsymbol{n}\parallel}+\omega t)\right]\right\}+\cdots\tag{4.11}$$

仅考虑展开式中的前两项，通过式(4.10)对两种不同的(弹性和非弹性散射)对振幅概率的贡献求和，可得

$$c_{\boldsymbol{k}\boldsymbol{k}'}(\tau)=\frac{-\mathrm{i}}{\hbar}f(\boldsymbol{K})\sum_{\boldsymbol{n}\parallel,\,p}\int_0^{\tau}\mathrm{d}t\ \exp\left[\mathrm{i}(E'-E)t/\hbar\right]\ \exp\left[-\mathrm{i}\boldsymbol{K}\cdot(\boldsymbol{r}_{\boldsymbol{n}\parallel}+z_p\hat{\boldsymbol{e}}_{\perp})\right]\times$$

$$\left\{1-\mathrm{i}\sum_{\boldsymbol{q}_{\parallel}}\boldsymbol{K}\cdot\hat{\boldsymbol{s}}(\boldsymbol{q}_{\parallel},\ z_p)\ \exp\left[\pm\mathrm{i}(\boldsymbol{q}_{\parallel}\cdot\boldsymbol{r}_{\boldsymbol{n}\parallel}\pm\omega t)\right]\right\}\tag{4.12}$$

第一个“弹性”项不包含振动振幅 $\hat{\boldsymbol{s}}$，根据式(4.2)计算弹性散射概率 $W_{\boldsymbol{k}\boldsymbol{k}'}$，当时间极限 $\tau\to\infty$ 时生成一个 delta 函数 $\delta(E'-E)$。在二维空间的整个表面上，从 $\boldsymbol{n}\parallel=(m,\ n)$ 积分到无穷远，包含如下形式的积分：

$$\sum_{m,\ n}\mathrm{e}^{-\mathrm{i}\boldsymbol{K}\cdot(m\boldsymbol{a}+n\boldsymbol{b})}=\sum_{m,\ n}(\mathrm{e}^{-\mathrm{i}\boldsymbol{K}\cdot\boldsymbol{a}})^m(\mathrm{e}^{-\mathrm{i}\boldsymbol{K}\cdot\boldsymbol{b}})^n\tag{4.13}$$

其中，$\boldsymbol{a}$ 和 $\boldsymbol{b}$ 为二维空间表面上的单位向量，由其组成的网格排列构成整个表面。正如三维空间中的晶格矢量一样，通过等比阶数对其估算，在极限 m，$n\to\infty$ 中，非零的贡献只来源于

$$\boldsymbol{K}\cdot\boldsymbol{a}=2\pi h,\quad \boldsymbol{K}\cdot\boldsymbol{b}=2\pi k;\quad h,\ k\ \text{为整数}\tag{4.14a}$$

又因为 $\boldsymbol{K}=\boldsymbol{K}_{\parallel}+K_{\perp}\hat{\boldsymbol{e}}_{\perp}$，当满足下列条件时，式(4.14a)才满足

$$\boldsymbol{K}_{\parallel}=\boldsymbol{k}'_{\parallel}-\boldsymbol{k}_{\parallel}=\boldsymbol{G}_{\parallel}\tag{4.14b}$$

式(4.14a)和式(4.14b)的限制条件是相对应于块体的 3 个劳厄 X 射线散射方程的二维方程。对于二维来说，第三个方程是没有的，这是因为式(4.12)中第三个求和指数 p 对固体表面($z=0$)边界条件的积分不是从 $-\infty$ 到 $+\infty$。

对于表面原子数为 N 的弹性散射概率，最终得到

$$W_{\boldsymbol{k}'\boldsymbol{k}}^{(\mathrm{el})}=\frac{2\pi}{\hbar}N\left|f(\boldsymbol{K})\sum_p\ \exp\left(\mathrm{i}K_{\perp}z_p\right)\right|^2\delta(E'-E)\delta_{\boldsymbol{K}_{\parallel},\,\boldsymbol{G}_{\parallel}}\tag{4.15}$$

其中，$\delta_{K_{\parallel},G_{\parallel}}$表示的就是条件式(4.14b)。$c$为周期性重复的距离，且垂直于表面，也就是$z_p=pc$，对$p$求和到无穷可以得到第三个劳厄条件。然而，对$p$求和仅求到表面以下的被入射粒子穿透的这些有限原子层。对于低能量的原子和分子散射，p限制在最顶层的原子层；对于慢电子散射，p可能增加到几个原子层，准确的数字依赖于最初电子的能量。进一步的推导[式(4.14a)、式(4.14b)和式(4.15)]将在第5章讨论。

对式(4.12)的第二项非弹性散射振幅可以得到

$$c_{\boldsymbol{kk}'}^{\text{inel}}(\tau)=\frac{-\mathrm{i}}{\hbar}f(\boldsymbol{K})\sum_{\boldsymbol{n}_{\parallel},p}\int_0^{\tau}\mathrm{d}t\,\exp\left[\mathrm{i}(E'-E)t/\hbar\right]\exp\left[-\mathrm{i}\boldsymbol{K}\cdot(\boldsymbol{r}_{\boldsymbol{n}_{\parallel}}+z_p\hat{\boldsymbol{e}}_{\perp})\right]\times$$
$$(-\mathrm{i})\sum_{\boldsymbol{q}_{\parallel}}\boldsymbol{K}\cdot\hat{\boldsymbol{s}}(\boldsymbol{q}_{\parallel},z_p)\exp\left[\pm\mathrm{i}(\boldsymbol{q}_{\parallel}\cdot\boldsymbol{r}_{\boldsymbol{n}_{\parallel}}+\omega t)\right]$$
$$=-\hbar^{-1}f(\boldsymbol{K})\sum_{\boldsymbol{n}_{\parallel},p,\boldsymbol{q}_{\parallel}}\boldsymbol{K}\cdot\hat{\boldsymbol{s}}(\boldsymbol{q}_{\parallel},z_p)\exp\left[-\mathrm{i}(\boldsymbol{K}_{\parallel}\mp\boldsymbol{q}_{\parallel})\cdot\boldsymbol{r}_{\boldsymbol{n}_{\parallel}}\right]\times$$
$$\exp(-\mathrm{i}K_{\perp}z_p)\int_0^{\tau}\exp\left[\mathrm{i}(E'-E\pm\hbar\omega)t/\hbar\right]\mathrm{d}t \tag{4.16}$$

同理对式(4.13)~(4.15)，可以得出非弹性散射概率

$$W_{\boldsymbol{kk}'}^{\text{inel}}=\frac{2\pi}{\hbar}N\sum_{\boldsymbol{q}_{\parallel}}\delta\left[E'-E\pm\hbar\omega(\boldsymbol{q}_{\parallel})\right]\delta_{\boldsymbol{K}_{\parallel}\pm\boldsymbol{q}_{\parallel},\boldsymbol{G}_{\parallel}}\times$$
$$\left|f(\boldsymbol{K})\sum_{p}\boldsymbol{K}\cdot\hat{\boldsymbol{s}}(\boldsymbol{q}_{\parallel},z_p)\exp(-\mathrm{i}K_{\perp}z_p)\right|^2 \tag{4.17}$$

式中，N为表面原子数。delta函数和Kronecker符号保证了能量守恒

$$E'=E\mp\hbar\omega(\boldsymbol{q}_{\parallel}) \tag{4.18a}$$

和平行于表面的波矢分量守恒($\boldsymbol{K}_{\parallel}=\boldsymbol{k}'_{\parallel}-\boldsymbol{k}_{\parallel}$)

$$\boldsymbol{k}'_{\parallel}=\boldsymbol{k}_{\parallel}\pm\boldsymbol{q}_{\parallel}+\boldsymbol{G}_{\parallel} \tag{4.18b}$$

也就是在非弹性散射过程中，表面激发模(例如振动)在散射中能量的损失(或获得)必须是量子化的能量$\hbar\omega(\boldsymbol{q}_{\parallel})$。对现在这种推导过程进行扩展也可以把表面电子激发包括进来。式(4.18b)是表面二维平移对称性的直接结果。垂直于表面的平移对称性是不成立的，因此，只有粒子波矢的平行分量是守恒的。波矢$\boldsymbol{k}_{\parallel}$的改变在散射过程中由表面激发模波矢$\boldsymbol{q}_{\parallel}$来确定(包括在一个未确定的二维倒易点阵矢量$\boldsymbol{G}_{\parallel}$中)。

式(4.17)中的第二个因数也是非常重要的，由它可以产生一个表面散射选择定则，这个定则可以用来确定表面激发的振动(或电子)的对称性：如果$\boldsymbol{K}$垂直于$\hat{\boldsymbol{s}}(\boldsymbol{q}_{\parallel},z_p)$，则非弹性散射概率为零。$\hat{\boldsymbol{s}}$为原子振动的傅里叶分量，因此，其方向是原子位移(或电偶极子运动)的方向。在非弹性散射实验中仅能观察到原子位移有平行于散射矢量$\boldsymbol{K}=\boldsymbol{k}'-\boldsymbol{k}$方向分量的激发。这将在图4.2吸附原子的振动中图解说明。在镜面方向散射中，只有振动方向垂直于表面的振

动模式才可以探测到。平行于表面的振动只有在非镜面方向才能被观察到，从而进行研究。在计算过程中已经有 $\boldsymbol{K}=\boldsymbol{k}'-\boldsymbol{k}$，同时，考虑到由于非弹性过程中 $|k'|$ 和 $|k|$ 是不同的，因此，甚至在镜面方向探测，也有一小部分 $\boldsymbol{K}$ 平行于表面。这一部分的大小取决于 $\hbar\omega/E$ 的比例。

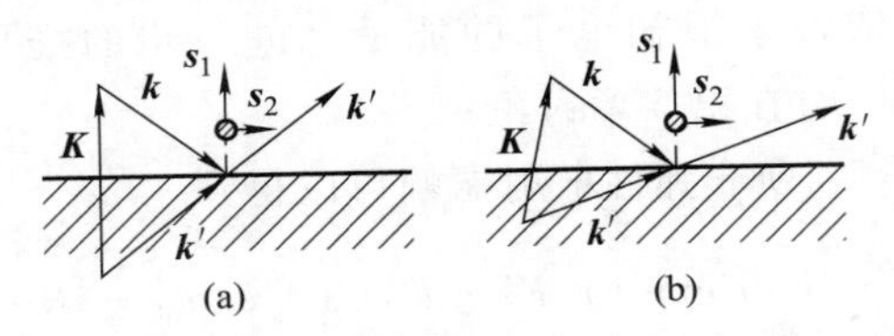

图 4.2　在镜面方向(a)和非镜面方向(b)探测吸附原子(实点)的表面散射。假设能量损失 $\hbar\omega$ 和初始能量 E 相比很小，也就是 $|\boldsymbol{k}'|\simeq|\boldsymbol{k}|$。在图(a)中，散射波矢 $\boldsymbol{K}$ 垂直于表面，表面吸附原子的弯曲振动 $\boldsymbol{s}_2$ 是不能探测到的，只能探测到垂直于表面的伸长振动 $\boldsymbol{s}_1$。在图(b)中，$\boldsymbol{K}$ 有平行于表面和垂直于表面的分量，因此，两种振动 $\boldsymbol{s}_1$ 和 $\boldsymbol{s}_2$ 都可以探测研究

4.2　低能电子衍射的运动学理论

在绝大多数的表面物理实验中，低能电子衍射(LEED)作为一种标准的技术用来检测表面结晶情况，它既可以用来检测干净表面，也可以用来检测覆盖有一层有序排列的吸附原子的表面[4.4]。在这个实验中，初始能量为 50~300 eV 的一束电子入射到表面后，弹性反向散射电子在含磷的屏幕上形成衍射(或者布拉格)斑点(第 4 章附录Ⅷ)。

运动学理论足以用来解释这种实验的本质特征。式(4.14a)和式(4.14b)是出现“弹性”布拉格散射斑点的条件，也就是说，散射矢量平行于表面的平行分量($\boldsymbol{K}_{\parallel}=\boldsymbol{k}'_{\parallel}-\boldsymbol{k}_{\parallel}$)必须等于二维表面的倒易点阵矢量 $\boldsymbol{G}_{\parallel}$。这个条件在仅有最顶层的原子参加散射的极限情况也是有效的。对于垂直于表面的分量 $\boldsymbol{K}_{\perp}$，没有这种限制条件。为了将著名的 Ewald 解释扩展到现在的二维问题，必须放宽第三个劳厄方程(垂直于表面)的限制条件。这可以通过给每一个二维倒易点阵点(h，k)假设一个垂直于表面的矢量来完成(图 4.3)。在三维空间问题中，第三个劳厄条件是一些离散的晶格点，而不是假设的矢量，这些晶格点就是构造散射束的第三个劳厄条件。

在二维情况中，可能的弹性散射束($\boldsymbol{k}'$)可以通过下面的构造得到。根据实几何(关于表面的初始电子束的方向)，初始电子束的散射波矢 $\boldsymbol{k}$ 位于倒易点阵中的一个球形区域内，且半径的起始位置为圆心，终止位置为(0，0)。如

图 4.3 所示，球和“假设的倒易点阵矢量”相交的每一点都满足条件 $\boldsymbol{K}_{\parallel}=\boldsymbol{G}_{\parallel}$。与三维固体物理散射问题相比，出现布拉格散射并不是一个异常的现象。没有其他特别的办法，像德拜-谢乐(Debye-Scherrer)或劳厄方法等一样，可以用来得到一个衍射图。在二维问题中，第三个劳厄条件的缺失导致各种散射几何条件和各种电子能量都会出现 LEED 图。

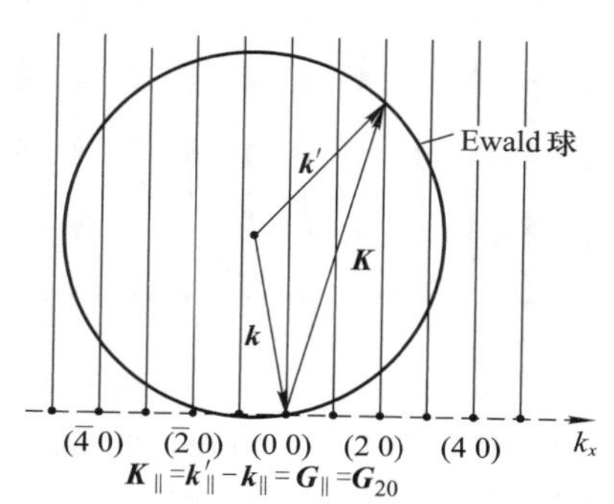

图 4.3 二维晶格表面上弹性散射的 Ewald 理论。相对应的二维倒易点阵点(hk)标在沿 k_x 方向的每个切点处。倒易点阵点(hk)=(20)满足该电子束的散射条件式(4.14a)和式(4.14b)，一些其他的散射也可观察到，例如($\bar{4}0$)、($\bar{3}0$)、…、(30)、($\overline{22}$)、…、(11)、…

只有对于真正的二维网状原子散射，这些需要考虑的条件是非常严格的。然而，在真实的 LEED 实验中，初始电子可以穿透固体中几个原子层。穿透得越深，在垂直于表面的 z 方向散射的就越多，对 LEED 图的贡献就越大。在式(4.15)中，对因数 p 的求和随着穿透深度的增加需要包含越来越多的原子层，第三个劳厄条件变得越来越重要。和单纯的二维散射相比，这会导致布拉格反射强度的变化。在 Ewald 理论(图 4.3)中，这种情况可以定性地通过垂直于表面的 z 轴的矢量密度周期性的增加或减少来处理。在真正的三维散射中，3 个劳厄条件是非常准确有效的，垂直于表面的 z 轴矢量越多的地方就会成为三维倒易点阵的格点。Ewald 理论对于这种周期性垂直于表面的中间情况，使这种问题在一定程度上反映在图 4.4 中。当 Ewald 球与垂直于表面的矢量比较“厚”的区域相切时，相对应的布拉格衍射斑强度大，反之，当相切的区域不明显时，产生的斑点比较弱。另一个重要的推论是：当我们改变初始入射电子的能量，k 的大小也就是 Ewald 球的半径也随着改变。当 k 改变时，Ewald 球连续的经过垂直表面矢量的强和弱的区域，布拉格斑的强度也周期性地发生变化。这也在实验上证实了第三个劳厄限制条件(垂直于表面)是正确的。这个效应可以通过测量依赖于初始入射电子能量的布拉格反射(hk)的强度来证实。这种类型测试的结果就是文献中已知的 $I-V$ 曲线（I：强度，V：电子加速电压）。

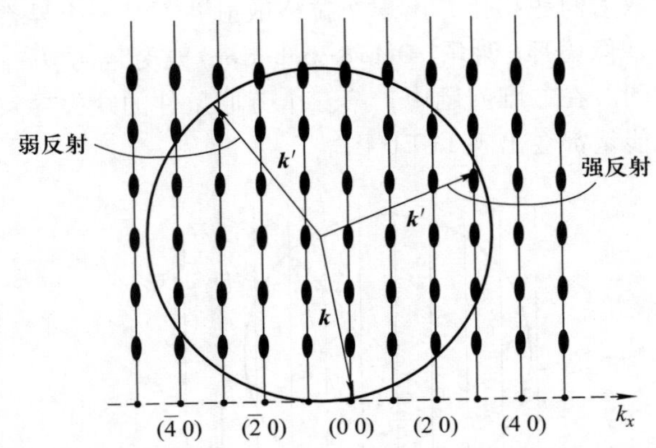

图 4.4　准二维表面晶格的 Ewald 弹性散射理论，如图 4.3 所示，不仅计算到来自最顶层晶格平面的散射，还计算到最顶层下几个平面的散射。垂直表面矢量“厚”的区域是由第三个劳厄条件造成的，是不能完全忽略的。反射(30)的强度比较大，相应地，($\bar{3}$0)的强度比较弱

如图 4.5 所示，在测量 Ni(100)时确实出现了一些结构，这些结构和采用第三个劳厄条件所期望出现的看起来好像一样[4.5]。但是观察到的峰的最大值都向初始电子能量低的方向移动，另外，还出现了一些到现在为止不能用这个模型解释的一些额外的结构峰。这种向低能量的移动可以很容易地解释为，晶体内部的电子的波长与真空中的波长是不同的。内部势的差别和材料的功函

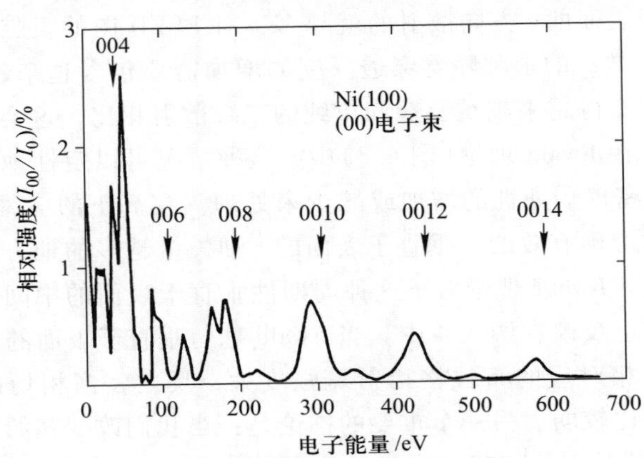

图 4.5　来源于 Ni(100)表面的(00)电子束的强度-电压曲线($I-V$)。衍射强度 I_{00} 与初始电子束强度 I_0 有关[4.5]

数有关。因此，这种移动可以用来得到材料“内部势”的一些信息。解释 $I-V$ 曲线额外的结构峰就更困难了。它需要对低能电子衍射过程进行更加彻底的描述，这已经超出了运动学近似的理论。由于电子和物体的这种“强”的相互作用，多次散射过程也需要考虑进来。这将在 4.4 节“动力学”电子散射理论中讨论。

4.3 从 LEED 图中能知道什么

通过前面一部分的讨论，我们已经清楚地知道，如果要详细地了解 LEED 图的强度必须知道晶体最顶层几个原子层里的多重散射情况，这是一个非常复杂的问题。通过 LEED 图确定表面原子的几何位置，也就是结构分析，这需要详细地分析并理解散射强度(正如固体物理中块体的 X 射线散射一样)。要解决这个问题，运动学理论已经不适用了，这将会在下一节讨论。尽管如此，通过对 LEED 图简单地观察和测试几何散射点的位置，也可以得到关于表面的许多有用的信息。

对结晶表面实验的第一步，一般是在通过 AES 确定可能存在的污染物后，通过 LEED 检查表面结晶情况。在低的背景强度下，LEED 图会显示明亮的斑点。随机缺陷和晶格结晶缺陷将会放大散射斑点和增加背底强度，这是因为散射会离开统计分布中心。我们必须谨记，无论如何，所得到的表面信息都来源于直径比电子束相干长度小的范围内，也就是，对于通常的 LEED 系统，这个区域直径小于≈100 Å(第 4 章附录Ⅷ)。

最简单的情况下，一个洁净表面的 LEED 图显示了一个(1×1)的结构，这说明二维表面的对称性大部分与块体相同。图 4.6 示出了非极性 ZnO($10\bar{1}0$)面的(1×1)LEED 图，这个非极性面是在超高真空中沿纤锌矿晶格的六角轴 c 轴解理制备的。当从倒易空间转换到实空间时(3.3 节)，这种特殊面的直角对称性被显示出来，散射斑点分离，可以知道这种二维单位网格的尺寸。应该强调的是，观察到的(1×1)散射图并不意味着原子的几何排布和“切去顶端”的块体一样。在二维单位网格中，原子的位置有可能会改变，在垂直方向的弛豫性有可能朝向或离开原子表面。本质上相同的(1×1)LEED 图，如图 4.6 所示，也在超高真空中解理的 GaAs(110)面中发现。

更复杂的 LEED 图可以在超结构的表面再构中得到。图 4.7 为著名的 Si(111)面再构的(2×1)散射图。这种类型的表面再构也在超高真空室温解理制备 Si(111)或 Ge(111)面中发现。这种金刚石类型的半导体元素的(111)晶格面有六重对称轴，如果所探测的表面的对称性与被切去顶端的块体一样，这种结构也可以在 LEED 图中发现。图 4.7(c)的 LEED 散射斑说明在实空间一个方

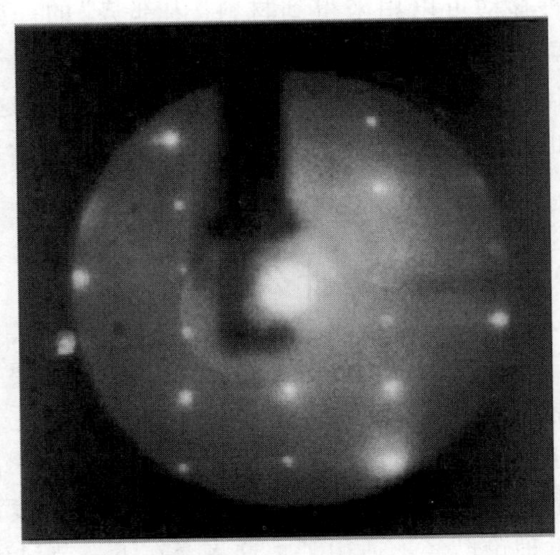

图 4.6　非极性解理 ZnO($10\bar{1}0$)面的 LEED 图。初始电压 $U_0=140$ V

向上的周期性被加倍[图 4.7(a)]，这会引起主要布拉格散射点之间的半有序点在倒易空间(LEED 图)形成一个矩形表面晶格[图 4.7(b)]。(2×1)的单位网格如果有 3 个可能方向的周期性的话，情况会更加复杂。在解理过程中，双周期性可以表现在 3 个对称相等的方向，且这 3 个方向可以存在于不同的区域内。如果几个这样的区域被初始电子束碰撞，则 LEED 图就会由相互反向旋转的散射图叠加组成，如图 4.7(d)中 LEED 图所示的那样。(2×1)再构的特征，也就是原子在表面详细的位置将会在 3.2 节讨论。

超结构非整数的布拉格点也可以由基底表面吸附的具有一定对称性位置的原子或分子形成。图 4.8 所示的就是 Cu(110)面化学吸附 O 原子的这种吸附超结构[4.6]。当 O 原子的覆盖率比较低时，在矩形网格的基底(110)上引起了在某一方向半有序的 LEED 散射点。Cu 表面上吸附的 O 原子所占据的位置被二倍于 Cu 表面的周期分开。采用另外的实验技术手段准确地确定吸附位置信息非常必要。此外，还要注意的是吸附以后出现的超结构归因于被吸附物本身，被吸附物诱导的基底表面再构也有可能发生。

在一些例子中，LEED 图的几何排布也可以提供表面结晶缺陷的信息。最简单的情况是规则排列在表面的原子台阶。劈裂的半导体表面和结晶导向性差的金属表面经常会出现这种台阶排列。从 LEED 斑点的劈裂可以推断出现了原子台阶。规则出现的台阶之间有确定的高度 d 和固定的 N 个原子数的宽度，意味着表面对称性，也就是晶格周期性(晶格常数为 a)是重复距离为 Na 的第二个层状晶格周期性(图 4.9)。在 Ewald 理论中[图 4.4(a)]，必须考虑表面

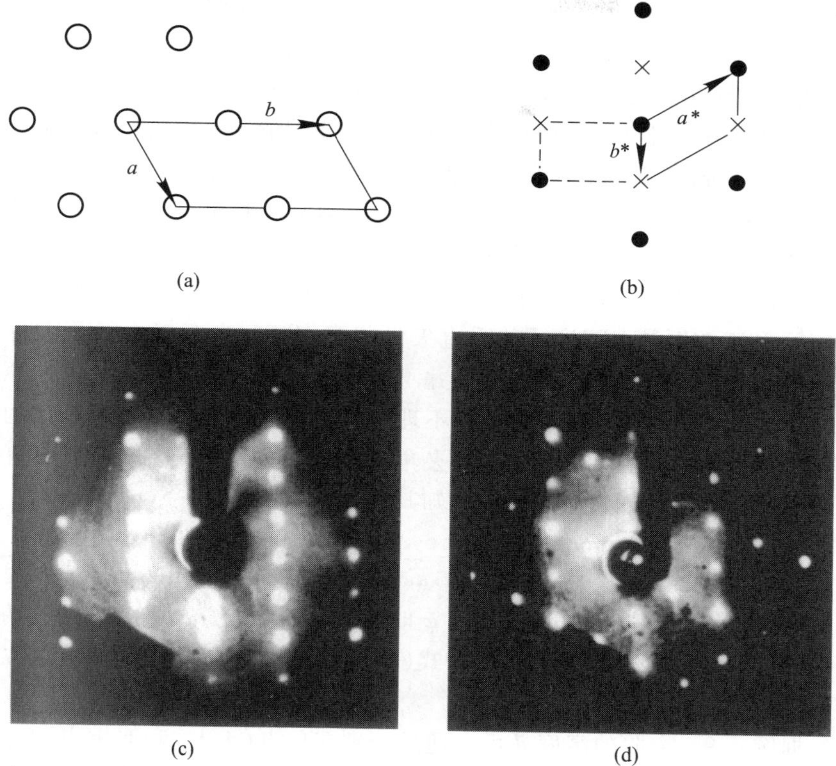

图 4.7　洁净解理的 Si(111)面(2×1)LEED 散射图：(a) 实空间的(2×1)单位网格，圆点表示晶格点；(b) 倒易点阵的 LEED 图，(2×1)半有序点由×表示；(c) 初始电子能量 $E_0 = 80$ eV(单个区域)测量得到的 LEED 图；(d) 相互旋转 60°的两个区域重叠的 LEED 图

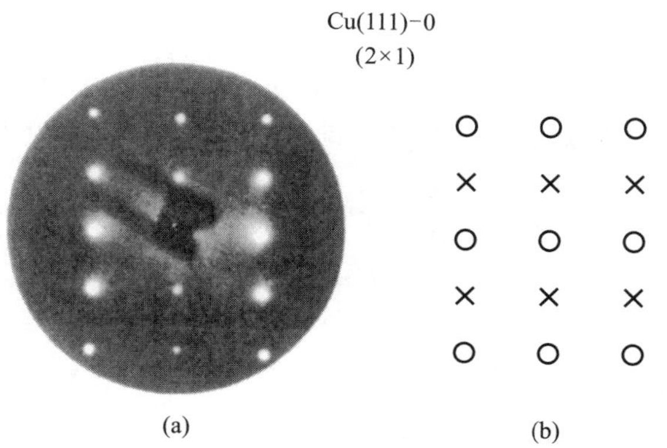

图 4.8　Cu(110)上吸附低覆盖率的 O 原子后的 LEED 散射图：(a) 磷屏幕上的(2×1)超结构；(b) 基底位置为圆点和半有序位置为×的(2×1)示意图[4.5]

(倒易点阵晶格矢量 $\boldsymbol{G}_{\parallel}$)和垂直表面矢量间距为 $Q=2\pi/Na$ 的第二个倒易点阵晶格。台阶表面和暴露的原子这两种排列的垂直矢量相互以 α 角度 α 倾斜(图 4.9)。根据 Ewald 理论的一般规律，只要倒易点阵的垂直矢量和 Ewald 球相交就会出现布拉格散射点。这种垂直矢量阵列重叠的情况一定要同时满足。这两种情况可以分辨出来。最初波矢 $\boldsymbol{k}$ 的长度等于能够达到 A 点的散射波矢 $\boldsymbol{k}'$ ($|\boldsymbol{k}'|=|\boldsymbol{k}|$)的长度，在 A 点，两种垂直矢量体系彼此相交于 Ewald 球的表面(图 4.9 中没有展示)。于是，在 LEED 图中观察到了一个单个的布拉格点。当初始波矢 $\boldsymbol{k}$ 比较大时，会出现第二种情况，Ewald 球(图 4.9 中展示了这个 Ewald 球)和正常倒易点阵格子的垂直矢量相交(B 点)，但是台阶周期性的垂直矢量和 Ewald 球相交的点与这个点并不十分一致。因为台阶表面上的原子数是有限的，这会导致 LEED 点的亮度不理想，这种结构会导致两个分离的强度最大值；LEED 斑点劈裂为两个方向夹角为 $\delta\varphi$ 的两部分。这个角可以直接通过在磷屏幕上测量得到，从图 4.9 可知其如下所示：

$$\delta\varphi=\frac{Q}{k''\cos\varphi}=\frac{Q}{k\cos\varphi}=\frac{\lambda}{Na\cos\varphi} \tag{4.19}$$

台阶的宽度可以通过探测散射角度为 φ 时 LEED 散射点分离为两部分时的初始电压(对应电子波长 λ)来确定。根据式(4.19)角度劈裂改变量 $\delta\varphi$ 就可以确定宽度 Na。

根据图 4.9，台阶的高度 d 可以通过分别在单点(A 点)和双重点(B 点)出现相同的 LEED 斑是电子束所对应的两种初始能量 E'和 E''来确定。或者相同地，我们可以逐步改变初始能量寻找相同的 $\boldsymbol{G}_{\parallel}=\boldsymbol{G}_{hk}$作为单个点或双重散射点的情况。对这两种能量，由图 4.9 可得出

$$2\nu k=\sqrt{|\boldsymbol{k}|^2}+k''_{\perp},\qquad \nu=1,2,3,\cdots \tag{4.20a}$$

$$2\nu k=\sqrt{\frac{2mE}{\hbar^2}}+\sqrt{\frac{2mE}{\hbar^2}-|\boldsymbol{G}_{\parallel}|^2} \tag{4.20b}$$

其中，$k''_{\perp}$ 为散射波矢 $\boldsymbol{k}''$的垂直分量。倾斜角 α 在实空间可以表示为

$$\frac{Q}{2k}=\frac{2\pi}{2kNa}=\sin\alpha\simeq\tan\alpha=\frac{d}{Na} \tag{4.21}$$

$$2k=2\pi/d \tag{4.22}$$

结合式(4.20b)可得到

$$\nu\frac{2\pi}{d}=\sqrt{\frac{2mE}{\hbar^2}}+\sqrt{\frac{2mE}{\hbar^2}-|\boldsymbol{G}_{\parallel}|^2},\qquad \nu=1,2,3,\cdots \tag{4.23}$$

台阶的高度 d 可以从出现单个或双重散射点的初始能量值 E_{ν} 来确定[式(4.23)]。对于 $\boldsymbol{G}_{\parallel}=\boldsymbol{0}$ 的(00)LEED 散射斑点有简单关系

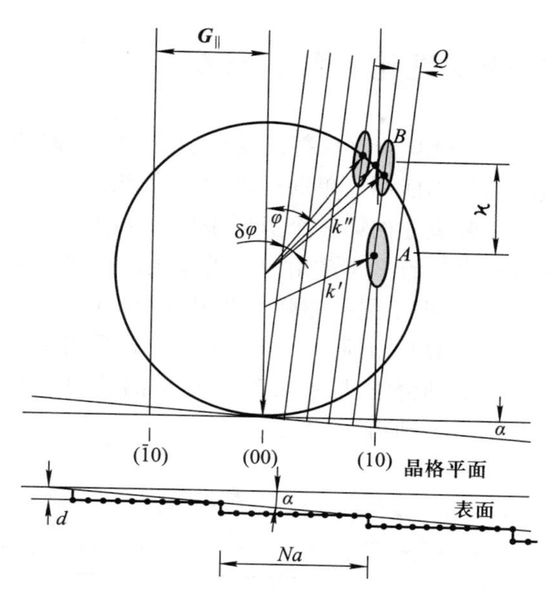

图 4.9　规则排列台阶表面的 Ewald 理论。高度为 d，宽度为 Na（a 为晶格常数）的台阶导致肉眼观察的表面和主要的晶格平面间形成角度 α 的夹角。与晶格常数 a 一样，倒易点阵晶格的矢量是 $\boldsymbol{G}_\parallel$。台阶周期排列用一个双重倾斜的周期为 $Q=2\pi/Na$ 的倒易点阵晶格来描述。最初的电子通过波矢 $\boldsymbol{k}$ 来描述（两种不同初始能量的电子有两个不同波矢长度），图中描绘了两种不同的散射电子束（$\boldsymbol{k}'$ 和 $\boldsymbol{k}''$）（$k=k'$ 和 $k=k''$）

$$E_\nu(0,\ 0)=\frac{\hbar^2}{2m}\left(\frac{\pi}{d}\nu\right)^2,\quad \nu=1,\ 2,\ 3,\ \cdots \tag{4.24}$$

另外一种类型的缺陷也易在 LEED 图中观察到：新结晶面形成的平面和初始表面倾斜。这种效应经常能在退火处理后的干净平整表面上观察到。形成的原因是晶体有通过形成新的不同结晶方向的较低能量的结晶面来降低其表面的自由能的趋势。这些新晶面形成一个次要的不同于正常表面的散射点的分离的 LEED 图。这些新晶面倒易点阵晶格的垂直矢量对于正常表面严重倾斜，因此，由新晶面形成的（00）斑点和正常的（00）电子束形成的斑点相距甚远。对于正常垂直入射的初始电子束，原表面形成的（00）斑点位于衍射屏幕的中心。随着电子能量的增加，所有其他的斑点连续的朝向（00）斑点移动，（00）斑点的位置不变。同样地，新形成晶面的散射斑点将会朝着远离屏幕中心的某一确定的点移动。图 4.9 展示了类似的情况，Ewald 理论可以确定新形成表面的倾斜角。

4.4 动力学LEED理论和结构分析

如图4.5所示，在LEED斑点反射强度和能量(I–V)的曲线中出现了次级布拉格峰结构。这些结构不能用简单的运动学理论来解释，也就是说，通过仅考虑单个散射事件和勉强成立的第三个劳厄条件是不够的。对于低能电子，固体中大的原子散射截面会导致多重散射过程的发生。多重散射对LEED斑点也有贡献(图4.10)。另外，由于强的非弹性散射过程，LEED实验中探测到的电子仅来源于接近表面的少数几层原子。这些复杂的过程需要一个更加彻底的理论来解释，这个理论就是动力学理论[4.7]。这里的动力学不仅包括简单的晶格几何，还包括完整的电子动力学。

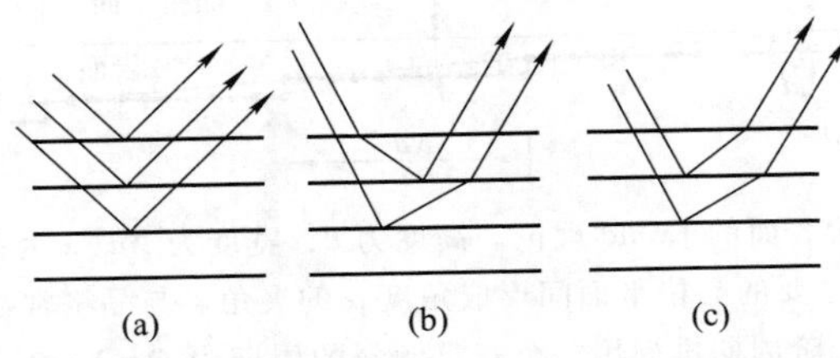

图4.10 LEED中单个和多重散射过程示意图：(a)"晶格平面"的单散射事件导致规则布拉格反射；(b)向前散射和随后的反向散射等双重散射事件对布拉格(00)斑点有贡献；(c)反向散射和随后的向前散射双重散射事件

我们将采用两种方法：① 直接简单的方法，可以通过满足边界条件的表面布鲁赫(Bloch)波来完全解决理想半无限三维晶格的薛定谔(Schrödinger)方程；② 精确的方法，半无限固体散射借助布鲁赫波，通过入射和反射电子波函数的匹配得到。只有二维周期表面网格才能采用二选一的办法解释，薛定谔方程的场是建立在连续几个原子层的贡献上得到的。

4.4.1 匹配公式化

我们应该首先考虑波函数的匹配公式。一束粒子入射到固体表面，表面上带电的电子就会表现出一个势台阶，由于势差就会产生折射(图4.11)。尽管体表面($z=0$)粒子束的直径改变，但是总电流I保持不变，这是因为粒子没有在表面上堆积，也就是

$$I = I', \quad \boldsymbol{j} \cdot \boldsymbol{A} = \boldsymbol{j}' \cdot \boldsymbol{A} \tag{4.25}$$

其中，$\boldsymbol{j}$和$\boldsymbol{j}'$为界面两侧粒子的电流密度，$\boldsymbol{A}$为界面上粒子束打击的范围(图4.11)。电流密度可以从以下表达式得出：

$$
\boldsymbol{j}=\frac{\hbar}{2im}(\psi^{*}\nabla\psi-\psi\nabla\psi^{*}) \tag{4.26}
$$

结合式(4.25)可以得到晶体外部和内部电子波函数 ψ_0 和 ψ_i 的匹配条件

$$
\psi_0\big|_{z=0}=\psi_i\big|_{z=0} \tag{4.27a}
$$

$$
\frac{\partial}{\partial n}\psi_0\bigg|_{z=0}=\frac{\partial}{\partial n}\psi_i\bigg|_{z=0} \tag{4.27b}
$$

其中，微分 $\partial/\partial n$ 方向垂直于表面。入射能量为 $E=\hbar^2k^2/2m$，最初的电子可以用波函数表示为

$$
\varphi_0=\exp\left[\mathrm{i}\boldsymbol{k}_{\parallel}\cdot\boldsymbol{r}_{\parallel}+\mathrm{i}k_{\perp}z\right] \tag{4.28}
$$

其中

$$
\boldsymbol{r}_{\parallel}=(x,\ y),\qquad \boldsymbol{k}=(\boldsymbol{k}_{\parallel},\ k_{\perp}),\qquad E=\frac{\hbar^2}{2m}(k_{\parallel}^2+k_{\perp}^2)
$$

晶体外部的全部波函数 ψ_0 由入射波和散射波组成。表面散射势有二维周期性。在散射中，$k_{\parallel}$ 在二维倒易点阵矢量 $\boldsymbol{G}_{\parallel}=\boldsymbol{G}_{hk}=h\boldsymbol{a}_1^*+k\boldsymbol{a}_2^*$ 中是守恒的，全部外部波函数变为

$$
\psi_0=\varphi_0+\sum_{hk}A_{hk}\exp\left[\mathrm{i}(\boldsymbol{k}_{\parallel}+\boldsymbol{G}_{hk})\cdot\boldsymbol{r}_{\parallel}-\mathrm{i}k_{\perp,hk}z\right] \tag{4.29}
$$

A_{hk}描述散射波$(h,\ k)$的振幅，$k_{\perp,hk}$为垂直于表面的波矢分量，其由能量守恒决定

$$
E=\frac{\hbar^2}{2m}(|\boldsymbol{k}_{\parallel}+\boldsymbol{G}_{hk}|^2+k_{\perp,hk}^2) \tag{4.30}
$$

固体内部电子的波函数是布鲁赫波

$$
\psi_i=u_{\boldsymbol{k}}(\boldsymbol{r})\exp(\mathrm{i}\boldsymbol{k}\cdot\boldsymbol{r})=\sum_{\boldsymbol{G}}c_{\boldsymbol{G}}(\boldsymbol{k})\exp\left[\mathrm{i}(\boldsymbol{k}+\boldsymbol{G})\cdot\boldsymbol{r}\right] \tag{4.31}
$$

$u_{\boldsymbol{k}}(\boldsymbol{r})$有三维晶格周期性，因此，可以采用倒易空间三维傅里叶阶数来描述。式(4.31)中的 $\boldsymbol{k}$ 可以分解为平行于表面的 $\boldsymbol{k}_{\parallel}$ 和垂直于表面的 $k_{\perp}$ 分量。系数 $c_{\boldsymbol{G}}(\boldsymbol{k})$和波矢 $k_{\perp}$ 由周期势和能量决定。它们通过用式(4.31)代替薛定谔方程中的晶格周期势建立起来。匹配条件[式(4.27a)和式(4.27b)]意味着晶体内部和外部的波函数[式(4.29)和式(4.31)]，也就是内部和外部的平行分量 $\boldsymbol{k}_{\parallel}$ 和总能量 E 相互符合。在可能的衍射束方面，匹配条件[式(4.27a)和式(4.27b)]和纯运动学理论相比会受到强烈限制。对于一个确定能量 E 的初始电子束，其能量由加速电压 V 决定，只有在晶体内部存在相同能量的电子态时，才能满足匹配条件。电子能带结构中允许和禁止的能带在反射束(hk)的强度方面起重要作用。如果能量 E 位于能带结构的禁带带隙中，外部的波函数不能与内部布鲁赫态相匹配，就会在反射 LEED 强度中形成一个峰(图

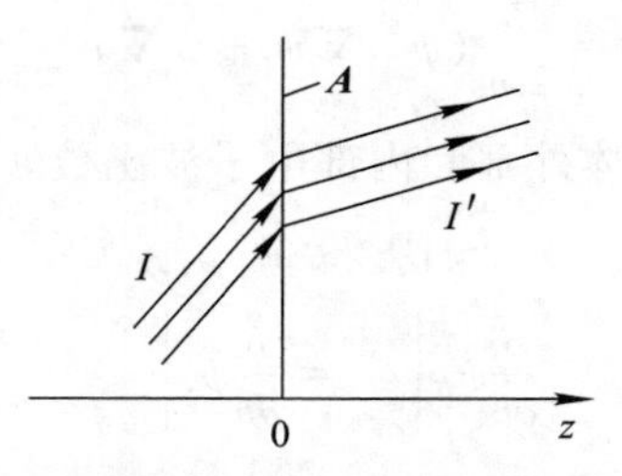

图 4.11　电子束平面波入射到界面 $z=0$ 的 **A** 区域上，由势差导致折射。总电流 I 保持不变($I=I'$)

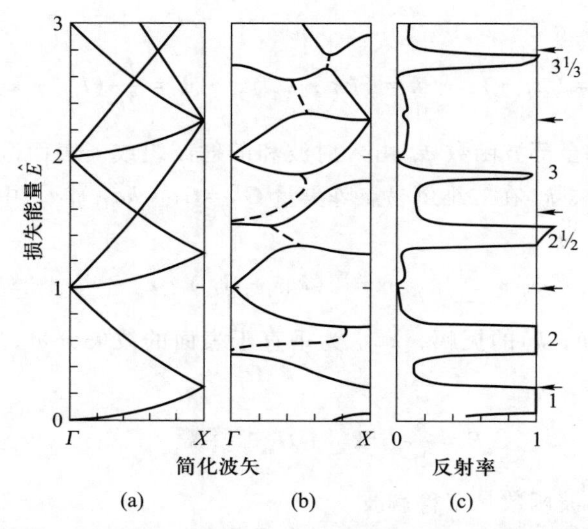

图 4.12　半无限立方排列的(100)面暴露的 s 波散射体的能带结构和反射率：(a) 在布里渊区 $\Gamma-X$ 对称方向上自由电子的能带结构；(b) 在 $\Gamma-X$ 方向上计算出的能带结构，复合波矢(虚线)因周期势引起劈裂为允许带态(实线)和“禁”带态；(c) 电子垂直入射到(100)面的反射率，也就是 LEED 实验中(00)点的 $I-V$ 曲线。箭头标识的是由运动学理论(第三劳厄条件)得出的最大值的位置。能量标尺 E 采用的是原子单位时间$(2\pi/d)^2$[4.8]

4.12)。图 4.12 的计算模型[4.8]在计算半无限立方排列(简单晶格)s 波散射体中已经采用过了。这种势本质上来说和排列的 δ 函数势有相同的特性。垂直入射到这种类型晶体(100)面已经考虑过了，也就是沿着布里源区 $\Gamma-X$ 对称轴的能带结构是重要的。图 4.12 示出了自由电子能带结构(a)和采用假设的 s 波散射体计算的能带结构。图 4.12(c)所示为计算出的垂直入射电子束的反射强度。带隙和反射率最大值有关，因此，没有晶体内部的布鲁赫态可以用来与外部区域的波相匹配。另一方面，在这些区域的外部电子波函数不能在表面上突然终止。通过详细的计算可以发现，无论是禁带带隙中的能量还是表面存在的电子态，它们的波函数进入晶体内部时都以指数形式衰减。它们的电子态局限在表面(第6章)，且与式(4.31)中有实波矢 $\boldsymbol{k}$ 的布鲁赫态相比，这些电子态有复数的波矢 $\boldsymbol{k}$。虚部 $\mathrm{Im}\ k_{\perp}$ 是波函数的衰减长度，这些衰减态用来匹配布鲁赫态被禁止的能量处的外部波场。图4.12(c)示出了高反射率区域，这与电磁波在电介质表面总的反射现象是相符的。图4.12中的箭头展示了基于简单运动学理论中第三劳厄条件(在 z 方向)在 I–V 曲线中预期出现的能量最大值的位置。与实验测定的 I–V 曲线(图4.5)相比，计算的 I–V 曲线最高能量的位置峰更尖锐，强度更大。造成这种差别的原因可能是忽略了非弹性碰撞过程中电子-电子的相互作用。

4.4.2 多重散射理论体系

在采用第二种运动学方法来理解LEED强度图谱中，在散射过程中表面以下不同晶格位面形成散射波场。在这种理论体系中，第一步是计算单个原子的散射振幅。对不同的初始能量，通常对 s、p 和 d 散射，散射相位可以计算得到。在这种计算中经常使用Muffin-tin势。下一步计算过程包括计算单个原子层内部的散射过程，从而得到层内的多重散射。

通过考虑不同原子面之间的散射，也就是内部各层之间的多次散射，从而最终解决多重散射问题。初始电子的穿透深度决定了需要考虑多少原子层间的散射。对于1 000 eV的电子，穿透深度大约为10 Å(图4.1)，基于8个原子层的计算得出的计算精度为1%。不同原子层之间的波场由一系列向前和向后的移动波束组成，举例来说，第一个原子层向前的散射对第二层原子向后的散射振幅有贡献等。在这种多重散射方法分析LEED的问题中，采用匹配理论形式得到的结果与LEED结果本质上是一致的。这在几种模拟计算中已经展示过了。在图4.13中，(00)和(10)布拉格点的 I–V 曲线都是在前面提到过的相同结构(半无限立方排列的 s 波散射体)的晶体模型上得到的。计算是分别在采用多重散射理论体系和匹配公式理论的基础上得到的[4.9]。这两种方法本质上得出相同的结果。值得一提的是动力学的LEED理论已经被扩展到自旋依赖的散射过程中[4.10]。在这种情况下，用相对论的迪拉克(Dirac)方程替换薛定谔方程来描述电子的动力学。被散射电子束的自旋极化程度用初始能量和散射角度的函数来计算。

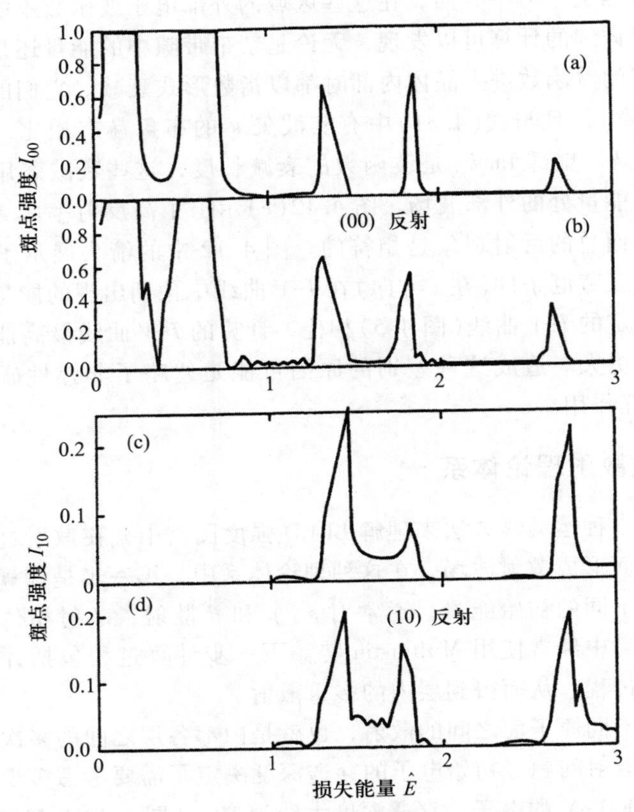

图 4.13 动力学理论计算的半无限立方排列 s 波散射体(00)和(10)布拉格点的 I-V 曲线。初始电子束垂直入射到(100)面。(a, c)采用匹配公式理论体系；(b, d)采用多重散射理论体系[4.8, 4.9]

4.4.3 结构分析

采用弹性电子散射的动力学理论分析实验数据是目前用来了解原子表面结构的一种重要工具。这是通过对磷屏幕上 LEED 斑几何劈裂的简单观察和测试得到的，这只适用于对称性和维数是二维的表面晶格。换句话说，衍射图中所表述的倒易格子只能得到实空间中二维单位网格的长度和角度方面的信息(4.3节)。在固体物理中，原子的结构，也就是在晶胞中的坐标，只能采用测量布拉格斑点的强度得到。对于固体的 X 射线散射，简单的运动学理论可以用来叙述结构模型和实验得到布拉格斑点强度的关系。表面物理 LEED 实验与 X 射线散射是不一样的，这里将会采用更加复杂的动力学方法来说明结构模型，例如，采用最顶层原子层的原子坐标系来观察散射斑强度。为了这个目的，测量了一组 LEED 束的强度和初始能量的函数关系($I-V$ 曲线)。输入一组最顶层原子可能的原子坐标,进行 $I-V$ 曲线动力学计算,计算结果和实验结果进行了比较。根据结果符合的程度,对结构模型进行改良后,再进行新的计算。这种“试验和错误”的方法(图 4.14)一直重复进行,直到得到满意的结果。必须明确的是,建立一个确定的表面原子结构的模型在于比较计算和测量得到的 $I-V$ 曲线。简单的观察经常不知道哪个符合得比较好,为了对符合结果得出一个更加客观的评价,将会引进一个评价性函数。要进行彻底的结构分析,必须测量和计算大量的布拉格点。

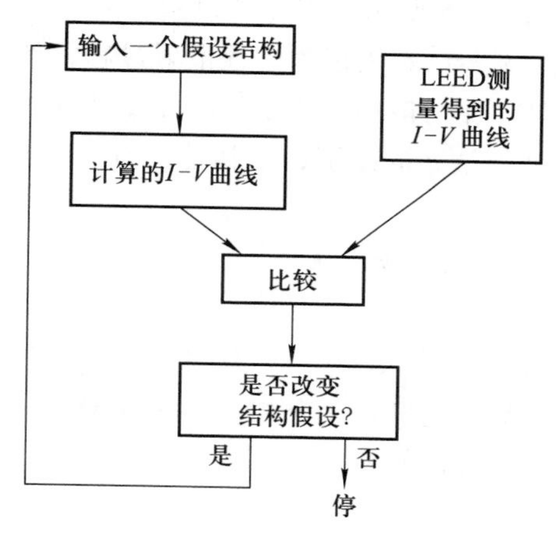

图 4.14　结合动力学理论的 LEED 结构分析流程图。计算需要大型的计算机和必须依赖许多不同的布拉格点

4.5　非弹性表面散射实验的运动学理论

在几乎全部晶体表面非弹性散射过程中,尤其是慢速的电子、原子、离子等,平行于表面的能量和波矢是守恒的[式(4.18a)和式(4.18b)],也就是

$$E' - E = \hbar\omega \tag{4.32a}$$

$$\boldsymbol{k}'_{\parallel} - \boldsymbol{k}_{\parallel} = \boldsymbol{q}_{\parallel} + \boldsymbol{G}_{\parallel} \tag{4.32b}$$

式(4.32b)可由理想晶体表面二维平移对称性直接得出。$\boldsymbol{G}_{\parallel}$ 为任意的二维倒易点阵矢量。如果散射过程在表面上包含不规则分布中心,例如统计学上的被吸附原子或者缺陷,那么式(4.32b)就不成立了,只有能量守恒式(4.32a)还是有效的。能量 $\hbar\omega$ 和波矢 $\boldsymbol{q}_{\parallel}$ 有可能转变为表面集体激发,例如声子、等离子体、磁振子等,或者单一粒子例如电子在导带(带内散射),或者电子从占据的电子能带激发到空带(带内散射)。在所有的这些例子中,特征激发能量 $\hbar\omega$

需要一个确定的转移量 $\boldsymbol{q}_{\parallel}$。在周期晶体表面集体激发用离散关系 $\hbar\omega(\boldsymbol{q}_{\parallel})$ 和散射过程中电子能带内部或之间的散射，能带结构 $E(\boldsymbol{k})$ 确定了对于特殊能量转移量 $\hbar\omega$ 下的 $\boldsymbol{q}_{\parallel}$ 转移量

$$E'(\boldsymbol{k}'_{\parallel}) - E(\boldsymbol{k}_{\parallel}) = \hbar\omega(\boldsymbol{q}_{\parallel}) \tag{4.33}$$

离散关系的测定或者确定能带结构 $E(\boldsymbol{k}_{\parallel})$ 是表面非弹性散射过程中主要的任务之一。在这些实验中，入射粒子的能量(E)和被散射粒子的能量(E')可以通过能量分析仪来确定(第1章附录Ⅱ)。波矢 $\boldsymbol{k}$ 和 $\boldsymbol{k}'$ 由能量和散射几何排布条件确定。采用能量和波矢守恒[式(4.32b)]实验几何排布，唯一说明了 $\boldsymbol{q}_{\parallel}$ 转移以及能量转移 $\hbar\omega$。图4.15所示为表面散射实验的几何排布，入射粒子波矢为 $\boldsymbol{k}$。镜面方向的散射 $|\boldsymbol{k}_s| = |\boldsymbol{k}|$ 表现为弹性散射过程，然而，非弹性散射过程通常包含镜面散射方向以外的散射(用角度 ψ 和 φ 表示)。因此，被散射波矢 $\boldsymbol{k}'$ 和镜面矢量 $\boldsymbol{k}_s$ 有一个矢量 $\boldsymbol{q}$ 的差别，也就是在 $\boldsymbol{G}_{\parallel}=0$ 的例子中

$$\boldsymbol{k}' = \boldsymbol{k} - \begin{pmatrix} q_x \\ q_y \\ \Delta k_z \end{pmatrix} \tag{4.34}$$

对于过渡转移矢量 $\boldsymbol{q}=(q_x, q_y, \Delta k_z)$，只要当 q_x 和 q_y 分量平行于表面才能采用守恒定律来确定，也就是能发现一个相应的表面激发。Δk_z 只由能量和散射几何排布确定，并且不涉及任何激发。

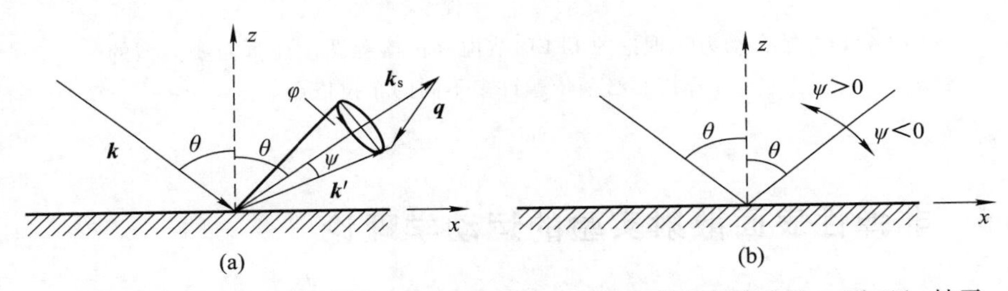

图4.15 (a)非弹性散射实验的几何关系，入射平面是坐标系中的 xz 平面(x 轴平行于表面)，最初入射电子束由波矢 $\boldsymbol{k}$ 描述(入射角为 θ)，弹性散射后离开的粒子波矢为 $\boldsymbol{k}_s$(镜面方向)，非弹性散射粒子的波矢为 $\boldsymbol{k}'$，波矢改变量为 $\boldsymbol{q}$，入射平面上角度 φ 为0；(b)探测方向在平面内($\varphi=0$)是特殊“平面散射”例子。ψ 从镜面方向开始测量

这些激发没有一点垂直于表面的波矢分量。能量守恒式(4.33)可以表示为

$$\frac{\hbar^2 k'^2}{2m} = \frac{\hbar^2 k^2}{2m} - \hbar\omega \tag{4.35a}$$

$$k' = k\left(1 - \frac{\hbar\omega}{E}\right)^{1/2} \tag{4.35b}$$

图 4.15 中，$\boldsymbol{k}'$和 $\boldsymbol{k}$ 的几何关系可以通过 z 轴沿着镜面方向的坐标系很容易地推导出，也就是说，图 4.15 描述的体系关于 z 轴旋转 θ 角。在旋转体系中，镜面波矢 $\boldsymbol{k}_s$ 和非弹性散射波矢 $\boldsymbol{k}'$的表述是相同的

$$\boldsymbol{k}_s = k\begin{pmatrix} 0 \\ 0 \\ 1 \end{pmatrix}, \quad \boldsymbol{k}' = k'\begin{pmatrix} -\sin\psi\cos\varphi \\ \sin\psi\sin\varphi \\ \cos\psi \end{pmatrix} \tag{4.36}$$

它们在图 4.15 所示 z 轴垂直于表面的坐标系中的表述，可以通过沿着 y 轴(平行于表面)旋转的旋转矩阵得到

$$\boldsymbol{R} = \begin{pmatrix} \cos\theta & 0 & \sin\theta \\ 0 & 1 & 0 \\ -\sin\theta & 0 & \cos\theta \end{pmatrix} \tag{4.37}$$

因此得到镜面非弹性散射束

$$\boldsymbol{k}_s = k\begin{pmatrix} \sin\theta \\ 0 \\ \cos\theta \end{pmatrix} \tag{4.38}$$

$$\boldsymbol{k}' = k'\begin{pmatrix} -\sin\psi\cos\varphi\cos\theta + \cos\psi\sin\theta \\ \sin\psi\sin\varphi \\ \sin\psi\cos\varphi\sin\theta + \cos\psi\cos\theta \end{pmatrix} \tag{4.39}$$

结合式(4.34)、式(4.38)、式(4.39)和能量守恒式(4.35b)可得

$$\boldsymbol{k} - \boldsymbol{k}' = \boldsymbol{q} = \begin{pmatrix} q_x \\ q_y \\ \Delta k_z \end{pmatrix}$$

$$= \boldsymbol{k}\left[\begin{pmatrix} \sin\theta \\ 0 \\ -\cos\theta \end{pmatrix} - \sqrt{1 - \frac{\hbar\omega}{E}}\begin{pmatrix} \cos\psi\sin\theta - \sin\psi\cos\varphi\cos\theta \\ \sin\psi\sin\varphi \\ \sin\psi\cos\varphi\sin\theta + \cos\psi\cos\theta \end{pmatrix}\right] \tag{4.40}$$

在非弹性散射实验中，相对于表面的初始电子束的方向决定了入射角 θ，能量分析仪入射口的位置由相对于镜面反射方向的角 ψ 和 φ 来描述[图 4.15(a)]。在特定的初始能量 E 观察到的能量转移 $\hbar\omega$(得到或失去)通过式(4.40)与一个确定的转移波矢相对应。平行于表面的分量 $\boldsymbol{q}_{\parallel} = (q_x, q_y)$在散射过程中是守恒的，也就是说，会以一个特定的表面激发波矢的形式出现。Δk_z 分量由能量守恒确定，但是它对表面激发没有意义。

式(4.40)简单考虑了在入射平面(图 4.15 中平行于 x 轴)内探测散射束的这种特殊平面散射的例子。转移波矢平行于表面 $q_{\parallel} = q_x$，因此可得($\varphi = 0, \pi$)

$$q_{\parallel} = k[\sin\theta + \sqrt{1 - \hbar\omega/E}(\sin\psi\cos\theta - \cos\psi\sin\theta)] \tag{4.41}$$

图 4.16 所示的是根据式(4.41)得到的典型的低能电子非弹性散射实验(HREELS，第 4 章附录Ⅹ)转移波矢 $q_{\parallel}$ 之间的关系。探测方向在镜面反射方向($\psi=0$)，曲线就会从零开始，如图所示，计算了初始能量介于 1.5~20 eV 之间的曲线。图中剩下的曲线所示为固定的初始能量为 2 eV 时，探测方向偏离镜面反射方向角度 $\psi=5°$，10°，15°，20°时能量损失和转移波矢之间的关系。由式(4.41)和图 4.16 可知，在非弹性散射实验中，转移波矢 $q_{\parallel}$ 可以随着 $\hbar\omega/E$ 或者探测角度 ψ(偏离镜面方向)的改变而改变。图 4.16 所示为典型的 HREELS 实验的情况，但是得到的不同能量损失和转移波矢 $q_{\parallel}$ 的原子或离子的散射曲线是相似的。对于 He 原子晶体表面的非弹性散射，可以容易得到当能量损失在 10 meV 范围时，转移波矢在 1 Å^{-1} 范围内(第 5 章附录Ⅺ)。

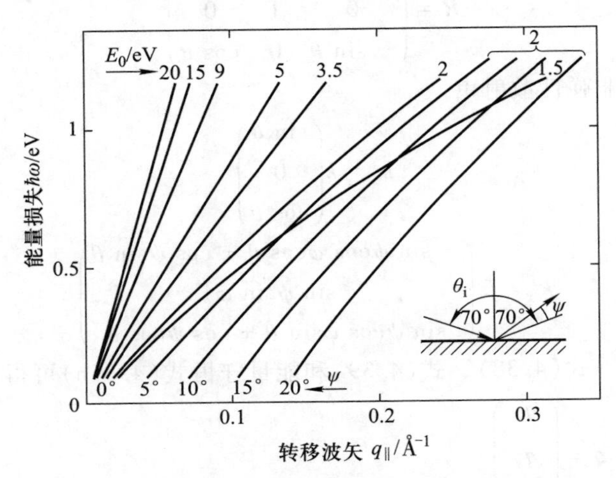

图 4.16　低能电子非弹性散射中能量转移(损失)$\hbar\omega$ 和相应的转移波矢 $q_{\parallel}$ 之间的函数关系。对于镜面反射探测方向($\psi=0$)，初始能量 $E=1.5$，2，…，20 eV 的曲线都经过零。对于在非镜面方向探测 $\psi=5°$，10°，15°，20°的曲线，初始能量都为 $E=2$ eV

当在镜面反射方向探测($\psi=0$)，且初始能量 E 远大于观察到的能量损失($\hbar\omega/E<<1$)时，就会出现一个特殊的简单情况。在这个例子中可以简化为

$$q_{\parallel} \simeq k\sin\theta\left(\frac{\hbar\omega}{2E}\right) \tag{4.42}$$

在这个例子中，当低能电子在动力学长程势中散射时，小的 $\hbar\omega/2E$ 和镜面方向探测就会很重要。这种势如果展开为傅里叶级数，就只会有小的 $q_{\parallel}$ 分量值。因此，非弹性散射强度的最大值只会出现在 $q_{\parallel}\simeq 0$ 附近，也就是说，在镜面反射束附近(4.6 节)。

4.6 非弹性电子散射的电介质理论

在可以用来进行表面散射实验的各种粒子中，低能电子起着非常重要的作用。这有以下几点原因：慢电子通过电子枪可以很容易得到，和其他带电粒子一样可以容易地由静电能量分析仪分离出并被通道倍增器或者其他的电子倍增器探测出。在理论方面，可以用相当简单的数学方法处理电子在非弹性长程势中的散射。对于电子，例如这种长程散射势，可以是表面振荡偶极子，这种偶极子势可能起源于表面晶格振动（声子）和表面等离子等集体激发（第 5 章）或者偶极矩振动吸附的分子或原子。散射截面可以用偶极场作为散射势，然后用 4.1 节的理论体系来计算。

必须强调的是，除了这种长程偶极场散射以外，从理论上还存在更复杂的慢电子散射机制[4.11]。因为散射势仅分布在原子尺度，其与表面原子局部原子势的相互作用必须采用更局域的情形来描述。采用傅里叶级数将这种短程散射势展开为波矢 $\boldsymbol{q}_{\parallel}$ 的形式，展开式中包括相当大的 $\boldsymbol{q}_{\parallel}$ 值，这会导致在离镜面方向大角度的地方发生散射[图 4.15(a)]，这种类型的散射经常称为碰撞散射。这种作用的机制可能和表面原子（基底的原子或吸附的原子）电子态的有效激发有关。非弹性散射电子短暂地占据这个原子的激发态，然后转化为和初始能量不同的量子振动（声子、等离子或被吸附物振动）。

通过对散射势空间分布和转移波矢结果的定性讨论，证明碰撞散射和长程偶极子场散射可以通过非弹性散射电子在镜面反射方向的角度分布实验辨别出来。在这个方向上，强的散射强度可以说明散射发生在长程偶极子场中。当涉及 Umklapp（$\boldsymbol{G}_{\parallel} \neq 0$）过程时解释实验数据应该更加小心。

我们将会发现在下面的定性讨论中沿着简单的理论方法来说明在长程偶极场中的散射，这就是介电理论。

4.6.1 固体散射

介电理论首先由 Fermi 提出[4.12]，Hubbard 和 Fröhlich 扩展[4.13，4.14]到能穿透薄膜的高能电子（几 keV 范围）非弹性散射。由于长程散射势的特点，我们采用半连续介质理论。在这个理论中，固体的介电性能用其复介电函数 $\epsilon(\omega)=\epsilon_1+\mathrm{i}\epsilon_2$ 描述。首先考虑简单的固体散射过程，在这一过程中，电子穿透固体并在这一过程中损失了部分能量。这个能量转移（损失）是屏蔽电介质周围运动电子的库仑场造成的。总的能量转移 W（损失）可以通过固体内部库仑场能量密度的改变来得到。从现在计算被电子穿透的固体的模型中，假设可以扩展到无穷大，单位时间内的能量损失，也就是能量损失率可以作为有限

量来计算

$$\dot{W} = \mathrm{Re}\left\{\int \mathrm{d}\boldsymbol{r}\boldsymbol{\varepsilon} \cdot \dot{\boldsymbol{D}}\right\} \tag{4.43}$$

如果 $\boldsymbol{\varepsilon}$ 和 $\boldsymbol{D}$ 场采用复数表示，积分的实部描述的就是能量损失。

场用傅里叶级数展开

$$\boldsymbol{\varepsilon}(\boldsymbol{r},\ t) = \int \mathrm{d}\omega \mathrm{d}\boldsymbol{q}\hat{\boldsymbol{\varepsilon}}(\omega,\ \boldsymbol{q})\mathrm{e}^{-\mathrm{i}(\omega t + \boldsymbol{q}\cdot\boldsymbol{r})} \tag{4.44}$$

对 $\boldsymbol{D}(\boldsymbol{r},\ t)$ 同样展开，其傅里叶分量 $\hat{\boldsymbol{D}}(\omega,\ \boldsymbol{q})$ 和 $\hat{\boldsymbol{\varepsilon}}(\omega,\ \boldsymbol{q})$ 的关系为

$$\hat{\boldsymbol{D}}(\omega,\ \boldsymbol{q}) = \epsilon_0\epsilon(\omega,\ \boldsymbol{q})\hat{\boldsymbol{\varepsilon}}(\omega,\ \boldsymbol{q}) \tag{4.45}$$

在计算式(4.43)时采用 $-\omega'$ 代替 $\hat{\boldsymbol{D}}(\omega,\ \boldsymbol{q})$ 中的 ω 可以使计算简便

$$\dot{W} = \mathrm{Re}\left\{\int \mathrm{d}\boldsymbol{r}\mathrm{d}\omega'\mathrm{d}\omega\mathrm{d}\boldsymbol{q}'\mathrm{d}\boldsymbol{q}\frac{\mathrm{i}\omega'}{\epsilon_0\epsilon(\omega,\ \boldsymbol{q})}\hat{\boldsymbol{D}}(\omega,\ \boldsymbol{q}) \cdot \hat{\boldsymbol{D}}(-\omega',\ \boldsymbol{q}')\mathrm{e}^{\mathrm{i}(\omega'-\omega)t}\mathrm{e}^{-\mathrm{i}(\boldsymbol{q}+\boldsymbol{q}')\cdot\boldsymbol{r}}\right\} \tag{4.46}$$

表示为 δ 函数的形式

$$\int \mathrm{d}\boldsymbol{r}\mathrm{e}^{-\mathrm{i}(\boldsymbol{q}+\boldsymbol{q}')\cdot\boldsymbol{r}} = (2\pi)^3\delta(\boldsymbol{q}+\boldsymbol{q}') \tag{4.47}$$

可得

$$\dot{W} = (2\pi)^3\ \mathrm{Re}\left\{\int \mathrm{d}\omega'\mathrm{d}\omega\mathrm{d}\boldsymbol{q}\frac{\mathrm{i}\omega'}{\epsilon_0\epsilon(\omega,\ \boldsymbol{q})}\hat{\boldsymbol{D}}(\omega,\ \boldsymbol{q}) \cdot \hat{\boldsymbol{D}}(-\omega',\ -\boldsymbol{q})\mathrm{e}^{\mathrm{i}(\omega'-\omega)t}\right\} \tag{4.48}$$

因为 $\boldsymbol{D}=e\delta(\boldsymbol{r}-\boldsymbol{v}\boldsymbol{t})$，$\boldsymbol{D}$ 场和运动的带电电荷有直接的关系，傅里叶分量 $\hat{\boldsymbol{D}}(\omega,\ \boldsymbol{q})$ 包括运动电子场的时间和空间结构

$$\boldsymbol{D} = -\frac{e}{4\pi}\nabla\frac{1}{|\boldsymbol{r}-\boldsymbol{v}t|} = \frac{e}{4\pi|\boldsymbol{r}-\boldsymbol{v}t|^3}(\boldsymbol{r}-\boldsymbol{v}t) \tag{4.49}$$

傅里叶变换采用下列的关系计算：

$$\frac{e^{-\alpha r}}{r} = \int f(\boldsymbol{q})\mathrm{e}^{\mathrm{i}\boldsymbol{q}\cdot\boldsymbol{r}}\mathrm{d}\boldsymbol{q} \tag{4.50a}$$

$$f(\boldsymbol{q}) = (2\pi)^{-3}\int \frac{e^{-\alpha r}}{r}\mathrm{e}^{-\mathrm{i}\boldsymbol{q}\cdot\boldsymbol{r}}\mathrm{d}\boldsymbol{r} \tag{4.50b}$$

由 $\alpha=0$ 和采用球坐标系的 $\mathrm{d}\boldsymbol{r}=\mathrm{d}\varphi\mathrm{d}\theta\ \sin\theta r^2\mathrm{d}r$ 可分别得

$$\frac{1}{r} = (2\pi)^{-3}\int d\boldsymbol{q}\left(\frac{4\pi}{q^2}\right)\mathrm{e}^{\mathrm{i}\boldsymbol{q}\cdot\boldsymbol{r}} \tag{4.51}$$

和

$$\boldsymbol{D}(\boldsymbol{r},\ t) = e(2\pi)^{-3}\int \mathrm{d}\boldsymbol{q}q^{-2}\boldsymbol{q}\mathrm{e}^{-\mathrm{i}\boldsymbol{q}\cdot(\boldsymbol{r}-\boldsymbol{v}t)} \tag{4.52}$$

采用下面等式：

$$e^{i\boldsymbol{q}\cdot\boldsymbol{v}t}=\int \mathrm{d}\omega e^{-i\omega t}\delta(\omega-\boldsymbol{q}\cdot\boldsymbol{v}) \tag{4.53}$$

最终可得

$$\hat{\boldsymbol{D}}(\omega,\ \boldsymbol{q})=\frac{e}{(2\pi)^3}\boldsymbol{q}\frac{1}{q^2}\delta(\omega+\boldsymbol{q}\cdot\boldsymbol{v}) \tag{4.54}$$

因为 $\delta(x)=\delta(-x)$，可以得出下面能量损失率表达式(4.43)：

$$\dot{W}=\frac{e^2}{\epsilon_0(2\pi)^3}\times$$

$$\mathrm{Re}\left\{\int \mathrm{d}\omega'\mathrm{d}\omega\frac{i\omega'}{q^2\epsilon(\omega,\ \boldsymbol{q})}\delta(\omega'+\boldsymbol{q}\cdot\boldsymbol{v})\delta(\omega+\boldsymbol{q}\cdot\boldsymbol{v})e^{i(\omega'-\omega)t}\mathrm{d}\boldsymbol{q}\right\} \tag{4.55a}$$

对一个特殊的 $\boldsymbol{q}$，它遵循 $\omega'=\omega$，式(4.55a)中的时间依赖性也不满足

$$\dot{W}=\frac{e^2}{\epsilon_0(2\pi)^3}\int \mathrm{d}\omega\mathrm{d}\boldsymbol{q}\frac{\omega}{q^2}\mathrm{Im}\left\{\frac{-1}{\epsilon(\omega,\ \boldsymbol{q})}\right\}\delta(\omega+\boldsymbol{q}\cdot\boldsymbol{v}) \tag{4.55b}$$

我们把转移(损失)波矢 $\boldsymbol{q}$ 分解为垂直于电子速度方向和平行于电子速度方向的 $\boldsymbol{q}_{\parallel}$ 和 $\boldsymbol{q}_{\perp}$ 两个分量(电子轨迹周围的柱面坐标)

$$\boldsymbol{q}\cdot\boldsymbol{v}=q_{\parallel}v,\qquad q^2=q_{\parallel}^2+q_{\perp}^2,\qquad \mathrm{d}\boldsymbol{q}=q_{\parallel}\mathrm{d}\varphi\mathrm{d}q_{\parallel}\mathrm{d}q_{\perp} \tag{4.56}$$

根据式(4.55b)中的 δ 函数，最大转移能量发生的条件是

$$v=\left|\frac{\omega}{q_{\parallel}}\right| \tag{4.57}$$

当固体的谐波激发的相位速度 $\omega/q_{\parallel}$ 等于电子速度时，其能量损失最大；也就是为了从运动电子处获得能量，固体激发传播相位上必须和电子相同。

用式(4.56)和 $\delta(\omega+q_{\parallel}v)=v^{-1}\delta(\omega/v+q_{\parallel})$ 关系式，可得能量损失率，式(4.55b)变为

$$\dot{W}=\frac{e^2}{(2\pi)^3\epsilon_0 v}\int \mathrm{d}\omega\mathrm{d}q_{\perp}\ \mathrm{d}\varphi\omega\frac{q_{\perp}}{(\omega/v)^2+q_{\perp}^2}\mathrm{Im}\left\{\frac{-1}{\epsilon(\omega,\ q)}\right\} \tag{4.58}$$

对于入射孔位圆形的探测仪积分遍及 φ，可以积出 2π，q 取决于 $\epsilon(\omega,\ \boldsymbol{q})$，这一项可以忽略不计，这是由于电子速度较高的 $q_{\parallel}$ 非常小所造成的。又因为 $q_{\perp}\mathrm{d}q_{\perp}=\mathrm{d}q_{\perp}^2/2$

$$\begin{aligned}\dot{W}&=\frac{e^2}{4\pi^2\epsilon_0 v}\int \omega\mathrm{d}\omega\ \mathrm{Im}\left\{\frac{-1}{\epsilon(\omega)}\right\}\int\frac{q_{\perp}\mathrm{d}q_{\perp}}{(\omega/v)^2+q_{\perp}^2}\\&=\frac{e^2}{4\pi^2\epsilon_0 v}\left\{\ln\left[\left(\frac{\omega}{v}\right)^2+q_{\perp}^2\right]\right\}\Bigg|_0^{q_c}\int \omega\mathrm{d}\omega\ \mathrm{Im}\left\{\frac{-1}{\epsilon(\omega)}\right\}\end{aligned} \tag{4.59}$$

上式中可能转移波矢 q_c 最多等于晶体倒易点阵常数的 $1/a$。

总能量损失率[式(4.59)]由不同角频率 ω 的分量组成。然而，固体只能出现能量 $\hbar\omega$ 量子化的特殊激发，只有这种能量才能被转移(损失)。固体非弹性散射实验中光谱的响应(光谱灵敏度)在介电理论框架中通过 bulk-loss 函数描述

$$\mathrm{Im}\left\{\frac{-1}{\epsilon(\omega)}\right\}=\frac{\epsilon_2(\omega)}{\epsilon_1^2(\omega)+\epsilon_2^2(\omega)} \tag{4.60}$$

后来的电子能量损失谱出现本质(本征)谱结构 $\epsilon_2(\omega)$[式(4.60)]，也就是材料对光的本征吸收最大，这是由于电子能带间跃迁造成的。但是光谱的主要特征是由 $\epsilon_1(\omega)\simeq 0$ 且 $\epsilon_2(\omega)$很小、无变化所决定的。在另一方面，$\mathrm{Re}\{\epsilon(\omega)\}\simeq 0$ 的条件决定了纵向集体激发的频率 ω，例如自由电子气的等离子波[4.15]。

在电子能量损失实验中，固体散射理论成功地确定了由块体等离子激发引起的本征谱结构，这是因为当等离子激发的能量为 5~20 eV 时，固体电子体密度在 $10^{22}\sim10^{23}\ \mathrm{cm}^{-3}$的范围内是相符合的(图 4.23、图X.4 和图X.5)。

4.6.2 表面散射

在表面物理反射散射实验中，初始电子的能量($E<20$ eV)太小，以至于电子仅能穿透固体表面几 Å 的深度(4.1 节)。电子穿透材料内部的时间非常短，因此根据式(4.60)，固体散射过程是可以忽略的。然而，当电子接近固体表面和散射后离开时，要受到电子穿透固体的长程库仑场的作用(图 4.17)。因此，当电子在固体表面附近时，它和材料通过库仑场产生相互作用。为了屏蔽穿透时的库仑场引起的表面散射过程[4.11, 4.16]，可以采用上面处理固体散射相同的方法进行计算。为了这个目的，理想的假设电子轨迹 $\boldsymbol{s}(t)$和弹性散射电子(速度为 $\boldsymbol{v}$)轨迹相同。时间 $t=0$ 认为是在固体表面($z=0$)反射的时刻。根据图 4.17，电子的位置和速度由下式描述：

$$\boldsymbol{s}(t)=\boldsymbol{v}t=\boldsymbol{v}_{\parallel}t+v_{\perp}t\hat{\boldsymbol{e}}_z \tag{4.61a}$$

又因为比较小的能量损失 $\hbar\omega<<E$

$$v_{\perp}(t<0)=|v_{\perp}|\simeq -v_{\perp}(t>0) \tag{4.61b}$$

其中，$\parallel$ 和 $\perp$ 分别表示平行和垂直于表面的分量，$\hat{\boldsymbol{e}}_z$ 为 z 轴单位矢量。运动电子的 $\boldsymbol{D}$ 场离表面很远，这和在 $z>0$ 不存在半无限固体的情况是一样的[式(4.52)]。根据经典电动力学，半无限电介质外点电荷的外电场可以用电荷在固体内部的情况来描述；介电质内部的场 ε_{i} 有辐射对称性就好像不存在分界面一样，但是它被 $2/(\epsilon+1)$因子屏蔽，而这个因子和自由电子场 ε 有关，因此，对傅里叶分量 $\hat{\boldsymbol{\varepsilon}}_{\mathrm{i}}$ 有

$$\hat{\boldsymbol{\varepsilon}}_{\mathrm{i}}(\boldsymbol{q},\ \omega)=\frac{2}{\epsilon(\omega)+1}\hat{\boldsymbol{\varepsilon}}(\boldsymbol{q},\ \omega)=\frac{\hat{\boldsymbol{D}}_{\mathrm{i}}(\boldsymbol{q},\ \omega)}{\epsilon_0\epsilon(\omega)} \tag{4.62}$$

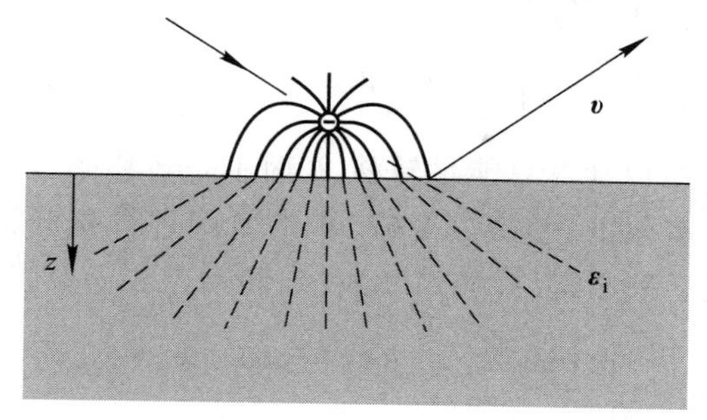

图 4.17　半无限半空间($z>0$)低能电子(速度为 $\boldsymbol{v}$)非弹性散射示意图。屏蔽外表面电子在固体内部产生的电场 ε_i 是造成能量在固体中转移(损失)的原因。因此，假设转移的能量和电子动能相比很小，电子的轨迹是半弹性的

现在表面散射实验所遇到的问题是，电子场用传统的三维傅里叶级数[式(4.44)]表示并不方便。这是因为在表面散射实验中，只有波矢的平行分量 $\boldsymbol{q}_{\parallel}$ 是守恒的，而不是 $\boldsymbol{q}$[式(4.18b)]。因此，我们关注的散射截面应该表示为 $P(\hbar\omega,\ \boldsymbol{q}_{\parallel})$，$\varepsilon$ 和 $\boldsymbol{D}$ 场用 ε_i 和 $\boldsymbol{D}_i$展开，在表面波 $\exp\ (\mathrm{i}\boldsymbol{q}_{\parallel}\cdot\boldsymbol{r}_{\parallel}-q_{\parallel}|z|)$ 表达式中用 ε_i 和 $\boldsymbol{D}_i$ 更合适。通过这个必要的展开，我们可以对三维傅里叶级数的库仑势在整个垂直于表面的坐标系进行积分，有

$$\mathrm{d}\boldsymbol{q}=\mathrm{d}\boldsymbol{q}_{\parallel}\mathrm{d}q_{\perp},\qquad \boldsymbol{q}\cdot\boldsymbol{r}=\boldsymbol{q}_{\parallel}\cdot\boldsymbol{r}_{\parallel}+zq_{\perp} \tag{4.63}$$

从式(4.51)可以得到

$$\begin{aligned}\frac{1}{r}&=\frac{1}{2\pi^2}\int\mathrm{d}\boldsymbol{q}_{\parallel}\ \exp\ (\mathrm{i}\boldsymbol{q}_{\parallel}\cdot\boldsymbol{r}_{\parallel})\int\mathrm{d}q_{\perp}\ \frac{\mathrm{e}^{\mathrm{i}q_{\perp}z}}{q_{\parallel}^2+q_{\perp}^2}\\&=\frac{1}{2\pi}\int\mathrm{d}\boldsymbol{q}_{\parallel}\ \frac{1}{q_{\parallel}}\exp\ (\mathrm{i}\,\boldsymbol{q}_{\parallel}\cdot\boldsymbol{r}_{\parallel}-q_{\parallel}|z|)\end{aligned} \tag{4.64}$$

也就是说，这描述了表面波沿着表面方向继续保持波的特性，且在半无限半空间内以指数的形式衰减。因此，内部场 ε_i 和 $\boldsymbol{D}_i$ 只是 $1/r$ 势(4.52)的导数，可以得到下面的表达式：

$$\boldsymbol{\varepsilon}_i(\boldsymbol{r},\ t)=\frac{1}{2\pi}\int\mathrm{d}\omega\mathrm{d}\boldsymbol{q}_{\parallel}\hat{\boldsymbol{\varepsilon}}_i(\omega,\ \boldsymbol{q}_{\parallel})\ \exp\ (-q_{\parallel}|z|)\ \exp\ [\mathrm{i}(\boldsymbol{q}_{\parallel}\cdot\boldsymbol{r}_{\parallel}-\omega t)] \tag{4.65a}$$

$$\dot{\boldsymbol{D}}_i(\boldsymbol{r},\ t)=\frac{1}{2\pi}\int\mathrm{d}\omega'\mathrm{d}\boldsymbol{q}'_{\parallel}(-\mathrm{i}\omega')\hat{\boldsymbol{D}}_i(\omega',\ \boldsymbol{q}'_{\parallel})\times \exp\ (-q'_{\parallel}|z|)\ \exp\ [\mathrm{i}(\boldsymbol{q}'_{\parallel}\cdot\boldsymbol{r}_{\parallel}-\omega' t)] \tag{4.65b}$$

而电场一定是个实量，因此可得

$$\hat{\boldsymbol{\varepsilon}}_i^*(\omega,\ \boldsymbol{q}_{\parallel})=\hat{\boldsymbol{\varepsilon}}_i(-\omega,\ -\boldsymbol{q}_{\parallel}) \tag{4.66}$$

转移到固体中的总能量采用式(4.43)类推可以写为

$$W = \mathrm{Re}\left\{\int_{-\infty}^{+\infty}\mathrm{d}t\int_{z=0}^{\infty}\mathrm{d}\boldsymbol{r}\boldsymbol{\varepsilon}_{\mathrm{i}}(\boldsymbol{r},\ t)\dot{\boldsymbol{D}}_{\mathrm{i}}(\boldsymbol{r},\ t)\right\} \tag{4.67}$$

和式(4.43)相比，可以计算总能量转移 W 而不是转移率 $\dot{W}$，这是因为在表面散射中散射体积是有限的，对式(4.67)中的时间进行积分就可以得到有限的能量转移的表达式。采用式(4.65a)和式(4.65b)及 δ 函数表达式可以得到

$$W = 2\pi\ \mathrm{Re}\left\{\int_0^{\infty}\mathrm{d}z\int\mathrm{d}\omega\mathrm{d}\omega'\mathrm{d}\boldsymbol{q}_{\parallel}\mathrm{d}\boldsymbol{q}'_{\parallel}(-\mathrm{i}\omega')\exp(-zq_{\parallel}+zq'_{\parallel})\times\right.$$

$$\left.\delta(\omega+\omega')\delta(\boldsymbol{q}_{\parallel}+\boldsymbol{q}'_{\parallel})\hat{\boldsymbol{\varepsilon}}_{\mathrm{i}}(\omega,\ \boldsymbol{q})\hat{\boldsymbol{D}}_{\mathrm{i}}(\omega',\ \boldsymbol{q}')\right\} \tag{4.68}$$

结合自由电子(没有固体时)的场 $\hat{\boldsymbol{D}}$ 可得

$$W = 2\pi\ \mathrm{Re}\left\{\int\mathrm{d}\omega\mathrm{d}\boldsymbol{q}_{\parallel}\frac{\mathrm{i}\omega}{2q_{\parallel}}\frac{2}{\epsilon(\omega)+1}\frac{2\epsilon^{*}(\omega)}{\epsilon^{*}(\omega)+1}\frac{1}{\epsilon_0}|\hat{\boldsymbol{D}}(\omega,\ \boldsymbol{q}_{\parallel})|^2\right\} \tag{4.69}$$

最后可得

$$W = \frac{4\pi}{\epsilon_0}\int\mathrm{d}\omega\mathrm{d}\boldsymbol{q}_{\parallel}\frac{\omega}{q_{\parallel}}|\hat{\boldsymbol{D}}(\omega,\ \boldsymbol{q}_{\parallel})|^2\ \mathrm{Im}\left\{\frac{-1}{\epsilon(\omega)+1}\right\} \tag{4.70}$$

采用式(4.52)和表面波库仑场展开式(4.64)，计算场的展开系数 $\hat{\boldsymbol{D}}(\omega,\ \boldsymbol{q}_{\parallel})$

$$\begin{aligned}\boldsymbol{D}(\boldsymbol{r},\ t) &= -\frac{e}{4\pi}\nabla\frac{1}{|\boldsymbol{r}-\boldsymbol{v}t|}\\ &= \frac{e}{8\pi^2}\int\mathrm{d}\boldsymbol{q}_{\parallel}(-\mathrm{i}\hat{\boldsymbol{e}}_{\parallel},\ 1)\exp(\mathrm{i}\boldsymbol{q}_{\parallel}\cdot\boldsymbol{r}_{\parallel}-zq_{\parallel})\times\\ &\quad\exp(-\mathrm{i}\boldsymbol{q}_{\parallel}\cdot\boldsymbol{v}_{\parallel}t+q_{\parallel}v_{\perp}t)\end{aligned} \tag{4.71}$$

对积分中最后一个指数函数进行关于时间的傅里叶变换

$$\exp(-\mathrm{i}\boldsymbol{q}_{\parallel}\cdot\boldsymbol{v}_{\parallel}t+q_{\parallel}v_{\perp}t) = \int_{-\infty}^{+\infty}\mathrm{d}\omega g(\omega)\mathrm{e}^{-\mathrm{i}\omega t} \tag{4.72}$$

又因为 $|v_{\perp}|\simeq$ 常数和 $|v_{\parallel}|\simeq$ 常数可得

$$g(\omega) = \frac{1}{2\pi}\frac{2q_{\parallel}v_{\perp}}{(q_{\parallel}v_{\perp})^2+(\boldsymbol{q}_{\parallel}\cdot\boldsymbol{v}_{\parallel}-\omega)^2} \tag{4.73}$$

式(4.73)代入式(4.72)，最后代入式(4.71)，可以得到 $\hat{\boldsymbol{D}}(\omega,\ \boldsymbol{q}_{\parallel})$，从而总能量转移式(4.70)变为

$$\begin{aligned}W &= \frac{8\pi e^2}{(2\pi)^4\epsilon_0\hbar^2}\int\mathrm{d}(\hbar\omega)\mathrm{d}\boldsymbol{q}_{\parallel}\hbar\omega\frac{q_{\parallel}v_{\perp}^2}{[(q_{\parallel}v_{\perp})^2+(\boldsymbol{q}_{\parallel}\cdot\boldsymbol{v}_{\parallel}-\omega)^2]^2}\ \mathrm{Im}\left\{\frac{-1}{\epsilon(\omega)+1}\right\}\\ &= \int\mathrm{d}(\hbar\omega)\mathrm{d}\boldsymbol{q}_{\parallel}\hbar\omega P(\hbar\omega,\ \boldsymbol{q}_{\parallel})\end{aligned} \tag{4.74}$$

从而可以得到转移能量为 $\hbar\omega$ 的散射概率 $P(\hbar\omega, \boldsymbol{q}_{\parallel})$ 和平行于表面的波矢 $\boldsymbol{q}_{\parallel}$ 为

$$P(\hbar\omega, \boldsymbol{q}_{\parallel}) = \frac{e^2}{2\pi^3\epsilon_0\hbar^2}\frac{q_{\parallel}v_{\perp}^2}{[(q_{\parallel}v_{\perp})^2 + (\boldsymbol{q}_{\parallel}\cdot\boldsymbol{v}_{\parallel} - \omega)^2]^2}\mathrm{Im}\left\{\frac{-1}{\epsilon(\omega)+1}\right\} \tag{4.75}$$

可以方便地把非弹性散射截面 $P(\hbar\omega, \boldsymbol{q}_{\parallel})$ 或者 $\mathrm{d}^2S/\mathrm{d}(\hbar\omega)\mathrm{d}\boldsymbol{q}_{\parallel}$ 表示为散射方位角元素 $\mathrm{d}\Omega$ 的微分散射截面 $\mathrm{d}^2S/\mathrm{d}(\hbar\omega)\mathrm{d}\Omega$。测量到的谱可以通过对电子分析仪 Ω_{Apert} 在所有的可接收角内积分计算来得到。为了这个目的，通过式(4.35a)~(4.39)和图 4.15，可以得到 $\mathrm{d}\boldsymbol{q}_{\parallel} = \mathrm{d}q_{\parallel x}\mathrm{d}q_{\parallel y}$，根据方位角 $\mathrm{d}\Omega$

$$\mathrm{d}\Omega = \sin\psi\mathrm{d}\psi\mathrm{d}\varphi \tag{4.76}$$

因为式(4.32b)，有

$$\mathrm{d}\boldsymbol{k}'_{\parallel} = \mathrm{d}\boldsymbol{q}_{\parallel} \tag{4.77}$$

对于小角度散射($q_{\parallel} << k$)有 $\psi << 1$ 和 $\varphi \simeq 0$，也就是 $\sin\varphi \simeq 0$ 和 $\cos\varphi \simeq 1$，有

$$\mathrm{d}\boldsymbol{q}_{\parallel} = \mathrm{d}q_{\parallel x}\mathrm{d}q_{\parallel y} = k'^2\cos\Theta\sin\psi\mathrm{d}\psi\mathrm{d}\varphi = k'^2\cos\Theta\mathrm{d}\Omega \tag{4.78}$$

在大多数的实验条件下，能量损失 $\hbar\omega$ 和初始能量 E 相比很小，也就是

$$\hbar\omega << E, \quad k'^2 \simeq k^2 \tag{4.79}$$

又因为

$$E = \frac{\hbar^2k^2}{2m} = \frac{1}{2}mv^2 = \frac{1}{2}\frac{mv_{\perp}^2}{2\cos^2\Theta} \tag{4.80}$$

因此可得

$$k'^2\cos\Theta \simeq \frac{m^2v_{\perp}^2}{\hbar^2\cos\Theta} \tag{4.81}$$

结合式(4.79)，最后可得

$$\mathrm{d}\boldsymbol{q}_{\parallel} = \frac{m^2v_{\perp}^2}{\hbar^2\cos\Theta}\mathrm{d}\Omega \tag{4.82}$$

对于不同的散射截面得[由式(4.75)]

$$\frac{\mathrm{d}^2S}{\mathrm{d}(\hbar\omega)\mathrm{d}\Omega} = \frac{m^2e^2|R|^2}{2\pi^3\epsilon_0\hbar^4\cos\Theta}\frac{v_{\perp}^4 q_{\parallel}}{[v_{\perp}^2q_{\parallel}^2 + (\omega - \boldsymbol{v}_{\parallel}\cdot\boldsymbol{q}_{\parallel})^2]^2}\mathrm{Im}\left\{\frac{-1}{\epsilon(\omega)+1}\right\} \tag{4.83}$$

引入反射系数 R，就是考虑到事实上并不是每一个初始电子都被表面反射。只要有足够多的电子穿透进入固体中，就能以电流的形式探测到。除了激发为 $\hbar\omega$ 的玻色(Bose)占据因子$[n(\hbar\omega)+1]$以外，式(4.83)与 Mills 基于简单量子理论方法(4.1 节)得到的表达式是一致的[4.11]，其中，Mills 基于简单量子理论方法认为散射是由长程电子密度的波动引起的。在这个计算过程中，散射

势是按照表面波[式(4.65a)]来计算得到的，散射过程用玻恩近似描述。

根据式(4.83)，低能电子介电散射的特征主要由两项决定，表面损失函数

$$\mathrm{Im}\left\{\frac{-1}{\epsilon(\omega)+1}\right\}=\frac{\epsilon_2(\omega)}{[\epsilon_1(\omega)+1]^2+\epsilon_2^2(\omega)} \tag{4.84}$$

和一个前因子

$$\frac{v_\perp^4 q_\parallel}{[v_\perp^2 q_\parallel^2+(\omega-\boldsymbol{v}_\parallel\cdot\boldsymbol{q}_\parallel)^2]^2} \tag{4.85}$$

这一项和共振项有相同之处。

表面损失函数[式(4.84)]确定了损失谱的本征谱结构。因此，在固体散射过程中，谱结构在 $\epsilon_2(\omega)=\mathrm{Im}\{\epsilon(\omega)\}$ 处有强度比较大的特征。因此，$\epsilon_2(\omega)$ 也决定了在非弹性散射中材料的光学吸收常数，以及观察到各种各样的光学跃迁(转移)，例如带间激发、激子、声子等。当在小范围满足

$$\epsilon_1(\omega)\simeq-1 \tag{4.86}$$

条件和单调无变化的 $\epsilon_2(\omega)$ 时，出现最大散射概率。

这将会在下一章展示，式(4.86)的条件决定了半无限半空间电介质中声子和等离子(极化)等表面集体振动(激发)的频率。因此，这种激发可以方便地通过低能电子衍射进行研究。

在散射概率[式(4.83)]中，共振类型前因子[式(4.85)]可以非常方便地在小角入射($v_\perp<<v_\parallel$)的情况下讨论。在这种情况下，当

$$v_\parallel=\frac{\omega}{q_\parallel} \tag{4.87a}$$

时，散射截面出现强的散射峰，也就是说，电子平行于表面的速度 $v_\parallel$ 等于表面激发(声子、等离子等)的相速度 $\omega/q_\parallel$ 是造成表面散射过程的原因。当电子运动和表面激发相位运动匹配比较好时，初始电子和表面激发模耦合最好。因此，式(4.85)称为匹配项，式(4.87a)和式(4.87b)称为电介质散射的匹配条件。采用 $E=\hbar^2k^2/2m=mv^2/2$，式(4.87a)可以表示为

$$q_\parallel=k\frac{\hbar\omega}{2E} \tag{4.87b}$$

当 $\Theta\simeq90°$(小角入射)时，式(4.87b)和式(4.42)相同；最大电介质散射截面的条件限定了转移矢量 $q_\parallel$ 的值比布里渊区直径小。对于那些范围在 10 eV 以内且能量损失小于 100 meV 的初始能量来说，$q_\parallel$ 值根据式(4.87a)和式(4.87b)估计会处在 10^{-2} Å^{-1} 范围之内。根据图 4.15(a)，如此小的转移矢量 $q_\parallel$ 意味着散射在镜面方向周围很小的角度内。介电散射是由长程电荷体密度的波动造成的，因此可以通过实验测量被散射电子随角度的分布，从而与其他

的散射过程区分开。在介电散射例子中，散射电子急剧地分布在偏离镜面方向1°~2°的环形区域内。对于常规的电子分光计，其入射孔也在1°~2°的范围内，因此，可以满足研究电介质散射实验的要求。

图4.18(a)所示为计算结果的图解说明，总的散射截面[对式(4.83)中角度的积分]对应于分光计探测仪入射孔孔径角ψ_c，假设入射孔是圆形的。参数$E=5$ eV(初始能量)，$\hbar\omega=36$ meV(能量损失)，$\Theta=70°$，这些参数方便计算GaAs(第5章)的表面声子散射。由图4.18(a)易知，非弹性散射电子主要集中在$\psi_c\simeq1°$的范围。对于相同的散射参数，图4.18(b)示出了散射进入孔径角$\psi_c=0.8°$的总的散射截面和入射角Θ的关系，明确揭示了$(\cos\Theta)^{-1}$的依赖性[式(4.83)]。这种$(\cos\Theta)^{-1}$依赖主要来自时间$\tau\sim(\cos\Theta)^{-1}E^{-1/2}$，在这段时

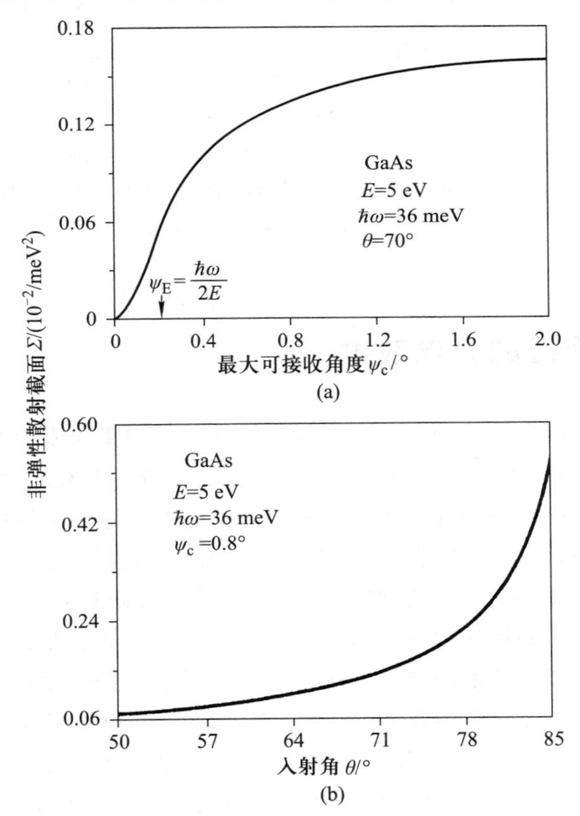

图4.18 (a)镜面方向周围随着孔径角ψ_c增大(横坐标)和根据介电理论计算的非弹性散射截面。GaAs(110)面声子散射实验的参数如下：初始能量为E，能量损失为$\hbar\omega$和入射角为Θ。(b)根据式(4.83)，总的非弹性散射截面是入射角的函数。经过对镜面方向的计算，初始能量为5 eV，能量损失为36 meV。对整个圆形入射孔进行积分(角度$\psi_c=0.8°$)[4.17]

间内，初始电子在接近表面处运动。图 4.19 所示为相应的散射截面依赖于 $E^{-1/2}$ 的关系。

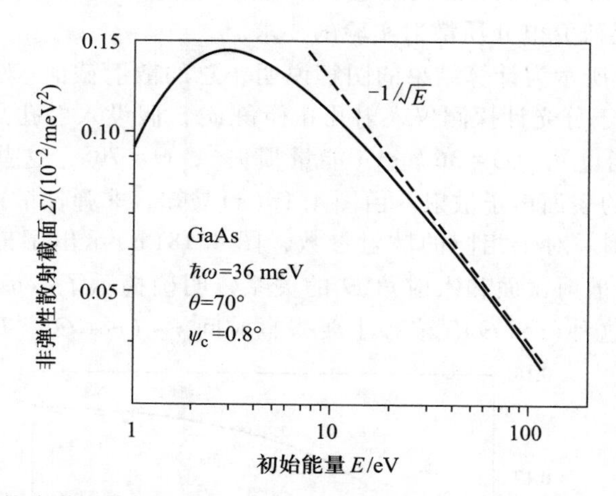

图 4.19　总的非弹性散射截面[式(4.83)]和初始能量之间的关系。式(4.83)的积分范围是整个孔径角 $\psi_c=0.8°$，入射角 $\Theta=70°$，考虑到镜面方向，能量损失计算为 $\hbar\omega=36$ meV [4.17]

4.7　薄表面层的介电散射

关于介电表面散射机制，一直以来被认为与均匀半无限半空间中电子的交换作用有关。4.6 节计算的散射截面[式(4.75)、式(4.83)]不能用来描述限制在表面以下几埃空间内准二维的非弹性散射激发。这种激发的物理例子有表面电子态之间的跃迁(第 6 章)，二维电子气在金属吸附层或半导体紧密积累层中(第 7 章)的激发，仅在最顶层原子层中具有有限振幅的表面晶格振动和被吸附分子或原子的振动激发。原则上来说，简单的量子方法适用于描述这些垂直于表面原子尺度体系的散射。在粗略的近似中，和这种表面层有关的基本激发经常用根据表面介电函数 $\epsilon_s(\omega)$ 建立的连续统一模型来描述。这种介电函数常用来模拟最顶层原子层(厚度为 d)的介电响应。下面的块体材料用块体的介电函数 $\epsilon_b(\omega)$ 来描述(图 4.20)。例如，我们可能要考虑在半导体上面几个分子层厚度的相干金属。在这个例子中，$\epsilon_b(\omega)$ 为半导体的介电函数，$\epsilon_s(\omega)$ 为金属的介电函数，包含自由电子气[4.18]德拜介电响应的本质部分。

如果我们考虑镜面反射范围内的能量损失为 $\hbar\omega$，这时，基底的激发就可以忽略掉，被反射电子只能转移能量 $\hbar\omega$ 和波矢 $\boldsymbol{q}_\parallel$ 到表面层内的激发中。在最简单的近似中，我们假设表面层的厚度非常小($q_\parallel d<<1$)，以至于其对块体内

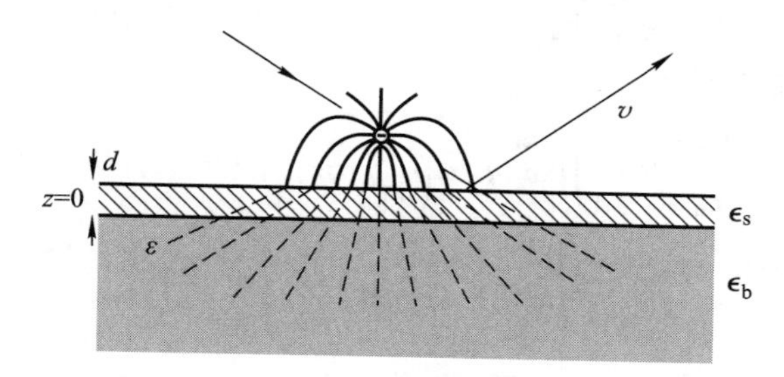

图 4.20　半无限半空间电介质(块体的介电函数为 ϵ_b)覆盖有薄的表面膜(介电函数为 ϵ_s)的低能电子(速度为 v)非弹性散射过程示意图。假设固体外部电子产生的内部电场 ε_i 通过薄的覆盖层以后没有发生变化

的场没有明显的影响。如图 4.17 所示，块体内的场 $\boldsymbol{\varepsilon}_b$ 和 $\boldsymbol{D}_b$ 有垂直于初始电子方向的对称性(图 4.20)。在块体/表面层的分界面必须满足平行和垂直于表面各个分量的边界条件

$$\boldsymbol{\varepsilon}_b^{\parallel} = \boldsymbol{\varepsilon}_s^{\parallel}, \quad \boldsymbol{D}_b^{\perp} = \boldsymbol{D}_s^{\perp} \tag{4.88}$$

因为能量只转移到覆盖层空间区域内，因此，在计算总的能量转移时，只考虑这个覆盖层内的“表面场”$\boldsymbol{\varepsilon}_s(\boldsymbol{r}, t)$和 $\boldsymbol{D}_s(\boldsymbol{r}, t)$

$$W = \mathrm{Re}\left\{\int_{-\infty}^{+\infty}\mathrm{d}t\int_{z=-d}^{0}\mathrm{d}\boldsymbol{r}\boldsymbol{\varepsilon}_s(\boldsymbol{r}, t)\dot{\boldsymbol{D}}_s(\boldsymbol{r}, t)\right\} \tag{4.89}$$

按照表面波[式(4.65)]展开场，采用与式(4.68)相似的计算可得

$$\begin{aligned} W &= 2\pi\mathrm{Re}\left\{\int_{-d}^{z=0}\mathrm{d}z\int\mathrm{d}\omega\mathrm{d}\omega'\mathrm{d}\boldsymbol{q}_{\parallel}\mathrm{d}\boldsymbol{q}'_{\parallel}(-\mathrm{i}\omega')\hat{\varepsilon}_s(\omega, \boldsymbol{q}_{\parallel})\hat{\boldsymbol{D}}_s(\omega', \boldsymbol{q}_{\parallel})\times\right. \\ &\qquad \left.\delta(\omega+\omega')\delta(\boldsymbol{q}_{\parallel}+\boldsymbol{q}'_{\parallel})\exp\left[-(q_{\parallel}+q'_{\parallel})z\right]\right\} \\ &= 2\pi d\mathrm{Re}\left\{\int\mathrm{d}\omega\mathrm{d}\boldsymbol{q}_{\parallel}\mathrm{i}\omega\hat{\boldsymbol{\varepsilon}}_s(\omega, \boldsymbol{q}_{\parallel})\hat{\boldsymbol{D}}_s^*(\omega, \boldsymbol{q}_{\parallel})\right\} \end{aligned} \tag{4.90}$$

为了满足式(4.88)的条件，我们将场分解为平行和垂直于表面的分量，也就是

$$\hat{\boldsymbol{\varepsilon}}_s = (\hat{\varepsilon}_s^{\parallel}, \hat{\varepsilon}_s^{\perp}), \quad \hat{\boldsymbol{D}}_s = \epsilon_s\epsilon_0(\hat{\varepsilon}_s^{\parallel}, \hat{\varepsilon}_s^{\perp}) \tag{4.91}$$

式(4.90)对每个场分量分别求值

$$W = 2\pi d\mathrm{Re}\left\{\int\mathrm{d}\omega\mathrm{d}\boldsymbol{q}_{\parallel}\mathrm{i}\omega\left(\hat{\boldsymbol{\varepsilon}}_s^{\parallel}\hat{\boldsymbol{\varepsilon}}_s^{\parallel *}\epsilon_s^*\epsilon_0 + \frac{1}{\epsilon_0\epsilon_s}\hat{\boldsymbol{D}}_s^{\perp}\hat{\boldsymbol{D}}_s^{\perp *}\right)\right\} \tag{4.92}$$

采用边界条件式(4.88)可以和块体场产生联系

$$W = 2\pi d\mathrm{Re}\left\{\int\mathrm{d}\omega\mathrm{d}\boldsymbol{d}_{\parallel}\omega\left(\epsilon_0\,\mathrm{Im}\,\{\epsilon_s|\hat{\boldsymbol{\varepsilon}}_b^{\parallel}|^2\} + \frac{1}{\epsilon_0}\mathrm{Im}\,\{-\epsilon_s^{-1}|\hat{\boldsymbol{D}}_b^{\perp}|^2\}\right)\right\} \tag{4.93}$$

最后插入半无限半空间屏蔽因子[式(4.62)]，可以得到能量转移关于初始电子“外部”库仑场的关系

$$W = \frac{2\pi d}{\epsilon_0} \mathrm{Re} \left\{ \int \mathrm{d}\omega \mathrm{d}\boldsymbol{q}_{\parallel} \omega \left(\frac{4}{|\epsilon_b + 1|^2} \mathrm{Im} \{ \epsilon_s |\hat{\boldsymbol{D}}^{\parallel}|^2 \} + \frac{4|\epsilon_b|^2}{|\epsilon_b + 1|^2} \mathrm{Im} \{ -\epsilon_s^{-1} |\hat{\boldsymbol{D}}^{\perp}|^2 \} \right) \right\} \tag{4.94}$$

采用傅里叶变换式(4.71)~(4.73)可得

$$|\hat{\boldsymbol{D}}^{\parallel}|^2 = |\hat{\boldsymbol{D}}^{\perp}|^2 = \frac{e^2}{(2\pi)^4} \frac{q_{\parallel}^2 v_{\perp}^2}{[(q_{\parallel} v_{\perp})^2 + (\boldsymbol{q}_{\parallel} \cdot \boldsymbol{v}_{\parallel} - \omega)^2]^2} \tag{4.95}$$

采用来自激发($\hbar\omega$, $\boldsymbol{q}_{\parallel}$)的散射概率$P(\hbar\omega, \boldsymbol{q}_{\parallel})$的定义式(4.74)，可得

$$P(\hbar\omega, \boldsymbol{q}_{\parallel}) = \frac{e^2 d}{2\pi^3 \epsilon_0 \hbar^2} \frac{q_{\parallel}^2 v_{\perp}^2}{[(q_{\parallel} v_{\perp})^2 + (\boldsymbol{q}_{\parallel} \cdot \boldsymbol{v}_{\parallel} - \omega)^2]^2} \times \left(\frac{1}{|\epsilon_b + 1|^2} \mathrm{Im} \{\epsilon_s\} + \frac{|\epsilon_b|^2}{|\epsilon_b + 1|^2} \mathrm{Im} \left\{ -\frac{1}{\epsilon_s} \right\} \right) \tag{4.96}$$

考虑到散射概率和固体角度的关系，可以得到与式(4.83)相似的结果。例如定性分析期望得到的，在块体基底上的薄电介质层的低能电子非弹性散射截面[式(4.96)]和薄电介质层的厚度d是成比例的。通过分别比较式(4.49)和式(4.96)中的附加项，可以得到重要结论：第二项中与垂直于表面的电场分量$\hat{\boldsymbol{D}}^{\perp}$有关的因子$|\epsilon_b|^2$在数量级上比第一项大。对于金属基底甚至半导体表面(Si、Ge、GaAs等)，$|\epsilon_b|^2$超过100，第二项中来源于垂直表面方向上的场分量决定了损失谱，因此，损失谱中的主要结构由Im$\{-1/\epsilon_s\}$决定。因为场方向垂直于表面$\hat{\boldsymbol{D}}^{\perp}$，薄表面的大部分损失函数，只有层中的这些偶极子排列方向垂直于界面才对损失谱有贡献，这就是取向选择定则。这说明在介电理论中造成谱结构主要特征的激发(被吸附分子的振动、电子表面态的跃迁等)是按照垂直于表面方向排列地运动偶极矩。图4.21定性地讨论了选择定则。通过金属或者半导体基底上运动偶极矩的散射已经考虑过。除了覆盖层中的偶极矩，基底中的偶极子对总的散射截面也有贡献。对于基底中平行于表面方向排列的偶极子(a)，偶极子有相反的方向，因此，部分的抵消了覆盖层中偶极子的作用。对于偶极子排列方向垂直于表面的情况，偶极子有相同的方向(b)，因此增强了覆盖层中偶极子的作用。应该强调的是，这个选择定则源于介电理论，也只能在介电理论的范围内有效。

推导出的散射截面式(4.96)在极限$q_{\parallel} d \ll 1$是近似有效的。当覆盖层厚度d和翻转转移波矢$q_{\parallel}$相比很小时，式(4.96)是有效的。固体基底中库仑场对

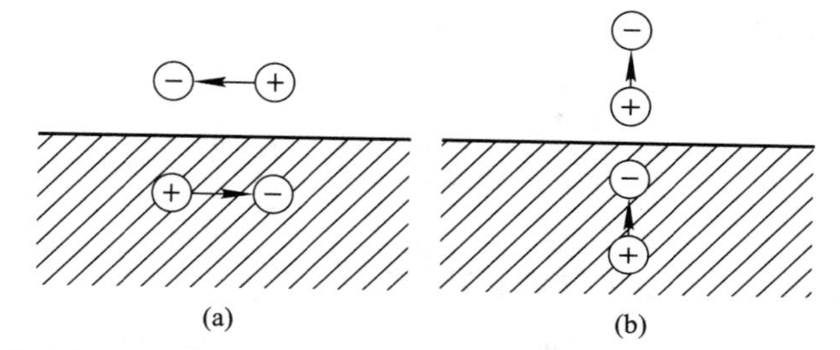

图 4.21　定性解释偶极子表面散射的取向选择定则：基底中的偶极子(阴影中)部分补偿了平行方向上被吸附的偶极子作用(a)，增强了垂直于表面方向的偶极子的作用(b)

覆盖层没有明显影响。Ibach 和 Mills[4.11]通过采用正确的真空和覆盖层-基底边界条件推导出了更普遍的不受覆盖层厚度 d 限制的公式。根据这个推导，覆盖层厚度为 d 的表面散射的散射截面通过半无限半空间式(4.75)和式(4.83)给出，但是表面损失函数式(4.84)必须通过实际介电函数 $\tilde{\epsilon}(\omega)$ 进行修正，这个介电函数包括基底块体介电函数 $\epsilon_b(\omega)$ 和覆盖层介电函数 $\epsilon_s(\omega)$。表面损失函数代入连续覆盖层模型式(4.75)或者式(4.83)得

$$\mathrm{Im}\left\{\frac{-1}{\tilde{\epsilon}(\boldsymbol{q}_{\parallel},\ \omega)+1}\right\} \tag{4.97}$$

有效介电函数

$$\tilde{\epsilon}(\boldsymbol{q}_{\parallel},\ \omega)=\epsilon_s(\omega)\frac{1+\Delta(\omega)\ \exp\ (-2q_{\parallel}d)}{1-\Delta(\omega)\ \exp\ (-2q_{\parallel}d)} \tag{4.98a}$$

其中

$$\Delta(\omega)=\frac{\epsilon_b(\omega)-\epsilon_s(\omega)}{\epsilon_b(\omega)+\epsilon_s(\omega)} \tag{4.98b}$$

尽管假设 ϵ_b 和 ϵ_s 不依赖于 $q_{\parallel}$，实际上，介电函数 $\tilde{\epsilon}(\boldsymbol{q}_{\parallel},\ \omega)$会变成转移波矢 $q_{\parallel}$ 的函数；散射实验“信息深度”依赖于 $q_{\parallel}$($\propto 1/q_{\parallel}$)，因此，$1/q_{\parallel}$ 和覆盖层厚度 d 的关系决定了 ϵ_b 和 ϵ_s 对总散射截面的贡献。对于极限 $d\to 0$ 情况，式(4.98a)接近于半无限半空间没有覆盖层的介电函数 ϵ_b。对于 $d\to 0$，可以得到介电函数为 ϵ_s 的半无限半空间的散射截面。

Lambin 等将这种电介质散射的理论扩展到半无限固体顶部有多层结构的情况[4.19]。这种模型体系包含 n 层(以 i 计数)，每一层用复介电函数 $\epsilon_i(\omega)$ 和厚度 d_i 描述。损失函数式(4.97)可以通过采用真实介电函数[代替式(4.98a)]计算得到

$$\tilde{\epsilon}(\boldsymbol{q},\ \omega)=a_1(\omega)-\cfrac{b_1^2(\omega)}{a_1(\omega)+a_2(\omega)-\cfrac{b_2^2(\omega)}{a_2(\omega)+a_3(\omega)-\cfrac{b_3^2(\omega)}{a_3(\omega)+a_4(\omega)-\cdots}}} \tag{4.98c}$$

系数 $a_i(\omega)$和 $b_i(\omega)$引入依赖下列关系的波矢：

$$a_i(\omega)=\frac{\epsilon_i(\omega)}{\tanh\ (q_{\parallel} d_i)},\quad b_i(\omega)=\frac{\epsilon_i(\omega)}{\sinh\ (q_{\parallel} d_i)} \tag{4.98d}$$

对于半无限基底上覆盖层 n 固定的情况，式(4.98c)由条件 $b_{n+1}=0$ 终止。这些多层理论体系也可以用来近似计算接近表面介电性能[$\epsilon(\omega,\ z)$]的空间变化的情况。

4.8 一些低能电子在表面非弹性散射的实验例子

在一个使用反射几何学的表面低能电子衍射实验中仍然可以检测到体激发。这是因为对一个半无限半空间来说，表面损失函数式(4.84)在计算中包含了体材料介电函数的虚部 $\epsilon_2(\omega)$。图 4.22 阐明了一个实验例子。使用高分辨率分光计(附录Ⅱ、附录Ⅹ)记录了清洁的 InSb(110)面上初始能量为 21 eV 的电子能量损失谱。InSb(110)面在超高真空中解理制成。广泛的损失谱的阈

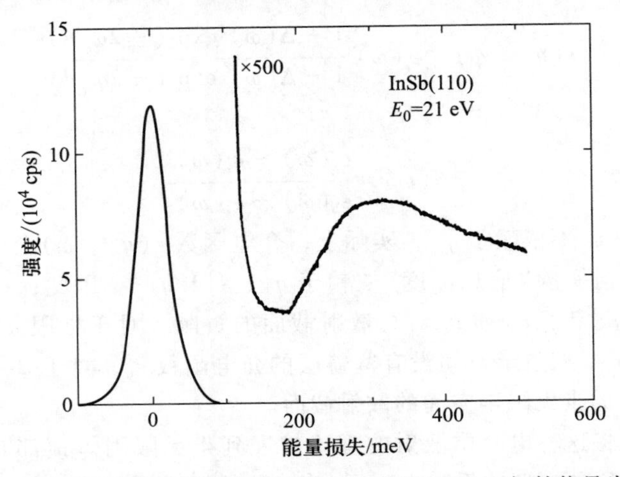

图 4.22 低能电子能量损失谱。该谱在清洁的 InSb(110)面上，初始能量为 21 eV，并且是通过镜面反射的方式测得的。因为强度所限，能量的分辨率不能确定表面声子激发。损失谱的特征峰在 180 meV 附近开始，是因为电子空穴对的激发穿过了禁带[4.20]

值略小于 200 meV，这是由于体材料的带间跃迁穿过了 InSb 的直接带隙（E_g = 180 meV，300 K）。损失谱反映了 InSb 光吸收常数对频率的依赖关系[4.20]。

图 4.23 示出了一系列双分化电子能量损失谱，该谱通过筒镜能量分析法测量得到：(a) 清洁的 InSb(110) 面；(b) 在 InSb(100) 面上沉积 Sn；(c) 和 (d) 在 InSb(110) 面上分别沉积 α-Sn、β-Sn；(e) 清洁的多晶 β-Sn 箔

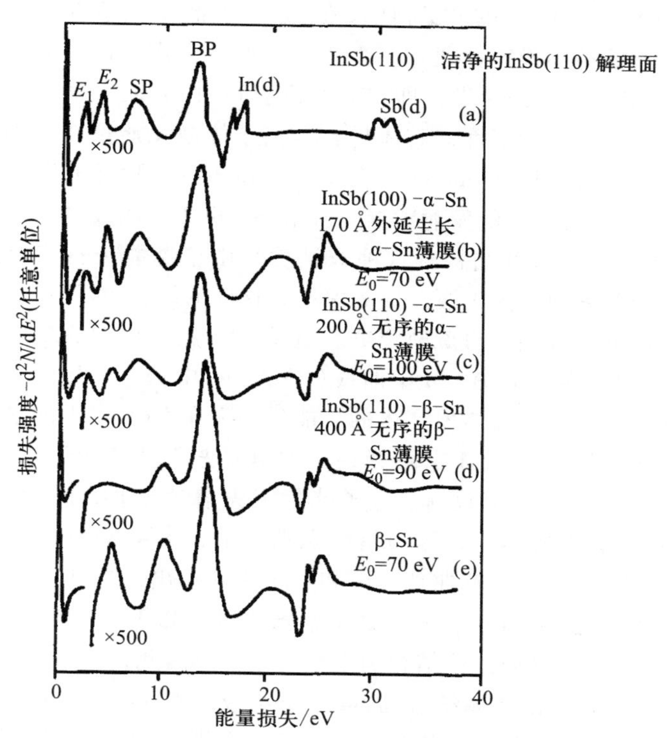

图 4.23　在各种 InSb 表面上通过筒镜能量分析器（CMA，能量分辨率≈0.8 eV，初始能量为 E_0）测得的双分化电子能量损失谱。分为洁净的 InSb 表面以及在超高真空条件下制备的 Sn 覆盖的 InSb 表面。(a) 清洁的 InSb(110) 解理面的损失谱。除了块体和表面的等离子体损失以外，还可观察到两种损失谱。一种是块体电子在 E_1、E_2 能级间的跃迁，另一种是 In 和 Sb 的过渡壳层 d 由于自旋轨道能级劈裂的能量损失谱。(b) InSb(100) 面的损失谱。该表面通过离子轰击清洗及退火处理后沉积了一层 170 Å 后的 Sn 覆盖层，沉积物在 300 K 时外延生长为 α-Sn。(c) 超高真空解理的 InSb(110) 面损失谱，该表面沉积了一层 200 Å 厚的 Sn 覆盖层，沉积物在 300 K 时生长为一层无序的 α-Sn 薄膜。(d) 超高真空解理的 InSb(110) 面能量损失谱。该表面沉积了一层 400 Å 厚的 Sn 覆盖层。沉积物在 300 K 时，在靠近顶端的区域，厚的 Sn 层覆盖物处于自身的金属性的 β 修正。(e) 经过离子轰击清洗以及退火处理后的一个多晶金属 β-Sn 样品的损失谱[4.21，4.22]

[4.23]。在这些双分化曲线中记录了能量损失谱的负二阶导数，这样正的最大峰值对应于分化谱中的峰值最大值，由此表明了损失峰的位置。

相当高的初始能量(70~100 eV 之间)能引起块体和表面的散射，尽管散射几何学是一个反射实验。然而，准确的块体和表面对散射的贡献却无法知道，正如不知道表面[式(4.84)]或块体[式(4.60)]损失函数对峰位置的影响程度。由于缺少基本光束的单色性，在这些光谱中，能量分辨率不超过 800 meV，因此这种不确定性通常不太重要。所有光谱中的主峰都在 14 eV 附近，是体材料等离子体的激发，即它们来源于 $\mathrm{Im}\{-1/\epsilon\}$ 中的一个奇点。由于 InSb 和 Sn 的原子数的相似性，其体材料等离子体激元能量几乎相同，表明二者的价电子浓度很相似。InSb(110)在 17 eV 和 30 eV 附近分别有一个双峰结构出现。对比芯能级的光电发射数据，In 和 Sb 的 d 芯能级电子激发到半导体的导带可以用来解释这种结构。这种双结构是由于芯能级自旋轨道劈裂形成的。在 Sn 覆盖的表面，由于覆盖层的保护，这样的结构看不到，反而在 24 eV 附近可以看到 Sn 的 d 能级自旋轨道劈裂激发。Sn 覆盖层的曲线(a)~(c)中的 7 eV 附近的峰和多晶材料 β-Sn 中曲线(d)和(e)中的 10 eV 附近的峰是由于 InSb(110)面等离子体激元激发产生的。能量损失在 5 eV 以下的这两种结构 E_1 和 E_2 必须用体材料带间跃迁来解释，这种解释来源于 InSb 和四面体结合的(半导体性的)α-Sn 的光学数据。电子能量损失谱学(EELS)(第 4 章附录 X)可以识别薄膜覆盖层的本质，称为指纹识别技术，图 4.23 中的光谱就是这种技术应用的好的例子。比较曲线(d)和(a)可以看出，在 300 K 时，在 InSb(110)面上沉积一层厚 Sn 层，该层处于金属性的 β 修正。E_1 和 E_2 两个带间跃迁的出现表明呈现一种四面体结合的半导体结构。因此，在曲线(b)和(c)中，Sn 覆盖层本质上是由四面体结合的 Sn 原子组成。在 InSb(100)[曲线(b)]附加的低能电子衍射(LEED)研究中，显示了一个结晶的 Sn 外延层的存在，例如，在室温下 α 修正型的 Sn 通常是不稳定的，可以外延生长在 InSb(100)基底上。在解理的 InSb(110)面上，Sn 覆盖层并没有引起低能电子衍射花样，因此，Sn 一定是非晶或者多晶。

图 4.24 所示为通过没有对初始电子束进行单色化的半球电子能量分析仪测量的一个清洁的 Cu(110)面以及随后在 90 K 时暴露在 N_2O 气氛中的表面的电子能量损失谱[4.23]。该仪器的能量分辨率约为 300 meV，在几电子伏特能量范围内足以研究相当广泛的电子激发。在清洁表面，靠近 4 eV 和 7 eV 的两个损失特征峰是源于块体和/或表面损失函数中的 $\mathrm{Im}\{-1/\epsilon\}$ 和 $\mathrm{Im}\{-1/(\epsilon+1)\}$ 的奇点，这是由于块体和表面自由电子气与 d 能带跃迁相耦合的等离子体激发。

在吸收了 N_2O 后，基底的损失能谱改变了强度和位置，有 3 个新的吸附

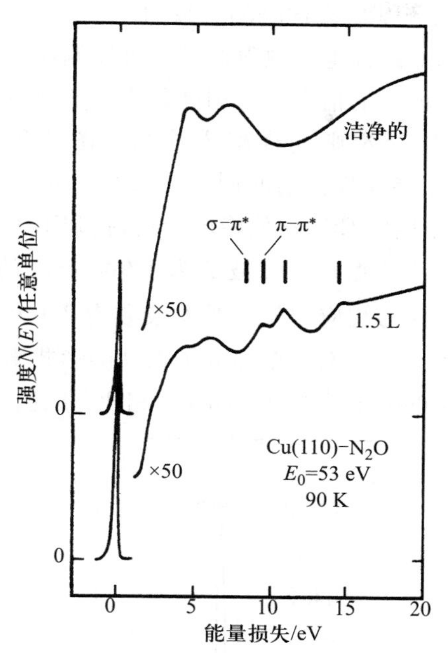

图 4.24　非单色初始电子束($E_0=53$ eV，能量宽度约为 0.3 eV)的半球电子能量分析仪测量的一个清洁的 Cu(110)面以及随后在 90 K 时暴露在 1.5 L 的 N_2O 气氛中的表面的电子能量损失谱。为方便比较，气态的 N_2O 电子跃迁用长方形条标记[4.23]

分子的损失特征峰出现在 9.6 eV、11 eV 和 14.5 eV 附近。正如谱图上面的条形标记所示，这些损失峰和气态 N_2O 3 个电子激发态完全一致。在吸附物的谱图中，没有观察到气态相在 8.5 eV 附近的低能损失。然而，N_2O 吸附物的损失谱强有力地表明，在 90 K 吸附在 Cu(110)面的 N_2O 是未解离的分子层。因为当前的情况明显符合薄膜吸附层的表面散射，这种情况可以应用偶极子散射(4.7 节)的取向选择定则。因此，吸附物光谱在 8.5 eV 附近没有损失峰，可以归因为特定方向上的表面动态电偶极矩作用。N_2O 是一个线性的分子，原子结构为 $N\equiv N=O$；其在 8.5 eV 和 9.6 eV 附近的激发可以用分子轨道计算的 $\sigma\to\pi^*$ 和 $\pi\to\pi^*$ 跃迁形式来解释。定性地考虑偶极子的跃迁矩阵元素(z 为分子轴)，可以很容易地看出，$\sigma\to\pi^*$ 跃迁有一个垂直于分子坐标轴的偶极矩，而 $\pi\to\pi^*$ 跃迁的偶极矩取向平行于坐标轴

$$e\int\psi_{\pi^*}^{*}z\psi_{\pi}\mathrm{d}\boldsymbol{r} \tag{4.99}$$

因为在光谱中可以很容易地观察到 $\pi\to\pi^*$ 跃迁，可以排除吸附分子坐标轴平行于表面的方向的情况。另一方面，缺少 $\sigma\to\pi^*$ 跃迁的偶极矩垂直于分子轴，

这与 N_2O 分子取向垂直于基底表面是相一致的。

通过分子吸附层的非弹性电子散射的例子可知偶极子的取向选择定则如何能产生关于吸附分子的取向的信息。当用高分辨电子能量损失谱来研究吸附分子的振动时[4.11]，选择定则同样引人注目。图 4.25 显示了 Ni(111) 和 Pt(111) 面的高分辨电子能量损失谱的例子[4.24]，每个表面覆盖一半调整到一个 $c(4\times2)$ 覆盖层的单层的 CO[从低能电子衍射(LEED)推断出]。在 Ni 表面的振动谱只显示了两个特征振动带。波数为 1 900 cm^{-1} 的振动带是由于 C—O 键的拉伸振动产生的，因为相应的气相激发波数为 2 140 cm^{-1}。在 400 cm^{-1} 处的低能电子结构必须用基底表面的全部分子振动的形式来解释。这些基底的分子振动通常能量小于 1 000 cm^{-1} 或 100 meV。相比 Ni 的情况，在 Pt(111) 面上

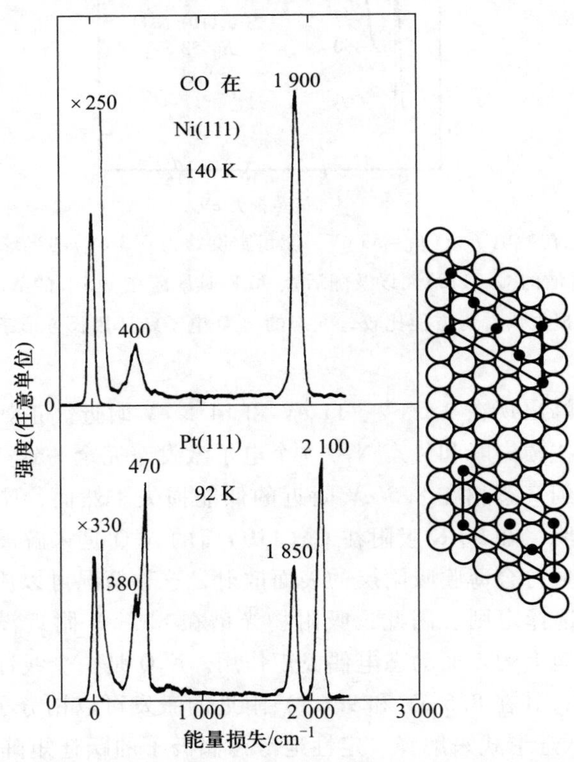

图 4.25　Ni(111) 和 Pt(111) 面的电子能量损失谱(HREELS)，每个表面覆盖一半调整到一个 $c(4\times2)$ 覆盖层的单层的 CO。在 Ni 表面，振动谱表明只有一种 CO 在高对称性位置。在表面上布置两维 CO 晶格的唯一可能的方式是在吸附位置上以双折叠桥的形式放置所有 CO 分子。通过相似的推理，一半的 CO 分子必须占据 Pt(111) 面顶部的位置。因此，通过结合 LEED 和 HREELS 的结果[4.24]可以得到定性的结构分析(右侧所描绘的)

2 100 cm^{-1}、1 850 cm^{-1}和 470 cm^{-1}、380 cm^{-1}处的双结构带明显的表明有两种类型的 CO 吸附分子。在 Ni 和 Pt 的例子中都没有观察到由于 C—O 键弯曲模型所引起的振动频率。应用取向选择定则，人们可以推出 CO 的分子轴垂直于表面。在这样的取向下，拉伸模型的动态偶极矩垂直于表面，但是对于弯曲模型，其偶极矩会平行于表面，所以，如果偶极子散射起主要作用的话，这种振动模式观察不到，例如薄膜覆盖层的绝缘体理论(4.7 节)。

人们通过 HREELS 方法，已经研究了大量的清洁金属表面的吸附系统。在确定化学性质、取向，有时是在过渡金属上吸附的相当复杂的有机分子的吸附位置方面，使用在绝缘体理论框架下的取向选择定则理论已经证明是非常有用的。然而，应该注意也有一些吸附系统，例如氢原子吸附在 W 上[4.25]，只能观察到膨胀散射过程而不是来源于吸附物振动的偶极子散射。当然，在这种情况下，不能使用偶极子的选择定则。

吸附物振动的高分辨电子能量损失谱也能对半导体化合物表面的吸附位置给出有趣的信息。图 4.26 所示的例子说明该问题，该例子中的谱图是通过测量 GaAs(110)解理面暴露在过饱和氢气中得到的[4.26]。

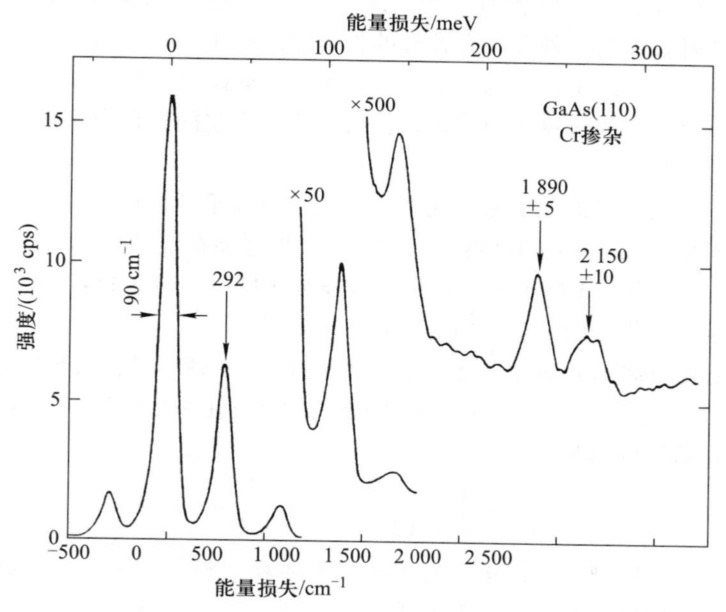

图 4.26 覆盖着一层饱和 H 原子吸附层的 GaAs(110)解理面的电子能量损失谱(HREELS)。除了许多(等距离的强峰)由于 Fuchs-Kliewer 表面声子(极化声子)所引起的损失和增益峰，还有两种分别在 1 890 cm^{-1}和 2 150 cm^{-1}处的源于 Ga-H 和 As-H 振动的吸附特征损失峰出现[4.26]

这些在 1 500 cm^{-1}以下的等距离强损失(一种增益)峰是由 GaAs 基底的 Fuchs-Kliewer 表面声子(极化声子)的多种激发所产生。这种类型的损失过程通常出现在对红外线敏感的半导体表面。这些激发态的散射过程必须用来自一个半无限半空间的绝缘体的散射来描述。另一方面，在 1 890 cm^{-1}和 2 150 cm^{-1}处的两个损失峰没有在清洁的 GaAs(110)解理面上出现。因此，这两个峰应该归因于在氢薄膜吸附层内部的散射。对比红外线数据(AsH_3 和 Ga-H 复合物)发现，在 1 890 cm^{-1}处的损失峰源于一个 Ga-H 伸缩振动，而在 2 150 cm^{-1}处的峰源于一个 As-H 伸缩振动。因此，H 原子在 Ga 和 As 表面原子处都有吸附。红外敏感材料中强烈的声子损失峰与图 4.26 中所显示的相似，表面声子损失和吸附振动损失的结合也已经观察到了[4.27]。因此，人们在解释吸附在红外线敏感半导体上的振动损失谱时必须非常小心。

4.9 颗粒散射的经典限制条件

迄今为止，表面粒子散射，特别是电子散射，已经用波传播的方式来描述。这种图像考虑了物质波的本质，通过德布罗意(de Broglie)关系表示了出来。电子散射必须用这种方法来处理的根本原因在于一个初始能量约为 150 eV 的电子有一个 1 Å 的德布罗意波长，这正是原子间距离的数量级。如果散射势的变化距离超过了散射粒子的波长，就必须应用完整的波动力学形式，就像上文所使用的一样。

现在让我们来考虑在极端情况下高能原子或离子的散射，通常这种方法用于表面、薄膜覆盖层研究和材料分析[4.28]。根据德布罗意关系[$v=h/m\lambda$，$E=(1/2)mv^2$]，动能为 2 MeV 的 He 原子波长为 10^{-4} Å。对于这些粒子，在固体表面的散射势变化范围大于它们的波长。

让我们比较波动力学和高能粒子运动的经典(牛顿学说)处理方法[图 4.27(a)，(b)]。在波动力学中，一个粒子(质量为 m)在一个作用区域为 L 的电势 $V(z)$ 中运动的波函数是

$$\psi \approx \exp\left[\frac{-\mathrm{i}}{\hbar}\left(\frac{p^2}{2m}+V\right)t+\frac{\mathrm{i}}{\hbar}\boldsymbol{p}\cdot\boldsymbol{x}\right] \tag{4.100}$$

在没有电势 V 的区域中，该函数变成了自由运动的粒子的平面波。在 $V\neq 0$ 的区域 L 中，定相位线和波节线用下式表示：

$$\frac{p^2}{2m}+V=\text{const.} \tag{4.101}$$

为了找出在穿过区域 L 后波节线角度的变化[图 4.27(b)]，我们不得不考虑路径(a)和(b)。根据式(4.101)，电势的变化率 $\Delta V=(\partial V/\partial z)A$ 与动量的变化率

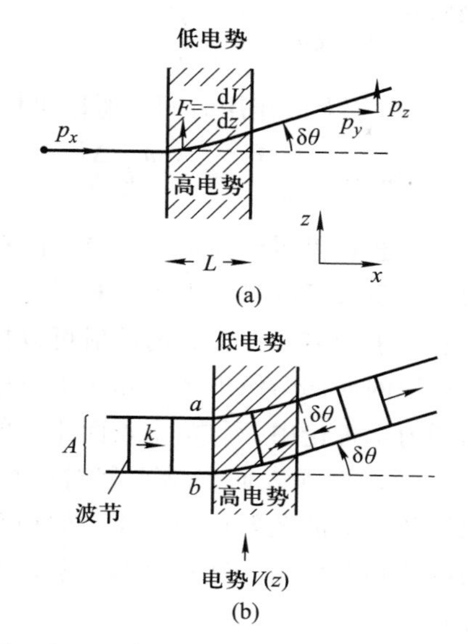

图 4.27　原理图表征：(a) 一个经典粒子(动量为 p_x)在穿越势场 $V(z)$变化的区域(阴影部分)的轨道。作用在粒子上的力是 $F=-\partial V/\partial z$；(b) 一个量子力学波(波矢为 k)穿越一个势场 $V(z)$变化的区域。当势 $V(z)$(和 $\partial V/\partial z$)相对于粒子的波长 $\lambda=h/p$ 变化缓慢时，两种理论描述都产生了相同的角度偏移 $\delta\theta$

Δp 相一致

$$\Delta\left(\frac{p^2}{2m}\right)=\frac{p\Delta p}{m}=-\Delta V \tag{4.102}$$

波数 $p/\hbar$ 因此不同于这两条路径，例如，相在不同的速率下超前。(b)路径的相 φ 超前于(a)路径的相的量可以用下式表示：

$$\Delta\varphi=L\Delta K=\frac{L\Delta p}{\hbar}=-\frac{m}{p\hbar}L\Delta V \tag{4.103}$$

相超前 $\Delta\varphi$ 相当于波节点超前了一段距离

$$\Delta x=\frac{\lambda}{2\pi}\Delta\varphi=\frac{\hbar}{p}\Delta\varphi \tag{4.104}$$

或者相当于在入射波和出射波之间改变了一个角度

$$\delta\theta=\frac{\Delta x}{A}=-\frac{m}{p^2}\frac{L}{A}\Delta V \tag{4.105}$$

在 $V(z)$和 $\partial V/\partial z$ 相对于粒子波长 $\lambda=h/p$ 变化缓慢的条件下，这个求导是有效的。根据经典理论，人们可以计算出在区域 L 中势产生的角度偏移 $\delta\theta$，如下式(p 为初始动量)：

$$\delta\theta = \frac{p_z}{p} = \frac{FL}{pv} \tag{4.106}$$

因为 L/v 是力 $F=-\partial V/\partial z$ 在粒子上的作用时间，所以可以得到

$$\delta\theta = -\frac{L}{pv}\frac{\partial V}{\partial z} \approx -\frac{m}{p^2}L\frac{\Delta V}{A} \tag{4.107}$$

对于一个势的变化相比粒子波长很缓慢的情况，经典的动力学给出了波动力学的结果。波传播特有的干涉现象可以忽略不计。对于光子来说，这对应于几何光学的限制。因此，高能原子和离子在表面的散射可以按照经典粒子的碰撞动力学来处理。一个散射过程的局部图像出现，和 4.1 节按照波动力学处理的情况相比较，在散射波的动力学理论中，与单个表面原子的局部相互作用不足以说明问题。所有的邻近原子，例如表面二维平移对称性都要用来描述散射过程。另一方面，经典限制条件下的散射粒子和表面的相互作用本质上减小了粒子和表面靶原子之间的两体相互作用。这甚至在一系列单独的两体相互碰撞所建立的级联过程中都存在。

微分截面 $dS/d\Omega$ 又是必不可少的测量值。对于一束粒子入射到靶原子数为 N_s 的表面上，可以表述为

$$\frac{\text{散射到 } d\Omega \text{ 中的粒子数}}{\text{总的入射粒子数}} = \frac{dS(\theta)}{d\Omega}d\Omega N_s \tag{4.108}$$

在 θ 方向上，散射进入立体角 Ω 中的平均微分截面 $S(\theta)$ 可以由下式给出[图 4.28(a)]：

$$S(\theta) = \frac{1}{\Omega}\int_{\Omega}\frac{dS}{d\Omega}d\Omega \tag{4.109}$$

在图 4.28(a)中，从几何学上看，立体角 Ω 检测到的粒子总数即 Y 为

$$Y = S(\theta)\Omega N_i N_s \tag{4.110}$$

N_i 为入射粒子数(入射电流对时间积分)。

散射截面可以通过计算射出原子和靶原子碰撞过程中的作用力得到[图 4.28(b)]。引入碰撞参量 b 作为入射粒子轨道和通过靶原子的平行线之间的垂直距离是非常有用的。碰撞参量在 b 到 $b+db$ 之间的粒子散射角度在 θ 至 $\theta+d\theta$ 之间。对于中心力，一定有围绕射束轴的旋转对称性。从而得出

$$2\pi b\,db = -\frac{dS}{d\Omega}2\pi\,\sin\theta d\theta \tag{4.111a}$$

或

$$\frac{dS}{d\Omega} = -\frac{b}{\sin\theta}\frac{db}{d\theta} \tag{4.111b}$$

以上公式把散射截面和碰撞参量联系了起来。符号表明，增加碰撞参量导致作

用在粒子上的力减小，例如散射角减小。计算散射截面的一个简便方法是使用抛射粒子和目标粒子之间的相互作用力，通过式(4.111b)来确定偏转函数 $\theta(b)$。

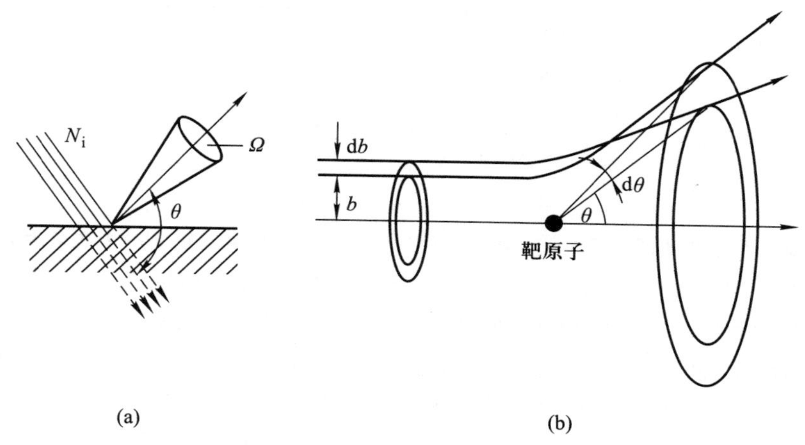

图 4.28 经典粒子散射：(a) 粒子数为 N_i 的初始入射束表面散射。一些粒子散射进入一个围绕 θ 方向的立体角 Ω，θ 从入射方向计数。(b) 经典粒子被一个静止的重的靶粒子(原子)散射。入射粒子的运动轨道用其碰撞参量 b 来描述。散射角 θ 取决于碰撞参量 b。靶粒子和入射粒子之间的作用力的细节决定偏离函数 $\theta(b)$，偏离函数决定散射截面。碰撞参数在 b 至 $b+\mathrm{d}b$ 之间的入射粒子其散射角度在 θ 至 $\theta+\mathrm{d}b$ 之间

4.10 原子碰撞的守恒定律：表面化学分析

两个经典粒子的碰撞，能量和动量都必须守恒。仅这些守恒定律可以得到从入射粒子到靶原子的能量转移的重要结论，而不用去研究原子间相互作用的细节。为了这个目的，我们假设一个入射粒子(质量为 m_1、速度为 v_1、动能为 E_1)与初始状态静止的第二个粒子(质量为 m_2)相碰撞。碰撞后粒子的速度和能量分别为 v_1'、v_2'和 E_1'、E_2'[图 4.29(a)]。

散射和反冲角度分别为 θ 和 φ，能量和动量守恒要求

$$\frac{1}{2}m_1v_1^2 = \frac{1}{2}m_1v'^2_1 + \frac{1}{2}m_2v'^2_2 \tag{4.112}$$

$$m_1v_1 = m_1v_1'\cos\theta + m_2v_2'\cos\varphi \tag{4.113a}$$

$$0 = m_1v_1'\sin\theta + m_2v_2'\sin\varphi \tag{4.113b}$$

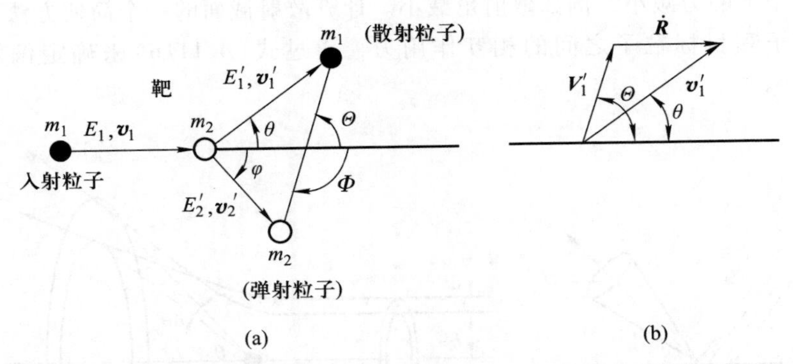

图 4.29　用来描述两个经典粒子散射事件的数学符号的解释：(a) 一个质量为 m_1 的粒子被一个静止质量为 m_2 的靶粒子散射，靶粒子在碰撞后动能为 E_2'及速度为 $\boldsymbol{v}_2'$，θ 和 φ 分别为实验室系统下的碰撞角和反冲角，Θ 和 Φ 分别为在质心(center of mass, CM)结构内的散射角和反冲角；(b) 描述相同的两个粒子在质心的碰撞。$\dot{\boldsymbol{R}}$ 为质心(CM)的速度，$\boldsymbol{v}_1'$和 $\boldsymbol{V}_1'$分别为散射粒子碰撞后在实验室条件下和质心框架下的速度，θ 和 Θ 分别为在实验室条件下和质心框架下的散射角

式(4.113a)、式(4.113b)分别描述了沿平行于入射($\parallel \boldsymbol{v}_1$)方向和垂直于入射方向的动量守恒。先消去 φ，再消去 v_2'相后，可以得出弹射粒子碰撞后和碰撞前速度的比

$$\frac{v_1'}{v_1} = \pm \frac{(m_2^2 - m_1^2 \sin^2\theta)^{1/2} + m_1\cos\theta}{m_1 + m_2} \tag{4.114}$$

正号适用于 $m_1<m_2$ 的情况。对于 $m_1<m_2$ 这样的条件，弹射粒子碰撞后和碰撞前的能量比值(运动学因子)如下式：

$$\frac{E_1'}{E_1} = \left[\frac{(m_2^2 - m_1^2\sin\theta)^{1/2} + m_1\cos\theta}{m_1 + m_2}\right]^2 \tag{4.115}$$

反冲能，例如转移到靶粒子(m_2)上的能量 ΔE，作为散射粒子的一种能量损失出现

$$\Delta E = \Delta E_1' - E_1 = \frac{1}{2}m_2 v_2'^2 = 4\frac{\mu}{M}E_1 \cos^2\varphi \tag{4.116}$$

其中

$$M = m_1 + m_2 \tag{4.117a}$$

且

$$\mu = \frac{m_1 m_2}{m_1 + m_2} \tag{4.117b}$$

M 和 μ 分别为两个粒子的总体质量和约化质量。对于两种简单的情况——直接

背散射（$\theta=0$）和直角散射（$\theta=90°$），式（4.115）分别简化为

$$\frac{E_1'}{E_1}=\left(\frac{m_2-m_1}{m_2+m_1}\right)^2 \tag{4.118}$$

和

$$\frac{E_1'}{E_1}=\frac{m_2-m_1}{m_2+m_1} \tag{4.119}$$

散射粒子的动能 E_1' 和大多数靶粒子 m_2 的关系［式（4.115）~（4.119）］清楚地表明离子在表面上的散射可以用来区分表面或者近表面原子的类型。通过简单的离子枪产生的低能离子（1~5 keV）形成了一束聚焦电子束，该电子束直接照射在表面上用于研究。背散射离子的动能用一个127°的偏转型分析仪分析（第1章附录Ⅱ，用于电子的分析仪）。为了探测信号，人们可能需要利用例如通道电子倍增器这样的仪器。对于高能量散射（50 keV~5 MeV），离子源需要加速器。能量分析和检测分别通过各种各样的电磁能量过滤器和核粒子探测器来执行（例如固态肖特基势垒型器件）。

低能量状态在实验上很容易获得［低能离子散射（low-energy ion scattering，LEIS）］，而且提供了非常高的表面灵敏度的额外优点。离子散射主要来源于第一层原子，因此，对第一层单原子层的分析是非常必要的。例如，图4.30示出了^{20}Ne离子从一个Fe-Mo-Re合金表面散射的能谱。在不同的运动学因子下，E_1'/E_1 观察到的峰清楚地表明在表面原子层存在不同的原子种类［4.29］。

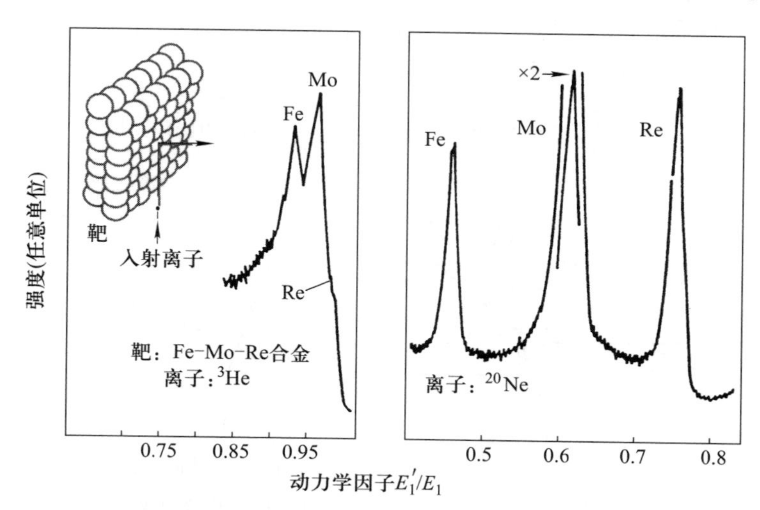

图4.30 ^{3}He和^{20}Ne在Fe-Mo-Re合金表面散射的卢瑟福背散射能量谱。入射粒子的能量为1.5 keV［4.29］

低能离子散射的缺点是在表面上离子有很高的可能性被中和，离子中和后对于使用电荷性质的能量分析仪来说变得不可见。然而，在高能量状态(约 50 keV)，这种中和效应变得不重要了，但是这样的高能离子可能穿透到固体中几百埃至几千埃，穿透的深度主要取决于它们相对于晶格面的入射方向。而后，只能使用通道输送、阻塞、遮蔽的概念来排列表面灵敏度(4.11 节)。这些技术都建立在一个基础上，即高能离子贯穿到晶体中以后都被迫沿着原子行和面之间的通道移动。穿透深度因此也是探测深度强烈地依赖于单个散射事件的几何因子，特别是对于单个碰撞中的入射方向和散射截面 $dS/d\Omega$[式(4.111)]的角分布。

4.11 卢瑟福背散射(RBS)：通道和阻塞

为了推导两体碰撞问题的散射截面公式(4.111a，4.111b)，需要知道原子间作用力的细节。最重要的一种作用情况是卢瑟福散射，即在以 C 点为中心的库仑势场里，一个带电入射粒子(质量为 m_1，电荷为 Z_1e)被散射[图 4.31(b)]。

$$\varepsilon = \frac{Z_2 e}{4\pi\epsilon_0 r^2} = \frac{A}{r^2} \tag{4.120}$$

该库仑势场可能是由一个带有 Z_2e 电荷的离子造成的，假设这个离子的质量要远大于粒子的质量 m_1，因此，可以近似看作静止的。散射角为 θ，那么根据图 4.31(b)，从 $\boldsymbol{p}_1$ 到 $\boldsymbol{p}_1'$的动量差 $\Delta\boldsymbol{p}$ 满足以下方程：

$$\frac{1}{2}\frac{\Delta p}{m_1 v_1} = \sin(\theta/2), \qquad \Delta p = 2m_1 v_1 \sin(\theta/2) \tag{4.121}$$

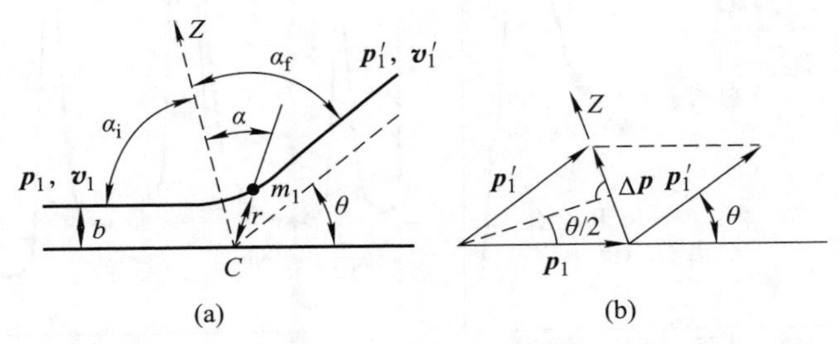

图 4.31 描述卢瑟福散射符号的图解：一个质量为 m_1 的粒子从静止散射中心 C 发出卢瑟福散射的实验：(a) 由碰撞参数 b、初始动量 $\boldsymbol{p}_1$、速度 $\boldsymbol{v}_1$ 以及散射夹角 θ 决定的散射轨道；(b) 初始动量 $\boldsymbol{p}_1$、碰撞后的末动量 $\boldsymbol{p}_1'$以及改变的动量 $\Delta\boldsymbol{p}$ 之间的关系

根据牛顿定律 $dp=\varepsilon dt$，可以得到在 z 方向动量的改变量 Δp(散射轴对称)，按

照图 4.30(a)所示

$$\Delta p = \int \mathrm{d}p_z = \int \varepsilon \cos \alpha \mathrm{d}t = \int \varepsilon \cos \alpha \frac{\mathrm{d}t}{\mathrm{d}\alpha}\mathrm{d}\alpha \tag{4.122}$$

导数 $\mathrm{d}t/\mathrm{d}\alpha$ 与颗粒的初始角动量有关。由于起主要作用的是颗粒与原点中心之间的作用力，这里没有原点的扭矩和角动量守恒，如图 4.31 所示，其最初大小是 $m_1 v_1 b$，在下一刻变为 $m_1 r^2 \mathrm{d}\alpha/\mathrm{d}t$。根据守恒条件可以得到

$$m_1 r^2 \frac{\mathrm{d}\alpha}{\mathrm{d}t} = m_1 v_1 b \quad \text{或} \quad \frac{\mathrm{d}t}{\mathrm{d}\alpha} = \frac{r^2}{v_1 b} \tag{4.123}$$

结合式(4.122)可得，在散射过程中总动量的改变为

$$\begin{aligned} \Delta p &= \frac{A}{r^2}\int \cos \alpha \frac{r^2}{v_1 b}\mathrm{d}\alpha = \frac{A}{v_1 b}\int \cos \alpha \mathrm{d}\alpha \\ \Delta p &= \frac{A}{v_1 b}(\sin \alpha_{\mathrm{f}} - \sin \alpha_{\mathrm{i}}) \end{aligned} \tag{4.124}$$

初始入射角 α_{i} 和最终的夹角 α_{f} 受散射角 θ 的约束，即

$$\sin \alpha_{\mathrm{f}} - \sin \alpha_{\mathrm{i}} = 2\sin (90° - \theta/2) \tag{4.125}$$

相应的动量改变遵循以下方程：

$$\Delta p = 2m_1 v_1 \sin (\theta/2) = \frac{A}{v_1 b}2 \cos (\theta/2) \tag{4.126}$$

因此，偏转函数 $\theta(b)$可以表示为

$$b = \frac{A}{m_1 v_1^2} \cot (\theta/2) = \frac{Z_1 Z_2 e^2}{8\pi\epsilon_0 E_1} \cos (\theta/2) \tag{4.127}$$

其中，E_1 为入射离子的动能。根据式(4.111b)，积分产生卢瑟福散射截面

$$\frac{\mathrm{d}S}{\mathrm{d}\Omega} = -\frac{b}{\sin \theta}\frac{\mathrm{d}b}{\mathrm{d}\theta} = \left(\frac{Z_1 Z_2 e^2}{8\pi\epsilon_0 E_1}\right)^2 \frac{1}{\sin^4(\theta/2)} \tag{4.128}$$

必须强调的是，在上式的求导中，散射中心 C 假定是静止的。因此，式(4.128)仅能用来描述一个轻质量的粒子 m_1 和一个较重质量的反冲速度 v_2'可以忽略的靶粒子 m_2 之间的碰撞。作为数例，考虑 180°的散射，也就是 2 MeV 的 He 离子($Z_1 = 2$)来自于 Ag 原子($Z_2 = 47$)的背散射。弹射粒子到靶粒子的最接近的距离 $r_{\min}$可以通过将入射动能 E_1 等同于在 $r_{\min}$处的势能的方法来估算得出

$$r_{\min} = \frac{Z_1 Z_2 e^2}{4\pi\epsilon_0 E_1} \tag{4.129}$$

目前，式(4.129)产生的最小距离约为 7×10^{-4} Å，即此距离要比约为 0.5 Å 的玻尔(Bohr)半径更小。这个结果表明，对于轻离子的高能散射，假设一个未屏蔽的库仑势用来计算散射截面是合理的。这里背散射横截面由式(4.128)推出

为 $dS(180°)/d\Omega \approx 3\times10^{-8}$ Å^2。

从 4.10 节可以明显地看出，一般来说，两体碰撞，如果没有假设一个重的靶粒子处于静止状态，靶粒子将会从初始位置后退，这说明弹射粒子的能量有损失[式(4.116)]。因此，要准确地计算卢瑟福背散射截面涉及一个真实的两体中心力的处理问题。然而，通过引入约化质量 μ[式(4.117b)]的概念，使得两体问题简化为单体问题成为可能。对于图 4.29 中的两个碰撞粒子，牛顿定律为

$$m_1\ddot{\boldsymbol{r}}_1 = \boldsymbol{F}, \quad m_2\ddot{\boldsymbol{r}}_2 = -\boldsymbol{F} \tag{4.130}$$

通过下式定义质心(CM)以及坐标 $\boldsymbol{R}$:

$$(m_1 + m_2)\boldsymbol{R} = m_1\boldsymbol{r}_1 + m_2\boldsymbol{r}_2$$

$$\boldsymbol{R} = \frac{m_1}{M}\boldsymbol{r}_1 + \frac{m_2}{M}\boldsymbol{r}_2 \tag{4.131}$$

从式(4.130)中减去和消掉 $\boldsymbol{r}_1$ 和 $\boldsymbol{r}_2$，以及代入相对位置矢量 $\boldsymbol{r}=\boldsymbol{r}_2-\boldsymbol{r}_1$ 可以得到

$$M\ddot{\boldsymbol{R}} = \boldsymbol{0}, \quad \mu\ddot{\boldsymbol{r}} = \boldsymbol{F} \tag{4.132}$$

两体问题从而可以形容为一个无力作用下的质心(CM)的运动[式 4.132(a)]和两个粒子间的作用力 $\boldsymbol{F}$，两个粒子处于移动的质心惯性坐标系中。因此，在质心系统中，碰撞运动归纳为折合质量为 μ[式(4.117b)]的粒子在一个中心固定的空间中的上述散射问题。在质心系统中，粒子的坐标为

$$\boldsymbol{R}_1 = \boldsymbol{r}_1 - \boldsymbol{R} = \frac{m_2}{M}\boldsymbol{r}, \quad \boldsymbol{R}_2 = \boldsymbol{r}_2 - \boldsymbol{R} = -\frac{m_1}{M}\boldsymbol{r} \tag{4.133}$$

与实验室系统符号[$\boldsymbol{v}_1$、$\boldsymbol{v}_1'$、$\boldsymbol{v}_2'$、θ、φ，如图 4.29(a)所示]相类似，在质心框架下，相应的速度和角度分别为 $\boldsymbol{V}_1$、$\boldsymbol{V}_1'$、$\boldsymbol{V}_2'$和 Θ、Φ。从图 4.29 中的矢量图形可以得到

$$\tan\theta = \frac{V_1\sin\Theta}{(\dot{R} + V_1\cos\Theta)} = \frac{m_2\sin\Theta}{m_1 + m_2\cos\Theta} \tag{4.134}$$

用于实验室和质心坐标系之间的散射角的转换。在质心系统中，卢瑟福散射截面与式(4.128)相同，但是现在只能用在质心系统中测量的质心散射角 Θ、约化质量 μ 和立体角元素 $d\tilde{\Omega}$ 的形式来表示。

$$\frac{dS}{d\tilde{\Omega}} = \left(\frac{Z_1Z_2e^2}{4\pi\epsilon_0\mu V_1^2}\right)^2 \frac{1}{\sin^4(\theta/2)} \tag{4.135}$$

通过式(4.134)转化回到实验室坐标系后，会产生一个一般式，该式解释了靶粒子的反弹：这种转换本质上包含了立体角元素 $d\tilde{\Omega}=d(\cos\Theta)d\phi'$($\phi'$为质心坐标系中的方位角)。在实验室坐标系中有

$$\frac{\mathrm{d}S}{\mathrm{d}\Omega}=\frac{\mathrm{d}S\mathrm{d}\tilde{\Omega}}{\mathrm{d}\tilde{\Omega}\,\mathrm{d}\Omega}=\frac{\mathrm{d}S\mathrm{d}(\cos\Theta)}{\mathrm{d}\,\tilde{\Omega}\,\mathrm{d}(\cos\theta)}=\frac{\mathrm{d}S(\sin\Theta\mathrm{d}\Theta)}{\mathrm{d}\tilde{\Omega}\,\sin\theta\mathrm{d}\theta}\tag{4.136}$$

也就是从式(4.134)中计算的导数 $\mathrm{d}\Theta/\mathrm{d}\theta$ 允许散射截面的直接转化

$$\frac{\mathrm{d}S}{\mathrm{d}\Omega}=\frac{\mathrm{d}S}{\mathrm{d}\tilde{\Omega}}\frac{(m_1^2+m_2^2+2m_1m_2\cos\Theta)^{3/2}}{m_2^2(m_2+m_1\cos\Theta)}\tag{4.137}$$

代入式(4.134)和式(4.135)，在实验室坐标系下的卢瑟福散射截面可以表示如下：

$$\frac{\mathrm{d}S}{\mathrm{d}\Omega}=\left(\frac{Z_1Z_2e^2}{8\pi\epsilon_0E_1}\right)^2\frac{4}{\sin^4\theta}\frac{\{[1-(m_1/m_2)^2\sin^2\theta]^{1/2}+\cos\theta\}^2}{[1-(m_1/m_2)^2\sin^2\theta]^{1/2}}\tag{4.138}$$

对于粒子质量 $m_1<<m_2$ 的情况，这个表达式可以按幂级数形式展开

$$\frac{\mathrm{d}S}{\mathrm{d}\Omega}=\left(\frac{Z_1Z_2e^2}{8\pi\epsilon_0E_1}\right)^2\left[\frac{1}{\sin^4(\theta/2)}-2\left(\frac{m_1}{m_2}\right)^2+\cdots\right]\tag{4.139}$$

下一项的数量级为$(m_1/m_2)^4$。式(4.128)精确地给出了主要项，即对一个固定散射中心的空间中的卢瑟福散射截面。在许多实际的例子中，修正项 $2(m_1/m_2)^2$ 很小，例如对于 He 离子($m_1=4$)入射到 Si 离子($m_2=28$)上，修正项约为4%。然而，弹射粒子的能量损失[式(4.116)]是可以评估的。

对于低能离子散射，两个粒子间的相互作用势必须要包含屏蔽效应。于是同式(4.139)比较，散射截面要作轻微的修正。例如，图 4.32 示出了一系列通过计算得出的散射轨道，这些轨道是 He^+离子(能量为 1 keV)入射到位于图表原点的 O 原子上形成的[4.30]。在这种情况下，一个指数形式的 Thomas-Fermi 屏蔽势描述了这种相互作用。图 4.32 表明散射体后面存在一个影锥。如果另一个散射体处在这个圆锥体中，它将不被入射离子所“发现”，因此，其对散射没有贡献。在这种特殊的情况下，一个大范围的圆锥体阴影区达到了一个典型的原子间距的一半的数量级，低能量的入射离子可以在散射体后大约一个原子间距处观察到。在高能量情况下，屏蔽变得不重要，可以应用简单的库仑势，而且圆锥体阴影区变得更加窄小。这种通道和阻塞的情况对研究表面和界面以及薄膜覆盖层来说是非常有用的技术。图 4.33 示出了高能量离子入射到结晶表面，在两个不同的角度上产生了通道效应。对于这些入射角度，只有在顶部的两层原子是“可见的”；更深层的原子都位于顶层的圆锥体阴影中。当离子处在这些原子间的轨道上时，离子会沿着原子间的缝隙运动，从而渗透到固体中相当深的范围内。这种通道效应发生在一束入射离子束与一个单晶对称方向对准的情况下，图 4.34 示出了该效应的详细情况。

没有撞击到表面原子的离子进入原子阵列形成的通道中。离子到原子核的

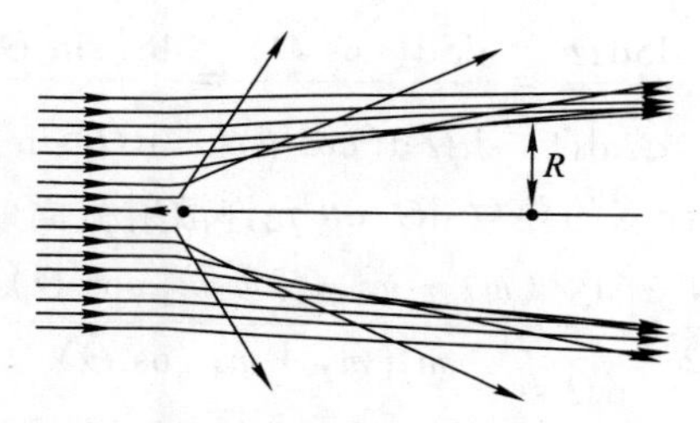

图 4.32　1 keV He^{+}离子从位于坐标原点的 O 原子散射后的圆锥体阴影计算值。轨道描述了离子从左到右移动的情况。计算值基于 Thomas-Fermi-Moliere 散射势的假设[4.30]

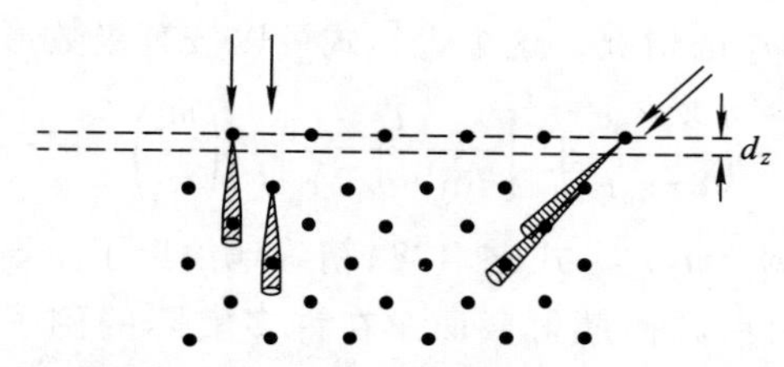

图 4.33　一个顶部原子层表面的截面图，该原子层在 d_z 范围内原子结合松散。该图示出了对沿两个块体输送通道方向入射的高能量离子造成散射遮蔽或阻断锥体[4.30]

距离不能小到足以进行大角度卢瑟福散射的程度。小角度的散射导致弹射粒子的轨道振荡。通过一个准连续模型可以很容易地描述相互作用，该模型使用一个沿着通道连续的能量损失比 dE/dx[4.28]。由于几百埃的大的穿透深度(图 4.34)，从基板的散射大幅度减小，相比没有通道的情况，有时因子可以达到 100。

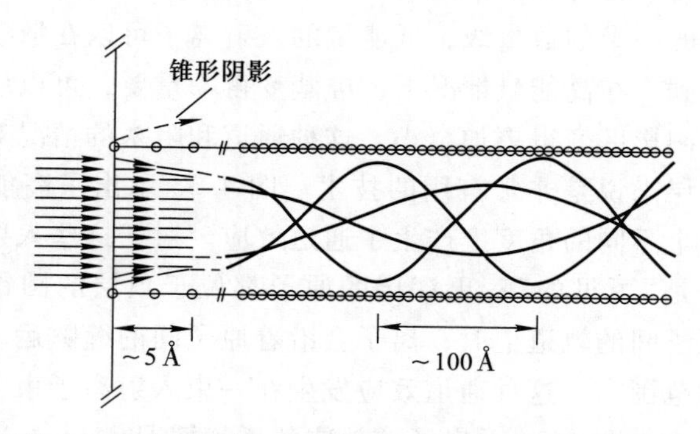

图 4.34　在晶体表面和内部的输送通道发生散射的粒子轨道图解。为了显示轨道的形状[4.28]，相对于输送轨道的宽度，其深度比例被压缩了

图 4.35 中的例子[4.32]是 1.4 MeV 的 He^+离子从 GaAs(100)面散射的过程，Ga 和 As 表面原子层的散射在垂直于(100)面的方向上有两个尖锐的峰。能量损失可以用式(4.116)来计算。对于能量小于上述表面峰值的两个峰，背散射离子的低强度的平稳的峰出现了。这些粒子源于块体中更深处的少数的散射。在输送通道中，初始的入射离子不断地损失少量能量，这主要是由例如激子产生等现象所引发的电子激发所造成的。透射离子很少经历背散射事件，所以导致散射能量的减少程度和它们的输送通道深度成比例。

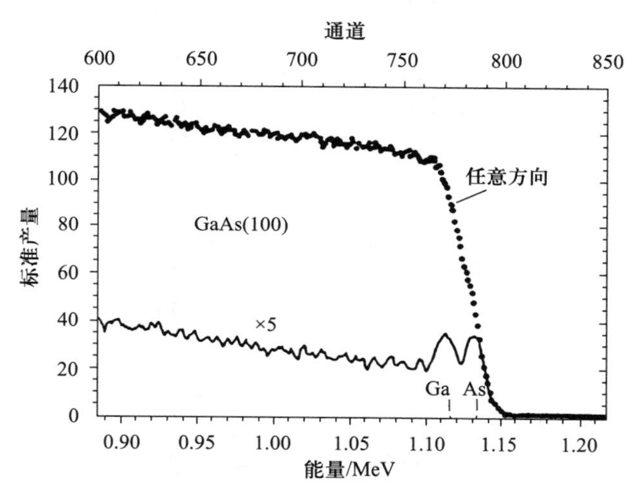

图 4.35 通过一个因子 5 扩大的离子背散射光谱，该谱是由 1.4 MeV 的 He^+离子从 GaAs(100)面上沿着一个“随机”的非输送通道的方向和表面垂直于<100>的方向散射产生的[4.32]

然而，当输送通道不存在(图 4.33)，以及入射角和低指数方向不一致时，这种情况和上述不同。在这种任意入射的条件下，表面原子层遭到多次碰撞，背散射将会在更深层的原子上发生。背散射谱显示了一直到最大值的连续的高强度的散射能量，最大值是由顶部原子层散射在表面上形成的峰来定义的(图 4.35)。相对于晶体取向的入射角的轻微改变，都能显著地改变背散射的结果，特别是对能量低于表面上的峰值的情况。由于初始离子在穿过晶体的道路上存在连续的能量损失，这里也有一个关于散射深度和能量损失的简单关系。这些性质能够通过许多方法应用到获取关于混合物杂质、弛豫效应、界面和覆盖层的质量等有益的信息[4.28]。图 4.36(a)定性地概述了一些背散射光谱的例子。虚线谱表示一个理想表面的晶体在一个输送通道条件下产生的散射。(a)表面上的峰本质上是由于仅从顶端原子层散射。(b) 如果表面原子被取代，表面发生重构，这时，第二层的原子不再被完全遮蔽，因此也对背散射产生了贡

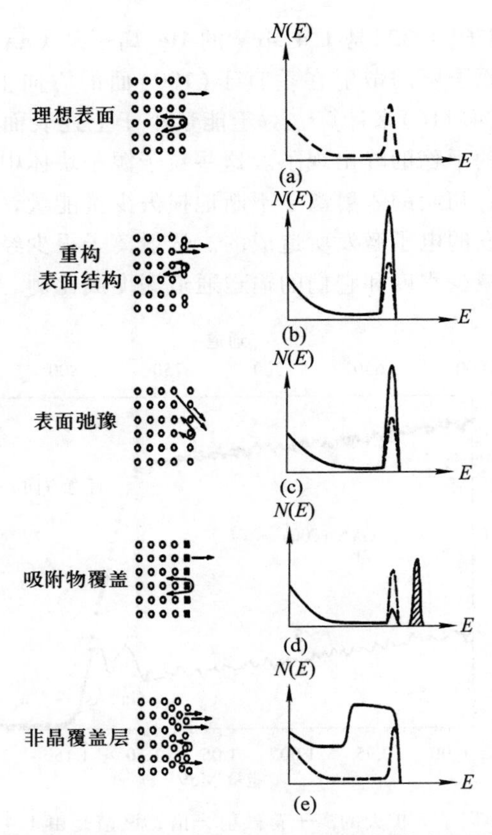

图 4.36 一些离子背散射和相应的光谱 $N(E)$ 应用的定性描述：(a) 在输送通道条件下的理想清洁晶体表面的散射图。背散射图谱(虚线)由表面上的峰组成，这些峰来源于顶端原子层散射和在较低的动能部分出现的低强度变化很小的峰，在块体深处的散射引起了较低的动能。(b) 重构表面的散射和理想表面谱(虚线)相比，表面峰强发生了很大的提高(达到了两倍强度)。由于不完全的屏蔽，第二层原子平面也对散射有所贡献。(c) 对于表面弛豫，在输送通道条件下的非准直入射引起了一个类似于不完全屏蔽效应(虚线：非弛豫理想表面谱)造成的表面峰强提高。(d) 在输送通道条件下覆盖有一层吸附物的理想表面散射。吸附层引起第二个表面峰(阴影部分)的出现，此峰是由在不同质量上的原子散射所造成的。由于屏蔽作用，原来的表面峰(虚线)强度有所降低。(e) 在一个覆盖有非晶层的晶体上的散射，该散射引起了一个宽的平台式的峰，而不是一个尖锐的表面峰。在更深层，许多无序的原子对散射有贡献。为了对比，虚线显示了一个理想晶体表面的散射谱[4.28]

献。对于巨大的重构，表面峰强可能达到理想晶体的两倍。(c) 在弛豫情况下，垂直于表面的顶层原子被取代，这时，非垂直入射对研究来说很有必要。在源于表面原子的遮蔽圆锥没有对准块体中的原子排列方向时，要使用几何学。在这种情况下，表面和第二层原子都对表面峰值有贡献，增大了峰强。对垂直入射进行测量，产生的峰强将等于一个原子层上的散射。(d) 理想表面顶部存在一层吸附层，将产生一个新的表面峰，该峰相对于清洁的表面峰能量有所移动。离子散射对原子质量的灵敏度(4.10 节)可以用来区分基底和吸附物。如果吸附原子直接位于基底原子之上，基底表面的峰强将会强烈地减弱。图 4.36(e)阐述了一个在晶体基底顶部非晶覆盖层(例如通过离子轰击或者激光照射产生)的散射的例子。因为非晶层的原子是无序的，通道效应不再起作用。正如在一个晶体材料中随机散射的例子一样，因为大量的原子都对散射有贡献，所以在背散射过程中获得了一个宽的平台式的高强度的峰。平台式的峰其宽度的大小直接与非晶层的厚度以及非晶-晶体界面的存在有关，该界面可以通过低能端背散射强度的减小而观察到。强度不会降低到完全是结晶材料[(a)~(d)]的值，因为在非晶覆盖层内部，大量离子从它们的通道效应方向偏转。作为这样一个系统的实验例子，图 4.37 示出了在Si(100)面上大约

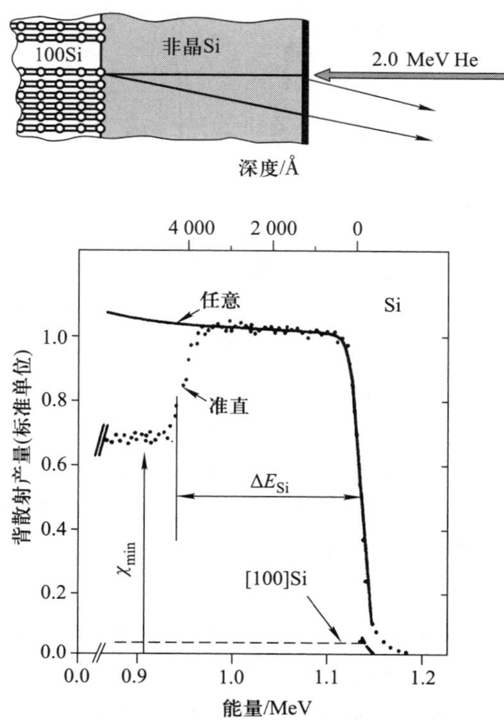

图 4.37　在 Si(100)面顶部 4 000 Å 厚的非晶 Si 外延层的背散射通道效应图谱(离子产量对应动能项)。这个图谱是 2 MeV ^{4}He 离子在通道效应的条件下得到的(插图)。对卢瑟福背散射过程使用一个数学模型，将能量标尺转化为深度标尺(横坐标上方)。为了进行比较，非晶化前的 Si 表面的图谱也显示了出来。虚线表示通道作用条件，实线表示“随机”散射条件[4.31]

4 000 Å 厚的非晶 Si 外延层的通道效应图谱[4.31]。在这个研究中使用了 2 MeV 的^{4}He 离子。背散射离子的能谱转变成了一个厚度计(横坐标上面)。为了进行比较，非晶化前的清洁 Si(100)面的图谱也显示了出来。

通过研究卢瑟福背散射实验中背散射产量和角度的关系，可以获得更多的信息。图 4.38 研究了一个 As 原子浓度为 $1.5\times10^{21}\ cm^{-3}$的 Si 薄膜[4.33]。Si 原子的背散射产量和角度的关系与 As 原子很相似。当然，最小的产量与通道效应的方向相一致。两条曲线的相似性清楚地表明由于 As 掺杂带来的晶格扰动可以忽略，As 以替位式掺杂的形式进入薄膜中。Yb 嵌入 Si 薄膜中(浓度为 $5\times10^{14}\ cm^{-2}$)的角度分解图谱(图 4.39)与上述情况完全相反。在 Si 的精确的通道效应方向(Si 的信号最弱)上，可以观察到一个 Yb 信号的强峰，这证明了 Yb 并没有占据 Si 的位置，而是以填隙原子的形式进入薄膜中。

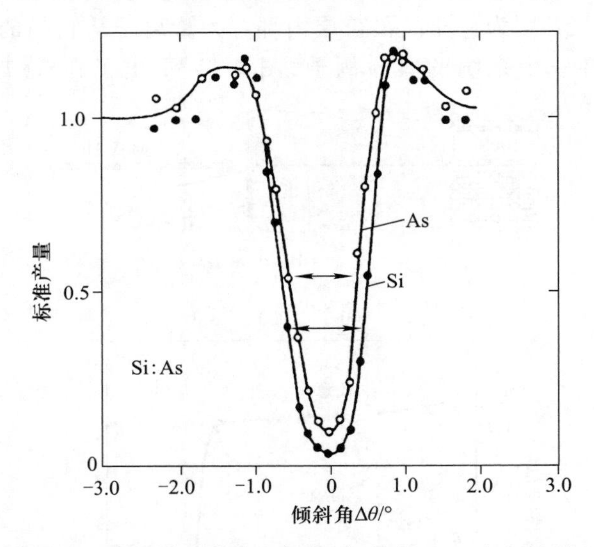

图 4.38　1.8 MeV 的 He 离子沿通道效应方向(倾斜角 $\Delta\theta=0$)入射到 Si 薄膜上时周围背散射产量和角度的关系。Si 薄膜中 As 原子的掺杂浓度为 $1.5\times10^{21}\ cm^{-3}$。图中把 Si 的角度和 As 的背散射峰的关系作了比较[4.33]

更先进的卢瑟福背散射技术，即双对准技术在表面结晶学中使用(图 4.40)。初始粒子束与一个通道效应的低指数晶向相对齐，这样只有在上面两个原子层中的原子被碰撞，所有更深层的原子被屏蔽。一个正好在表面下方的离子可以从任何方向离开晶体，除非其射出的轨道被最顶层原子层中的一个原子所挡住。在这个方向，离子来自表面的背散射产量将会有一个最小值，表面阻挡最小值。观察到的最小值的位置和理想表面计算出的值的偏差可以给出关于表面重构和弛豫的信息。人们通过这种方法(图 4.41)已经研究了吸附氢原

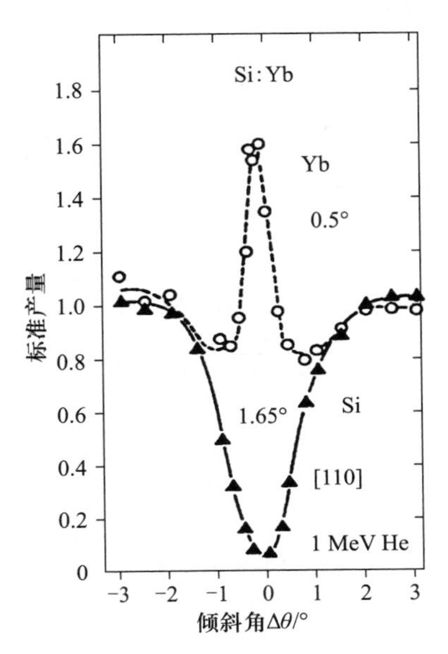

图 4.39　1 MeV 的 He 离子沿[110]通道效应方向(倾斜角 $\Delta\theta=0$)入射到 Si 薄膜上时周围散射产量(标准的)和角度的关系。Si 薄膜中嵌入了 Yb 原子，浓度为 $5\times10^{14}\ cm^{-2}$(60 keV，450 ℃)。Si 信号(▲)和 Yb 信号(○)进行了比较[4.34]

子[氢稳定的 Si(100)-(1×1)2H]的 Si(100)面。观察表面阻挡最小值，从其计算位置(箭头和虚曲线)的偏移得出一个结论，即表面向内弛豫了(−0.08±0.03) Å，或者晶面间的距离变化了(−6±3)%[4.35]。

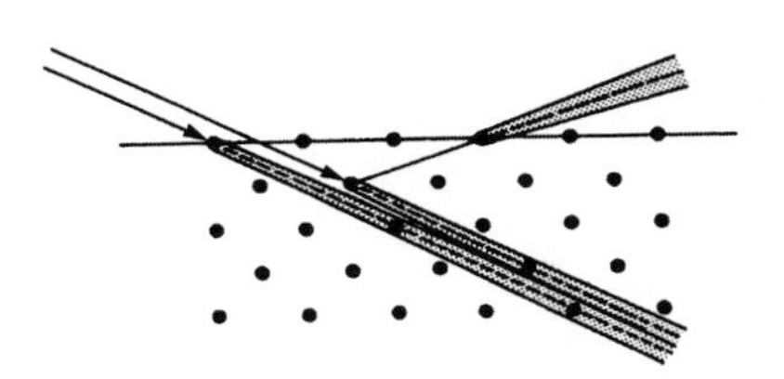

图 4.40　双对准散射几何学，垂直于 Si(100)面的一个(010)散射平面的示意图

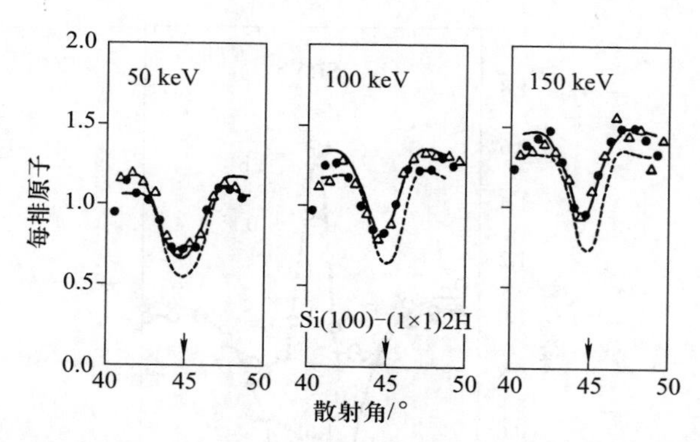

图 4.41　从散射几何学(图 4.40)上获得的实验表面阻挡剖面图。该图是能量为 50 keV、100 keV 和 150 keV 的 H^+(质子)在一个氢稳定的 Si(100)-(1×1)2H 面上的散射。圆形和三角形代表不同的实验运行结果；箭头示出阻挡最小值的位置；虚曲线适合于一个没有任何弛豫的缩短的截断体[4.35]

附录Ⅷ　低能电子衍射(LEED)和反射高能电子衍射(RHEED)

在表面科学中，弹性电子散射和衍射是获得表面信息的标准技术手段。该方法既可用来检查新制备的表面结晶质量，也可以作为获取原子表面结构新信息的工具。在所有的衍射实验中，原子结构的测定自然分为两部分：确定系统的周期性，从而得到基本的重复单元或者表面网格单元，以及在这个单元中原子的位置。第一部分，估计表面单元网格是简单的，涉及简单测量衍射花样中分立的点及其对称性。因为衍射花样本质上与表面倒易格点相符合(4.2 节)，其逆变换可以得到在实空间中的周期。第二部分，测定原子坐标要求对衍射强度进行详细的测量。由于慢速电子和固体的“强烈的”相互作用使通过测量强度得到原子结构的理论问题远非如此简单，因此经常应用低能电子衍射(LEED)技术。在 4.2~4.4 节，讨论了分析低能电子衍射(LEED)花样的几何图形和强度的问题。

为 LEED 准备的标准实验包括一个能够产生初始能量在 20~500 eV 范围内的电子束的电子枪和一个观察布拉格衍射斑点的显示系统。小于 300 eV 的能量范围适合作表面研究，因为这些低速电子在固体中的平均自由程非常短，可以给出好的表面灵敏度(第 4 章)。而且根据德布罗意关系

$$\lambda = \left(\frac{150.4}{E}\right)^{1/2} \tag{Ⅷ.1}$$

(λ 的单位为 Å，E 的单位为 eV)，与 X 射线晶体学所使用的波长相比，典型的 LEED 的波长在埃的范围内，并和固体中的原子间距在同一个数量级上。

图Ⅷ.1(a)示出了一个典型的三栅极 LEED 系统。电子枪的组成单元包括：一根直接或间接的加热灯丝，带有经栅极钨聚焦系统，随后是一个带有 A、B、C、D 光圈的静电透镜。加速能量(20~500 eV)的大小是由阴极和光圈 A 和 D 之间的势决定的。光圈 B 和 C 的电位处于 A 电位和 D 电位之间，通常用来聚焦电子束。初始准直是通过相对于阴极灯丝有一点负偏压的栅极聚焦完成的。最后一个孔 D，也称为漂移管道，通常和孔 A 以及样品保持相同的(地面)电势。荧光屏前的第一个和最后一个网格也同样如此。因此，在样品和显示系统之间建立了一个无场的空间，电子通过该空间到达表面，经历散射后返回。为了对慢速电子进行最后的加速，荧光屏(收集器)必须加一个正向的偏压(≈5 kV)；只有高能量的电子在屏幕上是可见的。除了弹性散射，样品表面也发生非弹性散射，因此，导致出现了低能量的电子。这些电子通过大角度散射，在荧光屏上产生了一个相当均匀的背景照度。通过给中间的栅极加一些负

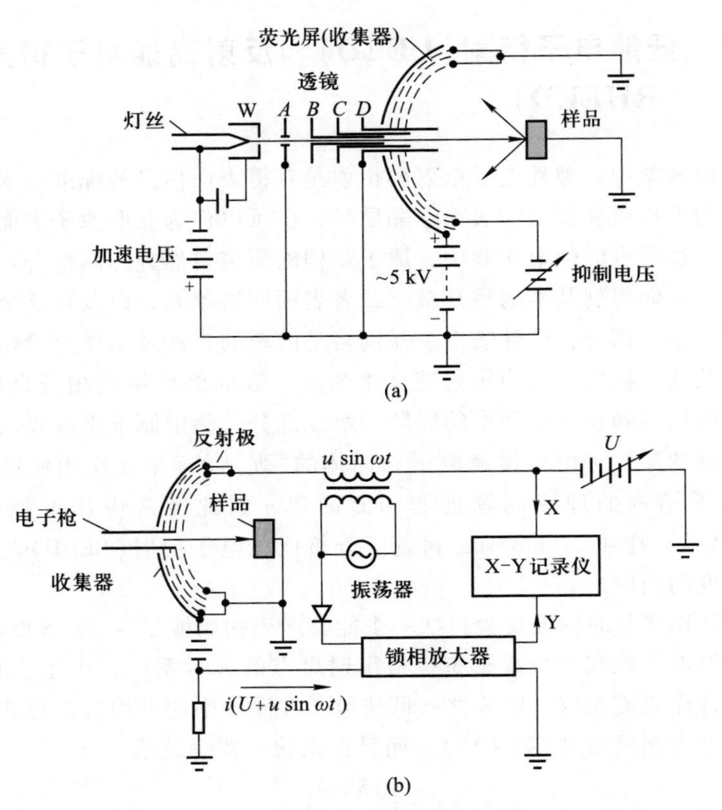

图Ⅷ.1　(a) 一个三栅极 LEED 光学电子衍射实验示意图。完整的电子枪包含一个加热灯丝、一个钨栅极聚焦器及带有光圈 $A\sim D$ 的电子光学系统。B 点和 C 点的电位通常保持在 A 点电位和 D 点电位之间的值。(b) 使用四栅极 LEED 光学系统作为减速电场电子能量分析仪的回路。减速电压 U 决定了到达收集器的非弹性散射电子的比例。通过叠加的交流电压 $u\sin\omega t(u\approx 1\ \mathrm{V})$ 以及随后的固定方向的电流 i，可以得到测量的电子电流 $i(U+u\sin\omega t)$ 相对于 U 的微分。对于 $u<<U$ 的情况可以得到 $i(U+u\sin\omega t)=i(U)+i'(U)u\sin\omega t+(1/2)i''(U)u^2\sin^2\omega t+\cdots$，且第一谐波 ω 的相敏检测可以得到与 $i'(U)$ 成比例的输出信号

的偏压，可以抑制背景照度，因此，能够阻止非弹性散射电子到达收集器。

标准设备的发射电流近似为 1 μA，它随初始能量而变化，但是电子稳定化可能被用来确定它的值。能量扩展大约有 5 eV，主要归因于热能的分布。初始电子束的直径近似为 1 mm。

正如图Ⅷ.1(b)所示，标准的 LEED 光路(这种情况有 4 个栅极)也能作为一个能量分析器来使用。样品的电子在到达集电极以前，必须要克服一个减速

电场。对于减速电压为 U 的情况，到达集电极的电流为

$$i(U) \propto \int_{E=eU}^{\infty} N(E)\,\mathrm{d}E \qquad (\text{Ⅷ}.2)$$

$N(E)$为入射电子的能量分布。通过在式(Ⅷ.2)中施加一个交流电压 $u\sin\omega t$($u << U$)且使用相敏检测 $i(U)$，对其微分可以很容易地获得 $N(E)$[图Ⅷ.1(b)]。

图Ⅷ.1(a)所示的标准的 LEED 设备大多数时用于对一个清洁表面结晶的完美性等作表征；对于研究吸附层、半导体界面以及 LEED 强度，这样的设置存在严重的缺点。初始电子束约为 1 μA 的电流密度是相当高的。因此，有机吸附层和清洁的半导体表面可能会遭到严重的破坏。此外，许多衍射束和数个表面取向的强度电压 $i(V)$曲线的测量需要收集很多的数据，因此，最近的实验发展已经以减小初始电流和实现更快的数据采集为目标。图Ⅷ.2 示出了一个先进的显示系统，初始电流减小了 4 个数量级，达到了 10^{-10} A。通过两个轨道面板获得了明亮的 LEED 图案，轨道面板使背散射电子电流增大了 10^7 倍。由于可以从后面通过镜子检查荧光屏(带有荧光粉涂层的光纤)，整个装置非常灵活，可以在超高真空腔的标准端口装法兰。通过改变栅极电势或者通道板等，同样的装置(图Ⅷ.2)也可以用来测量(离子)电子角分布的电子受激解吸(electron stimulated desorption ion angular distribution，ESDIAD，第 10 章附录ⅩⅦ)。在这些实验中，一束电子入射到表面吸附层上，解吸离子的角分布产生了吸附物所成键的几何信息(第 10 章附录ⅩⅦ)。

对 LEED 设备的另一种现代改进是 DATALEED(图Ⅷ.3)。非常迅速的数据采集通过应用电子视频(电视摄像)装置来完成，该装置测量 LEED 斑点强度的同时使用计算机控制处理数据。目前，在特定的能量下，测定一束 LEED 电子束的积分强度所需要的时间是 20 ms(包括去背底)。根据能量间隔和能量覆盖的范围，这样的设备测量一幅 LEED 强度全谱图大约需要 10 s。因此，时间和 LEED 强度关系的分析(4.4 节)即结构在如表面相转变过程中的分析，变成了可能。

除了 LEED，在界面和薄膜物理中，第二重要的电子衍射技术是 RHEED(反射高能电子衍射)。初始能量为 10～100 keV 的高能电子在掠射角在 3°～5°的情况下入射到样品表面，在相似的角度下，在荧光屏上观察到了衍射束[图Ⅷ.4(a)]。在 RHEED 中使用的电子枪要比 LEED 中的略微复杂；在某些情况下使用一个磁透镜聚焦，因为对更高速度的电子磁透镜更有效。RHEED 使用的高电压需要特殊的电源和真空馈通。荧光屏不需要高压源，加速电子也不需要，因为高的初始能量足以产生荧光。屏幕通常是平面的，有时会镀在一个带有一层导电薄膜的超高真空系统窗口内部，防止带电。系统并不需要非弹性散射和二次电子能量过滤器，因为衍射束的强度要比背底大很多。因为电子枪和

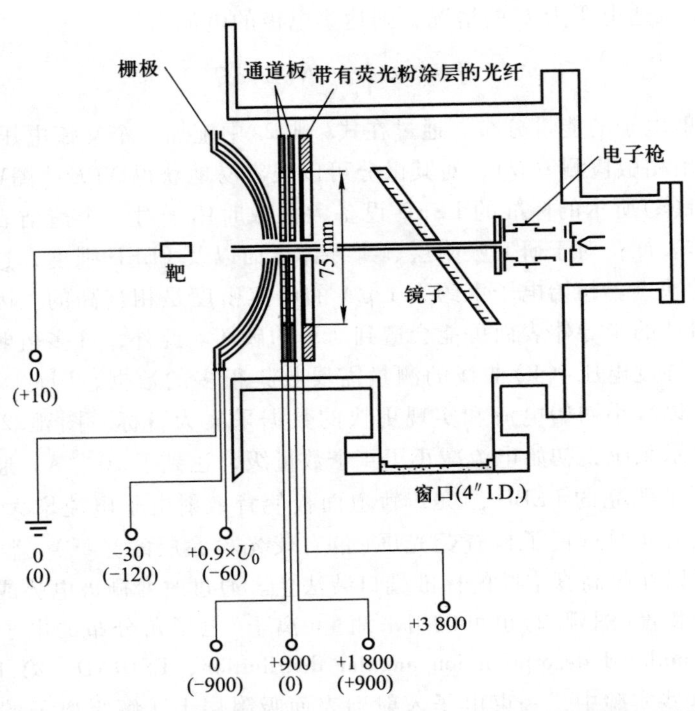

图Ⅷ.2　LEED 和 ESDIAD 的低电流光电显示原理图(离子角分布的电子受激解吸，第 10 章附录ⅩⅦ)。LEED 可使用处于 10^{-10} A 范围内的初始电子束电流，通道板可以将检测到的电子电流扩大 10^7 倍范围。典型的偏置电压[eV]也表示了出来，括号内给出了 ESDIAD 的电位；U_0 为加速(初始的)电压[Ⅷ.1]

样品的空间距离，以及样品和屏幕的空间距离大约为 50 cm，使用该方法，涉及样品的条件很灵活。例如，在高温条件下，人们可以使用 RHEED 在分子束外延过程中对表面进行原位研究(2.4 节)。

尽管初始能量很高，RHEED 和 LEED 有一个相似的表面灵敏度：掠入射和检测角度意味着通过样品的一个长的平均自由程与垂直样品表面仅有几个原子层的渗透深度有关系。RHEED 的衍射花样和 LEED 的有很大不同。图Ⅷ.4(b)说明了 RHEED 实验条件下的 Ewald 结构。由于极高的初始能量，Ewald 球的直径如今要远远大于倒易晶格的矢量。在靠近表面的衍射束形成的区域，倒易晶格棒(4.2 节)在掠射角处被切断。Ewald 球“触及”了倒易晶格棒。由于初始电子束角度和能量的扩散，以及表面偏移了理想的平移对称性(声子、缺陷等)，Ewald 球和倒易晶格棒都在一定程度上被消除了。因此，衍射花样通常不是由斑点构成的，而是由条纹构成，这些条纹和倒易格点棒切割形成的截面

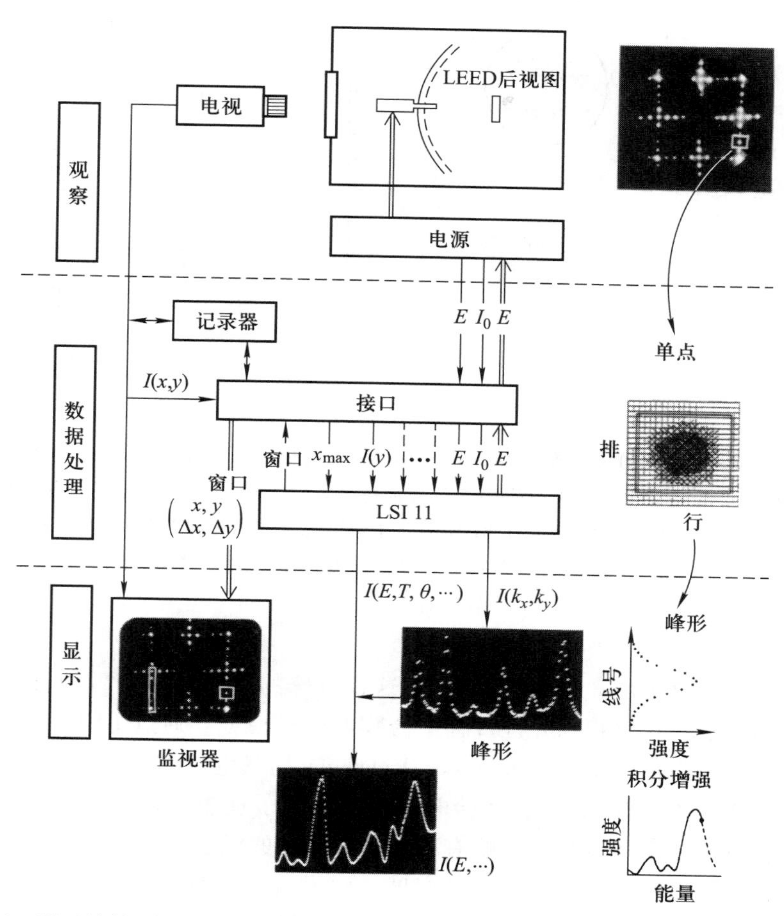

图Ⅷ.3 通过计算机控制的快速 LEED 系统 DATALEED 的流程图信息，该图显示了从观察到数据处理再到显示强度的过程。通过电视摄像机采集透明荧光屏后面的 LEED 花样，产生了一个视频信号。电脑控制系统，形成一个围绕某个点或者一群点的尺寸和形状变化的电子窗口，快速存储最多 10^3 像素的数字信息。电子窗口用于跟踪随着束能量 E 变化而在屏幕上移开的斑点。电脑 LSI 11 计算了强度相对于能量 $I(E)$ 的谱、积分强度、半高宽等。在单线运载信息中，双线代表控制通道[Ⅷ.2]

一致。然而，必须强调的是，在非常平整的理想的表面上使用非常好的仪器，人们偶尔能获得非常尖锐的衍射斑点。

图Ⅷ.5 示出了一个 RHEED 花样的例子。由于电子束入射余角的原因，在 RHEED 中需要非常平整的样品表面。粗糙和强烈的形变都会遮蔽部分表面。另一方面，如果有岛状结晶或者液滴在表面上，由于传送电子衍射[图Ⅷ.4(a)中的插图]，掠射束的块体散射可以发生，而且 RHEED 的花样可能主要由

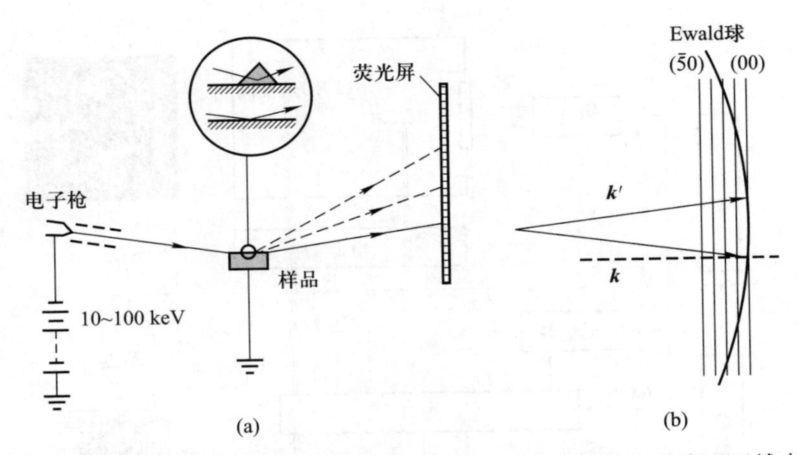

图Ⅷ.4 (a) RHEED 实验装置原理图。插图显示了一个高度放大的表面区域中两种不同的散射情况：在一个平整表面上的表面散射(下方)和在一个三维岛状晶体最外层表面上的块体散射(上方)。(b) RHEED 的 Ewald 球结构。$\boldsymbol{k}$ 和 $\boldsymbol{k}'$分别为初始波矢和散射波矢。球体半径 $k=k'$要比倒易晶格棒(hk)之间的距离大很多。更多细节请参见 4.2 节和图 4.2、图 4.3

斑点而不是条纹组成。然而，RHEED 这种特殊的性质可以有效地开发，用来研究表面起伏和在沉积和外延过程中薄膜的生长模型。通过 RHEED 花样中的斑点，可以很容易地辨认出 Stransky-Krastanov 岛状生长模式(第 3 章)。

在 LEED 和 RHEED 中，初始电子束都偏离了理想平面波 $A\ \exp\ (\mathrm{i}\boldsymbol{k}\cdot\boldsymbol{r})$。实际上，它是一个能量和方向略有不同的许多波的混合波。这些理想方向和能量的偏移是由电子束的有限的能量宽度 ΔE(热宽度≈500 meV)和角扩散度 2β 引起的，因此，电子碰撞到晶体表面相位存在轻微的无规则变化。如果表面上的两个斑点距离很远，那么入射波就不能认为是相干的。相位不是关联的，那么出射波就不能发生干涉，从而产生衍射花样。这里有一个特征长度，称为相干长度，以至于在相干长度(半径)内的表面原子都被认为是受到一个简单平面波的辐照。距离超过相干半径的点，其波散射强度而不是幅度增加，因此，在大于相干长度范围内的表面结构无法形成衍射花样。

限制相干性的两个因素——有限能量宽度 ΔE 和角扩散度 2β 分别引起了时间和空间上的非相干。因为 $E=\hbar^2k^2/2m$，能量宽度

$$\Delta E = \frac{\hbar^2}{m} = k\Delta k \qquad (\text{Ⅷ}.3)$$

与一个波矢的不确定度相关(由于时间非相干)

$$\Delta k^{\mathrm{t}} = k\frac{\Delta E}{2E} \qquad (\text{Ⅷ}.4)$$

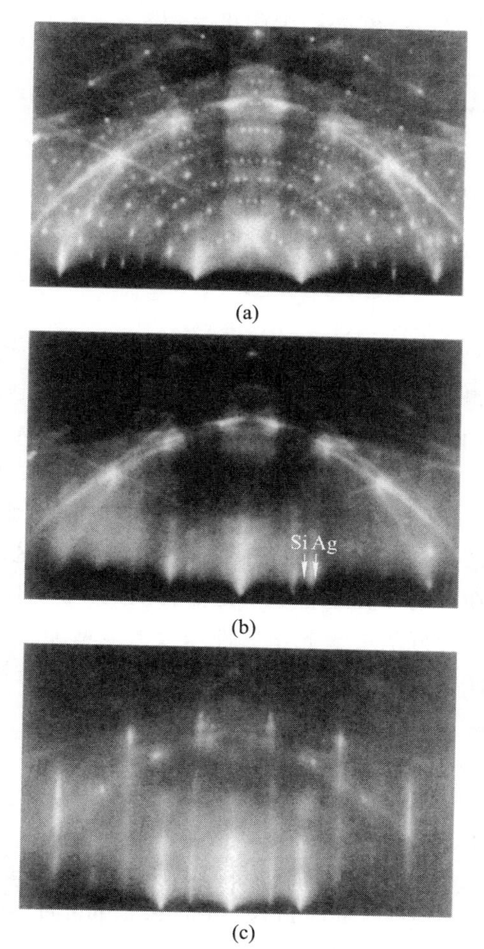

图Ⅷ.5 初始能量 $E=15$ keV，在 Si(111)面上入射方向为[112]的 RHEED 花样：(a) 上层结构为(7×7)的清洁 Si(111)面；(b) 沉积了名义上为 1.5 倍 Ag 单原子层(ML)后的 Ag 的条纹图像，可以在模糊的(7×7)结构上看到 Ag 原子层；(c) 沉积了 3 倍 Ag 单原子层(ML)后的 Ag 的纹理结构，Ag 原子层发展到替代了(7×7)结构[Ⅷ.3]

也就是对于平行于表面的部分(在垂直入射的情况下)

$$\Delta k_{\parallel}^{\mathrm{t}} \simeq k\beta \frac{\Delta E}{E} \tag{Ⅷ.5}$$

有限的角扩散度 2β 引起了一个平行于表面的波矢的不确定度(由于空间非相干)

$$\Delta k_{\parallel}^{\mathrm{s}} \simeq 2k\beta \tag{Ⅷ.6}$$

因为两个因素是独立的，$k_{\parallel}$ 处总的不确定度为

$$\Delta k_{\parallel} = \sqrt{(\Delta k_{\parallel}^{t})^2 + (\Delta k_{\parallel}^{s})^2} \tag{Ⅷ.7}$$

根据海森堡(Heisenberg)不确定关系

$$\Delta r_c \Delta k \simeq 2\pi \tag{Ⅷ.8}$$

可以得到相干半径 Δr_c 为

$$\Delta r_c \simeq \frac{\lambda}{2\beta\sqrt{1 + (\Delta E/2E)^2}} \tag{Ⅷ.9}$$

λ[式(Ⅷ.1)]为电子波长。

在标准的 LEED 实验中，初始束流的角宽度约为 10^{-2} rad，能量扩展度约为 0.5 eV。初始能量约为 100 eV 时，相干长度大约为 100 Å。在 RHEED 中，初始能量更高($\approx 5\times10^4$ eV)，电子束的准直性也更好($\beta \approx 10^{-4} \sim 10^{-5}$ rad)，但是由于掠入射，$\Delta k_{\parallel} \simeq \Delta k$，因此，这里的相干长度区域只比在 LEED 中的略大一些。由于在 LEED 和 RHEED 中相干长度是有限的，因此对表面长程有序只能获得一些有限的信息。如果长程有序局限在小于相干区域(直径≈100 Å)的面积内，衍射花样在高的非相干背底下是非常弱的。人们已经进行了大量实验上的努力，通过使用更好的电子光学器件来极大地增加相干长度。同时，几千埃的相干长度已经能够达到了，这使得小的偏差的长程有序可以通过 LEED 来研究[Ⅷ.4，Ⅷ.5]。

参考文献

Ⅷ.1 C. D. Kohl, H. Jacobs, Private communication

Ⅷ.2 K. Heinz, K. Müller, *Experimental Progress and New Possibilities of Surface Structure Determination*. Springer Tracts Mod. Phys., vol. **91** (Springer, Berlin, 1982)

Ⅷ.3 S. Hasegawa, H. Daimon, S. Ino, Surf. Sci. **186**, 138 (1987)

Ⅷ.4 K. D. Gronwald, M. Henzler, Surf. Sci. **117**, 180 (1982)

Ⅷ.5 M. Henzler, Appl. Phys. A **34**, 209 (1984)

附录Ⅸ　X 射线衍射(XRD)对薄膜特性的描述

对于薄膜或者多层体系来说，X 射线衍射(X-ray diffraction，XRD)是一种主要的描述技术。表面的描述实质上是探索一个单层的表面原子，由于原子电子壳层的 X 射线有相对较低的散射截面，因此 XRD 技术不是足够灵敏的。但从历史上来看，XRD 仍是研究固体材料晶体和缺陷结构的最重要的技术手段。随着灵敏和精密设备的发展以及同步辐射加速器的应用，也使得 XRD 技术成为薄膜研究领域不可或缺的工具。

对于晶体和薄膜而言，X 射线散射的最简单的理论描述是基于运动学散射理论的，它只包含单一的散射情况。晶体、薄膜和表面的电子散射具有相同的数学形式，二维体系表面电子散射的数学形式已在 4.1 节中描述。X 射线从原子壳层的电子-电磁辐射相互作用中分散出来。每一个原子的主波入射 X 射线发出的分散的球形波增加了可观测的衍射点(布拉格反射)。

4.1 节中近似地描述了二维周期性晶格原子的散射过程，晶体中的 X 射线、电子和其他粒子的散射(过渡)振幅(散射截面的平方)可以按照初始态 $|i\rangle$ 和末态 $|f\rangle$ 进行描述，入射波 i 和散射波 s 有如下关系式：

$$\begin{aligned} c(\boldsymbol{k}_s,\ \boldsymbol{k}_i) \propto \langle f|V(r)|i\rangle &= \int \mathrm{d}\boldsymbol{r}\ \exp\left(-\mathrm{i}\boldsymbol{k}_s\cdot\boldsymbol{r}\right)V(\boldsymbol{r})\ \exp\left(\mathrm{i}\boldsymbol{k}_i\cdot\boldsymbol{r}\right) \\ &= \int \mathrm{d}\boldsymbol{r}V(\boldsymbol{r})\ \exp\left[-\mathrm{i}(\boldsymbol{k}_s-\boldsymbol{k}_i)\cdot\boldsymbol{r}\right] \\ &= \int \mathrm{d}\boldsymbol{r}V(\boldsymbol{r})\ \exp\left(-\mathrm{i}\boldsymbol{K}\cdot\boldsymbol{r}\right) \end{aligned} \tag{Ⅸ.1}$$

其中，散射势 $V(\boldsymbol{r})$ 由单原子势 $v(\boldsymbol{r})$ 构成：$V(\boldsymbol{r})=\sum_n v(\boldsymbol{r}-\boldsymbol{r}_n)$，$\boldsymbol{r}_n$ 为原子位置，它形成了具有平移对称性的晶格结构。散射振幅[式(Ⅸ.1)]本质上是周期性晶体散射势 $V(\boldsymbol{r})$ 对于散射波矢量 $\boldsymbol{K}=\boldsymbol{k}_s-\boldsymbol{k}_i$ 的傅里叶变换，散射波矢量指代了分散波和入射波的差值，即波矢量的传输。和二维周期性晶格原子的散射过程一样，式(Ⅸ.1)中的分析可以推演出布拉格反射出现的条件[类似于式(4.14b)]

$$\boldsymbol{K}=\boldsymbol{G}_{hkl} \tag{Ⅸ.2}$$

$\boldsymbol{G}_{hkl}$ 为三维的倒易晶格矢量，它可以用作一个特定反射的术语。源于式(Ⅸ.2)的最简单的运动学描述是建立在布拉格条件上的[Ⅸ.1]，散射晶体的邻近平面和在一定散射角度下的干扰促使衍射图样被减小至入射 X 射线的反射(图Ⅸ.1)。每一个可观测的布拉格点来源于一个特定晶格平面的主波的反射，其中，点阵平面的距离为 d_{hkl}。因此，布拉格反射可以用米勒指数 h，k，l 来描述，这些

指数分别对应于倒易晶格矢量 $\boldsymbol{G}_{hkl}$ 中相应的点阵平面。按照图Ⅸ.1，布拉格条件

$$2d_{hkl}\sin\theta_{\mathrm{B}}=n\lambda,\quad n \text{ 为整数} \tag{Ⅸ.3}$$

展示了在布拉格角度 θ_{B} 下布拉格反射相长干涉的几何关系(反射角度对应于晶格平面 h，k，l)。ω 为晶体表面和入射 X 射线波矢之间的入射角[也可见图 4.10(a)]。

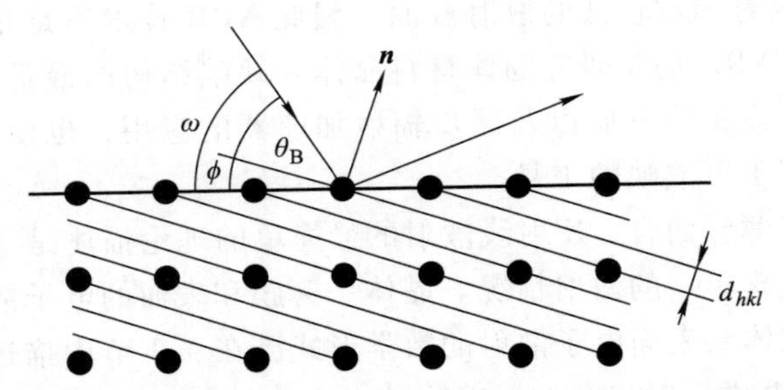

图Ⅸ.1　在晶格平面(晶格平面间距为 d_{hkl}，单位向量为 $\boldsymbol{n}$)上 X 射线反射的散射几何条件。一个非对称的反射被呈现出来，且参照样品表面，晶格平面按照角 ϕ 发生倾斜。θ_{B} 为布拉格角，ω 为入射角

如果 X 射线波长 λ 和掠射角(布拉格角)θ_{B} 能够精确测定，方程(Ⅸ.3)可以给出精确的晶格常数，即点阵平面距离 d_{hkl}。高精度的角度和光谱分辨率可通过现代 X 射线多晶单色器获得(图Ⅸ.2)。X 射线主射束源于铜阳极 X 射线管。韧致辐射 X 射线谱的发散辐射和铜发射的谱线特征被多晶单色仪所过滤。在图Ⅸ.2 中，4 个完美的 Ge 晶体，其中两个是正平行排列，导致主 X 射线束的 4 倍布拉格反射。通常，几何图形对应于[220]或[440]晶格平面的布拉格反射。每个反射提高了角扩散，提升了单色性，以至于最终可达到约为 2×10^{-5} 的光谱单色性 $\Delta\lambda/\lambda$ 和约 0.001 5°衍射平面的光束发散度。在更先进的 XRD 设备中，第二个多晶单色仪提高了单色性和样品靶衍射后散射束内的角分布。

通过计算机程序旋转样品和探测器，倒易空间特定的布拉格反射几何精细结构可以测量。根据薄膜的缺陷结构，即定向错误的晶格平面、异质缺陷原子等，会发生从理想方向(hkl)到其他方向的散射，这引发了倒易矢量 $\boldsymbol{G}_{hkl}$ 附近散射矢量 $\boldsymbol{K}=\boldsymbol{k}_{\mathrm{s}}-\boldsymbol{k}_{\mathrm{i}}$ 延续而形成的散射强度。如图Ⅸ.3 所示，两个不同的散射程序，即 ω 扫描和 $\omega/2\theta$ 扫描，它们可以观测到倒易空间接近一个特定的布拉格反射(hkl)的两个相互垂直方向的散射强度。在 $\omega/2\theta$ 扫描中，样品和探测器以相同的速度旋转。散射波矢 $\boldsymbol{k}_{\mathrm{s}}$ 沿着晶格面的法向变化[图Ⅸ.3(a)]。在 ω 扫描中，入射角 ω 变化，而 2θ 没有变化。这导致散射波矢 $\boldsymbol{k}_{\mathrm{s}}$ 沿着晶格面的平行方向移动[图Ⅸ.3(b)]。通过使用这两种扫描，可以得到二维的散射强度[图Ⅸ.3(c)]。

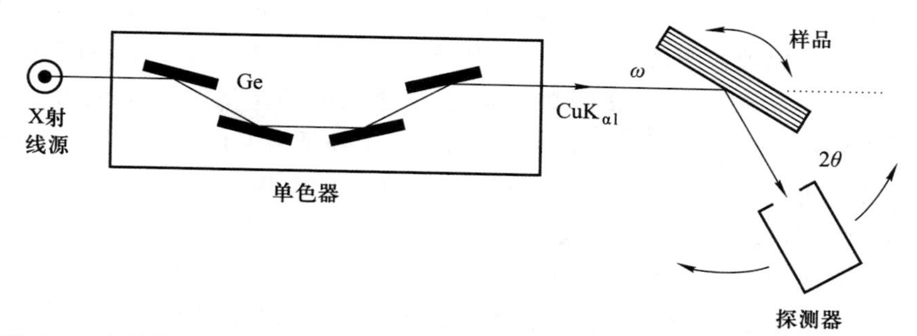

图Ⅸ.2 4个晶体X射线衍射仪方案：4个Ge晶体作为一个单色器，可以导致主X射线束的4倍布拉格反射。通常地，使用源于X射线管的$CuK_{\alpha 1}$辐射。样品(角度为ω)和探测器(角度为2θ)可以相对于主射束旋转。θ为样品表面和探测器之间的角度

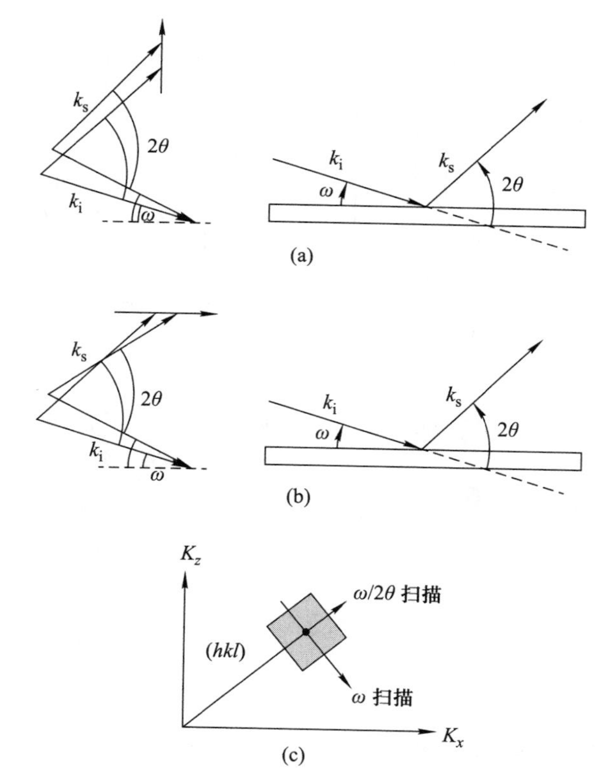

图Ⅸ.3 两种扫描方法可以用来获得散射波矢平行于晶格面K_x和垂直于晶格面K_z的散射强度在倒易空间的映射：(a) $\omega/2\theta$扫描，角ω和2θ以相同的速度变化，垂直于晶格面的波矢被扫描(左图)；(b) ω扫描，角ω变化，而角2θ不变，平行于晶格面的波矢被扫描(右图)；(c) 从$\omega/2\theta$扫描和ω扫描得到(hkl)布拉格点在倒易空间的映射

这种技术的直接应用是研究在晶格不匹配基底上外延层生长的应变和弛豫(4.3节)，其原理如图Ⅸ.4所示。一般来讲，厚度低于临界值 d_c 的外延层具有内应变和平行于基底的晶格常数 $a_L^{\parallel}$，与之匹配的基底晶格常数为 a_S(4.3节)。垂直于基底的外延层是高度应变的，由于外延层生长过程中体积的恒定，相比于未应变层，会有一个增强的晶格常数 $a_L^{\perp}$ [图Ⅸ.4(a)]。在 ω 扫描和 $\omega/2\theta$ 扫描测量波矢(K_x，K_z)平面所形成的二维倒易点阵图中，对于(hkl)点，可以观测到两种分离的布拉格散射，且这两种分离的布拉格散射，一个是基底的，另一个是外延层的，它们具有相同的值 $K_x=2\pi n/a_S=2\pi n/a_L^{\parallel}$。对于较厚的外延层，特别是在极端的晶格失配的情况下，由于应变外延材料的立方对称性，外延层发生弛豫，即外延层按照 $a_L^{\parallel}=a_L^{\perp}$ 生长。

图Ⅸ.4(c)和(d)示出了完全弛豫的例子。可以看到无应变外延层立方单

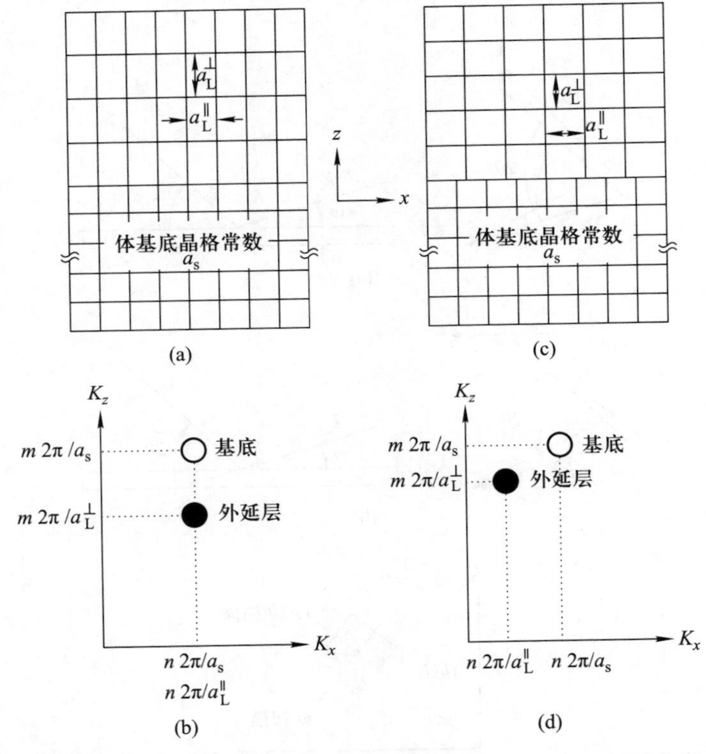

图Ⅸ.4　在与外延层晶格失配的基底(立方系，晶格常数为 a_S)上，相干应变外延层(a)、(b)和完全弛豫外延层(c)、(d)的示意图：(a) 具有不同晶格常数 $a_L^{\parallel}$(平行于基底)和 $a_L^{\perp}$(垂直于基底)的应变层的示意图；(b) 相应的基底和外延层布拉格点的倒易空间映射，m 和 n 为任意数；(c) 具有相等晶格常数 $a_L^{\parallel}=a_L^{\perp}$(立方系)的完全弛豫层的示意图；(d) 相应的基底和外延层布拉格点的倒易空间映射

胞的布拉格点从基底峰 K_x 和 K_z 处被对角化转移。在现实情况中，外延层某些区域的部分弛豫会造成更加复杂的二维扫描，它们具有两个以上的布拉格点或具有散射强度扩展的 K_x-K_z 区域。

图Ⅸ.5 所示为一个应用的例子，展示了以 Si 层为基底，在渐变缓冲层（Si/Ge 含量分级）上的 $Si_{0.5}Ge_{0.5}$外延层布拉格点（224）附近的二维倒易空间映射。在透射电子显微镜中[图Ⅸ.5(a)]，可以看到在渐变层中捕获的高密度位错，然而，$Si_{0.5}Ge_{0.5}$外延层有大面积的游离位错。这些情况反映在（224）反射点的倒易空间图中[图Ⅸ.5(b)]。除了 Si 基底在 $K_x=32.73\ \mathrm{nm}^{-1}$和 $K_z=46.31\ \mathrm{nm}^{-1}$附近的布拉格点，在 $K_x=31.98\ \mathrm{nm}^{-1}$和 $K_z=45.36\ \mathrm{nm}^{-1}$附近的广义对角位移点分别描述了 $a_S^{\parallel}=0.555$ nm 和 $a_S^{\perp}=0.554$ nm 的晶格常数。在误差范围内，这些

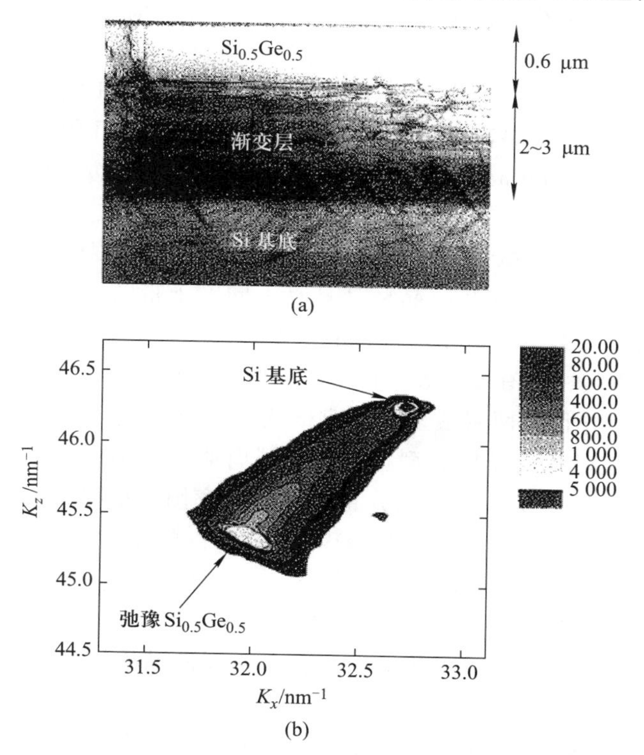

图Ⅸ.5　通过化学气相沉积在 Si(100)基底上沉积的 $Si_{0.5}Ge_{0.5}$合金层。梯度的 Si/Ge 含量之间的中间层用于调整 Si 层和 $Si_{0.5}Ge_{0.5}$层间的晶格失配[Ⅸ.2]。(a) 该层系统的透射电子显微镜照片。大量的位错聚集在梯度层间，尽管相对于 Si 基底的晶格失配，$Si_{0.5}Ge_{0.5}$外延层的晶体是相当完美的。(b) 通过 ω 扫描和 $\omega/2\theta$ 扫描获得的图(a)中层体系的倒易空间映射。颜色代码描述了散射的 X 射线强度

值是相等的，并且对应于完全弛豫的 $Si_{0.5}Ge_{0.5}$化合物（立方系）。在两个布拉格点间，不同强度的带起源于强扰动梯度的缓冲层。图Ⅸ.5 中的二维空间倒易映射对多层系统中的应变和缺陷可以给出详细的结论。

在Ⅲ-Ⅴ族化合物层技术中，一个主要的实验问题（2.4 节、2.5 节）是三元化合物的组分 x 的测定，例如 $In_xGa_{1-x}As$。通过 XRD 对在 InP 基底上不断沉积的 InGaAs 外延层的晶格常数进行精确的测量，可以给出 Vegard 规则的基本信息。这个规则是建立在大量的实验数据上的，涉及三元化合物的晶格常数 $a(In_xGa_{1-x}As)$ 和相关的二元化合物的晶格常数 a(InAs、GaAs) 以及组分 x，关系式为

$$a(In_xGa_{1-x}As)=x[a(InAs)-a(GaAs)]+a(GaAs) \quad (Ⅸ.4)$$

由于二元化合物的晶格常数是已知的（图 2.12），在当前的例子中，$a(GaAs)=0.5653$ nm，$a(InAs)=0.6058$ nm，通过三元化合物晶格常数的测量可以得到三元外延层的组分 x。由于生长的 InGaAs 材料体系与 InP 晶格匹配（2.4 节，图 2.12），且带隙能量略高于 0.5 eV，因此其在光电器件中有着巨大的重要性。在这种情况下，InGaAs 的带隙跟最佳信号传输的玻璃光纤的光学窗口相匹配。

在许多的光学、光电、光子和纳米电子的应用中，半导体超晶格[图 8.25(b)]发挥着重要作用。这些超晶格是具有不同电子带隙、晶格常数和散射截面的两个或两个以上不同半导体材料的周期性的层序列。对于这些多层体系，X 射线衍射分析是一种有效的表征技术。类似地，超晶格光栅上的光衍射是 X 射线的散射靶，并且一两层或多层堆砌的周期序列（类似于光栅中的狭缝）形成了一种散射 X 射线的光栅类型。这种光栅周期是由不同层组分中的晶格周期性叠加的。图Ⅸ.6 是一个双组分超晶格的示意图，根据不同的带隙，这些层称为势垒或量子阱（quantum well，QW）。在标准的超晶格中，量子阱和势垒层有低于临界弛豫值的厚度（3.4 节，图 3.16），且这些量子阱和势垒层的晶格常数受到与基底匹配的垂直于生长方向的应力。在生长方向（层序列方向 z）上，引起的应变会导致量子阱和势垒层各自不同的晶格常数 a_A 和 a_B[图Ⅸ.6(a)]。

如 Fresnel 理论所描述的光栅的衍射，X 射线在超晶格上的衍射（散射）模式由超晶格的不同成分（层）散射的所有分波的叠加所组成（光栅的狭缝和非透明条）。这种叠加相应的数学形式是傅里叶变换[式（Ⅸ.1）]，其中，$V(\boldsymbol{r})$包含了两个或两个以上层堆砌（狭缝）与底层原子晶格在每一个单层的周期性排列。类比于光栅的衍射，衍射花样即从一个超晶格[图Ⅸ.6(b)]产生的 XRD 衍射，可以给予充分的讨论。衍射花样是光栅的平方傅里叶变换，它包含了大量周期性元素（堆砌）、子结构（在最简单的情况下，一个狭缝和一个非透明条）和宽

度的信息。一般来说，在实空间中，更薄的结构引发更大角度的散射以及在波矢传输 $\boldsymbol{K}$ 的倒易空间中衍射花样更为广泛的功能。根据光学光栅的衍射花样，我们得出：超晶格包含 N 个周期元素以及厚度为 $D=d_A+d_B$ 的势垒和量子阱层［图Ⅸ.6(a)］，因此，它创建了传输距离(K_z)为 $2\pi/D$ 的等距布拉格峰的序列［图Ⅸ.6(b)］。由于厚度为 D 的周期元素包含两种在 z 方向不同晶格常数 a_A 和 a_B 的材料，两个对应的布拉格点序列呈现出接近 K_z 的传输，且这种传输由衍射级 l(米勒指数)和不同的晶格常数描述。对于这两个布拉格点序列包络调制，具有较宽的主带和较低强度的对称侧带(虚线)的布拉格点强度被观测到。这个包络被确认为一个单缝在光学衍射中的衍射花样。在该种情况下，单缝分别由势垒(B)和量子阱层(A)表示。因此，在倒易空间中，包络的延伸($4\pi/d_A$ 和 $4\pi/d_B$)是 A 层和 B 层厚度的直接测量。在光学衍射光栅中，在每个布拉格点之间存在许多小的侧峰，侧峰的数量($N-2$)取决于光栅中周期元素(狭缝)的数目 N。从侧峰的最大数值，我们可以推导出构成超晶格的 A/B 双层的数目 N。

必须强调的是，在目前的情况下，A 层和 B 层的 z 方向上的晶格常数 a_A 和 a_B 被认为是完全不等的，以至于相应的布拉格峰很好地在 K_z 轴上分离。对于稍微不等的晶格常数，A 层和 B 层的两个布拉格峰可以重叠并形成相当复杂的衍射花样。

在许多实际的情况下，对超晶格 XRD 图的分析以一种类型的层为主，即一系列的布拉格反射。这样的例子展示在图Ⅸ.7 中：$Ga_{0.47}In_{0.53}As$/InP 超晶格在 InP 基底上通过 MOCVD 技术(2.5 节)外延生长。对于特定的 Ga/In 含量，GaInAs 层(厚度为 10 nm)与 InP 夹层(厚度为 34 nm)、InP 基底的晶格是匹配的。超晶格有 20 个周期的 GaInAs/InP 双层的堆砌。因此，布拉格反射之间侧峰的最大数值(图Ⅸ.7 中没有解决)相当于 $N-2=18$。该衍射图来源于 $\omega=31.66°$附近具有最显著布拉格峰的 InP (004)的布拉格反射。劈裂得到的两个紧密相邻的峰表明 InP 和 InGaAs 夹层之间存在微小的晶格失配。不同的布拉格峰之间的角距离表明了超晶格的周期性距离 D，即 GaInAs/InP 双层的厚度。

从衍射图中得到的厚度 $D=d_{\mathrm{InP}}+d_{\mathrm{GaInAs}}$ 为 44 nm，这和生长参数是一致的。布拉格峰强度的调制，即布拉格峰值强度的包络，至少是定性地揭示了一个矩形狭缝的衍射花样。在该种情况下，主中心包络带的宽度通过 $4\pi/d_{\mathrm{GaInAs}}$ 产生了 GaInAs 层的厚度。

总的来说，超晶格结构的衍射图包含了实空间中结构参数的所有基本信息，给出了实空间结构参数与傅里叶变换衍射花样的参数之间的关联：

原子晶格常数⇔中心布拉格峰的绝对 K 位置

A 层或 B 层的厚度⇔布拉格峰的包络

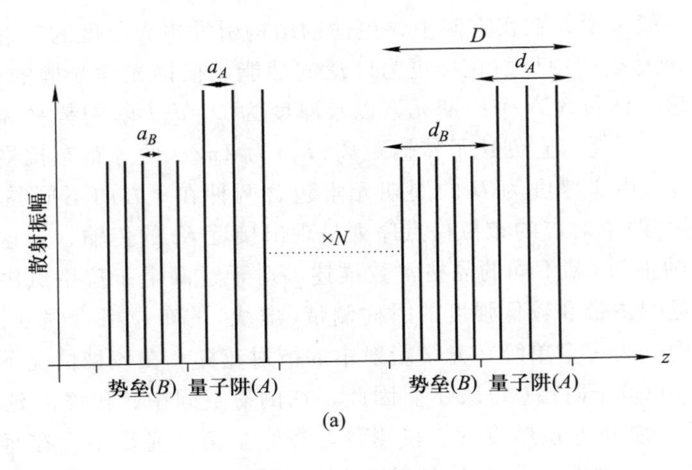

(a)

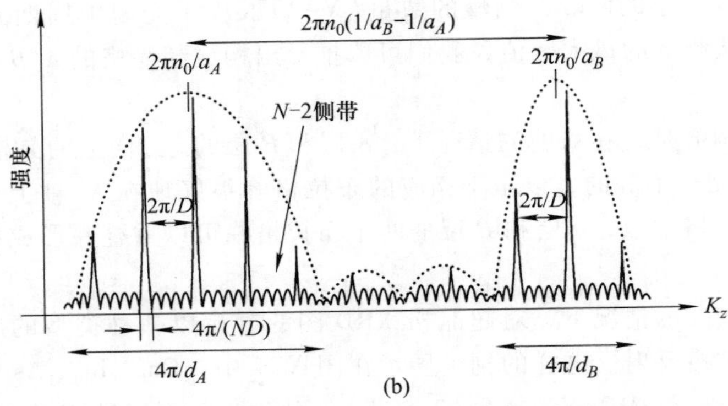

(b)

图Ⅸ.6　超晶格的 X 射线散射(示意图)，它包含了两个不同层(A 和 B，厚度为 d_A 和 d_B)，堆砌的周期为 N，周期距离为 $D=d_A+d_B$。这两个层(A 和 B)可以是具有不同晶格参数(a_A 和 a_B)和不同带隙的半导体，因此，这两层称为量子阱(QW，低带隙)和势垒(高带隙)。(a) 沿垂直于层序列的 z 坐标的超晶格的实空间图。单点阵平面的散射振幅被绘制。(b) 超晶格散射强度的定性图，即本质上的散射势的平方傅里叶变换。定性绘制了一系列布拉格反射和侧带的包络(虚线)。表示出了实空间晶格的特征尺寸参数的关系

周期性距离 D⇔布拉格峰之间的距离 K

总超晶格的厚度 $ND=N(d_A+d_B)$⇔单一布拉格峰的宽度

周期性堆砌的数目 N⇔侧峰最大的数量值

图Ⅸ.7 为完美的超晶格 X 射线衍射图，这个超晶格在同一材料的层内具有界面高度清晰、平移对称性完美、成分均匀等特点。对衍射定量的分析通常是通过复杂的模拟程序来进行，到目前为止，这一程序是基于动力学 X 射线

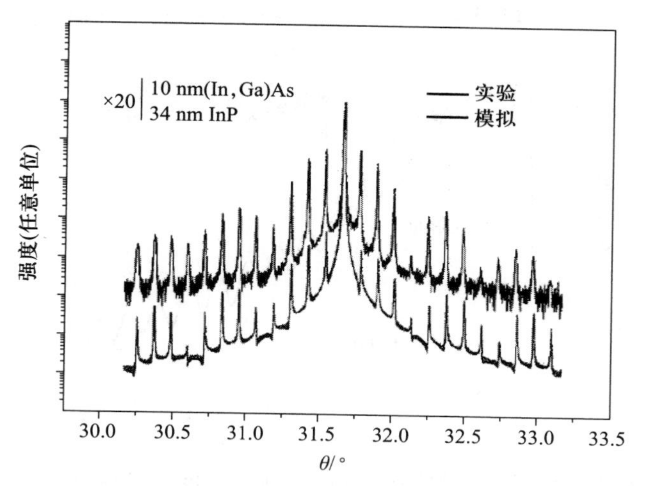

图Ⅸ.7 通过一个5-晶衍射仪(图Ⅸ.2)测量的 $Ga_{0.47}In_{0.53}As/InP$ 超晶格[由20个周期的10 nm厚的(In, Ga)As层和34 nm的InP层组成]的X射线散射图谱。定性绘制包络实验曲线(虚线，上曲线)(图Ⅸ.3)。红色的线是通过动力学模拟程序(Ⅸ.2)得到的理论曲线，为了清晰而向下移动。(见文后彩图)

散射理论，而不是简单的运动学近似。与仅包含单一散射情况的运动学近似相反，动力学散射理论包含了多个散射运动过程(4.4节)。动力学模拟能够反映测量的X射线衍射图谱的所有基本细节(图Ⅸ.7，红色的是计算曲线)。测量和模拟曲线间的对比可以对超晶格所有的晶格常数进行精确的测定，且给出可能的分差。

一个X射线衍射的简单应用是在掠入射条件下外延层厚度的反射测量，其中外延层可以是单晶的、多晶的或无定形的(图Ⅸ.8，插图)。通过改变从全反射角开始的反射角 θ，反射的X射线强度形成了一系列的反射角最大值 $\theta_m=\theta_1$，θ_2，θ_3，…(图Ⅸ.8)。这些角度位置由源于外延层和基底界面的X射线束之间形成的相长干涉所决定(图Ⅸ.8，插图)。相长干涉条件为

$$\sin\theta_m \cong \sin\theta'_m=\frac{m\lambda}{2d} \tag{Ⅸ.5}$$

在此，我们可以通过测量外反射角 θ_m 来近似内反射角 θ'_m(图Ⅸ.8，内插图)。这种近似是允许的，因为对于任何材料来说，X射线的反射系数只有 10^{-5} 微量级别的不同。式(Ⅸ.5)中，通过测量反射角 θ_m，可以直接得到外延层的厚度 d。

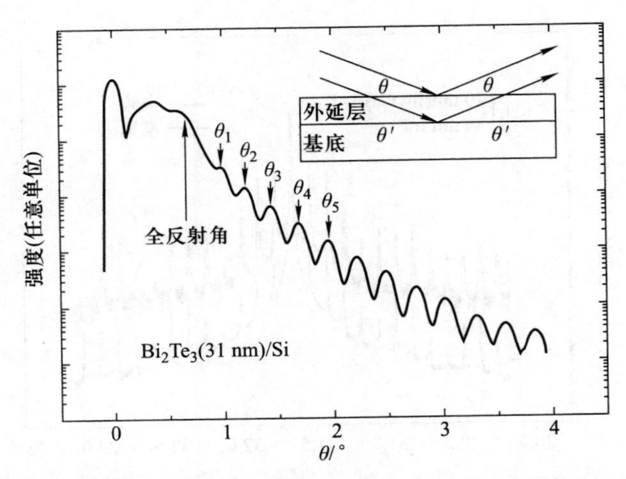

图Ⅸ.8 掠入射条件(插图中的散射几何)下，沉积在 Si (111)面的 31 nm 厚的 Bi_2Te_3 层的 X 射线反射曲线。开始于全反射角的干扰极大值序列为 θ_1，θ_2，θ_3，…[Ⅸ.4]

参考文献

Ⅸ.1 H. Ibach, H. Lüth, *Solid State Physics*, 4th edn. (Springer, Berlin, 2009)

Ⅸ.2 G. Mussler, Private communication (PGI, Research Center Jülich)

Ⅸ.3 R. Meyer, Berichte des Forschungszentrums Jülich, Jül-2985 (D 82), Okt. 1994

Ⅸ.4 J. Krumrain, G. Mussler, S. Borisova, T. Stoica, L. Plucinski, C. M. Schneider, D. Grützmacher, J. Crystal Growth **324**, 115 (2011)

附录 X　电子能量损失谱(EELS)

从广义上讲，电子能量损失谱(electron energy loss spectroscopy，EELS)适用于每种电子能谱。在这些能谱中，电子散射被用于研究表面或固体薄膜激发[X.1，X.2]。因此，该实验包括制备或多或少的单色电子束，在固体表面或者固体薄膜内部的散射以及通过电子分析仪在某一角度对非弹性散射电子的能量进行分析(第 1 章附录Ⅱ)。非弹性散射过程要求时间依赖于散射势(声子、等离子体激元、吸附物振动、电子跃迁等)。该理论可以发展成如在 4.1 节中的相当普遍的形式，也可以发展为 4.6 节中在更多限制条件下的对长程势的散射(介电理论)[X.2，X.3]。

因为从几 meV 到超过 10^3 eV 的广泛范围内可以研究许多不同的固体激发(图X.1)，在非常小的和非常高的激发能量下，需要不同的设备提供相应的能量分辨率。

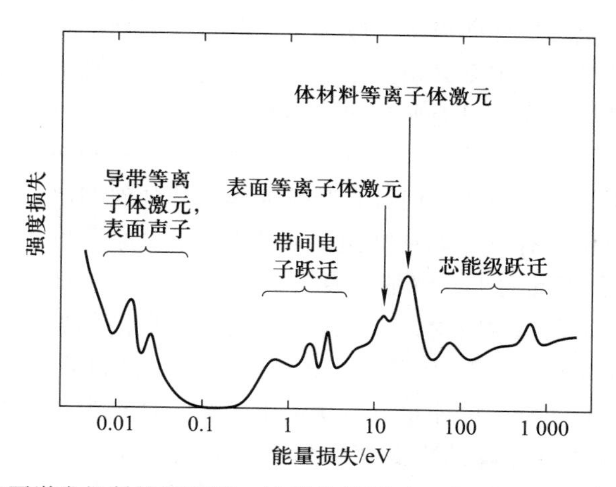

图X.1　一个主要激发机制的原理图，该激发机制对一个很宽的能量损失范围内的能量损失谱有贡献。为了研究不同的能量损失状态，特别是小于 1 eV 和大于 1 eV 的情况，需要不同的实验设备

这里简要描述电子能量损失谱的主要应用和实验设备的重要特点，而不对散射理论的细节进行讨论。第 4 章给出了理论细节。当 EELS 通过高的能量分辨率，在低的初始能量下(E_0<20 eV)实现时，称为高分辨电子能量损失谱(HREELS)。初始能量必须要经过单色化，通常通过半球或者圆柱形电子分析仪来实现(第 1 章附录Ⅱ)。好的单色性借助初始电子束的半高宽约 1 eV 来实现[X.4]。在这些低的初始能量下，只有在超高真空下反射散射实验才可能

进行。背散射束通过一个相似的电子分析仪来分析。对于有小的波矢转移的介电散射(4.6 节)，散射电子可以在镜面反射方向检测到，然而，当测量表面激发(声子等)的色散关系时，各种角度的探测都是有必要的。这种技术已经揭示了很多在清洁的和覆盖金属的表面上的表面声子色散支关系的有趣的信息(第 5 章)。

半导体表面浓度在 10^{17} cm^{-3}范围内的自由载流子(导带中的电子或价带中的空穴)引起了能量在 20~100 meV 范围内的体材料和表面等离子体激元。表面等离子体可以通过 HREELS 很容易地检测到，因为对于初始能量小于 20 eV 的情况，首先发生表面散射且主要的能量损失发生在 $\mathrm{Re}\{\epsilon(\omega)\} \simeq -1$ 时，$\epsilon(\omega)$为样品的介电函数(5.5 节)。人们也可以研究带有动态偶极矩(Fuchs-Kliewer 表面声子)的表面激子和声子的耦合(5.5 节)。

到目前为止，HREELS 的最广泛应用主要集中于研究吸附原子和声子的振动，这里主要用于区分吸附原子种类和获得吸附位置和键的几何构型的信息[X.2]。区分吸附原子种类主要依靠红外吸收振动谱或者其在气相下测量的拉曼振动谱的知识。红外偶极子吸收和拉曼散射的选择定则以及在 HREELS 中的偶极子表面散射选择定则必须要考虑：只有偶极矩垂直于表面才能引发介电散射。偶极矩平行于表面只能通过非镜面几何来检测(4.1 节)。这些选择定则的应用可以让人得出一个关于分子吸收几何学的结论：例如，化学键取向平行于固体表面，不能引起镜面方向源自其拉伸模式的强烈的偶极子散射。一个原子或分子的吸附位置有时可以从特定的吸附物-基底原子振动中推断出来。例如，As-H 的拉伸振动的出现清楚地表明，在 GaAs 中，一个表面 As 原子和一个氢原子的键合位置包含吸附物。图 X.2 作为一个吸附物振动谱的例子示出了一个测量暴露在 8 L 环乙烷(C_6H_{12})中的 Ni(110)面得到的损失谱[X.5]。值得注意的是，拥有非常好的能量分辨率的电子分光计产生了一个大约有 2 meV (≈ 16 cm^{-1})大小的初始峰的半高宽。几乎每个观察到的振动峰都可以用一个 C_6H_{12}的分子振动模型来解释。为了作比较，在图的上部给出了气态的 C_6H_{12}类型的所有可能模型的振动频率。人们可以推断出分子是非解离吸附。本质上有两个损失特征峰不能够归因于分子内振动，分别是波数为 200 cm^{-1}的尖锐峰和在 2 659 cm^{-1}附近的宽的损失结构峰。在 200 cm^{-1}处的峰可归因于 Ni(110)面上一种著名的表面声子：这种声子和 Ni 表面的重构有关，其携带一个垂直于表面的动态偶极矩，该偶极矩导致了强的偶极散射[X.5]。2 659 cm^{-1}附近的宽峰在许多金属表面的含氢分子吸附物中都可以观察到。可以这样解释：由于氢原子渗透到表面中，因此相对于表面原子引起了氢键型振动。从这个损失特征的出现可以推断出一个环形分子 C_6H_{12}的平面几何吸附。突出的氢离开了分子环骨架趋向于“挖”进 Ni 表面。尽管是平面几何吸附，可以观察到全部相当

高强度的 C_6H_{12} 振动，这是因为 C_6H_{12} 分子的折叠的环骨架的低对称性引起了一部分垂直于金属表面的动态偶极矩，然而，在解释此能谱时不能排除非偶极散射的贡献。

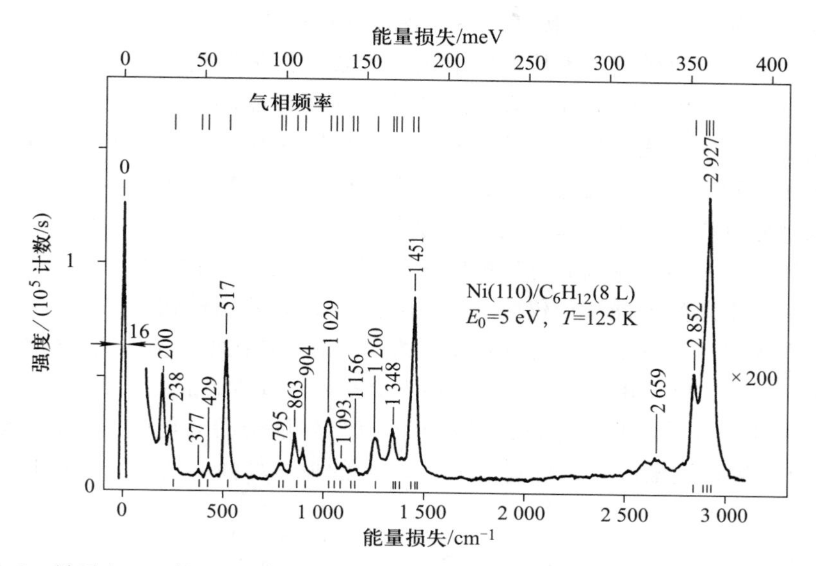

图X.2　暴露在 8 L 的 C_6H_{12} 中的 Ni(110)面的高分辨电子能量损失谱(HREELS)。图谱测量是在以镜面反射几何学初始能量为 5 eV 和样品温度保持在 125 K 的条件下进行的。在图的上部分给出了气相 C_6H_{12} 的振动频率[X.5]

HREELS(4.6 节)的典型的初始能量在 50 eV 以下，且包含了基本的表面散射。HREELS 以介电散射表面损失函数 $\text{Im}\{-1/(1+\varepsilon)\}$ 的形式来描述。带有更高的初始能量 100~500 eV 的损失谱(通常称为 EELS)呈现了对块体和表面散射造成的损失结构。在介电理论中，块体和表面的损失函数[$\text{Im}\{-1/\varepsilon\}$ 和 $\text{Im}\{-1/(1+\varepsilon)\}$]都必须用来解释能谱。在能量损失约为 100 eV 处观察到的典型激发是由价电子等离子体(表面和块体等离子体激元)激发和电子带间跃迁形成的(图X.1)。在这个能量范围，人们需要考虑清洁表面的块体状态和表面状态的跃迁以及吸附物特征跃迁，因此，初始能量在 100 eV 范围内的 EELS 主要用于研究清洁表面(表面态)、薄膜覆盖物和吸附物的电子结构。因为一个能量分辨率约在 0.3~0.5 eV 的分析仪足够用于解析损失范围在 1~50 eV 内的相关损失结构，该实验没有提前进行单色化，使用一个热宽度约为 0.3 eV 的普通电子枪产生的电子束来实现。从样品表面散射后，通过一个半球分析仪或者一个经常在 AES 中使用的筒镜能量分析器(CMA)(第 1 章附录Ⅱ)来进行能量的分析。该方法的优点是 AES 或者 UPS/XPS 实验的标准配置仪器也可以额外用于 EELS 的研究。当使用一个带有明确的和限制角度的接收角的半球分析仪时，在直接的无差别模式下的 EELS 通常可以显示足以提供必要信息的谱结构。使用 CMA 可以在一个大范围内接受角内探测电子(沿 CMA 轴的圆锥体，第 1 章附录Ⅱ)，从而导致观察到各种各样的散射事件。损失谱没有被很好地分解，通常使用双微分技术从背底中区分主要的损失结构。正如 AES 中(第 2 章附录Ⅲ)一个频率为 ω 的小的交流信号叠加在样品和分析器之间的电压上，而在锁定的方向上施加的频率为 2ω。负记录的 $-\mathrm{d}^2I/\mathrm{d}E^2$ 谱出现正峰值的确切位置是无差别谱出现最大值的位置。图中的极小值要谨慎对待，因为它们可能源于双微分过程。当然，在双微分过程中的能量分辨率不仅取决于初始束的热宽度，还与叠加的交流调制电压的峰间值(通常为 1 V)有关系。

作为一个通过半球分析仪(第 1 章附录Ⅱ)在无差别模式下测量的 EELS 的例子，图Ⅹ.3 示出了清洁多晶 Cu 表面的损失谱及其在吸附不同数量的 CO 后的损失谱[Ⅹ.6]。初级峰为清楚起见，将不会显示；清洁表面在 4.3 eV 和 7.3 eV 处的损失峰最有可能源自与表面等离子体有强烈耦合的 d 能带的跃迁[Ⅹ.6]。吸附 CO 后频谱逐渐改变，特别是 7.3 eV 处的损失峰强度被压制而且向低能方

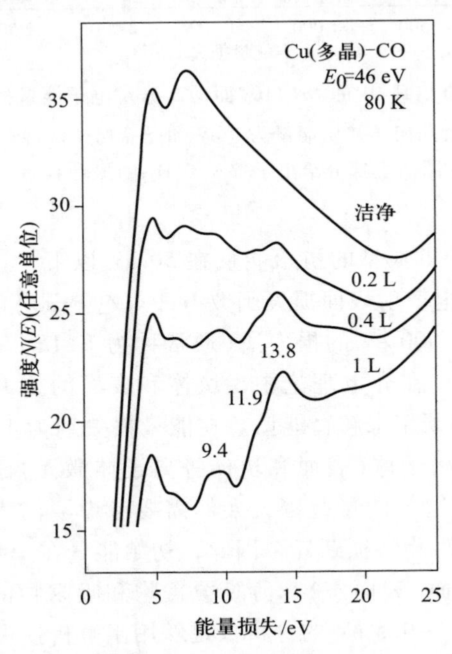

图Ⅹ.3　清洁多晶 Cu 表面及其在 80 K 时暴露在不同数量的 CO 气氛中的表面能量损失谱。该谱是在室温，初始能量为 46 eV 以及半球分析在 ΔE=常数模式(第 1 章附录Ⅱ)的情况下记录的，没有显示初始峰[Ⅹ.6]

向轻微的移动。此外，吸附物的新的损失特征峰出现在 9.4 eV、11.9 eV 和 13.8 eV 处，在 1 L 的 CO 气氛中，这些峰得到充分的发展。在 11.9 eV 和 13.8 eV 处的损失峰是由于 CO 分子的分子内 Rydberg 跃迁产生的，这在有关气态 CO 的文献中已经为人们所了解了。因此，它们的出现表明未解离的 CO 分子吸附物的存在。在 9.4 eV 处显著的损失峰应当包含自由分子中在 8.5 eV 处出现的 CO 分子内 $5\sigma\rightarrow2\pi^*$ 跃迁的一些贡献；但是从被占据的 Cu(d)轨道(基底)进入空的 CO($2\pi^*$)吸附物轨道的电子跃迁的解释似乎可能性更大一些。后一种解释会对吸附分子和基底原子间的相互作用产生更有趣的结论，特别是自从这种损失和覆盖范围的关系及其表面特异性被发现后，这种情况更加明显[X.6]。

图X.4 示出了一个使用 CMA 获得的双微分 EELS 用来研究薄膜覆盖系统的电子性质的例子[X.7]。当 Fe 沉积在 Si 表面上时，退火处理引起了一个涉及 Fe-Si 相互扩散的化学反应，形成了新的化合物，称为硅化铁。在 500 ℃以下形成了一层金属硅化物 FeSi，而退火温度在 550~700 ℃之间时形成了一层有半导体性质的覆盖物 β-$FeSi_2$[X.7]。清洁 Si(111)(7×7)面的双微分损失谱(没有显示初始峰)在 2.5 eV①、8 eV、10.5 eV、15 eV 和 17.8 eV 处有峰的存在。根据对它们起源的详细研究得出[X.8]：5 eV 处的峰是源于块体带间跃迁 E_2，然而，在 2 eV、8 eV 和 15 eV 处的损失峰与(7×7)Si 表面的表面电子态跃迁有关。在 17.8 eV 和 10.5 eV 附近的峰分别来源于块体和表面等离子体激发。在沉积了 22 Å 厚的铁原子后，在 2.2 eV、5 eV、7 eV、15.5 eV 和 23 eV 新出现的 5 个损失峰归因于 Fe 的覆盖层：23 eV 的特征峰来源于 Fe 的块体等离子体激发和来自单个电子在 Fe 的占有态的 d 能带和空态的 d 能带之间跃迁的残余的损失峰[X.9]。在 590 ℃退火后，一个 70 Å 厚的半导体性质的 β-$FeSi_2$ 层形成了，该层导致了在 2.4 eV、5.5 eV、7.5 eV、13.8 eV 和 20.5 eV 处特征损失峰的出现。在 20.5 eV 处的结构，最有可能是源于 $FeSi_2$ 的价带块体等离子体激发。13.8 eV 处的损失峰可能是由于表面和界面($FeSi_2$/Si)等离子体激发重合产生的。剩余的峰可能是由于 $FeSi_2$ 覆盖层中 d 能带电子跃迁产生的。相对于 Fe 覆盖层相应的峰，它们向高能方向有轻微的移动，这可以解释为相对于自由的 Fe 原子，在 $FeSi_2$ 化合物中键合能向着占有态的 d 轨道的高结合能方向移动。图谱的最上方的曲线是退火步骤(740 ℃下退火)后的图谱，该曲线显示了硅化物损失特征峰和这些清洁 Si 表面典型的特征峰的叠加。其他实验发现一致，这证明是 β-$FeSi_2$ 层的分解将自由 Si 表面的区域暴露了出来。

① 原文似有误，应为 2 eV、5 eV。——译者注

以上是两个使用非单色电子束和一个半球分析仪或一个双微分 CMA 的例子，它们清楚地表明了这项技术在获取一个吸附层或一个固体异质结构的化学性质和电子结构方面的直接信息上的实用性。

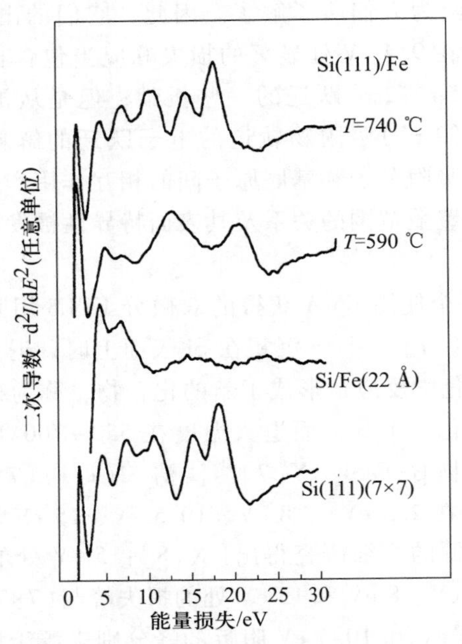

图X.4 电子能量损失谱的二次导数图，该图是使用 CMA 测量了包括清洁的 Si(111)(7×7)面、表面蒸镀 22 Å 厚的 Fe 薄膜样品以及经过 590 ℃和 740 ℃退火后的样品。该损失谱是在初始能量为 100 meV 和交流峰间值电压调值、微分值为 1 eV 的条件下记录的；样品表面取向垂直于 CMA 轴；没有显示初始峰[X.7]

一个对 EELS 应用日益增长的领域是与电子显微学相关的领域。透射电子显微镜或者扫描电子显微镜除了有成像的功能外，也引进了图X.1 所示的所有非弹性散射过程。一个电子分析仪安装于一个透射电子显微镜或者扫描电子显微镜中(第 3 章附录Ⅴ)，可以分析这些非弹性散射电子。因为透射电子显微镜和扫描电子显微镜都使用高的初始能量(100 keV 及以上)，对能量分析来说，磁界分析仪要比适用于低能量状态的电子分子仪(第 1 章附录Ⅱ)更加有效。将 EELS 和电子显微镜结合使用具有特殊的优点，因为它把来自 EELS 的所有光谱信息和详细的空间信息结合了起来。特征激发谱可以归因于样品上特有的点，特别是在薄膜中。现代电子探针局部分析可以对小到 10~100 Å 的光斑尺寸进行分析。芯能级激发、价带电子跃迁以及等离子体损失的特征都可以用来作化学成分鉴别，例如鉴别小型嵌入式团簇或者沉淀物。光谱的改变暗示这些小区域中电子结构的改变。

图X.5示出了一个损失谱的例子。该损失谱是扫描电子显微镜传输一个Si/Fe/Si夹层薄膜上面直径约为50 Å的斑点图像形成的[X.10]。高能分辨率也就是初始峰的约为0.3 eV的低能扩散通过使用场致发射阴极获得。对透射电子束的分析来说，磁界分析仪是作为色散元使用的。除了Si的块体等离子体激发(Si-PL和2Si-PL作为双激发)，人们也可以看到Fe $3p_{1/2,3/2}$跃迁及其和一个等离子体激发结合的光谱。甚至在更高的放大倍数下，Si $2p_{1/2,3/2}$激发在能量损失约为100 eV处也被检测了出来。因此，清楚地识别光斑直径为10~100 Å的材料是可能的。电子束扫描样品的不同区域使微量分析成为可能。这种技术对能够监控样品表面污染的超高真空扫描电子显微镜是非常有用的。

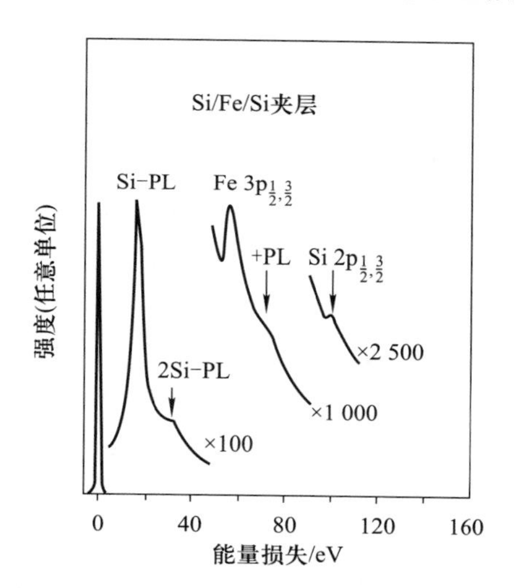

图X.5　扫描探针(VG公司)传输一个无支撑Si/Fe/Si夹层图像形成的电子能量损失谱，初始能量为100 keV，初始峰能量宽度约为0.3 eV[X.10]

参考文献

X.1　H. Raether, *Excitation of Plasmon and Interband Transitions by Electrons*. Springer Tracts Mod. Phys., vol. 88 (Springer, Berlin, 1980)

X.2　H. Ibach, D. L. Mills, *Electron Energy Loss Spectroscopy and Surface Vibrations* (Academic, New York, 1982)

X.3　H. Lüth, Surf. Sci. **168**, 773 (1986)

X.4　H. Ibach, *Electron Energy Loss Spectrometers*, Springer Ser. Opt. Sci., vol. 63 (Springer, Berlin, 1991)

X.5　H. Ibach, M. Balden, D. Bruchmann, S. Lehwald, Surf. Sci. **269/270**, 94 (1992)

X.6　A. Spitzer, H. Lüth, Surface Sci. **102**, 29 (1981)

X.7 A. Rizzi, H. Moritz, H. Lüth, J. Vac. Sci. Technol. A **9**, 912 (1991)

X.8 J. E. Rowe, H. Ibach, Phys. Rev. Lett. **31**, 102 (1973)

X.9 E. Colavita, M. De Creszenzi, L. Papagno, R. Scarmozzino, L. S. Caputi, R. Rosei, E. Tosatti, Phys. Rev. B **25**, 2490 (1982)

X.10 G. Crecelius, Private communication (ISI, Research Center Jülich, 1992)

附录X

问　　题

问题 4.1 N_2O 分子有一个带有 σ、π 和 π^* 分子轨道的线型的原子结构 $N\equiv N=O$。定性地画出这些轨道，并且利用对称性讨论 $\pi\rightarrow\pi^*$ 跃迁偶极矩相对于分子轴 z 的方向。ψ_i 和 ψ_f 分别为初始波函数和末态波函数

$$e\int\psi_f^* z\psi_i \mathrm{d}\boldsymbol{r}$$

问题 4.2 苯分子(C_6H_6)被平整地吸附在 Pt(111)面。通过对称性参数来讨论 $\pi\rightarrow\pi^*$ 跃迁电偶极矩相对于表面法线的方向。这些跃迁可以通过电子能量损失谱(100 eV 的电子束反射)的方法观察到吗?

问题 4.3 清洁及退火处理的 Ge(111)面各存在一个 $c(2\times8)$ 重构，讨论其在相应的实空间和倒易空间的超结构，绘出预想的低能电子衍射花样。

问题 4.4 一个面心立方晶体的未重构的(100)面覆盖了平均直径为 10 Å 的不规则的分散的岛状吸附物。吸附物覆盖了 50%的表面原子。岛是由原子组成的，这些原子和表面最顶层的原子键合，并且相对于表面原子有更强的散射概率。

(a) 讨论表面低能电子衍射花样。

(b) 如何能从实验数据中估计岛的平均直径。

问题 4.5 一个 GaAs(100)面覆盖了一层 Si 单原子层。使用 1.4 MeV 的 He^+ 离子沿着表面法线⟨100⟩方向进行卢瑟福背散射(RBS)实验。计算吸附物 Si 峰的背散射离子能量，以及清洁 GaAs 表面 Ga 和 As 吸附峰的背散射离子量。

第 5 章
表面声子

广义地说，经典固体物理分为两个系列，一个系列主要与电子的性质相关，另一系列处理原子作为一个整体或核原子(原子核与紧束缚芯电子)的动力学问题。晶格动力学和电子性质之间明显的区别在于原子核和电子巨大的质量差别，这一点几乎在所有固体物理的教科书中都会谈到。原子在固体中的迁移比起电子的迁移要慢得多。当原子从它们的平衡位置移走时，将导致更高总能量的新的电子分布；但是电子体系仍然处在基态，这样在原子几何状态重新建立后，其总的能量重新返回到由原子核或核原子组成的晶格。电子体系并不处在激发态，因此，总的电子能量可以看作核原子运动的势场。另一方面，由于电子移动比核原子快得多，电子动力学的一级近似可基于具有一个静态晶格的假设，该晶格具有固定的核位置并决定着电子的势场。这个独立的、不具有相互作用的电子动力学和晶格(核/芯)动力学的近似叫作绝热近似法。它由 Born 和 Oppenheimer 引入固体和分子物理[5.1]。但某些现象，例如晶格振动对导电电子的散射，显然不属于这种近似。

对于表面、界面和薄膜物理，其同样的考虑是有效的，所以，在绝热近似的框架内，表面原子(或包括芯电子)和表面电子动力学能级单独给予考虑。

接近表面的原子的晶格振动预期具有不同于体振动的频率，因为在接近真空的表面回复力不存在。表面晶格振动性质及其存在的条件将是本章讨论的主题。与对应的体激发类似，表面振动本质上是量子化的，经典处理在许多情况下已经足够。表面振动的量子化称为表面声子。

与固体物理相反，对于表面，其表面晶格动力学和表面电子态并不能完全区分开。表面物理不仅处理清洁表面，而且处理那些具有明确吸附物的表面。所以，表面物理除了清洁表面的电子和晶格动力学还包括第三个重要的领域，即具有吸附的分子或原子(也见第 10 章)的表面。对于这些体系，我们也能应用绝热近似法来处理，即单独处理一个被吸附的原子和分子的振动和电子态。同样地，对于两个固体之间的界面层也可这样处理，例如，半导体薄膜外延生长在一个不同材料的半导体基底上。在界面上，原子“接触”两边的材料，显示其特定的振动和电子性质。

5.1 线性链上的“表面”晶格振动的存在

与块体材料情况相同，表面晶格动力学的本质特征能够运用简单的二配位原子一维线性链模型来证明(图 5.1)。三维固体表面的模型可以通过无数个一维链其轴垂直于表面有序排列获得，也可以通过平行于其表面的二维平移对称操作而获得(图 5.2)。在本节中，链并不能像在块体材料中那样无限延伸到整个空间，而是停止在表面(半无限情形)。但不管怎样，在粗略近似的情况下，其动力学方程可以假设相对于无限链不变

$$M\ddot{s}_n^{(1)} = f(s_n^{(2)} - s_n^{(1)}) - f(s_n^{(1)} - s_{n-1}^{(2)})$$

即

$$M\ddot{s}_n^{(1)} = -f(2s_n^{(1)} - s_n^{(2)} - s_{n-1}^{(2)}) \tag{5.1a}$$

$$M\ddot{s}_n^{(2)} = -f(2s_n^{(2)} - s_{n+1}^{(1)} - s_n^{(1)}) \tag{5.1b}$$

在这个简单模型中，力常数的变化与表面的重构并不考虑在内。

其平面波

$$s_n^{(1)} = M^{-1/2}c_1 \exp\left\{\mathrm{i}\left[ka\left(n - \frac{1}{4}\right) - \omega t\right]\right\} \tag{5.2a}$$

$$s_n^{(2)} = m^{-1/2}c_2 \exp\left\{\mathrm{i}\left[ka\left(n + \frac{1}{4}\right) - \omega t\right]\right\} \tag{5.2b}$$

导致方程

$$-\omega^2 M^{1/2} c_1 = -fc_1 M^{-1/2} + 2fc_2 m^{-1/2}\cos\frac{ka}{2} \tag{5.3a}$$

$$-\omega^2 m^{1/2} c_2 = -fc_2 m^{-1/2} + 2fc_1 M^{-1/2}\cos\frac{ka}{2} \tag{5.3b}$$

对于无限链，其结果

$$\omega_{\pm}^2 = \frac{f}{Mm}\left[(M+m) \pm \sqrt{(M+m)^2 - 2Mm(1-\cos ka)}\right] \tag{5.4}$$

其频率 $\omega_-(k)$ 和 $\omega_+(k)$ 对应于无限链晶格波的声学支和光学支(图 5.3)。

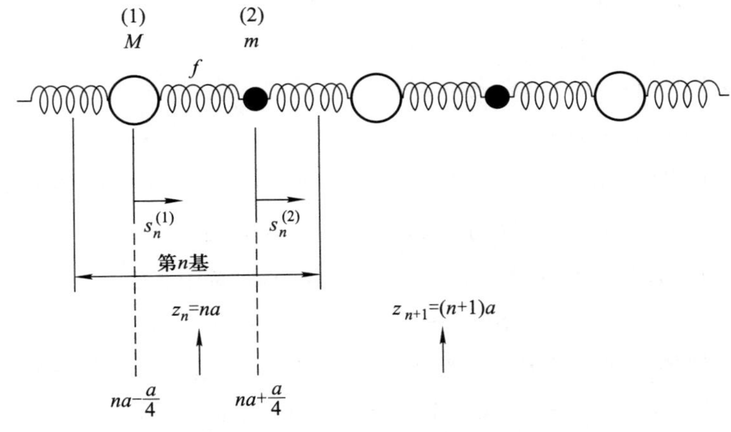

图 5.1 二配位原子一维线性链模型。原子质量分别为 $M(1)$、$m(2)$，假设两原子间的回复力为 f。第 n 个单元的位置用其几何中心 $z_n=na$ 来描述；在第 n 个单元中两原子离开平衡位置的距离分别为 $s_n^{(1)}$、$s_n^{(2)}$

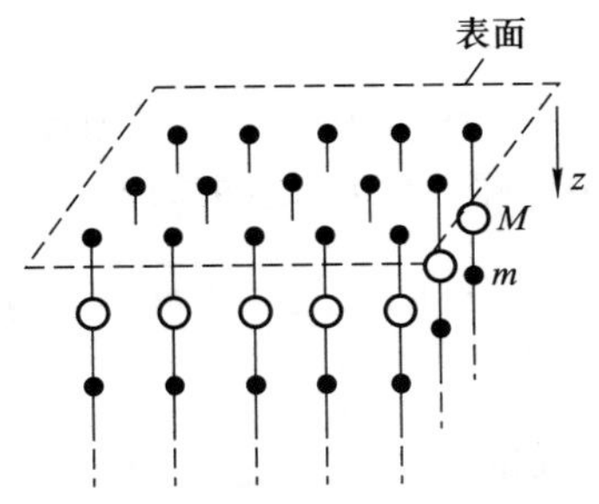

图 5.2 二配位原子线性链的二维排列，具有表面平移操作对称性，其模型显示出表面晶格动力学的某些特征

对于表面，我们可以下列方式修改其模型。链在一端终止，而在另一端无限延长。所以，远离自由端(终止端)，存在着与无限链近似相同的处理方法。且真正的晶格振动由于非简谐相互作用无论何时都有一个有限的关联长度。接近自由端的区域，即远离“体”链的自由端，振幅是可以忽略的。对于接近自由端的区域，我们现在针对式(5.1a)~(5.3b)寻找新的处理方式，这可以用振幅从链的自由端开始指数衰减来等效。为此，假设一个具有复数波矢的平面波

$$\tilde{k} = k_1 + \mathrm{i}k_2 \tag{5.5}$$

但是频率 ω 必须是实数。那么有可能保证 $\omega_\pm$ 是实数而 $\tilde{k}$ 是复数吗？而且要求虚部 k_2 将引起波的指数衰减。采用下列关系：

$$\cos(\mathrm{i}z) = \cosh(z), \quad \sin(\mathrm{i}z) = \mathrm{i}\sinh(z) \tag{5.6}$$

在式(5.4)中的 $\cos(ka)$ 可以表示为

$$\cos(\tilde{k}a) = \cos(k_1a)\cosh(k_2a) - \mathrm{i}\sin(k_1a)\sinh(k_2a) \tag{5.7}$$

鉴于在 $\omega_\pm$ 中的实际情况，在式(5.7)中的虚部 $\mathrm{Im}\{\cos(\tilde{k}a)\}$ 必须为零，即

$$\mathrm{Im}\{\cos(\tilde{k}a)\} = \sin(k_1a)\sinh(k_2a) = 0 \tag{5.8}$$

$k_2=0$ 导致的结果是产生块体材料散射支(5.4)。但对于表面要求

$$k_2 \neq 0, \quad k_1a = n\pi, \quad n = 0, \ \pm1, \ \pm2, \ \cdots \tag{5.9}$$

我们对第一块体布里渊区的结果感兴趣，所以，仅考虑 $n=0$，1 的情况，即

$$\cos(\tilde{k}a) = \cos(n\pi)\cosh(k_2a) = (-1)^n\cosh(k_2a), \quad n = 0, \ 1 \tag{5.10}$$

表面解可能的频率因此为

$$\omega_\pm^2 = \frac{f}{Mm}\left\{(M+m) \pm \sqrt{(M+m)^2 - 2Mm[1-(-1)^n\cosh(k_2a)]}\right\} \tag{5.11}$$

因为我们要求一个实数值 $\omega_\pm^2$，所以根号下的数值必须是正数。因此，在布里渊区的 Γ 点(在 k_1 内)$n=0$，即 $k_1=0$ 的结果为

$$\omega^2(k_1=0, \ k_2) = \frac{f}{Mm}\left\{(M+m) + \sqrt{(M+m)^2 - 2Mm[1-\cosh(k_2a)]}\right\} \tag{5.12}$$

因为对于所有的 k_2a，$[1-\cosh(k_2a)]$ 总是负的，所以对于 k_2 没有限制条件，其平方根内的值总是正的，是它的一个解。(5.12)对于 k_2 的曲率总是正的，ω 的值($k_1=0$，$k_2=0$)等于体光学支 $[2f(1/M+1/m)]^{1/2}$ 在 Γ 点的值。图 5.3 说明在 $\Gamma(k_1=0)$ 点这些表面解在频率大于最大的体声子频率时是存在的。

式(5.11)在 $n=1$，即 $k_1=\pi/a$ 时的解处在布里渊区边界的 k 空间，具有实

平方根的条件为

$$|k_2| < \frac{1}{a} \operatorname{arccosh} \frac{M^2 + m^2}{2Mm} \equiv k_{2\max} \tag{5.13}$$

因此，仅当在 k_2 的有限值范围[式(5.13)]存在解

$$\omega_{\pm}^2(k_1 = \pi/a, k_2) = \frac{f}{Mm}\{(M+m) \pm \sqrt{(M+m)^2 - 2Mm[1 + \cosh(k_2 a)]}\} \tag{5.14}$$

当 $k_2=0$ 时，其解

$$\omega_+(k_2 = 0) = (2f/m)^{1/2}, \quad \omega_-(k_2 = 0) = (2f/M)^{1/2} \tag{5.15a}$$

在最大值 $k_{2\max}$ 处得

$$\omega_{\pm}(k_2 = k_{2\max}) = \sqrt{f(1/M + 1/m)} \tag{5.15b}$$

$\omega_{\pm}$两者在 $k_{2\max}$ 均是连续的，且在 $k_2=0$ 处具有与处在布里渊区边界的晶格振动体光学、声学支相同的频率。可能的表面振动频率满足体激发的声学支和光学支之间的范围(图 5.3)。表面边界条件将进一步的限制(5.2 节)。

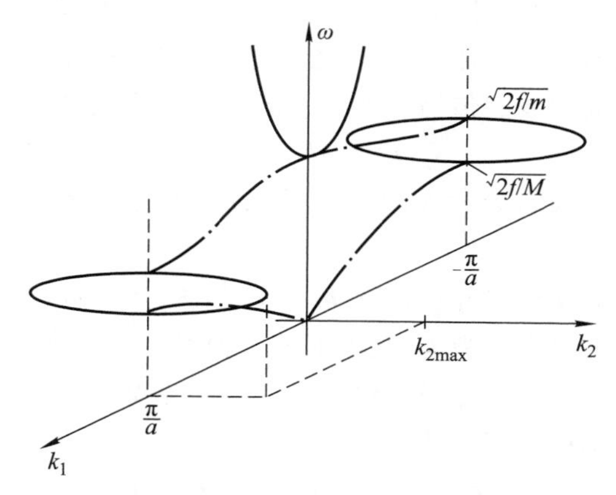

图 5.3 半无限二配位原子链的“体”(dash-dotted)和“表面”(dashed)晶格振动(声子)的散射支(原子质量分别为 M、m，回复力为 f)。k_1 和 k_2 分别为复数波矢的实部和虚部，例如 k_2 为“表面”声子的指数衰减常数

在“表面”模型中，原子可能的位移根据式(5.2a)、式(5.2b)遵循下列公式：

$$s_n^{(i)} = C_i \exp[\mathrm{i}(\tilde{k} z_n^i - \omega t)] \tag{5.16}$$

其中

$$z_n^i = a\left(n - \frac{1}{4}\right) \text{对于原子}(1) = (i), \quad a\left(n + \frac{1}{4}\right) \text{对于原子}(2) = (i)$$

是对应的原子配位(坐标)。从图 5.3 可知分别在 Γ 点($k_1=0$)和布里渊区边界

$\tilde{k}$ 取值

$$\tilde{k} = k_1 + \mathrm{i}k_2 = \pm \pi/a + \mathrm{i}k_2 \tag{5.17}$$

除了不同的定相因子，所有这些解为形式上的振动

$$s_n^{(i)} \propto \exp\left(-k_2 z_n^{(i)}\right) \mathrm{e}^{-\mathrm{i}\omega t}, \quad k_2 > 0 \tag{5.18}$$

其振动振幅从链的末层开始指数衰减，即从 $z=0$ 的表面进入链的内部。

5.2 扩展到具有表面的三维固体

定性地说，将以上的讨论扩展到具有表面的三维固体是相对容易的。这在图 5.2 中得到阐明，一个平行半无限的链形成有规则的阵列，建立起一个有限固体的模型。这个模型仅当其平行于表面的化学键比较弱时才有意义，即固体具有强的各向异性。否则，我们只能用它为一般表面振动模式相关的特征提供一种定性的概念。

对于每一个链，我们都有如同上述讨论的可能的振动模式[式(5.18)]。但是，不同的链可能具有不同的相振动。这些相由于不同链之间弱的相互作用而关联起来。不同的相可以用平行于表面的波矢 $\boldsymbol{k}_{\parallel}$ 来描述。由于我们更多地感兴趣于平行于表面的波的传播，那么一般三维晶格振动的波矢即

$$\boldsymbol{s}_{\boldsymbol{k}}(\boldsymbol{r}) = A\hat{\boldsymbol{e}}_{\boldsymbol{k}} \mathrm{e}^{\mathrm{i}(\boldsymbol{k}\cdot\boldsymbol{r}-\omega t)} \tag{5.19}$$

可以分解为平行于表面的分量 $\boldsymbol{k}_{\parallel}$ 和垂直于表面的分量 $\boldsymbol{k}_{\perp}$。根据关系 $\boldsymbol{k}=\boldsymbol{k}_{\parallel}+\boldsymbol{k}_{\perp}$ 和 $\boldsymbol{r}=\boldsymbol{r}_{\parallel}+\hat{\boldsymbol{e}}_z z$，式(5.19)变为：

$$\boldsymbol{s}_{\boldsymbol{k}}(\boldsymbol{r}) = A\hat{\boldsymbol{e}}_{\boldsymbol{k}} \exp\left[\mathrm{i}(\boldsymbol{k}_{\parallel}\cdot\boldsymbol{r}_{\parallel} + k_{\perp}z - \omega t)\right] \tag{5.20a}$$

平行于表面的平面波具有实数 $\boldsymbol{k}_{\parallel}$ 是可能的，但是，对于垂直于表面的平面波，仅需考虑当虚数 $k_{\perp}=\mathrm{i}k_2$ 时式(5.18)的解。衰减常数 k_2 取决于 $\boldsymbol{\kappa}_{\perp}$，因此，我们获得表面晶格振动的普遍形式如下：

$$\boldsymbol{s}_{\boldsymbol{k}_{\parallel},\kappa_{\perp}} = A\hat{\boldsymbol{e}}_{\boldsymbol{k}_{\parallel},\kappa_{\perp}} \mathrm{e}^{-\kappa_{\perp}z} \exp\left[\mathrm{i}(\boldsymbol{k}_{\parallel}\cdot\boldsymbol{r}_{\parallel} - \omega t)\right] \tag{5.20b}$$

式(5.20b)仅对初始晶胞有效；如果每个单胞内的原子数超过 1，在式(5.18)中需要一个额外的指数(i)来描述原子的特殊种类。

表面振动模型概括起来主要由 3 个参量来表征：① 频率 ω(或说量子能 $\hbar\omega$)；② 平行于表面的波矢 $\boldsymbol{k}_{\parallel}$；③ 决定振幅从表面到晶体内部衰减长度的衰减常数 $\boldsymbol{\kappa}_{\perp}$。这些参数并不是相互独立的，它们由动力学方程(正如在三维块体材料中一样)和边界条件而相互关联，其中，表面的边界条件是指最表面原子层的原子在真空一侧失去了力的平衡。所以，从介于声学、光学体模型和图 5.3 所述模型之间可能的表面模型频率“连续”谱来看，这些限制条件为每一个 $\boldsymbol{k}_{\parallel}$ 和 $\boldsymbol{\kappa}_{\perp}$ 选择了(对于一个初级晶胞)一个独特的频率 ω。对于一个单胞中有两个原子的晶体，表面声学支和光学支均存在。

类似于块体材料，表面声子能用二维色散关系 $\omega(\boldsymbol{k}_{\parallel}, \kappa_{\perp})$ 来描述。函数关系 $\omega(\boldsymbol{k}_{\parallel}, \kappa_{\perp})$ 在二维倒易点阵中是周期性的。通常描述其色散关系 $\omega(\boldsymbol{k}_{\parallel}, \kappa_{\perp})$ 的方法是沿着二维布里渊区的某一个对称线作函数图 $\omega(\boldsymbol{k}_{\parallel})$。在这些图中通常也显示体声子，因为它们对接近于表面的可能的模式也有贡献。对于一个特殊的表面，具有某个 $\boldsymbol{k}_{\parallel}$ 的所有体模必须加以考虑。对应于固定 $\boldsymbol{k}_{\parallel}$ 和所有 $\boldsymbol{k}_{\perp}$ 的体模的轨迹在二维图(图 5.4)中产生了所有可能的 $\omega(\boldsymbol{k}_{\parallel})$ 值的连续面积。为了产生如图 5.4 所示的图，我们需要在特殊的二维表面布里渊区勾画三维体散射支，即将三维布里渊区中的体方向和高对称点勾画在二维表面区。图 5.5~图 5.7 阐述了对于普通三维晶格的一些低指数面该如何处理。

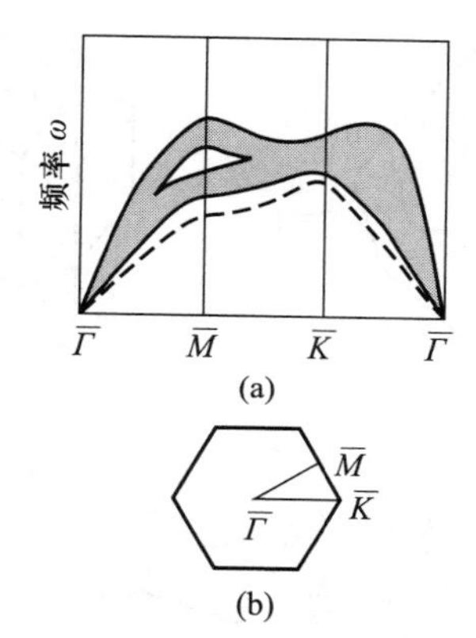

图 5.4 二维表面声子色散关系的定性描述：(a) 沿着面心立方(face-centered cubic, fcc)晶格六角面(111)的二维表面布里渊区的对称线$\overline{\Gamma M}$、$\overline{MK}$和$\overline{K\Gamma}$；(b) 在(a)中的虚线表示了表面声子散射，其阴影面积给出了在对称线上 $k_{\parallel}$ 值所有可能的 $k_{\perp}$ 波矢的体声子频率范围

值得一提的是，表面晶格动力学[5.2, 5.3]更加严格的处理可以产生一个简单的缩放规则，这个缩放规则把表面声子振幅的衰减常数 $\kappa_{\perp}$ 和波矢 $k_{\parallel}$ 联系起来：在非分散状态，$\mathrm{d}\omega/\mathrm{d}k_{\parallel}$ 保持常数，即对于小波矢 $k_{\parallel}$ 来说，衰减常数 $\kappa_{\perp}$ 与 $k_{\parallel}$ 是成比例的；表面振动的波长越长，其振动幅度也越大。

同样的考虑也适用于固体-真空界面和固体-固体界面(见第 8 章)，即外延生长的半导体层，会导致界面声子的产生，且界面两侧的声子振幅呈指数衰减[5.4]。

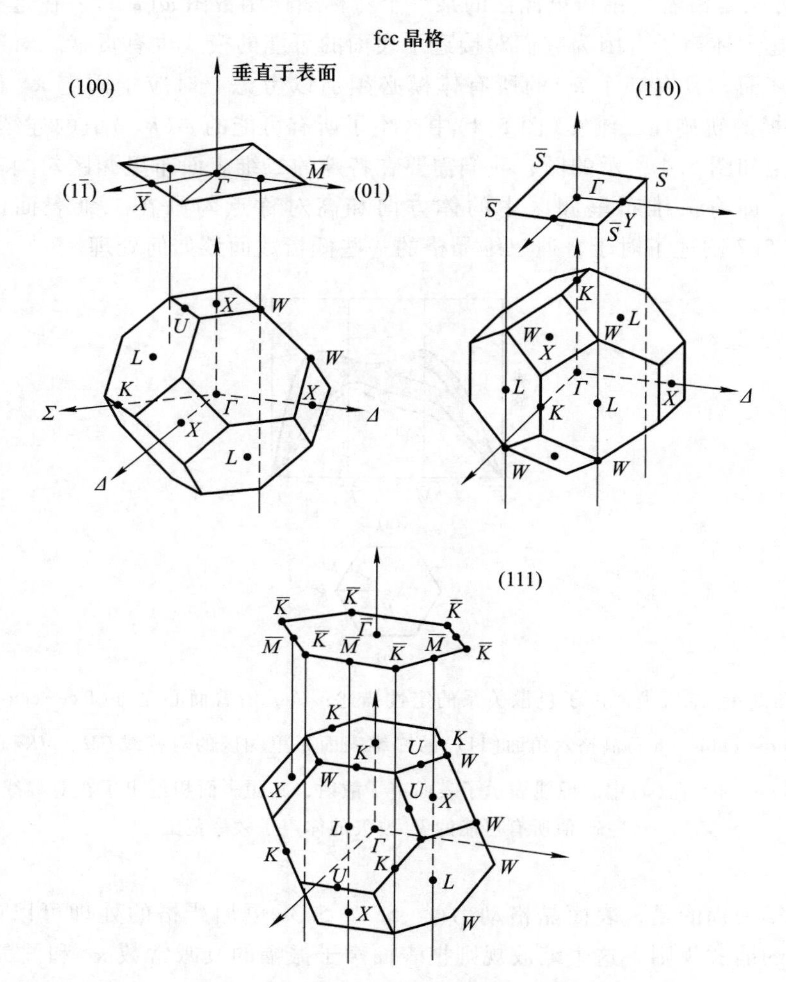

图 5.5　面心立方(fcc)晶格(100)、(111)和(110)面的二维表面布里渊区和体布里渊区的关系

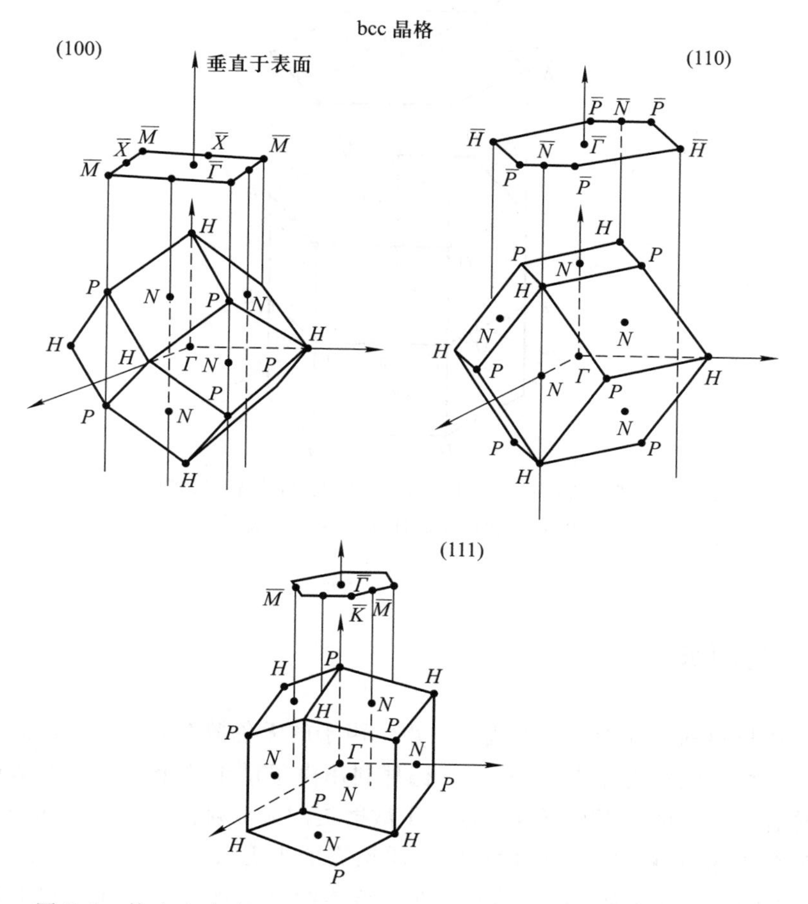

图 5.6　体心立方(body-centered cubic, bcc)晶格(100)、(111)和(110)面的二维表面布里渊区和体布里渊区的关系

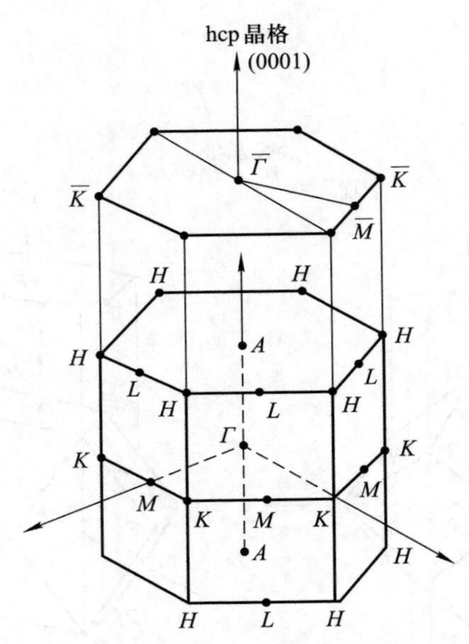

图 5.7　密排六方(hexagonal close-packed, hcp)晶格(0001)面的布里渊区和相应的体布里渊区的关系

5.3　瑞利波

在体材料的研究中，众所周知，声学声子的无色散部分在晶格动力学发展前很长一段时间被看作声波[5.5]，德拜利用声子谱中这个部分来近似评估晶格比热容。同样的情况出现在表面声子散射支的无散射低频部分。部分表面声子模型在 1885 年就被作为弹性连续介质填充的半无限半空间[5.6, 5.7]的瑞利(Rayleigh)表面波为人们所熟知。在经典连续介质理论中，我们仅能描述波长大于原子间距离的晶格振动，因此，一个连续介质固体的宏观形变能够用体积迁移量 d$\boldsymbol{v}$ 来描述，其尺度大于原子间距离而小于宏观物体。在此意义上，其重要的变量是这些体积元 d$\boldsymbol{v}$ 的迁移量 $\boldsymbol{u}=\boldsymbol{r}'-\boldsymbol{r}$ 和应变张量

$$\epsilon_{ij}=\frac{1}{2}\left(\frac{\partial u_j}{\partial x_i}+\frac{\partial u_i}{\partial x_j}\right) \tag{5.21}$$

在弹性范畴，ϵ_{ij}通过弹性顺度关联于应力场 $\boldsymbol{\sigma}_{kl}=\partial F_k/\partial f_l$(在 k 方向的力/在 l 方向的面元)

$$\epsilon_{ij}=\sum_{kl}S_{ijkl}\boldsymbol{\sigma}_{kl} \tag{5.22}$$

在这个连续介质模型中，弹性波的分布结构及其随时间的变化可以用迁移量场

$\boldsymbol{u}(\boldsymbol{r},t)$来表述，$\boldsymbol{u}(\boldsymbol{r},t)$描述了包含相当数量初基晶胞(注意：在长波极限条件下，邻近的初基晶胞具有相同的行为)的小体积元的微观运动。作为弹性连续半空间中波函数的解，其瑞利波可以下列方式获得：每个矢量场——包含迁移量场$\boldsymbol{u}(\boldsymbol{r},t)$——能被分为自由湍流$\boldsymbol{u}'$和自由源部分$\boldsymbol{u}''$

$$\boldsymbol{u}=\boldsymbol{u}'+\boldsymbol{u}'' \tag{5.23a}$$

其中

$$\mathrm{curl}\ \boldsymbol{u}'=\boldsymbol{0},\qquad \mathrm{div}\ \boldsymbol{u}''=0 \tag{5.23b}$$

在体材料中，对于分别具有声速c_1和c_2的纵波[$\boldsymbol{u}'(\boldsymbol{r},t)$]和横波(切向声波)[$\boldsymbol{u}''(\boldsymbol{r},t)$]的贡献均能给出波函数的解。在目前半无限半空间的条件下，我们假设了一个配位系统，如图5.8所示，以便给出其解，其解仅依赖于x(平行于表面)和z(垂直于表面)。鉴于关系式(5.23b)，可以引进两个新的函数ϕ和ψ，它们具有下列势函数的性质：

$$\boldsymbol{u}'=-\mathrm{grad}\ \phi \tag{5.24}$$

$$u''_x=-\frac{\partial\psi}{\partial z},\qquad u''_z=-\frac{\partial\psi}{\partial x} \tag{5.25}$$

其定义式(5.23)是可能成立的，因为

$$\mathrm{div}\ \boldsymbol{u}''=\frac{\partial u''_x}{\partial x}+\frac{\partial u''_z}{\partial z}=0 \tag{5.26}$$

代替直接对位移量场$\boldsymbol{u}(\boldsymbol{r},t)$的处理，可以采用函数$\phi(x,z)$和$\psi(x,z)$。其中，函数$\phi$描述了纵向激发分量，而函数$\psi$是其横向激发分量。一个各向同性的三维弹性块体的一般运动方程能被简化为ϕ和ψ的波动方程。类似于体材料的问题，需要为半无限半空间求解下列波动方程：

$$c_1^{1/2}\frac{\partial^2\phi}{\partial t^2}-\Delta\phi=0,\qquad c_t^{1/2}\frac{\partial^2\psi}{\partial t^2}-\Delta\psi=0 \tag{5.27}$$

与ϕ和ψ的特征相一致，方程(5.27)包含横向声速c_t和纵向声速c_1，对于方程(5.27)的求解，我们尝试用平行于x方向的表面波函数，其中，振幅是z的函数(当$z\to\infty$时，$\boldsymbol{u}$必然消失)

$$\phi(x,z)=\xi(z)\mathrm{e}^{\mathrm{i}(kx-\omega t)},\qquad \psi(x,z)=\eta(z)\mathrm{e}^{\mathrm{i}(kx-\omega t)} \tag{5.28}$$

代入式(5.27)得

$$\xi''-p^2\xi=0,\qquad p^2=k^2-(\omega/c_1)^2 \tag{5.29a}$$

$$\eta''-q^2\eta=0,\qquad q^2=k^2-(\omega/c_t)^2 \tag{5.29b}$$

对于$p^2>0$和$q^2>0$，显然，ξ和η是指数函数，且随着进入材料内部而以下列方式衰减：

$$\xi=A\mathrm{e}^{-pz},\qquad \eta=B\mathrm{e}^{-qz} \tag{5.30}$$

最终解具有表面激发的典型特征[式(5.20b)]

$$\phi = Ae^{-pz}e^{i(kx-\omega t)}, \quad p = \sqrt{k^2 - (\omega/c_1)^2} \tag{5.31a}$$

$$\psi = Be^{-qz}e^{i(kx-\omega t)}, \quad q = \sqrt{k^2 - (\omega/c_t)^2} \tag{5.31b}$$

所以，迁移场$(u_x, 0, u_z)$可以根据式(5.31a)，式(5.31b)的微分而从式(5.24)和式(5.25)中推演出来

$$u_x = -\frac{\partial\phi}{\partial x} - \frac{\partial\psi}{\partial z}, \quad u_z = -\frac{\partial\phi}{\partial z} + \frac{\partial\psi}{\partial x} \tag{5.32}$$

从式(5.32)可知，表面激化子的迁移场同时包含来自纵向和横向的贡献，波具有纵向波和横向波混合叠加的特征，其速度必然同时依赖于c_1和c_t。对于瑞利波相速ω/k进一步的评估，我们利用边界条件：在最表面($z=0$)不存在弹性应力，即

$$\sigma_{zz|z=0} = \sigma_{yz|z=0} = \sigma_{xz|z=0} = 0 \tag{5.33}$$

在随后的某种单调的计算中[5.7]，弹性常数经式(5.21)和式(5.22)输入。但是，即使假设半无限连续介质具有不可压缩性，也仅能获得一个近似解。我们得到瑞利波的相速度为

$$c_{RW} \simeq (1 - 1/24)c_t \tag{5.34}$$

其波矢k和参数p、q之间的直接关系为

$$p \simeq k, \ q \simeq k(12)^{-1/2} \tag{5.35}$$

从式(5.34)可知，瑞利表面波的相速度甚至低于横向声速[5.6, 5.7]，这对于立方晶体是符合实际的。图5.8定性描述了具有波长$\lambda = 2\pi/k$的瑞利波迁移场空间结构。矢量场的方向部分平行于瑞利波传播方向x，部分垂直于x，以此看出纵向-横向混合的特征。

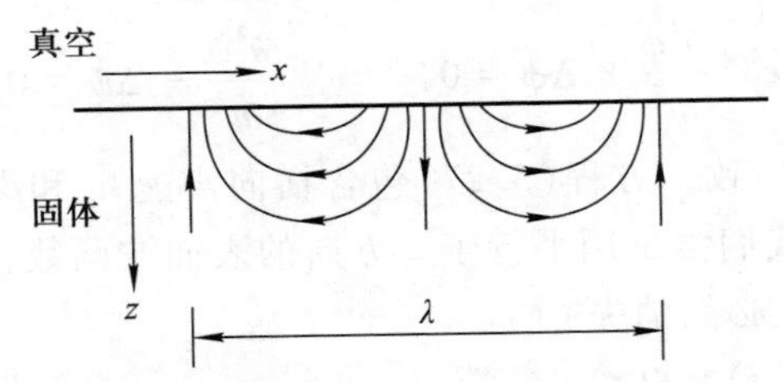

图5.8　瑞利表面波的位置量场$\boldsymbol{u}(\boldsymbol{r}, t)$，其传播方向沿着半无限半空间连续介质固体的边界，定义为x方向

但需要强调的是，这部分的处理是基于连续介质，即忽略原子结构导致的瑞利波的散射(如同体材料中的声波)。如果将此处理方式扩展到原子级结构的介质，例如晶体，其表面声子支将显示散射效应，尤其在接近布里渊区边界时。在图5.4中，散射支由虚线定性地表示出来，正反映了我们对瑞利表面声

子的预期。部分从实验和更多实际可行的计算中获得的结果将在 5.6 节中说明。

5.4 作为高频过滤器的瑞利波的应用

实验上，瑞利波能被许多种方法激发。原则上，首先必须引发一个具有足够频率的表面弹性应变。原子和分子束散射（第 5 章附录Ⅺ）能被采用，例如拉曼散射，尤其是低频高分辨率的，例如布里渊散射。对于压电晶体与陶瓷有便利的方式激发瑞利波。这些材料均具有轴向晶体对称性的特征。沿着该轴的应力，将在晶体的每个单胞中产生一个电偶极矩，这是由于晶胞中不同原子不相同的位移。最简单的例子是具有纤锌矿结构的 ZnO，其结构是由 Zn 和 O 离子双层结构沿着其六方结构的 c 轴建立起来。沿着 c 轴的应力使 Zn 和 O 的晶面产生不同程度的迁移，因此，在 c 方向产生了偶极矩。另一个例子是具有纤锌矿结构的第Ⅲ族氮化物（GaN、AlN、InN）以及衍生出来的Ⅲ－Ⅴ族半导体，它们具有闪锌矿结构，沿着立方晶胞 4 个对角线{111}方向具有轴对称性。从实际应用考虑，石英和特殊设计的钛酸盐陶瓷具有一定的重要性。我们可以用一个三阶压电张量 d_{ijk} 对压电效应作一般性描述。该张量 d_{ijk} 将极化量 P_i 与一般的机械应力 ϵ_{jk} 联系起来

$$P_i = \sum_{jk} d_{ijk}\epsilon_{jk}, \qquad \epsilon_{ij} = \sum_{k} \bar{d}_{ijk}\varepsilon_k \tag{5.36}$$

式(5.36)中含有一个反演压电张量 d_{ijk}。该张量通过在晶体中某个方向上施加电场 ε 产生机械应变 ϵ_{jk} 来描述其反演现象。在压电晶体的表面，施加合适的电场就能产生与瑞利波相关的机械应变，这被应用在蒸发金属网格（图 5.9）中。如图 5.9(a)所示，施加在左手网格上的高频电压 $U_{\mathrm{i}}(\omega)$ 按照式(5.36)将引起表面应变场，且这个变化随频率 ω 作简谐运动，其波长由网格几何决定。如果 ω 和 λ（即 ω 和 $k=2\pi/\lambda$）是其材料的瑞利波色散曲线上的值，那么将激发这样的表面波，它们沿着表面传播，激发出一个对应于时间变化的极化波，其在右手网格结构中产生电信号，网格几何决定固定的波长 λ_0。由于表面瑞利波的色散关系，对于表面声子，该 λ_0 仅允许一个独立的频率 ω_0，高频信号 $U_{\mathrm{i}}(\omega_0)$ 仅当 $\omega_0(2\pi/\lambda_0)$ 是瑞利色散曲线[图 5.9(b)]的一个独立的点时，能够通过该设备显示一个输出信号 $U_{\mathrm{f}}(\omega_0)$。这个色散曲线和网格几何（等价于天线和接收器）决定过滤器的透过频率。举一个有具体数字的例子：我们较容易地通过蒸发方法制得一个网格间距为 100 μm 的网格，对于 4 000 m/s 的瑞利波速，获得频率 $\omega \simeq 24\times10^7\ \mathrm{s}^{-1}$ 或 $\nu \simeq 40$ MHz，这样的表面波仪器正被应用，例如在电视中作为图像频率的带通滤波器。

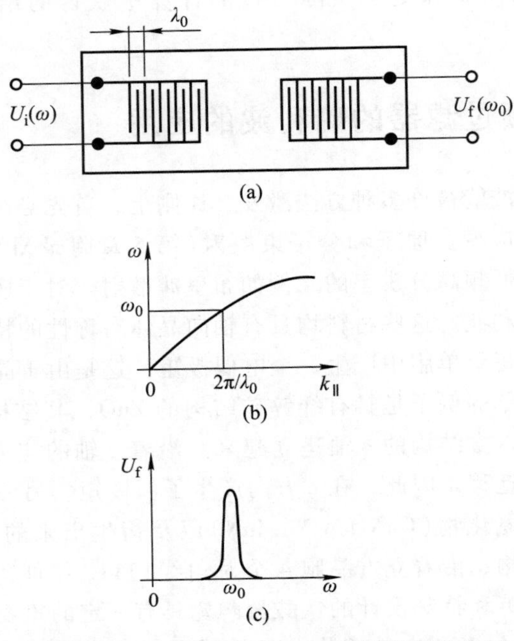

图 5.9 (a) 瑞利波高频滤波器示意图，两套金属网格蒸镀在压电片上，其网格条间距 λ_0 决定了激发表面波的波矢 $k_0=2\pi/\lambda_0$；(b) 通过瑞利波色散关系，频率 ω_0 被 λ_0 所固定；(c) 如果输入一个连续谱作为输入电压 $U_i(\omega)$，但只有非常窄的频带 $U_f(\omega_0)$ 通过其仪器

5.5 表面-声子(等离子体激元)极化子

在 5.3 节中，我们考虑了表面声子谱的一种极限情况，即来自体材料声波的一种非色散型声波振动，同样的处理可以应用于红外活性晶体的长波长光学声子。存在某种光学表面声子，来自对应的接近 $\boldsymbol{k}=0$ 的横向光学(transverse optical，TO)和纵向光学(longitudinal optical，LO)体模。正如同在体材料中，这些表面模式与振荡极化场相联系，除了晶体动力学，决定着伴随表面振动的电磁场的麦克斯韦方程也被应用在计算之中。

现在我们考虑在 $z=0$ 介于两个非磁性的($\mu=1$)各向同性介质的一个平面界面。各自填充了一个半无限半球的两个介质分别由介电函数 $\epsilon_1(\omega)$ ($z>0$)和 $\epsilon_2(\omega)$ ($z<0$)表征。两介质的动力学被包含在它们的介电函数中，举例说，红外活性可以用 ω_{TO} 作为共振频率的振荡类型 $\epsilon(\omega)$ 来表达(TO 表示在 Γ 的横向光学声子)。至于真空中的清洁表面，这种独特情况包含在 $\epsilon_2=1$(或 $\epsilon_1=1$)的

分析中。一般地，电磁波在具有介电函数 $\epsilon(\omega)$ 的非磁性($\mu=1$)介质中传播遵循色散定律(由微分波函数推衍而来)

$$k^2c^2=\omega^2\epsilon(\omega) \tag{5.37}$$

由于界面的存在，我们寻找对式(5.37)的调制。对于电场 $\varepsilon(\boldsymbol{r}, t)$，从“运动方程”开始。从麦克斯韦方程对于非金属($\boldsymbol{j}=\boldsymbol{0}$)得到

$$\text{curlcurl}\ \varepsilon=-\mu_0\ \text{curl}\ \dot{\boldsymbol{H}}=-\mu_0\epsilon_0\epsilon(\omega)\ddot{\varepsilon} \tag{5.38a}$$

即

$$-c^2\ \text{curlcurl}\ \varepsilon=\epsilon(\omega)\ddot{\varepsilon} \tag{5.38b}$$

由于电荷电中性

$$\text{div}\ [\epsilon(\omega)\varepsilon]=0 \tag{5.39}$$

局域在界面的特殊解应该是二维空间(平行于界面)中类波的。对于 $z\geqslant0$ 的情况，振幅衰减进入两介质中

$$\varepsilon_1=\hat{\varepsilon}_1\exp\left[-\kappa_1z+\mathrm{i}(\boldsymbol{k}_{\parallel}\cdot\boldsymbol{r}_{\parallel}+\omega t)\right],\quad z>0 \tag{5.40a}$$

$$\varepsilon_2=\hat{\varepsilon}_2\exp\left[\kappa_2z+\mathrm{i}(\boldsymbol{k}_{\parallel}\cdot\boldsymbol{r}_{\parallel}+\omega t)\right],\quad z<0 \tag{5.40b}$$

其中，$\boldsymbol{r}_{\parallel}=(x, y)$，$\boldsymbol{k}_{\parallel}=(k_x, k_y)$平行于界面，$\text{Re}\{\kappa_1\}$，$\text{Re}\{\kappa_2\}>0$。从式(5.39)得到

$$\mathrm{i}\varepsilon\cdot\boldsymbol{k}_{\parallel}=\varepsilon_z\kappa,\quad z\neq0 \tag{5.41}$$

其中，对于介质(1)，$\kappa=\kappa_1$，对于介质(2)，$\kappa=\kappa_2$。式(5.41)排除了 ε 垂直于 $\boldsymbol{k}_{\parallel}$ 和局域于界面的 $\varepsilon_z\neq0$ 的解，局域波必须是矢状位

$$\hat{\boldsymbol{\varepsilon}}_1=\hat{\varepsilon}_1(\boldsymbol{k}_{\parallel}/k_{\parallel},\ -\mathrm{i}k_{\parallel}/\kappa_1) \tag{5.42a}$$

$$\hat{\boldsymbol{\varepsilon}}_2=\hat{\varepsilon}_2(\boldsymbol{k}_{\parallel}/k_{\parallel},\ -\mathrm{i}k_{\parallel}/\kappa_2) \tag{5.42b}$$

如果将式(5.40a)、式(5.40b)以及式(5.42a)、式(5.42b)中振幅量代入式(5.38b)，获得类似于式(5.37)的色散定律

$$(k_{\parallel}^2-\kappa_1^2)c^2=\omega^2\epsilon_1(\omega) \tag{5.43a}$$

$$(k_{\parallel}^2-\kappa_2^2)c^2=\omega^2\epsilon_2(\omega) \tag{5.43b}$$

现在，必须考虑界面上解 ε_1 和 ε_2 的匹配，要求

$$\boldsymbol{\varepsilon}_1^{\parallel}=\boldsymbol{\varepsilon}_2^{\parallel},\quad \boldsymbol{D}_1^{\perp}=\boldsymbol{D}_2^{\perp} \tag{5.44}$$

则产生

$$\hat{\boldsymbol{\varepsilon}}_1=\hat{\boldsymbol{\varepsilon}}_2,\quad \kappa_1/\kappa_2=-\epsilon_1(\omega)/\epsilon_2(\omega) \tag{5.45}$$

结合式(5.45)和式(5.43a)、式(5.43b)，得到表面极化子的色散关系

$$k_{\parallel}^2c^2=\omega^2\frac{\epsilon_1(\omega)\epsilon_2(\omega)}{\epsilon_1(\omega)+\epsilon_2(\omega)} \tag{5.46}$$

与体极化子色散关系式(5.37)比较，可以正式定义界面介质函数 $\epsilon_s(\omega)$

$$\frac{1}{\epsilon_s(\omega)}=\frac{1}{\epsilon_1(\omega)}+\frac{1}{\epsilon_2(\omega)} \tag{5.47}$$

从体色散关系式(5.37)，我们获得 $k\to\infty$ 时的TO体声子的频率，其中，$k\to\infty$ 意味着相对于光波色散关系 $\omega=ck$ 更大的 k 值。ω_{TO} 来自于 $\epsilon(\omega)$ 的极点。类似地，从 $\epsilon_s(\omega)$ 的极点获得界面波($k_\parallel\to\infty$)的频率 ω_s[式(5.46)、式(5.47)]，即

$$0=\frac{1}{\epsilon_s(\omega_s)}=\frac{\epsilon_1(\omega_s)+\epsilon_2(\omega_s)}{\epsilon_1(\omega_s)\epsilon_2(\omega_s)} \tag{5.48a}$$

或

$$\epsilon_2(\omega_s)=-\epsilon_1(\omega_s) \tag{5.48b}$$

如果我们考虑一种特例，真空中的晶体，即具有介电函数 $\epsilon(\omega)=\epsilon_1(\omega)$ 的半无限半球连接且 $\epsilon_2(\omega)=1$ 的真空，则确定表面极化子频率的条件是

$$\epsilon(\omega_s)=-1 \tag{5.49}$$

按照无阻尼振荡型介电函数，一个红外活性材料最简单的描述是

$$\epsilon(\omega)=1+\chi_{\mathrm{VE}}+\chi_{\mathrm{Ph}}(\omega) \tag{5.50}$$

其中

$$\chi_{\mathrm{VE}}=\epsilon(\infty)-1$$

和

$$\chi_{\mathrm{Ph}}=[\epsilon(0)-\epsilon(\infty)]\frac{\omega_{\mathrm{TO}}^2}{\omega_{\mathrm{TO}}^2-\omega^2}$$

其中，χ_{VE} 以高频介电函数 $\epsilon(\infty)$ 来表示，描写了价电子的贡献，$\epsilon(0)$ 为静介电函数，ω_{TO} 为横向振动体声子的频率(漫散射被忽略)。将式(5.50)代入式(5.46)，产生表面声子极化子的色散关系

$$\omega^2=\frac{1}{2}\left[\omega_{\mathrm{LO}}^2+\left(1+\frac{1}{\epsilon(\infty)}\right)k_\parallel^2c^2\right]\times \left(1-\sqrt{1-4\frac{[\omega_{\mathrm{LO}}^2+\epsilon(\infty)^{-1}\omega_{\mathrm{TO}}^2]k_\parallel^2c^2}{\{\omega_{\mathrm{LO}}^2+[1+\epsilon(\infty)^{-1}]k_\parallel^2c^2\}^2}}\right) \tag{5.51}$$

图5.10示出了其色散关系，包含体红外活性TO/LO极化支的色散分支。对于大的 $k_\parallel$，表面极化支接近于由式(5.49)确定的表面声子频率(ω_s)。但应该强调的是，在图5.10中反映的 $k_\parallel$ 范围本质上只涵盖二维布里渊区直径的 10^{-3}，即对于大的 $k_\parallel$ 值，在布里渊区尾部出现了相对大的色散现象，但这并没有包含在对小 $k_\parallel$ 的简单近似中。

应该注意到，这里展开的分析显然已将迟滞考虑在内，即光速 c 的有限值。

如果忽略迟滞，能获得光学表面声子[式(5.49)]和它们的频率 ω_s 存在条件的更为简单的推衍。出于这个目的，要确定在接近红外活性晶体与真空的界面是否存在类波解，存在关系

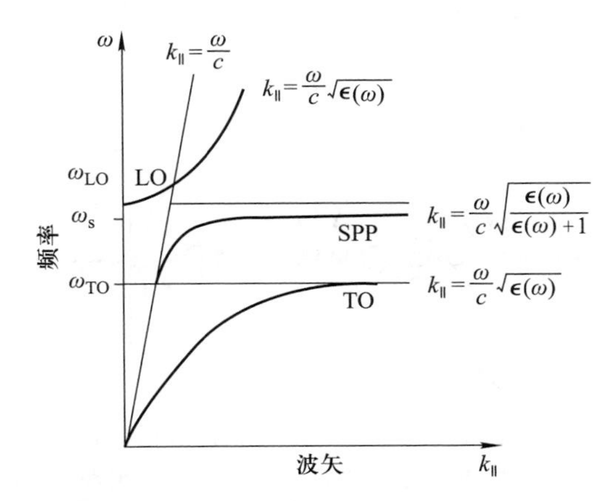

图 5.10　红外活性晶体表面声子极化子(surface phonon polariton，SPP)的色散曲线，包括平行于表面的小波矢的体声子极化曲线(TO、LO)

$$\mathrm{div}\,\boldsymbol{P}=0,\quad z\neq 0 \tag{5.52a}$$

$$\mathrm{curl}\,\boldsymbol{P}=\boldsymbol{0},\quad z\neq 0 \tag{5.52b}$$

其中，$\boldsymbol{P}$ 为伴随晶格畸变产生的极化。我们应该记得，对于长波体声子，下列条件是有效的：

$$\text{TO 声子：}\mathrm{curl}\,\boldsymbol{P}_{TO}\neq\boldsymbol{0},\quad \mathrm{div}\,\boldsymbol{P}_{TO}=0 \tag{5.53a}$$

$$\text{LO 声子：}\mathrm{curl}\,\boldsymbol{P}_{LO}=\boldsymbol{0},\quad \mathrm{div}\,\boldsymbol{P}_{LO}\neq 0 \tag{5.53b}$$

对于表面解，要求满足式(5.52a)、式(5.52b)，即 curl $\boldsymbol{\varepsilon}=\boldsymbol{0}$，div $\boldsymbol{\varepsilon}=0$($z\neq 0$)；其电场 ε 可以从电场势 φ 推导出来

$$\boldsymbol{\varepsilon}=-\,\mathrm{grad}\,\varphi \tag{5.54}$$

且满足

$$\nabla^2\varphi=0,\quad z\neq 0 \tag{5.55}$$

对于式(5.55)的解，能够获得

$$\varphi=\varphi_0\mathrm{e}^{-k_x|z|}\mathrm{e}^{\mathrm{i}(k_x x-\omega t)} \tag{5.56}$$

坐标系类似于图 5.8 所示。波函数(5.56)满足式(5.55)，在表面($z=0$)的 $D_\perp$ 项必须满足简单的连续性，即

$$D_z=-\epsilon_0\epsilon(\omega)\frac{\partial\varphi}{\partial z}\bigg|_{z=0-\delta}=-\epsilon_0\frac{\partial\varphi}{\partial z}\bigg|_{z=0+\delta} \tag{5.57}$$

这个条件[式(5.57)]等效于确定表面极化子频率的条件[式(5.49)]。根据式(5.54)，电场 $\boldsymbol{\varepsilon}=(\varepsilon_x,\ \varepsilon_z)$ 可由式(5.56)微分得到

$$\varepsilon_x=\hat{\varepsilon}_0\sin(k_x x-\omega t)\exp(-k_x|z|) \tag{5.58a}$$

$$\varepsilon_z=\pm\hat{\varepsilon}_0\cos(k_x x-\omega t)\exp(-k_x|z|) \tag{5.58b}$$

其场分布及晶体-真空界面的表面极化电荷如图 5.11 所示。这种声子极化子通

常叫作 Fuchs-Kliewer 声子。

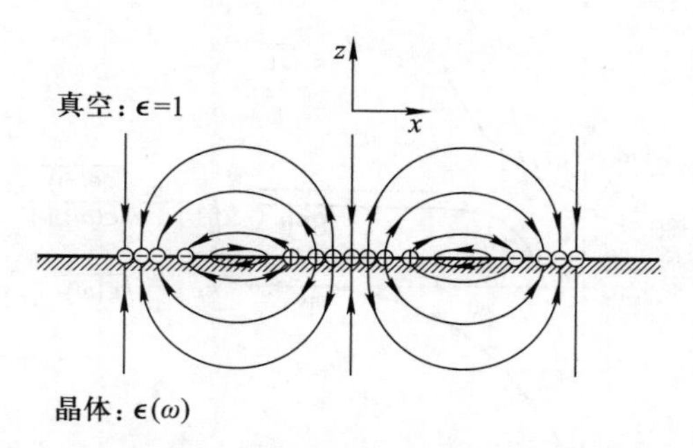

图 5.11　沿红外活性晶体表面(平行于 x 轴)传播的表面极化子(Fuchs-Kliewer)的场分布，其晶体(半无限半空间 $z<0$)可用介电函数 $\epsilon(\omega)$ 描述

图 5.12(a)示出了一个振子的介电函数 $\epsilon(\omega)$，这是红外活性材料中长波光学声子很好的近似表述，其横向和纵向体光学声子的频率 ω_{TO} 和 ω_{LO} 由条件 Re $\{\epsilon(\omega)\}$ 和 Re $\{\epsilon(\omega_{LO})\}\simeq 0$ 决定。根据式(5.49)，对应光学表面声子的频率 ω_s 可以通过 Re $\{\epsilon(\omega)\}$ 取 -1 来得到。如果 Im $\{\epsilon(\omega)\}$ 在这个频率范围不能完全忽略，则必须考虑 ω_s 存在一个轻微的位移。

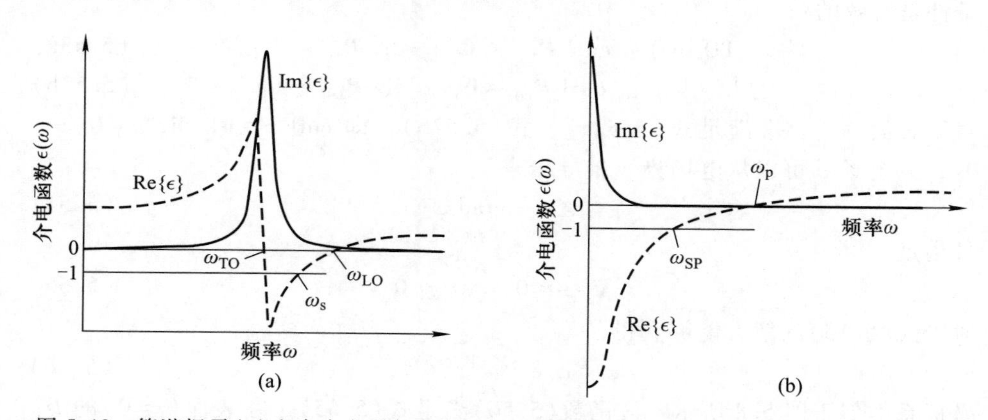

图 5.12　简谐振子(a)和自由电子气(b)的介电函数 Re $\{\epsilon(\omega)\}$ 和 Im $\{\epsilon(\omega)\}$：(a) 以红外活性晶体为例，共振频率为横向光学(TO)体声子的频率 ω_{TO}，ω_{LO} 为纵向光学(LO)体声子的频率，ω_s 为表面声子极化子的频率；(b) ω_p 为体等离子体激元的频率

比较图 5.12 中(a)和(b)可以看出，应用于声子的这套理论也可类似应用于自由电子气。电子气的体密度波，即等离子体激元波是没有旋度的(curl $\boldsymbol{P}=0$)，它们的频率 ω_p 满足条件

$$\epsilon(\omega_p)=0 \tag{5.59}$$

即在 Im $\{\epsilon(\omega)\}$ 可忽略的范围，其 Re $\{\epsilon(\omega_p)\}=0$。

处理声子的这种方法同样适用于以真空为界面的半无限半空间的自由电子气，但是，代替振子（本征频率为 ω_{TO}）的介电函数，现在必须应用自由电子气［图 5.12(b)］的介电函数。在最简单的近似中，这是一种 Drude 介电函数

$$\epsilon(\omega)=\epsilon(\infty)-\left(\frac{\omega_p}{\omega}\right)^2\frac{1}{1-1/\mathrm{i}\omega\tau} \tag{5.60}$$

其中

$$\omega_p=\sqrt{\frac{ne^2}{m^*\epsilon_0}} \tag{5.61}$$

为等离子体频率（n 为载流子浓度，m^* 为效质量），τ 为弛豫时间。对于进一步的近似，可以应用 Lindhard 介电函数[5.8]，或将更为特殊的表面边界条件考虑进去，采用更为复杂的方法[5.9]。与式(5.49)类似，由条件

$$\epsilon(\omega_{SP})=-1 \tag{5.62}$$

可以得到表面等离子体激元的频率 ω_{SP}。对于 Drude 介电函数，将式(5.60)代入式(5.46)，可以得到表面等离子体激元极化子的色散关系

$$\omega^2=\frac{1}{2}\left[\omega_p^2+\left(1+\frac{1}{\epsilon(\infty)}\right)k_{\parallel}c^2\right]\times \left[1-\sqrt{1-4\left(\frac{\omega_p^2k_{\parallel}c}{\omega_p^2+[1+\epsilon(\infty)^{-1}]k_{\parallel}^2c^2}\right)^2}\right] \tag{5.63}$$

图 5.13 描述了这种色散关系。以表面等离子体激元为例，我们必须区分两种不同的情况。在金属中，载流子浓度在 10^{22} $\mathrm{cm^{-3}}$ 数量级，对应的等离子体激元能 ω_p 和 ω_{SP} 在 10 eV 数量级。在 n 型半导体中，价电子的等离子体频率在同样的数量级（$n\approx10^{22}$ $\mathrm{cm^{-3}}$），但现在我们必须单独处理导带上的自由电子。对于导电电子，典型的密度在 10^{17} $\mathrm{cm^{-3}}$ 数量级，其对应的等离子体激元能量在 10~30 meV 范围，这精确地处在典型声子能量的范围。

实验上可以观察到上述两种表面极化子——声子和等离子体激元。如图 5.14 所示，高分辨电子能量损失谱（HREELS）可以研究清洁表面 GaAs (110) 面。在图 5.14(a)中，半绝缘的 GaAs 进行了高浓度的铬（Cr）掺杂。在这个材料中，自由载流子浓度可忽略，仅有表面声子期望能在 200 meV 以下低能损失谱中出现。这一系列等间距的能量得失峰说明存在由一个和同样的激发源导致的多重散射，其激活能可从损失峰间距 36.2±0.2 meV 推导得出。采用大家都熟知的从 GaAs[5.11]红外数据中得到的介电函数，可以利用式(5.49)计算出表面声子等离子体激元的频率 ω_s，该计算获得的值 $\omega_s=36.6$ meV 与实验值非常吻合。散射过程的量子力学理论（第 4 章）[5.12]预言了这种多重散射的强

度分布应该遵从泊松分布，即

$$P(m) = I_m / \sum_{\nu} I_{\nu} = (m!)^{-1} Q^m \mathrm{e}^{-Q} \tag{5.64}$$

其中，I_m 为第 m 个损失峰的强度，Q 为单声子激发概率，即依赖于时间的扰动的傅里叶变换的平方绝对值，该扰动来自散射电子，很好地证实了其分布规律，如图 5.15(a)所示。

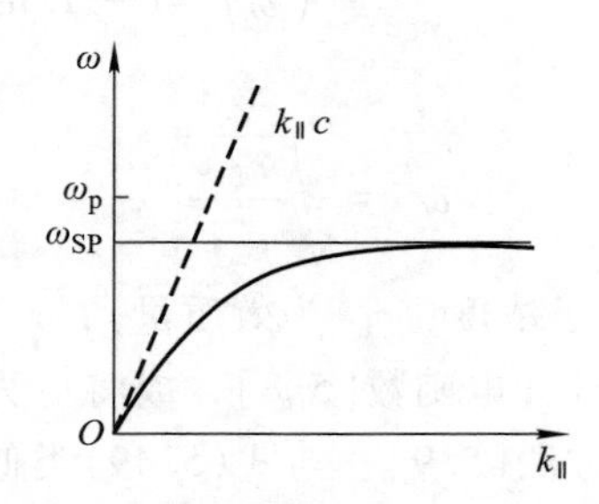

图 5.13　包含自由电子的半无限半空间上的表面等离子体激元的色散曲线 $\omega(k_{\parallel})$，$k_{\parallel}$ 为平行于表面的波矢，ω_{p} 和 ω_{SP} 分别为大 $k_{\parallel}$（小波长）下的体等离子体激元频率和表面等离子体激元频率

散射电子不仅因为激发表面声子而损失能量，而且靠热激发声子的解激发获得同样多的能量。在拉曼谱中，获得峰(I_{-m})和损失峰(I_m)的强度(Stokes 和 anti-Stokes 线)通过玻尔兹曼(Boltzmann)因子相互关联

$$I_{-m} / I_m = \exp(-m\hbar\omega_{\mathrm{s}} / k_{\mathrm{B}} T) \tag{5.65}$$

图 5.15(b)所示的结果在实验上也得到了证实。在导带自由电子密度在 $10^{17} \sim 10^{18}\ \mathrm{cm}^{-3}$ 范围的 n 型掺杂 GaAs 中，测量到的损失谱与图 5.14(b)所示的很类似。对于一个清洁表面，随后暴露于少量分解的氢中(或暴露于剩余气体中)，一系列表面声子($\hbar\omega_{\mathrm{s}}$)的得失峰在能量位置 $\hbar\omega_{+}$ 处观察到。额外的得失峰在更小的量子能量位置处 $\hbar\omega_{-}$ 也被观察到。这些峰的特殊位置对于体自由载流子浓度和表面的气体处理都是很敏感的，所以，用表面等离子体激元的解释是显而易见的。如果假设 GaAs 的介电函数有如下形式，则能对其实验谱给出一个定量的描述：

$$\epsilon(\omega) = \epsilon(\infty) + [\epsilon(0) - \epsilon(\infty)] \frac{\omega_{\mathrm{TO}}^2}{\omega_{\mathrm{TO}}^2 - \omega^2 - \mathrm{i}\omega\gamma} - \left(\frac{\omega_{\mathrm{p}}}{\omega}\right)^2 \frac{1}{1 - 1/\mathrm{i}\omega\tau} \tag{5.66}$$

该式包含了 TO 光学声子(ω_{TO})的振子贡献和一个 Drude 项[式(5.60)]，该 Drude 项考虑了导带自由电子

$$\omega_{\mathrm{p}}^2 = ne^2 / \epsilon_0 m_n^* \tag{5.67}$$

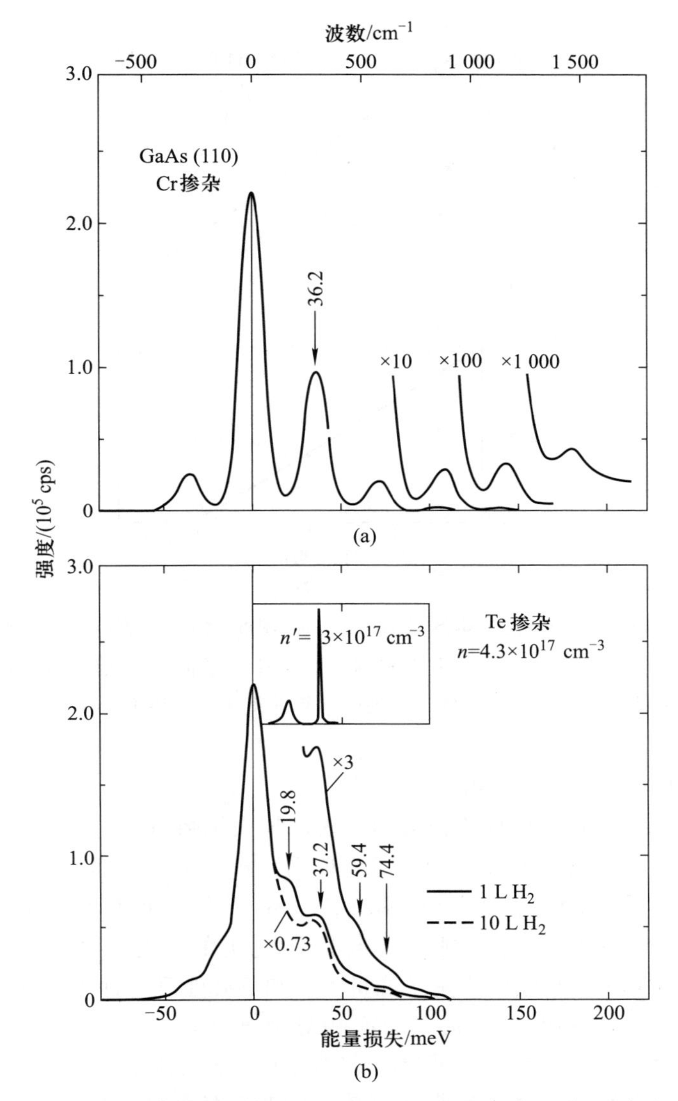

图 5.14 (a) 半绝缘材料清洁表面 GaAs (110)面的能量损失谱(入射角为 80°);(b) 暴露于原子氢中的一个 n 型样品的能量损失谱(入射角为 70°; H 覆盖量未知),插图所示为计算所得的以任意单位表达的表面损失函数 $-\mathrm{Im}\{(1+\epsilon)^{-1}\}$。$\epsilon(\omega)$包含 TO 晶格振子和自由电子气($n'=3\times10^{17}\ \mathrm{cm}^{-3}$[5.10])的贡献

为其体等离子体频率,n 为自由载流子浓度,m_n^* 为其有效质量

$$\tau = m_n^* \mu / e \tag{5.68}$$

为 Drude 弛豫时间,μ 为迁移率。其介电函数[式(5.66)]是如同图 5.12(a)、

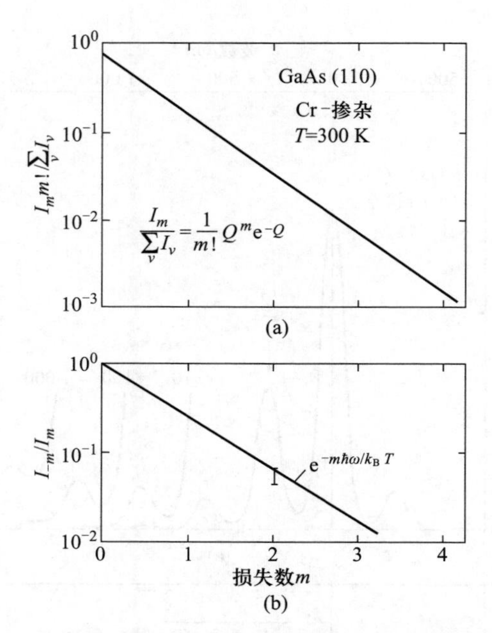

图 5.15 (a) 从一个清洁的半绝缘 GaAs 表面(图 5.14)测量到的损失峰强度 I_m 的泊松分布;(b) 第 m 个表面声子获得峰和第 m 个声子损失峰强度的比值随损失数的变化关系,拟合的直线可以通过计算获得($\hbar\omega=36.0$ meV)[5.10]

(b)中描述的实部和虚部的组合。

根据 4.6 节,在介电理论框架内,表面损失函数 $\mathrm{Im}\{-1/[\epsilon(\omega)+1]\}$ 给出了电子能量损失谱的实质性结构。对于单调且相对小的虚部 $\mathrm{Im}\{\epsilon(\omega)\}$,最大值处在由条件式(5.49)确定的频率处,这对于将一个更为复杂的介电函数 $\epsilon(\omega)$[式(5.66)]代入表面损失函数也是适用的。对应于式(5.49)的解,$\mathrm{Im}\{-1/[\epsilon(\omega)+1]\}$ 在频率或量子能量 $\hbar\omega_-$ 和 $\hbar\omega_+$ 处显示两个最大值。根据式(5.66)~(5.68),这两个解 $\hbar\omega_-$ 和 $\hbar\omega_+$ 由导带自由电子密度 n 决定。图 5.16 示出了计算的损失峰位(实线),即 $\hbar\omega_-$ 和 $\hbar\omega_+$ 为有效载流子浓度 n' 的函数。其较低的带 $\hbar\omega_-$ 在小的 n' 处具有类表面等离子体激元的特征,同时,$\hbar\omega_+$ 具有类表面声子的特征。在接近 $n'=10^{18}\ \mathrm{cm}^{-3}$ 处,两个带的变化特征正好相互交换,说明这两种模式之间经长程电场存在着耦合。当图 5.12(a)和(b)中的两个介电函数交叠时,两个频率 ω_- 和 ω_+ 可从图 5.12 中的 ω_{SP} 和 ω_s 值推导出来。在忽略 $\mathrm{Im}\{\epsilon\}$ 的区域,$\epsilon(\omega)$ 在 $\epsilon(\omega)=-1$ 中呈现两个解。图 5.16 也示出了一些实验确定的损失峰位置,如果有效载流子浓度 n' 被认为等同于由霍尔效应测量确定的体材料有效载流子浓度 n,那么分裂之后实验确定的 $\hbar\omega_-$、$\hbar\omega_+$ 值与理论拟合值符合得很好。但在氢处理之后,有效载流子浓度 n' 下降了,这一点从图

5.16 的损失峰位置就可看出，其效应是由于在表面下几百埃的区域内载流子的耗尽，这是由导带向上弯曲造成的(空间电荷区，第 7 章)。这个“耗尽层”是由于氢的解吸附，它可以影响其损失峰位置，因为位置 $\hbar\omega_+$和 $\hbar\omega_-$是由表面声子和类等离子体激元激发的电场内穿透深度在 $1/q_\parallel$ 范围的载流子浓度决定的。从关系 $q_\parallel \simeq \hbar\omega/2E_0$[根据式(4.42)]，此穿透深度估计大约为几百埃，所以，表面声子/等离子体激元激发的测量能用来研究在半导体界面和表面空间电荷层的载流子浓度[5.13](第 7 章)。

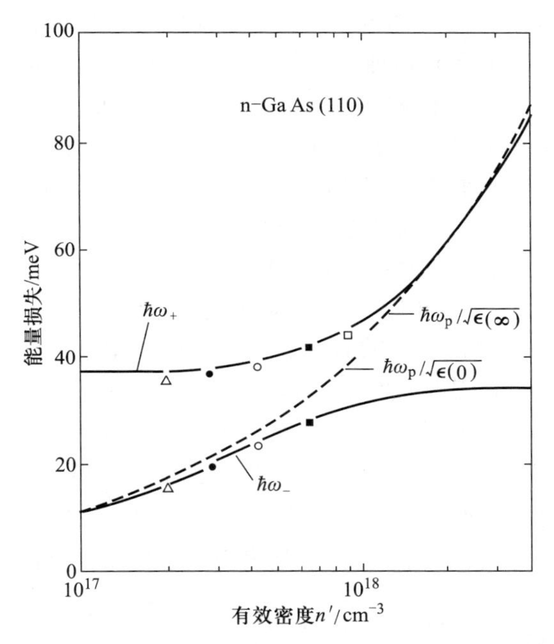

图 5.16 根据式(5.50)得到的表面损失函数 $\epsilon(\omega)$的最大值计算的损失峰位置 $\hbar\omega_+$和 $\hbar\omega_-$(实线)及表面声子不存在耦合的等离子体激元频率(虚线)。实验点通过测量不同 n 型掺杂样品得到：(1) Te 掺杂(体密度 $n=9\times10^{17}$ cm^{-3})，(□)洁净环境中，(■) 暴露于 1 L 剩余气体之后；(2) Te 掺杂(体密度 $n=4.3\times10^{17}$ cm^{-3})，(○) 洁净环境中，(●) 暴露于 1 L 解离的 H_2 之后；(3) Si 掺杂(体密度 $n=3\times10^{17}$ cm^{-3})，(△) 洁净环境中 [5.10]

5.6 实验和实际计算的散射曲线

当表面波的波长与具体晶格原子间距可比较时，前部分描述的连续介质型近似就不再有效了。对于频率在 10^{11} s^{-1}数量级或更高，其表面模型的描述要求晶格动力学近似。正如体晶格动力学，这要求原子间力常数的详细知识。对于合适的近似，电子-晶格相互作用效应必须考虑一个壳层模型，其中，价电子由其固体壳层表示，该壳层与核靠一个弹簧连接在一起。在更为复杂的处理中，电子壳层本身的形变靠呼吸壳层模型来处理。与体晶格动力学相比，一个在表面的新的基本问题出现了：由于表面最顶层原子的重构或弛豫，不论是原子分布几何还是回复力在表面都与它们在体内的值有偏离。这些变化一般不易觉察，它们产生了一些吻合实验事实的新的参数。

许多晶格动力学技术被用来计算表面声子色散支。一个过去频繁被用的方法是类同于连续介质方法(5.3 节)，利用正确的边界条件，对于半无限晶格，建立一个尝试解进而获得色散曲线。但是否所有可能的表面模型都能靠这种计算获得并不确定。另外一种方法由本征值和一个片状的极化矢的直接计算构成，该片由足够多的原子层形成。这种方法产生了在整个布里渊区所有的声学和光学表面模型，只要它们的穿透深度小于该片的厚度。在大多数情况下，20 层足以给出好的结果。第三种方法基于格林(Green)函数理论的应用，在这种方法中，表面作为一种调制体振动谱的扰动处理。

图 5.17 示出了一个 NaCl (001)取向薄膜计算结果的例子。对应于有限的 Slab 数(15)作为一套离散的色散曲线建立起了体模型。随着薄膜层数的增加，这些体模型加厚并形成准连续区，即能带。但是，有限数量的标记为 S_1、S_2、S_3 等的模型仍然不同于能带。本征矢在接近于表面是大的，但随着远离表面迅速衰减。这些模型显然等效于表面振动。表面声学模型 S_1，即使是在长波极限($\boldsymbol{k}_\parallel \rightarrow \boldsymbol{0}$)情况下，均局域在体声子能带下，所以，这个模式代表在 5.3 节讨论的瑞利表面波。S_3、S_4 和 S_5 模型是表面光学振动的范例。S_4 和 S_5 是具有

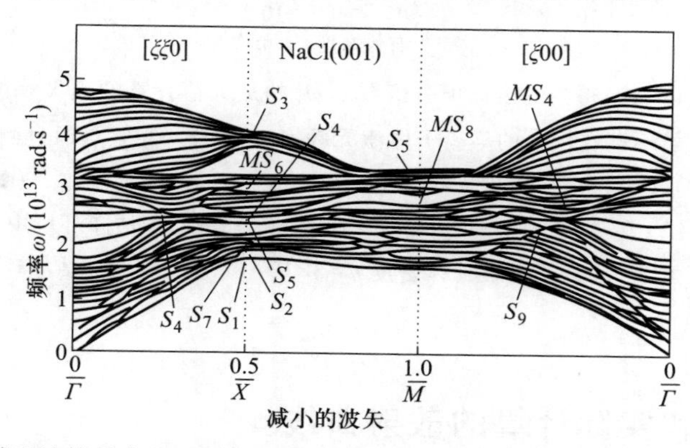

图 5.17　壳层模型计算的由 15 层(001)取向原子层组成的 NaCl 薄膜的色散曲线。有限的层数引起了一套不同的色散曲线。属于本征振动矢量的色散支分别标为 S_1，S_2，…，随着进入体内而衰减，即它们描述了表面声子[5.14, 5.15]

垂直和平行于表面极化的 Lucas 模型，这些模型与最表面原子层间力常数的改变相关；它们的振动幅度被强烈局域于第一原子层附近。

作为用格林函数微扰方法计算的实例，图 5.18 示出了 LiF(001)表面声子的色散支。原子外层电子建立了呼吸壳层模型来处理，其中，壳层的形变被考虑在内，所以，计算的体声子色散支(阴影部分)与非弹性中子散射实验确定的一些同样的散射支(黑点部分)吻合得很好。在图 5.18 中，垂直(⊥)和平行(∥)于(001)面的极化的体模型单独列出。一些表面声子能带标为 S_3、S_4 等，S_4 和 S_5 还是属于 Lucas 模型。它们在能量上与极化垂直于表面的体模型是简并的，所以叫作表面共振子。正如从连续介质理论所预测的(5.3 节)，瑞利模型 S_1 的频率(能量)在整个总对称线$\overline{\Gamma M}$上低于体模型的频率(能量)。S_1 带采用了两种方法计算，即格林函数方法(实线)和板状方法(虚线)，但在接近 $\overline{M}$ 点时存在小的偏差，但如果离子的极化和/或非谐效应引起的表面变化被考虑在内，这种情况也可能消除。

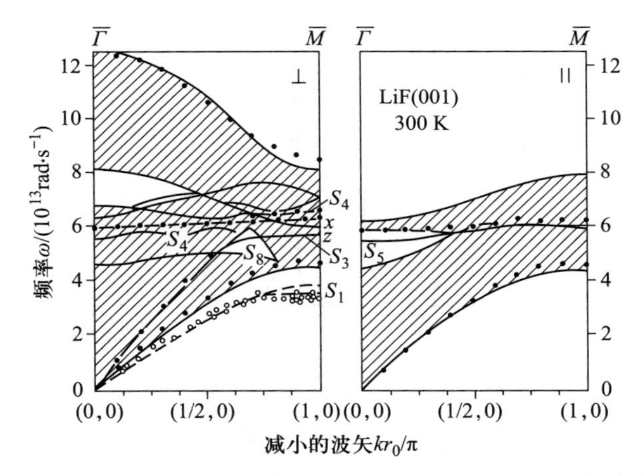

图 5.18 由格林函数方法[5.16]计算的沿(100)的 LiF (001)声子色散支。其偏振垂直(⊥)和平行(∥)于(001)面的体模型(阴影部分)单独列出。表面声子模列为 S_i。作为对比，一些实验(从中子散射实验)确定的体模也列出(见黑点)。空心点(接近于 S_1)是瑞利模型的实验结果，由非弹性原子散射确定[5.17]

采用格林函数方法计算的瑞利模型 S_1 的理论色散曲线与 Brusdeylins 等[5.17]报道的非弹性原子散射实验结果(图 5.18 中空心圆点所示)吻合得很好。在这个实验中，He 原子超声喷射束被在超高真空中制备的 LiF(001)面非弹性散射，背向散射 He 原子的能量分布被时间飞行谱所测量(第 5 章附录 XI)。表面的能量损失以及样品表面和反射束构成的散射角决定了声子频率 ω

及其传输，即特殊的表面激发模式的色散关系 $\omega(\boldsymbol{q}_{\parallel})$。瑞利波通常在散射原子的时间飞行谱中产生最强的峰，这是因为它们在表面原子层具有大的振幅。

表面声子散射支也能被慢电子的非弹性散射实验测量(第 4 章附录X)。为了测量贯穿整个二维布里渊区的色散关系 $\hbar\omega(\boldsymbol{q}_{\parallel})$，可调的 $\boldsymbol{q}_{\parallel}$ 迁移量的获得和测量必须按照非镜面散射几何进行。不同于在介质散射区(5.5 节)研究的 $\boldsymbol{q}_{\parallel}\simeq\boldsymbol{0}$ 的表面声子极化子的情况，散射由于短程原子势而占有主导地位。这种对声子散射的非弹性截面随着初始能的增加而增加。进行的 Ni(100)的 HREELS 实验(图 5.19)其碰撞能为 180 eV 和 320 eV 属于低能范围。如图 5.19 所示，测量谱分辨率为 7 meV，并按照如图 5.20 中小图所示的非镜面散射几何形式设计。电子在沿[110]方位($\overline{\Gamma X}$方向)≈72°的固定极角收集，入射束在能够产生(01)和(00)布拉格衍射束的范围内变化，动量分辨率为 $\Delta q_{\parallel}\approx 0.01$ Å^{-1}，

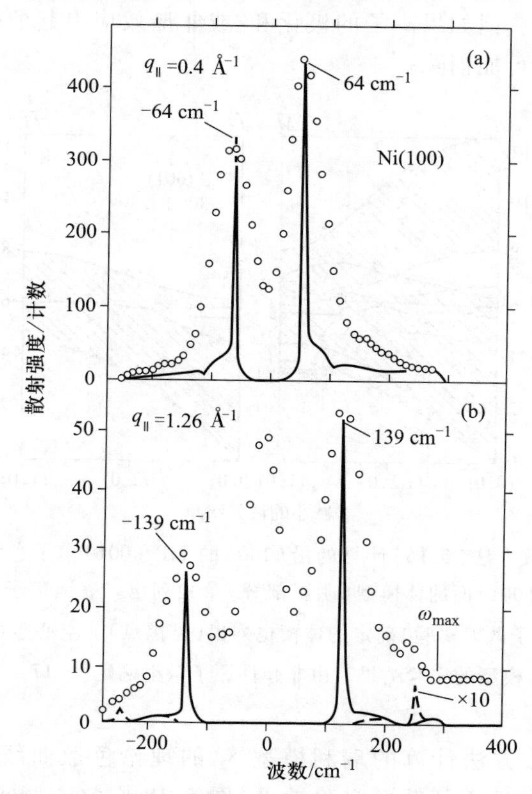

图 5.19　HREELS 测量的 Ni(100)洁净表面在(00)到(01)布拉格衍射束范围内的电子能量损失谱，能量分辨率为 7 meV，非镜面几何(几何如图 5.20 中小图所示)：(a) 波矢迁移量 $q_{\parallel}=0.4$ Å^{-1}；(b) 波矢迁移量 $q_{\parallel}=1.26$ Å^{-1}。空心圆点代表实验数据点，实线代表计算谱[5.18]

但在(01)到(00)位置的整个范围内发现存在声子损失。图5.19(b)中1.26 Å^{-1}的特殊$q_{\parallel}$迁移量对应于二维布里渊区的$\bar{X}$点。实验数据(空心圆点)与基于最邻近中心力模型的计算值进行了对比，在其计算模型中，第一和第二层间的力常数增大了20%，其计算曲线显示了最外基底层原子在垂直于波矢$q_{\parallel}$表面的位移声子频谱。表面声子损失的高频边两翼来自于体声子的连续性。

图5.20描写了实验峰值随$q_{\parallel}$的变化关系[根据式(4.41)计算]。对Ni(100)测量的表面声子色散关系正好与Allen等[5.19]的计算值非常吻合。该Ni(100)的表面声子在$\bar{X}$位置存在原子的位移，这一性质对最外层表面来说是普遍的。根据计算，在$\bar{X}$位置还存在一个剪切极化表面声子，其位移平行于表面且垂直于$q_{\parallel}$。由于这个声子位移方向总是垂直于$\boldsymbol{K}_{\parallel}=\boldsymbol{k}'_{\parallel}-\boldsymbol{k}_{\parallel}$，其选择法则[式(4.17)]禁止在现有散射几何条件下(图5.20中的小图)的激发。在HREELS实验数据中确实也没有观察到这个声子。

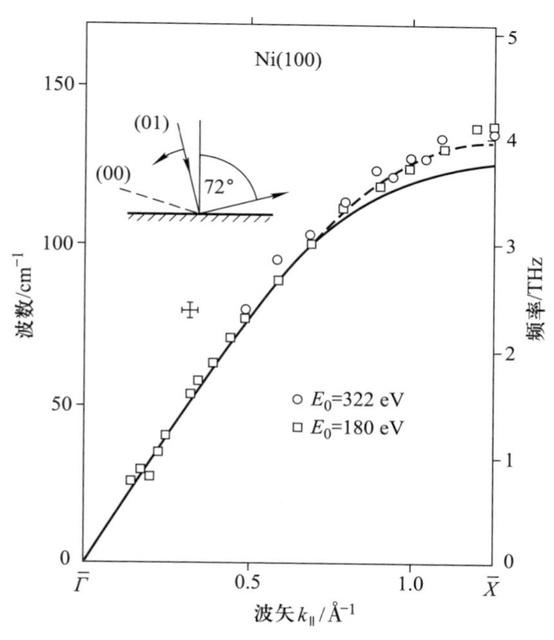

图5.20 Ni(100)洁净表面实验(HREELS，图5.19)确定的表面声子色散关系(空心符号表示两种不同的初始能E_0)。散射几何显示在套图中(非镜面散射)。实线是根据Allen等计算获得的色散关系[5.19]。虚线考虑了最顶层和第二原子层间力常数的增大[5.18]

理论计算的色散关系(图5.20中实线)和实验数据点在接近$\bar{X}$点符合得并不好，如果耦合第一层和第二层原子的力常数增大20%，这个吻合度就会得到改善(虚线)。该作用力常数的强化正好反映了表面原子层一个中性的向内松弛现象，这一点也确实得到了其他实验的证实。

通过 Li(001)和 Ni(100)的例子，可以说明表面声子色散曲线的测量以及与晶格动力学计算的对比能够提供表面附近关于力常数变化和原子占位变化的有趣的信息。

附录XI　原子和分子束散射

像 He、Ne、H_2 或 D_2 这样的原子和分子，当其作为一种低能(典型的小于 20 eV)的中性粒子撞击到固体表面后，并不能进入到固体内部。因此，中性粒子束的散射实验成为检测表面最外层的原子层信息的专用探针。这样的实验已经成为获得表面物理信息的重要来源。弹性散射和非弹性散射都可以应用该实验来进行研究。图XI.1是各种散射现象的大致示意图。从 He 原子往后，例如，动能为 20 meV 的原子，其德布罗意波长为 1 Å，散射现象在波图中应给予一定描述(4.1 节)。接近表面的粒子通过典型的原子间或分子间相互作用势 $V(\boldsymbol{r}_{\parallel}, z)$ 而与表面原子发生相互作用，其中，$\boldsymbol{r}_{\parallel}$ 为平行于表面的矢量，z 为表面的法向坐标。$V(z)$ 包含既相互吸引又相互排斥的部分(如同化学键中的那样)。高光区的准弹性峰(强度为 I_{00})和在明确的方向(正如在 LEED 中，4.2 节)上的弹性布拉格衍射(强度为 I_{hk})控制着原子(表面的)二维周期的晶格散射。仅需要用与温度有关的德拜-瓦勒因数对非弹性影响进行强度修正，就可以在严格的晶格近似法中对这种弹性散射进行充分的描述。一个入射原子或分子能够损失非常多的能量，以至于其困于表面或被“选择性吸收”。这种在表面被困的束缚态原子能强烈地改变处于特殊角度和能量的散射强度。

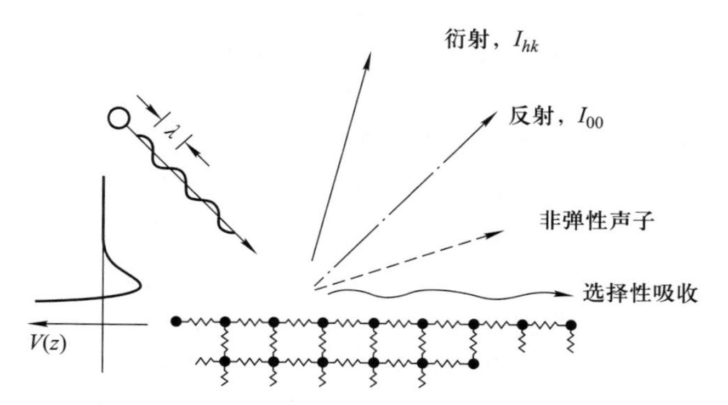

图XI.1　一个德布罗意波长可与晶格尺寸相比较的光子的非反应散射中能发生的不同碰撞过程的示意图。由于晶格的振幅很小，因此可预料声子的非弹性散射比弹性衍射(高光区光束的强度为 I_{00}，布拉格衍射束的强度为 I_{hk})要弱。此外，高的能量损耗会导致碰撞原子在表面原子电位 $V(z)$ 吸引部分的选择性吸收[XI.1，XI.2]

由于晶体实际上并非严格的：原子在它们的平均位置附近振动，这就导致了非弹性散射的产生。因此，入射粒子能将其部分动能转移给振动表面的动态模式，即表面声子。类似地，它能通过对表面声子的湮没而获得能量。

对散射的数学描述与电子表面散射(4.1节)相类似。入射粒子和晶体表面(4.1)的最一般的相互作用势可以方便地写为$\boldsymbol{r}_{\parallel}$、$z$和$\boldsymbol{s}_n(t)$的函数,其中,晶体表面在公式中作为散射截面(4.17),$\boldsymbol{r}_{\parallel}$为平行于表面的坐标,$z$为表面的法向坐标,$\boldsymbol{s}_n(t)$为第$n$个表面原子的振动坐标

$$V[\boldsymbol{r}_{\parallel},\ z,\ \boldsymbol{s}_n(t)] = V(\boldsymbol{r}_{\parallel},\ z)\big|_{s_n=0} + \sum_n (\nabla V)\cdot \boldsymbol{s}_n(t) + \cdots \quad (\text{XI}.1)$$

势膨胀的首项是波形的弹性势,其由使用模型势对弹性衍射峰强度进行拟合所决定。因此,弹性衍射给出了关于表面拓扑学和原子相互作用势的信息。二阶和高阶项联合表面原子振动$\boldsymbol{s}_n(t)$一起造成非弹性散射。理解这些耦合项是解释诸如黏附系数(10.5节)和表面原子与入射粒子之间能量传递这些现象的基础。

在给出一些详细的原子散射的应用实例之前,我们先简要地讨论一下其实验装置。

实验装置由单一能量的分子源或原子源组成,在研究中将其作为一束射向表面,用检测器记录背散射的分布。样品和检测器可以绕位于表平面的一个共同的轴旋转,以便于不同角度下的更高的衍射次序的检测。由于使用中性粒子,电场和磁场都不能用来进行聚焦或分散。图XI.2是一个典型的实验装置的原理图。它的一个重要特征是喷嘴束源能产生单色的稀有气体束。在一个高压膨胀源中产生Ne或He原子束。在气体的膨胀中,其从一个压力为2 atm的源里通过一个薄壁的孔口(直径≈5×10^{-2} mm)成为一个压力大约为10^{-4} Torr的束,束的随机的平动能转化为向前的平均速度。决定速度传播Δv的随机速度分量的数量级相对于最可能的速度v减少了。在图XI.2所示的装置中,$\Delta v/v$的结果大约为10%。对于改进过的喷嘴束源,其可以获得近似为1%的$\Delta v/v$值。Toennies[XI.4]使用了被冷却到80 K的He源。此束从压力为200 atm的地方通过一个5 μm的孔扩散到真空中。为了进一步提高向前的速度分量,此束在膨胀之后经过一个漏杓。这个漏斗状的管可以撇去向前的速度不大的原子。在膨胀的过程中,原子的无序热运动转化为一致的向前运动,为了保证焓不变,移动气体的温度急剧降低;经过大约20 mm的距离后,温度大约减少到10^{-2} K。这相当于小于10%的相对速度的传播。对于现代的喷嘴束源,其产生的束的能量主要分布在6 meV~15 eV的范围内。德布罗意波长为1 Å的He原子的能量大约为20 meV。在图XI.2中,初级束经过了斩波器的调整,使用相位检测器进行了相敏检测。此技术允许在一个相对高的压力环境下检测经过调整的发散束。离子真空计或更精细的质谱仪也在被作为检测器而使用。

接下来将给出一些以图XI.1所示过程为基础的原子和分子的不同应用的实例。由于He原子的散射本质上是由几乎无定形的"电子海洋"而不是最主要

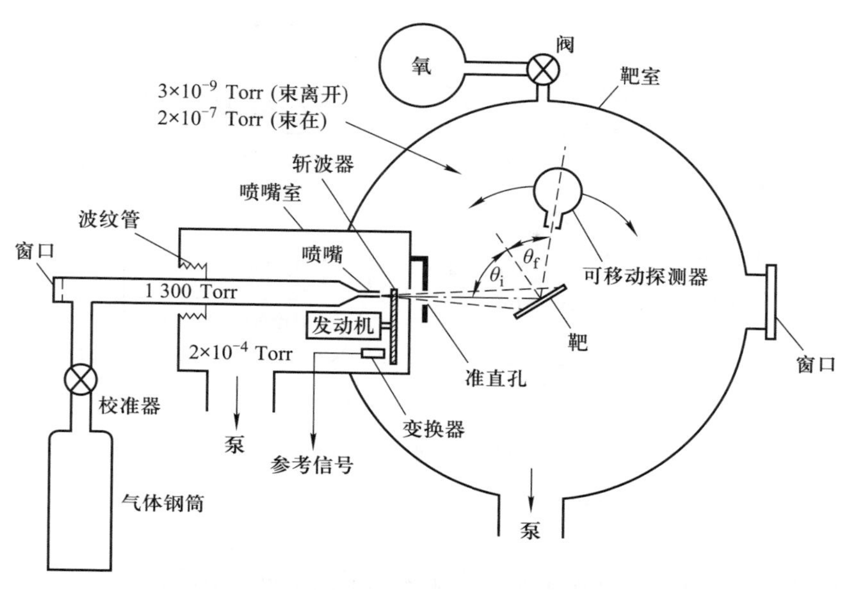

图Ⅺ.2 一种典型的低能分子束散射装置的示意图[Ⅺ.3]

的表面晶格平面引起的，一种理想的、有序的、密排的金属表面实际上是不会引起有趣的散射现象的。但是由于表面是非理想的，例如台阶、缺陷或吸附物，这会影响在反射方向的弹性散射强度，即反射束的强度急剧变化。图Ⅺ.3示出了从具有不同的台阶和平台分布的Pt(111)面反射的He原子反射束的强度变化。测量的入射角$\theta_i(=\theta_r)$在一个小的范围内变化，并记录下了背散射强度I_{00}。当然，为了达到此目的，需要可在不同方向观察的实验装置。根据不同的平台宽度(平均值大约为300 Å和3 000 Å以上)，在考虑的角范围内观察到了衍射花样或基本上单调的变化。可以用从被单原子台阶所分开的(111)平台反射回的He的波函数的相干相长或相干相消来解释其振幅。平均的平台宽度，即台阶密度，同样决定光栅狭缝宽度和距离，在某一观察方向上回避He波的相的差异。曲线(b)的振荡周期允许的台阶原子的密度估计大约为1%。更好的制备技术可使台阶密度低于0.1%，得到一个更高的总的反射强度，并且曲线(a)没有相干振动。因此，此技术可以用来描述制备得到的清洁表面的理想度。

He原子的弹性散射，即衍射，可以给出一个关于表面的结构特征的信息。与在LEED中的电子散射(第4章附录Ⅷ)相比，其电子穿透几埃的厚度进入固体内部，He原子仅探测到表面附近的电子密度的最外层。这样就使得此技术对于清洁、有序、紧密堆积的金属表面相对来说不敏感；但是有序的被吸附的

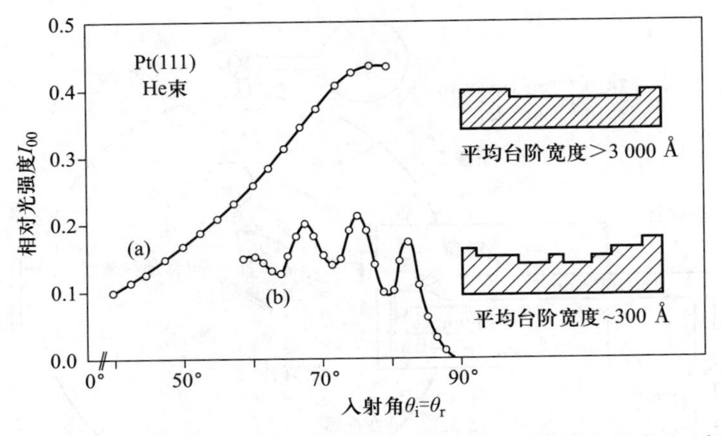

图Ⅺ.3　两个不同台阶宽度的 Pt(111)面，低能 He 原子束的相对光强度 I_{00}(相对于初级束强度)与入射角 $\theta_i(=\theta_r)$的关系[Ⅺ.5]

原子或分子，其在表面的电子密度会显著地突出，进而引起在某一布拉格斑点更强的散射强度。图Ⅺ.4 示出了在 Pt(111)面上一个具有 $p(2\times2)$超晶格结构的有序排列的氧覆盖层的例子。在清洁的 Pt 表面的($\bar{1}$, $\bar{1}$)布拉格斑的强度比其在氧覆盖了的表面上的强度减少了 10 倍。由氧的超点阵引起的衍射斑($\overline{1}/2$, $\overline{1}/2$)和($\overline{3}/2$, $\overline{3}/2$)具有更高的衍射强度。因此，吸附物产生的效果可以明显地与基底斑点区分开，并且不存在对有时遇到的吸附物的 LEED 花样(基底对吸附物超晶格结构)的解释问题。由于原子和分子衍射方法对最外层的原子层极其敏感，因此此方法是 LEED 的补充。在非弹性散射状态下，表面的原子和分子散射由于高的能量分辨率，也使其具有比其他散射技术更引人关注的优势。由于在整个布里渊区可能的能量和波矢转移可以很好地匹配，因此可以极其精确地测量表面声子散射支(第 5 章)。图Ⅺ.5 示出了由从 Cu(110)晶面入射的具有不同角度的入射角 θ_i 测得的非弹性 He 束的光谱。以沿$\overline{\Gamma Y}$的波矢转移为探测方向。实验的分辨率很容易地就能分辨出在 1 meV 以下的峰的半宽。因此，由实验数据也能得到由声子耦合等引起的宽化的信息。因为电子散射最好的能量分辨率为 1 meV，所以其由电子散射数据(HREELS，第 4 章附录Ⅹ)是不能够得到的。图Ⅺ.6 示出了从图Ⅺ.5 中的那些光谱而得到的表面声子色散曲线，但这里是沿 Cu(110)面布里渊区$\overline{\Gamma X}$方向的表面声子色散曲线。用 R 来表示数据，R 为瑞利表面波的简写(第 4 章)。

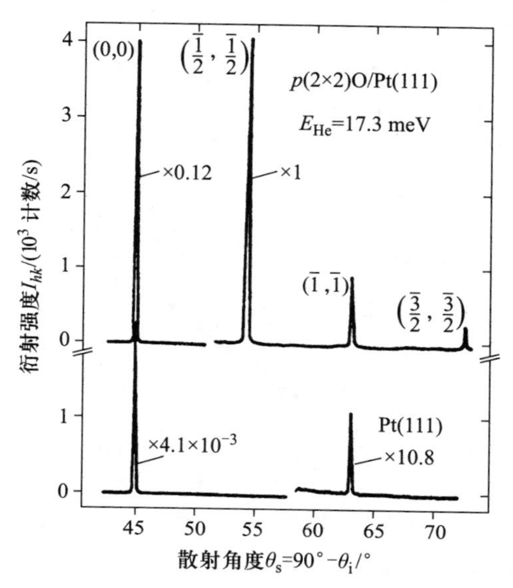

图Ⅺ.4　清洁 Pt(111)面和氧覆盖的 $p(2\times2)$ O/Pt(111)面的[112]方向上的 He 束极化衍射图谱，最初的 He 束的能量为 17.3 meV，样品温度为 300 K [Ⅺ.6]

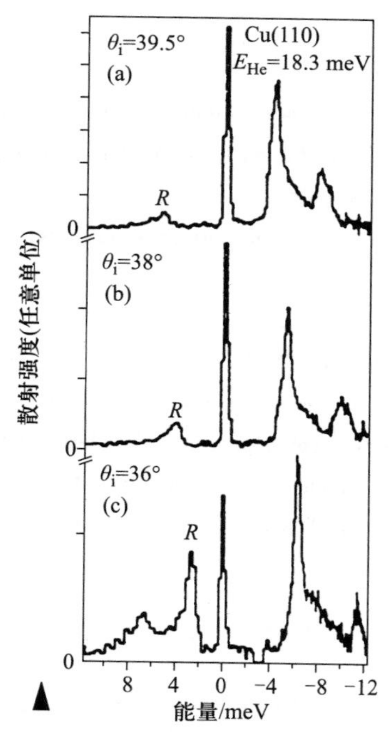

图Ⅺ.5　沿 Cu(110)面布里渊区$\overline{\Gamma X}$方向的非弹性 He 的散射谱。He 束的最初能量为 18.3 meV[Ⅺ.7]

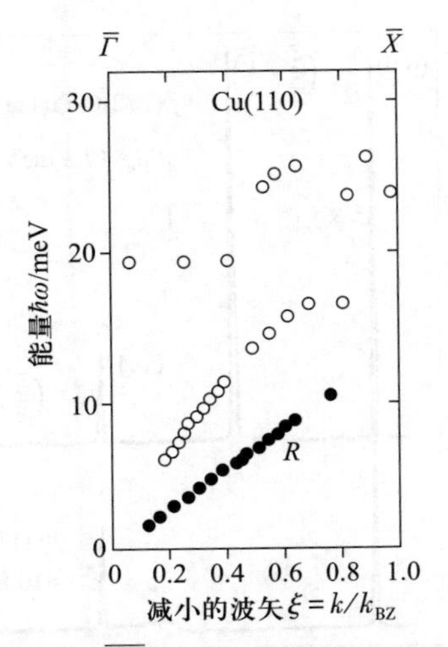

图 XI.6 沿 Cu(110)面布里渊区$\overline{\Gamma Y}$方向由非弹性 He 散射(最初能量 $E_{He}=18.3$ eV)得到的表面声子色散曲线。减小的波矢 ξ 的定义式为 $\xi=k/k_{BZ}(\bar{X})$，其中，$k_{BZ}(\bar{X})=1.23$ Å^{-1}，其作为在 $\bar{X}$ 方向上布里渊区的尺寸[XI.7]

参考文献

XI.1 J. P. Toennies, Phonon interactions in atom scattering from surfaces, in *Dynamics of Gas-Surface Interactions*, ed. by G. Benedek, U. Valbusa, Springer Ser. Chem. Phys., vol. 21 (Springer, Berlin, 1982), p. 208

XI.2 E. Hulpke (ed.), *Helium Atom Scattering from Surfaces*, Springer Ser. Surf. Sci., vol. 27 (Springer, Berlin, 1992)

XI.3 S. Yamamoto, R. E. Stickney, J. Chem. Phys. **53**, 1594 (1970)

XI.4 J. P. Toennies, Physica Scripta **T1**, 89 (1982)

XI.5 B. Poelsema, G. Comsa, *Scattering of Thermal Energy Atoms from Disordered Surfaces*, Springer Tracts Mod. Phys., vol. 115 (Springer, Berlin, 1989)

XI.6 K. Kern, R. David, R. L. Palmer, G. Comsa, Phys. Rev. Lett. **56**, 2064 (1986)

XI.7 P. Zeppenfeld, K. Kern, R. David, K. Kuhnke, G. Comsa, Phys. Rev. B **38**, 12329 (1988)

问　　题

问题 5.1　信息可以通过声波或瑞利表面波在固体中传播。声子提供速度更快的透光率是多少？讨论当长波的波长 $\lambda >> a$（a 为晶格常数）或短波的波长 $\lambda \approx a$ 时，是什么通过短脉冲导致了信号的传播。

问题 5.2　n 型掺杂半导体的红外活性的介电响应在红外光谱区通过介电函数 ϵ 描述。介电函数 ϵ[式(5.66)]包含了 TO 声子振荡的贡献和导带中自由电子的 Drude 型贡献[式(5.60)]。计算平面损失函数 $\mathrm{Im}\{-1/[\epsilon(\omega)-1]\}$，并且讨论 HREELS 实验中损失谱作为载体浓度的函数。假设在表面上的平带情况。

问题 5.3　在 HREELS 实验中，洁净 GaAs(110)面的极化声子(Fuchs-Kliewer 声子)被激发，其初始能量为 5 eV。计算两极分化表面声子的指数衰减长度。讨论 GaAs 薄膜的 HREELS 实验结果，并与计算的衰减长度进行比较。

问题 5.4　计算一个面心立方晶体的(100)面在布里渊区[110]方向的声子频率。假设与相邻原子之间只由一个中心力，表面声子相对于镜面具有奇数对称性(声子波矢 $\boldsymbol{q}$ 与表面是垂直的)。

为什么计算是这么简单？

第二个表面声子会存在于第一个原子层的表面上吗？

第 6 章 表面电子态

由于体晶材料的表面是有界的，因此与体原子相比，表面原子的相邻原子数减少，相应的部分化学键在表面发生断裂。这些化学键由于断裂而形成表面，这样就形成了表面损失能（表面能）（3.1节）。因此，表面附近的电子结构明显不同于块体。即使对于一个原子占位类似于体材料（又称截断体）的理想表面，由于其化学键的改变，也会表现出新的电子能级和改进的多体效应。表面的许多宏观效应和现象都与这种电子结构的改变有关，例如表面自由能、黏附力，以及表面特殊化学反应活性。因此，现代表面物理的研究焦点之一就是对表面电子结构深入细致的理解。从理论的角度，通常的研究方法与块体材料相似：大体上利用了单电子近似方法和试图求解表面附近电子的薛定谔方程。此外，多种近似方法将被用于解决多体效应。

相比于块体，表面的研究面临两个主要难题。在理想的情况下，平移对称只沿着平行于表面的方向。在垂直于表面的方向上，周期性被破坏，其数学形式变得更加复杂。而更加复杂的是表面-结构问题，至今尚未完全解决。电子结构的完整计算需要了解原子的位置(坐标)。然而，由于表面附近化学键的改变导致表面弛豫和重构经常出现这意味着当将块体截断为两部分时，表面原子将从它们本应占据的理想位置移开。目前，尚没有统一的简单而直观的实验方法来确定顶层原子层的原子结构。尽管有些较为复杂的分析方法，例如动态 LEED(4.4 节)、SEXAFS(第 3 章附录Ⅶ)、STM(第 3 章附录Ⅵ)、原子散射(第 5 章附录Ⅺ)等可以提供一些信息，但也只针对少数结构，例如 GaAs 的(110)面和 Si 的(111)面(3.2 节)。有趣的是，Si(111)-(7×7)结构主要是通过透射电子显微镜采用简单动力学分析而得到。最近，通过扫描电子隧道显微镜对表面原子结构的分析取得了突破[6.1-6.3]（第 3 章附录Ⅵ)。

对于表面电子结构计算，首先要设定结构模型，然后将计算得到的表面电子能带结构和其他物性(例如光电效应和电子能量损失谱)与实验结果进行比较。

接下来，我们将首先考虑一个简单的(理想的)表面模型，即一端终止的单原子线性链(半无限链)。采用近自由电子近似可求解薛定谔方程，并且结果可以定性地转移到具有二维(2D)平移对称性的二维表面情况。最后讨论了表面、金属表面态以及重要的半导体(例如 Si 和 GaAs)。

6.1 近自由电子模型中半无限链的表面电子态

如果我们拟对晶体表面的电子表面态进行简单模型计算，那么将遇到研究表面声子时遇到的类似情况(第 5 章)。在表面平面内，需要假设理想的二维周期。在垂直方向，表面的平移对称性破坏。因此，对于局域在理想表面附近的单电子波函数 ϕ_{SS} 具有平面波特性，并且平面波的坐标平行于表面 $\boldsymbol{r}_{\parallel}=(x,\ y)$

$$\phi_{SS}(\boldsymbol{r}_{\parallel},\ z)=u_{\boldsymbol{k}_{\parallel}}(\boldsymbol{r}_{\parallel},\ z)\ \exp\ (\mathrm{i}\boldsymbol{k}_{\parallel}\cdot\boldsymbol{r}_{\parallel}) \tag{6.1}$$

$\boldsymbol{k}_{\parallel}=(k_x,\ k_y)$是与表面平行的波矢。根据波矢 $\boldsymbol{k}_{\parallel}$ 标记的调制函数 $u_{\boldsymbol{k}_{\parallel}}$ 具有表面周期性，并且与波矢 $\boldsymbol{k}_{\parallel}$ 有关。如果忽略平行于表面的晶体势的变化，$u_{\boldsymbol{k}_{\parallel}}(z)$ 将不再取决于 $\boldsymbol{r}_{\parallel}$。由于块体中的三维平移对称性，由相同周期性排列原子构成的半无限链可以看作最简单的模型。该链的末端可以代表表面。例如在声子问题中，我们可以使用这个模型得出表面态的本质特性，并且可以很容易地将结果推广到理想晶体的二维表面。基于近自由电子近似，假设沿链方向上势的余弦变量为(图 6.1)

$$V(z)=\hat{V}\left[\exp\left(\frac{2\pi\mathrm{i}z}{a}\right)+\exp\left(\frac{-2\pi\mathrm{i}z}{a}\right)\right]=2\hat{V}\cos\left(\frac{2\pi z}{a}\right),\qquad z<0 \tag{6.2}$$

表面($z=0$)通过突变势阶 V_0 建模，它是实际表面的简化。

我们尝试使用式(6.2)中的势能 $V(z)$ 求解薛定谔方程

$$\left[-\frac{\hbar^2}{2m}\frac{\mathrm{d}^2}{\mathrm{d}z^2}+V(z)\right]\psi(z)=E\psi(z) \tag{6.3}$$

从晶体内部深区域开始，即远离 $z=0$ 表面的 $z<<0$ 区域。在这个区域内可以认为链无限长并且忽略表面效应。在块体材料中，如果假设势能 $V(z)$ 具有周期性，即 $V(z)=V(z+na)$，可以得到很好的结果，这在基础固体物理书中都有介绍，例如参考文献[6.4]。远离布里渊区边界 $k_\perp=\pm\pi/a$（$k_\perp$ 为垂直于表面的波矢），电子态具有平面波特性，并且其能量呈自由电子抛物线分布[图 6.1(b)]。接近布里渊区边界处特征带发生分裂，这种情况的出现是由于两列平面波的叠加，电子的波动函数必须采用最低阶近似。在边界区域，由于散射电子由 $k_\perp=\pi/a$ 态进入 $k_\perp=-\pi/a$ 态。如果取 $\pi/a=G/2$（G 为倒易晶格矢量）的 $k_\perp$ 值，在双波近似内可得

$$\psi(z)=A\mathrm{e}^{\mathrm{i}k_\perp z}+B\mathrm{e}^{\{\mathrm{i}[k_\perp-(2\pi/a)z]\}} \tag{6.4}$$

如果使用式(6.2)中的势能，并且将式(6.4)代入式(6.3)中的薛定谔方程，就可以得到相应的矩阵方程

$$\begin{pmatrix} \frac{\hbar^2}{2m}k_\perp^2-E(k_\perp) & \hat{V} \\ \hat{V} & \frac{\hbar^2}{2m}\left(k_\perp-\frac{2\pi}{a}\right)^2-E(k_\perp) \end{pmatrix}\begin{pmatrix} A \\ B \end{pmatrix}=0 \tag{6.5}$$

该矩阵方程可通过假设行列式为零来解。我们对布里渊区边界解感兴趣，即 $k_\perp=\pm G/2=\pm\pi/a$ 附近。利用 $k_\perp=\kappa+\pi/a$，其中，κ 的较小值对应 $k_\perp$ 的范围，通过求解式(6.5)可得能量本征值

$$E=\frac{\hbar^2}{2m}\left(\frac{\pi}{a}+\kappa\right)^2\pm|\hat{V}|\left[\frac{-\hbar^2\pi\kappa}{ma|\hat{V}|}\pm\sqrt{\left(\frac{\hbar^2\pi\kappa}{ma|\hat{V}|}\right)^2+1}\right] \tag{6.6}$$

对于 $z<<0$，利用式(6.6)，将式(6.5)中求解得到的 A 和 B 代入式(6.4)中，得到晶体内部深层空间区域的空间电子波动函数 ψ_i

$$\psi_\mathrm{i}=C\mathrm{e}^{\mathrm{i}\kappa z}\left\{\mathrm{e}^{\mathrm{i}\pi z/a}+\frac{|\hat{V}|}{\hat{V}}\left[\frac{-\hbar^2\pi\kappa}{ma|\hat{V}|}\pm\sqrt{\left(\frac{\hbar^2\pi\kappa}{ma|\hat{V}|}\right)^2+1}\right]\mathrm{e}^{-\mathrm{i}\pi z/a}\right\} \tag{6.7}$$

C 为归一化常量。对于晶体内部区域($z<<0$)，电子能级形成常见的电子能带 $E(k_\perp)$，其在倒易 $k_\perp$空间中具有周期性[图 6.1(b)]。自由电子的抛物线型电势在接近布里渊区边界($k_\perp=\pm\pi/a$)发生分裂，导致导带和禁带出现。由式(6.6)可知，在$\pm\pi/a$ 附近的 $E(k_\perp=\kappa+\pi/a)$分布是抛物线形的，禁带宽度为$2|\hat{V}|$。

本章的关键在于求解固体表面附近即接近链末端[图 6.1(a)，$z=0$]的薛定谔方程(6.3)。这些解必须由与真空界面($z=0$)电势常数 $E_\mathrm{vac}=V_0$ 一致的部分和考虑晶体界面的余弦电势[式(6.2)]后解得的薛定谔方程(6.3)构成。对

$z>0$ 和 $z<0$ 的两种解必须在 $z=0$ 的表面时同样适用。不但适用于 ψ，同样要适用于 $\partial\psi/\partial z$。真空界面($z>0$)电势常数 V_0 中可被归一化的 ψ_0 必须呈指数衰减

$$\psi_0 = D\exp\left[-\sqrt{\frac{2m}{\hbar^2}(V_0 - E)}\,z\right],\qquad E < V_0 \tag{6.8}$$

由于式(6.8)中不包含 $\exp(\mathrm{i}\kappa z)$，式(6.7)中晶体内部的 ψ_i 只有在入射波和反射波相互叠加(驻波)时才与式(6.8)一致。适用条件为

$$\psi_0(z=0) = \alpha\psi_\mathrm{i}(z=0,\ \kappa) + \beta\psi_\mathrm{i}(z=0,\ -\kappa) \tag{6.9}$$

ψ_0 和 ψ_i 与式(6.8)和式(6.7)一致。事实上，方程(6.9)及其导数满足容许带内每一个可能的能量本征值 E。因此，可能的表面解是晶体内部在真空层指数衰减末端[图 6.2(a)]的布洛赫驻波。来自那些无限大晶体的相应电子能级只得到微小修正。因此，体电子能带结构可以出现在微小改变的晶体浅表面。

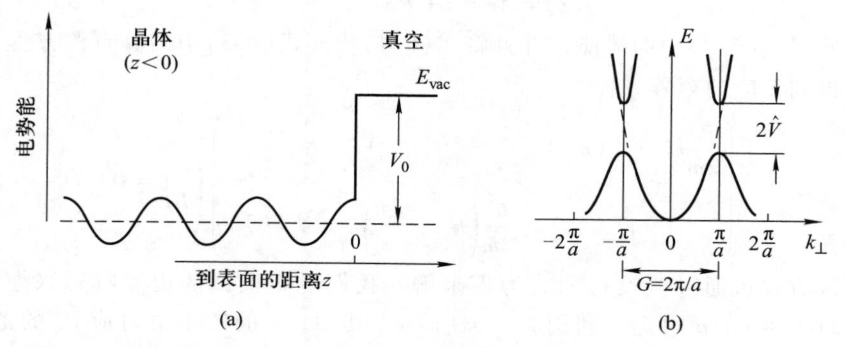

图 6.1　余弦势沿直链方向(z 方向)的近自由电子模型：(a) $z=0$ 的表面的势能；(b) 单电子体态的能带 $E(k_\perp)$

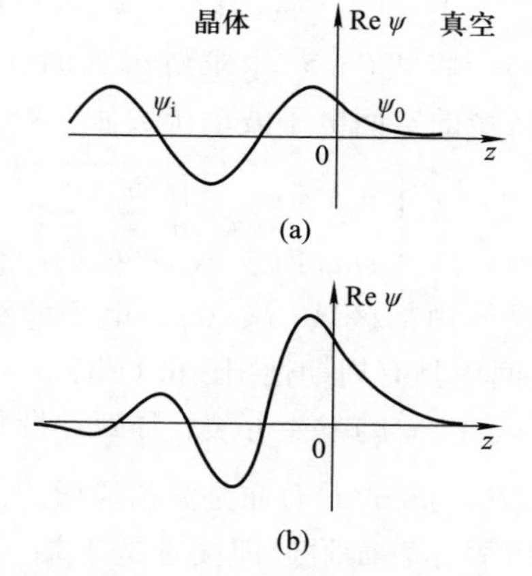

图 6.2　单电子波函数的实部 Re $\{\psi\}$：(a) 布洛赫驻波(ψ_i)，与真空中指数形式衰减末端(ψ_0)匹配；(b) 位于表面($z=0$)的表面态波函数

如果允许复波矢，有可能得到另外的表面解，设 κ 为虚数

$$\kappa = -\mathrm{i}q \tag{6.10a}$$

方便起见，定义

$$\gamma = \mathrm{i}\sin(2\delta) = -\mathrm{i}\frac{\hbar^2\pi q}{ma|\hat{V}|} \tag{6.10b}$$

当 κ 在特定范围内时，能量本征值式(6.6)为实数，即这些数值表示薛定谔方程的可能解。利用式(6.10a)，由式(6.7)得到晶体内部($z<0$)虚数 κ 的电子波函数

$$\psi_{\mathrm{i}}'(z \leqslant 0) = F\mathrm{e}^{qz}\left\{\exp\left[\mathrm{i}\left(\frac{\pi}{a}z \pm \delta\right)\right] \mp \exp\left[-\mathrm{i}\left(\frac{\pi}{a}z \pm \delta\right)\right]\right\}\mathrm{e}^{\mp\mathrm{i}\delta} \tag{6.11}$$

其实际上是一个振幅指数衰减驻波[图 6.2(b)]，由式(6.6)和式(6.9)可得到能量本征值

$$E = \frac{\hbar^2}{2m}\left[\left(\frac{\pi}{a}\right)^2 - q^2\right] \pm |\hat{V}|\sqrt{1-\left(\frac{\hbar^2\pi q}{ma|\hat{V}|}\right)^2} \tag{6.12}$$

如果 $0<q<q_{\max}=ma|\hat{V}|\hbar^2\pi$，$E$ 值仍然为实数(根据能量要求)，对于较大的负 z，ψ 不会发散。在 q 范围内由式(6.12)描述 E 与 q 的关系，所有能量落入体电子能带结构的禁带(图 6.3)。

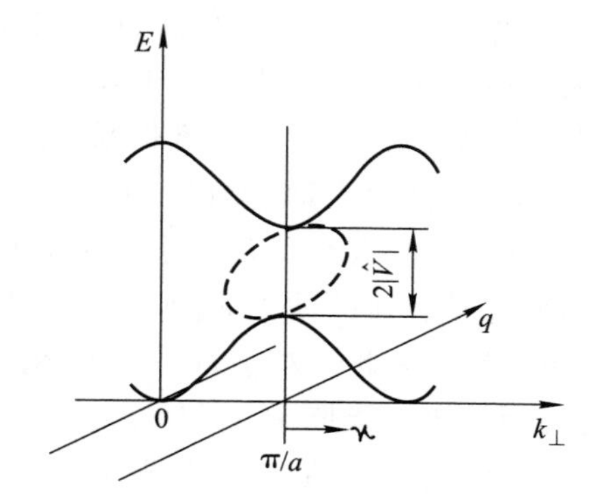

图 6.3　半无限长链的电子能带结构(定性的)。被表面微小扰动的体布洛赫态引起能带 $E(k_\perp)$，能带 $E(k_\perp)$ 在波矢 $k_\perp$ 中具有周期性并与链方向平行，即垂直于表面(实线)。在复波矢 $\pi/a-\mathrm{i}q$(虚线)的体态间发现波函数振幅从表面($z=0$)到块体中($z<0$)呈指数衰减态

式(6.11)并非是表面电子态的通解，由于真空侧波函数，$z>0$ 消失。为了得到表面问题的通解，我们需要把波函数[式(6.11)]与指数衰减的真空解[式(6.8)]匹配起来。波函数及导数的匹配条件为

$$\psi_0(z=0)=\psi'_{\mathrm{i}}(z=0),\qquad \left.\frac{\mathrm{d}\psi_0}{\mathrm{d}z}\right|_{z=0}=\left.\frac{\mathrm{d}\psi'_{\mathrm{i}}}{\mathrm{d}z}\right|_{z=0} \tag{6.13}$$

对于该匹配过程(上述两个公式)，两个自由参数由式(6.13)确定：能量本征值 E 及式(6.8)和式(6.11)中的波函数振幅比 D/F。图 6.2(b)定性示出了电子表面态的波函数。在远离表面时，电子表面态的振幅在 $\pm z$ 处消失。实际上，这些态中的电子被限制在几埃的表面。匹配条件[式(6.13)]另一重要结果是对 E 容许值的限制。体禁带能隙(图 6.3)中的一系列 E 值，只有一个单能级 E 是根据要求固定的[式(6.13)]。因此，半无限长链目前的计算产生体态带隙内的单电子表面态。

6.2 三维晶体表面态及其带电特征

6.2.1 本征表面态

直接将一维无限长链的结果推广到三维晶体的二维表面过于简单。由于平行表面的二维平移对称性，表面态波函数的一般形式在平行于表面坐标 $\boldsymbol{r}_{\parallel}$ 中为布洛赫式(6.1)，$\boldsymbol{r}_{\parallel}$ 的变化经因子 $\exp(\mathrm{i}\boldsymbol{k}_{\parallel}\cdot\boldsymbol{r}_{\parallel})$ 进入，能量随着 $\hbar^2k_{\parallel}^2/2m$ 项的增大而增加。因此，能量本征值[式(6.12)]变为 $k_{\perp}=\pi/a-\mathrm{i}q$ 和平行于表面的波矢 $\boldsymbol{k}_{\parallel}$ 的函数。对于每个 $\boldsymbol{k}_{\parallel}$，匹配条件式(6.13) 因此也必须满足，对于每个 $\boldsymbol{k}_{\parallel}$，可获得表面态单一而不同的能级。于是，我们得出一个电子表面能级 E_{ss} 的二维能带结构 $E_{\mathrm{ss}}(\boldsymbol{k}_{\parallel})$。由表面二维倒易 $\boldsymbol{k}_{\parallel}$ 空间定义 $E_{\mathrm{ss}}(\boldsymbol{k}_{\parallel})$ 带。这种描述与表面声子的离散分支(第 5 章)类似。由于体电子态也发生在表面，仅是进行了稍加修正，因此在描绘真实表面态时必须将其考虑在内。

我们通过能级 E_{ss} 和平行于表面的波矢 $\boldsymbol{k}_{\parallel}$ 来描述一个表面态。对于体态，所有的 $\boldsymbol{k}_{\parallel}$ 和 $\boldsymbol{k}_{\perp}$ 都是被允许的。因此，对于每一个 $k_{\parallel}$ 值，$k_{\perp}$ 值杆扩展回到三维体布里渊区。被该杆切断的块体能带在 $E_{\mathrm{ss}}(\boldsymbol{k}_{\parallel})$ 面产生一个体态。因此可以呈现表面态带(图 6.4 的虚线部分)和在特殊的 $E(\boldsymbol{k}_{\parallel})$ 平面中所有体态的投影(图 6.4 的阴影区域)。真实的表面态带由不与体能带简并的能级 E_{ss} 表征。它们位于体能带结构投影间隙。然而，表面态带可以深入到存在扩展体态的表面布里渊区部分(图 6.4 中的短虚线部分)。此时，它们随着体态衰减，可以与体态混合。这样的态将扩展进入体内部，与具有有限 $k_{\perp}$ 的布洛赫态相似，但是在接近表面处保持一个大的振幅。这些态称为表面共振。

下一章对于实际表面态能带的讨论基于如图 6.4 所示的模型。这里能级 E_{ss} 沿着二维布里渊区表面的特殊对称方向 $\boldsymbol{k}_{\parallel}$，对于最重要的晶体结构 fcc、bcc 和 hcp，低指数表面布里渊区与其对应块材的关系已经被认为与表面声子

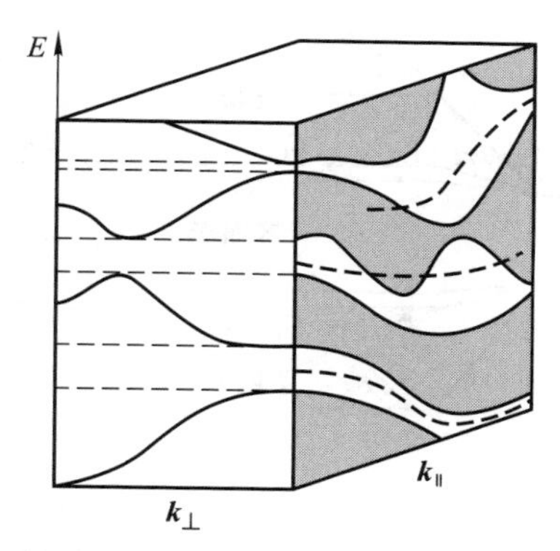

图 6.4　晶体电子能带结构示意图。位于 $E(\boldsymbol{k}_\parallel)$ 平面阴影区域描述投影的体能带结构（沿 $\boldsymbol{k}_\perp$ 方向）。$E(\boldsymbol{k}_\parallel)$ 平面的虚线表示位于体能带结构投影间隙的表面态带和随着体态（短虚线）衰减的表面共振态

色散有关（图 5.5~图 5.7）。特殊表面的体布里渊区投影对于证实是否有一个特殊的态陷入体能带结构带隙是很有用的。

到目前为止，我们在近自由电子模型架构中讨论了理想、洁净表面上表面态的存在。由于历史的原因，一些表面态常称为 Schockley 态[6.5]，也可以处理来自紧束缚电子的极限状态的电子表面态存在的问题。这种近似计算依据 Tamm 提出的原子本征态的线性组合波函数[6.6]，其结果称为 Tamm 态，不同项之间没有实际物理差别，只是数学方法不同。不同于体态能量的电子表面态的存在，在紧束缚电子图片中很容易看到[原子轨道线性组合（linear combination of atomic orbitals，LCAO）]。对于最上层表面原子，其一侧可用于成键的总量减少，这意味着它们的波函数与邻近原子的波函数具有较少的重叠。因此，表面处的原子能级的分裂和转移比体内要小（图 6.5）。在化学成键和产生体电子带中涉及的每一个原子轨道也会引起一个表面态能级。由表面造成的微扰越强，来自体电子带的表面能级偏差越大。当一个特殊的轨道起化学键合作用时，例如 Si 或 Ge 中 sp^3 杂化受到非常强的表面影响，键被打破，轨道上剩余的键将从表面伸出，称为悬挂键。这些态的能级会明显从体值中转移。

除了这些悬挂键态外还存在其他种类的态，有时称为反向键态，这与最上层间的化学键的表面修正有关。因此，由于表面的存在，化学键微扰不受第一层原子的限制。然而，反向键一般要比悬挂键受到的干扰小，并且相应的表面态能级相对体态偏移小。

由图 6.5 可以清楚地看到较高能量表面态（源于原子级 B）具有导带的特性，然而，由半导体价带分裂出来的较低能级更具价带性。由导带和价带波函数得到相应的表面态波函数，该函数在没有表面时对体态具有贡献。因此，表

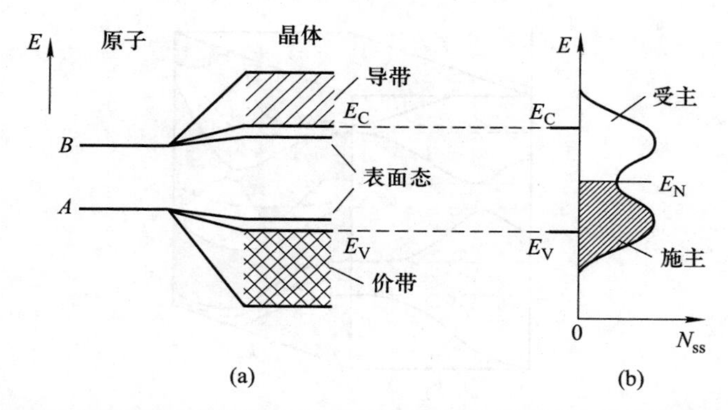

图 6.5　紧束缚图中表面态起源的定性分析：(a) 分别来源于体价带和导带的两原子级 A 和 B。可以与表面原子成键的要少于体原子，因此产生与自由原子能级更接近的电子能级，即表面态级从体能带中被分离。与其起源相关，这些态具有受主和施主电荷特性。(b) 这些具有二维表面周期性(本征的)表面态多数在二维倒易空间显现出色散，这导致了表面态密度 N_{ss} 的更宽能带

面态的带电特征也反映出相应的体相态的带电特征。如果所有的导带态为空并且所有的价带都被电子占据，这样的半导体显现为中性，当价带态未被占满时就会带电。因此，源于导带的表面态具有如下带电特征：

中性(空的)↔负(具有电子)

反之，源于价带的表面态具有如下特性：

正(空的)↔中性(具有电子)

按照浅层体杂质定义，我们将第一种类型的态称为受主型态，第二种类型的态称为施主型态。

如图 6.5 中所描述的，表面态的一种类型源于导带，另一种源于价带，只是两种极限情况。多数表面态受到价带和导带的波函数共同影响。于是，它们的带电特征与导带和价带的贡献有关。其特性为受主还是施主由带隙中的位置决定(是接近于价带还是接近于导带)。

既然这些本征表面态具有与表面平行的 $\boldsymbol{k}_{\parallel}$ 矢量的布洛赫波特性[式(6.1)]，它们在表面格子的二维倒易空间形成电子能带，并且在 $\boldsymbol{k}_{\parallel}$ 空间显现色散，因此，尖锐的表面态级[图 6.5(a)]展宽到更加扩展的表面态分布[图 6.5(b)]。由于它们不同的电荷特征，上部越具有受主特性，下部越具有施主特性，存在一个中性能级 E_N 使态的受主特性转变为施主特性。有时，尤其是与薛定谔边界条件和半导体异质结构(第 8 章)有关的电中性能级称为分支点能 E_B。当表面态在 E_N 恰好被电子占满并且 E_N 以上为空时，表面态带为中性，总的态不带电。当我们考虑半导体表面空间电荷区域时，需考虑该条件(7.5 节)。

图 6.5 描述的例子为离子材料，例如 GaAs(Ⅲ－Ⅴ化合物)，分别由 As 和 Ga 波函数推导出体原子价带和导带。因此，由 As 得到的表面态具有更多的施主特性，而由 Ga 得到的表面态更具有受主特性。

6.2.2 非本征表面态

迄今为止，关于表面态的讨论都是关于二维平移对称清洁有序的晶体表面。这些态称为本征表面态，包含由于弛豫和重构产生的态。由于二维表面的平移对称，这些本征表面态构成二维倒易空间的电子能带结构。

除这些态之外，还有其他与缺陷有关的电子态聚集在表面或界面处。由于周围原子几何键合的改变造成表面原子缺失，引起电子表面态光谱的改变。特别是对于具有部分离子键的晶体，很容易发生表面原子缺失，例如离子影响周围电子结构。如果 ZnO 中在最高原子层的负离子 O^- 缺失，在表面附近的有限区域内会包含更多的正电荷，因为 Zn^+离子比表面其他区域多。这提高了作为电子陷阱的缺陷附近的正电荷。也就是说，缺失的负表面离子与局部电子缺陷态有关，这个缺陷态可以被电子占据，它的带电特征表现为受主型。同样的行为也出现在Ⅲ－Ⅴ族化合物。GaAs 表面 As 原子缺失与作为受主的非本征电子表面态有关(8.4 节)。

同样的原因可以应用在线缺陷上。位于非理想表面梯度边缘的原子与位于未受扰动表面的原子具有不相同的环境。由于通常在原子梯度的化学键要比理想表面平整部分的化学键受到更多的破坏，在原子梯度边缘的原子时常具有更多的悬挂键轨道，导致形成一个与阶梯原子有关的新型表面态。与之前讨论的本征态形成对比，缺陷衍生态没有表现出平行于表面的二维平移对称。当然，其波函数局限在缺陷附近，例如近表平面处。在线性梯度情况下，可能会出现沿着该梯度方向的平移对称。然而，本征表面态与完美表面相关，当前的非本征表面态仅由于理想表面的扰动而发生。

非本征表面态也可由吸附原子产生。吸附造成表面附近的化学键改变，因此影响本征表面态的分布。另外，在化学吸附原子或分子与表面间的成键与反成键轨道构成新电子态。因为化学吸附原子或分子可以构成具有平移对称的二维格子，非本征电子表面态可能形成二维能带结构 $E_{ss}(\boldsymbol{k}_{\parallel})$，与本征表面态类似。关于表面吸附过程的问题将会在第 9 章中更详细地讨论。

6.3 光电发射理论

6.3.1 概述

光电子谱研究是目前获取电子表面占据态信息最重要和最广泛使用的实验

技术[6.7, 6.8]。实验以光电效应为基础[6.9]。固体表面被单能光子辐射，发射电子可通过其动能进行分析。当利用的光子位于紫外光谱范围内时，这种技术称为紫外光电子能谱法(ultraviolet photoemission spectroscopy, UPS)；使用X射线辐射称为X射线光电子谱法(X-ray photoemission spectroscopy, XPS)或化学分析电子能谱法(electron spectroscopy for chemical analysis, ESCA)。用同步辐射可以覆盖从近紫外到远X射线的整个光谱范围。

利用角度积分电子分析仪可以得到倒易空间大部分的积分信息，例如获得电子占据态的浓度。为了研究块体和表面态的电子能带 $E(\boldsymbol{k})$ 和 $E(\boldsymbol{k}_{\parallel})$ 的分布，必须测定电子波矢量。除动能以外，还需要知道发射方向，可以通过小孔径角能量分析仪来测定，这种方式称为角分辨紫外光电子能谱法(angle-resolved ultraviolet photoemission spectroscopy, ARUPS)。ARUPS实验中重要的几何参数如图6.6(a)所示。光子(能量为 $\hbar\omega$)入射角 α、它们的极化和入射面决定关于晶格光激发电磁波的电场方向和矢量势 $\boldsymbol{A}$。发射电子的波矢 $\boldsymbol{k}^{ex}$ 由其大小决定

$$k^{ex} = (2mE_{kin}/\hbar^2)^{1/2} \tag{6.14}$$

其中，E_{kin} 为发射角 ϕ 和 Θ 方向的发射电子的动能。

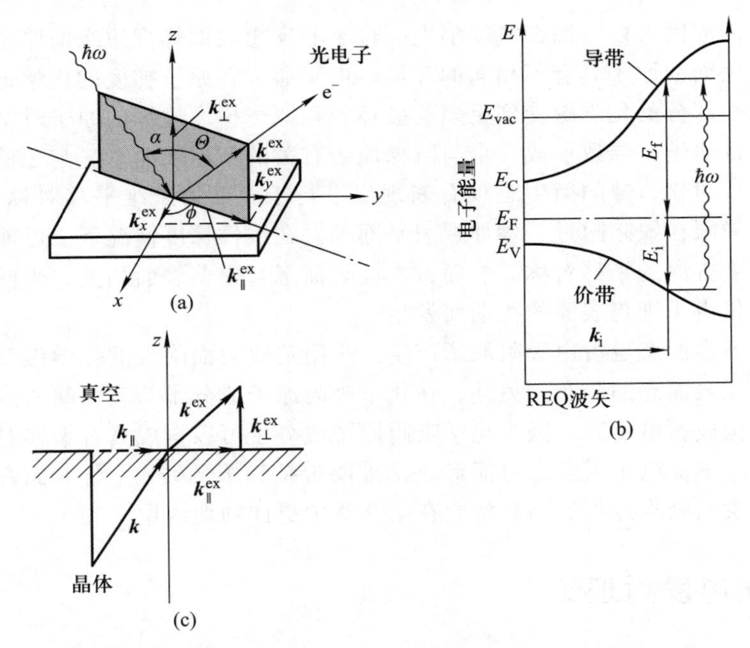

图6.6 光电效应实验描述：(a)入射光子的角度、波矢($\hbar\omega$)和发射电子 e^-；(b)半导体电子能带 $E(\boldsymbol{k})$ 中的光激发过程；只考虑直接转变 $\boldsymbol{k}_i \simeq \boldsymbol{k}_f$；能量的初始态($E_i$)和最终态($E_f$)与费米能级 E_F 有关；(c)当发射电子通过表面时(平行于表面)，波矢分量 $\boldsymbol{k}_{\parallel}$ 守恒

光子发射过程的严格理论方法需要用该完全相干过程的量子力学来处理，这一过程中电子从固态中的一个占据态迁移并沉积在检测器。这种处理光电效应的理论方法类似一步法[6.9–6.11]。三步模型是一种较简单的、具有指导性的、但不十分精确的方法，在这种方法中，光电效应过程分为3个独立阶段[6.12–6.14]：

（1）晶体中的电子从初始电子态到最终电子态的光激发[图6.6(b)]。

（2）受激发电子向表面传输。

（3）从固体到真空电子的发射。电子横向通过表面[图6.6(c)]。

一样情况下，这3个步骤彼此并不相关。例如严格来说，最终态波函数必须看作激发态波函数和来自邻近原子散射波的结合。在SEXAFS理论中，这些效应是非常重要的(第3章附录Ⅶ)。在三步模型中，以上3个贡献的独立处理产生了发射电子光电效应电流中相应概率的简单因式分解。

第一步中的电子的光激发由光激发黄金法则跃迁概率简单描述

$$W_{\mathrm{fi}} = \frac{2\pi}{\hbar}|\langle f, \boldsymbol{k}|\mathscr{H}|\mathrm{i}, \boldsymbol{k}\rangle|^2\delta[E_{\mathrm{f}}(\boldsymbol{k}) - E_{\mathrm{i}}(\boldsymbol{k}) - \hbar\omega]$$
$$= (2\pi/\hbar)m_{\mathrm{fi}}\delta(E_{\mathrm{f}} - E_{\mathrm{i}} - \hbar\omega) \tag{6.15}$$

在第一近似中，$\boldsymbol{k}$值基本保持不变的直接跃迁在初始布洛赫态$|\mathrm{i}, \boldsymbol{k}\rangle$与最终布洛赫态$\langle \mathrm{f}, \boldsymbol{k}|$间考虑。微扰$\mathscr{H}$由动量$\boldsymbol{p}$和电磁波矢量势$\boldsymbol{A}$给出(偶极子近似)

$$\mathscr{H} = \frac{e}{2m}(\boldsymbol{A}\cdot\boldsymbol{p} + \boldsymbol{p}\cdot\boldsymbol{A}) \simeq \frac{e}{m}\boldsymbol{A}\cdot\boldsymbol{p} \tag{6.16}$$

$\boldsymbol{B} = \mathrm{curl}\ \boldsymbol{A}$，$\varepsilon = -\dot{\boldsymbol{A}}$。在式(6.16)中，$\boldsymbol{A}$可认为与$\boldsymbol{p}$对易，由于在长波长极限(在UPS中，$\lambda>100$ Å)，$\boldsymbol{A}$几乎为常数。式(6.15)中的δ函数表征电子由$E_{\mathrm{i}}(\boldsymbol{k})$态到$E_{\mathrm{f}}(\boldsymbol{k})$态电子能带结构的能量守恒。此时，我们考虑体能带$E_{\mathrm{i}}(\boldsymbol{k})$和$E_{\mathrm{f}}(\boldsymbol{k})$间的激发过程。随后将简单解释引起表面态能带间出现激发的原因。

在处于真空层的固体外仅能检测到能量高于真空能量E_{vac}[图6.6(b)]的电子，并且该电子最终态的$\boldsymbol{k}$矢量由表面指向外部，即$k_{\perp}>0$。

指向表面且具有能量E，$\boldsymbol{k}$附近波矢的内部电子密度因此为($k_{\perp}>0$)

$$I^{\mathrm{int}}(E, \hbar\omega, \boldsymbol{k}) \propto \sum_{\mathrm{fi}} m_{\mathrm{fi}} f(E_{\mathrm{i}})\delta[E_{\mathrm{f}}(\boldsymbol{k}) - E_{\mathrm{i}}(\boldsymbol{k}) - \hbar\omega]\delta[E - E_{\mathrm{f}}(\boldsymbol{k})] \tag{6.17}$$

对于能量E处的检测(其中包含电子分析仪窗口校正)，最终态能量$E_{\mathrm{f}}(\boldsymbol{k})$必须与$E$相等。$f(E_{\mathrm{i}})$为费米分布函数，确保能量为$E_{\mathrm{i}}$的初始态被占据。

三步模型中的第二步是式(6.17)中描述的电子向表面的传输。大多数电子经历非弹性散射。通过电子–等离子体激元和电子–声子散射，损失了部分电子能量E_{f}(或E)。在色散谱中，一些对背底有贡献的电子称为真实二次背底，它们失去了初始能级 E_i 的信息(图 6.6)。电子在无非弹性散射情况下到达表面的概率可由平均自由程 λ 给出。一般情况下，λ 取决于能量 E、电子波矢 $\boldsymbol{k}$ 和特殊结晶方向。因此，到表面的传播可利用与平均自由程成比例的传输概率 $D(E, \boldsymbol{k})$ 简单地来描述

$$D(E, \boldsymbol{k}) \propto \lambda(E, \boldsymbol{k}) \tag{6.18}$$

这是传播到表面的第二步，使得光电效应成为表面敏感技术。λ 值在 5~20 Å 之间(图 4.1)，因此限制了该空间区域的信息深度。

第三步，通过表面的光激发电子的透射可看作来自于在平行表面方向具有平移对称表面原子势的布洛赫电子波的散射。当全面探讨通过表面的透射经内部布洛赫波函数与真空层外侧的自由电子波函数(LEED 问题，4.4 节)的匹配时，可得到同样的结论。在任何情况下，由于二维平移对称，电子通过表面进入真空的透射要求平行于表面的波矢分量守恒[图 6.6(c)]

$$\boldsymbol{k}_{\parallel}^{\mathrm{ex}} = \boldsymbol{k}_{\parallel} + \boldsymbol{G}_{\parallel} \tag{6.19}$$

其中，$\boldsymbol{k}$ 为晶体内部电子的波矢。垂直于表面的分量 $\boldsymbol{k}_{\perp}$ 在穿透表面过程中不再守恒。对于真空层的外部电子，$k_{\parallel}^{\mathrm{ex}}$ 值由能量守恒条件决定

$$E_{\mathrm{kin}} = \frac{\hbar^2 k^{\mathrm{ex}2}}{2m} = \frac{\hbar^2}{2m}(k_{\perp}^{\mathrm{ex}2} + k_{\parallel}^{\mathrm{ex}2}) = E_{\mathrm{f}} - E_{\mathrm{vac}} \tag{6.20}$$

以 $\phi = E_{\mathrm{vac}} - E_{\mathrm{F}}$ 作为功函数，参考费米能级 E_{F}，E_{B} 作为(正)结合能，可以得到

$$\hbar\omega = E_{\mathrm{f}} - E_{\mathrm{i}} = E_{\mathrm{kin}} + \phi + E_{\mathrm{B}} \tag{6.21}$$

波矢分量平行于表面，并指向晶体外部[由式(6.20)、式(6.21)]。这取决于实验参数

$$k_{\parallel}^{\mathrm{ex}} = \sqrt{\frac{2m}{\hbar^2}}\sqrt{\hbar\omega - E_{\mathrm{B}} - \phi}\ \sin\Theta = \sqrt{\frac{2m}{\hbar^2}E_{\mathrm{kin}}}\ \sin\Theta \tag{6.22}$$

因此根据式(6.19)直接获得内部波矢分量 $k_{\parallel}$。

另一方面，由于内部微观表面电势 V_0，晶体内部电子的波矢分量 $k_{\perp}$ 在穿透表面时被改变。外部分量由能量守恒确定，根据式(6.20)

$$k_{\parallel}^{\mathrm{ex}} = \sqrt{\frac{2m}{\hbar^2}E_{\mathrm{kin}} - (\boldsymbol{k}_{\parallel} + \boldsymbol{G}_{\parallel})^2} = \sqrt{\frac{2m}{\hbar^2}E_{\mathrm{kin}}}\ \cos\Theta \tag{6.23}$$

然而，如果对于能量高于 E_{vac} 的电子能带结构和内部微观电势 V_0(通常尚不清楚)没有细致了解，就无法获得关于内部波矢分量 $\boldsymbol{k}_{\perp}$ 的信息。

按照式(6.19)第三阶段，通过表面的透射可由透射率描述

$$T(E, \boldsymbol{k})\delta(\boldsymbol{k}_{\parallel} + \boldsymbol{G}_{\parallel} - \boldsymbol{k}_{\parallel}^{\mathrm{ex}}) \tag{6.24}$$

最简单的方式可以假设 $T(E, \boldsymbol{k})$ 为常数，$R \leqslant 1$

$$T(E, \boldsymbol{k}) = \begin{cases} 0, & k_{\perp}^{\mathrm{ex}^2} = \dfrac{2m}{\hbar^2}(E_{\mathrm{f}} - E_{\mathrm{vac}}) - (\boldsymbol{k}_{\parallel} + \boldsymbol{G}_{\parallel})^2 < 0 \\ R, & k_{\perp}^{\mathrm{ex}^2} = \dfrac{2m}{\hbar^2}(E_{\mathrm{f}} - E_{\mathrm{vac}}) - (\boldsymbol{k}_{\parallel} + \boldsymbol{G}_{\parallel})^2 > 0 \end{cases} \tag{6.25}$$

式(6.25)中，$T(E, \boldsymbol{k})$考虑仅具有正波矢分量 $k_{\perp}^{\mathrm{ex}}$的电子才能在光电效应实验中观测到；其他电子无法到达晶体表面的真空层而在内部被反射，因为其激活能无法克服表面势垒。

将式(6.15)、式(6.17)、式(6.18)、式(6.24)、式(6.25)结合在一起得到三步模型中可观测的(外部的)放射电流公式

$$\begin{aligned} I^{\mathrm{ex}}(E, \hbar\omega, \boldsymbol{k}_{\parallel}^{\mathrm{ex}}) &= I^{\mathrm{int}}(E, \hbar\omega, \boldsymbol{k}) D(E, \boldsymbol{k}) T(E, \boldsymbol{k}) \delta(\boldsymbol{k}_{\parallel} + \boldsymbol{G}_{\parallel} - \boldsymbol{k}_{\parallel}^{\mathrm{ex}}) \\ &\propto \sum_{\mathrm{f,\ i}} m_{\mathrm{fi}} f(E_{\mathrm{i}}(\boldsymbol{k})) \delta[E_{\mathrm{f}}(\boldsymbol{k}) - E_{\mathrm{i}}(\boldsymbol{k}) - \hbar\omega] \delta[E - E_{\mathrm{f}}(\boldsymbol{k})] \times \\ &\quad \delta(\boldsymbol{k}_{\parallel} + \boldsymbol{G}_{\parallel} - \boldsymbol{k}_{\parallel}^{\mathrm{ex}}) D(E, \boldsymbol{k}) T(E, \boldsymbol{k}_{\parallel}) \end{aligned} \tag{6.26}$$

随后的讨论会揭示光电效应光谱中所能获取的信息。

6.3.2 角积分的光电发射

如果在光电发射实验中使用电子能量分析仪，这种设备接受(理想情况下)在超过样品表面整个半空间内的电子，然后总光电流包含每一个可能 $\boldsymbol{k}_{\parallel}$ 的贡献。通过使用减速电场分析仪，这样的角度积分测量可以取得很好的近似(第 4 章附录 Ⅷ)。测量的总光电流通过式(6.26)对 $\boldsymbol{k}_{\parallel}^{\mathrm{ex}}$ 积分获得。在式(6.22)、式(6.23)的限制下，即 $\boldsymbol{k}_{\parallel}$ 的守恒和通过能量守恒确定 $k_{\perp}$，$\boldsymbol{k}_{\parallel}^{\mathrm{ex}}$ 积分可以转换成在整个 $\boldsymbol{k}$ 空间的积分，例如

$$\tilde{I}^{\mathrm{ex}}(E, \hbar\omega) \propto \int_{\text{半球}} I^{\mathrm{ex}}(E, \hbar\omega, \boldsymbol{k}_{\parallel}^{\mathrm{ex}}) \mathrm{d}\boldsymbol{k}^{\mathrm{ex}} \tag{6.27a}$$

积分取消了 $\delta(\boldsymbol{k}_{\parallel} + \boldsymbol{G}_{\parallel} - \boldsymbol{k}_{\parallel}^{\mathrm{ex}})$ 函数，并且假设矩阵因子 m_{fi} 在 $\boldsymbol{k}$ 空间中为缓慢变化的函数，得出外部总发射电流的表达式

$$\tilde{I}^{\mathrm{ex}}(E, \hbar\omega) \propto \sum_{\mathrm{fi}} m_{\mathrm{fi}} \int \mathrm{d}\boldsymbol{k} f(E_{\mathrm{i}}(k)) \delta[E_{\mathrm{f}}(\boldsymbol{k}) - E_{\mathrm{i}}(\boldsymbol{k}) - \hbar\omega] \delta[E - E_{\mathrm{f}}(\boldsymbol{k})] \tag{6.27b}$$

这个表达式包含了所有可能的方法，在能量和波矢守恒限制下，一个电子可以从占据能带 $E_{\mathrm{i}}(\boldsymbol{k})$ 激发到 $E_{\mathrm{f}}(\boldsymbol{k})$。$\delta[E-E_{\mathrm{f}}(\boldsymbol{k})]$ 仅选择其能量 E_{f} 与检测能量 E 相符的最终态。因此，电流与终态能量为 E 的态的联合密度成比例。获得的信息与光学吸收实验相似，但是最终态分布通过 $\delta[E-E_{\mathrm{f}}(\boldsymbol{k})]$ 进入。

当使用较低光子能量时，在 UPS 而不是 XPS 中可以达到的最终态可能会有一个相当大的结构态密度，使光发射电流 $\tilde{I}^{\mathrm{ex}}$[式 6.27(a)、式 6.27(b)]随着光子能变化而发生强烈的改变。另一方面，在 XPS 中光子能非常的高，并

且最终态准连续分布。光电流对光子能的变化变得相对不敏感。获得的结构很大程度上由初始态 $E_i(\boldsymbol{k})$ 的分布决定。角积分(或非积分)UPS 和 XPS 对于指纹图谱技术非常有用，通过分子轨道的特征发射线来鉴定吸附种类(图 6.7)[6.15]。

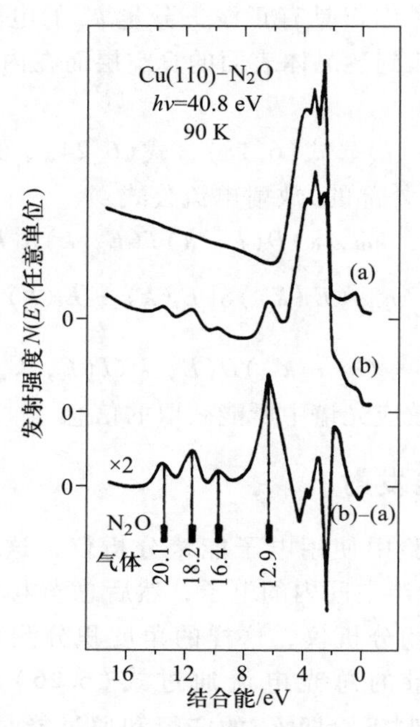

图 6.7 (a) 清洁 Cu(110)面在 90 K 下的 He Ⅱ UPS 光谱；(b) 暴露于 1 L 的 N_2O 气体之后的光谱。被标记的放大 2 倍的差值曲线(b)-(a)为 N_2O 气体的垂直电离能(真空级别)[6.15]

6.3.3 体与表面态发射

根据式(6.19)、式(6.22)外部确定的波矢分量 $\boldsymbol{k}_{\parallel}^{\mathrm{ex}}$ 直接提供内分量 $\boldsymbol{k}_{\parallel}$。对于表面态能带的二维能带或常规吸附的分子的电子态，这是充分的。所有关于态的波矢信息已经给出。与由层状结构(石墨、$TaSe_2$ 等)组成准二维晶体是一样的。当使用 ARUPS 来测定体电子态的三维能带结构时，此时会遇到确定固体内部 $\boldsymbol{k}_{\perp}$ 分量的问题。由于 $\boldsymbol{k}_{\perp}$ 是不守恒的，$k_{\perp}^{\mathrm{ex}}$ 外测量值[式(6.23)]并没有产生相关信息。已经有一些方法用来解决这一问题。我们可以测量平行发射[图 6.5(a)中 $\Theta=0$]的多种光子能量的光电发射谱，因此消去平行于表面的波矢 $\boldsymbol{k}_{\parallel}$，$\boldsymbol{k}_{\parallel}^{\mathrm{ex}}$。在晶体内和外的波矢分量 $k_{\perp}^{\mathrm{ex}}$ 和 $k_{\perp}$ 通过能量守恒与内电势 V_0 是相关的。作为简单近似，有时可以假设最终态的自由电子抛物线

$$E_f(k_\perp) \simeq \hbar^2 \frac{k_\perp^2}{2m^*} \tag{6.28}$$

真空中，电子的动能由以下公式得出：

$$E_{kin} = \hbar^2 \frac{k_\perp^{ex2}}{2m} = \frac{\hbar^2 k_\perp^2}{2m^*} + V_0 \tag{6.29}$$

内电势的进一步假设，例如 muffin-tin 电势零点，由实测外值 E_{kin}和 $k_\perp^{ex} = k^{ex}$明确确定 $E_i(k_\perp)$。如果能带结构计算有效，可以使用理论最终态能带 $E_f(\boldsymbol{k})$取代式(6.28)，从测量的 $k_\perp^{ex}$数据来计算 $k_\perp$内值。在试错过程中可以对逐步改进的理论能带结构进行比较，包括 $E_i(\boldsymbol{k})$和 $E_f(\boldsymbol{k})$。

$k_\perp$的确定还有另一个直接的实验方法，以图 6.8[6.16]所示的清洁 Au 表面为例。为了确定沿对称线的电子能带结构 $E(\boldsymbol{k})$，沿着 ΓL 方向[图 6.8(b)]测量垂直于 Au(111)面的角分辨光电发射谱。由于 $\boldsymbol{k}_\parallel(\simeq 0)$守恒只有垂直(111)面的波矢描述的态，也就是在 ΓL 方向，对源于 Au(111)的垂直光电发射有贡献。因此，可以从 Au(111) 上测量的光谱[图 6.8(a)]中得到 $\boldsymbol{k}$ 空间的指向矢，还可以得到内波矢的精确长度。如果源于另一晶体表面的 ARUPS 测量，例如 Au(112)面，在相对于[112]不同的极角 Θ 下进行[图 6.8(a)]，我们也许能够分辨沿[111]垂直测量光谱中同样的发射能带。在图 6.8(a)中，$\Theta = 25°$的光谱与 Au[111]上的上光谱类似。从实测结合能 E_B，可以计算 Au(112)的功函数 ϕ、角度 Θ 和相应的波矢 $\boldsymbol{k}_{112}^{ex}$，按照式(6.22)还可以得到 $\boldsymbol{k}_{112}^{ex}$的平行分量 $\boldsymbol{k}_{112,\parallel}^{ex}$，它与内波矢 $\boldsymbol{k}_{112,\parallel}$ 完全相同。将 $\boldsymbol{k}_{112,\parallel}$ 投影到 ΓL 方向[图 6.8(b)]后可以得到 $\boldsymbol{k}$ 空间终态的位置，例如波矢 $\boldsymbol{k}_{111,\perp}$[图 6.8(b)中 1.94 ± 0.11 Å^{-1}]。

虽然二维能带结构的研究是非常简单的，只要 $\boldsymbol{k}_\parallel$确定，但这里的问题是区分光电发射谱中块体和表面发射能带。4 个准则可以帮助我们确定特殊能带是否由表面态引起，即由于定位于表面的二维能带结构 $E_i(\boldsymbol{k}_\parallel)$。

(1) 由于表面态发射不存在确定的 $k_\perp$，对光能量的任一可能的选择必须满足式(6.22)，即用不同的光子能量获得同样的色散 $E_i(\boldsymbol{k}_\parallel)$。

(2) 测量法向发射时，平行分量 $k_\parallel^{ex}$和 $k_\parallel$ 消失。对于从表面态能带 $E_{ss}(\boldsymbol{k}_\parallel)$发射能带结构只在 Γ 点($k_\parallel = 0$)有贡献，不依赖于使用的光子能量。因此，一个表面发射能带在不同声子能量的光谱中发生在相同的能量。相反，期望体发射能带随着光子能改变而在激活位置发生改变。

(3) 一个来自实表面态的发射能带必将会落入体带隙中。因此，如果测量的 $E(\boldsymbol{k}_\parallel)$图没有随着投影的体能带结构而衰减(图 6.4)，这意味着表面态发射。

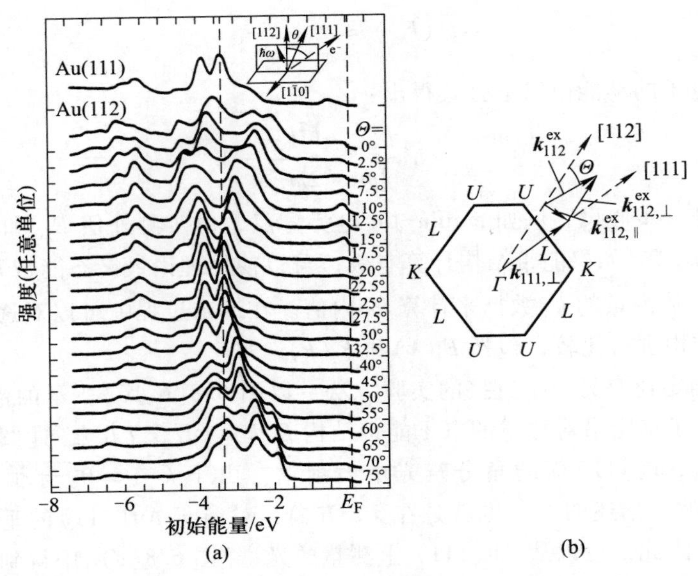

图 6.8 (a) 来自 Au(111)的垂直 ARUPS 光电发射谱和在 Au(112)不同极发射角 Θ(含义在插图中)获得的一系列光谱，光子能量 $\hbar\omega$ 为 16.85 eV；(b) 沿(a)发射方向穿过布里渊区域。波矢分量 $\boldsymbol{k}_{112,\parallel}$ 在 TL 方向上的投影，产生波矢 $\boldsymbol{k}_{111,\perp}$，即 $\boldsymbol{k}$ 空间中最终态的位置[6.11]

(4) 与表面态形成对比，体态并不受表面处理的影响。如果一个洁净表面的发射能带在气体吸附后消失，可能是源于表面态。但是使用这个规则时要十分注意，这是因为吸附也许会改变电子穿过表面时的透射条件(由于空间电荷层)。

6.3.4 初始态的对称性和选择定则

按照式(6.15)、式(6.16)，ARUPS 中的光电流由下列公式中的矩阵元决定：

$$m_{fi} = \langle \mathrm{f},\ k \mid \frac{e}{m}\boldsymbol{A}\cdot\boldsymbol{p} \mid \mathrm{i},\ \boldsymbol{k}\rangle \tag{6.30}$$

其中，$\boldsymbol{A}$ 为入射紫外光或 X 射线的电势矢量，$\boldsymbol{p}$ 为动量($\boldsymbol{p}=\hbar\nabla/\mathrm{i}$)。考虑到特殊的实验构型和涉及的电子态的对称，可以导出特殊初始态 $|\mathrm{i},\ \boldsymbol{k}\rangle$ 可观测性的选择定则。我们假设表面为镜面(图 6.9)，激发光的入射方向和发射电子的检测方向在镜面(yz)内。

初始电子态 $|\mathrm{i},\ \boldsymbol{k}\rangle$ 在镜面反射中可以归类为偶数或奇数，这依据反射时其符号是否变化。最终态波函数必须为偶数，否则处于镜面的探测器将会看到

发射电子的一个节点。我们现在考虑入射激发光的两种可能极化。如果矢量势 $\boldsymbol{A}_1$ 平行于镜面(yz)(图 6.9)，动量算符仅包含 $\partial/\partial y$ 和 $\partial/\partial z$，在镜面反射中为偶数。如果 $\boldsymbol{A}_2$ 垂直于镜面，只有 $\partial/\partial x$(奇数)在式(6.30)中起微扰作用。为了探测极化中的光电发射信号，要求

$$\text{对于 } \boldsymbol{A}_1 \parallel (xy):\ \left\langle \mathrm{f},\ \boldsymbol{k} \left| \frac{\partial}{\partial y} \right| \mathrm{i},\ \boldsymbol{k} \right\rangle \neq 0, \quad \left\langle \mathrm{f},\ \boldsymbol{k} \left| \frac{\partial}{\partial z} \right| \mathrm{i},\ \boldsymbol{k} \right\rangle \neq 0 \tag{6.31a}$$

$\langle \mathrm{f},\ \boldsymbol{k}|$，$\partial/\partial y$，$\partial/\partial z$ 和 $|\mathrm{i},\ \boldsymbol{k}\rangle$ 为偶数

$$\text{对于 } \boldsymbol{A}_2 \perp (yz):\ \left\langle \mathrm{f},\ \boldsymbol{k} \left| \frac{\partial}{\partial x} \right| \mathrm{i},\ \boldsymbol{k} \right\rangle \neq 0 \tag{6.31b}$$

$\langle \mathrm{f},\ \boldsymbol{k}|$ 为偶数，$\partial/\partial x$，$|\mathrm{i},\ \boldsymbol{k}\rangle$ 为奇数。

最终态 $\langle \mathrm{f},\ \boldsymbol{k}|$ 总是为偶数意味着对于 $\boldsymbol{A}_1 \parallel (yz)$，与反射有关的初始态必须为偶数。s 型波函数为初始态，其将会产生一个发射信号，而沿 x 轴取向的 p 型轨道，如图 6.9 所示，在这个实验构型中无法测定。另一方面按照式(6.31b)，当光与垂直于镜面的 $\boldsymbol{A}_2$ 发生偏振时，可以观测到一个奇数初始态。因此，通过测量平面内和垂直于该平面的偏振光表面镜面内的光电流，可以得到初始态的重要性质，称为反射对称性。然而，当自旋轨道耦合时这很重要，

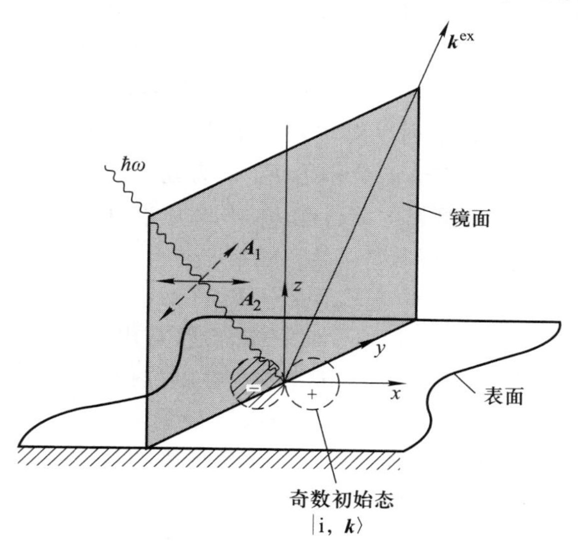

图 6.9　光电发射实验中的对称选择定则。入射光方向($\hbar\omega$)和位于晶体表面的镜面上的发射电子轨迹(波矢为 $\boldsymbol{k}^{\mathrm{ex}}$)。电子从一个关于镜面的奇宇称的初始态 $|\mathrm{i},\ \boldsymbol{k}\rangle$ 发射。由于终态对应镜面必须是偶数，只有垂直于 yz 平面的偏振光 $\boldsymbol{A}_2$(光波的电势矢量)产生一个源于初始态 $|\mathrm{i},\ \boldsymbol{k}\rangle$ 的可测发射

奇数与偶数态混合，并且极化选择法已不再严格有效。ARUPS 中实验构型的恰当选择可以提供关于电子表面态能带对称性(类 s、类 p 或类 d)和吸附质分子轨道的重要信息。

6.3.5 多体方面

目前我们讨论的光电效应实验是针对非相互作用电子系统的单电子态，这样的系统是由 N 个电子组成的一个原子、一个分子或一个晶体，可由一个简单的多电子波函数描述，即

$$\Psi = \phi_1(\boldsymbol{r}_1)\phi_2(\boldsymbol{r}_2)\cdots\phi_N(\boldsymbol{r}_N) \tag{6.32}$$

这是由单电子函数 $\phi_i(\boldsymbol{r}_i)$产生的。相应的非相互作用系统的总能量 E_N 为单电子能量 ϵ_i 的总和

$$E_N = \epsilon_1 + \epsilon_2 + \epsilon_3 + \cdots + \epsilon_N \tag{6.33}$$

电子从能级 ϵ_ν 发射的光电发射实验中，在式(6.21)中测得的结合能 E_{B} 是 N 电子系统的初始总能 E_N 与 $N-1$ 电子系统的 E_{N-1}间的差值

$$E_{\mathrm{B}} = E_N - E_{N-1} = \epsilon_\nu \tag{6.34}$$

这个结合能直接产生单电子态第 ν 个电子的能量。由于电子-电子相互作用不能被忽略，实际上这种描述过于简单化。多体波函数不能通过式(6.32)得到，并且 N 电子系统的总能量 E'_N不仅是式(6.33)中的单电子能量总和。当然，在 Hartree-Fock 处理中，可以定义单电子能级 ϵ'_ν。然而，这些取决于其他($N-1$)个电子是否存在。一个电子从相互作用的 N 电子系统中移走，导致剩下的($N-1$)个电子在新势场中重新排列以对空穴产生响应。($N-1$)电子系统"弛豫"进入最低能级 E'_{N-1}的新多体态。能量差值 E_{R} 称为弛豫能，被传递给光电子，使其出现在更高的动能。即测量的结合能 E_{B} 不仅是单电子能量 ϵ'_ν，而且包含弛豫效应的贡献(或者空穴的屏蔽)

$$E_{\mathrm{B}} = \epsilon'_\nu - E_{\mathrm{R}} \tag{6.35}$$

Hartree-Fock 单电子特征值 ϵ'_ν近似于实测结合能(或电离势)的精度取决于其他电子占有率对特征值的影响。如果这种影响可以忽略，Koopmans 定理成立，即结合能本质上为该态的单电子 Hartree-Fock 能量。

芯能级 X 射线光电发射对一个原子化学环境的特殊灵敏性(例如图 6.10 中，C 原子与 3 个 H 原子成键或是一个 C 原子和两个 O 原子成键)给出光电子谱 XPS 的另外一个名称为 ESCA(化学分析电子能谱法)。近邻化学键的电子排布决定了芯能级的局域静电势，从而影响弛豫能 E_{R} 和光激发芯空穴的屏蔽，如图 6.10 所示。XPS 或 ESCA 可用于指纹技术，通过芯能级的偏移来定位分子中的原子。对于基底上的吸附原子是同样的。

目前为止，我们假设 N 电子系统的弛豫导致新的($N-1$)电子系统的基态。

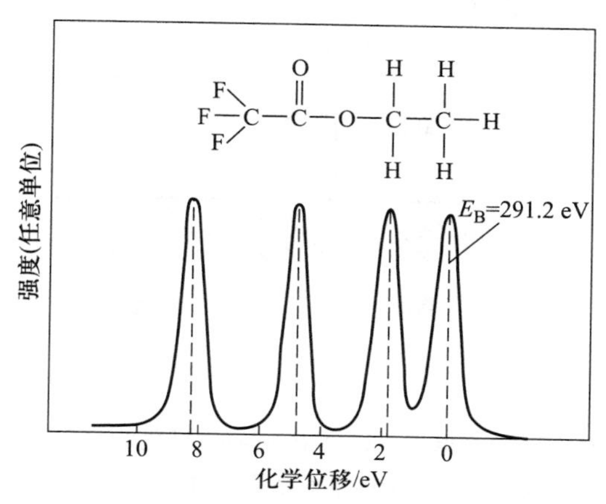

图 6.10　由 $C_2H_5CO_2CF_3$ 分子获得的结合能为 291 eV 的碳芯能级的 X 射线光电子谱(ESCA)。根据分子中碳原子所处的不同化学环境，在芯能级中有微小能量差异(化学位移)。谱线与上面分子中 C 的次序对应[6.17]

然而，弛豫也许是不完全的，从而产生一个($N-1$)电子系统的激发态。取决于周围电子与光激发空穴(处于真空或芯级状态)间的耦合强度，集体激发，例如，声子、等离子体或带内跃迁在弛豫过程中可能会被激发。光发射电子此时仅接受一部分弛豫能量 E_R[式(6.35)]，剩余能量用来激发等离子体、带内跃迁等。光电子在处于与 E_B 不同能量的卫星峰被探测到。这些卫星峰如果没有被辨别为卫星，会使 UPS 和 XPS 光谱分析变得相当复杂。

弛豫有时也称为弛豫/极化效应，目前为止的讨论关注单一多体系统，例如一个原子、一个分子或固体。E_R 相应的位移因此更准确地定义为分子内弛豫位移。当我们考虑吸附在固体表面的一个原子或分子时，来自于该吸附质的电子光激在与自由原子或分子不同的环境中产生一个价电子或一个芯空穴(在 UPS 或 XPS 中)。从 N 电子基态到($N-1$)电子态的弛豫过程涉及在吸附质化学键以及有可能在基底表面的电子。另外，光子激发电子离开吸附表面，并伴随着一个基底内的镜像电荷(也是一个多体屏蔽效应)(图 6.11)。光电子和像之间的相互作用有助于进一步吸附诱导的 E_R 变化，由于吸附引起的 E_R 变化称为分子外弛豫/极化(R/P)位移。实验上，这种分子外 R/P 位移通过比较吸收质和与其对应的气相的光电发射谱来评估(图 6.7)。如果比较相同真空度下的结合能，气相电离势总是超过吸附质结合能 1~3 V(图 6.7)。

除这些最终态效应以外，还有“初始态”效应可能导致特殊价态发射谱线相对于 UPS 中气相谱线的偏移。这些偏移由基底与特殊吸附轨道的相互作用引起。

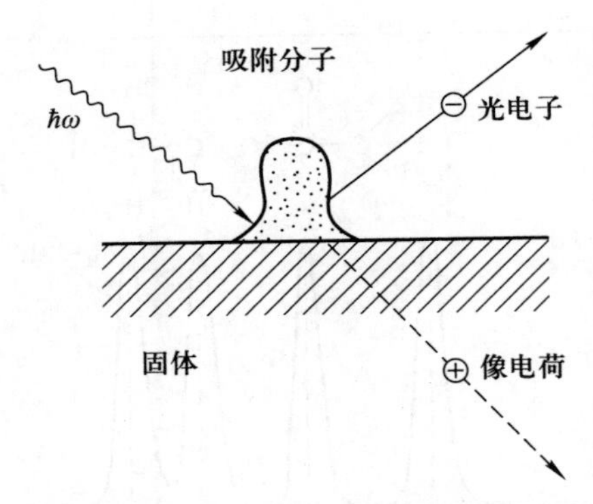

图 6.11　来自吸附分子的光电子发射分子外弛豫/极化的原理图。从吸附分子发射一个电子后，固体基底参与多电子体系的弛豫，并因此产生发射谱线的额外位移。此外，光电子与基底内的镜像电荷相关，其库仑作用也可以改变动能

6.4　一些金属表面态能带结构

历史上，观测到金属上的电子表面态要比半导体表面晚很久。因为 ARUPS 对于特殊态 $\boldsymbol{k}$ 矢量的确定是必要的，用于检测它的能量是否落入体态隙。没有角分辨率时，由于体态积分密度的高背底，金属上的表面态很难被观测到。在半导体中，相对禁带是存在的，位于能隙的表面态对表面电子性质有很大影响(第 7 章)，因此，在实验上容易探测到。

6.4.1　类 s 和类 p 表面态

简单金属例如 Na、Mg 和 Al 具有电子能带结构，与自由电子气体模型非常相似。源于原子的 s 和 p 态的体能带具有近似抛物线的形状。在布里渊区边界和其他自由电子抛物线交叉点附近，带隙产生并显示抛物线形状。因此，基于自由电子模型可以提供表面态理论最简单的形式(或微小修正版本)。通过 ARUPS 测量可获得实验能带结构。图 6.12 所示为垂直发射($\Theta_e=0$)下 Al(100)的光电发射谱，是利用多种光子能量 $\hbar\omega$ 测量得到。图 6.13 所示为在不同探测角度下的测量结果，即使用不同的 $\boldsymbol{k}_\parallel$[6.18]。图 6.12 中尖锐的发射能带 A 本质上不依靠光子能量，但是随着 $\boldsymbol{k}_\parallel$(图 6.13)改变，这是由于表面态发射。图 6.14 示出了依据式(6.22)计算出的其能量位置与 $\boldsymbol{k}_\parallel$ 矢量的函数关系。沿 $\overline{\Gamma M}$ 和 $\overline{\Gamma X}$ 的 Al 基态能带结构的比较清楚地表明光电发射数据落入沿对称谱线的近自由电子态间隙。这表明是一个表面态能带。它是抛物线形状的，与体态的类似，表明这是源于类似自由电子态。该能带从相应的体能带分裂。

相同的体能带，当透射到(101)面时，表现出一个抛物线间隙，并从中发现另一个分裂的表面态能带(黑色数据点)(图 6.15)。在 Al(101)面的 $\boldsymbol{k}_{\parallel}$ 方向沿着布里渊区的 $\overline{\Gamma X}$。

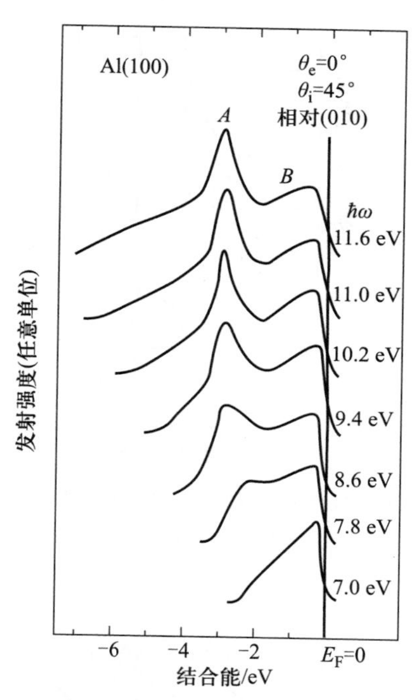

图 6.12　光电子能量在 7 ~ 11.6 eV 之间，垂直于 Al(100)面发射的实验光电发射谱(与[011]方向呈 45°度方向入射)[6.18]

过渡金属 Au[6.21]和 Cu[6.22，6.23]相似的 sp 态衍生的表面态能带是熟知的。在 Cu 中，d 能级被占据并位于费米能级以下 2 eV。这些能级和费米能级之间的体态都是 sp 衍生出的。图 6.16 所示为来自于 Cu(111)面的不同光子能量的垂直发射光电谱[6.22，6.23]。放大 10 倍可见的峰 S 确定是由于表面态。在垂直发射($\boldsymbol{k}_{\parallel}=\mathbf{0}$)，当光子能量变化时，能量位置不会改变。通过改变检测角可以很容易地测量色散 $E(\boldsymbol{k}_{\parallel})$(图 6.17)。图 6.18 所示为利用两种不同光子能量对表面态能带进行测量(参见 6.3.2 节支持表面态发射的讨论)。能带是抛物线形，例如对 sp 衍生态的预期。这些点位于费米能级以下投影体 sp 态的带隙。一个相似的 sp 衍生表面态的抛物线能带在 Cu(110)面二维布里渊区 $\bar{Y}$ 点附近被探测到(图 6.19)。

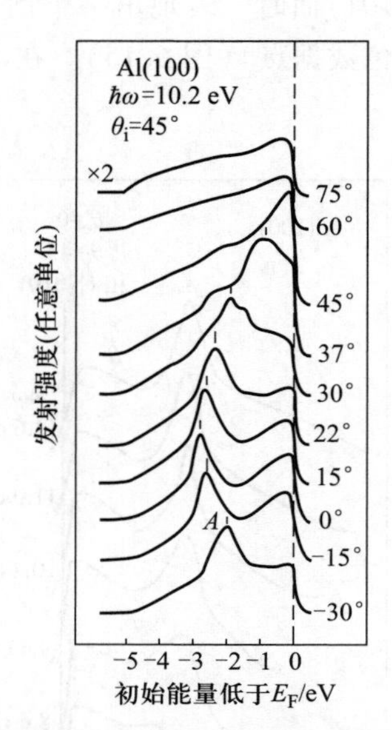

图 6.13 $(01\bar{1})$面不同极性角下的 Al(100)面的光电发射谱，光子能量 $\hbar\omega$ = 10.2 eV(与[011]方向呈 45°方向入射)[6.18]

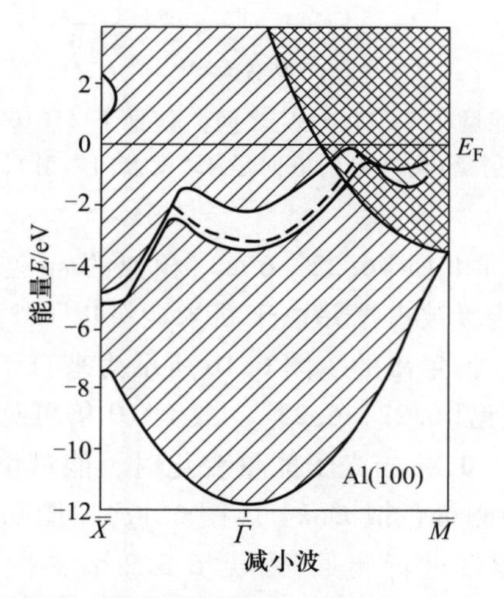

图 6.14 测量的表面态色散(折线[6.18])和 Al(100)投影体能级(阴影区域[6.20])[6.19]

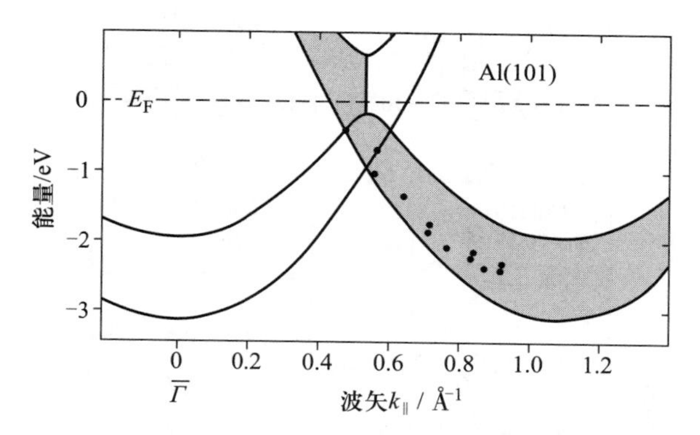

图 6.15 由 ARPUS 获得的 Al(101)面 sp 衍生表面态能带色散。这个数据点落入投影体能带结构的带隙(阴影)[6.18]

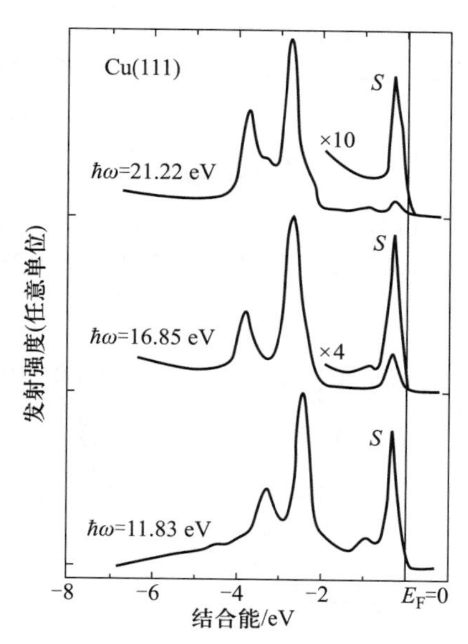

图 6.16 Cu(111)面不同光子能量的垂直发射 ARUPS 数据。尖锐峰 S 是由于表面态能带[6.22, 6.23]

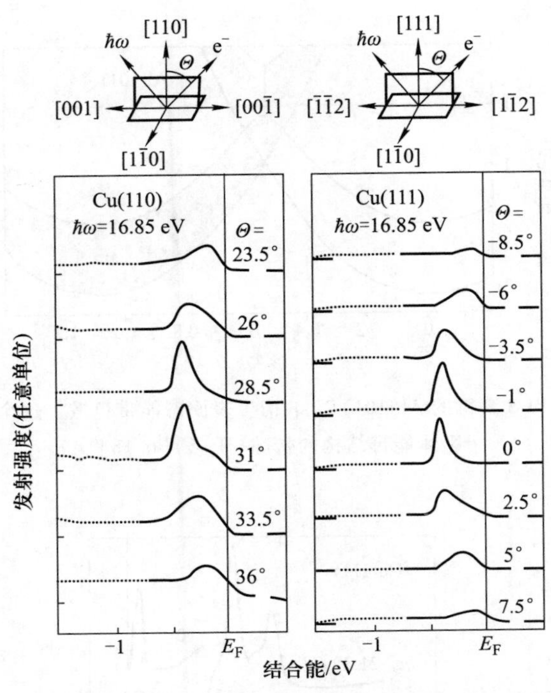

图 6.17　Cu(110)和 Cu(111)面上，表面态能带的角分辨紫外光电子能谱。峰随探测角 Θ 的偏移表明了明显的色散[6.22，6.23]

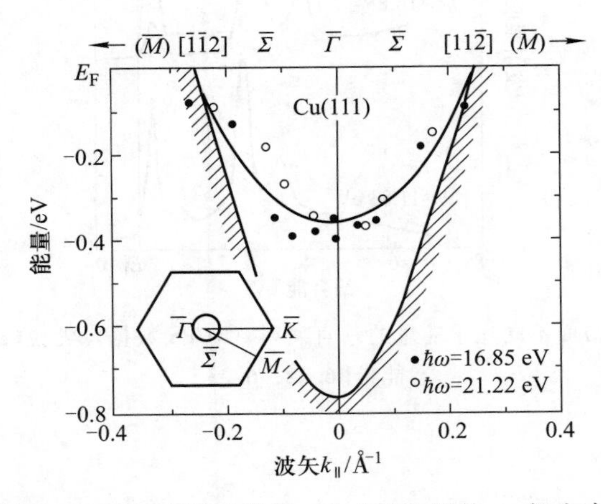

图 6.18　根据图 6.17 中的 ARUPS 数据，Cu(111)面的 sp 衍生表面态能带色散。在投影体带隙中(阴影)绘出了在两种不同光子能量 $\hbar\omega$ 条件下测量的数据点。插图给出了倒易空间的位置[6.22，6.23]

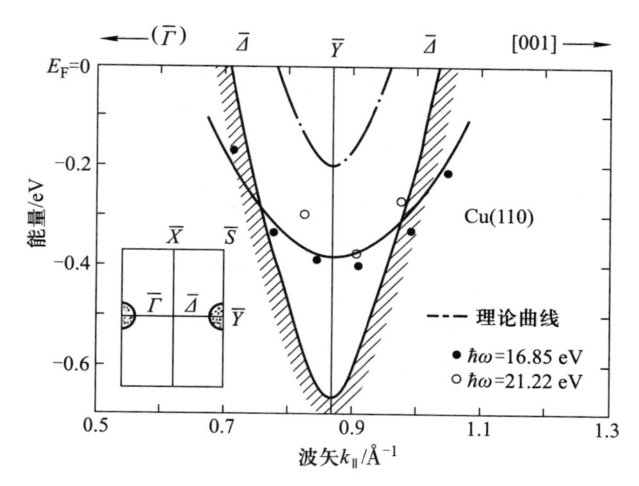

图 6.19　根据图 6.17 中的 ARUPS 数据，Cu(110)面的 sp 衍生表面态能带色散。在投影体带隙中绘出了在两种不同光子能量 $\hbar\omega$ 条件下测量的数据点(阴影)。插图示出了倒易空间的位置[6.22，6.23]

6.4.2　类 d 表面态

在过渡金属中，单个原子的 d 轨道在晶体中相互作用产生 d 能带，典型的 d 能带宽度为 4~10 eV。由于局域性，d 能带色散比 sp 能带小。d 能带与自由电子 sp 能带相交或混合，这种杂化在可出现实表面态的能带结构上引入新带隙。

图 6.20 所示为 Cu(100)的 ARUPS 测量数据。作为检测角函数，E_F 以下结合能在 2~4 eV 之间的 d 能带发射经历大的改变。特别是，根据 6.3.2 节的讨论，d 能带顶部的峰被认为是一个表面态能带。该能带二维色散曲线结果沿着布里渊区的$\overline{\Gamma M}$线，如图 6.21 所示。如表面态能带的预期，不同光子能量获得相同的色散；此外，该态位于投影体态带隙中。接近更高能量体 d 态位置，清晰地表明该能带是由这些体 d 态分裂出来的。

对比 Cu、Ag 和 Au 金属，Mo、W、N、Pt 等只有部分占据 d 态。它们的 d 能带被费米能量 E_F 断开(图 6.22)，这样相对局域的 d 能带态理论上可以使用 LCAO 型运算处理[6.26]。除产生映射到二维布里渊区的能带结构外，还可以得到一个局域态密度(local density of state，LDOS)，这是一个原子层的总态密度(整个 $k_\parallel$ 空间内积分)。最顶部原子层的 LDOS 因此反应表面态密度，而深层的 LDOS 变得与体态密度相同。图 6.22 示出了 W(100)的 LDOS 计算结果。甚至第二和第三层密度与体态密度非常相似；在 E_F 附近可见态分布中同样的谷。对于最高层，在 E_F 观测到一个比较尖锐的结构，一半填充，一半为空。

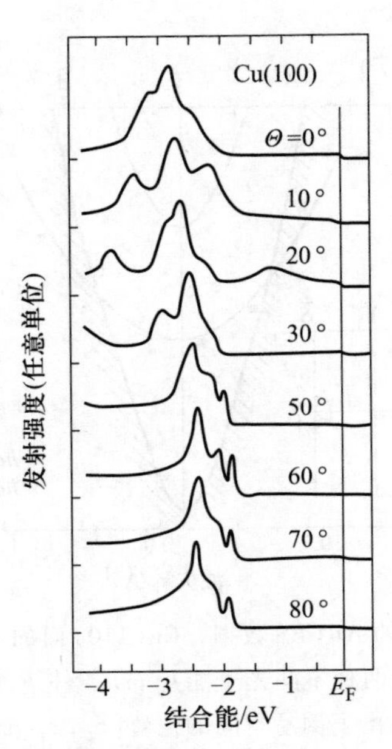

图 6.20　Cu(100)上不同探测角度的 ARUPS 曲线，光子能量为 21.22 eV。发射方向在(001)镜面，包含布里渊区的对称点 Γ、X、W 和 K[6.24]

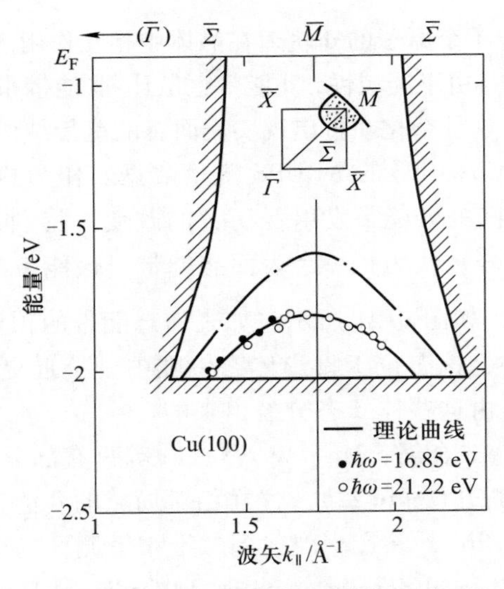

图 6.21　根据图 6.20 所示的 ARUPS 数据得到的 Cu(100)上的 d 衍生表面态能带。图中给出两个不同光子能量 $\hbar\omega$ 的测量数据点，在投影体 sd 能带的带隙中(有阴影区域为边界)。插图给出倒易空间的位置。虚线点曲线是按照[6.24, 6.25]的表面态能带计算的结果

该表面态能带的起源可以定性描述为源自体态分布多原子 d 态的分裂。表面原子具有更少的相邻原子，它们的电子结构与体内部的原子相比更接近于自由原子。图 6.23 为计算的部分 W(100)表面能带结构与 ARUPS 实验结果的对比。具有一些 d 特征的表面态能带，对 E_F 附近的陡峭结构(图 6.22)有贡献。

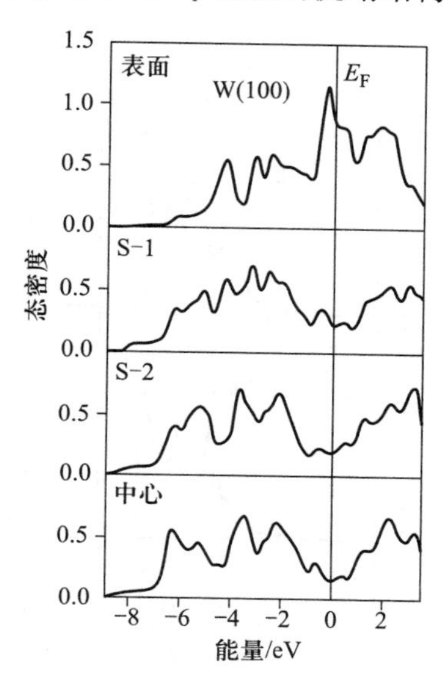

图 6.22　通过 slab 计算得到的 W(100)层分辨局域态密度(LDOS)。对于顶端表面原子层，在具有低的体 LDOS(中心层以下)密度的能量区域，费米能级 E_F 附近表面态产生一个很强的能带[6.26]

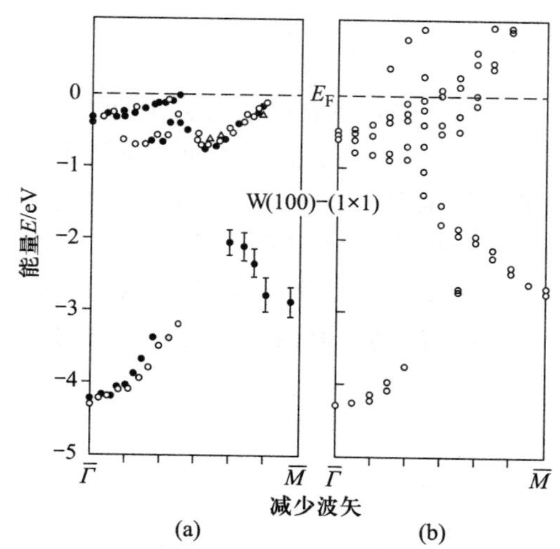

图 6.23　在(1×1)重构的 W(100)面的表面态能带[6.19]：(a) 角分辨 UPS 实验数据[6.27, 6.28]；(b) slab 计算的理论结果[6.29]

表面原子的邻近原子比体原子少，在 d 态的 LCAO 图中，说明这些态与邻近重叠较少，并且最顶层原子层 d-LDOS 应该比更深的层尖锐。Cu(001)slab 的 d 态计算表明了该影响(图 6.24)。至于 W(100)，第二原子层已经显示出类体 LDOS，然而在表面，d 能带变得更加尖锐。这一影响也被清楚地体现在光电发射数据中(图 6.25)。

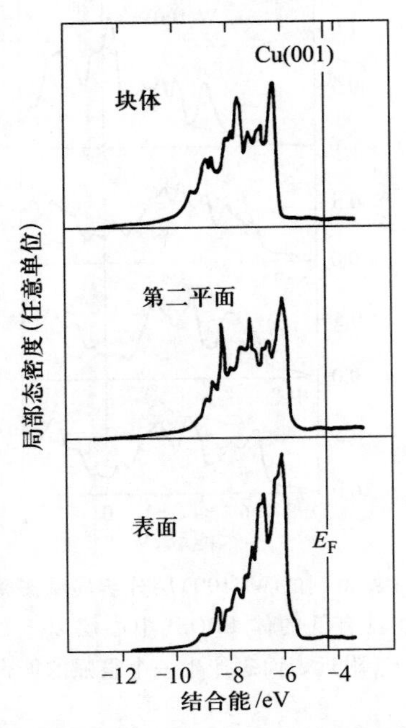

图 6.24　由 slab 计算得到的 Cu(001)面的 d 态层分辨局域态密度[6.30]

表面原子 LDOS 中窄的 d 能带具有更引人关注的结果。由于金属材料中小的屏蔽长度(高电子浓度)，位于表面的原子倾向保持中性。此外，在体和最高原子层中必将会发现相同的费米能级。为了保持局部电荷的电中性，将会发生局域能带结构的偏移并反映在表面 LDOS(图 6.26)。对于 d 能带少于半满带的金属，表面电子能级将向下偏移。此类特征偏移对于尖锐的芯能级是希望出现的，并因此将在 XPS 中观测到。但是由于解释数据时涉及的多体效应，实验证实是比较困难的(6.3.4 节)。

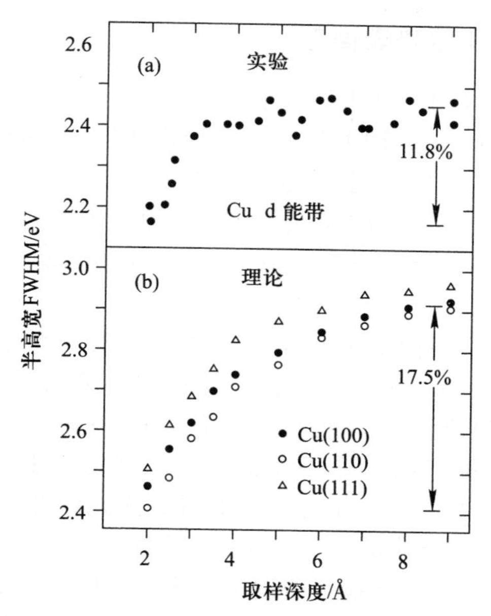

图 6.25 Cu d 能带的半高宽与晶体深度的变化关系[6.31]：(a) 在不同深度区域，不同光子能量的光电发射测量的实验数据；(b) 各种 Cu 表面的理论计算结果

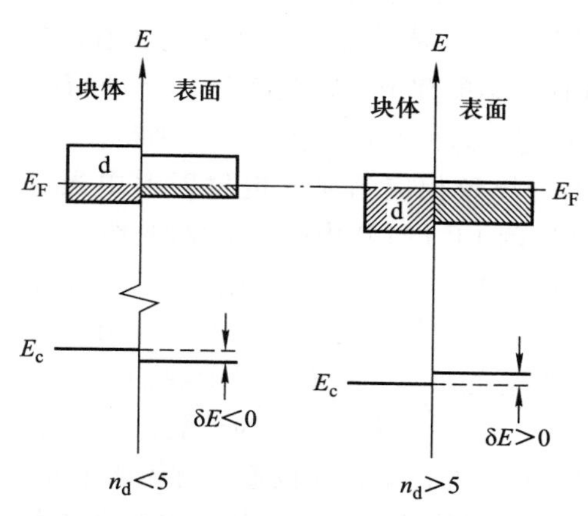

图 6.26 d 能带金属表面芯能级偏移 δE 的原理图解。整数 n_d 表示能带中电子的数量。在最表层，由于与邻近相互作用的降低使得 d 能带变窄。由于中性要求，使得最高原子层中的芯能级 E_c 发生偏移[6.32]

6.4.3 空表面态和像势表面态

光电发射光谱，特别是 UPS，对于占据表面态的研究的重要性类似于动量分辨逆光电发射效应(第 6 章附录Ⅻ)，这同样适用局域能量高于费米能级 E_F 的空表面态能带研究。该实验技术涉及空态中某些动能辐射电子的捕获，伴随相应退激发能量 UV 光子的同步发射。由入射原电子的动能和发射 UV 光子的能量获得特殊空态的能量位置。空态的 $\boldsymbol{k}_{\parallel}$ 矢量由能量和原电子束的入射角确定。

逆光电发射效应(时间翻转)是基本的物理过程。因此，理论处理过程与 UPS 的处理过程相似(6.3 节)。特别是面对如 ARUPS 中同样的区分体能带和二维表面态能带的问题(6.3.2 节)。例如在 ARUPS 中，表面态能带的辨别依据为：① 污染物的敏感性；② 空态的体能带结构投影间隙中的能量位置；③ 只与 $\boldsymbol{k}_{\parallel}$ 有关，与 $\boldsymbol{k}_{\perp}$ 无关。基于上述特征，逆光电发射同时产生很多关于固体表面上的空表面态能带的非常有趣的实验结果。

图 6.27 示出了空表面态能带的例子，在 Ni、Cu 和 Ag 的(110)面沿着对称线$\overline{\Gamma X}$和$\overline{\Gamma Y}$进行测量[6.33]。费米能级 E_F 设为能量基点，真空能量 E_{vac} 由箭头标记。对于 Cu(110)，$\bar{Y}$ 附近并略低于 E_F 的占据表面态能带与图 6.19 所示能带相同(6.4.1 节)。除了空表面态能带 $S_1 \sim S_4$ 外，还能观察到一些空体能带(B)。表面态能带 $S_2 \sim S_4$ 表现出预期的行为，特别是它们对污染物非常敏感，可以将它们理解为类似于由空体 sp 能带分裂出的占有能带。相应地，6.1 节和 6.2 节中所描述的这种类型的理论可以在高于 1 eV 的精度内重现这些表面态能带。图 6.27 中，S_1 标记的态并非这种情况。特别是，通过图 6.28 中 Cu(100)面可知，氯的吸附不会导致相应的逆光电发射谱中光谱特征消失。E_F 以上 4 eV 附近的谱台阶在吸附 Cl[LEED 中的 $c(2\times2)$ 超级结构]后发生 1.1 eV 的位移到达更高的能量。1.1 eV 的位移是由于吸附 Cl 后功函数的改变。由与 $\boldsymbol{k}_{\parallel}$ 的依赖关系和在体能带中的能量位置可知，S_1 结构是由于表面态，因此 S_1 结构能量发生位移，例如真空能级 E_{vac}。这与目前我们考虑到的表面态行为不同。所有这些态为“晶体衍生”的，它们(有时为分裂态)被固定在体能带结构而不是真空能级 E_{vac}，由于轻度的污染，其位置相对体能带发生改变。

图 6.27 中标为 S_1 态的特殊行为可以用像电势态来解释。图 6.29 解释了这种新型的空表面态的物理起源。这些态无法从体态或表面态的对称破缺效应中推导出来。当一个电子接近金属表面时，其电荷被金属的传导电子屏蔽。屏蔽可以用金属内与表面距离和外部真实电荷相同的像电荷来描述，这导致在金属内电子与其正像之间出现引力势。在最简单近似中，该势具有库仑形式

$$V(z) \propto 1/z, \qquad z > 0 \tag{6.36}$$

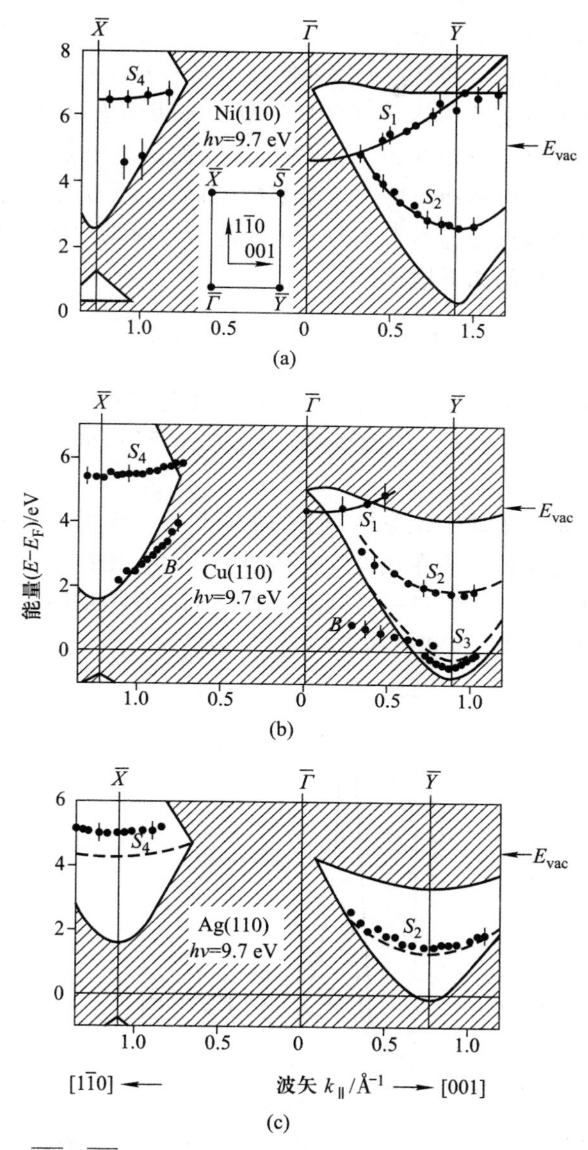

图 6.27　沿对称线$\overline{\Gamma X}$和$\overline{\Gamma Y}$，Ni(a)、Cu(b)和 Ag(c)的(110)面上空表面态能带 $S_1 \sim S_4$ 的色散。B 表示体能带。能量基点为费米能级 E_F，真空能级 E_{vac} 由箭头标识。数据来源于逆光电发射实验[6.33]

如图 6.29 所示，对于束缚态可能存在这样的势，其可以捕获电子进入表面下几 Å 的区域。如果这些态的能级(图 6.29 中 $n=1$)落入体能带结构带隙，该态不会发生衰减进入体态，并且占据这些能级的电子的行为与普通晶体衍生态是相似的。落入该像态电子的能量可由量子数为 n 束缚态的结合能 ϵ_n 给出。ϵ_n 的数值由势的形状决定[式(6.36)]。平行于表面的电子是近乎自由的，即它们可以像自由电子一样移动和携带动能 $\hbar^2k_\parallel^2/2m^*$，$m^*$ 为平行于表面的有效质量。这些态的能量基点是远离表面的电子的能量，即真空能量 E_{vac}，因此得到像势表面态能带结构的如下描述：

$$E(\boldsymbol{k}_\parallel)=\frac{\hbar^2k_\parallel^2}{2m^*}-\epsilon_n+e\phi \tag{6.37}$$

功函数 ϕ 考虑了能量基点 E_{vac}。式(6.37)的描述与实验中由于吸附引起的位移一致(图 6.28)。此外，与 $k_\parallel$ 的抛物型关系[式(6.37)]同样可以在实验数据中发现(图 6.27)。

应该强调的是，束缚于该像势态中的电子形成一个准二维电子气。这些二维电子气体非常有趣的性质在热力学平衡态形成时，比在目前的激发态更容易进行研究。这些二维气体可进一步处理，相连于半导体空间电荷层，这些效应在其中也是重要的(第 7 章和第 8 章)。

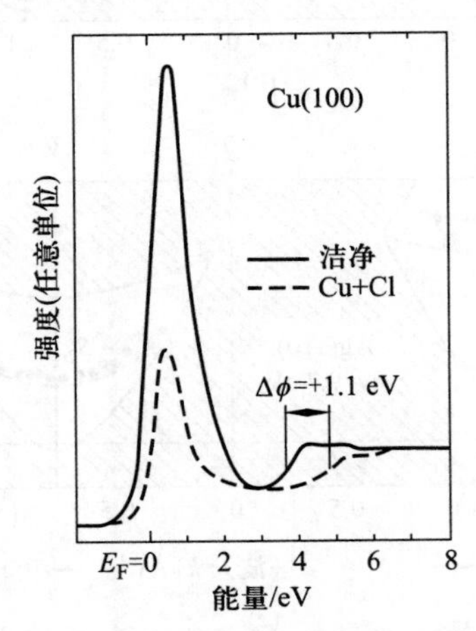

图 6.28　Cu(100)面的逆光电发射谱：清洁(实线)和氯吸收以后(虚线)。能量范围从费米能级 E_F 扩展到真空能级[6.34]

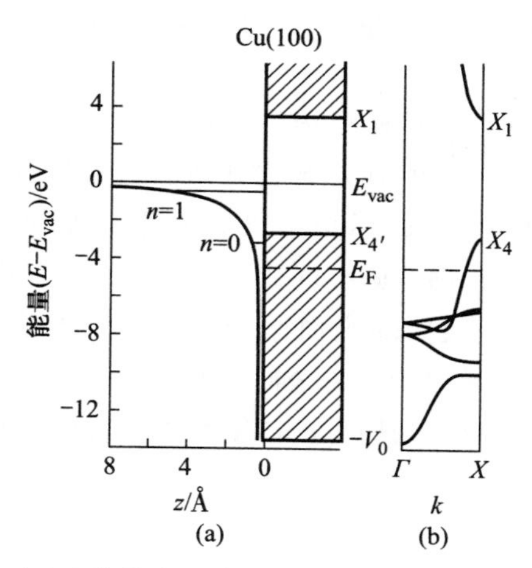

图 6.29 (a) Cu(100)像势表面态起源的原理图；Cu 体能带结构(b)在费米能级 E_F 以上 $X_{4'}$和 X_1 之间产生一个带隙。一个接近表面的电子可以被它的像势捕获在量子态(n=0, 1, …)。由于空体态的带隙，当陷入该态时，未发生进入体态的衰减[6.34]

6.5 半导体的表面态

首先研究的是半导体电子表面态，更一般地讲是电子界面态[6.35, 6.36]。它们的存在是在分析金属-半导体结的整流作用的基本物理机理时间接得到的(第 8 章)。实验上的重要突破归因于光学实验[6.36]及光电导性和表面光电压谱[6.37]的应用(第 7 章附录 XIII)。对于金属表面，大部分的信息可以由 UPS[6.38]和 ARUPS(6.3 节)、逆光电发射谱、电子能量损失谱(第 4 章附录 X)和 STM(附录 VI)得到。最后两种技术可以提供关于表面占据态和空态之间的激发能的信息，同时还有光学吸收谱的信息。接下来，我们将会研究关于元素半导体(Si、Ge)和 III - V 族化合物半导体(GaAs、InP、InSb 等)低维表面的实验和理论结果。ZnO 作为 II - VI 族化合物的例子同样会进行研究。这些不同种类的半导体的普遍特征是四面体型原子键，即每个原子和其他 4 个原子(在 Si 和 Ge 中是同一种，在化合物半导体中是不同种)配位。这种四面体的键合构型来源于共价键 sp^3的杂化作用。键的共价部分在晶体结构中是决定性的因子，甚至在存在强离子键贡献的情况下，例如 ZnO 等 II - VI 族化合物中。sp^3的杂化作用导致元素半导体结晶为金刚石结构(由两个面心立方点阵沿立方晶胞的体对角线偏移 1/4 单位嵌套而成的晶体结构)，使 III - V 族化合物材料变为闪锌矿结构(邻近是不同种类的原子的金刚石结构)。许多 II - VI 晶体是纤锌矿结构，纤锌矿结构是六方的，但是与轻微畸变的闪锌矿结构相似[倾斜并且沿着(111)方向拉伸]。

图 6.30 示出的是 3 个闪锌矿结构最低指数的表面。如果所有的原子属于同种类，则会得到金刚石结构。sp^3 杂化导致方向性极强键的形成，这些键表现为表面悬挂键态。图 6.30(b)示出了以上 3 种表面(假设为表面没有重构的截断体)的不同的悬挂键；图 6.30(c)是非重构表面的二维布里渊区图。(111)截面的形成对于每个垂直表面的表面原子产生一个半填充的悬挂键轨道。在(110)面的单胞内存在两种原子，每个原子都具有一个倾斜的悬挂键轨道。在非重构的(100)面单胞内有一种原子，具有两个彼此之间倾斜的断裂键。然而，其本质并不像图 6.30 那样简单：绝大多数重要的半导体低指数表面都会

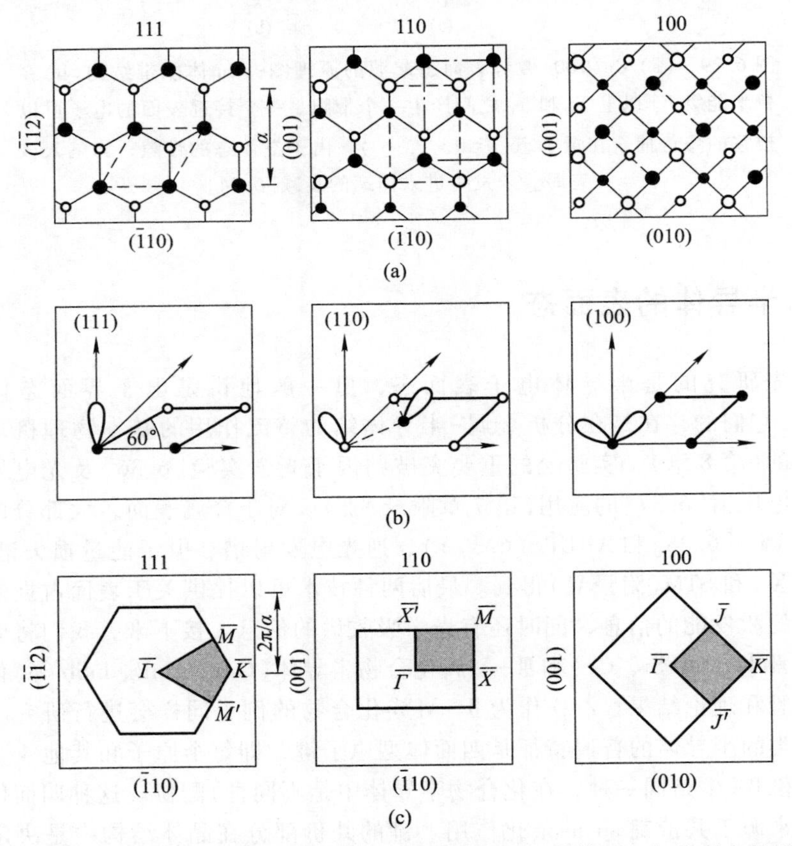

图 6.30 闪锌矿晶格(sp^3成键)的 3 种非重构低指数表面晶体图。如果所有的原子属于同种类，则会得到 Si、Ge 的金刚石结构。(a) 俯视图，较小符号代表较深的原子，可能的单胞结构已经用虚线标出；(b) 不同表面上的悬挂键轨道示意图；(c) 常规标记的相应理想表面的布里渊区[6.39]

有多种复杂的重构，其中只有部分可解释。少数已经确定的重构模型将会在以下章节讨论。

6.5.1 元素半导体

定性判断 Si 和 Ge 的(111)、(110)和(100)3 种非重构表面的局域表面构型(图 6.30)将引发何种表面能带结构是很容易的。Si 和 Ge 基于非重构表面构型的计算确实显示了预期行为(对于 Ge，如图 6.42 所示)。对于 Ge 或 Si (111)面上的悬挂键(断的 sp^3 键)，我们希望在禁带中看到一个单独的表面态能带与之对应。这个表面态能带是由形成价带和导带的体 sp^3 态分裂得到的。由于表面处邻近原子减少，即轨道与表面态重叠减少，使得表面态能量比体价带态能量低，因此落入带隙中。由于键的断裂，能带只有一半填满，因为断裂键的每一端可以接收未断共价键中两个电子中的一个。理想的(110)面，一个单胞内会在两个不同的原子上各产生一个悬挂键，导致带隙中出现两个悬挂键表面态能带。悬挂键 sp^3 杂化只有很弱的相互作用，因此，两个能带只是轻微分裂并显示相对小的色散。相反，(100)面的原子和同种原子的两个悬挂键轨道之间会有强烈的相互作用，并形成两个具有较宽能量范围和较高色散的带隙态。除了这些带隙态之外，3 种 Si 的表面都会导致一种称为反向键表面态的出现，它位于投影体能带结构的带隙中较高的结合能处。这些态的波函数局域在最顶部和较低位原子平面。

由于重构，这些简单的关于非重构能带结构的结论，往往与复杂的事实不符。其中，研究最多的半导体表面是 Si(111)解理面。

如果晶体是在室温下解理的，在 LEED 中会发现一种(2×1)重构。如果在非常低的温度下(T<20 K)，会出现(1×1)LEED 模式。在高于 400 ℃退火后，会出现一种(7×7)超结构，表明具有长程周期性。(7×7)结构是最稳定的结构，(1×1)和(2×1)结构是冻结的亚稳结构。

近几年，Si(2×1)表面引起了广泛关注。除了重构模型之外还有一种争论是，(2×1)重构使得带隙间的半填满的悬挂键表面态能带分裂成两部分：如图 6.31 所示，二维的布里渊区在(2×1)结构的一个方向上缩减一半，也就是说，由于对称，一半的悬挂键能带可被折回新的(2×1)布里渊区内，因此，在(2×1)区的边缘处开拓了一个带隙[由于微扰势能使得(2×1)重构]。因为原始的(1×1)能带为半填充的，导致能带分裂为一个空的高分支和一个满的低分支，所以总的能量降低并且使得(2×1)结构稳定。这些争论令人想起 Peierls 不稳定，关于重构的详细假设是不必要的。

很长一段时间，人们利用屈曲模型来解释在 Si(111)-(2×1)面上沿着[$\bar{2}11$]方向双倍的周期性[6.40][图 3.6(b)、图 6.32]。表面 Si 原子每第二排

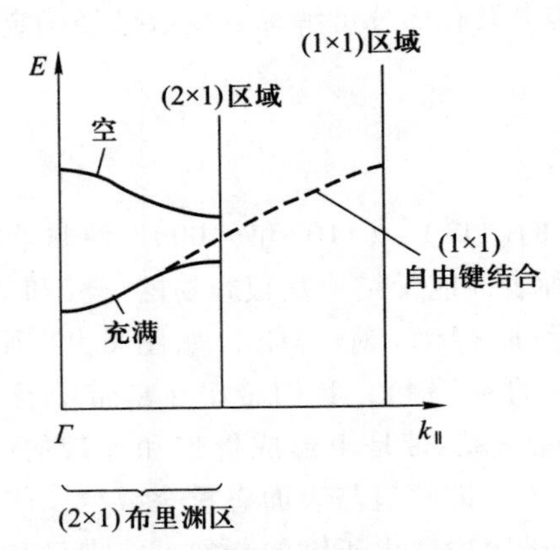

图 6.31　由于(2×1)悬挂键表面重构产生的能量增益原理图。布里渊区维数在一个方向上缩减为一半，导致半填满悬挂键表面态能带(虚线)被折回新的(2×1)区域内，并且在边界处分裂，因此，总的电子能量降低

位置相对于理想晶格有所提高，之间的原子列向下移动。根据一些研究者[6.41，6.42]的研究，这样的重构总会产生一个空的和一个占据表面态能带(正如预期，见上)，其沿(2×1)布里渊区表面的$\overline{\Gamma J}$对称线具有弱的色散[图6.32(a)]。从 ARUPS 中得到相反的实验结论[图(6.33)]。很多实验数据表明沿着$\overline{\Gamma J}$具有很强的色散。目前，所有的实验数据可以通过 Pandey 的 π 结合链模型说明[6.43][图 3.6、图 6.32(b)]。完成 Si—Si 键的断裂需要在第二原子层诱导重构。但是，zig-zag 模式的结果表现为允许最高层悬挂键 p_z 形成一维 π 键，例如一维有机系统。理论表明，尽管键断裂，π 键链模型从能量上比屈曲模型更有利，因为 π 键形成的能量增益[6.46]。强烈的色散、占据和空表面态能带是由于 π 轨道(不存在节点)和反键 π^*(节点沿链方向)轨道。如果除 π 键外还有最高原子层轻微的屈曲，所有有用的实验数据都很好地描述，特别是 ARUPS 测量中的强色散(图 6.33)。在位于 $\bar{J}$ 的表面带结构(计算出的 π 和 π^* 之间的能量距离小于 0.5 eV)存在一个绝对带隙[图 6.32(b)、图(6.33)]。事实上，在高分辨电子能量损失谱(HREELS)(图 6.34)和 IR 多重内反射光谱(图 6.35)中在能量值为 0.45 eV 时观测到相应的光跃迁。如预期一样，$\pi \to \pi^*$ 光子跃迁(类似有机链分子)存在很强的依赖于跃迁矩阵因子的极化。对于垂直于链的偏振光来说是不会产生跃迁的(图 6.35)。反射吸收实验的结果对 π 键链模型来说至关重要，因为它们不能通过屈曲模型得以解释。而且，来自 LEED 和卢瑟福背散射的有效结构数据与 Si(111)-(2×1)面的微屈曲 π 键链模型完全吻合，建立的该模型也可用于描述具有(2×1)超晶格结构的 Ge(111)解

理面。图 6.36 所示为 ARUPS 测量的沿着$\overline{\Gamma J}$和$\overline{\Gamma K'}$的表面态色散分支的对比[6.50]，以及基于屈曲 π 链模型的理论计算曲线[6.49]。

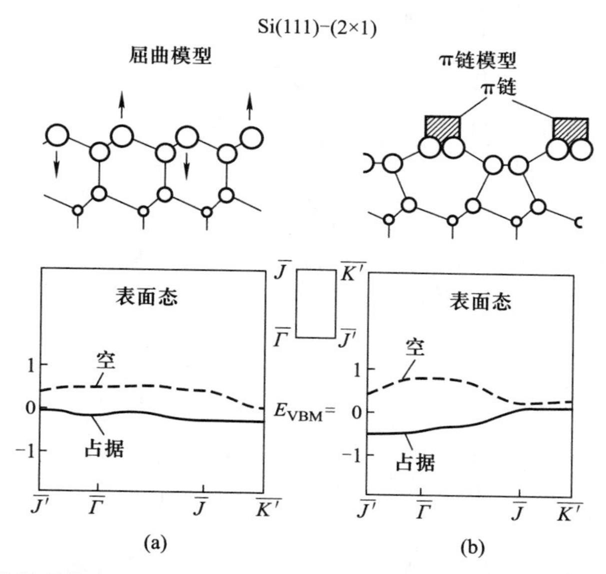

图 6.32 计算得到的 Si(111)-(2×1)悬挂键表面态能带的色散[6.43]：(a) 屈曲模型；(b) π 键链模型。也见图 3.6

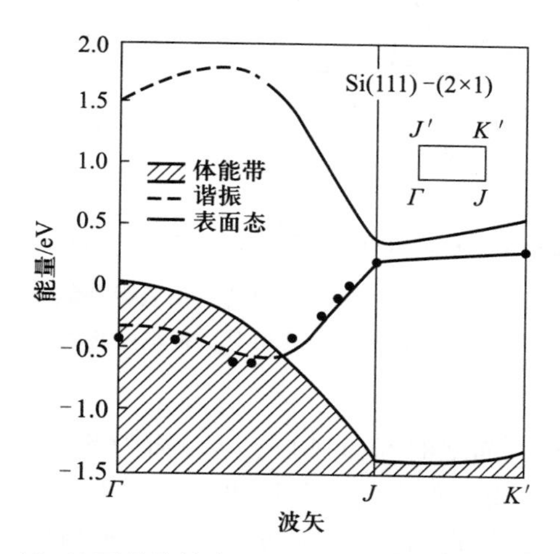

图 6.33 Si(111)-(2×1)面悬挂键表面态能带和投影体能带结构(阴影部分)的色散。相应的 k 空间对称方向如插图(表面布里渊区)所示。实线和虚线为理论计算结果[6.44]。数据点通过 ARUPS 测量得到[6.45]

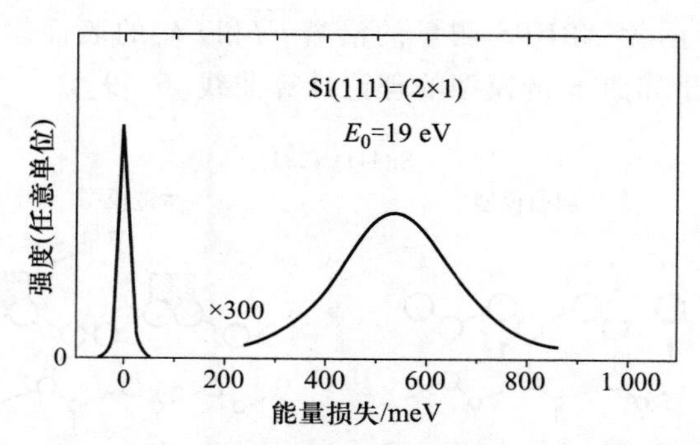

图 6.34　Si(111)-(2×1)解理面的高分辨电子能量损失谱[6.40]，光谱反射(70°)，初始能量 E_0 = 19 eV[6.47]

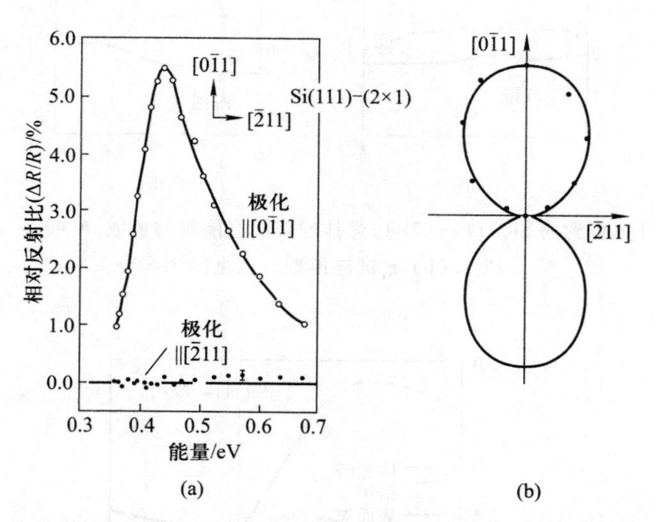

图 6.35　Si(111)-(2×1)解理面的 IR 多重内反射光谱：(a) 光极化方向平行于[0$\bar{1}$1](π 链方向)与平行于[$\bar{2}$11](垂直于 π 链方向)的清洁表面和氧覆盖表面间相对反射率的变化；(b) 与光极化方向相关的相对反射率变化的极化图[6.48]

众所周知的具有大晶胞的 Si(111)-(7×7)面为 Si(111)的最稳定结构。它由清洁(111)面退火获得；退火的细节取决于清洁表面是否是通过解理(2×1)超晶格结构、溅射或退火得到。Takayanagi 等人以透射电子衍射为基础，提出一个结构模型[6.51]，该模型通过扫描隧道显微镜(STM)及其他测试技术进一步得到证实(图 6.37)。这个模型称为 DAS(Dimer-Adatom-Stacking-fault)，模型每表面单胞包含 12 个 Si 原子、6 个其他原子、9 个二聚物和 1 个顶角空穴。在半个单胞中存在堆叠层错，其可以解释 STM 中发现的微不对称(第 3 章

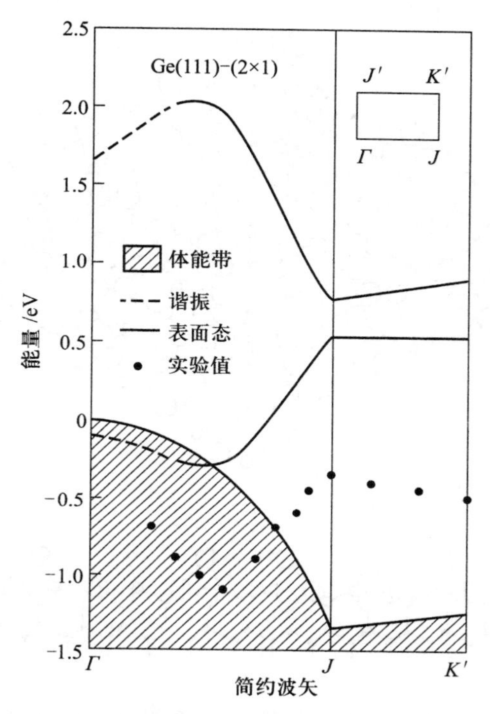

图 6.36　清洁 Ge(111)-(2×1)解理面悬挂键表面态能带和投影体能带结构(阴影部分)的色散。相应的对称方向如插图(表面布里渊区)所示。实线和虚线为理论计算结果[6.49]。实验数据点由 ARUPS 测量得出[6.50]

图Ⅵ.4，附录Ⅵ)。

计算复杂重构表面的电子结构是一项艰巨的工作。然而，一些关于表面态密度的基础理论是可能的。参考 Si(111)-(2×1)面的讨论（图 6.31），(7×7)超晶格结构的二维布里渊区的直径为(1×1)区域的 1/7，即由于对称，(1×1)非重构表面的一个悬挂键能带(图 6.31)可被折叠 7 次进入(7×7)布里渊区。这一过程将产生彼此相互靠近能带的流形，即 Si 的体禁带内态的准连续分布。因此，Si(111)-(7×7)表现出准金属特性。一些科研团队通过光电发射谱发现表面态的一个尖锐费米能级[6.52-6.54]。在清洁和有序(7×7)面上的 HREELS 中发现一个宽而强的背底，这是由于连续分布表面态电子跃迁的连续性[6.90]。另外，在高于和低于上价带边(图 6.38 中的 S_1、S_2、S_3)，ARUPS 实验显示至少 3 个不同的表面峰，其在(1×1)布里渊区内随波矢变化的色散在考虑的波矢范围不是很重要[6.55]。表面态能带 S_1 可能会在边界区域发生色散，并与费米能级相交。表面的金属材料特性因此可能与这有关。逆光电发射

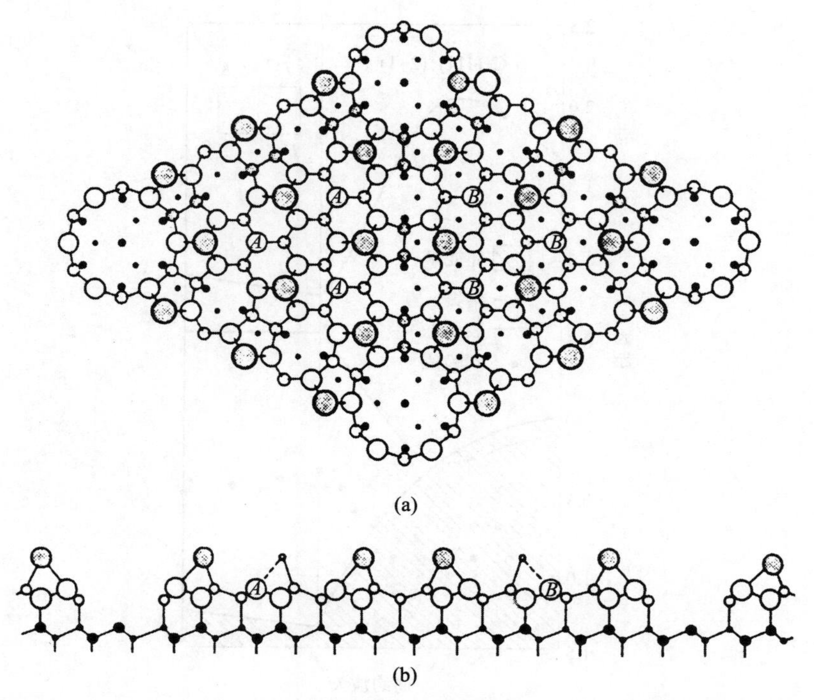

图 6.37　Si(111)-(7×7)面的 DAS 模型：(a) 顶视图，在(111)层的原子随深度的增加用逐渐减小的圆圈表示，大圆表示 12 个吸附原子，A 和 B 标记的圆分别表示晶胞层错和非层错部分的其余原子；(b) 侧视图，沿表面晶胞长对角线晶格面中的原子相比在其后的原子用更大的圆表示[6.51]

实验也表明，在稍高于导带边具有两个极大值的禁带的上半部分有一个空表面态的连续分布。图 6.39 定性地给出源于 UPS 和逆光电发射测量的占据表面态和空表面态密度。利用 HREELS 测量也发现了跃迁，用 $\hbar\omega$ 标记(双箭头)[6.58]。

目前为止，对于半导体器件，Si(100)面是最重要的表面(7.6 节、7.7 节)。通过离子轰击和退火制备的 Si(100)-(2×1)清洁表面因此引起很大关注。(2×1)超晶格结构可能是由于缺失的表面原子造成的。但是基于 UPS 数据和表面态密度计算，Appelbaum 等[6.59]可以排除 Si(100)-(2×1)面的空穴模型[图 6.40(a)]。如从单纯构型方面预期，相邻 Si 表面原子类 sp^3 悬挂键可以退杂化进入 sp_z、p_x、p_y 轨道，最终在表面形成 Si 二聚物[图 6.40(b)]。按照图 6.30，这个二聚作用在(110)面方向。由图 6.40 可知，二聚物模型使表面态密度的测量值和计算值吻合得很好[与图 6.40(b)所示对称二聚物相反]。更多细致地研究表明对称二聚物可能不是正确的原子形貌。图 6.40(b)所示的与

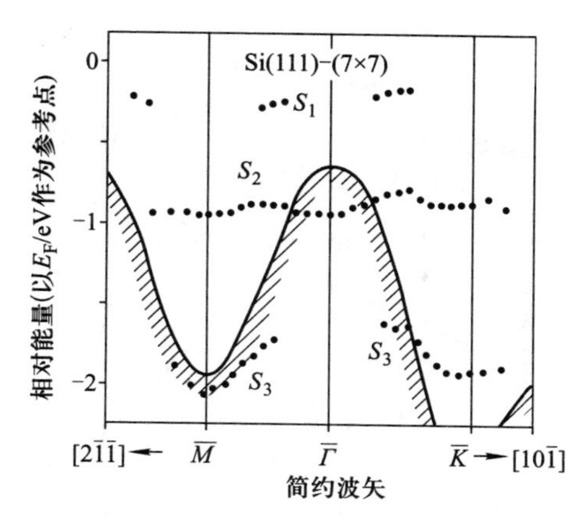

图 6.38　实验测得的清洁 Si(111)-(7×7)面的表面态能带(S_1、S_2、S_3)的色散(点)。投影体价带用阴影上边界表示[6.55]

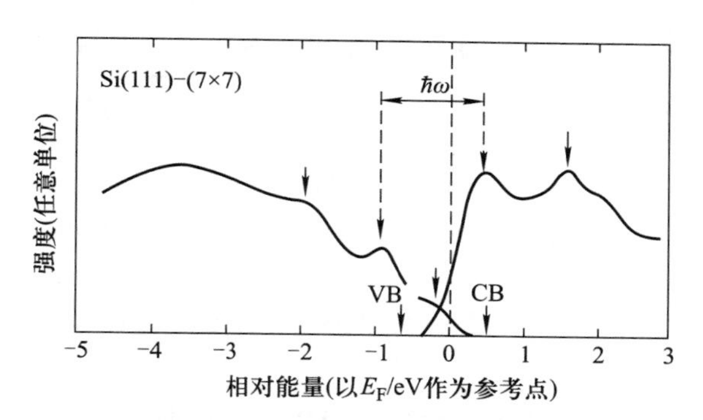

图 6.39　Si(111)-(7×7)面的占据表面态和空表面态的分布示意图。曲线通过一系列的实验数据获得[6.52-6.57]。箭头标记的 $\hbar\omega$ 表示实验观测到的一个电子能量的损失，其他标记代表由 UPS 和逆光电发射实验揭示的占据表面态和空表面态[6.58]

电离度(由于为非对称)有关的非对称二聚物在计算中导致更低的总能量。对称和非对称二聚物的悬挂键能带色散都已计算[图 6.41(c)和(d)]。对于非对称二聚物，占据表面态和空表面态之间出现一个总带隙，因此，该表面是半导体型，与对称二聚物表面相反。在 ARUPS 数据中，可以发现一个费米能级 E_F 附近无表面态发射的半导体表面[图 6.41(a)]。并且在 Γ 和 J' 之间的主表面态能带与计算的非对称二聚物模型的色散十分吻合[图 6.41(c)]。同时，从 ARUPS[6.62，6.63]和逆光电发射(附录Ⅻ)数据中可得到进一步的实验支持，也适用于空表面态[6.64]。在图 6.41(e)中，这些数据与表面态能带计算的理

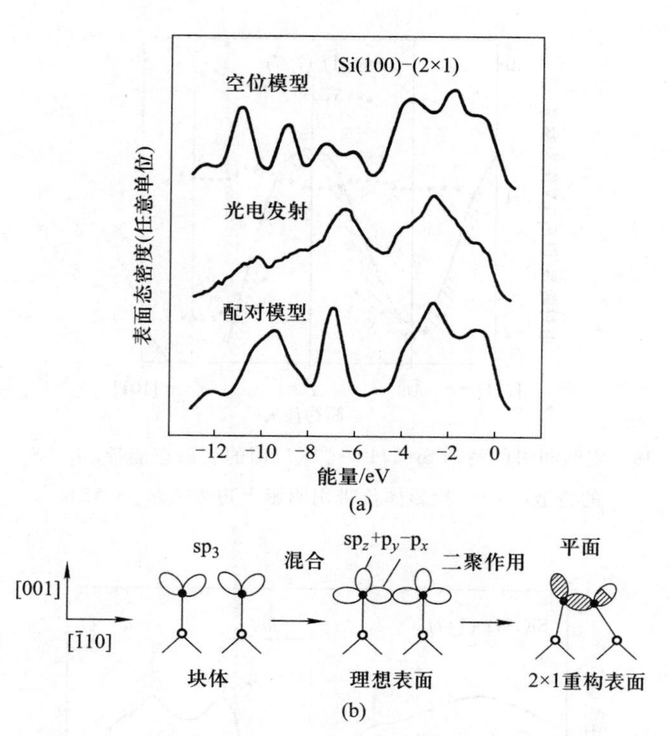

图 6.40 Si(100)-(2×1)表面态[6.59]：(a) 利用空位和二聚物配对模型计算的 Si(100)-(2×1)面的表面态浓度，并与实验测量的 UV 光电发射谱($\hbar\omega=21.2$ eV，二级消除)作对比；(b) 导致非平面二聚物结构的退杂化和二聚作用原理图

论结果[6.65]进行比较。至于非对称二聚物模型早期的计算结果在图 6.41(a)和(c)中得到很好的吻合。但是除了早期的数据之外，还有两个位于体价带范围内的占有态能带(D、D_i、B_2)，这归因于低于最高原子层的反键。能量较高表面态能带(A)伴随上体价带边的等高线，在早期工作中依据悬挂键态进行解释。在前期工作中同样发现占据能带 A 和 B[图 6.41(a)]。悬挂键态对接近较低体导带边的未占据表面态的能带有影响[6.64]。在 ARUPS 中，在表面接近表面费米能级的表面态能带(C)在体禁带中部发现，其起源并不清楚[6.63]。这可能与使用 Si 样品的高掺杂浓度或缺陷相关。然而，位于 $\bar{\Gamma}$ 点附近 E_F 以上 0.4 eV 的空表面态，目前也不能解释。Si(100)-(2×1)面的例子也显示了 ARUPS 数据是如何协助确定半导体表面结构模型的。

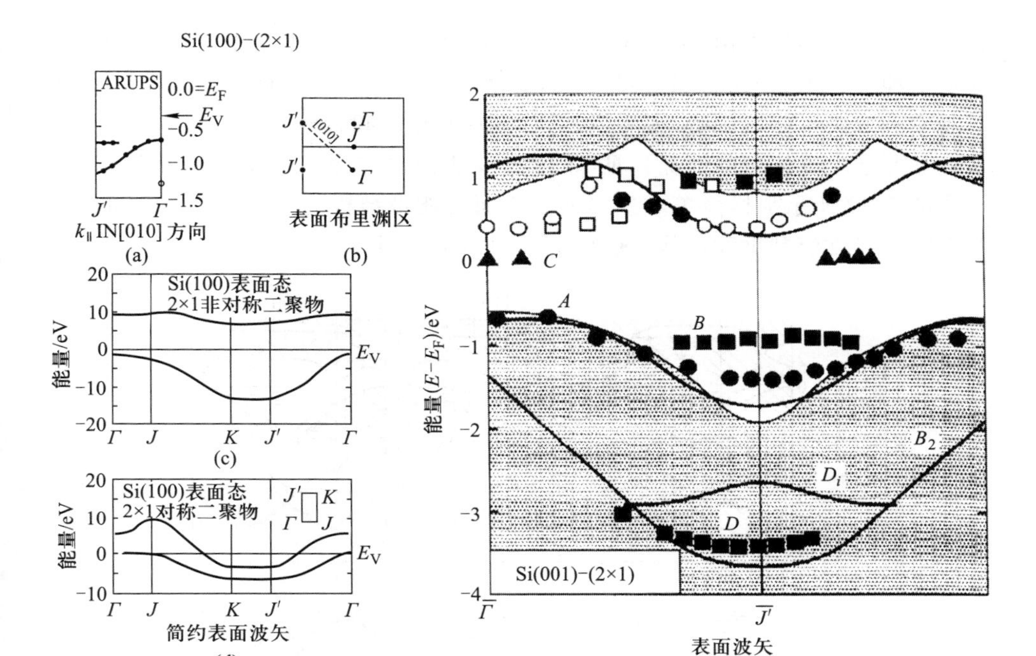

图 6.41　Si(100)-(2×1)表面态色散：(a) 通过 ARUPS 实验数据确定的色散[6.60]；(b) 表面布里渊区示出了(a)中 ARUPS 测量的方向；(c，d)分别为计算的(2×1)非对称和(2×1)对称二聚物模型的色散曲线[6.61]；(e) 单域 Si(100)-(2×1)面[001]方向的占据表面态和空表面态能带。表面态能带 D、D_i 和 B_2 归因于反键，而能带 A 归因于悬挂键表面态。高于或低于费米能级的数据点是 Johansson 等[6.62]、Martensson 等[6.63]、Johansson 和 Reihl[6.64]的实验结果。曲线中实线部分为 Pollmann 等人的理论结果[6.65]，阴影区域为表面投影体能带。数据编译由 Mönch 完成[6.66]

6.5.2　Ⅲ-Ⅴ族化合物半导体

将计算的Ⅲ-Ⅴ族 GaAs 半导体能带结构与等电子的邻近 Ge 的能带结构作对比是具有指导意义的(图 6.42)。在体能带结构中本质的区别是 GaAs 在-6 ~ -11 eV 之间存在电离性带隙。非重构表面 GaAs(111)、(110)和(100)的表面态能带结构的不同根据局域悬挂键构型更容易理解(图 6.30)。Ge 的每一个表面态能带在 GaAs 中分裂为相应的阳离子和阴离子衍生带。(110)面为具有相等 Ga 和 As 原子的非极性表面。在理想的、非重构(110)面，阳离子和阴离子衍生表面态能带位于体带隙中(图 6.42)。依据体导带和价带的本质判断，低能带(接近 E_V)和高能带(接近 E_C)分别是 As 和 Ga 衍生的。(111)和(100)面为极化表面，可以是 Ga 或 As 终止。实际上，终止类型在很大程度上可以在生长过程中通过调控 MBE 中的光束流来控制(2.4 节)。一般情况下,As 终止表面更加稳定,因为 Ga 过量容易导致 Ga 聚集和分离。在表面态能带示意图中,可观察到取决于终端的 As 或者 Ga 衍生能带(图 6.42)。

如元素半导体中的情况,Ⅲ-Ⅴ半导体表面也重构,表面态能带衍生不可能像图 6.42 所示那样简单。事实上,表面态能带结构的实验研究,例如通过 ARUPS,经常能帮助我们构建和验证表面结构模型。

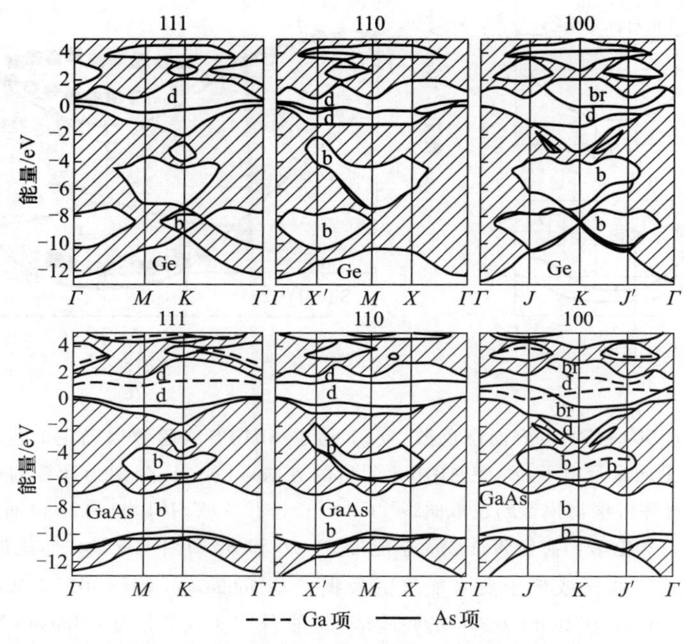

图 6.42 计算的 Ge 和 GaAs 非重构低指数表面不同表面态能带结构的对比[悬挂键表面态(d),断裂键态(br)和反键态(b)]。对于极性(111)和(100)GaAs 表面,Ga 和 As 终端导致不同表面态能带(分别为虚线和实线)。阴影为投影体能带结构[6.67,6.68]

Ⅲ-Ⅴ半导体表面中在超高真空解理得到的 GaAs(110)面是研究得最全面的。通过仔细测量不同体掺杂功函数(第 9 章附录 XVI)[6.70]和一些光电发射研究[6.71]可知,在一个具有镜面光洁度的完美解理面上,费米能级是不被钉扎的(7.7 节);体能带本质上是远离表面态的。另一方面,按照图 6.42 和其他组的计算[图 6.43(a)],一个非重构(110)面,其原子位置与在体相中相同,总是给出位于间隙的 Ga 和 As 衍生悬挂键态、Ga 衍生的带隙中心附近的受主态和 As 衍生的位于禁带隙下半部的施主态[图 6.43(a)]。后面的态不能使用 UPS 探测出来。基于 LEED 强度分析和 Rutherford 背散射数据,图 6.43(a)的重构结构模型得以发展,在其中,相对于它们的非重构体的位置(3.2

节），最高层 As 原子向外移，邻近的 Ga 原子向内移。目前，获得的最好的结构模型可用顶层原子旋转 27°和第一层间距离收缩 0.05 Å 来描述。这个在 GaAs(110)解理面的原子排列表明 sp^3 四面体建的退杂化。三价的 Ga 采用近乎平面 sp^2 键，然而，As 原子趋向于键角趋近于 90°的 $AsGa_3$ 金字塔型构型，并且具有更多的类 p 特征。这种退杂化被认为与电荷从 Ga 向 As 表面原子转移有关。Ga 悬挂键被清空并且 As 态被占据，这一电荷转移与 XPS 中观测的芯能级位移一致(图 8.16)。注意，然而，该重构称为具有(1×1)LEED 图像的弛豫表面[图 6.43(d)]，将悬挂键表面态移出体能带隙[图 6.43(c)]。

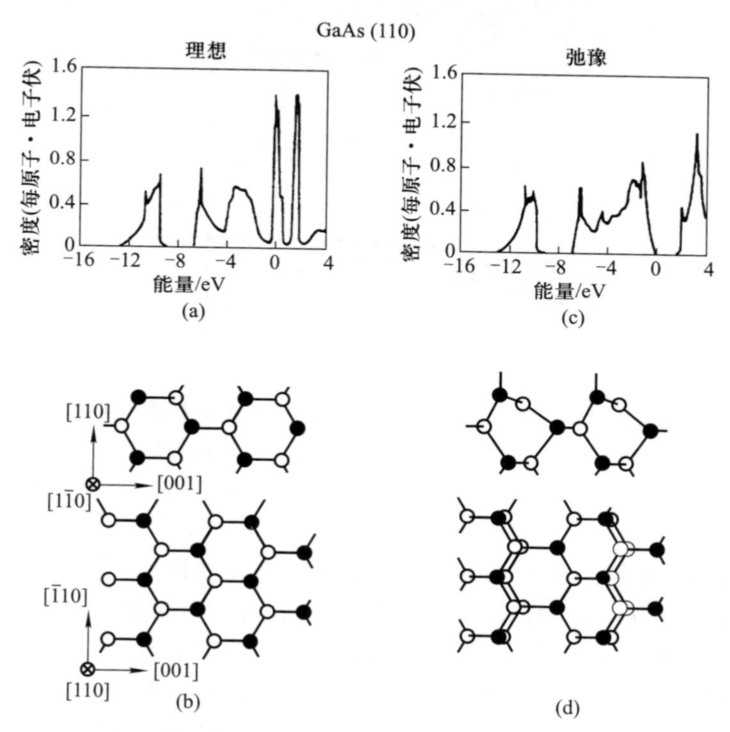

图 6.43 GaAs(110)的表面态密度和相应结构模型：(a，c)不同的理想表面态密度计算，非重构(左)和弛豫表面(右)。能量刻度的零位置取自价带上边，$E_V=0$；(b，d)不同理想表面结构模型(侧视与顶视)，非重构(左)和弛豫表面(右)[6.69]

此外，计算的弛豫表面的表面态能带结构与 ARUPS 测量的表面态色散吻合得很好(图 6.44)。图 6.43(a)和(c)表明，在非弛豫表面不能取得一致。逆光电发射谱(等色线模型)(第 6 章附录Ⅻ)用于测量清洁 GaAs(110)面上的空表面态密度，这种清洁表面通过离子轰击和超高真空退火制备。图 6.45 所示光电发射谱清晰表明空 Ga 衍生表面态随导带退化。带隙是没有态的，如弛豫表面计算所要求[图 6.43(c)]。

由于这个原因，在解理、离子轰击和退火(110)面上都具有相同重构结构[图 6.43(d)]是不同寻常的。这一结论也是按照 LEED 强度分析获得，然而，不同制备的(110)面具有不同的电学性质。在离子轰击表面上，由于存在缺陷衍生表面态，可以观测到空间电荷层(7.6 节)。

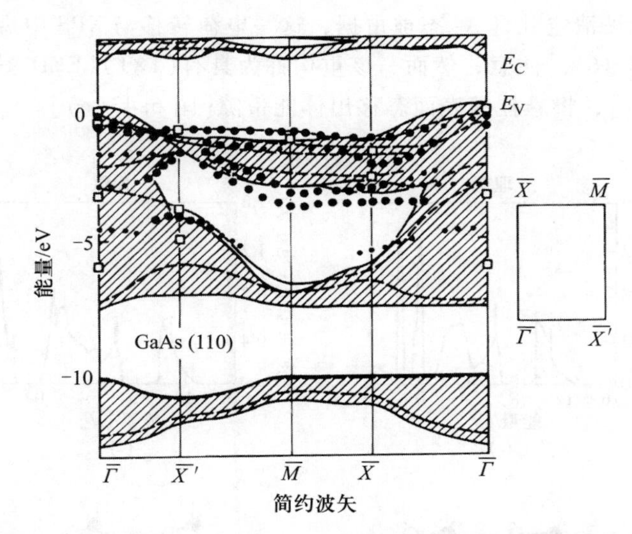

图 6.44 沿表面布里渊区(右)对称线的 GaAs(110)解理面表面态测量和计算的色散曲线(实线)与表面共振(虚线)。阴影区域为体能带结构的投影(计算源于参考文献[6.65]，ARUPS 实验数据来自于参考文献[6.72](□)和[6.73](●)

用 ARUPS 测量 GaAs(001)-(2×4)表面，数据如图 6.46 所示。现在假设讨论的 GaAs(110)和(001)面的很多特征也适用于其他Ⅲ-Ⅴ半导体化合物[6.72]。很多研究表明 GaAs、InP 和 InSb 之间的相似性，例如，P-P 二聚体对 InP 表面与 As-As 二聚体对 GaAs 表面起到的作用类似。另一方面，它们之间也存在一些重要的不同，例如，在完好的 GaP(110)解理面，Ga 衍生空表面态位于体带隙，与 GaAs(110)相反。

我们将会在下面见到窄带隙半导体 InAs($E_g \approx 340$ eV)和 InSb($E_g \approx 180$ eV)，以及 InN 在某种范围内与 GaAs(110)相似，它们完美抛光的非极性表面呈现如 GaAs(110)面中的重构[图 6.43(d)]，相对于非重构体中的位置，Ⅴ族原子向外移，而邻近的Ⅲ族原子向内移。这种重构明显引起体禁带外施主型和受主型表面态的偏移。因此，对于窄带隙半导体，不是与具有低导带态密度直接 Γ 窄带隙有关，而是价带最大值和侧导带最小值间具有较高的态密度的间接带隙。这将在 7.7 节中结合半导体表面的空间电荷层和表面势进行更加详细的讨论。

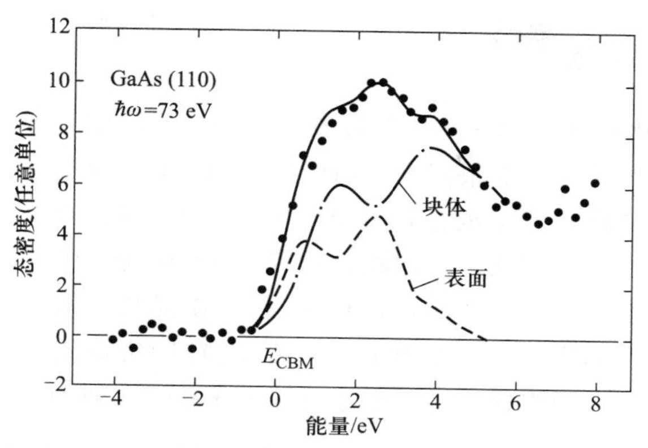

图 6.45　由离子轰击和 UHV 退火制备的 GaAs(110)面的空体和表面态的逆光电发射谱(等色线)。实线为表面导带最小值 E_{CBM} 以上的总态密度。表面和体的贡献分别用虚线和虚点线表示[6.74，6.75]

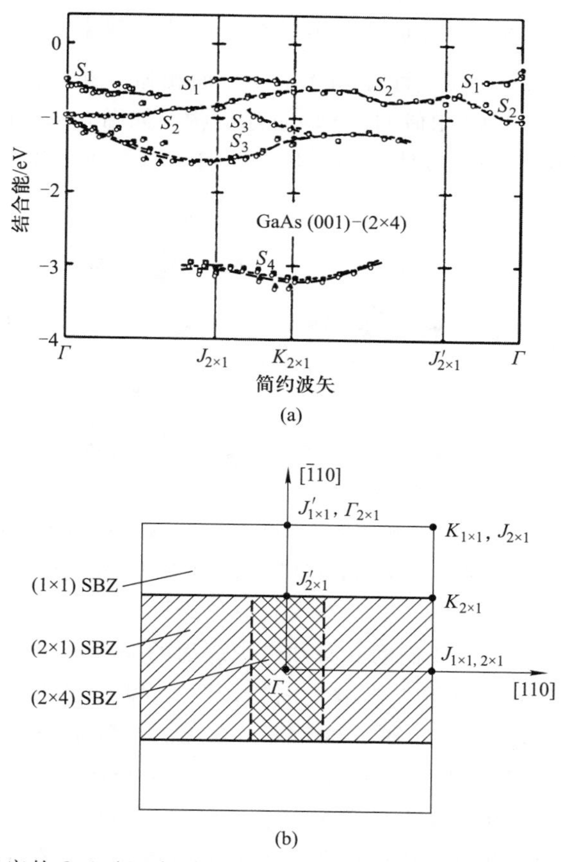

图 6.46　As 稳定的 GaAs(001)-(2×4)面上沿(2×1)表面布里渊区(b) 对称线的表面态色散测量曲线(a)[6.76]

6.5.3 Ⅲ族氮化物

尽管Ⅲ族氮化物 AlN、GaN、InN 以及它们的三元和四元合金原则上为Ⅲ-Ⅴ半导体，但是这些化合物的很多方面与经典的Ⅲ-Ⅴ族材料不同。它们最稳定的结构为纤锌矿晶格，但是也存在 GaAs 中不太稳定的闪锌矿结构(图 6.47)。纤锌矿晶格具有六方对称性，对称轴为垂直于(0001)底面的 c 轴。沿着 c 轴纤锌矿晶格类似于沿[111]方向看去的 GaAs 闪锌矿晶格。沿这两个方向，晶体包含一个原子双层的堆积，其由两个与 c 轴或[111]方向正交的六方密堆积层组成，一个是由阳离子构成，另一个是由阴离子构成。垂直于 c 轴的晶体表面具有正离子极性(0001)或负离子极性($000\bar{1}$)。相应地，GaN 基面是 Ga(0001)或 N($000\bar{1}$)终止。半导体薄膜外延生长依赖基底的选择(Si、SiC、Al_2O_3 等)。这些极性表面只可以通过外延或机械切割和超高真空清洗来制备。相反，非极性表面($1\bar{1}00$)和($11\bar{2}0$)可以通过在超高真空中的解理来制备，与 GaAs(110)类似(图 6.48)。GaN($1\bar{1}00$)面与 GaAs(110)面相似。在超高真空中完美解理后，其具有与 GaAs(110)相似的(1×1)重建结构，如图 6.43(d)所示。Ga 原子向内部移动约 0.029 nm，但是 N 原子位置相对于截断体中几乎未改变。

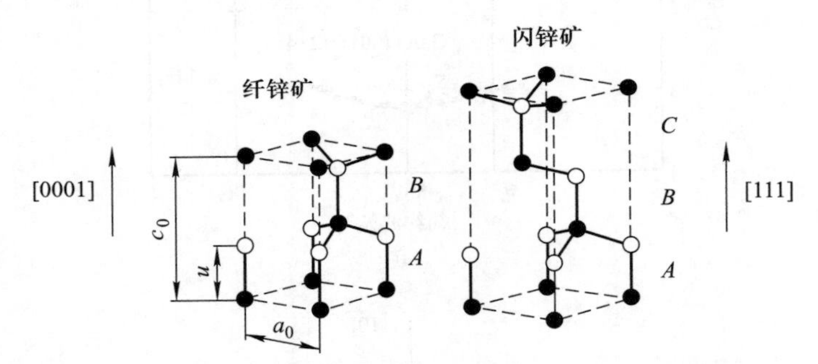

图 6.47 六方纤锌矿和立方闪锌矿晶格的体原子构型。实心圆和空心圆分别表示两种不同的原子。沿着[0001]和[111]方向，两种结构的重叠规律不同：*ABAB* 或 *ABCABC*…

考虑到电子表面态，我们因此必须考虑表面的一些不同类型，制备过程的细节会对其表面态分布有很大影响。例如，图 6.49 示出了一个极性 Ga 终端 Ga(0001)-(1×1)面 ARUPS 研究的例子 [6.79, 6.80]。GaN 层在等离子体(提供 N)辅助的 MBE 中制备，极性 Ga 终端 GaN(0001)-(1×1)面通过 Ga 沉积、退火和 N_2^+ 离子溅射这些步骤来制备 [6.81]。除了光电发射实验(数据点)和能带结构计算(实线)中记录的 GaN 体能带结构外，在 Γ、K、M 对称点间可以清晰地看到一个几乎无色散表面态能带(图 6.49)，该能带能量略低于

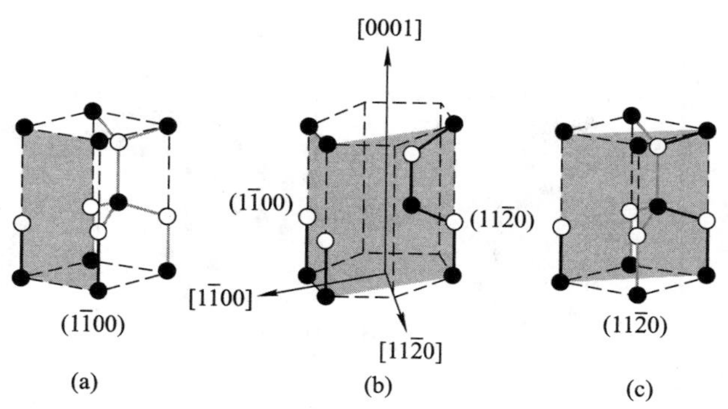

图 6.48　六方纤锌矿晶格的非极性表面(1$\bar{1}$00)和(11$\bar{2}$0)(阴影面)：(a)(1$\bar{1}$00)面，标在最小体晶胞中；(b)(1$\bar{1}$00)和(11$\bar{2}$0)面，标在六方晶胞(阴影区域)中；(c)(11$\bar{2}$0)面，标在最小体晶胞中

Γ 价带最大值。作者给出了基于极化测量的解释，依据源于 Ga 表面原子具有 sp_z 特征的占据悬挂键表面态。对于由 Ar^+ 离子轰击和退火制备的 N 终止 GaN(000$\bar{1}$)-(1×1)面，通过 ARUPS 测量，在 Γ 价带最大值附近的 Γ 和 K 之间发现一个类似的平表面态能带[6.82]，这归因于 N 极化表面大范围被束缚于 N 原子以上顶部位置的附加 Ga 原子层所覆盖。在图 6.44 中可明显看到其与 GaAs(110)的占据表面态带的相似性——即使是非极性表面。

与此同时，非极性 GaN 表面的实验数据也报道了。Bertelli 等人通过扫描隧道显微镜/光谱学[X-STM/STS(scanning tunneling spectroscopy)]的详细研究[6.83]证实，在超高真空刚刚解理的 n 型掺杂材料的非极性 GaN(1$\bar{1}$00)面上，在布里渊区 Γ 点同时进行 Ga 空表面态和 N 填充表面态能带是在布里渊区 Γ 点的共振。该实验结果的理论依据也是密度泛函理论(density functional theory, DFT)计算和早期由 Northrup 和 Neugebauer[6.84]发表的文章。图 6.50 中的结果表明，对于理想的(截断体)Ga(10$\bar{1}$0)面，Ga(S_{Ga})和 N(S_N)悬挂键表面态能带沿 ΓM 落入体带隙中，而弛豫表面与 GaAs(110)上的相似(图 6.44)，能带迁移到体带隙外并且与 Γ 点的体导带和价带一起退化。应该注意的是，GaN 约为 3.4 eV 的绝对带隙在图 6.50 的 DFT 计算中低估为约 2 eV。这是一个非先进 DFT 计算的普遍性质；然而，图 6.50 中的大体趋势是真实的。

GaN(1$\bar{1}$00)上本征悬挂键 N 和 Ga 衍生表面态的相似实验结果，也就是它们在基本带隙外的能量位置，是由 Ivanova 等人通过 STM 获得的[6.85]。观测到的低于导带边约 1 eV 的费米能级钉扎位置(7.5 节)是由于非本征缺陷衍生

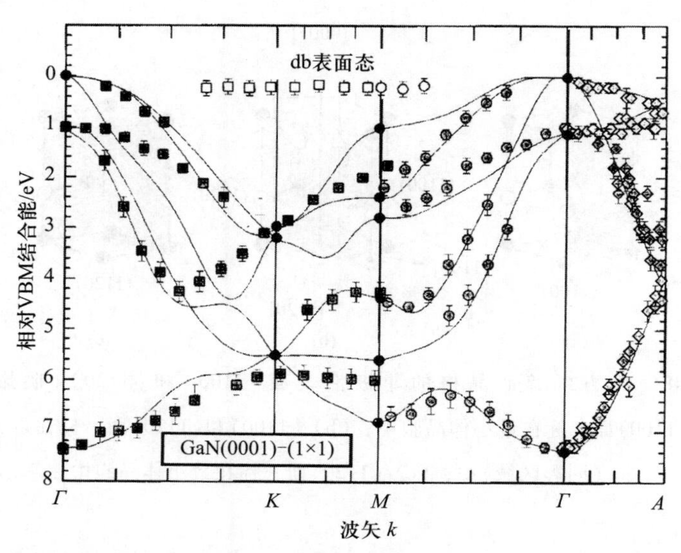

图 6.49 GaN 电子能带结构测量结果(数据点来自 Dhesi 等[6.79])和 Rubio 等(实线[6.80])的计算结果对比。价带最大值(valence band maximum, VBM)附近空心符号所对应的点在体能带结构中未被发现，这与悬挂键(dangling bond, db)表面态有关。测量是在 MBE 法生长的 GaN(0001)-(1×1)面上完成的

表面态。

Van de Walle 和 Segev 提出了一个广泛应用于 GaN 表面和 InN 表面的研究理论[6.86]。与实验发现相反，一个 Ga 悬挂键占据表面态预测位于带隙中心，即具有(2×2)重构的 GaN(0001)面上价带边以上约 1.5 eV 处。理论与上面所述实验结果之间的不同可能是由于理论和实验中考虑的表面重构具有不同的类型。

有趣的是，对于极性 InN(0001)-(2×2)面，In 衍生悬挂键的空和占据表面态能带位于绝对带隙(~ 0.7 eV)的下导带边以上，如图 6.51 所示。这与窄禁带半导体(InAs、InSb、InN)的普遍特征一致，其表面态主要来自于倒易空间区域，该处体态密度高，也就是来自布里渊区边界附近导带侧边最小值，而不是来自决定直接绝对带隙的能量较低的 Γ 最小值。

在很多实际情况中，Ⅲ族氮化物层通过等离子体辅助 MBE 制备时，由于其更好的形貌，在富 Ga 条件下沿[0001]方向生长。在那些条件下，(0001)面被横向收缩的 Ga 双层所覆盖[6.87]。由于这种高覆盖，在合适 Ga/N 流量比中可以区分的 Ga-Ga 键和悬挂键态现在强烈地相互影响。这引起相应表面态能带在禁带的强色散，并因此导致了整个禁带宽的态密度，窄带隙半导体 InN 甚至在整个间接带隙中(图 6.52)。

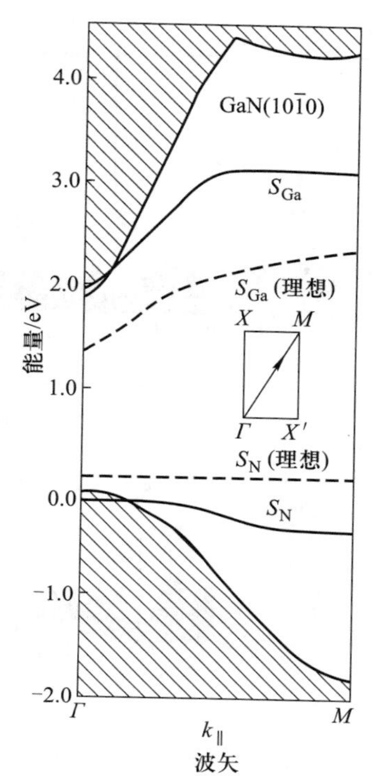

图 6.50　计算的理想（截断体，虚线）和弛豫（实线）的 GaN（10$\bar{1}$0）面沿倒易空间（插图）ΓM 方向的表面态能带，较高空能带为 Ga 衍生（S_{Ga}）的，而较低的占据能带为 N 衍生（S_N）悬挂键态。阴影区域为体能带结构投影。值得注意的是，体禁带被低估约 1 eV，在较早的无多体校正的密度函数理论计算中，这是普遍的趋势[6.84]

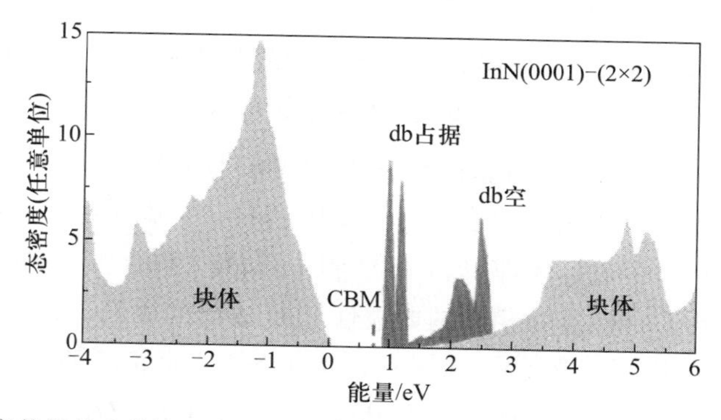

图 6.51　稳定的极性 InN（0001）-（2×2）面的计算态浓度，该表面通过合适的 In/N 流量比得到。黑色结构为由 In 占据和空悬挂键（db）态产生的表面态浓度；灰色结构为由于体价带（$E<0$）和体导带态（$E>0.7$eV），即在导带最小值（conduction band minimum，CBM）以上[6.86]

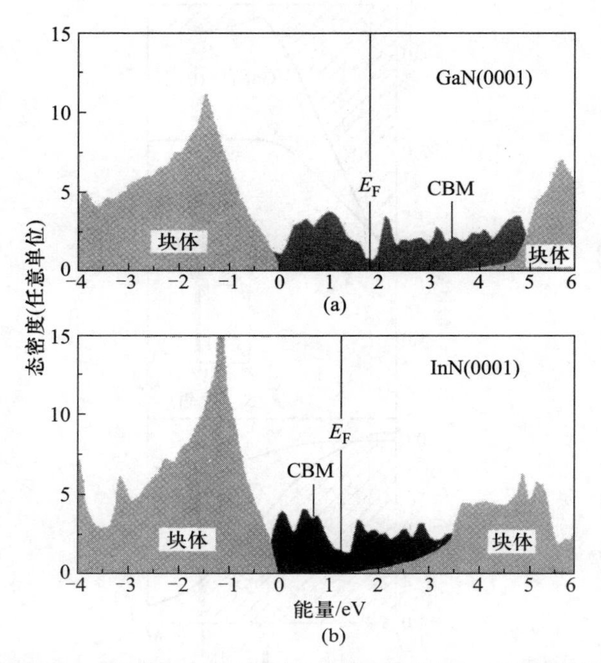

图 6.52 分别在富 Ga 和富 In 条件下得到的稳定的 GaN(a)和 InN(b)极性(0001)面的态密度计算结果。黑色结构是由于表面态，灰色结构为体价带($E<0$)和体导带($E>$CBM，导带最小值)[6.86]

6.5.4 Ⅱ-Ⅵ族化合物半导体

定性地来说，Ⅲ-Ⅴ半导体表面态色散的趋势更趋近于Ⅱ-Ⅵ离子半导体。最佳的例子是 ZnO，其在 300 K 的直接体带隙为 3.2 eV。主要的低指数表面为极性(0001)Zn、(000$\bar{1}$)O 和非极性六方(10$\bar{1}$0)面(图 6.53)。在图 6.53 中，本质上的四面体原子环境表明其类 sp^3 键特征——伴随强离子贡献。3 个表面都可以在超高真空中通过解理得到。通过图 6.43(c)和(d)与图 6.53 的比较，预期存在一个与 GaAs(110)相似的非极性 ZnO 表面的重构。LEED 强度分析表明，一个重构结构中顶部氧原子(图 6.53)向外移，而邻近 Zn 原子向内移。总垂直位移(相对于体)为 $\Delta z(\mathrm{O})=(-0.05\pm0.1)$ Å 和 $\Delta z(\mathrm{Zn})=(-0.45\pm0.1)$ Å 的重构模型建立，表明顶部 Zn-O 双层空间的垂直收缩，伴随最高平面内 O 和 Zn 原子的同步退杂化(移出平面)。原则上，该重构应对 Zn(空)和 O(占据)悬挂键轨道具有与 GaAs(110)中相似的影响。在计算非重构、截断体(10$\bar{1}$0)表面能带结构时注意到(图 6.54)，对于非重构表面，Zn 和 O 衍生的色散分支应

该分别位于导带 E_C 和价带 E_V 边附近。在真实解理面发现的重构将会使 Zn 占据能带移到更高能量，并且 O 衍生的占据能带移到更低能量，即如果图 6.54 的表面能带结构对非重构表面在每一个细节上都是正确的，重构解理面在带隙的能量范围内应没有悬挂键表面态。没有任何实验表明非极性 ZnO 表面在禁带中具有本征态。定性地，也许可预期重构对表面态能带的影响要比在 GaAs 中更小。由于 ZnO 中离子键的贡献多，重构和表面(周期势终端)的影响与强库仑作用相比只是较弱的扰动。这也是导致图 6.54 中体能带结构和表面态极其相似的原因。表面态与体能带结构非常相近，实验也支持该结论。图 6.55 中在超高真空解理制备的 ZnO 重构表面上测定的双微分 EELS 数据(第 4 章附录X)与非重构(1010)面中计算的能带结构(图 6.54)实际是一致的。除在 19 eV

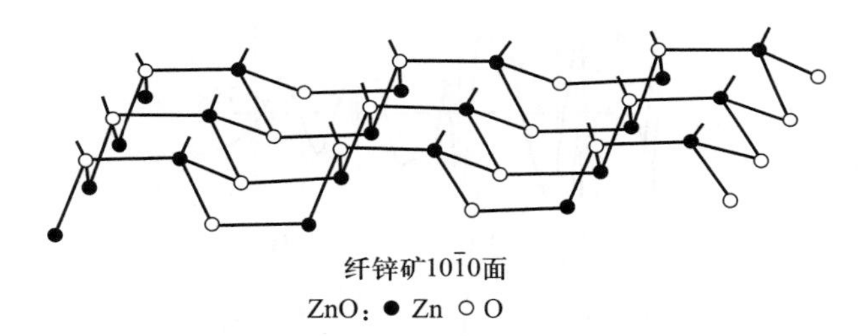

图 6.53　非极性纤锌矿($10\bar{1}0$)面模型。对于 ZnO，空心圆表示氧原子，实心圆表示 Zn 原子

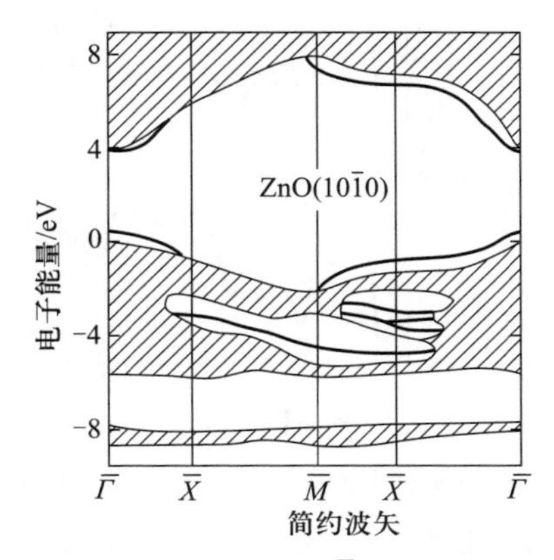

图 6.54　投影体带隙内非极性 ZnO($10\bar{1}0$)面的表面态色散计算结果。阴影区域为投影体能带。二维表面布里渊区的对称点 $\bar{X}$ 垂直于 c 轴，$\bar{M}$ 位于对角线[6.77]

和 15 eV 附近体和表面等离子体激发外，还观测到一些峰，这是由于体能带结构的临界点电子跃迁。在 7.4 eV(在非极性表面)和 11 eV(在两种表面上)的强跃迁明显是源于表面态，因为它们的特征取决于初始能量 E_0(它们在更高能量 E_0 被抑制)。7.4 eV 跃迁明显对应图 6.54 中 $\bar{X}$ 附近 $E(\boldsymbol{k}_\parallel)$平区域的占据和空悬挂键态间的激发。如在仅存在 Zn 衍生空表面态的极性 Zn 表面中所预期的，在图 6.55 中未观测到该跃迁。7 eV 附近弱结构是由于体转变。11 eV 跃迁很可能源于 $\bar{X}$ 附近−4 eV 处表面能带结构的平区域，如图 6.54 所示。4 eV 附近源于 $\bar{\Gamma}$ 附近平区域的表面态转变(由图 6.54)有可能包含在 4 eV 附近的强损耗特征中。

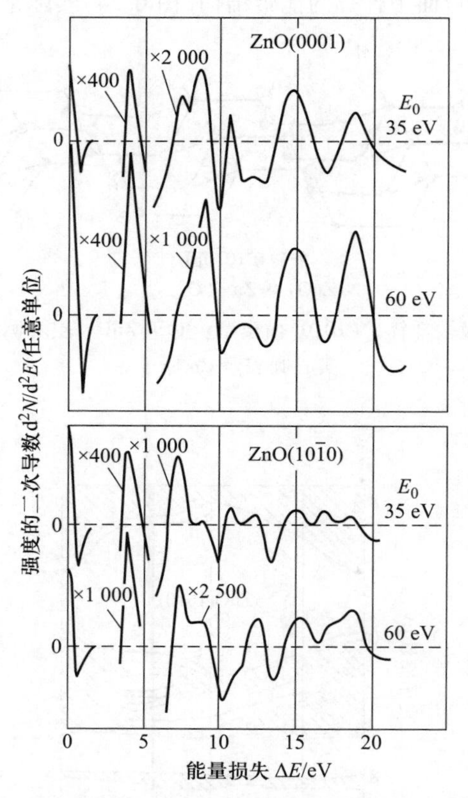

图 6.55　在两种不同初始能量下测量的清洁极性 Zn(0001)面和非极性六方(10$\bar{1}$0)面上的二次导数电子能量损失谱。放大因子取决于初始峰高[6.88]

最后，需要再次强调，尤其是在半导体表面，原子重构问题与电子表面态色散密切相关[6.78，6.89]。二维表面能带结构的计算不可能缺少表面原子位置的详细信息。相反地，这里讨论的实例表明，实验确定的表面能带结构对于建立一个正确的结构模型是非常重要的。

6.6 表面态自旋轨道耦合

目前为止，在电子表面状态的讨论中，我们忽略了电子自旋效应。这对于大部分原子序数足够低的半导体和金属来说，这种描述是恰当的。在那些情况中，自旋轨道相互作用是足够弱的，以至于对于表面能带结构的影响可以忽略。表面态能带的分裂以及类似效应是由于不同电子自旋方向通常是不能被光谱解析的，自旋简并是一个很好的近似。

在反演对称的晶体中，电子能带结构 $E(\boldsymbol{k})$ 必须遵守对称关系

$$E(\boldsymbol{k}) = E(-\boldsymbol{k}) \tag{6.38}$$

自旋向上和自旋向下的电子都是如此。然而，在表面或两个不同固体层的异质界面上，反演对称关系破坏，只有式(6.39)的条件成立

$$E(\boldsymbol{k}, \uparrow) = E(-\boldsymbol{k}, \downarrow) \tag{6.39}$$

根本的原因是时间反演改变了从 $\boldsymbol{k}$ 到 $-\boldsymbol{k}$ 线性运动的波矢，但同时有电子自旋的进动，即它的自旋方向。式(6.39)也表明，对一个固定的特殊矢量 $\boldsymbol{k}$，向上和向下两个自旋方向上的电子能带是不同的。内在的物理机制是自旋轨道耦合：一个由波矢 $\boldsymbol{k}$ 或动量 $\boldsymbol{p} = \hbar\boldsymbol{k} = m^* \boldsymbol{v}$ 描述的，受到电场 $\boldsymbol{\varepsilon}$ 作用的运动电子，由于相对论效应经历一个磁场 $\boldsymbol{B}$。电子的自旋磁矩与该磁场 $\boldsymbol{B}$ 耦合，并且自旋方向影响运动电子的能量。

6.6.1 在二维电子气中的自旋轨道耦合

具有近抛物线形的能量色散 $E(\boldsymbol{k}_{\parallel})$ 的表面态能带中可实现二维电子气，如同 Cu(111)和 Cu(110)面上观测到的(6.4.1 节)，也如同在半导体表面上的空间电荷累积层(7.6 节)和半导体叠层间的特殊异质界面(8.5.2 节)。在后者情况中，垂直于表面或界面的电场是由于与电子体能带的弯曲相关的不均匀的平面电荷累积。在本文关注的表面态中，在原子尺度的垂直于表面的电场 $\boldsymbol{\varepsilon}$ 是由浅表面内部原子势阶跃的势梯度引起的(图 6.56)。

在描述表面态的固态表面静止参考系中是不存在磁场的。然而，在波矢为 $\boldsymbol{k}_{\parallel}$ 的表面内电子运动的静止参考系中，相对洛伦兹变换建立了一个局域磁场

$$\boldsymbol{B} = -\frac{1}{c^2}(\boldsymbol{v} \times \boldsymbol{\varepsilon}) = \frac{-1}{m^* c^2}(\boldsymbol{p} \times \boldsymbol{\varepsilon}) \tag{6.40}$$

这类似于洛伦兹力 $\boldsymbol{F}_L = -e\boldsymbol{\varepsilon} = -e(\boldsymbol{v}\times\boldsymbol{B})$，即在磁场 $\boldsymbol{B}$ 中电荷为 e 的运动电子所受到的力。在这两种情况下，分别涉及运动电子和电磁场两个参考系的洛伦兹变换，将磁场变换成一个电场(洛伦兹力)，反之亦然。电子本身具有一个固

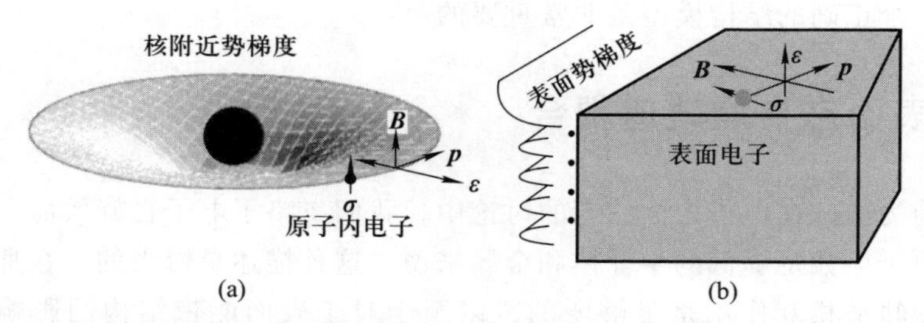

图 6.56　自旋轨道耦合起源：势梯度中电子的运动。(a) 在重原子轨道内动量为 $\boldsymbol{p}$ 的电子运动处于核的强库仑场中。在电子的参考系下，电子库仑场 $\boldsymbol{\varepsilon}$ 通过洛伦兹变换成为磁场 $\boldsymbol{B}$，并与自旋磁矩相互作用。(b) 动量为 $\boldsymbol{p}$ 的电子沿表面能带或二维表面累积层(7.6 节)内的一条直线运动。该运动电子处于表面强势能梯度中(电场 $\boldsymbol{\varepsilon}$)同时处于洛伦兹变换的磁场 $\boldsymbol{B}$ 中，磁场 $\boldsymbol{B}$ 与电子自旋磁矩相互作用。表面(或界面)引起自旋轨道相互作用的这种类型称为 Rashba 效应

有自旋角动量 $\hat{\boldsymbol{s}}=\frac{1}{2}\hat{\boldsymbol{\sigma}}$[$\hat{\boldsymbol{\sigma}}=(\hat{\sigma}_x,\ \hat{\sigma}_y,\ \hat{\sigma}_z)$ 为泡利(Pauli)矩阵]，与自旋磁矩联系在一起

$$\hat{\boldsymbol{\mu}}_s=-g_s\mu_B\hat{\boldsymbol{\sigma}}/\hbar=-g_s\mu_B\hat{\boldsymbol{\sigma}}/2 \tag{6.41}$$

此磁矩与磁场 $\boldsymbol{B}$[式(6.40)]耦合，并给出了自旋轨道相互作用的哈密顿(Hamilton)量(能量)

$$\hat{H}_{SO}=\hat{\mu}_s\cdot\boldsymbol{B}=\alpha\hat{\boldsymbol{\sigma}}\cdot(\hat{\boldsymbol{p}}\times\boldsymbol{\varepsilon}) \tag{6.42}$$

在这个方程中，所有来自式(6.40)和式(6.41)的常量都并入常数 α。双乘积(标量/矢量)中，矢量的循环交换产生

$$\hat{H}_{SO}=\alpha\boldsymbol{\varepsilon}\cdot(\hat{\boldsymbol{\sigma}}\times\hat{\boldsymbol{p}})=\alpha_R(|\boldsymbol{\varepsilon}|)\boldsymbol{e}_z\cdot(\hat{\boldsymbol{\sigma}}\times\hat{\boldsymbol{p}})=\alpha_R(|\boldsymbol{\varepsilon}|)(\hat{\boldsymbol{\sigma}}\times\hat{\boldsymbol{p}})/z \tag{6.43}$$

这就是 Rashba 哈密顿量，$\alpha_R(|\boldsymbol{\varepsilon}|)$ 为 Rashba 常数，除了自然常数和有效电子质量 m^* 外，还取决于电场的绝对值 $|\boldsymbol{\varepsilon}|$，电场垂直于承载准自由二维电子气的表面或界面。文献中，α_R 的不同表达式取决于叉乘积中矢量的选择，即 $\hat{\boldsymbol{p}}$ 或 $\hat{\boldsymbol{k}}$。

在表面态(或界面累积层)中二维电子气的总哈密顿量包括准自由电子的动能和自旋轨道 Rashba 项，写为

$$\hat{H}=\frac{\hat{p}_\parallel^2}{2m^*}+\alpha_R(|\boldsymbol{\varepsilon}|)(\hat{\boldsymbol{\sigma}}\times\hat{\boldsymbol{p}})/z=\frac{\hat{p}_\parallel^2}{2m^*}+\alpha_R(|\boldsymbol{\varepsilon}|)(\hat{\sigma}_x\hat{p}_y-\hat{\sigma}_y\hat{p}_x) \tag{6.44}$$

为了证明自旋轨道相互作用对表面态的影响，我们假定一个抛物面能带，这是对于 Al、Cu(6.4.1 节)、Ag 和 Au 表面 s-p 类态的一个良好的近似。表面态波函数在良好近似中可被认为在表平面具有平面波特征，波矢为 $\boldsymbol{k}_\parallel$，相应的薛定谔方程

$$\hat{H}\psi_{\pm k_{\parallel}}(\boldsymbol{r}_{\parallel}) = E_{\pm}(\boldsymbol{k}_{\parallel})\psi_{\pm k_{\parallel}}(\boldsymbol{r}_{\parallel}) \tag{6.45}$$

必须解出以获得电子能量 $E_{\pm}$，其被两个自旋取向(+、-)的自旋轨道相互作用所修正。我们假定 z 方向垂直于表面以及 x、y 方向在表面的平面内。在表面平面中的电子波矢量 $\boldsymbol{k}_{\parallel}=(k_x, k_y, 0)=k_{\parallel}(\cos\phi, \sin\phi, 0)$，该条件下薛定谔方程(6.45)可以通过分析由下面拟设的表面状态的波函数来解出

$$\psi_{\pm k_{\parallel}}(\boldsymbol{r}_{\parallel}) = \frac{1}{2\pi}\exp(i\boldsymbol{k}_{\parallel}\cdot\boldsymbol{r}_{\parallel})\frac{1}{\sqrt{2}}\begin{pmatrix} i\exp(-i\phi/2) \\ \pm\exp(i\phi/2)\end{pmatrix} \tag{6.46}$$

该假设考虑了(除归一化因子外)表面内平面波的特征和旋量(二维自旋 Hilbert 空间中的二维特征向量)内两个可能的自旋方向(+、-)。考虑到相反自旋方向的正交性和自旋方向对波传播方向(角度为 $\phi/2$)的依赖性，旋量写为最普遍的形式。通过算符定义 $p_{\parallel}=(\hbar/i)\partial/\partial r_{\parallel}$ 和 $p_i=(\hbar/i)\partial/\partial r_i$，其中，$i=x$，$y$，以及泡利自旋矩阵

$$\sigma_x=\begin{pmatrix}0 & 1\\ 1 & 0\end{pmatrix},\quad \sigma_y=\begin{pmatrix}0 & -i\\ i & 0\end{pmatrix},\quad \sigma_z=\begin{pmatrix}1 & 0\\ 0 & -1\end{pmatrix} \tag{6.47}$$

可以得到

$$\begin{aligned}\hat{H}\psi_{\pm k_{\parallel}} = &\frac{\hbar^2 k_{\parallel}^2}{2m^*} + \alpha_{\mathrm{R}}\hbar k_y\begin{pmatrix}\pm\exp(i\phi/2)\\ i\exp(-i\phi/2)\end{pmatrix}\frac{1}{2\pi\sqrt{2}}\exp(i\boldsymbol{k}_{\parallel}\cdot\boldsymbol{r}_{\parallel}) - \\ &\alpha_{\mathrm{R}}\hbar k_x\begin{pmatrix}\mp\exp(i\phi/2)\\ -\exp(-i\phi/2)\end{pmatrix}\frac{1}{2\pi\sqrt{2}}\exp(i\boldsymbol{k}_{\parallel}\cdot\boldsymbol{r}_{\parallel})\end{aligned} \tag{6.48}$$

从左乘以

$$\begin{aligned}bra\psi_{\pm k_{\parallel}} = \langle\psi_{\pm k_{\parallel}}| = &\frac{1}{2\pi\sqrt{2}}\exp(-i\boldsymbol{k}_{\parallel}\cdot\boldsymbol{r}_{\parallel}) \times \\ &[-i\exp(i\phi/2),\quad \pm\exp(-i\phi/2)]\end{aligned} \tag{6.49}$$

产生能量本征值

$$E_{\pm} = \langle\psi_{\pm k_{\parallel}}|\hat{H}|\psi_{\pm k_{\parallel}}\rangle = \frac{\hbar^2 k_{\parallel}^2}{2m^*} \pm \frac{\hbar\alpha_{\mathrm{R}}}{4\pi^2}k_y\sin\phi \pm \frac{\hbar\alpha_{\mathrm{R}}}{4\pi^2}k_x\cos\phi \tag{6.50}$$

使用 $k_x=k_{\parallel}\cos\phi$ 和 $k_y=k_{\parallel}\sin\phi$，最终可获得两个自旋方向上的自旋轨道分裂能

$$E_{+} = \frac{\hbar^2 k_{\parallel}^2}{2m^*} + \frac{\hbar}{4\pi^2}\alpha_{\mathrm{R}}k_{\parallel} \tag{6.51a}$$

$$E_{-} = \frac{\hbar^2 k_{\parallel}^2}{2m^*} - \frac{\hbar}{4\pi^2}\alpha_{\mathrm{R}}k_{\parallel} \tag{6.51b}$$

这些表达式可以写为

$$E_{\pm} = \frac{\hbar^2}{2m^*}\left(k_{\parallel} \pm \frac{m^*}{h\pi}\alpha_{\mathrm{R}}\right)^2 - 2m^*\alpha_{\mathrm{R}}^2 = \frac{\hbar^2}{2m^*}(k_{\parallel} \pm k_{\mathrm{SO}})^2 - \Delta_{\mathrm{SO}} \tag{6.52}$$

±表示自旋向上和自旋向下，相对于与 $\boldsymbol{k}_{\parallel}$ 空间的每一个点相关的自旋取向轴 $\boldsymbol{n}_{s}(\boldsymbol{k}_{\parallel})$。表面态二维电子系统(或表面/界面二维电子气，8.5.2 节)最初的两个自旋简并能级抛物面(在 $\boldsymbol{k}_{\parallel}=\boldsymbol{0}$)分裂成两个抛物面，其沿电子传播方向 $\boldsymbol{k}_{\parallel}$，在向上自旋和向下自旋的相反方向偏移 $k_{SO}=m^{*}\alpha_{R}/h\pi$，并在能量上相比原来的抛物面(图 6.57)[6.91]减少 $\Delta_{SO}=2m^{*}\alpha_{R}^{2}$。分裂能为

$$\Delta E=E_{+}-E_{-}=\frac{\hbar}{2\pi^{2}}\alpha_{R}k_{\parallel} \tag{6.53}$$

两抛物面之间分裂能与电子的波矢 $k_{\parallel}$ 成正比，即取决于电子的速度。另外，自旋方向的轴 $\boldsymbol{n}_{s}$ 取决于电子的波矢 $\boldsymbol{k}_{\parallel}$，按照

$$\boldsymbol{n}_{s}(\boldsymbol{k}_{\parallel})=(\psi_{\pm\boldsymbol{k}_{\parallel}}|\boldsymbol{\sigma}|\psi_{\pm\boldsymbol{k}_{\parallel}})=\pm\begin{pmatrix}\sin\phi\\-\cos\phi\\0\end{pmatrix} \tag{6.54}$$

在任意时刻，它垂直于传播(方向)波矢 $\boldsymbol{k}_{\parallel}=k_{\parallel}(\cos\varphi,\ \sin\varphi,\ 0)$(图 6.57)。表面或半导体界面的势阶跃或梯度引起的自旋轨道相互作用，根据其发现者，命名为 Rashba 自旋轨道耦合。

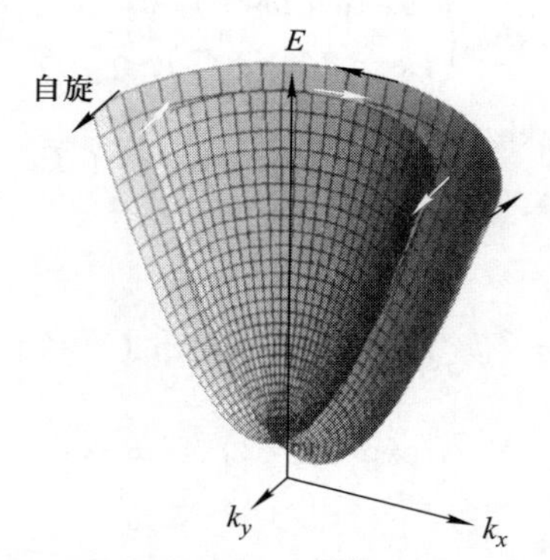

图 6.57　切断二维电子气(例如表面态)的两个能量色散抛物线，其中反演对称被破坏。图中标出费米面上量子化自旋轴(或自旋图像)的矢量场(箭头)。具有相反 $\boldsymbol{k}$ 矢量的电子具有相反的自旋取向。有效 $\boldsymbol{B}$ 场总是垂直于传播方向 $\boldsymbol{k}_{\parallel}$。该类型的自旋电子耦合在界面引起的二维电子或空穴气的二维能带结构称为 Rashba 型能带

正如我们将在下一节中看到的，自由电子气中的自旋轨道相互作用的讨论到目前为止并不足以理解一些表面态能带结构中实验所观察到的自旋效应。表面原子的原子核附近强电场从本质上也对表面态自旋轨道有贡献(图 6.56)。原子内的电子处于带正电的原子核的库仑场中

$$\boldsymbol{\varepsilon} = -\nabla V_{\text{nucl}} = -\frac{\boldsymbol{r}}{r}\frac{\mathrm{d}V_{\text{nucl}}}{\mathrm{d}r} \tag{6.55}$$

通过式(6.40)和式(6.42)可以得到束缚在原子中的一个电子相应的自旋轨道相互作用哈密顿量：

$$\hat{H}_{\text{SO}}^{\text{at}} = \frac{e}{2m_0c^2}\hat{\boldsymbol{s}}\cdot(\boldsymbol{v}\times\boldsymbol{r})\frac{1}{\boldsymbol{r}}\frac{\mathrm{d}V_{\text{nucl}}}{\mathrm{d}\boldsymbol{r}} = \frac{e}{2m_0c^2}(\hat{\boldsymbol{s}}\cdot\hat{\boldsymbol{L}})\frac{1}{r}\frac{\mathrm{d}V_{\text{nucl}}}{\mathrm{d}r} \tag{6.56a}$$

$\hat{\boldsymbol{L}}$ 为电子的角动量(算符)，m_0 为其质量。对于具有原子序数 Z 的原子，计算原子核库仑势的梯度，并得到

$$\hat{H}_{\text{SO}}^{\text{at}} = \frac{Ze^2}{8\pi\varepsilon_0 m_0^2c^2r^3}(\hat{\boldsymbol{s}}\cdot\hat{\boldsymbol{L}}) \tag{6.56b}$$

因此，自旋轨道相互作用的强度随着原子序数 Z 的增大而提高，较重的原子比较轻的原子表现出更明显的自旋轨道耦合效应。

进一步，必须补充自由电子模型以定量描述固体(包括表面态)自旋轨道耦合；电子的能带结构，即在不同电子带之间，特别是半导体的价带和导带之间的耦合对 Rashba 常数 α_R 的绝对值起着重要的作用[式(6.43)][6.92]。这些效应可以采用自洽的密度泛函理论(DFT)方法进行详细计算。

6.6.2 Au 和半金属表面自旋分裂表面态

6.4.1 节中，我们已经讨论了各种 Cu 表面 s 轨道和 p 轨道衍生的抛物线形表面态能带。用于报道结果(图 6.18、图 6.19)的 ARUPS(附录Ⅻ)的光谱分辨率自然不足以检测出那些表面态能带中自旋轨道耦合所引起的效应。但即使有更先进的设备，包括基于同步辐射的 ARUPS，Cu 表面上自旋诱导的能带分裂也无法观察到。有一段时间，这不令人惊讶，因为人们定性地估计 Cu(110)和 Cu(111)上自由电子抛物线形表面态能带里两个不同自旋方向间的分裂能 $\Delta E = E_+ - E_-$[式(6.53)]是相当小的。通过二维电子气表面系统的描述形式，特别是式(6.53)，约为 1 nm^{-1}的典型 $\boldsymbol{k}_{\parallel}$ 矢量和在 5 eV 范围内的功函数(确定表面势阶跃)，抛物线形表面态的分裂能(6.53)ΔE 估计在 10^{-6}的数量级，该值太小以至于不能在标准 ARUPS 中检测。然而，在费米面边缘，一个微小的 $\Delta k \approx$ 0.06 nm^{-1}(两表面态抛物线的波矢偏移)的自旋轨道分裂可被激光激发的 ARPES 在 Cu(111)上检测到[6.93]。

更令人兴奋的是由 LaShell 等人[6.94]对 Au(111)面的 ARUPS 测量，其利用带有 Ar Ⅰ辐射(双峰：$\hbar\omega$ = 11.62，11.83 eV)的改进光电发射装置以及可提供高角度和约 25 meV 的能量分辨率的半球形分析仪。无需溅射退火对 Au 表面进行超高真空制备的细节，发现了贵金属布里渊区的 Γ 点附近具有典型的抛物线形 s-p 表面能带。但与 Cu 和 Ag 表面不同，测量到 Au(111)面两个相

互偏移的抛物线形能带(图 6.58)。费米能级 E_F 附近，两个能带之间的能级分裂能 ΔE 高达 110 meV(图 6.58)，数值超过自由电子模型的预期。即使是核的强库仑场效应(6.6.1 节)也不能完全解释 Cu、Ag 和 Au 表面之间的差异。原子序数 $Z_{Au}=79>Z_{Ag}=47$ 可解释 Ag 和 Au 表面能带的两自旋轨道分裂能最大相差一倍。在图 6.58 中，Au(111)表面能带自旋轨道的显著分裂通过自洽密度泛函理论计算来解释是可能的。Petersen 和 Hedegard [6.95]发现这些表面态能带的自旋轨道分裂与原子自旋轨道耦合参数(原子核的库仑场)的乘积以及表面电子态波函数的非对称性成正比。在随后的计算中，Bihlmayer 等人[6.96]表明，在 Au 中，与 Ag 和 Cu 不同，表面态波函数表现为在 sp 基础波函数混合进较强的 d 轨道特性。这部分 d 轨道特性会造成波函数强烈的不对称，并解释了观察到的 Au(111)中抛物线形表面态能带强的自旋轨道分裂(除 Au 较高的原子序数 Z 以外)。

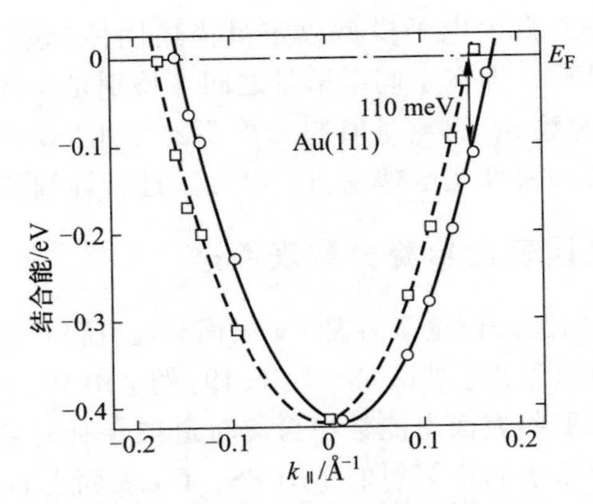

图 6.58　Au(111)面上 sp 衍生电子表面态能带的能量色散 $E(\boldsymbol{k})$。由于自旋轨道耦合，这一表面态能带分裂成两个沿平行于表面波矢 $\boldsymbol{k}_{\parallel}$ 相互偏移的抛物线。通过高分辨 ARPES 测量获得数据点。实线和虚线是根据公式 $E_1(k_{\parallel})=15.2(k_{\parallel}-0.0117)^2-0.416$ 和 $E_2(k_{\parallel})=15.3(k_{\parallel}-0.0117)^2-0.418$ 的抛物线拟合，其中，能量单位为 eV，$k_{\parallel}$ 的单位为 Å^{-1}[6.94]

更加引起关注的是，在半金属铋(Bi)、锑(Sb)中发现自旋轨道耦合在表面态上引起的效应。从图 6.59(黑色实线)中电子体能带结构的计算[6.97，6.98]可以看出，这两种材料具有明显的半金属特征。对于 Sb，Γ 点处导带能量最低点与 Γ 到 M 间价带顶端重叠。对于 Bi，Γ 点处导带与价带间的带隙与 Γ 到 M 间的导带重叠。Sb 的原子序数为 51，Bi 的原子序数为 83，由于较高的原子序数，预期在这些材料中可发现主要源于原子核强库仑场的自旋轨道耦合。相应地，通过对 Bi(111)和 Sb(111)面的 DFT 计算[6.97，6.98]，可以获得两种表面态能带结构，其中一个在体价带内，另一个在体带隙中(图 6.59，虚线)。两个能带结构都是由两个沿 $\overline{\Gamma}\overline{M}$(不同颜色)不同自旋取向的特殊能带组成。这两个表面态能带是强自旋轨道相互作用造成的结果。对于 Sb(111)，在图 6.59(a)中看到一个有趣的现象。带隙中自旋分裂表面态能带改变了它们沿 $\overline{\Gamma}\overline{M}$ 的轨道特征由导带到价带。它们将体价带和导带连接起来。这一现象是由于 Sb 中的强自旋轨道耦合造成的，强自旋轨道耦合翻转表面附近导带和价带衍生轨道的次序。这一效应将成为例如 Bi_2Se_3、Bi_2Te_3、Sb_2Te_3 这类含半金属元素化合物(6.6.3 节)的核心问题。还值得一提的是，$\overline{\Gamma}$ 点附近自旋分裂类抛物线形表面态能带沿 k 轴 $\overline{\Gamma}\overline{M}$ 相互偏移，正如我们在二维电子气的自旋分裂抛物线形能带中推导过的一样。

图 6.59(b)中，在 Bi(111)面上相应的自旋分裂表面态能带(彩色虚线)沿 $\overline{\Gamma}\overline{M}$ 返回到体价带，可以由 Bi 的自旋轨道相互作用比 Sb 的更强($Z_{Bi}=83>Z_{Sb}=51$)来解释。由此产生的轨道双交换沿 $\overline{\Gamma}\overline{M}$ 回到价带。

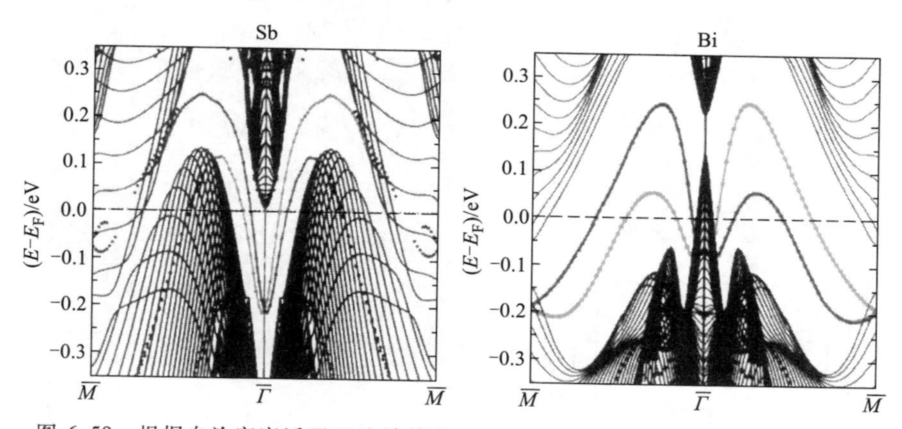

图 6.59　根据自洽密度泛函理论计算的 Bi(111)[6.97]和 Sb(111)[6.98]面的电子能带结构。黑色实线表示投影体能带结构(价带和导带)：蓝色和红色虚线表示表面态，由于自旋轨道耦合，表面态被分裂成具有相反自旋方向(红和蓝)的两部分。(见文后彩图)

6.6.3　拓扑绝缘体表面态

一类由例如 Bi、Se、Te、Sn、Sb、Pb 等重元素组成，具有绝缘体能隙的晶体材料显示有趣的不同自旋取向的特殊表面态。下面将要谈到的这些材料称为拓扑绝缘体(topological insulator，TI)，它们不寻常的自旋相关表面态的性质来自于构成原子的强自旋轨道相互作用。迄今为止，已在实验和理论上广泛研究的典型材料是硫族化合物 Bi_2Se_3(带隙约为 0.3 eV)、Bi_2Te_3(带隙约为 0.17 eV)和 Sb_2Te_3(带隙约为 0.2 eV)。它们是典型的拓扑绝缘体，或者说具有辉碲铋矿型晶格的Ⅴ-Ⅵ半导体[6.99](图 6.60)。该结构可用具有 3 个五原子层[五层(quintuple layer, QL)]的六方原始晶胞来描述。对于 Bi_2Se_3 和 Bi_2Te_3，每个五层分别包含沿三角 z 轴以 Se(Te)-Bi-Se(Te)-Bi-Se(Te)顺序排列的 5 个原子层。沿单位晶胞中心轴，顶端 Se(Te)-Bi 原子和底端 Bi-Se(Te)原子是次邻近的，而 Se(Te)原子位于中心轴两侧。在每个五层中，都有两个等效的 Se(Te)原子、两个等效的 Bi 原子以及第三个 Se(Te)原子。邻近的 Bi-Se(Te)层是由离子共价混合键连接的，而邻近的五层之间是由键合力弱的范德瓦耳斯键连接。材料的薄层可通过分子束外延(MBE)生长和金属有机气相沉积法(MOCVD/MOVPE)在具有六方表面晶格对称性(2.4 节、2.5 节)的基底上生长。

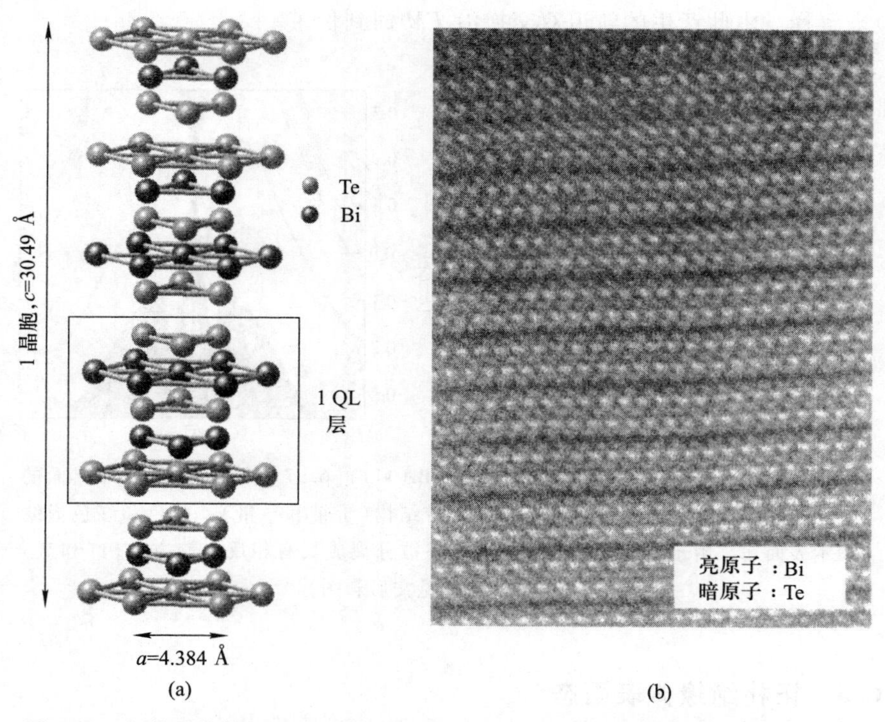

图 6.60 拓扑绝缘体 Bi_2Te_3 的晶体结构：(a) 六方原胞球体模型，其包含 3 个五原子层厚的五层(QL)；(b) 通过 MBE 沿六方 c 轴生长的薄膜的高分辨透射电子显微镜(TEM)照片

为了理解这些拓扑绝缘体材料不寻常的表面态性质，我们考虑 Bi_2Se_3(作

为一个例子）的最终电子能带结构［6.100］是如何用不同的理论步骤从 $Bi(6s^2 6p^3)$ 和 $Se(4s^2 4p^4)$ 的原子 p 轨道发展而成的。s 能级的贡献可以忽略不计，因为 s 能级从能量上比 p 能级低得多，与 p 轨道能级很好地分离开。图 6.61 定性地示出了在布里渊区 Γ 点处 Bi_2Se_3 晶体原子 p 能级的能量偏移和分裂，最终形成导带底和价带顶（单能级）。沿倒易空间 k 方向，这些能级的色散产生宽能带。

从 Bi(6p) 和 Se(4p) 的原子 p 能级（图 6.61，左）开始，第一次能级偏移和分裂是由邻近的 Bi 和 Se 的 p 轨道重叠（化学键）产生。叠加态会有正号或负号，从而产生“成键”（+）和“反键”（-）轨道。“1”和“2”分别代表 Bi 和邻近的两个 Se 原子。因此，$P2^-$ 可视为两个 Se-Bi 键 p 轨道叠加的反对称（奇偶性“-”）线性组合（Se 和 Bi 之间没有其他节点的对称）。在反演中心，中心原子 Se 的每侧都有一个叠加，但与波函数的符号相反。在这里，相对于晶体反演中心（中心 Se 原子），奇偶性“-”是可以理解的。类似地，$P1^+$ 是中心原子 Se 每侧的两个反键 Se-Bi 的 p 轨道组合（Se 和 Bi 之间有一个额外的节点的反对称）的对称叠加（对于反演中心，奇偶性“+”）。$P0^+_{x,y,z}$ 是在反演中心上的第三个 Se 原子的分裂能级，因此与其他两个 Se 原子不同。对于导带和价带形成有意义的 $P2^-_{x,y,z}$ 和 $P1^+_{x,y,z}$ 这两个能级用绿线框标记。两个邻近原子的晶体场可以引起对称性破缺，因此导致进一步的分裂，分离 p 轨道在 x、y 和 z 轴方向的能量。下一步，在理想实验中，强自旋轨道耦合开关打开：由于时间反演对称，$P1^+_z$ 分裂成两个自旋简并能级 $P1^+_{z\uparrow\downarrow}$，$P2^-_z$ 转化为简并能级 $P2^-_{z\uparrow\downarrow}$。自旋轨道相互作用像是轨道之间的斥力，这种作用将 $P1^+_{z\uparrow\downarrow}$ 向下拉，并将 $P2^-_{z\uparrow\downarrow}$ 向上推（图 6.61 右侧的绿色边框）。这些材料的强自旋轨道相互作用反转了 $P1^+_z$ 和 $P2^-_z$ 轨道的能量顺序，也因此反转了导带和价带的本性（包括奇偶性）。值得注意的是，在三维能带结构中，分别描述 Γ 点（$\boldsymbol{k}=\mathbf{0}$）处价带顶和导带底的单能级 $P1^+_{z\uparrow\downarrow}$ 和 $P2^-_{z\uparrow\downarrow}$ 扩展成能带并解开其自旋简并（$\boldsymbol{k}\neq\mathbf{0}$）（图 6.61 的右侧）。

我们现在考虑拓扑绝缘体材料（这里是 Bi_2Se_3）与自旋轨道耦合可忽略或很小的常规半导体例如 ZnO、InP 或真空之间的界面。界面两侧的波函数必须匹配。这种匹配唯一的可能是具有相同奇偶性的波函数，否则会导致波函数的正号区域和负号区域相抵消。因此，匹配条件需要界面两侧的波函数奇偶性相同。在拓扑绝缘体中，非常接近表面（界面）的区域内，$P2^-$（上）和 $P1^+$（下）顺序必须重新回到 $P1^+$（上）以及 $P2^-$（下）（类似于绿色边框中交叉的能级）。否则，邻近标准半导体中波函数的奇偶性将不会被满足。因此，在拓扑绝缘体表面，必然存在连接体导带和体价带的电子态（图 6.61 的右侧）。这些都是 $P2^-_{z\uparrow\downarrow}$ 和 $P1^+_{z\uparrow\downarrow}$ 衍生的表面（界面）态，但因为式（6.39），有限波矢 $\boldsymbol{k}\neq\mathbf{0}$，相反的自旋方向是不同的。

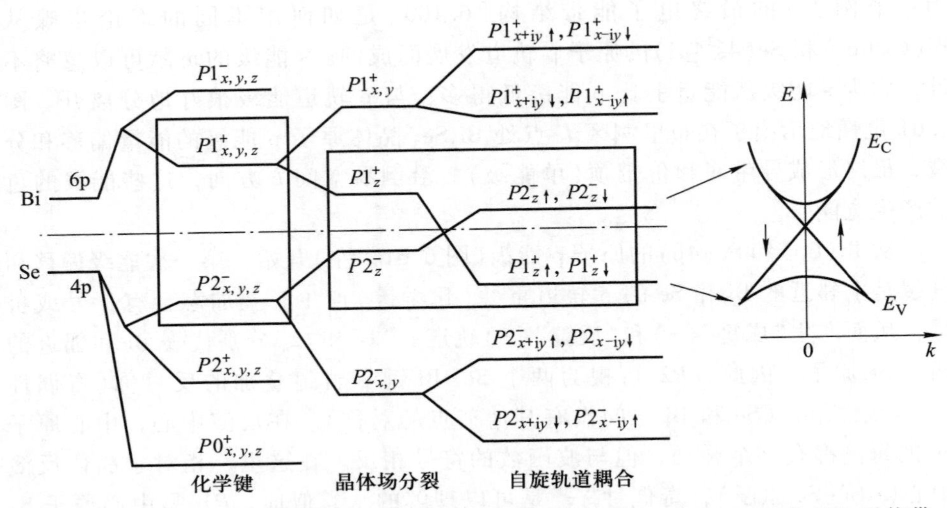

图 6.61 Bi_2Se_3 的布里渊区 Γ 点(中心)处从原子能级 Bi 6p 和 Se 4p 开始的电子能带结构演变。晶体内，$P1_{x,y,z}$ 等表示的单电子能级(绿色线框内)分别对应导带最低能量和价带最高能量。成键和反键 p 轨道波函数组合的奇偶性(+和-)与五层(QL)的反演中心相关[图 6.60(a)]。Γ 点处能带序列的演变由化学键引起的轨道重叠、晶体场分裂和最后的强自旋轨道耦合逐步展现(理想实验)。在右侧，Γ 点附近体导带(E_C)和体价带(E_V)的抛物线部分定性地显示，其起源于 $P2^-_{z\uparrow\downarrow}$ 和 $P1^+_{z\uparrow\downarrow}$ 能级。蓝线和红线描述不同电子自旋取向(箭头)的拓扑保护表面态能带，其起源于与真空或较小自旋耦合材料间的波函数匹配。(见文后彩图)

对于拓扑绝缘体的表面与真空间的界面，也有类似的要求。在这种情况下，在拓扑绝缘体材料中，p 波函数(倒置奇偶性)必须与指数衰减到真空并且自旋简并的波函数匹配。在真空中，没有自旋轨道相互作用。$P2^-_z$ 和 $P1^+_z$ 轨道必须在表面附近再次反转它们的轨道特性和能量顺序。结果两个相反自旋方向上产生两个表面态能带，其连接体导带和体价带态。可以在图 6.61(右)中定性地看到，体导带(E_C)和体价带(E_V)的抛物线部分沿波矢(k)的范围绘出。连接导带和价带的表面态能带用红色和蓝色表示相反的自旋方向(箭头)。除了真空和标准半导体，几乎所有自旋轨道相互作用强度比拓扑绝缘体低得多的材料，它们与拓扑绝缘体形成界面，例如作为吸附物，都或多或少要求界面处电子波函数符合上述的匹配条件以及界面上 $P2^-_z$ 和 $P1^+_z$ 能级的交叉。因此，相反自旋方向的这两个表面(界面)态能带(连接体导带和体价带)的形成是拓扑绝缘体表面的普遍性质。

这些拓扑绝缘体表面态的性质与我们目前为止熟悉的半导体和金属表面是不同的。半导体和金属的表面态是由晶体平移对称性的破坏、缺陷或吸附外来原子而产生的。它们对原子在表面的排列，即重构、面取向、缺陷和吸附是非常敏感的。与此不同，在拓扑绝缘体自旋轨道耦合诱导的表面态或多或少都存在，其在表面或界面的每一类型会有微小修正。它们对表面取向、重构、吸附或表面缺陷是不敏感的。它们的存在是受电子能带结构拓扑保护的，这种电子结构是在这些材料的强自旋轨道耦合中产生的。根据这些现象，得到“拓扑绝缘体”这一名称。

图 6.62 中，以 Sb_2Te_3(0001) 面为例说明该情况。在 6 个五层的厚板(slab)[6.101]的 DFT 计算中，得到无自旋轨道相互作用的电子能带结构(非真实)，在带隙中没有表面电子态。小的表面态图(红点)在体价带范围内发现[图 6.62(a)]。通过理论上打开强自旋轨道相互作用开关，出现两组表面态，由自旋方向相反的两自旋分裂的分支组成[红色和蓝色虚线，图 6.62(b)]。体能带结构与无自旋轨道耦合的情况是非常类似的[图 6.62(a)]。在 -0.2 eV ~ -0.8 eV 之间能量较低的表面态能带与体价带重叠。最引起关注的是，在体能隙内的两个表面态能带(连接体价带和体导带)在费米能级 E_F 处彼此交叉(红色和蓝色虚线)。不同的颜色表示表面态相反的自旋方向。不同半径的彩色点定性地表示自旋密度绝对值的大小。阴影区域表示到达表面态 Γ 点处的交叉点的投影体能带结构。将图 6.62(b)的线形图补充到表面二维倒易空间的其他方向，在 E_F 交叉点附近得到一个双锥体：占据态的下锥体和相反方向的空态

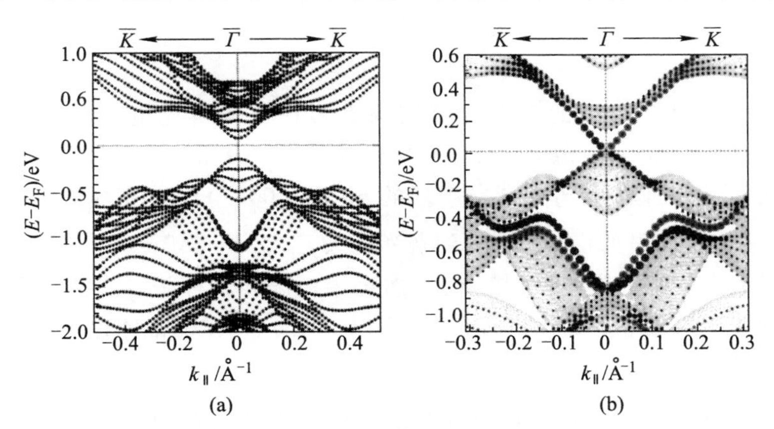

图 6.62 (a)(无自旋轨道耦合)利用密度泛函理论(DFT)在包含 6 个五层(QL)的 slab 上沿 $\overline{\Gamma}$—$\overline{K}$ 计算的 Sb_2Te_3(0001)投影电子能带结构，仅发现与费米能级 E_F 以下 -1 eV 处 Γ 点附近的价带相连的表面态[6.101]；(b)(有自旋轨道耦合)通过 DFT 在 6 个五层(QL)的 slab 上计算的 Sb_2Te_3(0001)投影电子能带结构。投影体能带以灰色阴影区域表示。表面态以红色和蓝色虚线绘制，红色和蓝色表示不同自旋取向。彩色点的尺寸代表自旋密度的大小[6.101]。(见文后彩图)

的上锥体。占据态下锥，即色散 $E(k_x, k_y)$，以及倒易空间中跨过对称点 Γ、K、M 的剖面，在图 6.63(a)中定性地示出。也示出了相反 k_x 方向[式(6.39)]的表面态相反的自旋方向。需要注意的是，任一时刻自旋方向都垂直于电子传播方向 k_x(6.6.1 节)。

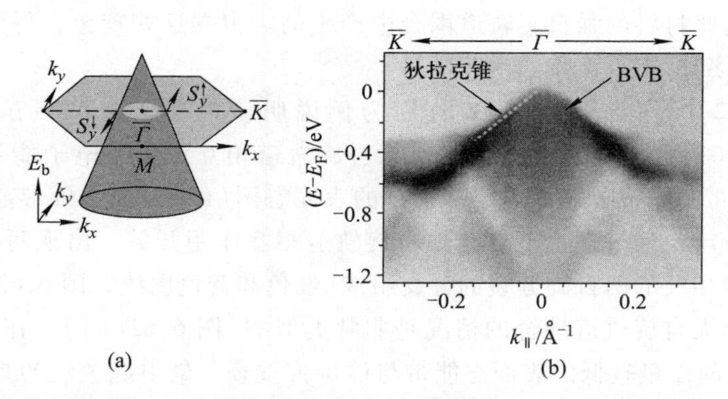

图 6.63 (a) $Sb_2Te_3(0001)$拓扑保护表面态的下狄拉克(Dirac)锥(无掺杂占据态)和包含六方二维表面布里渊区(对称点为 $\overline{\Gamma}$、$\overline{K}$、$\overline{M}$)的横截面。如 DFT 计算中得到的，箭头 $S_y^{\downarrow}$ 和 $S_y^{\uparrow}$ 标示的自旋方向是相反的，对于具有相反 k_x 波矢的态。(b) $Sb_2Te_3(0001)$下狄拉克锥(深黑线)的电子表面态能带结构，通过 ARPES($h\nu = 55$ eV)沿 $\overline{\Gamma}$—$\overline{K}$ 测量得到。体价带(bulk valence band，BVB)以灰色区域标示，在表面态能带以下。费米速度 v_F 由白色虚线导出

通过 DFT 计算得到的基本能带结构确实在角分辨光电发射谱(angle resolved photoemission spectroscopy，ARPES)实验(附录Ⅺ)中发现。该实验利用 BESSY Ⅱ同步加速器在超高真空解理的 $Sb_2Te_3(0001)$面上完成[6.101]。图 6.63(b)示出了测量的沿 $\overline{\Gamma K}$ 下降到费米能级 E_F 以下 -1.2 eV 范围内的占据态色散。形成占据态下锥体(深黑)的表面态用白虚线来标记。当然，在 ARPES 中未见到属于双锥上部的未占有态。在图 6.63(b)中，下锥体以下的灰色阴影区是体价带(BVB)。

费米能级以上和以下 $\overline{\Gamma}$ 点附近双锥型色散 $E(k_x, k_y)$(图 6.62、图 6.63)对于电子来说是不寻常的，在其中，表面态能带在一个单点上彼此交叉，并显示一个线性色散

$$\frac{1}{\hbar}E = v_F k_{\parallel} \tag{6.57}$$

在真空和固体材料中，都能找到电子的 k^2 型色散。相对无质量光子的特征线性色散[式(6.57)]，也在石墨烯(单层碳原子)[6.102]的自由电子中发现和

广泛研究。在这种情况下，带有线性色散[式(6.57)]的电子行为已被证明与电子动力学上服从相对狄拉克方程的粒子是完全相同的[6.102]。因此，双锥体(图6.63)通常称为狄拉克锥，相反自旋取向的表面态能带的交叉点[图6.62(b)]称为狄拉克点。由于在所考虑的情况中，费米能级穿过狄拉克点，电子的费米速度可以直接从在狄拉克点的能带的斜率得到。从图6.63(b)中的ARPES结果可以导出费米速度 $v_F = 3.8\times10^7$ cm/s，该值与具有良好导电性金属的费米速度相当。

值得一提的是，在其他拓扑绝缘体材料中，费米能级 E_F 截取狄拉克锥的位置可能在狄拉克点以上或狄拉克点以下。在第一种情况中，具有费米速度的准自由电子可以携带电流，n型掺杂导致表面态内二维n型导电性。在第二种情况中，狄拉克点以下的表面态是空态，得到空穴(p型)导电性。n型和p型掺杂可能起源于材料的体掺杂或吸附外来原子，由于体带隙中表面态能带内的电导限制在最外原子层。请注意，拓扑绝缘体表面态的线性能量-波矢关系(与抛物线形不同)，不能为狄拉克点上费米能级钉扎产生足够高的态密度(7.5节)。

在图6.62中，可以看出抛物线最小值在-0.8 eV结合能附近第二种类型的自旋轨道分裂表面态能带，实验中也发现了这两个能带[6.101]。根据DFT计算[6.101]，它们可根据Rashba型表面态来解释，该态是源于表面的原子势跃迁(6.6.1节)。图6.64示出了不同类型表面态的局域态密度(轨道图像)的计算结果。Rashba型态具有显著的 p_z 特征并被局域在Te表面层内。狄拉克锥的电子态有着更多Sb的 p_z 特征并更强烈地穿透进体内。总的来说，拓扑绝缘体材料内狄拉克锥的这些表面态都位于表面以下。它们与悬挂键态(6.4节、6.5节)是非常不同的，悬挂键态突出到真空并对表面条件非常敏感。

由DFT计算，两个拓扑保护彼此交叉产生狄拉克锥的表面态能带的形成在拓扑绝缘体 Bi_2Se_3 和 Bi_2Se_3 中也发现了[6.100]。在 Bi_2Se_3(111)面[图6.65(a)]找到一个狄拉克点的理想状态，其位于拓扑绝缘体材料的体带隙内，没有与体导带和体价带在能量上交叠。在 Bi_2Te_3(111)面发现狄拉克锥的上部和在 Γ 点处的狄拉克点位于体价带的凹处，因此被隐藏在体态高密度后[图6.65(b)]。

该行为已从实验上确认。在3.5个五层(QL)厚的 Bi_2Te_3 薄膜[通过分子束外延生长在Si(111)面]上，沿两个相互垂直于 $\boldsymbol{k}$ 矢量方向进行ARPES测量(见附录XI)，获得了费米能级以下的电子能带的三维图像(图6.66)[6.103]。在结合能大于0.1 eV处可以看到体价带在布里渊区中心 $\overline{\Gamma}$ 点有一个凹处(红色)。拓扑保护表面态的狄拉克锥(黑色虚线)及其狄拉克点(虚线交点)渗透到价带凹处，如同从理论中定性获得的结果[图6.65(b)]。在费米面($E_F=0$)，能量最高的表面占据态形成一个复杂的六角星形色散而不是一个简单的圆锥形。由黑色虚线的斜率可以得到表面态电子的费米速度 $v_F=4.28\times10^7$cm/s。注

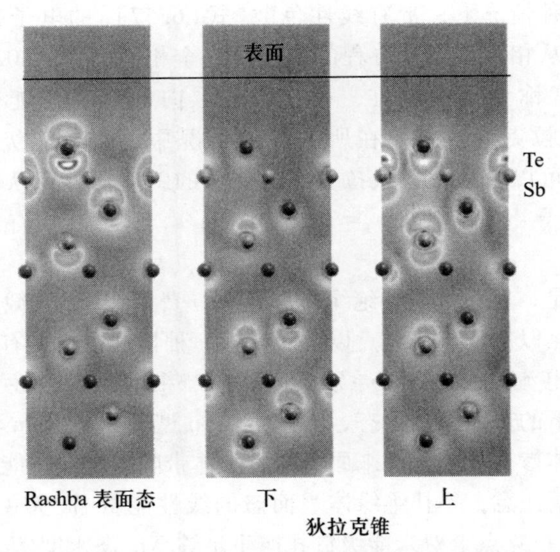

图 6.64 由 DFT 计算的 Sb_2Te_3(0001)局域表面态密度(波函数)二维截面。Te 和 Sb 原子核用不同颜色标示。从左到右分别为体价带局域[图 6.62(b)中 -0.3 ~ -0.8 eV 之间]内的 Rashba 表面态、下狄拉克锥和上狄拉克锥的拓扑保护表面态

意，费米面在狄拉克点以上切割狄拉克锥，材料无意中至少在表面态上受到了 n 型掺杂。

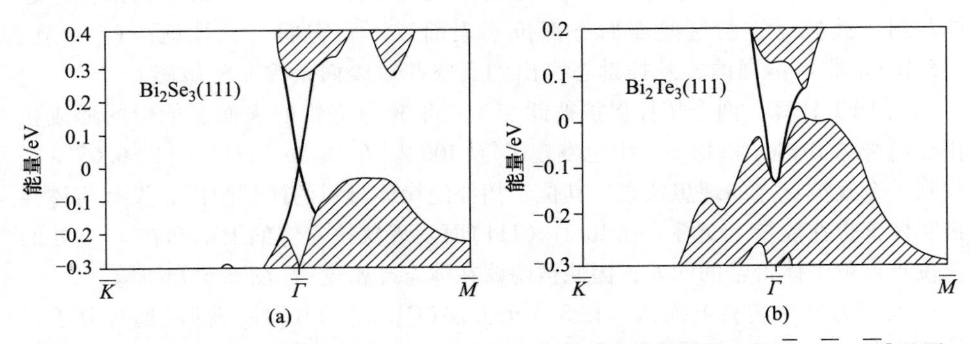

图 6.65 (a) Bi_2Se_3(111)和(b) Bi_2Te_3(111)表面的电子能带结构，沿 $\overline{K}$—$\overline{\Gamma}$—$\overline{M}$[见图 6.63(a)]由 DFT 计算得出。阴影区域代表投影体价带和体导带。连接价带和导带的拓扑保护表面态能带由粗实线描绘。需要注意的是，在狄拉克点交叉的两个能带不是沿相反方向的 $\boldsymbol{k}$ 矢量绘制(无相反方向的自旋取向)[6.100]

拓扑绝缘体材料中拓扑保护表面态表现出非常有趣的电子和空穴输运特性。如在一个二维电子或空穴气(8.5.2 节)中，载流子可以在这些态中以费米

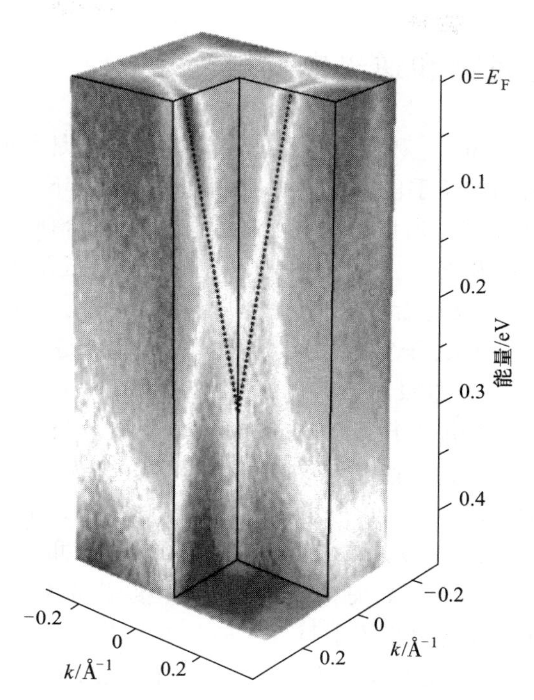

图 6.66 在 3.5 个 QL 厚的薄膜上由 ARPES 测量（温度为 15 K）的 Bi_2Te_3 (111)表面电子能带的三维图。红色表示的能量较低的结构是体价带；拓扑保护表面态形成狄拉克锥，用黑色虚线表示[6.103]。（见文后彩图）

速度 v_F 准自由地移动。但是，在该表面态传导通道中，电子或空穴传输的不寻常特性是载流子的自旋取向。由于传播电子 $\boldsymbol{k}$ 矢量和自旋取向之间的联系，在相反方向运动的电子在理想情况下携带相反方向的自旋。实验上可证明的拓扑绝缘体的这个属性使其在自旋电子学领域的应用受到广泛关注，在此，自旋会成为信息的载体，而不是电荷。

附录Ⅻ 光电发射和逆光电发射

光电发射[Ⅻ.1-Ⅻ.3]和逆光电发射谱[Ⅻ.4]分别是研究占据和空电子态能带结构的最重要的实验手段。根据固体中电子动能的不同，它们的平均自由程在 5 Å 到几百 Å 不等。所以，这些实验手段分别适合研究块体(3D)和表面(2D)能带结构 $E(\boldsymbol{k})$ 和 $E(\boldsymbol{k}_{\parallel})$。特别是，当光子能量低于 100 eV 时，这项技术对表面非常敏感，故适合于表面研究。使用 UV 光子实现的光电发射谱(UPS)或者使用 X 射线光子实现的光电发射谱(XPS)是基于所熟知的光电效应。固体受到单色光子的照射，其电子受激从占据态进入空态(在固体内)，然后它们进入真空(自由电子平面波态)并被电子能分析仪探测。因此，发射的光电子的动能是一定的，而且其在固体之外的波矢 $\boldsymbol{k}^{ex}$ 是由它的能量和分析仪狭缝方向确定的(6.3 节)。由于电子波是从晶体中逃逸的，其表面类似一个二维散射势(平移对称破缺)，波矢 $\boldsymbol{k}_{\perp}$ 是不守恒的；在角分辨 UV 光电子能谱(ARUPS)方法中，内部的 $\boldsymbol{k}$ 矢量不能通过直接测量 $\boldsymbol{k}^{ex}$ 确定[式(6.19)~(6.23)]。图Ⅻ.1 所示为光电发射过程中的基本关系，图的上半部分是占据态和空态的态密度(在费米能级 E_F 以上连续)。固定光子能量 $\hbar\omega$ 的激发填充晶体中真空能级以上的空态，晶体外测量的电子相应的能量分布可以获得晶体占据态定性的图像(价带和芯能级态与 $\hbar\omega$ 值有关)。测量的尖峰分布叠加在真实二次背底，该背底是由晶体中多重散射而失去能量准连续量的电子产生的(6.3 节)。谱线中的尖峰对应外部探测到的电子的动能 E_{kin} 由下式给出：

$$E_{kin} = \hbar\omega - E_i - \phi \tag{Ⅻ.1}$$

其中，E_i 为初始态的结合能(待定)，ϕ 为电子到达真空所需要克服的功函数。该光电发射实验中的所有能量都以费米能级 E_F 作为参考，而且这个能量是固定的(样品处于基态或者其他固定势)，当样品为金属(或金属表层)时可以由上发射起始值确定。

实验所需的装置是由一个单色光源置于 UHV 腔中的表面洁净的样品以及相应的电子探测、能量分析装置组成。对于角分辨测量，需使用半球形或 127°反射器(第 1 章附录Ⅱ)，因为它们具有有限的、容易定义的接收角。它们可以实现对 $\boldsymbol{k}^{ex}$ 的测量。当不需要使用角分辨测量时，可使用筒镜能量分析器(第 1 章，附录Ⅱ)。要确定占据态密度(对 $\boldsymbol{k}^{ex}$ 积分)，利用可以在较大角度范围接收电子的减速场分析器是很方便的。

UV 波段的 UPS 分析光源常用气体放电灯，一般将它们通过一个使用压差抽空的毛细管旋接在 UHV 腔上，以便将 UV 光照射到样品表面。灯和毛细管的若干处都连接到抽气系统，在毛细管直径为 1 mm 的情况下维持一个恒定的

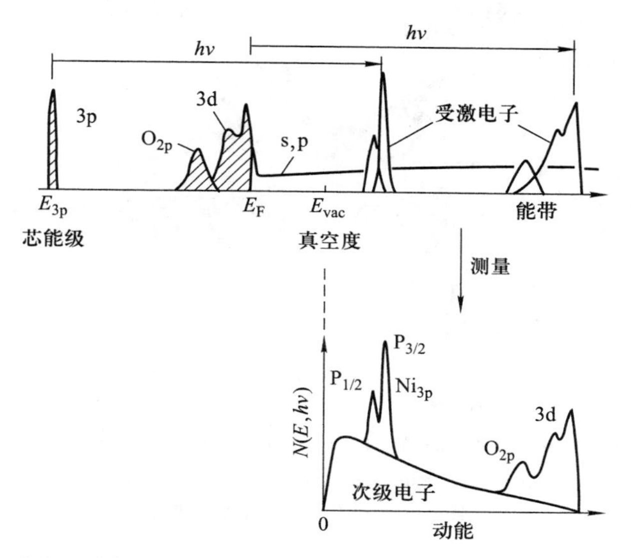

图Ⅻ.1　一个过渡金属表面(例如 Ni)吸收原子态氧(O 2p)的光电发射过程。阴影部分为占据电子态(直到费米能级 E_F)。带有能量为 $h\nu$ 的光子使晶体中的电子激发到未占据的准连续电子态中。这些电子可以离开晶体，作为动能为 E_{kin} 的自由电子被探测到。在逃逸到真空环境之前，在晶体中遭到散射的电子将在比较低的动能时探测到，形成一个连续的二次电子的背底

压强梯度：放电灯处大约为 1 Torr，UHV 腔体中大约为 2×10^{-10} Torr(图Ⅻ.2)。气体放电过程在一个气冷或水冷的腔中进行，此腔与 UHV 腔由一个 UHV 阀门隔开，以便在不破坏分析腔真空的情况下停用放电灯。放电腔中可以使用的填充气体以及它们的主要发射光谱线列于表Ⅻ.1 中。其中最重要的光源是 He 放电源，源于中性原子态 He 激发的 He Ⅰ谱线($\hbar\omega=21.22$ eV)，强度很大，而其他谱线只会造成一个小的背底。因此，该发射谱线不需要利用样品和光源间的 UV 单色器。根据气体放电时的压强(1 Torr 对应 He Ⅰ，0.1 Torr 对应 He Ⅱ)以及放电电流条件，位于 40.82 eV 的 He Ⅱ谱线也可以在无单色器的情况下应用，该发射源于放电中激发的 He^+离子。

为了研究芯能级的激发，需要使用更高的光子能量，例如 XPS 或 ESCA 中使用的。通常使用的光源是 X 射线管，其特征辐射线(表Ⅻ.1)由其阳极材料(图Ⅻ.3)确定。常用的阳极有 Mg 或 Al(表Ⅻ.1)。另外，Y 是一种非常有趣的阳极材料，因为它的发射谱线在 132.3 eV，恰好落在 UPS 和 XPS 的特征谱之间。为了获得最大的发射强度，X 射线源的阳极使用水冷却。特征 X 射线的线宽为几百 meV(表Ⅻ.1)，所以，在不使用 X 射线单色器的情况下进行精细结

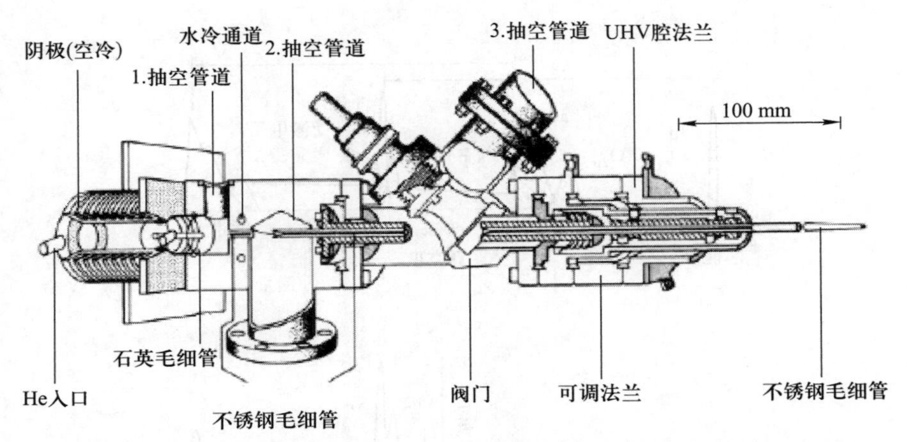

图Ⅻ.2　应用于UV光电子能谱分析(UPS)的UV放电灯的截面图。放电石英毛细管用水冷却；三套抽气系统的连接可实现压差抽空；图中的UHV阀门可以控制放电腔和UHV腔的联通状态

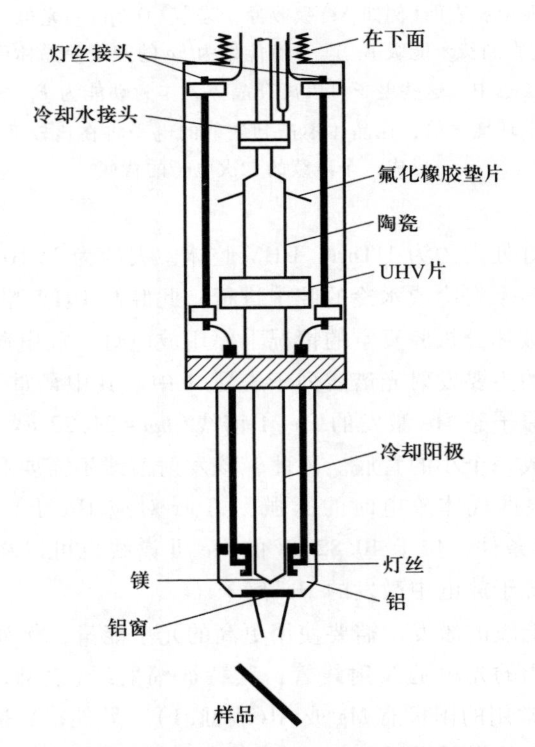

图Ⅻ.3　X射线光电子谱(XPS)所用的X射线源的截面图。由Mg或Al组成的阳极用水冷却

构或化学偏移分析是很困难的。因此，为了顺利研究芯能级的精细结构，X 射线管通常和单色器配合使用，其含有一个晶体镜作为散射元件(图Ⅻ.4)。

表Ⅻ.1 光电子能谱(UPS 和 XPS)常用的谱线源。在某些情况下(*)，谱线的相对强度与放电的条件有关，因此，所给数值只是近似值。本表中的数据来自一些原始源[Ⅻ.1–Ⅻ.3]

源	能量/eV	相对强度	样品特征强度/(光子/s)	线宽/meV
He Ⅰ	21.22	100	1×10^{12}	3
卫星峰	23.09，23.75，24.05	<2 each		
He Ⅱ	40.82	20*	2×10^{11}	17
	48.38	2*		
卫星峰	51.0，52.32，53.00	<1* each		
Ne Ⅰ	16.85 和 16.67	100	8×10^{11}	
Ne Ⅱ	26.9	20*		
	27.8	10*		
	30.5	3*		
卫星峰	34.8，37.5，38.0	< 2 each		
Ar Ⅰ	11.83	100	6×10^{11}	
	11.62	80~40*		
Ar Ⅱ	13.48	16*		
	13.30	10*		
YM_t	132.3	100	3×10^{11}	450
$MgK_{\alpha1,2}$	1 253.6	100	1×10^{12}	680
卫星峰				
$K_{\alpha3}$	1 262.1	9		
$K_{\alpha4}$	1 263.7	5		
$AlK_{\alpha1,2}$	1 486.6	100	1×10^{12}	830
卫星峰				
$K_{\alpha3}$	1 496.3	7		
$K_{\alpha4}$	1 498.3	3		

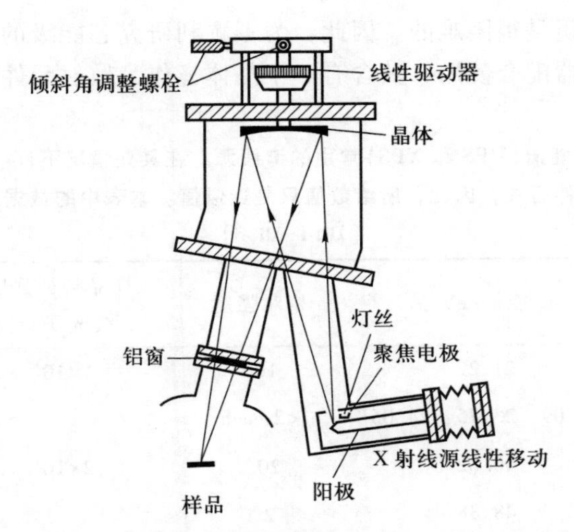

图Ⅻ.4　高分辨率 XPS 中使用的 X 射线单色器的示意图。X 射线源旋接在一个带有晶体镜的 UHV 腔上，晶体镜利用布拉格反射，作为散射元件

现在，同步辐射在光电子发射谱分析中扮演了重要的角色。同步辐射可以产生一个从远红外谱一直延伸到硬 X 射线谱的连续谱线，其截止限取决于加速能量(图Ⅻ.5)，其谱线的强度高于除了 He Ⅰ气体放电发射谱线外的所有其他气体放电发射谱线。UV 和 X 射线单色器为实验提供可调的光谱分辨率。同步辐射的另一优点是它在环的平面中是 100%偏振的，具有高的准直度(通常

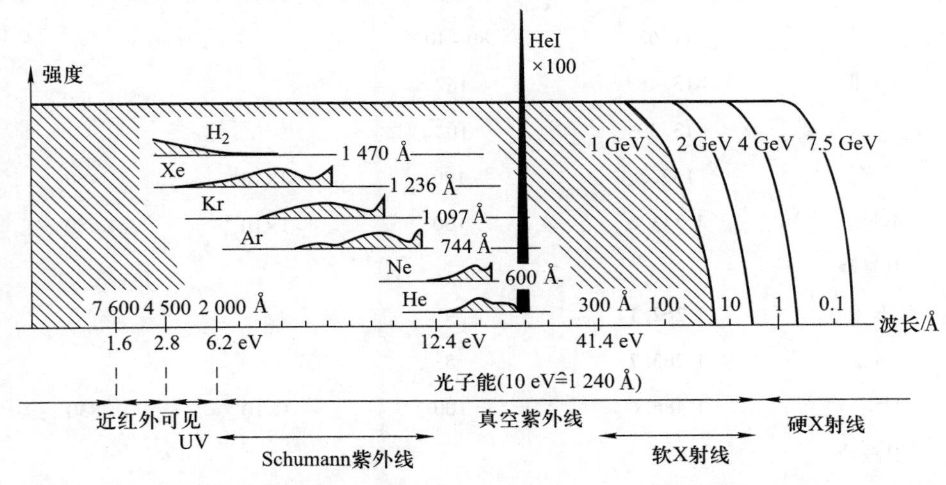

图Ⅻ.5　典型大型同步加速器(例如 DESY 或 BESSY)和传统放电源发射所产生的辐射谱的比较。图中标注了若干粒子能量(1~7.5 GeV)。强度大致都在同一范围[Ⅻ.5，Ⅻ.6]

为 1 mrad×1 mrad）和稳定性，以及时间分辨实验中很好确定的时间结构（灯塔效应）。

与此同时，先进的测量角分辨紫外光电子能谱（ARUPS）或更普遍的角分辨光电发射谱（ARPES）的设备也在使用中，其可以并行测量发射电子的能量和发射角度。发射角度与电子的波矢 $\boldsymbol{k}$ 直接相关（通过能量），可在测量期间进行实时计算。因此，在测量过程中可获得电子（表面态）能带结构的整个色散曲线 $E(\boldsymbol{k})$，并在屏幕上呈现出二维图甚至三维图。光谱的单运行和后续的发射峰位移与发射角函数关系的分析已经是不必要的了。

在入口处带有透镜系统的半球形电子能量分析仪是基本分析元件，如附录Ⅱ中描述的（图Ⅱ.8）。但透镜和分析仪半球间的入口孔并不是圆孔，而是长度为 25 mm 左右的狭缝。狭缝取向垂直于连接分析仪（图Ⅱ.8）内半球和外半球的半径。透镜系统是在角模式下运行的，而不是将样品表面光点在分析仪入口面成像为点的显微镜模式。在角模式下（由相应的透镜电位调整），离开样品表面和进入透镜的电子以一定的角度击中某一已明确定位的入口狭缝。因此，出现在狭缝特定位置的电子携带着发射角的信息（图Ⅻ.6）。现在，半球形分析仪（附录Ⅱ）的聚焦条件要求从入口狭缝不同点进入分析仪的电子聚焦在位于共同平面的分析仪出口上，而不是在一条平行于入射狭缝线的不同点。每个电子携带其发射角（从样品表面到分析仪出口探测位置）的信息。当然，若要得到发射角的精确估算及其与检测器平面上成像点的关系，必须要通过样品表面角度系统变化进行校准测量。带有较低或较高动能的电子在内、外半球之间的路径上或多或少都会有偏转，并且因此呈现在分析器出口面的不同点上。在出口面中，光发射电子根据它们的动能及发射角排列在两个相互正交的轴上（图Ⅱ.6）。

对于检测器和读出设备，两种不同的技术都在使用。最常见的一种二维检测器和电子能量与入射角曲线的成像是利用多通道板（multi-channel plate，MCP）检测器，在磷屏幕（通常为 40 mm×40 mm）上产生图像。图像由 CCD［电荷耦合器件（charge coupled device）］相机读出。另外，延迟线探测器也在使用：在 MCP 背后，两个金属丝曲网彼此倾斜 90°布置，一个用于 x 轴检测，另一个用于 y 轴检测。曲网在两端接触，打到曲网某点上的信号脉冲在两端接触点产生电信号。这些信号根据电信号到触点移动长度的不同在时间上彼此错开。从 x 轴及 y 轴曲网上测量的时间延迟中，检测到的电子位置可估算出，并被转化为图像上的一个像素点。

图Ⅻ.6 示出了发射电子的动能和发射角关系曲线的测量图像。从中可看见所熟知的 Cu(111)面的 sp 表面态能带。当发射角度变换成光发射电子的波矢 $\boldsymbol{k}$ 时，分析就完成了。这大多是通过一台计算机实时完成，利用电子的动能和发射角之间的关系[式(6.22)、式(6.23)]。因此，完整的色散图 $E(\boldsymbol{k})$ 是测量的最终结果。

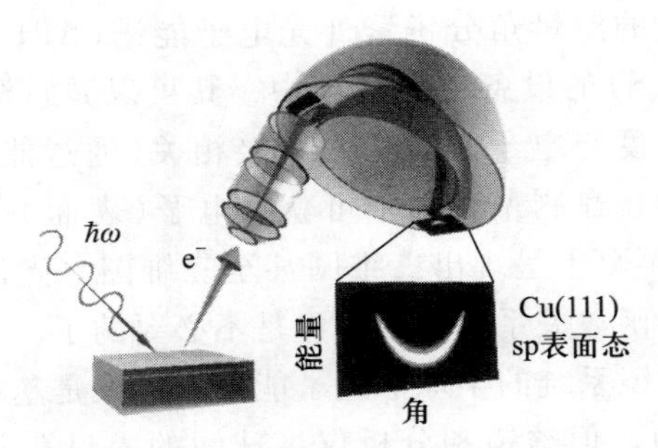

图Ⅻ.6 用于整个发射能量和入射角的关系实时成像的先进 ARPES 测量设置。与标准设备不同，半球形能量分析仪有一个狭缝作为入口孔(在透镜系统后面)。根据发射电子的能量和发射角，允许发射电子分散。作为例子，给出了测量的 Cu(111)面上 sp 表面态能带(感谢 Lukasz Plucinski，Research centre jülich)

逆光电发射可以看作时间上逆转的光电子发射[Ⅻ.7]。具有确定能量的电子入射到晶体上，从而注入空的激发电子带上；然后跃迁到能量较低的空带上，相应的跃迁能量以光子的形式放出(图Ⅻ.7)。因此，可以测量注入固体的额外电子态。未占据最终态的能量由入射电子的能量 eU 减去探测到的光子的能量 $\hbar\omega$ 得到(两者都与实验确定的费米能级 E_F 有联系)。该过程的理论描述与普通光电子发射过程类似(6.3 节的三步近似)。为了确定未占据电子态(高于 E_F)的图谱，可以通过改变注入电子的原始能量并检测具有确定能量

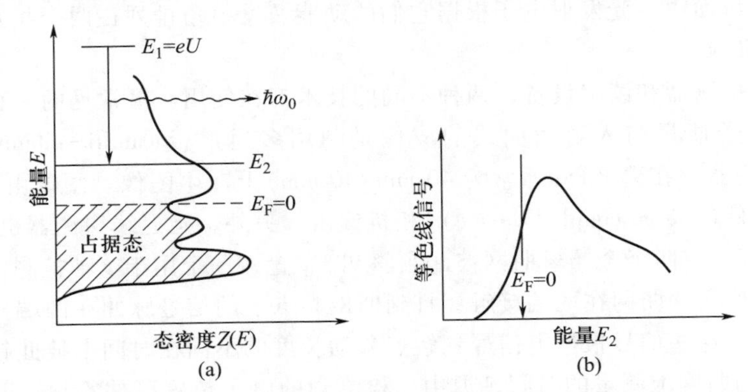

图Ⅻ.7 (a) 逆光电发射过程示意图。从晶体外部注入的电子进入激发电子态 $E_1(=eU$，如果使用外部电压 U 加速该电子到表面)；电子跃迁到 E_2 态，相应的能量以光子(其能量 $\hbar\omega_0=E_1-E_2$)形式放出。(b) 根据(a)获得的等色光谱图 $N(E_2)\propto Z(E_2)$

$\hbar\omega_0$ 的光子(在特定的谱线窗口内)实现。这种类型的逆光电发射谱称为等色光谱。第二种测量方式使用具有固定电子能量的入射束和 UV 光谱仪(Bremsstrahlen 光谱)发出的 UV 辐射的光谱分析。根据所测得的 UV 光谱(UV 强度对光子能量)可以直接获得高于 E_F 的未占据电子态的定性图像。因为这个过程涉及电子，故其具有与光电发射谱相同的表面敏感度。如 UPS 和 XPS(6.3 节)中，在实验基础上进行了块体和表面电子态的区分。通过入射电子的入射方向和能量可以确定其波矢，故角分辨逆光电发射谱分析也是可能的。所以，绘制三维体和二维界面未占据态的能带结构 $E(\boldsymbol{k})$ 图是可能的。

Bremsstrahlen 光谱分析的实验装置由下列部分组成：高强度电子枪(因为量子产率仅约为 10^{-8} 个光子/电子，故高强度是有必要的)和 UV 单色器，有时该装置被集成到现代多重探测单元上，在此，使用通道极板放大器和位置敏感电阻阳极传感器可同时记录 100 光子能量。

在等色光谱中，入射电子能量通过电子枪调整(图Ⅻ.8)，发射的 UV 光子通过一个带有带通过滤窗[Ⅻ.7，Ⅻ.8]的 Geiger 计数器在固定能量下进行检测。该设备是由一个充有 He(~500 mbar)和一些碘晶体的 Geiger 管组成；管用 CaF_2 或 SrF_2 制成的窗密封(图Ⅻ.8)。这种材料制成的窗可以阻挡高能量的 UV 辐射，因为它们的特征吸收在 10.1 eV(CaF_2)和 9.7 eV(SrF_2)附近，而碘晶体的电离(探测过程中)

$$I_2 + \hbar\omega \rightarrow I_2^+ + e^- \qquad (Ⅻ.2)$$

在光子能量为 9.23 eV 时开始，因此确定了光子探测的最低能量限。所以，带通探测器可以检测能量在 9.5 eV 或 9.7 eV 附近的 UV 光子(图Ⅻ.8)。这种固定光子能量探测器具有很高的效率，这是由于大的接收角，但是其能量分辨率是有限的。另外，在 Bremsstrahlen 光谱中，单色器系统可获得较高的能量分辨率(0.3 eV)，并可以调节，但它是昂贵的，并且在低信号强度的情况下不是有效的。

逆光电发射谱的一个应用是金属-半导体界面的研究，图Ⅻ.9 描绘了 Pd 层覆盖的 GaAs(110)解理面的 Bremsstrahlen 谱线[Ⅻ.9]，入射能量 $E_i = 15.3$ eV(垂直入射：$k_\parallel = 0$)。能量参考点选为上价带边 E_{VBM}，如此由于洁净表面上导带起始在 1.4 eV，未占据态(有关)发射。洁净 GaAs(110)面的禁带不会有高空态密度。随着 Pd 层厚度的增加，在带隙中出现了明显的空界面态。从与洁净表面光谱(虚线)的比较以及差谱可看出，处于导带范围内($E>1.4$ eV)的态由于吸收 Pd 也发生改变。对这些结果更细致的分析表明，这些界面态是由于金属衍生的类 d 态能级。它们被认为是在此类金属-半导体中将费米能级 E_F 钉扎在带隙中心附近的原因(8.4 节)。

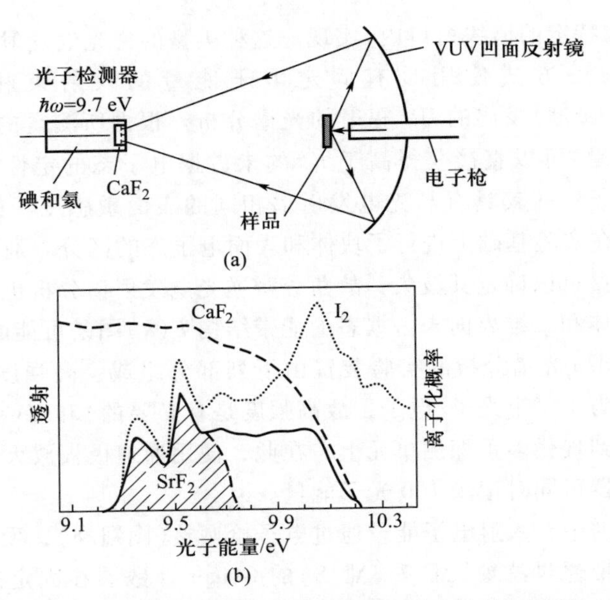

图Ⅻ.8 (a) 使用 Geiger 计数器的逆光电发射实验装置(等色光谱),样品发射的 UV 辐射经聚焦之后照射到 Geiger 光子计数管的窗上;(b) 探测器的光谱窗口由计数窗口(SrF_2 或 CaF_2)的光谱透过率和碘电离过程与光谱关系决定[Ⅻ.7,Ⅻ.8]

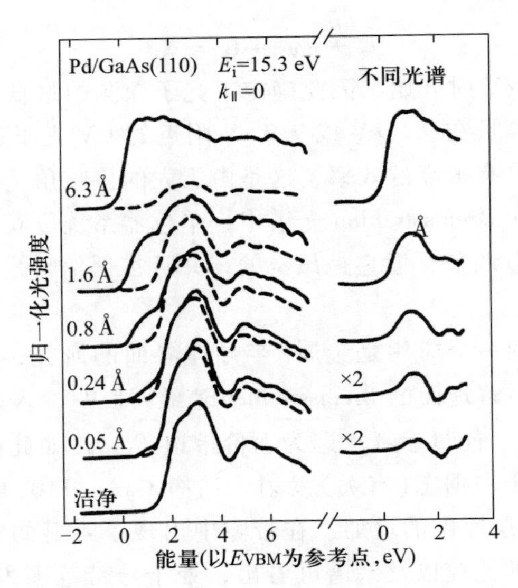

图Ⅻ.9 覆盖有不同厚度的 Pd 层(0.05~6.3 Å)的 GaAs(110)面的逆光电发射谱(Bremsstrahlen 谱)。差值曲线与原始数据一起示出,其表示出比价带最大值高 1 eV 的由金属引入的界面态。洁净表面光谱在图中用虚线表示[Ⅻ.9]

参考文献

XII.1 M. Cardona, L. Ley (eds.), *Photoemission in Solids I, II*, Topics Appl. Phys., vols. 26 and 27 (Springer, Berlin, 1978/1979)

XII.2 B. Feuerbacher, B. Fitton, R. F. Willis (eds.), *Photoemission and the Electronic Properties of Surfaces* (Wiley, New York, 1978)

XII.3 S. Hüfner, *Photoemission Spectroscopy, Principle and Applications*, 2nd edn. Springer Ser. Solid-State Sci., vol. 82 (Springer, Berlin, 1996)

XII.4 V. Dose, Momentum-resolved inverse photoemission, Surf. Sci. Rep. **5**, 337 - 378 (1985)

XII.5 Y. Tanaka, A. S. Jursa, F. J. Le Blank, J. Opt. Soc. Am. **48**, 304 (1958)

XII.6 E. E. Koch, In *Proc. 8th All Union Conf. High Energy Particle Physics*, vol. 2 (Erevan, 1975), p. 502

XII.7 V. Dose, Appl. Phys. **14**, 117 (1977)

XII.8 A. Goldmann, M. Donath, W. Altmann, V. Dose, Phys. Rev. B **32**, 837 (1985)

XII.9 R. Ludeke, D. Straub, F. J. Himpsel, G. Landgren, J. Vac. Sci. Technol. A **4**, 874 (1986)

问　　题

问题 6.1　假设角分辨紫外光电子能谱(ARUPS)实验是入射到立方过渡金属(100)面，其中，紫外光子能量为 40.8 eV，过渡金属的功函数为 4.5 eV。低于费米能级 2.2 eV 的 d 态的光激发电子在与表面法线呈 45°角方向和[100]方向上探测到。计算发射电子的动能和波矢 $\boldsymbol{k}$，并描述晶体内初始电子态的波矢 $\boldsymbol{k}_i$ 推导过程中的问题。

问题 6.2　n 型掺杂 ZnO 表面的原子氢处理产生累积层。讨论电荷特征和该相关表面态的可能起源。

问题 6.3　定性画出 Si(111)-(2×1)面 π 键链模型中表面态 π 和 π^* 轨道的形状(6.5.1 节)。通过定性讨论 $\pi\to\pi^*$ 光跃迁的偶极矩阵元说明由于 π 和 π^* 表面态能带间跃迁的光吸收只有在光极化矢量平行于 π 链时看到。

问题 6.4

(a) 对于足够小的 $\boldsymbol{k}_\parallel$ 值，电子表面态的二维能带能够写为抛物线近似的形式

$$E(\boldsymbol{k}_\parallel) = E_c \mid + \frac{\hbar^2}{2}\left(\frac{k_x^2}{m_x} + \frac{k_y^2}{m_y}\right)$$

其中，m_x 和 m_y 为正的常数。计算二维能带结构临界点 $E_c(\boldsymbol{k}_\parallel = \boldsymbol{0})$ 附近的态密度 $D^{(2D)}(E)$。

(b) 计算鞍点邻域的态密度，在此

$$E(k_\parallel) = E_c + \frac{\hbar^2}{2}\left(\frac{k_x^2}{m_x} - \frac{k_y^2}{m_y}\right)$$

其中，m_x 和 m_y 为正的常数。

第7章
半导体界面的空间电荷层

如果将一个带正电的点电荷放入一个局域电中性的等离子体中(电子固定在带正电的核附近)，那么周围的电子将重新排布以补偿额外电荷；电子将屏蔽掉它，这样远离电荷的电场消失。电子密度越高，电子重新排列以建立一个有效屏蔽的距离越短。金属中，自由电荷密度约为 $10^{22}\ \mathrm{cm}^{-3}$，屏蔽距离短，约为原子间距数量级。而半导体的自由载流子浓度则要低很多，约为 $10^{17}\ \mathrm{cm}^{-3}$，因此，可以预期它们的屏蔽距离将会大许多，约为几百埃。这些重新分布的屏蔽电荷的空间区域即称为空间电荷区。

7.1 空间电荷层的定义与分类

具有电子表面态的半导体表面通常意味着对局域电荷平衡的扰动。根据表面态的类型(施主和受主)和表面费米能级的位置，表面态会携带电荷，该电荷由一个半导体材料内相反的电荷屏蔽。

下表概括了6.2节中关于占据和未占据的电子表面态的电荷特性。

	占据	空
表面施主	0	+
表面受主	-	0

随着费米能级在表面位置的不同，施主可以带一个正电荷，受主带负电荷。表面费米能级的位置仅取决于电中性的条件，即表面态的电荷 Q_{ss}（通常理解为单位面积上的电荷密度）由半导体内部产生的相反电荷所补偿，后者屏蔽了表面态电荷，称为空间电荷 Q_{sc}。整体的电中性要求

$$Q_{ss}=-Q_{sc} \tag{7.1}$$

图 7.1 示出了一个空间电荷层的例子，其中，n 型半导体中间间隙附近的占据受主型表面态的负电荷密度 Q_{ss} 由电离的体施主（Q_{sc}）所补偿。空间电荷层的形成，也就是能带弯曲（表面上的 eV_s 最大值）可作如下理解：在晶体内部，费米能级位置相对于体导带最小能级 E_C 是由块体的掺杂水平所决定的。受主表面态却与表面的存在固有关系；它们相对于 E_C 能级位置是固定的，并由原子间电势决定（第 6 章）。非常靠近表面的平带将使费米能级远高于受主型表面态；这些态将被电子充满并产生相当大的未被补偿的电荷密度。这种能量不利的情况不会稳定，所以，结果是空间电荷层如图 7.1 所示。一种能带结构准宏观"变形"，也即表面附近能带向上弯曲可使表面能带穿越费米能级，从而降低表面态电荷密度 Q_{ss}。同样地，体施主掺杂态提升至费米能级以上且缺电子。这就建立了一个固定的、离子化的施主中心（E_D）正空间电荷 Q_{sc}。E_F 能级在表面态能级中确切的位置以及由此产生的能带弯曲是由电中性式（7.1）条件所决定的。图 7.1 中所达到的平衡态意味着表面态所存的电荷 Q_{ss} 完全由半导体内一定深度的空间电荷 Q_{sc} 所补偿。空间电荷 Q_{sc} 的分布由泊松方程表述电子能带的曲率，也即空间电荷层内电势。由于能带弯曲，自由导带电子从表面被推开，它们相对于体密度 n_b 降低。这种特殊类型的空间电荷层称为耗尽层。

在 n 型体施主（D）半导体中（图 7.1、图 7.2），耗尽层与自由电子（多子）密度的减小以及空穴密度（少子）的增大相关[图 7.2(b)]。局域电导率 $\sigma(z)$ 相比于其体电导率 σ_b 在表面附近减小[图 7.2(c)]。

禁带中较低能级表面受主态（A_s）的较高密度 N_{ss} 可引起更强烈的能带向上弯曲。相应的空间电荷层可显然称为反型层[图 7.2(a)]。由于大量负表面电荷 Q_{ss} 存在于表面态 A_s，更多的体施主 D 必须被离子化且空间电荷层更深入地扩展到半导体内。能带弯曲强烈到内能 E_i 穿越费米能级 E_F。本征能级 E_i 表达式（7.2）是一个描述半导体的类型是本征、p 型或 n 型的方便的量。

$$E_i = \frac{1}{2}(E_C + E_V) - \frac{1}{2}kT \ln (N^c_{eff}/N^v_{eff}) \tag{7.2}$$

N^c_{eff}和 N^v_{eff}分别为有效导带和价带态密度。如果费米能级等于 E_i，则是本征行为。如果 $E_F<E_i$，则半导体为 p 型，反之，$E_F>F_i$，则半导体为 n 型，其自由电子为多数载流子。由图 7.2 可知，电导类型在反型层中发生变化。n 型半导体($E_i<E_F$)在表面附近变成 p 型($E_i>E_F$)。相应地，自由电子密度 n 在表面附近降低至本征值 n_i 以下，因此，空穴浓度 p 超过本征值[图 7.2(b)]。在 n 和 p 交叉于本征浓度 n_i 这一点时，局域电导率 σ 处于最低值。在这一点和临近表面之间，由于少数载流子密度增加(反转)，电导率 σ 又开始增大[图 7.2(c)]。表面附近电中性条件下[式(7.1)]必须要考虑增强的空穴浓度，除了离子施主浓度 N_D^+。

n 型半导体累积空间层如图 7.2(右栏)所示，要求呈施主表面态 D_s。如果这些态存在于高能量处，它们需有部分空轨道以承载正表面电荷 Q_{ss}。电荷密度 Q_{ss}需由晶体内部等量的负空间电荷来补偿。因此，自由电子在表面下的导带中累积。这种称为累积层的电子空间电荷与能带向下弯曲相关。在强累积层中，导带最少可以穿过费米能级，半导体在累积层的空间区域发生简并(7.5 节)。耗尽层中正空间电荷源自空间固定的、离子化的块体施主，与此不同的是，累积层来源于流动的自由电子电荷。因为移动的电子可以被"挤压"，累积层总体上比耗尽层要窄得多。在 n 型累积层中，多子(n)和少子(p)密度与局域电导率 σ 间定性地依赖关系是显然的[图 7.2(b)、(c)右栏]。

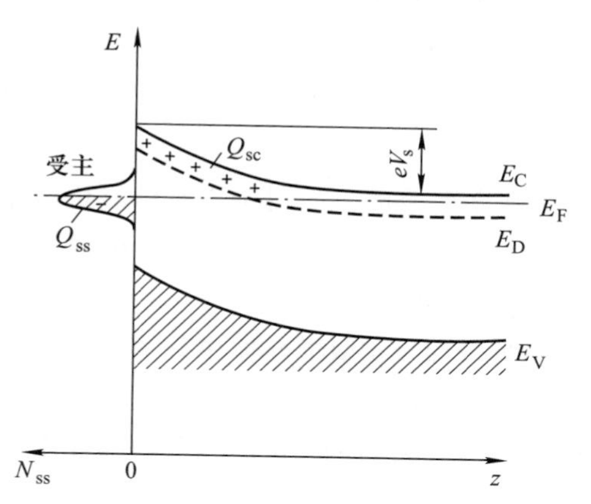

图 7.1　低温下含空间电荷耗尽层的 n 掺杂半导体(体施主没有离子化)的能带示意图(能带 E 对 z 坐标垂直于表面 $z=0$)。部分占据受主型表面态(密度为 N_{ss})也标出。它们的电荷 Q_{ss} 由空间电荷 Q_{sc} 补偿。E_F 为费米能级，E_C 和 E_V 分别为导带边和价带边，E_D 为体施主能级。表面能带弯曲为 eV_s，其中，e 为正的元电荷

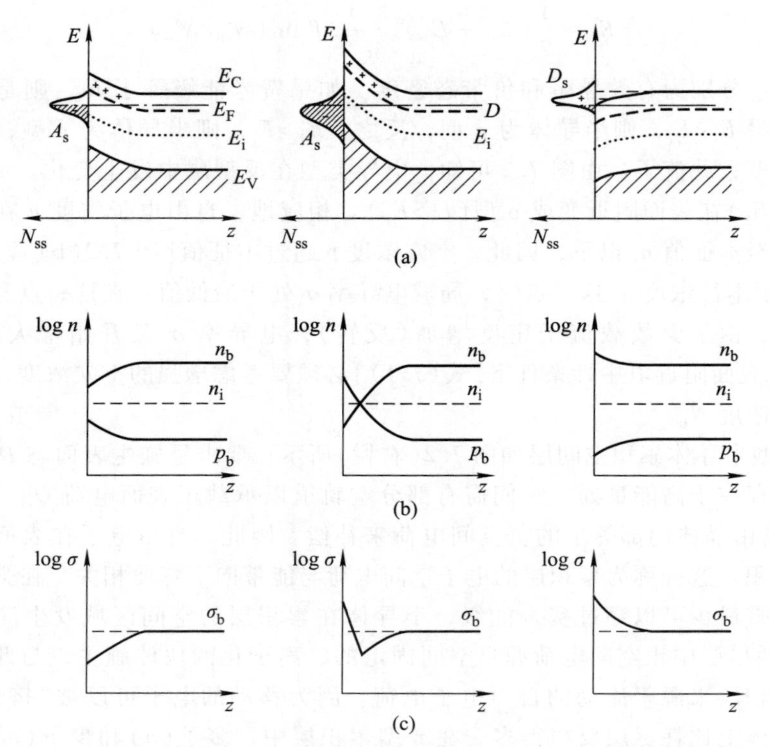

图 7.2 （a）n 型半导体能带示意图；（b）对数坐标下的自由载流子密度 n 和 p；（c）低温下耗尽、反型和累积空间电荷层（体施主没有离子化）的局域电导率 σ（对数坐标）。E_C 和 E_V 分别为导带边和价带边，E_F 为费米能级，E_i 和 n_i 分别为内能和浓度。D 为体施主，A_s 和 D_s 分别为表面受主和施主。下标 b 表示体值

p 型半导体的情况则完全相反，如图 7.2 所示。价带中的自由空穴是块体中的多数载流子；累积层由带正电荷的空穴“气”构成。具有相反电荷的表面态中的 Q_{ss} 必须为负电荷。p 型半导体中存在空穴累积层要求部分填充受主型表面态，能带向表面附近弯曲。p 型半导体中的累积层如图 7.3 所示。部分空的表面施主态 D_s 带正电荷 Q_{ss}。块体受主态被“推”到费米能级以下，故以等量的负空间电荷 Q_{sc} 补偿。这个负的空间分布固定的空间电荷与能带向下弯曲相关。

图 7.3 也解释了一些描述空间电荷层的符号。由于电子或空穴的局域电势空间上的变化，因此引入一个位置相关的势能，由与本征能级的偏差 E_i［式(7.2)］定义，根据费米能级 E_F

$$e\phi(z) = E_F - E_i(z) \tag{7.3}$$

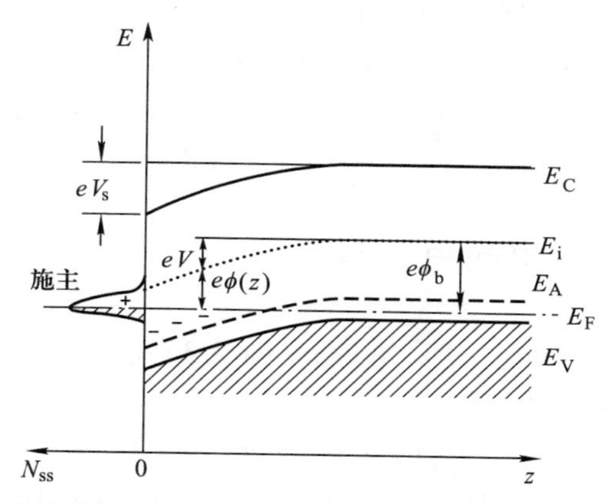

图 7.3 p 掺杂半导体在低温下(块体受主未离子化)的空穴耗尽空间电荷层的能带示意图。eV_s 为表面能带弯曲，$eV(z)$ 为局域能带弯曲，$\phi(z)$ 为局域电势，ϕ_b 为体电势。E_i 为内能，E_F 为费米能级，E_A 为体受主能级，E_C 和 E_V 参见图 7.1

其中，e 为正的元电荷。对于具有平带的本征型半导体，ϕ 相应地为零。块体和表面的 $\phi(z)$ 分别定义为 ϕ_b 和 ϕ_s。体掺杂决定了 E_F 相对于能带边的位置以及体电势 ϕ_b。局域能带的变形可以描述为

$$V(z)=\phi(z)-\phi_b \tag{7.4}$$

表面电势 V_s(图 7.3)为

$$V_s=\phi_s-\phi_b \tag{7.5}$$

通过方程式可以定义量纲一的势能 u 和 v

$$u=e\phi/kT,\qquad v=eV/kT \tag{7.6}$$

近表面的值标记为 u_s 和 v_s。在非简并的半导体中，电子和空穴密度的基本关系[7.1]

$$n=N_{\text{eff}}^{\text{c}}\exp[-(E_C-E_F)/kT] \tag{7.7a}$$

$$p=N_{\text{eff}}^{\text{v}}\exp[-(E_F-E_V)/kT] \tag{7.7b}$$

$N_{\text{eff}}^{\text{c}}$和 $N_{\text{eff}}^{\text{v}}$分别为有效导带和价带态密度，以下简单的表达式由空间电荷层中空间变化的载流子浓度推导：

$$n(z)=n_i e^{u(z)}=n_b e^{v(z)} \tag{7.8a}$$

$$p(z)=n_i e^{-u(z)}=p_b e^{-v(z)} \tag{7.8b}$$

$n_i=(np)^{1/2}$为本征载流子浓度，n_b 和 p_b 为体浓度，由掺杂水平决定。决定能带弯曲 $V(z)$ 的基本方程以及空间电荷层总体上的形式是泊松方程

$$\frac{d^2V}{dz^2}=-\frac{\rho(z)}{\epsilon\epsilon_0} \tag{7.9}$$

该方程直接将能带曲率与空间电荷密度 $\rho(z)$ 相关联。通常，这可充分考虑对直接垂直表面(位于 $z=0$)的单个 z 坐标的依赖性。对空间电荷层的理论描述本质上包括在恰当边界条件下解式(7.9)。这有时并不简单，因为 $\rho(z)$ 本身是能带弯曲 $V(z)$ 的函数。接下来考虑一些简单情况以解出式(7.9)近似的解析解。

7.2 肖特基耗尽空间电荷层

泊松方程(7.9)在强耗尽层(图 7.1、图 7.3)情况下可得到简单解，“强”意味着最大能带弯曲 $|eV_s|$ 远远大于 kT

$$|eV_s| >> kT \text{ 或 } |v_s| >> 1 \tag{7.10}$$

现在主要考虑 n 型半导体的耗尽层(图 7.1)。p 型的情况将相应电荷的符号反号即可。在 n 型半导体中，耗尽层中的正空间电荷来自离子化的体施主(密度为 N_D，如果离子化，则为 N_D^+)。由于式(7.10)，导带中的自由电子在空间电荷层中可以被忽略。根据费米统计，体施主的占据态在 $4kT$ 内从几乎为 1 变为接近零。在强能带弯曲情况下[式(7.10)]，相比于耗尽层的厚度 d，决定着耗尽层内边界尖锐度的占据态出现在非常短的一段距离内(图 7.4)。由图 7.4(b)可定性地看出，z 对空间电荷密度 ρ 的依赖性可由一个阶跃函数表达

$$Q_{sc} = eN_D^+ d \simeq eN_D d \tag{7.11}$$

空间电荷(每单位面积)；在空间电荷区域内，施主假设为完全离子化。泊松方程(7.9)变为

$$\frac{d^2\phi}{dz^2} = \frac{d^2V}{dz^2} = -\frac{d\varepsilon}{dz} = -\frac{\rho}{\epsilon\epsilon_0} = -\frac{eN_D}{\epsilon\epsilon_0} \tag{7.12}$$

积分可得到空间电荷区域内电场 $\varepsilon(z)$[图 7.4(c)]

$$\varepsilon(z) = \frac{eN_D}{\epsilon\epsilon_0}(z-d), \quad 0 \leqslant z \leqslant d \tag{7.13}$$

需要进一步积分以得到电势 $\phi(z)$[图 7.4(d)]

$$\phi(z) = \phi_b - \frac{eN_D}{\epsilon\epsilon_0}(z-d)^2, \quad 0 \leqslant z \leqslant d \tag{7.14}$$

及表面处的最大电势 V_s(能带弯曲)

$$V_s = \phi_s - \phi_b = -\frac{eN_D d^2}{\epsilon\epsilon_0} \tag{7.15}$$

除了符号，p 型材料的空穴耗尽层的计算(图 7.3)类似。

一个简单的数例可以帮助阐明以上论证：在超高真空下解离的 GaAs(110)面，通常会得到平带。如果劈开的表面并不完美，例如有大量的台阶和其他缺陷，n 型材料的 $n \simeq 10^{17}\ \text{cm}^{-3}$，向上能带弯曲达 0.7 eV(7.6 节)。由于缺陷，

显然可得到受主型的表面态，并且它们是 n 型材料中耗尽层产生的原因。但是它们的密度却不能由任何普通的电子能谱探测，例如 HREELS（第 4 章附录Ⅹ）或光电能谱（第 6 章附录Ⅻ）。因此，可估算它们的密度 N_{ss} 必然低于 10^{12} cm^{-2}。假设 N_{ss} 为 10^{12} cm^{-2}，则要求空间电荷密度 $Q_{sc}/e=N_D d$［式（7.11）］大小相等，且耗尽空间电荷层的厚度为 1 000 Å。用表面能带弯曲计算 $|eV_s|$ 为 0.7 eV，与实验测得结果相吻合（图 6.19）。在 p 型 GaAs（300 K 下，$p\simeq10^{17}$ cm^{-3}）解理不好的表面出现 p 型耗尽层，其向下能带弯曲达到几百 meV。可采用类似 n 型材料的计算。

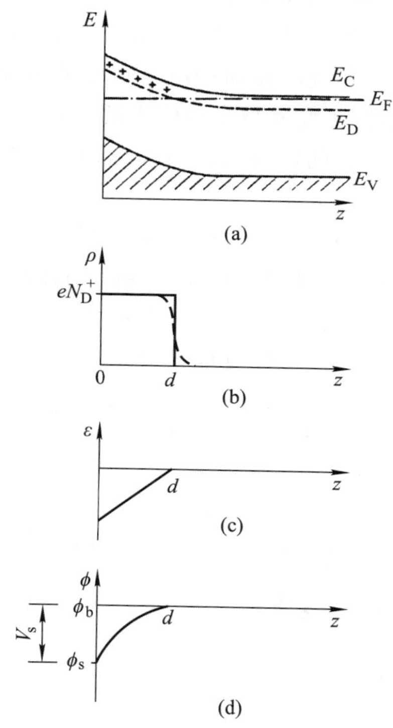

图 7.4 肖特基近似中 n 型半导体中的耗尽层：（a）能带示意图，符号与（b）中相同；（b）空间电荷体密度 ρ，虚线表示真实，实线表示肖特基近似，d 为空间电荷层厚度，N_D^+ 为离子化体施主的密度；（c）空间电荷层电场 $\varepsilon(z)$；（d）电势 $\phi(z)$，其中，ϕ_b 和 ϕ_s 分别为体值和表面值

以上数例表明，在普通半导体且介电常数 ϵ 的数量级为 10 左右时，其能带弯曲显著地达带隙值一半，通过相对低的表面态密度 N_{ss} 约为单层的百分之一来构建。同样可总结出典型的强耗尽层可以延伸几千埃至半导体内。半导体

表面对电子结构有长程作用。随着能带弯曲 $|eV_s|$ 减小，由式(7.15)可知，耗尽空间电荷层延伸的距离 d 同样减小。由式(7.15)可估算出，能带弯曲为 1 eV，在电子浓度为 $10^{22} \sim 10^{23}$ cm^{-3} 的金属中，可屏蔽深度为几埃。延伸的空间电荷层不存在于金属表面。表面电荷被屏蔽于一到两个原子层中。对金属而言，界面物理仅与几个原子层相关。

7.3 弱空间电荷层

弱空间电荷层的另一种极端情况，无论是累积层还是耗尽层，也可以推出泊松方程(7.9)的简单解。对弱的累积层和耗尽层，最大能带弯曲 $|eV_s|$ 小于 $kT(|v_s|<1)$，电势 $\phi(z)$ 的形状由移动的电子或空穴来决定，而不是空间定域的离子化块体杂质。下面将研究 n 型半导体中的弱累积层，如图 7.2(右栏)所示。泊松方程(7.9)中总的空间电荷密度 $\rho(z)$ 来自导带中的自由电子 $n(z)$ 和离子化施主密度 $N_D^+(z)$

$$\rho = -e[n(z) - N_D^+(z)] \tag{7.16}$$

由式(7.7a)给出的电子密度，其离子化施主密度符合费米占据统计

$$\begin{aligned} N_D^+ &= N_D - N_D \frac{1}{1 + \exp[(E_D - E_F)/kT]} \\ &\simeq N_D \exp\left(\frac{E_D - E_F}{kT}\right), \quad E_D - E_F \gg kT \end{aligned} \tag{7.17}$$

由此得到空间电荷密度

$$\rho = -e\left[N_{\text{eff}}^{c} \exp\left(-\frac{E_C(z) - E_F}{kT}\right) - N_D \exp\left(\frac{E_D(z) - E_F}{kT}\right)\right] \tag{7.18}$$

或块体导带最小值 E_C^b 和施主能量 E_D^b

$$\rho(z) = -e\left[N_{\text{eff}}^{c} e^{v} \exp\left(-\frac{E_C^b - E_F}{kT}\right) - N_D e^{-v} \exp\left(\frac{E_D^b - E_F}{kT}\right)\right] \tag{7.19}$$

其中，v 为式(7.6)中归一化的能带弯曲。与式(7.7a)、式(7.7b)中类似，块体电子浓度可统一表达为

$$n_b = N_{\text{eff}}^{c} \exp\left[-\frac{(E_C^b - E_F)}{kT}\right] \tag{7.20}$$

此外，对块体而言，中度 n 掺杂的晶体中施主没有完全离子化，n_b 本质上由离子化的施主提供，即

$$n_b = N_D \exp\left[\frac{(E_D^b - E_F)}{kT}\right] \tag{7.21}$$

由此得到

$$\rho(z) = -en_b(e^{v(z)} - e^{-v(z)}) \tag{7.22}$$

对于能带弯曲 $|v| \ll 1$ 的情况近似为

$$\rho(z) \simeq -2en_b v(z) \tag{7.23}$$

所以，泊松方程化为

$$\frac{d^2 v}{dz^2} = \frac{v}{L_D^2} \tag{7.24}$$

德拜长度 L_D 为

$$L_D = \sqrt{\frac{kT\epsilon\epsilon_0}{2e^2 n_b}} \tag{7.25}$$

方程解为指数下降的能带弯曲

$$v(z) = \frac{eV(z)}{kT} = v_s e^{-z/L_D} \tag{7.26}$$

方程(7.23)和方程(7.26)满足条件：当 $z \to \infty$ 时，$v=0$，$\rho=0$，即在块体内部。表面均一化能带弯曲为 $v_s = eV_s/kT$ 产生于一定条件下：总空间电荷与表面态额外电荷 Q_{ss} 等量但电性相反

$$Q_{sc} = \int_0^\infty \rho(z)\,dz \tag{7.27}$$

由式(7.22)可得

$$-Q_{ss} = Q_{sc} \approx -2en_b v_s \int_0^\infty e^{-z/L_D} dz = -2en_b v_s L_D \tag{7.28}$$

由于式(7.1)，当体电子密度 n_b，也即掺杂浓度值已知时，表面态电荷密度 Q_{ss} 完全决定了表面归一化能带弯曲 v_s。对于弱能带弯曲，即弱累积层或耗尽层，空间电荷的空间分布由德拜长度 L_D 决定，即本质上为块体载离子浓度 n_b。

举一个数例，考虑 n 型 GaAs，电子浓度 $n_b \approx 10^{17}\ cm^{-3}$。室温下($kT \simeq 1/40$ eV)，德拜长度[式(7.25)]约为 100 Å。考虑 300 K 下能带弯曲 eV_s 为 −25 meV ($v_s \simeq -1$)作为此简单近似的最极端上限，由式(7.28)推出这样一种 $v_s \simeq -1$ 的能带弯曲要求有空间电荷 Q_{sc}，因此，表面态电荷密度 Q_{ss} 约为 $2\times10^{11}\ cm^{-2}$。除了电荷符号不同，对弱耗尽层的计算与此相似。

7.4 高度简并半导体的空间电荷层

全面处理块体中高度简并的半导体中的空间电荷层(图 7.5)很复杂，因为必须用到完全的费米分布而不是其玻尔兹曼近似。如图 7.5 所示，费米能级位于导带中，深入达几百 meV，这种情况会发生在导带态密度低的 InSb(带隙 ≃ 180 meV)中。在强简并态 $|eV_s| >> kT$ 且 $|e\psi_F| >> kT$ 下假设，对于一个位于方阱

势中的自由电子气[7.1]

$$n_{\mathrm{b}} = N_{\mathrm{D}} \propto \psi_{\mathrm{F}}^{3/2} \tag{7.29}$$

n_{b} 为体自由电子浓度和 N_{D} 为施主浓度。在距离表面 z 处的真实浓度 $n(z)$ 可表示为

$$n(z) \propto [\psi_{\mathrm{F}} - V(z)]^{3/2} \tag{7.30}$$

由此推算出空间电荷 $\rho(z)$ 为

$$\rho(z) = - eN_{\mathrm{D}}\left[1 - \left(1 - \frac{V}{\psi_{\mathrm{F}}}\right)^{3/2}\right] \tag{7.31}$$

泊松方程(7.9)在这种近似条件下化为

$$\frac{\mathrm{d}^2 V}{\mathrm{d}z^2} = \frac{1}{2}\frac{\mathrm{d}}{\mathrm{d}V}\left(\frac{\mathrm{d}V}{\mathrm{d}Z}\right)^2 = \frac{-\rho(z)}{\epsilon\epsilon_0} = \frac{eN_{\mathrm{D}}}{\epsilon\epsilon_0}\left[1 - \left(1 - \frac{V}{\psi_{\mathrm{F}}}\right)^{3/2}\right] \tag{7.32}$$

因为 $\varepsilon(z) = -\mathrm{d}V/\mathrm{d}z$，对式(7.32)积分得到空间电荷层中的电场 ε

$$\varepsilon^2 = \frac{2eN_{\mathrm{D}}}{\epsilon\epsilon_0}\int\left[1 - \left(1 - \frac{V}{\psi_{\mathrm{F}}}\right)^{3/2}\right]\mathrm{d}V \tag{7.33}$$

其边界条件为

$$\varepsilon^2(V = 0) = 0$$

则空间电荷场为

$$\varepsilon(z) = \sqrt{\frac{2eN_{\mathrm{D}}}{\epsilon\epsilon_0}}\left\{V(z) - \frac{2}{5}\psi_{\mathrm{F}} + \frac{2}{5}\psi_{\mathrm{F}}\left[1 - \frac{V(z)}{\psi_{\mathrm{F}}}\right]^{5/2}\right\}^{1/2} \tag{7.34}$$

$\varepsilon_{\mathrm{s}} = \varepsilon(z=0)$，当电场位于紧邻表面处时，空间电荷密度为

$$\begin{aligned} Q_{\mathrm{sc}} &= \epsilon\epsilon_0\varepsilon_{\mathrm{s}} \\ &= \sqrt{2eN_{\mathrm{D}}\epsilon\epsilon_0}\left[V_{\mathrm{s}} - \frac{2}{5}\psi_{\mathrm{F}} + \frac{2}{5}\psi_{\mathrm{F}}\left(1 - \frac{V(z)}{\psi_{\mathrm{F}}}\right)^{5/2}\right]^{1/2} \end{aligned} \tag{7.35}$$

为了确定电势 $V(z)$ 的空间依赖性，需要对式(7.34)进行二次积分。通过微分式(7.35)很容易计算出空间电容(每单位面积) C_{sc}

$$C_{\mathrm{sc}} = \frac{\mathrm{d}Q_{\mathrm{sc}}}{\mathrm{d}V_{\mathrm{s}}} = \frac{(2eN_{\mathrm{D}}\epsilon\epsilon_0)^{1/2}}{2}\frac{1 - (1 - V_{\mathrm{s}}/\psi_{\mathrm{F}})^{3/2}}{\left[V_{\mathrm{s}} - \frac{2}{5}\psi_{\mathrm{F}} + \frac{2}{5}\psi_{\mathrm{F}}(1 - V_{\mathrm{s}}/\psi_{\mathrm{F}})^{5/2}\right]^{1/2}} \tag{7.36}$$

电容 C_{sc} 描述了在能带弯曲变化情况下空间电荷 Q_{sc} 的变化。在金属-半导体结中(肖特基势垒，8.6节)，V_{s} 可由外偏压 V 调控，在电路中对这样的结需考虑 $C_{\mathrm{sc}}(V)$ 的动态行为。

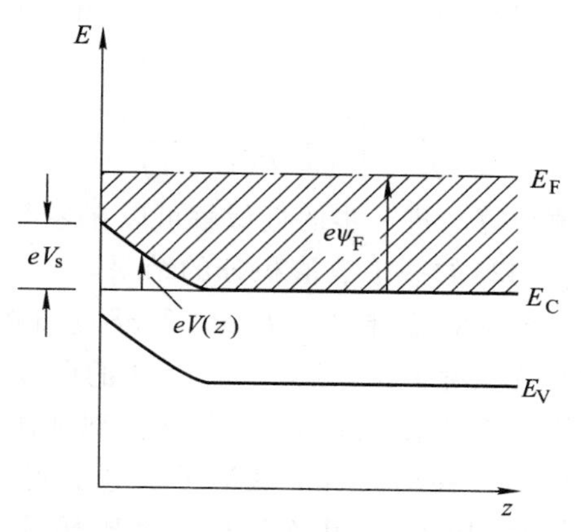

图 7.5　高度简并的 n 型半导体中耗尽空间电荷层的能带示意图。$e\psi_F$ 描述了费米能级 E_F 相对于块体中低导带边 E_C 的位置

7.5　空间电荷层与费米能级钉扎的一般情况

空间电荷层的一般情况不能用封闭数学形式处理。由 Many 等人[7.2]提出的以下数学式对处理非简并的半导体较为方便。

依据简化的势能方程 $v(z)$[式(7.6)~(7.8b)]，泊松方程可以写为

$$\frac{\mathrm{d}^2 v}{\mathrm{d}z^2}=-\frac{e^2}{kT\epsilon\epsilon_0}(n_b-p_b+p_b\mathrm{e}^{-v}-n_b\mathrm{e}^{v}) \tag{7.37}$$

有效德拜长度[与式(7.25)中的 L_D 不同]简写为

$$L=\sqrt{\frac{\epsilon\epsilon_0 kT}{e^2(n_b+p_b)}} \tag{7.38}$$

代入式(7.8a)、式(7.8b)泊松方程(7.37)可表示为

$$\frac{\mathrm{d}^2 v}{\mathrm{d}z^2}=\frac{1}{L^2}\left(\frac{\sinh(u_b+v)}{\cosh(u_b)}-\tanh(u_b)\right) \tag{7.39}$$

其中，u、v、u_b 等已在式(7.3)~(7.6)中定义。式(7.32)两边同乘以 $2(\mathrm{d}v/\mathrm{d}z)$，当 $v=0$ 时，在 $\mathrm{d}v/\mathrm{d}z=0$ 条件下积分可得

$$\frac{\mathrm{d}v}{\mathrm{d}z}=\mp\frac{F(u_b,\ v)}{L} \tag{7.40}$$

($v>0$ 时符号为负，$v<0$ 时符号为正)，其中

$$F(u_b,\ v)=\sqrt{2}\left(\frac{\cosh\ (u_b+v)}{\cosh\ (u_b)}-v\tanh\ (u_b)-1\right)^{1/2} \tag{7.41}$$

为了计算出能带弯曲 $v(z)$ 作为 z 坐标的函数，式(7.40)须再经过一次积分，也即

$$\frac{z}{L}=\int_{v_s}^{v}\frac{\mathrm{d}v}{\mp F(u_b,\ v)} \tag{7.42}$$

这个积分通常需要数值计算。进一步的近似解可以在参考文献[7.2]中找到。

图7.6示出了式(7.42)的一个数值积分的结果。归一化后的势垒 $|v|$ 作为与表面距离 z 的函数，按有效德拜长度 L[式(7.38)]分割。体势能 $u_b=(E_F-E_i^b)/kT$[式(7.6)]为参数。对于累积层，$|u_b|\geqslant 2$ 的曲线与 $u_b=0$ 的本征半导体类似。有更高 $|u_b|$ 值的反型层和耗尽层向块体内部延伸更多。定性分析这个区别的原因是在累积层中，移动的自由载流子、电子或空穴决定了 $v(z)$ 的形状。这些自由载流子能被“压紧”，从而形成一个比耗尽层中空间定域离子杂质更窄的空间电荷层。在图7.6中，表面的能带弯曲 $|v_s|$ 估计达20，但实际上每个势垒的 $|v_s|$ 值通过简单的沿 z/L 轴变换可估算其小于20。将式(7.42)重新表述可得

$$\frac{z'}{L}+\frac{z-z'}{L}=\int_{v_s}^{v_s'}\frac{\mathrm{d}v}{\mp F}+\int_{v_s'}^{v}\frac{\mathrm{d}v}{\mp F} \tag{7.43}$$

对新势垒高度 v_s'，需要测量具有特定 $|u_b|$ 的曲线与水平线 $|v|=|v_s'|$ 交点处的 z/L。

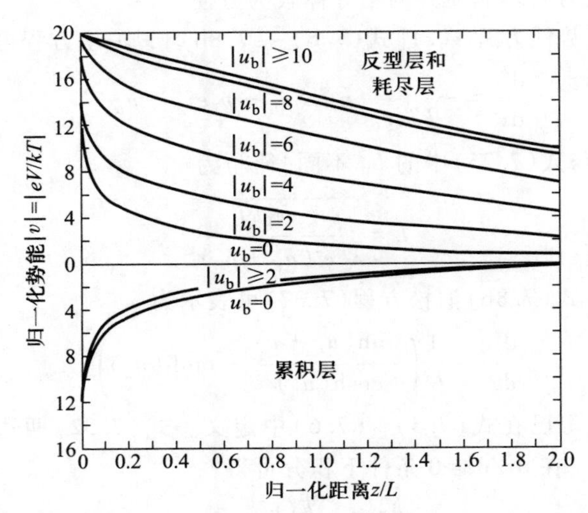

图7.6　不同体势能 $|u_b|$ 值下归一化能带弯曲 $|v|=|eV(z)/kT|$ 随归一化到表面距离 z/L 变化的函数。L 为有效德拜长度[式(7.38)]，表面势能 $|v_s|$ 按20计算[7.2]

图 7.7 示出了另一种数值计算，显示了以块体 GaAs 半导体性质(例如 $E_g = 1.4$ eV)为例的表面绝对能带弯曲 $|eV_s|$。受主型(A_s)和施主型表面态是耗尽层形成的原因[7.3]。这两种态由单一能级分别与最小导带和最大价带之间的能级差 E_{ss} 来描述。表面的能带弯曲 eV_s 计算为这些表面态能级的函数。由此得到一个有趣的结果：在表面态密度低于 5×10^{11} cm^{-2} 时，能带弯曲非常小，但在密度达 10^{12} cm^{-2} 或是表面原子密度的千分之一时，能带弯曲随表面态密度的变化开始非常快地增大。最终，饱和能带弯曲，它与表面能级的 E_{ss} 位置直接相关，接近 5×10^{12} cm^{-2} 或表面原子密度的几百分之一。即使表面态密度增大一两个数量级，能带弯曲不会随之增大，这是因为此时表面态能量已经接近费米能级 E_F。每一次密度 N_{ss} 的增大会引起一个无限小的能带弯曲并同时放电，从而使 E_F 稳定。这种作用有时称为费米能级钉扎。一种尖锐的表面态能带其密度至少为 10^{12} cm^{-2}，能建立起与极高态密度($N_{ss} \approx 10^{15}$ cm^{-2})下所达到的最大值相似的能带弯曲。大致说来，当费米能级穿过表面能带时，能带弯曲达到饱和；在足够高态密度时，费米能级被锁住或钉扎在表面态附近。进一步的能带弯曲或 E_F 相对于能带边的运动随 N_{ss} 的增大仅发生非常缓慢的变化。

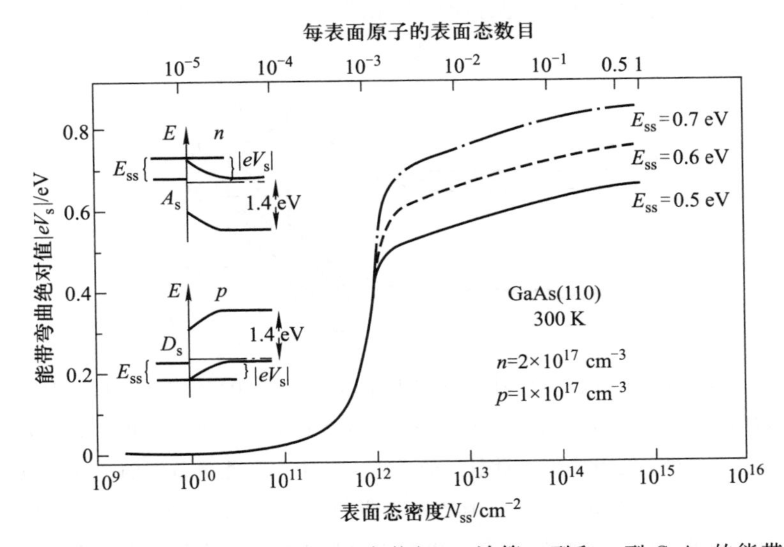

图 7.7　由受主表面态能级 A_s 和施主能级 D_s 计算 n 型和 p 型 GaAs 的能带弯曲绝对值 $|V_s|$。$|V_s|$ 随着表面态密度 N_{ss}(下标度)以及每表面原子的表面态数目(上标度)变化。当 n 型和 p 型晶体定义不同的能级位置 E_{ss} 时(插图)，n 型和 p 型材料的计算曲线在所用标尺范围内区分不显著[7.3]

这种效应也可从下面简单的考虑中体现：对一个半导体，即使体掺杂浓度

高达 $10^{18}\ cm^{-3}$，表面处载流子密度也只有 $10^{10}\ cm^{-2}$。对于低至 $10^{12}\ cm^{-2}$ 的总表面态密度，在能量 100 meV 范围内，每电子伏的表面态密度大约为 $10^{13}(eV)^{-1}\ cm^{-2}$。这些用来补偿掺杂表面电荷的表面态的电荷必然引起表面费米能级偏移约 $10^{10}\ cm^{-2}/10^{13}(eV)^{-1}\ cm^{-2}$，即 10^{-3} eV。这样一个可以忽略的偏移量本质上意味着费米能级 E_F 的钉扎。

不仅是图 7.7 中所示的高密度的尖锐表面态可以钉扎费米能级 E_F。由图 6.5，表面态经常形成相对扩展到体禁带的能带。中性能级 E_N 将受主型表面态从施主型表面态中分离。当 E_N 附近表面态密度足够高($>10^{12}\ cm^{-2}$)时，费米能级 E_F 在 E_N 附近钉扎。

具体地，n 型半导体中的耗尽层如图 7.8 所示。表面态分布能量上固定在体能带边，即为了将表面态电荷最小化，E_F 得穿过中性能级 E_N 附近的表面态分布。因此，体能带需要向上弯曲并形成表面耗尽层(7.2 节)。起因于离子化的体施主的相应的正空间电荷 Q_{sc} 需要由等量的表面态的负电荷 Q_{ss} 补偿。由此费米能级 E_F 不是正好穿过 E_N 表面态分布，而是稍稍在中性能级 E_N 之上。如果 E_N 附近表面态密度足够高(即使正好在 E_N 处没有发现表面态)，那么在体掺杂或温度变化时表面处 E_F 保持与 E_N 相近；E_F 在 E_N 附近钉扎。

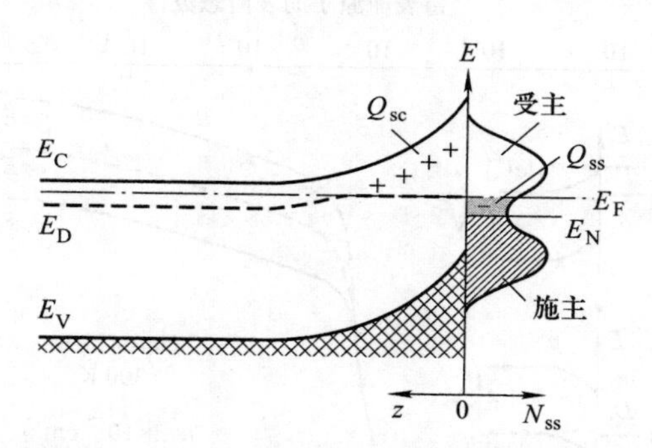

图 7.8　费米能级(E_F)钉扎在 n 型半导体表面($z=0$)的定性解释，大多数的施主在能量 E_D、E_C 和 E_V 导带和价带边处。表面态(电荷密度为 N_{ss})的宽带，也就是低能量范围的类施主粒子和高能量范围的类受主粒子，有中间的能量值 E_N。表面态的费米能级固定在高于 E_N 的位置，以至于负的表面受主电荷(表面态电荷 Q_{ss})抵消由电离大量施主产生的正的空间电荷(Q_{sc})。能量差 E_F-E_N 放大能显示清楚。实际上，在绘制的能量 E 范围内，这个值是可以忽略不计的

7.6 量子化聚集与反型层

图 7.6 所示空间电荷层非常薄(≈ 10 Å)，尤其是在对应着最陡能带斜率处。如此窄的累积层和反型层与强的能带弯曲相关。对 n 型半导体的累积层情况，其费米能级 E_F 临近低导带边，导带最小值可能穿过 E_F[图 7.9(a)]以至于累积层包含简并的自由电子气。这种电子气表现出金属特性。表面处多余的电子浓度(每单位面积)为

$$\Delta N = \int_0^\infty [n(z) - n_b]\mathrm{d}z \tag{7.44}$$

该值可通过霍尔效应测试得到，而且本质上与温度无关，就如金属中的电子密度。举一个实验例子，图 7.10 所示为在一个强累积层中用霍尔效应测得的表面电子密度 ΔN。在超高真空劈开的六方 n 型 ZnO($10\bar{1}0$)面通过大量原子氢处理制备出这样的累积层。在最高的氢剂量下，向下能带弯曲可达 1 eV(ZnO 带隙：3.2 eV)，同时电子气变为简并态。这种简并的电子气在狭窄的累积层中会垂直延伸到表面不超过 10~30 Å 处，即在 z 方向，电子波方程不再是 3D 周期晶体中的正常 Bloch 态。前面也提到类似的情况，电子受限于镜像势(6.4.3 节)。二维周期性在平行于表面方向保持，但沿 z 方向，周期性破坏。有效质量(m^*)近似中，正式的量子力学描述从累积层中单电子薛定谔方程开始

$$\left[-\frac{\hbar^2}{2}\left(\frac{1}{m_x^*}\frac{\partial^2}{\partial x^2} + \frac{1}{m_y^*}\frac{\partial^2}{\partial y^2} + \frac{1}{m_z^*}\frac{\partial^2}{\partial z^2}\right) - eV(z)\right]\psi(\boldsymbol{r}) = E\psi(\boldsymbol{r}) \tag{7.45}$$

其中，势 $V(z)$ 为 z 的函数[例如“三角形”势阱中的线性 z，图 7.9(a)]。从而式(7.45)的解是平行于表面的 x，y 的自由电子波，波动方程可表达为

$$\psi(\boldsymbol{r}) = \phi_i(z)\mathrm{e}^{\mathrm{i}k_x x + \mathrm{i}k_y y} = \phi_i(z)\mathrm{e}^{\mathrm{i}\boldsymbol{k}_\parallel \cdot \boldsymbol{r}} \tag{7.46}$$

薛定谔方程(7.45)分为两个方程

$$\left[-\frac{\hbar^2}{2m_z^*}\frac{\partial^2}{\partial z^2} - eV(z)\right]\phi_i(z) = \epsilon_i\phi_i(z) \tag{7.47a}$$

且第二个方程描述了平行于表面的二维自由运动

$$\left[-\frac{\hbar^2}{2m_x^*}\frac{\partial^2}{\partial x^2} - \frac{\hbar^2}{2m_y^*}\frac{\partial^2}{\partial y^2}\right]\mathrm{e}^{\mathrm{i}k_x x + \mathrm{i}k_y y} = E_{xy}\mathrm{e}^{\mathrm{i}k_x x + \mathrm{i}k_y y} \tag{7.47b}$$

在式 (7.47a)中，势 $V(z)$为电子的静电势[式(7.4)]，其边界条件为 $V(z=0)=V_s$ 和 $V(z\to\infty)=0$[式(7.5)]。原理上，$V(z)$由泊松方程(7.9)给出，其空间电荷 $\rho(z)$自洽地以波动方程 $\phi_i(z)$形式计算出，它也是式(7.47a)的解

$$\rho(z) = e\left(-\sum_i N_i|\phi_i(z)|^2 + N_D^+ - N_A^-\right) \tag{7.48}$$

N_i 为第 i 级能量电子浓度，特征值为式(7.47a)中的 ϵ_i。由此适当近似为式

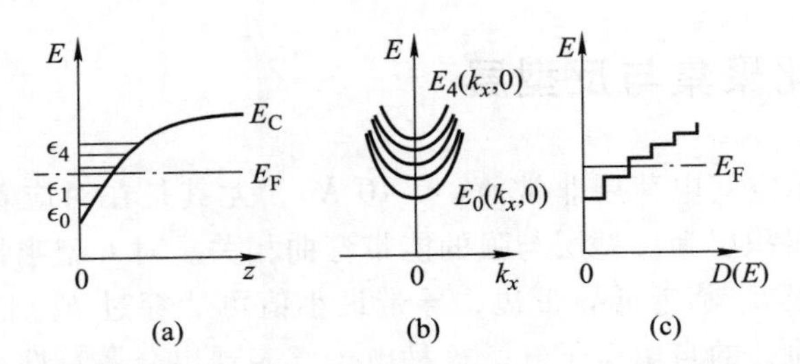

图 7.9　量子化电子累积层的图像，E_C 为导带边，E_F 为费米能级：(a) 导带边和 z 的关系图，从 z 方向垂直于表面 $z=0$，ϵ_0，ϵ_1，…，ϵ_i，…为量子化得到的次能带的最小值；(b) 次能带抛物线 $E_i(k_x, 0)$ 和平行于表面的波矢 k_x 的关系图，E_i 的最小值是 (a)图中的 ϵ_i；(c) (a)、(b)图中次能带结构得到的态密度 $D(E)$

(7.47a)和式(7.9)的自洽解，这些方程彼此通过式(7.48)相互联系。相比应用这些复杂的步骤，常用 z 的线性方程[图 7.9(a)]近似导带“底部”附近的空间电荷势

$$V(z) = -\boldsymbol{\varepsilon}_{sc} z, \quad \boldsymbol{\varepsilon}_{sc} < 0 \tag{7.49}$$

其中，$\boldsymbol{\varepsilon}_{sc}$ 为空间电场，假设与 z 无关。三角形势阱包含束缚电子态，其波长由势阱宽度(图 7.11)决定。因此，式(7.47a)中的特征值 ϵ_i 为离散的能级，式(7.47b)的解 E_{xy} 是自由电子波沿 x、y 平面传播的能级

$$E_{xy} = \frac{\hbar^2}{2m_x^*}k_x^2 + \frac{\hbar^2}{2m_y^*}k_y^2 \tag{7.50}$$

当 $\boldsymbol{k}_{\parallel} = (k_x, k_y)$ 时，累积层或反型层中一个电子的总能量可以描述为

$$E_i(\boldsymbol{k}_{\parallel}) = \frac{\hbar^2}{2m_x^*}k_x^2 + \frac{\hbar^2}{2m_y^*}k_y^2 + \epsilon_i, \quad i = 0, 1, 2, \cdots \tag{7.51}$$

对于每个 $\epsilon_i (i=0, 1, 2, \cdots)$ 而言，都存在一个二维抛物线能带，沿着 k_x 方向可获得一系列抛物线[图 7.9(b)]。这些不同的二维能带称为子能带。一条二维抛物线能带有一恒量态密度 $D(E) = \mathrm{d}Z/\mathrm{d}E$：在 (k_x, k_y) 空间中，一个厚度为 $\mathrm{d}k$、半径为 k 的环每单位面积的态数量 $\mathrm{d}Z$

$$\mathrm{d}Z = \frac{2\pi k \mathrm{d}k}{(2\pi)^2} \tag{7.52}$$

因为 $\mathrm{d}E = \hbar^2 k \mathrm{d}k / m^*$，所以可得到自旋简并(因子 2)

$$D = \mathrm{d}Z/\mathrm{d}E = m^* / \pi\hbar^2 = \mathrm{const.} \tag{7.53}$$

图 7.9(b)中子能带系列的总态密度包含一个常数贡献的叠加，每一种属于一个子能带 $E_i(\boldsymbol{k}_{\parallel})$[图 7.9(c)]。

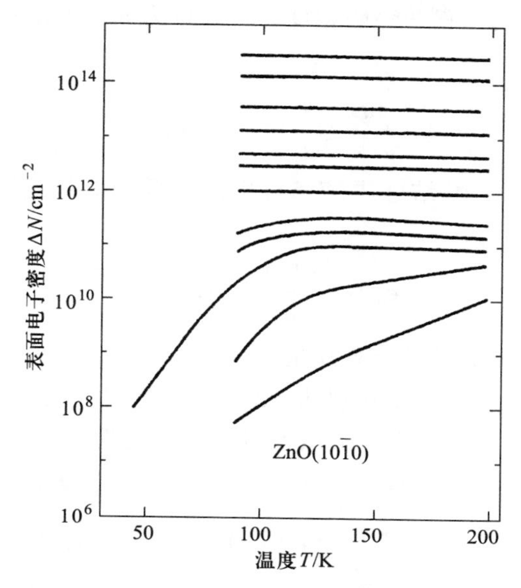

图 7.10　在超高真空中得到的快速极化的 ZnO(10$\bar{1}$0)面的自由电子表面密度 ΔN 与温度的关系。累积层是由于吸附原子氢，ΔN 可由霍尔效应得到；不同的曲线表示增大总载流子密度，也就是说增大能带弯曲

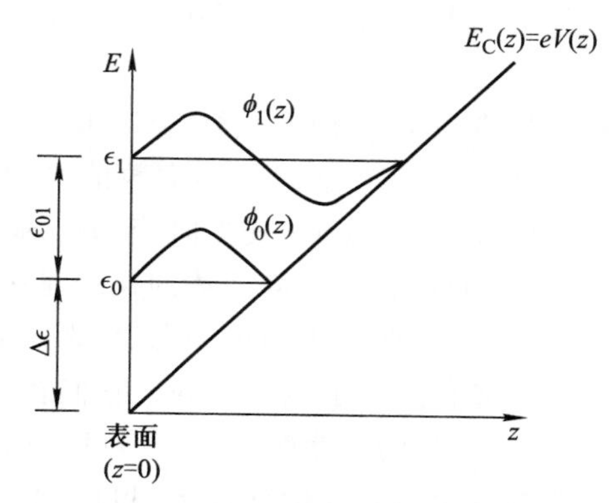

图 7.11　一个三角形势阱近似于小的电子累积或者反型空间电荷层。$E_C(z)$ 为导带最小值与 z(垂直于表面)的关系。最小的量子态 ϵ_0 和 ϵ_1 表明相关的波函数 ϕ_0 和 ϕ_1(图)

ϵ_0 相对于导带底部的位置(图 7.11 中的 $\Delta\epsilon$)可通过不确定原理简单地估算出来

$$d_0 p_0 \simeq \hbar \tag{7.54}$$

其中，d_0 为特定波动方程的势阱宽度，其动量为 p_0。根据图 7.11，空间电荷场 ε_{sc}满足

$$\epsilon_0 = \frac{p_0^2}{2m_\perp^*} \simeq ed_0 |\varepsilon_{sc}| \tag{7.55}$$

当 $p_0 = (2m_\perp^* \epsilon_0)^{1/2}$时，并结合式(7.54)中的最低子能带能级，参考导带最小值，得到

$$\epsilon_0 \simeq \frac{(\hbar e)^{2/3}}{(2m_\perp^*)^{1/3}} |\varepsilon_{sc}|^{2/3} \tag{7.56}$$

其中，$m_\perp^*$为垂直表面的主要有效质量。

取$|\varepsilon_{sc}|$和 $m_\perp^*$ 的典型值分别为 10^5 V/cm 和 $0.1m_0$，可估算 ϵ_0 大约为 30 meV，且相应地，“尺寸”d_0 近似为 30 Å。薛定谔方程(7.47a)在三角形势阱[式(7.49)]下的精确解(图 7.11)产生下面的能级特征值：

$$\epsilon_i = \left(\frac{3}{2}\pi\hbar e\right)^{2/3} \frac{|\varepsilon_{sc}|^{2/3}}{(2m_\perp^*)^{1/3}}\left(i + \frac{3}{4}\right)^{2/3}, \quad i = 0, 1, 2, 3, \cdots \tag{7.57}$$

将其同式(7.56)比较，可见与 $\epsilon_0(i=0)$的估算符合得相当好。

需要强调的是，我们在此处简单的考虑是最适用于反型层的，其在准二维气的载流子被一块尖锐的耗尽层[图 7.1(b)，第二栏]从块体的自由载流子中分开。在强累积层中，块体载流子中没有这样的势垒。子能带中的束缚对于表面的电子和垂直于表面运动的电子都不是量子化的，对自洽势有贡献，必须在式(7.48)中考虑。

另一种情况出现在间接带隙半导体中，例如 Si、Ge、GaP，其导带最小值不在布里渊区的中心。以 Si 为例，$\boldsymbol{k}$ 空间最小常数能级的表面是椭圆体沿着 k_x、k_y、k_z 轴，产生两种有效电子质量 m_l(长方向)和 m_t(横方向)。不同晶格面分割能量椭圆体不同。在(100)面，两个椭球体的投影是圆的而其他 4 个是椭圆。由式(7.56)、式(7.57)，垂直于表面的有效质量分量进入子能带能级。在 Si(100)面，由式(7.57)将有两个子能带系列，它们在垂直于(100)面有效质量不同。Si(110)面的情况也相同。然而，对于(111)面，以相同方式切割 6 个椭球体。所以，仅认为有一个质量分量垂直于(111)面，存在一个子能带系列。

对于累积层和反型层，它们由经典方法(7.2~7.4 节)计算出的自由电子密度 $n(z)$相差较大，且 z 量子化也纳入计算中。在经典描述中，电荷密度仅依赖于带边 $E_C(z)$从费米能级 E_F 局域分离；它必须在近表面有极大值，其分离对累积层和反型层分别是极小和极大(图 7.12)。另一方面，按量子力学描述，自由电子密度 $n(z)$表达为 $\sum_i N_i |\phi_i(z)|^2$[式(7.48)]，其子能带 i 的波动方程

$\phi_i(z)$必须在表面有波节(图 7.11)，即 $n(z)$在表面消失。图 7.11 中计算出的 Si(100)电子电荷密度 $n(z)$清晰地显示出这种行为[7.5]。对此特例，大部分的总电荷被包含在最低子能带中($i=0$)。电荷离表面的平均距离按量子力学计算的要比用经典方法计算的大。

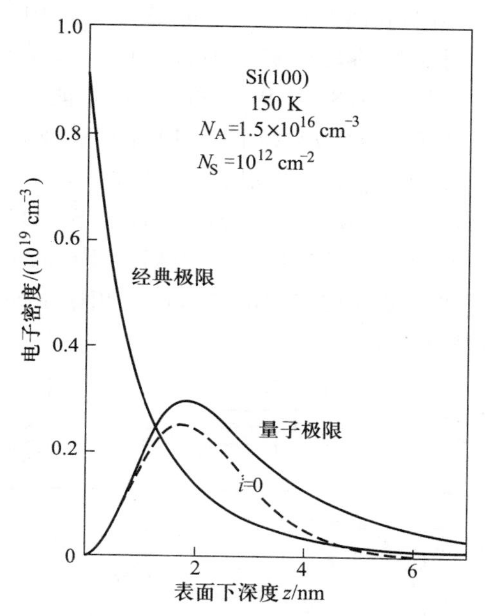

图 7.12　150 K 下 Si(100)的反型层(电子密度为 10^{12}cm^{-2}，体受主掺杂量为 1.5×10^{16} cm^{-3})的经典和量子力学描述的电荷密度。虚线表示最低次能带对量子力学描述的电荷密度的贡献[7.5]

7.7　特殊界面及其表面势

如 7.5 节中提到的，体禁带表面或界面态密度超过 10^{12} cm^{-2}足以钉扎住表面或界面的费米能级 E_F，即 E_F 相对于块体的能带边 E_C 和 E_V 被锁住。对能隙中某个特定的具有高态密度的界面，存在一个固定的表面势 $\phi_s=e^{-1}[E_F-E_i(0)]_{surf}$，也是该特定表面的特征。能带弯曲 $eV_s=e(\phi_s-\phi_b)$[式(7.5)]由 ϕ_b 决定，即体掺杂量。在超高真空下解理得到的洁净 Si(111)面具有(2×1)超结构的现象正是这种情况。图 7.13 所示为 Allen 和 Gobeli [7.6]得到的经典结果，他们测量了超高真空解理的 Si(111)-(2×1)功函数 $e\phi=E_{vac}-E_F$ 和光阈值 $e\phi_P=E_{vac}-E_V$。正如所预期的费米能级钉扎，ϕ 和 ϕ_P 在很宽的一个掺杂量范围内几乎保持恒定。与此一致的是，表面势 ϕ_s 在 130~350 K 范围内不随温度变化。在图 7.14 中，更清晰解释了 Si(111)-(2×1)情况。体掺杂量决定了体内 E_F 与 E_C 之间的能量差($z \gg 0$)。由 6.5.1 节，存在着大量悬挂键表面态到达禁带中。两种能带，一种是占据 π 态(施主)，另一种是空 π^* 态(受主)，使得态密度变化，如图 7.14 定性所示情况，它们由一个约 0.4 eV 绝对能隙分开(也如图 6.35)。悬挂键轨道的表面态对应一个单层且大于 10^{14} cm^{-2}。这个值足以钉扎在两个悬挂键之间能量的表面费米能级。由实验结果，钉扎位置$(E_F-E_V)_{surf}$大约为 0.35 eV [7.6, 7.8, 7.9] (图 7.14)。能带弯曲必须进行调整，所以在 p 型 Si 中，一个耗尽空穴形成[图 7.14(a)]，反之，在高度 n 掺杂材料中，一个 p 反型层$(E_i-E_F)_{surf}>0$ 出现[图 7.14(b)]。

在超高真空中解理制备的 Ge(111)-(2×1)面与 Si(111)-(2×1)面在它们的表面态上表现出相似的性质(6.5.1 节)。占据的及空的 π 和 π^* 态是 E_F 在价带边 40 meV 以上钉扎的主要原因[7.10, 7.11]。相比于 Si，需要注意的是 Ge 在 300 K 下更小的带隙 0.7 eV。

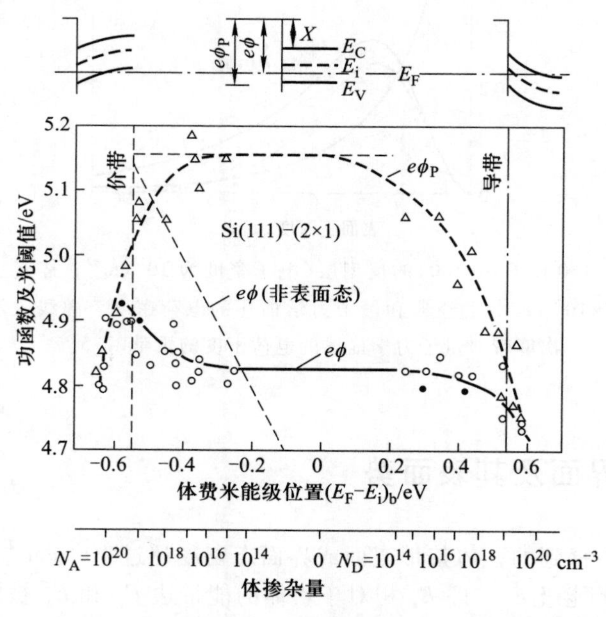

图 7.13　Si(111)-(2×1)面的功函数 $e\phi$ 及光阈值 $e\phi_P$(上述能带示意图中解释)随体掺杂量变化的函数(p 型和 n 型)以及体费米能级位置$(E_F-E_i)_b$[7.6]

Si(100)-(2×1)面的重构结构按双分子模型描述(6.5.1 节)，在超高真空中由氩离子轰击然后热处理形成，或者仅用热处理。这个表面的表面态分布相较于 Si(111)-(2×1)尚未分析清楚，但从 6.5.1 节(图 6.41)可知，表面是半导的，与 Si(111)-(2×1)类似。因此，表面的费米能级钉扎位置不会有较大差异。$(E_F - E_V)_{surf}$大约为0.4 eV，即与Si(111)-(2×1)面相近［7.12-7.14］。空间电荷层的性质也因此与图7.14中所描述相近。

Si(111)-(7×7)面是最稳定的表面，它可以从一个解理的(2×1)重构表面加热到350 ℃以上得到或是用氩离子轰击后热处理制备，其几何和电子结构的细节已知(6.5.1节)。光电效应(图6.38)和逆光电效应［7.15-7.17］的研究表明，电子表面态的分布与图7.15所示大致类似。该表面很可能有着一个几乎连续分布的表面态(类似金属表面)，峰值位于价带边 E_V 以上约0.7 eV处(图6.38中的表面态 S_1 能带)。态密度足以在价带边 E_V 以上约0.7 eV处有效地钉扎费米能级，即带隙一半处［7.15-7.17］。由此可以推出n型Si中电子耗尽层和p型材料中的空穴耗尽层。

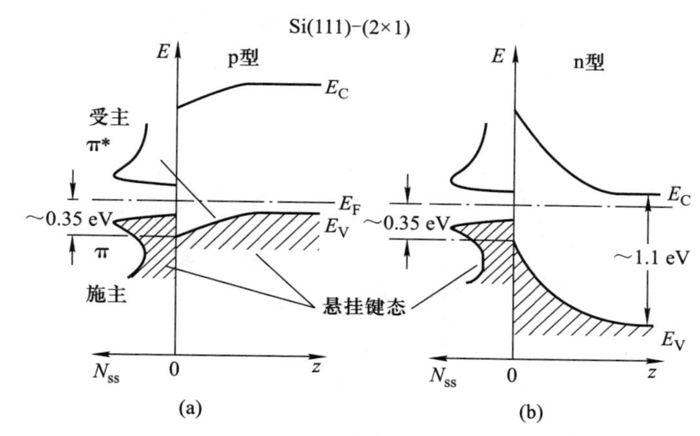

图7.14 Si(111)-(2×1)面的定性表面态密度 N_{ss} 及能带示意图：(a) p掺杂材料；(b) n掺杂材料。π和π* 悬挂键态来源于π键链模型［7.7］

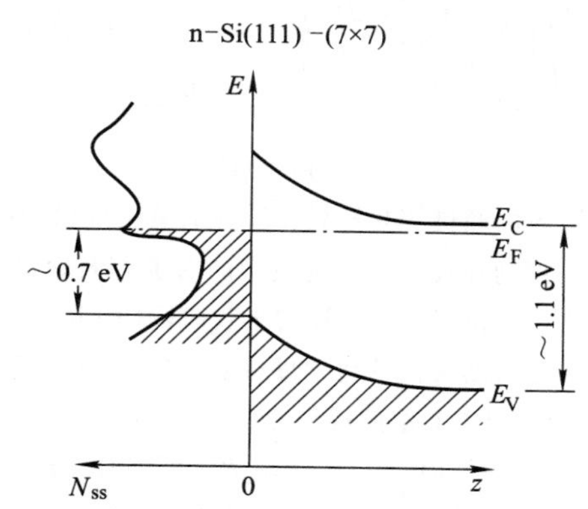

图7.15 Si(111)-(7×7)面的定性表面态密度 N_{ss} 及能带示意图(n掺杂材料)［7.15-7.17］

考虑半导体器件技术中，最重要的 Si 界面是 Si/SiO_2 界面[7.18]。为此，大量的研究致力于得到对 Si 表面氧化过程更深入的理解。在这些研究的基础上，更倾向于选择在超高真空中制备的表面，发展出详细的氧化过程模型。高分辨电子能量损失谱(HREELS)［7.19］清楚地显示出 Si(111)-(7×7)面氧化的不同阶段。数据支持以下模型：700 K 时暴露在氧气中首先形成单层吸附氧原子[图 7.16(a)]，氧原子在两个表面 Si 原子的桥位成键。暴露在更高浓度

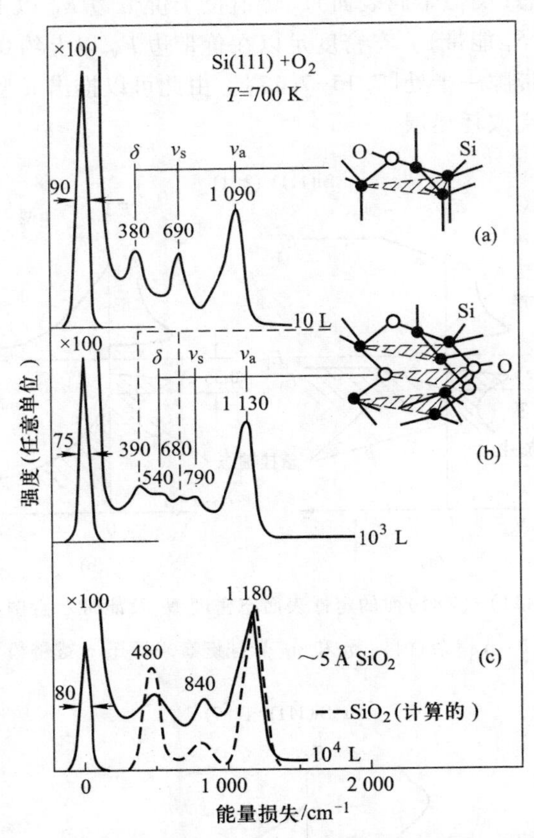

图 7.16　Si(111)-(7×7)表面经过 700 K 氧化后的能量损失谱(HREELS：初始能量 E_0 = 15 eV，晶面几何反射)。振动损失是由结构模型的右手方向确定。为了解释清楚，Si 原子假定在体材料的位置。(a) 在第一个快速的吸收阶段(10 L)是最上面 Si 层中的 Si 原子之间的氧原子键。(b) 在之后的缓慢的化学反应阶段(10^3 L)，氧原子渗透到 Si 晶格，此外，氧原子在第一和第二 Si(111)双层的桥位键合。(c) 更高浓度的图谱(>10^4 L 氧原子)，与透明 SiO_2 光学数据计算的图谱(虚线)的比较表明了 SiO_2 覆盖层的存在。AES 结果表明，这一覆盖层的厚度约为 5 Å［7.19］

(10^3 L 范围内)氧中，氧原子渗透到第二层原子层。HREELS 可解析为假设在桥位的氧有图 7.16(b) [7.19]所示的成键构型。进一步更高浓度的暴露，损失谱演变成图 7.16(c)所示，与光谱数据相对比，可清晰地知道出现了一层“厚”SiO_2 氧化层。这层 Si 表面的天然氧化层是非晶的，任何散射技术手段都没有发现长程有序。但这层氧化层质量非常高，均匀且密闭，在 Si-SiO_2 界面处缺陷密度极低。在高分辨电子显微镜照片中，这层界面明锐，仅有一两个原子层。该界面层的完美程度对其电性能十分重要。氧化导致悬挂键轨道饱和，图 7.14、图 7.15 所示的表面态从禁带消失，新的化学吸附键和反键态分别在远低于 E_V 能级和高于 E_C 能级处形成。这些态通常分别是占据的和空的，对电学性质而言，不再考虑它们。

由这幅简图可预知，在禁带中没有有效的界面态密度。最近的制备和测量技术表明，在带隙中间的密度值 N_{IS} 可低至 10^8 cm^{-2}。在整个禁带，整个面密度低于 10^{10} cm^{-2}。这个值非常低，不足以影响到界面处的费米能级。这些界面态中没有足够的捕获电荷来钉扎 E_F。在整个禁带中(图 7.17)，费米能级随掺杂量和温度的变化自由移动。然而，在这样几乎完美的 SiO_2/Si 界面，主要研究精力仍集中于理解留存电子界面态的本质，以进一步降低其密度。下一章将讲到 Si 器件的性能可通过降低这些界面态密度而获得改善。如图 7.17 定性所示，这些界面态的分布呈 U 型；具有朝带边 E_V 和 E_C 增大的趋势，最低值在带隙中部。图 7.18 所示为几年前测量的界面态密度的一个典型例子[7.20]。相比于近年得到的结果，其态密度值较大。如今可以制备出陷阱密度降低约两个数量级的界面，但分布仍然表现为 U 型。具有明显的取向依赖性；在(111)面的陷阱密度比(100)面的高约一个数量级。这个现象与 Si 表面单位面积上可提供的键的数量有关。这种取向依赖性决定了为何现代 Si 场效应晶体管(7.8 节)都制作在(100)基片上。

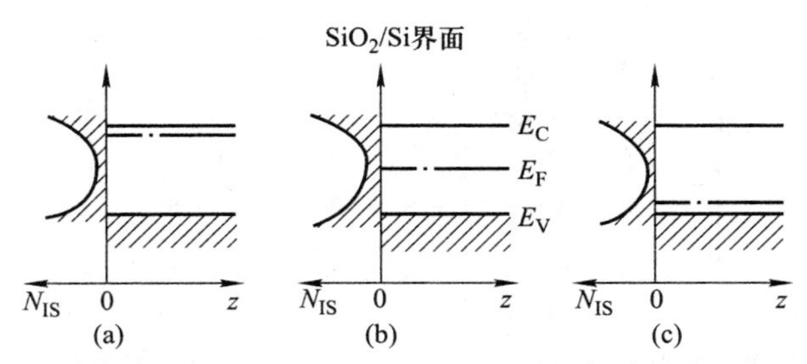

图 7.17　不同体掺杂的 SiO_2/Si 的界面态密度 N_{IS} 的定性曲线和界面附近的能带示意图，也就是说不同费米能级的位置：(a) n 型 Si；(b) 近本征 Si；(c) p 型 Si

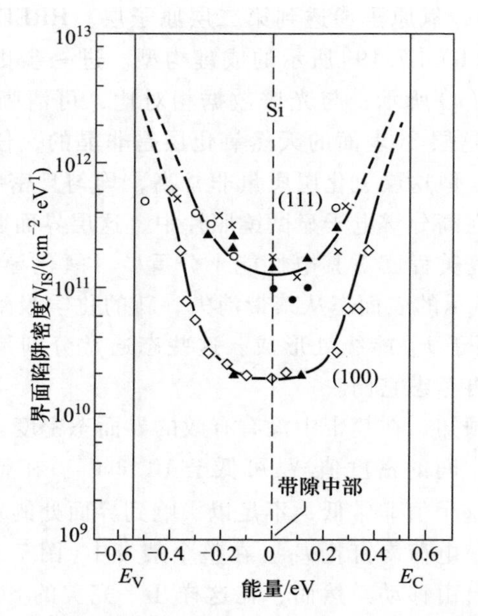

图 7.18　不同表面方向的热氧化 Si 的界面态密度。E_V 和 E_C 分别为价带边和导带边[7.20]

迄今为止，所提出解释界面态起源的模型都建立在界面上不饱和"悬挂"键的假设上。图 7.19 示出了一种此类界面缺陷可能的模型。除了自由 Si 悬挂键，氧化物中的硅氧键在界面处被扭曲以匹配 Si 晶格。用化学语言解释是：界面附近氧化不完全。与在 SiO_2 中仅有 Si^{4+} 不同，界面上的 Si 处于 Si^{+1}、Si^{+2} 和 Si^{+3} 态。这个从 XPS 研究中推出[7.21，7.22]。

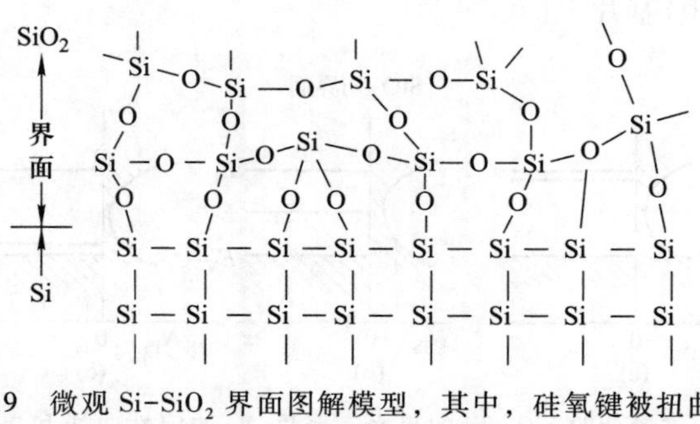

图 7.19　微观 Si-SiO_2 界面图解模型，其中，硅氧键被扭曲以匹配硅晶格。同时也示出一个不饱和 Si 悬挂键

Ⅲ-Ⅴ族半导体化合物表面显现出完全不同于以上讨论的 Si 表面的性质。

我们接下来考虑一个最常研究的化合物 GaAs。

GaAs(110)面可在超高真空中解理得到。正如大量 UPS 和功函数测量结果所示，在 n 或 p 型 GaAs 良好的镜面级解理面上费米能级没有钉扎。表面处费米能级的变化随体掺杂量而变，如同图 7.17 所示的 Si-SiO_2 界面情况。在实验精度范围内，可观察到平带，与体掺杂类型无关；当体掺杂由高 n 型(n^+)变化为高 p 型(p^+)时，表面费米能级可以移动至整个禁带。这意味着在充分良好解理的 GaAs(110)面上，带隙的表面态密度必须极低。如在 6.5.2 节中所讨论的，这样的表面会显示出一种(1×1)重构的弯曲，相对于块体中原子的位置，As 表面原子向外移而 Ga 原子向内移(图 6.43)。这种重构与表面态分布相关联，其中，As 和 Ga 悬挂键表面态本质上分别与体价带态和导带态发生简并(图 6.44)。带隙中没有本征态，只含有少量缺陷引发的外来表面态。在这种意义上，良好的、洁净的、在超高真空中解理的 GaAs(110)面比良好的、解理的 Si(111)表面更似 Si-SiO_2 界面。

理论上，采用若干不同途径(6.5 节)都表明，“理想”GaAs(110)面其原子排布如被截去顶部的块体，与不同表面态分布相关(图 6.43)。对于这种表面，As 和 Ga 相连的悬挂键态向带隙内移动，Ga 衍生空态可能移到带隙中部附近的位置，而占据 As 态则可能位于禁带的下半部分。这样的分布引起费米能级的钉扎。受主型 Ga 态(带隙中部)导致 n 掺杂 GaAs 耗尽层，而施主型 As 态则是 p 型材料形成空穴耗尽层的原因。

完美解理的 GaAs(110)面，其初始平带被离子轰击后腐蚀或是暴露在一种气氛中(氧气、原子氢等)，可以得到定性相似的情况。对所有这些处理而言，n 型 GaAs 的费米能级钉扎在 0.65~0.8 eV 之间，p 型材料在 0.45~0.55 eV 间，高于价带最大值 E_V(图 7.20)。当在 GaAs(110)面沉积各种金属后，也观测到相似的钉扎位置(第 8 章)。这个 GaAs(110)面对不同的处理方式得到相近的响应的事实表明，每种情况下缺陷表面态(n 型受主，p 型施主)是形成耗尽层的原因。As 和 Ga 空位及其反位缺陷 AsGa 和 GaAs 被认为可能是动因(8.4 节)。

一定量的非化学计量比被认为是形成 GaAs(110)表面态的原因，这种想法被分子束外延(MBE)生长的 GaAs(001)表面空间电荷层和费米能级钉扎的观察所支持[7.23]。在 MBE(2.4 节)中，生长面的化学计量比可以在有限范围内通过控制 As-Ga 供给比例来调控。具有不同化学计量比的面可由不同的 LEED 或 RHEED 花样来表征，即超结构。正如 AES 或 XPS 所揭示，在 GaAs(001)上观察到的(4×6)、c(2×8)、c(4×4)花样对应于增加的 As 浓度。图 7.20 可明显说明在所有 MBE 生长的 GaAs(001)面都具有相似的费米能级钉扎，尽管存在一定的随 As 含量增加钉扎能级向导带最小值 E_C 偏移的现象。如

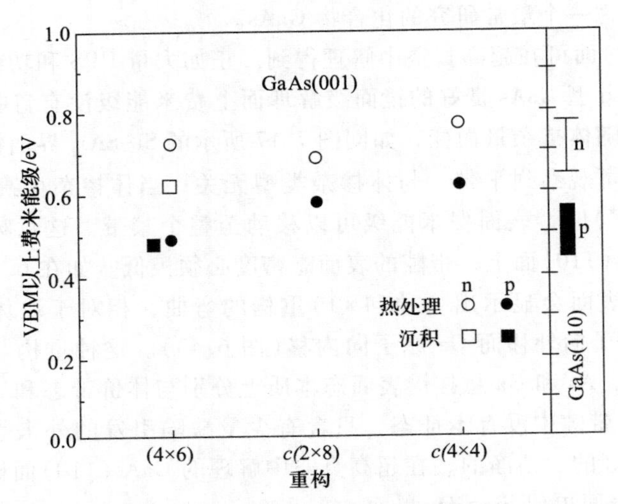

图 7.20　采用 MBE 制备的具有 3 种不同表面重构结构的 n 型和 p 型 GaAs(001)的价带最大值(VBM)以上的费米能级钉扎[7.23]。为了对比费米能级钉扎位置，同时列出离子轰击刻蚀 O 和 H 覆盖的 GaAs(110)面，用实心(p 型)和空心(n 型)方块表示。

同在 GaAs(110)面上同样的表面态，很可能是缺陷态，是这种效应的主要原因。

在窄带隙Ⅲ-Ⅴ族半导体 InAs（带隙≈340 meV）和 InSb（带隙≈180 meV）解理的(110)面上得到某种不同的情况。两种情况下，洁净表面出现平带，与掺杂量和种类无关，即禁带中的表面态密度可以忽略。

这种情况与在超高真空中解理完美 GaAs (110)面的情况相似，在弯曲的弛豫(1×1)面[图 6.43(c)、(d)]禁带本质上没有表面态。Ga 和 As 衍生的悬挂键态分别位于导带边和价带边，且在 Γ 点附近共振(图 6.44)。当 GaAs(110)面有轻微污染时，非完美解理而产生的缺陷或是沉积微量的金属都会改变表面态分布；表面态偏移进带隙，但不是像 GaAs 那样在 Γ 点进入绝对能隙，而是进入间接能隙(表 8.2)，其范围是体能带结构中价带最大值到平边导带最小值。窄带半导体例如 InAs、InSb 以及 InN(带隙≈ 0.7 eV 与其他Ⅲ族氮化物相比较小)的这种特性来自于非常尖锐的能量上低洼的 Γ 导带最小值。一个窄带半导体的特性与布里渊区边界的与平边最小值相比极低的态密度有关。平边最小值的电子态因此与 Γ 最小值周边态的能级位置相关性比与导带衍生的受主型表面态的能级位置相关性更大，这在决定 E_N 时具有普遍性，将在 8.2 节讨论。

因此，我们得出表面态电中性能级 E_N 位于间接能隙中部某处(图 7.21)，从而可在体导带下部的能级范围内找到。这样的表面其费米能级钉扎在导带范围内且产生表面积累(图 7.21)。的确，在真实的窄带隙半导体表面，导带中费米能级钉扎位置$(E_F - E_C)_{surf}$：对于InSb (110)约为 100 meV [7.24]，对于InAs (110)约为 150 meV[7.25]，对于 InN (1100)约为 900 meV[7.26]。对InN 而言，这个定性解释由量化的自洽现实体能带结构计算，与 E_N 和费米能级钉扎位置的测定有关(图 7.22)。必须强调的是，我们对图 7.21 的定性解释非常好地解释了多种窄带隙半导体面上的费米能级钉扎实验结果。但是，如在超高真空中解理的(110) 或(1100)面性质所示，特定重构类型会偏移表面态能带至禁带之外，对 GaAs 为直接，而对 InAs、InSb 或 InN 为间接。

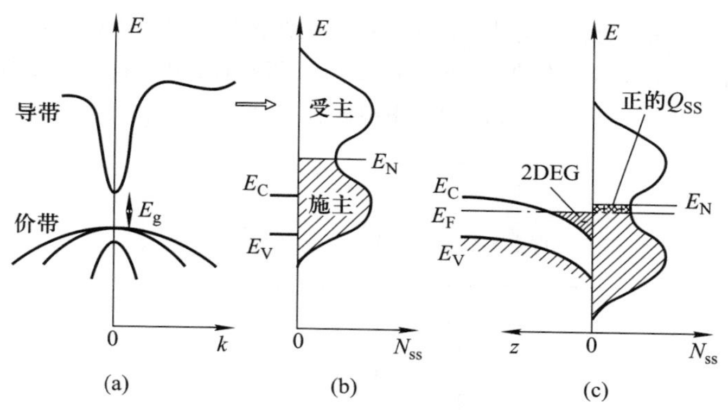

图 7.21　窄禁带半导体，例如 InAs、InSb 和 InN，表面电子累积层[2DEG 是指二维电子气(2D electrongas)]产生原理的定性解释。(a) 窄禁带半导体的能带示意图，图中给出了在 Gamma 点尖锐的导带底和禁带宽度 E_g。(b) 基于块体的导带边 E_c 和价带边 E_V 的定性的表面态密度。块体的平的、高密度导带(部分)的最小值的电子态对于表面态能带结构的形成要比 Γ 附近导带最小值更有关。然而，中间能量态 E_N 则是随着体导带的低的部分衰减，在此能量处表面态的受主粒子全部转变为施主粒子。(c) 表面累积层(2DEG)的能带弯曲，这里电子空间电荷 Q_{SC}(2DEG)和由空的类施主表面态导致的表面态电荷 Q_{SS}相比较。Q_{SS}贡献的能量宽度被放大用于清楚地解释。在 E_N 附近表面态密度大于 10^{12} cm^{-2}时，费米能级钉扎在 E_N 附近，从 E_N 有个极小的偏移，偏移量小于 100 μeV

ZnO 面是典型的金属氧化物和Ⅱ-Ⅵ族半导体化合物。ZnO 多半是 n 型半导体，带隙≈ 3.2 eV (300 K)。这类纤锌矿结构的半导体可在超高真空解理得到 3 种表面：非极化$(10\bar{1}0)$棱面以及极化的(0001)Zn 面和$(000\bar{1})$O 面。在超高真空解理后，所有 3 种面都显示平带或弱电子耗尽层。对极化 O 面如图 7.23 所示[7.28]，此时能带弯曲由低表面态密度所建立，在导带边以下

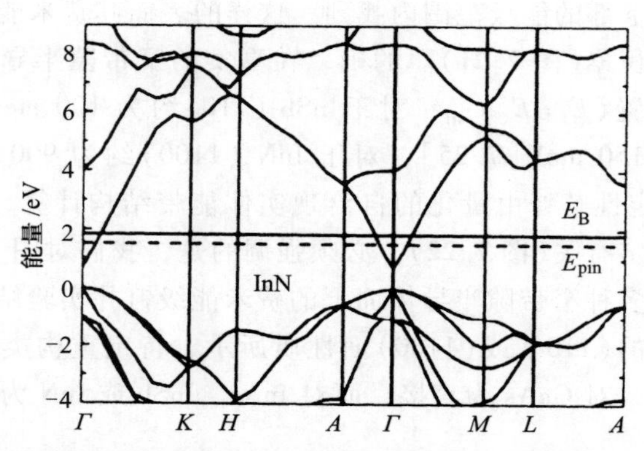

图 7.22　密度泛函理论计算的 InN 的布里渊区的体电子能带结构。分歧点 E_B，也就是表面态的中间能量位置 E_N，和表面态费米能级钉扎的能量 E_{pin} 也在图中显示[7.27]

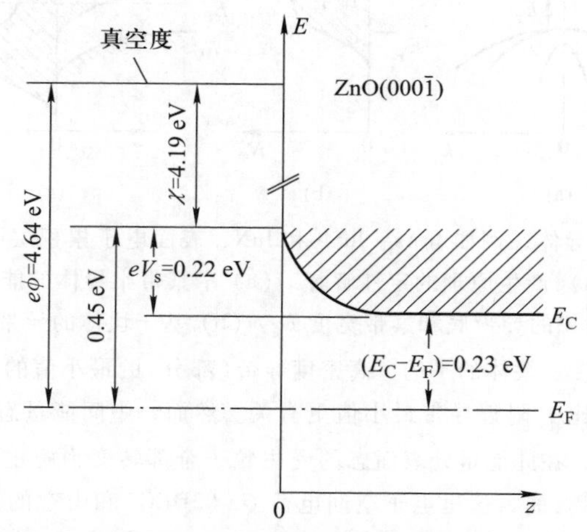

图 7.23　在超高真空解理的极化的(000$\bar{1}$)O 面导带边附近的电子能带图。之后在超高真空中于 800 K 高温下退火处理得到的能带图谱保持不变[7.28]

0.38~0.45 eV。用原子氢处理后在 3 种表面上产生强烈的累积层。观察到向下弯曲多达 1 eV。与通常的体电导对 $1/T$ 的指数关系不同(图 7.24)，累积层中含有简并电子气效应的薄层电导与温度 T 几乎无关。氢的作用减少了表面并很可能造成 Zn 过量，这与施主型缺陷表面态的形成有关[7.29]。从观察到的能带弯曲现象可以推测这些态至少位于导带边以上 0.4 eV 处，即它们同体导带态发生简并。

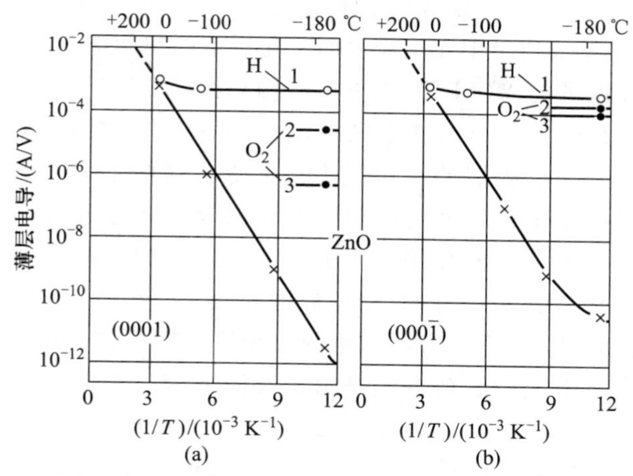

图 7.24　在超高真空解理的极化 ZnO 表面的面电导 $g_{sheet}=\int_0^d dz\mu n(z)$ 随温度的变化：(a) (0001) Zn 面；(b) (000$\bar{1}$) O 面。剥离后，洁净表面(×)暴露出 H 原子(曲线 1)，之后在 3×10^{-3} Torr 压强下保持 10 min(曲线 2)和 10^{-2} Torr 压强下保持 10 min (曲线 3)，O_2 确定 [7.30]

氧对 ZnO 表面则具有相反的作用(图 7.24)。对两种极化面，氧至少可以部分解除氢吸附带来的影响。移除累积层在 Zn 表面进行得更快，但饱和值对二者是相同的。在 3 种干净的 ZnO 表面，化学吸附氧形成向上能带弯曲的电子耗尽层。氧作为带负电荷粒子吸附束缚电子，因此充当表面受主。

总结这一节，再一次强调大部分单质半导体和化合物半导体的洁净表面之间存在的重要的且极可能普适的区别。对于后者材料，缺陷表面态在决定表面费米能级位置起主导作用。另一方面，对于 Si 和 Ge，本质上悬挂键态是非常重要的。

7.8　硅 MOS 场效应晶体管

空间电荷层最直接的应用是场效应器件。场效应晶体管基本上是电压或电场控制的电阻器。因为它们的电导过程涉及一种空间电荷层中的载流子，场效应晶体管也称单极，与 p-n 结器件相区别，例如 npn 型晶体管。电流由电子和空穴同时输运，因此，器件也称双极管。场效应晶体管(field-effect transistor, FET)家族有两大类：金属-半导体场效应晶体管(MESET) 和金属-氧化物-半导体场效应晶体管(metal-oxide semiconductor field-effect transistor, MOSFET)。MESFET 功能基于外场调控金属半导体接触之下的肖特基耗尽空间电荷层(8.6 节)。比较起来，MOSFET 中在绝缘表面氧化层下的空间电荷层由外电压控制。到目前为止，最先进的 MOSFET 其基本结构如图 7.25 所示。对 n 通道器件，基底是 p 型 Si，其中，两个 n^+ 掺杂区域(n^+ 表示高度 n 掺杂)形成源极和漏极(例如通过离子注入)。表层的金属膜为接触点。这两个 n^+ 区域由通道(长为 L)分开。在实际操作中，这个通道在源极和漏极间输运电流。空间电荷层从第三个金属接触点被一层 SiO_2 绝缘膜分开。这一类的薄膜含制备过程中加热所形成的天然氧化物。尤其是 Si/SiO_2 界面，在 7.7 节简要讨论过，对 MOSFET 性能有显著影响。和 7.7 节所讨论内容相比，MOS 器件中的氧化物阻挡层通常不在超高真空系统中制备，但是由于实际原因，在流反应器中制备。在 MOSFET 中有第四个接触点，基底接触，在 Si 基底背面。它通常用作参比。图 7.25(b)示出了最简单的操作 MOSFET 的电路。当没有电压加到栅电路上($V_G=0$)时，Si 基底一直到 $Si-SiO_2$ 界面栅以下是 p 型。源-漏电极对应于两个背靠背连接的 p-n 结。通道电阻极高。当足够高的正电压加到栅上，负电荷被诱导穿过氧化物，电子在隧道中被增强至反型发生[图 7.26(b)]。电子反型层(或通道)在两个 n^+ 区域内形成。源极和漏极被导电的 n 型通道和电流联通，由 V_G 控制，可在源极和漏极之间流通。源极和漏极具有相同的势能，即图 7.25(b)中 $V_D=0$，图 7.26(b)中的能带示意图在整个栅长度范围内都适用。然而操作中，在源极和漏极之间通入可调节电流，漏极相对源极被加上偏压。对磁非平衡状态的完全描述需要一个二维能带图 $E(x, y)$，其 x 垂直于 $Si-SiO_2$ 界面，y 平行于通道(图 7.27)。图 7.26(b)中所示能带图与图 7.27(c)相对应，而且定性地说也对应着图 7.27(d)所示通道中靠近源极的空间区域。注意到在非平衡条件下[图 7.27(d)]，费米能级劈裂成沿通道的准费米能级 E_{F_p} 和 E_{F_n}。用来反转漏极的电压比平衡时大，因为施加源极偏压降低了电子准费米能级 E_{F_n}；仅当表面势能穿过 E_{F_n} 才能形成反型层。Sze 给出了详细的 MOSFET 数学处理[7.34]。基于 7.2~7.4 节中对空间电荷层的简单表述，可以导出漏极电流 I_D 是源极电压 V_D 的函数(图 7.28)。需要阈值电压 V_T 来开启 n 通道；随着阈值电压以上栅电压的增大($V_G-V_T>0$)，也得到了增大的源极电流，因为反型层中的载流子浓度增加。对一个给定 V_G，源极电流开始随着 V_D 线性增大(线性区)，然后逐渐趋平，最后达到饱和(饱和区)。随着源极电压的增大，在半导体内沿通道产生较大电位降，而栅边的电势则沿金属栅电极保持不变。沿通道会有一个逐渐增大的垂直于通道的电压降，最终通道倾向于在源尾夹断。这种效应限制了源极电流且决定了其饱和值。虚线显示了源极电压在达到饱和时的轨迹。

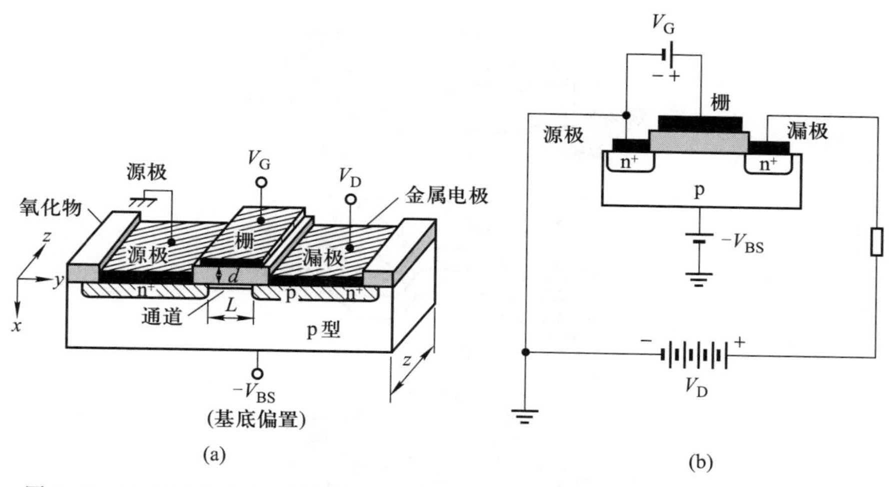

图 7.25　Si 基底的金属-氧化物-半导体场效应晶体管(MOSFET)：(a) 装置示意图[7.31, 7.32]；(b) MOSFET 和相关电压的展示电路图

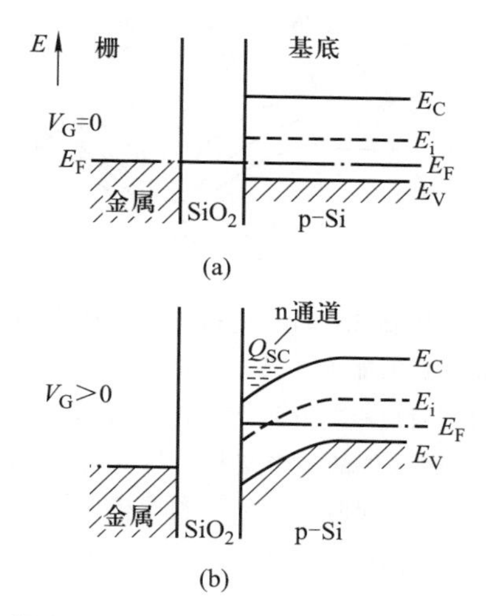

图 7.26　沿垂直于栅电极线的 MOSFET 能带图[图 7.25(a)的 x 方向]，忽略 Si 和 SiO_2 的界面态及 SiO_2 层的氧化物陷阱：(a) 在 0 栅电压($V_G = 0$)，能带本质上是平的；(b) 当施加足够的正栅电压($V_G>0$)，电子反型层出现，通道打开

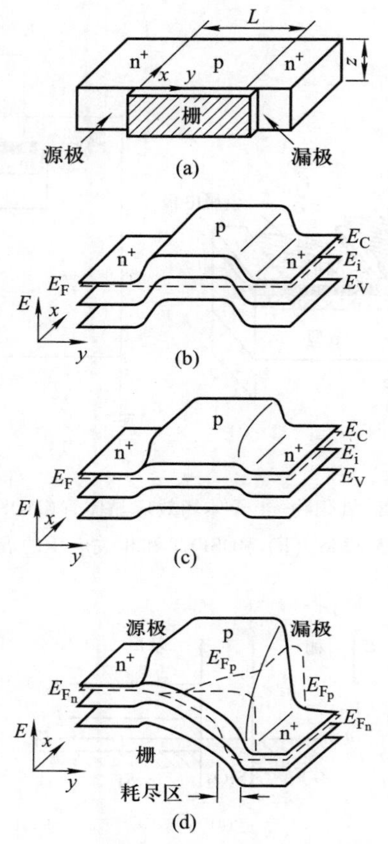

图 7.27　图 7.25 所示的 MOSFET 的 n 隧道的二维能带图。x-y 平面的坐标系（E、x、y）和图 7.25 相同。内能 E_i、费米能量 E_F、导带边和价带边 E_C 和 E_V 示于图中，x，y 坐标轴分别对应垂直和平行栅电极方向。（a）装置构造；（b）图 7.26(a)所示的零偏置平衡条件的平带结构；（c）图 7.26(b)所示的在栅偏压（$V_G \neq 0$）下的平衡条件；（d）同时在栅电压和漏极偏压下的非平衡条件。电流流过通道，在电流流过的范围内，费米能级劈裂为电子和空穴的准费米能级 E_{F_n} 和 E_{F_p} [7.33]

到目前为止，我们的处理完全忽略了 Si/SiO_2 界面处的界面态，以及 SiO_2 层内的体陷阱态。对于这些界面态，如果其密度足够高，会引起 MOSFET 功能在一定程度上的恶化。如果在图 7.26 中，考虑在 Si 带隙中有着高密度的态连续分布，这些态必须在形成图 7.26(b)所示的能带弯曲（反型层形成）时穿过费米能级。大量界面态被带上电荷，因为它们已经转移到费米能级之下。反型层中用来填充这些态的电荷缺失，对增大通道电流无效。通过施加的栅电压 V_G

提供给栅-金属接触的电荷 Q_G 必须同时补偿界面态上的电荷 Q_{IS} 和空间电荷区的 Q_{SC}（通道）

$$Q_G = Q_{IS} + Q_{SC} \tag{7.58}$$

电场线连接栅电极上的电荷及通道中和界面陷阱中的电子（图 7.29）。对于给定栅电压 V_G，输入电容 C_i 决定了栅电荷 $Q_G = C_i V_G$；但是如果界面态密度足够高，Q_{IS} 完全补偿 Q_G，且 Q_{SC} 必须足够小。因此，所加栅偏压不能在通道中感应足够的电荷，且能带没有弯曲[图 7.26(b)]。为实现令人满意的 MOSFET 性能，要求半导体-氧化物界面的界面态密度非常低。根据 7.6 节，这正是 Si/SiO_2 界面。但与此相反，GaAs-氧界面以高界面态密度为特征（很可能是缺陷态，7.6 节）；基于 GaAs 的 MOSFET 结构由此不能像 Si 那样简单制备。一种解决方法是与金属-半导体结中的肖特基势垒相关，这将在第 8 章详细讨论。

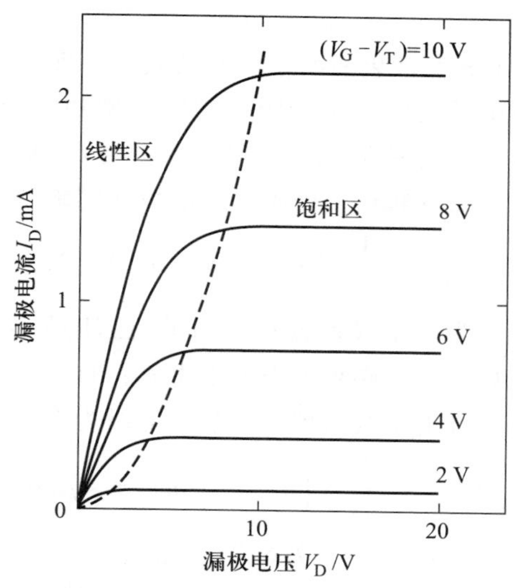

图 7.28　MOSFET 的理想化的漏极电流特征（$I_D - V_D$）。V_T 为当通道导通出现时的阈值电压，虚线表示的是饱和漏极电流所在位置[7.34]

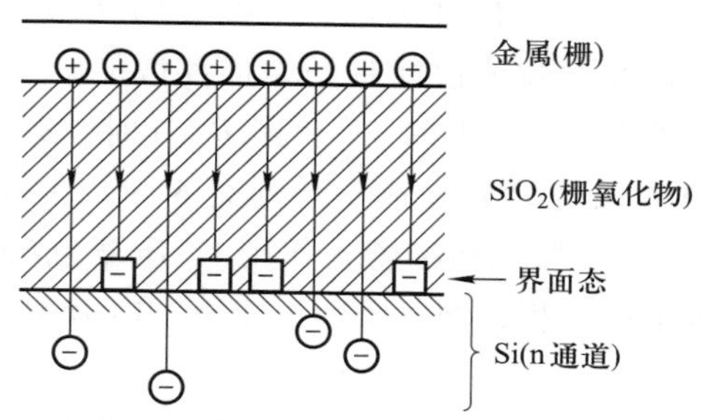

图 7.29　MOSFET 电场通过栅氧化物的电路原理图。场线将金属栅电极的电荷与通道的自由载流子和界面态的电荷陷阱连接

7.9 磁场导致的量子效应

导电 MOSFET 通道中的电子反型层非常适合研究与窄导电通道相关的效应。其垂直于栅的延伸数量级为 10~50 Å，如此以致沿此方向发生量子化，而电子沿平行栅电极方向保持它们的非定域化特性(7.6 节)。在足够低的温度下可观察到这样的二维电子气中相应的次能带[7.35]。

施加磁场引起电子气的维度降低，MOS 反型层中的二维气进一步量子化。如果在 MOS 器件表面垂直方向施加强磁场 B[图 7.27(b)]，反型层中的电子会被迫以回旋轨道运动。经典情况下，在这样的轨道中，电子的回旋频率 ω_c 可在洛仑兹力必须等于离心力的条件下算出[图 7.30(a)]，可得到

$$\omega_c = eB/m_{\parallel}^* \tag{7.59}$$

其中，$m_{\parallel}^*$ 为平行于 MOS 器件表面的主要有效质量，即垂直于 B。在没有磁场条件下，可能的二维电子气的电子能级由次能带抛物线给出[式(7.51)]，其中，平行于界面，电子自由移动，$\boldsymbol{k}_{\parallel}$ 为量子数。当 $B\neq 0$ 时，平行于表面的自由运动不再可能。对于回旋轨道，得到朗道能级如同磁场内的能量特征值

$$E_n^L = \left(n + \frac{1}{2}\right)\hbar\omega_c, \qquad n = 0,\ 1,\ 2,\ \cdots \tag{7.60}$$

可预计将轨道运动分解为两个线性振动，朗道轨道的量子能级[式(7.60)]即为振荡器的。在强磁场中，还必须考虑如下事实：自旋简并中断。B 场中的电子自旋有两种取向。二维电子气的单电子量子能级为下式而非式(7.51)：

$$E_{i,\ n,\ s} = \epsilon_i + \left(n + \frac{1}{2}\right)\hbar\omega_c + sg\mu_B B \tag{7.61}$$

其中，ϵ_i 为第 i 个源自“z 量子化”(7.6 节)次能带的能级。对于一个三角形势阱，ϵ_i 正比于$(i+3/4)^{2/3}$，见式(7.57)，g 为朗德因子，μ_B 为玻尔磁子，$s=\pm 1$ 为自旋量子数。在多能谷半导体中要考虑谷劈裂 ΔE_V[式(7.61)]。可通过第四项 $v\Delta E_V$，$v=\pm 1/2$ 作为量子数来实现。根据式(7.61)，磁场中新的量子化从朗道能级角度呈现连续抛物线次能带劈裂成离散能级[图 7.30(c)、(d)]。对任何特定次能带[图 7.30(c)中的 ϵ_0]，当 $B=0$ 时，态密度是阶梯函数[图 7.30(d)中虚线]，在有限的 B 转变成一系列类 δ 函数尖峰，其在分离处的能级是 $\hbar\omega_c$[图 7.30(d)]。这些态在磁场 B 作用下“压缩”成尖锐的朗道能级。由于态守恒，每个尖峰下的面积，即每个朗道能级[式(7.61)]的简并 N_L 为

$$N_L = \hbar\omega_c D_0 \tag{7.62}$$

其 D_0 是 $B=0$ 时的次能带密度。相比于式(7.53)，此时的自旋简并被磁场 B 抬升，由此获得的态密度为

$$D_0 = \frac{m_{\parallel}^{*}}{2\pi\hbar^2} = \frac{(m_x m_y)^{1/2}}{2\pi\hbar^2} \tag{7.63}$$

结合式(7.59)，简并由此变为

$$N_{\mathrm{L}} = eB/h \tag{7.64}$$

如果朗道能级在费米能级之下，正好被 N_{L} 电子占据(温度足够低)。外磁场的变化通过式(7.59)改变朗道能级劈裂 $\hbar\omega_{\mathrm{c}}$ 以及每个能级的简并[式(7.64)]。

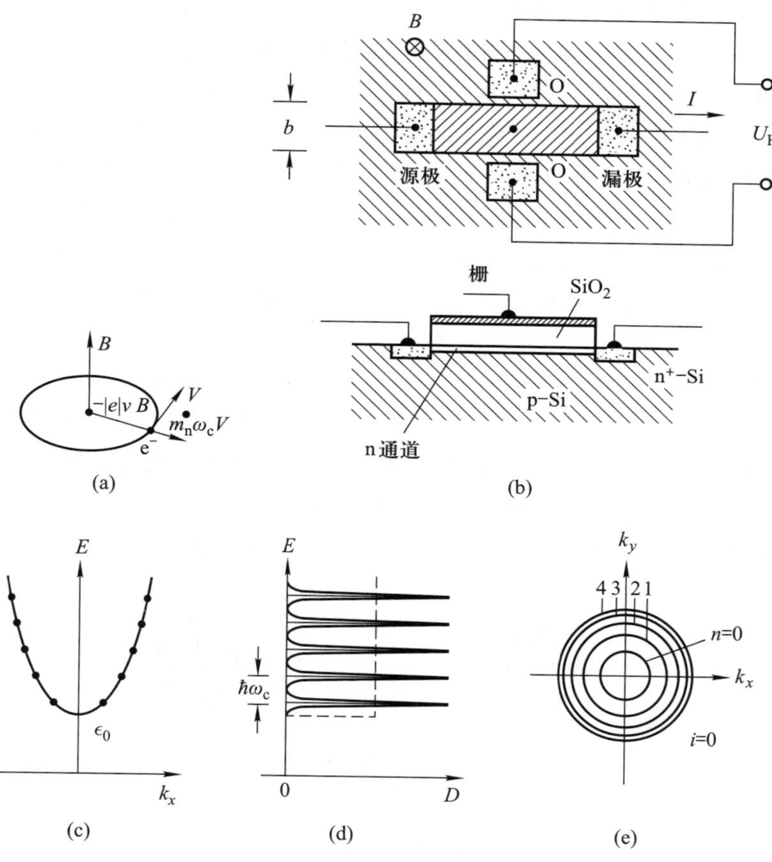

图 7.30　磁场 B 中量子化的准二维电子气以及用 Si 的 MOS 器件对二维电子气的测试：(a) 磁场 B 中的回旋加速器的电子轨道的经典描述，旋转频率 ω_{c} 由洛伦兹力和离心力平衡决定；(b) MOS 器件，磁场 B 垂直于器件连接方向，可用于测试磁阻和量子霍尔效应；(c) 无磁场(虚线)下 k_x 方向(波矢平行于表面)的次能带抛物线，在磁场 $B\neq 0$ 时，连续的抛物线劈裂成分离的被这些点所展现的朗道能级 $(n+1/2)\hbar\omega_{\mathrm{c}}$；(d) 零场(虚线表示的阶梯函数)和 $B\neq 0$(尖状，实线)下的态密度；(e) 朗道能级在 k_x、k_y 平面垂直于磁场的展示

随着磁场强度增加，朗道能级向更高能级偏移，穿过费米能级 E_F，因而被空出。在低温时(尖锐的费米能级分布)易见系统的自由能在朗道能级刚穿过费米能级时最低。随着 B 场增大，自由能又增大至下一个朗道能级穿过 E_F 并空出。由此，自由能振荡作为磁场的函数出现，且这些可从大量物理量中检测到。在现有的背景下，二维电子气的电导率尤其有趣。电导意味着自由载流子在外电场下可获得额外能量，它们被杂质和声子散射。在强磁场中，电导可想象成回旋轨道中心在电场方向的“传播”。一个确定轨道上的电子可能散射到任意方向，但是会开始一个新轨道。费米能级 E_F 边上的电子参与这些过程。当朗道能级穿过 E_F 时，其占据态发生变化，并且 E_F 附近可用电子的密度也由此变化。在电子气电导率中观察到相应的振荡是外磁场的函数，这称为 Shubnikov-de Haas 振荡(又见 8.6 节)。在现实系统中，朗道能级必然被缺陷扩大，这使振荡振幅在一定程度上减小。振荡的磁电导，如果仅从磁场一个方向观察，即在 MOS 结构中垂直栅电极，能证明二维电导过程。Shubnikov-de Haas 效应的强各向异性是二维电子气的普遍特征。同时也在半导体异质结构和超晶格中观测到(8.6 节)。

在 MOS 结构中[图 7.30(b)]，栅电压的变化改变了反型层电势的宽度和深度，即二维电子气量子阱的宽度和深度。依照不同次能带能级 ϵ_i 间的距离，E_F 附近载流子浓度改变。由此栅电压的改变也引起朗道能级的偏移，即使在固定外磁场下。每次朗道能级在变化的栅电压下穿过 E_F，电导率出现最大值。在固定磁场下，电导振荡表现为栅电压的函数。图 7.31 所示为在 1.34 K 下磁

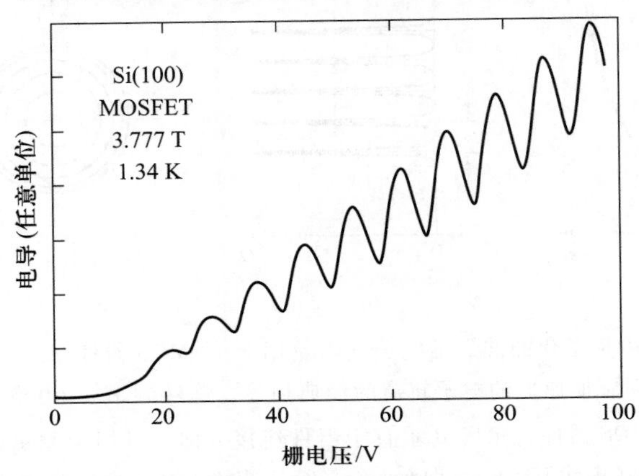

图 7.31　n 型圆形或者光盘形 Si 基底的 MOSFET 的(100)平面在垂直于界面下的外加 3.777 T 磁场的电导振荡测试。振荡是在外加栅电压下以相同的间隔变化。未得到自旋和谷劈裂[7.36]

场为 3.777 T 时，圆形 MOSFET 设备[科宾诺(Corbino)盘]的实验结果。可见，振荡按栅电压函数均匀隔开。自旋和谷劈裂在此例子中没有得到解决(又见 8.6 节)。

7.10 二维等离子体激元

在强窄累积层，垂直于表面有 z 量子化，载流子在平行于表面的方向上自由运动。为获得好的近似值，可用二维电子气模型来描述。同样的情况也可能发生在薄但是连续的几埃厚的绝缘体的金属覆盖层上。类推三维的情况，密度波动也可能出现在二维系统中；集体激发统称为二维等离子体激元。但是，不能与半无限半空间三维表面等离子体激元混淆(5.5 节)。与后面的激发相比，电荷在空间上限于一个薄片中，厚度为几埃。

在我们的模型中，假设一个 xy 平面($z=0$)上的二维电荷分布(密度为 σ)

$$\rho = \sigma\delta(z) = n_s q\delta(z) \tag{7.65}$$

电流密度也限于该平面

$$\boldsymbol{j} = \boldsymbol{j}_x\delta(z) \tag{7.66}$$

二维电荷的电势 ϕ 分布必须遵循泊松方程

$$\nabla^2\phi = \frac{-\sigma}{\epsilon\epsilon_0}\delta(z) \tag{7.67}$$

或者沿 z 积分后

$$\left.\frac{\partial\phi}{\partial z}\right|_{z=+0} - \left.\frac{\partial\phi}{\partial z}\right|_{z=-0} = \frac{-\sigma}{\epsilon\epsilon_0} \tag{7.68}$$

如同在半无限半空间三维表面等离子体激元的情况下，由沿 z 方向指数衰减的电势解式(7.67)，并且沿 x 方向为平面波性质

$$\phi = \phi_0 \exp\left(\mathrm{i}k_\parallel x - \mathrm{i}\omega t - k_\parallel |z|\right) \tag{7.69}$$

电流密度 j_x 沿 x 通过面内电荷输运动态方程与电场相关

$$\varepsilon_x = \frac{-\partial\phi}{\partial x} \tag{7.70}$$

简言之，忽略散射，由此对电子气($q=-e$)，欧姆阻尼

$$m^*\dot{v}_x = -\mathrm{i}m^*\omega v_x = q\varepsilon_x = e\frac{\partial\phi}{\partial x} \tag{7.71}$$

假设速率 v_x 具有与式(7.69)同样的谐振时间依赖性。由式(7.71)可得

$$j_x = -n_s e v_x = \frac{n_s e^2}{\mathrm{i}\omega m^*}\frac{\partial\phi}{\partial x} \tag{7.72}$$

进一步，连续方程必须保持

$$\frac{\partial \rho}{\partial t} + \nabla \boldsymbol{j} = 0 \tag{7.73}$$

通过式(7.65)、式(7.66)的描述，可以从式(7.72)、式(7.73)得到

$$-\mathrm{i}\omega\sigma(z=0) + \frac{n_s e^2}{\mathrm{i}\omega m^*}\frac{\partial^2 \phi}{\partial x^2}\bigg|_{z=0} = 0 \tag{7.74}$$

结合式(7.68)、式(7.69)最终产生

$$2\mathrm{i}\omega k_{\parallel}\epsilon\epsilon_0\phi_0 \exp(\mathrm{i}k_{\parallel}x - \mathrm{i}\omega t) + \frac{n_s e^2}{\mathrm{i}\omega m^*}k_{\parallel}^2\phi_0 \exp(\mathrm{i}k_{\parallel}x - \mathrm{i}\omega t) = 0 \tag{7.75}$$

如果要求方程(7.69) 是泊松方程的解

$$\omega^2 = \frac{1}{2}\frac{n_s e^2}{\epsilon\epsilon_0 m^*}k_{\parallel} \tag{7.76}$$

这便是二维自由电子气中的等离子体激元在无欧姆阻尼条件下的色散关系。随着波矢 $k_{\parallel}$ 减小为$(k_{\parallel})^{1/2}$，频率消失，即对于小 $k_{\parallel}$ 或长波长，回复力消失。这种行为可如下定性理解：对于二维等离子体激元，最大电荷线位于理想的平行线。当线间距离增大，即等离子体激元波长增大时，两条线间的作用力对数减小。这并不适用于三维等离子体激元：三维平面波电荷极值位于平行的薄片上。随着片间距增大，片之间的作用场和力保持恒定。所以，三维等离子体的频率对消失的波矢保持有限值。

附录XIII 光学表面技术

光谱测量的是光照射到一个固体上的反应[XIII.1，XIII.2]。该反应可能是光学上的反应，即该反应记录了反射光或投射光，或在拉曼效应中观察和分析的非弹性散射光。除了这些纯粹的光谱外，其他的技术——例如光伏或者光电导谱是利用光诱导的电子信号来获取关于固体的信息。理论上，用来检测光发射电子(第6章附录XII)的光电子能谱也属于这类技术。后一种技术的表面灵敏度归因于其观察到响应的性质，其为绝对灵敏度，可以用来测量作为光电流或功函数(也见第9章附录XVI)的电子信号，或者测量仅来源于接近表面的空间区域(依据能量的不同，其范围为5~50 Å；图4.1)的逃逸光电子。

对于严格意义上的光谱学来说，其存在的问题是固有的低表面灵敏度。即使光在固体最大吸收的光谱范围内，其在固体中的探入深度的数量级也只有1 000~5 000 Å。对于一个约5 Å厚的单吸附层来说，即使在已经优化好的反射实验中，其对总的光信号的贡献也只有$\Delta R/R\approx10^{-3}\sim10^{-2}$。因此，发展了几种利用高精度的光反射实验来探测固体表面或薄的覆盖层中的激发的方法。原则上说，表面灵敏度总是通过测量不同的信号来获取，相对于体或基底来说，这就增加了表面的贡献。反射比光谱测量的是光激发造成的反射光的光谱结构。根据特定的光谱范围、振动激发，例如吸附分子的标准-模式振动或者在某个实验几何结构中，优先地探测到了光子能量$\hbar\omega$低于约500 meV的表面和界面光子。在此能量范围内也能研究半导体的表面和界面等离子体激元。对于大于约500 meV的能量，即在近红外、可见光和紫外光谱范围内，能研究电子的带间跃迁和集体等离子体激元激发。

作为在可见光和紫外光范围内具有高精度的反射比实验的一个例子，在此我们描述了在定义好的W(100)晶面上的Rubloff等的实验[XIII.3]。通过一个装置来测量由于气体吸附造成的W表面的反射比的变化，在此装置中用一个旋转的石英光管来交替捕获来自入射光束和反射光束的光。用一个电子控制电路把光电倍增管的输出信号分为与入射束和反射束相一致的两个通道。通过调节光电倍增管增益的随动系统使与入射光束相一致的信号保持为常数。此技术得到的R的稳定度在$\Delta R/R\approx10^{-5}$数量级，R的绝对精度约为10^{-2}。在这个及其他相似的实验中，我们总是测量清洁表面的反射比R和被吸附物覆盖的表面的反射比R'；通过$\Delta R/R$光谱图，即相对反射比变化，可以了解到由于吸附物本身和基底最顶层原子层或半导体界面的空间电荷层造成的电子表面结构的变化。

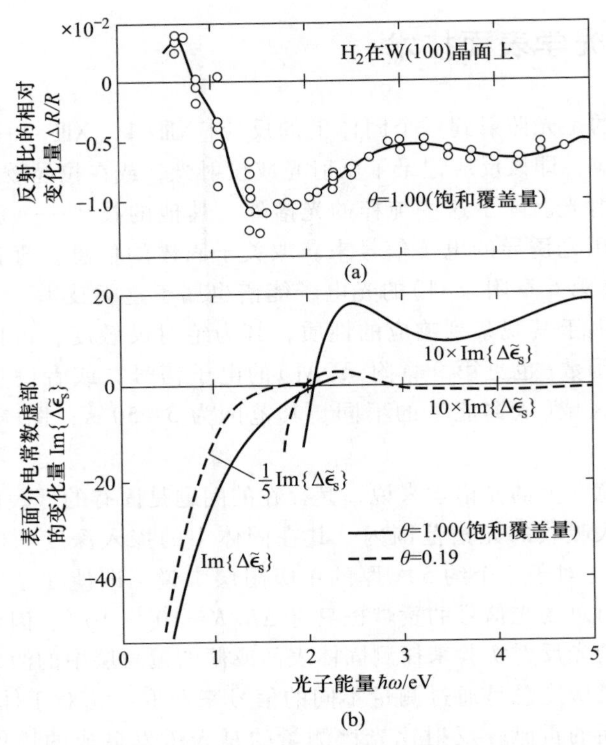

图 XⅢ.1 (a) 氢的饱和覆盖量($\theta=1$，即一个 W 原子被两个 H 原子覆盖)引起的反射比的相对变化量随光子能量的变化图，理论曲线(实线)是通过适合 $\tilde{\epsilon}_s$ 的振荡器来复制 $\Delta R/R$ 数据点而得到的；(b) 计算得到的由于氢的覆盖($\theta=0.19$ 和 $\theta=1$)引起的表面介电常数虚部的变化量 Im $\{\Delta\tilde{\epsilon}_s\}$，假设表层的厚度(比例因子)分别为 5 Å($\theta=1$)和 1 Å($\theta=0.19$)[XⅢ.3]

为了从理论上计算该光谱，通常应用连续式模型。在此模型中，用一个基底顶部的复杂表面介电函数 $\epsilon_s(\omega)=\epsilon_s'-i\epsilon_s''$来描述表面层(吸附物或具有电子表面态的最顶层基底原子层)，其中，基底的体介电函数为 ϵ_b。在此模型中，平行和垂直于入射平面的偏振光的反射比的相对变化量如下[XⅢ.4]：

$$\frac{\Delta R_{\parallel}}{R_{\parallel}}=\frac{8\pi d n_0\cos\phi}{\lambda}\mathrm{Im}\left\{\frac{\epsilon_s-\epsilon_b}{\epsilon_0-\epsilon_b}\frac{1-(\epsilon_0/\epsilon_s\epsilon_b)(\epsilon_s+\epsilon_b)\sin^2\phi}{1-(1/\epsilon_b)(\epsilon_0+\epsilon_b)\sin^2\phi}\right\} \tag{XⅢ.1}$$

$$\frac{\Delta R_{\perp}}{R_{\perp}}=\frac{8\pi d n_0\cos\phi}{\lambda}\mathrm{Im}\left\{\frac{\epsilon_s-\epsilon_b}{\epsilon_0-\epsilon_b}\right\} \tag{XⅢ.2}$$

其中，ϕ 为入射角，n_0 和 ϵ_0(真空中，$n_0=\epsilon_0=1$)分别为周围介质的折射率和绝

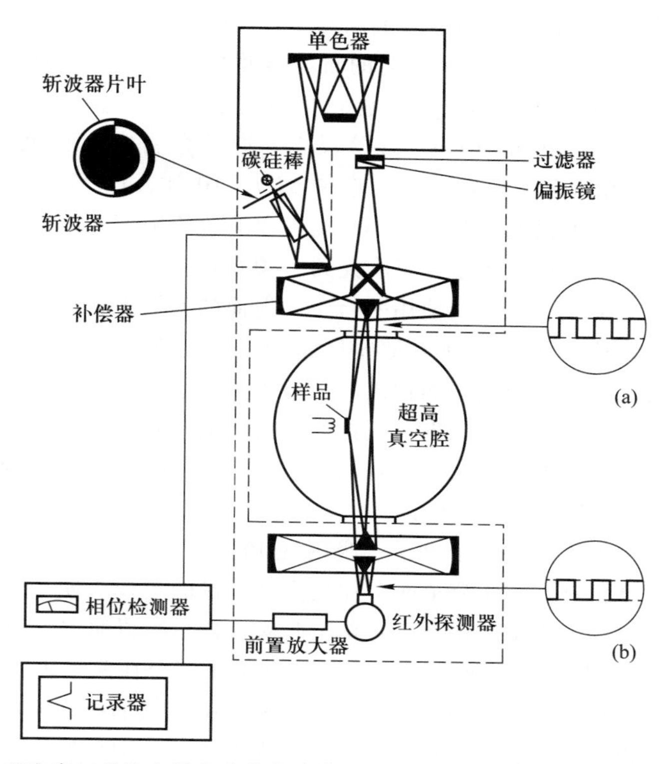

图 XIII.2　双光束红外掠入射实验的实验装置。迹线(a)和(b)是两束光的光强随时间的变化曲线：分别为补偿的和吸附物振动造成的不平衡。单色器和被虚线包围的区域能被干燥的空气冲洗[XIII.5]

对介电常数。图 XIII.1 所示为 H_2 吸附在 W(100)面上的结果。根据由吸附造成的表面介电函数的变化 $\Delta\epsilon_s$[图 XIII.1(b)]，通过式(XIII.1)、式(XIII.2)分析了测量得到的由 H_2 吸附造成的反射率的变化 $\Delta R/R$[图 XIII.1(a)]。可以用 3 种不同的电子跃迁来解释 Im $\{\Delta\epsilon_s\}$ 最终的光谱贡献，即 3 个接近 0.5 eV、2.5 eV 和 5 eV 的谐振腔。后两种跃迁中，正的 Im $\{\Delta\epsilon_s\}$ 意味着表面吸附的 H_2 覆盖量的增加一定程度上归因于被吸附 H_2 表面态的转变特征。之所以这样说是因为 Im $\{\Delta\epsilon_s\}$ 在 −2 eV 以下的低能结构是由因 H_2 吸附而使 W 基底最顶端原子层内光跃迁结束造成的。由于 H_2 吸附造成了洁净的 W(100)面电子的表面态间跃迁结束，这种解释与其他研究结果是一致的。

用基于相同原理的实验装置来测量红外光谱范围内的反射率差值光谱，并用该光谱研究金属表面吸附物的振动。例如，图 XIII.2 所示为一种表面灵敏的双光束红外反射光谱仪，其用于在超高真空中制备的金属表面的掠入射的测量

[XIII.5]。经处理后，对称的两束单色光穿过超高真空腔并被聚焦到一个被冷却的 PbSnTe 探测器上。用一个合适的斩波器叶片(频率为 13 Hz)进行脉冲调制，使两光束具有 180°的相位差。它们叠加地通过单色器，并且其中一束光在 Pt 表面以大约 84°的角度(掠入射)反射。通过金属栅(图 XIII.2 中的补偿器)可以使两通道的光强相等，其误差在 $\Delta I/I\approx 10^{-4}$以内。样品表面一个吸附物的振动谱带造成的两光束强度的不平衡可以通过相敏探测到。为了抑制大气中水的吸附造成的背底光谱带，整个光路必须在真空条件下，或者至少要用干燥的空气或氮气冲洗。在此仅使用平行于入射面的偏振光，由于该偏振光在掠入射条件下能产生最大的表面灵敏度[XIII.6，XIII.7]。在这些反射条件下，通过菲涅耳公式可以在金属表面得出一个最大的电场强度值和吸附分子振动偶极子的最佳耦合。对于法向入射，反射光在表面的电场为零，由于电场仅在表面之上微米数量级的距离(光波的 $\lambda/4$)达到其最大强度，因此吸附分子(法向扩展 2~5 Å)的耦合是可以忽略的。

图 XIII.3 示出了这样一个例子：吸附在 Pt(111)面的 CO 分子的两个振动谱带[XIII.8，XIII.9]。CO 分子两个伸展振动谱带的出现表明了两个不同的吸收位置，一个是与接近 2 100 cm^{-1}的高能振动相联系的顶端位置(CO 分子在一个 Pt 原子之上且垂直于表面)，另一个是 CO 分子键合在两个表面 Pt 原子间的桥位($\approx$1 870 cm^{-1})[XIII.10]。后一构型之所以引起低的振动频率是因为在该吸附键合中，Pt 的 d 轨道与 CO 的 π^* 反键轨道重叠，因而减弱了 CO 分子内的键合并改变了相应的振动，从而降低了能量。

已经成功应用其他的实验方法来测量金属表面吸附物的红外振动光谱。由于偏振方向垂直于金属表面的掠入射光优先被吸附的分子所吸收，在反射实验中，通过法向和平行偏振光之间的转换也可以比较被吸附物覆盖的表面和洁净表面(没有探测到吸附物)之间的反射比。这种仅包含了具有旋转偏光器的单光束的技术被用于与相敏相位检测器相连；它也产生高表面灵敏度的吸附物振动光谱[XIII.11]。

因为半导体对于能量低于带隙能的光($\hbar\omega<E_g$)是透明的，所以例如像电子表面态转变和吸附分子振动这样的表面激发能被内反射探测到。在该反射中，光束从晶体内探测表面区域光吸附。如果在表层吸收的光谱范围内，体材料的介电函数 ϵ_b 接近常数，那么由于 $\Delta R/R$ 主要是由表层的吸收系数决定的，因此内反射光谱类似于一个普通的表层吸收光谱[XIII.4]。使用一个形状可以允许多次内反射的晶体可以提高该方法的表面灵敏度。这在图 XIII.4 所示 Chiarotti 等的经典实验[XIII.12]中可以看到，在该实验中首次探测到了洁净的 Ge(111)解理面上自由键的表面态转变。记录了洁净的 Ge 解理面和吸附氧气后的同一表面的内反射光强的相对衰减。对于后一种情况来说，其透射强度由于

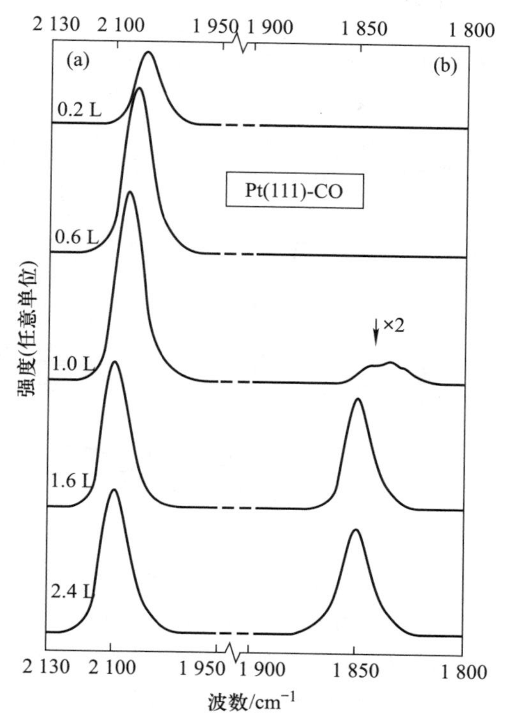

图XIII.3 用图XIII.2所示的双光束红外反射装置测量的吸附在Pt(111)面的CO的振动谱带。在低于1 Langmuir(L)的曝光下，仅可以看到在顶端位置的CO的高能带，然而在高曝光量下，由于CO分子键合在表面两个Pt原子之间的桥位，所以在1 850 cm^{-1}附近出现了能带[XIII.8，XIII.9]

表面态转变的消失而变得更高。表面态吸收的相应光谱关联性[图XIII.4的插图(a)]表明了表面态转变接近于0.5 eV的光子能量。随后非常成功地应用了相同的内反射光谱学技术来研究Si表面吸附物的振动[XIII.13]。在此情况下，在背面塑造出一个有坡度的Si圆片，这样红外辐射就能进入，并且以在样品内的内反射角度离开[与图XIII.4的插图(b)相似]。于是，吸附分子强烈的吸收振动就在红外透射强度处产生尖锐的吸收带。

由于常规的吸收实验的色散曲线$\omega(q_{\parallel})$与光的色散曲线$\omega=ck$不相交，因此它们通常不能探测到表面激化(第5章)。然而，在一个“受抑全反射实验[XIII.14](图XIII.5)”中运用了内反射，该实验依靠一个接近样品表面的棱镜，通过内反射强度的下降可以探测到样品外部携带电磁场的表面声子(表面电磁激化子)[图XIII.5(b)]。光从棱镜(在这里，棱镜是用Si制成)的低表面全部反射出来。平行于表面的波矢现在为$q_{\parallel}=(\omega/c)n\sin\alpha$，其中，$n=3.42$。

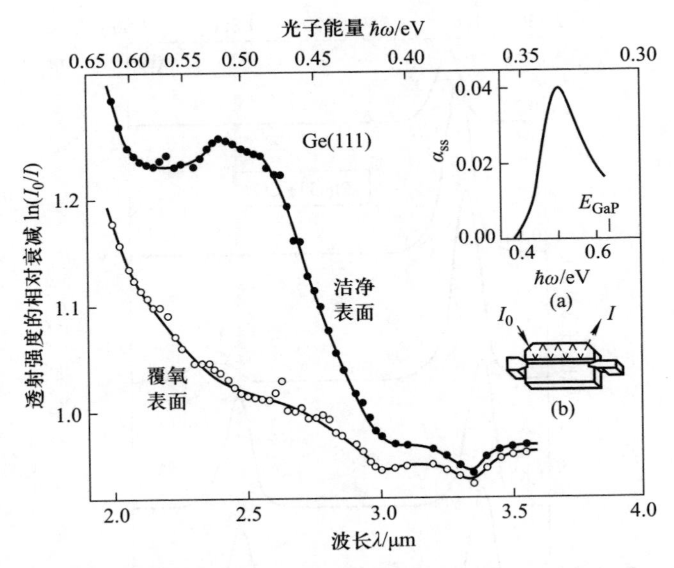

图 XⅢ.4 洁净的解理的和氧气覆盖(周围环境的氧气压强 $\approx 10^{-6}$ Torr)的 Ge(111)面的强度比 I_0/I(I_0 为入射光强度，I 为透射光强度)的自然对数随波长变化的函数。插图(a)：洁净表面的表面态转变引起的表面吸收常数 α_{SS}。(b)：沿(111)面解理制备的内反射元件[XⅢ.12]

对于非常小的空气间隙 d，棱镜外部以指数形式衰减的场能被用来激发棱镜下面半导体样品(在这里是 GaP)的表面波。此激发表现为棱镜内反射强度的下降。依赖于所选择的角度，即在 $q_{\parallel}$ 上的 α，内反射强度在不同的频率会出现极小值。我们可以根据下沉处频率随角度的变化计算表面激化色散曲线 $\omega(q_{\parallel})$，也可以用与图 XⅢ.5(a)相同的布置来研究吸附物振动。沿着棱镜/样品表面空气间隙分布的电磁场也可以探测到样品表面的吸附分子。其在红外光谱范围内的振动吸收带会引起在透射光中相似的强度极小值。当然，需要注意的是，仅能探测到吸附在基底上的分子，而不能探测到吸附在对面用来引导探测光束的棱镜表面的物质。

为了完整，需要提到椭圆偏振光谱(也见第 3 章)。椭圆光度法在本质上是一种测量反射率的方法，使用此方法时，我们需要探测反射的激化变化而不是强度变化[XⅢ.15]。此技术高的表面灵敏度源于高精确度，此高精确度能确定偏振器装置的角度变化。在最好的情况下，能探测到吸附物单层百分之一的覆盖量。由于我们测量的是两个独立量，例如，由复杂的量定义的椭圆角度 Δ 和 ψ

$$\rho = R_{\parallel}/R_{\perp} = \tan\psi e^{i\Delta} \qquad (XⅢ.3)$$

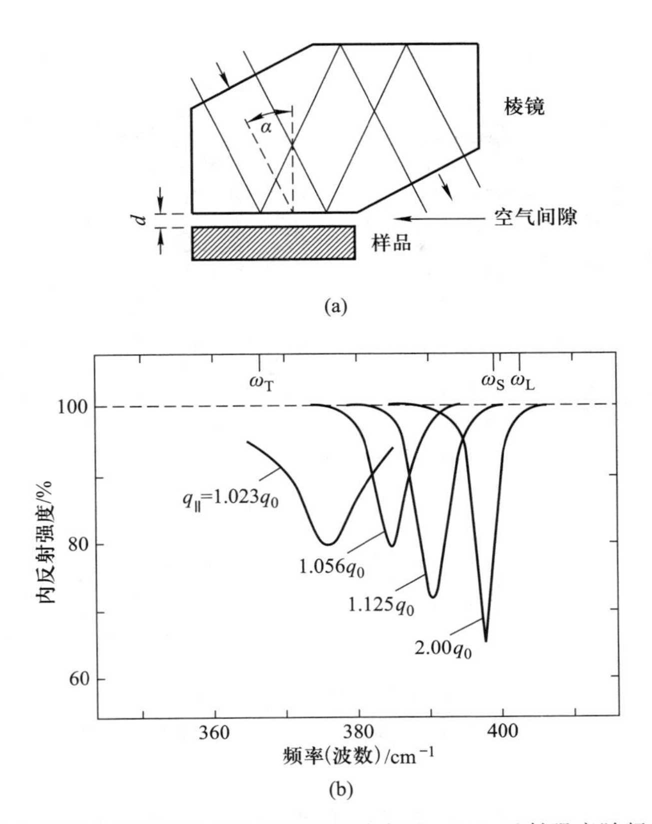

图 XIII.5 (a) 用于观察受抑全反射实验的实验布置；(b) 反射强度随频率(波数)变化的函数，其由如图(a)所示的布置测得，样品为 GaP。入射角度 α 为参数。角度 α 和光频率一起决定波矢的平行分量 $q_{\parallel}$。其极小值来自表面声子激元的激发。为了进行最佳的观察，必须通过匹配空气间隙 d 与逆波矢 $q_{\parallel}^{-1}$ 来调整激元耦合随光波变化的强度[XIII.14]

因此也能确定半无限空间体的两个介电函数 Re $\{\epsilon\}$ 和 Im $\{\epsilon\}$。测量了由于吸附物覆盖层造成的角度变化 $\delta\Delta$ 和 $\delta\psi$，并通常用具有有效层介电函数的层模型来解释这些变化[XIII.16]。

一种和椭偏仪类似的光学表面技术叫作反射各向异性光谱(reflectance anisotropy spectroscopy, RAS)[XIII.18]。在这种技术中，极高的表面灵敏度用于特殊原子重构导致的立方各向同性的体材料出现各向异性的表面的样品。光反射实验采用偏振光聚焦在光学表面各向异性上，且对立方晶系对称性的体材料不敏感，能得到最上层的原子层的具体信息而不影响各向同性体的光学性质。

结合 GaAs(001)面在技术上的重要性，RAS 实验可以很好地解释(图XIII.6)。

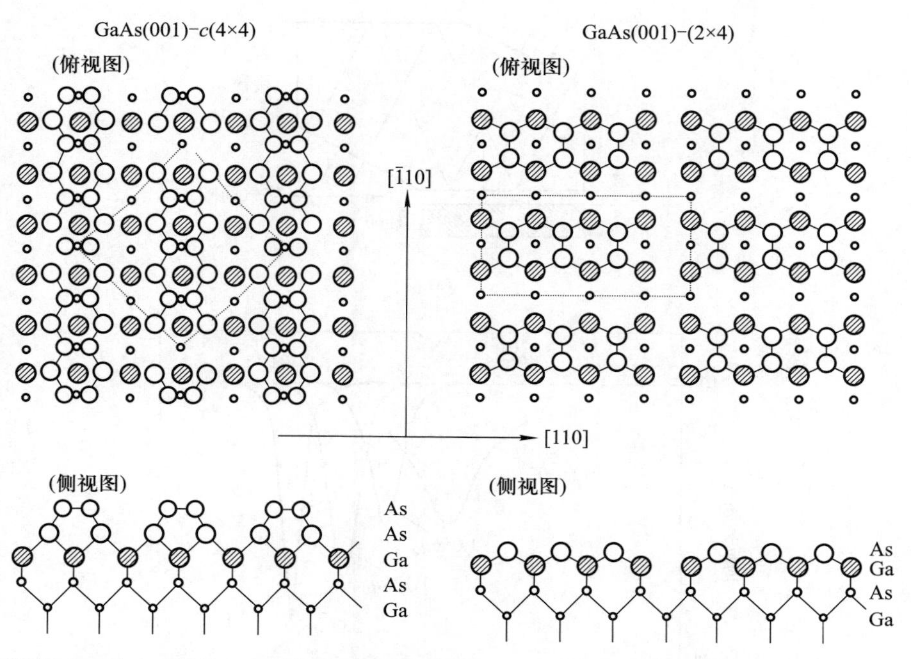

图 XIII.6　GaAs(001)-c(4×4) 和 GaAs(001)-(2×4)的表面结构，所有表面的最外层原子层都是由富砷的二聚物组成，但是具有不同的互相垂直的二聚体取向[XIII.19]

这里有两种外延生长重要表面重构的方式：GaAs(001)-(2×4)(6.5.2 节)和 GaAs(001)-c(4×4)[XIII.19]。在最外层所有的表面都是富含砷的二聚物，但是彼此之间的取向是相互垂直的，分别沿着[110]和[$\bar{1}$10]。这样最外层的砷的二聚物的光学响应应该是各向异性的。偏振光的偏振方向沿着[110]和[$\bar{1}$10]能得到两个偏振的光谱，而由于下方 GaAs 晶体的立方晶系对称性，块体对于不同偏振方向的反射谱的贡献是相同的。因此，在反射实验中，两个不同偏振方向的光谱差值抵消了块体的贡献，仅包含表面的贡献。根据反射角的复反射率 r 或者反射系数 $R=r^* r$，RAS 实验的信号为

$$\frac{\Delta r}{r}=\frac{r_{\bar{1}10}-r_{110}}{(1/2)(r_{\bar{1}10}+r_{110})} \tag{XIII.4a}$$

或者

$$\frac{\Delta R}{R}=\frac{R_{\bar{1}10}-R_{110}}{(1/2)(R_{\bar{1}10}+R_{110})} \tag{XIII.4b}$$

采用图 XIII.7 所示的实验系统直接对同时包含反射率以及对应于反射率差 $\Delta r/r$ 的实部和虚部的测量实验是可实现的[XIII.18]。在标准系统中，采用一个短

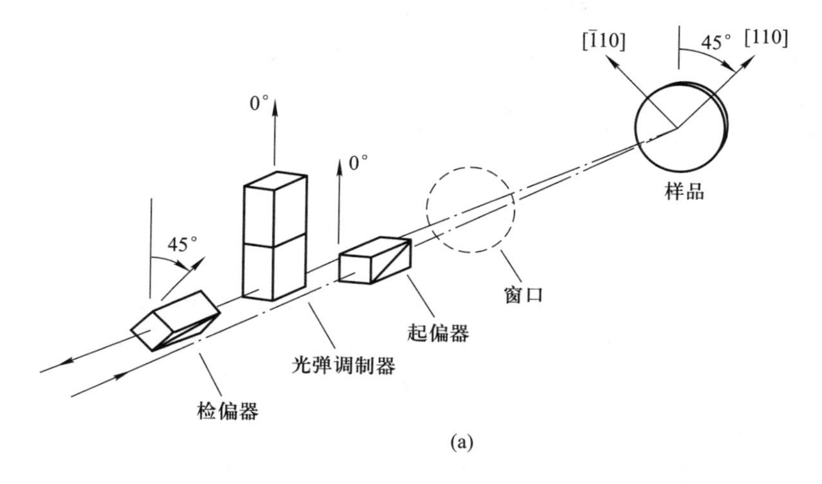

(a)

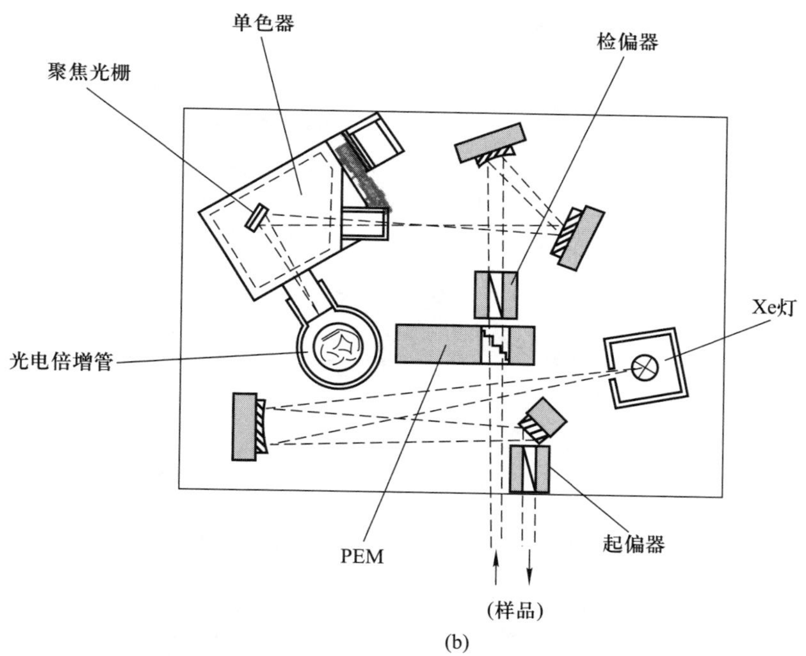

(b)

图 XIII.7　RAS(反射各向异性光谱)实验系统 [XIII.18]：(a) 采用光弹调制器的原理图，标记的窗口显示装样品的容器(超高真空或气相沉积室)外围的光学系统；(b) 实际的 RAS 分光计的布局图，样品放在封闭的腔室中，在图中没有显示出来

电弧的 Xe 灯作为光电子能量在 1.5~6 eV 的光源。在小型实验系统中，则采用短焦距平面光栅单色仪[图 XIII.7(b)]。入射光和反射光的偏振方向是由洛匈棱镜偏光镜控制和测量的。锁相系统是用光弹调制器(photoelastic modular,

PEM)调整偏振方向来构成的。光弹调制器是由石英晶体连接石英玻璃组成的。在石英晶体上加交流电压，通过石英玻璃的压电效应产生双折射。光弹调制器在 50 kHz 下工作，而 RAS 信号由锁相探测系统从反射实验中提取。在大多数的实验中，明确的表面环境是将样品放于超高真空环境下或者具有明确的背景气体条件的封闭外延反应器(MOCVD，2.5 节)中研究的，通过图 XIII.7(a)的小窗口表现出来。实际的光学布局是在反应器或者超高真空腔的外围，且光路来回通过样品也在图 XIII.7(b)示出。

图 XIII.8 所示为 GaAs(001)面的复反射率实部的典型实验结果[XIII.18]。一些实验结果是在超高真空腔 MBE 生长过程中测试得到的(2.4 节)。在这样的条件下，表现为(2×4)、$c(4\times4)$和$d(4\times4)$的表面重构被即时的 RHEED(附录VIII)实验确定，同时也测得详细的 RAS 谱。$d(4\times4)$表现为富含更多 As 的表面。与不同 N_2 和 He 气氛下的金属有机气相沉积(MOCVD)的过程中得到的 RAS 谱作比较发现，在 GaAs(001)上用 MBE 和 MOCVD 生长的表面重构层具有相同的类型[XIII.18]。

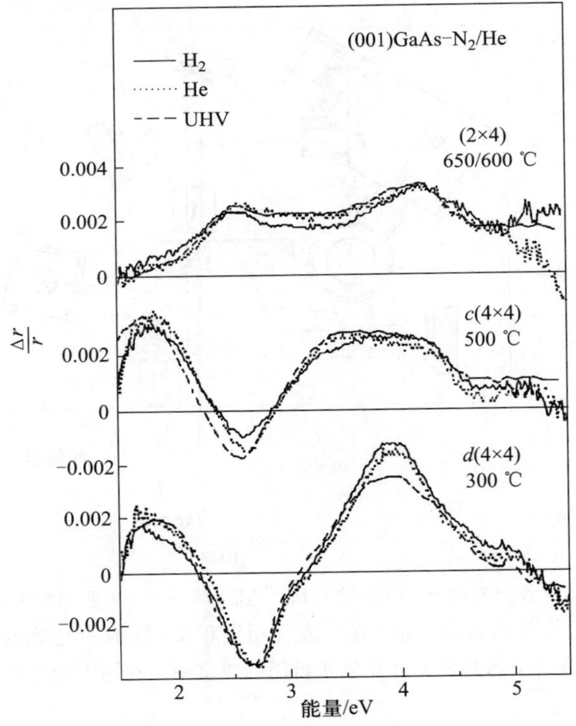

图 XIII.8 用 MBE 在超高真空下制备的不同 GaAs(001)表面重构型的 RAS 谱(复反射率 $\Delta r/r$ 的实部随光子能量的变化曲线)，其中，测试也是在超高真空条件下(虚线)或者不同的气体氛围(N_2 和 He)条件下完成的[XIII.18]

这里所举的例子 RAS 是用于特征区分表面重构的确定类型的指纹技术。通过运用经验自洽的密度泛函理论(DFT)模拟 RAS 甚至能得到电子表面结构(表面态和光学性质等)和表面重构型的原子几何形状。

RAS 的更进一步的用途是原位监测延 MOCVD 生长反应器的薄膜生长，通过确定的不同表面重构型的实时记录的 RAS 来区分确定生长步进、生长温度以及掺杂剂掺入等。

已经成功地应用了两种技术来研究半导体表面电子的性质，例如电子的表面态转变，这两种技术分别是表面光电导性(surface photo conductivity, SPC)和表面光电压(surface photo voltage, SPV)光谱学。如果电子从低于费米能级 E_F 的占据表面态被能量低于带隙能 E_g 的光激发到体导带(图 XIII.9 的过程 I)，那么这些电子就会引起决定导电性的自由电子密度的增大。类似地，电子从体价带到空的表面态的激发过程(图 XIII.9 的过程 II)会增大价带中空穴的密度。因此，这两种类型的激发都能在具有合适光子能量的光的光导实验中进行测量。自由载流子被激发到导带或价带也会改变能带弯曲情况，并因此改变功函数($E_{vac}-E_F$)。因此，由光辐射引起功函数变化的光谱也能产生相关电子表面态和体能带中的自由载流子之间激发过程的相似信息。

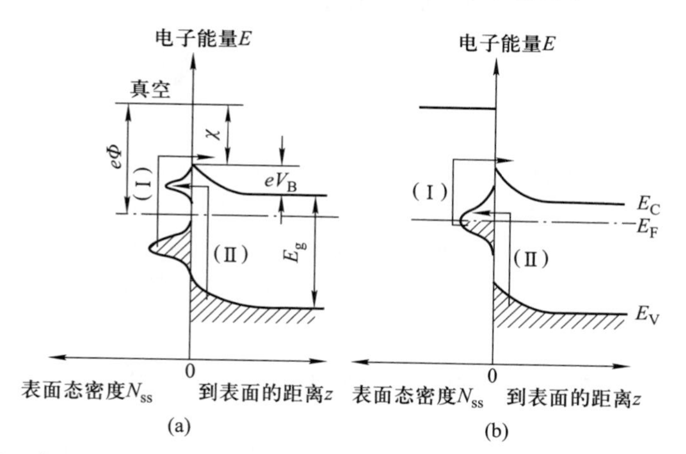

图 XIII.9　在 SPC 和 SPV 光谱中可观察到表面态/体能带的转变(I 和 II)；E_C 和 E_V 分别为导带边和价带边，E_F 为费米能级，E_g 为带隙能，$e\Phi$ 为功函数，χ 为电子亲和势，eV_B 为能带弯曲

现今正在使用 3 种不同的以 SPV 光谱学为基础的实验方法(图 XIII.10)。在经典 Kelvin 方法中(见第 9 章附录 XVI)，一个半透明对电极振动并且使用了未调整的光照，该方法通过补偿电路可以完全确定电极和半导体表面的接触电位差。为了达到光谱仪的目的，固定对电极并且对光进行交流调制，从而产生

一个调制的 SPV 信号，把该信号作为光子能量的函数来记录[图 XⅢ.10(b)]。另一个有趣的方法[XⅢ.21]是使用电子束，其电流是通过表面的交流光照进行调制的[图 XⅢ.10(c)]。这种方法能够探测到 1 μV 数量级的表面光电压。

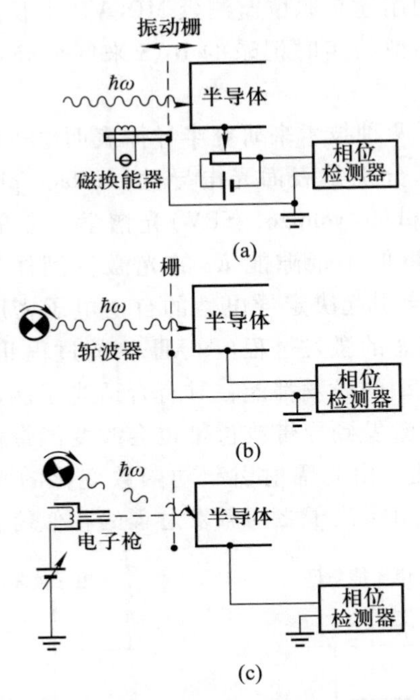

图 XⅢ.10　SPV 光谱仪的实验装置示意图：(a) 具有半透明振动电极(栅)和稳定光照的 Kelvin 探针；(b) 经过斩波器后的光照调整了半导体表面和栅之间的接触电位差；(c) 经过斩波器后的光照调整了枪与半导体表面之间的电流，选择合适的偏斜角度可以保证在接近电流-电压特征曲线阈值时具有最大灵敏度

为了定量地了解 SPC 和 SPV 信号的来源，我们必须牢记光生非平衡载流子的密度依赖于自由载流子的产生与复合过程，该过程用自由载流子的平均寿命 τ 来描述[XⅢ.22]。电子和空穴的产生速率 $\mathrm{d}(\Delta n)/\mathrm{d}t$ 和 $\mathrm{d}(\Delta p)/\mathrm{d}t$ 分别与入射光强度 I 和吸收常数 $\alpha(\hbar\omega)$ 成正比，在此，吸收常数 $\alpha(\hbar\omega)$ 是光子能量 $\hbar\omega$ 的函数，其携带了关于表面态激发的信息。非平衡载流子的复合速率可能与 $\Delta n/\tau$ 或 $(\Delta n)^2/\tau$ 成正比。对于低强度照射的表面态激发，正如这里所考虑的那样，$(\Delta n)/\tau$ 和 $(\Delta p)/\tau$ 优先“线性复合”。在这种情况下，测得的交流光电导率 Δg_{AC} 与稳态光电导率 Δg_0 有关，即

$$\Delta g_{\mathrm{AC}} = \Delta g_0 \tanh\ (4\tau f)^{-1} \qquad (\text{XⅢ}.5)$$

其中，f 为调制频率。由方程(XⅢ.5)可以确定平均寿命 τ。

如果载流子被激发出表面态或体杂质态，SPV 信号的符号依赖于产生过程（通常会因空间电荷的减少而导致能带被压扁，见第 7 章）和复合过程。由于在很多情况下，我们对复合机制了解得太少（例如，通过表面或体陷阱复合的机制），对实验的分析经常被限制在对表面处理引起的光谱变化的分析。但是这就足以评估表面态转变。即使当表面态密度是个相对尖锐的带时（图 XIII.9），体导带态或价带态宽的连续性也使 SPV 和 SPC 光谱包含了一个宽的肩状曲线。光谱中肩状曲线的起始处表明了最小转变能和表面态能带（或其起始处）与导带或价带边的能量差（图 XIII.9）。由于在半导体禁带中从体杂质态出来或进去的激发与表面态激发的方式一样，因此必须从表面激发和体激发中辨别表面改变，例如吸附引起的光谱变化。然而，我们必须谨慎地解释这样的变化，因为如果吸附物质改变了表面的复合过程，即使由体激发造成的谱线结构也可能因吸附而发生急剧变化。

SPC 光谱已经用来[XIII.23]确定洁净的 Si(111)-(2×1) 解理面禁带中空的自由键表面态能带（π^* 能带，6.5.1 节）的能量位置。在 80 K 下超高真空解理后的 SPC 光谱（图 XIII.11）在 1.1 eV 光子能量附近显示了一个陡峭的极限值，该极限值是由产生体电子-空穴对造成的，光谱还有一段一直延伸到 0.5 eV 能量的宽的肩状曲线。当暴露在氧气中后，此尖状曲线强度降低了很多，然而，光子能量大于带隙的一段光谱保持不变。当能量小于约 0.55 eV 时，这两条曲线重合。由于在带隙以下测得的寿命 τ 在氧气吸附前后的变化小于 25%（这意味着复合过程几乎无变化），洁净的表面显示了一个额外的产生过程，该过程的起始处在 0.55 eV 附近，但在氧气吸附后此过程就消失了。由于 Si(111)-(2×1) 的费米能级位于价带边之上且距其 0.35 eV 处（7.7 节），必须用电子从价带态到接近带隙中间位置的空的表面态的激发来解释 SPC 信号，因此，它们距价带上边缘的能量间距总共约为 0.55 eV。基于许多其他的实验结果（6.5.1 节），这些态确定为 Si(111)-(2×1) 面以 π 键结合的链模式的空的自由键态。

图 XIII.12[XIII.24]所示为用调制的光束技术[图 XIII.10(b)]测得的 SPV 光谱的例子。在洁净的 Ge(111)-(2×1) 解理面，除了电子-空穴激发的急剧起始（≈0.7 eV）外，还观察到了一个轻微的肩状曲线，其起始处接近 0.55 eV。此肩状曲线没有因氧气的吸附而减少，因此得不到关于在 Ge(111)-(2×1) 面上的本征表面态的结论。然而，当在超高真空中经大于 200 ℃ 热处理后，在该热处理过程中发生了从(2×1)到(8×8)的著名的表面相转变，SPV 光谱就发生了显著的变化，形成了起始处分别接近 0.4 eV 和 0.45 eV 的双肩状曲线。因为费米能级的位置（在价带边之上，且其间距至多为 0.3 eV），所以这些肩状曲线一定是由电子从体价带激发到空的表面态造成的。因此，在 Ge(111) 面的(8×8)超晶格伴随着一个位于禁带上半部分的空的表面态的双能带。

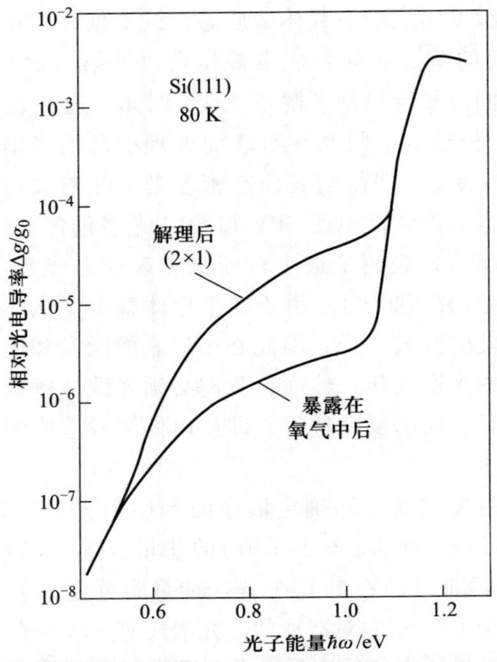

图 XIII.11　Si(111)解理面的光电导率，该解理面垂直于密度为 $1\times10^{13}\ cm^{-2}\cdot s^{-1}$ 的光子通量。此光谱是在 80 K 下于洁净的解理面和氧气吸附后的解理面测得的[XIII.23]

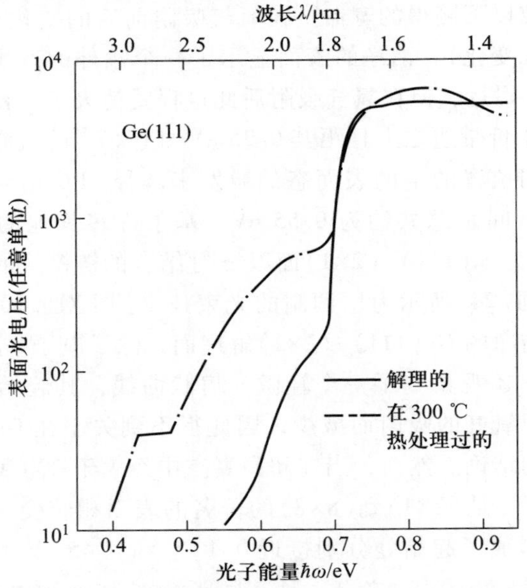

图 XIII.12　洁净的 Ge(111)解理面的表面光电压谱，该表面垂直于恒定的光子通量；光束频率被斩波器调节为 13 Hz。该谱是在室温下测得的，即在解理后直接测和在 300 ℃热处理后过一段时间测[XIII.24]

参考文献

XⅢ.1 H. Lüth, Appl. Phys. **8**, 1 (1975)

XⅢ.2 H. Kuzmany, *Festkörperspektroskopie* (Springer, Berlin, 1990)

XⅢ.3 G. W. Rubloff, J. Anderson, M. A. Passler, P. J. Stiles, Phys. Rev. Lett. **32**, 667 (1973)

XⅢ.4 J. D. E. McIntyre, D. A. Aspnes, Surf. Sci. **24**, 417 (1971)

XⅢ.5 H. J. Krebs, H. Lüth, Proc. Int'I Conf. On Vibrations in Adsorbed layers (Jülich, 1978); KFA Reports, Jül. Conf. **26**, 135 (1978)

XⅢ.6 R. G. Greenler, J. Chem. Phys. **44**, 310 (1966);

XⅢ.7 R. G. Greenler, J. Chem. Phys. **50**, 1963 (1969)

XⅢ.8 H. Moritz, H. Lüth, Vacuum (GB) **41**, 63 (1990)

XⅢ.9 H. Moritz, Wechselwirkungen im Koadsorbatsystem CO/Acetonotril auf Pt (111): Eine IRAS-Untersuchung. Diploma Thesis, RWTH Aachen (1989)

XⅢ.10 H. T. Krebs, H. Lüth, Appl. Phys. **14**, 337 (1977)

XⅢ.11 B. E. Hayden, A. M. Bradshaw, Surf. Sci. **125**, 787 (1983)

XⅢ.12 G. Chiarotti, S. Nannarone, R. Pastore, P. Chiaradia, Phys. Rev. B**4**, 3398, (1971)

XⅢ.13 Y. J. Chabal, Surf. Sci. Rep. **8**, 211 (1988)

XⅢ.14 N. Marshall, B. Fischer, Phys. Rev. Lett. **28**, 811 (1972)

XⅢ.15 R. M. A. Azzam, N. A. Bashara, *Ellipsometry and Polarized Light* (North-Holland, Amsterdam, 1977)

XⅢ.16 H. Lüth, J. Physique **38**, C5-115 (1977)

XⅢ.17 H. Fujiwara (Ed.), Spectroscopic Ellipsometry: Principles and Applications (Wiley, New York, 2007)

XⅢ.18 W. Richter, D. Zahn, Analysis of epitaxial growth, in Optical Characterization of Epitaxial Semiconductor Layers, ed. by G. Bauer, W. Richter (Springer, Berlin, 1996), pp. 68-128.

XⅢ.19 D. K. Biegelsen, R. D. Bringans, J. E. Northrup, A. Schwartz, Phys. Rev. B **41**, 5701 (1990)

XⅢ.20 F. Reinhardt, W. Richter, A. B. Müller, D. Gutsche, P. Kurpas, K. Ploska, K. C. Rose, M. Zorn, J. Vac. Sci. Technol. B **11**, 1427 (1993)

XⅢ.21 F. Steinrisser, R. E. Hetrick, Rev. Sci. Instrum. **42**, 304 (1971)

XⅢ.22 S. M. Ryvkin, *Photoelectric Effects in Semiconductors* (Consultants Bureau, New York, 1964)

XⅢ.23 W. Müller, W. Mönch, Phys. Rev. Lett. **27**, 250 (1971)

XⅢ.24 M. Büchel, H. Lüth, Surf. Sci. **50**, 451 (1975)

问　　题

问题 7.1 具有 n 型体掺杂的 ZnO 晶格表面，块体的电子浓度 $n_b=1.5\times10^{17}\ \text{cm}^{-3}$，原子氢吸附处理后表面形成微小的累积层，此时，表面能带弯曲 $|eV_S|$ 为 10 meV。请计算德拜长度 L_D、累积层的厚度以及氢吸附过程中的表面态密度的改变。表面态是受主粒子还是施主粒子？

问题 7.2 p 型 GaAs（固体在 300 K 下的空穴载流子浓度为 $p=10^{17}\ \text{cm}^{-3}$）的洁净解理(110)面出现空穴耗尽层，此时，费米能级 E_F 为 300 meV，高于价带边。耗尽层的厚度是多少？计算空间电荷层电容。

问题 7.3 高质量的 MOS（金属、SiO_2、Si）结构，其中，外加电场为 1 V，SiO_2 的厚度为 0.2 μm。金属电极施加负电压连接 n 掺杂的 Si 基底（室温载流子浓度为 $10^{17}\ \text{cm}^{-3}$），外加电场导致的表面电荷密度是多少？Si 基底上的空间电荷成层的空间扩展是多少？

问题 7.4 由于 n 型半导体禁带中间出现的受主型表面态，其洁净表面出现强的耗尽层。请画出黑暗条件下和光子能量大于禁带宽度的光照下的表面附近的能带图像。假定电子空穴对联合通过表面陷阱忽略。光照下固定的非平衡态的建立是怎样的过程？

问题 7.5 窄禁带半导体 InSb 的有效电子质量是 $m^*=0.014m_0$，其中，m_0 为电子质量，静电介电常数 $\epsilon_0=16.8$。近似计算电离能和 InSb 中一个施主原子的基态波函数（玻尔半径）的空间扩展，采用氢原子近似（H 原子环绕在 InSb 晶格周围；H 原子的电离能为 13.6 eV）。

(a) 当 n 掺杂是掺杂在厚度为施主原子玻尔半径一半的独立 InSb 薄膜中时，结果又会如何？

(b) 对薄的 InSb 层的施主粒子的电离能作简单估计。

(c) 当有电子通过 n 掺杂的 InSb 薄膜时，结果又会如何？比较固体 InSb 和薄膜厚度超过施主原子的特征玻尔半径的 InSb 中的空间电荷层有什么不同？

第 8 章
金属-半导体结和半导体异质结

固体-真空界面，即洁净、结构完整的固体表面，相对其他固体界面的研究有着更加实际的重要性。例如，在电化学和生物物理学领域，固-液界面就起着重要作用。在物理化学领域，人们对于这种特殊界面进行了长期的研究。虽然一些常规的概念，例如空间电荷层，与固体-真空和固体-固体界面是相似的，但是此处不再对固-液界面进行更加详细的描述[8.1]。

通常，人们主要在固态和界面物理框架中研究固体-固体界面。原因之一是由于金属-半导体结和半导体异质结在器件物理上有着巨大的重要性。

在金属和半导体接触的器件中，金属-半导体结十分常见，并且它的基本物理性质也是整流器件的基础。另外，在光电子器件中，半导体异质结也发挥着重要作用，例如在激光器，异质晶体管和由Ⅲ-Ⅴ族半导体层结构形成的场效应晶体管中的应用。

近年来，由于在磁学(第 9 章)、存储设备和超导体中的可能应用，金属性异质结构吸引了人们越来越多的兴趣。在本章中，因为过去大部分的工作一直致力于这些界面的研究，我们将集中讨论半导体异质结和金属-半导体结的电输运性质方面的研究。固体界面的振动，即界面声子及其色散，将采用与第 5 章结合自由表面和薄层中相似的讨论方式。

8.1 决定固-固界面电子结构的一般原理

正如第 3 章所描述的，固-固界面可以看作具有未知原子构型、相互扩散和新化合物形式的复杂准二维系统。尽管如此，人们曾或多或少的尝试建立一些广义的理论模型来描述这种界面附近的电子特性。当然，建立的模型的成功与否取决于界面的复杂程度。因此，考虑一些具有完整的原子构型和可以忽略两组分互扩散的理想的界面状态对于模型的建立是有用的。一个简单的例子是介于两种金属Ⅰ和Ⅱ之间的理想界面。理论上，它们的电输运性质通过块材料的导带、能带结构和费米能级的位置来描述，即功函数 $e\phi_{\mathrm{I}}$ 和 $e\phi_{\mathrm{II}}$（图 8.1）。如果我们把两种金属接触，由于热平衡的原理，界面两侧的化学能，例如费米能等会趋于一致。也即是，两种金属的费米能级会被重新排列。为了达到这种状态，电子电荷从功函数较低（$e\phi_{\mathrm{I}}$）的金属Ⅰ流入金属Ⅱ（$e\phi_{\mathrm{II}}$）。这一过程产生的空间电荷，在金属Ⅰ处为正（缺少电子），而在金属Ⅱ处为负（获得电子）。结果形成了由正电荷的中心（金属Ⅰ）和外层的自由电子（金属Ⅱ）组成的界面偶极层。当然，界面两侧的电荷不平衡将通过金属中的高密度的导电电子来抵消。因此，偶极层的大小，可以通过考虑一个点电荷库仑势的屏蔽作用而很容易地估计[8.2]

$$\phi(r) = (Q/r)\,\mathrm{e}^{-r/r_{\mathrm{TF}}} \tag{8.1}$$

其中

$$r_{\mathrm{TF}} \simeq 0.5(n/a_0^3)^{-1/6} \tag{8.2}$$

为托马斯-费米（Thomas-Fermi）屏蔽长度，a_0 为玻尔半径，n 为电子密度。对于 Cu，$n=8.5\times10^{22}\,\mathrm{cm}^{-3}$，$r_{\mathrm{TF}}$大约为 0.55 Å。所以，界面偶极层大约为几埃的厚度。由于距离界面大于两到三个原子层，因此金属Ⅰ和金属Ⅱ的电子结构本质上不会被影响。

尽管偶极层只是原子尺寸的，但是正是因为这种范围较小的偶极层，如图 8.1(b)所示，才能被恰当地描述。图中描述的是两种金属的功函数的不同导致的界面偶极层的出现，沿着这一偶极层两种金属的势能减小。我们还可以用如图 8.1(c)所示方法来表示，该图中偶极层并未明确标出。

在这个理想化的简单金属-金属界面模型中，由于金属功函数的不同存在接触势 ΔV_{c}

$$e\Delta V_{\mathrm{c}} = e(\phi_{\mathrm{II}} - \phi_{\mathrm{I}}) \tag{8.3}$$

如果知道了 Ag(4.33 eV)、Cu(4.49 eV)、Au(4.83 eV)、Ni(4.96 eV)、Al(4.29 eV)的功函数，就可以很容易地估测以下金属之间接触的接触势：Cu-Ag(0.16 eV)、Au-Ag(0.50 eV)、Ni-Ag(0.63 eV)、Al-Ag(-0.04 eV)。这种简单的方法的困难之处很明显：此处用到的功函数都或多或少是理论值。真实的功函数依赖于表面取向的特殊类型，并且受到表面原子重排的强烈影响，例如表面弛豫和重构。在超高真空(第 10 章附录 XⅧ)下的洁净、完整的表面测得的功函数主要取决于给定表面的原子结构。即使在理想条件下的金属接触(洁净、排列有序、没有内扩散等)，这种洁净表面的原子结构也很难存在。在金属基底上异质外延生长第二金属层经常会发生原子的弛豫和重构。所以，对于金属-金属界面的研究，分开测定两种金属的功函数并没有实际的意义。而基于简单的功函数尝试描述固-固界面的电输运性质的所有模型都会遇到此类问题。

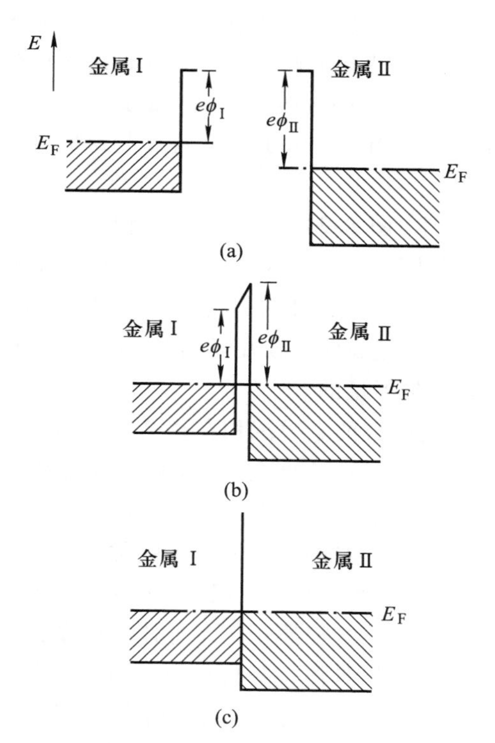

图 8.1 金属-金属界面的简要图解：(a)功函数分别为 $e\phi_{\mathrm{I}}$ 和 $e\phi_{\mathrm{II}}$ 的两种金属 I 和 II 的简化能带结构，金属之间无接触，E_F 为金属的费米能级；(b)两种金属接触时界面上的导带的能带结构；(c)金属-金属接触时简化的能带结构，界面上的偶极层未标出

现在，我们来考虑一种理想的金属-半导体结。作为一种过度简化的方法，我们还是考虑基于功函数进行初步地探索。由于热平衡，两种材料的费米能级必然会发生重排。基于金属的功函数 $e\phi_M$ 和半导体电子亲和势 χ_{SC} 的不同，如图 8.2 所示，存在不同的接触情况。当两种材料逐渐接触，费米能级的匹配必然会导致载流子从一侧流到另一侧，从而在界面处形成偶极层。在金属层中，前面已提及，参与流动的载流子在几埃范围内被屏蔽，如图 8.2 所示。但是，在半导体一侧，自由载流子的浓度要比金属层中小几个数量级，因此受到较小的屏蔽作用，其空间电荷区通常能扩展几百埃。在半导体的空间电荷层中，由于清洁表面上表面态的存在(第 7 章)，将形成耗尽层或者累积层。例如，对于功函数较高的金属和 n 型半导体接触，如图 8.2(a)所示，电子从半导体流向金属，从而在半导体表面形成了一个高阻的特定区域。在这一耗尽层中，向上弯曲的能带通过泊松方程(7.9)与由电离施主形成的正的空间电荷相关联。在目前这个简单的模型中，通过相应的过剩的电子型载流子仅扩散一个原子的距离，金属一侧的空间电荷达到平衡。根据 7.5 节的计算结果，总的空间电荷最多可以达到 $10^{12}/cm^2$ 数量级的分布。界面上的最大能带弯曲值 eV_B 是与势垒 $e\phi_{SB}$(肖特基势垒)相关的。当一个电子从金属激发到半导体的导带时，它必须克服这个势垒。

基于以上简单的描述(图 8.2)，从金属功函数 $e\phi_M$ 和半导体电子亲和势 χ_{SC} 出发，不难推测肖特基势垒的大小。肖特基首次用这种简单的方法从功函数和电子亲和势出发去理解金属-半导体结的整流作用[8.4]。但是，基于金属-金属接触的初步探讨已经表明，仅用这种功函数加上电子亲和势的方法去解释金属-半导体异质结是不足的。

图 8.3 示出了不同功函数的金属沉积在超高真空的 n 型 Si(111)-(2×1)解理面上所得到的不同样品的肖特基势垒高度 $e\phi_{SB}^n$。根据肖特基模型，可以推测随着功函数的变化势垒高度要比实验上观察到的值更大。

除了功函数概念的定义针对的是洁净、无吸附的表面，不能简单地应用于真实的固-固界面外(参见前面的关于金属-金属接触的讨论)，在图 8.2 还有更深层次的问题没有考虑。当金属原子与半导体表面紧密地接触时，它们之间将形成化学键，键的强度根据具体接触材料而不同，从而半导体洁净表面的固有的表面态的分布将发生变化。另外，由于化学键的形成，电荷将从一侧流向另一侧。这一变化可以通过形成原子尺寸的偶极层来描述。金属的功函数 $e\phi_M$ 和基底的电子亲和势的不同决定了偶极子的取向。当然，更加强烈的相互作用也是可能的，例如形成合金、内扩散等。通常情况下，新的电子型界面态能够预测，它们的载流子主要依赖于载流子的特性(施主或者受主)和费米能级的位置。这种情形在更加宽的能带结构和原子尺寸的界面区域的金属-半导体界

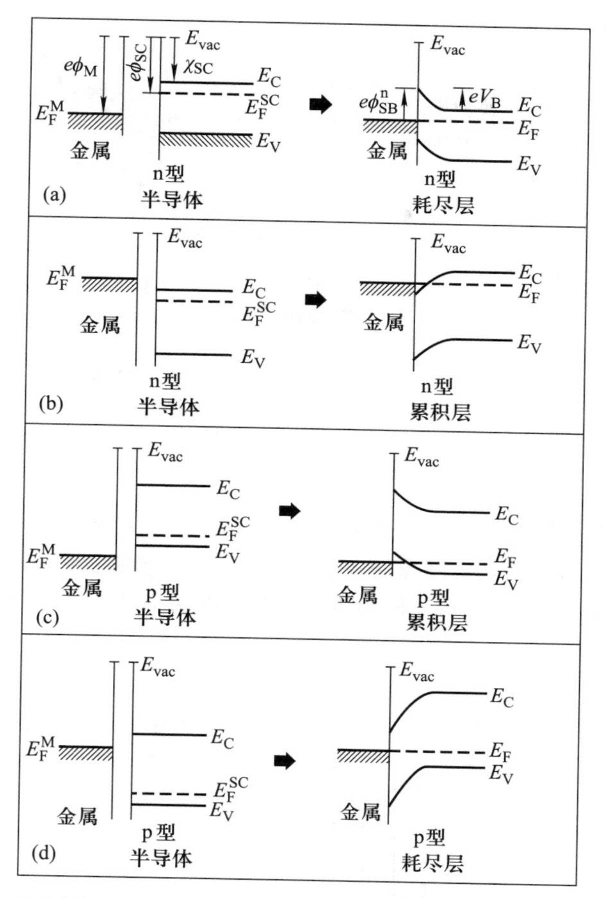

图 8.2　金属-半导体接触前和接触后的简要的能带弯曲的图解：(a) 高功函数的金属和 n 型半导体；(b)低功函数的金属和 n 型半导体；(c) 高功函数的金属和 p 型半导体；(d) 低功函数的金属和 p 型半导体[8.3]

面中能够更好地描述(图 8.4)。借助金属的功函数 $e\phi_M$ 和半导体的电子亲和势 χ_{SC}(尽管这些特性并不在结中适用)，至少在模型的描述中，我们可以将界面偶极子 Δ 的形成归因于界面层。界面区域(≈1~2 Å)和空间电荷层的范围(通常为 500 Å)并没有在图 8.4 中标注。由于存在额外的界面态，界面上总的电荷平衡包括半导体的空间电荷、金属中的电荷、位于界面态处的电荷。在热平衡状态下，没有净电流能在结之间流动。因此，不难看出，能带弯曲，也就是肖特基势垒，敏感地依赖于这些界面态。因此，这些界面态的来源和特征成为当前研究肖特基势垒形成的中心主题。

在这一方向，Bardeen[8.6] 迈出了第一步，他首次解释了实验数据与肖

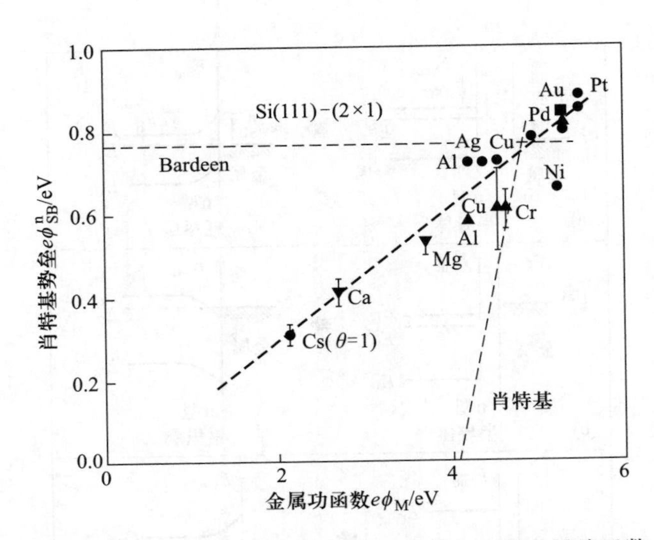

图 8.3　Si-肖特基接触(n 型 Si 半导体)的势垒 $e\phi_{SB}^{n}$ 的大小随金属功函数 $e\phi_{M}$ 的变化。这些数据来自不同的研究者对金属覆盖的 Si(111)-(2×1)解理面的测试。同时给出了与肖特基模型(不存在界面态)和 Bardeen 模型(高密度的界面态)之间的对比[8.5]

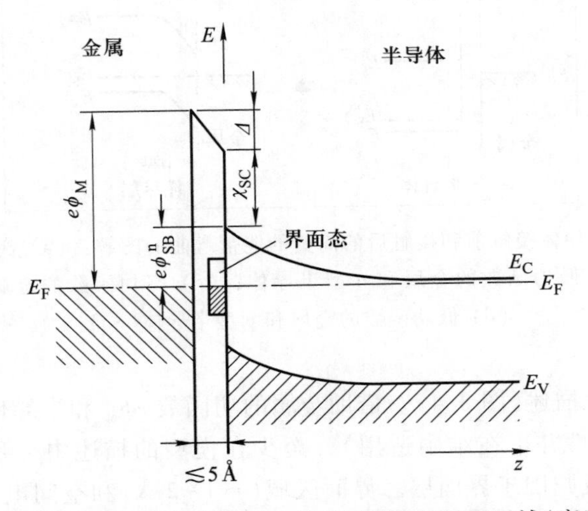

图 8.4　金属-半导体(n 型)结的能带图，考虑了明显的界面区域(宽度大约为 5 Å)。具有足够密度的新形成的界面态钉扎住了费米能级；$e\phi_{M}$ 为金属的功函数，χ_{SC} 为半导体的电子亲和势，$e\phi_{SB}^{n}$ 为肖特基势垒高度，Δ 为界面偶极子的能量。在相同半导体上的相关的肖特基势垒(n 型)为 $\phi_{SB}^{p}=E_C-E_V-\phi_{SB}^{n}$

特基模型(图 8.3)的差异。由于缺少界面态的一些信息，他假设金属覆盖的洁净半导体表面的表面态仍然存在，并且它们钉扎了费米能级(7.5 节)。所以，沉积的金属的功函数不会影响界面处的费米能级。单分子层范围内的金属覆盖层不能屏蔽界面电荷，表面态密度至少为 $10^{12}\ cm^{-2}$就能够将费米能级钉扎在固定位置。当然，Bardeen 模型(图 8.3)的假设是不正确的，这是因为金属沉积层强烈地影响着洁净表面的表面态。

对半导体-半导体异质结(图 8.5)来说，其能带结构更加复杂。因为在热力学平衡下，原子尺寸的界面偶极子和准宏观空间电荷效应(能带弯曲)在决定最终的能带结构上都起着重要的作用[图 8.5(c)，(d)]。例如，我们考虑具有小的带隙的半导体Ⅰ和大的带隙的半导体Ⅱ[图 8.5(a)]。半导体Ⅰ是 n 型适度掺杂半导体，但是半导体Ⅱ是 n 型高掺杂半导体，其费米能级略低于块材料的导带底。这里，我们假设两种晶体具有完整的晶格匹配且没有缺陷。当两种晶体相互接触时，有两个问题需要解决：两个能带结构如何相互重排，特别是禁带的排列[图 8.5(b)]；为了使得费米能级在热平衡下匹配，能带弯曲会是怎样的[图 8.5(c)]。第一个问题与半导体异质结最重要的性质——能带的相对偏移量 ΔE_V 相关联[图 8.5(b)]，也就是两个价带顶的相对位置(或者与之等效的导带底的相对位置 ΔE_C)。两种半导体固有的性质决定了这个值的大小。最简单的情况，也就是非常不可靠的假设(见前面的讨论)，两种能带结构的相对位置随着两种半导体的真空势能的排列而变化。能带的相对偏移量 ΔE_C 可以通过电子亲和势 χ_{I} 和 χ_{II} 的不同来获得，就像金属-半导体结中肖特基模型的例子

$$\Delta E_C = \chi_{\mathrm{I}} - \chi_{\mathrm{II}} \tag{8.4}$$

因为将电子亲和势(由半导体的自由表面决定)归因于固-固界面是很困难的，所以源于两种半导体块材料能带结构的其他微观能级用作排列的普通能级。但是，所有的这些尝试都没有考虑载流子电子态，甚至连那些理想的界面上也能够形成原子尺寸的偶极层都没有考虑。因此，为了系统分类这两种能带结构，也就是能带的相对偏移量，一种合理的解释就是零界面偶极子的产生。尽管这些性质本质上由它们自己的体能带结构决定，但是在非常靠近界面上的几个原子层的电子的性质导致了这种排列[8.7-8.9]。这种方法对于理解理想半导体异质结中的能带的相对偏移量有帮助，我们将会在 8.3 节进行更详细的讨论。

只要在理论上得到能带的相对偏移量 ΔE_V[图 8.5(b)]，就可以用空间电荷理论(第 7 章)来解释异质结[图 8.5(c)]每侧实际的能带弯曲。两种半导体中特殊材料的掺杂确定了各自与导带边相关的费米能级的位置。根据热平衡理论，两种材料的费米能级会发生重排。例如对于简单的 p-n 结，在热平衡下，异质结构无电流流动，这决定了两种半导体材料的能带弯曲。图 8.5(c)中的

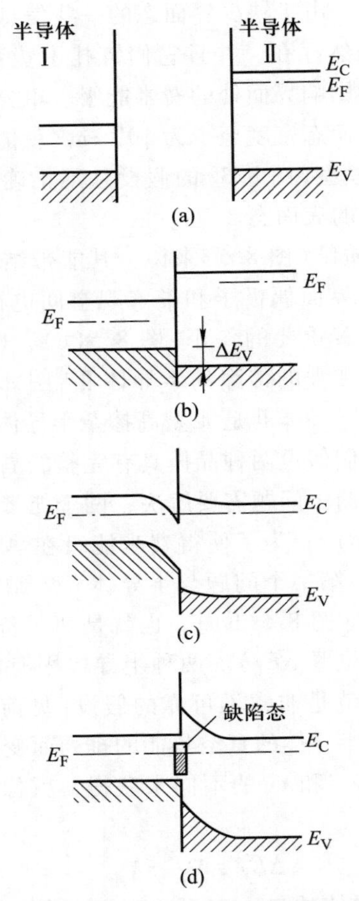

图 8.5 半导体异质结的能带结构：(a) 不接触的两种半导体(Ⅰ：n 型适中掺杂，Ⅱ：n 型重掺杂)；(b) 两种半导体接触，但未达到热平衡的状态(费米能级没有连接)；(c) 达到热平衡的两种半导体的接触，无界面态的理想界面；(d) 具有高密度的界面态(缺陷)的半导体异质结，在中间带隙附近费米能级被钉扎

例子表明，半导体Ⅰ中电荷累积层中的负空间电荷会被半导体Ⅱ中的耗尽层施主能级的正空间电荷所抵消，最终达到平衡。这里需要强调的是，这种费米能级排列在范围上的影响完全不同于能带结构重排产生的能级的偏移量 ΔE_V。虽然空间电荷效应所带来的电荷密度在 10^{12} cm^{-2}的数量级上，或者还要小，长度在几百埃的范围内(第 7 章)，但是能量的偏移量 ΔE_V 主要是通过一个或者两个原子层内的电荷补偿造成的，电荷密度大约在 10^{15} cm^{-2}(单层的密度)的数量级。这就是为什么在理论上这两种排列阶段通常分开来进行。但是这种分开处理的方式并不能完全应用于非常强的空间电荷层，因为它们的空间范围与原子

界面的偶极子是可比的。

最后应该指出，界面的缺陷例如杂质原子、空位、单独的悬挂键等的存在可能会在半导体禁带中产生电子型的界面态。这些作用可能会钉扎费米能级，由于电荷的特征，进而对总的电荷平衡产生影响，继而会严重的改变能带弯曲[图 8.5(d)]，推测这也会影响能带的偏移量的大小。

8.2 金属-半导体界面的金属诱导间隙态

许多在超高真空条件下制备各种广泛的金属-半导体体系的实验表明，金属薄膜的沉积容易产生界面态，它决定了费米能级在界面中的位置。例如人们熟知的在 GaAs(110)解理面上的金属覆盖层。洁净的、易于解理的 GaAs(110)面通常具有平坦的能带，也即禁带不受表面态的影响(6.5 节)。在金属覆盖范围，金属原子的沉积导致的 p 型和 n 型材料的能带弯曲远小于一个单分子层(monolayer，ML)($\lesssim$0.2~0.5 ML)(图 8.6)。对于 n 型半导体材料，在比价带顶 E_V 高大约0.8 eV 处费米能级 E_F 被钉扎，进而形成了电子耗尽层；而对于 p 型晶体，E_F 在比 E_V 高 0.5~0.6 eV 之间形成空穴耗尽层(图 8.7)。目前，对于所有的Ⅲ-Ⅴ族半导体材料的表面的研究有一个共同的特征，非常薄的沉积层(<0.5 ML)就能够充分地形成固定的费米能级。界面(或者表面)态能够对

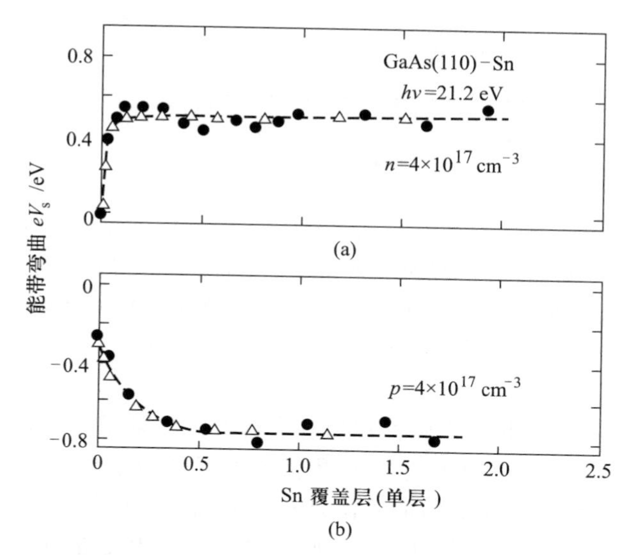

图 8.6 能带弯曲随 Sn 覆盖层的变化[参照 GaAs(110)表面原子密度，覆盖层为单层]通过 UV 光电发射测得(He Ⅰ，$h\nu$=21.2 eV)：(a)在 n 型 GaAs(110)面向上弯曲；(b)在 p 型 GaAs(110)面向下弯曲[8.10]

E_F 产生钉扎作用的最小的态密度为 10^{12} cm^{-2}(7.5 节)。本书 8.4 节将会结合其他的半导体材料对金属诱导间隙态作更进一步的讨论。

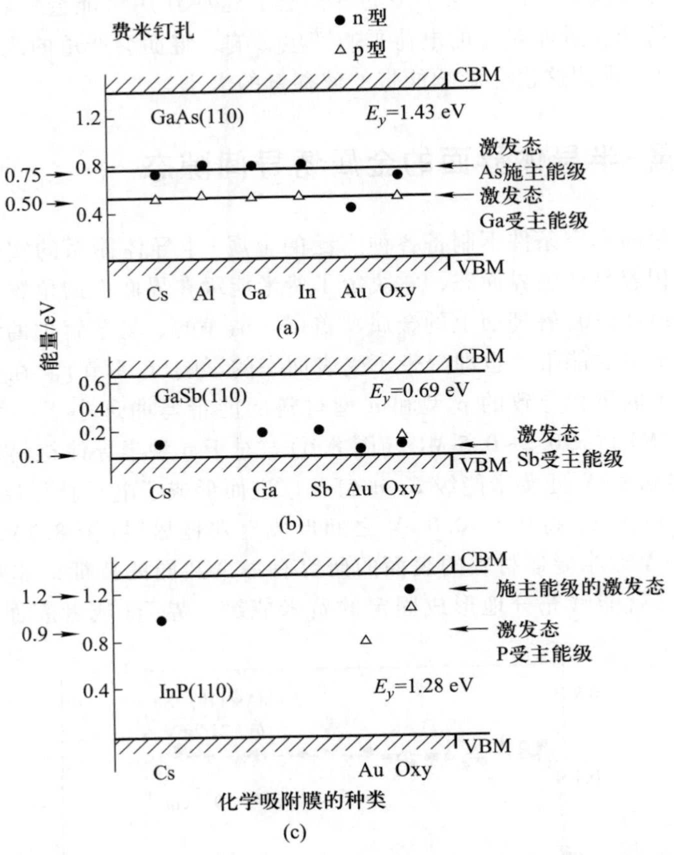

图 8.7 (a) GaAs、(b) GaSb、(c) InP 带隙的钉扎位置(来自于 XPS 谱)随不同覆盖层的变化。圆圈和三角符号分别表示 n 型和 p 型半导体的能级，精确到 ±0.1 eV。不同能级的标志表明了它们的导电行为和化学本质。CBM：导带最小值，VBM：价带最大值[8.11，8.12]

这些界面态的本质是什么呢？我们应该指出，界面环境是十分复杂的。由于界面的复杂程度不同，界面态可能具有各种不同的来源(8.4 节)。尽管如此，如果我们假设金属-半导体的界面是理想界面，就能够得到一些普遍性结论。Heine[8.7]提出在金属的导带与半导体的禁带发生交叠的能量范围内，金属(布洛赫)的电子波函数将进入半导体。图 8.8 详细地描述了这一情形。人们熟悉的能带结构随实际 k 值的变化关系，只对于无限晶体才能严格的适用[图 8.8(a)中的一维问题]。根据 6.1 节的讨论，界面上周期性的缺陷导致了

界面态随着虚波矢 $\kappa=-iq$ 的指数型的衰减。简单来看，图 8.8(a)的一维模型表明它们的分布曲线 $E(q)$ 对称地“填充”到半导体的带隙中，处于导带底 E_C 和价带顶 E_V 之间。这些带隙态在 E_C 和 E_V 之间存在态密度的奇异点[图 8.8(a)]。图 8.8 中 $E(q)$ 的分布表明，理论上可能的状态的范围有时称为虚拟诱导带隙态(virtual induced gap state, VIGS)。这些态中，真实存在与否取决于界面上的边界条件。例如，对于自由表面，薛定谔方程的解在相邻的真空中一定与 VIGS 匹配。结果，对于每一个 $\boldsymbol{k}_\parallel$，仅对应单个能级，也就是表面态 $E(\boldsymbol{k}_\parallel)$。对于当前的金属-半导体界面的情形[图 8.8(b)]，金属导带的布洛赫态必然匹配，这种状态宽的连续态导致了半导体中的能量间隙。一方面可能是来源于半导体的能带结构金属态的连续态进入 VIGS。6.1 节给出了详细的计算，表明 VIGS 部分来源于体材料的价带和导带。带隙中的每一个状态都是由半导体的能态的形式(傅里叶系列)组成的，也即由价带能态和导带能态组合成。因此，它们分别在半带隙的较低处和较高处表现出更多的施主和受主特征。所以，存在一个中性的能级 E_N 或 E_B(也称为交叉能或者分叉点)，它们把具有较多施主型的 VIGS 和较多受主型的态分离开(见 6.2.1 节)。图 8.8(a)的简单模型中，E_B 明显地处于中间带隙。根据真实晶体的三维能带结构图，E_B 大约接近半导体带隙的中间位置。正是基于体材料状态的总和来计算出实际的 E_B，例如，Tersoff [8.13-8.16] 所作的计算。E_B 的位置是由导带和价带源于态密度的比重决定的。仅从半导体的能带结构的知识出发，近似的计算是可能的。

显然，分叉点 E_B 对于肖特基势垒形式非常关键：如果费米能级处于较多类施主的 VIGS 能量范围，也即 E_B 以下，电离的(空穴)施主形成了大的正电荷界面。另一方面，如果 E_F 高于 E_B，这将导致电离的(占据)受主状态和负的界面电荷。因此，从能量角度考虑，费米能级接近 VIGS 分叉点 E_B 是有利的。由于界面处的化学键的电荷转移造成了 E_F 和 E_B 的微小的分离。这可以通过计算界面偶极子 Δ(图 8.4)和用标准方程(10.23)计算电荷转移 δq 来解释。根据 Pauling [8.17] (在[8.18]中被修改)，基于金属和半导体各自的电负性 X_M 和 X_{SC}，从下面的经验公式中可以得到金属和半导体之间的键内的电荷转移

$$\delta q=\frac{0.16}{eV}\left|X_M-X_{SC}\right|+\frac{0.035}{(eV)^2}\left|X_M-X_{SC}\right|^2 \tag{8.5}$$

从一级近似来看，这种电荷转移与 $|X_M-X_{SC}|$ 的大小成比例，它取决于金属和半导体各自的电负性 X_M 和 X_{SC} 之差。利用这一关系和图 8.4 中的符号，再加上 p 型半导体的相关结果[图 8.2(d)]，就可以分别对一特定金属在 p 型和 n 型半导体上形成的肖特基势垒 $e\phi_{SB}^p$ 和 $e\phi_{SB}^n$ 进行描述

$$e\phi_{SB}^p=(E_B-E_V)-S_X(X_M-X_{SC}) \tag{8.6a}$$

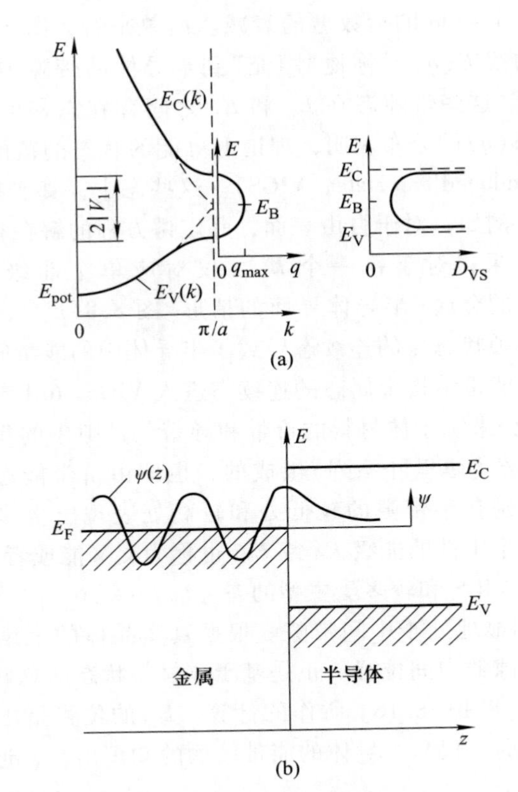

图 8.8　金属-半导体界面上金属诱导间隙态(MIGS)的来源：(a) 一维原子链的分布(半导体模型)；无限长链中真实的能带，其中，$E_C(k)$和$E_V(k)$分别表示导带和价带。对于有限长的链，表面态随着波矢呈指数的衰减 $\kappa=-iq$ 填充在半导体 E_C 和 E_V 之间，并且在最简单的例子中，它们相对于称为分叉点能的 E_B 对称分布 。这些态密度 D_{VS} 在 E_C 和 E_V 附近存在奇异点。(b) 金属布洛赫态的定性表示，且渗入半导体中。由于半导体中 $\psi(z)$ 不能突变为零，因此产生了额外的波函数，这里禁带中没有电子态的存在

$$e\phi_{SB}^{n}=(E_C-E_B)+S_X(X_M-X_{SC}) \tag{8.6b}$$

键内电荷转移[式(8.5)]对于界面偶极子能量 Δ 的贡献通过公式中的斜率 $S_X=\mathrm{d}(e\phi_{SB}^{n})/\mathrm{d}X_M$ 来描述(图 8.4)。Mönch[8.19, 8.20] 已经建立了相关模型来计算参数 S_X，它实质上包括了转变区域的介电常数、界面区域的宽度、MIGS 分叉点上或者中性能级 E_B 的态密度。对于例如 Si、Ge、GaAs、CdTe、CdSe 等半导体，它们的 S_X 都小于0.2 eV/Pauling X_M 单位，但是对于材料例如 GaAs、ZnO、Al_2O_3，其 S_X 值接近 1 eV/Pauling X_M 单位[8.20]。Si 和 Ge 的 X_{SC} 分别为 1.9 和 2.01，继而对于Ⅲ-Ⅴ和Ⅱ-Ⅵ族半导体来说，其 X_{SC} 值应当接近 2.0

±0.1，也即两种元素的平均值。大多数金属的 X_M 也接近 2。因此，在粗略的一级近似中，δq 和界面偶极子 Δ 都可忽略。我们可以根据 VIGS 的分叉点 E_B 定位界面上的费米能级 E_F 来估计肖特基势垒高度。尽管如此，具有不同电子亲和势的金属在特定的半导体上仍产生不同的肖特基势垒高度，这来自于电子亲和势的差额 $|X_M-X_{SC}|$[式(8.6)]。对于 n 型掺杂的半导体 n-GaAs 和 n-GaN(0001)，这种明显的不同表现在图 8.9(a)、(b)中。Mönch [8.19] 归纳了一些实验数据，并且列出了具体的实验方法及其研究者。实验得出的结果与从 MIGS 模型获得的线性相关的结果(8.6)出奇地一致。虽然对于 GaAs[图 8.9(a)]，从拟合计算中获得的斜率参数 S_X 为 0.08 eV/Miedema 单位，但是对于 GaN 来说，S_X 为 0.29 eV/Miedema 单位。显而易见，相对于例如 GaAs 的Ⅲ-Ⅴ族的半导体材料来说，键内电荷转移对于氮化物显得更为重要。这是因为相比于标准的Ⅲ-Ⅴ族的半导体材料，绝缘性更强的氮化物材料中，电荷转移诱发的偶极子受到较小的屏蔽作用。

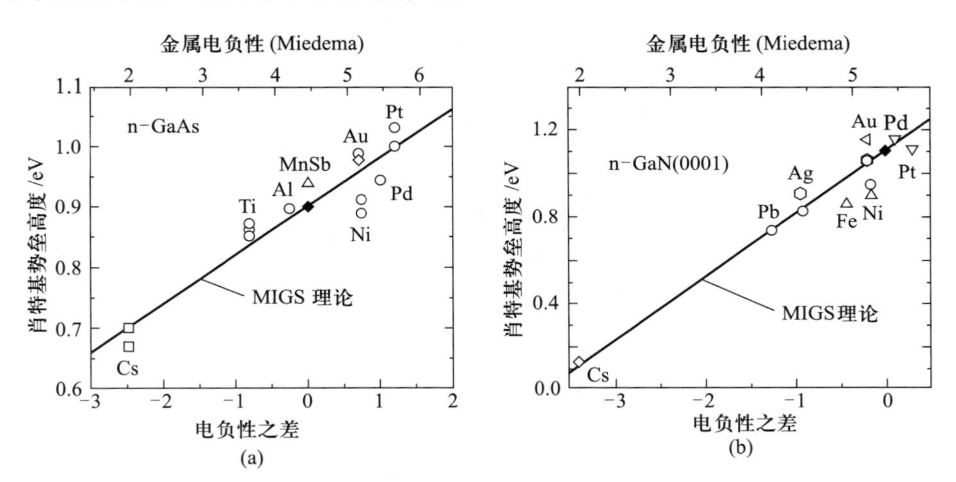

图 8.9　同质金属/n-GaAs 结(a)和金属/n-GaN(0001)结(b)的肖特基势垒高度随金属和半导体的 Miedema 电负性的差值的变化。Miedema 电负性和 Pauli 电负性的关系为 $X_{\text{Miedema}}=1.93X_{\text{Pauli}}+0.87$。MIGS 的实线通过参数 $\phi_{bp}^{P}=0.9$ eV，$S_X=0.08$ eV/Miedema 单位(GaAs)，$\phi_{bp}^{P}=1.1$ eV，$S_X=0.29$ eV/Miedema 单位(GaN)而得到。Mönch [8.19] 整理了这些数据，并且给出了作者和应用的实验技术的详细信息

在整个带隙中存在的界面态(VIGS)也可以用金属-半导体界面的实际原子来进行计算。例如，Cohen[8.21，8.22]的计算结果得出(图 8.10)Si(111)-Al 界面态的分布的结果。界面模型由 3 个 Al 板(Ⅰ~Ⅲ)和 3 个 Si 板(Ⅳ~Ⅵ)组成。其中，Al 板模型是通过 jellium 模型建立的，Si 板模型是用赝势方法得到

的。对不同的模板区域，它们的局域态密度经计算得到。区域Ⅰ明显像是体材料 Al，区域Ⅵ像是体材料 Si。在更加靠近界面处，Al 的状态仍旧保持体材料的性质（区域Ⅲ）。在界面处可观察到它与体材料性质最显著的差别，特别是 E_F 附近的 Si 的整个带隙区域包括了新的界面态，在靠近 Si 的区域迅速减小（区域Ⅳ）。总体上，对于布洛赫态渗入 VIGS［图 8.8(b)］来说，图 8.10 所示的行为与 Heine［8.7］所讨论的是完全类似的：当半导体能带带隙将金属的能带覆盖，类体材料的 Al 的状态就逐渐被 Si 占据。其他的研究者用不同的理论方法和其他的界面体系也获得了与图 8.10 十分相似的结果，例如金属在Ⅲ－Ⅴ［8.23，8.24］和Ⅱ－Ⅵ族的半导体材料［8.24，8.25］。MIGS 或者 VIGS 的存在源于金属导带的布洛赫态的减少，这种关系在所有的例子中都能很好地适用。

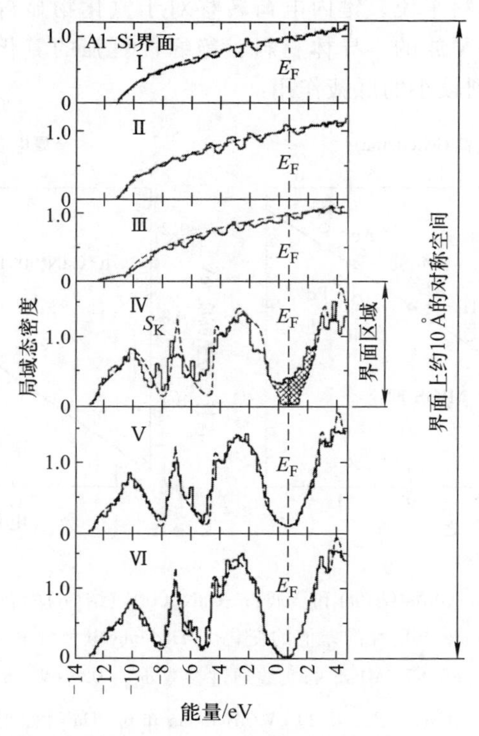

图 8.10　根据板模型计算得到的 Al-Si(111)界面的局域态密度，Al 通过 jellium 模型描述。图中Ⅰ～Ⅵ描述的是 Al-Si 界面上总的大约为 10 Å 的对称空间。对于真实的界面区域（Ⅳ），金属-感生带隙态填充了半导体的禁带［8.21，8.22］

可以肯定的是，在界面上，这些状态对费米能级的钉扎作用是重要的，但是，它们可能不是唯一的影响因素。以上基于理论计算的讨论有着一个共同的缺陷：这里假设界面上的原子的几何构型都是理想化的原子排列。这种假设只有在少数的情况下才存在。尽管如此，一大类的实验数据都表明了 MIGS(或者 VIGS)理论对于肖特基势垒[8.5，8.9]基础的理解的重要性。Tersoff [8.14]基于完整的体材料的能带结构计算了一些重要元素和Ⅲ-V族半导体的 VIGS 分叉点能 E_B，其结果列于表 8.1 中。对于半导体 Au 和 Al 的界面，价带边顶上的 E_B 位置与费米能级的测量结果吻合得很好。它们的误差基本都在 100~150 meV 的数量级内。根据式(8.5)，这些误差可能是界面的电荷转移导致的。

表 8.1 文献[8.13-8.16](a)和文献[8.50](b)提供的半导体的分叉点能 E_B、实验得到的金属(Au、Al)-半导体界面的费米能级与价带最大值的对比[8.13-8.16]

	(E_B-E_V)/eV		$[E_F(\mathrm{Au})-E_V]$/eV	$[E_F(\mathrm{Al})-E_V]$/eV
	(a)	(b)		
Si	0.36	0.23	0.32	0.40
Ge	0.18	0.03	0.07	0.18
AlAs	1.05	0.92	0.96	
GaAs	0.50	0.55	0.52	0.62
InAs	0.50	0.62	0.47	
GaSb	0.07	0.06	0.07	
GaP	0.81	0.73	0.94	1.17
ZnSe	1.70	1.44	1.34	1.94
CdTe	0.85	0.73	0.68	
HgTe	0.34			

如图 8.11 所示为价带边 [8.5] 的分叉点能(E_B-E_V)与 Au 在许多不同半导体上测得的肖特基势垒的关系曲线。我们可以看出，在相当宽的能量范围内，它们都是相互关联的，这清晰地表明了基于 MIGS 模型，基础的理解肖特基势垒是成功的。

Tersoff 还建议了另外一种近似，这种半经验的方法无需对体材料的能带结构进行复杂的数学计算就可以获得 VIGS 的分叉点能 E_B[8.15]。正如前面指出的，对于一维的情况，分叉点 E_B 处于禁带的中心位置。对 VIGS 的复杂的能带结构三维禁带的中心没有本质意义；而衍生的导带和价带状态相互交叉的点 E_B 主要依赖于布里渊区中不同方向的波函数的贡献。这些局域态密度较高的区域对 E_B 的位置影响最大，且对总和起主要的贡献。对许多Ⅲ-V族半导体来说，布里渊区中心(Γ)附近的能带结构决定了其直接带隙。然而，从整体上

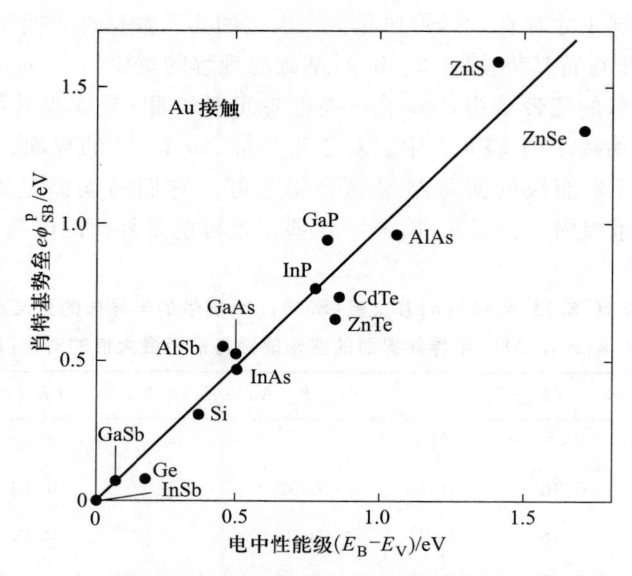

图 8.11 Au 与一些 p 型半导体界面接触测得的肖特基势垒高度 ϕ_{SB}^{p} 随 Tersoff[8.9] 理论计算得到的分叉点能(电中性能级，E_B-E_V)的变化

看，它的能量与导带的关系很小：因为通常在 Γ 附近有效质量很小，也就意味了具有很小的 k 空间。另一方面，与间接带隙相关，在布里渊区面附近具有最小值，却具有大的有效质量，所以在 k 空间有着大的导带区域，故这一能带更加典型。因此，与 Γ 附近的最小值的状态相比，间接带隙的最小值区域附近的状态对 E_B 的位置影响更大。如果要估计 E_B 的位置，我们应该明显的参照间接带隙，而不是考虑 Γ 的直接带隙的中间值，也不是考虑 Γ 的最小能。虽然对于例如 Si、Ge、GaAs、GaP 等，它们的间接带隙是绝对带隙或者能量接近于直接带隙，但是对于窄禁带半导体(图 7.21)，这是非常重要的。

其实，人们发现，在许多 Au 覆盖的半导体测得的肖特基势垒高度和相关的间接带隙能之间具有强烈的相关性(图 8.12)。因此，作为一个半经验的规则，Tersoff [8.14-8.16] 提出，电中性能级或者分叉点能 E_B 可以表示为

$$E_B = \frac{1}{2}(\bar{E}_V + E_C^i) \tag{8.7}$$

其中，E_C^i 为间接导带最小值，并不局域在 Γ 点；$\bar{E}_V$ 为在 Γ 的价带最大值，但是由于在 Γ 存在自旋-轨道的分裂 Δ_{SO}，因此 $\bar{E}_V$ 必须为平均值。相对于三重简并能带(无自旋轨道分裂)，二重简并价带的最大值向上增大了 $\Delta_{SO}/3$，而分离态减小了 $2\Delta_{SO}/3$。所以，从两方面的贡献考虑，必须考虑有效的最大值而不是真实价带的最大值 E_V

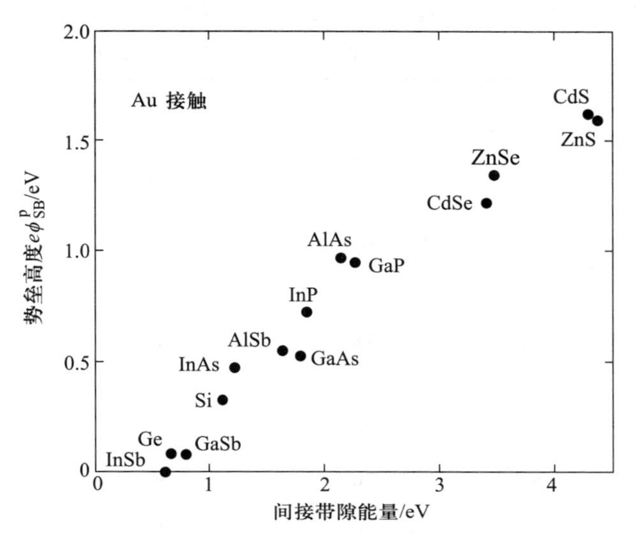

图 8.12　Au 覆盖的 p 型半导体测得的肖特基势垒高度 $e\phi_{SB}^{p}$和间接带隙能量的关系图

$$\bar{E}_V = E_V - \frac{1}{3}\Delta_{SO} \tag{8.8}$$

为了计算界面处的费米能级，也就是肖特基势垒 $e\phi_{SB}^{p}$，我们可能还需要考虑 E_F 和分叉点 E_B(由于界面偶极子 Δ 的存在)[式(8.6a)、式(8.6b)]之间的差额 δ_M。对于特定的金属，δ_M 可以当作拟合参数，利用式(8.7)、式(8.8)计算不同半导体的肖特基势垒高度。将 $E_g^i = E_C^i - E_V$ 当作最小的间接带隙能，则 p 型半导体的肖特基势垒可以表示为

$$e\phi_{SB}^{p} \simeq \frac{1}{2}\left(E_g^i - \frac{1}{3}\Delta_{SO}\right) + \delta_M \tag{8.9}$$

表格 8.2 列出了 Au 层在不同的半导体上的一些相关参数[8.14]。这里的分叉点 E_B 和肖特基势垒高度 $e\phi_{SB}^{p}$(理论值)都是通过式(8.7)计算得到的。这与实验得到的 $e\phi_{SB}^{p}$十分吻合。对于 Au，这里我们将 δ_M 选取为 $\delta_{Au} = -0.2$ eV，以便使得所有的 Au 的数据得到最完整的拟合。除了图 8.9 之外，表 8.2 也表明，至少对于一些界面原子结构不是很复杂的体系，利用 MIGS(或者 VIGS)模型来描述肖特基势垒都是成功的。

但是显而易见，界面上电荷重新分布的细微的情形、原子重排或者类似在较深层中的化学反应等的更加复杂的行为以及缺陷的形成等都没有包括在目前的模型中。正如将在 8.4 节讨论的，对于一些特定的界面，这些现象是重要的。因此，将这些现象的影响纳入更加精确的模型对于描述更加复杂的金属-半导体结是很有帮助的。

表 8.2 金接触下的部分理论和实验结果：半导体最小的间接带隙能 E_g^i、自旋轨道分裂 Δ_{SO} 和肖特基势垒高度 $e\phi_{SB}^p$[8.14]

	E_g^i/eV	Δ_{SO}/eV	ϕ_{SB}^p(理论值)/eV	ϕ_{SB}^p(实验值)/eV
Si	1.11	0.04	0.35	0.32
Ge	0.66	0.29	0.08	0.07
GaP	2.27	0.08	0.92	0.94
InP	1.87	0.11	0.70	0.77
AlAs	2.15	0.28	0.83	0.96
GaAs	1.81	0.34	0.65	0.52
InAs	1.21	0.39	0.34	0.47
AlSb	1.63	0.70	0.50	0.55
GaSb	0.80	0.75	0.07	0.07

最后，值得一提的是，对于许多金属-半导体系统，例如金属覆盖于Ⅲ-Ⅴ族半导体表面上，都能够发现费米能级钉扎效应，甚至在小于一个分子层的金属覆盖层的情况下也能够观察到($\approx 10^{15}$原子/cm^2)。虽然大多数的讨论通常参考的都是厚金属薄膜，但是这种观察并不与 MIGS 模型相矛盾。亚单分子层覆盖意味着没有类似体材料的布洛赫波渗入 VIGS。但是如果金属吸附的原子产生的电子态在半导体带隙的能量范围内，就像薄的金属薄膜层中那样，厚的金属层中的这些态就可以替代布洛赫态。数量级为 10^{12} cm^{-2}的态密度就足以钉扎费米能级(7.5 节)。这并不一定意味着对于任意厚的金属薄膜，亚单分子层覆盖中的钉扎就会发生。由于金属自由电子的屏蔽作用，在厚金属薄膜中，要产生费米能级的钉扎效应，界面态就必须要比亚单分子层覆盖($\approx 10^{12}cm^{-2}$)时有更加高的态密度($\gtrsim 10^{14}cm^{-2}$)。更加详尽的细节会在 8.4 节讨论。

8.3 在半导体异质结界面的 VIGS

VIGS 的概念[8.13-8.16]对于理解理想的半导体异质结中的能带结构也是很关键的。正如我们已经在金属-半导体结(8.2 节)中所指出的，在半导体带隙中的任何电子态，包括 VIGS、MIGS 和表面态，都必然是价带和导带状态的混合。越靠近价带的态，越具有价电子的特征，尽管通常有一定的导带波函数的混入。另一方面，带隙态接近体材料导带边的态组成大范围的导带波函数，定量地示于图 8.1(a)中，在具有对称的价带和导带的半导体模型的禁带中，图中示出了 VIGS 的导带(虚线)和价带(实线)特征。当带隙状态中的价带和导带特征相同时，交叉点 E_B 就会出现(也即是分叉点或者电中性能级)，也就是净的类施主行为(带隙的较低位置)变化成净的类受体行为(带隙的较高位置)。带隙中一个状态的占据导致过多的局域电子型电荷，这与它的导带特征的自由度成比例。如果带隙状态是空的，将存在一个局域的正电荷(电子空穴)与态的价带特征成比例。如果状态位于带隙的底部附近，因为它具有很少的导带特征，所以仅有很少的负电荷填充。但是，当那些状态空着时，将导致一个电子型电荷的缺失(相似地，在价带中形成一个空穴)。另一方面，高带隙状态的填充产生一个大的负电荷，然而，空着的状态发生一个小的局域电荷缺失。对于一个理想的金属-半导体结，通过 VIGS 的这种行为就可以调控肖特基势垒的大小(8.2 节)。当费米能级 E_F 接近 VIGS 的分叉点 E_B 时，就会产生总的电荷补偿作用[图 8.13(a)]。在半带隙的较低能级，由于它们具有较少

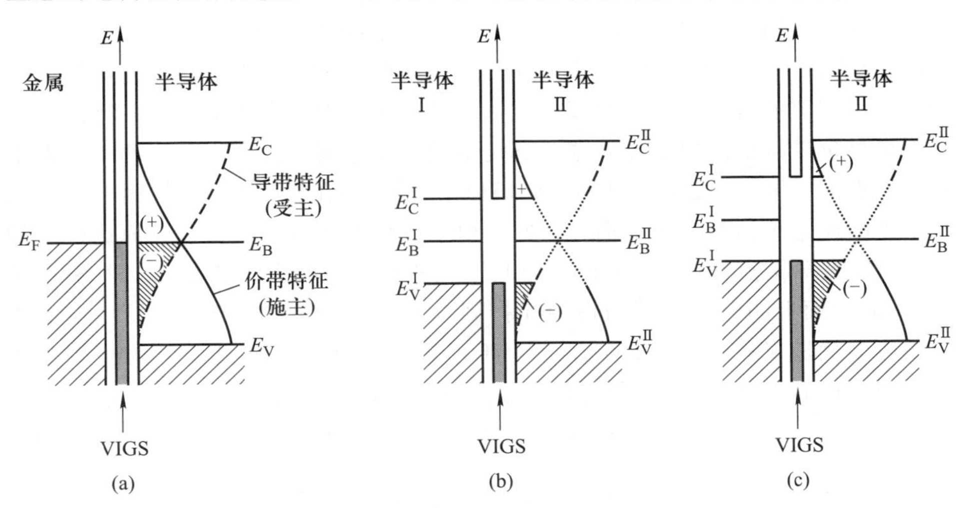

图 8.13 从 VIGS 模型出发，对金属-半导体结(a)和半导体异质结构(b，c)形成的简要图解。金属和半导体的能带结构的费米能级 E_F、导带边 E_C 和价带边 E_V 也示于图中。在界面上，定性地描述(占据的状态为阴影)了 VIGS。它们的电荷特征也在宽带隙半导体(Ⅱ)的禁带中定性地展示(虚线：受主或导带能带特征；实线：施主或价带特征；点画线：由于完全的禁带，VIGS 不存在的能带范围)。(a) 费米能级的位置和 VIGS 中的电中性所决定的半导体的能带边，也即 E_F 与受主电荷特征和施主特征相等的分叉点能 E_B 处于同一能级上。(b) 对于半导体异质结构，VIGS 仅存在于包含导带或者价带状态的半导体的能量范围中。VIGS 来源于半导体 Ⅰ 和 Ⅱ 的波函数。两种能带的匹配，也就是带阶，在 VIGS 中是通过电中性能级来决定的。因此，这两个分叉点能 E_B^{I} 和 E_B^{II} 必须达到相同能级。(c)与(b)相比，假设 E_B^{I} 和 E_B^{II} 不达到相等的能级，也假设在 VIGS 上的正电荷和负电荷不相抵消。正电荷和负电荷不平衡，能带将会趋向图(b)所示的状态

的导带特征，占据态仅包含极少量的负电荷。但是在带隙的较高位置，由于它们具有较少的价带特征的掺杂，空态也仅包含等量的少量正电荷。值得一提的是，因为导带特征占优势的态是空的，同时，价带特征占主导地位的态是被占据的，所以大量的界面电荷是不存在的。

从图 8.13(b)和(c)可以明显地看出，对于理想的半导体异质结来说，类似的考虑是可能的。这种理想化的半导体异质结是由两种具有不同能量带隙的假设的半导体Ⅰ和Ⅱ组成的。半导体Ⅰ和Ⅱ具有均衡的价带和导带结构。由于半导体Ⅰ比半导体Ⅱ的带隙小，从而半导体Ⅰ的体材料的价带和导带的连续态能够渗入半导体Ⅱ的带隙中。因此，在有限的能量范围内，半导体Ⅱ的带隙的较高的和较低的位置均存在 VIGS 的连续态，正如在金属覆盖物的整个带隙中表现的一样，它源于半导体Ⅰ和Ⅱ的能带。甚至当费米能级上不存在 VIGS 时，在界面上，能带结构的变化也能导致过量的净电荷(净偶极子)[图 8.13(b)、(c)]。如图 8.13(c)所示的情况，两种半导体的分叉点 E_{B}^{I} 和 E_{B}^{II} 并不匹配，E_{B}^{II} 以下的 VIGS 的负电荷(由于它们具有弱的导带特征)超过了界面上较高的半带隙的极少量的正电荷。显然，尽管这些占主导优势的受主型的态具有少量的价带特征，但是如果这些态是空的，正电荷就会产生。当两种材料中的分叉点 E_{B}^{I} 和 E_{B}^{II} 发生重排[图 8.13(b)]时，存在于 VIGS 的界面电荷，无论是正的还是负的都会被抵消。因此，由于能量的问题，不存在界面偶极子的情况就需要分叉点能 E_{B} 的重排。因此，一般就能级相关方面而言，Tersoff 描述固-固界面上的电子性质的模型在排列金属-半导体结和半导体异质结的能带结构上就是 VIGS 的分叉点 E_{B}。对于理想的半导体异质结，在两种半导体中，分叉点 E_{B}^{I} 和 E_{B}^{II} 的排列直接产生的价带的偏移量[图 8.13(b)]为

$$\Delta E_{V} = (E_{B}^{\mathrm{I}} - E_{V}^{\mathrm{I}}) - (E_{B}^{\mathrm{II}} - E_{V}^{\mathrm{II}}) \tag{8.10a}$$

或者如果分叉点能指的是每种材料的价带边($\tilde{E}_{B}=E_{B}-E_{V}$)

$$\Delta E_{V} = \tilde{E}_{B}^{\mathrm{I}} - \tilde{E}_{B}^{\mathrm{II}} \tag{8.10b}$$

从原理上看，对于半导体异质结，就如肖特基势垒(8.2 节)中一样，键内电荷转移也必须考虑进去。对于金属/半导体结[式(8.6a)、式(8.6b)]，电荷转移界面偶极子的贡献 Δ(图 8.4)必须考虑进去，它与两种半导体电负性的差值 $|X_{\mathrm{I}}-X_{\mathrm{II}}|$ 成比例。因此，式(8.10b)需要通过附加的参数(斜率参数)S_{X} 加以修正[式(8.6a)、式(8.6b)]

$$\Delta E_{V} = \tilde{E}_{B}^{\mathrm{I}} - E_{B}^{\mathrm{II}} + S_{X}(X_{\mathrm{I}} - X_{\mathrm{II}}) \tag{8.10c}$$

Ⅳ族的元素和Ⅲ-Ⅴ、Ⅱ-Ⅵ族的半导体化合物的电负性几乎都是相等的。因此，固有的偶极子参数 $S_{X}(X_{\mathrm{I}}-X_{\mathrm{II}})$ 小到可以忽略，故在大多数情况下可以忽略。所以，用来计算价带偏移量的式(8.10b)能够给出很恰当的近似。从表

8.3 和图 8.14 可以看出，对于一些重要的半导体结来说，理论值[式(8.10b)]和实验值吻合得很好。图 8.14 中的实验数据均出自不同的作者，所有数据都是通过 XPS 测试中心能级得到的。Mönch 将这些数据进行整理[8.20]，并且给出了详细的作者信息。图 8.14(a)中的一些异质结，例如 Ge/GaAs 或者 AlAs/GaAs，具有很好的晶格匹配；其他一些例如 GaAs/InAs 具有高度不匹配的晶格，外延层可能是由于脱节形成了弛豫。一些弛豫(有时称为重构)的异质结如图 8.14(b)所示，例如 GaN/GaAs，这类异质结的晶格常数的差异可以达到 19.8%。尽管如此，实验上得到的数据和 VIGS 理论计算的结果还是符合得出奇地好。

表 8.3　不同半导体界面的价带带阶 ΔE_V 的理论值：(a) 来自于分叉点能 E_B(表 8.1)的理论计算；(b)相似的理论计算方法[8.50]。以及不同来源的实验上的数值。表中的异质结是指基底材料(半导体I)在一种局部的应力和局部的弛豫的半导体II上的沉积

	理论值 ΔE_V/eV		实验值 ΔE_V/eV
	(a)	(b)	
AlAs/GaAs	0.55	0.37	0.5±0.05
InAs/GaSb	0.43	0.56	0.47±0.05
GaAs/InAs	0.00	0.18	0.17±0.07
GaAs/Ge	0.32	0.51	0.42±0.1
Si/Ge	0.18	0.12	0.17
CdTe/HgTe	0.51	0.67	0.35±0.06

当将一些实验数据进行对比时，我们知道，因为那些异质结的外延生长(2.4 节、2.5 节)的重复性是不受控制的，所以不同实验研究组所报道的数据有时会存在相对较大的差异。由于能带结构计算的误差限的存在，因此理论值本身仅在 0.1~0.2 eV 内是可靠的。

除了表 8.3 和图 8.14 中提到的半导体异质结，半导体/氧化物界面和它们的能带偏移量的研究在半导体领域也变得越来越重要。值得一提的是，具有高的介电常数(函数)ε 的材料，它们比 SiO_2(ε = 2.25)具有更高的 ε，通常称为高 k 材料。这种材料将作为栅介质用在 Si 基的先进 CMOS 技术中，主要用于纳米栅尺寸的 MOSFET 或者与高迁移率的半导体例如 Ge、Ⅲ-Ⅴ族化合物及Ⅲ族氮化物联合起来使用。尽管如此，如果减小晶体管的尺寸，则要求材料具有高的栅容量和薄的栅介质层，也就是高 k 栅材料。相应地，关于这种复合材料的能带偏移量，存在大量的理论和实验的结果[8.20，8.26，8.27]。其中的一些结果列于表 8.4 中，其中还包括两种材料的带隙和相应的氧化物的介电常数

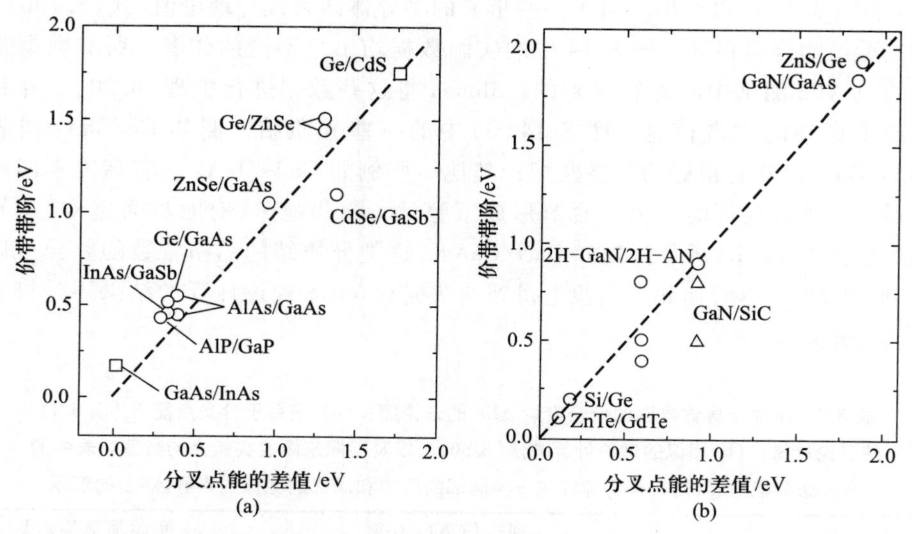

图 8.14 不同半导体异质结的价带带阶随分叉点(电中性能级)能差值的变化，其中的数据来自 Mönch [8.20]：(a)大多为晶格匹配的异质结构，实验的数据来自于 XPS 的测试；(b)变形的异质结构，它的晶格错配达到 20%，也即发生了弛豫现象。虚线是通过 VIGS 模型计算得到的。更多的作者和实验细节可参考文献[8.20]

ε_∞。值得注意的是，利用半导体和氧化物的带隙能将导带偏移量 ΔE_C 很容易地转化为价带偏移量 ΔE_V。这里的计算是以电中性能级为基础的，也就是利用式(8.10c)中的分叉点能 E_B。实验的数值大多来自于在半导体上沉积无定形或者微晶氧化物的实验，从而应力和弛豫的影响能够减小。表 8.4 主要是来自于 Robertson、Falabretti [8.26] 和 Mönch [8.20, 8.27] 等人的详细研究。与偶极子参数 $S_X(X_{\mathrm{I}}-X_{\mathrm{II}})$ 可以忽略的半导体异质结相比，对于半导体/氧化物异质界面，Mönch [8.27] 的研究表明这一参数决定了 30% 的价带偏移量的大小。

表 8.4 不同半导体/氧化物异质结带阶 ΔE_C 的实验值和计算值，以及相应氧化物的介电常数 ε_∞。半导体和氧化物的带隙能列于括号中，单位为 eV。这些数据均来自 Robertson、Falabretti [8.26] 和 Mönch [8.20, 8.27] 的研究

异质结的类型	ε_∞ 氧化物的值	ΔE_C/eV 计算值	ΔE_C/eV 实验值
Si(1.12)/SiO_2(9)	4		3.4
Si(1.12)/ZrO_2(5.8)	4.8	1.4	1.5
Ge(0.67)/HfO_2(6.0)	4	1.68	2.2

续表

异质结的类型	ε_∞ 氧化物的值	ΔE_C/eV 计算值	ΔE_C/eV 实验值
Ge(0.67)/$LaAlO_3$(5.6)	4	2.56	2.2
GaAs(1.45)/Ga_2O_3(4.8)	4.2	0.9	0.9
GaAs(1.45)/Gd_2O_3(5.8)	4.8	2.2	2.1
GaAs(1.45)/HfO_2(6.0)	4	1.51	1.9
GaAs(1.45)/$LaAlO_3$(5.6)	4	1.55	1.4
GaN(3.2)/HfO_2(6.0)	4	1.1	0.5
GaN(3.2)/Gd_2O_3(5.8)	4.8	1.6	1.6
GaN(3.2)/SiO_2(9)	2.25	2.6	3.2

基于 VIGS 模型，在半导体异质结和肖特基势垒的讨论中对比表 8.1 和表 8.3 可以得到另外的有趣结果。在不同的半导体(相同的金属覆盖层)测得的肖特基势垒可以指导我们计算价带偏移量。由于界面偶极子可能的移动 δ_M(取决于金属材料，8.2 节)，测得的肖特基势垒 $e\phi_{SB}$ 必须进行更正，进而给出每个半导体的分叉点能 E_B。然后，通过联合这两个实验所得到的 E_B 值，根据式(8.10)可以得到异质结中两种半导体材料之间能带的不连续性。

8.4 界面态的结构与化学性质依赖的模型

肖特基势垒模型 MIGS(VIGS)是一个常用的模型，不考虑金属-半导体或半导体-半导体界面处发生的任何化学反应或结构性变化，主要是用来解释理想界面的问题。然而，薄膜生长的研究(第 3 章)表明，对于一些金属-半导体系统是相当复杂的，包括基底和薄膜材料的相互扩散，这一现象并不少见。肖特基势垒高度依赖化学反应就是一个明显的例子，已观察到在许多 ZnO、ZnS、CdS 和 GaP 的金属中，很多金属-半导体界面势垒高度以阶梯状的形式依赖于界面化学反应热，即最稳定的金属的阴离子散装化合物的形成热 ΔH_R(图 8.15)[8.28]。反应($\Delta H_R<0$)和非反应($\Delta H_R>0$)之间的突变能够观测到。

强调存在界面反应的界面态的其他模型也很有趣。不同的金属或者吸附包括氧气在内的许多气体的Ⅲ-Ⅴ族半导体表面的界面，在相同的能级存在费米能级钉扎现象。这一结果使得 Wieder [8.29]、Williams [8.30]和 Spicer 及他们的团队[8.31]都确定，在界面上的缺陷起到使费米能级钉扎的作用。根据这一缺陷模型，金属原子或第二种半导体材料原子沉积，导致形成阳离子和/或阴离子空位（GaAs 中，例如 V_{Ga} 和 V_{As}）或反位缺陷，其中一个接口的阳离子被阴离子所取代，或反之亦然（例如 As_{Ga} 和 Ga_{As} 缺陷原子）。缺陷形成所需的能量通过冲击吸附原子传递到表面。缺陷破坏其附近的电中性，例如，Ga 原子在 As 位附近引入原位负电荷缺陷，形成一个受体型的界面态。这一 Ga_{As} 缺陷陷阱将捕获一个或两个电子。相反，它会显示 As_{Ga} 反位缺陷而具有施主特性，很容易造成电子脱离进入导带。目前，这些缺陷态的相应能量的详细计算到处可见。尽管计算能级的能量有内在的不准确性，但可以得到总的趋势（图

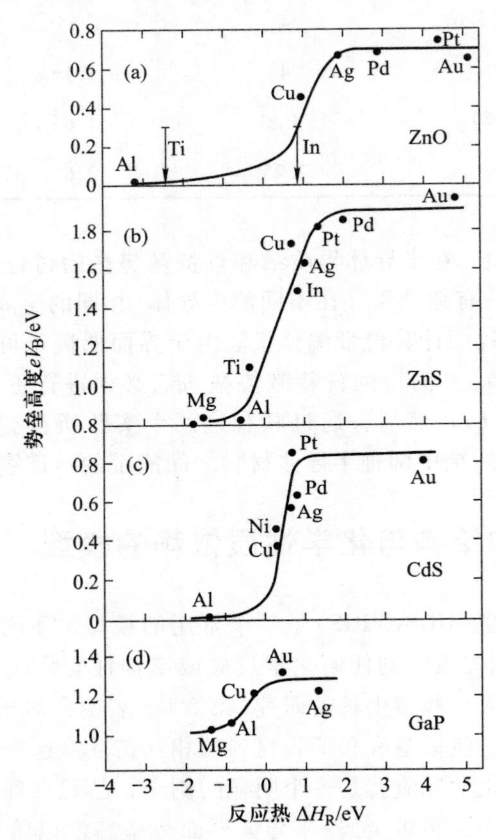

图 8.15　肖特基势垒高度与 ZnO(a)、ZnS(b)、CdS(c)和 GaP(d)表面的金属的反应热 ΔH_R 的关系[8.28]

8.16）与实验结果相一致。图 8.16 所示为 GaAs 表面的缺陷能级，可以很好地解释费米能级是在中间带隙（图 8.7）附近的，中间带隙是各种金属沉积（Cs、Al、Ga 等）得到的 n 型和 p 型材料，也可以是吸附了氧气等气体形成的。对于

具有窄带隙(180 meV)的 InSb，缺陷能级随着块体的导带能级减少(图 8.16)。超过 0.5 单层 Sn 覆盖(多晶 α-Sn)的 InSb (110)解理面，通过实验可以确定，在 100 meV 时，表面费米能级低于导带边(图 8.17)。但是，必须强调的是，如图 8.16 所示，从深能级产生的肖特基势垒高度的总体趋势可以从 MIGS (VIGS)模型推断出来。

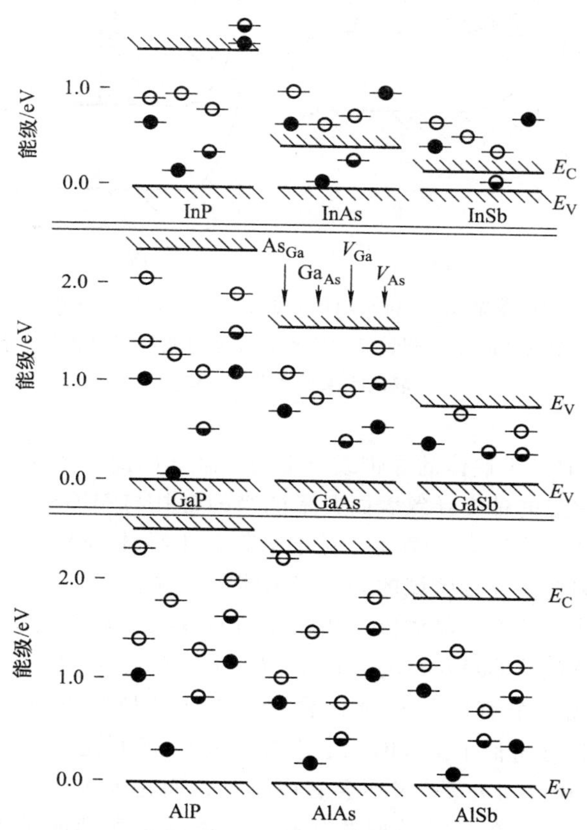

图 8.16 在Ⅲ-Ⅴ族半导体的(110)面，反位缺陷和空位的深能级计算。As 代表 GaAs，沿水平方向从左到右分别为阳离子位的阴离子、阴离子位的阳离子、阳离子空位和阴离子空位。示出了中性电荷态占有的能级；黑色圆圈表示的能级包含两个电子(自旋向上和向下)，半圆表示一个电子，开放的圆圈表示没有电子(忽略电荷态分裂)。在复合材料的顶部，上面的导带边会有几个共振 [8.32]

这种类似的原因是显而易见的：MIGS(VIGS)和缺陷能级都源于体能带结构的电子态。它们的波函数可以用体电子态的傅里叶系列形式进行计算。因此，MIGS(VIGS)和缺陷态都表现出了填充、受体和施主特性(如图 8.16 所

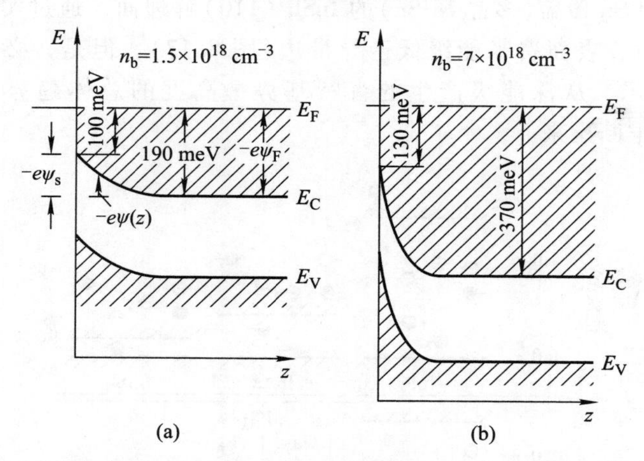

图 8.17 不同体掺杂 n_b 的 InSb(110)面的能带示意图，在超高真空条件下沉积单层非晶 α-Sn。z 为到表面的距离。表面的能带弯曲和费米能级的位置取决于实验条件[8.33]

示)，这一特性取决于块体的导带或价带的贡献。因此，图 8.16 所示的具有不同填充特性的缺陷的种类导致表面费米能级的钉扎与 MIGS 的那些分叉点能控制类似(8.2 节)。请注意，例如，对于窄禁带半导体 InAs 和 InSb，缺陷能级的位置同样影响在体导带区域的表面费米能级位置。

另一个有趣的情形：晶体以及相匹配的 GaAs/Ge 界面(图 2.12)。如果 Ge 沉积在一个热处理的 GaAs(110)基底上($T \gtrsim 300$ ℃)，Ge 原子的表面迁移率足够高，从而形成一个有序的外延重叠层，在这种情况下没有费米能级钉扎[8.34]。能带偏移量似乎由 VIGS 决定(8.3 节)。相反地，室温下，GaAs 基板上沉积 Ge 层，在界面处 Ge 层不会有序排列，而是表现出高度的不完美。在这种情况下，尤其是在缺陷模型的基础上，能够观察到能带附近的费米能级钉扎。

就薄的金属重叠层而言，有大量的实验数据证明，除了 VIGS 之外，缺陷对肖特基势垒的形成同样重要。相反地，如果仅依靠缺陷态来解释厚的金属薄膜的费米能级钉扎现象，会遇到了一些理论上的困难。对于Ⅲ-Ⅴ族表面的亚单层金属覆盖，建立的肖特基势垒($\theta \lesssim 0.5$ ML)(图 8.6)的重要部分是费米能级钉扎所需界面态密度小于 10^{12}cm^{-2}(7.5 节)。这种表面态密度与假设的缺陷引发的是一致的。然而，对于厚的金属重叠层(> 100 Å)，界面态的电荷不仅由半导体中的空间电荷(空间电荷层)补偿，而且一些位于缺陷态的界面电荷被现有类块体状的金属重叠层的自由电子屏蔽。在 GaAs 中，这些界面电荷对肖特基势垒的影响将会大大减少，电荷密度将会提高，从而建立一个大约 1 eV 的能带弯曲。为了对电荷密度进行粗略估计，我们需要将电荷密度与两个几百埃(空间电荷层的厚度)的半导体屏蔽长度进行比较。使用简单的平行板电容器公式，需要通过面电荷密度来得到电势，例如能带弯曲是一个厚的金属覆盖层的出现可能的一百倍。因此，对于 GaAs 上的金属而言，0.5~1 eV 的能带弯曲相应的厚的金属覆盖层的界面态密度至少为 10^{14} cm^{-2}。这一粗略估计也被更详细的计算所证实[8.35，8.36]。

但是，在许多具有厚的金属覆盖层的金属/Ⅲ-Ⅴ族半导体体系的电测量(第 8 章附录ⅪⅤ)显示，它们的肖特基势垒高度根本不发生变化，且远远低于单层金属覆盖的肖特基势垒高度(对于 GaAs 为 0.6~0.8 eV)(图 8.6)。如果假定只有缺陷态影响势垒，那么随着层厚的增大，电荷密度至少从 10^{12} cm^{-2}增大到 10^{14} cm^{-2}。这是相当难以解释的。所以在厚的金属薄膜中，缺陷引起的界面态只是影响肖特基势垒的一个要素。

虽然 MIGS(VIGS)模型经常用来解释肖特基势垒的形成，很显然，在详细地描述电子界面属性时，要考虑特定界面的化学性质。Ludeke 及其研究小组[8.37，8.38]建立了专门用于过渡金属-Ⅲ-Ⅴ族半导体界面的模型。过渡金属例如 Ti、V、Pd 和 Mn(含有 d 轨道的电子)沉积在Ⅲ-Ⅴ族化合物半导体上，例如 GaAs，会出现强烈反应界面，正如 X 射线光电子谱(XPS)图 8.18 所示。在洁净的 GaAs(110)面的 Ga(3d)和作为核心层的 As(3d)的光电子谱显示，自旋轨道能级分裂双重简并的 $d_{3/2}$、$d_{5/2}$是由一个块体和表面能级衍生贡献组成的。由于在 Ga 和 As 悬挂键的电荷转移方向是相反的(6.5 节)，因此 Ga 和 As 的(动力学)能量上表面态峰位分别向下和向上移动。沉积 0.5 Å 的 Mn 原子，由于能带弯曲(肖特基势垒的形成)导致整体的平移，在更高的动能(结合能较低)处呈现伴线结构。随着金属覆盖层的增加，表面态密度的峰强下降，并最终消失。对于覆盖范围高于 1 Å，高能量的伴线结构变得很重要。假定在金属覆盖层中，它们来源于元素 Ga，也有可能是元素 As。XPS 结果表明，这些过渡金属-半导体界面的重叠层和基底原子间有强的界面扩散现象。

紫外光电子能谱(UPS)和反光电子能谱(第 6 章附录Ⅻ)能得到更多的界面态信息(图 8.19)。对于在 GaAs(110)面沉积的 Ti、V 和 Pd 的覆盖层(每层厚度为 0.2 Å)而言，中间能隙附近的费米能级与占据的表面态和空的表面态有关。它们的最大的态密度位于块体 GaAs 态的能隙之间。在 GaAs 主体中，过渡金属原子的 d 电子可以用来解释施主和受体类的界面态(需要将 E_F 能级钉扎在 p 型和 n 型材料)。成键(满)和反成键(空)d 电子态可能也包含在内。独立的解释：Ⅲ-Ⅴ族半导体表面上的过渡金属层在新的界面态产生强烈的界面反应，可能导致费米能级的钉扎。特别指出的是，金属组分中强的 d 电子化学键

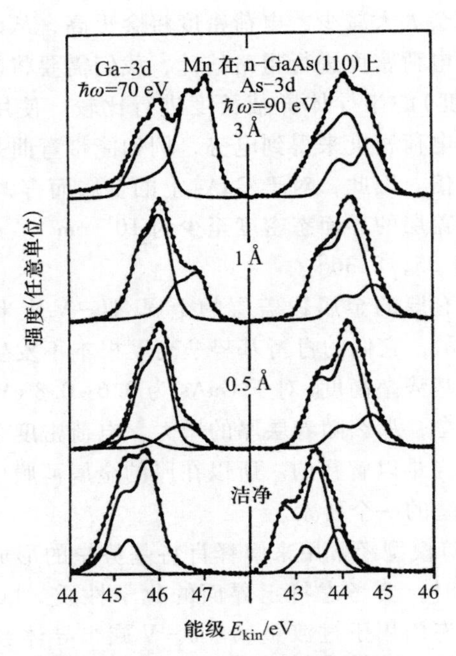

图 8.18　洁净的和沉积不同厚度的 Mn 薄膜(光子能量为 70 eV 和 90 eV)的 n-GaAs(110)的 Ga-3d 和 As-3d 核心层发射线的测量。在洁净表面的自旋轨道分裂组分 $d_{3/2}$ 和 $d_{5/2}$(较高的动能)视为具有高强度(卷积曲线中的实线)和其表面强度低(卷积)同行的散装线，Ga 和 As 分别转移到低的 E_{kin} 和更高的 E_{kin}。随着 Mn 覆盖的增加，转变和卫星结构出现，表面的贡献消失[8.39]

似乎是肖特基势垒形成的决定因素。

要更深层次地理解很多固体-固体的界面，界面间的相互扩散、强的化学作用以及新的金属化合物的形成是不能忽略的。基于此，Freeouf 和 Woodall [8.40，8.41] 发展了一个有趣的物理图像来预测在这些强的相互作用的金属-半导体结中出现的肖特基势垒高度。这可能是混合界面肖特基模型或有效功函数模型。模型基本上是用相匹配的功函数与电子亲和势作为讨论肖特基势垒高度(8.1 节)的出发点。金属沉积后，一个新的界面化合物形成，假设这个新的化合物的“化学”是决定半导体基底上的费米能级的主导因素。如果忽略表面缺陷的形成、半导体重构等，那么界面处的费米能级是由新的界面化合物的功函数 ϕ_{IC}决定，而不是金属(覆盖层)功函数和半导体基底的电子亲和势χ_{SC}。n 型半导体的肖特基势垒高度 ϕ_{SB}为

$$e\phi_{SB} = e\phi_{IC} - \chi_{SC} \tag{8.11}$$

此外，忽略其他因素对新界面态的影响，现在问题已经被界定不清的复合界面

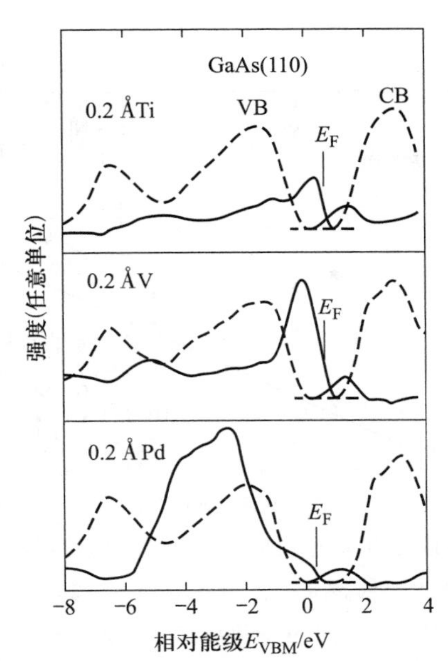

图 8.19　覆盖 0.2 Å 的 Ti、V 和 Pd 的 GaAs(110)面的光电发射谱(负能量低于 E_F)和逆光电发射谱(正能量高于 E_F)的不同。不同的曲线(实线)是从金属覆盖表面中的洁净表面获得的光电子能谱曲线。虚线是在洁净表面实验得到的[8.38]

的功函数 $e\phi_{IC}$重新列出。但至少已知其化学成分，可以计算或估计出 ϕ_{IC}的近似值。这样简单的模型受到一定的关注。有一特定类的金属-半导体结，假设在界面处形成的新的金属化合物是正确的。许多过渡金属和稀土元素(M)沉积到 Si 表面，形成硅化物 M_2Si、MSi 或 MSi_2。根据沉积条件，尤其是基底的温度，或多或少会形成厚的硅化物夹层或覆盖层，有时甚至形成结晶物质。例如在 Si 基底和金属覆盖层之间或在 Si 基底上分别形成 $CoSi_2$、$NiSi_2$、$FeSi_2$ 和 $CrSi_2$。混合界面肖特基模型的适用性似乎是合理的。因此，Freeouf[8.38]①用化学计量 MSi_4 模型化了硅化物/Si 界面上的有效的硅化物组成。这里假定认为是缓慢变化的界面层，而不是一个统一组成的宏观层。硅化物的功函数 $\phi_{silicide} = \phi_{IC}$由其组成部分的几何平均数近似

$$\phi_{silicide} \simeq (\phi_M \phi_{Si}^4)^{1/5} \tag{8.12}$$

χ_{Si}为 4.2 eV。基于这些粗略估计值，依赖理论的肖特基势垒高度 ϕ_{SB}计算得出界面的功函数 $\phi_{silicide}$(图 8.20)。各种实验技术测量[$I-V$、$C-V$ 特性(第 8 章附录 XIV)，光谱]的结果很好地显示两者之间的变化趋势。例如，通过改变χ_{Si}值或假设的硅化物的化学计量不同，简单移动理论曲线可以得出理论和实验结

① 原文似有误，应为[8.42]。——译者注

果是非常一致的。

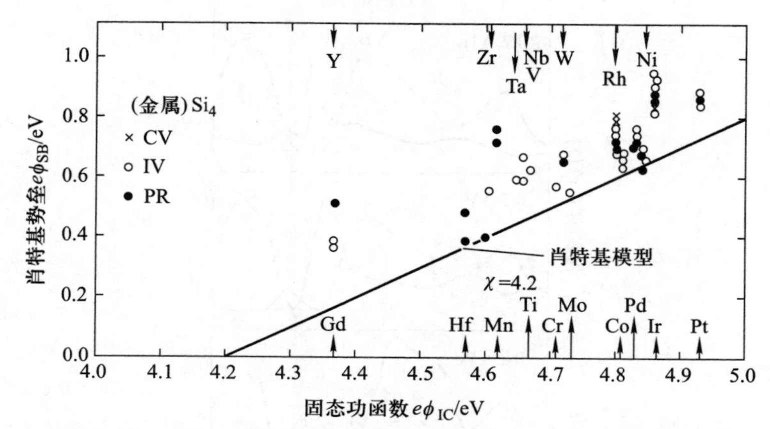

图 8.20　假设几种金属硅化物 MSi_4 组成派生的有效的功函数与肖特基势垒高度测量之间的比较。硅化物的功函数 $\phi_{silicide}=(\phi_M\phi_{Si}^4)^{1/5}$，其中，$\phi_M$ 是从以前的数据[8.42]得到的，$\phi_{Si}=4.76$ eV。用于获取势垒高度的实验数据是通过 $C-V$ 特性、$I-V$ 特性和光谱(PR)测量的[8.42]

这些类似的论点也可以应用到界面区域包含沉淀物或几种冶金相混合物的系统中。

总之，上述的几个模型可以用来解决非理想状态的金属-半导体异质结的肖特基势垒的形成问题。几个特别的例子说明缺陷、新的界面化合物等对肖特基势垒的影响是很重要的。除了 MIGS 的影响，这些必要的因素都包含在模型内了。界面处的电子特性的理论描述需要详细的几何结构、陡峭程度和金属化合物组成成分等信息。

8.5　金属-半导体结与半导体异质结构的应用

尽管我们不能完全明白原子量级肖特基势垒高度和半导体异质结构的能带不连续性，但是金属-半导体结和异质结构已经被广泛应用在基础科学和器件技术中。一些重要的应用将在下面的章节中讨论。

8.5.1　肖特基势垒

金属-半导体结的能带结构(图 8.1、图 8.21)可被视为半个 p-n 结。因此，当在金属和半导体之间加上电压，类似的整流特性将会出现。另外，耗尽层会建立在与金属电极相连的 n 型半导体上。这与在洁净的或是气体保护的表面(第 7 章)，由带负电的表面态引起的耗尽层相似。能带的曲率、势垒高度

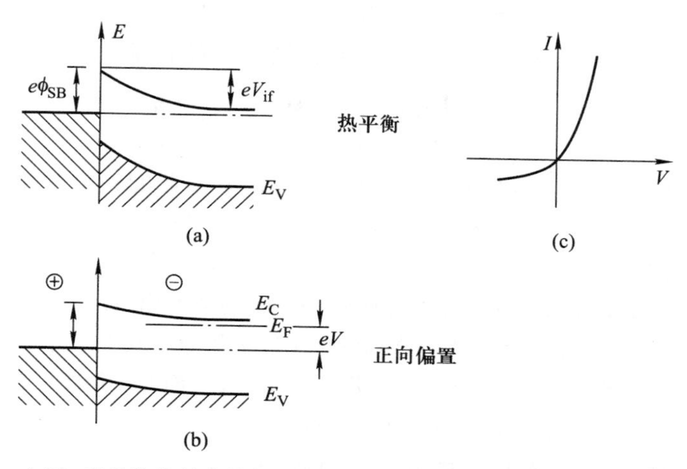

图 8.21 金属-半导体结的电性能：(a) 热平衡状态下金属-半导体结简单的能带结构，$e\phi_{SB}$为 n 型半导体肖特基势垒，eV_{if}为界面处的最大能带弯曲；(b) 正向偏置能带结构，在空间电荷区的费米能级 E_F 不能被定义(准费米能级)；(c) 金属-半导体结的电流-电压($I-V$)特性

ϕ_{SB}和半导体中的施主离子(电荷密度为 N_D)引起的正空间电荷是通过泊松方程(7.9)联系在一起的。在简单情况下，有能带弯曲的强消耗(肖特基空间电荷层，7.2 节)$|eV_s|\gg kT$，假设长方形的空间电荷密度为ρ(超空间电荷常数 d)，那么双整合的泊松方程(7.12)在界面处与最大的能带弯曲产生二次关联[式(7.14)]

$$V_{if}=\frac{eN_D}{2\epsilon\epsilon_0}d^2 \tag{8.13}$$

因此，耗尽层的厚度 d 随着掺杂深度 N_D 的增大而减小

$$d=\sqrt{\frac{2\epsilon\epsilon_0 V_{if}}{eN_D}} \tag{8.14}$$

相对于金属来说，外加电压 V 引起体半导体费米能级的移动。空间电荷层和原子尺寸的界面层会出现势能的下降(图 8.4)，然而，费米能级在半导体和金属中的深度是恒定的，但是存在差异的。这是因为半导体有相对高的电导率。因此，外加电压能够改变能带弯曲($V_{if}-V$)和耗尽层的厚度[式(8.14)]，变为

$$d=\sqrt{\frac{2\epsilon\epsilon_0(V_{if}-V)}{eN_D}} \tag{8.15}$$

这取决于外加势场、正空间电荷及金属与界面态的反电荷。总的空间电荷 Q_{sc} 和外加偏置的关系

$$Q_{sc} = eN_D d = [2e\epsilon\epsilon_0 N_D(V_{if} - V)]^{1/2} \tag{8.16}$$

通过区分，可以得到(肖特基)金属-半导体结的偏置电容 C_{sc}(单位面积)

$$C_{sc} = \left|\frac{dQ_{sc}}{dV}\right| = \sqrt{\frac{e\epsilon\epsilon_0 N_d}{2(V_{if} - V)}} = \frac{\epsilon\epsilon_0}{d} \tag{8.17}$$

考虑到偏置空间电荷[式(8.16)]，这是平行板电容器的一个简单公式。偏置电容的性质用在二极管装置称为变容二极管(可控条件：装有可控偏置电阻的装置)，它是金属-半导体结的一个非常重要的组成部分。

从电荷由金属流向半导体需要克服势垒 $e\phi_{SB}$ 的事实出发，可以很容易地理解金属-半导体结的整流行为。从半导体一侧流过来的电荷会“遇到”一个势垒。这一势垒会在外加势能 eV 的情况下，随着热平衡值 eV_{if} 而减小[图 8.21(b)]。

因为导带电子服从玻尔兹曼统计，能够隧穿势垒的电子数目依赖于势垒高度的指数。对 p-n 结[8.1]，电流-电压特性如下：

$$I(V) = I_0(e^{eV/kT} - 1) \tag{8.18}$$

饱和电流 I_0 的确定需要载流子输运的假设(扩散、热电子发射等[8.44])。详细的推导见附录 XIV(第 8 章)。需要强调的是，金属-半导体结的整流是单极器件，仅有一种载体类型。这是不同于 p-n 结二极管(双极器件)的，n 型金属半导体结中的电子是载流子，而在双极器件(p-n 结)中，电子和空穴都是载流子。

在许多金属薄膜和Ⅲ-Ⅴ族半导体组成的结中，特别是 GaAs，费米能级总是钉扎在中间能隙附近。因此，这类半导体与金属接触时，构成非整流、欧姆接触是不可能的。相反，人们不可避免的获得具有强烈的非线性 I-V 特性的肖特基势垒。因此，在半导体器件技术中，一般通过离子注入或外延生长方法，对表面高掺杂来构造准欧姆接触的方法(图 8.22)。在金属覆盖层沉积之前，

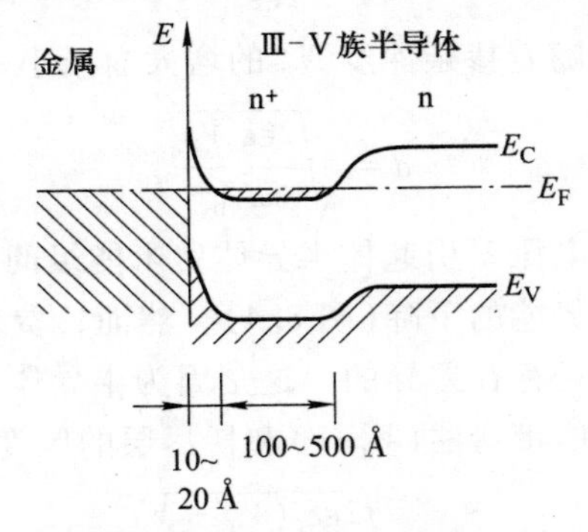

图 8.22　准欧姆金属-半导体接触的能带结构。Ⅲ-Ⅴ族半导体中厚度为 100~500 Å 的界面区域是高度掺杂的 n 型区域，这样的厚度约为 20 Å 的耗尽空间电荷是很容易被隧道击穿的

施主浓度 N_D 大于 $5\times10^{18}\,cm^{-3}$ 的高 n 型掺杂(n^+)层在 n 型基底上形成。这是由于费米能级在中间能隙附近，由于高掺杂，出现非常大的势垒。这时，耗尽层就需要变得非常薄[大约只有 10~20 Å，见式(8.14)]，势垒才会被隧穿。对于加正常的偏压，指数隧道特性 $I(V)$ 是近似线性的，结可以看作准欧姆接触的。

8.5.2 半导体异质结和调制掺杂

半导体异质结的重要性在于它可以给导带中的自由电子建立各种势能台阶甚至是连续可变的势能曲线等(图 8.23)，这可以通过控制外延生长来得到(MBE、MOMBE；2.4 节、2.5 节)。为了作基本的标记说明，图 8.24 所示为在热平衡下的窄禁带 n 型和宽禁带 p 型半导体的突变异质结。异质结随着空间变化 $\epsilon(\boldsymbol{r})$ 的广义泊松方程形式为

$$\nabla[\epsilon_0\epsilon(\boldsymbol{r})\boldsymbol{\varepsilon}(\boldsymbol{r})]=\rho(\boldsymbol{r}) \tag{8.19}$$

对于层状结构(一维)，公式简化为($\boldsymbol{\varepsilon}\parallel z$)

$$\epsilon_0\boldsymbol{\varepsilon}\frac{\mathrm{d}\epsilon}{\mathrm{d}z}+\epsilon_0\epsilon\frac{\mathrm{d}\boldsymbol{\varepsilon}}{\mathrm{d}z}=\rho(z) \tag{8.20}$$

用电势 $V(z)$ 代替电场，N_D 和 N_A 分别代替施主和受主的载流子浓度，上式可以写为

$$\frac{\mathrm{d}^2V}{\mathrm{d}z^2}=\frac{e}{\epsilon\epsilon_0}(N_D-n+p-N_A)-\frac{1}{\epsilon}\frac{\mathrm{d}\epsilon}{\mathrm{d}z}\frac{\mathrm{d}V}{\mathrm{d}z} \tag{8.21}$$

图 8.24 所示为突变异质结，在界面上的电置换 $\epsilon_0\epsilon\varepsilon_{if}$ 是连续的

$$\epsilon^{\mathrm{I}}\varepsilon_{if}^{\mathrm{I}}=\epsilon^{\mathrm{II}}\varepsilon_{if}^{\mathrm{II}} \tag{8.22}$$

$\epsilon(z)$ 从 ϵ^{I} 到 ϵ^{II} 的阶梯变化可以求解泊松方程(8.21)。在每一个半导体假设有肖特基耗尽层 $|V_{if}^{\mathrm{I}}|\gg kT$ 和 $|V_{if}^{\mathrm{II}}|\gg kT$。在半导体 I 和 II 平衡时，界面处总的内置电压 V_{if} 等于各个分内置电压 V_{if}^{I} 和 V_{if}^{II} 的和(图 8.24)

$$V_{if}=V_{if}^{\mathrm{I}}+V_{if}^{\mathrm{II}} \tag{8.23}$$

外加偏压引起材料 I 和 II 中费米能级的迁移，从而产生了两半导体空间电荷层的电压 V^{I} 和 V^{II} 的下降

$$V=V^{\mathrm{I}}+V^{\mathrm{II}} \tag{8.24}$$

对于式(8.22)，我们可以用类似 7.2 节的方式来求解泊松方程。两半导体产生的耗尽层的厚度分别记为 d_1 和 d_2

$$d_1=\left[\frac{2N_A^{\mathrm{II}}\epsilon^{\mathrm{I}}\epsilon^{\mathrm{II}}(V_{if}-V)}{eN_D^{\mathrm{I}}(\epsilon^{\mathrm{I}}N_D^{\mathrm{I}}+\epsilon^{\mathrm{II}}N_A^{\mathrm{II}})}\right]^{1/2} \tag{8.25a}$$

$$d_2=\left[\frac{2N_D^{\mathrm{II}}\epsilon^{\mathrm{I}}\epsilon^{\mathrm{II}}(V_{if}-V)}{eN_A^{\mathrm{II}}(\epsilon^{\mathrm{I}}N_D^{\mathrm{I}}+\epsilon^{\mathrm{II}}N_A^{\mathrm{II}})}\right]^{1/2} \tag{8.25b}$$

其中，N_D^{I} 和 N_A^{II} 分别为半导体Ⅰ和半导体Ⅱ的施主和受主载流子浓度。p-n 结界面处的电容为

$$C_{\mathrm{if}}=\left[\frac{eN_D^{\mathrm{I}}N_A^{\mathrm{II}}\epsilon^{\mathrm{I}}\epsilon^{\mathrm{II}}}{2(\epsilon^{\mathrm{I}}N_D^{\mathrm{I}}+\epsilon^{\mathrm{II}}N_A^{\mathrm{II}})(V_{\mathrm{if}}-V)}\right]^{1/2} \tag{8.26}$$

电压 V^{I} 和 V^{II} 被各自半导体的偏压[式(8.23)]代替，相应地会变为

$$\frac{V_{\mathrm{if}}^{\mathrm{I}}-V^{\mathrm{I}}}{V_{\mathrm{if}}^{\mathrm{II}}-V^{\mathrm{II}}}=\frac{N_A^{\mathrm{II}}\epsilon^{\mathrm{II}}}{N_D^{\mathrm{I}}\epsilon^{\mathrm{I}}} \tag{8.27}$$

反掺杂和同种掺杂的 n-n 或 p-p 结[8.44]的类似的公式可从该异质结公式中推导得到。

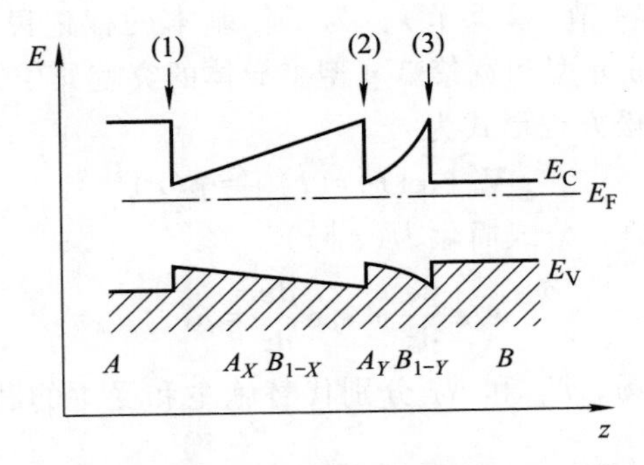

图 8.23　导带能带 E_C、价带能带 E_V、费米能级 E_F 与 z 轴的示意图，3 个半导体异质结(1)~(3)两个 n 型半导体 A 和 B。在外延生长时，通过控制修改 AB 的组分来调控深度 z，从而改变带隙

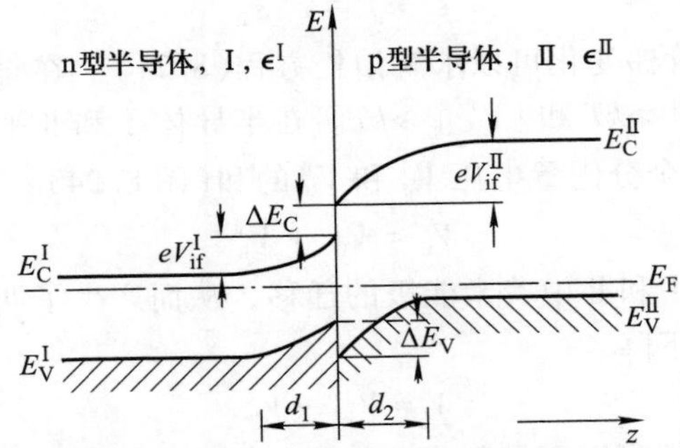

图 8.24　半导体异质结的能带结构；小带隙的 n 型半导体(介电函数 ϵ^{I})与大带隙的 p 型半导体Ⅱ接触并达到热平衡，这样的结称为 p-n 结。ΔE_C 和 ΔE_V 分别为导带和价带的能带偏移量。$V_{\mathrm{if}}^{\mathrm{I}}$ 和 $V_{\mathrm{if}}^{\mathrm{II}}$ 为两侧界面的内置电压

n 型掺杂很大程度上制约着宽禁带半导体，这将会得到奇异的新现象(图 8.25)。图 8.25(a) 中所示的半导体Ⅰ是宽带隙，且为高度 n 型掺杂。然而，

材料Ⅱ是窄带隙，为本征或少量的n型掺杂，块体的费米能级在半导体Ⅰ的导带能级之上，接近于半导体Ⅱ的中间能隙。此外，界面处的能带偏移量是固定的，与掺杂量无关。因此，总空间电荷的中性需要在半导体Ⅰ上有强的耗尽层，然后与相应的半导体Ⅱ上的(积累)负空间电荷平衡。自由电子来源于半导体Ⅰ，在半导体Ⅱ的窄的积累层上堆积。电离施主的杂质散射将会在空间上分离出高浓度的自由电子。

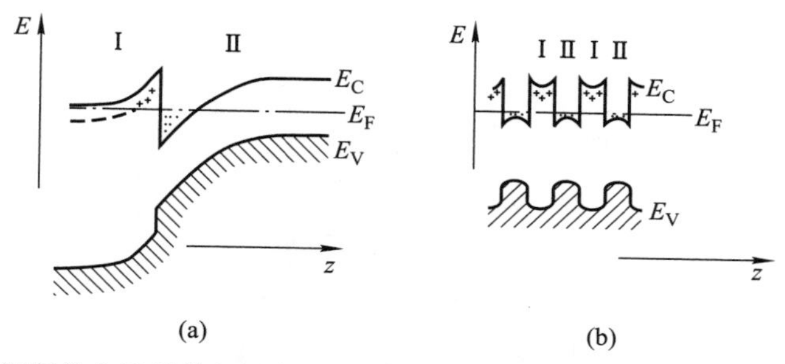

图 8.25 (a) 调制掺杂异质结包括高度n掺杂的宽带隙半导体Ⅰ和低度n掺杂(本征)的窄带隙半导体Ⅱ，这种结叫作n-n结；(b) 调制掺杂组分的超晶格材料的能带示意图，半导体Ⅰ的耗尽层是高度n掺杂，然而，半导体Ⅱ是低度n掺杂或是本征材料

在同种掺杂材料中，高掺杂会提高载流子浓度，但是相应地也会提高杂质散射，这又反过来限制载流子的改变。调制掺杂能克服高掺杂水平的这一不足之处(图 8.25)，它能够将施主中心从自由电子气中分离出来。在调制掺杂的 $Al_xGa_{1-x}As$/GaAs 结构中，电子的迁移如图 8.26 所示。如果在块体 GaAs 中，电子迁移率也是采用同样的方式，即由电离杂质散射(impurity scattering，IS)和极性光学(polar optical，PO)声子散射来决定，那么迁移率将会受到限制。在低温时(因为 IS)和较高温度时(因为 PO)，电子迁移率会降低；最大值将会出现在中间温度。掺杂浓度 N_D 为 $10^{17}\,cm^{-3}$时，在 150 K 附近的最大迁移率约为 $4\times10^3\,cm^2/(V\cdot s)$：$N_D$ 为 $4\times10^{13}\,cm^{-3}$，在 50 K 时，迁移率最大值为 $3\times10^5\,cm^2/(V\cdot s)$。然而，调制掺杂结构(阴影区)的实验结果显示，低温处的迁移率并没有减小，其值高达 $2\times10^6\,cm^2/(V\cdot s)$，远远超过杂质限制迁移率的情形。将一个未掺杂的 $Al_xGa_{1-x}As$ 放在高度掺杂的 AlGaAs 区和 GaAs 层之间，调制掺杂异质结迁移率有非常明显的提高(图 8.27)。这个隔离层的厚度通常选择在100 Å，按比例绘制施主浓度为 $1.5\times10^{18}\,cm^{-3}$的 $Al_{0.35}Ga_{0.65}As$/GaAs 截面的能带示意图，如图 8.27 所示。这种情况下，假设导带的不连续性为 0.3 eV。在 GaAs 累积层的自由电子限定在约 70 Å 的区域。在一个三角形势阱中，与 MOS 结构相似(7.6 节、7.9 节)。与此相对应的电子波函数沿常规的 AlGaAs/

GaAs 界面的 z 轴方向量子化(7.6 节)。即布洛赫波函数的波动性质，自由运动值发生在平行于界面的坐标上。因此，导带底部的累积层中的电子能量本征值，抛物线 $E_i(\boldsymbol{k}_{\parallel})$ 的波矢方向 $\boldsymbol{k}_{\parallel}$ 平行于界面(图 7.9)。然而，与第 7 章中描述的 MOS 结构相比，现在电子的流动性在更高的数量级(图 8.26)，这使得 AlGaAs/GaAs 异质结系统及类似的 InGaAs/InP 非常有助于研究二维电子气的性质(8.6 节)，例如量子霍尔效应(8.6 节)。

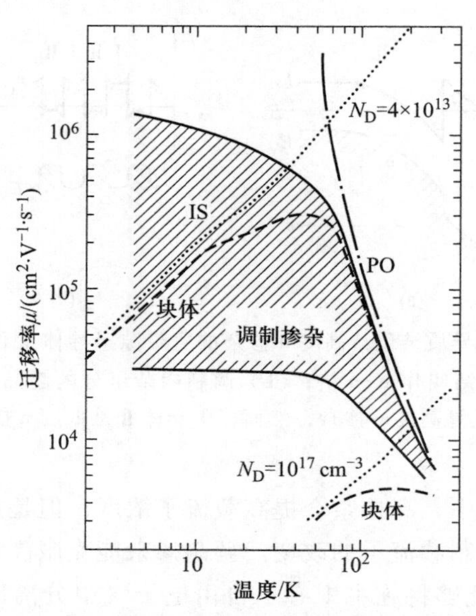

图 8.26 块体 GaAs 的电子迁移率随温度的变化关系，观察调制掺杂 AlGaAs/GaAs 结构(阴影区)的电子迁移率，所观察到的迁移率的变化取决于界面的质量和高度 n 型掺杂的 AlGaAs 和轻度掺杂的 GaAs 层之间未掺杂的 AlGaAs 层的厚度。由杂质散射(IS)和极性光学(PO)声子引起的理论迁移率已经给出能带结构[8.45]

类似的影响，特别是在超晶格组成的交替系统，半导体层(Ⅰ和Ⅱ)外延生长在另一个半导体上[图 8.25(b)]，半导体异质结界面[图 8.25(a)]的聚集层电子的流动性将会增强。具有较大带隙的材料Ⅰ(AlGaAs)是高度 n 型掺杂的，而具有窄带隙的材料Ⅱ则几乎是本征的。如图 8.25(b)所示，半导体Ⅰ中的施主“给予”它们电子，从而在材料Ⅱ中形成量子阱，因此，在Ⅰ中产生正的空间电荷(正能带弯曲)，在Ⅱ中产生负的空间电荷(负能带弯曲)。量子阱的尺寸在 100 Å 附近，量子化关系一般发生在界面处，同时，平行层将会有非常高的电子迁移率，如图 8.26 所示。对于单个的量子阱而言，能量本征值是一个三角形的势能，为一个离散抛物线(子能带)(图 7.9)。这里量子化的最小能量 ϵ_i 由于不同形状的势能阱(方形与三角形)而呈现不同。如果现在认为

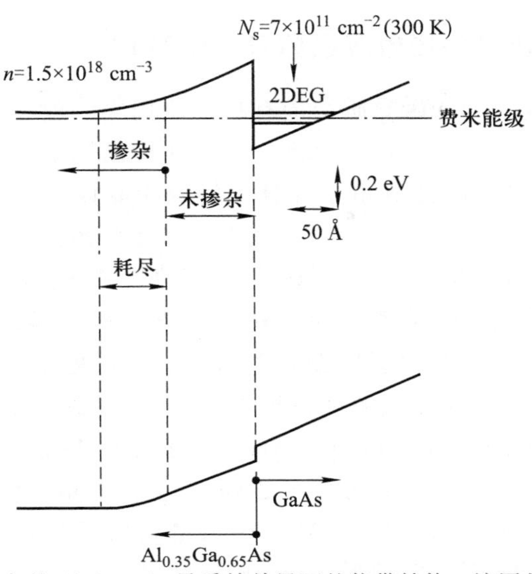

图 8.27 调制掺杂的 $Al_xGa_{1-x}As$ 异质结单界面的能带结构。该图是按比例绘制的：$Al_xGa_{1-x}As$ 的掺杂浓度为 $1.5\times10^{18}cm^{-3}$，AlAs 摩尔比为 0.35[8.45]

是一个多量子阱结构，如图 8.25(b)所示，在邻近的量子阱中的波函数会出现清楚的重叠和分裂的单量子能级，那么在周期性结构晶体的能带结构图将会是致密结合的。当然，这种分裂仅是量子阱充分接近另一个量子阱的情况，且有很小的交叠。AlGaAs/GaAs 的超晶格结构表现为离散子带 ϵ_i，它的交叠超过 100 Å(图 8.28)。对于较小的超晶格周期，离散能量 ϵ_i 将扩展到整个能带。

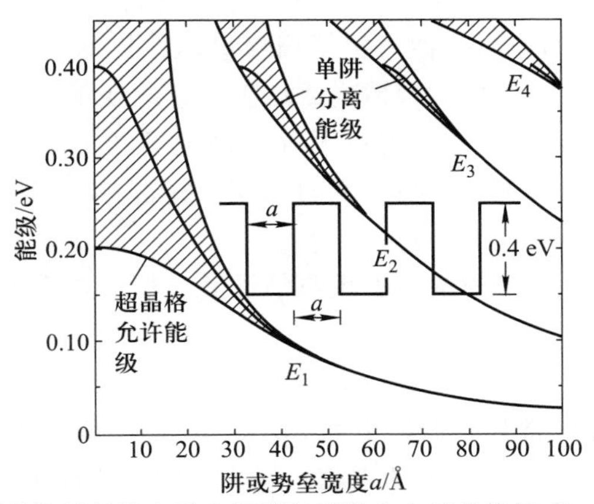

图 8.28 复合超晶格材料的电子在矩形量子阱中电子的能级 E_1，E_2，E_3，…(插图为导带能级)。有效质量的计算式为 $m^*=0.1m_0$。实线是相应的单个量子阱的宽度 d_z。当邻近的量子阱离得足够近时，超晶格内的量子阱引起波函数的重叠。能量水平扩大到能量带(阴影区)[8.46，8.47]

8.5.3 高电子迁移率场效应晶体管(HEMT)

调制掺杂 AlGaAs/GaAs 异质结最有趣的应用之一就是调制掺杂场效应晶体管(modulation doped field-effect transistor, MODFET),有时称为二维电子气场效应晶体管(TEGFET)或高电子迁移率场效应晶体管(high electron mobility transistor, HEMT)。在半绝缘 GaAs 基底上,采用外延生长法生长一层弱掺杂或是“未掺杂”的 GaAs 层,然后沉积一层宽带隙材料 $Al_xGa_{1-x}As$。第一个“未掺杂”的 20~100 Å 层作为隔离层,再沉积高掺杂的 n^+ 材料,此层将为 AlGaAs/GaAs 界面处(GaAs 内的聚集层)[图 8.29(a)]的二维电子气提供自由电子。在金属重叠层下面制备了电子气源极和漏极,它们深入到 n 型导电区,在界面处与二维电子气形成很好的欧姆接触。有时 n^+ 掺杂 GaAs 层也是作为接触层的。制备这些接触区可以采用离子注入或是 Ge 的原位扩散(沉积 AuGe 合金)等。相比之下,采用金属沉积法在 n-AlGaAs 层的自由区制备栅极电极(直径 ≤ 0.5 μm),在金属-半导体结中形成一个强的耗尽层。

热平衡下,与电极下面的面交叉垂直的能带如图 8.29(b)所示。具有高迁移率的二维电子气体包含拉-汲极电流。当施加一个正极汲极电压时,平行于 AlGaAs/GaAs 界面的能带如图 8.29(b)所示。根据原位势能,聚集层或多或少电子走空;费米能级的位置 E_F 的能带会随着电流通道发生变化。因此,晶体管的特性可能是因为施加栅极电压使栅极金属在未掺杂的 GaAs 层的费米能级增加[图 8.29(b)]。由于强烈的肖特基耗尽层正好在栅极金属的上面(AlGaAs 层中的施主已经清空,8.2 节),大部分的电压降发生在 AlGaAs 层,因此在栅电极和二维电子气之间建立了一个半绝缘层。肖特基势垒的作用与 SiO_2 层在 MOSFET(7.8 节)中的作用类似。根据栅极电压,界面处三角形势阱的能量将增加或减少,相应的聚集层将被清空或填满。这改变了二维电子气的载流子密度和改变拉-汲极电流。由于二维电子气的高电子迁移率,这种晶体管可以达到极短的开关时间。特别是,与标准的 FET,例如 MOSFET 相比,噪声得到了很好的抑制。

我们考虑了一个简单的模型去粗略估计其性能。栅极的长度为 L,栅极电容器的宽度为 W

$$C_g = \epsilon\epsilon_0 LW/d_{AlGaAs} \tag{8.28}$$

ϵ 和 d_{AlGaAs} 分别为介电常数和栅极下面 AlGaAs 层的厚度。C_g 定义为施加外部栅极电压 V_g 时在界面处二维通道的电流,它们之间有线性关系

$$C_g = \frac{dQ}{dV_g} \simeq \frac{en_sLW}{V_g - V_0} \tag{8.29}$$

其中,n_s 为二维载流子的密度,V_0 为外部栅极偏压消失时的内置电压。常规

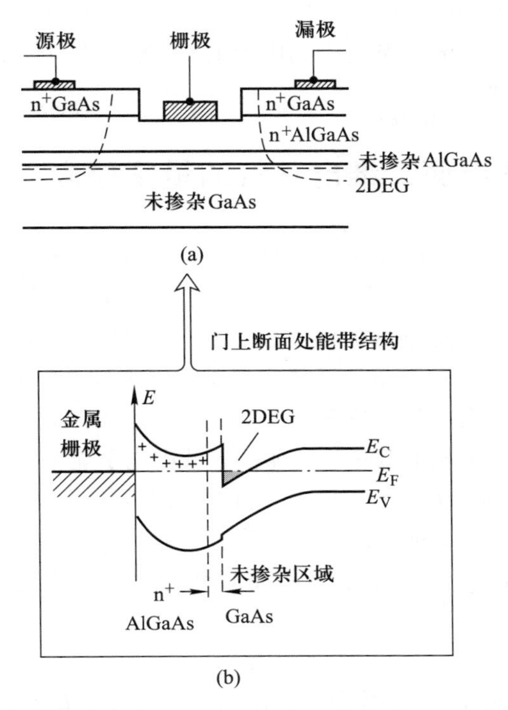

图 8.29 (a) 包含有调制掺杂的 $Al_xGa_{1-x}As/GaAs$ 结构的高电子迁移率场效应晶体管(HEMT)界面示意图，界面处有携带源极和漏极电流的 2DEG。源极和漏极的接触使其达到 2DEG 平面扩散。当通过化学刻蚀法制备好通道后，沉积栅极金属(Al)。(b) 沿栅极金属下 2DEG 的坐标垂直的能带结构。栅极电极是用来控制 2DEG 导电通道的，与 2DEG 是被肖特基金属-半导体结上面的耗尽层电气隔离的

的表现是：栅极长度足够短，源极电压非常高，几乎所有的电子都以饱和速度移动，而不依赖汲极电流，例如拉-汲极电流

$$I_{DS} \simeq n_s Wev_s \tag{8.30}$$

也就是，根据式(8.29)得到的与栅极电压呈近线性，该模型简化为

$$I_{DS} \simeq \frac{1}{L}C_g v_s(V_g - V_0) \tag{8.31}$$

描述 HEMT(或 FET)的一个重要参数是跨导

$$g_m = \left(\frac{\partial I_{DS}}{\partial V_g}\right)_{V_{DS}} \simeq C_g\frac{v_s}{L} = Wev_s\frac{dn_s}{dV_g} \tag{8.32}$$

根据式(8.32)，跨导和栅极电容器的定义，电子在栅极的传递时间 τ

$$\frac{1}{\tau} = \frac{v_s}{L} = \frac{g_m}{C_g} \tag{8.33}$$

栅极长度为 1 μm，饱和速度 v_s 约为 10^7 cm/s，开关时间约为 10 ps $=10^{-11}$ s 的 HEMT 已经得到。这使得 HEMT 可应用于微波领域，特别是栅极长度为 0.1 μm 的 HEMT 非常受欢迎。

8.6 在半导体界面二维电子气的量子效应

调制掺杂制备的半导体异质结中的二维电子气(2DEG)，除了在微电子方面的应用(HEMT：8.5.3 节)之外，也可能用于学习新的量子现象，其中电子波的性质非常强烈。在足够低的温度下，非弹性的声子散射(低温)和弹性杂质散射(调制掺杂)被抑制，电子迁移率非常高，因此使这种观察有可能进行。量子现象观察的一个先决条件是系统尺度内，尺寸相当的空间区域内的电子波函数是相位相干。相位相干意味着在那个区域内电子能量是一个常数。也就是说，在非弹性散射的情况下，波函数的相位改变。在足够低的温度下，AlGaAs/GaAs 界面处的 2DEG 的非弹性散射时间 τ_{inel} 比弹性散射时间 τ_{el}(弹性平均自由路径 l_{el})要长。因此，在各重要时间之间，电子迁移是扩散性的。决定性的长度，即相位相干长度

$$\ell_{\phi}=(D\tau_{\text{inel}})^{1/2} \tag{8.34}$$

D 为扩散常数(由弹性扩散过程决定：在二维系统中，$D=v_{\text{F}}\ell_{\text{el}}/2$)，可以达到几微米。目前，由于光刻技术手段的横向结构能够产生 100 nm 以内的横向尺寸。非弹性散射抑制的弹道传输和电子波函数的相位相干是可以直接研究的。

此外，当在 AlGaAs/GaAs(8.5.3 节)界面处的窄空间电荷层的垂直限域内(z 量子化)，可以得到电子波函数的横向隔离，这是一个特别有趣的现象。原则上，这可以通过横向压缩，安排在量子点接触(线和点)，或是通过施加垂直于二维电子气的强磁场来产生回旋轨道量子化(7.9 节)。

在 2DEG 产生量子点和量子点接触(quantum point contact，QPC)的横向限域，通过在调制半导体(AlGaAs/GaAs)异质结(图 8.30)的顶端沉积一层金属栅极连接，可以很容易得到。当栅极连接合适的负极偏压时，在连接处的上面将会形成一个耗尽层，n 型掺杂的 AlGaAs/GaAs 异质结的能带将会升高，GaAs 内的三角形量子阱的电子是空的。只有在宽度为 w 的一个空间维度内，2DEG 是持续存在的。现在 QPC 内的一个空间限域内，沿 z 轴限域的 2DEG 空间扩展，因为沿 x 轴的左右两侧是耗尽层，沿 y 轴是金属栅极在此方向的尺寸进行界定的。模型描述中，QPC 定义为一个有限长的通道，其中，电子被抛物线势能 $(1/2)m^*\omega_0^2x^2$ 横向限域在 x 轴方向[图 8.30(b)]。m^* 认为是电荷的有效质量，ω_0 取决于宽度 w 和掺杂，ω_0 可以通过空间-电荷理论进行计算。在这样一个抛物线限域的潜在的量子化能量本征值的谐振荡器中，得到了 QPC 中

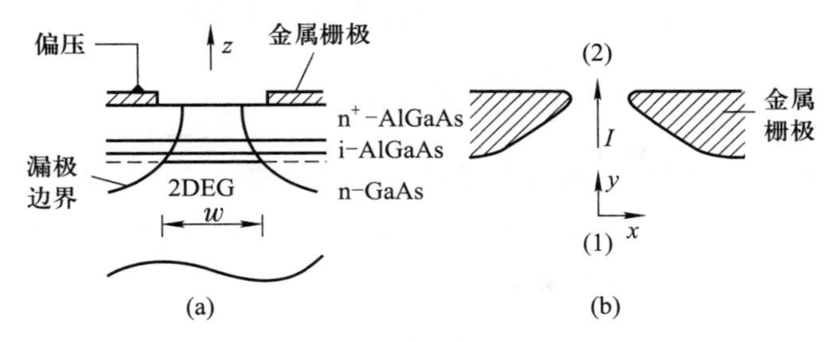

图 8.30 (a) AlGaAs/GaAs 异质结中顶部的分裂栅极的横截面图。在金属栅极下面的分裂金属栅极耗尽层 2DEG，加合适的负偏压约束 2DEG 在一个横向限制通道内（量子点接触：QPC）。(b) 裂解金属栅极的顶部：电流 I 通过窄的通道在 2DEG 上的两个接触点(1)和(2)间流动

电子态的散射方式

$$E_n(k_y) = \left(n + \frac{1}{2}\right)\hbar\omega_0 + \frac{\hbar^2 k_y^2}{2m^*} + eV_0 \tag{8.35}$$

其中，eV_0 为栅极施加外偏压时通道内的静电能，k_y 为沿着通过波矢的方向。2DEG 沿着 x 轴的空间限制，引入不同的子能带（与磁场 B 类似，7.9 节），它在 k_y 方向是抛物线，波矢沿着电流 I 通过接触点。当外部电压 V 加在接点(1)和接点(2)来诱导电流通过接触点[图 8.30(b)]时，接触点两边持有的化学势（费米能级）μ_1 和 μ_2 是不同的，它们的关系为

$$eV = \mu_1 - \mu_2 \tag{8.36}$$

根据分裂栅极的外偏压，数量较大或较小的子能带占据了 QPC，静电能 V_0 会随着发生变化（图 8.31）。为了计算电流 I 和电导 I/V，我们假定所有具有正的速率 $v_y = 1/\hbar(\mathrm{d}E_n/\mathrm{d}k_y)$ 的电子态占据 μ_2，所有具有负 v_y 的电子态占据 μ_1。并

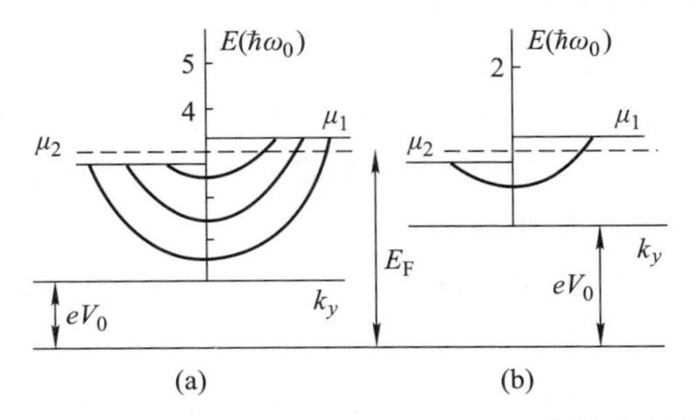

图 8.31 在不同栅极电压下，分裂栅极之间在 2DEG 通道被占据的电子态，也就是，不同宽度的 QPC。体费米能级 E_F 被均衡的电子态占据。通过 QPC 的电流是由图 8.30(b) 中的接点(1)和(2)的化学势（费米能级）μ_1 和 μ_2 来决定的

假定在 QPC 中没有反射发生，接触不同化学势得到的电流

$$I = \sum_{n=1}^{n_c} \int_{\mu_2}^{\mu_1} eD_n^{(1)}(E) v_n(E) \mathrm{d}E \tag{8.37}$$

其中，n 为子能带的数目(n_c 标记最高占据的子能带)，$D_n^{(1)}(E)$ 为一维子能带 n 的态密度，$v_n(E)$ 为在第 n 个子能带上的电子速度。对于一维的能量抛物线 $E=\hbar^2 k_y^2/2m^*$，态密度(包括自旋简并)为

$$D_n^{(1)} = \frac{1}{\pi}\left(\frac{\mathrm{d}E_n}{\mathrm{d}k_y}\right)^{-1} \tag{8.38}$$

子带的电子速度为

$$v_n = \frac{1}{\hbar}\frac{\mathrm{d}E_n}{\mathrm{d}k_y} \tag{8.39}$$

通过 QPC 的电流[式(8.37)]，可以得到

$$I = \sum_{n=1}^{n_c} \frac{2e}{h}(\mu_1 - \mu_2) \tag{8.40}$$

对于电导，根据式(8.36)

$$G_{\mathrm{QPC}} = \frac{I}{V} = \sum_{n=1}^{n_c} \frac{2e^2}{h} \tag{8.41}$$

根据式(8.41)，这样一个 QPC 的电导逐步增大到量子电导($2e^2/h$)达到最大值，最大值是由一维子能带占有的最高数目 n_c 决定的。由于在 x 方向的量子化的子能带，子能带的数目等同于狭缝宽度 w 内的电子波函数的半波长的数目。对于给定的电子能量，例如，E_F 随着 QPC(栅极下的耗尽层)的宽度 w 的变化而变化，也就是 QPC 的电导随着负栅极电压的降低而逐步升高。van Wees 等[8.48]在 AlGaAs/GaAs(图 8.32)异质结的 2DEG 上制备 QPC，并已经通过实验观测到 QPC 电导的量子效应。

弹性状态下的传输，非弹性电子散射被强烈抑制，在 2DEG 中，这些 QPC 可以用来产生热电子。图 8.33(a)所示的栅极形图和图 8.30(a)所示的足够负的偏压，使在 A 点的电子波函数产生强大的原位压缩(QPC)，而在 B 点的电子波函数在 x 方向上可以扩展到较大的距离。相应地，潜在抛物线 $E(x)$ 在 A 点是陡峭的，在 B 点则是平缓的。因此，量子化子能带(编号 $n=1$，2，…)在 B 点是相当接近[图 8.33(b)]的。2DEG 在 y 方向的弹性电流，在子带 $n=2$ 内的电子从 A 移动到 B，其潜在的能量会大大改变，因为在弹道传输的情况下，量子数 n 是保留下来的。此外，是指由于缺乏非弹性散射过程意味着总能量是被保留下来的，从 A 到 B 的传输与得到动能相连；电子作为热电子，离开 QPC(A 点)到达区域 B。这种类型的电子传输称为绝热传输。

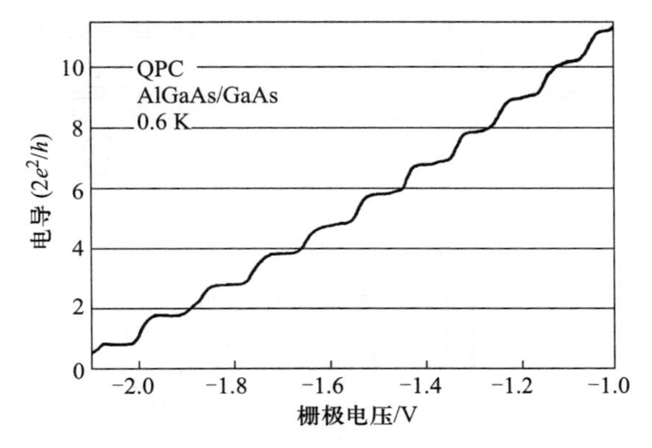

图 8.32　在 0.6 K 下，一个量子点接触(QPC)量子化电导，在 AlGaAs/GaAs 界面(2DEG)上制备的。电导是在一个恒定的串联电阻为 400 Ω 的电阻测量后加减获得的[8.48]

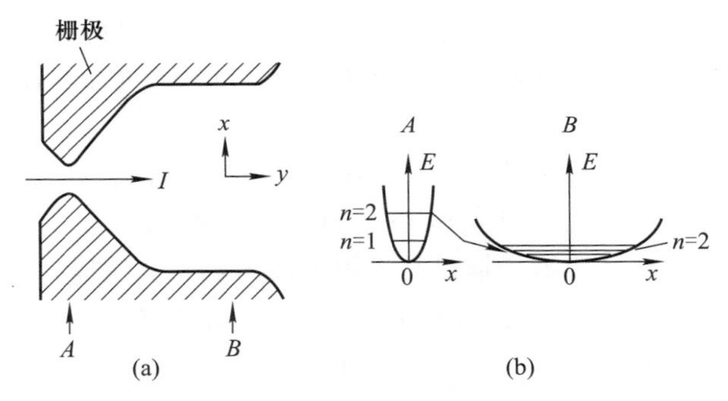

图 8.33　(a) 研究 2DEG 中电子的绝热、弹道传输时分裂栅极的俯视图；(b) 在 2DEG 中 A 点和 B 点处低于分裂栅极的潜在抛物线，还表明了量子化的能量水平，$n=1$，2，…

对于横向收缩而言，类似的效果发生，即 2DEG 平面强磁场引起垂直。因此这可以引入进一步量子化。这已经讨论了，与在 MOS 结构下狭窄反型层中的 2DEG 有关。在图 8.34(a)所示的模型中，与左(长源)和右(R 漏或接收器)的理想的接触，我们考虑一个简单的几何图。在电流荷载的条纹(沿 y)的整个宽度上，强磁场 B 与 2DEG 是垂直的。各种尖锐的朗道能级[在图 8.35(a)中，编号为 $n=1$，2，3，…]对应两个金属触点电子回旋加速器的轨道的经典封闭是非常接近的。在 y_1 和 y_2 边缘，封闭的回旋轨道都不再可能。电子散射将在边界发生[图 8.35(a)]，这使电子波函数的曲率变大，即跳跃轨道。这反过来又增大能量本征值和由此引起朗道能级在边缘 y_1 和 y_2 向上弯曲($n=1$，2，3，…)[图 8.35(a)]。边缘处的朗道能级与费米能级 E_F 交叉，从而形成边缘通道，为每一个被占据的朗道能级，电子可以从一接触到其他两个(左，右)

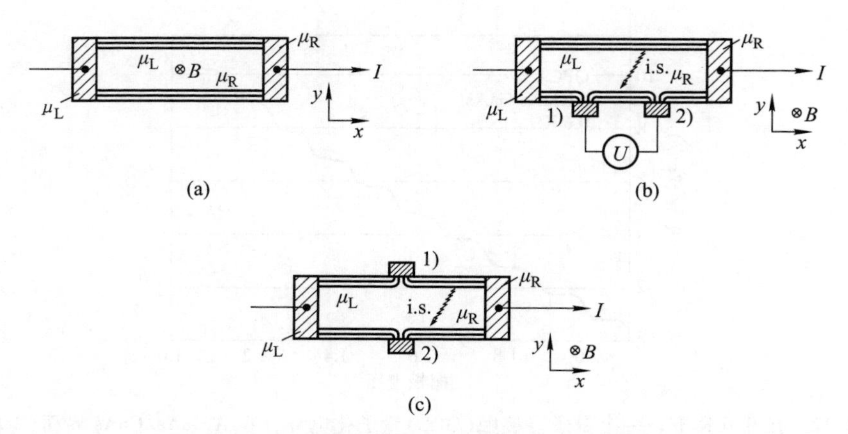

图 8.34 (a) 正交于 2DEG 的强的磁场 B 引起的边缘通道的弹性电子流。忽略左(L)和右(R)边缘通道的非弹性散射化学势 μ_L 和 μ_R 是理想的左、右接触的非弹性散射。(b) 在一个强的磁场 B 中，舒布尼科夫-德哈斯振荡测量中两个额外的触点间的 2DEG 边缘通道电导。左、右通道的非弹性散射(i.s.)引起接触(1)和接触(2)之间有限的电压降。(c) 测量量子霍尔效应时，2DEG 中存在的两个触点(1)和(2)的边缘通道电导

[图 8.34(a)]。电子传输只发生在 E_F 附近的电子态内。在此处的强磁场中，跳跃轨道不允许向后散射。即使是掺杂引起的散射也只有在前进方向导致传输。因此，在宏观样品边缘传输没有表现出电阻现象。所以，左边缘通道的化学势 μ_L 是左边接触，而向后路径(右)的化学势 μ_R 是右边接触[图 8.34(a)]。如式(8.37)，总弹性电流是左、右不同的化学势，及每个被占据的通道贡献的总和

$$I_n = ev_n D_n^{(1)}(\mu_R - \mu_L) \tag{8.42}$$

$D_n^{(1)} = (2\pi)^{-1}(\mathrm{d}E_n/\mathrm{d}k_x)^{-1}$是一维子带 n 的态密度。因此，在能带中的电子速率为 $v_n = \hbar^{-1}(\mathrm{d}E_n/\mathrm{d}k_x)$，每个能带的输运电流为

$$I_n = \frac{e}{h}(\mu_R - \mu_L) \tag{8.43}$$

图 8.34(b)所示的串联放置在边缘通道的两个触点是用来测量舒布尼科夫-德哈斯(Shubnikov-de Haas)振荡(7.9 节)的。由于沿边缘通道没有电压降，只要边缘通道之间的被占据的朗道能级很好地被费米能级 E_F 分离开来[图 8.35(b)]，那么阻抗为零。然而，当磁场 B 增强时[图 8.35(c)]，朗道能级分裂增加，最高占据能级接近 E_F。因此，边缘通道之间的最终电子态的费米能级和左、右通道有可能发生非弹性散射。在这种情况下，电子有可能从左散射到右[图 8.34(b)]，在这个过程中能量转移，从而导致一系列的两个触点之间的有限电阻 ρ_{xx}。每次朗道能级跨越费米能级的可以通过 ρ_{xx} 观察[图 8.36(b)]到。

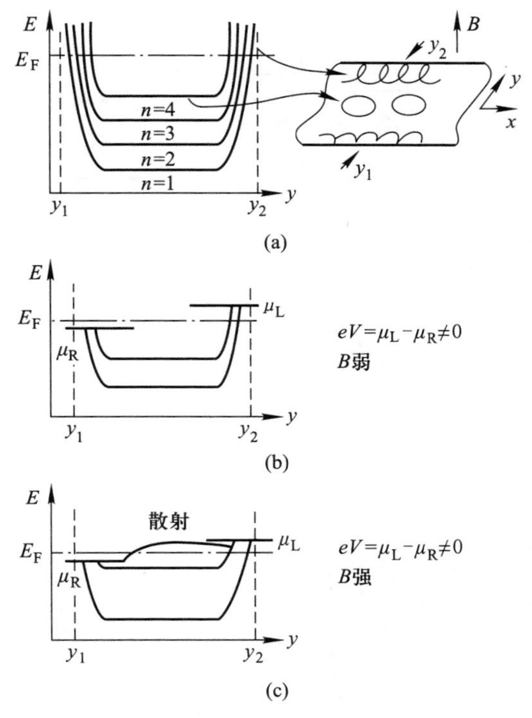

图 8.35 在 2DEG 中，存在一个强的磁场 B 边缘通道的解释：(a) 强磁场 B 与 2DEG 面正交，在电子回旋加速器轨道附近引起朗道能级量子化($n=1, 2, 3, \cdots$)，两个边界 y_1 和 y_2 的轨道是不可能封闭的，朗道能级转移到更高的能量，当其穿过费米能级 E_F 时，从而形成边缘通道。(b) 左、右通道的化学势 μ_R 和 μ_L 的电流(图 8.34)是不同的，它们的不同直接与整个接触电压降相关。(c) 增强磁场 B，朗道分裂的能级提高，最高的占有能级接近费米能级。E_F 附近的非弹性散射电子态进入，从而使左、右边缘通道接触

对量子霍尔效应可以进行一个类似的解释，von Klitzing(1985 年诺贝尔物理学奖得主)检测到这种现象[8.51]。电压探头连接在 2DEG 两侧[图 8.34(c)]来测量电化学势的差，即左、右边缘通道之间的霍尔电阻。由式(8.36)和式(8.43)，每条边缘通道对霍尔电阻的贡献是以 e^2/h 为单位的。随着磁场 B 的增强，朗道能级跨越费米能级，阻力增大。这基本解释了在量子霍尔效应测量中随着磁场增强霍尔电阻逐步增大的现象[图 8.36(a)]。

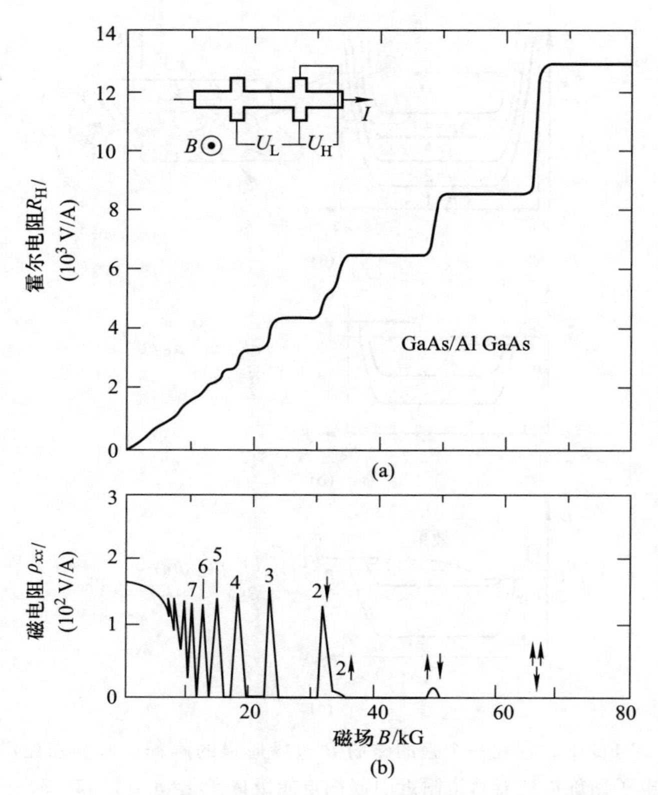

图 8.36 (a) 一个调制掺杂 AlGaAs/GaAs 异质结 2DEG，4 K 时的量子霍尔效应测量；二维电子密度为 $4\times10^{11}\,\text{cm}^{-2}$，电子迁移率 $\mu=8.6\times10^{4}\,\text{cm}^{-2}/(\text{V}\cdot\text{s})$。霍尔电阻[如图(b)插图所示] $R_H=U_H/I$ 是磁场 B 的函数。(b) 舒布尼科夫-德哈斯磁电阻 ρ_{xx} 通过 U_L/I 给出，是磁场 B 的函数，如插图所示，在每个最大的数字表示子带穿过费米能级，磁场 B 的箭头代表相应的自旋方向[8.49]

附录XIV　肖特基势垒高度与能带迁移的电子学测量

金属-半导体结的肖特基势垒和两种半导体之间的能带补偿形成了内部的势垒，从而阻碍了这些界面上载流子的输运。因此，电输运的测量能够直接地给出这些势垒的相关信息。这需要厚的金属层或者半导体层，并且在这些层上能够形成电接触。一个主要的优点就是这样的测试能够在外界环境中进行。三层状的结构先在超高真空条件下制备，然后从超高真空腔移到大气环境中。

通常，最直接的测试方法是测试电流-电压($I-V$)特征，这样就能够得到金属覆盖层和半导体基底之间的肖特基接触势垒的大小(图 8.2、图 8.4)。从原理上看，通过肖特基接触电子对于电流的贡献能够隧穿势垒(如果它充分薄)或者通过电子的热运动(热离子的激发)能更有效地克服势垒。对于具有低的电子迁移率的半导体，这一简单的热离子激发理论需加以修正，这需要考虑扩散过程[XIV.1，XIV.2]。在最简单的近似中，从金属流向半导体的热离子的电流密度可以通过 z 方向(垂直于界面)计算得到

$$j_z^{m/s} = \int_{E_{F+e\phi_B}}^{\infty} ev_z D_C(E) f(E) \mathrm{d}E \tag{XIV.1}$$

其中，v_z 为沿半导体导带中自由电子 z 方向的速度因子，$D_C(E)$ 为导带态密度，$f(E)$(玻尔兹曼)为分布函数[XIV.3]。由于在导带中 E_C 以上的一个电子能 E 是运动能，它遵循以下方程：

$$E - E_C = \frac{1}{2}m^* v^2, \qquad \mathrm{d}E = m^* v\mathrm{d}v \tag{XIV.2}$$

其中，m^* 为电子的有效质量。利用电子态密度的平方根关系[$D_C \propto (E-E_C)^{1/2}$]和

$$v^2 = v_x^2 + v_y^2 + v_z^2, \qquad 4\pi v^2 \mathrm{d}v = \mathrm{d}v_x \mathrm{d}v_y \mathrm{d}v_z \tag{XIV.3}$$

得到

$$\begin{aligned} j_z^{m/s} &= 2e\left(\frac{m^*}{h}\right)^3 \exp\left(\frac{-e(E_C - E_F)}{kT}\right) \int_{v_{0z}}^{\infty} v_z \exp\left(\frac{-m^* v_z^2}{2kT}\right) \mathrm{d}v_z \times \\ &\int_{-\infty}^{\infty} \exp\left(\frac{-m^* v_x^2}{2kT}\right) \mathrm{d}v_x \int_{-\infty}^{\infty} \exp\left(\frac{-m^* v_y^2}{2kT}\right) \mathrm{d}v_y \\ &= \left(\frac{4\pi e m^*}{h^3}\right) k^2 T^2 \exp\left(\frac{-e(E_C - E_F)}{kT}\right) \exp\left(\frac{-m^* v_{0z}^2}{2kT}\right) \end{aligned} \tag{XIV.4}$$

其中，v_{0z}为克服势垒的最小速率(z 方向上)。当施加额外的电压时，v_{0z}可以通过下面的方程给出：

$$\frac{1}{2}m^* v_{0z}^2 = e(V_{if} - V) \qquad (XIV.5)$$

eV_{if}为界面上的能带弯曲（在零偏压下）。势垒大小通过以下公式给出：

$$e\phi_B = eV_{if} + E_C - E_F \qquad (XIV.6)$$

热离子电流密度通过下面的公式获得：

$$j_z^{m/s} = A^* T^2 \exp\left(\frac{-e\phi_B}{kT}\right) \exp\left(\frac{eV}{kT}\right) \qquad (XIV.7)$$

其中

$$A^* = 4\pi e m^* k^2/h^3 \qquad (XIV.8)$$

为有效 Richardson 常数。对于自由电子（$m^* = m_0$），A^* 等于 120 A/(cm^2 · K^2)。

总电流密度通过由 $j_z^{m/s}$ 组成的界面从金属进入半导体，而总电流密度也可以通过 $j_z^{m/s}$ 的贡献从半导体进入金属。后者不随外偏压变化，它等于热平衡状态下（$V=0$）从半导体进入金属的电流密度[式（XIV.7）]，例如

$$j_z^{s/m} = -A^* T^2 \exp(-e\phi_B/kT) \qquad (XIV.9)$$

所以，总热离子电流随外压 V 的变化可以通过式（XIV.7）和式（XIV.9）得到

$$j_z = j_s[\exp(eV/kT) - 1] \qquad (XIV.10a)$$

其中

$$j_s = A^* T^2 \exp(-e\phi_B/kT) \qquad (XIV.10b)$$

作为饱和电流。另一个改进的理论：热离子发射-弥散理论，在半导体的耗尽层中，这一理论也将电子碰撞考虑在内[XIV.4]。这一理论导致了通过界面的电流密度的相同的表达式（XIV.10a），但是饱和电流

$$j_s = A^{**} T^2 \exp(-e\phi_B/kT) \qquad (XIV.11a)$$

表达式中包含了 Richardson 常数

$$A^{**} = f_p f_Q \frac{A^*}{1 + f_p f_Q v_R/v_D} \qquad (XIV.11b)$$

f_p 为从半导体流向金属的电子发射所能达到的最大值（不包括电子-光-声子的背散射）。f_Q 为总电流流动率（包括隧穿和量子机制的反射）和忽略这些效应的电流流动的比值。v_R 和 v_D 分别为重组速率和与热离子发射有关的有效分散速率。

通过式（XIV.10a）、式（XIV.10b）和式（XIV.11a）、式（XIV.11b）可以明显看出，当取对数将应用的正向偏压外推到零时，前面通过肖特基势垒的电流密度 j_s[式（XIV.11a）]存在截距。因此，如图XIV.1 所示，势垒的大小可以通过 $\ln j_z$ 和外加正向偏压作曲线获得。为了便于实际的应用，人们通常将与式（XIV.10a）、式（XIV.10b）所描述的理想行为的偏差包括在理想状态因子 n 中，同时写成替代式（XIV.10a）的一种推测的表达式

$$j_z = j_s[\exp(eV/nkT) - 1] \tag{XIV.12}$$

理想状态因子

$$n = \frac{2}{kT}\frac{\partial V}{\partial(\ln j_z)} = \left(1 + \frac{\partial \Delta\phi}{\partial V} + \frac{kT}{e}\frac{\partial(\ln A^{**})}{\partial V}\right)^{-1} \tag{XIV.13}$$

其中，$\partial\Delta\phi/\partial V$ 考虑了由于表象力和应用电场所导致的电压随能带修正值 $\Delta\phi$ 的变化[XIV.5]。另外，在界面态上，隧穿效应对电流和电子重组或者湮灭的贡献将导致 n 中的偏差。理想状态因子 n 同样能够通过 $\ln j_z$ 对 V 的直线的斜率获得(图XIV.1)。势垒 ϕ_B 的大小的可靠值只能在理想状态因子 n 趋近于1的情况下，通过分析而获得。图XIV.2所示为以金属W与Si和GaAs接触测得的两组 I–V 曲线。

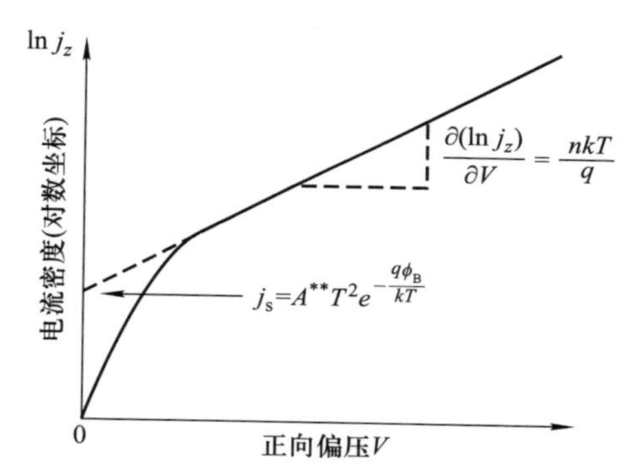

图XIV.1 金属-半导体接触的正向电流密度与应用的电压的对数关系(定性的)。外推到零电压可以获得饱和电流密度 j_s，而斜率 $\partial(\ln j_z)/\partial V$ 可以决定理想状态因子 n

与上面提到的方法类似，测得的 I–V 特征能够用来获得半导体异质结的导带或者价带补偿值。对于单一的异质结，这种分析更加复杂[XIV.7]。这是因为热离子激发的有效的势垒值依赖于能带的不连续性和界面两侧的能带弯曲(图8.22)。对于半导体双异质结，能带的不连续性 ΔE_C 或者 ΔE_C 的确定就变得相对直接。这种异质结的宽带隙材料被两种窄带隙层包裹。例如，在两层p型GaAs中生长出一层AlGaAs(厚度在50~100 Å之间)，这样形成了正方形的空穴输运的势垒[图XIV.3(a)]。图XIV.3所示为该异质结的实验结果[XIV.8]。鉴于该层的厚度，隧穿效应可以忽略。对于足够小的偏压(能带弯曲和势垒弯曲可忽略)，零偏压时，流经势垒的电流密度能够通过式(XIV.11a)获得。空穴输运的势垒大小 ϕ_B 就简单地看作价带不连续性。所以，通过电流密度的热激活能的测试(电流和温度的函数)就能够得到 ϕ_B。这种方法在不同的偏压下获得的结果列在图XIV.3(c)中。激活能随外加电压的变化是势垒随偏压变形所导致的。在零偏压下，对于包含38% Al和62% Ga的AlGaAs层，能

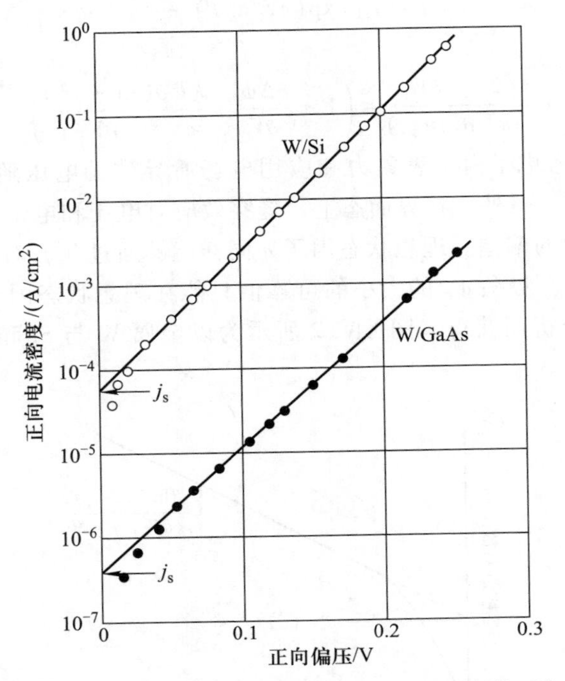

图XⅣ.2　当 W/Si 和 W/GaAs 接触时，所测得的正向电流密度和所加电压的关系[XⅣ.6]

够得到其价带的补偿值为 0.19 eV。

第二种确定肖特基势垒高度和能带补偿值的方法是电容-电压(C-V)技术。在肖特基接触或者半导体异质结界面上的空间电荷层产生随偏压变化的空间电荷电容 C_{sc}，也就是空间电荷区域存在一个有效的复杂阻抗 $R+(\mathrm{i}\omega C_{sc})^{-1}$。其中的欧姆部分 R 和电容 C_{sc} 能够通过附加在直流偏压上的频率为 ω 的交流电压确定。固定频率 ω，可以将 R 和 C_{sc} 分开来对待。根据式(8.23)，肖特基势垒上的耗尽层的电容为

$$C_{sc}=A\sqrt{\frac{e\epsilon\epsilon_0 N_D}{2(V_{if}-V)}} \qquad (\text{XⅣ}.14)$$

其中，A 为接触面积，N_D 为半导体中的受主密度，V_{if} 为能带弯曲，V 为外偏压。因此，能带弯曲 V_{if} 能够通过 $1/C_{sc}^2$ 和反向偏压 V 的函数关系得到(如图XⅣ.4 所示)。可以得到斜率为

$$\frac{\mathrm{d}}{\mathrm{d}V}C_{sc}^{-2}=\left(\frac{1}{2}\epsilon\epsilon_0 eN_D A^2\right)^{-1} \qquad (\text{XⅣ}.15)$$

的直线。通过该直线的截距可以得到能带弯曲值(如图XⅣ.4 所示)。对于 n

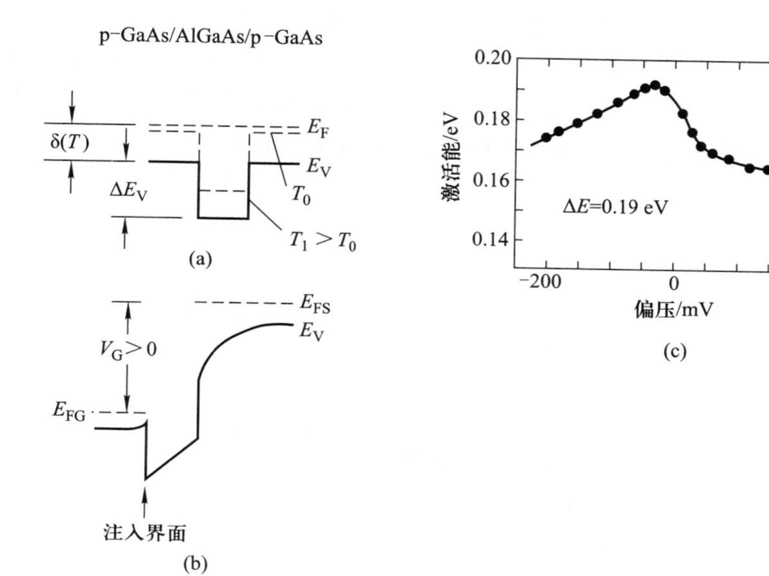

图XIV.3 双异质结的 p-GaAs/AlGaAs/p-GaAs 空穴的热离子发射：(a) GaAs/AlGaAs/GaAs 双异质结在两种温度 T_0 和 $T_1(T_1>T_0)$下的价带边；(b) 外偏压下的较低势垒(a)(T_1，实线)的定性能带结构图，E_{FG}和 E_{FS}为准费米能级；(c) AlGaAs 层能量势垒的发射电流的激活能随外偏压的变化，在零电压下，由两层 GaAs 包裹的 $Al_{0.38}Ga_{0.62}As$ 层形成的异质结的激活能与价带的不连续性相对应[XIV.8]

型半导体，肖特基势垒可以通过下式给出(图 8.2)：

$$\phi_B = eV_{if} + (E_C - E_F) - e\Delta\phi \qquad (XIV.16)$$

其中，E_C-E_F 为体半导体中的导带最小值与费米能级的差值，$\Delta\phi$ 为表象力修正系数[XIV.5]。E_C-E_F 可以直接利用掺杂能级的导电电子的有效质量计算得到。当利用电容-电压的方法得到肖特基势垒的大小时，必须考虑一些可能的误差来源：金属覆盖层和半导体之间的绝缘的界面可能会影响总的电容；而且在上面简单的描述中[式(XIV.14)]，界面态并未考虑进去，随着外偏压的变化，这将导致充放电的产生。

电容-电压测试方法也能够用来确定半导体异质结中能带的不连续性。根据图 8.22，界面上的总的内建势(分散势)与导带补偿值是相关的，如下式所示：

$$(E_C^{\text{II}} - E_F) - (E_C^{\text{I}} - E_F) = \Delta E_C + eV_{if} \qquad (XIV.17)$$

如果要确定 ΔE，我们需要知道总的内建势 V_{if}和费米能级(与两种半导体中的导带边 E_C^{I} 和 E_C^{II} 相关)。E_C^{I} 和($E_C^{\text{II}}-E_F$)的值可以由体掺杂能级、有效质量和温度直接给出[XIV.5]。另一方面，总的内建势 V_{if} 以通过式(8.23)得到，也即 $1/C_{if}^2$ 和 V 所绘直线的截距(如图XIV.4所示)。其他类型的异质结的分析可能会更加复杂。而且，在 $C-V$ 方法中，由于半导体Ⅰ和Ⅱ中的非欧姆接触、界面缺陷、体陷阱及非标准掺杂的存在，会产生严重的错误。

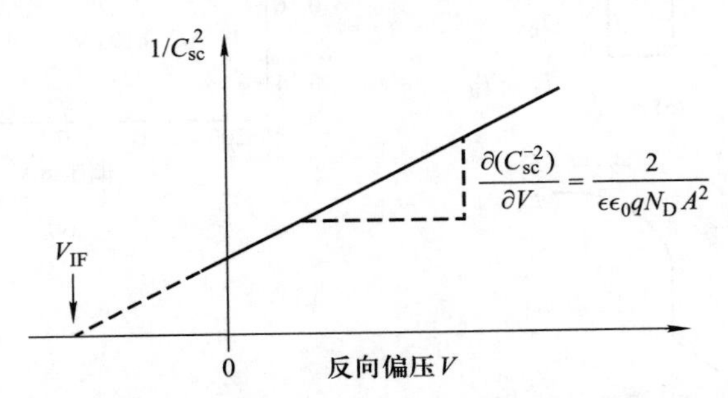

图XIV.4　一种金属-半导体结的电容-电压($C-V$)测试。理想接触条件下的 $1/C^2$ 对 V 的绘图，电压截距 V_{if} 等于界面上空间电荷区的能带弯曲值

参考文献

XIV.1　S. M. Sze, *Physics of Semiconductor Devices*(Wiley, New York, 1981)

XIV.2　L. J. Brillson, The structure and properties of metal - semiconductor interfaces. Surf. Sci. Rep. **2**, 123(1982)

XIV.3　H. A. Bethe, Theory of the boundary layer of crystal rectifiers. MIT Radiat. Lab. Rep. **43**, 12(1942)

XIV.4　C. R. Crowell, S. M. Sze, Solid State Electron. **9**, 1035(1966)

XIV.5　H. Ibach, H. Lüth, *Solid-State Physics-An Introduction to Principles of Material Science*, 2nd edn. (Springer, Berlin, 1996)

XIV.6　C. R. Crowell, J. C. Sarace, S. M. Sze, Trans. Met. Soc. AIMS **233**, 478(1965)

XIV.7　S. R. Forrest, Measurement of energy band offsets using capacitance and current measurement techniques, in *Heterojunction Band Discontinuities: Physics and Device Applications*, ed. by F. Capasso, G. Margaritondo(Elsevier, Amsterdam, 1987), p. 311

XIV.8　J. Batey, S. L. Wright, J. Appl. Phys. **59**, 200(1986)

问　　题

问题 8.1 在调制掺杂 AlGaAs/GaAs 异质界面，计算 2DEG 的费米能级 E_F 和费米波矢 $\boldsymbol{k}_F$。4 K 时，二维电子密度 $n_s = 5\times10^{11}\ \mathrm{cm}^{-2}$。在二维倒易空间 k_x、k_y 平面绘制费米圆，并通过分裂栅装置(量子点接触)讨论量子限域在 x 方向的影响。

问题 8.2 自由电子气的态密度的计算，仅限于 1、2、3 方向(2DEG、量子线、量子点)。

问题 8.3 利用 Tersoff 模型估算 Si/GaP 异质结理想半导体界面导带和价带的电子结构，画出界面附近的电子能带图。

(a) Si 和 GaP 都是中度 n 型掺杂。

(b) Si 是 n 型掺杂，GaP 是 p 型掺杂。

问题 8.4 以空间坐标 z，画出 AlAs/GaAs 异质结的能带图(分别画价带和导带能谱图)。

(a) 采用 MBE 法生长的异质结的理想界面。

(b) 采用电子辐照制备的具有高缺陷密度($>10^{12}\ \mathrm{cm}^{-2}$)的 AlAs/GaAs 的界面。在禁带你期望的界面态的最高密度？在两个半导体材料中的掺杂均是中度 n 型掺杂($\approx10^{17}\ \mathrm{cm}^{-3}$)。

问题 8.5 以 Au/GaAs 异质结的电子能带图为例，解释为什么这种金属-半导体结能够用于可见光的光电探测器。列出构建金属-半导体二极管的建议。

问题 8.6 AlGaAs/GaAs 调制异质结的二维电子气的密度，1 K 时为 $5\times10^{11}\ \mathrm{cm}^{-2}$。通过分裂栅点接触弹道电子束注入的二维电子气的平均剩余能量为 $\Delta = 50$ mV 在费米面 E_F 上面。讨论为什么与金属中的自由电子气相比，在 $T<1$ K 时，电子-电子散射是弹道电子主要的散射机制。

(a) 考虑声子和缺陷散射。

(b) 比较 Δ 和 E_F，考虑电子-电子散射。

问题 8.7 根据 Richardson-Dushman 公式(见附录XIV)，金属表面的功函数可以通过测量饱和电流密度 $j_s = AT^2\exp(-e\phi/kT)$ 来确定，其中，$A = 4\pi mek^2/h^3 = 120\ \mathrm{A/(K^2 \cdot cm^2)}$，从金属到真空。假定金属在温度 T 时热稳定，即表面发射态电子的蒸气热平衡，由 Richardson-Dushman 公式推导 j_s。板空间——金属和电子蒸气——电子态密度由下面公式给出：

$$n = \int_0^\infty D(E)f(E)\,\mathrm{d}E$$

费米分布 $f(E)$ 内具有相同的费米能级 E_F。

只是，对金属而言，能级零点真空侧按 $E_{vac} = E_F + e\phi$ 移动。从电子密度气相(n_v)和金属(n_M)，假设从金属和到金属的电子电流密度相等(动态平衡)，用经典的气体动理论推导 j_s。

第 9 章

界面处的集体现象：超导电性和铁磁性

集体现象（例如超导电性和铁磁性）是许多粒子的集体行为，例如电子的库珀（Cooper）对和铁磁性的电子自旋。这表明，典型的相互作用在宏观的或者至少是介观的尺寸（几十纳米）上保持量子力学态的相互一致性，例如通过 Fröhlich 相互作用的库珀对或者铁磁性的相互交换作用。这些现象的特征长度尺寸就是相干长度。相干长度决定了形成的集体现象的一个界面或者表面的尺寸，给出了表面处邻近粒子数目的不足可形成集体相互作用。

在这种情况下，固-固界面有关物理问题会涉及尺度相关的多个方面。我们感兴趣的还是在一个界面处超导和铁磁的集体现象、介观模型和相干长度，这往往足以更深入地了解基本的界面物理特性。在唯象参量上，界面结构的原子细节（例如原子排列、界面粗糙度或相互扩散）不予考虑或者被看作是近似的。

另一方面，用介观模型理论描述的界面的集体行为可能在很大程度上取决于该界面的原子细节。理解界面的集体现象的第一步就是以介观模型理论为基础，这也是本章的主要内容。原子细节包含在一个更精确的描述中。与典型的集体现象相比，界面原子物理性质的描述涉及原子尺寸的尺度，即几埃；该尺度是由介观相干长度决定的。

在半导体空间电荷层(第7章)和金属半导体界面以及半导体异质界面(第8章)中，描述界面现象的不同尺度已经很清楚。空间电荷层及其空间的扩展的描述没有考虑界面的原子细节，但是一个半连续式的描述是基于介观尺度(有时为几百埃)，这个尺度关系到载流子密度。另外，肖特基势垒高度和半导体异质结构的带偏移与界面的原子细节有关。材料的性质和原子尺度的变化必须予以考虑(8.4节)。

9.1 在界面的超导电性

超导体和正常导体界面处的研究已经有了很长的历史。由于Ⅱ型超导体的发现，超导体的研究直接面临界面问题，因为当磁场 B 存在且 B 处于两个临界磁场 B_{C1} 和 B_{C2} 之间时，这些超导材料会出现在舒布尼科夫相中。在这个中间相中，正常传导畴壁通过磁通渗透而分布在整个样品中；否则是超导的。这里我们考虑的是理想的情况，在两个空间区域由化学元素相同的材料组成，只有热动力学状态(正常的传导或者超导)在畴壁的界面处变化。

在约瑟夫森结(Josephson junction)中发现了与传统超导研究存在界面问题相似的情况。在特定类型的节点处，即“弱连接”，一个超导薄膜被空间局限于两个超导区域之间，这样超导打破了密闭层。当薄膜比超导体的相干长度还小时，由于库珀对不适合薄膜，材料就不能保持超导相。超导相需要一个空间来扩展，这个空间至少可以与库珀对的维度相当，即超导材料的相干长度。

$YBa_2Cu_3O_{7-y}$(YBCO)型高温超导体[9.1]的发现引起了人们对超导体-正常导体界面的兴趣；这些临界温度大约在30~100 K之间。除了寻找约瑟夫森结的新类型以及这些材料中的“弱连接”和隧道类型，对电子超导体-半导体杂化器件的兴趣促使了对合适的界面和相应物理性质的研究。这个杂化器件有可能成为重要的超导电子电路或传感器设备，例如标准半导体电路SQUID。

两个化学性质不同的材料(Nb和Si或GaAs等)界面的研究兴趣在于热力学相从正常导体到超导体的转变界面处化学成分的变化。这种类型的超导体-正常导体的界面将成为我们的关注焦点。

9.1.1 基本表述

在超导体-正常导体的界面，有趣的问题包括：超导态(热动力学相)是怎样转变成正常的物质态；界面处载流子的迁移机制，在界面处，一方面单电子态产生单电流，另一方面玻色子的库珀对形成的一个量子凝状态基态。与超导问题相关的有趣的长度是超导态的相干长度 ξ。长度 ξ 本质上是在界面处超导“开启”的长度，即全部超导带隙 Δ 形成的长度，从正常导体界面边上 $\Delta=0$ 处开始。由于库珀对有一个很好的延伸，使得 1 000 Å 适合于传统的 BCS 超导体，但是很少适合于Ⅱ型超导，例如新的陶瓷“高温”超导体中的几埃。从正常导体转变成超导体必须与库珀对的尺寸相当或者更大。因此，从常导到超导态界面的过渡区域，一般必须在介观尺度，即超导相干长度 ξ。

另外，对于异质结构的界面，原子细节(例如非化学计量型、相互扩散或者原子界面态的分布)对输运性质效应(界面散射、传输壁垒等)可能起着至关重要的作用。因此，在一些情况下，界面不适合研究一些特殊的超导效应。下面列举一些实例：

(1) 如果我们得到半导体和高 T_c 化合物之间的在技术上有趣的界面，例如采用溅射或者激光消融在 Si 基底上制备“高 T_c”化合物 YBCO。众所周知，基底和超导薄膜间的相互扩散会伴随着 YBCO 中氧原子的丢失而发生。由于高温 YBCO 超导电性对于化学计量非常敏感，例如氧含量[9.2]，YBCO 薄膜在距离界面大约 1~10 nm 的范围内失去其超导特征。YBCO 中的相干长度 ξ 接近 2 Å。这种半导体和新的“高 T_c”陶瓷超导体不适合研究和应用于超导-半导体界面效应。由于氧化物对界面化学计量的敏感性，使高 T_c 超导-半导体界面还不能应用在实际中。在较小的范围内，正常金属和 YBCO 型化合物界面有可能被应用。

(2) 在传统的低温金属型超导体中，临界温度低于 10 K 的化合物大部分包含 Nb，其超导特性在界面处比较稳定。超过超导体的相干长度(对于Ⅰ型超导体大于 1 000 Å)，也不会失去其超导特征。它们与正常金属的界面显示超导体-正常导体转变中所有有趣的性质[图 9.1(a)]。所有金属布洛赫态的连续统一体(占据了低于 E_F，没有占据高于 E_F)积极与超导体态重叠，库珀对基态(冷凝状)的能量 W_{BCS}^0 和单电子(准粒子)态在超导间隙 Δ 之上，也包含超导带隙。

(3) 在一个原子尺度，低温 Nb 型超导体，Si、Ge 型半导体和Ⅲ-Ⅴ半导体遵循的原则我们已经在第 8 章探讨过。金属诱导间隙态(MIGS; 8.2 节)决定了半导体能带边 E_C 和 E_V 在界面处费米能级的位置。对于大部分半导体，例如 GaAs、InP、Si、Ge，MIGS 的分支点 E_B(中间水平)位于半导体的禁带。如图 9.1(b)所示，费米能级面被固定在 E_B 附近(8.2 节)，在 n 型半导体-超导体连接处形成了耗尽的空间电荷层(7.2 节)。具有 500~1 000 Å 典型深度的耗尽层，由于超导体能量 E_F(位于库珀对基态)和间隙 Δ(几毫伏)上的准粒子态没有达到半导体电子态，因此很少对这种界面感兴趣。

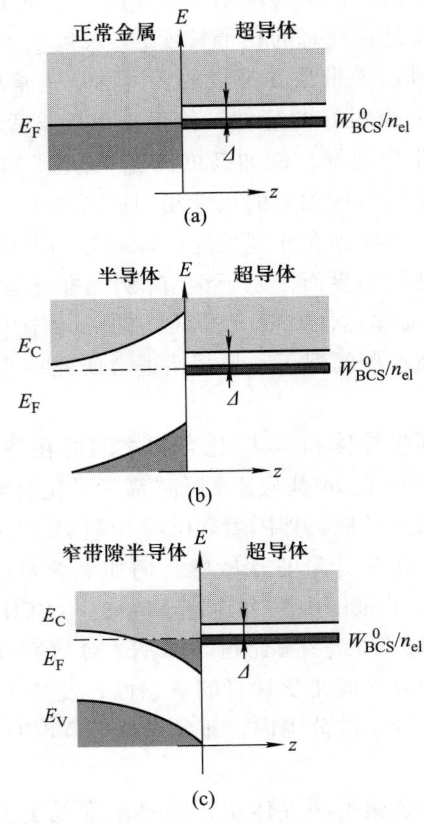

图 9.1 正常导体-超导体界面沿 z 轴方向，垂直于界面定性的电子能带示意图。超导体在各种情况下与电子密度相关的库珀对基态的能量密度 W^0_{BCS}、超导带隙能 Δ 和连续的单一电子态(弱阴影)。正常导体占据的能量态是深阴影的。然而，未被占据的态是浅阴影的。(a) E_F 为费米能级的金属-超导体界面。(b) E_C 为较低导带边的半导体-超导体界面。对于半导体，例如 Si、Ge、GaAs、InP 等，大部分情况下假设费米能级钉扎在禁带。(c) 窄带隙半导体间的界面，例如费米能级连接在窄带隙的 InAs、InSb 和超导体；E_V 为上价带边

(4) 与 GaAs、InP 等相比，在金属-半导体结和一些类型的自由表面，窄带隙半导体例如 InSb 和 InAs 呈现费米能级钉扎在导带(图 7.5、图 8.4 和 8.2 节)。这个不普通的钉扎位置，例如位于导带的 E_B 和 E_F，由半导体体能带结构产生。因为在导带上高密度边缘的最小值对 E_B 的贡献大于在 Γ 的低密度绝对值(第 8 章)。在特殊的情况下，例如 InSb 或者 InAs 基的超导体界面，超导体的交界处产生了具有金属特性的空间电荷层。发生在 Δ 周围的超导体态直接

与高简并半导体的连续的布洛赫态接触[图 9.1(c)]。InSb 或者 InAs 基的超导体结对于研究相关界面的效应更有趣。不仅二元化合物 InSb 和 InAs 在金属接触处会形成电荷累积层，而且三元化合物 $In_xGa_{1-x}As$ 中，当 In 的浓度 x 超过 70%时也会表现出费米能级钉扎在导带的情况。

因此，在超导体-半导体结的实验研究中，InGaAs 结构中高迁移率的 2DEG 发挥了重要的作用，例如 Nb 低温超导电极接触。

9.1.2 超导电性的基础

我们运用超导体相同的机制来介绍超导-正常导体界面。传统的 Bardeen，Cooper，Schrieffer(BCS)超导理论中，费米气体的自由电子的基态在弱的电子-声子相互作用(Fröhlich 相互作用)存在时是不稳定的。一个电子通过晶体点阵在点阵中留下了一个变形的轨道，被看作离子核中心的正电荷的积累即作为一个微小的晶面压缩。这就意味着，暂时性地在电子后面形成一个增强的正电荷区域，这就对第二个电子施加了吸引力。与高电子速度 v_F(10^7 ~ 10^8 cm/s)相比，点阵跟随的运动非常慢(以德拜频率 ω_D 来估计)。所以，两个电子耦合成一个库珀对($\boldsymbol{k}\uparrow$，$-\boldsymbol{k}\downarrow$)发生在大于 1 000 Å 的距离，对应着传统的 BCS 超导体的库珀对的延伸的数量级。这个延伸也是 Ⅰ 型(BCS)超导体相干长度的下限。描述的相互作用是以晶格为媒介的电子-电子散射。它被认为是在费米能级 E_F 附近对称的 $2\hbar\omega_D$ 厚度能层内是起作用的。采用最简单的近似，相互作用能假设为连续的 V_0，在一些计算[9.4]之后，下面的能量 W_{BCS}可以归结为库珀对的粒子效应：

$$W_{BCS} = 2\sum_{\boldsymbol{k}} v_{\boldsymbol{k}}^2 \xi_{\boldsymbol{k}} - \frac{V_0}{L^3}\sum_{\boldsymbol{kk'}} v_{\boldsymbol{k}} u_{\boldsymbol{k}} v_{\boldsymbol{k'}} u_{\boldsymbol{k'}} \tag{9.1}$$

$\xi_{\boldsymbol{k}}$ 为费米能级 E_F 的单电子能量：$\xi_{\boldsymbol{k}} = \frac{\hbar^2 \boldsymbol{k}^2}{2m} - E_F$，$L^3$ 为长度为 L 的立方体样品的体积。$w_{\boldsymbol{k}} = v_{\boldsymbol{k}}^2$ 的值表示由两个波矢和自旋相反的电子形成的库珀对的($\boldsymbol{k}\uparrow$，$-\boldsymbol{k}\downarrow$)态的可能性。$1-w_{\boldsymbol{k}} = u_{\boldsymbol{k}}^2$ 是($\boldsymbol{k}\uparrow$，$-\boldsymbol{k}\downarrow$)态不被库珀对占据的可能性。BCS 方程(9.1)只考虑系统总能量中与库珀对相关的部分。所有其他能量的贡献(例如声子所致)，在正常导体和超导体中都假设为相同。式(9.1)中的第一项描述了当基态(所有的费米球)由于电子激发到一个空态(在 E_F 上)时总共的动能损失。第二项 $v_{\boldsymbol{k}} u_{\boldsymbol{k'}} = [v_{\boldsymbol{k}}^2(1-v_{\boldsymbol{k'}}^2)]^{1/2}$是库珀对($\boldsymbol{k'}\uparrow$，$-\boldsymbol{k'}\downarrow$)为空的，同时($\boldsymbol{k}\uparrow$，$-\boldsymbol{k}\downarrow$)被占据的概率；$v_{\boldsymbol{k'}} u_{\boldsymbol{k}}$ 是 $\boldsymbol{k}$ 为空的且 $\boldsymbol{k'}$被占据的类似的幅度。在式(9.1)中，第二项给出了所有库珀对从($\boldsymbol{k}\uparrow$，$-\boldsymbol{k}\downarrow$)到($\boldsymbol{k'}\uparrow$，$-\boldsymbol{k'}\downarrow$)所有可能的散射过程所获得的能量，反之亦然。动能的自然损失(第一项)有可能是由于电子散射形成的势能得到了补偿(第二项)。由于最小能量状态 $v_{\boldsymbol{k}}^2$ 被占据的可能

性，我们期望超导体（甚至在 $T=0$ 时）能够出现费米面的展宽。

超导相的基态能量建立是通过最小化(9.1)，伴随着下面条件：

$$u_k^2 + v_k^2 = 1 \tag{9.2}$$

其中，设定 $u_k=\sqrt{1-w_k}=\sin\theta_k$。

最小化[9.4]涉及 θ_k，然后给出概率振幅 v_k 和 u_k 的代数关系，这就是 BCS 理论的特征

$$2u_k v_k = \sin 2\theta_k = \frac{\Delta}{E_k} \tag{9.3}$$

$$v_k^2 - u_k^2 = -\xi_k/E_k \tag{9.4}$$

$$v_k^2 = \frac{1}{2}\left(1-\frac{\xi_k}{E_k}\right) = \frac{1}{2}\left(1-\frac{\xi_k}{\sqrt{\xi_k^2+\Delta^2}}\right) \tag{9.5}$$

$$u_k^2 = \frac{1}{2}\left(1+\frac{\sqrt{E_k^2-\Delta^2}}{E_k}\right) \tag{9.6}$$

详细分析[9.4]给出了这样的公式：

$$\Delta = \frac{V_0}{L^3}\sum_k u_k v_k \tag{9.7}$$

该公式是超导能量带隙，它在库珀对冷凝态（在费米能级 E_{F}）的基态 W_{BCS}^0 和活跃的单电子光谱态之间打开。单独的、不成对的电子的激发态的能量表示为

$$E_k = \sqrt{\xi_k^2+\Delta^2} \tag{9.8}$$

在温度为零（$T=0$）时，库珀对占据成对态（$\boldsymbol{k}\uparrow$，$-\boldsymbol{k}\downarrow$）的概率 $w_k=v_k^2$ 在倒易空间沿特定的 $\boldsymbol{k}$ 轴绘制，如图 9.2 所示。与不相互作用的费米气体相比较，在 $T=0$ 时的费米分布是一个关于 E_{F} 和 $\pm\boldsymbol{k}_{\mathrm{F}}$ 的阶梯函数，能量尺度模糊近似为 2Δ。甚至在 $T=0$ 时，库珀对保证了散射 $\boldsymbol{k}$ 态高于 $\boldsymbol{k}_{\mathrm{F}}$ 被占据且 $\boldsymbol{k}$ 态低于 $\boldsymbol{k}_{\mathrm{F}}$ 不被占据。

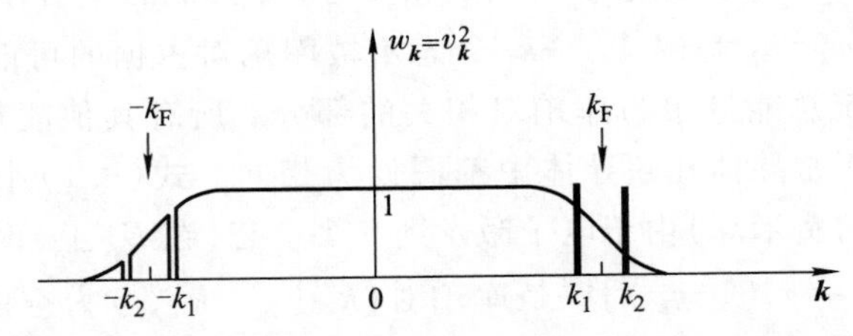

图 9.2　$w_k=v_k^2$ 的概率，在倒易空间，波矢为 $\boldsymbol{k}$、$-\boldsymbol{k}$，自旋分布朝上和朝下的两个电子态在 $T=0$ 时沿特定的 k 轴被库珀对（$\boldsymbol{k}\uparrow$，$-\boldsymbol{k}\downarrow$）占据。两个单电子态在 k_1 和 k_2 处于激发态，例如 $w_k(k_1)=w_k(k_2)=1$ 和 $w_k(-k_1)=w_k(-k_2)=0$

超导体的两个主要的现象是低于临界温度 T_c 时不可测量的电阻和理想的抗磁性(Meissner-Ochsenfeld 效应)。这些现象是从电子受杂质及声子散射的不可能[除非克服带隙 2Δ(被一个库珀对破坏)]和库珀对的宏观准量子态一致性[9.4]得出。

标准的 BCS 理论描述了性质相同的样品的超导体的性质。为了描述超导体正常导体的界面，我们必须更深入地研究超导体激发光谱的细节。超导体和临近的正常导体的相互作用在很大程度上是由于激发态，因为库珀对基态由于耦合作用相当"迟钝"。超导体中单电子激发态意味着一个库珀对($\boldsymbol{k}\uparrow$，$-\boldsymbol{k}\downarrow$)已经不存在，即单电子态 $\boldsymbol{k}$ 必须被占据，而 $-\boldsymbol{k}$ 为空的。一个激发态因此可以描述为 $\boldsymbol{k}\uparrow$ 态被占据，$-\boldsymbol{k}\downarrow$ 态为空的。

在一个超导体中，因为 $w_{\boldsymbol{k}}=v_{\boldsymbol{k}}^2$ 特殊的形状(图 9.2)，当 $T=0$ 时，$|\boldsymbol{k}|>k_F$ 的单电子态可能被占据。图 9.2 中 k_1 激发态意味着 $w_{\boldsymbol{k}}(k=k_1)=1$，但是同时 $-k_1$ 的态是空的。$k_2>k_F$ 的激发表示一个在 $-k_2$ 丢失的电子(图 9.2)。如果是在 k_1 的激发态，运用 BCS 基态，所有的系统将会获得 25%左右的多电子特征，但是会由于在 $-k_1$ 丢失电子而失去 75%的电子特征。在 k_1 的激发态，费米海中的行为更像一个空穴而不是电子。与激发态 k_1 相关联的电流是源于正的粒子，即一个准空穴。相反地，激发态 k_2 添加了更多的电子形态特征到基态。k_2 激发叫作准电子。由图 9.2 可知，在一个超导体中找到一个空穴型的激发态的概率是 $w_{\boldsymbol{k}}=v_{\boldsymbol{k}}^2$，也就是电子的库珀对($\boldsymbol{k}\uparrow$，$-\boldsymbol{k}\downarrow$)的概率。准电子激发态的概率为 $1-w_{\boldsymbol{k}}=u_{\boldsymbol{k}}^2$。通过图(9.2)和图(9.4)，以如下方式定义激发态的超导体的准粒子携带的(非整数的)电荷：

$$q_{\boldsymbol{k}}=-e(u_{\boldsymbol{k}}^2-v_{\boldsymbol{k}}^2)=-e\xi_{\boldsymbol{k}}/E_{\boldsymbol{k}} \tag{9.9}$$

BCS 理论中所获得的单粒子的能量[式(9.8)]已经包含了两种类型的超导体的激发，即准电子和准空穴。$\xi_{\boldsymbol{k}}$ 正的平方根描述的是电子型的激发，而其负的平方根描述的是准空穴型的激发。这两种激发发生在 $+k_F$ 和 $-k_F$ 附近(图 9.3)。在一个超导体中，最小的可能的激发能 $E_{\boldsymbol{k}}$ 在费米能级 E_F 之上的 Δ[式(9.8)]，然而，对于正常的导体这个带隙 Δ 是不存在的[图 9.3(a)，虚线]。对于很多应用，激发色散 $E_{\boldsymbol{k}}$ 图是很有用的。由于 $E_{\boldsymbol{k}}$(空穴)$=-E_{\boldsymbol{k}}$(电子)，因此准空穴激发图与半导体能带图相似，且显示在负能量值范围[图 9.3(b)]。准电子和准空穴态的带隙 2Δ 与半导体带隙相似，但是对于超导体，2Δ 强烈依赖于温度[$\Delta(T_c)=0$]。态密度 D_S、准电子和准空穴在 2Δ 附近有一个奇点，且接近 $|E_{\boldsymbol{k}}|\gg\Delta$ 的正常导体态的值[图 9.3(c)]。

由于在超导体中激发的准电子和准空穴的相互耦合(图 9.2)，因此用矢量的形式很方便描述大部分普遍的激发

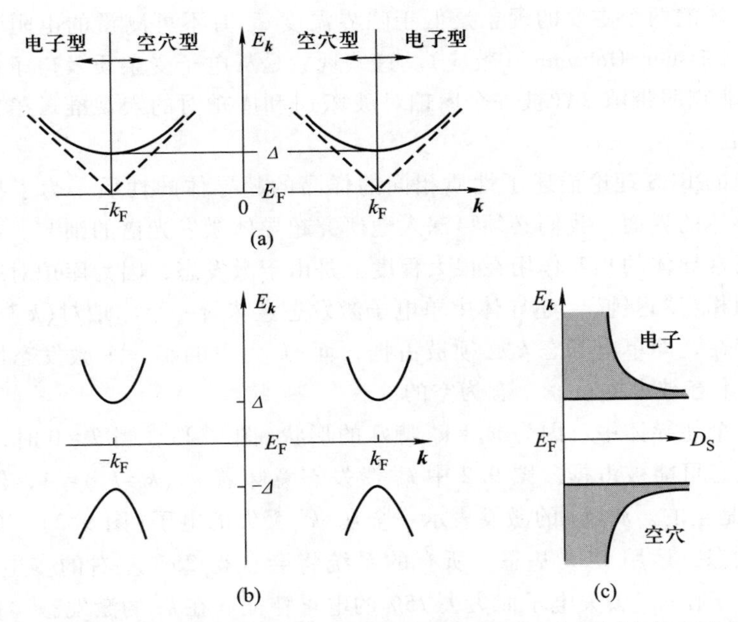

图 9.3　超导体两种激发态准电子和准空穴的能量 E_k[(a)和(b)]与波矢 $\boldsymbol{k}$ 的关系可能的描述；(c)费米能级 E_F 上和下的态密度 D_S；Δ 为超导的带隙

$$\begin{pmatrix}\tilde{u}_k(\boldsymbol{r},\ t)\\ \tilde{v}_k(\boldsymbol{r},\ t)\end{pmatrix}=g(\boldsymbol{r},\ t)\begin{pmatrix}u_k\\ v_k\end{pmatrix} \tag{9.10}$$

$\tilde{u}_k$ 和 $\tilde{v}_k$ 分别代表了电子型和空穴型粒子的概率振幅。如果我们可以找到能够正确描述在 BCS 超导体中 u_k 和 v_k 的耦合与正常导体中的不耦合行为的矢量的薛定谔方程，就可以解释在非均质系统(即在超导体和正常导体的界面处)的电子和空穴的动力。对于正常导体的薛定谔方程很容易用包含外部势能 $V(\boldsymbol{r})$ 的哈密顿量 $\mathscr{H}$ 表示，并且其中的能量涉及与 E_F 相关的负的空穴的能量。从式(9.1)和式(9.7)可知，在 BCS 理论中 u_k 和 v_k 的耦合描述为带隙能 Δ 的形式，Δ 可以作为有效的耦合势，所以下面的假设也变得合理：

$$\mathrm{i}\hbar\frac{\partial}{\partial t}\tilde{u}_k=\left[-\frac{\hbar^2}{2m}\nabla^2-E_F+V(\boldsymbol{r})\right]\tilde{u}_k+\Delta\tilde{v}_k \tag{9.11a}$$

$$\mathrm{i}\hbar\frac{\partial}{\partial t}\tilde{v}_k=-\left[-\frac{\hbar^2}{2m}\nabla^2-E_F+V(\boldsymbol{r})\right]\tilde{v}_k+\Delta\tilde{u}_k \tag{9.11b}$$

假设在式(9.10)中，$g(\boldsymbol{r},\ t)$的平面波为

$$\tilde{u}_k=u_k\mathrm{e}^{\mathrm{i}\boldsymbol{k}\cdot\boldsymbol{r}-\mathrm{i}Et/\hbar} \tag{9.12a}$$

$$\tilde{v}_k=v_k\mathrm{e}^{\mathrm{i}\boldsymbol{k}\cdot\boldsymbol{r}-\mathrm{i}Et/\hbar} \tag{9.12b}$$

式(9. 11a)、式(9. 11b) 可以写为

$$E\begin{pmatrix} u_k \\ v_k \end{pmatrix} = \begin{pmatrix} \xi_k & \Delta \\ \Delta^* & -\xi_k \end{pmatrix}\begin{pmatrix} u_k \\ v_k \end{pmatrix} \tag{9.13}$$

$\xi_k = \dfrac{\hbar^2 \boldsymbol{k}^2}{2m} - E_F$ 为费米能级 E_F 的单电子能。与 BCS 理论相比，如果我们允许有效势 Δ 为复值，在式(9. 13)中使用了共轭值 Δ^* 保证超导带隙 Δ 是一个实数。

本征值方程(9. 13)来自于本征值

$$E_k^{\pm} = \pm\sqrt{\xi_k^2 + \Delta^2} \tag{9.14}$$

其为 BCS 理论对于电子型(+)和空穴型(-)激发的精确表示[式(9. 8)]。有了归一化本征值 $u_k^2+v_k^2=1$ 的假设，BCS 理论与 u_k 和 v_k 的关系式(9. 3)~(9. 6)也被重新利用。

薛定谔方程(9. 11a)、(9. 11b)和(9. 13)能够正确表述在正常导体中自由电子和空穴以及超导体内部的耦合行为。由 Bogoliubov[9. 5]得到的场理论基础并适合更一般情况的方程也已提出。必须强调的是，对于这些 Bogoliubov 方程、耦合势 Δ、BCS 理论的广义的带隙能，为了更好地定义和关联，可以将其假设为复值。由式(9. 7)可知，有效的势 Δ 本身依赖于 u_k 和 v_k 的振幅频率，而且一般情况下必须能够自洽求解方程(9. 11)。复杂的 Δ 值意味着在 Bogoliubov 方程中，与传统的 BCS 理论相比，u_k 和 v_k 假设为复杂的值；但是，通过式(9. 6)，在物理上合理的情况下：对于 $E_k^2<\Delta^2$，一个复振幅 u_k 描述了一个电子在超导带隙以下接近一个正常导体和有带隙 Δ 的超导体的界面。而且，有效的耦合势 Δ，即普遍的 BCS 带隙能，可以假设为依赖于一个空间坐标 $\Delta=\Delta(\boldsymbol{r})$。Bogoliubov 方程(9. 11a)、(9. 11b)、(9. 13)非常适合处理正常导体和超导体间的界面，超过相干长度 ξ，电子性质从正常导体转变成超导体，即带隙能 Δ 在特殊的超导体中从 0 变为最大值。

9. 1. 3 Andreev 反射

由 Bogoliubov 方程(9. 11a)、(9. 11b)和(9. 13)可知，准粒子模型及它们耦合的势 Δ(BCS 理论广义的带隙能)可以用来理解一些通过超导体-正常导体的界面的电流。当电子在金属的正常导体中激发为在 E_F 之上的连续态时，这个机制非常有趣。如果在相同的能级电子没能“找到”可用的单粒子态，那么电流是否能流过界面呢？

我们考虑在正常导体中一个动能为 $\xi_k<\Delta$ 的电子的情况，其 $\boldsymbol{k}$ 矢量定向垂直于界面，使得它垂直地接触那些当距离超过相干长度 ξ 时超导带隙 Δ 逐渐“打开”的界面(x_0 和 x_1 之间的正常导体-超导体界面)(图 9. 4)。有时接近超

导区域时，正常的电子到达 x' 位置，带隙能为 $\Delta(x')$。在这里耦合势仍然很小。这时，电子转变成超导体的电子型的准粒子，同时在 $\boldsymbol{k}$ 空间能量抛物线的电子型分支上占据合适的能级[图 9.3(a)]，与最初的能级 E_k 一致。当准粒子接近超导体时，它到达 x'' 位置，且带隙能增加到 $\Delta(x'')$。准粒子的电荷[式(9.9)]已经从一个负电荷($-e$)变成了一个更低的负值。因此，作为从正常导体到超导体经过的界面区域的电子型激发，通过接近 k_F(图 9.2)逐渐丢失了它的电子特征，同时根据式(9.9)，它的负电荷随着 u_k^2 的减小和 v_k^2 的增大而减少。最后，在空间坐标 x'''，初始能量与局域带隙 $\Delta(x''')$ 匹配，准粒子的准动量变为 k_F。在这一点，准粒子电荷[式(9.9)]减少到 0，更进一步移动到超导体使准粒子从电子型转变为空穴型(留下了抛物线的 h 分支)。

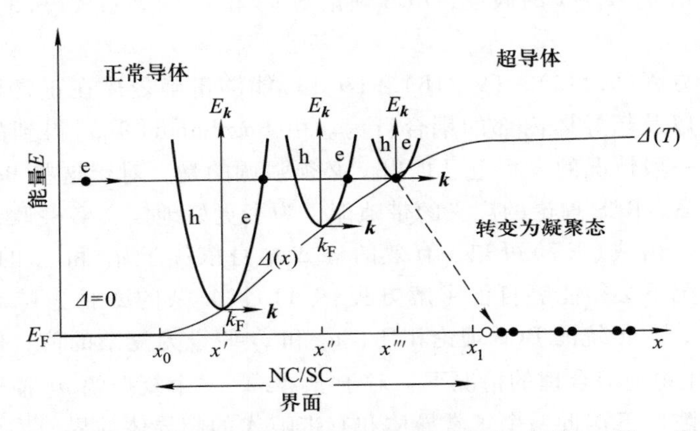

图 9.4　在一个正常导体(NC)和超导体(SC)界面处扩展空间从 x_0 到 x_1 的 Andreev 反射过程示意图。在超导体中，超导体带隙 $\Delta(x)$ 在这个界面区域打开并得到随温度变化的值 $\Delta(T)$。依赖于界面处的实际值 $\Delta(x)$，一个电子接近超导体在准粒子态的能量抛物线上占据不同的态，最后在 x''' 点从准电子转变为准空穴。这个空穴被 Andreev 反射，同时两个电子转变成 BCS 基态的库珀对

由于在实空间准粒子的传播速度是群速度

$$v_k = \frac{1}{\hbar}\nabla_k E_k \tag{9.15}$$

这种空穴型的激发向左移动，即从超导体到正常导体的方向。空穴型激发的反射就这样产生了。

一个正粒子从右到左的传播相当于一个负电荷从正常导体移动到超导体，即从正常导体到超导体的电流。

电子向超导体接近的过程，准粒子将其电荷从 $-e$ 转变到 $+e$。由于电荷不能丢失，库珀对冷凝态的基态也必须参与这个过程。它必须接受 $-2e$ 电荷，准

确地说是一个新的库珀对。总之，电荷通过界面传输可以描述为一个能量为 $\xi_k=\frac{\hbar^2\boldsymbol{k}^2}{2m}-E_F<\Delta$ 的电子从正常导体面靠近超导体，一个空穴反射进入了正常导体，$-2e$ 的电荷在 BCS 基态通过新的库珀对的形成转变成超导体[图 9.5(b)]。在界面区域，正在入的电子“抓住”一个合作的电子形成一个库珀对，离开空穴。在此过程中电荷守恒。在界面处与电子的反射不同[图 9.5(a)]，反射粒子跟随一个镜面轨迹，空穴跟随进来的电子的路线，但是方向相反。与正常的反射过程相比[图 9.5(a)]，后面运动的空穴的形成叫作逆反射[图 9.5(b)]。对于在新形成的库珀对中的电子的 $\boldsymbol{k}$ 矢量，它在逆反射过程中也遵循守恒，同样遵循能量平衡。由于界面处(相当于相干长度 ξ 的大小)的弹道传输，能量必须守恒。当正在进入的电子能量 $\xi_k=\varepsilon_{in}<\Delta$ 接近 E_F，即库珀对冷凝态(库珀对倾向的位置)的能级，逆反射的空穴必须具有能量 $\varepsilon_{out}=-\varepsilon_{in}$[图 9.5(b)]。

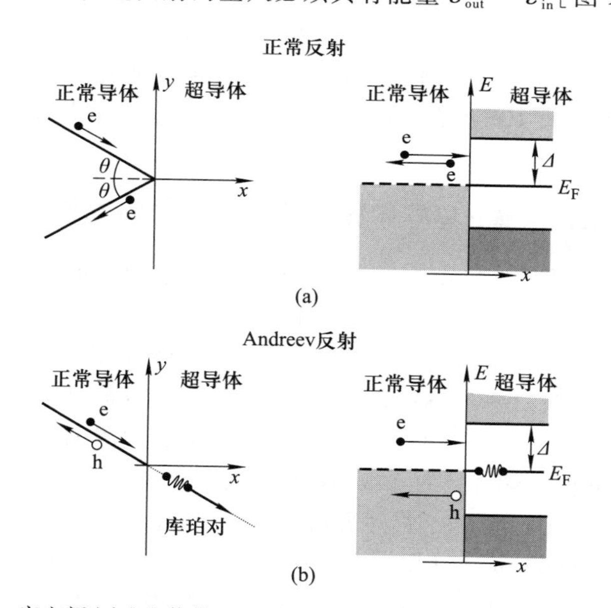

图 9.5　实空间(左)和能带 $E(x)$ 中一个电子在正常导体和超导体界面处正常的反射(a)和 Andreev 反射(b)

由于空穴的逆反射作用，电子从正常导体转移到超导体的过程中，同时在超导体中产生的库珀对，叫作 Andreev 反射，这个机制是 Andreev 首次从理论上提出的[9.6]。

应该提到的是，为了完整性，能量为 $\xi_k>\Delta$ 的那些电子可以穿过在超导体侧被准粒子态占据的正常导体-超导体界面。在热平衡态，准电子态和准空穴态(图 9.3)被等效地占据，电荷平衡地存在于超导体中。但是，由于流动到超导体的电子($\xi_k>\Delta$)，超导体中准电子占据和粒子光谱的准粒子空穴的分支之间的不平衡便产生。这同样导致了准粒子电荷[式(9.9)]的不平衡。准粒子电荷的不平衡分布产生了一个电场，这个场延伸到与界面距离超过 λ_q 的超导体中。电场的有效肤深 λ_q 基本上是由非平衡的准粒子的扩散长度决定的；它强烈地依赖于系统的实际温度[9.7]。当实际温度充分接近临界温度 T_c 时，λ_q 可以达到宏观尺度；对于 $T \to T_c$，有效肤深 λ_q 便发散了。即使温度远远低于 T_c，λ_q 可以达到 10^{-3} cm，即 $\lambda_q \gg \xi(T)$[9.7]。

我们必须区分两种通过正常导体-超导体界面的电流转换机制。能量为 $\xi_k<\Delta$ 的电子经历了 Andreev 反射，而且它们携带的电流转换成界面区域大致与相干长度 ξ 相等的超导库珀对的电流。能量为 $\xi_k>\Delta$ 的电子，在抵达正常导体-超导体界面后，移动到超导体元素激发谱的电子型分支。由于准粒子电荷的不平衡，一个电子界面场产生并且延伸到超导体中。此处描述的电子电流从正常导体侧到超导体侧的输运机制可以很容易地被反转。整个图是对称的(对于电流翻转)。对于翻转的电流方向，Andreev 反射粒子是电子型的，而且对于粒子能量超过超导体带隙的准粒子电荷的不平衡涉及空穴分支数量超过电子分支数量。

9.1.4 贯穿正常导体-超导体界面输运现象的简单模型

通过一个正常导体-超导体界面受 Andreev 反射影响的载流子输运已经在 9.1.3 节讨论过。另外一方面，准粒子通过界面的转变和载流子在可能的界面势垒的反射在决定所有电流穿过界面中起到了重要的作用。迄今为止，在 Andreev 反射(9.1.3 节)中一直被忽略的这个界面势垒可能是由于一层薄氧化膜(有意或无意的)、污染或界面无序，并且可能会引起界面散射。势垒的本质(或者高度)和界面处耦合势的详细形状会决定反射和 Andreev 逆反射电子在整个界面处的电流的比例。为了描述界面处载流子的传播，在一个简单的计算模型中，Blonder、Tinkham 和 Klapwijk(BTK) [9.8]用 Bogoliubov 方程 9.11(a)、9.11(b)和(9.13)讨论了这个效应。在他们的模型中，界面处的势垒用 δ 函数简单地描述，势垒的高度用 $H\delta(x)$ 表示，其中，H 的单位为 eV/cm(图 9.6)。超导体带隙 Δ(即电子和空穴的耦合势)在最简单的近似中被假设为有阶梯状的特征，即在正常导体($x<0$，图 9.6)中为 0，在界面处($x=0$)迅速转变成超导体的最大值 Δ。原子尖锐的界面被认为是理想的情况。为了描述通过界面的载流子传输，我们假设一个电子从左面即正常导体侧接近超导体(图 9.6)。在界面处允许部分反射的电子返回正常导体(可能振幅 b)和 Andreev 空穴的再反射(振幅 a)。电子型和空穴型的准粒子(振幅 c 和 d)进入超导体。根据式(9.14)，相关的粒子的波矢得到结果

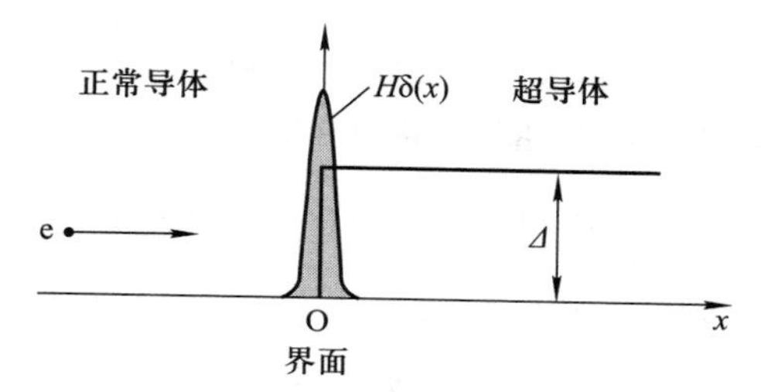

图 9.6 一个尖锐的正常导体(NC)-超导体(SC)界面的模型，在这个界面处，超导体带隙从 0 变为 Δ。一个电子从正常导体接近界面“看见”一个活跃的界面势垒，这个势垒可能是由于界面缺陷、氧化物夹层等，用一个 δ 型的函数 $H\delta(x)$ 简单地近似描述

$$\hbar k^{\pm}=\sqrt{2m}\left(E_{\mathrm{F}}\ \pm\sqrt{E_k^2-\Delta^2}\right)^{1/2} \tag{9.16}$$

正的和负的信号分别描述了电子和空穴的状态，而且在正常导体中，$\Delta=0$，在超导体中，$\Delta\neq0$。与此相对应的波函数描述的情况为：

（1）在正常导体中进入的电子($\Delta=0$)

$$\psi_{\mathrm{in}}=\begin{pmatrix}1\\0\end{pmatrix}\mathrm{e}^{\mathrm{i}q^{+}x} \tag{9.17a}$$

（2）正常导体中空穴和电子的反射

$$\psi_{\mathrm{refl}}=a\begin{pmatrix}0\\1\end{pmatrix}\mathrm{e}^{\mathrm{i}q^{-}x}+b\begin{pmatrix}1\\0\end{pmatrix}\mathrm{e}^{\mathrm{i}q^{+}x} \tag{9.17b}$$

值得注意的是，由于与超导体的匹配条件，在正常导体中必须假定空穴型粒子，超导体中空穴和电子总是以配对形式存在。

（3）在超导体中传播的准粒子($\Delta\neq0$)

$$\psi_{\mathrm{trans}}=c\begin{pmatrix}u\\v\end{pmatrix}\mathrm{e}^{\mathrm{i}k^{+}x}+d\begin{pmatrix}v\\u\end{pmatrix}\mathrm{e}^{-\mathrm{i}k^{-}x} \tag{9.17c}$$

正常导体中电子和空穴波矢量为

$$q^{\pm}=\frac{1}{\hbar}\sqrt{2m}\sqrt{E_{\mathrm{F}}\ \pm E_q} \tag{9.18a}$$

超导体中准粒子波矢量

$$k^{\pm}=\frac{1}{\hbar}\sqrt{2m}\left(E_{\mathrm{F}}\ \pm\sqrt{E_k^2-\Delta^2}\right)^{1/2} \tag{9.18b}$$

在界面($x=0$)处，所有的波函数方程 ψ_{NC}(在正常导体中)和 ψ_{SC}(在超导体中)是匹配的。随着

$$\psi_{\mathrm{NC}}=\psi_{\mathrm{in}}+\psi_{\mathrm{refl}} \tag{9.19a}$$

$$\psi_{\mathrm{SC}}=\psi_{\mathrm{trans}} \tag{9.19b}$$

在界面处的连续性要求

$$\psi_{\mathrm{NC}}(0)=\psi_{\mathrm{SC}}(0)=\psi(0) \tag{9.20}$$

此外，在 δ 函数势垒存在的情况下，界面处需要

$$\frac{\hbar}{2m}[\psi'_{\mathrm{SC}}(0)-\psi'_{\mathrm{NC}}(0)]=H\psi(0) \tag{9.21}$$

由于只考虑了能量接近费米能级 E_{F} 的载流子，我们采用近似

$$k^{\pm}\approx q^{\pm}\approx k_{\mathrm{F}} \tag{9.22}$$

通过匹配的条件[式(9.20)、式(9.21)]，可以得到

$$\begin{pmatrix}1\\0\end{pmatrix}+a\begin{pmatrix}0\\1\end{pmatrix}+b\begin{pmatrix}1\\0\end{pmatrix}=c\begin{pmatrix}u\\v\end{pmatrix}+d\begin{pmatrix}v\\u\end{pmatrix} \tag{9.23}$$

$$\begin{aligned}&\mathrm{i}k_{\mathrm{F}}\left[c\begin{pmatrix}u\\v\end{pmatrix}-d\begin{pmatrix}v\\u\end{pmatrix}-\begin{pmatrix}1\\0\end{pmatrix}-a\begin{pmatrix}0\\1\end{pmatrix}+b\begin{pmatrix}1\\0\end{pmatrix}\right]\\&=\frac{2m}{\hbar}H\left[c\begin{pmatrix}u\\v\end{pmatrix}+d\begin{pmatrix}v\\u\end{pmatrix}\right]=\frac{2m}{\hbar}H\left[\begin{pmatrix}1\\0\end{pmatrix}+a\begin{pmatrix}0\\1\end{pmatrix}+b\begin{pmatrix}1\\0\end{pmatrix}\right]\end{aligned} \tag{9.24}$$

我们寻找概率振幅 a、b、c、d，所以很方便地将式(9.23)、式(9.24)以矩阵形式写为

$$y=1-\mathrm{i}\frac{2m}{\hbar k_{\mathrm{F}}}H=1-\mathrm{i}2\hbar Z \tag{9.25a}$$

而且

$$Z=H/\hbar v_{\mathrm{F}} \tag{9.25b}$$

为没有维度的势垒的强度参数。

解矢量(a、b、c、d)可以由下面的公式决定

$$\begin{pmatrix}0&1&-u&-v\\1&0&-v&-u\\0&y^{*}&u&-v\\-y&0&v&-u\end{pmatrix}\begin{pmatrix}a\\b\\c\\d\end{pmatrix}=\begin{pmatrix}-1\\0\\y\\0\end{pmatrix} \tag{9.26a}$$

通过反相矩阵，可以得到解

$$\begin{pmatrix}a\\b\\c\\d\end{pmatrix}=\frac{1}{\|M\|}\begin{pmatrix}4uv\\(1-y^{2})(v^{2}-u^{2})\\2u(1+y)\\2v(1-y)\end{pmatrix} \tag{9.26b}$$

$$\|M\|=u^{2}(1+y)(1+y^{*})-v^{2}(1-y)(1-y^{*}) \tag{9.26c}$$

引入参数 γ

$$\gamma=\frac{1}{4}\|M\|=u^{2}+(u^{2}-v^{2})Z \tag{9.27}$$

最终的反射概率振幅(a、b) 和通过界面的传输(c、d) 为

$$a = \frac{uv}{\gamma} \tag{9.28a}$$

$$b = -\frac{(u^2 - v^2)(Z^2 + iZ)}{\gamma} \tag{9.28b}$$

$$c = \frac{u(1 - iZ)}{\gamma} \tag{9.28c}$$

$$d = i\frac{vZ}{\gamma} \tag{9.28d}$$

运用式(9.17a)~(9.17c)和式(9.28a)~(9.28d)以及量子力学的概率电流密度方程

$$\boldsymbol{j}_P = \frac{\hbar}{m}[\mathrm{Im}(u^* \nabla u) - \mathrm{Im}(v^* \nabla v)] \tag{9.29}$$

其中，空穴电流进入与准电子符号相反(与电荷电流相比)的地方。对于可能的电流 A、B、C、D，通过归一化费米速度 v_F，在表 9.1 中给出了表达式。

表 9.1　正常导体–超导体界面处的概率电流：A 为空穴的 Andreev 反射的概率电流，B 为电子的正常反射，$T=C+D$ 为传输粒子的概率电流 [9.8]

	A	B	C	D
$\Delta \equiv 0$	0	$\frac{z^2}{1+z^2}$	$\frac{1}{1+z^2}$	0
$E<\Delta$	$\frac{\Delta^2}{E^2+(\Delta^2-E^2)(1+2Z^2)^2}$	$1-A$	0	0
$E>\Delta$	$\frac{u^2v^2}{\gamma^2}$	$\frac{(u^2-v^2)^2Z^2(1+Z^2)}{\gamma^2}$	$\frac{u^2(u^2-v^2)(1+Z^2)}{\gamma^2}$	$\frac{v^2(u^2-v^2)Z^2}{\gamma^2}$

在图 9.7 中，通过归一化一些势垒强度为 Z 的粒子的能量 $E/\Delta = eU/\Delta$，给出了计算的概率电流 A、B、C、D。当 $Z=0$ 时[图 9.7(a)]，即没有势垒，整个电流由 Andreev 反射决定：对于粒子的能量 $E<\Delta$(超导体带隙)时，逆反射空穴最大可能的数量出现($A=1$)。更高的能量增加了电子深入超导体(C 接近 1)进入在 Δ 以上空的准粒子态的概率。很值得一提的是，这个简单的模型中，在 Andreev 反射之上，库珀对的过程并没有包括在内。Kümmel 等[9.9, 9.10]发展了这个方程，包含了冷凝相和增加了准粒子和库珀对的相互转变的描述。随着势垒强度的提高[图 9.7(b)，(c)，$Z=0.5$ 和 $Z=1$]，对于小能量 $E \ll \Delta$，Andreev 反射的数量减少很多($A<0.5$)，但是单态密度略低于带隙能 Δ 的峰出

现。相应地，正常反射的电子 B 的数量增加到除了 $E=\Delta$ 点的整个能量区间。这种趋势延续到高势垒强度[图 9.7(d)，$Z=3$]，由于 Andreev 反射，$E=\Delta$ 处的峰尖锐到在实验中这个效应无法观察的程度。Andreev 反射只有在那些正常导体和超导体之间的理想界面且小的势垒存在的情况下才能在实验中研究。

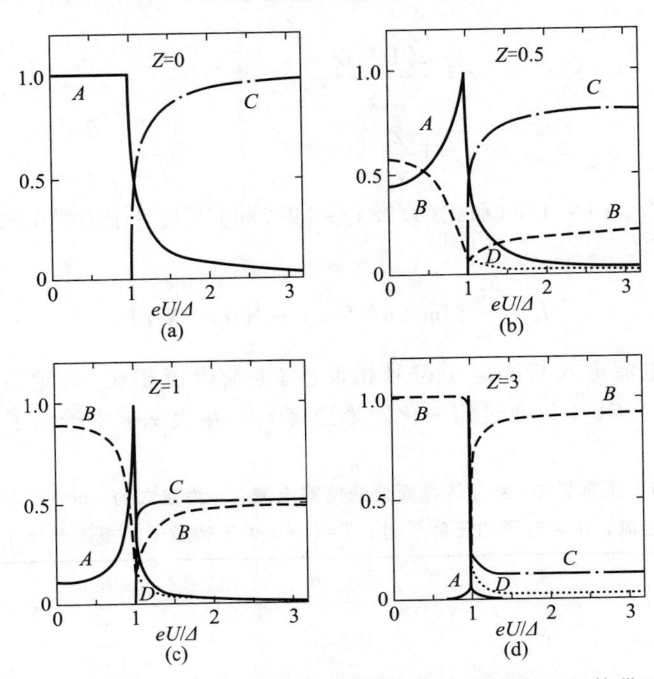

图 9.7 施加电压 U 的正常导体-超导体界面处的概率电流与超导体带隙归一化 Δ/e：A 为空穴的 Andreev 反射，B 为一个电子的正常反射，传输电子 $T=C+D$。通过图 9.6 [9.8]，图(a)~(d)为提高的界面势能强度 $Z=H/\hbar v_F$

如果当一个偏压施加于正常导体-超导体连接处时，假设电压降低基本上跨越势垒，电流-电压($I-U$)参数可以很容易地计算。能量 E 击中势垒的电子从正常导体一侧遵循费米分布 $f(E-eU)$；Andreev 反射空穴属于过程 A，用 $[1-f(E-eU)]$ 分布来表示；过程 B 用 $f(E-eU)$ 表示；过程 C 和 D 用 $f(E)$ 表示。概率电流守恒需要满足

$$A+B+C+D=1 \tag{9.30}$$

最后，电流 I_{NS} 通过结合点产生

$$I_{NS}=2N(E_F)ev_F F\int_{-\infty}^{\infty}\mathrm{d}E[f(E-eU)-f(E)][1+A(E)-B(E)]$$

$$= \frac{1+Z^2}{R_n}\int_{-\infty}^{\infty} \mathrm{d}E[f(E-eU)-f(E)][1+A(E)-B(E)] \tag{9.31}$$

$N(E_F)$为在费米能级的态（每个自旋态）密度，F为接触面的面积，R_n为正常导体态连接处的电阻

$$R_n = (1+Z^2)[2N(E_F)e^2 v_F F]^{-1} \tag{9.32}$$

在正常导体-超导体连接处的许多实验中，不同的电导系数 $\mathrm{d}I_{NS}/\mathrm{d}U$ 被测量。通过式(9.31)的微分，可以得到

$$\frac{\mathrm{d}I_{NS}}{\mathrm{d}U} = \frac{1+Z^2}{R_n}\frac{e^2}{2kT}\int_{-\infty}^{\infty} \mathrm{d}E\left[\cosh\left(\frac{E-eU}{kT}\right)+1\right]^{-1}[1+A(E)-B(E)] \tag{9.33}$$

在极低的温度极限($T\to 0$)情况下，双曲余弦变成了一个δ函数，即在极低的温度下，微分的电导系数直接产生了接触的电流传输。

图9.8所示为势垒因数为 Z 的一些 I-U 特征参数和对应的 $\mathrm{d}I/\mathrm{d}U$ 微分曲线。对一个 $Z=10$ 的强势垒，曲线代表隧道特征，例如对一个正常导体-氧化

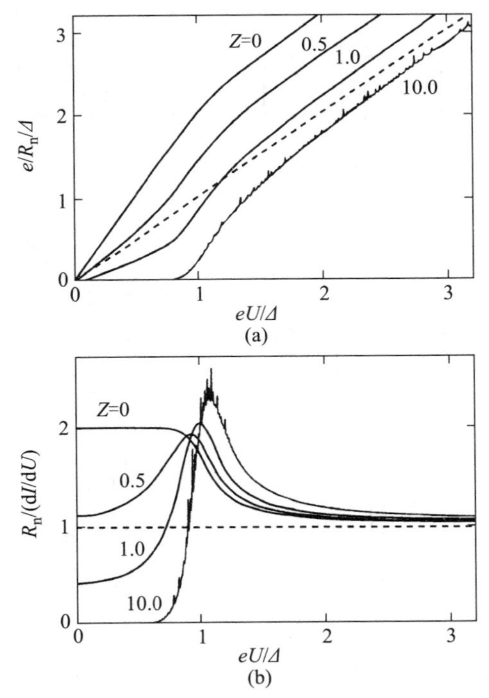

图9.8 通过在归一化一些假设的势垒强度 Z 情况下应用的电压 eU/Δ 计算的 I-U 参数(a)和微分的电导系数 $\mathrm{d}I/\mathrm{d}U$(b)。虚线代表有正常电阻 R_n[9.8]的正常连接处的行为

物-超导体结。势垒强度 Z 在零电压的情况下($U=0$)对电导系数微分 dI/dU 有很大的影响[图 9.8(b)]。如果归一化到正常的电阻值 R_n，dI/dU 的值在 0~2 之间，Z 的值在 10~0 之间。对于没有势垒($Z=0$)的情况，归一化的电导系数是正常接口的两倍。与通过界面的只有单个电子的传输相比，Andreev 反射使通过逆反射(和超导体库珀对)形成的电流加倍。

9.2 具有弹道传输行为的约瑟夫森结

9.2.1 约瑟夫森效应

在 9.1.4 节中描述的超导体-正常导体接口的类型已经引起了研究人员对约瑟夫森效应[9.4]的研究兴趣。原则上有两种约瑟夫森结：隧道结[图 9.9(a)]中，两个导体被一个薄的绝缘层分开(即一个有很大带隙的半导体，例如 Al_2O_3)。这里通过势垒的输运可以大致描述为库珀对轨迹或者单电子通过势

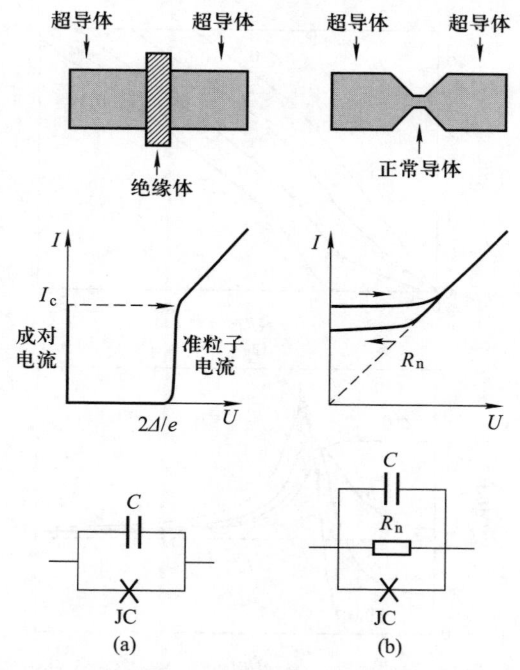

图 9.9 两类约瑟夫森结(JC)的示意图及其 $I(U)$ 等效电路图：(a) 有绝缘层的隧道结；(b) 有正常传导桥的弱连接(正常的欧姆电阻 R_n)。在切断了临界电流 I_c 或者从电流传输态接近 I_c 时，在 $I(U)$ 参数中发现了滞后的弱连接。这个滞后的部分原因是结的电容量 C 和在电流传输中电阻的加热效应($U>0$)

垒。第二种结为一个“弱连接”，例如一种超导体材料或者一种有正常金属导电性的非超导的金属材料的局域限制(比超导体的相干长度要薄)，把两个超导体区域分开[图 9.9(b)]。两种类型的结的等效电路图的不同之处在于存在的弱连接(包含超导体-正常导体-超导体结)，接口的正常的欧姆测量必须采取一个额外的电阻 R_n 与接口平行。这两种类型的结的电流-电压特性 $I(U)$ 的精细的定义方式不同。对于隧道结，当电流由于库珀对达到临界电流时，传导被切断。当施加额外的偏压允许电子在 $2\Delta/e$ 穿过时，传导重新开始。另一方面，对于弱连接，即使在切断库珀对电流之后[图 9.9(b)]，夹层的欧姆行为允许有限的电流。

为了解释这些约瑟夫森结的基本行为，即约瑟夫森结的起因，两个超导体的耦合可以用唯象的方式来描述。两个超导体的 BCS 波函数的相 ϕ_1 和 ϕ_2(左侧和右侧)以一种良好的前后连贯的方式连接。忽略所有的原子的细节，唯一的条件是左、右两个超导体的多体的 BCS 波函数 ψ_1 和 ψ_2 存在重叠。波函数 ψ_1 和 ψ_2 必须形成一个而且相同的相干函数。

在这种情况下，BCS 波函数 ψ_1 和 ψ_2 可以被认为通过绝缘的或者正常的传导屏障用唯象耦合常数 K 耦合。表达式 $K\psi_1$ 和 $K\psi_2$ 在一个或者其他超导体中的总能量贡献和耦合哈密顿量可以写为

$$\frac{\partial \Psi_1}{\partial t} = -\frac{\mathrm{i}}{\hbar}\left[\left(E_1 + \frac{eU}{2}\right)\Psi_1 + K\Psi_2\right] \tag{9.34a}$$

$$\frac{\partial \Psi_2}{\partial t} = -\frac{\mathrm{i}}{\hbar}\left[\left(E_2 - \frac{eU}{2}\right)\Psi_2 + K\Psi_1\right] \tag{9.34b}$$

E_1 和 E_2 是没有通过库珀对交换耦合的两个超导体的总能，eU 考虑了一个额外偏压应用于对称的接口处，通过不被扰动的 BCS 波函数插入到式(9.34a)和式(9.34b)得到一个微扰的典型解

$$\Psi_1 = \sqrt{n_{C1}}\,\mathrm{e}^{\mathrm{i}\phi_1} \tag{9.35a}$$

$$\Psi_2 = \sqrt{n_{C2}}\,\mathrm{e}^{\mathrm{i}\phi_2} \tag{9.35b}$$

n_{C1} 和 n_{C2} 分别为两种超导体中库珀对的密度。通过计算[9.4]随后产生了一级约瑟夫森方程

$$\dot{n}_{C1} = \frac{2K}{\hbar} n_{C1} \sin\left(\phi_1 - \phi_2\right) = -\dot{n}_{C2} \tag{9.36}$$

其中涉及在两个超导体中的两个 BCS 波函数的相位差 $\varphi=\phi_1-\phi_2$(对于库珀对密度 n_{C1} 和 n_{C2} 的变化率)。由于库珀对密度的变化率 $\dot{n}_C$ 与电流的流量 $j=e\dot{n}_C$ 相关，库珀对在两个超导体中的电流密度为

$$j = j_C \sin\varphi \tag{9.37}$$

它依赖于描述两个超导体的 BCS 波函数的相位差和临界电流密度

$$j_C = \frac{4Ke}{\hbar} n_{C1} \tag{9.38}$$

j_C 为在这种阻抗较小的载流子输运消失和单粒子出现之前通过接口的最大的库珀对的电流密度。在 j_C 最大值处切断超电流，同时在接口处建立了一个额外的电压 U。这个电压引起两个超导体的相位差 φ 的改变。这个效应用二级约瑟夫森方程表示

$$\dot{\varphi} = \frac{2e}{\hbar} U \tag{9.39}$$

它是用与推导计算式(9.36)相同的方法得到。通过式(9.39)，额外偏压 U 的高度决定了两个超导体相位差的变化速率。整合式(9.39)结果并代入式(9.37)中产生了一个振荡电流，密度为

$$j = j_C \sin\left(\frac{2eU}{\hbar} t + \varphi_0\right) \tag{9.40}$$

它的振荡频率 $\omega_J = 2eU/\hbar$ 可以由额外电压 U 控制。在这种情况下，一个约瑟夫森结可以作为一个高频电压发生器 $\omega_J/U = 483.6\ \text{MHz}/\mu\text{V}$。

9.2.2 约瑟夫森电流和 Andreev 能级

尽管对于两个约瑟夫森方程来说，通过界面的载流子输运并不需要详细的解释；约瑟夫森电流的性能图需要用库珀对和在接口界面处准粒子的原子描述。

下面我们考虑为一个超导体-正常导体-超导体约瑟夫森结建立的一个简单一维模型。因为在最近一些有趣的工作中，正常导体用半导体异质结中掺杂了 2DEG 的调制解调器表示(第 8 章)，所以对于弱连接的电子平均自由程(对于弹性和非弹性散射)在低温时可以达到几微米。超导体的相干长度 ξ 和 2DEG 势垒的厚度 d(沿着电流的路径)都是典型的 100~300 nm，而且都小于电子的平均自由程。这样的结称为“洁净极限”，同时，弱连接(2DEG)的弹道载流子输运发生。在超导体和正常导体的界面处，如 9.1.4 节中的计算模型一样，假设能量高度为 H(图 9.10)的势垒为 δ 型。这个接口的理论研究类似于单独的界面(9.1.4 节)。Bogoliubov 方程(9.11a)、(9.11b)、(9.13)用 9.1.4 节中的分析可以写为下面的形式：

$$\begin{pmatrix} \mathscr{H}(x) & \Delta(x) \\ \Delta(x) & -\mathscr{H}(x) \end{pmatrix} \boldsymbol{\Psi} = E\boldsymbol{\Psi} \tag{9.41a}$$

和

$$\boldsymbol{\Psi} = \begin{pmatrix} u(x) \\ v(x) \end{pmatrix} \tag{9.41b}$$

$$\mathscr{H}(x) = -\frac{\hbar^2}{2m}\frac{\mathrm{d}^2}{\mathrm{d}x^2} + H[\delta(x) + \delta(x-d)] - E_F \tag{9.41c}$$

如式(9.25a)、式(9.25b)中，势垒高度 H 可以用维度势垒强度参数 $Z=H/\hbar v_F$ 或者 $H=Z\hbar p_F/m$ 表示。

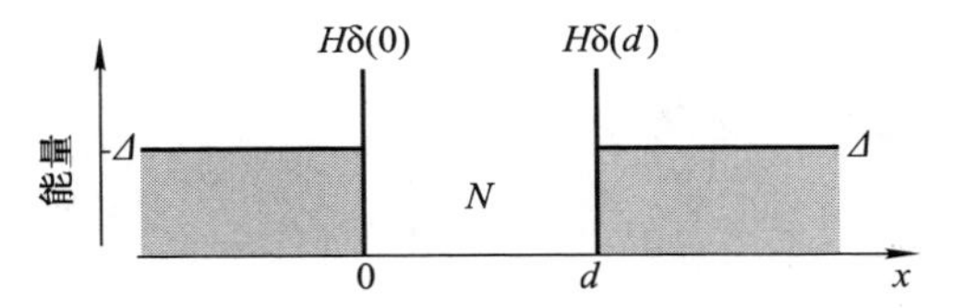

图 9.10　超导体-正常导体-超导体约瑟夫森结的能量示意图。假设成对势(超导体带隙)Δ 在界面处突然改变

与 9.1.4 节相比，只考虑单个超导体(成对势 Δ)。对于两个超导体 S_1 和 S_2，不同的相 ϕ_1 和 ϕ_2 已经不仅对它们的波函数有贡献而且对相关的成对势也有贡献。假如两个超导体被一个比相干长度 ξ 小的势垒分离，在 S_1 和 S_2 相之间存在确定的相关系。由于只有差别 $\phi_1-\phi_2=\varphi$ 有物理意义，成对势可以假设为($\phi_1=0$)

$$\Delta(x) = \begin{cases} \Delta_0, & x < 0 \quad (S_1) \\ 0, & 0 < x < d \quad (N) \\ \Delta_0 e^{i\varphi}, & x > d \quad (S_2) \end{cases} \tag{9.42}$$

在 9.1.4 节中，波函数和它们的分离已经在 $x=0$ 和 $x=d$ 两个界面处匹配得很好，所以产生的条件为

$$\Psi_{SC}(x=0^-) = \Psi_{NC}(x=0^+) = \Psi(0) \tag{9.43a}$$

$$\Psi_{NC}(x=d^-) = \Psi_{SC}(x=d^+) = \Psi(d) \tag{9.43b}$$

$$\frac{\hbar^2}{2m}\Psi'_{NC}(x=0^+) = -\frac{\hbar^2}{2m}\Psi'_{SC}(x=0^-) = \frac{\hbar^2 p_F}{2m}Z\Psi(0) \tag{9.44a}$$

$$\frac{\hbar^2}{2m}\Psi'_{SC}(x=d^+) = -\frac{\hbar^2}{2m}\Psi'_{NC}(x=d^-) = \frac{\hbar^2 p_F}{2m}Z\Psi(d) \tag{9.44b}$$

为方便起见，假设 3 种材料的有效电子数是相等的，平面波的解在超导体和正常导体中都是适用的。在正常的导体中，电子和空穴态的波矢都类似于式(9.18a)

$$\hbar q^{\pm} = \sqrt{2m(E_F \pm E)} \tag{9.45}$$

对应的超导体中的电子型和空穴型的准粒子具有波矢

$$\hbar k^{\pm} = \sqrt{2m(E_F \pm \sqrt{E^2 - \Delta^2})} \tag{9.46}$$

(+)是应用于准电子的情况。对于相干耦合的超导体，Bogoliubov 方程的特征向量也用 $\phi_1-\phi_2=\varphi$ 来区分不同的相。因此，可得到约瑟夫森函数完整的波函数

$$
\Psi(x)\begin{cases}
=A\begin{pmatrix} v\mathrm{e}^{\mathrm{i}\phi_1} \\ u \end{pmatrix}\mathrm{e}^{\mathrm{i}k^-x}+B\begin{pmatrix} u\mathrm{e}^{\mathrm{i}\phi_1} \\ v \end{pmatrix}\mathrm{e}^{-\mathrm{i}k^+x}, & x<0(S_1) \\
=\left.\begin{matrix}\alpha\begin{pmatrix} 1 \\ 0 \end{pmatrix}\mathrm{e}^{\mathrm{i}q^+x}+\beta\begin{pmatrix} 1 \\ 0 \end{pmatrix}\mathrm{e}^{\mathrm{i}q^+(x-d)}+ \\ \gamma\begin{pmatrix} 0 \\ 1 \end{pmatrix}\mathrm{e}^{\mathrm{i}q^-(x-d)}+\delta\begin{pmatrix} 0 \\ 1 \end{pmatrix}\mathrm{e}^{-\mathrm{i}q^-x}\end{matrix}\right\}, & x<0<d(N) \\
=C\begin{pmatrix} u\mathrm{e}^{\mathrm{i}\phi_2} \\ v \end{pmatrix}\mathrm{e}^{\mathrm{i}k^+(x-d)}+D\begin{pmatrix} v\mathrm{e}^{\mathrm{i}\phi_2} \\ u \end{pmatrix}\mathrm{e}^{-\mathrm{i}k^-(x-d)}, & x>d(S_2)
\end{cases}
\tag{9.47}
$$

$+k^+$ 和 $+k^-$ 表示的是准电子和准空穴在超导体中在 x 方向的净电流，$-k^+$ 和 $-k^-$ 属于在 x 轴负方向的准粒子电流。

电子型和空穴型的分矢量为

$$
2u^2=1+\frac{\sqrt{E^2-\Delta^2}}{E} \tag{9.48a}
$$

$$
2v^2=1-\frac{\sqrt{E^2-\Delta^2}}{E} \tag{9.48b}
$$

一般来说，在超导体中，$|\Delta|\ll E_{\mathrm{F}}$。然而，对于短接触($d<\xi$)，传播产生的电子和空穴沿 d 方向的相差是可以忽略的。因此我们可以假设，用良好的近似，类似式(9.22)

$$
k^{\pm}\approx q^{\pm}\approx k_{\mathrm{F}} \tag{9.49}
$$

计算式(9.23)~(9.28d)之后，将近似式(9.49)的波函数[式(9.47)]插入到匹配条件式(9.43a)~(9.44b)中，产生了两个能量本征值来描述约瑟夫森连接；

$$
E_{\pm}=\pm\Delta_0\sqrt{\frac{\cos^2(\varphi/2)+4Z^2}{1+4Z^2}} \tag{9.50}
$$

$\varphi=\phi_1-\phi_2$ 为两个超导体的 BCS 多体波函数的相差，Z 为用来描述假设的界面势垒高度的参数($Z=0$ 描述消失的势垒)。

$E_{\pm}$ 为势垒强度 Z 的本征能量，在图 9.11(a)中表示两个超导体间的相差。必须注意的是，通过一级约瑟夫森方程(9.37)，某一相差 φ 与一特殊的约瑟夫森电流直接相关，该电流在流动时没有任何电阻($U=0$)。依赖于约瑟夫森电流的强度(它表示通过接口的库珀对的输运)的能量本征值是不同的。通过解薛定谔型的准粒子、电子和空穴态[式(9.47)]的 Bogoliubov 方程(9.41a)~

(9.41c)来推导式(9.50)，半导体量子势阱的量子约束态有一些相似的本征值。特别地，由于 $E_{\pm}$ 能级进入一个能量范围 $|E_{\pm}|<\Delta_0$，左侧和右侧的超导体不提供能量态。但是与半导体能量势阱相比，$E_{\pm}$ 携带一个电流，它们是电子和 Andreev 反射空穴态的叠加。每次电子从正常导体侧接近超导体界面，便形成一个 Andreev 空穴(至少在 $Z=0$ 时)，而且一个库珀对变成超导体。基于基础物理，能量本征值 $E_{\pm}$ 称为 Andreev 能级。在左侧和右侧的每一个界面处，通过多体 Andreev 反射，库珀对从超导体(1)流动进入超导体(2)，并在能量低于超导体带隙 Δ_0 时通过正常的导体。这个机制基于正常传导部分的分离 Andreev 能级的存在，然后建立了约瑟夫森电流的主要部分。

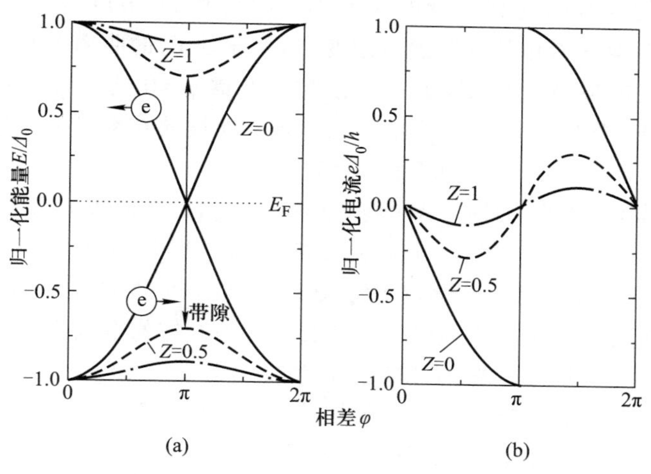

图 9.11 (a) 有超导体带隙 Δ_0 的归一化的 Andreev 能级，这个带隙是弹道弱连接的约瑟夫森结在两个超导体 BCS 基态波函数的相差 φ 的函数，计算中假设不同的势垒强度为 Z，电子移动的方向用箭头表示，与相应的 Andreev 能级对应；(b)在所有方向的约瑟夫森电流和相差 φ

在有限的温度下，超导体的准粒子激发也会发生而且会贡献一些连续电流给约瑟夫森电流。特殊的 Andreev 能级携带的电流的定量描述由下式推导，电流和电压决定了电流流过的能量：

$$E=\int \mathrm{d}tIU \tag{9.51a}$$

当然，式(9.51a)是在切断超电流之后 IU 特性[图 9.9(b)]的唯一有效的电压态。然而，对于弱连接结，低于超导体带隙的在小电压的电流类似于约瑟夫森电流[图 9.9(b) 和图 9.16]。对于准粒子电流区域，我们可以用二级约瑟夫森方程(9.39)插入式(9.51a)后得到

$$E = \frac{\hbar}{2e}\int dt\varphi I \tag{9.51b}$$

微分得到

$$I = \frac{2e}{\hbar}\frac{dE}{d\varphi} \tag{9.52}$$

基于一些更普遍的假设，在没有压降发生的结的超电流区域，可以导出式(9.52)。

在确定图 9.11(a)中的 Andreev 能级能量 E[式(9.51b)]的情况下，相关电流(包含超电流和弹道准粒子电流)遵循 $E_{\pm}(\varphi)$曲线。通过式(9.52)，得出作为相差 φ 的函数的约瑟夫森电流大小，如图 9.11(b)所示。在相差 π[图 9.11(a)]，约瑟夫森电流变化通过改变在 $\varphi=\pi$ 处 $E_{\pm}$的曲率来改变其符号。对于界面处有限的势垒高度($Z>0$)，在准粒子波谱 $\varphi=0$ 处，简并消失，伴随着在 $E_{\pm}(\varphi)$曲线[图 9.11(a)]一个能带的出现，曲线的斜率减小而且超电流也相应地减小[图 9.11(b)，$Z=0.5$ 和 $Z=1$]。

在温度为 0(即 $T=0$)时，Andreev 能级只占据费米能级 E_F，这个能级位于超导体能带 $2\Delta_0$ 的中间位置。随着温度的升高，Andreev 能级被占据(甚至在 $E>E_F$ 的位置)。由于能量 $E>E_F$ 的 $E_{\pm}(\varphi)$曲线的斜率在低于 E_F 时反向，方向相反的额外的电流产生，因此降低了约瑟夫森的总体的电流。这个效应直接解释了约瑟夫森电流随着温度的升高被抑制的作用。

这里的计算模型只能应用于薄的约瑟夫森结的情况，即中间长度 L，正常的传导势垒(2DEG)远远小于超导体的相干长度($L\ll\xi$)。更普遍的方法是采用投射矩阵法[9.12]，这种方法可以用来计算宽的结的 Andreev 能级。在半导体量子阱中，更宽的结(即更少的限制)使 Andreev 能级之间更接近。不止两个能级适合于这种连接，而且约瑟夫森电流的传输不只靠一个低于 E_F 且被占据的 Andreev 能级。

此外，还存在着比这里提出的更接近实际的计算模型。在一些特殊的模型中，也考虑了超导体-半导体界面的费米速度不匹配情况[9.12]，载流子的动力学不止局限于一个方向，而且允许在 2DEG 平面的 $\boldsymbol{k}$ 矢量的所有可能方向[9.13]。

9.2.3 亚简谐能隙结构

在超导体-正常导体-超导体结的多重 Andreev 反射模型内，我们期望在两个超导体 S_1 和 S_2 的波函数没有耦合的情况下出现有趣的效应，例如，当势垒厚度 d 超过超导体的相干长度时。我们假设弹道传输发生在势垒(掺杂了 2DEG 的调制)，换句话说，我们假设那些弹性和非弹性的散射长度超过了势

垒的厚度 d。

如果结在电压输运态，即临界约瑟夫森电流已经超过但是额外的偏压小于两个超导体平衡带隙，电流输运通过的结构可以用一个理想的示意图描述，如图 9.12 所示。假设界面处没有势垒，则电子的正常的反射对比于 Andreev 反射可以忽略。电子场 $-U/d$ 的方向被标记，正常传导势垒(2DEG)的电子被加速到右侧，然而，Andreev 反射空穴被加速到左侧。与典型的半导体能带图不同，图 9.12 中额外的电压不代表相对的电子能带的迁移，而是在能带位置图中的一个倾斜的载流子的轨迹。在界面处的 Andreev 反射之间，粒子沿 Andreev 阶梯上升或者下降。当然，Andreev 反射表示了在超导体中库珀对的产生和消失，这取决于在超导体界面处 Andreev 反射是一个电子还是空穴。所以有一个整体的库珀对交换，即通过结的电流传输。只要在超导体-正常导体界面处粒子能量在超导体带隙的范围，理想的 Andreev 反射便会发生。如果额外的电压降低，在 Δ_0 以上、$-\Delta_0$ 以下，粒子能够以一个准粒子进入超导体之前，越来越多的 Andreev 反射就有可能得到或者失去能量。电子或者空穴作为准粒子进入超导体在带隙边[图 9.3(c)]态密度的峰值区域。通过结的所有的电流会在这个特殊的电压处增大，而且一个特殊的峰在电流-电压曲线 $I(U)$ 中出现。从图 9.12 可知，这个情况发生在特殊的不连续的额外电压 U_n 处

$$2\Delta_0/en = U_n, \quad n = 1, 2, 3, \cdots \tag{9.53}$$

这些次谐波带隙结构[9.9, 9.10, 9.14]已经在实验中发现，Nb-2DEG-Nb 异质结中的情况将在 9.3.3 节中进行讨论。

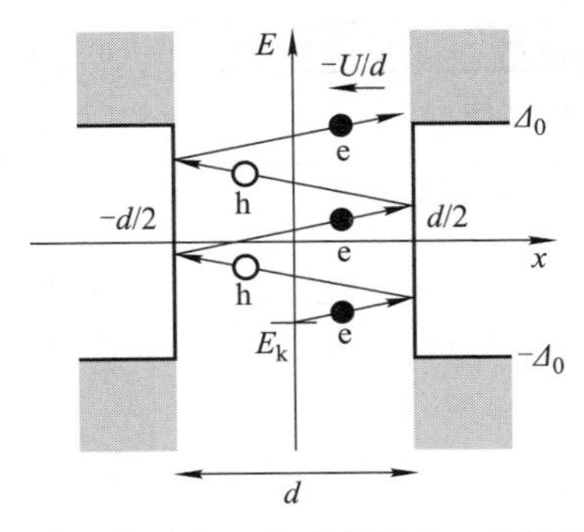

图 9.12　在能级图 $E(x)$ 中，粒子(e、h)在超导体-正常导体-超导体结的 Andreev 反射和正常反射的轨迹图，电子场 U/d 的行为用倾斜的轨迹表示

9.3　超导体-半导体 2DEG-超导约瑟夫森结的实验例证

除了过去的约瑟夫森结的完善的传统工作，更详细地理解超导体-正常导

体-界面原子论的出现引起了一些新的兴趣。在实验方面，在半导体异质结中高迁移率的 2DEG 在正常传导弱连接中是可用的。一篇很好的综述和许多关于这个课题的最新文献报道可以在参考文献[9.15]中找到。在现有的背景下，最近只有一个实验研究，它就是 Schäpers 等人所开展的。由于其给出了相关的在 9.2.1~9.2.3 节讨论的一个或者相同类型的弹道约瑟夫森结[也就是 Nb-2DEG(InGaAs/InP)-Nb 多重异质结]大部分的理论方面的结果，所以以它作为例子。

9.3.1 Nb-2DEG-Nb 结的制备

为了保证在 2DEG 隧道(Nb 超导体接触间的势垒)高的电子迁移率和在超导体-正常导体界面没有耗尽空间电荷层良好的电子接触，通过调制掺杂并将含有 $In_{0.77}Ga_{0.23}As$ 的半导体异质结作为制备结的基础材料[9.15，9.16]。层状结构(图 9.13)是用低压金属-有机气相外延(low pressure metal-organic vapor phase epitaxy，LP-MOVPE)的方法得到的。这种异质结通常产生低温(1.4 K)迁移率在 400 000 $cm^{-2}/(V \cdot s)$左右的二维电子，在轨道中的浓度约为 7×10^{11} cm^{-2}。包含高迁移率 2DEG 轨道半导体异质结的结构用电子光刻技术(例如宽度为 300~800 nm 的小棍从在左边和右边)并采用超导的 Nb 接触得到。

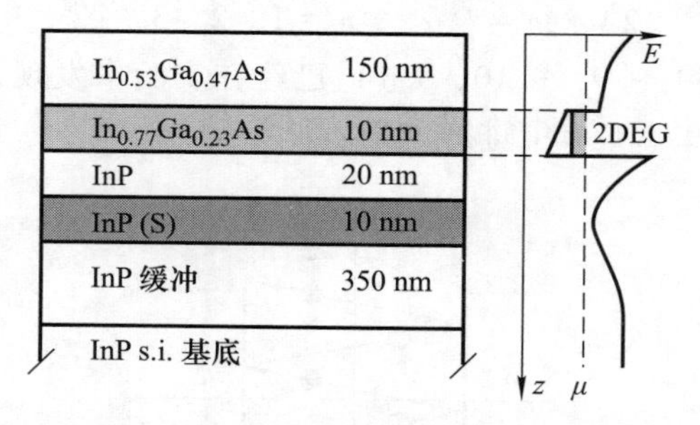

图 9.13　优化的 InGaAs/InP 半导体层结构(左侧)和用来实现 Nb-2DEG-Nb 约瑟夫森结[9.15，9.16]2DEG 弱连接的导带轮廓

如图 9.14 所示，CH_4/H_2 的反应离子刻蚀(reactive ion etching，RIE)用来形成在 Ti 膜下面的平台。随后用 Ar^+ 在一个 UHV 腔中溅射来清洁，这个步骤对于得到在超导体-正常导体(2DEG)结处足够低的界面势垒是十分必要的。Nb 层提供的超导接触($T_c = 8.9$ K，$\Delta_0 = 1.35$ meV)用相同的 UHV 系统在原处蒸发。Nb 电极的几何定义用二级电子束光刻技术及与第一种模式对齐。Ti 腐蚀膜用于 Nb 层的 RIE(SF_6)过程。

图 9.15 所示为样品的扫描电子显微镜照片(附录 V)。由此可以看出 InP 表面被 In 液滴覆盖，这是由于 Ar 溅射引起了磷的缺失。为了研究约瑟夫森效

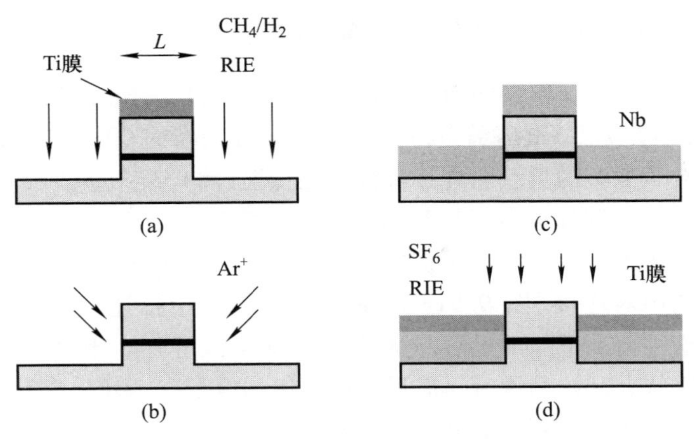

图 9.14　用来制备图 9.13 中 Nb-2DEG(InGaAs/InP)-Nb 约瑟夫森结的步骤：(a) 半导体线结构(弱连接的)的 CH_4/H_2 反应离子刻蚀(RIE)；(b) Nb 层沉积前的 Ar^+ 溅射清洁；(c) Nb 沉积；(d) 用电子束刻蚀和 SF_6 离子刻蚀(RIE)得到的 Nb 电极的几何定义

应、Andreev 反射等，如图 9.15 所示，样品可以用于两个端口的器件；但是一个与 2DEG 连接的第三个电接触在两个 Nb 超导体间形成了正常导体的势垒，这引起了对额外效应的研究(由于电流进入正常导体势垒)。这个三级电连接通过允许一个 Ni/Au：Ge/Ni 连接进入图 9.15 中上面或者下面的一个很大的区域平台而得到，这个平台包含了与平台表面平行的 2DEG。Nb 连接的临界温度为 8.9 K，意味着所有的电输运的测量与约瑟夫森电流必须在 $T \leqslant 1$ K 的温度范围。

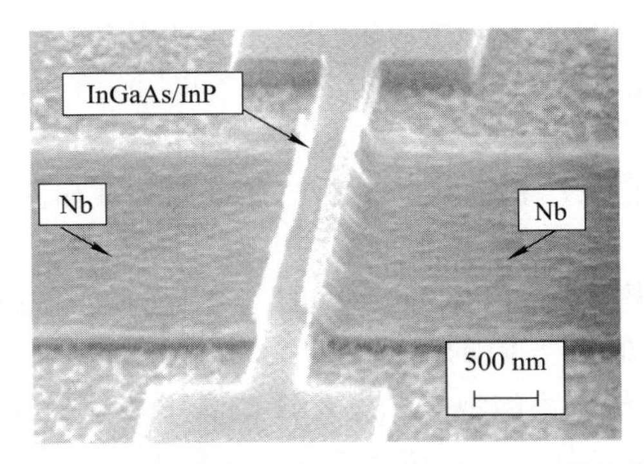

图 9.15　长度 L 为 450 nm，宽度 W 为 2 μm [9.14, 9.15]的典型的 Nb-2DEG (InGaAs/InP)-Nb 弱连接约瑟夫森结的扫描电子显微镜照片

9.3.2 通过 Nb-2DEG-Nb 结的临界电流

通过测量 9.3.1 节制备的 Nb-2DEG(InGaAs/InP)-Nb 的约瑟夫森结，电流-电压特征参数 $I(U)$ 给出了当临界超电流 I_c 被切断时(图 9.16)在电压承载态的有限准粒子电流的典型弱连接特征。在低温(≤1.3 K)下，参数 $I(U)$ 显示一个明显的滞后。测量从高压处开始，进行到低压时产生了一个返回电流 I_r，这个电流要小于 I_c。I_r 是当结从准粒子进入超导态时流动的电流。与 I_c 和 I_r 相关的滞后不能用弱连接[图 9.9(b)]的平衡电流图中描述的结的电容量来解释。当前，这种情况下结的电容量太小以至于无法解释。Heida [9.18] 指出，当在电压承载状态开始测量时，滞后效应可以用电子在 2DEG 中有效激发来解释。加热源于电子在 2DEG 中由于多重的 Andreev 反射的分散函数加宽。

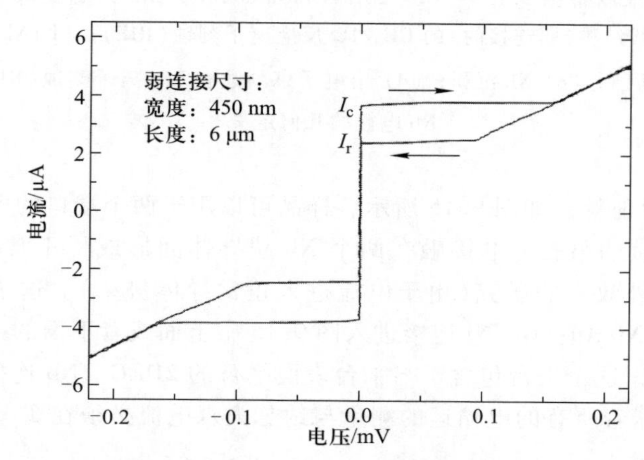

图 9.16　结(类似于图 9.14)在温度低于 0.3 K 时测量得到的电流-电压特征曲线。滞后上升和下降的分支用箭头表示(与图 9.9 中一样)。临界电流 I_c 和返回电流 I_r 之间的滞后很可能是由于在电压输运状态[9.17]中电子激发产生的

实验测量临界电流 I_c 和返回电流 I_r 与温度的关系如图 9.17 所示。Takayanagi 和 Akazaki 第一次测量了相似的结的类似特征[9.19]。如在 9.2.2 节中讨论的一样，在超导体-正常导体-超导约瑟夫森结的临界电流与温度的依赖关系中，可以用相反电流方向的 Andreev 能级占据与温度的关系来解释(图 9.11)。I_c 在低温时的微小的饱和已经定性地表明在超导体-正常导体界面处存在有限的势垒。势垒提升了在费米能级 E_F 接触的 Andreev 能级的简并，并且形成了一个间隙。为了占据 E_F 之上的 Andreev 能级，间隙必须通过热激发来克服[图 9.11(a)]。只有在到达激发能级之后，临界电流 I_c 开始随着温度的升高而减小，才可以解释饱和现象。

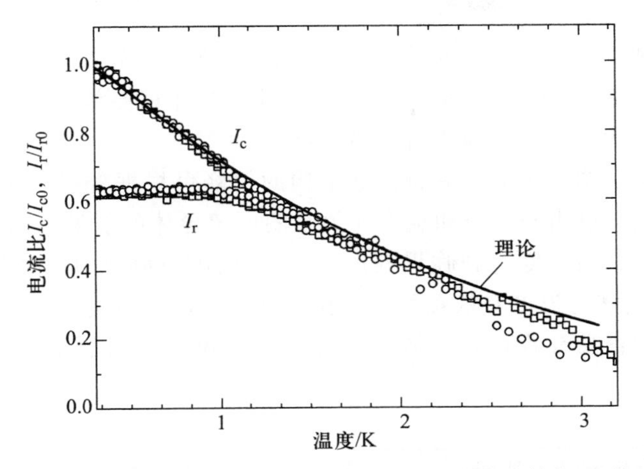

图 9.17　在图 9.15 中的 Nb−2DEG(InGaAs/InP)−Nb 约瑟夫森结[9.17]上测量的归一化的临界电流 I_c/I_{c0} 和归一化的返回电流 I_r/I_{r0} 与温度的关系图。理论的曲线(实线)是基于 Andreev 能级占据与温度的关系通过 Chrestin 等的模型计算得到[9.13]

图 9.17 中的理论曲线是以 Andreev 能级占据与温度的关系为基础计算得到的，与实验得到的结果拟合得非常好。与 9.2.2 节中的简单计算模型相比，图 9.17 中的理论分析考虑了两个超导体电极的一个二维的隧道[9.13]。Chrestin 等[9.13]的模型更进一步地考虑了费米波矢量的不匹配和在超导体−正常导体界面处的 δ 型势垒的情况(如图 9.17 所示)。

实验数据点和图 9.17 中的理论曲线拟合得很好，这表示完全可以用多重的 Andreev 反射和 Andreev 能级占据与温度的关系来理解约瑟夫森电流通过弹道结。

9.3.3　电流载荷区

在 9.2.3 节中，一个弹道 Nb−2DEG−Nb 约瑟夫森结的多重 Andreev 反射的电流载荷区引起了在特征参数 $I(U)$ 中的一个次谐波间隙结构。这些结构在微分电阻 dU/dI(图 9.18)测量的过程中发现。通过实验曲线的斜率变化，在接近理想值 $eU_n = 2\Delta_0$，Δ_0，$2\Delta_0/3$[式(9.53)]产生了光谱结构。尽管理论曲线的光谱调制较为明显，实验测得的曲线可以用一些计算的 dU/dI 曲线很好地再现。对于 dU/dI 的计算，采用了 Octavio−Tinkham−Blonder−Klapwijk(OTBK)模型[9.20]。这里的电流是在玻尔兹曼方程的基础上计算得到的，而且在正常导体−超导体界面的弹性散射引入了一个 δ 型的势垒。这个势垒的强度用势垒因数 Z[式 9.25(b)]表示，非弹性散射没有考虑。这或许可以解释与理论计算相比实验中的光谱不明显的原因。界面的粗糙度会导致界面处的扩散散射，也会引起非弹性散射。

实验和理论间存在一些差异：一个最小值（在 $eU=1.2\Delta_0$ 处）和一个加宽的最大值（在 $1.55\Delta_0$ 处）在实验中被发现，但是在计算曲线中没有发现对应的值。这一现象的解释可能需要引入邻近效应[9.21]。

进一步确认图 9.18(a)中的光谱结构的解释可根据变温测量图 9.18(b)。这里给出了微分电阻与压降和温度的关系图。超导体的能带 $\Delta(T)$ 表现出与温度的依赖关系，当温度达到临界温度 T_c 时，间隙下降到 0；次谐波间隙结构[式(9.53)]仍然与温度有依赖关系。在图 9.18(b)中确实观察到了这个现象，但是在 $2\Delta_0$ 位置没有看到光谱结构。同理想的 BCS 行为的差别可能是由于结处的热效应。

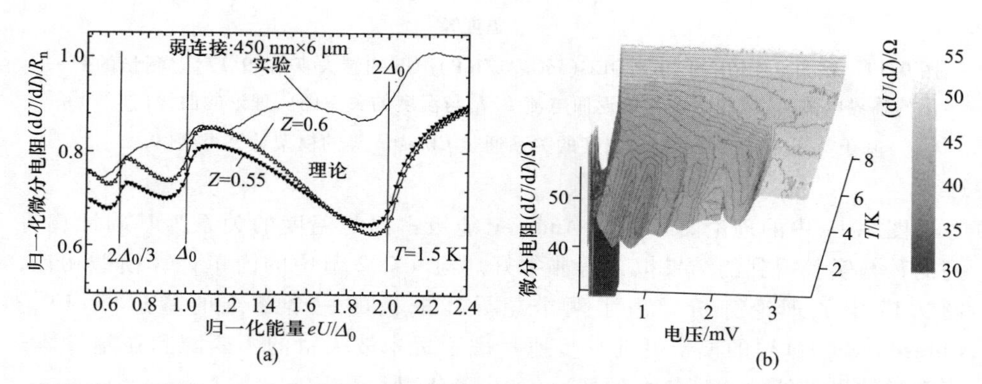

图 9.18 (a)图 9.15 中的弹道 Nb-2DEG(InGaAs/InP)-Nb 约瑟夫森结的归一化微分电阻$(dU/dI)/R_n$ 对归一化偏压 eU/Δ_0 的图，测量温度 $T=1.5$ K，运用的是电流输运原则[9.15]。两个不同的势垒因数 Z 的理论曲线是以 Octavio-Tinkham-Blonder-Klapwijk 模型[9.20]为基础计算得到的。(b)不同电压和温度的微分电阻图。等高线描画一个恒定的 dU/dI 值[9.15]

9.3.4 非平衡载流子的超流控制

如在 9.2.2 节中一样，依赖温度的临界约瑟夫森电流是由于携带了方向与超电流相反的 Andreev 能级的变化。如果在费米能级 E_F 之上的被注入的热电子通过三级连接 2DEG 形成两个 Nb 超导体电极的弱连接并占据 Andreev 能级，便会有一个相似的效应产生。图 9.19 所示为用图 9.15 中的样品所设计的实验方案。

实验方案类似于场效应晶体管电路，一个基本的电流 I_B 控制了发射器和收集器的电流 I_{EC}，I_{EC}是在两个 Nb 电极(E、C)间的约瑟夫森超电流。从测量的在电流 I_B(图 9.20)控制下的 $I_{EC}(U_{EC})$曲线特性可知，正向和反向的临界电

流 I_{c+}和 I_{c-}随着 I_B 从 0 增大到 0.2 μA 而明显地受到抑制。正如从图 9.20 中看到的一样，从 I_{c+}和 I_{c-}随控制电流 I_B 的变化图(图 9.21)更清楚地看到在正向和反向电流存在一个微小的不对称。定义 $I_c=(I_{c+}-I_{c-})/2$ 为临界电流，而 $I_{offset}=(I_{c+}+I_{c-})/2$ 为节点处的补偿电流，发现 I_c 从~1.5μA 迅速减小到~1 μA。注入电流 I_B 最初通过大于 10 的放大因子来控制超电流 I_c。对于更高的结电流来说，降低的 I_c 越小。在这个意义上，电流放大是针对一个超导体-半导体杂化器件来说，如图 9.15 和图 9.19 所示。补偿电流描述了图 9.20 中曲线的不对称性，因为实际上结的超导体态中所有的 Nb 电极都是在相同的电势处。因此，部分结电流流进相反(E 发射器)的电极(图 9.19 中的虚线)，然后转变成超电流进入(收集器)电极 C。实际上，由于这种特殊的结的界面处不同的透射系数，电流的贡献首先进入 E 接触的方向，超过的直接流进接触 C；补偿电流 $I_{offset}(I_B)$ 曲线的斜率为 0.7 而不是对称结的-0.5。

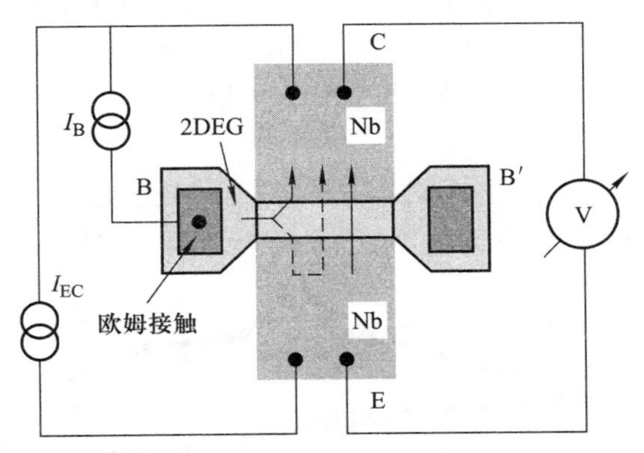

图 9.19　在 Nb-2DEG(InGaAs/InP)-Nb 约瑟夫森结的 3 个终端测量实验方案示意图。Nb 连接 C(用作普通的基底)和 E 间的弱连接是由在 2DEG 下面的欧姆接触的 B 和 B′的半导体棒构成。箭头表示了结中电流的路径；虚线箭头表示了首先流进相反电极 E 的部分结电流[9.15, 9.16]

通过电流 I_B，超电流 I_{EC} 的强大抑制作用可以用在 2DEG 中的量子化 Andreev 模型进行理解，那些被结电流 I_B 占据的能级超过了它们平衡的占据。在一个简单化的一维的超导体-正常导体-超导体结中，通过式(9.50)可以得到两个 Andreev 界态(图 9.11)。通过求与 Andreev 能级相关的两个电流的贡献，给出了所有的超电流。如果在极低的温度($T\to 0$)和没有额外电子注入($I_B=0$)，只有低的 Andreev 能级占据的情况下，约瑟夫森电流的最大值取决于两个 Nb 超导体 E 和 C 之间相位差 φ。当额外的电子注入($I_B=0$)时，上面的 Andreev 能级也被占据，产生了一个超电流贡献(相反方向，图 9.11)。这个效应引起了所有的约瑟夫森电流的降低。精确的抑制程度决定于沿接触区域的非平

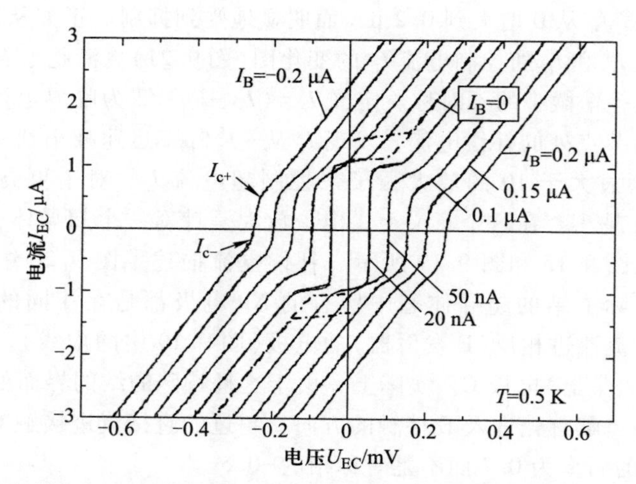

图 9.20　通过图 9.19 设计的实验方案在 $T=0.5$ K 时测得的电流-电压曲线。注入电流 I_B 是可变参量。反向($I_B<0$)和正向($I_B>0$)的控制电流的曲线以 50 μV 的步进相互接近 [9.16]

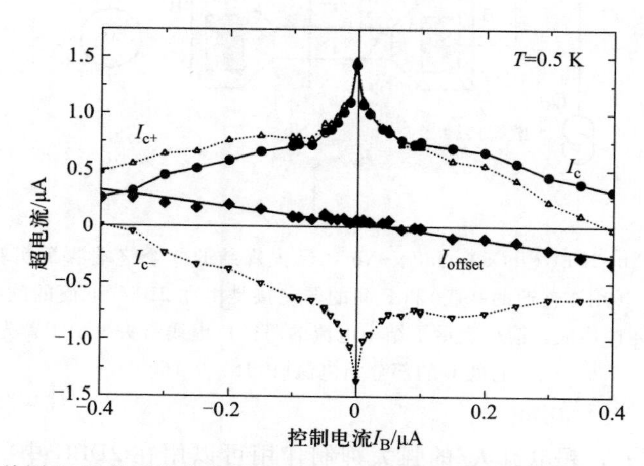

图 9.21　从图 9.20 推导的上临界电流 I_{c+}(△)和较小的临界电流 I_{c-}(▽)与结(控制)电流 I_B 的关系。根据 $I_{c\pm}$曲线，确定了临界电流 I_c(●)和补偿电流 I_{offset}(◆)

衡的分布函数。如果没有一个详细的统计理论处理方法，这个分布只能用猜测的方法。作为一个简单的近似，我们可以假设一个平衡的费米方程在两个接触(假设是平衡的)间的电流路径是线性变化的。尽管定量的描述还没有得到，这个简单的假设给出了一个 I_{EC} 随着 I_B 增大而减小的定性图像。Neurohr 等能够证实电流诱导 I_{EC} 的减小[9.22]。然而，对于结电流 I_B 在 0.1~0.4 μA 时，这样一个加热的效应不能够解释 I_{EC} 的缓慢减小。

9.4 表面与薄膜内的铁磁性

像超导一样，铁磁性和反铁磁性都是固体电子系统的一种集体现象。铁磁性来源于电子的自旋磁矩，其驱动力是一种交换相互作用，用交换相互作用常数 J 描述。变量 J 给出了平行自旋方向和反平行自旋方向的分离电子能级。这种两个自旋方向之间存在的能量差异是由于对称和反对称自旋本征函数分别需要反对称和对称空间波函数(由泡利不相容原理)，从而导致正原子核之间电荷的耗损或增强[9.4]。因此，两个自旋方向上的原子核的库仑作用和屏蔽效应是不同的，这就最终导致了在临界点温度 T_c 以下的铁磁和反铁磁现象。相邻原子之间的铁磁耦合在临界温度以下出现正交换相互作用常数，即 $J > 0$；但是在 MnF_2、FeF_2 和 CoF_2 中发现，相邻原子之间的反平行自旋方向在临界奈尔温度以下出现负交换相互作用常数，即 $J<0$。尤其重要的铁磁体($J > 0$)是 3d 金属 Ni、Co 和 Fe，它们的铁磁性主要是来源于非定磁畴的 3d 电子，这些电子在费米能级 E_F 附近具有较高的态密度。3d 金属系统的界面磁性已经为人们所熟知，因此，这些铁磁材料将是接下来的章节中的焦点。

9.4.1 铁磁性的能带模型

3d 过渡金属的铁磁行为在能带模型中已经充分地描述，这种理论是基于两个可能的自旋方向[向上(↑)和向下(↓)]的电子态密度的考虑。这种模型的潜在物理内涵可以追溯到自由电子气中“交换空穴”的存在[9.4]。由于交换相互作用将抑制具有对称自旋方向的电子而相互接近，在特定电子附近具有相同自旋方向的有效的电子电荷密度就会由于“交换空穴”的存在而减小(图 9.22)。交换空穴的大小约为倒易费米波矢 k_F(通常为 1~2 Å)的两倍。图 9.22 中的有效电荷密度 $\rho_{eff}(r)$ 可以用来建立“重归一化”的薛定谔方程，从而带来 Hartree-Fork 近似。由 Stoner 和 Wohlfarth 发展的铁磁理论能带模型中，根据下式交换关联只是简单考虑了单个电子能量的重归一化：

$$E_{\uparrow}(\boldsymbol{k}) = E(\boldsymbol{k}) - \frac{In_{\uparrow}}{N}$$

$$E_{\downarrow}(\boldsymbol{k}) = E(\boldsymbol{k}) - \frac{In_{\downarrow}}{N} \tag{9.54}$$

其中，$E(\boldsymbol{k})$ 表示一个正常的电子能带结构所具有的能量，$n_{\uparrow}$ 和 $n_{\downarrow}$ 表示相应自旋的电子数目，N 表示原子数目。Stoner 常数 I 描述了由于电子关联导致的能量损失。我们定义 R 为一种自旋类型的电子相对过剩(R 正比于磁化强度 M)

$$R = \frac{n_\uparrow - n_\downarrow}{N} \tag{9.55}$$

因此，按照

$$\tilde{E}(\boldsymbol{k}) = E(\boldsymbol{k}) - I(n_\uparrow + n_\downarrow)/2N \tag{9.56}$$

可以得到以下两个自旋方向的能量：

$$E_\uparrow(\boldsymbol{k}) = \tilde{E}(\boldsymbol{k}) - IR/2$$

$$E_\downarrow(\boldsymbol{k}) = \tilde{E}(\boldsymbol{k}) + IR/2 \tag{5.57}$$

这组方程对应不同自旋的能带(近似地与 k 不相关)分裂。分裂的程度依赖于 R，也就是说，两个子带的相对占据反过来由费米统计给出。

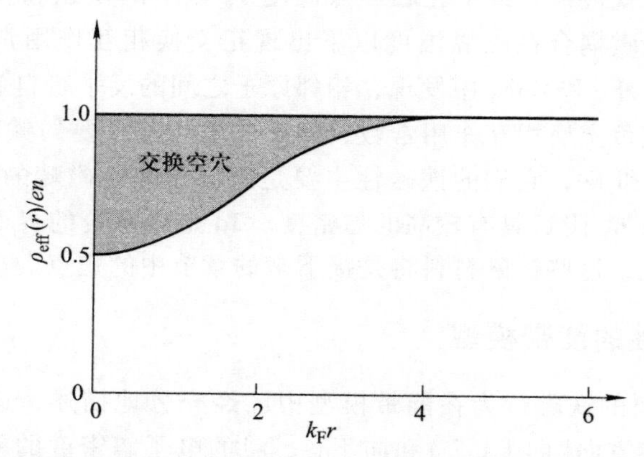

图 9.22　有效电荷密度看作电子气中一个电子与另一个相同自旋方向的电子($r=0$ 处密度降低)或者相反自旋方向($r=0$ 处上面的曲线 $\rho_{\text{eff}}/en=1$)的电子之间的标准距离 r 的函数。“交换空穴”是由于交换相互作用所致

这种情况可以用公式表示为自洽性方程[9.4]，从而得到一个 R 的非零解；也就是说，磁矩甚至在没有外磁场的情况下也存在，因此产生了铁磁现象。这种模型中铁磁性的存在用 Stoner 标准来描述

$$I\tilde{D}(E_F) > 1 \tag{9.58}$$

其中，$\tilde{D}(E_F)$为每个原子和自旋的态密度：$\tilde{D}(E_F) = D(E_F)(V/2N)$。

铁磁态因此可以简单地用一个电子态密度来表示。仅仅通过改变相应的密度函数，一个特定能量相互交换分裂(图 9.23)，进而考虑两种自旋方向。图 9.23 中描述了在温度为零的条件下这种“自形成”建立起来。自旋系统可以分为多数(↑)和少数(↓)自旋，低温时宏观上的铁磁磁矩来源于多余向上自旋。向上自旋电子的 d 带上切面和费米切面之间的能量距离 Δ 叫作 Stoner 带。能带图中，如果忽略 s 电子，那么自旋反转过程就具有最小的能量。这里必须强调的是，在铁磁理论的能带模型中，集体激发现象例如自旋波都被忽略。

当温度降到特定的临界温度 T_c 时，自发铁磁磁矩的产生可以按如下来理解：只有低于临界温度时，在自旋方向的局域磁畴波动会导致瞬时的局域磁畴磁极化，其局域磁畴场足以驱使愈来愈多的邻近自旋长程有序；由于能量的原因，这种局域磁畴磁极化又分裂成如图 9.23 所示的向上和向下自旋。

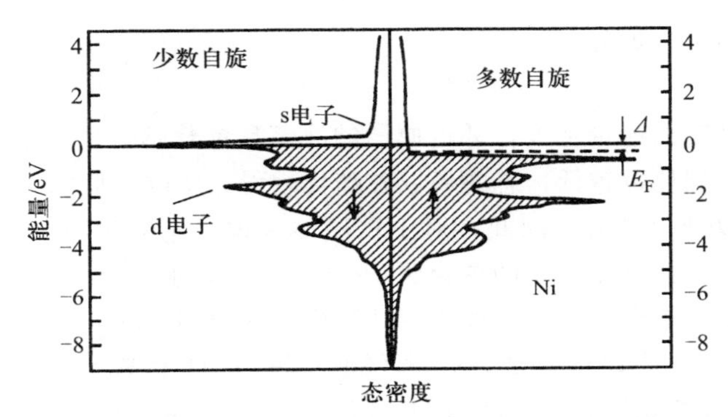

图 9.23　计算的 Ni 在铁磁态时的态密度。由于交换相互作用，自旋方向平行和反平行于宏观铁磁磁矩的电子态密度移动到彼此的相对能量范围。Δ 为 Stoner 带[9.23]

9.4.2　降维体系的铁磁理论

低维系统铁磁行为的重要方面可以用 9.4.1 节中简要讨论过的 Stoner 能带模型来理解。解释铁磁性的存在性的 Stoner 标准包含两个重要的值：费米能量处的态密度 $D(E_F)$，它决定了每个原子的磁矩；Stoner 常数 I 描述了由于交换相互作用(电子关联)导致的能量衰减。I 是一个具体的组成部分，因此，利用第一种近似，不论是在块体还是在表面上，一个原子的存在环境是独立的。

态密度 $D(E_F)$ 依赖于原子间波函数的重叠，也依赖于邻近原子的数目。因此，相对于相应块体的值，在铁磁体的表面或是在铁磁薄膜的内部的 $D(E_F)$ 得到修正。除了能带结构效应，与块体性质相比较，低维和表面铁磁体在临界温度 T 处反映出的动力学性质也将会改变。作为一种集体现象，铁磁相的稳定性取决于最近邻原子的数目。需要产生一定量的邻近自旋，在波动期间有足够高的平均磁矩和平均场来使受热扰动干扰的集体自旋方向稳定。

上述两方面的作用(态密度效应和集体自旋行为)现在都可以分开来考虑。我们将看到在大多数情况下它们都在相反的方向起作用。态密度 $D(E)$ 直接反映了电子能带结构的性质：平带对应于一个高态密度和那些强烈分散于低态密度的能带。表面原子相对于块体原子来说邻近原子更少。因此，与它们在大部分材料的块体中相比较，过渡金属的 d 态在表面或是薄膜中具有较少的重叠。LCAO(原子轨道的线性组合)图直接给出结论，在降维系统中的 d 带，例如表面附近的区，与块体相比表现出较少的分散，而且表面附近的局域磁畴 d 态密度(LDOS)在能量范围方面也比块体中的更陡峭。这已经在 Cu d 态中从实验和理论两方面得以证明(6.4.2 节，图 6.24 和图 6.25)。

由于密度 $D_\ell(E)$ 对量子数 ℓ 的积分 $\int D_\ell(E)\,\mathrm{d}E$ 被归一化到$(2\ell+1)$态，于是可以假设为第一近似

$$D(E_{\mathrm{F}}) \sim W^{-1} \tag{9.59}$$

其中，W 为 d 态的能带宽度。邻近原子的波函数重叠越低，d 带的能带宽度 W 越窄，因此，配位数越低，态的局域磁畴化越强。所以，低的配位数使 d 带更陡峭，密度 $D(E_{\mathrm{F}})$ 越大。因此，对于铁磁体来说，它的 $D(E_{\mathrm{F}})$ 决定了多数自旋电子相对于少数自旋电子的剩余量(图 9.23)，增强的磁矩与块体比较预计会在原子的最上层观察到。这种效应已经清楚地被 Handschuh 和 Blügel[9.24]对两种不同的 Fe 表面计算表述出来(图 9.24)：每个原子的磁矩(玻尔磁子 μ_{B})在表面 S 处急剧增大，在随后的 Fe 层 $S-1$，$S-2$，…一直到块体中减小，然后在表面以下仅有 3 到 4 个原子层处达到块体值 2.13。明显地，对于 Fe(100)层表面来说，磁矩的表面加强比 Fe(110)更明显。对于 bcc Fe，(110)面比(100)面更加紧密地排列，因此，(110)面的波函数之间的重叠也更高，它的磁矩比(100)面的更小。对于 fcc 金属来说，趋势正好相反：(100)面比(110)面更加紧密排列，因此，(110)面的磁矩比(100)面的更大。这种情况适用于 Ni(100)和(110)面。

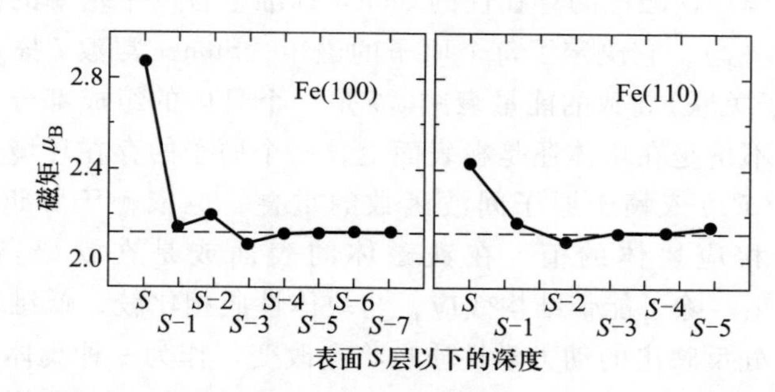

图 9.24 单个原子层局域磁矩随着从表面 S 至 $S-1$(S 以下一个单层)、$S-2$(S 以下两个单层)等层间距的变化。计算是在密度泛函理论的框架下进行的

由于 d 带的窄化，表面磁性增强。对于 Ni 来说，在简图中会有一个复杂情况。根据图 9.23，多数自旋带都是基本被填满的，而少数带切掉了其上边缘的费米能级 E_{F}。因此，由于表面导致的 d 带窄化并不会改变多数自旋的数

目，但是少数带的窄化却增加了它们的数目，从而导致在表面处磁矩的减小。有时候这种效应是由于在 Ni 表面处一个死磁性层的存在。

这种伴随着系统维度的降低每个原子的磁矩增大的现象比起与铁磁体表面有关的讨论越来越普遍。图 9.25 示出了 3d 过渡金属的磁矩计算值，首先是对孤立的原子，接着对在 Ag(001) 基底上的每个金属铁磁单层，最后对 Fe、Co 和 Ni 这些块体铁磁体进行计算。3d 金属的最小组成单位——孤立原子的磁矩由 Hund 原则决定，在这个原则中，所有电子的自旋都平行排列，只要无量子数被占据一次以上。但是只有 5 种过渡金属在它们的块体结晶相中保持磁性：Co 和 Ni 为铁磁性，Cr 为反铁磁性，而 Mn 和 Fe 依赖于它们的晶体结构表现为铁磁性或反铁磁性。对于块体铁磁体 Fe、Co 和 Ni，每个原子的磁矩远远低于自由原子的。铁磁单层维度的降低导致了 d 带的尖锐化，它的磁矩高于块体材料的，但是并没有达到原子磁矩。在这两者之间，人们期望维度比单个原子大的铁磁团簇的磁矩在三维情况下降低，与磁性薄膜相比。

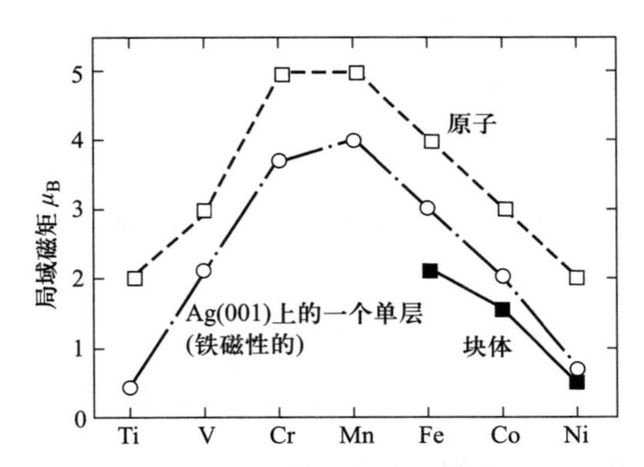

图 9.25　孤立 3d 原子(□)、铁磁块体金属(■)和在 Ag(001)上单原子覆盖层(○)的局域磁矩(玻尔磁子 μ_B)的计算值。原子的磁性仅包含 d 电子的磁矩，对于块体金属，自旋磁矩的实验值已经给出[9.25]

到目前为止，能带结构效应被认为是与基态属性有关。因此，在有限的温度范围 $0<T<T_c$ 内，激发态(所有 d 带自旋的集体动力学这种复杂的行为和它们的方向波动与温度的依赖关系)决定了磁化强度态的宏观热动力学态。集体自旋动力学的基本效应出现后降低了铁磁体的维度，这已经可以定量地通过考虑海森堡哈密顿函数(Heisenberg Hamiltonian)而看出，这个函数考虑到用自旋算符 $\boldsymbol{\sigma}_i$ 来描述反平行和平行自旋方向的能级之间的分裂，由下式给出：

$$H = -\sum_i \sum_\delta J_{i\delta}\boldsymbol{\sigma}_i \cdot \boldsymbol{\sigma}_{i\delta} - g\mu_B \boldsymbol{B}_{ext} \cdot \sum_i \boldsymbol{\sigma}_i \tag{9.60}$$

其中，$\boldsymbol{B}_{ext}$为外加磁场。这个铁磁理论的模型假设每一个最初的原子晶胞都有一个带有零角动量的未成对的电子。指标 i 标记所有原子，而指标 δ 标记每个参与交换相互作用原子的邻近原子。$J_{i\delta}$ 为交换常数，给出了在原子 i 和原子 δ 处平行和反平行自旋的能级分离。式(9.60)最简单的解就是平均场近似，其自旋算符的产生被自旋算符 $\boldsymbol{\sigma}_i$ 及其邻近 $\langle\boldsymbol{\sigma}_{i\delta}\rangle=\langle\boldsymbol{\sigma}\rangle$（同一系统）算符的期望值所替代。因此，这个交换相互作用需要一个外场 $\boldsymbol{B}_{\mathrm{MF}}$，它给了一个有效的总场 $\boldsymbol{B}_{\mathrm{eff}}=\boldsymbol{B}_{\mathrm{MF}}+\boldsymbol{B}_{\mathrm{ext}}$，外场当自变量。假设只有带有最近邻原子数目 ν 的最近邻交换作用和 $J_{i\delta}=J$ 对于所有近邻原子都一致，平均场就可以从下式获得：

$$\boldsymbol{B}_{\mathrm{MF}}=\frac{V}{Ng^2\mu_{\mathrm{B}}^2}\nu J\boldsymbol{M} \tag{9.61}$$

其中，N/V 为单位体积内的平均原子数目。考虑了平均自旋后磁化强度可以表达为

$$\boldsymbol{M}=g\mu_{\mathrm{B}}\frac{N}{V}\langle\boldsymbol{\sigma}\rangle \tag{9.62}$$

现在哈密顿量[式(9.60)]就等同于哈密顿量 N 在有效场 $\boldsymbol{B}_{\mathrm{eff}}$ 中的独立自旋，其本征值为

$$E=\pm\frac{1}{2}g\mu_{\mathrm{B}}B_{\mathrm{eff}} \tag{9.63}$$

在热平衡过程中，自旋向下和自旋向上电子的数目比值为

$$n_{\downarrow}/n_{\uparrow}=\exp\left(-g\mu_{\mathrm{B}}B_{\mathrm{eff}}/kT\right) \tag{9.64}$$

那么磁化强度就为

$$M=\frac{1}{2}g\mu_{\mathrm{B}}(n_{\uparrow}-n_{\downarrow})/V=\frac{1}{2}g\mu_{\mathrm{B}}\frac{N}{V}\tanh\left(\frac{1}{2}g\mu_{\mathrm{B}}B_{\mathrm{eff}}/kT\right) \tag{9.65}$$

没有外场时，$B_{\mathrm{ext}}=0$，式(9.65)可以写为

$$M(T)/M_{\mathrm{s}}=\tan\left(\frac{T_{\mathrm{c}}}{T}\frac{M}{M_{\mathrm{s}}}\right) \tag{9.66a}$$

其中

$$M_{\mathrm{s}}=\frac{N}{V}\frac{1}{2}g\mu_{\mathrm{B}} \tag{9.66b}$$

为饱和磁化强度，且

$$T_{\mathrm{c}}=\frac{1}{4}\nu J/k \tag{9.66c}$$

为临界温度，在此温度以上铁磁性消失。很明显，临界温度值取决于最近邻原子数目 ν，从而也取决于系统的维度。相比于块体来说，表面和薄膜中的原子配位数较低，因此，表面的磁性和薄膜的铁磁性发生在较低的临界温度。图 9.26 示出了一个(110)面的面心立方晶体中上百层的相对磁化强度、各向同性

交换耦合以及最近邻原子间的相互作用(块体，实线)。作为比较，给出了一个自由层的配位数 $\nu=7$(自由层，虚线)。相比于块体材料来说，自由层的临界温度减少了 7/12。其实，对于理想的二维磁体，各向同性自旋耦合的更严格处理实际上意味着 T_c 的消失[9.27](见下文)。在 W 基底上沉积了不同厚度的 Ni 层，通过实验同样发现，伴随着一个铁磁薄膜厚度的降低，临界温度降低(图 9.27)。对于两个单层 Ni 层，临界温度下降到块体值的一半。

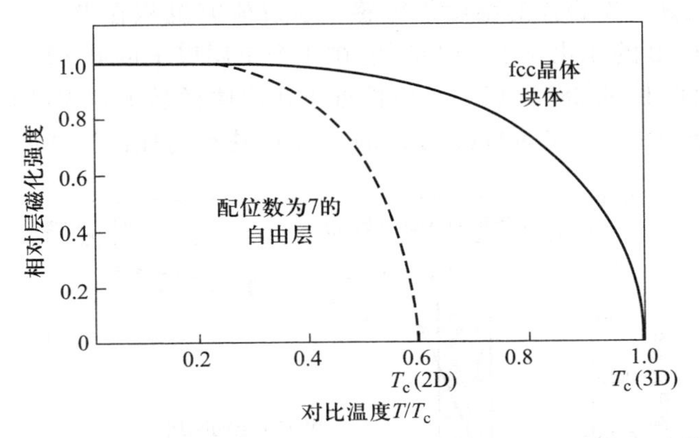

图 9.26　一个(110)面(实线)的面心立方(fcc)晶体和一个原子配位数为 7 的从母块体中解耦的自由层每层的相对磁化强度计算值

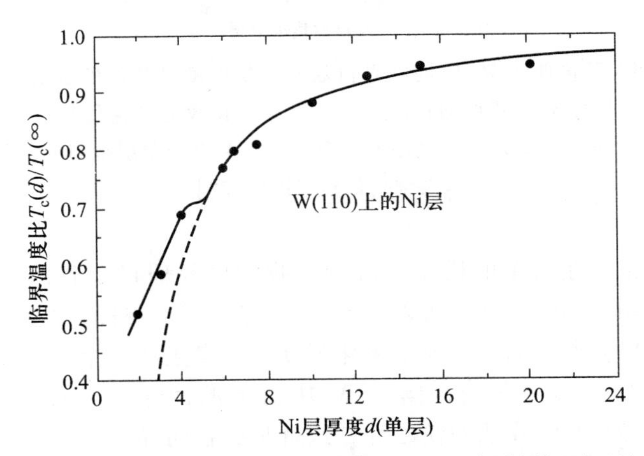

图 9.27　相对于块体 Ni 晶体的临界温度 $T_c(\infty)$，沉积到 W(110)基底上厚度为 d 的 Ni 层的临界温度 $T_c(d)$的测量值。虚线由理论拟合而得出[9.28]

另外，临界温度、磁化强度 $M(T)$与温度的函数关系也依赖于系统的维度(图 9.26)，由式(9.66a)定义。在平均场近似中，式(9.66a)是下式对于温度

$T \leqslant T_c$ 的近似

$$M(T)/M_s \cong \sqrt{3}\left(1-\frac{T}{T_c}\right)^{\beta}, \quad \beta=\frac{1}{2} \tag{9.67}$$

式(9.67)中临界指数 $\beta=1/2$ 是平均场近似的一个特点，该指数也可以从能带磁性理论 Stoner 模型获得(9.4.1 节)。但是在实验上，临界指数 $\beta=1/3$ 在块体铁磁体中发现。

临界指数 β 对铁磁体的维度很敏感。通过研究沉积在 W 基底上不同厚度的 Ni 层，表明 β 的变化介于 Ni 层厚度在 4 个单层以下的 0.125 和 20 个 Ni 单层的 0.35 之间(图 9.28)。后一个值接近于在块体样品中发现的临界组分，也接近于更复杂的三维 Heisenberg 和 Ising 模型中获得的理论计算值。

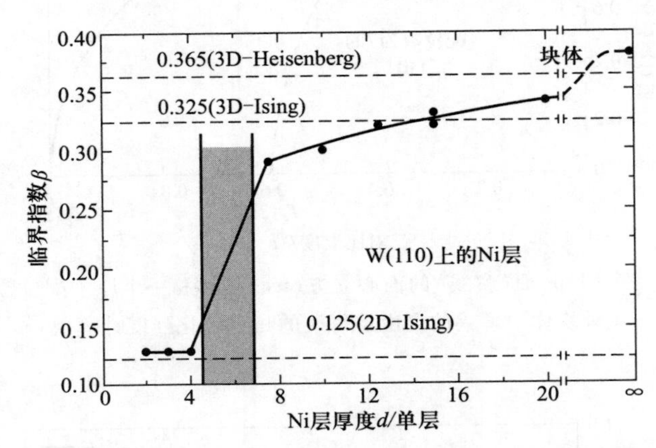

图 9.28 磁化强度曲线 $M(T)$ 的临界指数 β 与层厚度 d 之间的函数关系。针对 W(110)基底上的 Ni 层获得测量的数据点；作为比较的理论值来自于一些二维和三维模型，并用虚线示出。层厚度范围大约在 4~7 个单层范围内(阴影区)，β 从二维变化到三维[9.28]

到目前为止，在简单的模型处理中，我们已经假设了各向同性的自旋耦合。但是，Mermin 和 Wagner[9.27]能够证明在一个严格的理论处理中，如果各向同性自旋耦合存在的话，自发磁化强度不会发生在一个二维或者更低维度的系统中。相反，对于薄膜，例如 W 基底上的两个 Ni 单层(图 9.27、图 9.28)，实验中发现 T_c 降低的铁磁性，这就是磁各向异性，它决定着宏观铁磁磁矩在准二维系统中的稳定性。由于偶极子和自旋轨道的相互作用，易磁化方向确实存在，并且自发内场也“转换”到临界温度以下的情况(9.7.2 节)。正如迄今为止所认为的各向同性耦合模型那样，平均内场的方向并不是任意的。自旋之间的偶极子相互作用有利于薄膜平面内的磁化，而自旋轨道耦合使自旋方向垂直和平行于该平面。各向异性能量决定着降低温度到 T_c 以下磁矩的方向，并依赖于表面的对称性破坏效应。随着薄膜厚度的降低，表面变得越来越重要，而宏观磁矩的方向依赖于铁磁薄膜的厚度(9.7.2 节)。实验上已经发现，对于嵌入 11 Å 厚 Pd 层的铁磁性 Co 层多层系统，当厚度在 12 Å 以下时，Co 层里的铁磁磁矩直接在 Co 薄膜平面内，但是在更厚的薄膜表面却垂直于平面[9.29]。

总之，表面和薄膜的磁性行为取决于 d 带窄化之间敏感的相互作用，即维度降低使磁性增强、在热波动下的自旋集体取向热动力学，从而抑制了在较低维度下的铁磁有序化。真正的多层系统展现出复杂的铁磁和反铁磁行为，该行为远远还没有被清楚地认知到[9.30]。9.7.2 节将给出一些众所周知的事实，同时也给出该领域(磁畴)的最新进展工作。

9.5 磁量子阱态

铁磁基底和顺磁或抗磁外延层的界面对外延层的电子结构施加了相当大的影响力。我们考虑这样一个例子，在一个铁磁基底例如 Co 或 Fe 上沉积一层顺磁性的 Au 或 Cu 薄膜(图 9.29)。对于基底，低于临界温度时，由于 d 电子的多数自旋(自旋向上)带来的永久磁化导致总电子态密度分裂成向下和向上自旋。对于多数自旋电子，费米能级处(只有 s 电子)的电子态密度、相应的电子波函数的对称性和 s 带底部的能量类似于 Cu 外延层里 E_F 处的 s 电子。因此，界面处没有太多反射，基底 E_F 处的多数自旋电子能够穿透进入外延层，反之亦然。它们的波函数对于 $\boldsymbol{k}$ 矢量和通过界面的对称性匹配得很好，这些电子因此被离域到基底和外延层上很大的范围内。相反地，我们发现，在外延层 E_F

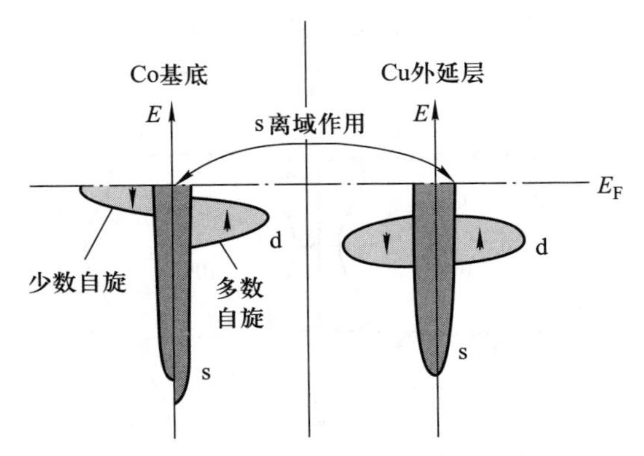

图 9.29　铁磁 Co 基底的占据态与顺磁 Cu 外延层的自旋分解密度的定性比较，s 和 d 电子态以不同的阴影表示

处自旋向下的 s 电子作为基底的配对(主要是向下自旋的 d 电子)，而且在两个金属中波函数对称性是不同($\boldsymbol{k}$ 矢量不匹配)的。因此，这些在外延层带有 s 特性的自旋向下的电子强烈地在界面向基底反射，从而有效地局限于 Cu 外延层。它们的波函数被 Cu/真空和 Cu/Co 界面所束缚。两个边界上的反射导致驻波的形成。当然，束缚的程度取决于界面处反射的细节，即取决于能量和电子态的波矢，以及基底上铁磁有序化的程度。

因此，这些 Cu 外延层里自旋向下的电子有望在 Cu 薄膜里形成量子化电子态，与半导体量子阱内电子子带相似。在最简单的近似(无限高的能量势垒)驻波形成时，电子波矢分量 $\boldsymbol{k}^{\perp}$(界面的法线)等于 $n\pi/d$，其中，n 为整数，d 为外延层的厚度。半波长的整数倍必须在量子阱中。

这些量子化电子态确实已经在光电发射实验中观测到[9.32]。这个实验并不简单，因为金属重叠层及其界面必须具有较高质量的结晶性和形态。这个光电发射实验的目的是要探测布里渊区近 Γ 点 Cu s 带低于带有 Δ_1 对称性的费米能级 E_F 被占据的电子态。相应波矢的方向平行于横向并与 Cu 费米面的极值生成波矢 $\boldsymbol{k}_{max}^{\perp}$ 和 $\boldsymbol{k}_{min}^{\perp}$(图 9.30)。薄膜的光谱图(图 9.31)在结合能处于 0 E_F 和 2 eV 范围内显示出多个特征，此结合能随着 Cu 层的厚度变化。Cu 电子态派生的结构在层厚度达到 50 个原子层时都是可见的。它们将 Cu 层厚度的依赖性定义为量子阱态。结合能与 Cu 层厚度的关系如图 9.32 所示，同时还与通过基于密度泛函形式计算得到的理论结果相比较[9.33]，它考虑到了 Co 基底和 Cu 外延层的主要原子论细节。实验的测定值和量子阱能量计算值都取决于不同的分支。一个新的量子态在大约 6 个原子层的周期达到费米能级 $E_F(=0)$。Cu 重叠层内驻波的简图适用性是直接而显而易见的：最大的极值波矢 $\boldsymbol{k}_{max}^{\perp}$ 连接两个极值区磁畴，如所期望的厚度为 d 的量子阱中驻波的基态那样，Cu 费

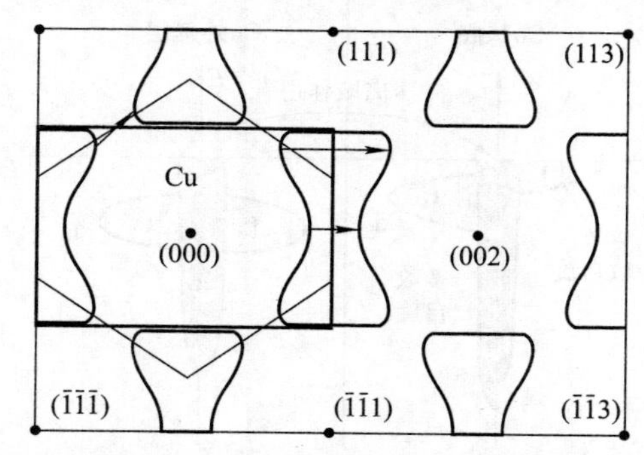

图 9.30　倒易空间 Cu 费米面的等高图；Cu 费米面横向极值生长矢量 $\boldsymbol{k}_{max}^{\perp}$ 和 $\boldsymbol{k}_{min}^{\perp}$ 用箭头表示。这些 $\boldsymbol{k}$ 矢量与通过 Cu(100)薄膜的振荡磁耦合相联系[9.31]

米面内部(称为测径器)消失的坡度(图 9.30)与 Cu 层厚度 d 有关，$k^{\perp}_{\max}=\pi/d$，其中，$d=5.9$ 个原子层。与 k 空间求和所致所有类型的光谱特性一样，只有那些与高态密度有关的点变得重要，即它们在 $\boldsymbol{k}$ 空间的极值点。各自的 $\boldsymbol{k}^{\perp}$ 矢量为固定的：它们只是稍微改变在垂直方向上转变后的长度。因此，光谱中观察到的量子态属于固定的与量子阱匹配的波矢。

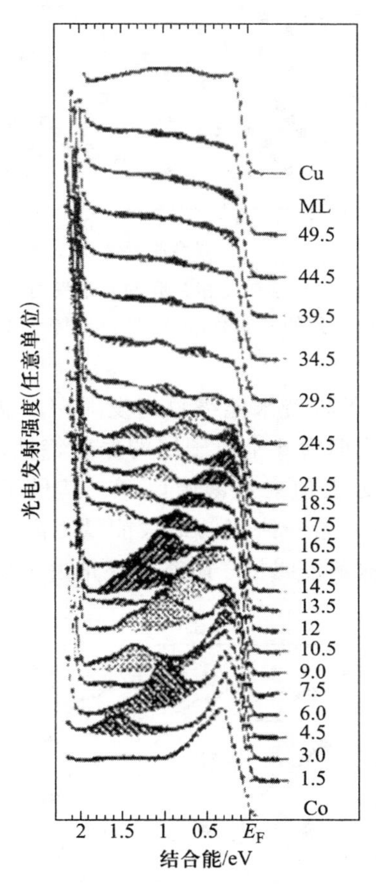

图 9.31　沉积到 fcc Co(100)基底上的 Cu 薄膜的光电发射谱图。薄膜厚度以单层(ML)厚度形式给出。外延层中来自于量子态的光谱结构用阴影表示[9.32]

如前面提到的 Co 基底一样(图 9.29)，量子束缚由于 Cu 层中源于少数自旋特性的电子而被观察到。因此，铁磁基底应该会在它们的量子阱态诱发某些磁性质。由自旋决定的光电发射谱图可用来测量区分自旋向上和自旋向下电子，即发射多数和少数的电子(相对于 Co 基底)；明显地，自旋向上(↑)光谱(图 9.33，右边)中不会出现量子阱态的特性，但可在自旋向下(↓)光谱(图

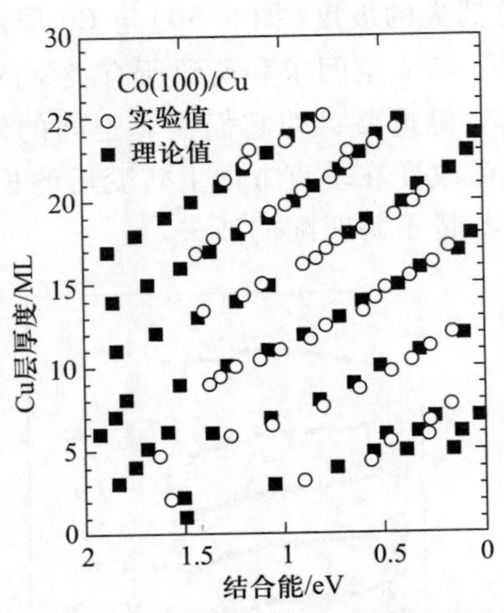

图 9.32　来源于图 9.31 中与 Cu 层厚度相关联的光电发射数据的量子阱态结合能。从图 9.31(空心圆圈)中得到的实验数据[9.32]与理论值(黑方形)比较[9.33]

9.33，左边)中发现。如果将费米能级总的发射密度和 Cu 厚度之间的函数关系图画出来，就能发现周期为 6 个原子层的振荡特性，反映了 E_F 附近的态密度振荡[图 9.34(a)]。最大值对应薄膜厚度，其量子阱态达到费米能级 E_F，而最小值表明从 E_F 到一个量子阱级的最大能量距离。在图 9.34(b)中，类似的发射电子的极化程度振荡证明量子阱态主要是由于少数自旋电子(相对于 Co

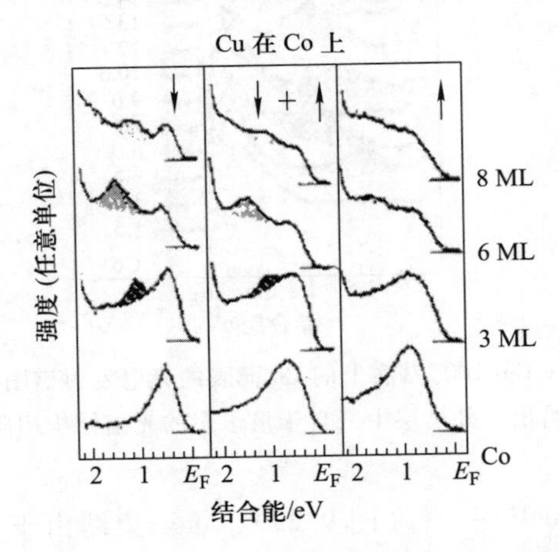

图 9.33　fcc Co(100)上 Cu 薄膜的自旋关联光电发射(不同的单层厚度)，左边(少数自旋)，右边(多数自旋)，中间为重叠光谱(↓+↑)。量子能级导致的阴影结构主要是少数自旋的特性[9.34]

基底)。Co 基底在 Cu 外延层中扮演了一个束缚电子波函数的、与自旋相关的潜在势垒的角色。这种束缚引起了“驻波”量子态的产生。不论布洛赫波的波长的半整数倍是否与 Cu 层厚度相匹配，这个波长对应一个在 Cu 费米面的极值点之间的静态波矢 $\boldsymbol{k}^{\perp}$。

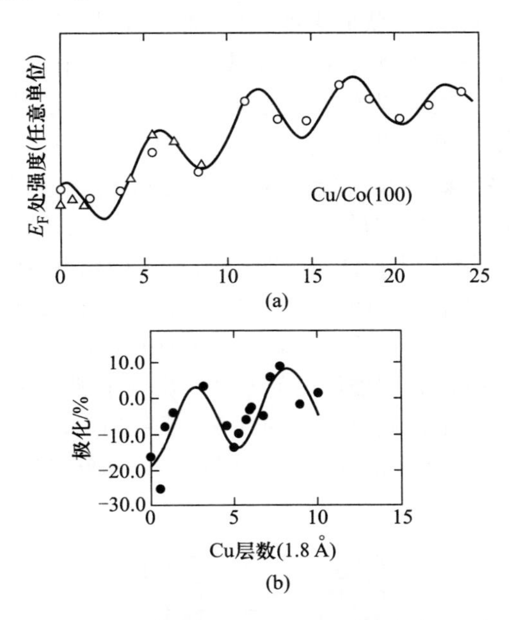

图 9.34　通过光电发射和反光电发射测量的电子态密度(a)和 Co(100)基底上 Cu 薄膜费米能级处的自旋极化振荡图(b)。一个 Cu 单层为 1.8 Å

9.6　磁性层间耦合

在铁磁基底顶部的抗磁层里，磁量子阱的存在也会导致在两个铁磁层(Fe、Co、Ni 等)和一个非铁磁层[例如顺磁、中间层(Cu，Au 等)]之间有趣的耦合现象(图 9.35)。9.5 节提到了 Cu 真空界面被第二个 Cu-Co 界面所替换。为了解释这个现象，假设两个铁磁永久磁化层是在同一个方向，例如向上；当然，磁化是由于 d 电子的多数自旋。对于这个自旋方向，s 电子在铁磁层占据了费米能级 E_F 的低密度态(图 9.29)。于是抗磁层间 E_F 附近自旋向上的 s 电子在两个铁磁体的界面处没有强烈的反射。另一方面，层间自旋向下(铁磁体中的少数自旋)的 s 电子通常“看见”相邻的铁磁层中 d 带的多数自旋电子；它们在界面强烈反射，然后在抗磁层间形成驻波。图 9.35 示出了带有假定的波矢组分 $\boldsymbol{k}^{\parallel}$(平行于界面)的局域磁畴态电子波(自旋向下)。当然，波矢组分 $\boldsymbol{k}^{\perp}$ 必须

服从束缚条件 $k^{\perp}=\pi/d$，其中，d 为层间厚度。正如在 9.5 节讨论过的一样，这个效应在层间金属(图 9.30)的费米球定义的静态波矢 $\boldsymbol{k}_{\max}^{\perp}$ 和 $\boldsymbol{k}_{\min}^{\perp}$ 中可明显观察到。根据层间厚度 d，驻波(层间的量子阱态)可能接近费米能级或更远地远离它，从而造成了 E_F 附近态密度的增大或者抑制[图 9.34(a)]，这定性地表示于图 9.36 中，其中，阶梯状的束缚态(二维)(实线)和平方根型的自由粒子密度(虚线)进行了比较。因此，两条曲线之间的差异作为结合能以及层厚度的函数周期性地改变符号。当然，这也促成了总能量的减少。这意味着如图 9.35 所假设的一样，在两个铁磁层中，平行方向上磁化的形成并不仅仅有利于非铁磁性的层间(特殊)厚度。能量的减少(远离 E_F 的量子阱态)稳定了平行磁化强度。另一方面，在中间的层间厚度，当一个量子阱态处于费米能级 E_F 附近时，在自由电子的情况下总能量就会增加。如图 9.35 所示的铁磁层中，相同方向的磁化并不会形成。两个铁磁层的反平行磁化破坏了层间自旋向下 s 电子的局域磁畴化，也导致了能量的降低。这种特殊的层间厚度会促成反平行磁化。因此，依赖于抗磁和顺磁层间的厚度，出现了邻近铁磁磁化的平行或反平行方向。这种处于两个铁磁层之间的铁磁(平行)或反铁磁(反平行)耦合被非铁磁层间磁量子阱态调控。这种耦合效应在 1986 年由 Grünberg 探测到[9.36]。

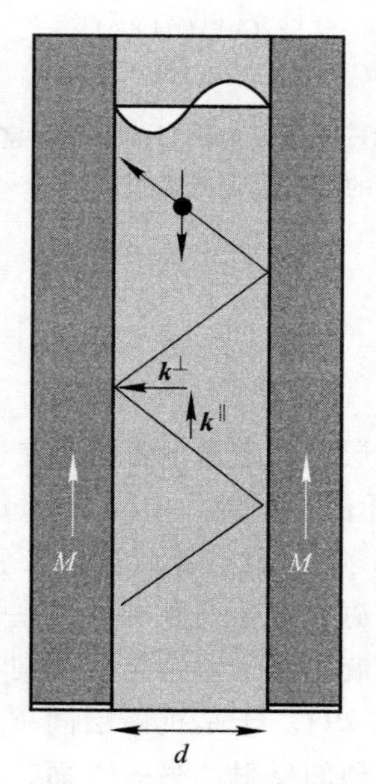

图 9.35　一个厚度为 d，植入两个带有相同磁化强度 M 的铁磁层之间的抗磁层结构的示意图。由于界面强烈的反射作用，相应的电子波函数形成了一个驻波

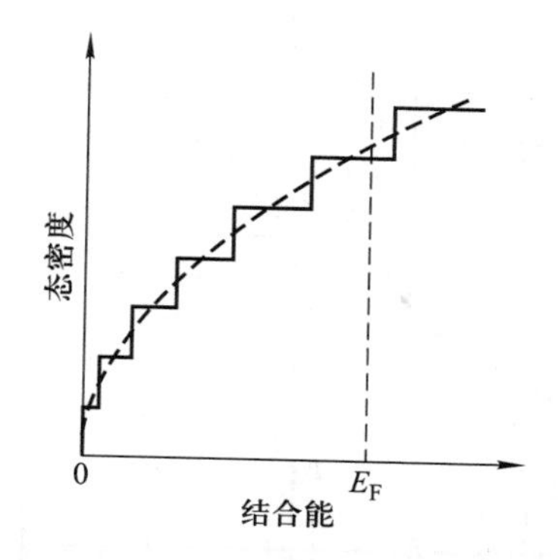

图 9.36　电子束缚在如图 9.35 所示(实线)以及自由电子(虚线)的两个铁磁层之间的抗磁薄膜中的电子态密度。两条曲线(正或负)之间相应的能量差决定了层间耦合的符号

9.7　巨磁阻和自旋转矩机制

在铁磁基底上(9.6 节)，抗磁重叠层中量子阱态的形成导致了在磁性多层系统中有趣的传输现象。一个在信息技术应用方面具有深远影响的全新的研究领域(自旋电子学或自旋学)开启。随后，1988 年，Peter Grünberg[9.37]和 Albert Fert[9.38]发现了巨磁阻(giant magnetoresistance，GMR)效应，他们因此获得了 2007 年的诺贝尔奖。

9.7.1　巨磁阻(GMR)

为了了解巨磁阻效应的物理原理，我们考虑了一个由有序层铁磁、抗磁、铁磁等组成的多层系统，例如 Co/Cu/Co/Cu/Co…(图 9.37)。在铁磁体 Co 层和抗磁 Cu 层中，多数自旋电子(↑)的态密度和对应 s 电子在费米能级 E_F 处的波函数的对称性是非常类似的，而 Co 层中的少数自旋电子(↓)主要具有高态密度的 d 特性，且与 Cu 层相当，Cu 层中的 s 电子态在 E_F 处有更低的密度。因此，在 Co 层中考虑铁磁场方向的情况下，电子在 Co-Cu 界面的穿透根据它们不同的自旋方向(↑或↓)经历了差异较大的散射过程。

Co 层中 E_F 处 s 态的多数自旋电子将会几乎没有散射地穿透 Co-Cu 界面，因为对于这种载流子类型，Co 和 Cu 的能带结构非常类似。但是 Co 层中具有 d 特性的少数自旋电子没有在 Cu 层中发现(相应的空态)。不论它们何时达到 Co-Cu 界面的潜在势垒，都会发生强烈地散射。

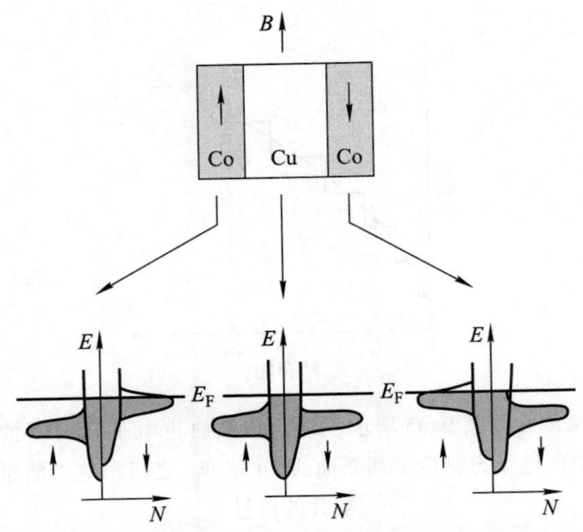

图 9.37　将抗磁的 Cu 层植入两个具有相反磁化方向的铁磁 Co 层之间组成的层结构的电子态密度 $N(E)$ 的示意图

我们现在考虑一个伴有铁磁有序化[图 9.38(a)]的磁性多层结构 Co/Cu/Co/Cu…，即每个 Co 层表现出相同的磁场方向，且通过 Cu 层来调节磁层间耦合(9.6 节)。费米边缘附近 E_F 处电子态的多数自旋电子能够不经过太多散射穿透整个层结构。在界面处，它们的电阻相当小。相反地，少数自旋电子每次穿过 Co-Cu 界面时都经历了散射。基于这些少数载流子，相当高的电阻会被观察到。另外一方面，如果我们假设 Co 层间具有反铁磁耦合[图 9.38(b)]，多数和少数自旋电子都经历了相同程度的散射。Co 层的磁矩交替以及一个 Co 层的多数自旋电子都是下一个 Co 层的少数自旋载流子，反之亦然。所有独立于它们的自旋方向的电子都在每一个第二层发生散射。总体而言，这将导致层结构的总电阻和铁磁耦合发生剧烈地增加，在铁磁耦合中，一个自旋方向的电子能够几乎没有散射地移动。

以上讨论表明了以下简单的图像：我们区分两种不同的电子输运通道，一个“快速”低电阻通道，一个“慢速”高电阻通道。对于铁磁有序[图 9.38(a)]，这两个通道并行分流，而且比电阻可以表达为

$$\rho_F = \frac{\rho^\uparrow \rho^\downarrow}{\rho^\uparrow + \rho^\downarrow} \tag{9.68}$$

另一方面，对 Co 层之间[图 9.38(b)]的反铁磁耦合，一层的“快速”通道变成邻层的“慢速”通道。每个通道都表现为平均比电阻$(\rho^\uparrow + \rho^\downarrow)/2$，然后可以通过下式获得总电阻：

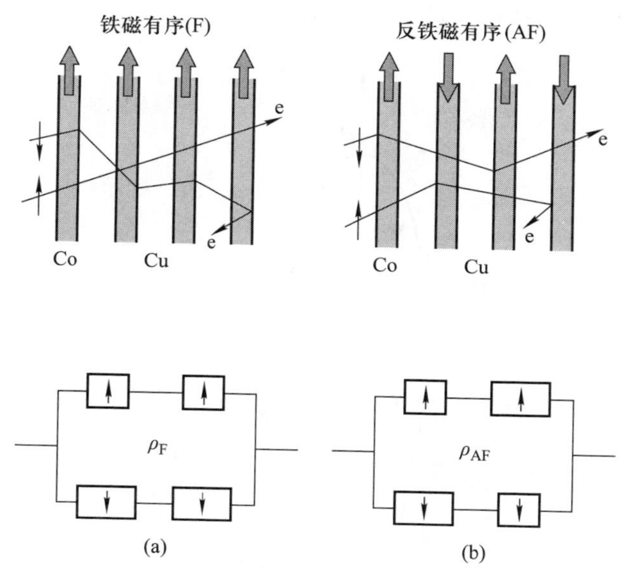

图 9.38　Co/Cu/Co/Cu…类型磁性多层结构中两个具有相反自旋方向(↑或↓)的电子的经典轨迹，以及它们在铁磁和反铁磁有序化(上图)情况下的界面散射结果。通过带有铁磁有序化(a)和反铁磁有序化(b)的层系统电流输运所对应的等值回路图如图所示。根据不同的自旋方向，具有低和高比电阻ρ(小的和大的电阻图标)的"快"和"慢"通路区分开来

$$\rho_{AF} = \frac{\rho^{\uparrow} + \rho^{\downarrow}}{4} \tag{9.69}$$

其中，$\rho^{\uparrow}$和$\rho^{\downarrow}$为不同自旋方向电子的两个通道的比电阻。

我们现在考虑由铁磁和抗磁层带有层维度(Cu 层厚度)如 Co/Cu/Co/Cu…交替组成的多层系统。这样，反铁磁有序就在铁磁层间存在。磁阻依赖于外加磁场 B，如图 9.39(a)所示。对于零外加磁场，增加的电阻 ρ_{AF}[式(9.69)]由反铁磁有序化带来的上述的散射机制引起。随着增加的磁场(在两个方向上)，铁磁层的磁矩逐渐变成铁磁有序平行于外场 B，而且达到低电阻值 ρ_F[式(9.68)]。GMR 可以在两种不同的实验结构中测得：平面电流(current in plane，CIP)[图 9.39(b)]和垂直平面电流(current perpendicular to plane，CPP)几何图[图 9.39(c)]。很明显，由于对称性衍生的在电导率张量组分上的差异，在 CIP 和 CPP 结构中，巨磁阻$(\rho_{AF}-\rho_F)/\rho_F$的绝对值互不相同。可以证明的是，对于这个效应，一个详细的定量理论描述(特别是材料的比电阻 ρ_F 和 ρ_{AF}的具体数值)需要一个对潜在的散射机制的量子力学描述。除了与材料相关的块体散射，考虑到界面的粗糙度、界面的互扩散等导致的不同的界面散射

机制也同样需用更深远的理论来分析。

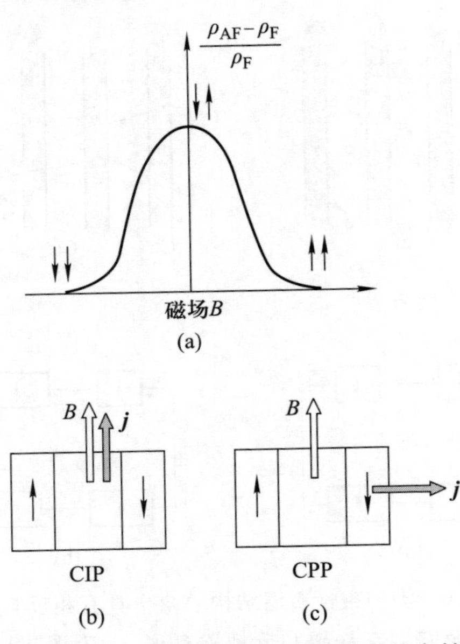

图 9.39　多层系统 Co/Cu/Co/Cu… 中巨磁阻(GMR)效应的定性描述。(a)比电阻差异 $(\rho_{AF}-\rho_F)/\rho_F$ 与外加磁场 B 之间的函数关系表明，当 $B=0$ 时，反铁磁有序化的最大值以及当越来越多的铁磁有序化产生时，其随着增加的场强度 $\pm B$ 而减小。GMR 效应可以通过两种不同的实验结构来测得：(b)平面电流(CIP)平行于外加磁场 B 以及(c)垂直平面电流(CPP)，即垂直于外加磁场 B

Fe-Cr 多层系统的实验结果如图 9.40 所示。如图 9.39(a)中定性勾勒出的一样，确实发现了磁阻的行为。然而，标准的铁磁体随着外加磁场大约 1% 的变化表现出最大的磁阻变化，CIP 几何图(图 9.40)中，多层系统例如 Fe/Cr/Fe/Cr…，GMR 的测量产生的磁阻变化在 50%~70% 之间。在图 9.40 所考虑的层系统中，当 Cr 层厚度为 0.9 nm 时存在零外加磁场下的反铁磁耦合。对于这个膜层厚度，可以发现最大的 GMR 效应，即最大的磁阻变化可以达到近 50%。较厚一点的 Cr 层(1.2 nm 和 1.8 nm)，其中，Fe 夹层之间的反铁磁耦合在消失的外场下很少形成，产生了较少的巨磁阻变化。

根据铁磁和反铁磁耦合对抗磁夹层膜层厚度的依赖性，GMR 效应也显示出明显的对抗磁组分膜层厚度的依赖性。图 9.41 所示为 GMR 中最大的磁阻变化和抗磁层的厚度的关系。在这个特殊的实验中，铁磁层由 81% 的 Ni 和 19% 的 Fe 合金(高磁导率铁镍合金)组成，厚度为 3 nm，抗磁中间夹层为 Cu 层，厚度从 0.5 nm 变化到 3.25 nm。这个多层系统由 40 个周期组成，即($Ni_{81}Fe_{19}$/

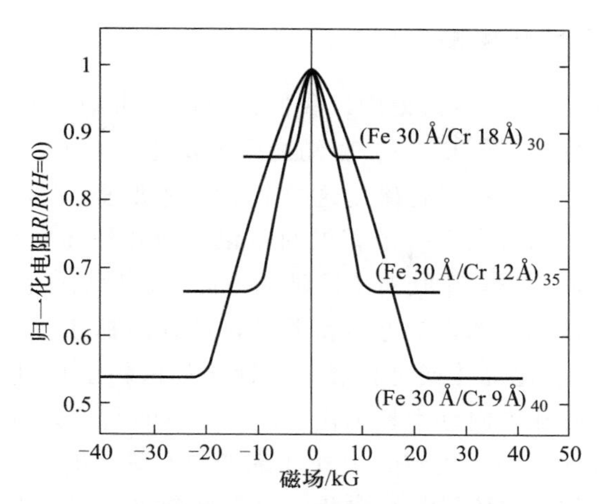

图 9.40　由 30、35 和 40 个周期的 Fe-Cr 双层（括号中给出厚度在 Å 量级）组成的一些多层系统的巨磁阻（GMR）与外加磁场的函数关系。对于没有磁场存在时，耦合是反铁磁的[9.38]

$Cu)_{40}$。可以很清楚地看出，GMR 效应在某一个抗磁层厚度（接近 0.9 nm 和 1.8 nm）达到了最大值，其中，反铁磁耦合（9.6 节）发生在外加磁场消失的情况下。显然地，GMR 效应并不局限于简单的铁磁体，例如 Fe 和 Co（即简单的系统例如 Fe-Cr 和 Co-Cu），同样也在铁磁合金中发现。

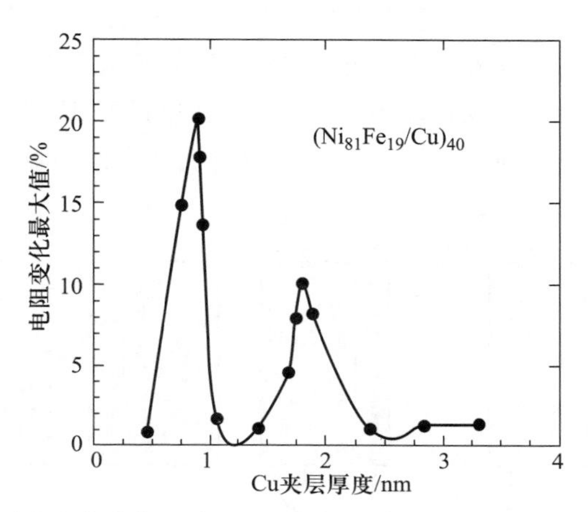

图 9.41　GMR 的最大变化值与一个 40 个周期的 $Ni_{81}Fe_{19}/Cu$ 超晶格中 Cu 夹层厚度之间的函数关系。含 81% 的 Ni 和 19% 的 Fe 的合金称为高磁导率铁镍合金[9.45]

9.7.2 磁各向异性和磁畴

在9.7.1节的GMR效应讨论中，我们没有明确考虑当两个邻近铁磁层改变其磁化的相互位置时(图9.38)，驱动力及其潜在的物理含义是什么。实际上，两个铁磁层有平行和反平行磁化这两个稳定的状态存在是可能的。在铁磁层中存在一个问题：当考虑到一个膜层的磁化方向和外加磁场的函数关系时，由此产生的磁化方向就依赖于相对于晶轴的方向。这种晶体各向异性是由自旋轨道耦合引起的，该耦合的自旋方向和电子轨道方向都参与了化学键(具体的晶体结构)。因此，铁磁晶体或是膜层的磁性能都依赖于相对于晶轴的磁化方向。属于低能量的磁化方向称为易磁化方向，相应的晶轴为易轴。磁各向异性决定了稳定磁化方向。当磁化被一个外加磁场诱发旋转时，它的强度很重要。热平衡中的铁磁晶体或薄膜沿易轴磁化，但是整个样品均匀的磁化导致了一个大的外场(图9.42)。为了尽量减少这个与外场相关的能量，磁化分解成两个或更多的反磁化方向的磁畴。如果晶体被加热到居里温度以上再次降温，那么不同类型的磁畴的数目和尺寸是大致一样的，因此，样品的平均磁化强度接近于零。在沿着易轴方向上的外加磁场中，平均磁化强度几乎是在使一种类型的磁畴损害另一种磁畴的情况下通过移动这些磁畴的边界来增大(图9.42)。外加磁场不会抑制磁晶各向异性起作用。因此，样品的平均磁化强度M随着增大的场H和饱和磁化强度M_s的饱和度而增大，其中只有一个单独的磁畴方向存留下来(图9.43)[9.39]。这种磁畴的类型在外场已经移除后仍然起主导作用。剩余的平均磁化强度称为剩余磁化强度M_r。现在反转外加磁场的方向就可以在某个称为矫顽力的场强度H_c下将样品磁化强度M减小为零。当一个反转磁化强度的磁畴像之前所达到的一样，随着反转方向磁场的增加，磁场强度

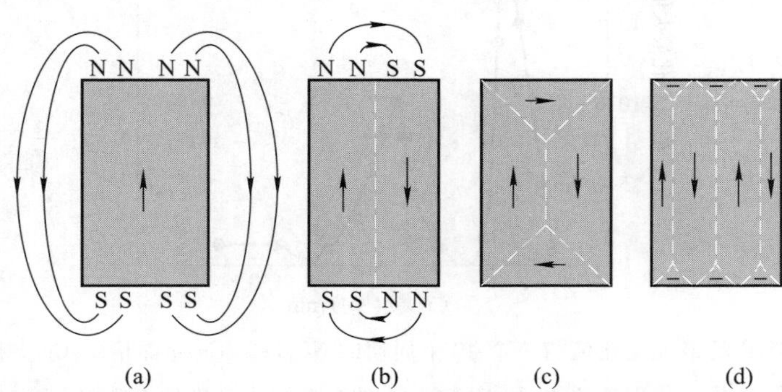

图9.42 磁畴的示意图，磁化方向(从“北”向“南”)用箭头标出：(a)一个单个的磁畴产生高的外加磁场；(b)两个磁畴减小外加场；(c)和(d)更多的磁畴最终保持样品中的磁场

再次饱和。测试了铁磁体的磁滞回线 $M(H)$ 特性（图 9.43 中的实线）。磁滞回线的面积是每单位体积需要移动整个循环中磁畴间的边界所需的能量。因此，这种能量和剩磁以及矫顽力 H_c 都依赖于材料的性质。缺陷的浓度扮演了一个重要的角色，其易于钉扎磁畴壁，因此在参与它们重新排列过程中所需的摩擦力增大。

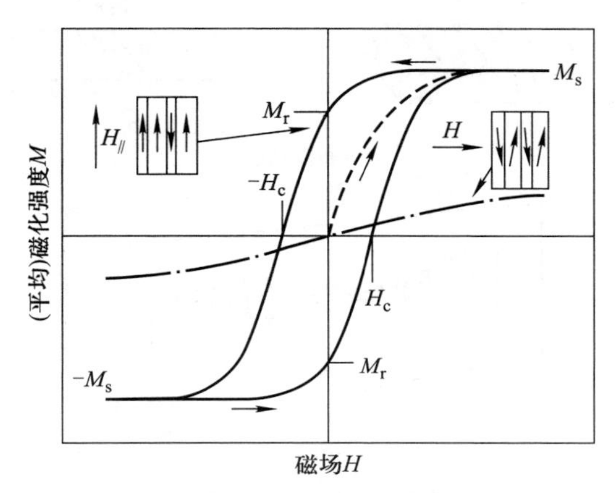

图 9.43　单个易轴方向的铁磁体（例如 hcp Co）的平均磁化强度 $M(H)$ 的示意图。虚线表示的是初始磁化强度从零开始，H 平行于易轴方向。实线表示的是磁滞，随着方向平行于易轴方向的磁场 H 的改变循环变化。虚点线表示的是垂直于易轴方向（见插图）磁场 H 的行为。H_c 为矫顽力，M_r 为剩余磁化强度，M_s 为饱和磁化强度[9.39]

垂直于易轴方向的外加磁场 $H_{\perp}$ 向远离易轴方向转变（图 9.43 右边的插图），外加磁场不得不克服各向异性能量工作。因此，磁化强度逐渐升高到接近平行于易轴的方向 $H_{//}$。当这个场被移走时，磁畴内部的磁化强度急速变回平行于易轴方向。因此，不存在剩余磁化强度和磁滞回线。

如何使磁化强度从一个易磁化方向的磁畴变为另一个易磁化方向的磁畴呢？这个从一个易磁化方向变为另一个易磁化方向的过渡区称为磁畴壁。因为这个过渡区中的磁化强度在磁畴间旋转了 180°，所以必须对抗交换能量。一个磁畴壁的厚度和形状取决于交换能、各向异性能以及相关杂散外加磁场的场能之间的平衡[9.40]。

根据磁性薄膜的厚度发现了两种类型的磁畴壁，即奈尔壁和布洛赫壁（图 9.44）。对于布洛赫壁，图 9.44(a) 定性地示出了磁化强度在 180°之内的慢慢旋转。在这个旋转的过程中，磁化强度始终保持垂直于壁法线，并围绕它旋转。在奈尔壁的情况下，磁化强度在薄膜平面旋转，这样在壁的中间部分，磁化强度垂直于磁畴壁[图 9.44(b)]。从图 9.44 不难看出，两种类型的壁都在具有两个磁畴壁的薄层中产生杂散磁场。布洛赫壁的杂散场最终依赖于膜层的厚度。另一方面，在奈尔壁中杂散场的强度依赖于磁性薄膜的厚度，其随着薄层厚度的减小而降低[图 9.44(b)]。因此，布洛赫壁在较厚层易于形成而奈尔壁在薄膜中易于被发现。在这种背景下，如果磁畴壁的宽度超过了膜的厚度，膜可以考虑薄些。

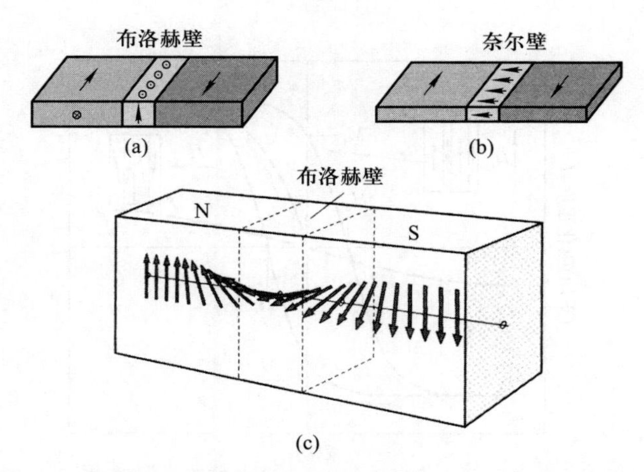

图 9.44　相反磁化方向的磁畴之间两种不同类型的壁：(a) 布洛赫壁，有利于较厚的铁磁层，通过围绕垂直于壁的轴的方向旋转自旋来改变磁化方向；(b) 奈尔壁，有利于较薄的铁磁层，通过围绕平行于壁的轴的方向旋转自旋来改变磁化方向；(c) 带有布洛赫壁的自旋方向的细节图

杂散场对于连接两种类型磁畴壁是很重要的。一般来说，它在薄膜的磁化方向方面起着至关重要的作用。薄膜或者较厚的块体状的膜层中样品的形状导致了形状各向异性。

如果薄膜垂直于薄膜平面磁化，然后在两个薄膜表面磁化强度的跳跃就会导致一个去极化场 $H_d=-M$，即一个强杂散外加磁场。如果薄膜平行于表面激发，则这里基本上没有去极化场，因为侧向的薄膜维度比横截面扩充方向(薄膜厚度)更高(接近无限)，且在薄膜边界处发生跳跃。

除了形状各向异性，薄膜表面和界面都会分别导致表面和界面各向异性。固体的电子结构在表面和界面处会被改变(3.2 节)，因此，自旋轨道耦合和晶体各向异性的起源也发生了改变。在这个意义上，表面和界面各向异性对总能量的贡献就是对总的磁晶各向异性的改变。但是在这种情况下，存在一个关键的薄膜厚度 t_c，若超越这个厚度，形状各向异性主导，磁化旋转到薄膜平面。

反铁磁基底上的铁磁薄膜扮演了一个有趣的角色。在这种基底上，例如 NiO 或者 CoO，次近邻的原子具有反平行自旋方向。在这种有序的反铁磁基底上沉积的铁磁薄膜表现出较高的矫顽力。它沿着易轴的磁化方向，因此与那些非反铁磁的基底比较起来更稳定。这种效应是由于最上面的基底原子(自旋)和邻近层的原子之间的交换相互作用，这有可能是磁化方向如此稳定的更进一步的原因。反铁磁层易形成一种带有畴边界的畴结构，其中的反铁磁有序改变了其方向。转动一个外加磁场的方向显然对反铁磁有序化并不重要；两个偶极子方向都以同等数量出现。改变畴结构会消耗额外的能量，这就稳定了反铁磁磁畴，因此也通过交换相互作用稳定了铁磁外延层的磁化方向。这种对铁磁薄膜总的磁性能的贡献称为交换各向异性或者钉扎场。基于 GMR 效应的磁性开关器件的制备，该贡献非常重要。

一个由非磁性层例如 Cu 植入两个铁磁层例如 Fe 或者 Co 之间构成的三层叠层沉积到一个反铁磁基底(例如 NiO 或者 CoO)上，表现出磁性开关行为(图 9.45)。有了足够的磁场强度 H，两个磁性薄膜平行或反平行于易轴，最上面的薄膜会对磁场方向和正、负场方向转变产生响应。另一方面，与反铁磁基底接触的底层薄膜由于交换耦合具有高的矫顽力。其磁化方向是固定的，固定层的方向不会改变。

如图 9.45 所示，一个由被非磁性层分离的两个铁磁层组成的三层叠层沉积到一个反铁磁基底上。因此，一个外加磁场就能诱导两个铁磁层平行或反平行的排列。转换上层(自由)相对于下层(固定)的磁化方向的一个先决条件就是薄膜中只有一个单磁畴。薄膜不能过于沿横向延伸，这样的话就可以制备一个磁畴磁化。通常 100 nm 叠层支柱就足够了。

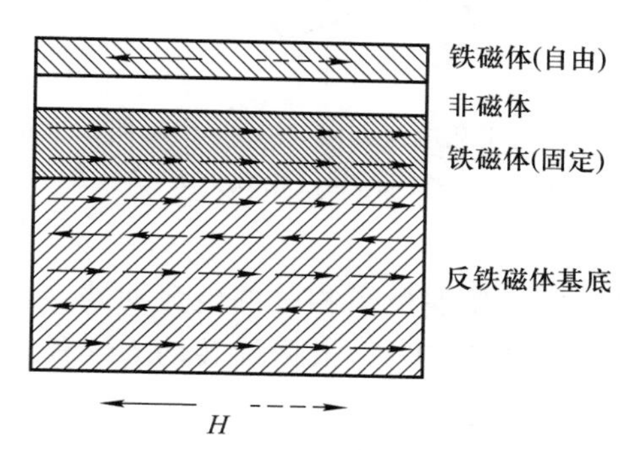

图 9.45 GMR 和自旋传输扭矩效应中的多层系统。在铁磁“固定”层中，磁化方向通过与反铁磁基底的交换耦合固定。与非磁层分离的固定铁磁层中，有一个“自由”铁磁层，它的磁化方向能够很容易地通过反转外加磁场 H 的方向而被反转(如实线和虚线中的箭头所示)

9.7.3 自旋转矩效应：磁开关器件

在 GMR 效应的应用中，铁磁层的磁化方向能够很容易地被转换成与固定磁化层相结合的反方向(自由磁化层)。在自由层中，磁化反转由一个外加磁场来完成，它应该采用特殊的器件来进行控制或测量。在未来的自旋电子学中，如果纳米器件要利用 GMR 效应，通过电流或者电压纯电子触发磁化反转是非常必要的。磁触发将需要过强的磁场，因此，发电也需要过大的电流。实际上，单独靠电流而不是通过利用外加磁场来改变纳米结构中的磁化方向是可能的。

1996 年，Slonczewski[9.41]和 Berger[9.42]曾预言，自旋极化电流传播进一层铁磁层中，在膜层的磁化上施加了一个扭矩。为了更好地理解，在磁场中的自旋动力学可用一个磁场 $\boldsymbol{B}$ 中的电流回路图来探讨(图 9.46)。可以很容易推导出，回路中的电流 $\boldsymbol{I}$(工艺方向)尝试着使回路面积的方向垂直于磁场。这可以归因于回路中一个磁偶极子 $\mu = AI$，它正比于回路面积 A。偶极子由于一个扭矩 $\boldsymbol{T}$ 而易趋于磁场的方向，这个扭矩对偶极子起作用

$$\boldsymbol{T} = \boldsymbol{\mu} \times \boldsymbol{B} \tag{9.70}$$

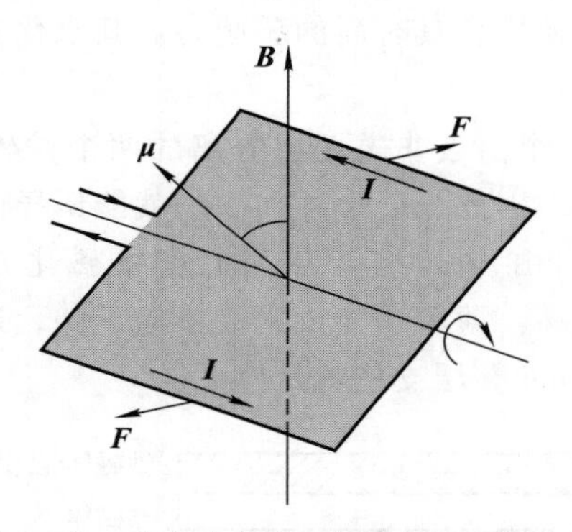

图 9.46　一个电路回路($\boldsymbol{I}$ 为工艺电流方向)中，一个磁偶极子 $\boldsymbol{\mu}$ 在磁场 $\boldsymbol{B}$ 中的取向动力学示意图，其洛伦兹力 $\boldsymbol{F} = \boldsymbol{I} \times \boldsymbol{B}$

方程(9.70)不仅适用于磁偶极子相关的电流回路，也适用于一般的偶极子。自旋磁偶极子也遵循式(9.70)。根据旋转动力学的一般规则，一个扭矩通过下式诱导角动量 $\boldsymbol{L}$ 的变化：

$$\boldsymbol{T} = \frac{\mathrm{d}}{\mathrm{d}t}\boldsymbol{L} = \boldsymbol{\mu} \times \boldsymbol{B} \tag{9.71}$$

磁偶极子和角动量通过下式相关联：

$$\boldsymbol{\mu} = \left(g \frac{e}{2m}\right) \boldsymbol{L} = \gamma \boldsymbol{L} \tag{9.72}$$

其中，g 和 γ 为系统的特征常数，称为 Lande 因子(g)和旋磁比(γ)。对于电子自旋 g 有很好的近似值 2。结合式(9.71)和式(9.72)得到了自旋动力学的基本动力学方程

$$\frac{\mathrm{d}}{\mathrm{d}t}\boldsymbol{\mu} = \gamma\boldsymbol{\mu} \times \boldsymbol{B} = \gamma\boldsymbol{T} \tag{9.73}$$

从右向左读这个方程可知，磁偶极子 $\boldsymbol{\mu}$ 在磁场 $\boldsymbol{B}$ 中经历了一个扭矩，改变了它的方向。这个扭矩使它围绕着磁场方向旋进。从左向右读方程(9.73)可知，磁偶极子方向的变化导致了一个扭矩 $\boldsymbol{T}$。为整体的自旋建立一个具体的磁化强度 $\boldsymbol{M}$，式(9.73)可以写为下式：

$$\frac{\mathrm{d}}{\mathrm{d}t}\boldsymbol{M} = \gamma\boldsymbol{M} \times \boldsymbol{B} \tag{9.74}$$

我们现在能够理解自旋-传输扭矩机制[9.43]的物理内涵了。先从电子的自旋极化电流从一个金属非磁体进入铁磁体这个简单的问题开始(图 9.47)。入射自旋(电流)相对于铁磁体的磁化强度 $\boldsymbol{M}$ 以倾斜角度 ϑ 沿着易轴方向极化。为了简单起见，假设一个极化轴在绘图平面内，尽管实验中这个轴通常由于形状各向异性而处于膜层的平面。假设 z 轴平行于磁化强度 $\boldsymbol{M}$ 和 x 方向电流的自旋组分，期望值通过重叠自旋态 $|s\rangle=\alpha|\uparrow\rangle+\beta|\downarrow\rangle$ 计算而得到，其中，$|\uparrow\rangle$ 和 $|\downarrow\rangle$ 为 σ_z、α 和 β 振幅的自旋本征态，且可以很容易从下式获得：

$$\langle s_z\rangle = \langle s|s_z|s\rangle = \frac{\hbar}{2}\begin{pmatrix}\cos\frac{\vartheta}{2} & \sin\frac{\vartheta}{2}\end{pmatrix}\begin{pmatrix}1 & 0\\ 0 & -1\end{pmatrix}\begin{pmatrix}\cos\frac{\vartheta}{2}\\ \sin\frac{\vartheta}{2}\end{pmatrix} = \frac{\hbar}{2}\cos\vartheta \tag{9.75a}$$

和

$$\langle s_x\rangle = \langle s|s_x|s\rangle = \frac{\hbar}{2}\begin{pmatrix}\cos\frac{\vartheta}{2} & \sin\frac{\vartheta}{2}\end{pmatrix}\begin{pmatrix}0 & 1\\ 1 & 0\end{pmatrix}\begin{pmatrix}\cos\frac{\vartheta}{2}\\ \sin\frac{\vartheta}{2}\end{pmatrix} = \frac{\hbar}{2}\sin\vartheta \tag{9.75b}$$

旋量(即相对于 z 方向倾斜角度为 ϑ，自旋极化的自旋振幅的二维矢量)有组分(α 和 β 为自旋本征态 σ_z 的振幅) $\cos(\vartheta/2)$ 和 $\sin(\vartheta/2)$(图 9.47)。这里，入射极化电子的旋量写为相对铁磁体磁化强度 $\boldsymbol{M}$ 的 z 方向自旋向上和自旋向下组分的重叠。在非磁性材料和铁磁体之间的界面，电子变化带来的潜能变成自旋相关的(图 9.37)。在铁磁体内部，自旋分裂态密度导致自旋相关传输和 9.7.1 节讨论过的反射。因此，与入射旋量相比，传输和反射旋量 Ψ_{trans} 和 Ψ_{refl} 被自旋向上和自旋向下组分的重叠所修改。如图 9.47 中假设的理想情况，在界面体积内(虚线框)，振幅为 $\sin(\vartheta/2)$ 的自旋向下组分完全从电子束中脱离出来并以旋量 Ψ_{refl} 反向散射出现。因此，振幅为 $\cos(\vartheta/2)$ 的自旋向上

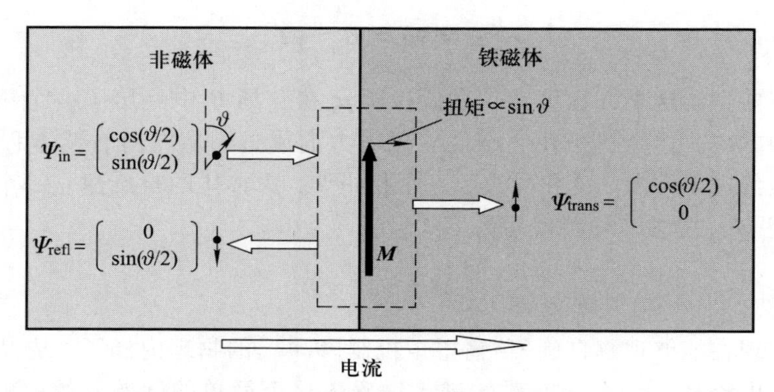

图 9.47　一个电子电流从非磁层进入铁磁层的自旋-传输扭矩机制的示意图。自旋方向相对于界面平面倾斜 ϑ 进入的电子的波函数为旋量 Ψ_{in}。因为界面区域(虚线框)中的自旋过滤来自于铁磁体中自旋-分裂电子态密度，反射旋量 Ψ_{refl} 具有相对于传输电子旋量 Ψ_{trans} 相反的自旋方向。吸收横向自旋电流与 sin ϑ 成正比，并且对界面磁化起到扭矩的作用[9.43]

组分完全没有散射地渗透到界面，并且以旋量 Ψ_{trans} 传输。只有这一个自旋极化在铁磁体传播。这是一种理想状况，在实验中从不会发生，其中，其他组分(在这里是自旋向下)的 50% 是反向散射。然而，这里主要的论点对只有一个自旋组分部分的反向散射的情况仍然是有效的。

在任何情况下，在总的传输电流中，遗漏横向自旋电流通过界面，根据式(9.73)，在铁磁体的自旋磁矩上作为一个扭矩。通过计算旋量 Ψ_{refl} 和 Ψ_{in} 之间的差值 $\langle\sigma_x\rangle$，可以很容易地发现传输扭矩和 sin ϑ 成正比。它易于在铁磁体中向着磁化方向，且平行于入射自旋。当然，为了转变铁磁体的磁化，铁磁体的矫顽力必须小，而且入射自旋电流必须足够大。

可以通过制备一个由(固定的)具有高矫顽力的(厚)铁磁层和(自由的)具有低矫顽力的(薄)铁磁层组成的夹心层建立一个电流诱导的磁化开关。薄的非磁性(抗磁)层之间是夹层(图 9.48)。我们考虑一个电子电流从固定层[图 9.48(a)，左图]流入自由层(右图)。固定铁磁层的磁化方向 $\boldsymbol{M}_{fixed}$ 强制使电子的自旋极化到 $\boldsymbol{M}_{fixed}$ 的方向。这个极化在进入非磁层(1)的中央入口并不会消失，因为在这里态密度不会自旋分裂。如果能够忽略非磁层(薄层)中的自旋-翻转散射过程，像我们在图 9.47 中讨论的那样，自旋-极化电流便可进入右边的自由磁性层。一个扭矩转移到自旋，这个自旋使得磁化平行于固定层(左边)。从自由层(3)反向散射的电子带有一个自旋磁矩，该磁矩又转移到反向于固定层。但是当它的矫顽力相对高时，磁化强度 $\boldsymbol{M}_{fixed}$ 不会发生变化。在所描述的条件下，电子的电流从固定磁性层(左)流到自由层[图 9.48(a)]，导

致 $\boldsymbol{M}_{\text{fixed}}$和 $\boldsymbol{M}_{\text{free}}$稳定平行排列。

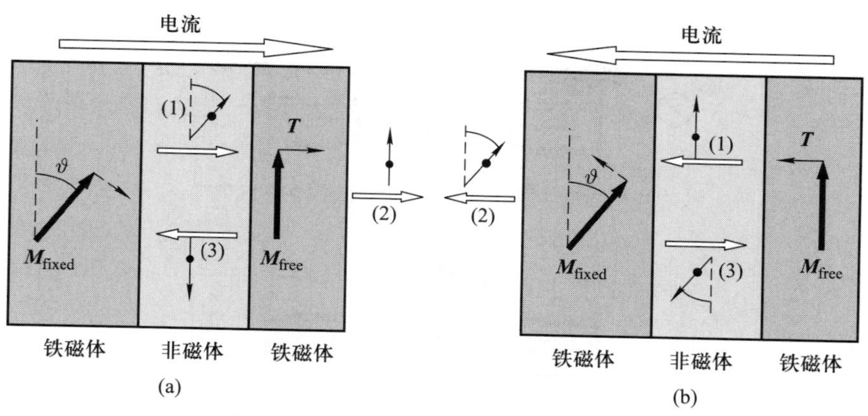

图 9.48　由两个铁磁体[固定层($\boldsymbol{M}_{\text{fixed}}$)和自由层($\boldsymbol{M}_{\text{free}}$)]组成的三层系统的电流诱导磁化转换示意图。由于 $\boldsymbol{M}_{\text{fixed}}$的不对称性不会对作用于它的扭矩 $\boldsymbol{T}$(虚线短箭头)产生响应，而 $\boldsymbol{M}_{\text{free}}$能够跟随扭矩(实线短箭头)。在自旋图标上的数字(1)、(2)和(3)代表了描述的顺序[9.43]

我们可以对相反方向的电子流从自由层到固定层[图 9.48(b)]进行类似的讨论。但是，由此产生的扭矩点指向相反方向。从有一个自旋极化平行于 $\boldsymbol{M}_{\text{free}}$(1)的电子转移到磁化方向 $\boldsymbol{M}_{\text{fixed}}$。由于固定层高的矫顽力，没有诱导磁化强度变化。反向散射的电子携带了一个自旋极化，该极化转移扭矩到自由层自旋方向，并与图 9.48(a)中的情况相反。由于其低矫顽力，自由层通过使 $\boldsymbol{M}_{\text{free}}$的极化方向平行于 $\boldsymbol{M}_{\text{fixed}}$来产生响应，因此这种电流流动方向的稳定态与 $\boldsymbol{M}_{\text{free}}$和 $\boldsymbol{M}_{\text{fixed}}$的排列反平行。

以上所述由三层叠层组成的磁开关器件和测试 GMR 设备(图 9.49)是相同的。在 GMR 效应中，自由铁磁层与固定层从平行到反平行排列的转换是由外加磁场诱导的，反之亦然；而且夹层结构的电阻与磁场的函数关系也被测量出来[图 9.49(a)]。在自旋-传输扭矩器件[图 9.49(b)]中，铁磁自由层的转换由一个增加的电流诱导，这个电流具有与 $\boldsymbol{M}_{\text{free}}$和 $\boldsymbol{M}_{\text{fixed}}$平行和反平行排列相反的极性。夹层中依靠这种排列低或者高的电阻(GMR)进行测试。这就如同在 GMR 的情况中一样，通过夹心层探讨电压梯度。虽然 GMR 器件在小磁场作为传感器适用，自旋-传输扭矩器件完全在电流和电压作用的情况下工作，这对于记忆和逻辑自旋-电子应用是很有趣的。

为了得到真实器件中的效果，我们举例说明，一个带有两个铁磁 Co 层的纳米立柱被一个 6 nm 厚的 Cu 层分隔(图 9.50)。这个器件被用于 Katine 等[9.44]的前期工作中。不同厚度的 Co 层(Co1：2.5 nm，Co2：10 nm)是为了保

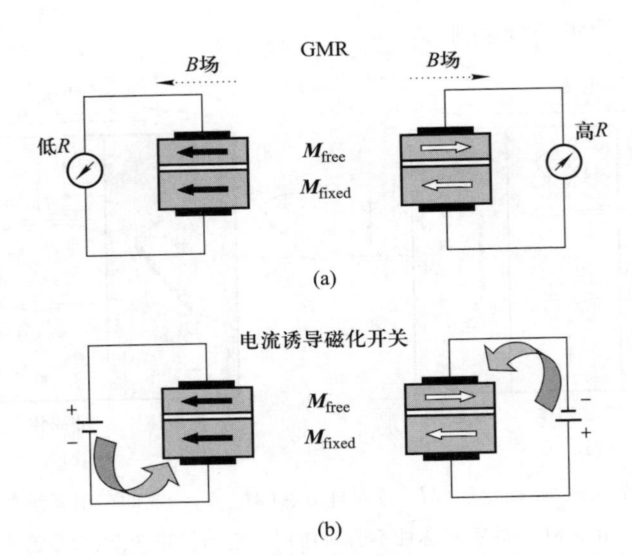

图 9.49　GMR 效应(a)和电流诱导磁化开关(b)[9.43]的示意图：(a)由两个铁磁体(自由和固定层)组成的三层叠层结构的 GMR 效应中的电阻被依赖于层磁化排列的非磁性金属夹层分离；(b)磁化强度的稳定排列依赖于极性，即垂直通过叠层的电流的方向

证(薄)自由层和(厚)固定层的低和高矫顽力。立柱的侧向直径为 130 nm。在顶部和底部 Cu 接触之间施加电流。电压梯度与施加电流之间的函数关系也在这些 Cu 接触点之间测试出来。立柱的侧向维度使得足够高的电流密度能够转换自由 Co 层的磁化强度：在一个 100 nm 的立柱中施加 1～10 mA 电流可获得 10^7～10^8 A/cm^2 的电流密度。两个 Co 层相对的磁化方向通过 Co1/Cu/Co2 三层系统中的 GMR 效应测试出来。图 9.50(b)示出了测试的差热电阻(dV/dI)与施加电流的函数关系。对于这个特殊的设置，一个 1 200 Oe 恒定的外加磁场对界定和加固 Co2 层的磁化方向是必需的。当然，如果固定层和自由层的矫顽力与目前的情况差异很大，这样一个场则不需要。在图 9.50(b)中，电子在负偏压情况下从固定(厚)层流向自由(薄)Co 层，稳定了平行磁化排列，并导致了一个低的微分电阻 dV/dI。在正偏压情况下，平行排列是不稳定的，Co1 在足够大的电流时转换到反平行排列且 dV/dI 增大。如果观察到减小电流的迟滞行为，Co1 在负电流时转换回到平行排列。测量曲线显示出在零施加电流时两种不同的稳定态的迟滞行为是很重要的。因此，正、负电流脉冲允许平行和反平行磁化在零电流时于两种状态之间转换，即在 GMR 中低和高的电阻。

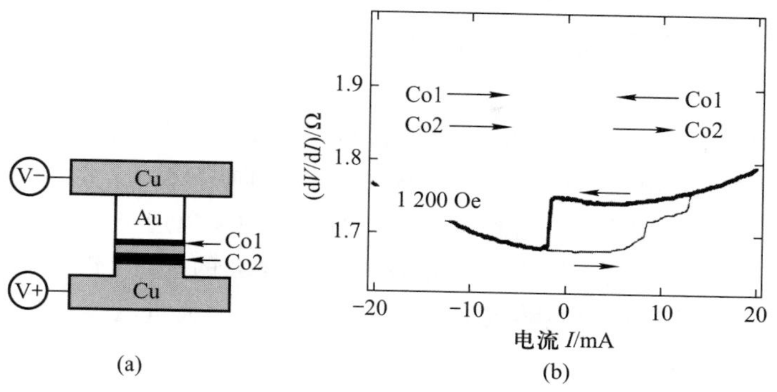

图 9.50 用自旋-传输扭矩机制来实现电流诱导磁化开关的实验示意图[9.44]。(a) 图解直径为 130 nm 的立柱器件。这个立柱由两个铁磁体 Co 层(Co1 为自由层，Co2 为固定层)植入两个 Cu 接触层之间组成，这两个 Co 层又被一个 6 nm 厚的 Co 层和一个 Au 立柱分隔。在正偏压情况下标示出接触层极性。(b) 测试的偏压电阻 dV/dI 与通过(a)中的圆柱器件的电流的函数关系。在这个实验中，Co2 层的交换耦合不够强，以至于 Co2 中的固定磁化只能在 1 200 Oe 的外加磁场情况下才能达到。测试的迟滞线定义了两个高和低微分电阻的稳定态，它们依赖于电流方向(曲线中的小箭头)。对于正和负的电流方向，Co1 和 Co2 中的相互磁化排列用箭头标示出来

附录XV 磁光特性：克尔效应

经典的(即使是最广泛使用的磁性材料)表面和薄膜表征技术都是基于光和这些材料之间的相互作用。在铁磁体的磁化方向定义一个特定的轴，当然，光学性质取决于磁化强度和光的偏振。这种类型的现象用于测量磁化方向和相对强度非常有用。因此，相应的测量发展成为强大的表征(铁磁层)手段，包含用光学显微镜获得铁磁磁畴图像的技术。实际上，大量磁畴行为方面的知识都是源于磁光显微镜。

固体材料尤其是薄膜与光的相互作用用麦克斯韦理论的经典连续方法菲涅耳公式来描述。这里，介电常量$\{\varepsilon_{ij}\}$产生入射光的反射和透射表述，这是入射角度的函数和入射光的偏振方向。对于各向同性的非磁性固体，这种节点张量在对角线上。原子的入射光束诱导了光偏振方向上的电流振荡光，其再次(振荡偶极子)成为发射光波的波源包括反射光和透射光。显然，它们携带与诱导电流和入射光的偏振方向相同的偏振光。如果入射光是偏振平行(p偏振)或垂直(s偏振)于入射面，则反射光和透射光束的偏振态相对于入射光保持不变。

如果固体和薄膜是磁有序的，那么在一个特定的磁畴里存在一个定义好的磁化作用。由入射电磁波诱导的电流中运动的电子经历了一个磁场。如果磁场(即磁化作用)与电流的方向存在一个角度，那么这就存在一个洛伦兹力正比于$e\boldsymbol{v}\times\boldsymbol{B}$。这个力在直角上诱导了一个额外电流贡献给原本诱导的额外电流。当然，这个额外电流可作为反射和透射光波的源。因为其方向和直接诱导的光不一样，所以入射和透射光波结果的偏振态会有变化。光从磁固体或薄膜反射需要一个偏振组分，其在入射p或s偏振波中并不存在。这种效应称为克尔(Kerr)效应(以其发现者的名字命名)。此外，透射光波具有变化的偏振作用。在透射过程中，这个效应称为法拉第效应，这也是以它的发现者的名字命名。为了实际应用，在大多数高吸收的薄膜反射中观察克尔效应是很重要的[XV.1]。有时候这个效应称为磁光克尔效应(magneto-optic Kerr effect，MOKE)或表面磁光克尔效应(surface magneto-optic Kerr effect，SMOKE)。

对于克尔效应的正常描述，一个派生的介电张量$\{\varepsilon_{ij}(\omega)\}$存在于磁场中，即具有作用于固体中的自由载流子的洛伦兹力。作为媒介，带有自由电荷的复杂的张量$\varepsilon(\omega)$可以用一个高频率的电导率$\sigma(\omega, B)$[XV.2]来表达

$$\varepsilon_{ij}(\omega)=\varepsilon_{ij}^{0}(\omega)+\frac{i}{\varepsilon_{0}\omega}\sigma_{ij}(\omega, B) \tag{XV.1}$$

根据欧姆定律，电流密度为

$$j_i = \sum_k \sigma_{ik}(\omega,\ B)\varepsilon_k \tag{XV.2}$$

在电输运[XV.3]的Drude模型的基础上，可以用最简单的近似计算出张量σ。具有诱导振荡电流（发射光的源）的光频率为ω，自由载流子的速度为$\boldsymbol{v}=\boldsymbol{v}_0\exp(-i\omega t)$。因此，载流子的Drude动力学方程如下所示（$m^*$为有效电子质量）：

$$-i\omega m^*\boldsymbol{v} + \frac{m^*}{\tau}\boldsymbol{v} = e(\varepsilon + \boldsymbol{v}\times\boldsymbol{B}) \tag{XV.3a}$$

或者各组分为

$$(-i\omega + \omega_\tau)j_x = \varepsilon_0\omega_{\mathrm{P}}^2\varepsilon_x + \omega_{\mathrm{C}}\,j_y \tag{XV.3b}$$

$$(-i\omega + \omega_\tau)j_y = \varepsilon_0\omega_{\mathrm{P}}^2\varepsilon_y - \omega_{\mathrm{C}}\,j_x \tag{XV.3c}$$

$$(-i\omega + \omega_\tau)j_z = \varepsilon_0\omega_{\mathrm{P}}^2\varepsilon_z \tag{XV.3d}$$

我们对等离子频率使用$\boldsymbol{j}=ne\boldsymbol{v}$和缩写式$\omega_{\mathrm{P}}=(e^2n/\varepsilon_0m^*)^{1/2}$，$\omega_\tau=1/\tau$为散射频率（$\tau$为Drude弛豫时间），$\omega_{\mathrm{C}}=eB/m^*$为回旋频率。高频电导率张量$\sigma_{ij}$[式(XV.2)]可以用式(XV.3a)~(XV.3d)写为

$$\sigma_{ij}(\omega,\ B) = \frac{\sigma^{\sim}}{1+\Phi^2}\begin{pmatrix} 1 & \Phi & 0 \\ -\Phi & 1 & 0 \\ 0 & 0 & 1+\Phi^2 \end{pmatrix} \tag{XV.4a}$$

其中

$$\sigma^{\sim} = \frac{\varepsilon_0\omega_{\mathrm{P}}^2}{\omega_\tau - i\omega} \tag{XV.4b}$$

作为消除的磁场($B=0$)中的动力学电导，缩写为

$$\Phi = \frac{\omega_{\mathrm{C}}}{\omega_\tau - i\omega} \tag{XV.4c}$$

式(XV.1)和式(XV.4a)~(XV.4c)清楚地表明介电张量在磁性材料中具有非对角线，这适用于克尔效应。对于还包括分别在非对角线ε[式(XV.1)]和σ[式(XV.4)]张量上反射时偏振旋转的反射率的计算，必须被引入菲涅耳公式。

3种不同类型的几何排列用于克尔效应测试中（图XV.1）。只有在极性情况下，磁化方向垂直于表面；对于正常入射这个效应是最大的。极性和横向几何图产生的克尔效应大约高于纵向几何图一倍。如果在横向几何图中使用p偏振光非正常入射，克尔效应将其本身体现为依赖于磁化方向的反射率（反射信号的绝对强度）。然后，测得的反射强度是一个简单的效应强度的测试，称为克尔信号或密度。往往更愿意选择这种简单的测试类型而不是对反射上偏振方

向的旋转的更复杂分析。

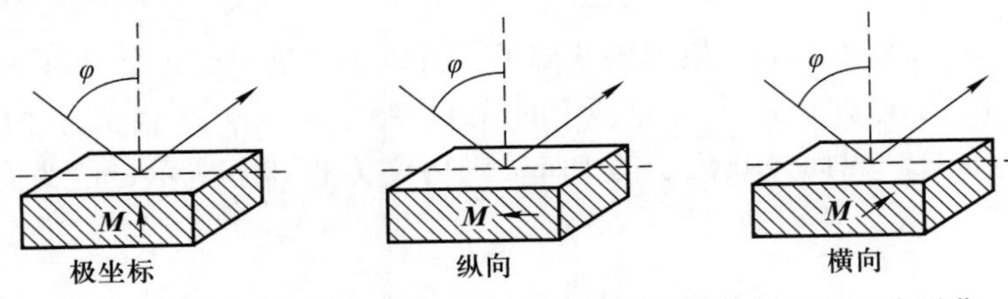

图XV.1　观察磁光克尔效应(MOKE)不同的几何图。样品中磁化强度 $\boldsymbol{M}$ 的方向不同，光束以一个角度 φ 反射

另一种简单的测试过程是p或s偏振入射光(由第一偏振片定义)的反射测量及入射和反射光束的交叉偏振化。如果没有克尔效应，这个信号只是反映了由偏振片的消光比给出的有限偏振。克尔效应导致带有偏振的反射光与入射光垂直。部分光从样品变化的偏振中出现称为克尔幅度或密度，它可以直接用于获取有关磁学性质的信息。例如作为测试克尔密度的图XV.2示出了一个沉积在Ag(100)上的6个单层厚的单晶Fe(100)薄膜表面上的反射光和外加磁场 H 的函数关系［XV.4］。克尔信号是在真空室中原位测量的。薄膜的铁磁性导致观察到的磁滞回线特性，根据此图，矫顽力强度可以很容易地确定。克尔效应的测量(即反射光上偏振方向的旋转)需要一些实验器件，图XV.2中这种类型的测量包含作为光源的激光、反射光所需的探测器、成像过程中的一些镜头和两个偏振片以及反射光束。反射的磁性薄膜放置在两个电磁铁的两极之间，用以产生外加磁场。在超高真空系统中，蒸发的装置可以用来制备新的和干净的磁性薄膜。这些薄膜能够用于图XV.2中所提到的原位研究。一般来说，超高真空外部的光学装置被超高真空窗口分开，需要小心操作这些窗口才不会导致偏振光改变。

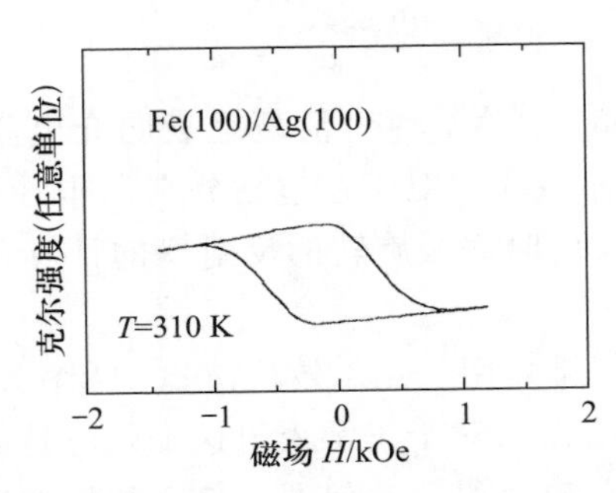

图XV.2　超高真空条件下沉积在Ag(100)基底上的Fe(100)薄膜(6个单层)在300 K时原位测试的克尔强度纵向几何图。Fe膜沉积后在150 ℃退火半小时［XV.4］

克尔效应的一个广泛应用领域就是磁畴结构成像［XV.1］。为此采用克尔

偏振显微镜。图XV.3中的显微镜具有最佳的横向分辨率，可以分析尺寸在300 nm以下的结构。当使用汞高压灯作为光源时，主要使用绿色或黄色的光谱线。为了保证样品表面均匀的照明，狭缝孔径的位置非常重要。一般来说，图像的数字化可进一步在计算机中使用。具有高对比度的分辨率良好的图像能够通过不同的成像技术获得。一个相同的磁畴结构（将被减去）的背景图像，根据研究可以通过对样品应用一个交变磁场和对快速振荡磁畴结构取平均来获得。

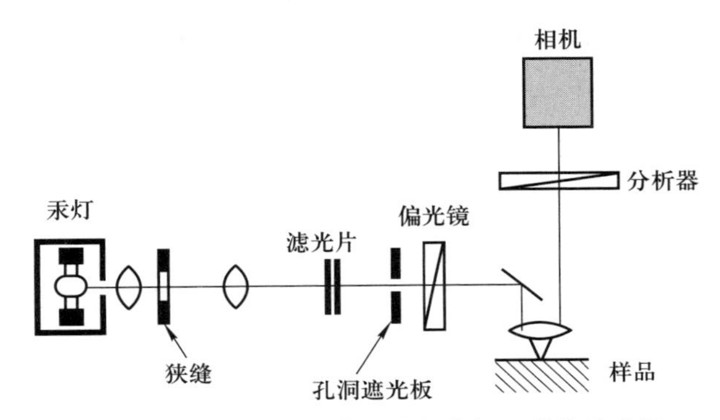

图XV.3　磁畴结构成像的克尔偏振显微镜示意图

如图XV.4所示，一个克尔图像的例子显示了硅铁晶体中用克尔显微镜得到的磁畴结构[XV.6]。箭头表明了磁化方向。这种SiFe材料被用于变压器钢。图XV.4中表面观察到的2D磁畴源于当接触到SiFe层最表面时深入块体中的3D铁磁磁畴结构[XV.6]。整个磁畴结构由样品的杂散场能量减少趋势决定[XV.6]。

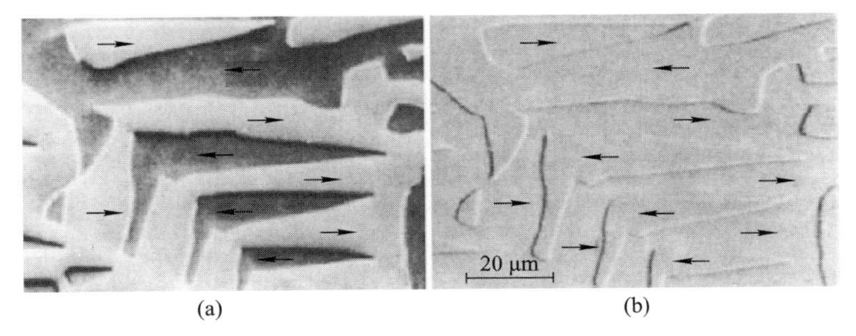

图XV.4　在硅铁晶体（厚为0.3 mm）表面用克尔偏振显微镜获得的不同的铁磁磁畴（箭头标示磁化方向）轻微地错位于（110）平面[XV.6]：（a）在倾斜的入射光下获得的图像；（b）垂直于表面入射的图像

参考文献

XV.1 A. Hubert, R. Schäfer: *Magnetic Domains*(Springer, Berlin, 1998)

XV.2 H. Ibach, H. Lüth, *Solid State Physics—An Introduction to Principles of Material Science*, 4th edn. (Springer, Berlin, 2009)

XV.3 P. Grosse, *Freie Elektronen in Festkörpern*(Springer, Berlin, 1979)

XV.4 Z. Q. Qiu, J. Pearson, S. D. Bader, Phys. Rev. Lett. **70**, 1006(1993)

XV.5 F. Schmidt, W. Rave, A. Hubert, IEEE Trans. Magn. **21**, 1596(1985)

XV.6 R. Schäfer, A. Hubert, Phys. Stat. Sol. (A) **118**, 271(1990)

附录XVI　自旋极化扫描隧道显微镜(SP-STM)

扫描探针显微镜(scanning probe microscope，SPM)技术已经发展成为表面物理中最重要的工具之一，它用多种方式将横向分辨率降到原子尺寸来表征一个表面。在附录Ⅵ中，扫描隧道显微镜(scanning tunneling microscope，STM)已经出现在多个研究领域，例如原子表面结构研究、表面原子轨道几何图的演变、表面态频谱学，甚至一个原子尺度内表面的修饰等。

在标准 STM 中，最尾端原子尺度的针尖扫描整个在超高真空下制备的样品表面，测试针尖和样品表面之间的隧道电流和局部位置的函数关系。这个位置由介电扫描单位驱使的针尖的横向运动控制(附录Ⅵ)。由于最外面针尖原子和样品表面原子的电子波函数重叠，隧道电流在针尖样品距离为 0.5~1 nm 数量级范围内测量。STM 图像可以通过记录隧道电流的二维空间变化量获得。在没有详细的理论推导[XVI.1]的情况下，下面的隧道电流 I_T 的近似表达式来自于图Ⅵ.5(附录Ⅵ)：

$$I_T \propto \int_{-\infty}^{\infty} |T(E)|^2 \rho_{tip}(E-eU)\rho_{sample}(E)[f(E-eU)-f(E)]\mathrm{d}E \tag{XVI.1}$$

$T(E)$为隧道矩阵元素[XVI.2]，ρ_{tip}和ρ_{sample}分别为针尖和样品的电子态密度。它们决定了隧道电子最终和初始状态时有多少态存在。针尖和样品的费米函数$f(E-eU)$和$f(E)$(通过外部电压 U 移动)决定了态的能量范围，其中，针尖和基底的占据和未占据态能够参与隧道电流(图Ⅵ.5)。隧道电流 I_T 的近似表达式(Ⅵ.1)由式(XVI.1)通过假设针尖和样品表面(图Ⅵ.5)之间真空带的势垒高度依赖于施加电压以及样品和针尖的工作函数($\overline{\Phi}$ 为它们的平均数)推导而来。式(Ⅵ.1)本质上由隧道矩阵元素 $T(E)$和针尖与样品之间的距离 d 的指数依赖关系决定[XVI.2]。

到目前为止，在附录Ⅵ中没有考虑隧道电子的自旋。只要针尖和样品都不是铁磁性的，这就是正确的。

用一个铁磁针尖来探测铁磁样品表面会导致一些新的有趣的效应，从而出现电子态密度分裂成自旋向上和自旋向下两部分(图 9.37)。很显然，在隧道作用的过程中，根据式(XVI.1)，电子的能量是守恒的。根据第一近似，非弹性的隧道作用过程可以忽略不计。同样地，就如对 GaAs(110)表面隧道谱详细的分析一样[XVI.3]，电子的动量也是守恒的。此外在隧道作用的过程中，如果通过强外加磁场使扭矩尽可能没有产生，电子的自旋就守恒。

在隧道作用过程中，自旋的守恒是以通过 STM 在原子尺寸范围内对样品表面的铁磁结构成像为基础的。为此需要一个铁磁针尖。目前常用的钨、铂或铂-铱针尖，两个自旋方向都同样存在，不能在磁性成像中使用。当针尖和样品都是铁磁性时，STM 中的隧道电流就不能被分裂成由多数自旋和少数自旋产生的电流(图 XⅥ.1)。无论是被研究的样品还是针尖，由于平均磁场内部的作用(9.4.1 节)，电子态密度 ρ_{sample} 和 ρ_{tip} 都分裂成多数自旋和少数自旋的电子态密度。由于自旋守恒，隧道电流在自旋向下和自旋向上态密度之间的 $I_{\downarrow\downarrow}$ 和 $I_{\uparrow\uparrow}$ 对针尖和样品的平行[图 XⅥ.1(a)]和反平行[图 XⅥ.1(b)]磁化强度具有不同的密度。可以很简单地从图 XⅥ.1(a)中看出，自旋电流 $I_{\downarrow\downarrow}$ 连接高密度的初始和最终空态。另一方面，自旋电流 $I_{\uparrow\uparrow}$ 从初始态的高密度变化为最终态的低密度。因此，$I_{\downarrow\downarrow}$ 支配着针尖磁化强度。对于针尖和样品的反平行磁化强度[图 XⅥ.1(b)]，由于类似的原因 $I_{\uparrow\uparrow}$ 超过了电流 $I_{\downarrow\downarrow}$ 的贡献，因此在 STM 中使用磁性针尖，其中，向上和向下的自旋极化并不均一，具有向上和向下自旋方向的样品的电子会存在重大的差异。这是基本的原理，自旋极化扫描隧道显微镜(spin-polarized scanning tunneling microscope，SP-STM)的磁性结构成像是可行的。

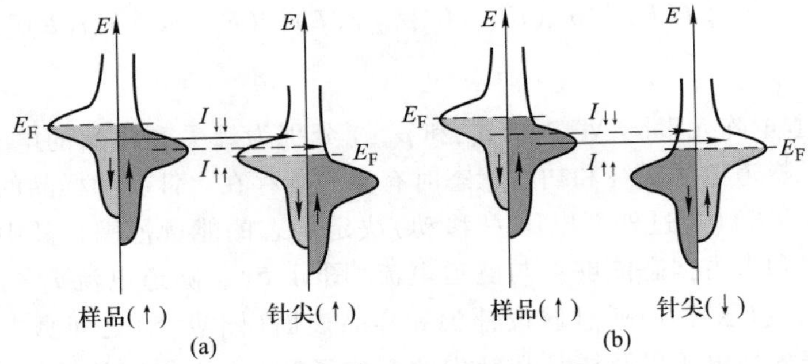

图 XⅥ.1　磁化极子之间自旋极化电子的隧穿原理，这些磁化极子的磁化方向用括号内的箭头标示出，样品和针尖的自旋-分裂铁磁电子态密度在施加隧穿电压的条件下(样品和针尖的费米能级 E_F 之间的能量差异)彼此转移：(a) 平行磁化方向的样品和针尖之间的隧穿作用，少数自旋密度(实线箭头)之间的电流贡献 $I_{\downarrow\downarrow}$ 超过了多数自旋密度(虚线箭头)之间的贡献 $I_{\uparrow\uparrow}$；(b) 反平行磁化方向的样品和针尖之间的隧穿作用，主要的电流贡献 $I_{\uparrow\uparrow}$ 在多数和少数自旋密度之间流动(实线箭头)

在 STM 的微分电导率模型中[XⅥ.4]，可以实现磁性表面结构成像的最好对比度，研究了隧道电流的导数 $\mathrm{d}I_T/\mathrm{d}U$ 和样品表面上针尖位置的函数关系。如式(XⅥ.1)中看到的一样，$\mathrm{d}I_T/\mathrm{d}U$ 正比于隧道电压足够小的针尖和样品的电子态密度。这个测试实际上由一个小的 ac 电压与隧道电压上的高频率相重叠而获得。应该选择合适的频率使得 STM 的反馈回路不能按照电压来调制。

电流对这个小电压调制的响应使用锁定技术来测量。

任何自旋-极化 STM 测试的关键就是一个磁性针尖的成功制备。STM 标准的针尖通常是在 NaOH 中用电化学方法刻蚀一个多晶钨(W)丝制备的，可以获得非常尖、曲率半径在 5 nm 数量级的针尖。通过用一些单层的铁磁材料例如 Fe、Ni、Gd、GdFe[XVI.5]来覆盖这样一个传统的 W 针尖，可以制备一个铁磁针尖。在制备之前，针尖必须在超高空条件下高温清洗。

从针尖隧穿或是隧穿进针尖发生在最外层的末端，其中一簇原子最接近于表面(图XVI.2)。这种集群传送所有隧道电流，而且它们的磁性决定了自旋的灵敏度。当最外层原子完全传输整个隧道电流时，一个自旋-极化 STM 已经具备了功能。因此，它可以使用两个铁磁和反铁磁涂层(图XVI.2)。反铁磁针尖和铁磁针尖比较起来有时候更有优势，因为它们没有宏观的磁性杂散场。这种杂散场可能会影响被研究的样品的磁结构，也可能会作用于隧穿电子的自旋磁矩。这些磁性薄膜针尖在针尖自旋极化之前能在超高真空条件下使用几天，因此，其自旋灵敏度随着吸附物慢慢消失[XVI.6]。

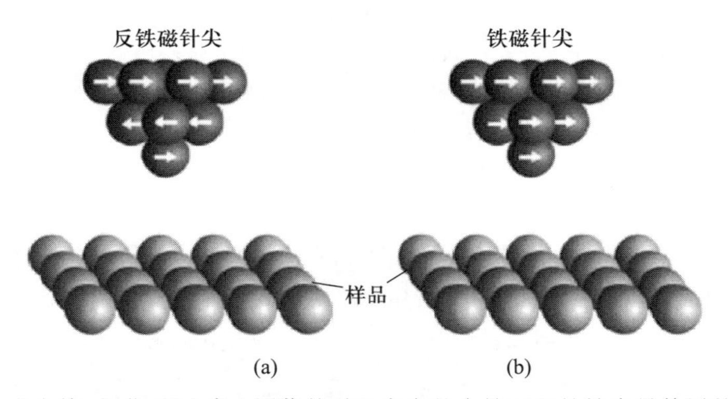

图XVI.2　在自旋-极化 STM 中，图像的对比度由整个针而不是针尖最外层的电子的磁化强度决定。反铁磁针(a)和铁磁针(b)比较起来更有优势，因为其避免了宏观磁性杂散场的影响

以 SP-STM 的应用为例，图XVI.3 示出了一个在阶梯式、超高真空下制备的 Cr(001)洁净表面。用一个标准的 W 针在恒定电流模式下记录了局部的图像[图XVI.3(a)]，而用 Fe 覆盖的 W 针在微分电导率模式下获得自旋-解析图像[图XVI.3(b)]。我们从这种 SP-STM 图像总结出，不同的表面层形成的阶梯状结构表现相反的磁化方向。在磁性图像中，dI/dU 沿着指示线绘制表明稍低和稍高的微分电导率的交替。相应的线在局部图像中的扫描(左)清楚地揭示了这种阶梯状结构。相反的磁化方向被定性地标示出。

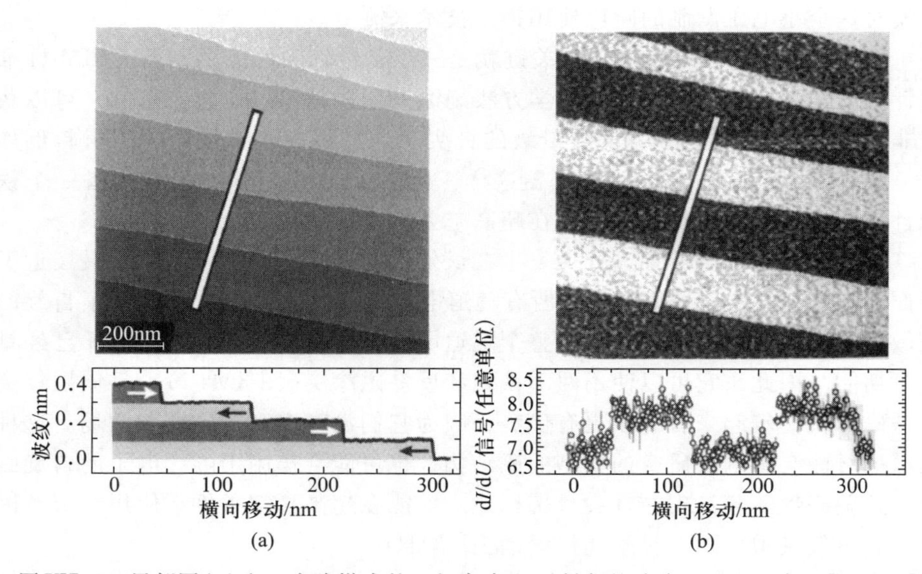

图 XVI.3 局部图(a)和一个阶梯式的、超高真空下制备的洁净 Cr(001)表面[XVI.4]的隧道电流导数 dI/dU 的自旋-解析图(b)：图中的棒表示沿着其皱相对于横向偏移(低的部分)的方向，不同的磁化方向(白箭头和黑箭头)由(b)推导而来；(b)用 Fe 覆盖 W 针记录的自旋-解析图像，棒表示的是 dI/dU 绘制的方向(下)，这表明下一个阶梯存在相反的磁化方向

图 XVI.4 中的微分电导率(dI_T/dU)图像采用一个 Fe 针(Fe 覆盖到 W 针上)通过沉积到 W(110)表面的 Gd(0001)薄膜测试而得到。这个 Gd(0001)表

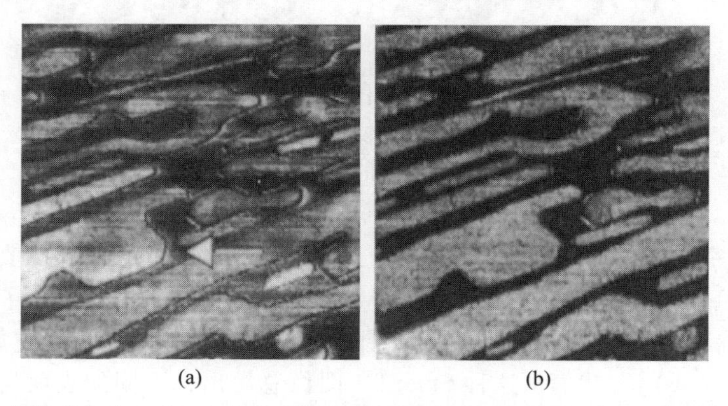

图 XVI.4 超高真空中 W(110)基底上沉积的 Gd(0001)薄膜的自旋-解析 STM 图像，实验的开展使用了 Fe 覆盖 W 的针，对比图的差异是由于交换分裂表面态的磁畴结构作用：(a)隧道电压 $U=-0.2$ V 时存在表面态的填充部分；(b)在隧道电压 $U=+0.45$ V 时空的表面态出现[XVI.7]

面被认为具有一个表面态能带，它是交换分裂的，具有一个由于内部的平均磁场填充满的多数和空的少数自旋贡献(图 9.23)[XⅥ.8]。Gd 表面的自旋-解析图像在隧道电压 $U=-0.2$ V[图 XⅥ.4(a)]和 $U=+0.45$ V[图 XⅥ.4(b)]下得到，即样品偏压分别相当于表面态填满的和空的部分。因为表面态不存在于 Gd/W(110)中严重应变的第一个单层，它的微分电导率就远远低于上面完全松弛的卧式区域。结果 Gd 的第一个单层就出现黑色。两种图像的对比度来源于 dI_T/dU 信号的差异，即磁化方向的变化。中间的对比度变化是由于磁畴的磁化与针的 Fe 自旋不在一条线上。在任何情况下，SP-STM 都能分辨磁畴，在特殊情况下，可以降到横向尺寸约为 20 nm。

同时，在 SP-STM 中甚至可以达到原子分辨率，就像在超高真空条件下沉积到 W(110)表面的 Mn 单层中描述的一样[XⅥ.9]。这些单层在原子范围上表现出反铁磁有序。Mn 原子交替表现出自旋向上和自旋向下极化，这样在大范围内磁矩就抵消。在图 XⅥ.5 中通过一个非磁性 W 针获得 Mn 单层在原子分辨率数量级的局部图像。这种钻石状长在 Mn 单层上的单位晶胞(1×1)和一种理论模拟的 STM 图像(插图)清晰可见。用铁磁 Fe 针扫描的相同的 Mn 单层[图 XⅥ.5(b)]表现出一种不同的周期性。只有每两个 Mn 原子是可见的，因此，沿着[112]方向的晶格常数(线条方向)是双倍的。这种倍增暗示着现在沿着[112]每两个 Mn 原子具有相同的自旋极化，虽然它们之间的原子是反平行的自旋方向。如图 XⅥ.5(b)中看到的一样，通过自旋-解析 STM 图像的理论计算，证实了实验结果。

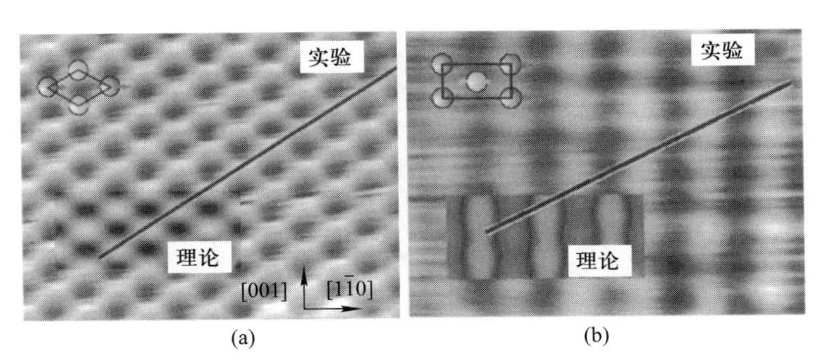

图 XⅥ.5　在超高真空条件下沉积到 W(110)上的单层 Mn 薄膜的 STM 图像[XⅥ.9]。(a) 用标准 W 针记录的局部图像，图像尺寸为 200 × 200 nm^2，线条表示密排方向[111]，插图中给出了理论模拟图像和钻石状(1×1)表面的单位晶胞；(b) 用磁性的 Fe 覆盖探针记录的自旋-解析图像，$c(2\times2)$单位晶胞的双周期距离(在实验和理论上)表明了 Mn 单层中的反铁磁自旋有序化，相应的单位晶胞也被绘制出来

这个例子表明 SP-STM 能用于探测单个表面原子的自旋极化。因此，这种

技术为原子范围内具有复杂磁结构的磁性理论的研究打开了大门。

参考文献

XⅥ.1 J. Tersoff, D. R. Hamann, Phys. Rev. B **31**, 805(1985)

XⅥ.2 H. Lüth, Quantum Physics in the Nanoworld—Schrödinger's Cat and the Dwarfs (Springer, Berlin, 2013)

XⅥ.3 N. D. Jäger, E. R. Weber, K. Urban, Ph. Ebert, Phys. Rev. B **67**, 165327(2003)

XⅥ.4 R. Ravlic', M. Bode, A. Kubetzka, R. Wiesendanger, Phys. Rev. B **67**, 174411 (2003)

XⅥ.5 M. Bode, R. Wiesendanger, in *Magnetic Microscopy of Nanostructures*, ed. by H. Hopster, H. P. Oepen (Springer, Berlin, 2005), p. 254

XⅥ.6 M. Bode, Rep. Prog. Phys. **66**, 523(2003)

XⅥ.7 M. Bode, M. Getzlaff, R. Wiesendanger, Phys. Rev. Lett. **81**, 4256(1998)

XⅥ.8 M. Donath, B. Gubanka, F. Passek, Phys. Rev. Lett. **77**, 5138(1996)

XⅥ.9 S. Heinze, M. Bode, A. Kubetzka, O. Pietzch, X. Nie, S. Blügel, R. Wiesendanger, Science **288**, 1805(2000)

问　题

问题 9.1　(a) 对于超导体，确定具有波矢接近于费米波矢$+\boldsymbol{k}_F$和$-\boldsymbol{k}_F$的准电子和准空穴的传播方向。

(b) 一个 BCS 超导体具有 4 meV 带隙能Δ。电子的在费米能级E_F以上 6 meV 的动能通过隧道注入。计算出准粒子穿过界面后在超导体中载有的电荷。

问题 9.2　一个电子带有小于超导带隙能Δ的能量E_k从 N 端穿过一个正常(N)的金属-超导体界面。证明在这种情况下超导体中对应准电子态占据的振幅u_k的可能性具有一个复杂的值。

问题 9.3　假设一个正常(N)导体-超导体界面的平衡被从 N 端进入超导体带有能量$E_k>\Delta$的电子流动打破，这会导致超导体中两个准粒子分支的数量失衡。因为超导体所有电子的局域净电荷必须等同于晶格(电中性)离子的局域电荷，准粒子电荷的局域增加必须以库珀对冷凝物中等同的电荷减少作为补充。定性地画出准粒子谱E_k及平衡态和破坏态下的超导电子v_k^2的分布函数。

问题 9.4　解释 Andreev 级填充情况中(图 9.11)为什么在 Nb/2DEG/Nb 弱连接结中$T\ll T_c$时温度提高使约瑟夫森电流减小。

问题 9.5　在晶体铁磁体中，磁化作用优先沿着特殊的结晶轴(易磁化方向)的方向。它需要消耗称为各向异性能量的能量来将磁化方向转化远离这个轴。钴在具有如同易磁化方向的c轴的六角形晶格中结晶。从各向异性能量和θ的函数关系表达式推导，θ为c轴和磁化方向之间的夹角。忽略高于θ的二次方的项。

问题 9.6　考虑这样一个由两个铁磁金属层(1)和(2)及一个薄的电子绝缘层处于之间构成的夹心层结构。假设电子隧穿这个绝缘势垒的可能性不依赖于它们的自旋方向。这个铁磁层(1)和(2)之间小偏压下的隧穿电流与在源磁体费米能级E_F附近的占据态密度，以及漏铁磁体E_F附近的未占据态密度成比例。在类似 GMR 效应中(9.7 节)，推导在铁磁层(1)和(2)中平行(F)和反平行(AF)磁化作用的隧道磁阻的表达式。

问题 9.7　讨论在分裂成两个相反磁畴的畴壁的自旋-传输机制效应。为此考虑这样一个铁磁立柱，由一个磁畴壁分离的上、下两个部分的磁畴组成。用图 9.48 (9.7.3 节)定性讨论电流流过畴壁上的立柱的效应。什么是电流方向反转效应？作图。

提示：在图 9.48 中粗略确定无磁间隔层的畴壁。畴壁中的自旋在一个更详细的原子描述中发生了什么？

第 10 章 固体表面的吸附现象

在前几章，我们考虑了两种界面：固-真空和固-固界面。最后一章，我们将讨论固-气界面的问题。有关这种界面的问题曾在某些章节中谈及，例如在某些章节中关于薄膜生长、原子和分子沉积产生第二固相而形成一个新的固-固界面的内容。在这一章中，我们需要从更为基本的意义上考虑固体表面和外部原子之间的相互作用。

在这一点上，我们也许会问为什么固-液界面不在本书的框架内讨论，其主要原因是方法论的问题：除了单分子层覆盖这一极端的情况外，用来研究在超高真空中的固-真空和固-固界面的大多数非常强有力的实验方法并不能用来研究固-液界面。然而，这些与本章谈及的“吸附”系统是相同的。不过，由于近年来光学的研究方法和附录Ⅵ(第 3 章)中强有力的扫描隧道显微(STM)技术的应用，在理解固-液界面方面也取得了巨大的进步。

以纯理论的观点来看，固-液界面的许多特征与固-气界面的相应特征是相似的。但是实验方法的缺乏意味着我们对固-液界面的了解还不成熟。因此，我们着力研究吸附过程，即固体表面和气相中的原子或分子的相互作用。

10.1 物理吸附

固体表面原子或分子的吸附涉及与形成化学键合的量子力学理论相同的基本的力。然而，现在讨论的双方中的一方是具有“无数的”电子的宏观介质，其二维表面暴露在微观结合的另一方，即原子或分子。结果许多化学键合理论的概念可以直接转移到吸附理论中。特别地，物理吸附和化学吸附在吸附理论上存在明显的不同。一般来说，物理吸附是一个过程，在此过程中吸附几乎不会扰乱分子或原子的电子结构。在分子物理学中，与之相一致的机制是范德瓦耳斯键。吸引力由键合双方的相关联的电荷波动形成，即在相互的感应偶极矩间形成吸引力。在分子物理学中，可以把这些偶极子考虑为“点”偶极子，在相互吸引的偶极子之间形成吸引势。

相反，化学吸附的吸附过程类似于在分子物理学中共价键或离子键的形成过程；键合双方的电子结构受到强烈的扰动，形成了新的杂化轨道，正如在离子键中，电荷可能从一方转移到另一方。在分离的化学吸附中，我们可以观测到新分子的形成。

尽管吸附与分子键相似，但是由于两者不同的维度，它们的某些特征(例如力随距离的变化)可能不同。相应地，我们需要不同的模型来描述分子物理学和吸附中的键合。当我们考虑一个简单的物理吸附模型时，这种需求就变得十分明确。在分子物理学中，可以用相互感应的“点”偶极子的相互作用来描述中性分子之间的范德瓦耳斯相互作用的吸引势。由瞬时产生的电荷变动形成的偶极 p_1 在相距为 r 的其他分子的位置处感应出电场 $\varepsilon \propto p_1/r^3$。在此处，感应偶极矩 $p_2 \propto \alpha p_1/r^3$，其中，$\alpha$ 为分子的极化率。这个偶极 p_2 在第一个偶极场中的势能与 ε 和 p_2 成比例，因此，范德瓦耳斯势的吸引部分与 r^{-6} 相关。

相反，在固体表面的非反应的原子或分子(例如 He、Ne、CH_4)的物理吸附需要不同的描述[10.1，10.2]。在图 10.1 中用一个振子作为描述发生物理吸附的原子的模型，在此模型中，电子在一维方向上作简谐运动(坐标为 u)。原子位于表面的外部，处在与正的原子核相距 z 的位置。固体与原子之间的范德瓦耳斯吸引力由价电子和原子核(或核心)及其像之间的具有无延时的随时间变化的相互作用所产生。因此，范德瓦耳斯相互作用减小到可用固体基底的屏蔽效应来描述图像-电荷的吸引力。介电常数为 ϵ 的半无限大的物体表面外的一个点电荷 $+e$ 引起的一个像点电荷

$$q = \frac{1 - \epsilon}{1 + \epsilon} e \tag{10.1}$$

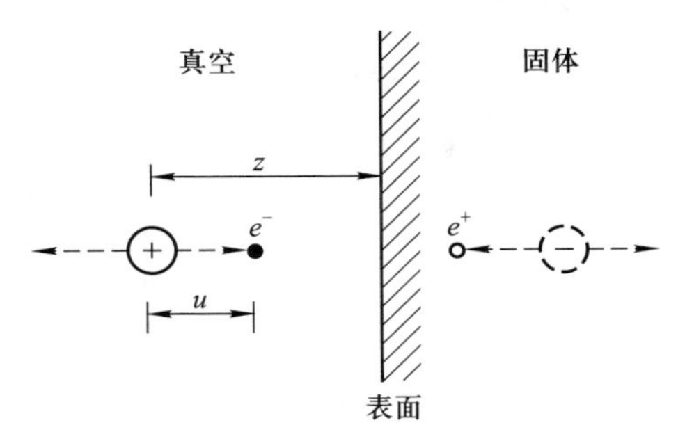

图 10.1　包含一个阳离子和一个价电子 e^- 的发生物理吸附的原子的简单模型。用沿固体表面法线方向坐标 u 振动的典型振子来描述此电子的动力学系统。其与固体的吸引作用是由屏蔽效应产生，即由形成的像电荷产生

它处于物体内部距表面相同的距离处。对于一个金属表面($\epsilon \to \infty$，$q=-e$)来说，真实电荷(距表面的距离为 z)和它的像之间的电势 $V=-e^2/4\pi\epsilon_0 2z$。令 $\tilde{q}=e^2/4\pi\epsilon_0$，得到的原子核(核心)、电子和它们的像之间的相互作用的能量如下：

$$V(z)=-\frac{\tilde{q}^2}{2z}-\frac{\tilde{q}^2}{2(z-u)}+\frac{\tilde{q}^2}{(2z-u)}+\frac{\tilde{q}^2}{(2z-u)} \tag{10.2}$$

第一项是原子核(核心)与其像的相互作用，第二项是由电子与其像的相互作用产生，另外两斥力项是原子核(核心)与电子像的相互作用以及与之相反的情况。在由 u/z 主导的扩展的式(10.2)中，我们发现消除了含 z^{-1} 和 z^{-2} 的项，最低指数的没有消失的项为

$$V(z)\simeq-\frac{\tilde{q}^2u^2}{4z^3} \tag{10.3}$$

因此，物理吸附势依赖于原子与表面的距离 z，即依赖于 z^{-3}，这与分子范德瓦耳斯键依赖于 r^{-6} 相类似。由于电子波函数从金属(或通常的固体)表面“泄漏”，在式(10.3)中，作为 z 坐标参考的像平面不同于表面本身，即由表面原子核坐标定义的平面。因此，我们必须把最低指数的物理吸附势表示为

$$V(z)\propto-(z-z_0)^{-3} \tag{10.4}$$

其中，z_0 近似等于晶格常数的一半。

使用现代的表面能带结构和电荷-密度运算来计算更为精确的物理吸附势是可能的。但这是繁重的并且需要大型的计算机。图 10.2 示出了计算出的惰性的 He 原子在 Ag、Cu 和 Au 表面的势曲线 $V(z)$ 的例子。没有包含在式(10.1)~(10.3)的排斥部分是由重叠的原子壳层的排斥造成的，这在实际的计算中会考虑在内。依据具有不同平均的轨迹正电荷密度的胶状体模型来描述图 10.2 中的金属基底。一种研究物理吸附势的实验方法是基于散射实验的分析

(例如从金属表面散射的 He 原子)。对由实验决定的散射截面和角分布的理论描述使得我们可以推断出表面和散射粒子之间的相互作用势的某些特征。反复拟合测量数据与基于假设的最佳势的计算曲线产生最好(拟合)的势。

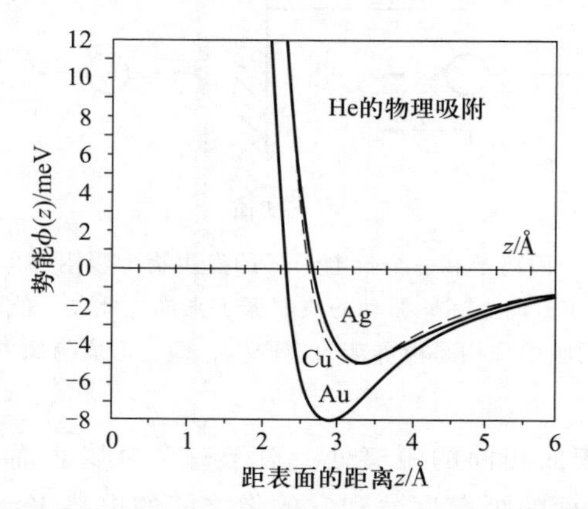

图 10.2　计算的 He 原子在 Ag、Cu 和 Au 表面外的物理吸附势 $\phi(z)$。用一个胶状体模型(同样的展宽电荷)来描述每个金属，在此模型中，由于各金属具有不同的平均正背景电荷密度，因此性质各异[10.3]

一般来说，图 10.2 所示的这种类型的物理吸附势的特征为具有 10～100 meV 的低的键能(势阱的深度)和 3～10 Å 的相当大的平衡间隔(势的最小值处和 $z=0$ 处表面的间距)。

因此，发生物理吸附的粒子会位于距表面相对远处，并且通常在与表面平行的面上高速移动。与范德瓦耳斯相互作用一样，键能是很低的。仅当不出现更强的化学吸附时才能观察到物理吸附。一般来说，因为室温($kT \approx 25$ meV)下在图 10.2 所示类型的势能内不会发生键合，所以必须在低温下研究发生物理吸附的物质。

10.2　化学吸附

类似于分子键，与固体基底形成强的吸附键必须发生一个化学反应。共价吸附键在本质上遵循与原子和分子之间的共价键相同的规律。轨道重叠的概念同样很重要，至少对于定性分析来说，可将同样的理论方法用于化学键的理论中。

为了证明化学吸附键的一般原则，让我们考虑一个相对简单的吸附系统(图 10.3)，即具有一个极其尖锐的部分占据的 d 能带的过渡金属和一个具有部分占据的分子轨道 M 的分子。当分子到达金属表面时，我们希望双方的部

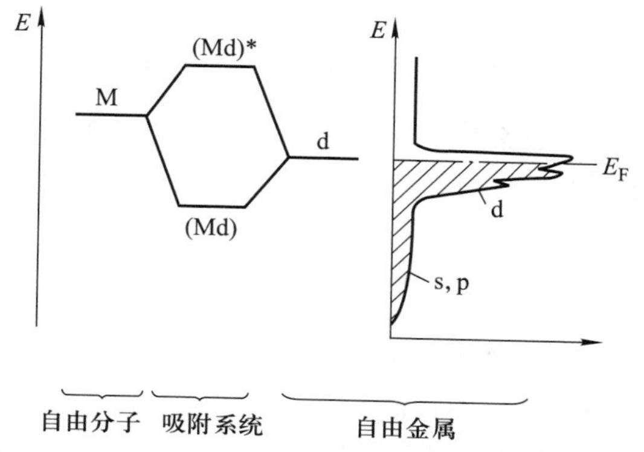

图 10.3 部分占据 d 能带的过渡金属和一个(分子轨道 M 部分占据的)分子的简单共价吸附键的模型。s 和 p 金属态的成键是负的，在这个吸附系统中，形成了(Md)成键态和(Md)* 反成键态

分填充的轨道形成共价键，即 M 和 d 的轨道重叠应该导致具有再杂化的化学吸附，并形成新的 Md 轨道。在一个简化的模型描述中，我们通过一个单一能级(部分填充)描述了金属 d 能带，并且忽略了其与该金属的 s 态和 p 态的相互作用，以及与除了 M 轨道以外的分子轨道的相互作用。吸附物-金属系统的近似波函数可用公式表示为

$$\psi = a\psi_1(\mathrm{M}^-,\ \mathrm{d}^+) + b\psi_2(\mathrm{M}^+,\ \mathrm{d}^-) \tag{10.5}$$

其中，$\psi_1(\mathrm{M}^-,\ \mathrm{d}^+)$和 $\psi_2(\mathrm{M}^+,\ \mathrm{d}^-)$代表电荷转移态。$\psi_1(\mathrm{M}^-,\ \mathrm{d}^+)$描述了一个电子从金属态转移到了分子轨道 M 的状态，然而，$\psi_2(\mathrm{M}^+,\ \mathrm{d}^-)$则指的是相反的情况，即分子从它的 M 轨道贡献一个电子到金属 d 能带的空位。通过求能量极小值函数来计算新的化学吸附的能级

$$\tilde{E} = \frac{\langle \psi \mid \mathscr{H} \mid \psi \rangle}{\langle \psi \mid \psi \rangle} \tag{10.6a}$$

其中，$\mathscr{H}$ 为总的哈密顿函数(分子加上金属基底)，ψ 为实验的电荷转移波函数[式(10.5)]。我们定义 $S=\langle \psi_1 \mid \psi_2 \rangle$为两个“离子”电荷-转移态的重叠积分，$H_1=\langle \psi_1 \mid \mathscr{H} \mid \psi_1 \rangle$和 $H_2=\langle \psi_2 \mid \mathscr{H} \mid \psi_2 \rangle$为一个电子从金属转移到分子的状态总能量。$H_{12}=H_{21}=\langle \psi_2 \mid \mathscr{H} \mid \psi_1 \rangle$为两个“离子”电荷-转移态的相互作用，能量[式(10.6a)]变为

$$\tilde{E}\,(a^2 + b^2 + 2abS) = (a^2H_1 + b^2H_1 + 2abH_{12}) \tag{10.6b}$$

假设波函数 ψ_1 和 ψ_2 是标准的，$\tilde{E}$ 的极小值要求

$$\frac{\partial \tilde{E}}{\partial a} = 0, \qquad \frac{\partial \tilde{E}}{\partial b} = 0 \tag{10.7}$$

从而产生特征方程

$$a(\tilde{E} - H_1) + b(S\tilde{E} - H_{12}) = 0 \tag{10.8a}$$

$$a(S\tilde{E} - H_{12}) + b(\tilde{E} - H_2) = 0 \tag{10.8b}$$

其解由行列式为 0 得出

$$\begin{vmatrix} \tilde{E} - H_1 & S\tilde{E} - H_{12} \\ S\tilde{E} - H_{12} & \tilde{E} - H_2 \end{vmatrix} = 0 \tag{10.9}$$

从式(10.9)中获得两个能量本征值

$$\tilde{E}_{\pm} = \frac{1}{2}\frac{H_1 + H_2 - 2SH_{12}}{1 - S^2} \pm \sqrt{\frac{H_{12} - H_1H_2}{1 - S^2} + \frac{1}{4}\left(\frac{H_1 + H_2 - 2SH_{12}}{1 - S^2}\right)^2} \tag{10.10}$$

为了定性地讨论，我们假设 ψ_1 和 ψ_2 之间有弱的重叠，并且忽略 S 和 H_{12} 中二阶的项(S^2，H_{12}^2，SH_{12})。在此线性近似中，式(10.10)变为

$$\tilde{E}_{\pm} = \frac{H_1 + H_2}{2} \pm \sqrt{\frac{H_1^2 + H_2^2}{2}} + H_{12} \tag{10.11}$$

与平均的离子能量$(H_1+H_2)/2$ 相比，式(10.11)产生了两个值$\tilde{E}_+$和$\tilde{E}_-$，它们与正的 H_{12} 相比，在能量上一个更高一个更低。它们属于(Md)化学键(图 10.3)和相应的反键轨道$(\mathrm{Md})^*$。在$\tilde{E}_-$中，总能量[式(10.10)和式(10.11)]的减少证实了化学吸附键，在此键中，电子在吸附物和基底之间反复地进行转移。对于化学吸附键一个更为精确的描述来说，对总波函数的拟设[式(10.5)]太简单了。更好的近似考虑到了无键态[分离的基底(met)和分子(M)，没有电子转移]的波函数 ψ_0(M，met)，电子转移到所有空金属布洛赫态($k>k_F$，k_F 为费米波矢)并且电子从所有的占据的金属态($k<k_F$)转移到分子轨道 M，即用一个实验波函数

$$\psi = N\psi_0(\mathrm{M},\ \mathrm{met}) + \sum_{k<k_F} a_k\psi_k(\mathrm{M}^-,\ \mathrm{met}^+) + \sum_{k>k_F} b_k\psi_k(\mathrm{M}^+,\ \mathrm{met}^-) \tag{10.12}$$

而不是用式(10.5)来求能量函数[式(10.6a)]的最小值。

正如在分子键的轨道理论中，前沿轨道的概念在描述化学吸附键中也是有用的。在出现已占据轨道和空轨道之间的重叠时，吸附分子的交互作用最强，即电子转移到最低未占据分子轨道(lowest unoccupied molecular orbital，LUMO)

和电子从最高已占据分子轨道（highest occupied molecular orbital，HOMO）到空的基底态。在简化的图 10.3 中，由于假设携带一个价电子的最高能量的分子态 M 是部分占据的，因此 LUMO 和 HOMO 是一样的。用式（10.12）的方法求式（10.6a）的最小值的过程产生了下式[10.4]：

$$\tilde{E} - E_0 = \sum_{k<k_F} \frac{|U_{Lk}|^2}{E_k - E_{LUMO}} + \sum_{k>k_F} \frac{|U_{Hk}|^2}{E_{HOMO} - E_k} \qquad (10.13)$$

即键态（$\tilde{E}$）和无键态（E_0）的总能量差，其中，分子和基底没有接触。E_k 为未受扰动的金属布洛赫态（或可能包含键合的表面态）的能量；E_{LUMO}和 E_{HOMO}为未受扰动的分子轨道能量，同时，U_{Lk}和 U_{Hk}分别为金属轨道 k 与 LUMO（$k<k_F$）之间和 k 与 HOMO（$k>k_F$）之间的相互作用的矩阵元素。

存在关于固体表面的化学键更为复杂的理论，但它不在本书的讨论范围内。簇模型特别强调化学吸附键的局部本质，这在将量子化学的方法应用于化学吸附键是非常有用的。在这些计算中，用有限数量的基底原子（3～20）来模拟固体表面，并且这种化学键被描述为这种基底原子簇和特定化学吸附原子或分子之间的化学键。由于簇是与整个（半无限）固体基底相结合的，因此它不发生“反向的吸附”。有时通过用氢原子来使所有的悬空键（不是化学吸附键）饱和来考虑这种性质。

化学吸附势 $\phi(z)$ 作为吸附原子或分子与距表面的距离 z 的函数通常具有以下特征：1～3 Å 的短的平衡间距 z_0[图 10.4（a）]和一个相对高的在两个 eV 数量级的键合能 E_B。化学吸附伴随着电子轨道的重排，即吸附原子或分子的电子壳层。由于吸附物与基底形成了新的化学键，因此其形状发生了改变。在分子的化学吸附中，电子轨道（吸附原子或分子的电子壳层）的重排导致了新的吸附物[图 10.4（b）]的分离和形成，因此，它与基底形成的新的化学键改变了吸附的形状。

在分子化学吸附中，电子壳层的重排可能导致新的吸附类型的解离和形成[图 10.4（b）]，例如在室温下对于在过渡金属表面的氢原子来说，会发生这种解离吸附。当洁净的金属表面暴露在分子氢 H_2 当中时，发生快速的吸附，且伴随着分子分解为原子 H，此原子以 H 键合在表面。沿着坐标 z（表面的法向）接近表面的分子氢的电势图能用分子 H_2 的物理吸附势和原子 H[图 10.4（b）]的化学吸附势的结合来定性描述。从较远距离 z 接近于表面的分子氢会“看到”一个电势，它导致具有平衡间距 z_p（电势的最小值）的物理吸附态。随着距表面距离的减少，分子电子壳层与金属态的重叠会导致势能的迅速降低。然而，氢原子能以具有更高的键合能 E_B 和更小的平衡距离的化学吸附键键合在表面。正是由于解离能 Q_{Diss}，在较大的距离 z 处两个 H 原子的相应的势曲线不同于分

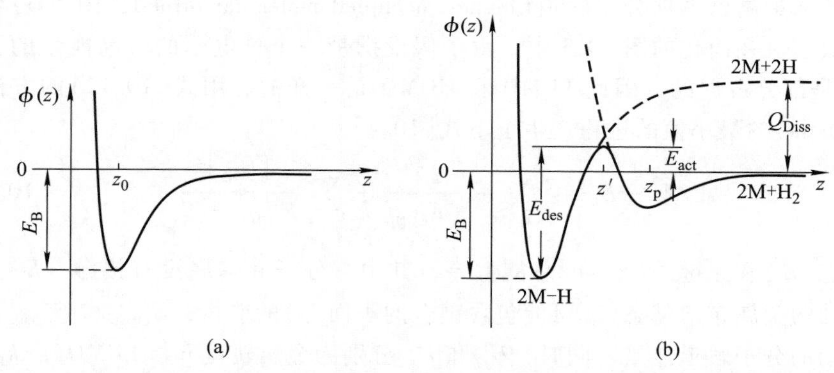

图 10.4 (a) 化学吸附势 ϕ 定性的形状，这是关于吸附原子或分子与距固体表面的距离 z 的函数，平衡间距 z_0 在 1~3 Å 的数量级，并且键合能 E_B 在一个电子伏特的数量级；(b) 用游离的氢(H_2)在金属(M)表面的键合来定性地展示化学吸附势和物理吸附势的结合，Q_{Diss} 为气相 H_2 的解离能，E_B 为化学吸附态 2M-H 的键合能，E_{act} 为吸附 H_2 的激活能，E_{des} 为 2H 解吸附的激活能

子 H_2 的势曲线，此能量供气相的 H_2 解离为 2H 所用。

从图 10.4(b)可看出，H_2 和 2H[每次都是一个完整的系统：两个金属原子(2M)和氢]的两条势曲线在距离 z' 处相交。因此，具有足够能量以克服激活势垒 E_{act} 的氢分子倾向于遵循化学吸附势曲线：在接近 z' 处，它解离为两个 H 原子，H 原子化学吸附在表面上形成两个具有吸附能 E_B 的 M-H 键。接近 z' 处，吸附粒子的电子结构完全发生了变化。H_2 的分子轨道变成了 H 的原子轨道。从图 10.4 可以明显地看出分子氢的化学吸附变成原子吸附态需要最小的动能 E_{act}，即化学吸附激活能。由于在气相中激活势垒要低于解离能 Q_{Diss}，因此金属上的吸附有利于解离。发生解离的金属表面的存在使激活势垒减小，这是催化分解的一个特征。从图 10.4 中，我们也可以看出化学吸附的原子 H 从金属表面的解吸附需要一个最小的能量 E_{des}，即解吸附能。在接近 z' 处，解吸附的 H 原子重新结合成为分子 H_2，这在气相中可以发现。活性吸附过程的特征能量 E_B(化学吸附能量)、E_{des}(解吸附能量)和 E_{act}(化学吸附激活能)相互之间的关系如下：

$$E_{des} = E_B + E_{act} \tag{10.14}$$

处在化学吸附势最小值的粒子总是有一个确定的有限能量 E_B(即使是零温时)，如图 10.4(b)所示，因为这个小的零点能量 E_B 必须校正。表 10.1 示出了金属原子吸附在单晶钨表面的一些化学吸附键合能的实验值。d 电子对 Pt 和 Re 键合力的影响特别明显。

表 10.1　从实验[10.5，10.6]得到的在不同的单晶钨表面的金属离子键合能/eV

基底	吸附物			
	Na	K	Pt	Re
W{100}		2.28	5.0	9.3
W{100}	2.46	2.05	5.5	10.15
W{100}	2.45	2.02		

图 10.4(b)中的化学吸附势是一个平均的一维(1D)形式，该势可以改变分子接近表面的过程。在更多的细节方面，表面吸附的分子作用势可以描述为多维势的超曲面。对于距表面距离 z 处的分子中心以及与表面原子相对应的分子位置，它们的角取向和分子间键长 r 决定了作用势的细节。更为严格的在原子层面描述吸收的过程必须考虑吸收势随所有变量的变化关系。具有多维参数的势的表面将超曲面结果分隔开。这样的势能面采用现代密度泛函理论进行计算研究。

一个更合理但也存在限制的描述是二维参数空间的势表述，它的距表面距离为 z 的分子中心画在一个轴上，分子之间的键长 r 沿着另外一个轴[10.7]。在这个坐标系下，能量表面画的等高线揭示了分子接近表面程中能量的变化和键长 r 的改变。图 10.5 示出了这种情况下的两个定性的例子。根据图像特性，有时称为肘形图。选取 $-0.2\sim0.5$ eV 的能量范围(等高线)来显示势的表面。图 10.5(a)描述了双原子分子沿着 z 轴以一定角度 α 接近表面时的分离情况。对于大的 z 值，分子之间很好地接触，且势的等高线描述了分子之间沿着键长方向振动的势阱。当分子进入吸收平面时，r 坐标发生改变。在一个小的 z 值范围内，分子被束缚在吸收阱中。沿着 z 轴的运动意味着分子的表面振动，然而随着 r 的增大，分子出现解离。r 仍然是吸附原子间的距离，而当原子沿着坐标运动时没有提出振动模式。如果图表本来就连续(甚至扩展到更大的值)，根据两个从分子分离的原子所选择的吸附位置，能够观察到一个周期性的阱。图 10.5(a)中的虚线表示连接气相分子与两个单独原子的吸收相最小能量的路径。解离不需要克服能量势垒，这个解离是未活化的。在一维图中，沿着这条路径描绘出这个能量与沿着这个反应坐标的反应能具有良好的一致性。

图 10.5(a)中绘制的等势能线对应着活化吸收过程，这个过程导致表面上的双原子分子解离。当从一个大的距离值 z 接近表面时，分子必须在达到大的 r 值前克服一个能量势垒(-0.2 eV 和 0.1 eV 等势能线)，这与分子的解离一致。分子在活化势垒上处于活化状态，有时称为转变或先导状态(在最终解离吸附之前)。

必须强调的是，在图 10.5 中的等势能线用于表述分子特殊位置(在表面顶层、桥接位置等)以及有关表面的分子特殊取向(图 10.5 的角 α)。而在实际的

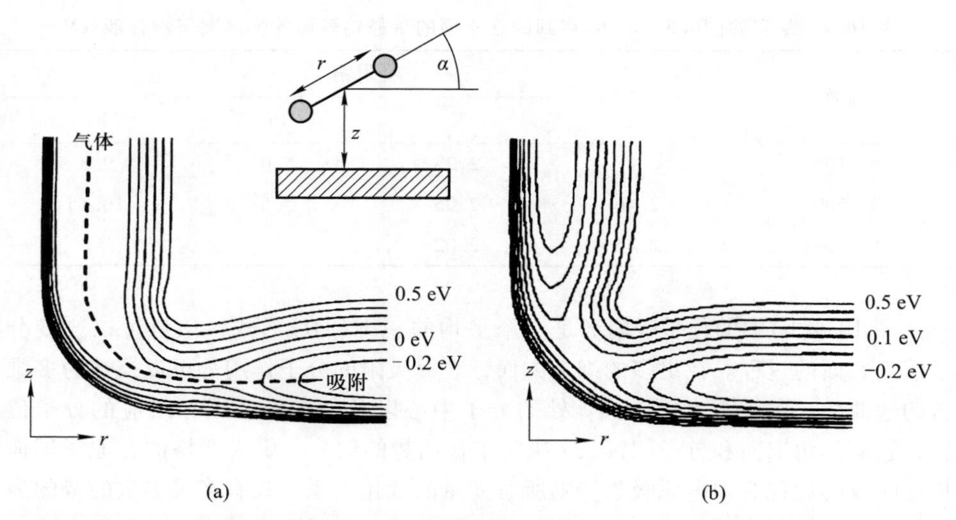

图 10.5 表面的双原子分子的吸附二维势能面(PES)，r 为分子的原子之间的距离，z 为分子质心和表面的距离，分子与表面之间的夹角假设旋转了一个角度 α：(a) 对于解离非激活吸附过程的定性能量等势能线图；(b) 对于激活吸附过程的定性能量等势能线图，能量的范围是 −0.2~0.5 eV

实验中，分子以不同的角度撞击表面的不同位置，甚至绕着不同的轴旋转。因此，对于真正的实验描述，与图 10.5 相似的许多区域必须叠加和平均。

图 10.6 示出了在 Cu(111)面的活化 H_2 解离的二维势能面[10.8]。开展

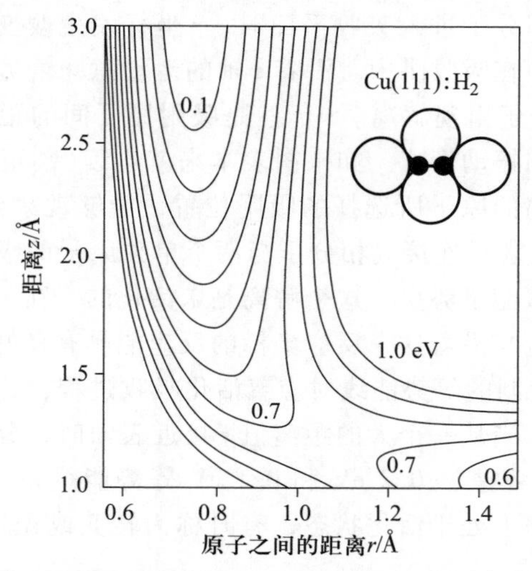

图 10.6 基于密度泛函理论计算的 H_2 分子在 Cu 表面解离的势能面(PES)。插图示出了吸附以及对应的解离几何图

了复杂的密度泛函理论工作：对于具有两个 H 原子的 H_2 分子平行于表面的情况和对于分子的轴垂直于 Cu－Cu 键的情况（图 10.6）。基底用刚性的 Cu(111)平面。计算的 PES(图 10.6)显示出 0.73 eV 的解离垒，在这里，键长伸长超过 33%(离开隧道)，分子几乎接近表面的解离态。

事实上，实验已经证实 Cu(111)面 H_2 的解离是一个激活的过程，与 PES 计算结果一致。此外，更多细节的计算给出了激活垒的高度，其敏感地依赖于 Cu 表面原子对应的 H_2 分子的位置和取向[10.8]。预测解离取决于平移、振动和旋转自由度。

10.3 吸附物导致功函数变化

通常吸附的原子和分子对表面的电子结构有明显的影响：它们在化学键合中重排电子电荷，并且如果吸附的分子自身具有静态的偶极矩，则可能会增加初级的偶极子。因此，有必要更详细地考虑一个固体表面的功函数，特别是在吸附物存在的情况下。

前面几章(第 6 章和第 8 章)是以一种直观的方法来介绍功函数 $e\phi$，即将其作为费米能级 E_F 和真空能量 E_{vac}之间的能量差。对 $e\phi$ 精确的定义是基于一个假想的实验，即将一个电子从体晶体内移出并通过表面转移到一个距表面不是太远的外部区域。电子距晶面的距离应该很大，以至于能忽略像的力(典型的是 10^{-4}cm$=10^4$ Å)，但是应该小于其他具有不同功函数的晶面的距离，否则就无法区别不同晶面的功函数。在此定义中，功函数是整个晶体两种状态的能量差。正如在光电效应实验(6.3 节)中，初态是一个包含 N 个电子能量为 E_N 的中性晶体的基态。在终态，一个电子被移到外部，其仅具有用真空水平 E_{vac} 描述的静电能。假设具有剩余的 $N-1$ 个电子的晶体处于具有能量 E_{N-1}的新的基态。于是获得了在零温的功函数

$$e\phi = E_{N-1} + E_{vac} - E_N \tag{10.15}$$

对于有限的温度来说，此过程描述为一个状态的热力学的变化。必须用自由能 F 对电子数(T =常数，V =常数)的导数来代替 E_N-E_{N-1}的差值。导数$(\partial F/\partial N)_{T,V}$是电子的电化学势(或在有限温度的费米能级 E_F)。因此，功函数严格表述为

$$e\phi = E_{vac} - \mu = E_{vac} - E_F \tag{10.16}$$

即使对于超高真空中洁净的、定义明确的表面来说，对其 $e\phi$ 的微观解释可能包含几个部分的贡献。在一个金属表面上，从相对坚硬的阳离子核[图 3.7(a)]框架“泄漏”的电子密度是一个主要贡献。这导致了在出射电子必须通过的表面上形成一个偶极层。因此，逐步发生的类似的效果也改变一个清洁表面

[图 3.7(b)]的功函数。

在强烈的化学吸附中，电荷从基底转移到吸附的原子或分子上(或者过程相反)，因此，引起了附加的偶极子，且其场会影响发射出的电子。用吸附引起的功函数的变化量 $e\Delta\phi$ 来描述这种效果。在物理吸附中，通过筛选创建了像电荷。最终的偶极矩引起了功函数的变化。对于半导体来说，其能带的弯曲(第 7 章)产生的附加效果也会对总的功函数的变化(图 10.7)有贡献。可以用三项方便地描述一个半导体总的功函数

$$e\phi = \chi + eV_s + (E_C - E_F)_{bulk} \tag{10.17a}$$

其中，χ 为电子亲和势。假设偶极子(由于吸附的原子或分子而产生)产生的效果 $e\Delta\phi_{Dip}$ 使电子亲和势从 χ 变为 χ'，并且有附加的能带弯曲带来的变化 ΔV_s。因此，获得的半导体由于吸附而造成的总的功函数的变化量 $e\Delta\phi$ 为

$$e\Delta\phi = \Delta\chi + e\Delta V_s = e\Delta\phi_{Dip} + e\Delta V_s \tag{10.17b}$$

在光电效应的实验(第 10 章附录XVIII)中可以分别确定这两项贡献。

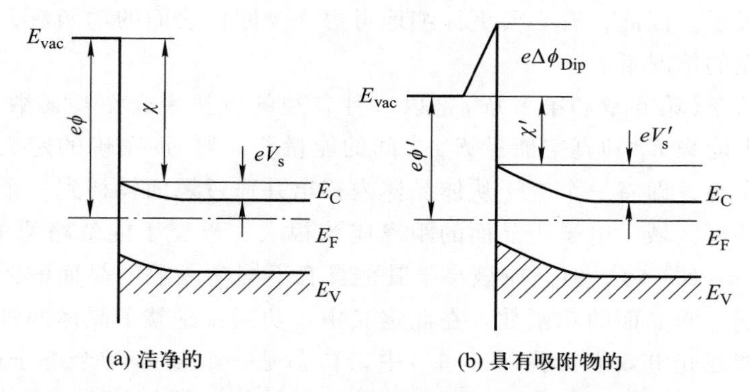

图 10.7　半导体的洁净表面和有吸附物覆盖的表面的定性的电子能带示意图：(a) 功函数为 $e\phi$，电子亲和势为 χ，表面的能带弯曲为 eV_s，导带边为 E_C 和价带边为 E_V 的洁净表面；(b) 吸附物的化学吸附键合通常会使能带弯曲度变为 eV_s'，化学键合内的电荷转移会诱导表面内的偶极子而使功函数和电子亲和势分别变为 $e\phi'$ 和 χ' (偶极贡献为 $\Delta\phi_{Dip}$)

经常在简化了的关于偶极子的性质和量级的假设的基础上来计算单层吸附物的偶极贡献 $e\Delta\phi_{Dip}$。在一个简单的模型中(图 10.8)，我们能用横穿平行板电容器的出射电子来描述偶极诱导的功函数变化，其携带的总的电荷密度为 $n_{Dip}q$，$n_{Dip}q$ 为吸附的偶极子的表面密度，相应的功函数的变化量为

$$e\Delta\phi = -q\varepsilon d \tag{10.18}$$

其中

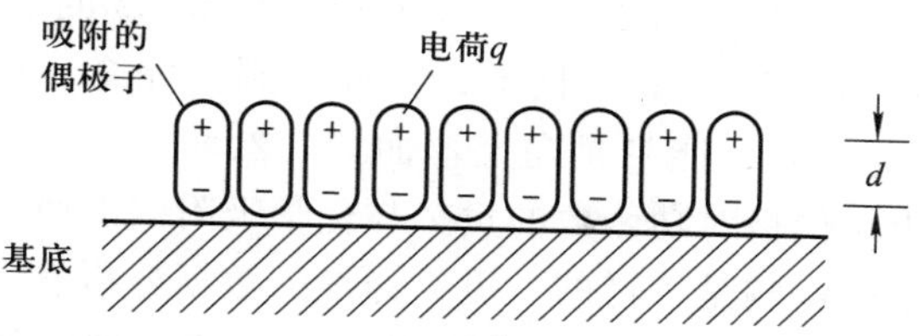

图 10.8　分子偶极矩为 qd 的高度极化的非常有序排列的单分子层示意图

$$\varepsilon = \frac{n_{\mathrm{Dip}} q}{\epsilon_0} \tag{10.19}$$

是偶极层内的电场（在电容器极板之间）。令吸附粒子的偶极矩为 $p=qd$，可得到简单的关系

$$e\Delta\phi = \frac{-e}{\epsilon_0} n_{\mathrm{Dip}} p \tag{10.20}$$

在更为严格的处理中，我们必须考虑在某个偶极处的电场会受到所有周围偶极子[10.11]的影响而发生改变。去极化效果的产生导致在式(10.18)中不得不使用一个有效场 $\varepsilon_{\mathrm{eff}}$

$$\varepsilon_{\mathrm{eff}} = \varepsilon - f_{\mathrm{dep}} \varepsilon_{\mathrm{eff}} \tag{10.21}$$

其中，去极化因子 f_{dep} 考虑了附近偶极子引起的场。根据参考文献[10.12]，对于一个排列一致的偶极子的方阵，得到其去极化因子为

$$f_{\mathrm{dep}} \simeq \frac{9\alpha n_{\mathrm{Dip}}^{3/2}}{4\pi\epsilon_0} \tag{10.22}$$

其中，α 为吸附粒子（或吸附物-基底复合物）的极化率。因此，我们可以从式(10.18)~(10.22)中得到偶极诱导的功函数的变化量

$$e\Delta\phi = -\frac{e}{\epsilon_0} p n_{\mathrm{Dip}} \left(1 + \frac{9\alpha n_{\mathrm{Dip}}^{3/2}}{4\pi\epsilon_0}\right)^{-1} \tag{10.23}$$

除了类似于强的离子化学吸附这样简单的情况外，由于我们既不能清楚地知道吸附粒子的偶极矩 p，也不能清楚地知道其极化率 α，因此很难将式(10.23)应用于实际的实验中。

另一方面，测量吸附的功函数的变化量经常会得到关于不同吸附物的有趣信息。图 10.9 所示的例子是用 UPS 测量的暴露在大约 90 K 的 H_2O 中的 Cu(110)面的功函数变化 $e\Delta\phi$。功函数在最初减小大约 0.9 eV 后，随后随着温度的升高发生了几个台阶式的增大。每个台阶表明是一种新的吸附物，它们会形成不同的低能电子衍射花样。从光电效应谱可以鉴别出不同的物质，例如物理吸附的 H_2O、强的化学吸附的“H_2O”、OH 和原子氧(O)。

在图 10.10 中，用 UPS 测量 GaAs(110)解离面的功函数变化量随 Sb 覆盖量[10.14，10.15]的变化。由于p型GaAs和n型GaAs的能带弯曲贡献$e\Delta V_S$[式(10.17a)、式(10.17b)]是不同的，因此得到了完全不同的曲线。对于n型材料，由于Sb的沉积，能带是向上弯曲的，然而，p型材料引起的变化是能带向下弯曲。由于偶极对功函数的贡献与化学吸附键的微观性质有关，因此假定其对两种掺杂的影响是一样的。更为详细的数据分析发现数据一直在单调减少直到大约一个单层的Sb覆盖量(图10.11)。这个偶极的贡献$e\Delta\phi_{Dip}$造成了在n型GaAs[图10.10(a)]上接近一个单层覆盖量处的总的功函数的变化量$e\Delta\phi$似台阶形状的现象。

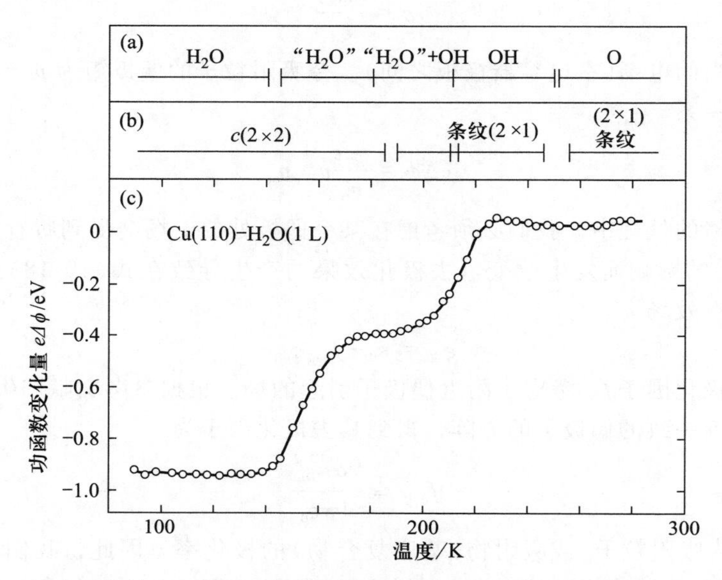

图10.9 被水覆盖的Cu(110)面的功函数变化量$e\Delta\phi$随退火温度的变化，其表面最初暴露在1 L=10^{-6} Torr·s水中(c)；(a)由UPS测量而鉴别的吸附物；(b)通过低能电子衍射观察到的超结构[10.13]

一个关于功函数变化的特别有趣的系统是铯在金属表面和半导体表面的吸附。吸附时，Cs原子把一个电子贡献给基底，并且作为阳离子Cs^+通过强的离子化学吸附键合而发生化学吸附。在基底形成了具有负电荷的偶极层，在表面形成了Cs^+。从晶体发射出的电子经偶极场加速到达真空。因此，Cs的吸附使功函数大大减小。这种效果从Cs在W不同晶面的吸附(图10.12)已经得到了证实。

由于Cs的吸附使GaAs表面的功函数或者更明确地说是偶极贡献(即电子亲和势)减小到了如下的程度：当考虑p型材料附加的向下的能带弯曲时(图10.13)，空能级所在位置要低于导带的最小值。如果发生氧与Cs原子的共吸附，这种效果更加显著。因此，进入导带的任何电子如果没有克服任何能垒的

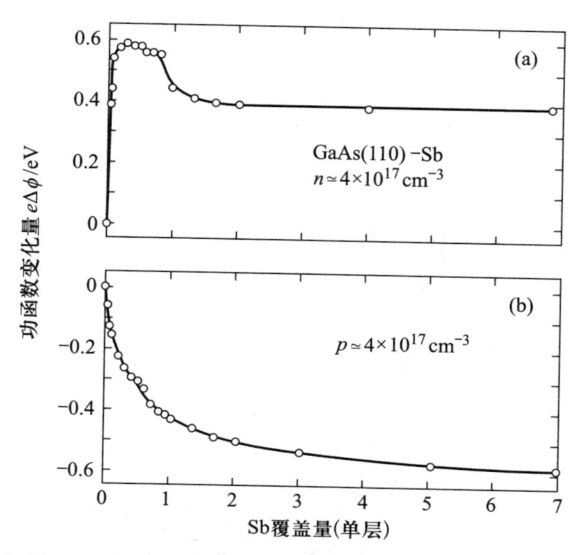

图 10.10　GaAs(110)面的功函数变化量随 Sb 覆盖量的变化：(a) n 型材料的电子浓度 $n\simeq4\times10^{17}\,\mathrm{cm}^{-3}$，在 Sb 沉积之前接近于平带；(b) p 型材料的空穴浓度为 $p\simeq4\times10^{17}\,\mathrm{cm}^{-3}$，在 Sb 沉积之前有−0.3 eV 的初始能带弯曲[10.14，10.15]

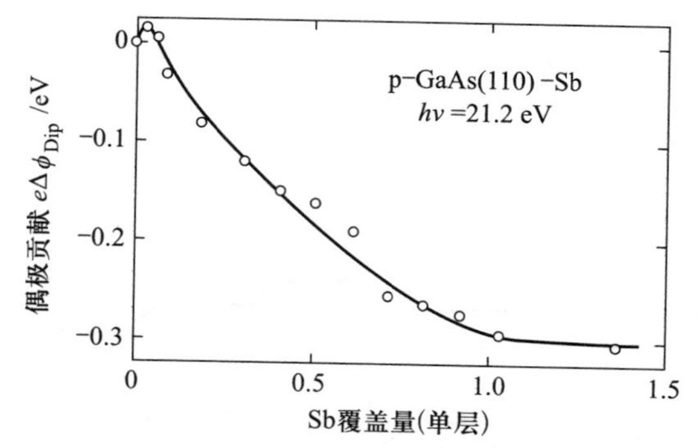

图 10.11　偶极(电子亲和势)对由 Sb 吸附引起的 GaAs(110)面的功函数变化量的贡献 $e\Delta\phi_{\mathrm{Dip}}$。对 p 型掺杂的 GaAs 表面进行 UPS 测量获得的数据，由于在沉积 Sb [10.14，10.15]之前用 He Ⅱ 光子对其进行了照射，该表面显示一个饱和的初始能带弯曲

话就会溢到真空能级中。所以，由 Cs 覆盖的 GaAs 基底被作为电子光电发射的高流量源。另外，相对的效果(自旋轨道的分裂)使处在价带顶端的电子态变得非常对称，以至于向导带最小值的激发产生了高度自旋极化的自由电子。因此，Cs 沉积的附加效果是产生了一个有效的自旋极化电子源。

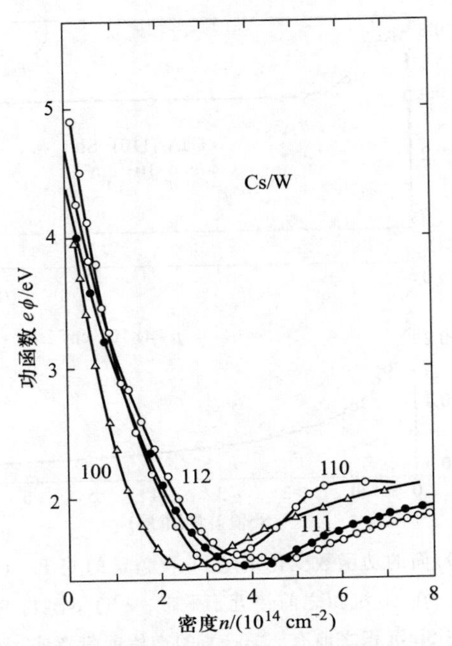

图 10.12　几种钨晶面的功函数随 Cs 原子覆盖量的变化[10.16]

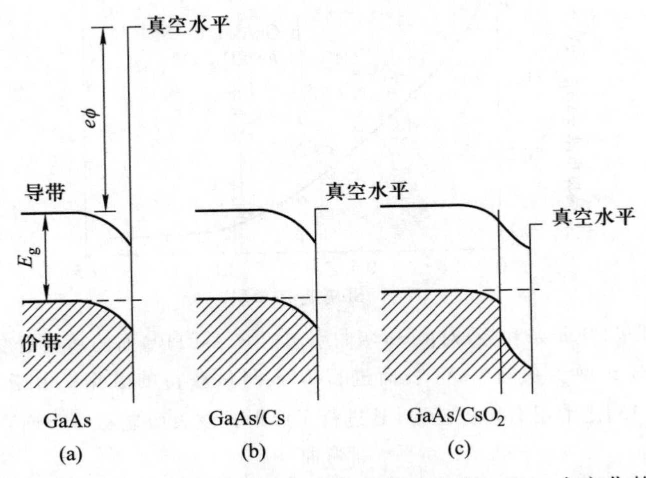

图 10.13　Cs 在 p 型 GaAs 表面吸附的定性能带示意图，以一个变化的电子亲和势来展示偶极贡献：(a) 洁净的 GaAs 表面；(b) Cs 沉积之后的表面；(c) Cs 和氧共吸附后的表面[10.17]

10.4 吸附层的二维相转变

图 10.14 示出了氧原子平行和垂直于 Ni(100)晶面振动的频率 $\omega_{0\parallel}$ 和 $\omega_{0\perp}$。原子氧在 Ni(100)晶面上形成了一个化学吸附重叠层，这就形成了在低能电子衍射中的 $c(2\times2)$ 超晶格结构。用在不同散射角下的低能电子非弹性散射(HREELS)测量了频率 $\omega_{0\parallel}$ 和 $\omega_{0\perp}$，即角坐标分辨率[10.18]。因此获得了不可忽略的波矢转移 $q_\parallel$，并且在 $\omega_{0\perp}$ 振动测量到了强的色散。此色散清楚地显示了在形成有序的二维阵列或二维晶格的原子之间存在强的相互作用，这与三维固体类似。从测量到的振动频率(通过 HREELS 或 IRS)随覆盖量的变化中也能推断出吸附的分子和原子之间的相互作用。对于低的覆盖量(远低于一个单层的覆盖量)，层本身的相互作用是不明显的。在单层范围内的高覆盖量的情况下，这些相互作用是重要的，并且与三维情况类似，我们可以将在图 10.14 中有序排列的氧原子作为一个二维晶体。

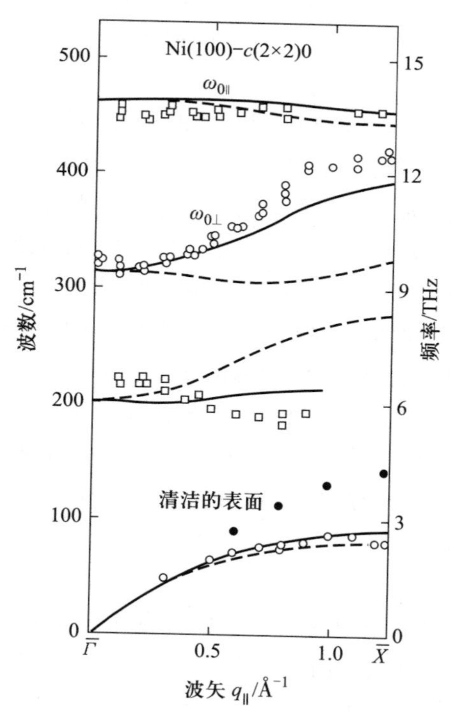

图 10.14 在氧覆盖的具有 $c(2\times2)$ LEED 花样的 Ni(100)面测量到的表面声子色散曲线。黑色圆点描述的是洁净的 Ni(100)面的表面声子。$\omega_{0\parallel}$ 和 $\omega_{0\perp}$ 为氧原子的振动模式，其位移分别平行和垂直于样品表面[10.18]

对于小于一个单层的覆盖量，会发生两种情况(图 10.15)。情况(a)是吸附的原子或分子以随机并且稀释的方式被吸附，其可用二维晶格气进行描述。在图 10.15(b)中，吸附层长成岛状，岛内部已经拥有有序完整的单层。此情况可描述为二维微晶的生长。可将具有密堆积但不具有长程有序的吸附物岛描述为二维液滴。温度的变化能将情况(b)变成情况(a)。这是在表面的一个二维相变，在此过程中，二维的晶体或液体“蒸发”形成二维气体。

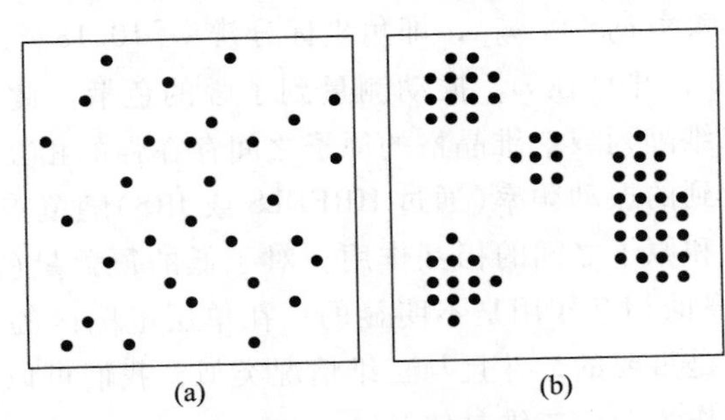

图 10.15　二维吸附物相的定性描述，点代表了吸附的原子或分子：(a) 二维气体的随机、稀释的相；(b) 二维内部有序的吸附岛，即二维微晶

吸附物的二维相(气相、液相、固相)的图片显得十分自然，其中，基底与吸附原子或分子之间“垂直”的相互作用要弱于吸附层内的“侧面的”相互作用。然而，这种情况是例外：对于惰性气体原子的物理吸附层，其与基底的范德瓦耳斯力的强度可与吸附原子之间的力相比拟。在强的化学吸附的情况下，基底-吸附物的相互作用通常要比侧面的相互作用强很多。然而，在较高的温度下，吸附物侧面的移动性可以相当大，如果在较高覆盖量下二维相足够致密，就不能忽略侧面的力。对二维相强的化学吸附物的描述对描述侧面的有序变化也是有用的，即二维相变。当然，基底的垂直力会影响这样的化学吸附层的临界参数(T_c 等)。但是对一个现象的描述不会明确地考虑这些垂直力，它们仅仅被认为促使了二维系统的形成，即它们在表面上单一的平面内维持着吸附的原子或分子。

侧面的和垂直的相互作用的相对强度也决定了一个有序的吸附物重叠层(二维晶体)是否遵循基底表面周期性。强的垂直力增强了与表面的一致性。

吸附的原子或分子之间侧面相互作用的物理本质是什么？也许应该考虑这种相互作用的来源。最容易考虑到的是：

(1) 范德瓦耳斯吸引力由相关的电荷波动产生(10.1 节)，并且不是任何个别的吸附原子或分子的特征。范德瓦耳斯力是在低温下物理吸附的惰性气体原子唯一重要的力。对于其他大多数系统，强的相互作用是叠加的，且这些控制着最后的相互作用。

(2) 偶极子力可能与吸附分子(例如 H_2O、NH_3 等)的不变的偶极矩有关，或与吸附键形成的不变的偶极子有关，这个吸附键是由于在基底与吸附原子或分子之间的电荷转移而形成的。当然，平行的偶极之间的相互作用是排斥力。

(3) 在密堆积的吸附物层内，相邻的原子或分子之间的轨道重叠也会导致排斥作用。在过渡金属高覆盖量的 CO 行为很可能就是受这种类型的相互作用的控制。

(4) 基底-调控的相互作用有两个来源。具有强烈化学吸附的原子或分子会由于化学吸附键合而改变其邻近基底的电子结构。基底上电荷的消耗或积累的距离超过几埃就能提高或降低基底与第二被吸附粒子的相互作用强度，可能因此在吸附的原子或分子之间造成间接的相互作用。

通过基底的弹性性能可以调控相似的相互作用。由于强的电荷重排，一个具有强烈化学吸附的原子可能吸引其邻近的基底原子，因此存在晶格的局部收缩，此收缩必须用更远处点的膨胀来进行补偿。假设第二吸附原子也吸引基底原子。第二吸附物为了使吸附处具有晶格膨胀的晶格发生收缩，必须比其他已经存在收缩的位置做更多的功。因此，吸附原子间是出现排斥力还是吸引力取决于它们的距离。间接的基底-调控的侧面的相互作用通常比直接的偶极-偶极相互作用弱。

正如在三维固体中，可以从相变的研究中推断出有关相互作用力和诸如临界温度 T_c、临界压力 p_c、临界密度 n_c 这样的临界参数的信息。通过状态方程，这些参数决定了相变的条件。有很多状态方程是适用于二维系统的[10.19]，但是我们在这里使用的是最简单类型的方程，即范德瓦耳斯方程。对于一个三维系统

$$(p + an^2)(1 - nb) = nkT \tag{10.24}$$

这是描述液-气体系中非理想流体的最简单并且看起来最合理的半经验公式。其中，n 为粒子的体密度($n = N/V$)，b 为粒子的体积，即排除另一个粒子的体积。对于粒子间的作用势(不是硬核型的)，a 约等于 $4\pi R^3/3$，粒子间的排斥力在间距 R 处变得很重要。常数 b 考虑了相距为 r 的两原子或分子间(二体的)的作用势 $\phi(r)$。在推导范德瓦耳斯方程的过程所涉及的近似值中，根据粒子间作用势 $\phi(r)$ 得出 a

$$\frac{a}{V} = -\frac{N}{2}\int_{2R}^{\infty}\phi(r)\ \frac{N}{V}4\pi r^2\mathrm{d}r \tag{10.25}$$

其中，N 为粒子数，V 为相应的体积。参数 a 实质上是由于讨论的单个粒子与其邻近的其他粒子的相互吸引作用而产生的总势能。

最简单的状态方程在二维系统中重写[式(10.24)、式(10.25)]，该方程

是对 2D 气体⇌2D 液体相变进行粗略描述。准二维系统(即吸附层)的厚度为 d (=1~3 Å)。设 θ 为粒子的面密度(每平方厘米的个数)，得到

$$nd = \theta \tag{10.26}$$

并且令 f_p 为一个粒子上的最小面积，它遵循

$$b = df_p \tag{10.27}$$

对于二维问题，我们必须引进一个展曲压力(π)，它定义为作用在线元素上的力，即对于当前的系统来说，π 与通常的压力 p 的关系为

$$\pi = dp \tag{10.28}$$

将式(10.26)~(10.28)代入二维吸附系统的范德瓦耳斯方程(10.24)中，得到

$$\left(\pi + \frac{a\theta^2}{d}\right)\left(\frac{1}{\theta} - f_p\right) = kT \tag{10.29}$$

我们经常使用相对覆盖范围 θ_r 而不使用绝对面密度 θ，θ_r 和一个完整单层的覆盖范围 θ_0 的关系是 $\theta_r = \theta/\theta_0$。

描述二维液相-气相系统(图 10.16)的范德瓦耳斯等温线与描述正常的三维液相-气相系统的范德瓦耳斯等温线实质上是一样的。对于临界温度 T_c 以下

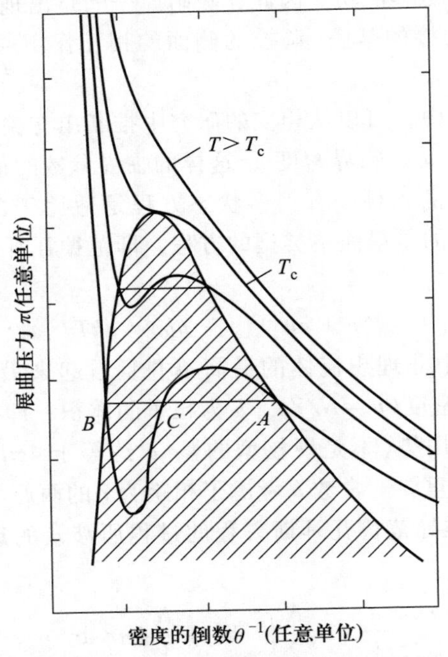

图 10.16 吸附物系统形成的在表面致密的似液体和稀释的似气体结构的定性二维液相-气相相图(等温线)。在临界温度 T_c 以上仅存在二维气相，T_c 以下，在 A 和 B 之间密度的倒数 θ^{-1} 范围内，气相和液相共存

的温度，在 A 和 B 之间一定的表面密度范围内，液态和气态吸附相在表面是共存的。对于在 A 以上的 θ^{-1}，仅存在不太致密的气相吸附物，而在 B 以下的 θ^{-1} 是更致密的液相吸附物。温度高于临界温度时，液相和气相之间就没有区别了。热动能很高以至于不发生“凝结”；展曲压力 π 随表面密度 θ 单调变化。从温度-密度（或 T-θ^{-1}）图（图 10.17）中可知气-液系统的这种性质也很明显。如果我们想要划分密度 θ（或 θ^{-1}），使出现气体-共存相转变（图 10.16 的点 A）和共存相-液体转变（图 10.16 的点 B），并让其作为温度的函数，从而获得了图 10.17 所示的相图。温度低于 T_c 时，液相和气相被共存状态部分分开；温度高于 T_c 时，气相到液相的转变继续进行，并且两者之间不存在真正的相的分离。

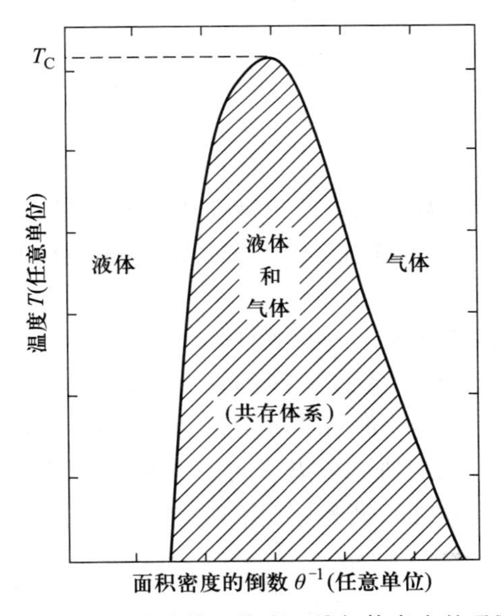

图 10.17　在表面既作为二维液体又作为二维气体存在的吸附物的定性二维相图。在纵坐标为基底温度 T，横坐标为吸附粒子的面积密度的倒数 θ^{-1} 的平面内绘出了具有封闭的共存状态（阴影部分）的共存曲线。T_c 为临界温度，在其之上液体和气体不存在区别

对于简单的范德瓦耳斯状态方程（10.29），通过发现三次方程（10.29）的解，其全部的 3 个根 θ_c 重合，获得了临界参数——临界温度 T_c、临界密度 θ_c 和临界展曲压力 π_c。对于这个特殊的 θ_c，式（10.29）曾表示为

$$\theta^3 - \frac{1}{f_p}\theta^2 + \left(\frac{\pi d}{a} + \frac{d}{af_p}kT\right)\theta - \frac{\pi d}{af_p} = 0 \qquad (10.30)$$

现在变为

$$(\theta - \theta_c)^3 = \theta^3 - 3\theta_c\theta^2 + 3\theta_c^2\theta - \theta_c^3 = 0 \tag{10.31}$$

通过比较 θ^n 的系数，得到

$$3\theta_c = 1/f_p \tag{10.32}$$

$$3\theta_c^2 = \left(\frac{\pi_c d}{a} + \frac{d}{af_p}kT_c\right) \tag{10.33}$$

$$\theta_c^3 = \frac{\pi_c d}{af_p} \tag{10.34}$$

这就得到了如下的临界参数：

$$\theta_c = \frac{1}{3f_p} \tag{10.35}$$

$$\pi_c = \frac{a}{27df_p^2} \tag{10.36}$$

$$T_c = \frac{8}{27}\frac{a}{kdf_p} \tag{10.37}$$

因此，对临界参数(临界温度 T_c、临界展曲压力 π_c 和临界密度 θ_c)的实验估算使我们可以直观地理解有趣的相互作用参数 f_p(粒子面积的最小值)和一个粒子与其邻近粒子之间总的相互作用能 a。

在某个吸附系统中确实能找到如图 10.15 中定性展示的简单二维相图。在 Ni(111)面上的原子氢(H)可形成有序的具有在低能电子衍射中能看到的(2×2)超点阵的结晶相[10.20]。但是这种结构的出现要严格地依赖于覆盖量和基底温度。通过低能电子衍射研究可以从实验上确定相图 $T_c(\theta)$(图 10.18)，并且显示出一个简单的范德瓦耳斯相图(图 10.17)的特征。

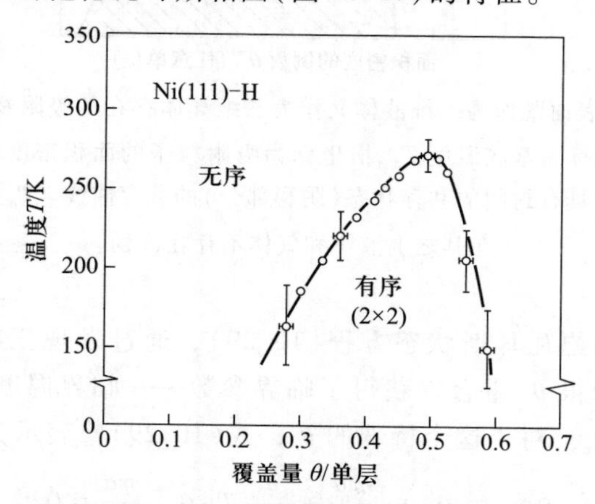

图 10.18　吸附在 Ni(111)面的原子氢的实验二维相图。我们可能观察到一个具有超点阵(2×2)的有序的吸附相或者无序相，这取决于覆盖量 θ 和基底温度 T

对于其他的系统，例如氧在 Ni(111)面上的情况，实验上已经观察到了更为复杂的相图(图 10.19)。除了随机的气态和液态外，还存在几个二维晶态。这些二维晶态显示了不同特征的超点阵，例如 $p(2\times2)$ 或 $(\sqrt{3}\times\sqrt{3})R30°$。

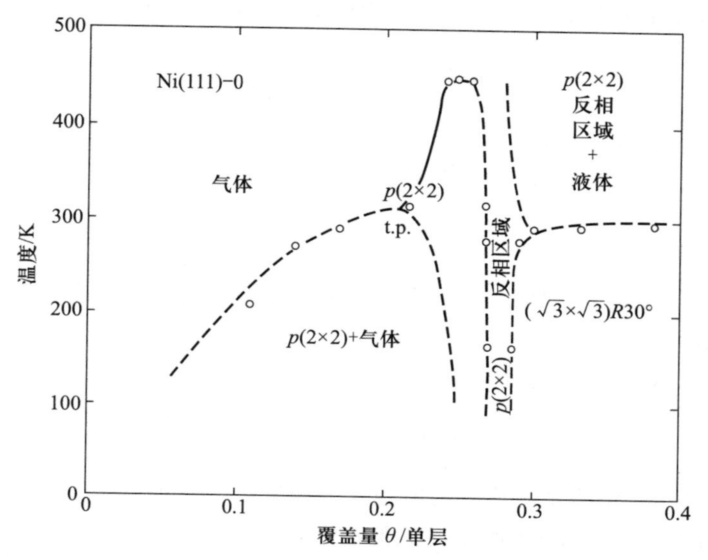

图 10.19　氧在 Ni(111)面上的实验相图(○)和假设的相图。用实线来表示连续相边界，用虚线来表示第一级相边界，t.p. 是临界点[10.21]

10.5　吸附动力学

到目前为止，我们已经讨论了单个吸附分子或原子的微观细节和吸附相的结构和性质。为了对一个真实的吸附实验进行分析，需要一个更加现象学的框架来描述诸如吸附率和覆盖度这样的特性。目前，我们已经考虑了吸附系统在热平衡状态下的性质。然而，对吸附率和解吸附率的描述需要考虑与吸附动力学相关的非平衡状态。当然，这些量依赖于某一吸附过程的细节，但是它们与微观图的关系经常是复杂的，并且我们对此并不了解。虽然如此，在一个更加现象学水平上的动力学描述能够产生重要信息，此信息与更加精确的光谱数据相结合，能使我们对吸附的相互作用有更深的了解。

吸附动力学是描述吸附物与其周围气相之间相互作用的热力学方法；吸附和解吸附是决定暴露在气体中的固体表面上的宏观覆盖量的两个过程。吸附率取决于每秒撞击到表面的粒子数和黏附系数，黏附系数是指一个碰撞粒子实际黏附在基底的可能性。根据气体动力学理论(2.1 节)，粒子撞击表面(单位面

积单位时间)的速率为

$$\frac{\mathrm{d}N}{\mathrm{d}t}=\frac{p}{\sqrt{2\pi mkT}} \tag{10.38}$$

获得的吸附率即单位时间单位表面面积内吸附的粒子数为

$$u=S\frac{\mathrm{d}N}{\mathrm{d}t}=S\frac{p}{\sqrt{2\pi mkT}} \tag{10.39}$$

其中，m 为撞击粒子的质量。

由于覆盖量 θ(单位面积的吸附粒子数)

$$\theta=\int u\mathrm{d}t=\int S\frac{\mathrm{d}N}{\mathrm{d}t}\mathrm{d}t \tag{10.40}$$

我们能从作为剂量的函数即覆盖量 θ(图 10.18)的测量(例如通过 AES)中确定黏附系数 S。

根据式(10.38)和式(10.40)得到

$$S=\sqrt{2\pi mkT}\,\frac{u}{p}=\sqrt{2\pi mkT}\,\frac{1}{p}\,\frac{\mathrm{d}\theta}{\mathrm{d}t} \tag{10.41}$$

正如图 10.20(a)中所示的典型的覆盖量与剂量(压力-时间)的关系，经过微分后就得到了图 10.20(b)中所示的黏附系数 $S(\theta)$。化学吸附的分子或原子键合到表面“自由”的价轨道(悬空键)上，并且随着表面越来越多的位置被占用，键的活性降低，因此，我们很容易理解 $S(\theta)$ 的形状。黏附系数 S 反映了微观吸附过程的细节。S 的大小受几个重要因素的影响：

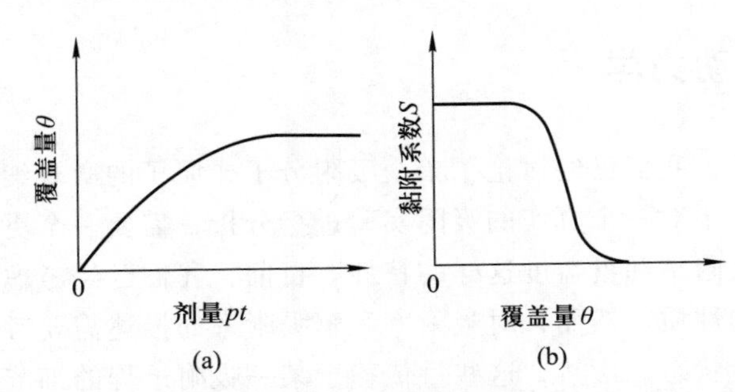

图 10.20 (a) 覆盖量 θ 与暴露在其中的剂量的定性关系；
(b) 黏附系数 S 与覆盖量 θ 的关系

(1) 在许多情况下[例如在图 10.4(b)中所看到的]，要发生化学吸附必须克服激活势垒 E_{act}。只有冲击能大于 E_{act} 的原子或分子才能黏附在表面上。在激活吸附的情况下，黏附系数必须包含一个玻尔兹曼项 $\exp(-E_{\mathrm{act}}/kT)$。

(2) 碰撞的原子或分子要想发生化学吸附，其电子轨道相对于表面的悬空键轨道必须有一个特殊的方位(空间因素)。除了分子的方位外，其在表面的迁移率和撞击表面的位置也很重要。由于基底的原子结构特性，吸附势沿着表面局部地发生变化。

(3) 在吸附的过程中，一个入射的原子或分子必须至少把其部分剩余的动能转移到基底，否则，在其大约一个振动周期后就又会被解吸。因此，在吸附动力学中也会涉及基底的激发体，例如表面声子和等离子体激元。

(4) 当然，碰撞原子或分子必须有可用的吸附位置。占用的位置越多，吸附的粒子越少。对于一个作为先驱体(中间物)而被吸附的粒子，其到达最终黏附位置的扩散路径变得更长，这就提高了解吸附的可能性并且降低了黏附的可能性。

考虑以上描述现象，活性吸附的黏附系数方便地描述为

$$S(\theta)=\sigma f(\theta)\ \exp\ (-E_{\mathrm{act}}/kT) \qquad (10.42)$$

其中，σ 为冷凝系数，其包含了分子方位(空间因素)、向表面的能量转移的影响等。$f(\theta)$为占位因素，其描述了找到一个吸附位置的可能性。对于非解离吸附(易变的或稳定的吸附)，一个位置被占用或未被占用，$f(\theta)$都仅为

$$f_1(\theta)=1-\theta \qquad (10.43)$$

其中，θ 为相对覆盖量，即在最初完整的吸附层中被占用的位置与可利用位置的最大数目的比例。对于解离吸附或至少对于一个稳定的吸附物来说，碰撞的分子解离为两个吸附原子团，第二个原子团必须找到一个与第一个原子团直接邻近的空位。令 z 为第二个原子团邻近位置的最大值，可利用的位置数为

$$f_2(\theta)=\frac{z}{z-\theta}(1-\theta) \qquad (10.44)$$

对于整个分子即两个稳定的原子团的吸附来说，得到

$$f(\theta)=f_1(\theta)f_2(\theta)=\frac{z}{z-\theta}(1-\theta)^2 \qquad (10.45)$$

对于低的覆盖量($\theta\ll1$)，有

$$f(\theta)\simeq(1-\theta)^2 \qquad (10.46)$$

当然，这个表达式也适用于不稳定复合物的解离吸附，因为对于足够低的覆盖量来说可以有足够的位置，所以实际上并不存在由于邻近位置之前的占用而造成的限制。冷凝系数 σ 取决于吸附的分子、自由气体分子和吸附剂表面能够存在的不同状态。一个计算 σ 的详细的统计理论[10.22, 10.23]把吸附过程描述为一种转变，这种转变是从自由表面加上自由分子(S+M)的初态经过一个受激的过渡态$(SM)^*$变成最终的吸附态(SM)。在过渡态$(SM)^*$，系统处于激发态，其总能量包含在吸附之前必须具有的激活能。可以把吸附视为从过渡态到吸附态的衰减。因此，由速率理论得出的结果是 σ 本质上可由比例给出

$$\sigma \propto Z_{(SM)^*}/Z_M Z_S \tag{10.47}$$

其中，Z 为受激过渡复合体(SM)*、自由分子(M)和自由表面(S)的配分函数。

这些配分函数是各种可能状态的总和，例如对于具有能量特征值 ϵ_i(简并度为 g_i)的分子

$$Z_M = \sum_i g_i \exp(-\epsilon_i/kT) \tag{10.48}$$

计算真实系统的 σ 明显地需要各种组分的反应途径和量子力学性质的详尽知识。表 10.2 列出了在可动吸附物层和不动吸附物层中简单的双原子气体的一些特征值。σ 主要取决于吸附分子的自由度。

表 10.2　在可动和不动状态吸附的双原子分子[10.22, 10.23]的一些特征冷凝系数 σ

吸附物	不动吸附物	可动吸附物	
		转动损失	无转动损失
H_2	3×10^{-2}~0.2	0.52	1
O_2，N_2	10^{-4}~3×10^{-2}	0.12	1
CO_2	7×10^{-5}−x~0.02	0.1	1

我们在实验上有时发现黏附系数 S 与覆盖量 θ 具有指数关系

$$S \propto \exp(-\alpha\theta/kT) \tag{10.49}$$

(Elovich 方程)。如果设想激活能 E_{act} 依赖于覆盖量(即 $E_{act}=E_0+\alpha\theta$)，那么根据式(10.42)就很容易理解这种关系。

用解吸率 v(即单位时间单位表面面积的解吸粒子数)对解吸过程进行现象学的描述。发生解吸时，吸附的原子必须获得足够的能量以克服解吸势垒 $E_{des}=E_B+E_{act}$，其中包含了吸附的键合能 E_B 和激活能[图 10.4(b)]。因此，解吸率 v 是与指数项 $\exp(-E_{des}/kT)$成比例的。吸附粒子的数目通过占有因子$\bar{f}(\theta)$来描述。$\bar{f}(\theta)$和 $\bar{\sigma}(\theta)$描述了一个与吸附相反的过程，因此，它们与 f 和 σ 是互补的，即它们与覆盖量以及吸附物、基底和过渡态复合体的配分函数成反比。在一个原子从一个单一位置解吸这种最简单的情况可得

$$\bar{f}(\theta) = \theta \tag{10.50}$$

在解吸分子来源于位于不同位置的两个自由基的情况下，有近似关系

$$\bar{f}(\theta) \simeq \theta^2 \tag{10.51}$$

总的来说，用解吸率来描述解吸过程

$$v = \bar{\sigma}(\theta)\ \bar{f}(\theta)\ \exp\left(-E_{\mathrm{des}}/kT\right) \tag{10.52}$$

气体和固体表面之间达到热平衡时，吸附速率和解吸速率相等。因此，恒温下存在用吸附等温线来描述的平衡吸附覆盖量 $\theta(p, T)$。为了计算它，我们应该使吸附速率 u 和解吸速率 v 相等

$$u = v \tag{10.53a}$$

由式(10.42)和式(10.52)这样最简单的假设，可以得到

$$u = \sigma(\theta) f(\theta) \mathrm{e}^{-E_{\mathrm{act}}/kT} \frac{p}{\sqrt{2\pi mkT}} = \bar{\sigma}(\theta)\ \bar{f}(\theta) \mathrm{e}^{-E_{\mathrm{des}}/kT} = v \tag{10.53b}$$

或者由 $E_{\mathrm{des}} = E_{\mathrm{B}} + E_{\mathrm{act}}$

$$p = \frac{\bar{\sigma}}{\sigma} \sqrt{2\pi mkT}\, \mathrm{e}^{-E_{\mathrm{B}}/kT} \frac{\bar{f}(\theta)}{f(\theta)} = \frac{1}{A} \frac{\bar{f}(\theta)}{f(\theta)} \tag{10.54}$$

这就是 Langmuir 等温线的一般形式。对于非解离吸附[式(10.43)]这种特例，其中，$f(\theta) = 1-\theta$，$\bar{f}(\theta) = \theta$，得到简单的形式

$$p(\theta) = \frac{\theta}{A(1-\theta)}, \qquad 或 \qquad \theta(p) = \frac{Ap}{1+Ap} \tag{10.55}$$

其中，在固定的温度下，A 为一个常数，见式(10.54)。因此，通过测量作为外界压力 p 的函数的平衡吸附覆盖量 θ 就可以确定常数 A。根据式(10.54)，假设冷凝系数 σ 和解吸系数 $\bar{\sigma}$ 已知，这就确定了化学吸附(或键合)能 E_{B}。图 10.21 示出了覆盖量 θ 对压力 p 的定性关系，其与 Langmuir 等温线[式(10.55)]一致。在低压范围，曲线近乎呈线性关系，其斜率($\simeq A$)随着吸附能 E_{B}(即吸附过程的强度)变化呈指数式增大。

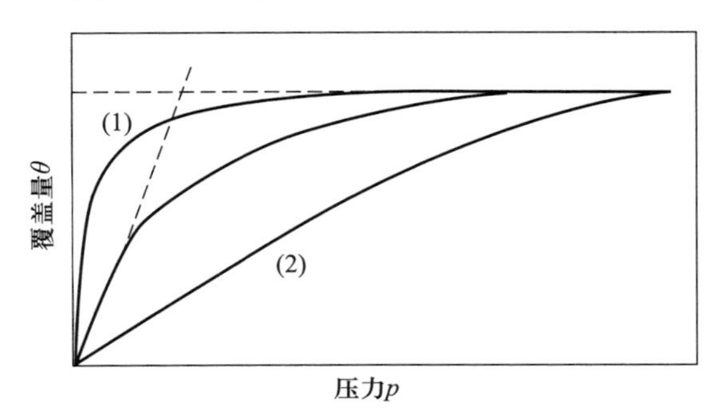

图 10.21　覆盖量对压力的 Langmuir 型等温线的定性形状 $\theta(p)$。曲线(1)描述了具有大的吸附能的强吸附情况，曲线(2)呈现的是弱吸附的情况。在这两种极端情况中间有一种从类型(1)到(2)的渐变曲线

对许多真实的吸附系统来说，其 Langmuir 等温线未能正确描述处于热平衡状态下的覆盖量与压力的关系。特别地，忽略多层吸附是不切实际的。人们更接受 Brunauer、Emmett 和 Teller 理论（BET 等温线），该理论也把多层吸附的情况考虑在内。第一层的每个吸附粒子作为第二层的一个吸附位置，第二层的每个粒子作为第三层的吸附位置，以此类推。即使在更精确的方法中，激活能、吸附能等都假设与层有关。这样的话，理论上就需要更多的参数，这些参数的变化会促使实验上观察到的等温线（图 10.22）有一个更精确的描述。

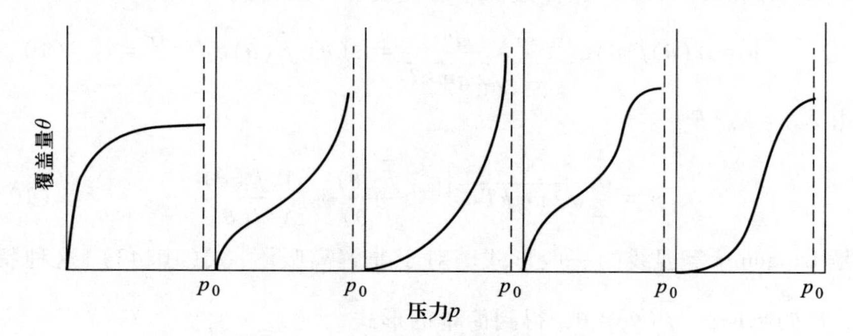

图 10.22　各种可能的物理吸附等温线

附录XⅦ　解吸附技术

从解吸实验中获得了大量有关吸附过程和表面化学反应的基本信息。所有的解吸技术具有共同特征：在超高真空条件下将洁净表面置于定义明确的气体氛围或分子束中。最终的吸附物通过表面的热处理或者光或高能粒子的照射进行随后的解吸。可用质谱仪对解吸物进行分析，或者在光学上让粒子束投影到一个屏上，以产生有关在解吸原子或分子角分布中可能存在的各向异性的信息。

能提供有用信息特别是有关简单吸附系统信息的最简单的技术是热脱附谱(thermal desorption spectroscopy，TDS)，在该技术中，吸附物覆盖的表面的热处理引起解吸[XⅦ.1]。从对超高真空室中压力增大随样品温度的变化函数的直接测量中得到了有关解吸能等有趣的信息。对解吸过程精确的描述是基于输送方程(Ⅰ.2)。解吸粒子被抽走(抽气速度为$\tilde{S}$)，但是会造成超高真空器内暂时的压力增大。令解吸速率为v，因此，由粒子数守恒得

$$vA = \frac{-A\mathrm{d}\theta}{\mathrm{d}t} = \frac{V_{\mathrm{v}}}{kT}\left(\frac{\mathrm{d}p}{\mathrm{d}t} + \tilde{S}\ \frac{p}{V_{\mathrm{v}}}\right) \tag{XⅦ.1}$$

其中，θ为样品表面(面积为A)的相对覆盖量，V_{v}为超高真空腔的体积，p为压力(不包括基底)。

由于微小的抽气速度的限制，压力增大的速率会反映解吸率($\mathrm{d}\theta/\mathrm{d}t \propto \mathrm{d}p/\mathrm{d}t$)。另一方面，由于现代抽气设备的$\tilde{S}$是极高的(低温泵的$\tilde{S}$值能达到10 000 ℓ/s)，式(XⅦ.1)能近似为

$$v = \frac{-\mathrm{d}\theta}{\mathrm{d}t} \propto p \tag{XⅦ.2}$$

因此，直接检测压力就能得到有关解吸率的有趣信息。正如式(10.52)所描述的解吸率那样

$$v = \frac{-\mathrm{d}\theta}{\mathrm{d}t} = \bar{\sigma}\bar{f}(\theta)\exp(-E_{\mathrm{des}}/kT) \tag{XⅦ.3}$$

其中，E_{des}为解吸能。在最简单的实验装置中，用计算机程序来控制样品的温度T，使温度随时间线性变化[图XⅦ.1(a)]

$$T = T_0 + \beta t(\beta > 0) \tag{XⅦ.4}$$

于是给出压力随温度增大的函数

$$p \propto \frac{-\mathrm{d}\theta}{\mathrm{d}t} = \frac{\bar{\sigma}}{\beta}\theta^n \mathrm{e}^{-E_{\mathrm{des}}/kT} \tag{XⅦ.5}$$

其中，对于一般的 n 阶解吸过程，把占有因子 $\bar{f}(\theta)$ 假设为 θ^n(10.5 节)。对于单分子和双分子的解吸，n 分别为 1 和 2。压力的测量值是样品温度的函数[图 XⅦ.1(b)]，其在特征温度值 T_p 处达到最大，并且当解吸而使表面覆盖量减少时，压力开始减小。压力的增大取决于式(XⅦ.5)中的指数项，然而，$p(\propto\theta^n)$的减小也取决于解吸过程的阶数。$p(T)$最大值处的温度取决于

$$-\frac{d^2\theta}{dT^2}=\frac{d}{dT}(\bar{\sigma}\theta^n e^{-E_{des}/kT})=0 \qquad (XⅦ.6)$$

代入式(XⅦ.5)，得到了一个 n 阶的解吸过程

$$\ln\left[T_p^2\frac{1}{\beta}\theta^{n-1}(T_p)\right]=\frac{E_{des}}{kT_p}+\ln\left(\frac{E_{des}}{n\bar{\sigma}k}\right) \qquad (XⅦ.7)$$

或者对于一个简单的单分子过程

$$\ln(T_p^2/\beta)=\frac{E_{des}}{kT_p}+\ln\left(\frac{E_{des}}{\bar{\sigma}k}\right) \qquad (XⅦ.8)$$

有了关于空间因子 σ 的合理假设，通过记录 p 随 T 的变化关系[图 XⅥ.1(b)]可以用式(XⅦ.7)和式(XⅦ.8)来确定解吸能 E_{des}。

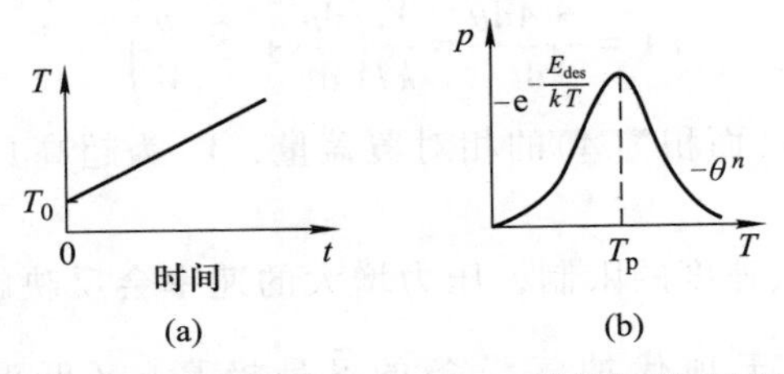

图 XⅦ.1 热脱附谱(TDS)实验的定性描述：(a) 样品温度 T 随时间 t 线性提高，从初始值 T_0 开始；(b) 由于解吸，超高真空器中的压力随样品温度的提高先增大后减小，最初的增大主要取决于解吸势垒 E_{des}，然而，压力的减小提供了有关解吸过程的阶数 n 的信息

从压力(或解吸率)随温度变化曲线的精确形状可以明显地看出，仅对于单分子过程来说，最大值 T_p 处的温度不依赖于 θ，并且也不依赖于初始的覆盖量 θ_0[图 XⅦ.2(a)]。具有不同初始覆盖量的解吸峰的变化表明了一个如图 XⅦ.2(b)[XⅦ.2]中所示的更高阶数的解吸过程。

从解吸曲线[XⅦ.2]的形状可获得有关过程阶数的更多信息。二阶曲线关于 T_p 是对称的，然而，一阶解吸曲线具有较低的对称性(图 XⅦ.3)。在图 XⅦ.4中以热脱附谱的形式给出了另一个二级解吸的例子，在其中检测了 N_2 从 Fe(110)面的解吸[XⅦ.3]。对二级过程描述得到的信息是氮气被解离吸

附，并且每个原子的解吸能 E_{des}估计为 7 eV。

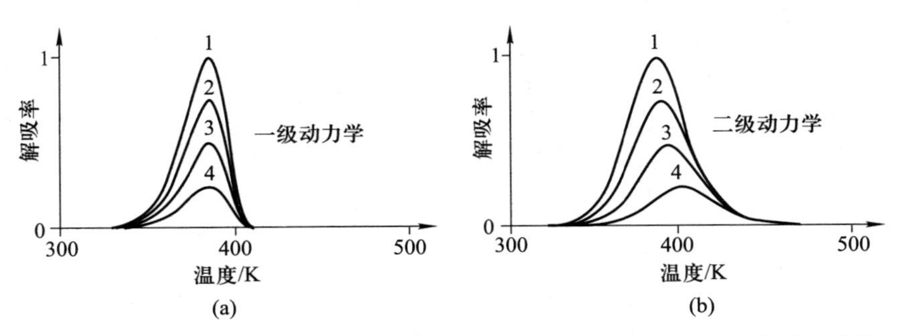

图XⅦ.2　热脱附谱，即解吸率(量纲一的)随样品温度 T 的变化。为了计算，假设解吸能 E_{des}为 25 kcal/mol，不同分数的表面覆盖量：(1) $\theta=1.0$，(2) $\theta=0.75$，(3) $\theta=0.5$，(4) $\theta=0.25$。假设解吸过程涉及(a)一级动力学和(b)二级动力学

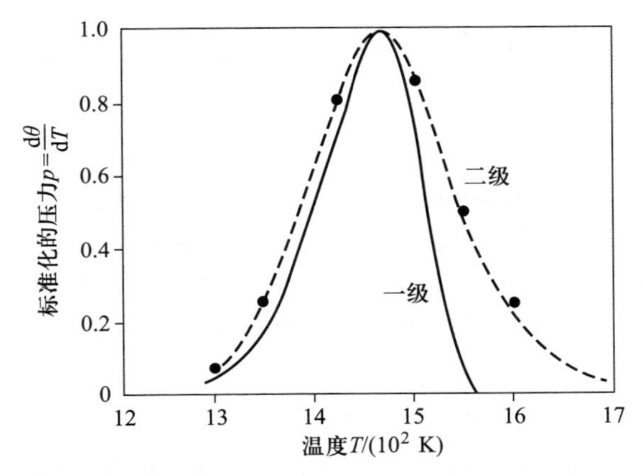

图XⅦ.3　在线性温度范围内计算的一级反应(E_{des} = 91.5 kcal/mol)和二级反应(E_{des} = 87.5 kcal/mol)的标准化的解吸率随温度变化的曲线。从 N_2(300 K 时)吸附在 W 上形成β相［XⅦ.1］的解吸实验中得到的实验数据(黑线)

在另一种类型的解吸实验中，承载着吸附物的表面被辐射，入射的能量引起解吸。根据辐射的特定类型，可以区别几项技术：

(1) 在离子碰撞解吸(ion impact desorption，IID)中，具有典型的最初能量为 100 eV 的离子，例如 Ar 离子，被加速撞击到表面上，通过动量交换使吸附物粒子发生解吸。通常的质谱仪检测仅揭示了吸附物的化学本质。

(2) 在场解吸(field desorption，FD)中，通过对电极提供一个高的电场($\approx 10^8$ V/cm)，例如在场离子显微镜中，解吸粒子在荧光屏上是可见的。有时也研究局部吸附几何学，但是很少用这种方法处理能量问题。

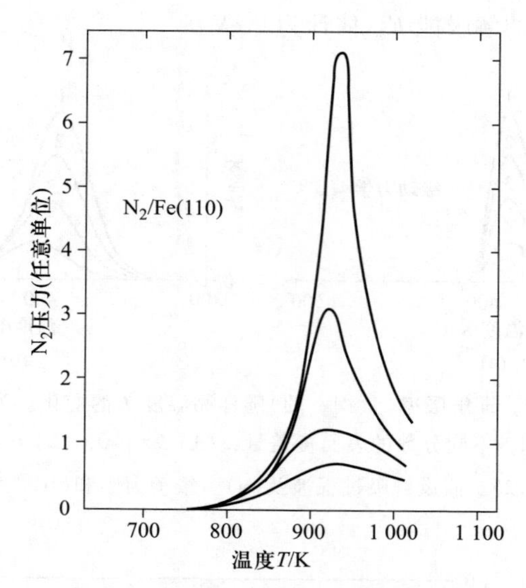

图 XⅦ.4　氮气(N_2)从 Fe(110)面解吸的热脱附谱(TDS)。对二级过程更精确的描述给出了每个原子的解吸能 E_{des} 为 7 eV [XⅦ.3]

(3) 在光解吸(photodesorption, PD)实验中，用具有足够大光子能量(3~10 eV)的光把电子从吸附物键激发到反键轨道。这就破坏了吸附键并且导致了解吸。由于光解吸通常伴随着热传递，因此有时很难将其与热解吸区别开。

(4) 在吸附研究中相当重要的是电子受激解吸(electron stimulated desorption, ESD)。在此技术中，具有初始能量高达 100 eV 的电子入射到吸附物覆盖的表面上；或者通过质谱仪检测解吸产物，或者使用有后置荧光屏的多通道板阵列来获得被移除粒子解吸方向的空间图像。这种使解吸原子或分子的角分布可视化的技术称为离子角分布的电子受激解吸(electron stimulated desorption of ion angular distribution, ESDIAD)。图XⅦ.5 所示为一种典型的实验装置，其既可以进行质谱检测(ESD)，又可以收集 ESDIAD 数据[XⅦ.4]。质谱检测会得到有关解吸物化学本质的信息，然而，角分布的检测可以让我们了解吸附复合体的局部几何排列。将多通道板(MCP)阵列的偏压反置就能对电子进行测量，即衍射花样的光学展示。也可同时观察吸附系统的低能电子衍射花样(第 4 章附录Ⅷ)。

对质谱检测过程的理论描述是基于两个极限情况。在经典的 Menzel 和 Gomer[XⅦ.5]模型中，吸附分子的分子内激发(如图 XⅦ.6 阴影部分所示)导致了无键或反键的中性或离子的最终状态。在相应的势曲线的交叉点(图 XⅦ.6)处，吸附分子能变为新的状态并且可能发生解吸。在离子解吸的情况中，电子可被从表面到解吸粒子的隧道所捕获。

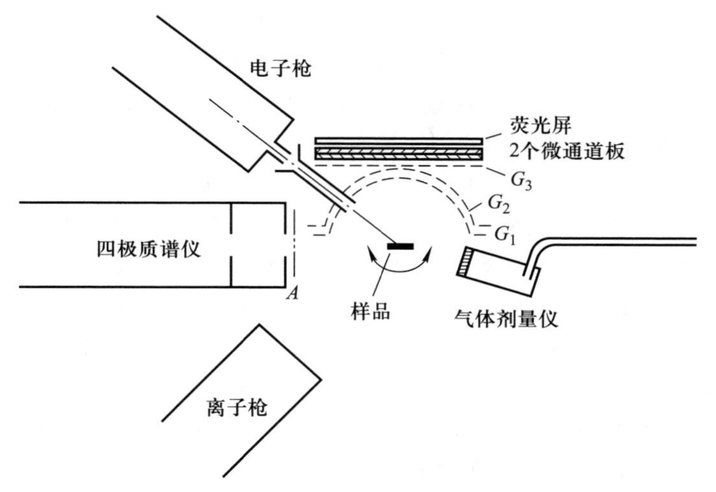

图 XⅦ.5　电子受激解吸(ESD)和离子角分布的电子受激解吸装置的示意图。样品 S 可以绕垂直于纸面的轴旋转。在四极质谱仪中进行电子受激解吸离子的物质检测，并且使用网格微通道板(MCP)和荧光屏阵列来显示离子角分布的电子受激解吸图。曲率半径 G_1 为 2 cm，每个微通道板有一个直径为 4 cm 的有效面积。对于大多数的离子角分布的电子受激解吸测量，其典型的势是 $G_1=G_2=0$ V，$G_3=-70$ V，微通道板入口：−700 V，微通道板中点：0 V，微通道板出口：+700 V，荧光屏：+3 800 V。电子枪的灯丝电压 $V_f=-100$ V，晶体的电压 $V_B=0\sim+100$ V。电子能量 $E_e=e(|V_f|+|V_B|)$ [XⅦ.4]

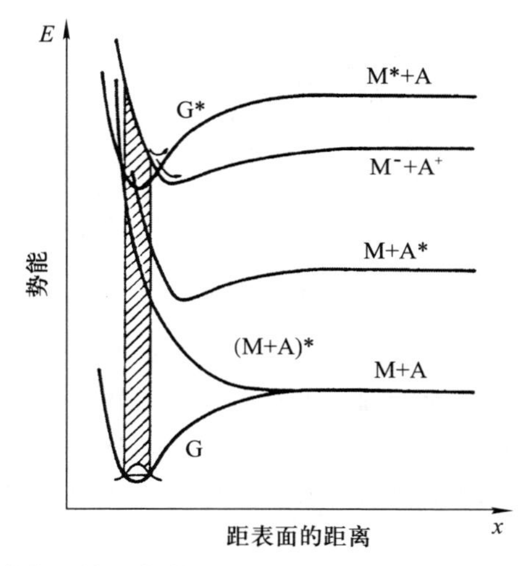

图 XⅦ.6　一个吸附物系统的势能图。G：吸附的基态；M^-+A^+：离子态；$(M+A)^*$：反键态；$M+A^*$：吸附物的受激态；M^*+A：金属中具有激活能的吸附物基态(其可由 G 的垂直移动得到)。表明了 G 的振动分布和最终的电子受激解吸离子能分布[XⅦ.2]

然而，这种类型的激发并不能解释在 TiO_2(001)面上观察到的微量的被吸附的氢(图XⅦ.7)[XⅦ.6，XⅦ.7]的电子受激解吸结果。在具有不同初始能量的准单能电子的辐射下，观察到的 H^+ 和 O^+ 的解吸流量的阈值分别接近 21 eV 和 34 eV。正如从附加的二次微分的电子能量损失谱测量图(插图)中所看到的那样，这些能量符合 O(2s)和 Ti(3p)芯能级的激发。对这些在高度离子化材料上的解吸实验的解释包含了在 O(2s)和 Ti(3p)轨道上芯能级空穴的形成和随后在 O 和 Ti 芯能级之间的原子间的转变。在更多的细节方面，原电子产生了一个 Ti(3p)核空穴，并且由于原子间的俄歇过程，一个 O(2p)电子衰变成 Ti(3p)态，并伴随着第二或第三个 O(2p)电子的发射，以消耗在衰变中释放的能量。这个快速的过程是在电子受激解吸中观察到的在 O^{2-} 晶格离子向 O^+ 的转变中发生相当大的电荷转移的原因。两个阈值的 H^+ 的解吸谱(图XⅦ.7)可能以存在两种类型的氢来进行解释，一种与 O 键合，另一种与 Ti 表面的原子键合。因此，依赖于能量的电子受激解吸测量能给出关于电子诱导解吸过程的原子尺度特征的详细信息。

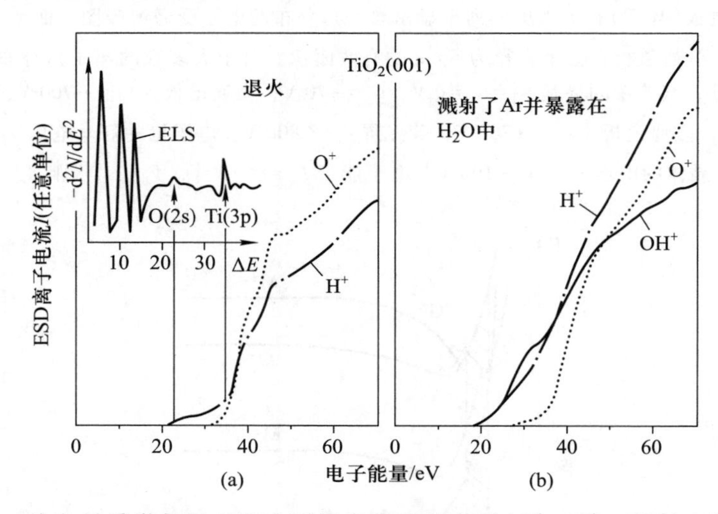

图XⅦ.7 从电子受激解吸(ESD)测量中得到的离子(O^+、H^+、OH^+)，测量对象：(a) 洁净的退火的 TiO_2(001)面(可能是由于少量的污染物产生了 H^+)；(b) 暴露于 H_2O 后的溅射了 Ar 的 TiO_2(001)面。为了便于比较，(a) 部分包含了一个同样的退火表面的二阶导数的电子能量损失谱(EELS)的插图，其损失标度(ΔE)与电子受激解吸的初始能量的标度一致。标示了从 O(2s)和 Ti(3p)水平向真空水平的转变[XⅦ.6]

图XⅦ.8 示出了使用离子角分布的电子受激解吸来决定吸附几何学的实验例子。从热脱附谱可知，H_2O 和 NH_3 在 90 K 时以分子形式吸附在 Ru(001)面上。正如图XⅦ.8(b)~(d)[XⅦ.4]所示，用初始能量低于 100 eV 的电子进行辐射会产生可分辨角度的 H^+离子的解吸花样。在低覆盖量情况下观察到了环形花样。假设解吸的 H^+离子沿着分子内化学键合的方向离开表面，就得到了低覆盖量的键合几何，即 H_2O 和 NH_3 分子用它们最靠近表面的 O 和 N 进行键合。表面的二维晶格平面的取向是不规则的。随着覆盖量的增加，在离子角分布的电子受激解吸花样中可见六角形的对称花样，这表明分子取向现在是基于下面的基底[图 XⅦ.8(c)~(e)]。分子已经失去了一个自由度，即绕垂直于表面的轴的自由转动。有了关于微观解吸过程的一定的假设，从而根据离子角分布的电子受激解吸就能得出有关局部吸附几何学的详细结论。

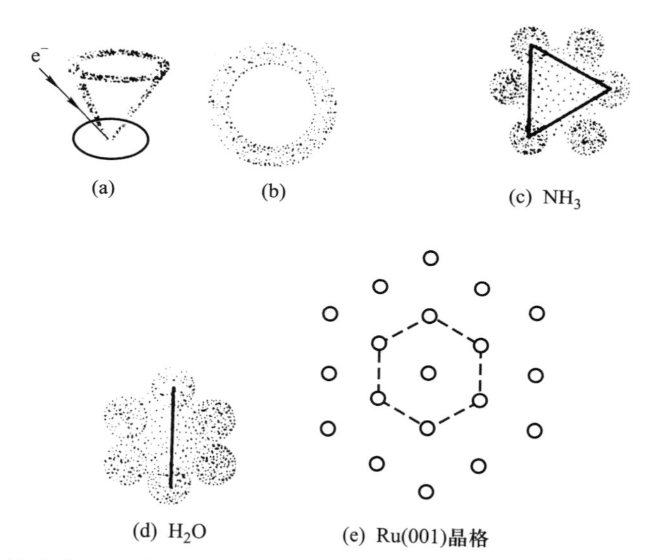

图 XⅦ.8　H_2O 和 NH_3 在 90 K 时吸附在 Ru(001)面上的离子角分布的电子受激解吸花样示意图[XⅦ.4]：(a) 来自于吸附的 NH_3 和 H_2O 的 H^+离子空心圆锥的形成(在低覆盖量的情况下)；(b) NH_3 和 H_2O 覆盖量低的"圆环状"的 H^+花样特征；(c) 中等 NH_3 覆盖量的六角形的 H^+花样特征($0.5\leqslant\theta\leqslant1$)；(d) 中等 H_2O 覆盖量的六角形的 H^+花样特征($0.2\leqslant\theta\leqslant1$)；(e) 与以上离子角分布的电子受激解吸花样相关的 Ru(001)基底

参考文献

XⅦ.1　F. M. Lord, J. S. Kittelberger, Surf. Sci. **43**, 173(1974)

XⅦ.2　D. Menzel, in *Interactions on Metal Surfaces*, ed. by R. Gomer, Topics Appl. Phys., vol. 4(Springer, Berlin, 1974), p. 124

XⅦ.3　F. Bozso, G. Ertl, M. Weiss, J. Catalysis **50**, 519(1977)

XⅦ.4 T. E. Madey, J. T. Yates, *Proc. 7th Int' l. Vac. Congr. and Int' l. Conf. Solid Surfaces* (Wien, 1977)

XⅦ.5 D. Menzel, R. Gomer, J. Chem. Phys. **41**, 3311(1964)

XⅦ.6 M. L. Knotek, Surface Sci. **91**, L17(1980)

XⅦ.7 M. L. Knotek, P. J. Feibelman, Phys. Rev. Lett. **40**, 964(1978)

附录 XⅧ　用于功函数变化与半导体界面研究的开尔文探针和光电发射测量

原子或分子在固体表面的吸附，即第一步固-固界面的形成通常是与功函数的变化(10.3 节)相联系，并且在半导体上的吸附也与能带弯曲的变化相联系(由于新的界面态的形成)。这些效果既能用光电发射谱(UPS 和 XPS；6.3 节)，又能用开尔文(Kelvin)探针测量来进行原位研究。后一项技术特别适用于金属表面功函数的测量，其忽略了空间电荷层的影响(几埃的空间范围)。

检测功函数变化的开尔文探针包括一个电极(通常是点状的)，该电极置于被研究的表面的前面[图 XⅧ.1(a)]。通过一个电磁线圈电磁式地驱动(或通过压电陶瓷驱动)此对电极，以使其垂直于样品表面以频率 ω 振动。样品和振动电极通过一个电流表(A)和一个允许可变偏压(U_{comp})的电池在电路上相互关联。

如果我们考虑两个通过电接触的固体(样品 S 和探针 P)，其电化学势(即费米能级 E_F^S 和 E_F^P)在热平衡状态下是相等的($E_F^S = E_F^P$)，那么功函数测量的原理就变得清晰了。由于通常样品表面和开尔文探针的功函数($e\phi = E_{vac} - E_F$)是不同的，因此在样品和探针之间就建立起了接触势 U^{SP}。

由于

$$E_F^S = E_{vac}^S - e\phi^S = E_{vac}^P - e\phi^P = E_F^P \tag{XⅧ.1}$$

得到的接触势为

$$U^{SP} = -\frac{1}{e}(E_{vac}^S - E_{vac}^P) = -(\phi^S - \phi^P) \tag{XⅧ.2}$$

因此对此接触势的测量就确定了开尔文探针和样品表面功函数的差异。在如图 XⅧ.1 所示的实验装置中，样品和探针之间的电压为

$$U = -(\phi^S - \phi^P) + U_{comp} \tag{XⅧ.3}$$

因此，由样品和探针形成的电容器所带的电荷量为(C 为电容)

$$Q = C[-(\phi^S - \phi^P) + U_{comp}] \tag{XⅧ.4}$$

并且探针电极的振动(频率为 ω)导致了振荡电流

$$I = \frac{dQ}{dt} = \frac{dC}{dt}[-(\phi^S - \phi^P) + U_{comp}] \tag{XⅧ.5}$$

用补偿电压 U_{comp} 使振荡电流 I 补偿为 0，并且此 U_{comp} 特定值造成的功函数的差异为

$$U_{comp} = \phi^S - \phi^P \tag{XⅧ.6}$$

实际上，通常用自动补偿电路来进行开尔文探针测量，例如图 XⅧ.1(b)所示

的类型。样品和振动探针之间的交流电被放大，并用锁相放大器进行相敏检测。来自锁相放大器的参考信号也被用于控制供应压电驱动的交流电压的频率。锁相放大器的直流输出(与其交流输入振幅成比例)控制补偿样品表面和探针接触电势的可变电压源。通过数字电压表读出补偿电压 U_{comp}，并且直接给出所要求的接触电势差[式(XⅧ.6)]。

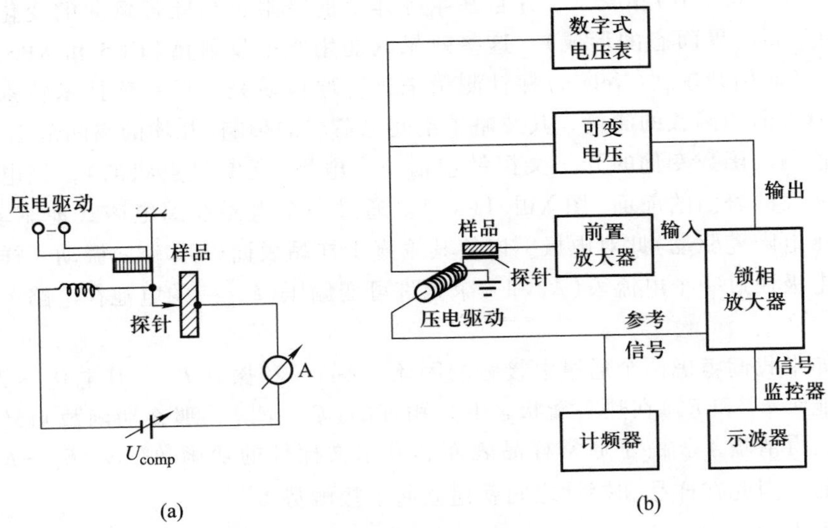

图 XⅧ.1 (a) 开尔文探针测量的原理，补偿电压 U_{comp} 补偿由振动探针引起的交流电；(b) 开尔文探针测量的电路示意图

如果参考电极(探针)的功函数 $e\phi^{P}$ 已知，就可以确定样品表面的功函数。如果样品表面被吸附物覆盖而不影响探针表面，那么此方法就容易应用。例如，如果在吸附物蒸发到样品表面的过程中(用几何上定义明确的束)，开尔文探针可移走，就能实现此方法。当研究从周围环境的吸附和探针表面暴露在同样的气氛中时就会出现困难。开尔文探针测量的精确度很高，可以确定 ϕ^{S} 的相对误差，其误差范围大约为 10 meV。当然，完全的测量依赖于对探针功函数的了解。有时通过比较从其他功函数测量已知且定义明确的表面来进行完全的测量。因此，需要两个测量，一个是对已知表面的测量，另一个是对研究样品的测量。两个样品在开尔文探针前的必要交换在很大程度上降低了测量的精确度。

对于半导体表面，由于吸附而造成的功函数变化量 $e\Delta\phi=e\phi'-e\phi$ 不能让我们直接观察有关原子的性质。功函数变化包含了由能带弯曲变化带来的贡献，另外还包含表面偶极的贡献，其也可被描述为电子亲和势 χ 的变化。在用紫外光或 X 射线激发的光电发射实验(UPS 或 XPS)中可以分别确定这两项的贡献。根据图 XVIII.2，吸附过程引起带隙中的非本征表面态(SS)，因此，向上的能带弯曲(过渡层)使功函数 $e\phi$ 变为

$$e\phi' = e\phi + eV_S + e\Delta\phi_{Dip} \tag{XVIII.7}$$

其中，V_S 为能带弯曲(图 XVII.2 中的变化)，$e\Delta\phi_{Dip}$为吸附分子或原子的基本偶极子带来的偶极贡献(Δ)，并且其也可能包含了由于在吸附过程中表面重构而引起的电子亲和势的变化 $\Delta\tilde{\chi}$

$$e\Delta\phi_{Dip} = \Delta + \Delta\tilde{\chi} \tag{XVIII.8}$$

Δ 和 $\Delta\tilde{\chi}$ 的差异是随意的，可用电子亲和势的单一变化 $\Delta\chi$ 来避免此差异，因此，式(10.17a)、式(10.17b)示出了由于吸附而造成的功函数的变化。

图 XVIII.2 为光电发射实验(UPS)的示意图，实验中用能量为 $\hbar\omega$ 的光子照射，从而使占据的价带态(阴影区域的密度)发射出电子，并且检测到电子的动能为 E_{kin}。因此，检测谱的分布(也是阴影)类似于占据态的密度分布，其叠加在真正的次波背底上，并从激发点到固体表面的途中经历了几个非弹性过程。由于在这样的实验中的探测深度仅有几埃(6.3 节)，其小于空间电荷层的厚度，测量到的电子分布给出了有关在表面的电子能带结构的信息。在此实验中，费米能级 E_F 是通常的参考点(由电连接样品和分析仪的化学势)，并且所有测量的能量值都与费米能级有关。通常在完成不同的测量后才确定 E_F，通过在样品表面蒸镀一层金属膜并且确定高的发射起始能量，此能量在金属表面由 E_F 给出。

从图 XVIII.2 可以明显地看出，可把功函数的变化量 $e\Delta\phi = e\phi' - e\phi$ 作为整个发射电子谱分布的能量宽度的变化而直接进行检测。真正的次波的低能侧翼的准确位置(相对于由实验确定的 E_F 位置)给出了功函数 $e\phi$ 在有或没有吸附物存在的情况下的绝对值。理论上可以分别确定功函数或由吸附引起的能带弯曲的变化。发射电子分布的高能侧面与上部的价带最大值相符(对于正常的发射)。由于吸附造成的此侧面的变化表明了与费米能级相关的价带边的变化和能带弯曲的变化 ΔV_S(或在图 XVIII.2 中最初的平带 V_S)。仅当吸附过程没有在带隙中产生新的表面态时，以上结论才成立。这样的非本征带隙态将会改变在高能侧的谱分布，并且不可能确定开始时的任何变化。决定能带弯曲变化的第二种可能是通过特征发射带，该特征发射带明显是由于体态而造成的(而不是由于表面态，6.3.3 节)。如果此谱带因吸附而显著地改变其形状(由于附近新的表面态)，则可以十分精确地确定其在洁净表面和吸附之后的位置。观察到的变化直接给出了有关能带弯曲变化的信息(图 XVIII.2)。例如，为了获得有关肖特基势垒形成的信息，用 UPS 研究了金属 Sn 在 GaAs(110)面的吸附

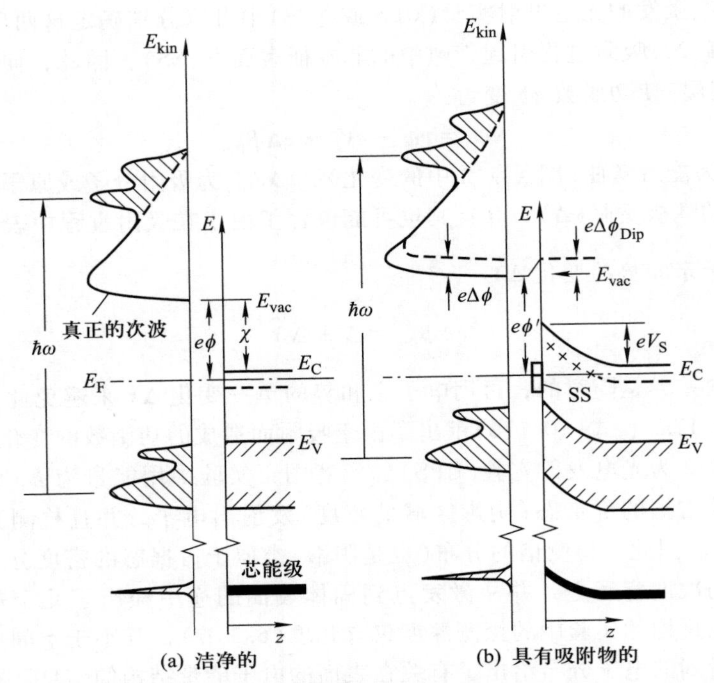

图 XⅧ.2　对半导体的光电发射谱中吸附物引起的变化的解释：(a) 洁净的半导体表面的光电发射过程。能量为 $\hbar\omega$ 的光子把电子从价带(上边缘为 E_V)激发到空态，它们从此处离开晶体并且检测到其动能超过了真空能量 E_{vac}。真正的二次电子来自于晶体内部的多重散射。(b) 吸附物引起了体带隙中的非本征表面态(SS)和向上的能带弯曲 eV_S。这使功函数从 $e\phi$ 变为 $e\phi'$。伴随着价带态和导带态的变化，表面处的芯能级态也向上变化

(图 XⅧ.3)。就像与价带上边缘一致的发射起始一样，随着 Sn 覆盖量的增加，接近 4.7 eV 键合能的发射能带(用箭头标记的)变成更低的键合能(即向着费米能级 E_F 变化)。这表明了向上能带的弯曲变化，即在 n 型材料上过渡层的形成。因为金属诱导表面态造成了谱的强变形，所以从发射起始的变化来定量评估能带弯曲是不可能的，这从图 XⅧ.4 中可以明显地看出。有关能带弯曲变化的信息必须从体发射能带(填满的环)的能量位置提取出。

由于这些变化与价带态变化的方法相同(图 XⅧ.2)，因此在芯能级发射能带也能用 XPS 通过相似的过程来研究吸附的能带弯曲变化。然而，标准的 XPS 设备通常没有足够的能量分辨率，因此，需要光学单色器。此外，当化学键合变化(6.3 节)叠加在能带弯曲变化之上时，在数据的分析中就出现了严峻的问题。

光电发射光谱学(尤其是 UPS)在原位的不同外延台阶间测量也产生了测量不同的能带偏移(间断点)(8.1 节)最直接的方法。在图 XⅧ.5 中解释了此方法的原理。采用相同的能量刻度，我们把一个未完成的半导体异质结构的能带结构(a)和相应的发射电子(b)的(运动的)能量分布绘制在一起。在理想情况下，洁净的半导体 I 的表面谱显示了发射起始点，该发射起始点表明了价带能量最大值上限的能量位置。在长出一个或两个单层后的半导体 Ⅱ 中，出现了一个新的肩状物，其以半导体 Ⅱ 的价带的上边缘为特征。这两个临界值的不同仅是价带的间断性。明显地，仅当半导体 Ⅱ 的价带边的能量高于半导体 I 的价带边的能量时，此技术才起作用。

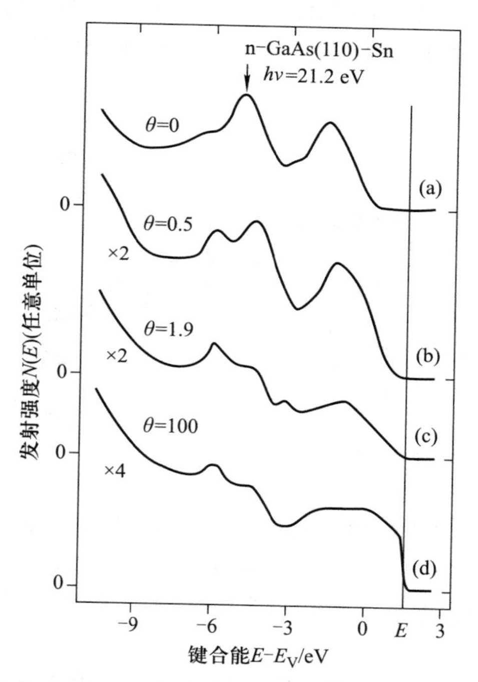

图 XⅧ.3 UPS 电子能量分布曲线：洁净的(a)和 Sn 覆盖的(b～d)并用 He($h\nu$=21.2 eV)照射的 n 型 GaAs(110)面。θ 给出的是单层覆盖量(1 ML 含有 8.85×10^{14} 原子/cm^2)。键合能是相对于洁净表面的价带最大值的能量位置而定义的。谱(a)的箭头显示了起源于体电子态的发射能带；其随覆盖量的变化反映了能带弯曲变化[XⅧ.1]

此外，仅当外延层的厚度为几埃(UPS 的信息深度)时才能进行测量，但是这通常足以使半导体 Ⅱ 的能带结构完全演变。图 XⅧ.6 中阐明了研究 Ge 覆盖在 ZnSe 基底上的方法[XⅧ.2]。由于 Ge 覆盖物而造成的新的发射起始能量

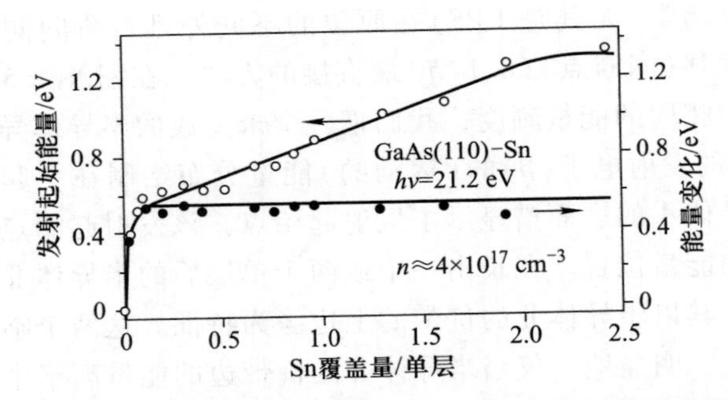

图 XⅧ.4　图 XⅧ.3 中 UPS 谱的高能量发射起始点相对于体价带最大值(开环；左手坐标系)的位置，以及 GaAs 在 4.7 eV 且低于 VBM(闭环；右手坐标系)的价带发射峰(图 XⅧ.3 的箭头处)的能量变化随 n 型 GaAs 的 Sn 覆盖量[XⅧ.1]的变化函数

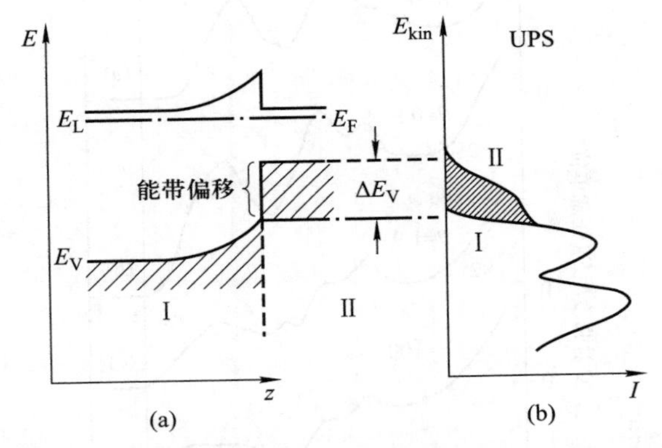

图 XⅧ.5　用紫外光电发射来定性描述半导体价带偏移 ΔE_V。在半导体 I 的洁净表面上生长了半导体 II 的薄外延层(a)，并且在原位测量了其 UPS 谱。(b)肩状物 II 表明了半导体 II 的价带发射起始在半导体 I 的价带发射起始 I 的上面

对 Ge 结晶的有序度不敏感，非晶膜与另外两个经退火并结晶的 Ge 覆盖层具有相同的能带间断性。

通常应强调的是光电发射技术给出的关于能带弯曲变化、功函数和能带间断性非常直接的信息；但是典型的绝对值的精确度是在 20～100 meV 之间。然而，对于窄带隙半导体(例如 InSb 或 InAs)，尤其是在解释界面的电子性质时，这通常是不适用的。

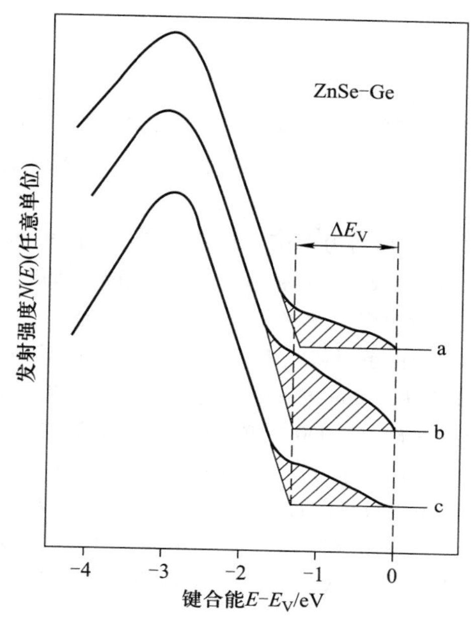

图 XⅧ.6　显示了价带偏移 ΔE_{V} 的 ZnSe-Ge 的光电发射谱。这些谱线来自于未退火的非晶的 Ge 覆盖物(曲线 a)和两个不同的经过了退火的并显示出好的 LEED 花样的 Ge 覆盖物(曲线 b 和 c)。该谱表明了覆盖物的有序或无序不是影响此特定系统的 ΔE_{V} 的重要因素[XⅧ.2]

参考文献

XⅧ.1　M. Mattern-Klosson, H. Lüth, Surf. Sci. **162**, 610(1985)

XⅧ.2　G. Margaritondo, C. Quaresima, F. Patella, F. Sette, C. Capasso, A. Savoia, P. Perfetti, J. Vac. Sci. Technol. A **2**, 508(1984)

问　　题

问题 10.1 铯离子(Cs^+)的离子半径是 3 Å。计算吸附在钨(W)表面的 Cs^+ 离子的近似表面偶极矩，并讨论有关观察到的 Cs 吸附在 W 表面上的功函数变化(图 10.12)的结果。

问题 10.2 当表面暴露在 N_2 压力为 2.67×10^{-7} Pa、温度为 298 K 的环境中时，计算 W(100)面的 10%的吸附位置被氮气分子占用所需的时间。此温度下的黏附率为 0.55。表面的吸附位置密度总计为 $1\times10^{15}\ cm^{-2}$。

问题 10.3 氧气在钨(W)上的解吸研究表明了在 1 856 K 时 27 min 内、1 987 K 时 2 min 内和 2 070 K 时 0.3 min 内解吸的气体数是相同的。氧从 W 上解吸的激活能是多少？在 298 K 和 3 000 K 解吸相同数量的氧需要的时间是多少？

问题 10.4 在 300 K 时，气体分子在一个新制备好的、洁净的半导体表面的黏附系数 $S=0.1$。吸附被热激活，其黏附系数为 $S\propto\exp(-E_{act}/kT)$，且每个分子的激活能为 $E_{act}=0.1$ eV。在 300 K 和 70 K 暴露 1 h 后其吸附物覆盖量分别是多少？用俄歇电子能谱(AES)可以检测吸附物的覆盖量吗？

参考文献

第 1 章

1.1 H. Ibach(ed.), *Electron Spectroscopy for Surface Analysis*. Topics Curr. Phys., vol. 4 (Springer, Berlin, 1977)

1.2 M. C. Desjonqueres, D. Spanjaard, *Concepts in Surface Physics*, 2nd edn. (Springer, Berlin, 1996)

1.3 C. B. Duke(ed.), *Surface Sience, the First Thirty Years*, Surf. Sci. , vols. 299/300 (North-Holland, Amsterdam, 1994)

1.4 M. Henzler, W. Göpel, *Oberflächenphysik des Festkörpers* (Teubner, Stuttgart, 1991)

1.5 M. Lannoo, P. Friedel, *Atomic and Electronic Structure of Surfaces*, Springer Ser. Surf. Sci., vol. 16(Springer, Berlin, 1991)

1.6 W. Mönch, *Semiconductor Surfaces and Interfaces*, 3rd edn. Springer Ser. Surf. Sci., vol. 26 (Springer, Berlin, 2001)

1.7 D. J. O'Connor, B. A. Sexton, R. S. C. Smart(eds.), *Surface Analysis Methods in Materials Science*, Springer Ser. Surf. Sci., vol. 23(Springer, Berlin, 1992)

1.8 P. Y. Yu, M. Cardona, *Fundamentals of Semiconductors* (Springer, Berlin, 1996)

1.9 A. Zangwill, *Physics at Surfaces* (Cambridge University Press, Cambridge, 1988)

1.10 M. Cardona, J. Giraldo(eds.), *Thin Films and Small Particles* (World Scientific, Singapore, 1989)

1.11 G. R. Castro, M. Cardona(eds.), *Lectures on Surface Science* (Springer, Berlin, 1987)

1.12 F. A. Ponce, M. Cardona(eds.), *Surface Science*. Springer Proc. Phys., vol. 62(Springer, Berlin, 1991)

1.13 R. Vanselow, R. Howe(eds.), *Chemistry and Physics of Solid Surfaces*, vols. I–III(CRC Press, Boca Raton, 1976/1979/1982), vols. IV–VIII: Springer Ser. Chem. Phys., vols. 20 and 35, and Springer Ser. Surf. Sci., vols. 5, 10 and 22(Springer, Berlin, 1982/1984/1986/1988, and 1990)

1.14 F. W. de Wette(ed), *Solvay Conference on Surface Science*. Springer Ser. Surf. Sci., vol. 14(Springer, Berlin, 1988)

第 2 章

2.1 M. A. Van Hove, W. H. Weinberg, C. –M. Chan, *Low – Energy Electron Diffraction*,

Springer Ser. Surf. Sci., vol. 6(Springer, Berlin, 1986)

2.2 W. Espe, Über Aufdampfung von dünnen Schichten im Hochvakuum in *Ergebnisse der Hochvakuumtechnik and Physik dünner Schichten*, ed. by M. von Auwärtner (Wissenschaftliche Verlagsgesellschaft, Stuttgart, 1957), p. 67

2.3 A. A. Chernov, *Modern Crystallography III*, Springer Ser. Solid-State Sci., vol. 36(Springer, Berlin, 1984)

2.4 L. L. Chang, K. Ploog(eds), *Molecular Beam Epitaxy and Heterostructures*, NATO ASI Series, vol. 87(Nijhoff, Dordrecht, 1985)

2.5 E. H. C. Parker(ed.), *The Technology and Physics of Molecular Beam Epitaxy* (Plenum, New York, 1985)

2.6 M. A. Herman, H. Sitter, *Molecular Beam Epitaxy*, 2nd edn. Springer Ser. Mater. Sci., vol. 7(Springer, Berlin, 1996)

2.7 H. Künzel, G. H. Döhler, K. Ploog, Appl. Phys. A **27**, 1-10(1982)

2.8 F. Capasso(ed.), *Physics of Quantum Electron Devices*, Springer Ser. Electron. Photon., vol. 28(Springer, Berlin, 1990)

2.9 J. H. Neave, B. A. Joyce, P. J. Dobson, N. Norton, Appl. Phys. A **31**, 1(1983)

2.10 J. R. Arthur, J. Appl. Phys. **39**, 4032(1968)

2.11 E. Kasper, H. J. Herzog, H. Dämbkes, Th. Ricker, Growth mode and interface structure of MBE grown SiGe structures, in *Two Dimensional Systems: Physics and New Devices*, ed. By G. Bauer, F. Kuchar, H. Heinrich, Springer Ser. Solid-State Sci., vol. 67(Springer, Berlin, 1986), p. 52

2.12 E. Kasper, Silicon germanium—heterostructures on silicon substrates, in *Festkörperprobleme*, vol. 27, ed. by P. Grosse(Vieweg, Braunschweig, 1987), p. 265

2.13 H. Ibach, H. Lüth, *Solid-State Physics*, 4th edn. (Springer, Berlin, 2009)

2.14 M. G. Craford, Recent developments in LED technology. IEEE Trans. Ed. **24**, 935(1977)

2.15 R. F. C. Farrow, D. S. Robertson, G. M. Williams, A. G. Cullis, G. R. Jones, I. M. Young, P. N. J. Dennis, J. Cryst. Growth **54**, 507(1981)

2.16 M. Mattern, H. Lüth, Surf. Sci. **126**, 502(1983)

2.17 F. Arnaud d'Avitaya, S. Delage, E. Rosencher, Surf. Sci. **168**, 483(1986)

2.18 J. R. Waldrop, R. W. Grant, Phys. Lett. **34**, 630(1979)

2.19 E. Veuhoff, W. Pletschen, P. Balk, H. Lüth, J. Cryst. Growth **55**, 30(1981)

2.20 H. Lüth, Metalorganic Molecular Beam Epitaxy (MOMBE), in *Proc. ESSDERC, Cambridge, GB, 1986*. Inst. Phys. Conf. Ser., vol. 82(1987), p. 135

2.21 M. B. Panish, H. Temkin, *Gas Source Molecular Beam Epitaxy*, Springer Ser. Mater. Sci., vol. 26(Springer, Berlin, 1993)

2.22 M. B. Panish, S. Sumski, J. Appl. Phys. **55**, 3571(1984)

2.23 O. Kayser, H. Heinecke, A. Brauers, H. Lüth, P. Balk, Chemitronics **3**, 90(1988)

2.24 G. B. Stringfellow, *Organometallic Vapor-Phase Epitaxy: Theory and Practice* (Academic Press, Boston, 1989), p. 23

2.25 M. Weyers, N. Pütz, H. Heinecke, M. Heyen, H. Lüth, P. Balk, J. Electron. Mater. **15**, 57(1986)

2.26 K. Werner, H. Heinecke, M. Weyers, H. Lüth, P. Balk, J. Cryst. Growth **81**, 281 (1987)

2.27 R. Kaplan, J. Vac. Sci. Technol. A **1**, 551(1983)

2.28 G. L. Price, *Collected Papers of the 2nd Int' l Conf. on Molecular Beam Epitaxy and Related Clean Surface Techniques*(Jpn. Soc. Appl. Phys., Tokyo, 1982), p. 259

2.29 H. Lüth, Surf. Sci. **299/300**, 867(1994)

第 3 章

3.1 J. W. Gibbs, *The Scientific Papers*, vol. 1 (Dover, New York, 1961). Reprinted in J. W. Gibbs

3.2 H. Ibach, H. Lüth, *Solid State Physics, an Introduction to Principles of Materials Science*, 4th edn. (Springer, Berlin, 2009)

3.3 H. Ibach, Surf. Sci. Rep. **29**, 193(1997)

3.4 H. Ibach, *Physics of Surfaces and Interfaces* (Springer, Berlin, 2006)

3.5 R. Shuttleworth, Proc. Phys. Soc. A **63**, 445(1950)

3.6 F. Bechstedt, *Principles of Surface Physics* (Springer, Berlin, 2003), p. 56

3.7 G. Wulff, Z. Kristallogr. **34**, 449(1901)

3.8 J. M. Blakely, M. Eizenberg, Morphology and composition of crystal surfaces, in *The Chemical Physics of Solid Surfaces and Heterogeneous Catalysis*, vol. 1, ed. by D. A. King, D. F. Woodruff(Elsevier, Amsterdam, 1981)

3.9 C. B. Duke, R. J. Meyer, A. Paton, P. Mark, A. Kahn, E. So, J. L. Yeh, J. Vac. Sci. Technol. **16**, 1252(1979)

3.10 K. C. Pandey, Phys. Rev. Lett. **49**, 223(1982)

3.11 M. A. Van Hove, W. H. Weinberg, C. -M. Chan, *Low-Energy Electron Diffraction*, Springer Ser. Surf. Sci., vol. 6(Springer, Berlin, 1986)

3.12 W. Ludwig, C. Falter, *Symmetries in Physics*, 2nd edn. Springer Ser. Solid-State Sci. , vol. 64(Springer, Berlin, 1996)

3.13 E. A. Wood, J. Appl. Phys. **35**, 1306(1964)

3.14 P. Chaudhari, J. W. Matthew (eds.), Grain boundaries and interfaces. Surf. Sci. **31** (1972)

3.15 E. Kasper, Silicon germanium—heterostructures on silicon substrates, in *Festkörperprobleme*, vol. 27(Vieweg, Braunschweig, 1987), p. 265

3.16 J. A. Venables, G. D. T. Spiller, M. Hanbücken, Rep. Prog. Phys. **47**, 399(1984)

3.17 J. A. Venables, G. D. T. Spiller, in *Surface Mobility on Solid Surfaces*, ed. by T. Bink (Plenum, New York, 1981), p. 339

3.18 M. A. Herman, H. Sitter, *Molecular Beam Epitaxy*, 2nd edn. Springer Ser. Mater. Sci., vol. 7(Springer, Berlin, 1996)

3.19 E. Bauer, Z. Kristallogr. **110**, 372(1958)

3.20 E. Bauer, H. Popper, Thin Solid Films **12**, 167(1972)

3.21 T. E. Gallon, Surf. Sci. **17**, 486(1969)

3.22 M. P. Seah, Surf. Sci. **32**, 703(1972)

3.23 M. Mattern, H. Lüth, Surf. Sci. **126**, 502(1983)

3.24 N. Bündgens, H. Lüth, M. Mattern-Klosson, A. Spitzer, A. Tulke, Surf. Sci. **160**, 46 (1985)

3.25 L. Reimer, *Scanning Electron Microscopy*, Springer Ser. Opt. Sci., vol. 45(Springer, Berlin, 1985)

3.26 H.-J. Güntherod, R. Wiesendanger(eds.), *Scanning Tunneling Microscopy I*, 2nd edn. Springer Ser. Surf. Sci., vol. 20(Springer, Berlin, 1994)

3.27 Priv. communication by H. Niehus(IGV, Research Center Jülich, 1990)

3.28 L. Reimer, *Transmission Electron Microscopy*, 3rd edn. Springer Ser. Opt. Sci., vol. 36 (Springer, Berlin, 1993)

3.29 Priv. communication. by D. Gerthsen(IFF, Research Center Jülich, 1990)

3.30 Priv. communication. by A. Förster and D. Gerthsen(ISI and IFF, Research Center Jülich, 1990)

3.31 M. Cardona(ed.), *Light Scattering in Solids I*, 2nd edn. Topics Appl. Phys., vol. 8 (Springer, Berlin, 1983)

3.32 W. Pletschen Dissertation (RWTH Aachen, 1985)

3.33 R. M. A. Azzam, N. M. Bashara, *Ellipsometry and Polarized Light* (North-Holland, Amsterdam, 1977)

3.34 A. Tulke, Elektronenspektroskopische Untersuchung von Sb, As and P Schichten auf III-V Halbleiteroberflächen, Dissertation(RWTH Aachen, 1988)

3.35 A. Stekolnikov, J. Furthmüller, F. Bechstedt, Phys. Rev. B **65**, 115318(2002)

3.36 L. G. Wang, P. Kratzer, N. Moll, M. Scheffler, Phys. Rev. B **62**, 1897(2000)

3.37 J. G. Che, C. T. Chan, W. E. Jian, T. C. Leung, Phys. Rev. B **57**, 1875(1998)

3.38 L. Vitos, A. V. Ruban, H. L. Skriver, J. Kollar, Surf. Sci. **411**, 186(1998)

3.39 B. J. Eaglesham, A. E. White, L. C. Feldmann, N. Moriya, D. C. Jacobson, Phys. Rev. Lett. **70**, 1643(1993)

第4章

4.1 G. Ertl, J. Küppers, *Low Energy Electrons and Surface Chemistry*, 2nd edn. (VHC, Weinheim, 1985)

4.2 M. P. Seah, W. A. Dench, Compilation of experimental data determined with various electron energies for a large variety of materials. Surf. Interf. Anal. I (1979)

4.3 H. Lüth, *Quantum Physics in the Nanoworld—Schrödinger's Cat and the Dwarfs* (Springer, Berlin, 2013)

4.4 M. A. Van Hove, W. H. Weinberg, C. - M. Chan, *Low - Energy Electron Diffraction*. Springer Ser. Surf. Sci., vol. 6 (Springer, Berlin, 1986)

4.5 K. Christmann, G. Ertl, O. Schober, Surf. Sci. **40**, 61 (1973)

4.6 G. Ertl, in *Molecular Processes on Solid Surfaces*, ed. by E. Dranglis, R. D. Gretz, R. I. Jaffee (McGraw-Hill, New York, 1969), p. 147

4.7 J. B. Pendry, *Low Energy Electron Diffraction* (Academic Press, New York, 1974)

4.8 G. Capart, Surf. Sci. **13**, 361 (1969)

4.9 E. G. McRae, J. Chem. Phys. **45**, 3258 (1966)

4.10 R. Feder (ed.), *Polarized Electrons in Surface Physics* (World Scientific, Singapore, 1985)

4.11 H. Ibach, D. L. Mills, *Electron Energy Loss Spectroscopy and Surface Vibrations* (Academic Press, New York, 1982)

4.12 E. Fermi, Phys. Rev. **57**, 485 (1940)

4.13 J. Hubbard, Proc. R. Soc. Lond. Ser. A, Math. Phys. Sci. **68**, 976 (1955)

4.14 H. Fröhlich, H. Pelzer, Proc. R. Soc. Lond. Ser. A, Math. Phys. Sci. **68**, 525 (1955)

4.15 H. Ibach, H. Lüth, *Solid-State Physics*, 4th edn. (Springer, Berlin, 2009)

4.16 H. Lüth, Surf. Sci. **126**, 126 (1983)

4.17 R. Matz, Reine and gasbedeckte GaAs (110) Spaltflächen in HREELS, Dissertation (RWTH Aachen, 1982)

4.18 P. Grosse, *Freie Elektronen in Festkörpern* (Springer, Berlin, 1979)

4.19 Ph. Lambin, J. -P. Vigneron, A. A. Lucas, Solid State Commun. **54**, 257 (1985)

4.20 A. Ritz, H. Lüth, Phys. Rev. B **32**, 6596 (1985)

4.21 N. Bündgens, Elektronenspektroskopische Untersuchungen an Sn - Schichten auf III - V Halbleiteroberflächen, Diploma Thesis (RWTH Aachen, 1984)

4.22 M. Mattern, H. Lüth, Surf. Sci. **126**, 502 (1983)

4.23 A. Spitzer, H. Lüth, Phys. Rev. B **30**, 3098 (1984)

4.24 S. Lehwald, J. M. Szeftel, H. Ibach, T. S. Rahman, D. L. Mills, Phys. Rev. Lett. **50**, 518 (1983)

4.25 R. F. Willis, Surf. Sci. **89**, 457 (1979)

4.26 H. Lüth, R. Matz, Phys. Rev. Lett. **46**, 1952 (1981)

4.27 R. Matz, H. Lüth, Surf. Sci. **117**, 362 (1982)

4.28 L. C. Feldman, J. W. Mayer, *Fundamentals of Surface and Thin Film Analysis* (NorthHolland, New York, 1986)

4.29 J. T. McKinney, M. Leys, in *8th Nat'l Conf. on Electron Probe Analysis*, *New Orleans*, *LA* (1973)

4.30 J. F. van der Veen, Ion beam crystallography of surfaces and interfaces. Surf. Sci. Rep. **5**, 199 (1985)

4.31 L. C. Feldman, J. W. Mayer, S. T. Picraux, *Materials Analysis by Ion Channeling* (Academic Press, New York, 1982)
4.32 Priv. communication by S. Mantl (ISI, Research Center Jülich, 1990)
4.33 J. Haskell, E. Rimini, J. W. Mayer, J. Appl. Phys. **43**, 3425 (1972)
4.34 J. U. Anderson, O. Andreason, J. A. Davis, E. Uqgerhoj, Radiat. Eff. **7**, 25 (1971)
4.35 R. M. Tromp, The structure of silicon surfaces, Dissertation (University of Amsterdam, 1982)

第5章

5.1 M. Born, R. Oppenheimer, Ann. Phys. (Leipz.) **84**, 457 (1927)
5.2 G. Benedek, Surface lattice dynamics, in *Dynamic Aspects of Surface Physics*. LV III Corso (Editrice Compositori, Bologna. 1974), p. 605
5.3 A. A. Maradudin, R. F. Wallis, L. Dobrzinski, *Handbook of Surface and Interfaces III, Surface Phonons and Polaritons* (Garland STPM Press, New York, 1980)
5.4 L. M. Brekhovskikh, O. A. Godin, *Acoustics of Layered Media I, II*. Springer Ser. Wave Phen., vols. 5, 10 (Springer. Berlin, 1990/1992)
5.5 L. M. Brekhovskikh, V. Goncharov, *Mechanics of Continua and Wave Dynamics*, 2nd edn. Springer Ser. Wave Phen., vol. 1 (Springer, Berlin, 1994)
5.6 E. A. Ash, E. G. S. Paige (eds.), *Rayleigh- Wave Theory and Application*. Springer Ser. Wave Phen., vol. 2 (Springer, Berlin, 1985)
5.7 L. D. Landau, E. M. Lifshitz, *Theory of Elasticity VII*, *Course of Theoretical Physics* (Pergamon, London, 1959), p. 105
5.8 J. Lindhard, Kgl. Danske Videnskab Selskab. Mat. -Fys. Medd. **28**(8), 1 (1954)
5.9 A. Stahl, Surf. Sci. **134**, 297 (1983)
5.10 R. Matz, H. Lüth, Phys. Rev. Lett. **46**, 500 (1981)
5.11 M. Hass, B. W. Henvis, J. Phys. Chem. Solids **23**, 1099 (1962)
5.12 H. Ibach, D. L. Mills, *Electron Energy Loss Spectroscopy and Surface Vibrations* (Academic Press, New York, 1982)
5.13 H. Lüth, Vacuum **38**, 223 (1988)
5.14 F. W. De Wette, G. P. Alldredge, T. S. Chen, R. E. Allen, Phonons, in *Proc. Int' l Conf. (Rennes)*, ed. by M. A. Nusimovici. (Flamarion, Rennes, 1971), p. 395
5.15 R. E. Allen, G. P. Alldredge, F. W. De Wette, Phys. Rev. Lett. **24**, 301 (1970)
5.16 G. Benedek, Surface collective excitations, in *Proc. NATO ASI on Collective Excitations in Solids*, *Erice*, *1981*, ed. by B. D. Bartols (Plenum, New York, 1982)
5.17 G. Brusdeylins, R. B. Doak, J. P. Toennies, Phys. Rev. Lett. **46**, 437 (1981)
5.18 S. Lehwald, J. M. Szeftel, H. Ibach, T. S. Rahman, D. L. Mills, Phys. Rev. Lett. **50**, 518(1983)

5.19 R. E. Allen, G. P. Alldredge, F. W. De Wette, Phys. Rev. B **4**, 1661 (1971)

第 6 章

6.1 H. -J. Guntherodt, R. Wiesendanger (eds.), *Scanning Tunneling Microscopy I*, 2nd edn. Springer Ser. Surf. Sci., vol. 20 (Springer, Berlin, 1994)
6.2 R. Wiesendanger, H. -J. Guntherodt (eds.), *Scanning Tunneling Microscopy II, III*, 2nd edn. Springer Ser. Surf. Sci., vol. 28, 29 (Springer, Berlin, 1995/1996)
6.3 R. Wiesendanger, *Scanning Probe Microscopy and Spectroscopy* (Cambridge University Press, Cambridge, 1994)
6.4 H. Ibach, H. Lüth, *Solid-State Physics*, 4th edn. (Springer, Berlin, 2009)
6.5 W. Shockley, Phys. Rev. **56**, 317 (1939)
6.6 I. Tamm, Phys. Z. Sowjetunion **1**, 733 (1932)
6.7 M. Cardona, L. Ley (eds.), *Photoemission in Solids I, II*. Topics Appl. Phys., vols. 26, 27 (Springer, Berlin, 1978/1979)
6.8 S. Hüfner, *Photoelectron Spectroscopy*, 2nd edn. Springer Ser. Solid-State Sci., vol. 82 (Springer, Berlin, 1996)
6.9 A. Einstein, Ann. Phys. **17**, 132 (1905)
6.10 I. Adawi, Phys. Rev. A **134**, 788 (1964)
6.11 J. G. Endriz, Phys. Rev. B **7**, 3464 (1973)
6.12 B. Feuerbacher, R. F. Willis, J. Phys. C **9**, 169 (1976), and references therein
6.13 H. Puff, Phys. Status Solidi **1**, 636 (1961)
6.14 C. N. Berglung, W. E. Spicer, Phys. Rev. A **136**, 1030 (1964)
6.15 A. Spitzer, H. Lüth, Phys. Rev. B **30**, 3098 (1984)
6.16 P. Heimann, H. Miosga, N. Neddermeyer, Solid State Commun. **29**, 463 (1979)
6.17 K. Siegbahn, C. Nordling, A. Fahlmann. R. Nordberg, K. Hamrin, J. Hedman, G. Johansson, T. Bergmark, S. E. Karlsson, I. Lindgren, B. Lindberg, ESCA-atomic, molecular and solid state structure, studied by means of electron spectroscopy, in *Nova Acta Regiae Societatis Scientiarum Upsaliensis*. Ser. IV, vol. 20 (Almquist and Wirsel, Uppsala, 1967), p. 21
6.18 G. V. Hansson, S. A. Flodström, Phys. Rev. B **18**, 1562 (1978)
6.19 A. Zangwill, *Physics at Surfaces* (Cambridge University Press, Cambridge, 1988), p. 80
6.20 E. Caruthers, L. Kleinman, G. P. Alldredge, Phys. Rev. B **8**, 4570 (1973)
6.21 G. V. Hansson, S. A. Flodström, Phys. Rev. B **18**, 1572 (1978)
6.22 P. Heimann, H. Neddermeyer, H. F. Roloff, J. Phys. C **10**, L17 (1977)
6.23 P. Heimann, J. Hermanson, H. Miosga, H. Neddermeyer, Surf. Sci. **85**, 263 (1979)
6.24 P. Heimann, J. Hermanson, H. Miosga, H. Neddermeyer, Phys. Rev. B **20**, 3050 (1979)
6.25 J. G. Gay, J. R. Smith, F. J. Arlinghaus, Phys. Rev. Lett. **42**, 332 (1979)

6.26 M. Posternak, H. Krakauer, A. J. Freeman, D. D. Koelling, Phys. Rev. B **21**, 5601 (1980)

6.27 J. C. Campuzano, D. A. King, C. Somerton, J. E. Inglesfield, Phys. Rev. Lett. **45**, 1649 (1980)

6.28 M. I. Holmes, T. Gustafsson, Phys. Rev. Lett. **47**, 443 (1981)

6.29 L. F. Mattheis, D. R. Hamann, Phys. Rev. B **29**, 5372 (1984)

6.30 J. A. Appelbaum, D. R. Hamann, Solid State Commun. **27**, 881 (1978)

6.31 M. Mehta, C. S. Fadley, Phys. Rev. B **20**, 2280 (1979)

6.32 D. E. Eastman, F. J. Himpsel, J. F. van der Veen, J. Vac. Sci. Technol. **20**, 609 (1982)

6.33 A. Goldmann, V. Dose, G. Borstel, Phys. Rev. B **32**, 1971 (1985)

6.34 V. Dose, W. Altmann, A. Goldmann, U. Kolac, J. Rogozik, Phys. Rev. Lett. **52**, 1919 (1984)

6.35 F. G. Allen, G. W. Gobeli, Phys. Rev. **127**, 150 (1962)

6.36 G. Chiarotti, S. Nannarone, R. Pastore, P. Chiaradia, Phys. Rev. B **4**, 3398 (1971)

6.37 H. Lüth, Appl. Phys. **8**, 1 (1975)

6.38 D. E. Eastman, W. D. Grobman, Phys. Rev. Lett. **28**, 16 (1972)

6.39 I. Ivanov, A. Mazur, J. Pollmann, Surf. Sci. **92**, 365 (1980)

6.40 D. Haneman, Phys. Rev. **121**, 1093 (1961)

6.41 J. A. Appelbaum, D. R. Hamann, Phys. Rev. B **12**, 1410 (1975)

6.42 K. C. Pandey, J. C. Phillips, Phys. Rev. Lett. **34**, 2298 (1975)

6.43 K. C. Pandey, Phys. Rev. Lett. **47**, 1913 (1981)

6.44 J. E. Northrup, M. L. Cohen, J. Vac. Sci. Technol. **21**, 333 (1982)

6.45 R. I. G. Uhrberg, G. V. Hansson, J. M. Nicholls, S. A. Flodström, Phys. Rev. Lett. **48**, 1032 (1982)

6.46 K. C. Pandey, Phys. Rev Lett. **49**, 223 (1982)

6.47 R. Matz, H. Lüth, A. Ritz, Solid State Commun. **46**, 343 (1983)

6.48 P. Chiaradia, A. Cricenti, S. Selci, G. Chiarotti. Phys. Rev. Lett. **52**, 1145 (1984)

6.49 J. E. Northrup, M. L. Cohen, Phys. Rev. B **27**, 6553 (1983)

6.50 J. M. Nicholls, P. Martensson, G. V. Hansson, Phys. Rev. Lett. **54**, 2363 (1985)

6.51 K. Takayanagi, Y. Tanishiro, M. Takahashi, S. Takahashi, Surf. Sci. **164**, 367 (1985)

6.52 D. E. Eastman, F. J. Himpsel, J. A. Knapp, K. C. Pandey, in *Physics of Semiconductors*, ed. by B. L. H. Wilson (Inst. of Physics, Bristol, 1978), p. 1059

6.53 D. E. Eastman, F. J. Himpsel, F. J. van der Veen, Solid State Commun. **35**, 345 (1980)

6.54 G. V. Hansson, R. I. G. Uhrberg, S. A. Flodström, J. Vac. Sci. Technol. 16, 1287 (1979)

6.55 P. Martensson, W. X. Ni, G. V. Hansson, J. M. Nicholls, B. Reihl, Phys. Rev. B **36**, 5974 (1987)

6.56 F. Houzay, G. M. Guichar, R. Pinchaux, Y. Petroff, J. Vac. Sci. Technol. **18**, 860 (1981)

6.57 T. Yokotsuka, S. Kono, S. Suzuki, T. Sagawa, Solid State Commun. **46**, 401 (1983)

6.58 J. M. Layet, J. Y. Hoarau, H. Lüth, J. Derrien, Phys. Rev. B **30**, 7355 (1984)

6.59 J. A. Appelbaum, G. A. Baraff, D. R. Hamann, Phys. Rev. B **14**, 588 (1976)

6.60 F. J. Himpsel, D. E. Eastman, J. Vac. Sci. Technol. **16**, 1297 (1979)

6.61 D. J. Chadi. Phys. Rev. Lett. **43**, 43 (1979)

6.62 L. S. O. Johansson, R. I. G. Uhrberg, P. Martensson, G. V. Hansson, Phys. Rev. B **42**, 1305 (1990)

6.63 P. Martensson, A. Cricenti, G. V. Hansson, Phys. Rev. B **33**, 8855 (1986)

6.64 L. S. O. Johansson, B. Reihl, Surf. Sci. **269/270**, 810 (1992)

6.65 J. Pollmann, P. Krüger, A. Mazur, J. Vac. Sci. Technol. B **5**, 945 (1987)

6.66 W. Mönch, *Semiconductor Surfaces and Interfaces*, 3rd edn. (Springer, Berlin, 2001), p. 178

6.67 J. Pollmann, On the electronic structure of semiconductor surfaces, interfaces and defects at surfaces and interfaces, in *Festkörperprobleme*, ed. by J. Treusch (Vieweg, Braun-schweig, 1980), p. 117

6.68 I. Ivanov, A. Mazur, J. Pollmann, Surf. Sci. **92**, 365 (1980)

6.69 J. R. Chelikowsky, M. L. Cohen, Phys. Rev. B **20**, 4150 (1979)

6.70 A. Huijser, J. van Laar, Surf. Sci. **52**, 202 (1975)

6.71 R. P. Beres, R. E. Allen, J. D. Dow, Solid State Commun. **45**, 13 (1983)

6.72 G. P. Williams, R. J. Smith, G. J. Lapeyre, J. Vac. Sci. Technol. **15**, 1249 (1978)

6.73 A. Huijser, J. van Laar, T. L. van Rooy, Phys. Lett. A **65**, 337 (1978)

6.74 V. Dose, H. -A. Gossmann, D. Straub, Phys. Rev. Lett. **47**, 608 (1981)

6.75 V. Dose, H. -A. Gossmann, D. Straub, Surf. Sci. **117**, 387 (1982)

6.76 P. K. Larsen, J. D. van der Veen, J. Phys. C **15**, L431 (1982)

6.77 S. J. Lee, J. D. Joannopoulos, J. Vac. Sci. Technol. **17**, 987 (1980)

6.78 C. B. Duke, Chem. Rev. **96**, 1237 (1996)

6.79 S. S. Dhesi, C. B. Stagarescu, K. E. Smith, Phys. Rev. B **56**, 10271 (1997)

6.80 A. Rubio, J. L. Corkhill, M. L. Cohen, E. L. Shirley, S. G. Louie, Phys. Rev. B **48**, 11810 (1993)

6.81 V. M. Bermudez, R. Kaplan, M. A. Khan, J. N. Kuznia, Phys. Rev. B **48**, 2436 (1993)

6.82 B. J. Kowalski, R. J. Iwanowski, J. Sadowski, I. A. Kowalik, J. Kanski, I. Grzegory, S. Porowski, Surf. Sci. **548**, 220 (2004)

6.83 M. Bertelli, P. Löptien, M. Wenderoth, A. Rizzi, R. G. Ulbrich, M. C. Righi, A. Ferretti, L. M. Samos, C. M. Bertoni, A. Catellani, Phys. Rev. B **80**, 115324 (2009)

6.84 J. E. Northrup, J. Neugebauer, Phys. Rev. B **53**, R10477 (1996)

6.85 L. Ivanova, S. Borisova, H. Eisele, M. Dähne, A. Laubsch, Ph. Ebert, Appl. Phys. Lett. **93**, 192110 (2008)

6.86 Ch. G. Van de Walle, D. Segev, J. Appl. Phys. **101**, 081704 (2007)

6.87 J. E. Northrup, J. Neugebauer, R. M. Feenstra, A. R. Smith, Phys. Rev. B **61**, 9932

(2000)
6.88 R. Dorn, H. Lüth, M. Büchel, Phys. Rev. B **16**, 4675 (1977)
6.89 G. V. Hansson, R. I. G. Uhrberg, Photoelectron spectroscopy of surface states on semiconductor surfaces. Surf. Sci. Rep. **9**, 197 (1988)
6.90 U. Backes, H. Ibach, Solid State Commun. **40**, 575 (1981)
6.91 G. Bihlmayer, Electronic states in solids, in *Lecture Notes of the 40th Spring School 2009, Research Centre Jülich*, vol. 10 (2009), p. A1. 1. ISBN 978-3-89336-559-3
6.92 R. Winkler, *Spin-Orbit Coupling Effects in Two-Dimensional Electron and Hole Systems*. Springer Tracts in Modern Physics (Springer, Berlin, 2003)
6.93 A. Tamai, W. Meevasana, P. D. C. King, C. W. Nicholson, A. de la Torre, E. Rozbicki, F. Baumberger, Phys. Rev. B **87**, 075113 (2013)
6.94 S. LaShell, B. A. McDougall, E. Jensen, Phys. Rev. Lett. **77**, 3419 (1996)
6.95 L. Petersen, P. Hedegard, Surf. Sci. **459**, 49 (2000)
6.96 G. Bihlmayer, Y. M. Koroteev, P. M. Echenique, E. V. Chulkov, S. Blügel, Surf. Sci. **600**, 3888 (2006)
6.97 Yu. M. Koroteev, G. Bihlmayer, J. E. Gayone, E. V. Chulkov, S. Blügel, P. M. Echenique, Ph. Hofmann, Phys. Rev. Lett. **93**, 046493 (2004)
6.98 D. Hsieh, Y. Xia, L. Wray, D. Qian, A. Pal, J. H. Dil, J. Osterwalder, F. Meier, G. Bihlmayer, C. L. Kane, Y. S. Hor, R. J. Cava, M. Z. Hasan, Science **323**, 919 (2009)
6.99 S. Borisova, J. Krumrain, M. Luysberg, G. Mussler, D. Grützmacher, Cryst. Growth Des. **12**, 6098 (2012)
6.100 H. Zhang, C. X. Liu, X. L. Qi, X. Dai, Z. Fang, S. C. Zhang, Nat. Phys. **5**, 438 (2009)
6.101 C. Pauly, G. Bihlmayer, M. Liebmann, M. Grob, A. Georgi, D. Subramaniam, M. R. Scholz, J. Sanchez-Barriga, A. Varykhalov, S. Blügel, O. Rader, M. Morgenstern, Phys. Rev. B **86**, 235106 (2012)
6.102 A. K. Geim, K. S. Novoselov, Nat. Mater. **6**, 183 (2007)
6.103 L. Plucinski, G. Mussler, J. Krumrain, A. Herdt, S. Suga, D. Grützmacher, C. M. Schneider, Appl. Phys. Lett. **98**, 222503 (2011)

第 7 章

7.1 H. Ibach, H. Lüth, *Solid-State Physics*, 4th edn. (Springer, Berlin, 2009)
7.2 A. Many, Y. Goldstein, N. B. Grover, *Semiconductor Surfaces* (North-Holland, Amsterdam, 1965)
7.3 H. Lüth, M. Büchel, R. Dorn, M. Liehr, R. Matz, Phys. Rev. B **15**, 865 (1977)
7.4 E. Veuhoff, C. D. Kohl, J. Phys. C, Solid State Phys. **14**, 2395 (1981)
7.5 T. Ando, A. B. Fowler, F. Stern, Electronic properties of two-dimensional systems, in *Rev.*

Mod. Phys., vol. 54 (AIP, New York, 1982), p. 437
7.6 F. J. Allen, G. W. Gobeli, Phys. Rev. **127**, 152 (1962)
7.7 K. C. Pandey, Phys. Rev. Lett. **47**, 1913 (1981)
7.8 M. Henzler, Phys. Status Solidi **19**, 833 (1967)
7.9 W. Mönch, Phys. Status Solidi **40**, 257 (1970)
7.10 J. von Wienskowski, W. Mönch, Phys. Status Solidi B **45**, 583 (1971)
7.11 G. W. Gobeli, F. G. Allen, Surf. Sci. **2**, 402 (1964)
7.12 F. Himpsel, D. E. Eastman, J. Vac. Sci. Technol. **16**, 1287 (1979)
7.13 W. Mönch, P. Koke, S. Krüger, J. Vac. Sci. Technol. **19**, 313 (1981)
7.14 Priv. communication by H. Wagner (ISI, Research Center Jülich, 1988)
7.15 J. M. Nicholls, B. Reihl, Phys. Rev. B **36**, 8071 (1987)
7.16 F. J. Himpsel, D. E. Eastman, P. Heimann, B. Reihl, C. W. White, D. M. Zehner, Phys. Rev. B **24**, 1120 (1981)
7.17 P. Martensson, W. Ni, G. Hansson, J. M. Nicholls, B. Reihl, Phys. Rev. B **36**, 5974 (1987)
7.18 P. Balk (ed.), *The Si–SiO$_2$ System*. Materials Science Monographs, vol. 32 (Elsevier, Amsterdam, 1988)
7.19 H. Ibach, H. D. Bruchmann, H. Wagner, Appl. Phys. A **29**, 113 (1982)
7.20 M. H. White, J. R. Cricchi, Characterization of thin oxide MNOS memory transistors. IEEE Trans. Ed. **19**, 1280 (1972)
7.21 F. J. Grunthaner, P. J. Grunthaner, R. P. Vasquez, B. F. Lewis, J. Maserjian, A. Madhukar, J. Vac. Sci. Technol. **16**, 1443 (1979)
7.22 F. J. Grunthaner, B. F. Lewis, J. Maserjian, J. Vac. Sci. Technol. **20**, 747 (1982)
7.23 S. P. Svensson, J. Kanski, T. G. Andersson, P. –O. Nilsson, J. Vac. Sci. Technol. B **2**, 235 (1984)
7.24 A. Förster, H. Lüth, Surf. Sci. **189/190**, 307 (1987)
7.25 K. Smit, L. Koenders, W. Mönch, J. Vac. Sci. Technol. B **7**, 888 (1989)
7.26 I. Mahboob, T. D. Veal, C. F. McConville, Phys. Rev. Lett. **92**, 036804 (2004)
7.27 P. D. C. King, T. D. Veal, P. H. Jefferson, S. A. Hatfield, L. F. J. Piper, C. F. McConville, F. Fuchs, J. Furthmüller, F. Bechstedt, H. Lu, W. J. Schaff, Phys. Rev. B **77**, 045316 (2008)
7.28 H. Moormann, D. Kohl, G. Heiland, Surf. Sci. **80**, 261 (1979)
7.29 G. Heiland, H. Lüth, Adsorption on oxides, in *The Chemical Physics of Solid Surfaces and Heterogeneous Catalysis*, vol. 3, ed. by D. A. King, D. P. Woodruff (Elsevier, Amsterdam, 1984), p. 137
7.30 G. Heiland, P. Kunstmann, Surf. Sci. **13**, 72 (1969)
7.31 D. Kahng, M. M. Atalla, Silicon–silicon dioxide field induced surface devices, in *IRE Solid State Device Res. Conf.* (Carnegie–Mellon University Press, Pittsburgh, 1960)
7.32 D. Kahng, A historical perspective on the development of MOS transistors and related de-

vices. IEEE Trans. Ed. **23**, 655 (1976)

7.33 H. C. Pao, C. T. Sah, Effects of diffusion current on characteristics of metaloxide (insulator) semiconductor transistors (MOST). Solid-State Electron. **9**, 927 (1966)

7.34 S. M. Sze, *Physics of Semiconductor Devices*, 2nd edn. (Wiley, New York, 1981), p. 431

7.35 A. Kamgar, P. Kneschaurek, G. Dorda, J. F. Koch, Phys. Rev. Lett. **32**, 1251 (1974)

7.36 A. B. Fowler, F. F. Fang, W. E. Howard, P. J. Stiles, Phys. Rev. Lett. **16**, 901 (1966)

第 8 章

8.1 H. Ibach, *Physics of Surfaces and Interfaces* (Springer, Berlin, 2006)

8.2 H. Ibach, H. Lüth, *Solid-State Physics*, 4th edn. (Springer, Berlin, 2009)

8.3 L. J. Brillson, The structure and properties of metal-semiconductor interfaces. Surf. Sci. Rep. **2**, 123 (1982)

8.4 W. Schottky. Z. Phys. **113**, 367 (1939)

8.5 W. Mönch, in *Festkörperprobleme*, vol. 26, ed. by P. Grosse (Vieweg, Braunschweig, 1986)

8.6 J. Bardeen, Phys. Rev. **71**, 717 (1947)

8.7 V. Heine, Phys. Rev. A **138**, 1689 (1965)

8.8 C. Tejedor, F. Flores, E. Louis, J. Phys. C **10**, 2163 (1977)

8.9 J. Tersoff, Phys. Rev. Lett. **30**, 4874 (1984)

8.10 M. Mattern-Klosson, H. Lüth, Surf. Sci. **162**, 610 (1985)

8.11 W. E. Spicer, I. Lindau, P. Skeath, C. Y. Su, J. Vac. Sci. Technol. **17**, 1019 (1980)

8.12 W. E. Spicer, R. Cao, K. Miyano, T. Kendelewicz, I. Lindau, E. Weber, Z. Liliental-Weber, N. Newman, Appl. Surf. Sci. **41/42**, 1 (1989)

8.13 J. Tersoff, Phys. Rev. **30**, 4874 (1984)

8.14 J. Tersoff, Phys. Rev. B **32**, 6968 (1985)

8.15 J. Tersoff, Surf. Sci. **168**, 275 (1986)

8.16 J. Tersoff, Phys. Rev. Lett. **56**, 2755 (1986)

8.17 L. Pauling, *The Nature of the Chemical Bond* (Cornell University Press, Ithaca, 1960)

8.18 N. B. Hanney, C. P. Smith, J. Am. Chem. Soc. **68**, 171 (1946)

8.19 W. Mönch, *Semiconductor Surfaces and Interfaces*, 3rd edn. (Springer, Berlin, 2001)

8.20 W. Mönch, *Electronic Properties of Semiconductor Interfaces* (Springer, Berlin, 2004)

8.21 M. L. Cohen, Adv. Electron. Electron Phys. **51**, 1 (1980)

8.22 M. L. Cohen, J. R. Chelikowsky, *Electronic Structure and Optical Properties of Semiconductors*, 2nd edn. Springer Ser. Solid-State Sci., vol. 75 (Springer, Berlin, 1989)

8.23 J. R. Chelikowsky, S. G. Louie, M. L. Cohen, Solid State Commun. **20**, 641 (1976)

8.24 S. G. Louie, J. R. Chelikowsky, M. L. Cohen, Phys. Rev. B **15**, 2154 (1977)

8.25 S. G. Louie, J. R. Chelikowsky, M. L. Cohen, J. Vac. Sci. Technol. **13**, 790 (1976)

8.26 J. Robertson, B. Falabretti, Mater. Sci. Eng. B **135**, 267 (2006)

8.27 W. Mönch, Appl. Phys. Lett. **91**, 042117 (2007)

8.28 L. J. Brillson, Phys. Rev. Lett. **40**, 260 (1978)

8.29 H. H. Wieder, J. Vac. Sci. Technol. **15**, 1498 (1978)

8.30 R. H. Williams, R. R. Varma, V. Montgomery, J. Vac. Sci. Technol. **16**, 1418 (1979)

8.31 W. E. Spicer, P. W. Chye, P. R. Skeath, I. Lindau, J. Vac. Sci. Technol. **16**, 1422 (1979)

8.32 R. A. Alien, O. F. Sankey, J. D. Dow, Surf. Sci. **168**, 376 (1986)

8.33 A. Förster, H. Lüth, Surf. Sci. **189**, 190 (1987)

8.34 H. Brugger, F. Schäffler, G. Abstreiter, Phys. Rev. Lett. **52**, 141 (1984)

8.35 A. Zur, T. C. McGill, D. L. Smith, Phys. Rev. B **28**, 2060 (1983)

8.36 C. B. Duke, C. Mailhiot, J. Vac. Sci. Technol. B **3**, 1170 (1985)

8.37 R. Ludeke, G. Landgren, Phys. Rev. B **33**, 5526 (1986)

8.38 R. Ludeke, D. Straub, F. J. Himpsel, G. Landgren, J. Vac. Sci. Technol. A **4**, 874 (1986)

8.39 D. E. Eastman, T. C. Chiang, P. Heimann, F. J. Himpsel, Phys. Rev. Lett. **45**, 656 (1980)

8.40 J. L. Freeouf, J. M. Woodall, Appl. Phys. Lett. **39**, 727 (1981)

8.41 J. L. Freeouf, J. M. Woodall, Surf. Sci. **168**, 518 (1986)

8.42 J. L. Freeouf, Surf. Sci. **132**, 233 (1983)

8.43 H. B. Michaelson, J. Appl. Phys. **48**, 4729 (1977)

8.44 S. M. Sze, *Physics of Semiconductor Devices*, 2nd edn. (Wiley, New York, 1981)

8.45 H. Morkoc, Modulation doped $Al_xGa_{1-x}As$/GaAs heterostructures, in *The Technology and Physics of Molecular Beam Epitaxy*, ed. by E. H. C. Parker (Plenum, New York, 1985), p. 185

8.46 G. Bastard, *Wave Mechanics Applied to Semiconductor Heterostructures* (Les Edition de Physique, Paris, 1988)

8.47 L. Esaki, Compositional superlattices, in *The Technology and Physics of Molecular Beam Epitaxy*, ed. by E. H. C. Parker (Plenum, New York, 1985), p. 185

8.48 B. J. van Wees, H. van Houten, C. W. J. Beenakker, J. W. Williamson, L. P. Kouwenhoven, D. van der Marel, C. T. Foxon, Phys. Rev. Lett. **60**, 848 (1988)

8.49 M. A. Paalonen, D. C. Tsui, A. C. Gossard, Phys. Rev. B **25**, 5566 (1982)

8.50 M. Cardona, N. Christensen, Phys. Rev. B **35**, 6182 (1987)

8.51 K. von Klitzing, G. Dorda, M. Pepper, Phys. Rev. B **28**, 4886 (1983)

第 9 章

9.1 J. G. Bednorz, K. A. Müller, Z. Phys. B **64**, 189 (1986)

9.2 J. Zaanen, A. T. Paxton, O. Jepsen, O. K. Anderson, Phys. Rev. Lett. **60**, 2685 (1988)

9.3 K. Kajiyama, Y. Mizushima, S. Sakata, Appl. Phys. Lett. **23**, 458 (1973)

9.4 H. Ibach, H. Lüth, *Solid-State Physics*, 4th edn. (Springer, Berlin, 2009)

9.5 N. N. Bogoliubov, Nuovo Cimento **7**, 794 (1958)

9.6 A. F. Andreev, Zh. Eksp. Teor. Fiz. **46**, 1823 (1964). English transl.: Sov. Phys. JETP **19**, 1228 (1964)

9.7 V. V. Schmidt, in *The Physics of Superconductors*, ed. by P. Müller, A. V. Ustinov (Springer, Berlin, 1997)

9.8 G. E. Blonder, M. Tinkham, T. M. Klapwijk, Phys. Rev. B **25**, 4515 (1982)

9.9 R. Kümmel, U. Gunsenheimer, R. Nicolsky, Phys. Rev. B **42**, 3992 (1990)

9.10 R. Kümmel, Z. Phys. **218**, 472 (1969)

9.11 I. O. Kulik, Zh. Eksp. Teor. Fiz. **57**, 1745 (1969). Sov. Phys. JETP **30**, 944, 1970

9.12 H. X. Tang, Z. D. Wang, Y. Zhang, Z. Phys. B **101**, 359 (1996)

9.13 A. Chrestin, T. Matsuyama, U. Merkt, Phys. Rev. B **49**, 498 (1994)

9.14 T. M. Klapwijk, G. E. Blonder, M. Tinkham, Physica B **109-110**, 1657 (1982)

9.15 Th. Schäpers, Josephson effect in ballistic superconductor/two-dimensional electron gas junctions, Habilitation Thesis, Aachen University of Technology (RWTH) (2000). Also to be published in Springer Tracts in Modern Physics

9.16 Th. Schäpers, J. Malindretos, K. Neurohr, S. G. Lachenmann, A. van der Hart, G. Crecelius, H. Hardtdegen, H. Lüth, A. A. Golubov, Appl. Phys. Lett. **73**, 2348 (1998)

9.17 Th. Schäpers, A. Kaluza, K. Neurohr, J. Malindretos, G. Crecelius, A. van der Hart, H. Hardtdegen, H. Lüth, Appl. Phys. Lett. **71**, 3537 (1997)

9.18 J. P. Heida PhD Thesis (Reijksuniversiteit Groningen, NL, 1998)

9.19 H. Takayanagi, T. Akazaki, Solid State Commun. **96**, 815 (1995)

9.20 M. Octavio, M. Tinkham, G. E. Blonder, T. M. Klapwijk, Phys. Rev. B **27**, 6739 (1983)

9.21 B. A. Aminov, A. A. Golubov, M. Yu. Kuprianov, Phys. Rev. B **53**, 365 (1996)

9.22 K. Neurohr, Th. Schäpers, J. Malindretos, S. Lachenmann, A. I. Braginski, H. Lüth, M. Beher, G. Borghs, A. A. Golubov, Phys. Rev. B **59** (1999)

9.23 J. Callaway, C. S. Wang, Phys. Rev. B **7**, 1096 (1973)

9.24 S. Handschuh, S. Blügel, Solid State Commun. **105**, 633 (1998), and 24. IFF-Ferienschule "Magnetismus von Festkörpern und Grenzflächen" (Forschungszentrum, Jülich, 1993), p. 19

9.25 S. Blügel, Ground state properties of ultrathin magnetic films, Habilitation Thesis (Aachen University of Technology (RWTH), 1995)

9.26 D. L. Abraham, H. Hopster, Phys. Rev. Lett. **58**, 1352 (1987)

9.27 N. Mermin, H. Wagner, Phys. Rev. Lett. **17**, 1133 (1966)

9.28 Y. Li, K. Baberschke, Phys. Rev. Lett. **68**, 1208 (1992)

9.29 F. J. A. den Broeder, W. Hoving, P. J. H. Bloemen, J. Magn. Magn. Mater. **93**, 562 (1991)

9.30 M. Wuttig, B. Feldmann, T. Flores, Surf. Sci. **331**, 659 (1995)
9.31 P. Bruno, C. Chappert, Phys. Rev. Lett. **67**, 1602 (1991)
9.32 C. Carbone, E. Vescovo, R. Kläsges, W. Eberhardt, Solid State Commun. **100**, 749 (1996)
9.33 L. N. P. Lang, R. Zeller, P. H. Dederichs, Europhys. Lett. **29**, 395 (1995)
9.34 C. Carbone, E. Vescovo, O. Rader, W. Gudat, W. Eberhardt, Phys. Rev. Lett. **71**, 2805 (1993)
9.35 J. E. Ortega, F. J. Himpsel, Phys. Rev. Lett. **69**, 844 (1992)
9.36 P. Grünberg, R. Schreiber, Y. Pang, M. B. Brodsky, H. Sowers, Phys. Rev. Lett. **57**, 2442 (1986)
9.37 G. Binasch, P. Grünberg, F. Saurenbach, W. Zinn, Phys. Rev. B **39**, 4828 (1989)
9.38 M. N. Baibich, J. M. Broto, A. Fert, F. N. V. Dau, F. Petroff, P. Etienne, G. Creuzet, A. Friederichs, J. Chazelas, Phys. Rev. Lett. **61**, 2472 (1988)
9.39 H. Ibach, *Physics of Surfaces and Interfaces* (Springer, Berlin, 2006)
9.40 R. Hertel, in *Lecture Notes of the 40th Spring School 2009 of the Research Centre Jülich*, vol. 10 (2009), p. D1
9.41 J. C. Slonczewski, J. Magn. Magn. Mater. **159**, L1 (1996)
9.42 L. Berger, Phys. Rev. B **54**, 9353 (1996)
9.43 D. E. Bürgler, in *Lecture Notes of the 40th Spring School 2009 of the Research Centre Jülich*, vol. 10 (2009), p. D3
9.44 J. A. Katine, F. J. Albert, R. A. Buhrmann, E. B. Myers, D. C. Ralph, Phys. Rev. Lett. **84**, 3149 (2000)
9.45 G. Reiss, L. v. Loyen, T. Lucinski, W. Ernst, H. Brückl, J. Magn. Magn. Mater. **184**, 281 (1998)

第 10 章

10.1 J. N. Israelachvili, D. Tabor, Van der Waals forces: theory and experiment. Prog. Surf. Sci. **7**, 1 (1973)
10.2 J. N. Israelachvili, Q. Rev. Biophys. **6**, 341 (1974)
10.3 E. Zaremba, W. Kohn, Phys. Rev. B **15**, 1769 (1977)
10.4 T. B. Grimley, Theory of chemisorption, in *The Chemical Physics of Solid Surfaces and Heterogeneous Catalysis*, vol. 2, ed. by D. A. King, D. P. Woodruff (Elsevier, Amsterdam, 1983), p. 333
10.5 E. W. Plummer, T. N. Rhodin, J. Chem. Phys. **49**, 3479 (1968)
10.6 E. Bauer, in *The Chemical Physics of Solid Surfaces and Heterogeneous Catalysis*, vol. 3, ed. by D. A. King, D. P. Woodruff (Elsevier, Amsterdam, 1984), p. 1
10.7 K. W. Kolasinski, *Surface Science*, *Foundations of Catalysis and Nanoscience*, 2nd edn.

(Wiley, New York, 2008)
10.8 B. Hammer, M. Scheffler, K. W. Jacobsen, J. K. Norskov, Phys. Rev. Lett. **73**, 1400 (1994)
10.9 G. Anger, A. Winkler, K. D. Rendulic, Surf. Sci. **220**, 1 (1989)
10.10 C. T. Rettner, D. J. Auerbach, H. A. Michelson, Phys. Rev. Lett. **68**, 2547 (1992)
10.11 E. P. Gyftopoulos, J. D. Levine, J. Appl. Phys. **33**, 67 (1962)
10.12 J. Topping, Proc. R. Soc. Lond. Ser. A, Math. Phys. Sci. **114**, 67 (1927)
10.13 A. Spitzer, H. Lüth, Surf. Sci. **120**, 376 (1982)
10.14 M. Mattern-Klosson, Photoemissionsspektroskopie zur Untersuchung der Schottky-Barrieren von Sn and Sb auf GaAs(110), Dissertation (Aachen University of Technology)
10.15 M. Mattern-Klosson, H. Lüth, Solid State Commun. **56**, 1001 (1985)
10.16 L. A. Bol'shov, A. P. Napartovich, A. G. Naumovets, A. G. Fedorus, Usp. Fiz. Nauk **122**, 125 (1977). English transl.: Sov. Phys., Usp. **20**, 432 (1977)
10.17 D. T. Pierce, F. Meier, Phys. Rev. B **13**, 5484 (1977)
10.18 T. S. Rahman, D. L. Mills, J. E. Black, J. M. Szeftel, S. Lehwald, H. Ibach, Phys. Rev. B **30**, 589 (1984)
10.19 R. H. Fowler, E. A. Guggenheim, *Statistical Thermodynamics* (Cambridge University Press, Cambridge, 1949)
10.20 R. J. Behm, K. Christmann, G. Ertl, Solid State Commun. **25**, 763 (1978)
10.21 A. R. Kortan, R. L. Park, Phys. Rev. B **23**, 6340 (1981)
10.22 J. M. Thomas, W. J. Thomas, *Introduction to the Principles of Heterogeneous Catalysis* (Academic Press, New York, 1967)
10.23 D. Hayword, B. Trapnell, *Chemisorption* (Butterworths, London, 1964)

中英文名词对照表

0~9

2D Bravais lattice　　二维布拉维点阵
2D crystal　　二维晶体
2D crystallite　　二维微晶
2D gas　　二维气体
2D lattice　　二维晶格
2D nucleation　　二维形核
2D phase diagram　　二维相图
2D phase　　二维相
2D plasmon　　二维等离子体激元
2D reciprocal lattice　　二维倒易点阵
2D surface Brillouin zone　　二维表面布里渊区
3D nucleation　　三维形核

A

Acceptor-type state　　受主型态
Accumulation layer　　累积层
Activated adsorption　　活性吸附
Activation energy for chemisorption　　化学吸附激活能
Adiabatic approximation　　绝热近似
Adiabatic transport　　绝热传输
Adsorption　　吸附(作用)
　isotherm　　等温线
　kinetics　　动力学
Andreev ladder　　Andreev 阶梯
Andreev level　　Andreev 能级
Andreev reflection　　Andreev 反射
Angle-integrated photoemission　　角积分光电发射
Angle-resolved UV photoemission spectroscopy(ARUPS)　　角分辨紫外光电子能谱
Antiferromagnetic substrate　　反铁磁基底
Atom beam scattering　　原子束散射

Atomic collision　原子碰撞
Atomic step　原子台阶
Auger electron spectroscopy(AES)　俄歇电子能谱

B

Back bond state　反向键态
Bake-out process　烘烤过程
Ballistic transport　弹道传输
Band bending　能带弯曲
Band model of ferromagnetism　铁磁性能带模型
Band-offset　价带带阶
Bardeen, Cooper, Schrieffer(BCS) theory　BCS 理论
Bardeen model　Bardeen 模型
Bath pump　浴泵
Bayard-Alpert gauge　Bayard-Alpert 电离规
BCS superconductor　BCS 超导体
Bloch wall　布洛赫壁
Blocking　阻塞
Blocking cone　阻断锥
Bogoliubov equation　Bogoliubov 方程
Branching point　分叉点
Breathing shell model　呼吸壳模型
Bremsstrahlen spectroscopy　Bremsstrahlen 光谱
Brunauer, Emmett and Teller(BET) isotherm　BET 等温线
Buckling model　屈曲模型/失温模式
Bulk-loss function　bulk-loss 函数
Bulk-state emission　体态发射

C

Caliper　卡尺
Capacitance-Voltage(C-V) technique　电容-电压(C-V)技术
Catalytic decomposition　催化分解
Channeling　通道效应
Channeling and blocking　通道与阻塞效应
Charge neutrality level　电中性能级
Charge-transfer state　电荷转移状态
Charge-transfer transition　电荷转移跃迁
Charging character　带电特征
Chemical beam epitaxy(CBE)　化学束外延

Chemical bonding shift　化学键合位移
Chemical shift　化学位移
Chemisorption　化学吸附
Cleavage　解理
Coercive field　矫顽场
Coercivity　矫顽力
Coherence length　相干长度
Coincidence lattice　重位点阵
Collective phenomena　集体现象
Condensation coefficient　冷凝系数
Conductance quantum　电导量子
Contact potential　接触电势
Cooper pair　库珀对
Core-level shift　芯能级位移
Coster-Kronig transition　Coster-Kronig 跃迁
Cracking pattern　裂解谱图
Critical cluster size　临界团簇尺寸
Critical supercurrent　临界超电流
Critical thickness　临界厚度
Cross-over energy　交叉能
Cryopump　低温泵
Cyclotron frequency　回旋频率
Cyclotron orbit　回旋轨道
Cylindrical analyzer　圆柱形分析仪
Cylindrical mirror analyzer(CMA)　筒镜能量分析器

D

Dangling bond　悬挂键
DATALEED　数据化低能电子衍射
Debye length　德拜长度
Deep level　深能级
Defect model　缺陷模型
Deflection function　偏离函数/挠度方程
Degenerate semiconductor　简并半导体
Delay line detector　延迟线探测器
Depletion layer　耗尽层
Depolarization factor　去极化因子
Desorption coefficient　解吸系数
Desorption energy　解吸能

Desorption process　解吸过程
Dielectric theory　介电理论
Differential cross section　微分截面
Diffractometer　衍射仪
Dimer bonding state　二聚键合态
Dirac cone　狄拉克锥
Dirac point　狄拉克点
Dislocation　位错
Dissociative adsorption　解离吸附
Domain boundary　畴界
Domain wall　畴壁
Donor-type state　施主型态
Dynamic LEED theory　动态 LEED 理论

E

Easy axis　易轴
Easy magnetization　易磁化
Edge channel　边通道
Effective work-function model　有效功函数模型
Elastic compliance　弹性顺度
Elastic scattering probability　弹性散射概率
Elbow plot　肘形图
Electron affinity　电子亲和性
Electron energy loss spectroscopy(EELS)　电子能量损失谱
Electron spectroscopy for chemical analysis(ESCA)　化学分析电子能谱
Electron stimulated desorption(ESD)　电子受激解吸
Electron stimulated desorption of ion angular distribution(ESDIAD)　离子角分布的电子受激解吸
Electronegativity　电负性
Electronic band structure　电子能带结构
Electronic surface state　电子表面态
Ellipsometric spectroscopy　椭圆偏振光谱学
Ellipsometry　椭偏仪
Elovich equation　Elovich 方程
Ewald construction　Ewald 图
EXAFS　扩展 X 射线吸收精细结构
Excess surface free energy γ　过剩表面自由能 γ
Exchange bias　交换偏置
Exchange constant　交换常数

Exchange interaction　交换相互作用
Extramolecular relaxation/polarization　分子外弛豫/极化
Extrinsic surface state　非本征表面态

F

Faraday effect　法拉第效应
Ferromagnetism　铁磁性
Field desorption(FD)　场解析
Field-effect transistor　场效应晶体管
Film growth　薄膜生长
Final state effect　终态效应
First-order kinetics　一级动力学
Fixed magnetic layer　固定磁层
Frank-van der Merve　层状生长
Free magnetic layer　自由磁层
Frontier orbital　前沿轨道
Frustrated total reflection　受抑全反射
Fuchs-Kliewer surface polariton　Fuchs-Kliewer 表面极化子

G

GaAs(001) surface　GaAs(001)面
GaAs(110) surface　GaAs(110)面
Giant magnetoresistance(GMR)　巨磁阻
Grain boundary　晶界
Group Ⅲ-nitride　第Ⅲ族氮化物

H

Hall resistance　霍尔电阻
Heisenberg Hamiltonian　海森堡哈密顿函数
Hemispherical analyzer　半球分析仪
Heteroepitaxy　异质外延
Heterointerface　异质界面
High electron mobility transistor(HEMT)　高电子迁移率场效应晶体管
High k-oxide　高 k 氧化物
High-resolution electron energy loss spectroscopy(HREELS)　高分辨电子能量损失谱
High-resolution XPS　高分辨 XPS
Highest occupied molecular orbital(HOMO)　最高已占据分子轨道
Homoepitaxy　均相外延
Hot electron　热电子

Hund's rule　　Hund 原则

I

Ideality factor　　理想因子
Image-potential surface state　　像势表面态
Impact parameter　　碰撞参量
Inelastic scattering probability　　非弹性散射概率
Interface anisotropy　　界面各向异性
Interface dielectric function　　界面介电函数
Interface dipole　　界面偶极子
Interface state　　界面态
Interface stress　　界面应力
Internal reflection　　内反射
Intrinsic energy E_i　　本征能量 E_i
Intrinsic surface state　　本征表面态
Inverse photoemission　　逆光电发射
Inverse photoemission spectroscopy　　逆光电发射谱
Inversion layer　　反型层
Ion bombardment　　离子轰击
Ion impact desorption(IID)　　离子碰撞解吸
Ion-getter pump　　离子溅射泵
Ionicity gap　　电离性带隙
Ionization gauge　　电离真空计
Island growth　　岛状生长
Isochromate spectroscopy　　等色线光谱

J

Josephson effect　　约瑟夫森效应
Josephson junction　　约瑟夫森结

K

Kerr effect　　克尔效应
Kinematic theory of surface scattering　　表面散射运动学理论
Knudsen cell　　克努森容器
Koopmans theorem　　Koopmans 定理

L

Landau level　　朗道能级
Langmuir isotherm　　Langmuir 等温线

Layer-by-layer growth　层层生长

Layer-plus-island growth　层状+岛状生长

LEED optics　低能电子衍射光学

LEED pattern　低能电子衍射图

Line defect　线缺陷

Linear chain　线性链

Linear combination of atomic orbitals (LCAO)　原子轨道线性组合

Linear-cascade regime　线性串联架构

Local density of state(LDOS)　局域态密度

Local magnetic moment　局域磁矩

Lorentz transformation　洛伦兹变换

Low-energy electron diffraction(LEED)　低能电子衍射

Lowest unoccupied molecular orbital(LUMO)　最低未占据分子轨道

M

Magnetic anisotropy　磁各向异性

  crystalline　结晶的

  exchange　交换

  shape　形状

Magnetic domain　磁畴

Magnetic hysteresis　磁滞

Magnetic interlayer coupling　磁层耦合

Magnetic quantum well state　磁量子阱态

Magneto-optic Kerr effect(MOKE)　磁光克尔效应

Majority spin　多数自旋

Matching formulation　匹配公式化

Mean free path of electron　电子平均自由程

Metal work function　金属功函数

Metal-induced gap state(MIGS)　金属诱导间隙态

Metal-organic chemical vapor deposition(MOCVD)　金属有机气相沉积

Metal-organic MBE(MOMBE)　金属有机源分子束外延

Metal-oxide semiconductor field-effect transistor(MOSFET)　金属-氧化物-半导体场效应晶体管

Metal-semiconductor field-effect transistor(MESET)　金属-半导体场效应晶体管

Metal-semiconductor junction　金属-半导体结

Microprobe　微探针

Miedema electronegativity　Miedema 电负性

Minority spin　少数自旋

Mixed interface Schottky model　混合界面肖特基模型

Modulation doped field-effect transistor(MODFET)　　调制掺杂场效应晶体管
Modulation doping　　调制掺杂
Molecular beam epitaxy(MBE)　　分子束外延
Molecular beam scattering　　分子束散射
Molecular flow　　分子流
Multiple-scattering formalism　　多重散射理论

N

Nanotechnology　　纳米技术
Narrow gap Ⅲ-Ⅴ semiconductor　　窄带隙Ⅲ-Ⅴ族半导体
Nearly-free electron model　　近自由电子模型
Neel wall　　奈尔壁
Neutrality level　　中性能级
Non-polar surface　　非极性表面
Nozzle beam source　　喷嘴束源
Nucleation　　成核

O

Occupation factor　　占位因子
　ω-scan　　ω 扫描
　$\omega/2\theta$-scan　　$\omega/2\theta$ 扫描
One-step process　　一步法工艺
Optical spectroscopy　　光谱学
Optical surface phonon　　光学表面声子
Optical surface technique　　光学表面技术
Orientation selection rule　　取向选择定则

P

Particle optics　　粒子光学
Partition function　　配分函数
Pauling electronegativity　　泡利电负性
Phonon dispersion relation　　声子色散关系
Photodesorption(PD)　　光解吸
Photoemission　　光电效应
　process　　进程
　spectroscopy　　光谱学
Physisorption　　物理吸附
π-bonded chain model　　π 键链模型
Pinning of the Fermi level　　费米能级钉扎

Pirani gauge　皮拉尼真空计
Plasma frequency　等离子体频率
Plasmon wave　等离子体波
Point defect　点缺陷
Poisson distribution　泊松分布
Poisson's equation　泊松方程
Polar surface　极曲面
Polariton dispersion　极化子色散
Potential energy hypersurface　势能超曲面
Precursor state, *see* Transition state　前驱状态，参见过渡态
Pumping equation　抽气方程
Pumping speed　抽速

Q

Quadrupole mass spectrometer (QMS)　四极质谱仪
Quantized conductance　量子化电导
Quantized electron accumulation layer　量子化电子累计层
Quantum Hall effect　量子霍尔效应
Quantum point contact　量子点接触
Quasi-electron　准电子
Quasi-hole　准空穴
Quasi-ohmic metal-semiconductor contact　准欧姆金属-半导体接触
Quasi-particle　准粒子

R

Raman effect　拉曼效应
Rashba constant　Rashba 常数
Rashba effect　Rashba 效应
Rashba Hamiltonian　Rashba 哈密顿量
Rayleigh wave　瑞利波
Recombination rate　复合率
Reconstruction　重构
Reflectance anisotropy spectroscopy (RAS)　反射各向异性光谱
Reflection high energy electron diffraction (RHEED)　反射高能电子衍射
Relaxation　弛豫
Relaxation energy　弛豫能
Relaxation/polarization effect　弛豫/极化效应
Remanence　剩余磁化强度
RHEED oscillation　RHEED 振荡

Rotary pump　　回转泵
Rutherford backscattering　　卢瑟福背散射

S

Satellite peak　　卫星峰
Scanning electron microscope(SEM)　　扫描电子显微镜
Scanning technique　　扫描技术
Scanning tunneling microscope(STM)　　扫描隧道显微镜
Scattering cross section　　散射截面
Scattering of particle　　粒子散射
Schockley state　　肖特基态
Schottky barrier height　　肖特基势垒高度
Schottky depletion space-charge layer　　肖特基空间电荷耗尽层
Schottky model　　肖特基模型
Screening length　　屏蔽长度
Second-order kinetics　　二级动力学
Secondary Bragg peak　　次级布拉格峰
Secondary ion mass spectroscopy(SIMS)　　二次离子质谱
Semiconductor heterostructure　　半导体异质结构
Shadow cone　　影锥
Shadowing　　遮蔽
Shubnikov-de Haas oscillation　　Shubnikov-de Haas 振荡
Shuttleworth equation　　Shuttleworth 方程
Si/SiO_2 interface　　Si/SiO_2 界面
Si(100)-(2×1) surface　　Si(100)-(2×1)面
Si(111) cleaved surface　　Si(111)解理面
Si(111)-(2×1)　　Si(111)-(2 × 1)
Si(111)-(7×7) surface　　Si(111)-(7×7)面
Silicon MOS field-effect transistor　　硅 MOS 场效应晶体管
Single-knock-on regime　　单撞击状态
Skimmer　　撇油器，漏杓
Skipping orbit　　跳跃轨道
Slope parameter　　斜率参数
Sorption pump　　吸附泵
Space charge　　空间电荷
　capacitance　　电容
　layer　　层
Space incoherence　　空间非相干性
Spike regime　　尖峰方式

Spin-orbit coupling　自旋轨道耦合
Spin-polarized scanning tunnelling microscope(SP-STM)　自旋极化扫描隧道显微镜
Spin-transfer torque　自旋转移力矩
Spinor　旋量
Splay pressure　展曲压力
Split-gate arrangement　分栅布局
Sputtering　溅射
Steric factor　空间因素
Sticking coefficient　黏附系数
Stoner gap　Stoner 带
Stoner parameter　Stoner 参数
Strain tensor　应变张量
Stranski-Krastanov　层岛混合生长模式
Stress tensor　应力张量
Structure analysis　结构分析
Subband　次能带
Subharmonic gap structure　分谐波隙结构
Substrate-mediated interaction　自组织单分子层
Superconductivity　超导电性
Supercurrent control　超导电流控制
Superlattice　超晶格
Surf-rider term　匹配项
Surface anisotropy　表面各向异性
Surface energy　表面能
Surface extended X-ray absorption fine structure(SEXAFS)　表面扩展 X 射线吸收精细结构
Surface free energy　表面自由能
Surface loss function　表面损失函数
Surface phonon polariton　表面声子极化子
Surface phonon　表面声子
Surface photo conductivity(SPC)　表面光电导性
Surface photo voltage(SPV)　表面光电压
Surface plasmon polariton　表面等离子体极化激元
Surface potential　表面势
Surface resonance　表面共振
Surface state　表面态
Surface state on metal　金属表面态
Surface stress　表面应力
Surface tension　表面张力
Surface-state emission　表面态发射

Symmetry of initial state　初始态对称性
Symmetry selection rule　对称性选择定则
Synchrotron radiation　同步加速器辐射

T

Tamm state　Tamm 态
Thermal desorption spectroscopy　热脱附谱
Thermionic emission-diffusion theory　热电子发射扩散理论
Thomas-Fermi screening length　托马斯-费米屏蔽长度
Three-step model　三步模型
Time incoherence　时间非相干
Topological insulator　拓扑绝缘体
Transition state　过渡态
Transmission electron microscope(TEM)　透射电子显微镜
True secondary background　真次级背景
True secondary electron　真次级电子
Truncated bulk　截断体
Tunnel magnetoresistance　隧道磁阻
Tunneling junction　隧道结
Turbomolecular pump　涡轮分子泵
Two-dimensional electron gas FET(TEGFET)　二维电子气 FET
Two-dimensional phase transition　二维相变

U

Ultrahigh vacuum(UHV)　超高真空
UV discharge lamp　紫外放电灯
UV photoemission spectroscopy(UPS)　紫外光电子能谱

V

Valence band offset　价带偏移
Van der Waals bonding　范德瓦耳斯键
Van der Waals equation　范德瓦耳斯方程
Van der Waals interaction　范德瓦耳斯相互作用
Vapor pump　蒸汽泵
Varactor　变容二极管
Vegard's rule　Vegard 规则
Virtual induced gap state(VIGS)　虚拟诱导带隙态
Vollmer-Weber　岛状生长

W

Weak link　弱链
Work function　功函数
Work-function change　功函数变换
Wulff plot　Wulff 投影

X

X-ray diffraction (XRD)　X 射线衍射
X-ray monochromator　X 射线单色器
X-ray photoemission spectroscopy(XPS)　X 射线光电子谱
X-ray reflection　X 射线反射

Z

ZnO surface　ZnO 表面

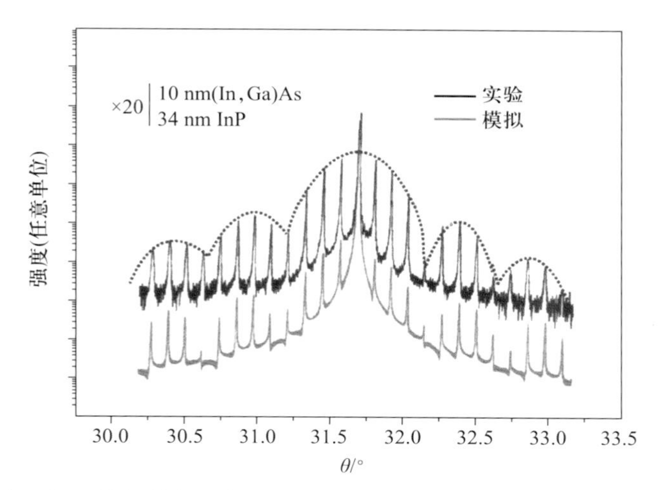

图Ⅸ.7　通过一个5-晶衍射仪(图Ⅸ.2)测量的 $Ga_{0.47}In_{0.53}As/InP$ 超晶格[由20个周期的10 nm厚的(In, Ga)As层和34 nm的InP层组成]的X射线散射图谱。定性绘制包络实验曲线(虚线,上曲线)(图Ⅸ.3)。红色的线是通过动力学模拟程序(Ⅸ.2)得到的理论曲线,为了清晰而向下移动

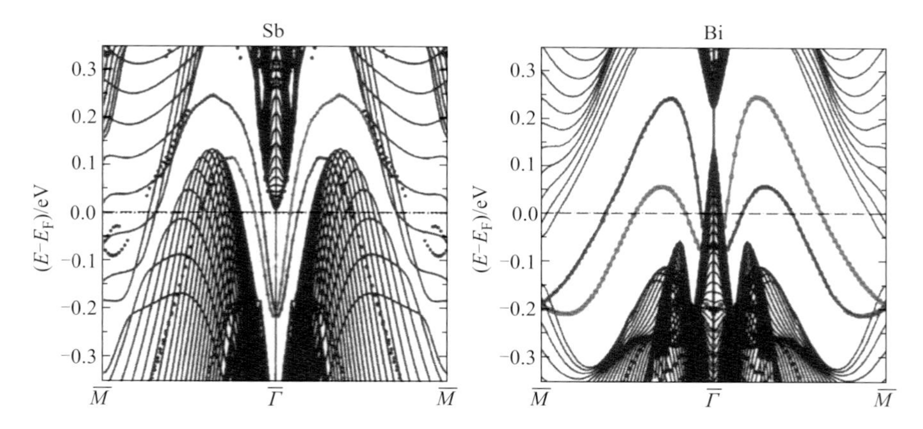

图6.59　根据自洽密度泛函理论计算的Bi(111)[6.97]和Sb(111)[6.98]面的电子能带结构。黑色实线表示投影体能带结构(价带和导带):蓝色和红色虚线表示表面态,由于自旋轨道耦合,表面态被分裂成具有相反自旋方向(红和蓝)的两部分

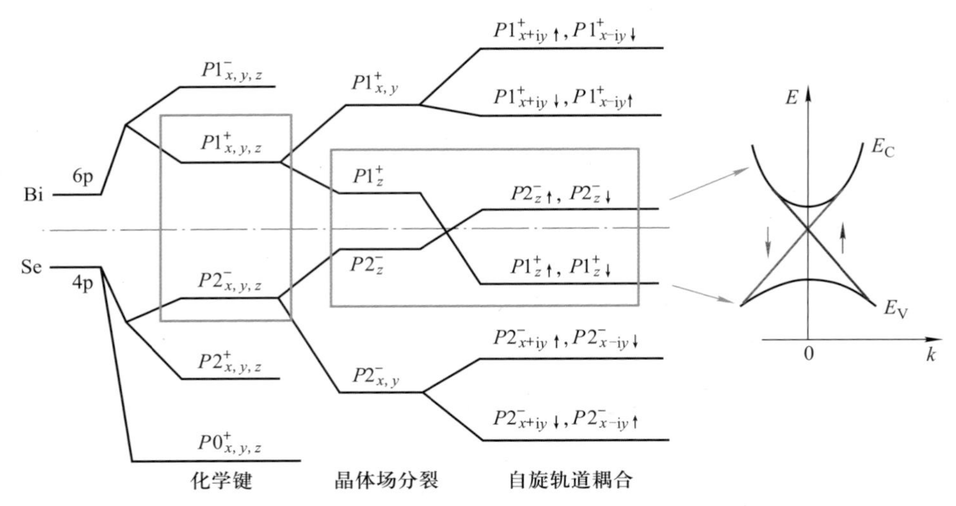

图 6.61　Bi_2Se_3 的布里渊区 Γ 点(中心)处从原子能级 Bi 6p 和 Se 4p 开始的电子能带结构演变。晶体内,$P1_{x,y,z}$ 等表示的单电子能级(绿色线框内)分别对应导带最低能量和价带最高能量。成键和反键 p 轨道波函数组合的奇偶性(+和-)与五层(QL)的反演中心相关[图 6.60(a)]。Γ 点处能带序列的演变由化学键引起的轨道重叠、晶体场分裂和最后的强自旋轨道耦合逐步展现(理想实验)。在右侧,Γ 点附近体导带(E_C)和体价带(E_V)的抛物线部分定性地显示,其起源于 $P2_{z\uparrow\downarrow}{}^-$ 和 $P1_{z\uparrow\downarrow}{}^+$ 能级。蓝线和红线描述不同电子自旋取向(箭头)的拓扑保护表面态能带,其起源于与真空或较小自旋耦合材料间的波函数匹配

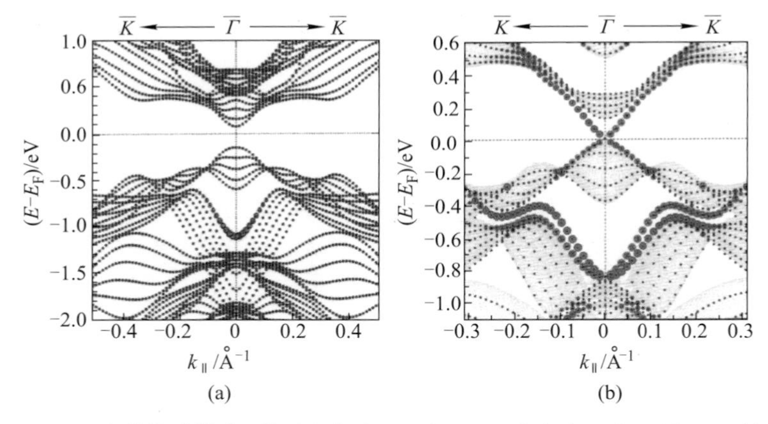

图 6.62　(a)(无自旋轨道耦合)利用密度泛函理论(DFT)在包含 6 个五层(QL)的 slab 上沿 $\overline{\Gamma}$—$\overline{K}$ 计算的 Sb_2Te_3(0001)投影电子能带结构,仅发现与费米能级 E_F 以下 -1 eV 处 Γ 点附近的价带相连的表面态[6.101];(b)(有自旋轨道耦合)通过 DFT 在 6 个五层(QL)的 slab 上计算的 Sb_2Te_3(0001)投影电子能带结构。投影体能带以灰色阴影区域表示。表面态以红色和蓝色虚线绘制,红色和蓝色表示不同自旋取向。彩色点的尺寸代表自旋密度的大小[6.101]

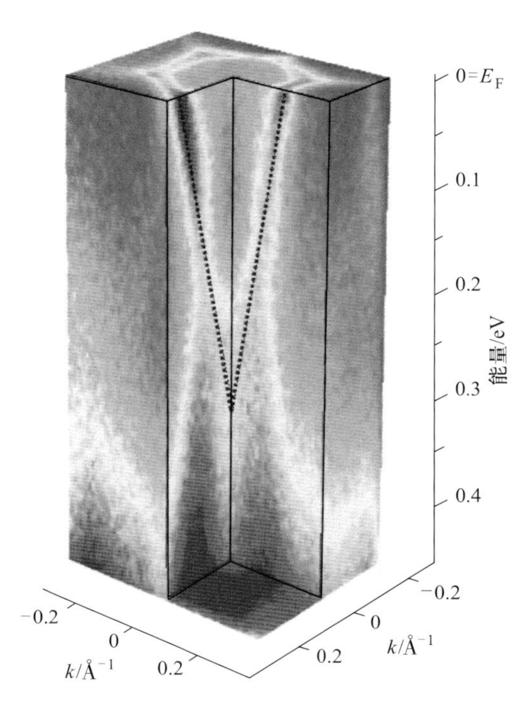

图 6.66　在 3.5 个 QL 厚的薄膜上由 ARPES 测量(温度为 15 K)的 Bi_2Te_3(111)表面电子能带的三维图。红色表示的能量较低的结构是体价带;拓扑保护表面态形成狄拉克锥,用黑色虚线表示[6.103]

郑重声明